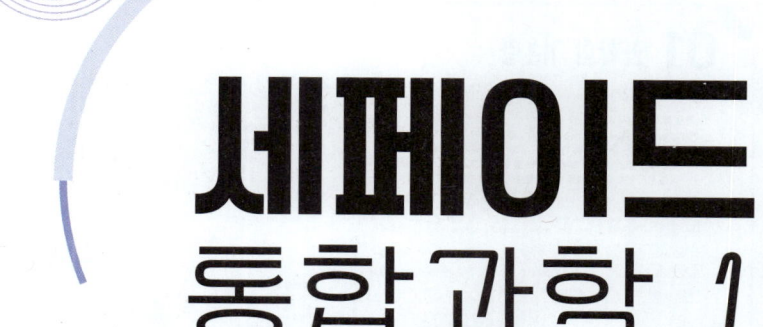

세페이드
통합과학 1

세페이드 통합과학 1

단원별 **내용 구성**

총 문항 수는 1033문항입니다. (개념체크 포함, 핵심요약 제외)

이론 정리, 개념 체크

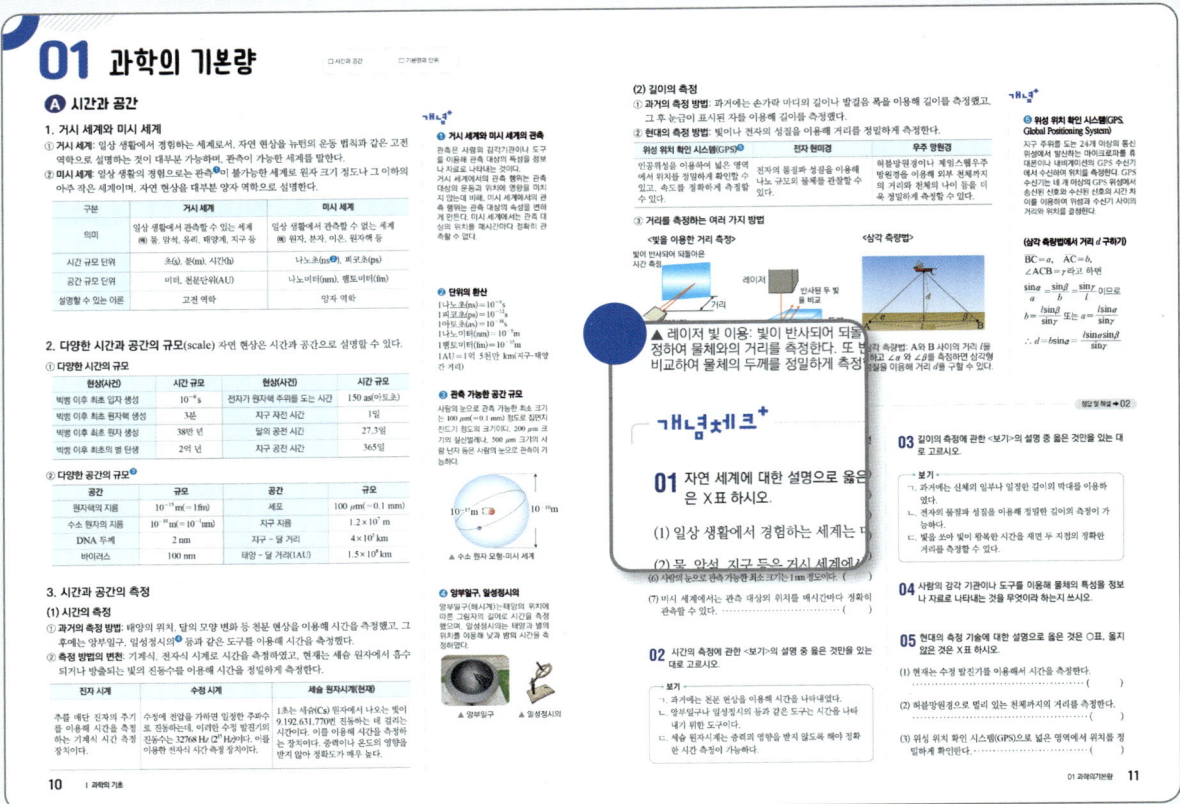

교과서의 개념을 소주제별로 정리하여 이해하기 쉽게 하였습니다.

본문의 보충과 심화 내용을 보조단에서 자세히 설명하였습니다.

● **개념체크** 문제를 통해 기본 개념을 제대로 이해하였는지 확인할 수 있습니다.

✚ 탐구 · 강의

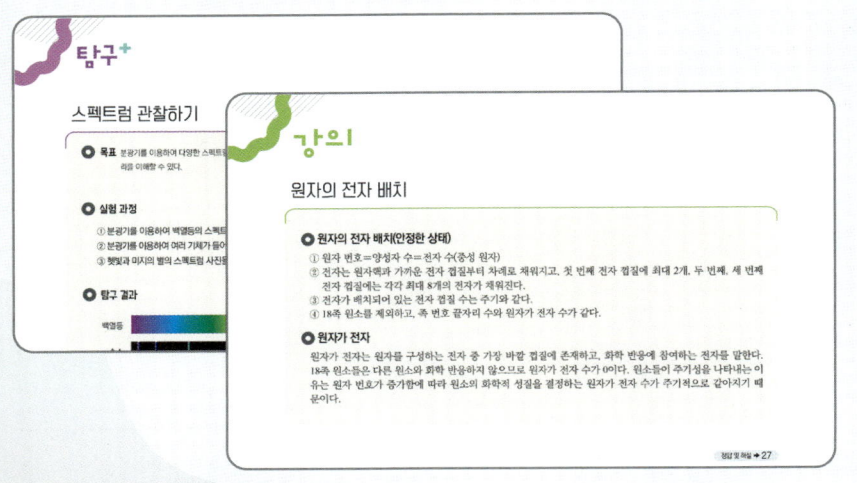

교과서에 나오는 중요한 탐구 주제를 탐구 과정-결론 도출-결과 해석의 단계를 통해 분석하여 실었습니다.

교과서 내용 중 심층 해설이 필요한 내용을 분석하여 제시하였습니다.

스스로 실력 높이기

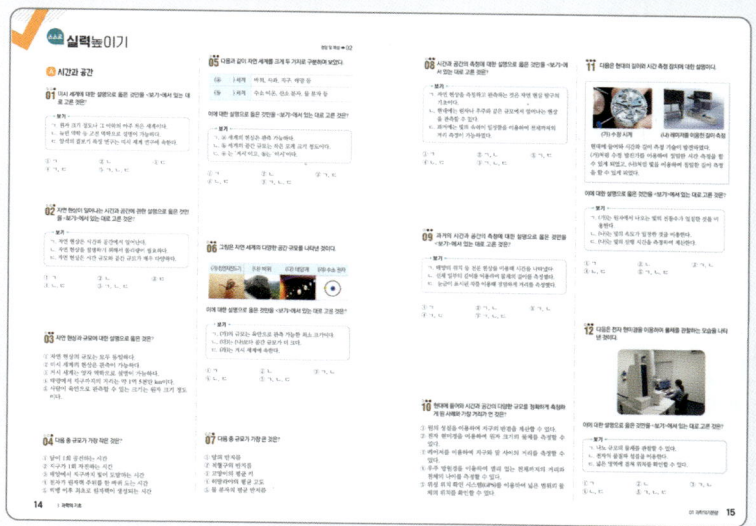

폭넓고 다양한 문제를 단계별로 구성하였습니다. 자기주도적 학습으로 문제풀이
능력을 끌어올릴 수 있을 것입니다.

심화 실력 높이기

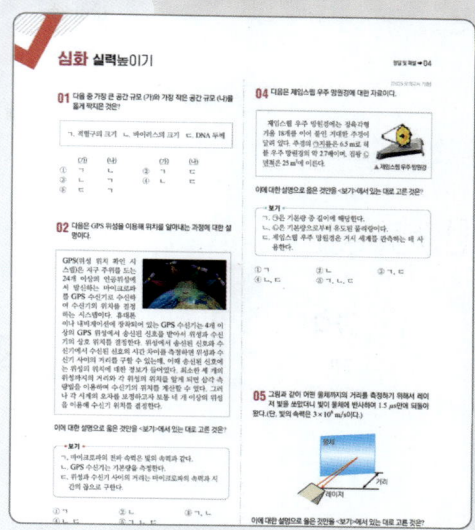

심화문제로 구성하였습니다. 실력높이기에 적합합
니다.

단원 요약
단원 마무리 · 고난도 마무리

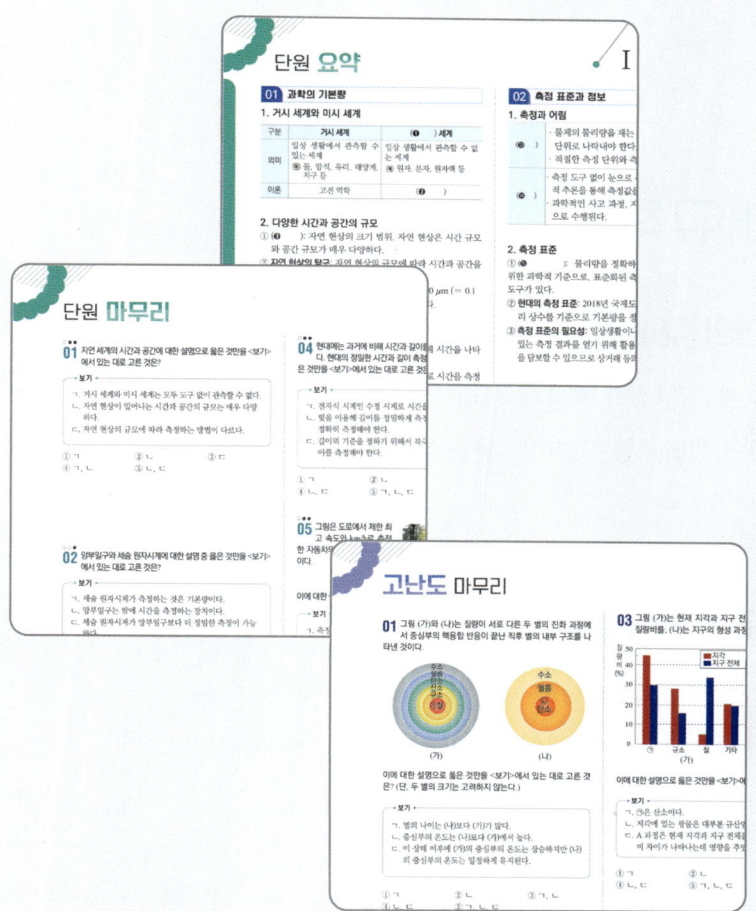

중단원을 핵심요약하였고, 빈칸채우기를 합니다. 단원마무리 문제로 다시 내용
을 복습합니다.

수능모의고사 1회 · 2회

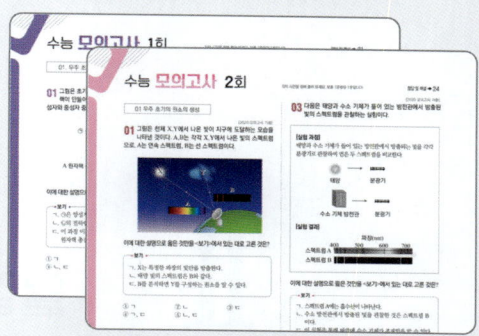

수능모의고사 2회분을 실었으니 실력을 확인하기
바랍니다.

서술형 마무리

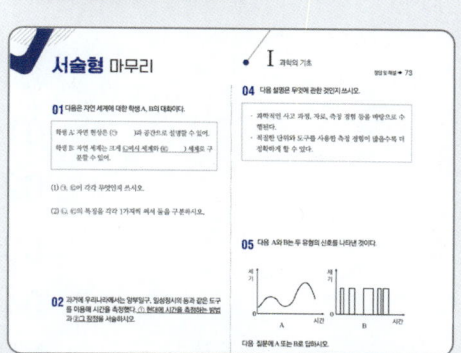

서술형 연습을 위하여 소단원별로 문제를 구성하
였습니다.

Contents 차례

Ⅲ 시스템과 상호작용

세페이드 통합과학1 과 내 교과서 비교하기

세페이드 미리보기 통합과학2

I 과학의 기초

01 과학의 기본량

☐ 시간과 공간　　☐ 기본량과 단위

A 시간과 공간

1. 거시 세계와 미시 세계

① **거시 세계**: 일상 생활에서 경험하는 세계로서, 자연 현상을 뉴턴의 운동 법칙과 같은 고전 역학으로 설명하는 것이 대부분 가능하며, 관측이 가능한 세계를 말한다.

② **미시 세계**: 일상 생활의 경험으로는 관측❶이 불가능한 세계로 원자 크기 정도나 그 이하의 아주 작은 세계이며, 자연 현상을 대부분 양자 역학으로 설명한다.

구분	거시 세계	미시 세계
의미	일상 생활에서 관측할 수 있는 세계 예 물, 암석, 유리, 태양계, 지구 등	일상 생활에서 관측할 수 없는 세계 예 원자, 분자, 이온, 원자핵 등
시간 규모 단위	초(s), 분(m), 시간(h)	나노초(ns❷), 피코초(ps)
공간 규모 단위	미터, 천문단위(AU)	나노미터(nm), 팸토미터(fm)
설명할 수 있는 이론	고전 역학	양자 역학

2. 다양한 시간과 공간의 규모(scale) 자연 현상은 시간과 공간으로 설명할 수 있다.

① **다양한 시간의 규모**

현상(사건)	시간 규모	현상(사건)	시간 규모
빅뱅 이후 최초 입자 생성	10^{-6} s	전자가 원자핵 주위를 도는 시간	150 as(아토초)
빅뱅 이후 최초 원자핵 생성	3분	지구 자전 시간	1일
빅뱅 이후 최초 원자 생성	38만 년	달의 공전 시간	27.3일
빅뱅 이후 최초의 별 탄생	2억 년	지구 공전 시간	365일

② **다양한 공간의 규모❸**

공간	규모	공간	규모
원자핵의 지름	10^{-15} m(=1fm)	세포	100 μm(=0.1 mm)
수소 원자의 지름	10^{-10} m(=10^{-1}nm)	지구 지름	1.2×10^7 m
DNA 두께	2 nm	지구 – 달 거리	4×10^5 km
바이러스	100 nm	태양 – 달 거리(1AU)	1.5×10^8 km

3. 시간과 공간의 측정

(1) 시간의 측정

① **과거의 측정 방법**: 태양의 위치, 달의 모양 변화 등 천문 현상을 이용해 시간을 측정했고, 그 후에는 앙부일구, 일성정시의❹ 등과 같은 도구를 이용해 시간을 측정했다.

② **측정 방법의 변천**: 기계식, 전자식 시계로 시간을 측정하였고, 현재는 세슘 원자에서 흡수되거나 방출되는 빛의 진동수를 이용해 시간을 정밀하게 측정한다.

진자 시계	수정 시계	세슘 원자시계(현재)
추를 매단 진자의 주기를 이용해 시간을 측정하는 기계식 시간 측정 장치이다.	수정에 전압을 가하면 일정한 주파수로 진동하는데, 이러한 수정 발진기의 진동수는 32768 Hz (2^{15} Hz)이다. 이를 이용한 전자식 시간 측정 장치이다.	1초는 세슘(Cs) 원자에서 나오는 빛이 9,192,631,770번 진동하는 데 걸리는 시간이다. 이를 이용해 시간을 측정하는 장치이다. 중력이나 온도의 영향을 받지 않아 정확도가 매우 높다.

개념⁺

❶ 거시 세계와 미시 세계의 관측

관측은 사람의 감각기관이나 도구를 이용해 관측 대상의 특성을 정보나 자료로 나타내는 것이다.
거시 세계에서의 관측 행위는 관측 대상의 운동과 위치에 영향을 미치지 않는데 비해, 미시 세계에서의 관측 행위는 관측 대상의 속성을 변하게 만든다. 미시 세계에서는 관측 대상의 위치를 매시간마다 정확히 관측할 수 없다.

❷ 단위의 환산

1나노초(ns)$=10^{-9}$s
1피코초(ps)$=10^{-12}$s
1아토초(as)$=10^{-18}$s
1나노미터(nm)$=10^{-9}$m
1팸토미터(fm)$=10^{-15}$m
1AU=1억 5천만 km(지구-태양 간 거리)

❸ 관측 가능한 공간 규모

사람의 눈으로 관측 가능한 최소 크기는 100 μm(=0.1 mm) 정도로 집먼지진드기 정도의 크기이다. 200 μm 크기의 짚신벌레나, 500 μm 크기의 사람 난자 등은 사람의 눈으로 관측이 가능하다.

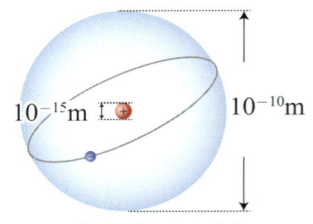

10^{-15}m　　　10^{-10}m

▲ 수소 원자 모형-미시 세계

❹ 앙부일구, 일성정시의

앙부일구(해시계)는 태양의 위치에 따른 그림자의 길이로 시간을 측정했으며, 일성정시의는 태양과 별의 위치를 이용해 낮과 밤의 시간을 측정하였다.

▲ 앙부일구

▲ 일성정시의

(2) 길이의 측정

① **과거의 측정 방법**: 과거에는 손가락 마디의 길이나 발걸음 폭을 이용해 길이를 측정했고, 그 후 눈금이 표시된 자를 이용해 길이를 측정했다.

② **현대의 측정 방법**: 빛이나 전자의 성질을 이용해 거리를 정밀하게 측정한다.

위성 위치 확인 시스템(GPS)❺	전자 현미경	우주 망원경
인공위성을 이용하여 넓은 영역에서 위치를 정밀하게 확인할 수 있고, 속도를 정확하게 측정할 수 있다.	전자의 물질파 성질을 이용해 나노 규모의 물체를 관찰할 수 있다.	허블망원경이나 제임스웹우주망원경을 이용해 외부 천체까지의 거리와 천체의 나이 등을 더욱 정밀하게 측정할 수 있다.

③ **거리를 측정하는 여러 가지 방법**

<**빛을 이용한 거리 측정**>

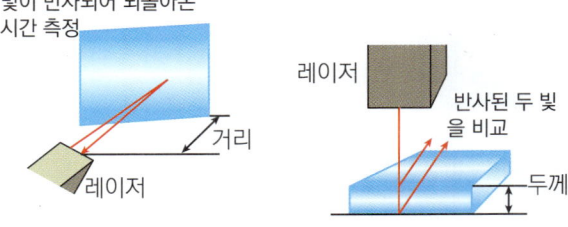

▲ 레이저 빛 이용: 빛이 반사되어 되돌아온 시간을 측정하여 물체와의 거리를 측정한다. 또 반사된 두 빛을 비교하여 물체의 두께를 정밀하게 측정할 수 있다.

<**삼각 측량법**>

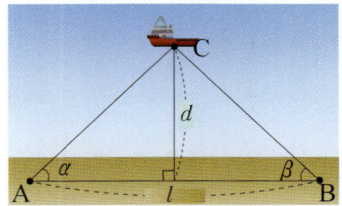

▲ 삼각 측량법: A와 B 사이의 거리 l을 측정하고 $\angle\alpha$ 와 $\angle\beta$를 측정하면 삼각형의 성질을 이용해 거리 d를 구할 수 있다.

정답 및 해설 → 02

개념+

❺ **위성 위치 확인 시스템(GPS, Global Positioning System)**

지구 주위를 도는 24개 이상의 통신 위성에서 발신하는 마이크로파를 휴대폰이나 내비게이션의 GPS 수신기에서 수신하여 위치를 측정한다. GPS 수신기는 네 개 이상의 GPS 위성에서 송신된 신호와 수신된 신호의 시간 차이를 이용하여 위성과 수신기 사이의 거리와 위치를 결정한다.

(삼각 측량법에서 거리 d 구하기)

$\overline{BC}=a$, $\overline{AC}=b$,
$\angle ACB=\gamma$라고 하면

$\dfrac{\sin\alpha}{a}=\dfrac{\sin\beta}{b}=\dfrac{\sin\gamma}{l}$ 이므로

$b=\dfrac{l\sin\beta}{\sin\gamma}$ 또는 $a=\dfrac{l\sin\alpha}{\sin\gamma}$

$\therefore d=b\sin\alpha=\dfrac{l\sin\alpha\sin\beta}{\sin\gamma}$

개념체크+

01 자연 세계에 대한 설명으로 옳은 것은 ○표, 옳지 않은 것은 X표 하시오.

(1) 일상 생활에서 경험하는 세계는 미시 세계이다.····( )

(2) 물, 암석, 지구 등은 거시 세계에서 관측 가능하다. ( )

(3) 자연 현상은 다양한 규모의 공간과 시간에서 일어난다. ( )

(4) 미시 세계에서는 양자 역학으로 현상을 설명한다. ( )

(5) 어떤 자연 현상의 크기 범위를 규모라고 한다.···· ( )

(6) 사람의 눈으로 관측 가능한 최소 크기는 1 nm 정도이다. ( )

(7) 미시 세계에서는 관측 대상의 위치를 매시간마다 정확히 관측할 수 있다. ···············( )

02 시간의 측정에 관한 <보기>의 설명 중 옳은 것만 있는 대로 고르시오.

┌─ 보기 ─────────────────────┐
ㄱ. 과거에는 천문 현상을 이용해 시간을 나타내었다.
ㄴ. 앙부일구나 일성정시의 등과 같은 도구는 시간을 나타내기 위한 도구이다.
ㄷ. 세슘 원자시계는 중력의 영향을 받지 않도록 해야 정확한 시간 측정이 가능하다.
└─────────────────────────┘

03 길이의 측정에 관한 <보기>의 설명 중 옳은 것만 있는 대로 고르시오.

┌─ 보기 ─────────────────────┐
ㄱ. 과거에는 신체의 일부나 일정한 길이의 막대를 이용하였다.
ㄴ. 전자의 물질파 성질을 이용해 정밀한 길이의 측정이 가능하다.
ㄷ. 빛을 쏘아 빛이 왕복한 시간을 재면 두 지점의 정확한 거리를 측정할 수 있다.
└─────────────────────────┘

04 사람의 감각 기관이나 도구를 이용해 물체의 특성을 정보나 자료로 나타내는 것을 무엇이라 하는지 쓰시오.

05 현대의 측정 기술에 대한 설명으로 옳은 것은 ○표, 옳지 않은 것은 X표 하시오.

(1) 현재는 수정 발진기를 이용해서 시간을 측정한다.
··( )

(2) 허블망원경으로 멀리 있는 천체까지의 거리를 측정한다.
··( )

(3) 위성 위치 확인 시스템(GPS)으로 넓은 영역에서 위치를 정밀하게 확인한다.·································( )

B 기본량과 단위

1. 기본량
① **물리량**: 자연 현상이나 일상생활에서 일어나는 여러 가지 현상에 대한 속성을 수치화해서 나타낸 것을 말한다. 예 시간, 길이, 질량, 부피, 속력, 힘 등
② **기본량**: 물리량 중 가장 기본이 되는 물리량을 기본량이라고 한다. 각각의 기본량은 다른 물리량을 이용하여 나타낼 수 없다. 예 시간, 길이, 질량, 온도❶, 전류, 물질량, 광도

2. 기본량의 단위
① 현재 대부분의 국가에서 채택하고 있는 국제 단위계(SI)에서 7가지 기본단위를 정의한다.

[SI 기본 단위]

시간	길이	질량	전류	온도	물질량	광도
초 Second **s**	미터 Meter **m**	킬로그램 Kilogram **kg**	암페어 Ampere **A**	켈빈 Kelvin **K**	몰 mole **mol**	칸델라 Candela **cd**

② 지수 또는 접두어를 사용하여 큰 단위나 작은 단위를 표기할 수 있다. 이때 지수는 10진법❷ 체계로 나타낸다. 예 $1 \text{ kg}=10^3 \text{ g}$, $1 \text{ nm}(\text{나노미터})=10^{-9} \text{ m}$
③ **허용되는 비SI 단위**: 관습에 따라 널리 사용되는 비SI 단위들은 향후에도 계속 사용될 것으로 예상되며 SI 단위와 함께 사용하는 것이 허용된다.

물리량	단위	명칭	SI 단위 환산
시간	min	분	$1 \text{ min}=60 \text{ s}$
	h	시간	$1 \text{ h}=60 \text{ min}=3600 \text{ s}$
	d	일	$1 \text{ d}=24 \text{ h}=1440 \text{ min}=86400 \text{ s}$
길이	AU	천문단위	$1 \text{ AU}=약 1.5 \times 10^8 \text{ km}=약 1.5 \times 10^{11} \text{ m}$
각	°	도	$1°=\dfrac{\pi}{180} \text{ rad}$ ❸
넓이	ha	헥타르	$1 \text{ ha}=1 \text{ hm}^2=10^4 \text{ m}^2$
부피	L	리터	$1 \text{ L}=10^3 \text{ cm}^3=10^{-3} \text{ m}^3$
질량	t	톤	$1 \text{ t}=10^3 \text{ kg}$
에너지	eV	전자볼트	$1 \text{ eV}=1.6 \times 10^{-19} \text{ J}$

3. 유도량과 단위
① **유도량**: 기본량으로부터 유도된 물리량
② **유도량의 단위**: 물리량 사이의 관계식을 이용하여 기본량을 조립하여 나타낸다.

유도량	관계식	유도 단위	유도량	관계식	유도 단위
넓이	가로×세로	m^2	힘	질량×가속도	$kg \cdot m/s^2$
부피	가로×세로×높이	m^3	밀도	$\dfrac{질량}{부피}$	kg/m^3
속력	$\dfrac{이동 거리}{시간}$	m/s	압력	$\dfrac{힘}{면적}$	$kg/(m \cdot s^2)$
가속도	$\dfrac{속도 변화량}{시간}$	m/s^2	농도❹	$\dfrac{몰질량}{부피}$	mol/L

③ 몇몇 중요한 유도 단위는 과학자 이름을 따는 방법으로 따로 명칭이 부여되었다.
　예 진동수: Hz(헤르츠), 힘: N(뉴턴), 에너지: J(줄), 일률: W(와트), 전압: V(볼트)

개념⁺

❶ 온도의 단위

일상생활에서는 주로 온도의 단위로 섭씨도(℃)를 사용하지만 과학에서 온도의 기본 단위는 K(켈빈)이다.

❷ 60진법을 사용하는 단위

SI 국제단위계는 10진법을 기본으로 하지만, 허용되는 비SI 단위 중 시간과 각도의 단위는 60진법을 사용한다.

❸ rad (라디안; 각의 단위)

아래 부채꼴에서 중심각이 θ이고, 반지름이 r일 때 각 $\theta=\dfrac{s}{r}$ 이다.

반지름 r과 s가 SI 기본 단위일 때 각 θ의 단위를 rad(라디안)이라고 하는데, 단위로만 보면 $rad=\dfrac{m(길이)}{m(길이)}$ 이므로 rad은 차원이 없다. 이때 rad은 SI 단위 중 무차원 단위(유도 단위)가 된다.

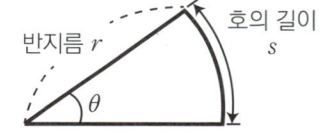

❹ 농도의 표현

농도를 질량 백분율로 나타낼 때에는 $\dfrac{용질의 질량}{용액의 질량} \times 100$으로 단위를 %로 하나 무차원의 단위이다.

$\dfrac{몰질량}{부피}$은 몰농도의 개념이며 mol/L의 유도 단위를 가진다.

④ **유도 단위의 활용**: 일상생활에서 나타나는 현상들을 나타낼 때나 과학적, 공학적 개념들을 보다 정확히 전달하기 위해 다양한 유도 단위를 사용한다.

유도량	단위	해석
미세먼지 농도	$\mu g/m^3$	공기 $1\ m^3$에 포함된 미세먼지의 질량(μg)
전력량(에너지)	Wh(와트시)	1Wh: 1W(와트)($=1\ J/s$)의 전력을 $1\ h$(1시간) 사용한 에너지 양 $1\ Wh = 1\ (J/s) \times 3600\ (s) = 3600\ J$
배터리 용량(에너지)	mAh	$10000\ mAh = 37\ Wh$❺

⑤ **단위의 접두어 기호**: 측정하는 물리량의 크기가 아주 크거나 아주 작은 경우 간단하게 나타내기 위해 접두어 기호를 함께 사용한다.

접두어 기호	T (테라)	G (기가)	M (메가)	k (킬로)	h (헥토)	da (데카)	d (데시)	c (센티)	m (밀리)	μ (마이크로)	n (나노)
의미	10^{12}	10^9	10^6	10^3	10^2	10^1	10^{-1}	10^{-2}	10^{-3}	10^{-6}	10^{-9}

개념⁺

❺ **휴대폰 배터리 용량**
휴대폰 배터리 용량은 (충전 가능한) 에너지의 양(Wh)이다.
휴대폰 배터리는 보통 3.7 V의 (공칭) 전압을 가지므로, 전압은 별도로 표시되지 않는다.

$\therefore 10000\ mAh$
$= 10000\ (mA) \times 3.7\ (V) \times 1\ (h)$
$= 10\ (A) \times 3.7\ (V) \times 1\ (h)$
$= 37\ Wh$

전력(W)=전압(V)×전류(A)
전기 에너지(Wh; 전력량)
=전력(W)×시간(h)

개념체크⁺

정답 및 해설 ➡ 02

06 기본량에 대한 설명으로 옳은 것은 ○표, 옳지 <u>않은</u> 것은 ×표 하시오.

(1) 물리량 중 가장 기본이 되는 양이다. ………… (　　)
(2) 국제 단위계(SI)에서 정한 7가지를 말한다. ……… (　　)
(3) 시간, 길이, 질량, 온도가 이에 속한다. ………… (　　)
(4) 다른 물리량을 이용하여 나타낼 수 있다.……… (　　)
(5) 지수 또는 접두어 기호를 사용하여 큰 단위나 작은 단위를 표기할 수 있다.……………… (　　)
(6) 부피는 기본량에 속한다. ………………… (　　)

07 다음 기본량과 그 단위를 옳게 연결한 것이 <u>아닌</u> 것은?

① 시간 – 초(s)
② 온도 – 캘빈(K)
③ 질량 – 킬로그램(kg)
④ 각 – 도(°)
⑤ 전류 – 암페어(A)

08 다음 중 허용되는 비SI 단위와 그에 해당하는 물리량으로 옳은 것은?

① 시간 – 시간(h)
② 길이 – 미터(m)
③ 부피 – 세제곱미터(m^3)
④ 각 – 라디안(rad)
⑤ 에너지 – 줄(J)

09 다음 중 과학자의 이름을 딴 단위가 <u>아닌</u> 것은?

① N　　② W　　③ Hz　　④ L　　⑤ A

10 다음 각 유도량의 단위를 나타낼 때 필요한 기본량의 단위를 <보기>에서 있는 대로 고르시오.

┌─ **보기** ─────────────────
ㄱ. s(초)　　　ㄴ. kg(킬로그램)　　　ㄷ. m(미터)
└──────────────────────────

(1) 부피
(2) 밀도
(3) 속력
(4) 압력

11 단위의 접두어 기호의 의미를 옳게 나타낸 것은?

① μ(마이크로): 10^{-3}
② n(나노): 10^{-6}
③ T(테라): 10^9
④ m(밀리): 10^{-2}
⑤ h(헥토): 10^2

12 유도량의 단위에 대한 설명으로 옳은 것은 ○표, 옳지 않은 것은 ×표 하시오.

(1) 기본량을 조립하여 나타낸 단위이다. ………… (　　)
(2) 물리량 사이의 관계식을 이용한 단위이다. ……… (　　)
(3) 압력의 단위는 힘의 단위와 같다. …………… (　　)
(4) 각의 단위는 rad(라디안)이다. ……………… (　　)
(5) 미세먼지 농도는 $\mu g/m^3$으로 나타낸다. ……… (　　)
(6) 에너지는 eV(전자볼트)로 나타낸다. ………… (　　)

A 시간과 공간

01 미시 세계에 대한 설명으로 옳은 것만을 <보기>에서 있는 대로 고른 것은?

─ 보기 ─
ㄱ. 원자 크기 정도나 그 이하의 아주 작은 세계이다.
ㄴ. 뉴턴 역학 등 고전 역학으로 설명이 가능하다.
ㄷ. 암석의 겉보기 특징 연구는 미시 세계 연구에 속한다.

① ㄱ　　　　　② ㄴ　　　　　③ ㄷ
④ ㄱ, ㄷ　　　　⑤ ㄱ, ㄴ, ㄷ

02 자연 현상이 일어나는 시간과 공간에 관한 설명으로 옳은 것만을 <보기>에서 있는 대로 고른 것은?

─ 보기 ─
ㄱ. 자연 현상은 시간과 공간에서 일어난다.
ㄴ. 자연 현상을 설명하기 위해서 물리량이 필요하다.
ㄷ. 자연 현상은 시간 규모와 공간 규모가 매우 다양하다.

① ㄱ　　　　　② ㄴ　　　　　③ ㄷ
④ ㄴ, ㄷ　　　　⑤ ㄱ, ㄴ, ㄷ

03 자연 현상과 규모에 대한 설명으로 옳은 것은?

① 자연 현상의 규모는 모두 동일하다.
② 미시 세계의 현상은 관측이 가능하다.
③ 거시 세계는 양자 역학으로 설명이 가능하다.
④ 태양에서 지구까지의 거리는 약 1억 5천만 km이다.
⑤ 사람이 육안으로 관측할 수 있는 크기는 원자 크기 정도이다.

04 다음 중 규모가 가장 작은 것은?

① 달이 1회 공전하는 시간
② 지구가 1회 자전하는 시간
③ 태양에서 지구까지 빛이 도달하는 시간
④ 전자가 원자핵 주위를 한 바퀴 도는 시간
⑤ 빅뱅 이후 최초로 원자핵이 생성되는 시간

05 다음과 같이 자연 세계를 크게 두 가지로 구분하여 보았다.

(ⓐ) 세계	바위, 사과, 지구, 태양 등
(ⓑ) 세계	수소 이온, 산소 분자, 물 분자 등

이에 대한 설명으로 옳은 것만을 <보기>에서 있는 대로 고른 것은?

─ 보기 ─
ㄱ. ⓐ 세계의 현상은 관측 가능하다.
ㄴ. ⓑ 세계의 공간 규모는 작은 모래 크기 정도이다.
ㄷ. ⓐ는 '거시'이고, ⓑ는 '미시'이다.

① ㄱ　　　　　② ㄴ　　　　　③ ㄱ, ㄷ
④ ㄴ, ㄷ　　　　⑤ ㄱ, ㄴ, ㄷ

06 그림은 자연 세계의 다양한 공간 규모를 나타낸 것이다.

(가) 집먼지진드기　(나) 바위　(다) 태양계　(라) 수소 원자

이에 대한 설명으로 옳은 것만을 <보기>에서 있는 대로 고른 것은?

─ 보기 ─
ㄱ. (가)의 규모는 육안으로 관측 가능한 최소 크기이다.
ㄴ. (다)는 (나)보다 공간 규모가 더 크다.
ㄷ. (라)는 거시 세계에 속한다.

① ㄱ　　　　　② ㄴ　　　　　③ ㄱ, ㄴ
④ ㄴ, ㄷ　　　　⑤ ㄱ, ㄴ, ㄷ

07 다음 중 규모가 가장 큰 것은?

① 달의 반지름
② 적혈구의 반지름
③ 고양이의 평균 키
④ 히말라야의 평균 고도
⑤ 물 분자의 평균 반지름

08 시간과 공간의 측정에 대한 설명으로 옳은 것만을 <보기>에서 있는 대로 고른 것은?

┌─ 보기 ────────────────────────────────┐
│ ㄱ. 자연 현상을 측정하고 관측하는 것은 자연 현상 탐구의 │
│ 　　기초이다. │
│ ㄴ. 현대에는 원자나 우주와 같은 규모에서 일어나는 현상 │
│ 　　을 관측할 수 있다. │
│ ㄷ. 과거에는 빛의 속력이 일정함을 이용하여 천체까지의 │
│ 　　거리 측정이 가능하였다. │
└──────────────────────────────────────┘

① ㄱ　　　　　　② ㄱ, ㄴ　　　　　③ ㄱ, ㄷ
④ ㄴ, ㄷ　　　　⑤ ㄱ, ㄴ, ㄷ

09 과거의 시간과 공간의 측정에 대한 설명으로 옳은 것만을 <보기>에서 있는 대로 고른 것은?

┌─ 보기 ────────────────────────────────┐
│ ㄱ. 태양의 위치 등 천문 현상을 이용해 시간을 나타냈다. │
│ ㄴ. 신체 일부의 길이를 이용하여 물체의 길이를 측정했다. │
│ ㄷ. 눈금이 표시된 자를 이용해 정밀하게 거리를 측정했다. │
└──────────────────────────────────────┘

① ㄱ　　　　　　② ㄱ, ㄴ　　　　　③ ㄱ, ㄴ
④ ㄱ, ㄷ　　　　⑤ ㄱ, ㄴ, ㄷ

10 현대에 들어와 시간과 공간의 다양한 규모를 정확하게 측정하게 된 사례와 가장 거리가 먼 것은?

① 원의 성질을 이용하여 지구의 반경을 계산할 수 있다.
② 전자 현미경을 이용하여 원자 크기의 물체를 측정할 수 있다.
③ 레이저를 이용하여 지구와 달 사이의 거리를 측정할 수 있다.
④ 우주 망원경을 이용하여 멀리 있는 천체까지의 거리와 천체의 나이를 측정할 수 있다.
⑤ 위성 위치 확인 시스템(GPS)를 이용하여 넓은 범위의 물체의 위치를 확인할 수 있다.

11 다음은 현대의 길이와 시간 측정 장치에 대한 설명이다.

　(가) 수정 시계　　　(나) 레이저를 이용한 길이 측정

현대에 들어와 시간과 길이 측정 기술이 발전하였다. (가)처럼 수정 발진기를 이용하여 정밀한 시간 측정을 할 수 있게 되었고, (나)처럼 빛을 이용하여 정밀한 길이 측정을 할 수 있게 되었다.

이에 대한 설명으로 옳은 것만을 <보기>에서 있는 대로 고른 것은?

┌─ 보기 ────────────────────────────────┐
│ ㄱ. (가)는 원자에서 나오는 빛의 진동수가 일정한 것을 이 │
│ 　　용한다. │
│ ㄴ. (나)는 빛의 속도가 일정한 것을 이용한다. │
│ ㄷ. (나)는 빛의 진행 시간을 측정하여 계산한다. │
└──────────────────────────────────────┘

① ㄱ　　　　　　② ㄴ　　　　　　③ ㄱ, ㄴ
④ ㄴ, ㄷ　　　　⑤ ㄱ, ㄴ, ㄷ

12 다음은 전자 현미경을 이용하여 물체를 관찰하는 모습을 나타낸 것이다.

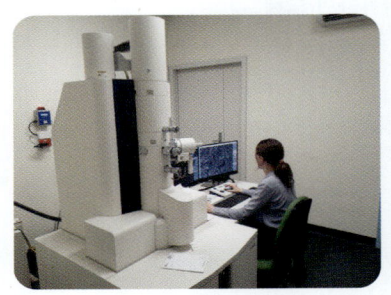

이에 대한 설명으로 옳은 것만을 <보기>에서 있는 대로 고른 것은?

┌─ 보기 ────────────────────────────────┐
│ ㄱ. 나노 규모의 물체를 관찰할 수 있다. │
│ ㄴ. 전자의 물질파 성질을 이용한다. │
│ ㄷ. 넓은 영역에 걸쳐 위치를 확인할 수 있다. │
└──────────────────────────────────────┘

① ㄱ　　　　　　② ㄴ　　　　　　③ ㄱ, ㄴ
④ ㄴ, ㄷ　　　　⑤ ㄱ, ㄴ, ㄷ

B 기본량과 단위

13 다음 물리량 중 기본량이 <u>아닌</u> 것은?

① 길이   ② 온도   ③ 각
④ 광도   ⑤ 전류

14 기본량에 대한 설명으로 옳은 것만을 <보기>에서 있는 대로 고른 것은?

─ 보기 ─
ㄱ. 자연 현상을 설명하기 위한 물리량 중 가장 기본이 되물리량을 말한다.
ㄴ. 다른 물리량을 이용하여 표현할 수 있는 물리량이다.
ㄷ. 길이, 질량, 시간 등 7가지가 이에 속한다.

① ㄱ   ② ㄴ   ③ ㄱ, ㄴ
④ ㄱ, ㄷ   ⑤ ㄱ, ㄴ, ㄷ

15 다음에서 공통으로 나타나는 과학의 기본량은?

- 바이러스의 크기
- 은하의 지름
- 머리카락의 두께

① 길이   ② 질량   ③ 시간
④ 전류   ⑤ 광도

16 기본량과 그 단위를 잘못 짝지은 것은?

	기본량	단위
①	길이	m(미터)
②	질량	kg(킬로그램)
③	시간	h(시간)
④	온도	K(켈빈)
⑤	광도	cd(칸델라)

17 유도량에 대한 설명으로 옳은 것만을 <보기>에서 있는 대로 고른 것은?

─ 보기 ─
ㄱ. 기본량을 조합하여 만들 수 있는 물리량을 말한다.
ㄴ. 기본량 사이의 관계식을 이용하여 유도한다.
ㄷ. 속력의 단위는 시간과 질량의 단위를 이용하여 나타낼 수 있다.

① ㄱ   ② ㄱ, ㄴ   ③ ㄴ, ㄷ
④ ㄱ, ㄷ   ⑤ ㄱ, ㄴ, ㄷ

18 유도량과 단위에 대한 설명 중 옳은 것만을 <보기>에서 있는 대로 고른 것은?

─ 보기 ─
ㄱ. 힘은 질량×가속도 이므로 단위는 $kg \cdot m/s^2$이다.
ㄴ. 밀도는 $\dfrac{질량}{부피}$ 이므로 단위는 kg/L이다.
ㄷ. 속력은 $\dfrac{이동 거리}{시간}$ 이므로 단위는 m/s이다.

① ㄱ   ② ㄷ   ③ ㄱ, ㄴ
④ ㄴ, ㄷ   ⑤ ㄱ, ㄷ

19 1000 μm(마이크로미터)와 길이가 같은 것은?

① 1 mm   ② 0.01 cm   ③ 0.1 m
④ 0.01 m   ⑤ 1000 nm

20 물 1 kg이 들어있는 비커에 설탕 150 g을 넣어 잘 저어 주었더니 모두 녹아서 투명한 설탕물이 되었다. 이에 대한 설명으로 옳은 것만을 <보기>에서 있는 대로 고른 것은?

─ 보기 ─
ㄱ. 설탕물의 질량은 1150 g이 된다.
ㄴ. 설탕물의 농도는 질량 퍼센트 농도의 단위인 %로 나타낼 수 있다.
ㄷ. 설탕물의 농도는 15 %이다.

① ㄱ   ② ㄷ   ③ ㄱ, ㄴ
④ ㄴ, ㄷ   ⑤ ㄱ, ㄷ

심화 **실력높이기**

[2025 모의고사 기출]

01 다음 중 가장 큰 공간 규모 (가)와 가장 작은 공간 규모 (나)를 옳게 짝지은 것은?

> ㄱ. 적혈구의 크기   ㄴ. 바이러스의 크기   ㄷ. DNA 두께

	(가)	(나)		(가)	(나)
①	ㄱ	ㄴ	②	ㄱ	ㄷ
③	ㄴ	ㄱ	④	ㄴ	ㄷ
⑤	ㄷ	ㄱ			

02 다음은 GPS 위성을 이용해 위치를 알아내는 과정에 대한 설명이다.

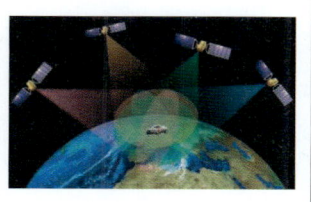

GPS(위성 위치 확인 시스템)은 지구 주위를 도는 24개 이상의 인공위성에서 발신하는 마이크로파를 GPS 수신기로 수신하여 수신기의 위치를 결정하는 시스템이다. 휴대폰이나 내비게이션에 장착되어 있는 GPS 수신기는 4개 이상의 GPS 위성에서 송신된 신호를 받아서 위성과 수신기의 상호 위치를 결정한다. 위성에서 송신된 신호와 수신기에서 수신된 신호의 시간 차이를 측정하면 위성과 수신기 사이의 거리를 구할 수 있는데, 이때 송신된 신호에는 위성의 위치에 대한 정보가 들어있다. 최소한 세 개의 위성까지의 거리와 각 위성의 위치를 알게 되면 삼각 측량법을 이용하여 수신기의 위치를 계산할 수 있다. 그러나 각 시계의 오차를 보정하고자 보통 네 개 이상의 위성을 이용해 수신기 위치를 결정한다.

이에 대한 설명으로 옳은 것만을 <보기>에서 있는 대로 고른 것은?

> **보기**
> ㄱ. 마이크로파의 전파 속력은 빛의 속력과 같다.
> ㄴ. GPS 수신기는 기본량을 측정한다.
> ㄷ. 위성과 수신기 사이의 거리는 마이크로파의 속력과 시간의 곱으로 구한다.

① ㄱ   ② ㄴ   ③ ㄱ, ㄴ
④ ㄴ, ㄷ   ⑤ ㄱ, ㄴ, ㄷ

03 1 Å(옹스트롬)은 1×10^{-10} m이다. 100 Å과 그 값이 같은 것은?

① 0.001 mm(밀리미터)   ② 0.1 nm(나노미터)
③ 0.0001 m   ④ 0.01 μm(마이크로미터)
⑤ 1000 pm(피코미터)

04 다음은 제임스웹 우주 망원경에 대한 자료이다.

제임스웹 우주 망원경에는 정육각형 거울 18개를 이어 붙인 거대한 주경이 달려 있다. 주경의 ㉠지름은 6.5 m로 허블 우주 망원경의 약 2.7배이며, 집광 ㉡면적은 25 m²에 이른다.

▲ 제임스웹 우주 망원경

이에 대한 설명으로 옳은 것만을 <보기>에서 있는 대로 고른 것은?

> **보기**
> ㄱ. ㉠은 기본량 중 길이에 해당한다.
> ㄴ. ㉡은 기본량으로부터 유도된 물리량이다.
> ㄷ. 제임스웹 우주 망원경은 거시 세계를 관측하는 데 사용한다.

① ㄱ   ② ㄴ   ③ ㄱ, ㄷ
④ ㄴ, ㄷ   ⑤ ㄱ, ㄴ, ㄷ

05 그림과 같이 어떤 물체까지의 거리를 측정하기 위해서 레이저 빛을 쏘았더니 빛이 물체에 반사하여 1.5 μs만에 되돌아 왔다.(단, 빛의 속력은 3×10^8 m/s이다.)

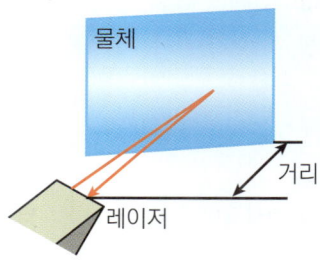

이에 대한 설명으로 옳은 것만을 <보기>에서 있는 대로 고른 것은?

> **보기**
> ㄱ. 이때 측정된 시간은 기본량이다.
> ㄴ. 측정된 시간 규모는 앙부일구로 측정할 수 있다.
> ㄷ. 레이저에서 물체까지의 거리는 450m이다.

① ㄱ   ② ㄴ   ③ ㄱ, ㄷ
④ ㄴ, ㄷ   ⑤ ㄱ, ㄴ, ㄷ

02 측정 표준과 정보

□ 측정과 측정 표준 □ 신호와 정보

A 측정과 측정 표준

1. 측정과 어림

(1) 측정
① 물체의 물리량을 재는 활동으로, 결과를 수치와 단위로 나타내야 한다.
② 적절한 측정 단위와 측정 도구가 필요하다.
③ 같은 대상을 측정하더라도 측정 도구❶의 정밀성에 따라 측정값의 정밀도가 달라진다.

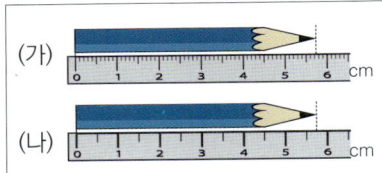

(가): 최소 눈금이 1 mm이므로 최소 눈금을 10등분하여 어림하여 길이를 측정하면 5.73 cm이다.

(나): 최소 눈금이 5 mm이므로 최소 눈금을 10등분하여 어림하여 길이를 측정하면 5.7 cm이다.

④ 측정값으로 정보를 서로 공유할 수 있으므로 현상을 명확하게 설명하고 정확한 의사소통을 가능하게 한다.

(2) 어림❷
① 측정 도구 없이 눈으로 측정값을 짐작하거나 논리적 추론을 통해 측정값을 추정하는 것이다. ㉠ 액체의 부피 측정 시 부피를 어림하여 적절한 용량의 눈금 비커를 선택한다.
② 과학적인 사고 과정, 자료, 측정 경험 등을 바탕으로 수행된다.
③ 적절한 단위와 도구를 사용한 측정 경험이 많을수록 더 정확하게 어림할 수 있다.
④ 측정 도구에 나타나는 값과 그 값을 읽는 방법에 한계가 있으므로 반올림과 같은 방법을 이용해 측정값을 정하는 것도 어림이라고 한다.

2. 측정 표준

(1) 측정 표준: 물리량을 정확하고 일관성 있게 측정하기 위한 과학적 기준으로, 표준화된 측정 단위, 측정 방법, 측정 도구가 있으며 물리량을 측정할 때 기준이 되는 표준 물질 등이 있다.❸

(2) 과거의 측정 표준
① **고대의 측정 표준**: 신체 부위를 이용해 길이를 표현하였다.

큐빗	풋	야드
팔꿈치부터 손목까지 길이	발의 길이	코끝에서 손끝까지 길이

② **과거의 측정 표준**: 지구의 둘레, 지구의 자전 주기, 일정한 질량의 물체를 이용해 측정 표준으로 삼았다.

기본량	측정 표준	문제점
길이	북극에서 적도까지 길이의 1000만 분의 1을 1 m로 정의하고, 금속으로 미터원기를 만들어 보관하였다.	측정 방법에 따라 1 m 길이가 바뀔 수 있다.
시간	지구 자전 주기(1일)의 $\frac{1}{86400}$ 을 1초로 정하였다.	지구 자전 주기가 항상 일정하지 않다.
질량	백금-이리듐 합금으로 만든 분동의 질량을 1 kg으로 정하였다.	시간이 지남에 따라 분동의 질량이 미세하게 변하였다.

개념⁺

❶ 측정 도구의 눈금 읽기
측정 도구로 물리량을 측정할 때 최소 눈금을 10등분하여 어림하여 읽는다.

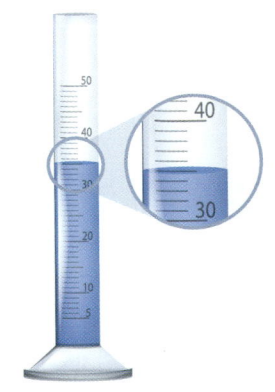

➡ 34와 35 사이를 10등분하고 어림하여 34.7 ml로 읽는다.

❷ 과학 탐구에 있어서 어림의 역할
· 측정값의 의미가 무엇인지 파악할 수 있게 한다.
· 측정 계획과 탐구 수행을 효율적으로 할 수 있게 한다.
· 천체의 크기, 공룡알의 크기 등 측정하기 어려운 값을 추리한다.

❸ 측정 표준의 활용
· **과학 분야**: 우주의 나이 측정, 원자의 크기 측정, 인공위성 연구 등에 측정 표준을 활용한다.
· **스포츠 분야**: 경기 기록을 재거나 약물 검사 등에 측정 표준을 활용한다.
· **자동차 산업 분야**: 많은 부품을 정확한 크기와 표준화된 모양으로 만들기 위해 측정 표준을 활용한다.
· **실내 공기의 질 측정**: 측정하는 화학 물질의 종류와 허용 농도 등을 측정 표준으로 정한다.
· **층간 소음 측정**: 소음 물체, 측정 기기의 종류, 소리 측정 위치 등의 측정 방법을 측정 표준으로 정한다.
· **미세 먼지 농도 측정**: 미세 먼지 속 유해 성분의 농도를 측정 표준으로 정한다.

---

(3) 현대의 측정 표준 ❹

2018년 국제도량형 총회에서 불변의 물리 상수❺를 기준으로 기본량을 정의하였다.

기본량	단위	정의
시간	1 s(초)	세슘(Cs)원자에서 방출하는 빛이 9192631770번 진동할 때 걸리는 시간
길이	1 m(미터)	진공 중에서 빛이 $\dfrac{1}{299792458}$ 초 동안 진행한 거리
질량	1 kg(킬로그램)	플랑크 상수 h를 기준으로 정해진다.

(4) 측정 표준의 활용(예)

- 도로에서 제한 속도를 km/h 단위로 표시하고 과속 차량을 단속한다.
- 미세 먼지 농도를 $\mu g/m^3$ 단위로 측정하고 안내한다.
- 측정하는 화학 물질의 종류와 허용 농도에 대해 측정 표준을 정한다.
- 약물 투여량을 정확히 맞추기 위해 측정 표준을 정한다.

(5) 측정 표준의 유용성과 필요성

- 측정 표준을 이용하여 제공되는 정보는 서로 공유할 수 있고, 일상생활을 편리하게 한다.
- 연구 결과의 신뢰도를 높이고 원활한 의사소통을 할 수 있다.
- 서로 다른 단위를 사용하거나 측정 방법이 달라 생기는 혼란을 방지할 수 있다.
- 측정 표준이 잘 정립되어 있는 경우 과학 기술과 산업 분야의 각종 신뢰도가 높아진다.

❹ 현대 측정 표준의 특징

① 대부분의 국가에서 채택하여 사용하는 국제단위계(SI)를 기반으로 한다.
② 10진법을 기반으로 설계되어 크거나 작은 규모의 물리량을 표현하기 쉽다.
③ 측정 부정확도가 0인 불변의 물리 상수를 기준으로 기본량을 정의한다.

❺ 물리 상수

이 상수들은 측정값이 아니라 참값의 지위를 가진다.

물리 상수	기호
진공에서 빛의 속력	c
플랑크 상수	h
기본 전하량	e

개념체크+

정답 및 해설 ➜ 04

01 과학 탐구에서의 측정에 대한 설명으로 옳은 것은 ○표, 옳지 않은 것은 X표 하시오.

(1) 어떤 대상의 물리량을 재는 활동이다. ·········· ( )

(2) 측정 결과를 수치와 단위로 표시한다. ·········· ( )

(3) 측정 도구 없이 수행한다. ························( )

(4) 측정 도구의 정밀성에 따라 측정값이 달라진다. ·· ( )

(5) 현상을 명확하게 설명할 수 있게 한다. ·········· ( )

02 과학 탐구에서의 어림에 대한 설명으로 옳은 것은 ○표, 옳지 않은 것은 X표 하시오.

(1) 측정 도구 없이 어떤 양을 추정하는 것이다. ·····( )

(2) 과학적 사고 과정이나 자료 없이 수행된다. ······( )

(3) 적절한 단위와 도구를 사용한 측정 경험이 많을수록 더 정확히 어림한다. ·····························( )

(4) 측정 도구의 최소 눈금을 10등분하여 어림한다. ··( )

03 다음은 무엇에 대한 설명인지 쓰시오.

> 물리량을 정확하고 일관성 있게 측정하기 위한 과학적 기준으로 측정 단위, 측정 방법, 측정 도구가 있으며 측정 시 기준이 되는 표준 물질 등이 있다.

04 고대의 측정 표준에 관한 설명으로 옳은 것만을 <보기>에서 있는 대로 고르시오.

> **보기**
> ㄱ. 고대에는 신체 부위를 측정 표준으로 삼았다.
> ㄴ. 북극에서 적도까지 길이의 1000만 분의 1을 1 m로 정했다.
> ㄷ. 백금-이리듐 합금으로 만든 분동의 질량을 1 kg으로 정했다.

05 다음 ( ) 안의 두 단어 중 옳은 하나를 고르시오.

(1) 측정 도구의 측정 눈금이(클수록, 작을수록) 더욱 정밀한 측정이 가능하다.

(2) 현대의 길이의 단위는 (빛의 속력, 빛의 진동 시간)을 이용해 정의한다.

(3) 현대의 질량의 단위는 (분동의 질량, 플랑크 상수)를 이용해 정의한다.

06 측정 표준에 관한 설명으로 옳은 것만을 <보기>에서 있는 대로 고르시오.

> **보기**
> ㄱ. 일상생활에서 신뢰할 수 있는 측정 결과를 얻을 수 있다.
> ㄴ. 제품의 품질이나 신뢰성을 담보할 수 있다.
> ㄷ. 산업 분야의 신뢰도와 측정 표준은 크게 관계가 없다.

B 신호와 정보

1. 신호와 정보

① **신호**: 인간을 둘러싼 자연의 다양한 변화가 전달되는 것으로 빛, 소리, 온도, 냄새, 열, 압력, 지진파 등 다양한 형태가 있다.

② **정보**: 신호를 측정하고 분석하여 실제 문제에 도움이 되도록 정리한 지식이나 자료

신호	밤하늘의 별이 반짝인다.	지진계에 지진파가 기록된다.	동물의 오줌 냄새가 난다.
	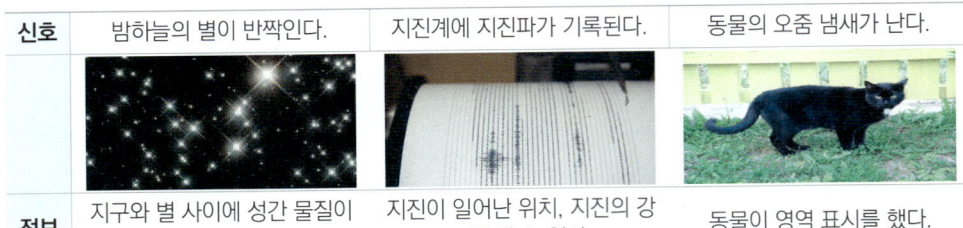		
정보	지구와 별 사이에 성간 물질이 있다.	지진이 일어난 위치, 지진의 강도를 알 수 있다.	동물이 영역 표시를 했다.

2. 센서

① **센서 ❶**: 인간의 감각기관에 해당하며, 다양한 신호를 감지하여 전기 신호로 전환하는 장치

② 센서의 종류

감각	신호(자극)	감각 기관	센서
시각	빛	눈	광센서 (예 CCD ❷)
청각	소리	귀	소리 센서 (예 마이크), 초음파 ❸ 센서 (예 수심 측정기 ❹)
미각	액체	혀	이온 센서(화학 센서) (예 염도 측정기)
후각	기체	코	가스 센서(화학 센서) (예 가스 경보기)
촉각	압력, 열	피부	압력 센서, 온도 센서
평형, 회전	운동	귀(전정기관 등)	가속도 센서 (예 스마트폰 화면 회전)

3. 아날로그 신호와 디지털 신호

① **아날로그 신호**: 연속적으로 변하는 신호로 빛, 소리, 전파, 지진파, 온도, 열 등 자연에서 발생하는 대부분의 신호이다. 실제 현상을 더 정확히 표현하지만, 저장과 전송 시 손상되기 쉬운 단점이 있다.

② **디지털 신호**: 아날로그 신호를 0과 1의 2진수 ❺로 불연속적으로 변환시켜 만든 신호로 컴퓨터나 스마트폰 등에서 처리되는 신호이다.

③ 자연의 신호를 디지털 기기로 처리하려면 센서에서 변환된 아날로그 전기 신호를 디지털 신호로 변환하여야 한다.

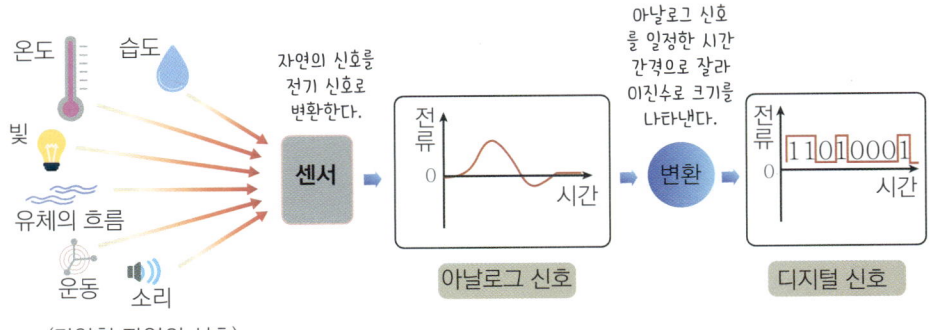

▲ 센서를 이용하여 디지털 신호를 만드는 과정

개념 ＋

❶ **일상생활에서의 센서의 활용**
- **터치스크린**: 터치 센서를 활용해 화면에 손이 닿았을 때 변화되는 전기 신호를 감지하여 작동한다.
- **스마트 폰**: 가속도 센서를 활용해 기울어지는 방향을 감지하여 가로나 세로로 화면을 회전한다.
- **바코드 스캐너**: 광센서를 활용해 상품의 정보를 입력한다.
- **자동차 후측방 충돌 방지 장치**: 초음파 센서를 활용하여 자동차에 접근하는 물체를 감지하여 작동한다.
- **걸음 수 측정기**: 가속도 센서를 이용해 사람의 움직임을 감지하여 걸음 수를 측정한다.

❷ **CCD(전하결합소자)**
빛을 전하로 변환시켜 그 전하로 디지털 이미지를 얻는 센서이다.

❸ **초음파**
사람이 들을 수 있는 소리의 진동수는 약 20~20,000 Hz이다. 초음파는 진동수 20,000 Hz 이상인, 사람이 들을 수 없는 소리이다.

❹ **수심 측정기**
초음파를 방출하여 바다 밑바닥에서 반사하여 되돌아오는 시간을 측정하여 바다의 깊이를 측정한다.

❺ **2진수**
숫자를 0과 1로만 나타낸다. 십진법의 0, 1, 2, 3, 4, 5, 6, 7을 각각 이진법으로 나타내면 0, 1, 10, 11, 100, 101, 110, 111이 된다.

④ **디지털 신호의 특징**

· 아날로그 신호를 디지털 신호로 변환할 때 정보의 왜곡**⑥**이 발생한다. ➡ 정보의 왜곡을 최소화하려면 기록 간격을 작게 해야 하므로 용량이 커진다.

· 아날로그 신호에 비해 저장 용량이 작고, 복사, 전송, 압축, 편집 등 가공이 자유롭다.

· 저장, 전송, 재생 등의 과정에서 신호가 변질되지 않는다.

4. 디지털 정보와 현대 문명 많은 디지털 정보를 복사, 전송하고 공유하면서 일상생활에서 필요한 정보를 보다 빠르게 습득할 수 있고, 습득한 정보를 유용하게 활용한다.

개념⁺

⑥ 디지털 신호의 정보 왜곡

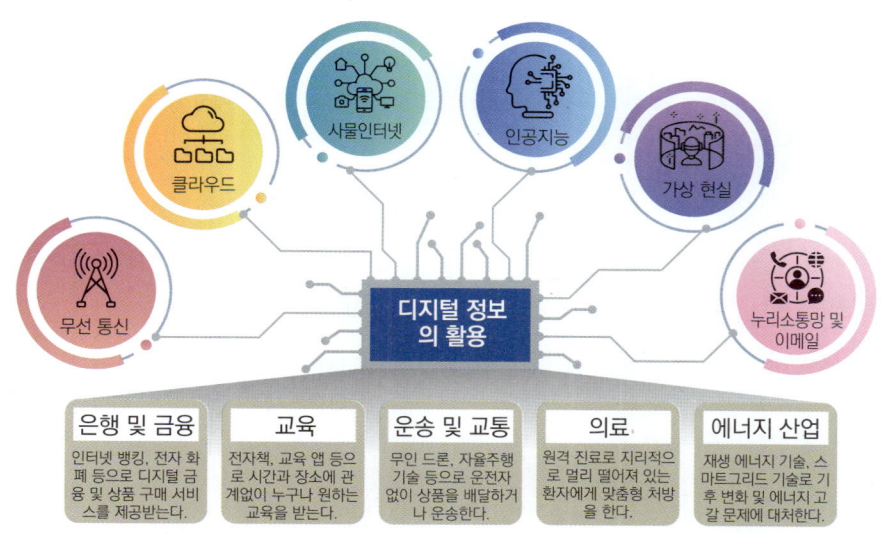

은행 및 금융	교육	운송 및 교통	의료	에너지 산업
인터넷 뱅킹, 전자 화폐 등으로 디지털 금융 및 상품 구매 서비스를 제공받는다.	전자책, 교육 앱 등으로 시간과 장소에 관계없이 누구나 원하는 교육을 받는다.	무인 드론, 자율주행 기술 등으로 운전자 없이 상품을 배달하거나 운송한다.	원격 진료로 지리적으로 멀리 떨어져 있는 환자에게 맞춤형 처방을 한다.	재생 에너지 기술, 스마트그리드 기술로 기후 변화 및 에너지 고갈 문제에 대처한다.

개념체크⁺

정답 및 해설 ➡ 04

07 신호와 정보에 대한 설명으로 옳은 것은 ○표, 옳지 않은 것은 ✕표 하시오.

(1) 신호는 인간에게 자연의 다양한 변화가 전달되는 것이다. ···( )

(2) 빛과 소리 형태로 전달되는 신호만 사람이 감지할 수 있다. ···( )

(3) 신호를 분석하여 실제 문제에 도움이 될 수 있도록 정리한 지식이나 자료를 정보라고 한다. ··················( )

08 다음 ( ) 안에서 옳은 것을 고르시오.

(1) 센서는 다양한 신호를 감지하여 (전기 신호, 빛 신호)로 전환한다.

(2) 인간의 감각 기관 중 눈에 해당하는 센서는 (광센서, 온도 센서)이다.

(3) 압력 센서는 인간의 감각 기관 중 (귀, 피부)에 해당하는 역할을 한다.

(4) 귀의 전정 기관 등의 역할을 하여 운동을 감지하는 센서는 (초음파 센서, 가속도 센서)이다.

(5) 액체 상태의 화학 물질을 감지하여 전기 신호로 전환하는 장치는 (가스 센서, 이온 센서)이다.

09 아날로그 신호에 대한 설명에는 '아', 디지털 신호에 대한 설명에는 '디'라고 쓰시오.

(1) 시간에 따라 불연속적으로 변하는 신호이다. ···· ( )

(2) 별도의 변환 장치가 없어도 들을 수 있다. ······· ( )

(3) 저장과 전송 시 손상되기 쉽다. ····················( )

(4) 0과 1의 이진법으로 표시하는 신호이다. ·········( )

(5) 컴퓨터와 같은 디지털 기기에서 사용된다. ·······( )

(6) 센서를 이용하여 전기 신호로 변환한다. ·········( )

10 아날로그 신호를 디지털 신호로 변환하는 과정에 대한 설명 중 옳은 것만을 <보기>에서 있는 대로 고르시오.

┌─ **보기** ─
ㄱ. 기록 간격이 클수록 정보의 왜곡이 커진다.
ㄴ. 센서에서 나오는 신호는 디지털 신호이다.
ㄷ. 연속된 신호를 잘게 나누어 0과 1의 2진수 단위로 변환하는 것이다.
└─────────────

11 다음 ( ) 안에 알맞은 말을 쓰시오.

┌──────────────────
원격 진료로 지리적으로 멀리 떨어져 있는 환자에게 실시간으로 맞춤형 처방을 할 수 있는 것은 의료 분야에 ( ) 정보가 활용된 예이다.
└──────────────────

스스로 실력높이기

A 측정과 측정 표준

[2025 모의고사 기출]

01 다음은 측정과 어림에 대한 세 학생의 대화이다.

학생A   학생B   학생C

측정은 질량, 길이 등을 기준이 되는 양과 비교하여 수치와 단위로 나타내는 활동이야.

측정을 할 때는 저울, 자 등의 도구를 사용할 수 있어.

어림을 통해 대략적인 질량, 길이 등을 추정할 수 있어.

제시한 내용이 옳은 학생만을 있는 대로 고른 것은?

① A ② C ③ A, B
④ B, C ⑤ A, B, C

02 측정에 대한 설명으로 옳은 것만을 <보기>에서 있는 대로 고른 것은?

┌─ 보기 ─
ㄱ. 논리적으로 측정값을 추론할 수 있다.
ㄴ. 적절한 측정 단위와 측정 도구를 사용한다.
ㄷ. 같은 대상을 측정하더라도 측정 도구의 정밀성에 따라 측정값의 정밀도가 달라진다.
└─────

① ㄱ ② ㄴ ③ ㄱ, ㄷ
④ ㄴ, ㄷ ⑤ ㄱ, ㄴ, ㄷ

03 어림에 대한 설명으로 옳은 것은?

① 근거 없이 막연하게 하는 활동이다.
② 적절한 측정 단위와 측정 도구를 사용한다.
③ 과학 탐구에서만 수행되는 활동이다.
④ 과학적인 사고 과정, 측정 경험을 바탕으로 수행된다.
⑤ 방법이나 사람에 따라 차이가 거의 나지 않는다.

04 측정 표준에 대한 설명으로 옳은 것만을 있는 대로 고르시오.

① 측정 도구는 측정 표준에 해당하지 않는다.
② 정확하고 일관성 있는 측정을 위해 만든 과학적 기준이다.
③ 측정 표준은 과거에서 현재까지 오면서 점점 정밀해졌다.
④ 측정 표준은 과학 기술 분야에서만 활용된다.
⑤ 현대에는 질량의 측정 표준을 킬로그램 분동을 사용한다.

05 다음 그림과 같이 자를 이용해 연필의 길이를 cm 단위로 측정할 때, 연필의 길이가 눈금과 정확하게 일치하지 않았다.

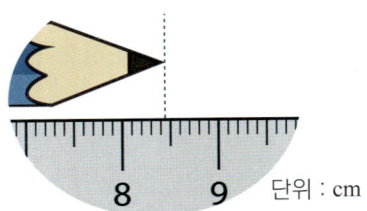

8   9   단위 : cm

이에 대한 설명으로 옳은 것만을 <보기>에서 있는 대로 고른 것은?

┌─ 보기 ─
ㄱ. 연필의 길이는 8.44 cm 이다.
ㄴ. 최소 눈금 사이를 10등분해서 어림한다.
ㄷ. 연필의 길이가 자의 눈금과 정확하게 일치하지 않으므로 가장 가까운 눈금을 읽는다.
└─────

① ㄱ ② ㄴ ③ ㄱ, ㄴ
④ ㄴ, ㄷ ⑤ ㄱ, ㄴ, ㄷ

06 그림은 미세먼지 농도 안내판을 나타낸 것이다.

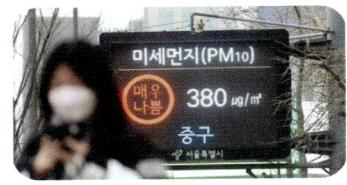

이에 대한 설명으로 옳은 것만을 <보기>에서 있는 대로 고른 것은?

┌─ 보기 ─
ㄱ. 안내하는 미세먼지 농도의 단위는 $\mu g/m^3$이다.
ㄴ. 다른 단위를 사용하면 사람들이 미세먼지 정보를 잘 활용하지 못한다.
ㄷ. 야외 활동이나 마스크 착용 여부를 결정하는데 유용한 정보로 활용된다.
└─────

① ㄱ ② ㄱ, ㄴ ③ ㄱ, ㄷ
④ ㄴ, ㄷ ⑤ ㄱ, ㄴ, ㄷ

07 다음 중 국제단위계에서 사용하는 측정 표준으로 가능한 것은?

① 지구에서 태양까지의 거리
② 마라톤 완주 거리
③ 달이 공전하는 시간
④ 현재 영국 국왕의 팔꿈치부터 손끝까지의 길이
⑤ 진공 중에서 빛이 특정 시간 동안 진행한 거리

08 현재 국제단위계에서 정의한 기본량과 단위에 대한 설명으로 옳은 것만을 <보기>에서 있는 대로 고른 것은?

─ 보기 ─
ㄱ. 질량은 플랑크 상수 h를 기준으로 정의한다.
ㄴ. 길이 1 m는 프랑스에 보관하고 있는 미터원기의 길이로 정의한다.
ㄷ. 온도의 단위 K는 볼츠만 상수 k를 기준으로 정의한다.

① ㄱ   ② ㄴ   ③ ㄱ, ㄴ
④ ㄱ, ㄷ   ⑤ ㄱ, ㄴ, ㄷ

[2025 모의고사 기출]

09 그림 (가) ~ (다)는 자연에서 일어나는 현상을 나타낸 것이다.

(가) 낮 동안 태양의 위치 변화   (나) 사람의 심장 박동   (다) 세슘 원자에서 나오는 빛(전자기파)의 진동

이에 대한 설명으로 옳은 것만을 <보기>에서 있는 대로 고른 것은?

─ 보기 ─
ㄱ. 해시계는 (가)를 이용한 것이다.
ㄴ. 현재 국제 공통의 시간 측정 표준은 (나)를 이용한다.
ㄷ. (가)를 이용한 시간 측정이 (다)를 이용한 시간 측정보다 정확하다.

① ㄱ   ② ㄴ   ③ ㄱ, ㄷ
④ ㄴ, ㄷ   ⑤ ㄱ, ㄴ, ㄷ

10 측정 표준의 필요성에 대한 설명으로 옳은 것만을 <보기>에서 있는 대로 고른 것은?

─ 보기 ─
ㄱ. 일상생활이나 산업 분야에서 신뢰할 수 있는 측정 결과를 얻을 수 있다.
ㄴ. 제품의 품질, 신뢰성을 담보할 수 있다.
ㄷ. 상거래 등의 경제 활동과는 상관이 없다.

① ㄱ   ② ㄱ, ㄴ   ③ ㄴ, ㄷ
④ ㄱ, ㄷ   ⑤ ㄱ, ㄴ, ㄷ

B 신호와 정보

11 다음은 화산이 폭발하는 장면이다. 화산이 폭발하면서 빛과 열, 소리, 지진파, 화산재, 용암, 수증기 등 수많은 신호가 발생한다.

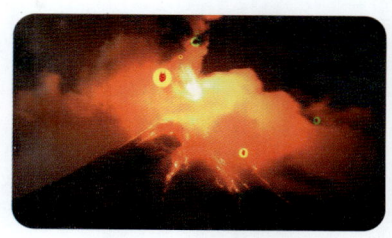

이에 대한 설명으로 옳은 것만을 <보기>에서 있는 대로 고른 것은?

─ 보기 ─
ㄱ. 신호는 자연의 다양한 변화가 생길 때 발생한다.
ㄴ. 지구 내부에 마그마가 있다는 정보를 얻을 수 있다.
ㄷ. 다양한 신호가 한꺼번에 발생하면 얻을 수 있는 정보의 양은 적어진다.

① ㄱ   ② ㄴ   ③ ㄱ, ㄴ
④ ㄱ, ㄷ   ⑤ ㄴ, ㄷ

12 다음 중 신호에 대한 설명으로 옳은 것만을 <보기>에서 있는 대로 고른 것은?

─ 보기 ─
ㄱ. 인공적으로 신호를 만들 수 있다.
ㄴ. 자연에서 발생하는 신호는 파동, 압력, 온도, 힘 등 여러 가지 형태가 있다.
ㄷ. 신호를 측정하고 분석하여 유용한 정보를 얻을 수 있다.

① ㄱ   ② ㄴ   ③ ㄱ, ㄴ
④ ㄱ, ㄷ   ⑤ ㄱ, ㄴ, ㄷ

13 자연계에서 발생하는 신호의 형태가 아닌 것은?

① 교차로 신호등   ② 온도   ③ 냄새
④ 지진파   ⑤ 빛

14 사람과 자율주행 자동차가 각종 신호를 감지하는 과정에 대한 설명 중 옳은 것만을 <보기>에서 있는 대로 고른 것은?

> ─ 보기 ─
> ㄱ. 사람은 감각기관으로 각종 신호를 감지한다.
> ㄴ. 자율주행 자동차는 센서를 통해 각종 신호를 감지한다.
> ㄷ. 사람의 감각기관과 센서의 공통점은 감지한 각종 신호를 전기 신호로 변환하는 것이다.

① ㄱ　　　　　② ㄷ　　　　　③ ㄱ, ㄷ
④ ㄴ, ㄷ　　　　⑤ ㄱ, ㄴ, ㄷ

15 센서에 대한 설명으로 옳은 것만을 있는 대로 고르시오.

① 아날로그 신호를 감지한다.
② 아날로그 신호를 내보낸다.
③ 자연계의 신호를 변형하지 않고 내보낸다.
④ 디지털 신호를 감지하여 아날로그 신호로 내보낸다.
⑤ 한 종류의 센서가 모든 물리량을 감지할 수 있다.

16 다음은 허블 우주 망원경으로 우주를 관측하는 모습이다.

우주에서 발생한 빛은 망원경에 도달하게 되고, 이 빛을 사진 찍어서 분석하면 여러 가지 빛 스펙트럼을 얻을 수 있다. 이에 대한 설명으로 옳은 것만을 <보기>에서 있는 대로 고른 것은?

> ─ 보기 ─
> ㄱ. 허블 우주 망원경에는 센서가 있다.
> ㄴ. 우주에서 발생한 빛은 아날로그 신호이다.
> ㄷ. 얻을 수 있는 스펙트럼은 정보에 해당한다.

① ㄱ　　　　　② ㄷ　　　　　③ ㄱ, ㄴ
④ ㄴ, ㄷ　　　　⑤ ㄱ, ㄴ, ㄷ

17 신호의 종류와 이를 감지하는 센서를 잘못 짝지은 것은?.

① 빛 - 광센서
② 누르는 힘 - 압력 센서
③ 냄새 - 가스 센서
④ 지진파 - 가속도 센서
⑤ 소리 - 이온 센서

18 디지털 정보에 대한 설명으로 옳은 것만을 <보기>에서 있는 대로 고른 것은?

> ─ 보기 ─
> ㄱ. 스마트 기기로 찍은 사진과 영상이 해당된다.
> ㄴ. 컴퓨터에 저장된 각종 파일은 해당되지 않는다.
> ㄷ. 센서를 통해서만 얻을 수 있다.

① ㄱ　　　　　② ㄷ　　　　　③ ㄱ, ㄷ
④ ㄴ, ㄷ　　　　⑤ ㄱ, ㄴ, ㄷ

19 다음 중 아날로그 신호에 해당하는 것은?

① 컴퓨터에 저장된 인터넷 사진
② 화가가 직접 종이에 그린 풍경화
③ 컴퓨터 LED 화면에 출력된 그림
④ CCTV에 녹화된 영상
⑤ 휴대용 음향 기기에 저장된 음악

20 현대 문명에서 디지털 정보를 활용하는 예와 가장 거리가 먼 것은

① 인터넷 뱅킹을 통해 금융 서비스를 이용한다.
② 스마트폰으로 물건을 구매한다.
③ 전자책, 교육 앱을 통해 원격 교육을 받는다.
④ 시장에 가서 설날 음식을 준비한다.
⑤ 문화 콘텐츠를 직접 제작하고 인터넷을 통해 광고한다.

심화 실력높이기

정답 및 해설 ➜ 06

01 현재 사용하고 있는 길이 표준에 대한 설명으로 옳은 것만을 <보기>에서 있는 대로 고른 것은?

─ 보기 ─

ㄱ. '큐빗'이나 '풋'을 사용한다.
ㄴ. 백금으로 만든 1 m 길이의 미터원기를 기준으로 정한다.
ㄷ. 진공 중에서 빛이 특정 시간 동안 진행하는 거리로 정한다.

① ㄱ ② ㄴ ③ ㄷ
④ ㄴ, ㄷ ⑤ ㄱ, ㄴ, ㄷ

02 현재 사용하고 있는 시간 표준에 대한 설명으로 옳은 것만을 <보기>에서 있는 대로 고른 것은?

─ 보기 ─

ㄱ. 기본 단위는 지구 자전 주기의 $\frac{1}{86400}$ 로 정한다.
ㄴ. 수정 발진기의 진동수를 기준으로 정한다.
ㄷ. 세슘(Cs)원자에서 흡수하거나 방출하는 빛의 진동수를 기준으로 정한다.

① ㄱ ② ㄷ ③ ㄱ, ㄴ
④ ㄱ, ㄷ ⑤ ㄴ, ㄷ

03 다음 중 측정 표준을 활용한 사례가 <u>아닌</u> 것은?

① 10 kg짜리 쌀을 구매했다.
② 도로에는 자동차 제한 속도가 있다.
③ 컴퓨터를 조립하기 위해 부품을 구입한다.
④ 미세먼지 농도 안내판을 보고 마스크를 착용했다.
⑤ 아버지는 작은 차가 불편하다고 큰 차로 바꾸셨다.

04 다음 중 현대의 측정 표준을 활용한 것만을 <보기>에서 있는 대로 고른 것은?

─ 보기 ─

ㄱ. 집에 있던 달러화를 원화로 바꾸었다.
ㄴ. 액체의 부피를 ml 단위로 표시하고 판매하였다.
ㄷ. 100 m 달리기 선수의 기록을 초 단위로 기록하였다.

① ㄱ ② ㄴ ③ ㄷ
④ ㄴ, ㄷ ⑤ ㄱ, ㄴ, ㄷ

05 그림은 광센서를 이용한 자동문을 사람이 이용하는 모습이다. 사람이 문에 접근하자 문이 자동으로 열렸다.

이에 대한 설명으로 옳은 것만을 <보기>에서 있는 대로 고른 것은?

─ 보기 ─

ㄱ. 빛이 광센서에 도달하면 전하가 발생한다.
ㄴ. 광센서는 빛을 디지털 신호로 변환한다.
ㄷ. 빛이 사람 몸에 도달하면 사람 몸에서 전하가 발생하여 문이 열린다.

① ㄱ ② ㄴ ③ ㄷ
④ ㄴ, ㄷ ⑤ ㄱ, ㄴ, ㄷ

06 다음은 두 가지 종류의 신호 (가), (나)의 시간에 따른 세기를 나타낸 것이다.

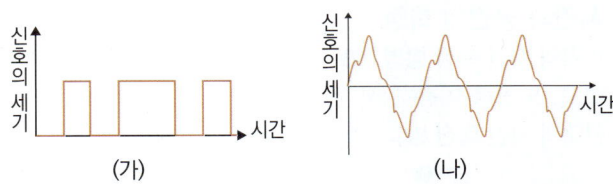

(가) (나)

이에 대한 다음의 설명 중 옳은 것만을 있는 대로 고르시오.

① (가)는 불연속적이고, (나)는 연속적이다.
② (가)는 섬세한 표현을 할 수 있고, (나)는 저장, 복사, 재생 전송 등이 용이하다.
③ (가)는 (나)로 바꿀 수 없지만 (나)는 (가)로 전환이 가능하다.
④ (가)는 신호를 처리하는 구조나 과정이 간단한 장점이 있고, (나)는 전송 과정에서 변질되지 않는 장점이 있다.
⑤ 자연에서 발생하는 대부분의 신호는 (나)의 형태이다.

07 그림은 광섬유를 통한 정보의 전달 모습이다. 광섬유는 빛 신호가 0과 1의 형태로 코어를 통해 전달된다. 이에 대한 <보기>의 설명 중 옳은 것만을 있는 대로 골라 기호로 쓰시오.

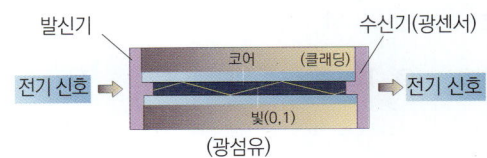

─ 보기 ─

ㄱ. 발신기에서는 전기 신호가 아날로그 신호로 변환된다.
ㄴ. 수신기에서는 빛 신호가 전기 신호로 변환된다.
ㄷ. 광섬유로 전달되는 빛 신호는 외부 도선이나 전자기파의 영향을 받아 신호가 잘 변질된다.

단원 요약

01 과학의 기본량

1. 거시 세계와 미시 세계

구분	거시 세계	(❶) 세계
의미	일상 생활에서 관측할 수 있는 세계 예 물, 암석, 유리, 태양계, 지구 등	일상 생활에서 관측할 수 없는 세계 예 원자, 분자, 원자핵 등
이론	고전 역학	(❷)

2. 다양한 시간과 공간의 규모

① (❸): 자연 현상의 크기 범위. 자연 현상은 시간 규모와 공간 규모가 매우 다양하다.
② **자연 현상의 탐구**: 자연 현상의 규모에 따라 시간과 공간을 측정하는 등의 연구 방법이 다르다.
③ 사람의 눈으로 관측 가능한 최소 크기는 $100 \mu m$ ($= 0.1$ mm) 정도로 집먼지 진드기 정도의 크기이다.

3. 시간과 공간의 측정

① **과거의 시간 측정 방법**: (❹)을 이용해 시간을 나타냈고, 도구를 이용해 시간을 측정했다.
② **현대의 시간 측정 방법**: 기계식, 전자식 시계로 시간을 측정하였고, 현재는 (❺)에서 흡수하거나 방출하는 빛의 진동수를 이용해 시간을 정밀하게 측정한다.
③ **과거의 길이 측정 방법**: 과거에는 손가락 마디의 길이나 발걸음 폭을 이용해 길이를 측정했고, 그 후 눈금이 표시된 자를 이용해 길이를 측정했다.
④ **현대의 길이 측정 방법**: 빛이나 전자의 성질을 이용해 거리를 측정한다.

4. 기본량과 단위

① **기본량**: 시간, 길이, 질량, 전류, 온도. 광도, 물질량으로, 총 7개가 있다. 각각의 기본량은 다른 물리량을 이용하여 나타낼 수 없고, 단위는 국제단위계(SI)를 사용한다.

기본량	시간	길이	(❻)	전류	온도	광도	물질량
단위	s (초)	m (미터)	kg (킬로그램)	A (암페어)	(❼)	cd (칸델라)	(❽)

② **허용되는 비SI 단위**: SI 단위와 함께 사용한다.

비 SI 단위	시간	(❾)	질량	넓이	부피	각도	(❿)
단위	h	AU	t	ha	L	°(도)	eV

③ **유도량**: 기본량으로부터 유도된 물리량. 단위는 기본량의 단위를 조합하여 나타낸다.

유도량	넓이	부피	속력	(⑪)	밀도	힘	에너지
단위	m^2	m^3	m/s	m/s^2	kg/m^3	$kg \cdot m/s^2$	(⑫)

02 측정 표준과 정보

1. 측정과 어림

(⑬)	· 물체의 물리량을 재는 활동으로, 결과를 수치와 단위로 나타내야 한다. · 적절한 측정 단위와 측정 도구가 필요하다.
(⑭)	· 측정 도구 없이 눈으로 측정값을 짐작하거나 논리적 추론을 통해 측정값을 추정하는 것이다. · 과학적인 사고 과정, 자료, 측정 경험 등을 바탕으로 수행된다.

2. 측정 표준

① (⑮): 물리량을 정확하고 일관성 있게 측정하기 위한 과학적 기준으로, 표준화된 측정 단위, 측정 방법, 측정 도구가 있다.
② **현대의 측정 표준**: 2018년 국제도량형 총회에서 불변의 물리 상수를 기준으로 기본량을 정의하였다.
③ **측정 표준의 필요성**: 일상생활이나 산업 분야에서 신뢰할 수 있는 측정 결과를 얻기 위해 활용한다. 제품의 품질, 신뢰성을 담보할 수 있으므로 상거래 등의 경제 활동의 기반이 된다.

3. 신호와 정보
① **자연의 신호와 정보**

자연의 (⑯)	인간을 둘러싼 자연의 다양한 변화가 전달되는 것으로 빛, 소리, 온도, 냄새, 열, 압력, 지진파 등 다양한 형태가 있다.
(⑰)	신호를 측정하고 분석하여 실제 문제에 도움이 되도록 정리한 지식이나 자료

② **센서**: 인간의 감각기관에 해당하며, 다양한 신호를 감지하여 전기 신호로 전환하는 장치이다.
③ **아날로그 신호와 디지털 신호**

(⑱) 신호	자연에서 발생하는 대부분의 신호이며, 연속적으로 크기가 변하는 특성이 있다. 센서에 의해서 전기 신호로 변환된다.
(⑲) 신호	아날로그 신호를 0과 1의 이진수로 표현한 신호이며, 컴퓨터 및 디지털 기기에서 처리하는 신호이고, 저장, 재생, 전송이 편리하다.

4. 디지털 정보와 현대 문명
많은 디지털 정보를 복사, 전송하고 공유하면서 일상생활에서 필요한 정보를 보다 빠르게 습득할 수 있고, 습득한 정보를 유용하게 활용한다.
예 인터넷 뱅킹, 전자 화폐, 전자책, 무인 드론, 자율주행 자동차, 원격 진료, 재생 에너지 기술 등

단원 마무리

01 자연 세계의 시간과 공간에 대한 설명으로 옳은 것만을 <보기>에서 있는 대로 고른 것은?

─ 보기 ─

ㄱ. 거시 세계와 미시 세계는 모두 도구 없이 관측할 수 없다.
ㄴ. 자연 현상이 일어나는 시간과 공간의 규모는 매우 다양하다.
ㄷ. 자연 현상의 규모에 따라 측정하는 방법이 다르다.

① ㄱ　　　　　② ㄴ　　　　　③ ㄷ
④ ㄱ, ㄴ　　　　⑤ ㄴ, ㄷ

02 앙부일구와 세슘 원자시계에 대한 설명 중 옳은 것만을 <보기>에서 있는 대로 고른 것은?

─ 보기 ─

ㄱ. 세슘 원자시계가 측정하는 것은 기본량이다.
ㄴ. 앙부일구는 밤에 시간을 측정하는 장치이다.
ㄷ. 세슘 원자시계가 앙부일구보다 더 정밀한 측정이 가능하다.

① ㄱ　　　　　② ㄷ　　　　　③ ㄱ, ㄷ
④ ㄴ, ㄷ　　　　⑤ ㄱ, ㄴ, ㄷ

03 표는 다양한 공간 규모를 나타낸 것이다.

(가) 수소 원자	(나) 바이러스	(다) 우리은하
지름 10^{-10} m	지름 수십 nm	지름 10만 광년

이에 대한 설명으로 옳은 것만을 <보기>에서 있는 대로 고른 것은?

─ 보기 ─

ㄱ. (나)는 (가)보다 공간 규모가 크다.
ㄴ. (나)는 미시 세계에 속한다.
ㄷ. (다)의 측정으로 인간 경험 범위가 확장되었다.

① ㄱ　　　　　② ㄷ　　　　　③ ㄱ, ㄷ
④ ㄴ, ㄷ　　　　⑤ ㄱ, ㄴ, ㄷ

04 현대에는 과거에 비해 시간과 길이를 정밀하게 측정하게 되었다. 현대의 정밀한 시간과 길이 측정 방법에 대한 설명으로 옳은 것만을 <보기>에서 있는 대로 고른 것은?

─ 보기 ─

ㄱ. 전자식 시계인 수정 시계로 시간을 측정한다.
ㄴ. 빛을 이용해 길이를 정밀하게 측정하기 위해서 시간을 정확히 측정해야 한다.
ㄷ. 길이의 기준을 정하기 위해서 북극에서 적도까지의 길이를 측정해야 한다.

① ㄱ　　　　　② ㄴ　　　　　③ ㄱ, ㄴ
④ ㄴ, ㄷ　　　　⑤ ㄱ, ㄴ, ㄷ

05 그림은 도로에서 제한 최고 속도와 km/h로 측정한 자동차의 속도를 나타낸 것이다.

이에 대한 설명으로 옳은 것만을 <보기>에서 있는 대로 고른 것은?

─ 보기 ─

ㄱ. 측정 표준을 활용하고 있다.
ㄴ. 길이의 기본 단위가 사용되었다.
ㄷ. 제한 최고 속도는 15 m/s이다.

① ㄱ　　　　　② ㄴ　　　　　③ ㄷ
④ ㄱ, ㄴ　　　　⑤ ㄴ, ㄷ

06 다음은 미터원기에 대한 설명이다.

1789년 과학자들은 ⓐ 지구의 북극에서 적도까지의 거리를 측정한 뒤 이 거리를 10,000,000으로 나누어 1 m를 정의했다. 이 정의를 기반으로 1799년 프랑스 정부는 백금-이리듐 합금으로 만든 막대를 1m 길이로 제작했다. 이것을 미터원기라고 불렀고 길이의 측정 표준으로 사용했다. ⓑ 20세기에 이르러 과학자들은 빛의 속도를 기준으로 1 m를 다시 정의했다.

이에 대한 설명으로 옳은 것만을 <보기>에서 있는 대로 고른 것은?

─ 보기 ─

ㄱ. 1799년 당시 미터원기는 길이의 측정 표준이었다.
ㄴ. 미터원기는 환경이 달라져도 길이가 달라지지 않는다.
ㄷ. ⓐ가 ⓑ보다 더 정밀한 측정 표준이다.

① ㄱ　　　　　② ㄷ　　　　　③ ㄱ, ㄴ
④ ㄴ, ㄷ　　　　⑤ ㄱ, ㄴ, ㄷ

07 다음은 국제단위계의 기본량과 단위이다.

기본량	시간	길이	질량	전류	온도	광도	물질량
단위	s (초)	m (미터)	kg (킬로그램)	A (암페어)	K (켈빈)	cd (칸델라)	mol (몰)

이에 대한 설명으로 옳은 것만을 <보기>에서 있는 대로 고른 것은?

┌─ 보기 ─────────────────────────────────┐
ㄱ. 10진법을 기본으로 하며, 접두어 기호로 매우 크거나 매우 작은 규모를 표기한다.
ㄴ. 한 가지의 기본량을 서로 다른 단위로 나타낼 수 있다.
ㄷ. 기본량을 조합하여 부피, 속력, 힘 등과 같은 물리량을 나타낼 수 있다.
└───────────────────────────────────────┘

① ㄱ　　　　　　② ㄴ　　　　　　③ ㄷ
④ ㄱ, ㄷ　　　　⑤ ㄴ, ㄷ

08 다음은 전류의 단위가 정립된 과정을 순서 없이 나타낸 것이다.

┌───┐
(가) 전류 1 A는 단면적이 무시할 수 있을 만큼 작고, 매우 긴 두 직선 도선이 진공 중에서 평행한 상태로 1 m 떨어져 있을 때, 두 도선 사이에 도선 1 m 당 2×10^{-7} N의 인력 혹은 척력을 발생시키는 전류이다.
(나) 전하량의 단위를 C(쿨롬)이라고 할 때, 전자의 기본 전하량 $e = 1.602176634 \times 10^{-19}$ C 으로 고정하여 $1\,A = \dfrac{1\ C}{1\ s} = 1$ C/s 로 정의한다.
└───┘

이에 대한 설명으로 옳은 것만을 <보기>에서 있는 대로 고른 것은?

┌─ 보기 ─────────────────────────────────┐
ㄱ. (가)의 실험을 현실적으로 구현할 수는 없다.
ㄴ. (나)의 전류의 단위는 현대의 측정 표준이다.
ㄷ. (가)에서 전류의 단위는 다른 기본량의 단위를 조합해서 나타낼 수 있다.
└───────────────────────────────────────┘

① ㄱ　　　　　　② ㄴ　　　　　　③ ㄱ, ㄴ
④ ㄴ, ㄷ　　　　⑤ ㄱ, ㄴ, ㄷ

09 기본량의 단위를 조합하여 유도량의 단위를 나타낸 것으로 옳지 않은 것은?

① 속력: m/s
② 밀도: kg/m³
③ 농도: mol/m³
④ 힘: kg·m/s²
⑤ 압력: kg·m²/s²

10 다음은 중력에 대한 설명이다.

┌───┐
질량 m_1, m_2인 물체가 거리 r만큼 떨어져 있을 때 두 물체 사이에 작용하는 중력 F는 다음과 같은 식으로 나타난다.

$$F = G\frac{m_1 m_2}{r^2}$$

여기서 F의 단위는 N이며, 1 N=1 kg·m/s² 이다. G는 공통으로 사용되는 만유인력 상수이다.
└───┘

이때 G의 단위로 옳은 것은?

① m/(kg·s)
② kg·m²/s²
③ m³/(kg·s²)
④ kg·m/s²
⑤ kg·m³/s²

11 측정 표준이 활용되는 사례와 가장 거리가 먼 것은?

① 식품의 방사능 수치를 측정하였다.
② 올해 농촌 지역의 ha당 쌀 수확량을 추정해 보았다.
③ 시골과 도시의 미세먼지 농도를 비교하였다.
④ 고랭지 배추로 만든 김치와 보통 김치의 맛을 비교하였다.
⑤ 라면의 식품 첨가물의 양이 적당한지 맛을 보아 알아보았다.

12 그림은 혈당량을 측정하는 모습이다. 측정된 혈당량은 114 mg/dL이었다. 이에 대한 설명으로 옳은 것만을 <보기>에서 있는 대로 고른 것은?

┌─ 보기 ─────────────────────────────────┐
ㄱ. 측정 기기에는 가스 센서가 들어있다.
ㄴ. 질량과 부피의 측정 표준을 사용하였다.
ㄷ. 혈액 1 m³에 포함된 당의 질량은 11.4 g이다.
└───────────────────────────────────────┘

① ㄱ　　　　　　② ㄴ　　　　　　③ ㄷ
④ ㄱ, ㄷ　　　　⑤ ㄴ, ㄷ

13 다음은 길이를 측정하는 다양한 사례를 나타낸 것이다.

> (가) 지구에서 레이저(LASER)로 빛을 쏘아 빛이 달의 표면에서 반사되어 다시 돌아오는 데 걸리는 시간을 이용하여 지구에서 달까지의 거리를 측정한다.
> (나) 원자힘현미경(AFM)을 사용하여 흑연 표면에 있는 탄소 원자의 크기를 측정한다.
> (다) 위성 위치 확인 시스템(GPS)은 여러 개의 위성에서 오는 신호의 시간 차이를 이용해 수신기의 위치를 파악하여 이동 거리를 측정한다.

이에 대한 설명으로 옳은 것만을 <보기>에서 있는 대로 고른 것은?

> ─ 보기 ─
> ㄱ. (가)에서 빛의 속력을 이용한다.
> ㄴ. (가)에서가 (나)에서보다 작은 규모의 길이를 측정한다.
> ㄷ. (다)에서 이동 거리의 정밀한 측정을 위해 정확한 시간 측정이 필요하다.

① ㄱ   ② ㄴ   ③ ㄱ, ㄷ
④ ㄴ, ㄷ   ⑤ ㄱ, ㄴ, ㄷ

14 그림은 아날로그 신호를 디지털 신호로 변환하여 저장하였다가 다시 아날로그 신호로 재생하였을 때 원래의 신호와의 불일치를 나타낸 것이다.

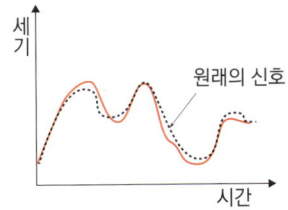

신호의 불일치를 줄일 수 있는 방법만을 <보기>에서 있는 대로 고른 것은?

> ─ 보기 ─
> ㄱ. 디지털 신호를 압축하여 저장한 후 재생한다.
> ㄴ. 용량이 큰 저장 장치를 사용한다.
> ㄷ. 디지털 신호로 변환할 때 짧은 시간 간격으로 변환한다.

① ㄱ   ② ㄷ   ③ ㄱ, ㄴ
④ ㄴ, ㄷ   ⑤ ㄱ, ㄴ, ㄷ

15 그림은 물통에 모인 빗물의 무게를 깊이로 환산하여 1 시간 간격으로 강우량을 측정하는 디지털 우량계를 나타낸 것이다.

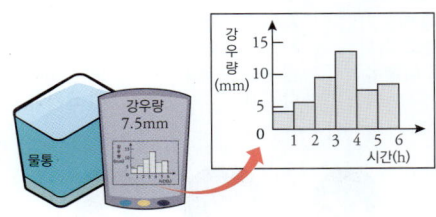

이에 대한 설명으로 옳은 것만을 <보기>에서 있는 대로 고른 것은?

> ─ 보기 ─
> ㄱ. 화면에 나타나는 강우량 측정값은 연속적이다.
> ㄴ. 디지털 우량계에는 아날로그 형태의 신호를 전기 신호로 바꾸는 센서가 있다.
> ㄷ. 디지털 정보는 아날로그 정보보다 저장이나 전송할 때 손상되기 쉽다.

① ㄱ   ② ㄴ   ③ ㄱ, ㄷ
④ ㄴ, ㄷ   ⑤ ㄱ, ㄴ, ㄷ

16 그림은 신호 (가)가 변환(변환1)되어 신호(나)가 되고, 다시 변환(변환2)되어 신호 (다)가 되는 과정을 나타낸 것이다.

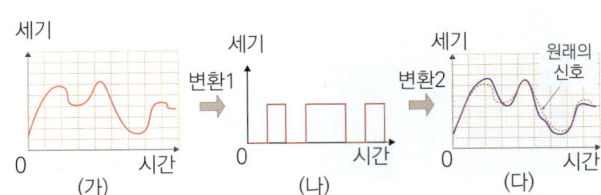

이에 대한 설명 중 옳은 것만을<보기>에서 있는 대로 고른 것은?

> ─ 보기 ─
> ㄱ. (가)는 센서에서 나오는 전기 신호이다.
> ㄴ. (나)는 디지털 기기에서 처리 중인 신호이다.
> ㄷ. (가)와 비교할 때 (다)는 잡음이 제거된 소리이다.

① ㄱ   ② ㄴ   ③ ㄱ, ㄴ
④ ㄱ, ㄷ   ⑤ ㄴ, ㄷ

01 다음은 자연 세계의 시간과 공간에 대한 세 학생의 대화이다.

자연 세계는 거시 세계와 미시 세계로 나눌 수 있어.

자연 현상들의 시간 규모와 공간 규모는 매우 다양해.

사람의 눈으로 관측 가능한 공간 규모는 100 nm 정도의 크기야.

A   B   C

제시한 의견이 옳은 학생만을 있는 대로 고른 것은?

① A   ② B   ③ A, B
④ B, C   ⑤ A, B, C

02 미시 세계와 거시 세계에 대한 설명으로 옳은 것만을 <보기>에서 있는 대로 고른 것은?

• 보기 •

ㄱ. 거시 세계는 우리가 일상에서 직접 보고 느낄 수 있는 세계이다.
ㄴ. 미시 세계는 관측 대상의 위치를 매시간마다 정확히 관측할 수 없다.
ㄷ. 거시 세계가 질서와 예측 가능성의 세계라면, 미시 세계는 불확실성이 지배하는 세계이다.

① ㄱ   ② ㄴ   ③ ㄱ, ㄴ
④ ㄱ, ㄷ   ⑤ ㄱ, ㄴ, ㄷ

03 그림 (가)~(다)는 자연 현상을 측정하는 도구를 나타낸 것이다.

(가) 앙부일구   (나) 세슘 원자시계   (다)레이저 거리 측정기

이에 대한 설명으로 옳은 것만을 <보기>에서 있는 대로 고른 것은?

• 보기 •

ㄱ. (가)는 빛의 진동수를 이용한다
ㄴ. (나)를 이용하여 시간을 측정하는 것은 현대적 방법이다.
ㄷ. (다)는 정밀한 시간 측정 기술이 필요하다.

① ㄱ   ② ㄴ   ③ ㄷ
④ ㄴ, ㄷ   ⑤ ㄱ, ㄴ, ㄷ

04 다음 중 기본량과 표준화된 국제단위계(SI)의 단위가 옳게 짝 지어지지 않은 것은?

	기본량	단위		기본량	단위
①	시간	s	②	길이	m
③	질량	kg	④	전류	A
⑤	온도	℃			

05 다음 중 기본량에 대한 설명으로 옳은 것만을 <보기>에서 있는 대로 고른 것은?

• 보기 •

ㄱ. 여러 가지 물리량 중에서 가장 기본이 되는 물리량이다.
ㄴ. 다른 물리량을 이용하여 나타낼 수 있다.
ㄷ. 기본 물리 상수를 구하는 새로운 방법을 발견하면 기본량의 단위에 대한 정의가 변경될 수도 있다.

① ㄱ   ② ㄷ   ③ ㄱ, ㄴ
④ ㄱ, ㄷ   ⑤ ㄱ, ㄴ, ㄷ

06 다음은 태풍 매미에 대한 설명이다.

태풍 매미는 2003년 9월 6일 15시부터 14일 06시까지 위력을 유지하며 최저 기압 ㉠910 hPa을 기록한 대형 태풍이다. 추석 하루 뒤인 9월 12일 15시 제주 남동쪽 ㉡210 km 해상을 통과해 제주 고산에서 최대 순간 풍속 ㉢60 m/s를 기록했으며 21시 경남 고성 일대에 중심기압 950 hPa으로 상륙하여 약 6시간만인 13일 2시 30분 경북 울진 앞바다로 빠져나갔다.

이에 대한 설명으로 옳은 것만을 <보기>에서 있는 대로 고른 것은?

• 보기 •

ㄱ. ㉠은 기본량의 단위가 포함되었다.
ㄴ. ㉡은 길이의 기본단위가 포함되었다.
ㄷ. ㉢은 국제단위계의 기본단위이다.

① ㄱ   ② ㄴ   ③ ㄱ, ㄴ
④ ㄱ, ㄷ   ⑤ ㄱ, ㄴ, ㄷ

07 다음은 당뇨병에 대한 설명이다.

당뇨병은 혈중 포도당 농도가 정상보다 높아 오줌 속에 포도당이 섞여 나오는 질병이다. 단백질 호르몬인 ㉠ 인슐린의 분비가 부족하거나, 인슐린이 제대로 작용하지 못하면 당뇨병이 발생할 수 있다. ㉡ '8시간 이상 공복 후 측정한 혈중 포도당 농도가 126 mg/dL 이상'은 당뇨병 진단 기준 중 하나이다.

이에 대한 설명으로 옳은 것만을 <보기>에서 있는 대로 고른 것은?

• 보기 •
ㄱ. ㉠의 단위체는 아미노산이다.
ㄴ. ㉡은 측정 표준이 활용된 사례이다.
ㄷ. mg/dL는 기본량의 단위이다.

① ㄱ ② ㄷ ③ ㄱ, ㄴ
④ ㄴ, ㄷ ⑤ ㄱ, ㄴ, ㄷ

08 그림 (가)는 자연에서 발생한 신호를, (나)는 (가)를 전기 신호로 변환한 것의 일부를 나타낸 것이다. (가)와 (나)는 각각 디지털 신호와 아날로그 신호 중 하나이다.

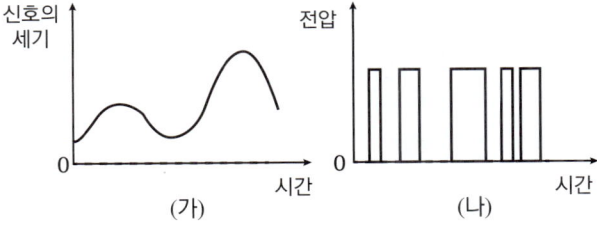

이에 대한 설명으로 옳은 것만을 <보기>에서 있는 대로 고른 것은?

• 보기 •
ㄱ. (가)는 아날로그 신호이다.
ㄴ. (나)는 연속적인 값으로 나타낸 신호이다.
ㄷ. (나)가 (가)보다 전송 과정에서 손상되기 쉽다.

① ㄱ ② ㄷ ③ ㄱ, ㄴ
④ ㄱ, ㄷ ⑤ ㄴ, ㄷ

09 일상생활에서 측정 표준이 활용되는 예로 적절하지 않은 것은?

① 고속도로에서의 자동차 제한 속도
② 미술전 유화 제작
③ 휴대폰 배터리 용량
④ 체온이나 혈압, 혈당 측정
⑤ 일기예보에서 태풍의 진행 속도나 풍속

10 신호와 정보에 대한 설명으로 옳은 것만을 <보기>에서 있는 대로 고른 것은?

• 보기 •
ㄱ. 지진이 일어났을 때 측정되는 지진파는 디지털 신호이다.
ㄴ. 각종 센서는 아날로그 신호를 디지털 신호로 바꾼다.
ㄷ. 수집한 신호를 분석하여 정보로 이용할 수 있다.

① ㄱ ② ㄷ ③ ㄱ, ㄷ
④ ㄴ, ㄷ ⑤ ㄱ, ㄴ, ㄷ

11 그림은 도로에서 발생한 소리를 스마트폰으로 측정한 결과를 나타낸 화면의 일부이다.

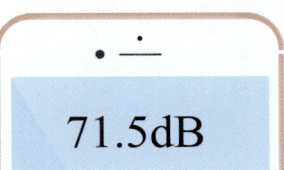

71.5dB

이에 대한 설명으로 옳은 것만을 <보기>에서 있는 대로 고른 것은?

• 보기 •
ㄱ. 도로에서 발생한 소리는 디지털 신호이다.
ㄴ. 이 스마트폰에는 소리를 전기 신호로 바꾸는 센서가 있다.
ㄷ. db(데시벨)은 소리의 세기를 나타낼 때 사용하는 단위이다.

① ㄱ ② ㄴ ③ ㄱ, ㄷ
④ ㄴ, ㄷ ⑤ ㄱ, ㄴ, ㄷ

12 다음은 아날로그 신호를 디지털 신호로 변환하는 것을 나타낸 것이다.

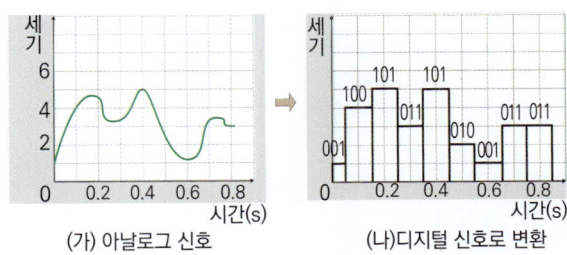

(가) 아날로그 신호   (나)디지털 신호로 변환

이에 대한 설명으로 옳은 것만을 <보기>에서 있는 대로 고른 것은?

• 보기 •
ㄱ. 자연의 신호는 대부분 (가)의 형태로 나타난다.
ㄴ. (나)의 형태로 휴대폰으로 음악을 듣는다.
ㄷ. (가)를 (나)로 변환할 때 시간 간격을 줄이면 신호의 왜곡을 줄일 수 있다.

① ㄱ ② ㄴ ③ ㄷ
④ ㄱ, ㄷ ⑤ ㄴ, ㄷ

II 물질과 규칙성

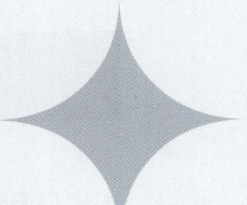

A 스펙트럼

1. 스펙트럼: 빛이 프리즘이나 분광기를 통과할 때 파장에 따라 분산되어 나타나는 색의 띠를 말한다.

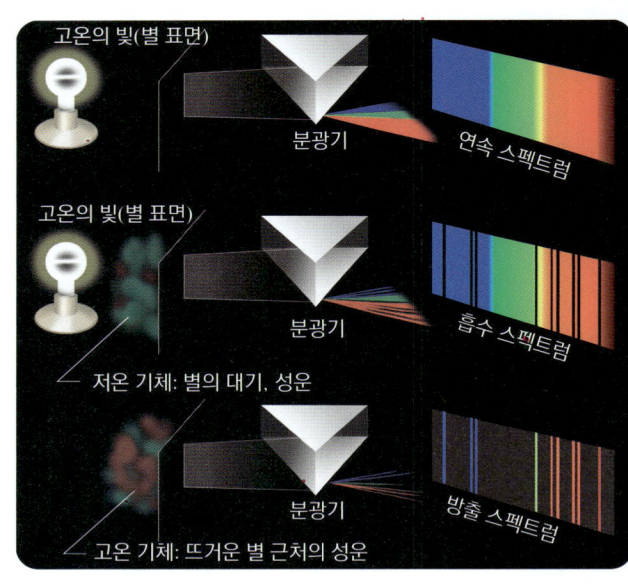

고온의 빛(별 표면) → 분광기 → 연속 스펙트럼

고온의 빛(별 표면) → 분광기 → 흡수 스펙트럼

저온 기체: 별의 대기, 성운

분광기 → 방출 스펙트럼

고온 기체: 뜨거운 별 근처의 성운

스펙트럼		나타나는 경우
연속 스펙트럼	모든 파장 영역에 걸쳐 연속적으로 나타나는 스펙트럼	고온의 별에서 방출된 빛은 색의 띠가 연속으로 나타난다.(백열 전구의 빛, 고온의 별 표면의 빛)
선 스펙트럼 — 흡수 스펙트럼	연속 스펙트럼에서 검은색 흡수선이 나타나는 선 스펙트럼	별빛이 저온의 기체(별의 대기, 성운)를 통과할 때 저온의 기체가 특정 파장의 빛을 흡수하여 검은 선이 생긴다.
선 스펙트럼 — 방출 스펙트럼	특정 파장의 영역에서 몇 가지 색의 띠만 나타나는 선 스펙트럼	고온의 별 주위에서 에너지를 얻어 가열된 고온의 기체 덩어리(성운)의 원자가 특정 파장의 빛을 방출하여 밝은 선이 생긴다.

더 알아보기   선 스펙트럼의 생성

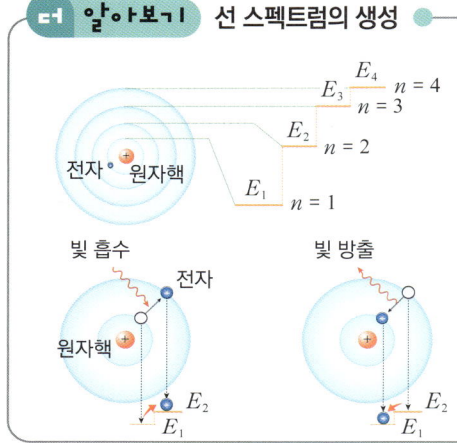

E_4 $n = 4$
E_3 $n = 3$
E_2 $n = 2$
E_1 $n = 1$

전자, 원자핵

빛 흡수   빛 방출
전자
원자핵
E_2 E_1 E_2 E_1

원자핵 주위를 돌고 있는 전자들은 특정한 에너지 준위의 궤도에만 존재할 수 있으며, 선 스펙트럼은 전자의 에너지 준위(E) 변화에 따라 나타난다($E_1 < E_2 < E_3 < E_4$).

- **흡수 스펙트럼**: 전자가 낮은 에너지 준위에서 높은 에너지 준위로 이동할 때 빛을 흡수하여 생성된다.($E_1 \rightarrow E_2$)
- **방출 스펙트럼**: 전자가 높은 에너지 준위에서 낮은 에너지 준위로 이동할 때 빛을 방출하여 생성된다.($E_2 \rightarrow E_1$)

2. 별빛의 스펙트럼 분석: 스펙트럼에 나타나는 흡수선 또는 방출선의 두께와 위치는 원소마다 다르므로 별의 스펙트럼 분석을 통해 별의 구성 성분, 표면 온도, 밀도 및 원소의 질량비 등을 알 수 있다. ❶

① **원소의 종류**: 별빛의 스펙트럼과 원소의 스펙트럼❷을 비교하면 별을 구성하고 있는 원소의 종류를 알 수 있다.

② **원소의 질량비**: 원소의 밀도에 비례하여 선 스펙트럼의 선폭(두께)이 두꺼워지므로 선폭을 비교하여 빛을 방출하거나 흡수하는 원소의 질량비를 알 수 있다.

3. 태양의 스펙트럼 분석: 햇빛의 스펙트럼은 수백 개의 흡수선❸이 나타나는데 이것을 분석하여 태양의 대기가 수소, 헬륨, 나트륨 등의 원소로 이루어져 있음을 알게 되었다.

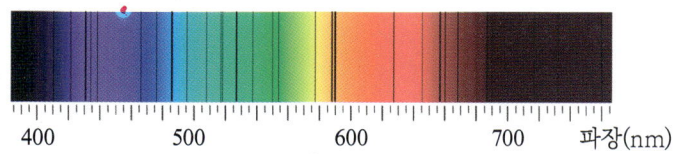

400   500   600   700   파장(nm)

▲ 태양의 흡수 스펙트럼(프라운호퍼 선) 태양광선이 지구나 태양의 대기를 구성하는 원소들에 의해 특정 파장의 빛이 흡수되어서 검은 선으로 나타난다.

개념⁺

❶ 별빛 스펙트럼 분석을 통해 알아낼 수 있는 것

① 별의 **화학적 구성**: 원소의 흡수선이나 방출선의 모양을 비교한다.
② 별을 구성하는 **원소들의 질량비 및 별의 밀도**: 흡수선이나 방출선의 두께를 비교한다.
③ 별의 **표면 온도**: 스펙트럼 색상의 분포로 알 수 있다.
④ 별의 **운동 방향과 속도**: 별 구성 원소의 스펙트럼 상의 편이를 조사 비교한다.

❷ 원소의 선 스펙트럼

- 흡수 스펙트럼: 검은 선(흡수선)의 위치는 저온의 기체를 이루는 원소의 스펙트럼 위치와 같다.
- 방출 스펙트럼: 밝은 선(방출선)의 위치는 고온의 기체를 이루는 원소의 스펙트럼 위치와 같다.

수소의 흡수 스펙트럼

➡ (파장 길어짐)

수소의 방출 스펙트럼

➡ 한 원소의 흡수선과 방출선은 동일한 위치에서 나타난다.

❸ 프라운호퍼 선

1814년 프라운호퍼는 분광기를 이용하여 태양의 연속 스펙트럼을 분석하여 여러 개의 검은 선을 발견하였다. 이 흡수선을 프라운호퍼 선이라고 한다.

B 우주의 원소 분포

1. **우주의 원소 분포**: 우주를 구성하고 있는 여러 천체의 스펙트럼 분석을 통해 우주의 원소 분포를 알아내었으며, 우주를 구성하는 원소의 대부분은 수소(H)와 헬륨(He)이다.

2. **별빛의 스펙트럼 분석 결과**: 우주 전역에 수소와 헬륨이 존재하며, 수소가 약 74 %, 헬륨이 약 24 %를 차지한다는 것을 알게 되었다. 이는 수소와 헬륨의 질량비가 3 : 1이라는 것이며, 빅뱅 이후 이 비율이 계속 유지되었다. 이는 빅뱅 우주론❸에서 예측한 값과 일치함으로써 빅뱅 우주론의 유력한 증거가 되었다.

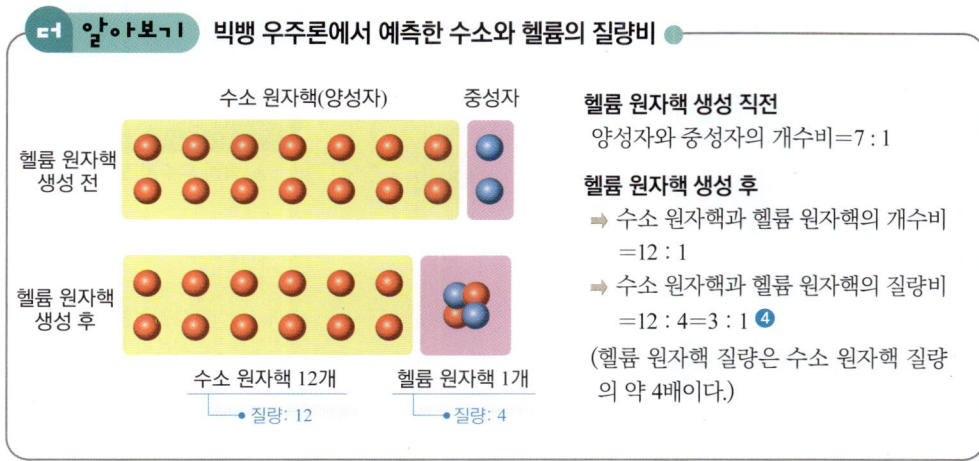

더 알아보기 빅뱅 우주론에서 예측한 수소와 헬륨의 질량비

헬륨 원자핵 생성 직전
양성자와 중성자의 개수비＝7 : 1

헬륨 원자핵 생성 후
➡ 수소 원자핵과 헬륨 원자핵의 개수비
＝12 : 1
➡ 수소 원자핵과 헬륨 원자핵의 질량비
＝12 : 4＝3 : 1 ❹
(헬륨 원자핵 질량은 수소 원자핵 질량의 약 4배이다.)

개념+

❸ **빅뱅 우주론**
1940년대 가모프가 주장한 것으로 아주 오래전 모든 물질과 에너지가 모인 초고온, 초밀도의 한 점에서 대폭발(빅뱅)이 일어나 우주가 시작되었고, 지금도 계속 팽창한다는 우주론이다.

❹ **수소와 헬륨 원자의 질량비**
전자의 질량은 매우 작기 때문에 원자의 질량은 원자핵의 질량과 거의 같다. 따라서 우주 전역에 분포한 수소 원자와 헬륨 원자의 질량비도 3 : 1이다.

개념체크+ ································· 정답 및 해설 ➡ 10

POINT

01 다음 설명에 해당하는 스펙트럼의 종류를 각각 쓰시오.

(1) 별빛이 저온의 기체를 통과할 때 나타나는 스펙트럼 ····················· (   )

(2) 고온의 기체에서 나오는 빛을 분산시켰을 때 나타나는 스펙트럼 ··········(　　)

(3) 백열 전구 빛을 분광기로 분산시켰을 때 무지개 색의 띠가 연속적으로 나타나는 스펙트럼
·· (   )

02 별빛의 스펙트럼을 분석할 때, 흡수선을 원소의 스펙트럼과 비교하면 원소의 (㉠ 종류 ㉡ 질량)를 알 수 있고, 흡수선의 선폭(두께)을 비교하면 원소의 (㉠ 종류 ㉡ 질량비)를 알 수 있다.

03 별빛의 스펙트럼으로 분석한 결과 우주를 구성하는 원소 중 가장 높은 비율을 차지하는 두 원소는 무엇인가?

04 빅뱅 우주론에서 예측한 수소와 헬륨의 질량비와 관련된 내용이다. 빈칸에 알맞은 말을 각각 쓰시오.

헬륨 원자핵이 생성되기 직전	양성자와 중성자의 개수비＝㉠(:)
헬륨 원자핵이 생성된 후	수소 원자핵과 헬륨 원자핵의 질량비＝㉡(:)

05 수소와 헬륨의 질량비가 약 3 : 1 인 것이 증거가 되는 우주론은 무엇인가?

C 빅뱅 우주론

1. 빅뱅(대폭발) 우주론

① **빅뱅 우주론**: 아주 오래전 모든 물질과 에너지가 모인 초고온, 초밀도의 한 점(특이점)에서 대폭발이 일어나 우주가 탄생하였고, 지금도 계속 팽창하고 있다는 우주론이다.

② **물질의 생성과 우주 질량의 불변**: 빅뱅 직후 기본 입자들이 만들어졌고, 이 기본 입자들이 모든 물질의 근원이 되어 물질이 생성되었다. 기본 입자 생성 이후 물질은 더 이상 만들어지지 않았으므로 우주 팽창 과정에서 우주의 초기 질량이 일정하게 유지되었다.

③ **우주의 온도와 밀도 변화**: 빅뱅 이후 우주가 팽창하면서 우주의 온도는 계속 낮아졌고, 밀도는 점차 감소하였다.

2. 빅뱅 우주론의 정립: 여러 증거❶들이 관측되면서 빅뱅 우주론이 인정받게 되었다.

D 우주 초기 원소의 생성

1. 물질의 구성: 모든 물질은 원자로 이루어져 있으며, 원자는 원자핵과 전자로 이루어지며, 원자핵은 양성자와 중성자로, 양성자와 중성자는 쿼크로 구성되어 있다.

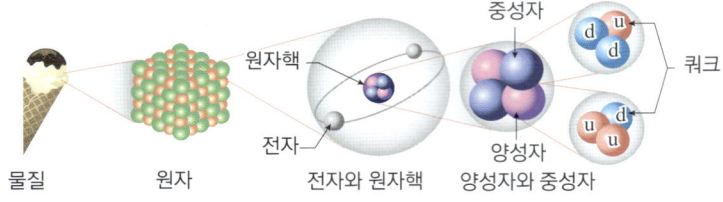

물질 　 원자 　 전자와 원자핵 　 양성자와 중성자 　 쿼크

① **원자**: 원자핵과 그 주위를 도는 전자(전하량: −1)로 이루어지며 전기적으로 중성이다.

② **원자핵**: 양성자와 중성자로 이루어진 입자로 양(+)전하를 띤다.

③ **양성자**: 위 쿼크(u: 전하량 $+\frac{2}{3}$) 2개와 아래 쿼크(d: 전하량 $-\frac{1}{3}$) 1개로 이루어진 입자로, 총 (+1)의 전기를 띠며, 원자의 종류에 따라 양성자수(원자 번호)가 다르다.

④ **중성자**: 위 쿼크(u) 1개와 아래 쿼크(d) 2개로 이루어진 입자로, 전기적으로 중성이며, 같은 원자(양성자수가 같은 원자)라도 중성자수가 다르면 질량이 다른 동위 원소❷가 된다. 원자핵 내에서 중성자는 양성자들이 단단하게 뭉칠 수 있도록 도와준다.

⑤ **기본 입자**❸: 더 이상 분해할 수 없는 물질의 기본 단위로, 쿼크와 경입자로 이루어진다.

2. 빅뱅 이후 물질이 만들어 지는 과정

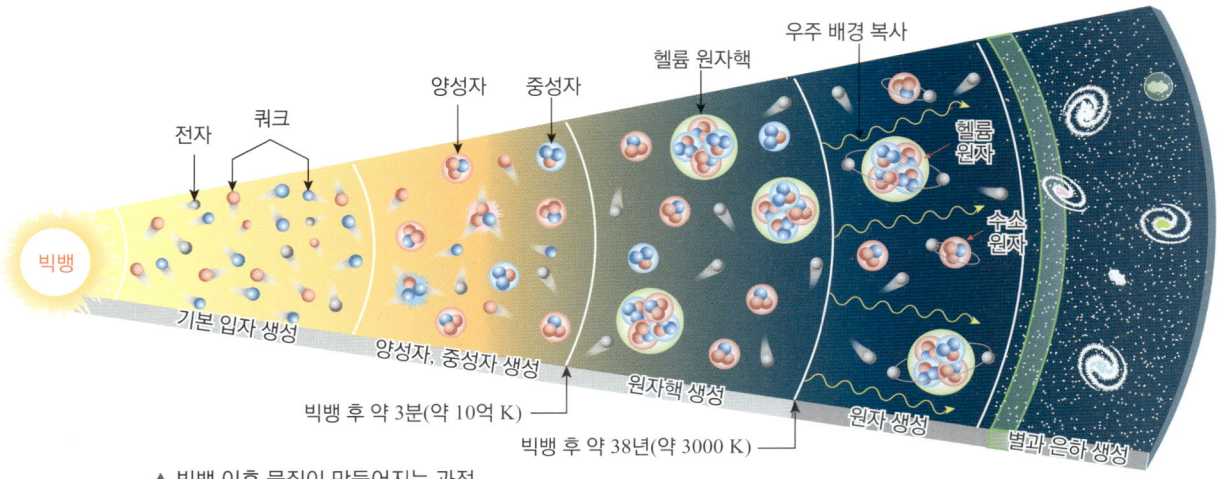

▲ 빅뱅 이후 물질이 만들어지는 과정

개념➕

❶ **빅뱅 우주론의 증거**
- 우주 전역에 존재하는 수소와 헬륨의 질량비가 3 : 1 로 유지됨
- **우주 배경 복사**: 빅뱅 이후 38만 년 시점에서 우주로 퍼져 나간 빛이 현재 우주 전역에서 마이크로 파 형태로 복사되고 있는 것이 관측됨

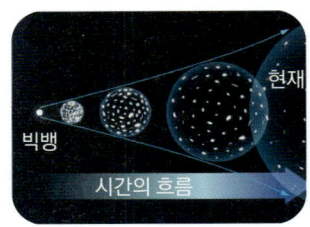

▲ 빅뱅 우주론 모형

❷ **동위 원소**

중성자의 수는 다르지만 양성자의 수는 같아서 질량은 다르나 원자 번호가 같고 화학적 성질도 서로 같은 원소

❸ **기본 입자의 종류**

더 이상 분해할 수 없는 가장 작은 입자로 6종의 쿼크와 6종의 경입자가 있으며 물질을 이루는 기본 입자이다.

기본 입자	종류
쿼크 (6종)	위(up): u 아래(down): d 맵시(charm): c 야릇한(strange): s 꼭대기(top): t 바닥(bottom): b
경입자 (6종)	전자, 전자 중성 미자, 뮤온, 뮤온 중성 미자, 타우, 타우 중성 미자

① **빅뱅**: 약 138억 년 전 모든 물질과 에너지가 모인 초고온, 초밀도의 한점에서 빅뱅이 일어나 우주가 탄생하였다. 빅뱅 직후에는 우주의 온도가 매우 높아 입자가 존재할 수 없었다.

② **기본 입자 생성**: 빅뱅 직후 지극히 짧은 시간 동안 급격한 우주의 팽창으로 온도가 낮아지면서 쿼크, 전자 등의 기본 입자가 생성되었다.

③ **양성자와 중성자 생성❹**: 우주의 계속된 팽창으로 온도가 더 낮아지면서 쿼크 3개가 결합하여 양성자와 중성자가 각각 생성되었다. 양성자는 그대로 수소의 원자핵이 되었다.

④ **원자핵 생성(빅뱅 후 약 3분)**: 우주의 온도 10억 K❺로 낮아졌을 때 양성자 2개와 중성자 2개가 결합하여 헬륨 원자핵이 생성되었다. 헬륨 원자핵이 생성된 후 우주에 분포하는 수소 원자핵(양성자)과 헬륨 원자핵의 질량비는 약 3 : 1로 유지되었다.

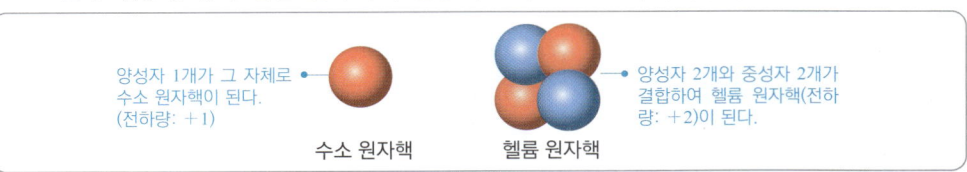

양성자 1개가 그 자체로 수소 원자핵이 된다. (전하량: +1) → 수소 원자핵

양성자 2개와 중성자 2개가 결합하여 헬륨 원자핵(전하량: +2)이 된다. → 헬륨 원자핵

더 알아보기 헬륨 원자핵의 생성

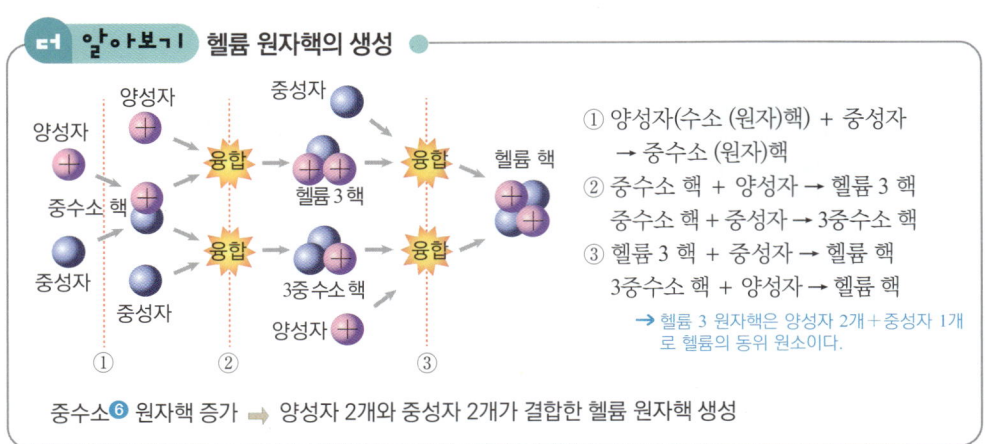

① 양성자(수소 (원자)핵) + 중성자 → 중수소 (원자)핵
② 중수소 핵 + 양성자 → 헬륨 3 핵
　중수소 핵 + 중성자 → 3중수소 핵
③ 헬륨 3 핵 + 중성자 → 헬륨 핵
　3중수소 핵 + 양성자 → 헬륨 핵
→ 헬륨 3 원자핵은 양성자 2개+중성자 1개로 헬륨의 동위 원소이다.

중수소❻ 원자핵 증가 ➡ 양성자 2개와 중성자 2개가 결합한 헬륨 원자핵 생성

⑤ **원자 생성(빅뱅 후 약 38만 년)**: 우주의 온도가 3,000 K 정도로 낮아지면서 전자의 운동 에너지가 감소하여 원자핵과 결합할 수 있게 되었고, 수소 원자와 헬륨 원자가 생성되었다. 그 결과 빛이 산란되지 않고 빠져 나갈 수 있게 되어 투명한 우주가 되었다.

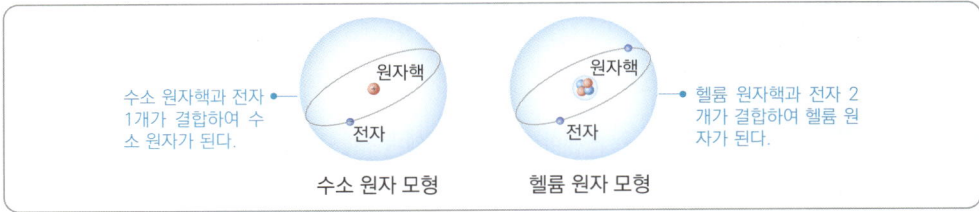

수소 원자핵과 전자 1개가 결합하여 수소 원자가 된다.
수소 원자 모형

헬륨 원자핵과 전자 2개가 결합하여 헬륨 원자가 된다.
헬륨 원자 모형

· **우주 배경 복사❼**: 현재 우주 전역으로부터 동일한 세기로 지구에 도달하는 복사파를 말한다. 이것은 빅뱅 후 약 38만 년이 되었을 때 원자가 생성되면서 우주 공간으로 퍼져 나간 빛이다.

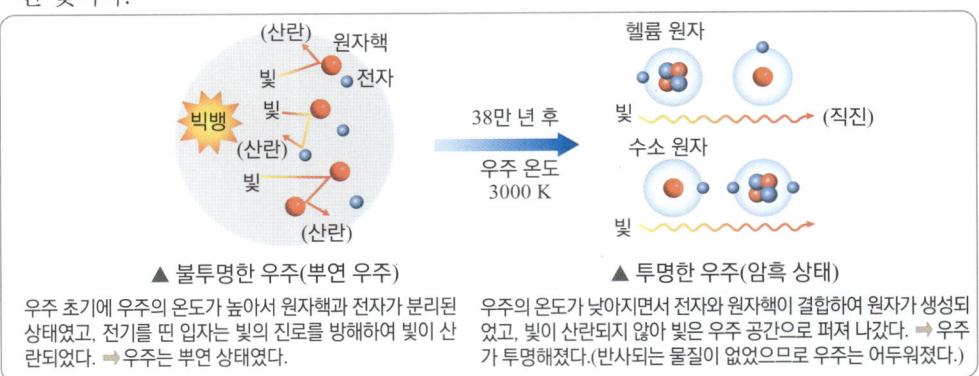

▲ 불투명한 우주(뿌연 우주)
우주 초기에 우주의 온도가 높아서 원자핵과 전자가 분리된 상태였고, 전기를 띤 입자는 빛의 진로를 방해하여 빛이 산란되었다. ➡ 우주는 뿌연 상태였다.

▲ 투명한 우주(암흑 상태)
우주의 온도가 낮아지면서 전자와 원자핵이 결합하여 원자가 생성되었고, 빛이 산란되지 않아 빛은 우주 공간으로 퍼져 나갔다. ➡ 우주가 투명해졌다.(반사되는 물질이 없었으므로 우주는 어두워졌다.)

⑥ **별과 은하 생성과 다양한 원소의 생성**: 빅뱅 후 약 4억~7억 년이 되었을 때 수소 원자와 헬륨 원자가 중력에 의해 모여들고 결합하여 별과 은하를 형성하였고, 이후 별의 진화 과정에서 지구와 생명체를 구성하는 물질을 이루는 다양한 원소들이 만들어졌다.

개념+

❹ **양성자와 중성자 개수비 변화**
● 우주 생성 초기의 양성자와 중성자의 개수비: 우주 온도가 매우 높아 양성자와 중성자는 서로 변환되었으며 양성자수와 중성자수가 거의 같게 유지되어 양성자와 중성자의 개수비는 1 : 1이었다.
● 헬륨 원자핵이 생성될 당시의 개수비: 우주의 팽창으로 온도가 낮아지면서 질량이 큰 중성자는 불안정하여 에너지를 방출하고 양성자로 붕괴되었지만, 양성자가 중성자로 변하는 과정은 일어나기 어려워졌다. 그 결과 양성자와 중성자의 개수비가 약 7 : 1로 변하였다.

❺ **K (켈빈)**
절대 온도의 단위이다. 절대 온도 0 K는 −273 ℃로 정한 이론적인 온도이다. 절대 온도 T와 섭씨 온도 t의 관계는 다음과 같다.

$$T(K) = t(℃) + 273$$

❻ **수소의 동위 원소**

중수소 핵　　　3중수소 핵

핵　종류	수소	중수소	3중수소
양성자	1	1	1
중성자	0	1	2
질량수	1	2	3

❼ **우주 배경 복사의 관측**

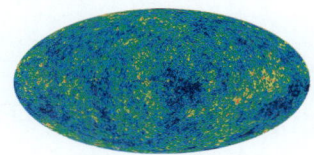

▲ 우주 배경 복사

1964년 펜지어스와 윌슨은 우연히 우주 전역에서 동일한 세기로 오는 마이크로파 형태의 복사파를 최초로 관측하였다. 이는 온도 약 3 K인 물체(흑체)에서 방출되는 복사선인 마이크로파의 파장과 일치하였으며, 이것은 빅뱅 이론의 결정적 증거가 되었다.
빅뱅 이후 우주의 온도는 점차 내려가 현재는 약 3 K 정도로 추정된다. 마이크로파는 전자레인지 등에 사용되는 전자기파로 가시광선에 비해서 파장이 매우 길다.

개념체크⁺

정답 및 해설 ➜ 10

POINT

06 모든 물질과 에너지가 모인 한 점에서 대폭발이 일어나 우주가 시작되었으며 지금도 계속 팽창하고 있다는 우주론은 무엇인가?

07 빅뱅 우주론에 있어서 우주의 모습에 대한 설명으로 옳은 것은 ○표, 틀린 것은 ×표 하시오.

(1) 우주는 초고온 초고밀도의 한 점에서 빅뱅이 일어나며 시작되었다. ············· (   )
(2) 빅뱅 이후 우주의 질량은 계속 증가하였다. ································· (   )
(3) 우주가 팽창하는 동안 온도는 일정하게 유지되었다. ···················· (   )
(4) 우주가 팽창하는 동안 밀도는 계속 감소하였다. ························· (   )

08 물질을 구성하는 입자에 대한 설명으로 옳은 것은 ○표, 틀린 것은 ×표 하시오.

(1) 양성자는 위 쿼크(u) 1개와 아래 쿼크(d) 2개로 이루어져 있다. ················ (   )
(2) 중성자는 2개의 쿼크로 이루어져 있다. ································· (   )
(3) 헬륨 원자핵은 1개의 양성자와 2개의 중성자로 이루어져 있다. ·············· (   )
(4) 원자는 원자핵과 전자로 이루어져 있다. ································· (   )
(5) 전자는 쿼크로 이루어져 있다. ·· (   )
(6) 양성자, 중성자, 전자는 물질의 기본 입자이다. ·························· (   )

09 <보기>의 물질들을 빅뱅 이후 우주에서 물질이 만들어진 순서대로 기호로 나열하시오.

> **보기**
> ㄱ. 쿼크   ㄴ. 헬륨 원자핵   ㄷ. 양성자   ㄹ. 수소 원자

10 빅뱅 후 약 3분이 되었을 때 헬륨 원자핵이 생성되었다. 이후 우주 전체에 존재하는 수소 원자핵과 헬륨 원자핵의 질량비는?

11 우주 초기 원소 생성과 그것에 의한 현상에 대한 설명으로 옳은 것은 ○표, 틀린 것은 ×표 하시오.

(1) 수소와 헬륨 원자핵은 빅뱅 후 약 38만 년이 지났을 때 만들어졌다. ·················· (   )
(2) 중성 원자는 원자핵과 전자가 결합하여 만들어진다. ·································(   )
(3) 빅뱅 이후 온도가 내려가 약 3000 K가 되었을 때 투명한 우주가 되었다. ···········(   )
(4) 우주의 온도가 높아서 원자핵과 전자가 분리된 상태에 있을 때 빛이 우주로 빠져나갔다.
  ···(   )

12 현재 우주의 모든 방향에서 같은 세기로 관측되는 복사파로 빅뱅 우주론의 증거가 되는 것은 무엇인가?

탐구 ✛

스펙트럼 관찰하기

◉ **목표** 분광기를 이용하여 다양한 스펙트럼을 관찰하고, 스펙트럼을 통해 별의 주요 구성 원소를 알아내는 원리를 이해할 수 있다.

◉ **실험 과정**

① 분광기를 이용하여 백열등의 스펙트럼을 관찰하여 사진으로 나타낸다.
② 분광기를 이용하여 여러 기체가 들어 있는 방전관에서 나오는 빛을 관찰하여 사진으로 나타낸다.
③ 햇빛과 미지의 별의 스펙트럼 사진을 각각 파장(위치)을 일치시켜 나타낸다.

◉ **탐구 결과**

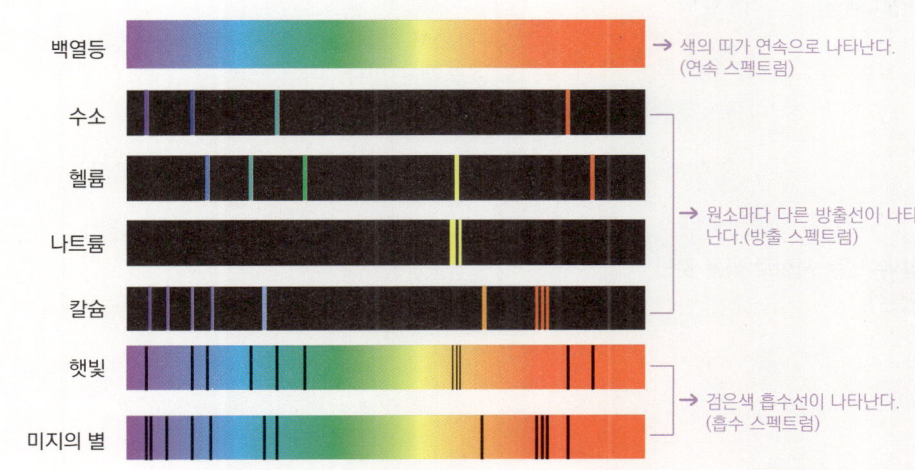

백열등 → 색의 띠가 연속으로 나타난다. (연속 스펙트럼)

수소 · 헬륨 · 나트륨 · 칼슘 → 원소마다 다른 방출선이 나타난다.(방출 스펙트럼)

햇빛 · 미지의 별 → 검은색 흡수선이 나타난다. (흡수 스펙트럼)

주의

준비물

분광기, 백열등, 여러 기체의 방전관, 햇빛과 미지의 별의 스펙트럼 사진, 면장갑, 필기 도구

방전관은 매우 뜨겁고, 고전압이 발생하므로 맨손으로 다뤄서는 안되며, 깨지지 않도록 주의한다. 방전관 속 기체의 스펙트럼은 방출 스펙트럼이다.

흡수선이나 방출선의 두께를 비교할 수 있으면 별이나 성운을 구성하는 원소의 질량비를 알 수 있으나, 여기서는 태양이나 별을 구성하는 주요 구성 원소의 종류를 알아내는 방법만을 다룬다.

● 프라운호퍼 선

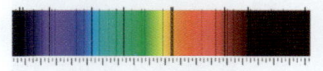

프라운호퍼 선은 태양 빛이 지구의 대기나 태양의 대기에서 흡수되기 때문에 나타나며, 이는 태양의 대기가 여러 가지 원소(수소, 헬륨, 나트륨 등)로 이루어져 있음을 알려준다.

결과 해석

정답 및 해설 ➡ 11

 햇빛의 스펙트럼이 위와 같이 나타났다면 태양의 대기에 포함되어 있는 원소는 무엇인가?

 원소마다 흡수선이 다르게 나타나는 이유는 무엇인가?

 미지의 별에 포함되어 있는 원소는 무엇인가?

 스펙트럼 관찰을 통해 별 또는 성운을 구성하고 있는 원소를 알아낼 수 있는 이유에 대하여 서술하시오.

스스로 실력높이기

A 스펙트럼

01 그림은 서로 다른 종류의 스펙트럼이 형성되는 경우를 나타낸 것이다. 이에 대한 설명으로 옳은 것만을 <보기>에서 있는 대로 고른 것은?

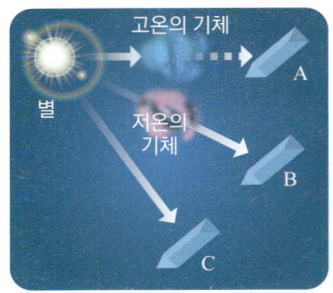

─● 보기 ●─
ㄱ. A에서는 방출 스펙트럼이 관측된다.
ㄴ. 별빛이 저온의 별의 대기를 통과하면 대기를 구성하는 원소가 특정 파장의 빛을 흡수하여 B와 같은 스펙트럼으로 관측된다.
ㄷ. 백열등을 분광기를 통해 관찰하면 C와 같은 스펙트럼으로 관측된다.

① ㄱ   ② ㄴ   ③ ㄷ
④ ㄴ, ㄷ   ⑤ ㄱ, ㄴ, ㄷ

02 별빛의 스펙트럼 분석을 통해 알 수 있는 사실로 옳은 것만을 <보기>에서 있는 대로 고른 것은?

─● 보기 ●─
ㄱ. 별의 크기
ㄴ. 별과 지구와의 거리
ㄷ. 별을 구성하는 원소의 종류
ㄹ. 별을 구성하는 원소의 질량비

① ㄱ, ㄴ   ② ㄴ, ㄷ   ③ ㄷ, ㄹ
④ ㄱ, ㄴ, ㄷ   ⑤ ㄴ, ㄷ, ㄹ

03 그림은 원소 A, B, C와 미지의 물질 D, E의 선 스펙트럼을 나타낸 것이다. 물질 D, E에 공통으로 포함된 원소를 있는 대로 고른 것은?

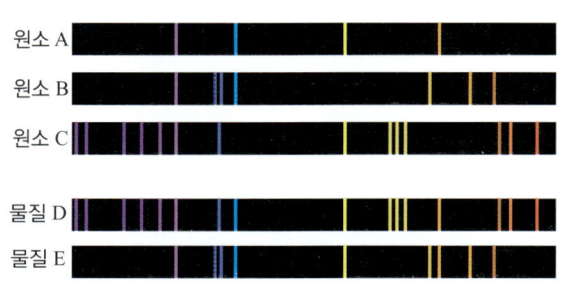

① A   ② B   ③ C
④ A, B   ⑤ A, C

04 그림 (가)는 태양의 스펙트럼을, (나)는 원소 ㉠, ㉡이 각각 들어있는 방전관에서 방출되는 빛을 분광기로 관찰하여 얻은 스펙트럼을 나타낸 것이다.

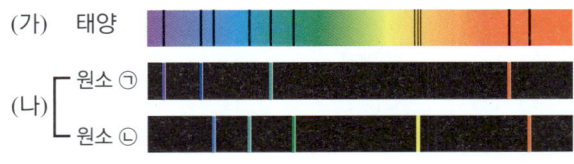

이에 대한 설명으로 옳은 것만을 <보기>에서 있는 대로 고른 것은?

─● 보기 ●─
ㄱ. (가)의 검은 선들은 태양의 대기에 포함된 원소 ㉠, ㉡이 특정 파장의 빛을 방출하여 나타난 것이다.
ㄴ. (나)의 스펙트럼에서 원소의 종류에 따라 선의 위치가 다르다.
ㄷ. 천체의 스펙트럼을 분석하면 천체의 구성 성분, 표면 온도 등을 알 수 있다.

① ㄱ   ② ㄴ   ③ ㄱ, ㄷ
④ ㄴ, ㄷ   ⑤ ㄱ, ㄴ, ㄷ

05 1814년 독일의 프라운호퍼는 프리즘 앞에 볼록 렌즈를 놓고 태양의 스펙트럼을 망원경으로 확대해 본 결과 500여 개의 어두운 선이 아래 그림과 같이 나타나는 것을 관찰하였다. 오늘날 이 어두운 선을 프라운호퍼 선이라고 한다. 이에 대한 설명으로 옳은 것만을 <보기>에서 있는 대로 고른 것은?

─● 보기 ●─
ㄱ. 태양의 대기는 태양에 비해 상대적으로 온도가 낮다.
ㄴ. 태양의 대기는 한 종류의 원소로 이루어져 있다.
ㄷ. 태양의 대기를 이루는 원소의 종류를 알 수 있다.

① ㄱ   ② ㄴ   ③ ㄷ
④ ㄱ, ㄴ   ⑤ ㄱ, ㄷ

06 다음은 태양과 수소 기체 방전관에서 방출된 빛의 스펙트럼을 관찰하는 실험이다.

[실험 과정]
태양과 수소 기체 방전관에서 방출되는 빛을 각각 분광기로 관찰하여 얻은 두 스펙트럼을 비교한다.

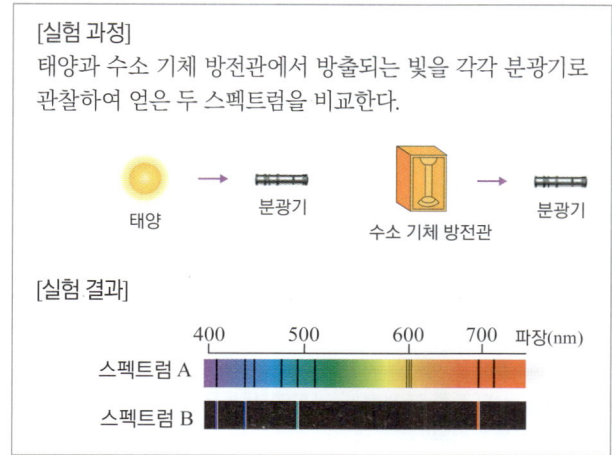

[실험 결과]

이에 대한 설명으로 옳은 것만을 <보기>에서 있는 대로 고른 것은?

┌ 보기 ┐
ㄱ. 이 실험을 통해 태양에 수소 기체가 존재함을 알 수 있다.
ㄴ. A는 태양의 대기가 한 종류의 원소로 이루어져 있음을 나타낸다.
ㄷ. B는 고온의 기체가 방출한 빛을 분광기로 관찰할 때 얻는 연속 스펙트럼이다.
└────────┘

① ㄱ   ② ㄴ   ③ ㄱ, ㄴ
④ ㄴ, ㄷ   ⑤ ㄱ, ㄴ, ㄷ

07 그림 (가)와 (나)는 서로 다른 종류의 스펙트럼을 나타낸 것이다. 이에 대한 설명으로 옳은 것만을 <보기>에서 있는 대로 고른 것은?

┌ 보기 ┐
ㄱ. (가)와 (나)는 같은 원소의 스펙트럼이다.
ㄴ. (가)는 흡수 스펙트럼, (나)는 방출 스펙트럼이다.
ㄷ. (가)는 별빛이 저온의 성간 물질을 통과할 때 생기는 스펙트럼이다.
└────────┘

① ㄱ   ② ㄷ   ③ ㄱ, ㄴ
④ ㄱ, ㄷ   ⑤ ㄱ, ㄴ, ㄷ

B 우주의 원소 분포

08 현재 우주에 존재하는 수소와 헬륨에 대한 설명으로 옳지 않은 것은?

① 수소 원자와 헬륨 원자의 질량비는 3 : 1이다.
② 수소 원자핵과 헬륨 원자핵의 개수비는 7 : 1이다.
③ 우주를 구성하는 물질의 대부분은 수소와 헬륨이다.
④ 별빛의 스펙트럼 분석을 통해 수소와 헬륨의 질량비를 알 수 있다.
⑤ 헬륨 원자핵이 생성된 이후 수소 원자핵과 헬륨 원자핵의 질량비는 항상 일정하게 유지되었다.

09 빅뱅 후 어느 시기의 우주의 양성자와 중성자의 개수비를 나타낸 것이다. 이에 대한 설명으로 옳은 것만을 <보기>에서 있는 대로 고른 것은?

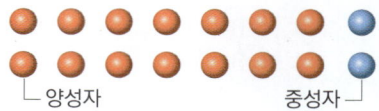

┌ 보기 ┐
ㄱ. 헬륨 원자핵이 생성된 후 우주 전역의 수소 원자핵과 헬륨 원자핵의 질량비는 약 3 : 1 이다.
ㄴ. 헬륨 원자핵이 생성된 후 우주 전역의 수소 원자핵과 헬륨 원자핵의 개수비는 7 : 1이다.
ㄷ. 빅뱅 후 양성자와 중성자가 만들어질 때부터 우주의 양성자와 중성자의 개수비는 7 : 1로 유지되어 왔다.
└────────┘

① ㄱ   ② ㄴ   ③ ㄷ
④ ㄱ, ㄷ   ⑤ ㄱ, ㄴ, ㄷ

10 그림은 빅뱅 후 약 3분이 지났을 때 입자 A와 B의 개수비를 나타낸 것이다.

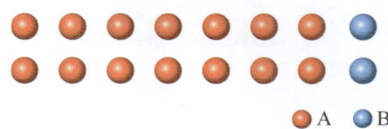

이에 대한 설명을 옳은 것만을 <보기>에서 있는 대로 고른 것은?

┌ 보기 ┐
ㄱ. B는 중성자이다.
ㄴ. 헬륨 원자핵은 A와 B가 각각 2개씩 결합하여 형성된다.
ㄷ. 수소 원자핵과 헬륨 원자핵의 총 질량비는 약 3: 1이다.
└────────┘

① ㄱ   ② ㄷ   ③ ㄱ, ㄴ
④ ㄴ, ㄷ   ⑤ ㄱ, ㄴ, ㄷ

C 빅뱅 우주론

11 그림은 빅뱅 우주론에 대해 세 학생이 대화하는 모습을 나타낸 것이다.

빅뱅 우주론은 우주가 한 점에서 시작하여 계속 팽창하고 있다는 이론이야.

빅뱅 우주론에서는 우주의 밀도가 항상 일정하게 유지된다고 주장해.

수소와 헬륨의 질량비가 약 3:1이라는 사실은 빅뱅 우주론을 뒷받침해 주었어.

A   B   C

제시한 의견이 옳은 학생만을 있는 대로 고른 것은?

① A   ② B   ③ C
④ A, C   ⑤ B, C

12 빅뱅 이후 우주의 온도와 밀도 변화에 대한 설명으로 옳은 것은?

① 우주의 온도와 밀도는 모두 증가했다.
② 우주의 온도는 증가하고, 밀도는 감소했다.
③ 우주의 온도는 내려가고, 밀도는 증가했다.
④ 우주의 온도는 내려가고, 밀도는 일정했다.
⑤ 우주의 온도는 내려가고, 밀도는 감소했다.

13 다음은 어느 우주론의 모형을 나타낸 것이다. 이에 대한 설명으로 옳은 것만을 <보기>에서 있는 대로 고른 것은?

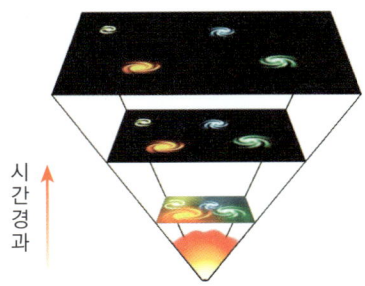

시간경과

┌─ 보기 ─────────────────────────────
ㄱ. 빅뱅 우주론이다.
ㄴ. 우주가 팽창할 때 우주의 전체적인 밀도는 일정하게 유지된다.
ㄷ. 현재 우주 전역에서 관측되는 우주 배경 복사는 이 우주론의 증거이다.
└────────────────────────────────────

① ㄱ   ② ㄴ   ③ ㄱ, ㄷ
④ ㄴ, ㄷ   ⑤ ㄱ, ㄴ, ㄷ

D 우주 초기 원소의 생성

14 그림은 빅뱅 이후 일어난 우주를 구성하는 입자의 생성 과정에 대하여 세 학생이 대화하는 모습을 나타낸 것이다.

(가) 양성자와 중성자가 만들어졌어.

(나) 헬륨 원자핵도 생성되었지.

(다) 쿼크, 전자 등과 같은 기본 입자가 생겨났어.

위 대화에서 우주를 구성하는 입자의 생성을 먼저 일어난 순서대로 옳게 나열한 것은?

① (가) → (나) → (다)   ② (가) → (다) → (나)
③ (나) → (가) → (다)   ④ (다) → (가) → (나)
⑤ (다) → (나) → (가)

15 물질을 이루는 입자에 대한 설명으로 옳은 것은?

① 원자는 전기적으로 양전하를 띤다.
② 쿼크는 우주의 온도가 약 3,000 K가 되었을 때 생성되었다.
③ 전자는 빅뱅 직후 생성되었으며 더 이상 분해할 수 없는 입자이다.
④ 양성자는 우주가 팽창하면서 중성자와 전자가 결합하여 생성된 입자이다.
⑤ 원자핵은 빅뱅 후 약 38만 년 되었을 때 양성자와 중성자가 결합하여 생성되었다.

16 그림은 물질을 구성하고 있는 입자를 나타낸 것이다.

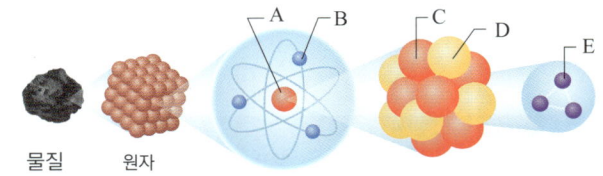

물질   원자

이에 대한 설명으로 옳은 것만을 <보기>에서 있는 대로 고른 것은? 단, A와 C는 양전하를 띤다.

┌─ 보기 ─────────────────────────────
ㄱ. 빅뱅 후 38만 년이 지나 수소 원자와 헬륨 원자가 만들어졌다.
ㄴ. A, B, E는 같은 시기에 생성되었다.
ㄷ. 빅뱅 후 같은 수의 C와 D가 결합하여 헬륨 원자핵을 구성하였다.
└────────────────────────────────────

① ㄱ   ② ㄴ   ③ ㄷ
④ ㄱ, ㄷ   ⑤ ㄱ, ㄴ, ㄷ

17 그림 (가)와 (나)는 서로 다른 원자의 구조를 각각 나타낸 것이다.

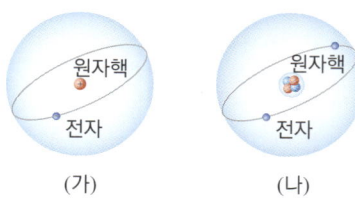

(가)   (나)

이에 대한 설명으로 옳은 것만을 <보기>에서 있는 대로 고른 것은?

─● 보기 ●─
ㄱ. (가)의 원자핵은 쿼크 3개로 이루어져 있다.
ㄴ. (나) 원자의 질량은 (가)의 4배이다.
ㄷ. (가)와 (나)는 빅뱅 후 약 38만 년이 되었을 때 생성되었다.

① ㄱ   ② ㄴ   ③ ㄷ
④ ㄱ, ㄴ   ⑤ ㄱ, ㄴ, ㄷ

18 그림은 빅뱅 우주론에 근거하여 초기 우주에서 물질이 형성되는 과정을 나타낸 모식도이다.

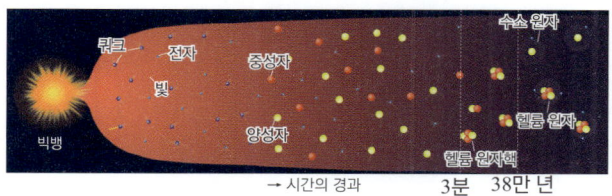

이에 대한 설명으로 옳은 것만을 <보기>에서 있는 대로 고른 것은?

─● 보기 ●─
ㄱ. 빅뱅 이후 우주의 온도는 내려가고, 밀도는 감소했다.
ㄴ. 양성자와 중성자가 생성된 순간부터 양성자 수와 중성자 수의 비는 일정하게 유지되고 있다.
ㄷ. 빅뱅 직후 온도가 낮아지면서 처음으로 기본 입자인 쿼크와 전자가 만들어졌다.

① ㄱ   ② ㄴ   ③ ㄷ
④ ㄱ, ㄷ   ⑤ ㄱ, ㄴ, ㄷ

19 빅뱅 이후 원자의 형성 과정과 관련된 설명으로 옳지 않은 것은?

① 원자가 형성된 이후 우주는 투명해졌다.
② 원자가 형성된 이후 우주는 더 밝아졌다.
③ 원자가 형성되던 시기에 물질과 분리되어 빠져나간 빛이 현재 우주 배경 복사로 관측된다.
④ 빅뱅 후 우주의 온도가 내려가면서 전자와 원자핵이 결합할 수 있게 되었다.
⑤ 우주의 온도가 3,000 K보다 높았을 때에는 빛이 산란되어 공간으로 흩어져 우주는 뿌연 상태였다.

20 그림은 빅뱅 이후 우주 초기에 쿼크 3개가 결합하여 생성된 A, B 두 입자를 나타낸 것이다.

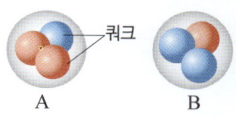

A   B

이에 대한 설명으로 옳은 것만을 <보기>에서 있는 대로 고른 것은?

─● 보기 ●─
ㄱ. 두 입자는 원자핵을 구성한다.
ㄴ. 헬륨 원자핵이 처음 만들어질 때 두 입자의 개수는 거의 같았다.
ㄷ. 두 입자는 모두 전하를 띠지 않는다.

① ㄱ   ② ㄴ   ③ ㄷ
④ ㄴ, ㄷ   ⑤ ㄱ, ㄴ, ㄷ

21 다음 그림 (가), (나)는 빅뱅 이후 서로 다른 시기에 빛이 진행하는 모습을 나타낸 것이다.

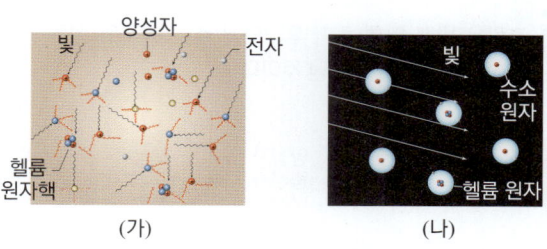

(가)   (나)

이에 대한 설명으로 옳은 것만을 <보기>에서 있는 대로 고른 것은?

─● 보기 ●─
ㄱ. (가) 시기에 우주의 온도는 약 3,000 K이었다.
ㄴ. (나) 시기에 우주는 투명해졌으나 암흑 상태가 되었다.
ㄷ. (나) 시기에 빛은 우주 전역으로 퍼져나갔다.

① ㄱ   ② ㄴ   ③ ㄷ
④ ㄴ, ㄷ   ⑤ ㄱ, ㄴ, ㄷ

22 표는 빅뱅 이후 초기 우주에서 A와 B 시기의 입자의 생성에 대한 설명이다.

시기	입자의 생성
A	기본 입자인 쿼크가 결합하여 양성자와 중성자가 생성되었다.
B	원자핵과 (㉠)이/가 결합하여 원자가 생성되었다.

이에 대한 설명으로 옳은 것만을 <보기>에서 있는 대로 고른 것은?

─ 보기 ─
ㄱ. ㉠은 '전자'이다.
ㄴ. 우주의 온도는 A일 때가 B일 때보다 낮다.
ㄷ. B 시기 이후 우주에 존재하는 수소 원자의 총 질량은 헬륨 원자의 총 질량보다 크다.

① ㄱ   ② ㄴ   ③ ㄱ, ㄷ
④ ㄴ, ㄷ   ⑤ ㄱ, ㄴ, ㄷ

[2025 모의고사 기출]

23 그림은 빅뱅 이후 초기 우주에서 수소 원자와 헬륨 원자가 생성되는 과정을 나타낸 것이다.

이에 대한 설명으로 옳은 것만을 <보기>에서 있는 대로 고른 것은?

─ 보기 ─
ㄱ. 전자는 ㉠에 해당한다.
ㄴ. 헬륨 원자핵은 전기적으로 중성이다.
ㄷ. 우주의 온도는 (가) 시기가 (나) 시기보다 낮다.

① ㄱ   ② ㄷ   ③ ㄱ, ㄴ
④ ㄴ, ㄷ   ⑤ ㄱ, ㄴ, ㄷ

24 빅뱅 이후 현재까지 경과된 시간을 나타낸 것이다. 이에 대한 설명으로 옳은 것만을 <보기>에서 있는 대로 고른 것은?

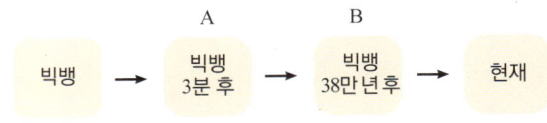

─ 보기 ─
ㄱ. A 시기에 우주 배경 복사가 시작되었다.
ㄴ. B 시기 이후 우주가 투명해졌다.
ㄷ. 빅뱅 후 A 시기까지 양성자와 중성자의 개수비가 7 : 1로 일정하게 유지되었다.

① ㄱ   ② ㄴ   ③ ㄱ, ㄷ
④ ㄴ, ㄷ   ⑤ ㄱ, ㄴ, ㄷ

2025 모의고사 기출

25 그림은 빅뱅 이후 초기 우주의 모습을 나타낸 것이다. A는 쿼크가 결합한 시기이고, B는 원자핵과 전자가 결합한 시기이다.

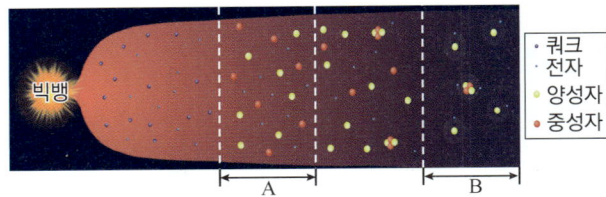

이에 대한 설명으로 옳은 것만을 <보기>에서 있는 대로 고른 것은?

─ 보기 ─
ㄱ. 우주의 온도는 B에서가 A에서보다 높다.
ㄴ. A에서 헬륨 원자핵이 만들어졌다.
ㄷ. B에서 수소 원자와 헬륨 원자가 만들어졌다.

① ㄱ   ② ㄷ   ③ ㄱ, ㄴ
④ ㄴ, ㄷ   ⑤ ㄱ, ㄴ, ㄷ

26 우주 배경 복사에 대한 설명으로 옳은 것만을 <보기>에서 있는 대로 고른 것은?

─ 보기 ─
ㄱ. 빛이 우주로 퍼져 나가기 시작할 때 전 우주의 수소와 헬륨의 질량비는 3 : 1이었다.
ㄴ. 빅뱅 우주론을 지지하는 증거이다.
ㄷ. 빅뱅 초기 원자핵이 생성되면서 우주로 퍼져 나간 빛이다.

① ㄱ   ② ㄷ   ③ ㄱ, ㄴ
④ ㄴ, ㄷ   ⑤ ㄱ, ㄴ, ㄷ

심화 실력높이기

01 그림 (가)와 (나)는 원자 내에서 전자가 이동하는 모습을 나타낸 것이다.

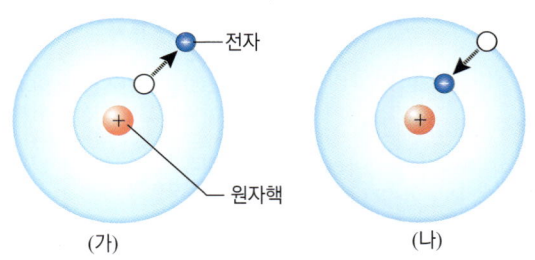

(가)   (나)

이에 대한 설명으로 옳은 것만을 <보기>에서 있는 대로 고른 것은?

보기

ㄱ. (가)와 같이 이동할 때 흡수 스펙트럼이 나타난다.
ㄴ. 원자핵에서 멀수록 에너지 준위가 낮다.
ㄷ. (나)와 같이 이동할 때 빛을 방출한다.

① ㄱ   ② ㄴ   ③ ㄷ
④ ㄱ, ㄴ   ⑤ ㄱ, ㄷ

02 다음 그림은 핵융합 반응에 의해 원자핵이 형성되는 과정 중 1개를 나타낸 것이다.

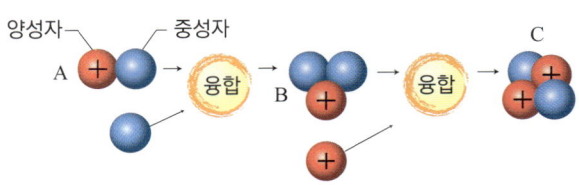

이에 대한 설명으로 옳은 것만을 <보기>에서 있는 대로 고른 것은?

보기

ㄱ. A와 B는 동위 원소이다.
ㄴ. B의 질량수는 3이며, 헬륨의 동위 원소이다.
ㄷ. C와 전자 2개가 결합하여 원자가 되면 (+)전기를 띠게 된다.

① ㄱ   ② ㄴ   ③ ㄷ
④ ㄱ, ㄷ   ⑤ ㄱ, ㄴ, ㄷ

03 다음은 빅뱅 초기 원자가 형성되는 과정을 도표화한 것이다. A~E에 해당하는 입자에 대한 설명으로 옳은 것은?

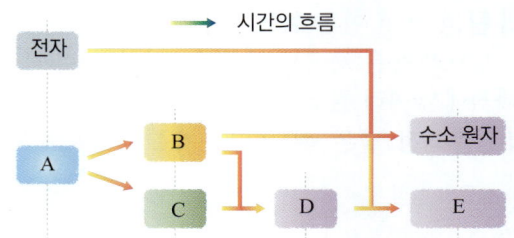

① A는 기본 입자 중 경입자에 해당한다.
② 같은 원자라도 B가 달라지면 질량이 다른 동위 원소가 된다.
③ 원자의 종류에 따라 C의 수가 다르다.
④ 빅뱅 후 약 3분 무렵 D가 생성되었다.
⑤ D와 전자 1개가 결합하여 E가 만들어졌다.

04 다음은 초기 우주에서 원자가 생성되기까지의 과정을 나타낸 것이다.

쿼크와 전자 생성 (가) → 양성자와 중성자 생성 (나) → 헬륨 원자핵 생성 (다) → 원자 생성 (라)

이에 대한 설명으로 옳은 것만을 <보기>에서 있는 대로 고른 것은?

보기

ㄱ. 우주의 온도는 (가)일 때가 (나)일 때보다 낮다.
ㄴ. 우주의 크기는 (다)일 때가 (라)일 때보다 작다.
ㄷ. (라)일 때 우주의 나이는 약 38만 년이다.

① ㄱ   ② ㄷ   ③ ㄱ, ㄴ
④ ㄴ, ㄷ   ⑤ ㄱ, ㄴ, ㄷ

05 우주 배경 복사의 파장 변화에 대한 설명으로 옳은 것만을 <보기>에서 있는 대로 고른 것은?

보기

ㄱ. 빅뱅 후 38만 년이 지났을 때 우주로 빠져 나간 빛의 파장은 현재 관측되는 빛의 파장보다 길다.
ㄴ. 시간이 흐를수록 우주 배경 복사의 파장이 길어졌다.
ㄷ. 현재 관측되는 우주 배경 복사의 파장은 3 ℃ 흑체에서 방출되는 복사파의 파장과 거의 같다.

① ㄱ   ② ㄴ   ③ ㄱ, ㄷ
④ ㄴ, ㄷ   ⑤ ㄱ, ㄴ, ㄷ

02 지구와 생명체를 구성하는 원소의 생성

A 별의 진화와 원소의 생성

□ 별의 진화와 원소의 생성 □ 태양계의 형성
□ 지구의 형성

1. 별의 탄생 빅뱅 이후 수억 년이 지나 성간 물질❶이 뭉쳐지면서 성운이 되고, 성운 내부의 밀도가 높은 곳에서 별이 탄생한다. 별은 핵융합 반응으로 스스로 빛을 내며, 진화 과정에서 여러 원소를 생성한다.

① **별의 탄생 과정**: 별은 성운의 밀도가 크고 온도가 낮을수록 탄생하기 쉽다.

성운의 형성	원시별의 형성	별(주계열성)의 탄생
주로 수소와 헬륨으로 이루어진 성간 물질의 밀도가 큰 곳에서 큰 중력으로 주변 물질을 끌어모아 성운을 이룬다.	밀도가 높고 온도가 낮은 곳에서 성운이 수축하여 여러 개의 원시별이 만들어진다. 원시별의 에너지원은 중력 수축 에너지❷로, 수축하면서 내부 온도를 높이고 빛을 낸다.	원시별이 수축하면서 압력이 커지고 온도가 올라가 중심 온도가 1000만 K에 이르면 수소 핵융합 반응이 시작되어 빛(가시 광선)을 방출하는 별(주계열성❸)이 탄생한다.

② **별 내부의 수소 핵융합 반응**: 별은 중심부 온도가 1000만 K 이상이 되면 수소(H) 원자핵 4개가 융합하여 1개의 헬륨(He) 원자핵을 생성하며 에너지를 방출하는 수소 핵융합 반응❹이 일어난다. 별은 일생의 대부분을 핵융합 반응으로 인한 에너지를 방출하며 보낸다.

③ **별의 크기**: 별을 이루는 물질의 중심을 향하는 중력과 핵융합 반응에 의한 내부 기체의 팽창 압력이 평형을 이루어 별의 크기는 일정하게 유지된다. 내부 압력이 중력보다 더 커지면 별의 크기는 증가하고, 내부 압력이 중력보다 더 작아지면 별의 크기가 감소한다. → 별의 질량이 클수록 중심부의 온도가 높고 핵융합 반응이 활발히 일어나므로 수명이 짧다.

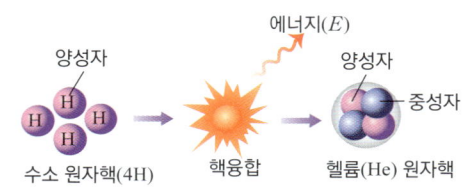

수소 원자핵(4H) → 핵융합 → 헬륨(He) 원자핵

양성자 / 양성자 / 중성자 / 에너지(E)

▲ 수소 핵융합 반응

◀ 중력과 핵융합 반응에 의한 내부 기체의 팽창 압력에 의한 힘이 평형을 이루어 별의 크기는 일정하게 유지된다.
내부 압력에 의한 힘이 중력보다 크면 별의 크기가 커지며, 중력보다 작으면 별의 크기가 작아진다.

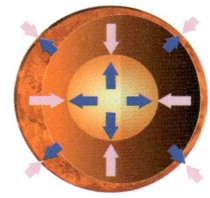

↑ 내부 압력   ↑ 중력

2. 별의 진화와 원소의 생성 별은 질량에 따라 다르게 진화하는데, 질량이 클수록 내부 온도가 높아 핵융합 반응에 의해 더 무거운 원소가 생성된다. 가장 질량이 큰 별은 내부에서 철(Fe)까지 생성된다.❺

① **철보다 가벼운 원소와 철의 생성**: 더 무거운 원소일수록 더 높은 온도와 압력에서의 핵융합 반응에 의해 생성된다. → 철이 가장 안정한 원소이므로 철까지 생성된다.

- 질량이 태양 정도인 별: 별의 내부에서의 핵융합 반응으로 탄소(C), 산소(O)까지 생성된다.
  수소 핵융합 반응(주계열성) ➡ 헬륨 핵융합 반응(적색거성) ➡ 행성상 성운, 백색왜성

- 질량이 태양의 10배 이상인 별: 별의 내부에서의 핵융합 반응으로 철(Fe)까지 생성된다.
  수소 핵융합 반응(주계열성) ➡ 헬륨~규소 핵융합 반응(초거성) ➡ 초신성 잔해, 중성자별, 블랙홀

개념⁺

❶ 성간 물질과 성운

성간 물질은 말 그대로 별과 별 사이의 티끌과 가스를 말하며, 성간 물질이 일정 밀도 이상 뭉쳐져 있어 구름처럼 관측이 되는 경우 성운이라고 한다. 성운은 대단히 넓은 영역에 걸쳐 분포한다.

❷ 중력 수축 에너지

성운이나 원시별 등이 중력에 의해 수축할 때 물체의 위치 에너지가 감소하면서 에너지(열)가 발생한다. 이때 발생하는 에너지를 중력 수축 에너지라고 한다.

❸ 주계열성

별이 진화하는 과정에서 일생의 대부분 동안 머무르는 단계로, 내부에서 수소 핵융합 반응이 활발하게 일어나며, 안정된 상태로 빛을 내는 시기에 있는 별이다. 예 태양

❹ 수소 핵융합 에너지

수소 원자핵 4개가 핵융합하여 헬륨 원자핵이 생성될 때 (양성자 2개+중성자 2개)의 질량보다 헬륨 원자핵 1개의 질량이 약간 작다. 이때 줄어든 질량(질량결손; Δm)만큼의 에너지 $E(=\Delta mc^2)$가 외부로 방출되며, 이것이 수소 핵융합 에너지이다.(c : 빛의 속력)

수소 핵융합 반응식:

$$4H \longrightarrow He + E(E = \Delta mc^2)$$

❺ 질량에 따른 핵융합 반응

핵융합 반응은 적절한 온도와 압력이 주어질 때 일어날 수 있는데, 별의 질량이 클수록 중심부의 온도와 압력이 커진다. 질량이 태양 정도인 별의 중심부에서는 탄소가 만들어지지만 탄소 핵융합 반응이 일어나는 온도와 압력까지 높아지지 못한다.

❻ 적색거성과 초거성의 핵융합 반응이 종료된 이후의 변화

별 내부에서 핵융합 반응이 멈추면 중력 수축에 의해 수축하다가 어느 시점에서 급격히 팽창하거나 폭발하게 된다. 적색거성의 바깥층은 팽창하여 우주 공간으로 퍼져 나가 행성상 성운이 되고, 초거성의 바깥층은 폭발하여 초신성의 잔해 형태로 원소들은 우주 공간으로 퍼져 나간다. 적색거성의 핵 부분은 밀도가 큰 백색왜성이 되고, 초거성의 핵 부분은 밀도가 매우 큰 중성자별이나 블랙홀이 되어 우주 공간에 남게 된다.

② 별의 진화 과정과 생성 원소

주계열성
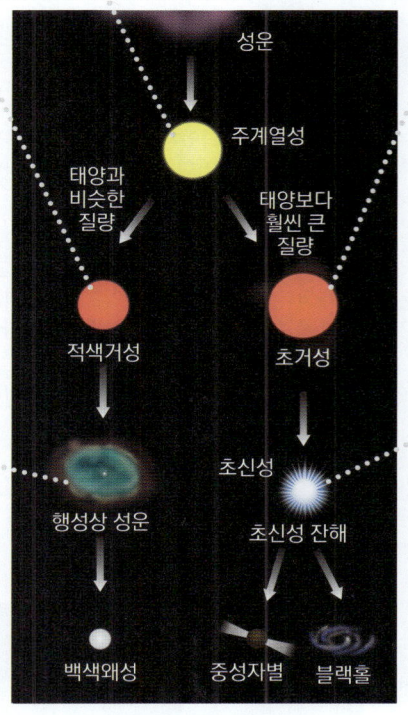

수소 핵융합 반응

헬륨 생성

중력 수축 에너지로 인해 원시별 중심부의 온도가 1000만 K 이상이 되면 수소 핵융합 반응이 일어나 중심부에 헬륨이 생성된다.

적색거성 ❻
태양과 질량이 비슷할 때

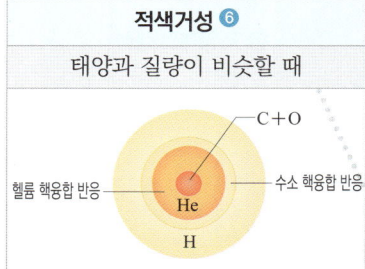

C+O
헬륨 핵융합 반응 ─ He ─ 수소 핵융합 반응
H

중심부 바깥의 수소 핵융합 반응

중심부의 수소가 모두 소모되면 내부 압력이 약해지고 중심부는 중력에 의해 수축하면서 온도가 상승하여, 바깥의 수소층을 가열하여 중심핵 바깥에서는 수소 핵융합 반응이 일어나고 별은 팽창하여 크기가 커지고 표면 온도는 낮아져 적색의 별이 된다.

행성상 성운과 백색왜성
태양과 질량이 비슷할 때

탄소, 산소의 생성

중력 수축이 계속되어 중심부의 온도가 1억 K 이상이 되면, 중심부에서 헬륨 핵융합 반응이 일어나 탄소, 산소가 생성된다. 중심부의 헬륨이 모두 탄소핵으로 바뀌고, 탄소 핵융합 반응이 일어날 만큼 온도가 충분하지 않으므로 핵융합 반응이 멈춘다. 이후에 별의 바깥층은 팽창하여 우주 공간으로 퍼져 나가 행성상 성운이 되고, 탄소와 산소까지 생성된 중심부는 남아서 백색왜성이 된다.

초거성 ❻
태양보다 질량이 10배 이상일 때

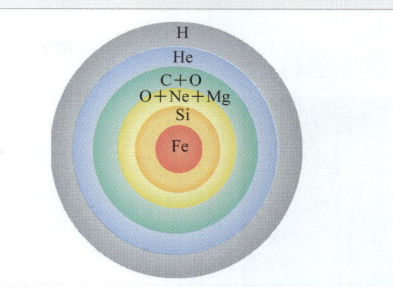

H
He
C+O
O+Ne+Mg
Si
Fe

네온, 산소, 규소, 철 생성

중심부의 온도와 압력이 매우 높아 탄소 생성 이후에도 네온, 산소, 규소 핵융합 반응이 일어나 중심핵에는 철(Fe)까지 생성된다. 이 과정에서 별의 크기가 매우 커져서 초거성이 된다. 중심부로 갈수록 온도와 압력이 높아진다.

초신성 폭발
태양보다 질량이 10배 이상일 때

철보다 무거운 원소 생성

초거성 내부에서 물질이 소진되어 핵융합 반응이 멈추면, 중력에 의해 급격히 수축하다가 대규모로 폭발하면서 초신성이 되는데, 이때 온도가 별의 중심핵보다 훨씬 높아지므로 철보다 무거운 원소인 금, 구리, 납, 우라늄 등이 한꺼번에 만들어진다.

원소의 방출 ❻과 우주 공간

별에서 생성된 원소는 행성상 성운과 초신성 잔해의 형태로 우주 공간으로 방출되어 또다른 별이나 생명체를 구성한다. 중심부인 백색왜성과 중성자별, 블랙홀은 우주 공간에 남는다.

(중앙 그림 레이블)
성운
주계열성
태양과 비슷한 질량
태양보다 훨씬 큰 질량
적색거성
초거성
초신성
행성상 성운
초신성 잔해
백색왜성 중성자별 블랙홀

3. 새로운 별의 생성 별에서 만들어진 원소들이 별의 죽음과 함께 우주 공간으로 방출되면서 우주 공간에서 무거운 원소의 양이 증가하고, 이는 새로운 별이나 행성, 생명체를 이루는 재료가 된다.

개념체크⁺

정답 및 해설 ➡ 15

POINT

01 ( )에 알맞은 말을 넣으시오.

우주의 전체 원소 중 (㉠)와/과 (㉡)이/가 차지하는 질량 비율이 98 %이며, 이들은 빅뱅 초기에 생성되었고, 빅뱅 후 수억 년이 지나 별이 탄생하고 진화하는 과정에서 무거운 원소들이 생성되었다.

02 별의 탄생과 진화에 대한 설명 중 옳은 것은 ○표, 옳지 않은 것은 ×표 하시오.

(1) 원시별은 중력에 의해 수축하면서 중심부 온도가 높아진다. ·················· ( )
(2) 주계열성의 핵융합 반응은 헬륨을 재료로 하는 헬륨 핵융합 반응이다. ·········( )
(3) 질량이 태양과 비슷한 별은 중심부의 수소가 모두 소모된 후 적색거성으로 진화한다.
···( )

03 ( )에 알맞은 말을 넣으시오.

별의 내부에서 핵융합 반응에 의해 생성될 수 있는 가장 무거운 원소는 (㉠)이며, 이보다 무거운 원소는 (㉡) 과정에서 생성된다.

B 태양계의 형성

1. 태양계 형성 과정 [6]

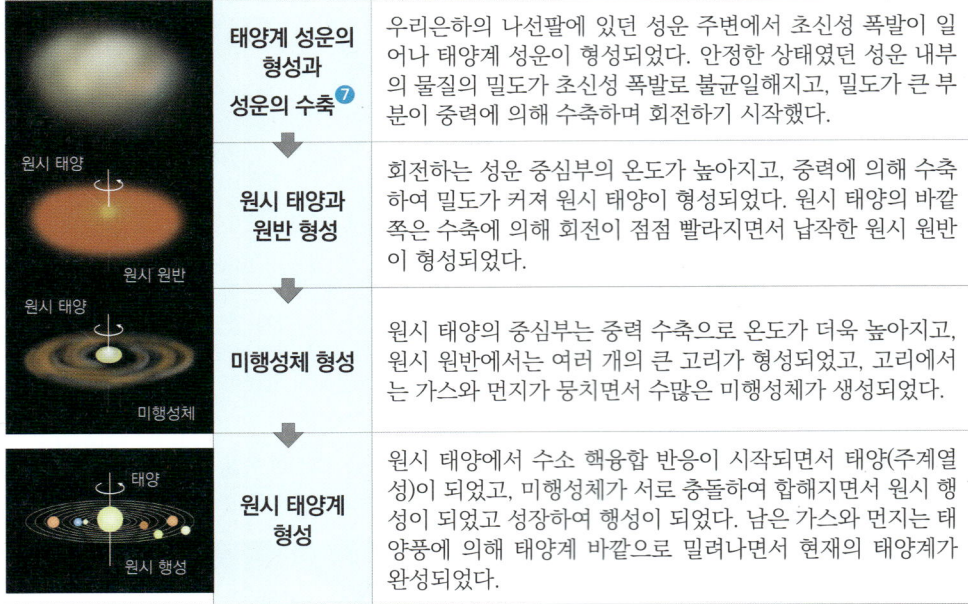

태양계 성운의 형성과 성운의 수축 [7]	우리은하의 나선팔에 있던 성운 주변에서 초신성 폭발이 일어나 태양계 성운이 형성되었다. 안정한 상태였던 성운 내부의 물질의 밀도가 초신성 폭발로 불균일해지고, 밀도가 큰 부분이 중력에 의해 수축하며 회전하기 시작했다.	
원시 태양과 원반 형성	회전하는 성운 중심부의 온도가 높아지고, 중력에 의해 수축하여 밀도가 커져 원시 태양이 형성되었다. 원시 태양의 바깥쪽은 수축에 의해 회전이 점점 빨라지면서 납작한 원시 원반이 형성되었다.	
미행성체 형성	원시 태양의 중심부는 중력 수축으로 온도가 더욱 높아지고, 원시 원반에서는 여러 개의 큰 고리가 형성되었고, 고리에서는 가스와 먼지가 뭉치면서 수많은 미행성체가 생성되었다.	
원시 태양계 형성	원시 태양에서 수소 핵융합 반응이 시작되면서 태양(주계열성)이 되었고, 미행성체가 서로 충돌하여 합해지면서 원시 행성이 되었고 성장하여 행성이 되었다. 남은 가스와 먼지는 태양풍에 의해 태양계 바깥으로 밀려나면서 현재의 태양계가 완성되었다.	

2. 태양계 행성의 형성

① 태양계가 형성되는 과정에서 태양으로부터의 거리에 따라 원시 원반을 이루는 물질이 달라졌다.
② **태양계 행성의 특징**: 태양과 가까운 곳에서는 지구형 행성, 태양에서 멀리 떨어진 곳에서는 목성형 행성이 생성되었다. [8]

▲ 태양계 성운의 원반 성분과 온도

지구형 행성	구분	목성형 행성
가깝다	태양으로부터의 거리	멀다
높은 곳에서 형성	온도	낮은 곳에서 형성
작다	반지름과 질량	크다
크다	평균 밀도	작다
메테인 같은 가벼운 물질은 증발하고 철, 니켈, 규소와 같이 녹는점이 높고 무거운 물질이 응축하여 형성됨	미행성체의 고체 물질 형성	녹는점이 낮은 메테인, 암모니아 고체나 얼음으로 둘러싸인 금속, 암석 티끌 등 다양한 물질이 응축하여 형성됨
무거운 물질을 끌어들여 암석 성분으로 이루어짐	행성의 주요 성분	수소나 헬륨 등의 가벼운 물질로 이루어짐
수성, 금성, 지구, 화성	행성	목성, 토성, 천왕성, 해왕성

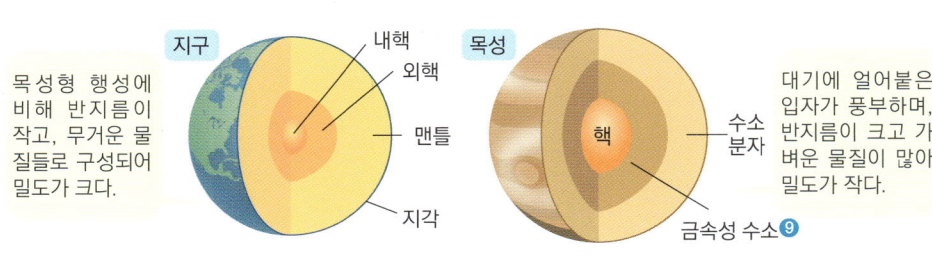

목성형 행성에 비해 반지름이 작고, 무거운 물질들로 구성되어 밀도가 크다.

대기에 얼어붙은 입자가 풍부하며, 반지름이 크고 가벼운 물질이 많아 밀도가 작다.

▲ 지구형 행성과 목성형 행성의 비교

개념[+]

[6] 태양계의 생성

태양계는 초신성 폭발로 만들어진 거대한 성운에서 약 50억 년 전 형성되었다.
태양계 성운의 구성 성분은 현재 태양의 구성과 같이 약 98 %의 기체, 약 2 %의 무거운 원소로 이루어져 있을 것으로 추측되며, 태양계 성운의 지름은 7천~2만 AU로 현재의 태양계보다 매우 컸고, 질량은 현재의 태양보다 미세하게 컸을 것으로 추측된다. (1AU: 태양−지구 간 거리, 약 1억 5000만 km)

[7] 성운설

회전하는 성운의 수축에 의해 태양계가 형성되었다는 학설로, 태양계의 형성 과정을 설명하는 학설 중 현재까지 가장 유력한 이론이다.
➡ 태양과 행성이 같은 원시 원반에서 형성되었기 때문에 태양과 행성들의 나이가 거의 비슷하며, 태양의 자전 방향과 행성들의 공전/자전 방향이 같다.

● 태양계 바깥의 구조물

태양계 바깥에는 작은 천체들이 분포하는 카이퍼 벨트와 가장 바깥쪽에 먼지, 얼음 조각들로 이루어진 오르트 구름이 있다.

[8] 지구형 행성, 목성형 행성의 생성 과정

미행성체 상태에서 원시 태양에서 가까운 쪽은 온도가 높아 가벼운 물질들이 이탈하여 무거운 원소들이 많이 분포하는 지구형 행성이 되었고, 원시 태양에서 먼 쪽은 온도가 비교적 낮아 가벼운 물질들이 많이 남아있을 수 있었으며, 성장 속도가 크고 빨라 부피가 크고 자전 주기가 짧은 목성형 행성이 되었다.

[9] 금속성 수소

가장 가벼운 수소 원소(H)로 구성된 수소 기체(H_2)는 매우 높은 밀도로 압축되어 응고하면 다른 1족 원소처럼 금속성을 나타낸다. 이를 금속성 수소(Metallic hydrogen)라 한다.

C 지구의 형성

1. 지구의 형성 과정
규산염 물질[10]과 철 등의 무거운 원소가 거의 균질하게 혼합된 상태였던 원시 지구가 층상 구조를 이루면서 지각과 원시 바다가 생성되었다.

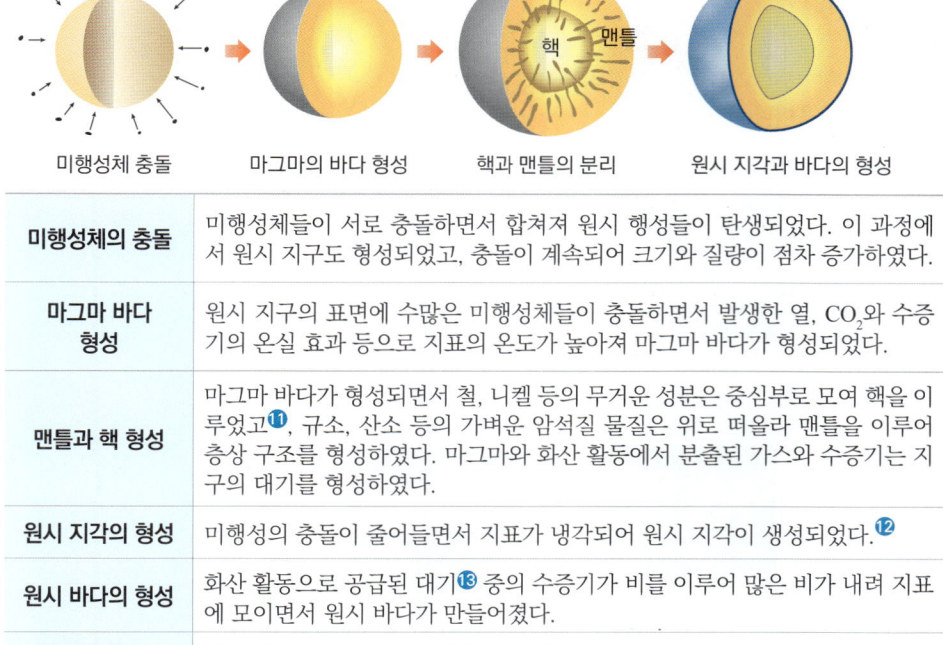

미행성체 충돌 → 마그마의 바다 형성 → 핵과 맨틀의 분리 → 원시 지각과 바다의 형성

미행성체의 충돌	미행성체들이 서로 충돌하면서 합쳐져 원시 행성들이 탄생되었다. 이 과정에서 원시 지구도 형성되었고, 충돌이 계속되어 크기와 질량이 점차 증가하였다.
마그마 바다 형성	원시 지구의 표면에 수많은 미행성체들이 충돌하면서 발생한 열, CO_2와 수증기의 온실 효과 등으로 지표의 온도가 높아져 마그마 바다가 형성되었다.
맨틀과 핵 형성	마그마 바다가 형성되면서 철, 니켈 등의 무거운 성분은 중심부로 모여 핵을 이루었고[11], 규소, 산소 등의 가벼운 암석질 물질은 위로 떠올라 맨틀을 이루어 층상 구조를 형성하였다. 마그마와 화산 활동에서 분출된 가스와 수증기는 지구의 대기를 형성하였다.
원시 지각의 형성	미행성의 충돌이 줄어들면서 지표가 냉각되어 원시 지각이 생성되었다.[12]
원시 바다의 형성	화산 활동으로 공급된 대기[13] 중의 수증기가 비를 이루어 많은 비가 내려 지표에 모이면서 원시 바다가 만들어졌다.
생명체의 탄생	지구 최초의 생명체가 바다에서 탄생하였다.

2. 지구와 생명체 구성 성분[14]

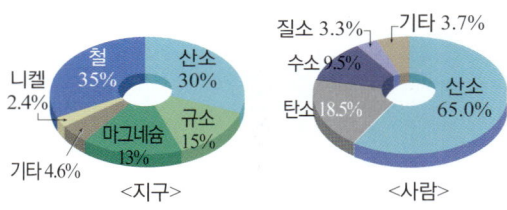

<지구>   <사람>

· **지구**: 철(Fe) > 산소(O) > 규소(Si) > …
  ➡ 지각에는 산소와 규소가 풍부하고, 핵에는 철과 니켈이 풍부하다.
· **사람**: 산소(O) > 탄소(C) > 수소(H) > 질소(N) …
  ➡ 탄소를 중심으로 산소, 수소 등이 결합하여 여러 화합물을 이룬다.

개념 ＋

⑩ 규산염 물질

주로 규소(Si)와 산소(O), 약간의 금속의 화합물로 지구의 암석을 이루는 주성분이다.

⑪ 지구 내부 층상 구조 형성과 지구 자기장의 형성

무거운 원소인 철, 니켈이 가라앉아서 외핵과 내핵이 생성되었으며, 외핵을 이루는 액체 금속이 대류하면서 지구 자기장을 만들어내어 지구 생명체를 보호하는 역할을 하게 되었다.

⑫ 바다보다 지각이 먼저?

원시 지각이 형성되기 전의 지구 표면은 마그마 바다로 이루어져 있었고, 너무 뜨거워서 빗물이 고일 수 없었다. 지표가 냉각되어 원시 지각이 생성된 후에 비가 지표에 고이면서 원시 바다가 생성되었다.

⑬ 지구 대기의 성분 변화

원시 대기에 가장 많던 성분은 수증기였으나 응결하여 내려 바다로 되었고, 이후엔 이산화 탄소가 가장 많았으나 바닷물에 녹으면서 질소가 가장 큰 비율을 차지하였다. 이후 산소가 두 번째로 많은 대기 성분이 되었다.

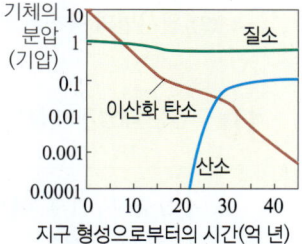

⑭ 지구와 생명체 구성 성분의 유래

빅뱅 이후 우주 초기에 생성된 원소들과, 별의 진화 과정에서 생성되어 우주 공간으로 방출된 다양한 원소들이 태양계 성운 속에 포함되었고, 지구와 생명체의 구성 성분이 되었다.

개념체크 ＋

정답 및 해설 → 15

04 태양계의 생성에 대한 설명 중 옳은 것은 ○표, 옳지 않은 것은 ×표 하시오.

(1) 지구형 행성은 목성형 행성에 비해 태양으로부터 먼 곳에서 생성되었다. ··· (   )

(2) 태양계 성운은 회전하면서 물질이 수축하여 태양과 행성을 형성하였다. ··· (   )

05 지구의 형성 과정에서 일어난 현상들을 <보기>에서 골라 각각 시간 순서대로 나열하시오.

┌─ 보기 ─
│ ㄱ. 마그마 바다 형성   ㄴ. 원시 지각 형성   ㄷ. 미행성체의 충돌
└──

06 지구 내부의 층상 구조가 형성되는 과정에 대한 설명이다. (   ) 안에 알맞은 말을 고르시오.

마그마 바다가 형성되면서 철, 니켈과 같이 밀도가 (큰 , 작은) 물질들은 (맨틀 , 핵)을 형성하였고, 규소, 산소와 같이 밀도가 (큰 , 작은) 물질들은 (맨틀 , 핵)을 형성하였다.

07 그림은 어느 별의 중심부에서 일어나는 핵융합 반응을 나타낸 것이다. 이에 대한 설명 중 옳은 것은 ○표, 옳지 <u>않은</u> 것은 ×표 하시오.

POINT

(1) A의 총 질량은 B보다 작다. .... (　　　)

(2) 원시별에서 일어나는 반응이다. .... (　　　)

(3) 현재 태양의 내부에서 일어나고 있는 반응이다. .... (　　　)

08 원시별과 주계열성에 작용하는 중력(A)과 내부 압력에 의한 힘(B)의 크기를 비교한 것으로 옳은 것은?

	원시별	주계열성		원시별	주계열성		원시별	주계열성
①	A<B	A=B	②	A< B	A>B	③	A=B	A=B
④	A>B	A<B	⑤	A>B	A=B			

09 그림은 별의 탄생 과정의 일부를 나타낸 것이다. 이에 대한 설명 중 옳은 것은 ○표, 옳지 <u>않은</u> 것은 ×표 하시오.

성운　→　원시별

(1) 성운의 밀도가 균일한 곳에서 별이 탄생한다. .... (　　　)

(2) 원시별이 빛을 내는 에너지원은 중력 수축 에너지이다. .... (　　　)

(3) 원시별의 중심부 온도가 계속해서 올라가면 주계열성으로 진화할 수 있다. ···· (　　　)

10 다음은 태양계의 형성 과정을 순서 없이 나타낸 것이다.

> (가) 중심부가 볼록한 원반 모양 성운 형성 　　　(나) 원시 행성 형성
>
> (다) 태양계 성운의 형성 　　　　　　　　　　　(라) 미행성체 형성

오래된 시간 순서대로 나열하시오.

11 지구의 형성 과정에 대한 설명 중 옳은 것은 ○표, 옳지 <u>않은</u> 것은 ×표 하시오.

(1) 철, 니켈 등의 물질이 가라앉아 층상 구조를 형성하였다. .... (　　　)

(2) 원시 바다가 형성된 후 원시 대기 중의 이산화 탄소가 증가하였다. .... (　　　)

(3) 지구 탄생 초기에는 화산 활동에 의해 수소, 이산화 탄소 등이 분출되었다. ···· (　　　)

12 우주를 구성하는 원소에 대한 설명 중 옳은 것은 ○표, 옳지 <u>않은</u> 것은 ×표 하시오.

(1) 지구를 구성하는 원소 중 가장 많은 것은 수소이다. .... (　　　)

(2) 사람의 몸에 가장 많은 원소는 규소이다. .... (　　　)

(3) 우주를 구성하는 여러 종류의 원소 대부분은 별이 진화하는 과정에서 형성되었다.

.... (　　　)

스스로 실력 높이기

A 별의 진화와 원소의 생성

01 별의 탄생 과정에 대한 설명으로 옳은 것만을 <보기>에서 있는 대로 고른 것은?

─ 보기 ─
ㄱ. 원시별이 주로 만들어지는 곳은 성운 내에서 밀도가 높고 온도가 낮은 곳이다.
ㄴ. 원시별의 크기가 크면 주계열성이 되고, 크기가 작으면 미행성체가 된다.
ㄷ. 원시별 중심에서 수소 핵융합 반응이 시작되면 주계열성이 된다.

① ㄱ   ② ㄴ   ③ ㄷ
④ ㄱ, ㄷ   ⑤ ㄴ, ㄷ

02 별(주계열성)에 대한 설명으로 옳은 것은?

① 별의 크기가 주기적으로 변한다.
② 중심부 온도가 1000만 K 이상이다.
③ 핵의 수소 양이 점차 증가한다.
④ 별의 일생의 극히 일부분에 해당한다.
⑤ 중력 수축에 의한 에너지가 외부로 방출된다.

03 별의 내부에서 일어나는 핵융합 반응에 대한 설명으로 옳은 것만을 <보기>에서 있는 대로 고른 것은?

─ 보기 ─
ㄱ. 주계열성의 중심부에서는 헬륨 핵융합 반응이 일어난다.
ㄴ. 가벼운 원자핵 몇 개가 융합하여 더 무거운 원자핵이 되는 과정이다.
ㄷ. 반응 전의 질량의 합이 반응 후의 질량의 합보다 크다.

① ㄱ   ② ㄴ   ③ ㄱ, ㄴ
④ ㄱ, ㄷ   ⑤ ㄴ, ㄷ

04 아래 그림처럼 질량이 태양 정도인 별이 주계열성에서 적색거성으로 진화하는 과정에 대한 설명으로 옳은 것은?

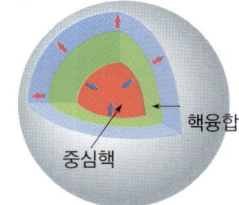

① 중심핵이 팽창하여 온도가 낮아진다.
② 수소로 이루어진 중심핵 부피가 커진다.
③ 핵의 외곽에서 규소 핵융합 반응이 일어난다.
④ 중심핵이 팽창하여 별의 크기가 커진다.
⑤ 질량이 큰 별일수록 중심부의 온도가 높아지게 된다.

05 다음은 어느 별의 진화 과정을 나타낸 것이다.

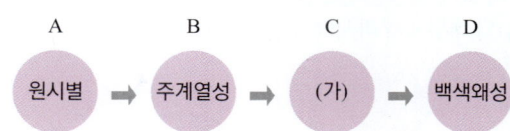

이에 대한 설명으로 옳은 것만을 <보기>에서 있는 대로 고른 것은?

─ 보기 ─
ㄱ. (가)는 초신성이다.
ㄴ. D의 내부에서는 철이 생성된다.
ㄷ. A에서 B로 진화할 때 별의 중심부 온도가 높아진다.

① ㄱ   ② ㄴ   ③ ㄷ
④ ㄱ, ㄴ   ⑤ ㄱ, ㄷ

06 그림은 별(주계열성) 내부에서 중력과 내부 압력에 의한 힘을 나타낸 것이다.

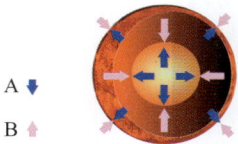

이에 대한 설명으로 옳은 것만을 <보기>에서 있는 대로 고른 것은?

─ 보기 ─
ㄱ. A는 내부 압력에 의한 힘이다.
ㄴ. 적색거성으로 진화할 때 중심부 바깥층에서 A의 압력이 B보다 강해진다.
ㄷ. 이 단계에서 별은 수축과 팽창을 반복하여 크기가 주기적으로 변한다.

① ㄱ   ② ㄴ   ③ ㄷ
④ ㄱ, ㄴ   ⑤ ㄴ, ㄷ

07 성운에서 별이 탄생하기까지의 과정을 나타낸 것이다.

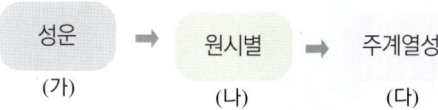

이에 대한 설명으로 옳은 것만을 <보기>에서 있는 대로 고른 것은?

─ 보기 ─
ㄱ. (나)의 반지름이 (다)보다 크다.
ㄴ. (가) → (나)에서 원시별을 이루는 성운의 온도는 올라간다.
ㄷ. (나) → (다)에서 수소 핵융합 반응이 시작된다.

① ㄱ   ② ㄷ   ③ ㄱ, ㄴ
④ ㄴ, ㄷ   ⑤ ㄱ, ㄴ, ㄷ

08 그림 (가)와 (나)는 질량이 서로 다른 두 별의 핵융합 반응에 의해 생성된 원소를 나타낸 것이다. A와 B는 각각 (가)와 (나)의 내부에서 마지막에 생성된 원소이다.

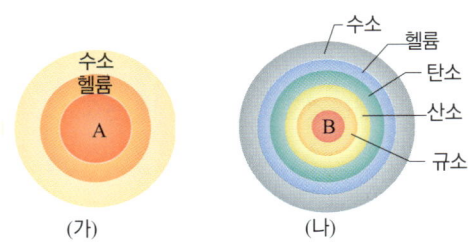

(가)　　　　　　(나)

이에 대한 설명으로 옳은 것만을 <보기>에서 있는 대로 고른 것은?

┌─ 보기 ─────────────────────────┐
ㄱ. A는 탄소, B는 철이다.
ㄴ. A는 수소 핵융합 반응 결과 만들어진다.
ㄷ. B보다 무거운 원소는 핵분열 결과 만들어진다.
└──────────────────────────────┘

① ㄱ　　　　② ㄴ　　　　③ ㄷ
④ ㄱ, ㄷ　　　⑤ ㄴ, ㄷ

---

09 그림은 중심부의 핵융합 반응이 끝난 두 별 A, B의 내부 구조를 모식적으로 나타낸 것이다. ㉠, ㉡은 각각 A와 B의 내부에서 가장 마지막에 생성된 원소이다.

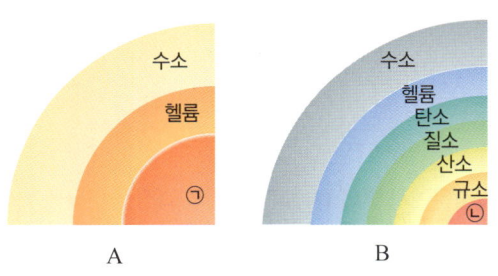

A　　　　　　B

이에 대한 설명으로 옳은 것만을 <보기>에서 있는 대로 고른 것은?

┌─ 보기 ─────────────────────────┐
ㄱ. ㉠은 탄소이다.
ㄴ. 질량은 A가 B보다 크다.
ㄷ. 중심부 온도는 A가 B보다 낮다.
ㄹ. A는 초신성 폭발을 통해 ㉡보다 무거운 원소를 만들 수 있다.
└──────────────────────────────┘

① ㄱ　　　　② ㄱ, ㄷ　　　③ ㄴ, ㄷ
④ ㄴ, ㄹ　　　⑤ ㄱ, ㄷ, ㄹ

---

10 다음은 통합과학 수업 시간에 선생님의 질문에 학생들이 답한 것이다.

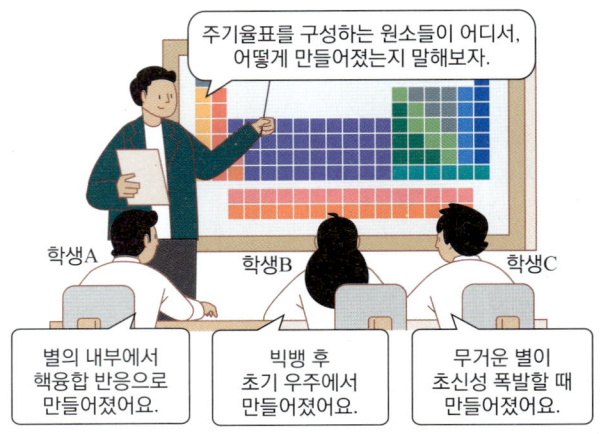

학생 A, B, C가 본인의 답변에 해당하는 원소를 <보기>와 같이 제시했다. 옳은 것만을 있는 대로 고른 것은?

┌─ 보기 ─────────────────────────┐
ㄱ. 학생 A: 우주 전역에서 관측되는 가장 풍부한 원소
ㄴ. 학생 B: 지구형 행성의 주요 구성 원소
ㄷ. 학생 C: 철보다 무거운 원소
└──────────────────────────────┘

① ㄱ　　　　② ㄷ　　　　③ ㄱ, ㄴ
④ ㄴ, ㄷ　　　⑤ ㄱ, ㄴ, ㄷ

---

11 그림은 어느 별의 진화 단계를 나타낸 것이다.

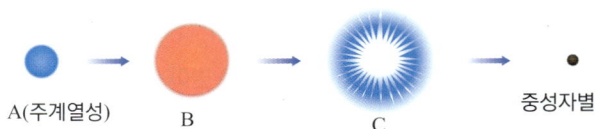

A(주계열성)　　B　　　　C　　　　중성자별

이에 대한 설명으로 옳은 것만을 <보기>에서 있는 대로 고른 것은?

┌─ 보기 ─────────────────────────┐
ㄱ. A의 내부에서는 핵융합에 의해 철이 만들어진다.
ㄴ. A 단계보다 B 단계에서 머무는 시간이 짧다.
ㄷ. C 단계에서 철보다 무거운 원소들이 만들어진다.
└──────────────────────────────┘

① ㄱ　　　　② ㄴ　　　　③ ㄱ, ㄷ
④ ㄴ, ㄷ　　　⑤ ㄱ, ㄴ, ㄷ

12 다음은 별 A의 진화 과정 중 일부를 나타낸 것이다.

> 중심부에서 수소가 모두 헬륨으로 바뀌면 수소 핵융합 반응이 더는
> 일어나지 않으므로 내부 팽창 압력이 중력보다 작아져 중심핵이 수
> 축한다. 이 과정에서 발생한 에너지는 헬륨핵 바깥의 수소층을 가
> 열하고, 이 수소층에서 수소 핵융합 반응이 매우 빠르게 일어난다.

밑줄 친 과정의 결과로 예측되는 별 A의 진화 경로를 가장 바르게 나타낸 것은?

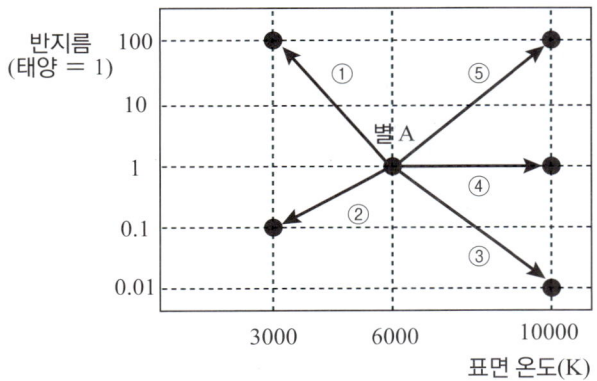

[2023 모의고사 기출]

13 그림은 어느 별의 일생 중 두 시기의 내부 구조를 (가)와 (나)로 순서 없이 나타낸 것이다.

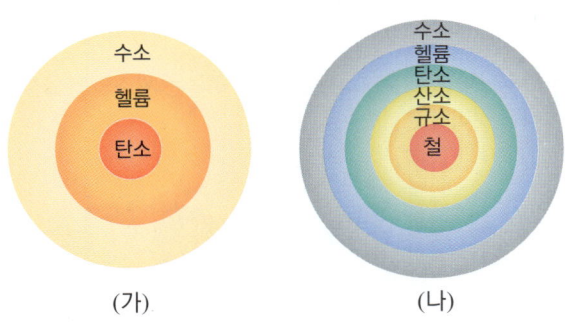

(가)   (나)

이에 대한 설명으로 옳은 것만을 <보기>에서 있는 대로 고른 것은?

┌─ 보기 ─
│ ㄱ. 질량은 태양보다 작다.
│ ㄴ. 중심부 온도는 (가)가 (나)보다 낮다.
│ ㄷ. (가)는 (나)보다 늦은 시기의 내부 구조이다.
└─

① ㄱ   ② ㄴ   ③ ㄱ, ㄷ
④ ㄴ, ㄷ   ⑤ ㄱ, ㄴ, ㄷ

B 태양계의 형성

14 다음은 태양계의 형성 과정 중 일부를 나타낸 것이다.

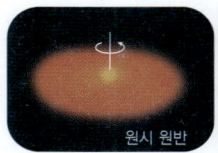 

(가) 원반 모양 성운 형성   (나) 원시 태양과 미행성체 형성

이에 대한 설명으로 옳은 것만을 <보기>에서 있는 대로 고른 것은?

┌─ 보기 ─
│ ㄱ. (가)의 중심부에 원시 태양이 형성되었다.
│ ㄴ. (나)에서 중심과 멀수록 가벼운 성분이 많다.
│ ㄷ. (가)→(나) 과정에서 중심부 온도는 높아졌다.
└─

① ㄱ   ② ㄷ   ③ ㄱ, ㄴ
④ ㄴ, ㄷ   ⑤ ㄱ, ㄴ, ㄷ

[2019 모의고사 기출]

15 그림은 태양계의 형성 과정을 단계별로 나타낸 것이다.

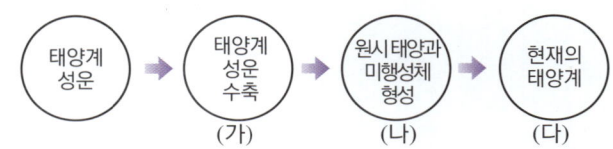

이에 대한 설명으로 옳은 것만을 <보기>에서 있는 대로 고른 것은?

┌─ 보기 ─
│ ㄱ. (가)에서 태양계 성운이 수축하면서 회전한다.
│ ㄴ. (나)에서 원시 태양 중심부의 온도가 낮아진다.
│ ㄷ. (나)에서 (다)로 갈수록 미행성체의 수가 줄어든다.
└─

① ㄱ   ② ㄴ   ③ ㄱ, ㄷ
④ ㄴ, ㄷ   ⑤ ㄱ, ㄴ, ㄷ

16 표는 지구형 행성과 목성형 행성의 특징을 나타낸 것이다. A와 B는 각각 지구형 행성과 목성형 행성 중 하나이다.

구분	질량	자전 주기	표면 상태
A	크다	짧다	액화, 응고된 기체
B	작다	길다	암석 등

이에 대한 설명으로 옳은 것만을 <보기>에서 있는 대로 고른 것은?

┌─ 보기 ─
│ ㄱ. 금성은 A에, 토성은 B에 속한다.
│ ㄴ. 평균 밀도는 B가 A보다 크다.
│ ㄷ. 태양으로부터의 거리는 B가 A보다 멀다.
└─

① ㄱ   ② ㄴ   ③ ㄱ, ㄴ
④ ㄴ, ㄷ   ⑤ ㄱ, ㄴ, ㄷ

17 다음은 태양계 형성 과정의 일부를 단계별로 나타낸 것이다.

(가) | ㉠태양계 성운이 회전하며 수축한다.

↓

(나) | 수축하는 성운의 중심부에는 원시 태양이, 주변부에는 원시 원반이 형성된다.

↓

(다) | 원시 원반에 ㉡원시 지구를 비롯한 원시 행성이 형성된다.

이에 대한 설명으로 옳은 것만을 <보기>에서 있는 대로 고른 것은?

보기
ㄱ. ㉠은 초신성 폭발로 만들어진 원소를 포함하고 있다.
ㄴ. (가)에서 성운의 중심부 온도는 점차 낮아진다.
ㄷ. ㉡은 미행성체들이 충돌하면서 성장해 형성된다.

① ㄱ   ② ㄴ   ③ ㄱ, ㄷ
④ ㄴ, ㄷ   ⑤ ㄱ, ㄴ, ㄷ

C 지구의 형성

18 다음 (가)~(다)는 원시 지구에서 층상 구조가 형성된 과정을 순서 없이 나타낸 것이다.

(가) 지표가 식으면서 원시 지각이 형성되었다.
(나) 미행성체들의 충돌로 인해 열이 발생하여 마그마 바다가 형성되었다.
(다) 철과 니켈 등의 무거운 성분이 지구 중심부로 가라앉아 핵을 형성하였다.

이에 대한 설명으로 옳은 것만을 <보기>에서 있는 대로 고른 것은?

보기
ㄱ. 원시 바다는 (가) 이후에 형성되었다.
ㄴ. (가) → (나) → (다)의 순으로 진행되었다.
ㄷ. (다) 시기에 지구 중심부에는 산소와 규소가 풍부하였다.

① ㄱ   ② ㄴ   ③ ㄷ
④ ㄱ, ㄴ   ⑤ ㄴ, ㄷ

19 다음은 지구 형성 과정 중 일부를 나타낸 것이다.

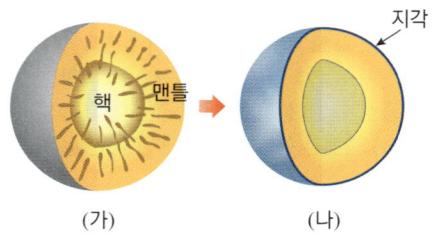

(가)   (나)

이에 대한 설명으로 옳은 것만을 <보기>에서 있는 대로 고른 것은?

보기
ㄱ. (가)에서 규소, 산소와 같은 물질이 핵을 이루었다.
ㄴ. (나)에서 원시 지각이 형성된 후 원시 바다가 형성되었다.
ㄷ. (가)→(나) 과정에서 원시 지구 표면의 온도는 증가하였다.

① ㄱ   ② ㄴ   ③ ㄷ
④ ㄱ, ㄴ   ⑤ ㄴ, ㄷ

20 그림 (가)는 지구, (나)는 사람을 이루는 원소의 비율을 나타낸 것이다.

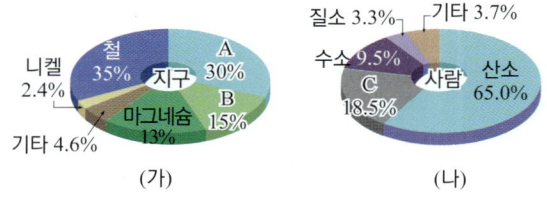

(가)   (나)

A~C에 해당하는 원소를 옳게 짝지은 것은?

	A	B	C
①	알루미늄	수소	산소
②	산소	규소	탄소
③	산소	헬륨	수소
④	헬륨	규소	철
⑤	헬륨	탄소	수소

심화 실력 높이기

정답 및 해설 → 18

[2020 모의고사 기출]

01 그림 (가)와 (나)는 각각 현재와 미래 어느 시점의 태양 내부 구조를 나타낸 것이다. A와 B는 각각 수소 핵융합 반응과 헬륨 핵융합 반응이 일어나는 영역 중 하나이다.

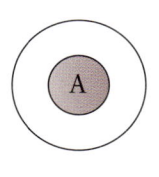 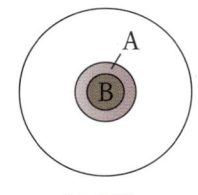

(가) 현재　　　　　　　(나) 미래

이에 대한 설명으로 옳은 것만을 <보기>에서 있는 대로 고른 것은?

• 보기 •
ㄱ. A는 수소 핵융합 반응이 일어나는 영역이다.
ㄴ. 평균 온도는 A가 B보다 높다.
ㄷ. (나)에서는 핵융합 반응을 통해 철이 생성된다.

① ㄱ　　　　② ㄴ　　　　③ ㄱ, ㄴ
④ ㄴ, ㄷ　　　⑤ ㄱ, ㄴ, ㄷ

02 그림은 질량이 태양 정도인 별의 중심으로부터 표면까지 거리에 따른 수소 함량 비율을 나타낸 것이다.

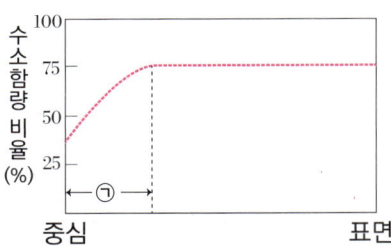

이에 대한 설명으로 옳은 것만을 <보기>에서 있는 대로 고른 것은?

• 보기 •
ㄱ. 현재 이 별의 중력과 내부 압력은 평형 상태이다.
ㄴ. ㉠에서 중심에 가까울수록 헬륨의 비율이 높아진다.
ㄷ. 현재 별의 진화 단계에서는 시간이 지날수록 ㉠에서 헬륨의 비율이 높아질 것이다.

① ㄱ　　　　② ㄴ　　　　③ ㄱ, ㄷ
④ ㄴ, ㄷ　　　⑤ ㄱ, ㄴ, ㄷ

03 그림은 태양계 행성을 물리량에 따라 두 집단으로 분류한 것이다.

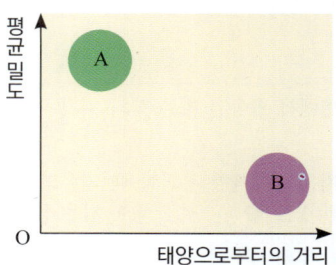

이에 대한 설명으로 옳은 것만을 <보기>에서 있는 대로 고른 것은?

• 보기 •
ㄱ. A는 지구형 행성, B는 목성형 행성이다.
ㄴ. A는 B보다 저온의 환경에서 형성되었다.
ㄷ. B는 주로 철, 규산염 등의 무거운 물질로 이루어졌다.
ㄹ. B는 녹는점이 낮은 물, 메테인, 암모니아가 응축된 고체 물질을 가진 미행성체로부터 생성되었다.

① ㄱ, ㄷ　　　② ㄱ, ㄹ　　　③ ㄴ, ㄹ
④ ㄱ, ㄴ, ㄷ　　⑤ ㄴ, ㄷ, ㄹ

[2025 모의고사 기출]

04 그림 (가)는 중심부에서 수소 핵융합 반응이 일어나고 있는 태양의 내부 구조를, (나)는 수소(H) 원자와 원자 A, B의 첫 번째 전자 껍질과 두 번째 전자껍질에 들어 있는 전자 수를 나타낸 것이다.

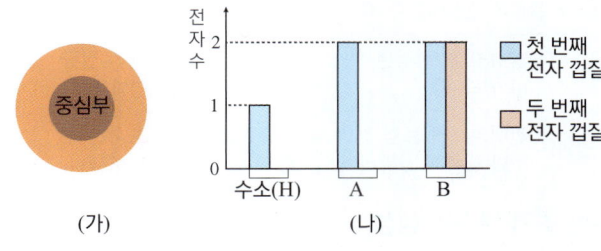

(가)　　　　　　　(나)

이에 대한 설명으로 옳은 것만을 <보기>에서 있는 대로 고른 것은? (단, A와 B는 임의의 원소 기호이고, 전자는 원자핵에 가까운 전자 껍질부터 차례로 배치된다.)

• 보기 •
ㄱ. (가)의 중심부에서 A의 원자핵이 생성된다.
ㄴ. A와 B는 같은 족 원소이다.
ㄷ. (가)의 중심부에서 핵융합 반응으로 만들어질 수 있는 가장 무거운 원소는 철(Fe)이다.

① ㄱ　　　　② ㄴ　　　　③ ㄷ
④ ㄱ, ㄴ　　　⑤ ㄱ, ㄷ

단원 요약

01 우주 초기 원소의 생성

1. 스펙트럼

(1) 스펙트럼의 종류

연속 스펙트럼	고온의 별에서 방출된 빛은 색의 띠가 연속으로 나타난다.
흡수 스펙트럼	별빛이 저온의 기체를 통과할 때 저온의 기체가 특정 파장의 빛을 (❶)하여 검은 선이 생긴다.
방출 스펙트럼	고온의 별 주위에서 에너지를 얻어 가열된 고온의 기체가 특정 파장의 빛을 (❷)하여 밝은 선이 생긴다.

(2) 스펙트럼의 분석: 별빛 스펙트럼 분석을 통해 별의 구성 성분, 표면 온도, 밀도 및 원소의 질량비 등을 알 수 있다.

2. 우주의 원소 분포

① 우주를 구성하는 원소의 대부분은 (❸   )와 헬륨(24 %)이다.
② 수소와 헬륨의 질량비는 3 : 1이며, (❹   )의 증거가 되었다.

3. 빅뱅 우주론

(1) 빅뱅 우주론: 모든 물질과 에너지가 모인, 온도와 밀도가 무한대인 한 점에서 대폭발이 일어나 우주가 탄생하였으며 지금도 계속 팽창하고 있다는 우주론으로, 우주의 질량은 일정하고, 온도는 계속 낮아지고, 밀도는 점차 (❺   )하였다.

(2) 빅뱅 우주론의 증거

① (❻   )

예측	빅뱅 이후 38만년에 우주의 온도가 약 3,000 K일 때 퍼져나간 빛이 우주가 팽창하면서 파장이 길어져 약 3 K의 물체에서 복사되는 마이크로파로 관측될 것이다.
관측 결과	우주의 모든 방향에서 거의 같은 세기로, 약 3 K의 물체에서 복사되는 전자기파인 우주 배경 복사가 관측되었다.

② 수소와 헬륨의 질량비 약 (❼   )

예측	빅뱅 이후 생성된 수소 원자핵과 헬륨 원자핵의 질량비가 약 (❽) 이 될 것으로 계산하였다.
관측 결과	천체의 스펙트럼 관측 결과 우주 전역에 분포하는 수소와 헬륨의 질량비가 약 (❾) 임을 알아냈다.

4. 우주 초기 원소의 생성

(1) 물질의 구성

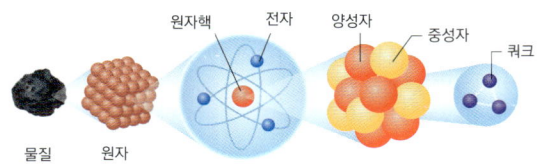

(2) 빅뱅 이후 물질이 만들어지는 과정

기본 입자 생성	빅뱅 직후 쿼크, 전자 등의 기본 입자가 생성
양성자와 중성자 생성	기본 입자인 (❿) 3개가 결합하여 양성자와 중성자가 생성됨
원자핵 생성 (빅뱅 이후 약 3분)	양성자 2개 + 중성자 2개 → 헬륨 원자핵

원자 생성 (빅뱅 이후 약 38만 년)	수소 원자핵 + 전자 1개 → 수소 원자 헬륨 원자핵 + 전자 2개 → 헬륨 원자 → 불투명한(뿌연) 우주가 원자가 생성된 후 투명한 우주(어두운 우주)로 되면서 빛이 우주 공간으로 퍼져 나갔다.
별과 은하 생성 (빅뱅 이후 수 억 년)	수소 원자와 헬륨 원자가 중력에 의해 모여들고 결합하여 별과 은하를 형성하였다.

02 지구와 생명체를 구성하는 원소의 생성

1. 별의 진화와 원소의 생성

① **별의 탄생**: 밀도가 크고 온도가 낮은 성운 속에서 원시별이 탄생하여 별(주계열성)로 진화한다. 원시별은 (❶   )과정에서, 별은 핵융합 반응으로 에너지가 생성된다.

② (❷   ): 중심 온도가 1000만 K 이상으로 수소 핵융합 반응으로 에너지를 생성하고, 내부 압력과 중력이 평형을 이루어 크기가 일정한 별이다.

③ **철보다 가벼운 원소와 철의 생성**: 별 내부의 핵융합 반응으로 생성된다.

질량이 태양 정도인 별	· (❸), 탄소, 산소까지 생성된다. · 핵융합 반응이 멈추면 바깥층은 행성상 성운, 중심부는 백색 왜성이 된다.
질량이 태양의 10배 이상인 별	· 핵융합 반응으로 헬륨부터 점점 무거운 원소가 생성되어(❹)까지 생성된다. · (❺)은 매우 안정하여 철이 만들어진 이후에는 핵융합 반응이 더이상 일어나지 않는다.

④ **철보다 무거운 원소의 생성**: (❻   ) 폭발 과정에서 금, 우라늄, 납 등과 같은 철보다 무거운 원소가 생성된다.

2. 태양계의 형성
: 태양계 성운의 수축 → 중심부에서 원시 태양과 원반 형성 → 원시 원반에서 미행성체의 형성 → 원시 태양계 형성

지구형 행성	· 반지름과 질량이 작다. · 무거운 물질로 이루어져 평균 밀도가 크다. 예 수성, 금성, 지구, 화성
목성형 행성	· 반지름과 질량이 (❼). · 가벼운 물질로 이루어져 평균 밀도가 작다. 예 목성, 토성, 천왕성, 해왕성

4. 지구의 형성

① **형성 과정**: 미행성체 충돌 → 마그마 바다 형성 → 맨틀과 핵 분리(내부 층상 구조 형성) → (❽   )의 형성 → 원시 바다 형성 → 바다에서 생명체 탄생

② **지구와 생명체를 구성하는 원소**

· **지구의 주요 원소**: 철(Fe) > 산소 (O) > 규소(Si) > …
지각에는 산소와 규소가 풍부하고 핵에는 철과 니켈이 풍부하다.

· **생명체의 주요 원소**: 산소(O) > 탄소(C) > 수소(H) > 질소(N) …
(❾   )를 중심으로 결합하여 여러 화합물을 이룬다.

단원 마무리

01 우주 초기 원소의 생성

01 그림 (가)와 (나)는 서로 다른 종류의 스펙트럼을 나타낸 것이다.

(가)

(나)

이에 대한 설명으로 옳은 것만을 <보기>에서 있는 대로 고른 것은?

─ 보기 ─
ㄱ. (가)와 (나)는 각각 동일한 원소들이 포함된 기체를 지난 별빛을 분석한 것이다.
ㄴ. (가)는 전자가 높은 에너지 준위에서 낮은 에너지 준위로 이동할 때 나타나는 스펙트럼이다.
ㄷ. (나)는 저온의 기체를 통과한 별빛의 스펙트럼과 같은 종류의 스펙트럼이다.

① ㄱ   ② ㄴ   ③ ㄷ
④ ㄱ, ㄴ   ⑤ ㄱ, ㄴ, ㄷ

02 그림은 고온의 광원에서 방출되는 빛이 기체 A를 통과하는 경우와 기체 B에 흡수된 후 재방출되는 경우에 나타나는 스펙트럼을 나타낸 것이다.

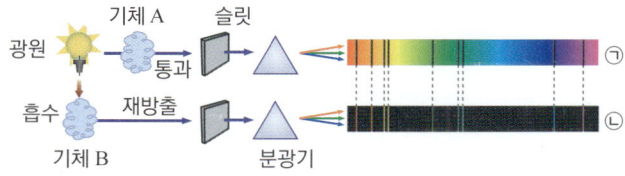

이에 대한 설명으로 옳은 것만을 <보기>에서 있는 대로 고른 것은?

─ 보기 ─
ㄱ. 기체 A와 기체 B에는 동일한 원소가 포함되어 있다.
ㄴ. 기체 A와 기체 B는 온도가 같다.
ㄷ. ㉠은 방출 스펙트럼, ㉡은 흡수 스펙트럼이다.

① ㄱ   ② ㄴ   ③ ㄱ, ㄷ
④ ㄴ, ㄷ   ⑤ ㄱ, ㄴ, ㄷ

03 그림은 원소 A, B가 각각 들어있는 방전관을 관찰하여 얻은 선 스펙트럼을, (나)는 태양의 흡수 스펙트럼을 나타낸 것이다.

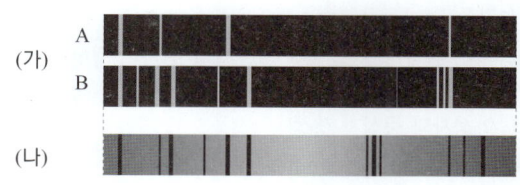

A

(가)

B

(나)

이에 대한 설명으로 옳은 것만을 <보기>에서 있는 대로 고른 것은?

─ 보기 ─
ㄱ. (가)의 스펙트럼은 원소마다 고유한 형태로 나타난다.
ㄴ. (나)의 검은 선들은 태양에서 방출된 빛이 태양의 대기에서 흡수되었기 때문에 나타난다.
ㄷ. A, B 중 태양의 대기에 들어있는 원소는 B이다.

① ㄱ   ② ㄴ   ③ ㄱ, ㄴ
④ ㄴ, ㄷ   ⑤ ㄱ, ㄴ, ㄷ

04 그림은 어느 우주론의 모형을 나타낸 것이다. 빅뱅 이후 현재로 진행되면서 변하는 물리량에 대한 설명으로 옳은 것만을 <보기>에서 있는 대로 고른 것은?

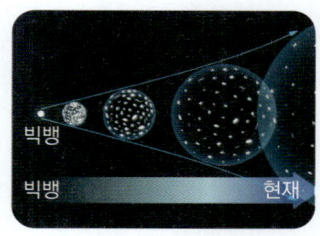

빅뱅

빅뱅   현재

─ 보기 ─
ㄱ. 우주의 부피는 증가하였다.
ㄴ. 우주의 평균 온도는 감소하였다.
ㄷ. 우주의 질량은 일정하게 유지되었다.

① ㄱ   ② ㄴ   ③ ㄷ
④ ㄱ, ㄴ   ⑤ ㄱ, ㄴ, ㄷ

05 빅뱅이 일어난 후 약 3분이 지난 시점까지 발생한 일이 아닌 것은?

① 전자와 원자핵이 결합하였다.
② 양성자와 중성자가 만들어졌다.
③ 기본 입자인 쿼크와 전자가 만들어졌다.
④ 양성자와 중성자가 결합하여 안정적인 원자핵이 만들어졌다.
⑤ 중수소 원자핵과 양성자가 결합하여 헬륨의 동위 원소가 만들어졌다.

06 다음 <보기>는 우주 초기 물질의 탄생과 원소의 생성 과정을 순서 없이 나타낸 것이다. 이를 시간 순서대로 바르게 나열한 것은?

> **보기**
>
> ㄱ. 수소 원자 생성   ㄴ. 헬륨 원자핵 생성
> ㄷ. 쿼크와 전자 생성   ㄹ. 중수소 원자핵 생성
> ㅁ. 양성자와 중성자 생성

① ㄱ ― ㄴ ― ㄷ ― ㄹ ― ㅁ   ② ㄴ ― ㄷ ― ㄹ ― ㅁ ― ㄱ
③ ㄷ ― ㅁ ― ㄴ ― ㄹ ― ㄱ   ④ ㄷ ― ㅁ ― ㄹ ― ㄴ ― ㄱ
⑤ ㅁ ― ㄷ ― ㄴ ― ㄹ ― ㄱ

07 그림은 빅뱅 이후 입자가 생성되는 과정을 모식적으로 나타낸 것이다. 이에 대한 설명으로 옳은 것만을 <보기>에서 있는 대로 고른 것은?

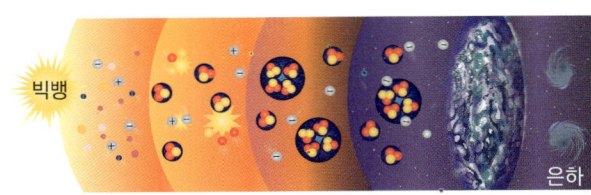

3분   38만 년

> **보기**
>
> ㄱ. 대부분의 원소가 우주 초기에 만들어졌다.
> ㄴ. 빅뱅 이후 원자가 만들어질 때까지 중성자에 대한 양성자의 개수 비는 증가한다.
> ㄷ. 현재 관측되는 우주 배경 복사의 파장은 빅뱅 후 약 38만 년이 되었을 때 우주로 퍼져 나간 빛의 파장과 같다.

① ㄱ   ② ㄴ   ③ ㄷ
④ ㄴ, ㄷ   ⑤ ㄱ, ㄴ, ㄷ

08 빅뱅 이후 어느 시기에 우주에 분포되어 있는 수소 원자핵과 헬륨 원자핵의 개수 비가 아래와 같아졌다. 이에 대한 설명으로 옳은 것만을 <보기>에서 있는 대로 고른 것은?

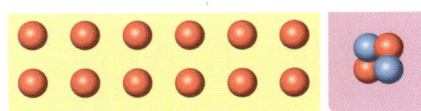

수소 원자핵 12개   헬륨 원자핵 1개

> **보기**
>
> ㄱ. 빅뱅 이후 3분이 지난 시점을 나타낸다.
> ㄴ. 우주에 분포하는 양성자와 중성자의 개수 비는 7 : 1이다.
> ㄷ. 우주에 분포하는 수소 원자핵과 헬륨 원자핵의 질량비는 12 : 1 이다.

① ㄱ   ② ㄴ   ③ ㄷ
④ ㄱ, ㄴ   ⑤ ㄱ, ㄴ, ㄷ

[09~11] 다음은 빅뱅 이후 초기 우주의 진화 과정을 순서 없이 나타낸 것이다.

> 모든 물질과 에너지가 모인 한 점에서 대폭발이 일어나 우주가 시작되었다.
>
> (가) 쿼크, 전자 등과 같은 기본 입자가 생겨났고, 그 후 쿼크가 결합하여 [㉠]이(가) 만들어졌다.
>
> (나) 빛의 진로를 방해하지 않는 [㉡]이(가) 생성되면서부터 ⓐ빛이 우주 공간으로 퍼져 나갈 수 있게 되었다.
>
> (다) 양성자와 중성자가 결합하여 헬륨 원자핵이 처음으로 만들어졌고, 우주에 존재하는 수소 원자핵과 헬륨 원자핵의 질량비는 약 [㉢]이(가) 되었다.

09 (가)~(다)를 빅뱅 이후의 시간 순서대로 바르게 나열한 것은?

① (가) ― (나) ― (다)   ② (가) ― (다) ― (나)
③ (나) ― (가) ― (다)   ④ (나) ― (다) ― (가)
⑤ (다) ― (나) ― (가)

10 ㉠~㉢에 대한 설명으로 옳은 것만을 <보기>에서 있는대로 고른 것은?

> **보기**
>
> ㄱ. ㉠은 '양성자와 중성자'이다.
> ㄴ. ㉡입자는 전하를 띠지 않는다.
> ㄷ. ㉢은 7 : 1이다.

① ㄱ   ② ㄷ   ③ ㄱ, ㄴ
④ ㄴ, ㄷ   ⑤ ㄱ, ㄴ, ㄷ

11 ⓐ에 대한 설명으로 옳은 것만을 있는 대로 고르면? (2개)

① 외부 은하의 관측으로 확인된다.
② 빅뱅 우주론을 지지하는 증거가 되었다.
③ 빅뱅 이후 약 3분이 지났을 때 퍼져 나갔다.
④ 빛이 처음으로 퍼져 나갔을 때 우주의 온도는 2.7 K이다.
⑤ 현재 우주의 모든 방향에서 거의 동일한 세기로 관측된다.

02 지구와 생명체를 구성하는 원소의 생성

12 별의 탄생에 대한 설명으로 옳은 것은?

① 별은 성운의 온도가 높은 곳에서 형성된다.
② 하나의 성운 내에서는 반드시 하나의 별만이 형성된다.
③ 성간 물질이 수축하여 온도가 높아지는 곳에서 원시별이 형성된다.
④ 원시별의 중심 온도가 높아지면서 헬륨 핵융합 반응이 시작된다.
⑤ 핵융합 반응으로 생성된 에너지는 화학 에너지의 형태로 저장된다.

13 그림은 별의 진화 과정 중 일부를 나타낸 것이다.

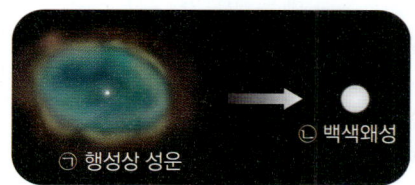

ㄱ 행성상 성운 → ㄴ 백색왜성

이에 대한 설명으로 옳은 것만을 <보기>에서 있는 대로 고른 것은?

◦ 보기 ◦
ㄱ. 태양과 질량이 비슷한 별의 진화 과정이다.
ㄴ. ㄱ을 통해 철이 우주 공간에 공급된다.
ㄷ. ㄴ은 주로 탄소로 이루어져 있다.

① ㄱ　　　　　② ㄴ　　　　　③ ㄷ
④ ㄱ, ㄴ　　　⑤ ㄱ, ㄷ

14 그림은 어느 별의 진화 단계를 나타낸 것이다.

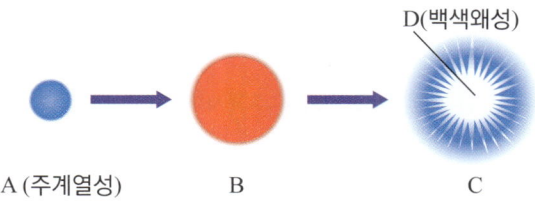

A (주계열성)　　　B　　　　C　　　D(백색왜성)

이에 대한 설명으로 옳은 것만을 <보기>에서 있는 대로 고른 것은?

◦ 보기 ◦
ㄱ. A는 중력과 내부 압력이 평형을 이루는 상태이다.
ㄴ. B는 팽창할 때 표면 온도가 낮아져 붉게 보인다.
ㄷ. B의 중심부(핵)가 수축했을 때, 중심부(핵)의 온도는 A가 B보다 높다.
ㄹ. C 단계에서 철보다 무거운 원소가 만들어져 새로운 성운의 재료가 된다.

① ㄱ　　　② ㄱ, ㄴ　　　③ ㄴ, ㄷ
④ ㄴ, ㄹ　　⑤ ㄱ, ㄷ, ㄹ

15 그림은 질량이 서로 다른 두 별의 진화 과정 (가), (나)를 나타낸 것이다.

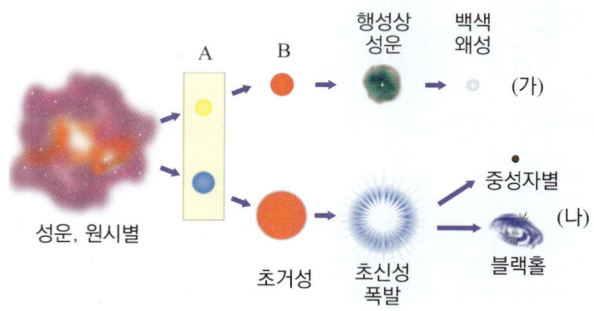

성운, 원시별 / A / B / 행성상 성운 / 백색왜성 (가)
초거성 / 초신성 폭발 / 중성자별 / 블랙홀 (나)

이에 대한 설명으로 옳은 것만을 <보기>에서 있는 대로 고른 것은?

◦ 보기 ◦
ㄱ. B에서는 중심핵에서 탄소를 만들 수 있다.
ㄴ. (나)는 질량이 태양보다 10배 이상 큰 별의 진화 과정이다.
ㄷ. 철보다 무거운 원소는 (가) 과정에서 만들어진다.
ㄹ. A 단계에서는 두 별 모두 수소 핵융합 반응을 통해 에너지를 방출한다.

① ㄱ, ㄴ　　　　② ㄴ, ㄹ　　　　③ ㄱ, ㄴ, ㄷ
④ ㄱ, ㄴ, ㄹ　　⑤ ㄴ, ㄷ, ㄹ

16 그림은 어느 주계열성의 탄생과 진화 과정을 나타낸 것이다.

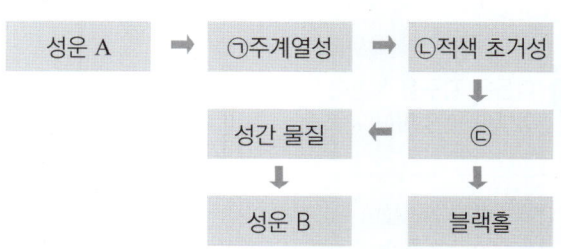

성운 A → ㉠주계열성 → ㉡적색 초거성
성간 물질 ← ㉢
성운 B / 블랙홀

이에 대한 설명으로 옳은 것만을 <보기>에서 있는 대로 고른 것은?

◦ 보기 ◦
ㄱ. ㉠과 태양은 질량이 비슷하다.
ㄴ. ㉡에서 철보다 무거운 원소가 만들어진다.
ㄷ. 초신성 폭발은 ㉢에 해당한다.

① ㄱ　　　② ㄷ　　　③ ㄱ, ㄴ
④ ㄴ, ㄷ　　⑤ ㄱ, ㄴ, ㄷ

17 그림은 성운에서 태양계가 형성되는 과정을 나타낸 것이다.

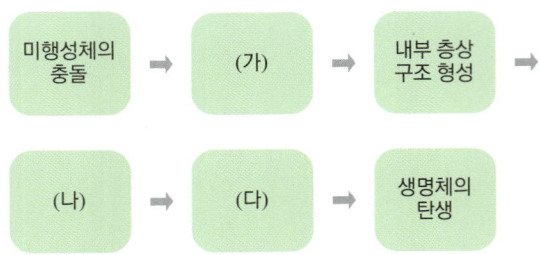

이에 대한 설명으로 옳은 것만을 <보기>에서 있는 대로 고른 것은?

─ 보기 ─
ㄱ. A 과정에서 성운은 회전하며 수축한다.
ㄴ. 원시 태양은 태양계 원반의 중심부에 위치한다.
ㄷ. B 과정에서 미행성체들의 충돌과 결합이 일어난다.

① ㄱ   ② ㄷ   ③ ㄱ, ㄴ
④ ㄴ, ㄷ   ⑤ ㄱ, ㄴ, ㄷ

18 다음은 지구의 형성 과정을 나타낸 것이다. 이에 대한 설명으로 옳지 않은 것은?

```
미행성체의 충돌 → (가) → 내부 층상 구조 형성 →
(나) → (다) → 생명체의 탄생
```

① (가)는 마그마 바다의 형성이다.
② 최초의 생명체는 바다에서 탄생하였다.
③ (나)는 원시 바다, (다)는 원시 지각의 형성이다.
④ 미행성체의 충돌 과정에서 지구의 질량은 증가하였다.
⑤ 내부 층상 구조가 형성될 때 무거운 원소가 중심부로 가라앉았다.

19 다음은 지구형 행성과 목성형 행성에 대한 설명을 순서 없이 나타낸 것이다.

(가) 질량과 반지름이 비교적 작다.
(나) 수소나 헬륨 등의 가벼운 기체로 이루어졌다.

이에 대한 설명으로 옳은 것만을 <보기>에서 있는 대로 고른 것은?

─ 보기 ─
ㄱ. (가)는 목성형 행성이다.
ㄴ. (가)보다 (나)의 밀도가 더 크다.
ㄷ. (나)는 태양으로부터의 거리가 (가)보다 더 멀다.

① ㄱ   ② ㄴ   ③ ㄷ
④ ㄱ, ㄴ   ⑤ ㄴ, ㄷ

20 다음은 태양계의 형성 과정을 나타낸 것이다. 이에 대한 설명으로 옳지 않은 것은?

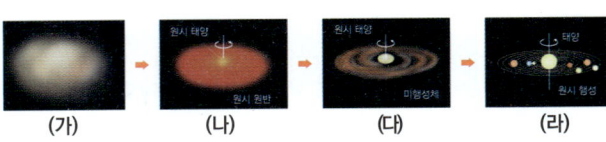

(가)   (나)   (다)   (라)

① (가)에서 밀도 균형이 무너진 성운이 수축하기 시작하였다.
② (나)에서 성운은 원시 태양을 중심으로 납작한 원반 모양으로 회전한다.
③ (다)에서 여러 개의 큰 고리와 수많은 미행성체가 생성되었다.
④ (라)에서 태양의 자전 방향과 행성의 공전 방향은 서로 반대이다.
⑤ 태양과 가까운 곳에는 밀도가 크고 무거운 원소로 이루어진 행성이 형성되었다.

21 그림은 주계열성 내부에서 중력과 내부 압력에 의한 힘을 나타낸 것이다.

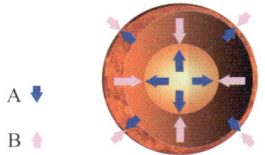

이에 대한 설명으로 옳은 것만을 <보기>에서 있는 대로 고른 것은?

─ 보기 ─
ㄱ. A는 내부 압력에 의한 힘이다.
ㄴ. 주계열성에서는 B보다 A가 크다.
ㄷ. 주계열성이 다음 단계로 진화할 때 A와 B가 평형을 이룬다.

① ㄱ   ② ㄴ   ③ ㄷ
④ ㄱ, ㄴ   ⑤ ㄱ, ㄴ, ㄷ

[2022 모의고사 기출]

22 그림은 빅뱅 이후 초기 우주에서부터 태양계가 형성되기까지의 과정 중 일부를 나타낸 것이다.

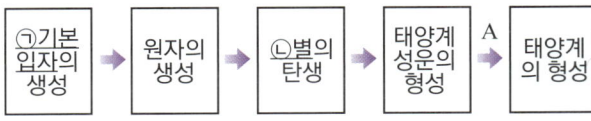

```
㉠기본 입자의 생성 → 원자의 생성 → ㉡별의 탄생 → 태양계 성운의 형성 →A 태양계의 형성
```

이에 대한 설명으로 옳은 것만을 <보기>에서 있는 대로 고른 것은?

─ 보기 ─
ㄱ. 쿼크는 ㉠에 속한다.
ㄴ. ㉡에서 수소 핵융합 반응이 일어난다.
ㄷ. A 과정에서 태양계 성운은 수축하면서 회전한다.

① ㄱ   ② ㄷ   ③ ㄱ, ㄴ
④ ㄴ, ㄷ   ⑤ ㄱ, ㄴ, ㄷ

고난도 마무리

[2020 모의고사 기출]

01 그림 (가)와 (나)는 질량이 서로 다른 두 별의 진화 과정에서 중심부의 핵융합 반응이 끝난 직후 별의 내부 구조를 나타낸 것이다.

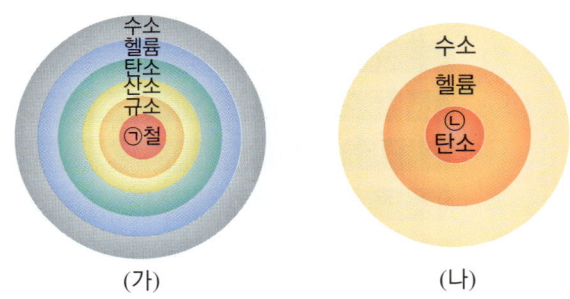

(가)   (나)

이에 대한 설명으로 옳은 것만을 <보기>에서 있는 대로 고른 것은? (단, 두 별의 크기는 고려하지 않는다.)

┌─ 보기 ─────────────────────────────┐
ㄱ. 별의 나이는 (나)보다 (가)가 많다.
ㄴ. 중심부의 온도는 (나)보다 (가)에서 높다.
ㄷ. 이 상태 이후에 (가)의 중심부의 온도는 상승하지만 (나)의 중심부의 온도는 일정하게 유지된다.
└─────────────────────────────────┘

① ㄱ   ② ㄴ   ③ ㄱ, ㄴ
④ ㄴ, ㄷ   ⑤ ㄱ, ㄴ, ㄷ

02 그림은 COBE 위성이 관측한 우주 배경 복사의 파장에 따른 에너지 세기 분포를 나타낸 것이다. 이에 대한 설명으로 옳은 것만을 <보기>에서 있는 대로 고른 것은?

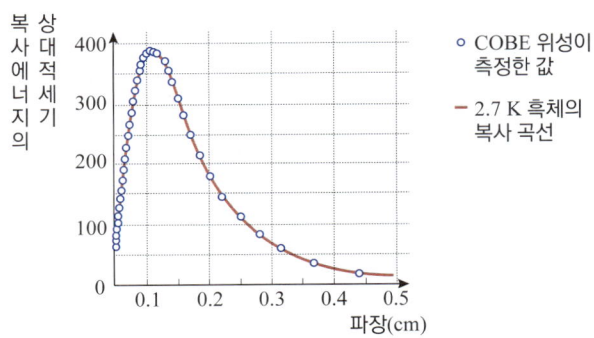

┌─ 보기 ─────────────────────────────┐
ㄱ. 현재 우주 배경 복사는 2.7 K의 물체(흑체)에서 방출되는 복사파와 파장이 비슷하다.
ㄴ. 우주 배경 복사는 우주 공간의 모든 방향에서 고르게 관측된다.
ㄷ. 우주 초기에 퍼져 나간 빛의 파장은 현재의 우주 배경 복사파의 파장보다 길다.
└─────────────────────────────────┘

① ㄱ   ② ㄴ   ③ ㄷ
④ ㄱ, ㄴ   ⑤ ㄱ, ㄴ, ㄷ

03 그림 (가)는 현재 지각과 지구 전체를 구성하는 원소들의 질량비를, (나)는 지구의 형성 과정을 나타낸 것이다.

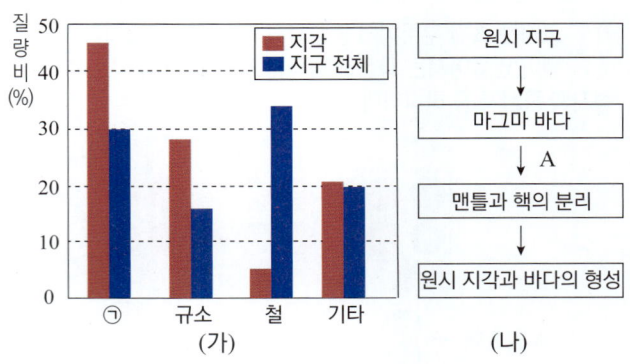

(가)   (나)

이에 대한 설명으로 옳은 것만을 <보기>에서 있는 대로 고른 것은?

┌─ 보기 ─────────────────────────────┐
ㄱ. ㉠은 산소이다.
ㄴ. 지각에 있는 광물은 대부분 규산염 광물이다.
ㄷ. A 과정은 현재 지각과 지구 전체를 구성하는 철의 질량비 차이가 나타나는데 영향을 주었다.
└─────────────────────────────────┘

① ㄱ   ② ㄴ   ③ ㄱ, ㄷ
④ ㄴ, ㄷ   ⑤ ㄱ, ㄴ, ㄷ

04 그림은 태양과 항성(별) X 주변의 여러 행성의 공전 궤도와 생명 가능 지대를 나타낸 것이다. 1 AU는 태양에서 지구까지의 거리(1.5×10^8 km)이다.

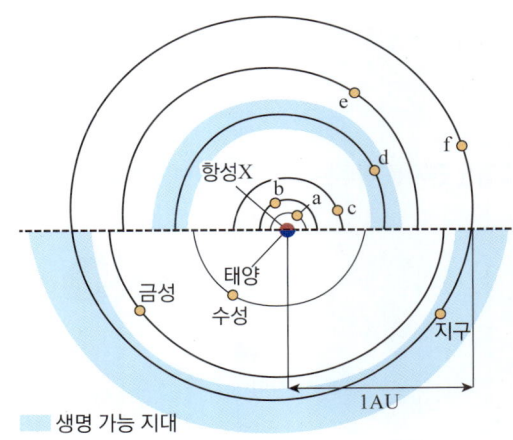

이에 대한 설명으로 옳은 것만을 <보기>에서 있는 대로 고른 것은?

┌─ 보기 ─────────────────────────────┐
ㄱ. 항성 X의 질량은 태양보다 작다.
ㄴ. 항성 X의 행성들 중 표면에 액체 상태의 물이 존재할 가능성은 f가 가장 높다.
ㄷ. 지구는 태양으로부터의 적절한 거리와 대기의 온실 효과로 인하여 생명체에 적당한 표면 온도를 갖게 되었다.
└─────────────────────────────────┘

① ㄱ   ② ㄴ   ③ ㄷ
④ ㄱ, ㄷ   ⑤ ㄱ, ㄴ, ㄷ

01. 우주 초기 원소의 생성

[2024 모의고사 기출]

01 그림은 초기 우주에서 양성자와 중성자가 결합하여 A 원자핵이 만들어지는 과정을 나타낸 것이다. ㉠과 ㉡은 각각 양성자와 중성자 중 하나이다.

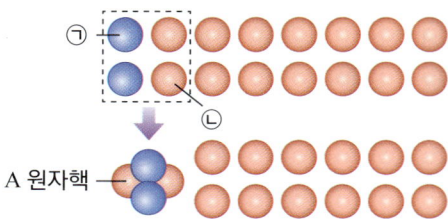

이에 대한 설명으로 옳은 것만을 <보기>에서 있는 대로 고른 것은?

• 보기 •
ㄱ. ㉠은 양성자이다.
ㄴ. ㉡의 전하량은 0이다.
ㄷ. 이 과정 이후 우주에 존재하는 수소 원자핵 총질량은 A 원자핵 총질량의 약 3배가 되었다.

① ㄱ   ② ㄷ   ③ ㄱ, ㄴ
④ ㄴ, ㄷ   ⑤ ㄱ, ㄴ, ㄷ

02 그림은 원자를 이루는 입자를 나타낸 것이다.

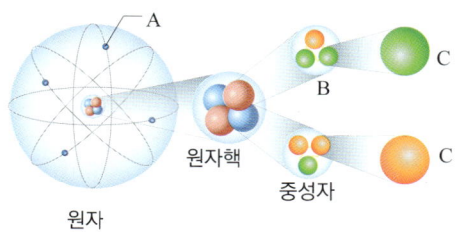

이에 대한 설명으로 옳은 것만을 <보기>에서 있는 대로 고른 것은?

• 보기 •
ㄱ. A는 물질의 기본 입자이다.
ㄴ. 원자핵과 B는 양전하를 띤다.
ㄷ. A가 생성될 때보다 C가 생성될 때 우주의 온도가 더 높았다.

① ㄱ   ② ㄴ   ③ ㄷ
④ ㄱ, ㄴ   ⑤ ㄱ, ㄴ, ㄷ

03 그림은 분광기를 이용한 스펙트럼 관찰 실험을 통해 얻은 실험 결과이다. (가)는 선 모양이 나타나지 않았다.

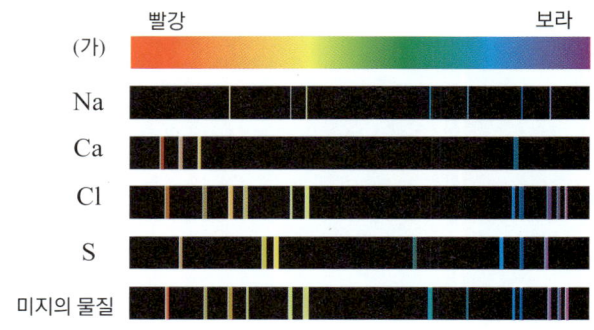

이에 대한 설명으로 옳지 않은 것은?

① (가)는 연속 스펙트럼이다.
② (가)는 백열등 빛을 관측하여 얻은 결과이다.
③ 미지의 물질에는 Na와 Cl 원소가 포함되어 있다.
④ 저온의 성운을 통과한 별빛의 스펙트럼은 (가)를 제외한 스펙트럼의 형태와 같다.
⑤ Ca 원소의 스펙트럼은 전자가 높은 에너지 준위에서 낮은 에너지 준위로 이동할 때 나타나는 형태이다.

04 다음은 빅뱅 이후 초기 우주의 진화 과정에서 일어난 사건들을 순서 없이 나타낸 것이다.

(가) 헬륨 원자핵의 생성
(나) 쿼크와 전자의 생성
(다) 양성자와 중성자의 생성
(라) 수소 원자와 헬륨 원자의 생성

이에 대한 설명으로 옳은 것만을 <보기>에서 있는 대로 고른 것은?

• 보기 •
ㄱ. 시간 순서대로 나열하면 (나)−(가)−(다)−(라)이다.
ㄴ. 우주의 온도는 (가)가 일어난 시기가 (라)가 일어난 시기보다 높았다.
ㄷ. (다)가 일어난 시기에 우주 공간으로 퍼져 나간 빛은 우주 배경 복사로 관측된다.

① ㄱ   ② ㄴ   ③ ㄱ, ㄷ
④ ㄴ, ㄷ   ⑤ ㄱ, ㄴ, ㄷ

05 그림은 고온 고밀도의 광원에서 나온 빛을 분광기로 관찰하는 과정을 모식적으로 나타낸 것이다. 스펙트럼 ㉠은 방출 스펙트럼과 흡수 스펙트럼 중 하나이다.

[2023 모의고사 기출]

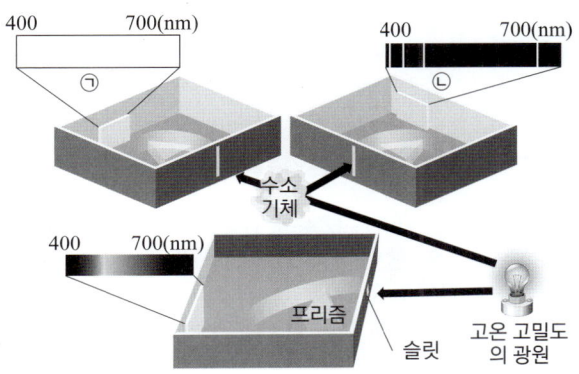

이에 대한 설명으로 옳은 것만을 <보기>에서 있는 대로 고른 것은? (단, 수소 기체 이외에 다른 기체는 없으며, 빛은 슬릿을 통해서만 분광기 내부로 들어간다.)

┌─ 보기 ─────────────────────────────────┐
ㄱ. ㉠은 수소 기체 방전관에서 나온 빛의 스펙트럼과 같다.
ㄴ. ㉠과 ㉡에 나타나는 선의 위치는 같다.
ㄷ. 태양에서 나온 빛이 태양의 대기를 통과하여 나타나는 스펙트럼의 종류는 ㉡과 같다.
└──┘

① ㄱ   ② ㄴ   ③ ㄱ, ㄷ
④ ㄴ, ㄷ   ⑤ ㄱ, ㄴ, ㄷ

---

06 그림 (가)와 (나)는 빅뱅 이후 약 38만 년이 지나기 전과 후의 우주의 모습을 순서없이 나타낸 것이다.

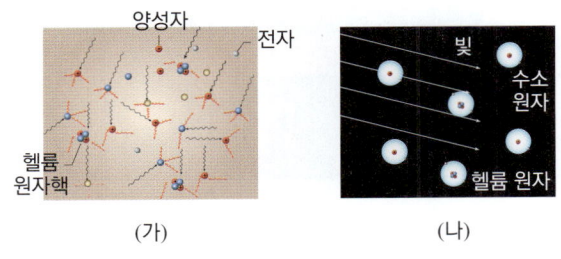

(가)   (나)

이에 대한 설명으로 옳은 것만을 <보기>에서 있는 대로 고른 것은?

┌─ 보기 ─────────────────────────────────┐
ㄱ. (가) 시기에 우주는 투명하여 빛이 잘 통과하였다.
ㄴ. (나)는 빅뱅 이후 약 38만 년이 지난 후의 우주의 모습이다.
ㄷ. (나)가 (가)보다 우주의 온도가 높다.
└──┘

① ㄱ   ② ㄴ   ③ ㄷ
④ ㄱ, ㄴ   ⑤ ㄱ, ㄴ, ㄷ

---

07 다음 중 별의 탄생 과정에 대한 설명으로 옳지 않은 것은?

① 별은 성운 내부의 밀도가 큰 곳에서 형성된다.
② 하나의 성운 내에서 여러 개의 원시별이 형성될 수 있다.
③ 성운 내부에서 일어나는 중력 수축으로 원시별이 생성된다.
④ 원시별은 핵융합 반응에 의해 에너지를 빛의 형태로 방출한다.
⑤ 원시별의 중심 온도가 1000만 K 이상으로 높아지면 주계열성이 된다.

---

08 다음은 어느 별의 중심부에서 일어나는 핵융합 반응을 나타낸 것이다.

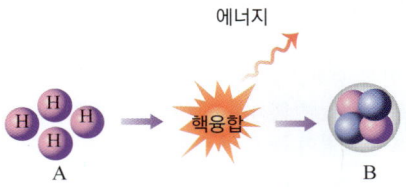

이에 대한 설명으로 옳은 것만을 <보기>에서 있는 대로 고른 것은?

┌─ 보기 ─────────────────────────────────┐
ㄱ. 헬륨 핵융합 반응이다.
ㄴ. 태양 중심부에서 일어난다.
ㄷ. A의 질량보다 B의 질량이 더 크다.
└──┘

① ㄱ   ② ㄴ   ③ ㄱ, ㄴ
④ ㄴ, ㄷ   ⑤ ㄱ, ㄴ, ㄷ

---

09 그림은 어느 별의 내부 구조를 나타낸 것이다.

이 별에 대한 옳은 설명만을 <보기>에서 있는 대로 고른 것은?

┌─ 보기 ─────────────────────────────────┐
ㄱ. 질량은 태양보다 크다.
ㄴ. 중심부로 갈수록 가벼운 원소층이 분포한다.
ㄷ. 별의 내부에서 철은 핵융합 반응으로 만들어진다.
└──┘

① ㄱ   ② ㄴ   ③ ㄱ, ㄷ
④ ㄴ, ㄷ   ⑤ ㄱ, ㄴ, ㄷ

10 그림은 어느 별의 중심부에서 일어나고 있는 핵융합 반응을 나타낸 것이다.

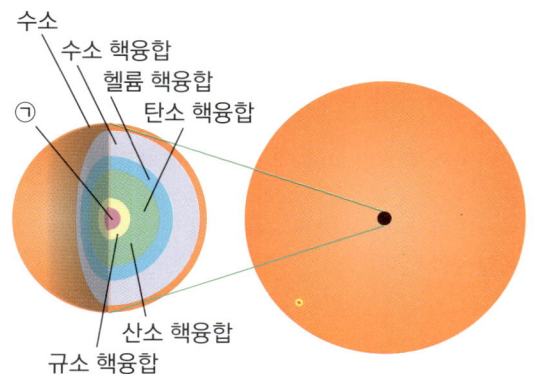

이에 대한 설명으로 옳은 것만을 <보기>에서 있는 대로 고른 것은?

• 보기 •
ㄱ. 별은 현재 주계열성 단계이다.
ㄴ. ㉠에서는 철 원자핵까지 만들어질 수 있다.
ㄷ. 태양보다 질량이 큰 별의 진화 단계에서 볼 수 있다.

① ㄱ   ② ㄴ   ③ ㄱ, ㄷ
④ ㄴ, ㄷ   ⑤ ㄱ, ㄴ, ㄷ

[2021 모의고사 기출]

11 그림 (가)는 어느 별의 진화 과정에서 중심부의 핵융합 반응이 끝난 직후 별의 내부 구조를, (나)는 (가)의 원자 ㉠, ㉡ 중 하나의 전자 배치 모형을 나타낸 것이다.

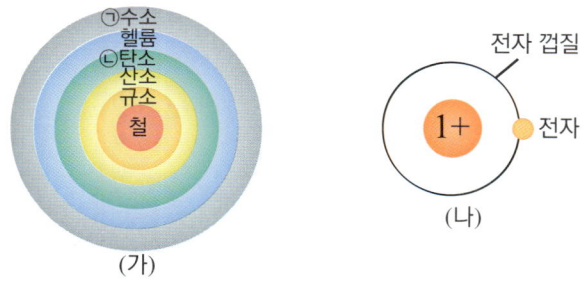

이에 대한 설명으로 옳은 것만을 <보기>에서 있는 대로 고른 것은?

• 보기 •
ㄱ. (가)에서 별의 내부 온도는 중심에서 표면으로 갈수록 높아진다.
ㄴ. (가)와 같은 구조를 가진 별의 질량은 태양의 질량보다 크다.
ㄷ. (나)는 ㉡의 전자 배치 모형이다.

① ㄱ   ② ㄴ   ③ ㄱ, ㄷ
④ ㄴ, ㄷ   ⑤ ㄱ, ㄴ, ㄷ

12 다음은 태양계의 형성 과정을 순서 없이 나타낸 것이다.

(가) 미행성체 형성
(나) 원시 행성 형성
(다) 태양계 성운 형성
(라) 원시 태양과 고리 형성

이에 대한 설명으로 옳지 않은 것은?

① 태양계는 (다)−(라)−(가)−(나) 순으로 형성되었다.
② (다)는 수소와 헬륨 외에도 초신성 폭발로 생긴 무거운 원소도 포함하고 있었다.
③ (다)는 중력에 의해 수축 및 회전하면서 중심부의 온도가 높아졌다.
④ 태양에서 가까운 곳에서는 무거운 원소들이 모여 이루어진 지구형 행성이 형성되었다.
⑤ 태양에 가까울수록 녹는점이 낮은 원소들이 모여 원시 행성을 형성하였다.

13 태양계 성운이 수축하면서 중심에 원시 태양이 형성되고 주위에는 원시 원반이 형성된다. 다음은 원시 원반에서 원시 태양으로부터의 거리에 따른 온도 변화와 물질의 분포 변화를 나타낸 것이다.

이에 대한 설명으로 옳은 것만을 <보기>에서 있는 대로 고른 것은?

• 보기 •
ㄱ. 지구형 행성은 목성형 행성보다 평균 밀도가 더 크다.
ㄴ. 목성형 행성은 지구형 행성보다 온도가 높은 곳에서 형성된다.
ㄷ. 원시 태양에서 멀어질수록 녹는점이 점점 낮은 물질이 고체로 존재한다.

① ㄴ   ② ㄱ, ㄴ   ③ ㄱ, ㄷ
④ ㄴ, ㄷ   ⑤ ㄱ, ㄴ, ㄷ

14 다음은 태양계 형성 과정을 간단히 나타낸 것이다.

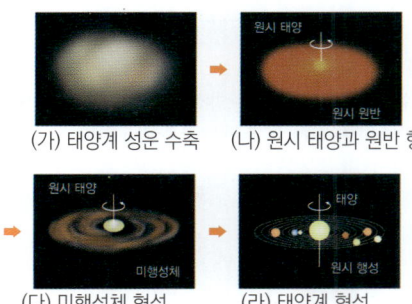

(가) 태양계 성운 수축   (나) 원시 태양과 원반 형성

(다) 미행성체 형성   (라) 태양계 형성

이에 대한 설명으로 옳은 것만을 <보기>에서 있는 대로 고른 것은?

┌─ 보기 ─────────────────────────────┐
│ ㄱ. (가) → (나) 과정에서 성운의 회전이 점점 빨라진다. │
│ ㄴ. (나)→(다) 과정에서 성운의 중심부는 온도가 점점 상 │
│   승한다. │
│ ㄷ. (라)의 행성의 공전 방향과 태양의 자전 방향은 서로 │
│   같다. │
└────────────────────────────────────┘

① ㄱ   ② ㄴ   ③ ㄱ, ㄷ
④ ㄴ, ㄷ   ⑤ ㄱ, ㄴ, ㄷ

15 그림은 어느 주계열성 S를 원궤도로 공전하는 행성 ㉠~㉢의 특징과 생명가능 지대 여부를 나타낸 것이다.

행성	S로부터의 거리(AU*)	단위 시간당 단위 면적이 받는 복사 에너지 상대량 (행성㉠ = 1)	생명가능 지대
㉠	0.2	1	O
㉡	0.3		X
㉢		10	X

*1AU = 태양과 지구 사이의 거리

이에 대한 설명으로 옳은 것만을 <보기>에서 있는 대로 고른 것은? (단, 행성의 대기 조건은 고려하지 않는다.)

┌─ 보기 ─────────────────────────────┐
│ ㄱ. S는 태양보다 질량이 작은 별이다. │
│ ㄴ. 물이 액체 상태로 존재할 가능성이 제일 높은 행성은 │
│   ㉠이다. │
│ ㄷ. $\dfrac{행성 ㉡ 평균 표면온도}{행성 ㉢ 평균 표면온도}$ < 1이다. │
└────────────────────────────────────┘

① ㄱ   ② ㄴ   ③ ㄱ, ㄴ
④ ㄴ, ㄷ   ⑤ ㄱ, ㄴ, ㄷ

16 그림 (가)~(다)는 각각 우주, 지구, 사람을 이루는 원소의 질량비를 나타낸 것이다.

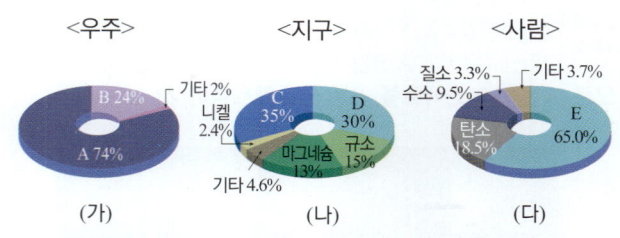

<우주>   <지구>   <사람>

(가)   (나)   (다)

(1) A~E에 해당하는 원소를 옳게 짝지은 것은?

① A — 헬륨   ② B — 수소   ③ C — 규소
④ D — 산소   ⑤ E — 수소

(2) 이에 대한 설명으로 옳은 것만을 <보기>에서 있는 대로 고른 것은?

┌─ 보기 ─────────────────────────────┐
│ ㄱ. 우주에서 가장 많은 원소는 수소이다. │
│ ㄴ. 사람의 몸을 이루는 원소 중 가장 많은 것은 산소이다. │
│ ㄷ. 우주에 별이 탄생하기 전에 지구를 이루는 대부분의 원 │
│   소가 만들어졌다. │
└────────────────────────────────────┘

① ㄱ   ② ㄴ   ③ ㄷ
④ ㄱ, ㄴ   ⑤ ㄱ, ㄴ, ㄷ

17 태양계와 지구의 형성에 대한 설명으로 옳지 <u>않은</u> 것은?

① 태양계 형성 이전에 태양계 자리에 있던 성운에는 수소
  와 헬륨 외에 무거운 원소도 포함되어 있었다.
② 성운이 중력에 의해 수축하고 회전하여 중심부가 볼록하
  고 가장자리가 얇은 원반 형태의 태양계 성운이 만들어
  졌다.
③ 태양과 가까운 곳에는 철, 산소, 규소 등의 무거운 원소
  들이 모여 행성이 형성되었다.
④ 태양에서 멀어질수록 녹는점이 낮은 원소들이 모여 행성
  이 형성되었다.
⑤ 원시 지구에서 원시 지각과 바다가 형성된 후 맨틀과 핵
  의 분화가 이루어졌다.

18 지구를 구성하는 원소에 대한 설명으로 옳은 것만을 <보기>에서 있는 대로 고른 것은?

┌─ 보기 ─────────────────────────────┐
│ ㄱ. 지구 전체에서 가장 많은 원소는 철이다. │
│ ㄴ. 지각을 구성하는 원소 중 가장 많은 것은 산소이다. │
│ ㄷ. 지구 대기를 이루는 질소와 이산화 탄소의 양은 탄생 초 │
│   기부터 현재까지 큰 변화가 없다. │
└────────────────────────────────────┘

① ㄱ   ② ㄴ   ③ ㄱ, ㄴ
④ ㄱ, ㄷ   ⑤ ㄱ, ㄴ, ㄷ

[2020 모의고사 기출]

01 우주 초기의 원소의 생성

01 그림은 천체 X, Y에서 나온 빛이 지구에 도달하는 모습을 나타낸 것이다. A, B는 각각 X, Y에서 나온 빛의 스펙트럼으로, A는 연속 스펙트럼, B는 선 스펙트럼이다.

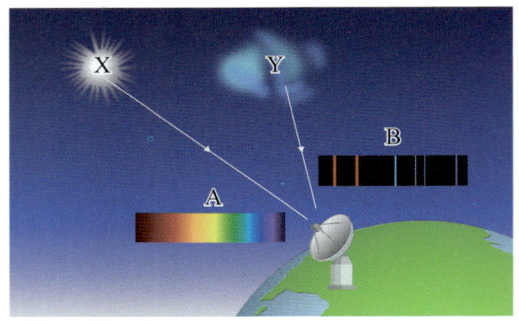

이에 대한 설명으로 옳은 것만을 <보기>에서 있는 대로 고른 것은?

┌ ● 보기 ●
│ ㄱ. X는 특정한 파장의 빛만을 방출한다.
│ ㄴ. 태양 빛의 스펙트럼은 B와 같다.
│ ㄷ. B를 분석하면 Y를 구성하는 원소를 알 수 있다.
└

① ㄱ   ② ㄴ   ③ ㄷ
④ ㄱ, ㄷ   ⑤ ㄴ, ㄷ

02 그림은 우주 배경 복사의 파장 변화를 모식적으로 나타낸 것이다.

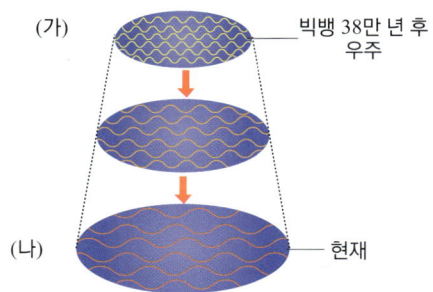

이에 대한 설명으로 옳은 것만을 <보기>에서 있는 대로 고른 것은?

┌ ● 보기 ●
│ ㄱ. (가) 시기에 쿼크가 모여 양성자와 중성자가 생성되었다.
│ ㄴ. 우주 배경 복사는 (가) 시기에 퍼져 나갔다.
│ ㄷ. (가)에서 (나) 시기로 갈수록 우주 배경 복사의 파장은 길어졌다.
└

① ㄴ   ② ㄷ   ③ ㄱ, ㄴ
④ ㄱ, ㄷ   ⑤ ㄴ, ㄷ

[2020 모의고사 기출]

03 다음은 태양과 수소 기체가 들어 있는 방전관에서 방출된 빛의 스펙트럼을 관찰하는 실험이다.

┌───┐
│ **[실험 과정]**
│ 태양과 수소 기체가 들어 있는 방전관에서 방출되는 빛을 각각 분광기로 관찰하여 얻은 두 스펙트럼을 비교한다.
│
│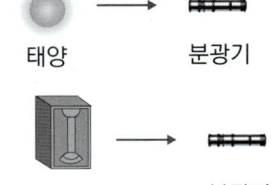
│
│ 태양   분광기
│
│ 수소 기체 방전관   분광기
│
│ **[실험 결과]**
│
│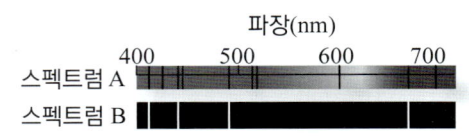
└───┘

이에 대한 설명으로 옳은 것만을 <보기>에서 있는 대로 고른 것은?

┌ ● 보기 ●
│ ㄱ. 스펙트럼 A에는 흡수선이 나타난다.
│ ㄴ. 수소 방전관에서 방출된 빛을 관찰한 것은 스펙트럼 B 이다.
│ ㄷ. 이 실험을 통해 태양에 수소 기체가 존재함을 알 수 있다.
└

① ㄱ   ② ㄷ   ③ ㄱ, ㄴ
④ ㄴ, ㄷ   ⑤ ㄱ, ㄴ, ㄷ

04 다음은 초기 우주에서 입자가 생성되는 과정을 나타낸 것이다.

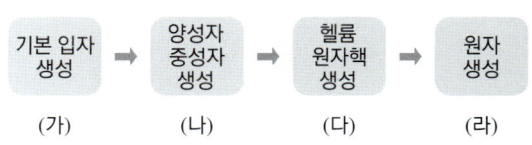

이에 대한 설명으로 옳은 것만을 <보기>에서 있는 대로 고른 것은?

┌ ● 보기 ●
│ ㄱ. (가)~(라) 중 (가) 시기의 우주의 온도가 가장 높다.
│ ㄴ. (나)는 빅뱅 이후 약 3분이 되었을 때이다.
│ ㄷ. (다) 이후 수소 원자핵과 헬륨 원자핵의 질량비는 약 3 : 1 이 되었다.
│ ㄹ. (라) 시기에 빛이 우주로 퍼져 나갔다.
└

① ㄱ, ㄷ   ② ㄱ, ㄹ   ③ ㄴ, ㄷ
④ ㄴ, ㄷ, ㄹ   ⑤ ㄱ, ㄷ, ㄹ

05 그림은 임의의 원소 A, B, C의 방출 스펙트럼과 별 S의 흡수 스펙트럼을 나타낸 것이다.

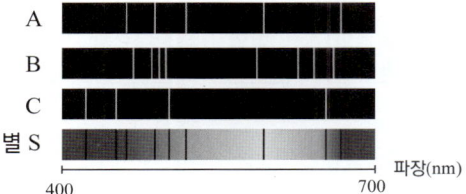

이에 대한 설명으로 옳은 것만을 <보기>에서 있는 대로 고른 것은?

─● 보기 ●─
ㄱ. 고온의 A는 특정 파장의 빛을 방출한다.
ㄴ. 별 S의 대기에는 B와 C가 존재한다.
ㄷ. 별빛의 스펙트럼 분석을 통해 별을 구성하는 원소의 종류를 확인할 수 있다.

① ㄱ   ② ㄴ   ③ ㄱ, ㄷ
④ ㄴ, ㄷ   ⑤ ㄱ, ㄴ, ㄷ

06 그림은 어떤 우주론을 모형으로 나타낸 것이다.

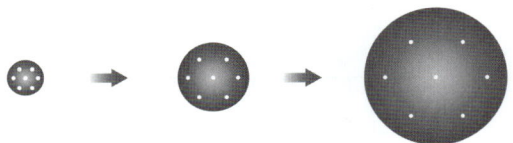

이에 대한 설명으로 옳은 것만을 <보기>에서 있는 대로 고른 것은?

─● 보기 ●─
ㄱ. 우주가 팽창하면서 밀도는 일정하게 유지된다.
ㄴ. 우주 배경 복사는 이 우주론을 뒷받침한다.
ㄷ. 우주가 팽창하면서 전체적으로 질량도 같이 증가한다.

① ㄴ   ② ㄷ   ③ ㄱ, ㄴ
④ ㄱ, ㄷ   ⑤ ㄴ, ㄷ

07 그림은 물질을 구성하는 입자를 모식적으로 나타낸 것이다.

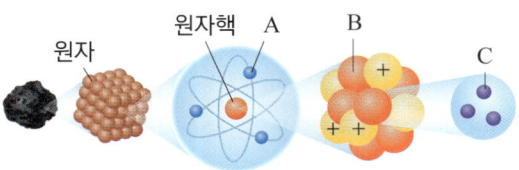

이에 대한 설명으로 옳은 것만을 있는 대로 고르면? (2개)

① A는 전자이다.
② B는 중성자이다.
③ C는 전하를 띠지 않는다.
④ A, B는 우주 초기에 만들어진 기본 입자이다.
⑤ B를 만드는 C의 구성은 u, u, d이다.

08 그림은 빅뱅 이후 초기 우주의 진화 과정을 나타낸 것이다. ( 는 헬륨 원자핵, ● 는 중성자이다.)

이에 대한 설명으로 옳은 것만을 <보기>에서 있는 대로 고른 것은?

─● 보기 ●─
ㄱ. ㉠입자(●)는 수소 원자핵이다.
ㄴ. A 시기에 우주 공간으로 퍼져 나간 빛은 우주 배경 복사로 관측된다.
ㄷ. B 시기에 전자가 원자핵 주위로 끌려와 중성 원자가 만들어졌다.

① ㄱ   ② ㄴ   ③ ㄱ, ㄷ
④ ㄴ, ㄷ   ⑤ ㄱ, ㄴ, ㄷ

[2024 모의고사 기출]

09 그림은 빅뱅 이후 초기 우주에서 원자가 생성되는 과정의 일부를 순서 없이 나타낸 것이다.

(가) 기본 입자인 쿼크와 ㉠의 생성

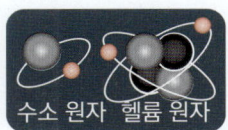
(나) 원자핵과 ㉠이/가 결합

(다) 원자핵 생성

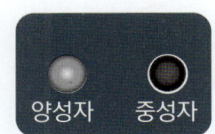
(라) 양성자와 중성자 생성

이에 대한 설명으로 옳은 것만을 <보기>에서 있는 대로 고른 것은?

─● 보기 ●─
ㄱ. ㉠은 전자이다.
ㄴ. 수소 원자핵은 양성자 1개로 구성되어있다.
ㄷ. 원자가 생성되는 과정은 (가) → (라) → (다) → (나) 순이다.

① ㄱ   ② ㄷ   ③ ㄱ, ㄴ
④ ㄴ, ㄷ   ⑤ ㄱ, ㄴ, ㄷ

[2024 모의고사 기출]

10 그림은 과학 도서를 읽고 세 학생이 대화하는 모습을 나타낸 것이다.

> … 별에 직접 가볼 수 없고 시료를 채취할 수도 없으니 별의 구성 성분을 영원히 알 수 없을 것이라고 생각했던 것이다. 그러나 콩트가 죽은 지 겨우 3년 후에 스펙트럼으로부터 화학 성분을 결정할 수 있다는 사실이 밝혀졌다.
>
> — 칼세이건, 『코스모스』 —

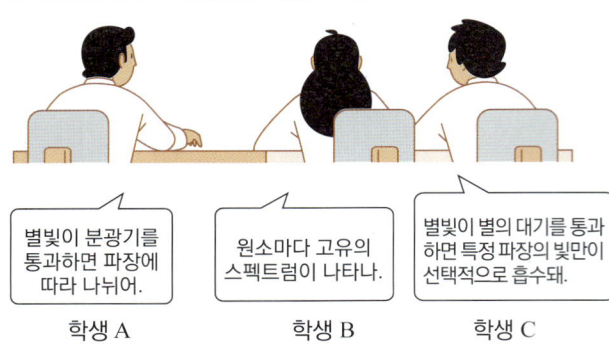

학생 A	학생 B	학생 C
별빛이 분광기를 통과하면 파장에 따라 나뉘어.	원소마다 고유의 스펙트럼이 나타나.	별빛이 별의 대기를 통과하면 특정 파장의 빛만이 선택적으로 흡수돼.

제시한 내용이 옳은 학생만을 있는 대로 고른 것은?

① A   ② B   ③ A, C
④ B, C   ⑤ A, B, C

11 그림은 별의 진화 마지막 단계에 있는 두 별 (가), (나)의 내부 구조를 각각 나타낸 것이다.

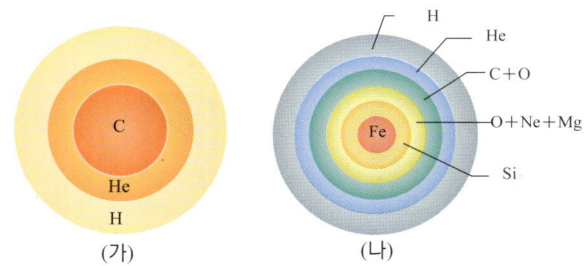

이에 대한 설명으로 옳은 것만을 <보기>에서 있는 대로 고른 것은?

> **보기**
> ㄱ. 별의 질량은 (가)가 (나)보다 크다.
> ㄴ. 중심부의 온도는 (가)가 (나)보다 낮다.
> ㄷ. 철보다 무거운 원소는 (나)가 폭발하는 과정에서 생성된다.

① ㄴ   ② ㄷ   ③ ㄱ, ㄴ
④ ㄴ, ㄷ   ⑤ ㄱ, ㄴ, ㄷ

[2020 모의고사 기출]

12 그림은 빅뱅 이후 태양계와 지구가 형성되기까지의 여러 시간을 순서대로 나타낸 것이다.

빅뱅 → 최초의 별 탄생 → 별의 진화 → 초신성 폭발 → 태양계와 지구의 형성

이에 대한 설명으로 옳은 것만을 <보기>에서 있는 대로 고른 것은?

> **보기**
> ㄱ. 빅뱅 이후 전자를 포함한 기본 입자들이 만들어진다.
> ㄴ. 초신성 폭발 과정에서 철보다 무거운 원소들이 만들어진다.
> ㄷ. 초신성 폭발로 방출된 물질들의 일부는 태양계와 지구를 형성한 재료가 되었다.

① ㄱ   ② ㄷ   ③ ㄷ
④ ㄱ, ㄷ   ⑤ ㄱ, ㄴ, ㄷ

[2023 모의고사 기출]

13 다음은 태양계와 지구가 형성되는 과정의 일부를 나타낸 것이다.

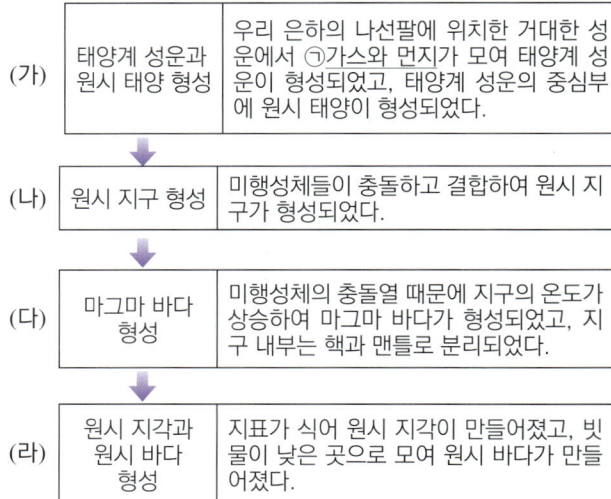

(가)	태양계 성운과 원시 태양 형성	우리 은하의 나선팔에 위치한 거대한 성운에서 ㉠가스와 먼지가 모여 태양계 성운이 형성되었고, 태양계 성운의 중심부에 원시 태양이 형성되었다.
(나)	원시 지구 형성	미행성체들이 충돌하고 결합하여 원시 지구가 형성되었다.
(다)	마그마 바다 형성	미행성체의 충돌열 때문에 지구의 온도가 상승하여 마그마 바다가 형성되었고, 지구 내부는 핵과 맨틀로 분리되었다.
(라)	원시 지각과 원시 바다 형성	지표가 식어 원시 지각이 만들어졌고, 빗물이 낮은 곳으로 모여 원시 바다가 만들어졌다.
(마)	최초의 생물체 출연	바다에서 최초의 ㉡생명체가 출연하였다.

이에 대한 설명으로 옳은 것만을 <보기>에서 있는 대로 고른 것은?

> **보기**
> ㄱ. ㉠을 이루는 원소 중 일부는 결합하여 ㉡의 구성 성분이 된다.
> ㄴ. (나)에서 원시 태양계의 미행성체 수는 줄어든다.
> ㄷ. (다)에서 지구 중심의 밀도는 작아진다.

① ㄱ   ② ㄷ   ③ ㄱ, ㄴ
④ ㄴ, ㄷ   ⑤ ㄱ, ㄴ, ㄷ

14 다음은 태양계 행성들을 물리량에 따라 두 집단으로 분류한 것이다.

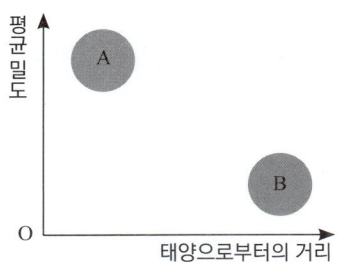

이에 대한 설명으로 옳은 것만을 <보기>에서 있는 대로 고른 것은?

┌─ 보기 ──────────────────────────────┐
ㄱ. A는 지구형 행성, B는 목성형 행성이다.
ㄴ. B는 주로 철, 규산염 등의 무거운 물질로 이루어졌다.
ㄷ. B는 A보다 질량이 크다.
└─────────────────────────────────────┘

① ㄱ ② ㄴ ③ ㄱ, ㄷ
④ ㄴ, ㄷ ⑤ ㄱ, ㄴ, ㄷ

15 지구의 형성 과정에 대한 설명으로 옳은 것만을 <보기>에서 있는 대로 고른 것은?

┌─ 보기 ──────────────────────────────┐
ㄱ. 산소, 규소 등의 물질이 맨틀을 형성하였다.
ㄴ. 원시 바다가 형성된 이후 대기 중 이산화 탄소량이 감소하였다.
ㄷ. 원시 지구에서는 화산 활동에 의해 많은 기체가 분출되어 산소, 질소가 대기의 주성분이었다.
└─────────────────────────────────────┘

① ㄱ ② ㄴ ③ ㄱ, ㄴ
④ ㄴ, ㄷ ⑤ ㄱ, ㄴ, ㄷ

16 그림 (가)~(다)는 우주, 지구, 사람을 이루는 원소의 구성비를 나타낸 것이다.

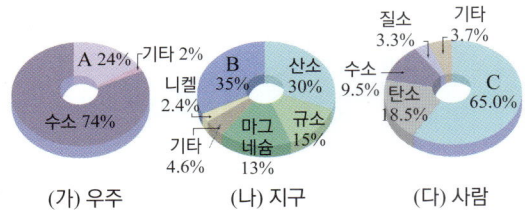

(가) 우주   (나) 지구   (다) 사람

이에 대한 설명으로 옳은 것만을 <보기>에서 있는 대로 고른 것은?

┌─ 보기 ──────────────────────────────┐
ㄱ. A는 대부분 초신성 폭발이 일어날 때 생성되었다.
ㄴ. B는 질량이 태양의 10배 이상인 별의 내부에서 생성되는 원소이다.
ㄷ. C는 지구의 대기와 해수에는 거의 존재하지 않는다.
└─────────────────────────────────────┘

① ㄱ ② ㄴ ③ ㄷ
④ ㄱ, ㄴ ⑤ ㄴ, ㄷ

17 원시 태양으로부터 거리와 물리적 특성에 따라 원시 행성의 궤도를 A와 B로 구분하여 나타낸 것이다. (단, 지구는 A 영역에 포함된다.)

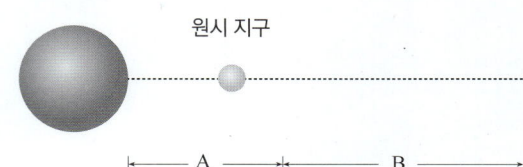

이에 대한 설명으로 옳은 것만을 <보기>에서 있는 대로 고른 것은?

┌─ 보기 ──────────────────────────────┐
ㄱ. A에서는 기체 성분이 대부분인 행성이 형성되었다.
ㄴ. 원시 행성을 형성한 물질의 녹는점은 A보다 B에서 더 낮다.
ㄷ. B에서 형성된 원시 행성은 A에서 형성된 원시 행성보다 더 무거운 물질로 이루어졌다.
└─────────────────────────────────────┘

① ㄴ ② ㄷ ③ ㄱ, ㄴ
④ ㄴ, ㄷ ⑤ ㄱ, ㄴ, ㄷ

18 다음은 새로운 원자핵이 만들어지는 3가지 유형을 나타낸 것이다.

┌─────────────────────────────────────┐
· A: 고온, 고압 조건에서 수소 원자핵 4개가 합쳐져 헬륨 원자핵을 형성한다.
· B: 초신성 폭발로 발생한 에너지에 의해 새로운 원자핵이 만들어진다.
· C: 매우 높은 온도와 압력에서 원자핵이 핵융합을 반복하여 철 원자핵까지 만들어진다.
└─────────────────────────────────────┘

이에 대한 설명으로 옳은 것만을 <보기>에서 있는 대로 고른 것은?

┌─ 보기 ──────────────────────────────┐
ㄱ. A 과정에서는 에너지 출입이 없다.
ㄴ. B 과정에서는 철보다 무거운 원자핵이 만들어진다.
ㄷ. 태양의 진화 과정 중에 C 과정이 포함된다.
└─────────────────────────────────────┘

① ㄱ ② ㄴ ③ ㄱ, ㄴ
④ ㄱ, ㄷ ⑤ ㄴ, ㄷ

19 지구의 형성 과정에 대한 설명으로 옳은 것만을 <보기>에서 있는 대로 고른 것은?

┌─ 보기 ──────────────────────────────┐
ㄱ. 원시 바다가 형성된 이후 대기 중의 산소의 양이 증가하였다.
ㄴ. 탄생 초기 미행성체와의 충돌 과정에서 화산 활동에 의해 이산화 탄소가 생성되었다.
ㄷ. 철, 니켈 등의 물질이 핵을 형성하였다.
└─────────────────────────────────────┘

① ㄱ ② ㄴ ③ ㄷ
④ ㄱ, ㄴ ⑤ ㄱ, ㄴ, ㄷ

II 물질과 규칙성

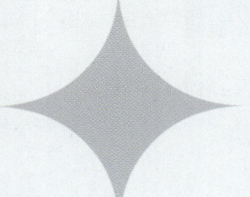

01 원소의 주기성

□ 주기율표의 특징   □ 원소들의 주기성
□ 알칼리 금속과 할로젠의 성질   □ 원자의 전자 배치

A 원소와 주기율표

1. 원소: 물질을 구성하는 기본 성분이며, 더 이상 분해되지 않는다. [1]

① 현재까지 알려진 원소의 종류는 약 110가지이다.

② 우리 주변의 물질은 다양한 원소로 이루어져 있다.

구분	우주	지구의 대기	지각	생명체
원소	수소, 헬륨 등	질소, 산소 등	산소, 규소 알루미늄, 철 등	산소, 탄소, 수소, 질소 등

2. 주기율표: 원소들을 원자 번호(양성자수) 순서로 나열한 표로, 화학적 성질이 비슷한 원소가 같은 세로줄(족)에 배열된다.

① **주기율**: 원소들을 원자 번호 순서대로 배열할 때 비슷한 성질을 가지는 원소가 주기적으로 나타나는 현상이다.

② **족**: 주기율표의 세로줄을 말하며, 1~18 족으로 구성된다.

③ **주기**: 주기율표의 가로줄을 말하며, 1~7 주기로 구성된다.

개념+

[1] 원소와 원자
- 원소: 물질을 구성하는 가장 기본적인 성분
- 원자: 물질을 구성하는 가장 기본적인 입자

[2] 원자량
원자량은 ^{12}C 원자의 질량을 12로 하여 각 원자의 질량을 상대적으로 나타낸 값으로, 원자량이 클수록 무거운 원소이다.

[3] 원자 번호
원자는 원자핵과 전자로 구성되어 있으며, 원자핵은 다시 양성자와 중성자로 구성된다. 원자를 구성하는 양성자의 수가 원자 번호이다.

더 알아보기   주기율의 발견 과정

① **되베라이너**(1817년): 화학적 성질이 비슷한 세 쌍의 원소가 있으며, 이 원소들의 원자량 사이에 일정한 관계가 있다는 사실을 밝혔다.

② **뉼렌즈**(1865년): 원소를 원자량 [2] 순으로 나열하면 8번째마다 화학적 성질이 비슷한 원소가 나타남을 발견하였다.

③ **멘델레예프의 주기율표**(1869년): 당시까지 발견된 63종의 원소를 원자량 순서로 배열하여 최초의 주기율표를 만들었다.

  ➡ 원자량 순서대로 나열하였기 때문에 몇몇 원소들의 화학적 성질이 주기성을 벗어나는 문제점이 있었다.

④ **모즐리의 주기율표**(1913년): X선 연구를 통해 원자핵의 양성자 수를 알아내고 양성자 수를 원자 번호로 정하였다. 원소들의 주기적 성질이 원자량이 아닌 원자 번호 [3] 에 따라 나타남을 밝혔다.

▲ 현대의 주기율표

5. 금속 원소와 비금속 원소

구분	금속 원소	비금속 원소			
주기율표에서의 위치[5]	왼쪽과 가운데(단, 수소는 비금속)	오른쪽			
실온★에서의 상태	고체 상태(단, 수은은 액체)	기체, 고체 상태(단, 브로민은 액체)			
열, 전기 전도성★	크다.	매우 작다.(단, 흑연은 예외)			
이온의 형성	전자를 잃고 양이온이 되기 쉽다. $M \longrightarrow M^{n+} + ne^-$	전자를 얻어 음이온이 되기 쉽다. $X + ne^- \longrightarrow X^{n-}$			
힘에 의한 모양 변화	외부에서 힘을 가하면 부서지지 않고 모양만 변한다.	고체인 경우, 외부에서 힘을 가하면 부서진다.			
광택의 유무	대부분 특유의 광택이 있다.	광택이 없다.			
이용	철 (Fe)	구리 (Cu)	알루미늄 (Al)	수소 (H)	탄소 (C)	질소 (N)
	건축재	구리관	알루미늄 캔	수소 연료	연필심	냉각제

B 알칼리 금속과 할로젠

1. 알칼리 금속: 주기율표에서 수소를 제외한 1족에 속하는 금속 원소이다.[6]
　예) 리튬(Li), 나트륨(Na), 칼륨(K), 루비듐(Rb) 등

① 실온에서 모두 고체 상태이고, 은백색의 광택을 띤다.
② 다른 금속에 비해 밀도가 작고, 칼로 쉽게 잘릴 정도로 무르다.
③ 반응성이 매우 커서[7] 산소, 물과 잘 반응한다.
　예) 나트륨이 공기 중에서 산소와 반응하면 광택을 잃는다. $4Na + O_2 \longrightarrow 2Na_2O$
　예) 나트륨이 물과 격렬히 반응하면 수소 기체가 발생하고, 이때 생성된 수용액은 염기성을 띤다.
$$2Na + 2H_2O \longrightarrow 2NaOH + H_2$$
　　　　　　　　　　　•염기성
④ 반응성이 매우 크기 때문에 산소, 물과의 접촉을 막기 위해 석유나 액체 파라핀 속에 넣어 보관한다.

2. 할로젠: 주기율표에서 17족에 속하는 비금속 원소이다.[8]
　예) 플루오린(F), 염소(Cl), 브로민(Br), 아이오딘(I) 등

① 실온에서 원자 2개가 결합한 2원자 분자로 존재하며, 브로민은 액체 상태이다.

구분	플루오린(F_2)	염소(Cl_2)	브로민(Br_2)	아이오딘(I_2)
상태	기체	기체	액체	고체
색깔	옅은 노란색	노란색	적갈색	보라색

② 반응성이 매우 커서(반응성 크기: F > Cl > Br > I) 금속, 수소와 잘 반응한다.
　　　　　　└─•원자핵이 전자를 잡아당기는 정도의 순서와 같다.
　예) 알칼리 금속과 열과 빛을 내며 격렬하게 반응하며, 생성된 화합물은 물에 잘 녹는다.
$$2Na + Cl_2 \longrightarrow 2NaCl$$
　예) 수소와 반응하여 생성된 할로젠화 수소(HF, HCl, HBr 등)를 물에 녹이면 산성을 띤다.
$$HCl + H_2O \longrightarrow H_3O^+ + Cl^-$$
　　　　　　└─•하이드로늄 이온: 물과 H^+가 결합한 형태이다.

❹ 준금속 원소
준금속 원소는 금속 원소와 비금속 원소의 중간 성질이거나, 금속 원소와 비금속 원소의 성질이 모두 있는 원소이다.

❺ 금속성과 비금속성
● 금속성: 원자가 전자를 잃어 양이온이 되기 쉬운 원소일수록 금속성이 크다.
● 비금속성: 원자가 전자를 얻어 음이온이 되기 쉬운 원소일수록 비금속성이 크다.

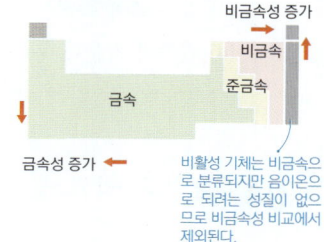

비활성 기체는 비금속으로 분류되지만 음이온으로 되려는 성질이 없으므로 비금속성 비교에서 제외된다.

❻ 알칼리 금속의 이용
● 리튬(Li): 휴대 전화의 전지
● 나트륨(Na): 도로, 터널의 조명
● 칼륨(K): 비료

❼ 알칼리 금속의 반응성 비교
광택이 사라지는 속도와 물과의 반응을 통해 알칼리 금속의 반응성은 리튬<나트륨<칼륨 순으로 나타나는데, 원자 번호가 클수록 전자를 잃기 쉬우므로 반응성이 크게 나타난다.

❽ 할로젠의 이용
● 플루오린(F): 충치 예방 치약
● 염소(Cl): 물의 소독, 표백제
● 아이오딘(I): 상처 소독약

▲ 아이오딘 소독약

미니사전

⭐ **실온** 실내의 평균 온도로 20±5 ℃ 범위이다.

⭐ **전도성** [傳 전하다 道 통하다 性 성질] 어떤 물질이 열이나 전기를 한 부분에서 다른 부분으로 옮기는 성질

개념체크⁺

정답 및 해설 ➡ 26

POINT

01 물질을 이루는 기본 성분으로 더 이상 다른 물질로 분해되지 않는 것은 무엇인가?

02 성질이 비슷한 원소가 주기적으로 나타나도록 원소들을 배열한 표를 무엇이라고 하는가?

03 현대의 주기율표에 대한 설명으로 옳은 것은 ○표, 옳지 않은 것은 ×표 하시오.

(1) 원소들은 원자 번호 순으로 배열되어 있다. ··· (   )
(2) 1 ~ 7주기와 1 ~ 18족으로 이루어져 있다. ····································· (   )
(3) 같은 족에 속하는 원소들은 화학적 성질이 비슷하다. ····················· (   )
(4) 왼쪽과 가운데 부분에는 비금속 원소가, 오른쪽 부분에는 금속 원소가 위치한다.
·· (   )

04 다음 <보기>의 원소를 금속 원소와 비금속 원소로 구분하시오.

> **보기**
>
> ㄱ. 나트륨(Na)   ㄴ. 철(Fe)   ㄷ. 플루오린(F)   ㄹ. 네온(Ne)   ㅁ. 구리(Cu)
> ㅂ. 칼륨(K)   ㅅ. 수소(H)   ㅇ. 마그네슘(Mg)   ㅈ. 염소(Cl)   ㅊ. 질소(N)

(1) 금속 원소: (   )   (2) 비금속 원소: (   )

05 다음은 주기율표의 일부를 나타낸 것이다.

족 주기	1	2	13	14	15	16	17	18
1	A							B
2	C		D		E			F
3		G					H	

A~H에 대한 설명으로 옳은 것은 ○, 옳지 않은 것은 ×표 하시오. (단, A~H는 임의의 원소 기호이다.)

(1) A와 B는 같은 족 원소이다. ·· (   )
(2) A와 C는 모두 알칼리 금속이다. ·· (   )
(3) B와 F는 모두 할로젠이다. ··· (   )
(4) G와 H는 같은 주기 원소이다. ··· (   )
(5) D는 금속 원소이다. ··· (   )
(6) C와 E는 잘 반응한다. ·· (   )
(7) A와 H는 잘 반응한다. ·· (   )

06 알칼리 금속에 대한 설명은 '알', 할로젠 원소에 대한 설명은 '할'이라고 쓰시오.

(1) 상대적으로 밀도가 작고, 칼로 쉽게 잘릴 정도로 무르다. ··········· (   )
(2) 물에 녹아 염기성을 나타낸다. ·· (   )
(3) 실온에서 2개의 원자가 결합한 2원자 분자로 존재한다. ············ (   )
(4) 반응성이 매우 커서 금속, 수소와 잘 반응한다. ······················ (   )

C 원자의 전자 배치

1. 원자의 구조: 원자는 원자핵과 그 주위를 돌고 있는 전자로 구성되어 있고, 원자핵은 양성자와 중성자로 이루어져 있다.

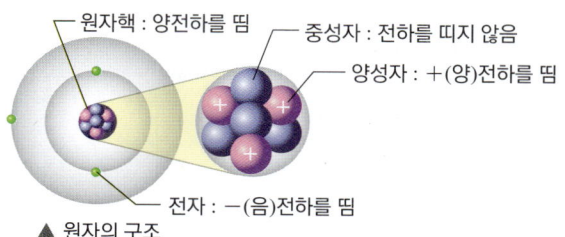

원자핵 : 양전하를 띰 ── 중성자 : 전하를 띠지 않음

양성자 : +(양)전하를 띰

전자 : -(음)전하를 띰

▲ 원자의 구조

① 한 중성 원자를 구성하는 양성자수와 전자 수는 같다. ➡ 원자는 전기적으로 중성이다.
② 양성자수는 원자마다 다르다. ➡ 양성자수는 원자 번호와 같다.

> 원자 번호＝양성자수＝전자 수(중성 원자)

2. 원자의 전자 배치

① **전자 껍질**: 보어 모형⑧에 근거하여 원자핵 주위의 전자가 운동하는 특정한 에너지 준위의 궤도를 말한다.

② **최외각 전자**: 안정한 상태(바닥상태⑨) 전자 배치에서 가장 바깥 껍질에 배치된 전자이다.

③ **원자가 전자**: 안정한 상태(바닥상태) 전자 배치에서 가장 바깥 껍질에 배치된 전자로, 화학 반응에 참여하여 원소의 화학적 성질을 결정한다.⑩

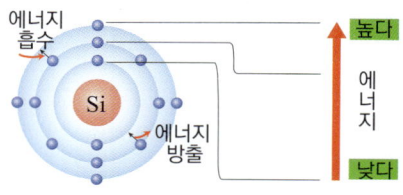

▲ 규소(Si) 원자의 구조와 에너지 준위

④ **에너지 준위**: 원자 내의 전자는 정해진 궤도에서만 존재할 수 있으므로 정해진 에너지 값((-)값)을 가지는데, 이때 전자가 가질 수 있는 에너지 값을 에너지 준위라고 한다. 원자핵으로부터 멀어질수록 에너지 준위는 높아지며 원자 내의 전자가 가지는 에너지 준위의 최대값은 0이다.

· 전자는 궤도와 궤도 사이를 이동할 수 있으며 이때 에너지의 출입이 일어난다.⑪

⑤ **전자 배치의 원리**

· 전자는 원자핵에 가까운(에너지가 낮은) 전자 껍질부터 차례로 채워진다.
· 첫 번째 전자 껍질에는 최대 2개, 두 번째와 세 번째 전자 껍질에는 최대 8개가 배치된다.

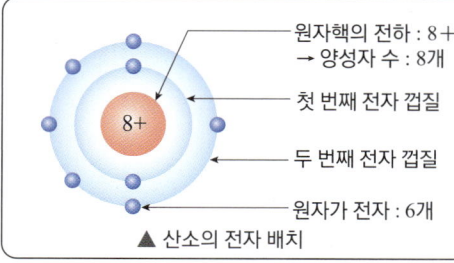

원자핵의 전하 : 8+
→ 양성자 수 : 8개

첫 번째 전자 껍질

두 번째 전자 껍질

원자가 전자 : 6개

▲ 산소의 전자 배치

· 전자가 배치되어 있는 전자 껍질의 수는 주기 번호와 같다. ➡ 산소의 전자 껍질 수가 2개이므로 산소는 2주기 원소

· 산소는 가장 바깥 전자 껍질에 배치된 전자가 6개이다. ➡ 원자가 전자 수 6개

3. 주기율표와 전자 배치의 관계

① **주기와 전자 배치**: 같은 주기 원소들은 전자가 들어 있는 전자 껍질 수가 같고, 원자 번호가 증가함에 따라 원자가 전자 수는 증가하다가 18족 원소에서 0이 된다.

② **족과 전자 배치**: 같은 족 원소들은 원자가 전자 수가 같아 화학적 성질이 비슷하다. (단, 수소 및 3~12족은 예외)

개념⁺

⑧ 보어 모형

보어(Bohr, 1885~1962)는 수소 원자 선 스펙트럼을 설명하기 위해 다음과 같은 두 가지 가설을 세웠다.

① 전자는 원자핵 주위의 특정한 에너지를 가지는 궤도를 따라 원운동하고 있다.
② 전자가 다른 전자 껍질로 이동할 때는 에너지 차이만큼 에너지를 흡수 또는 방출한다.

보어 모형은 수소 원자 선 스펙트럼은 잘 설명할 수 있지만, 전자를 2개 이상 가진 다전자 원자의 스펙트럼을 설명하는 데에는 한계가 있다.

⑨ 바닥상태와 들뜬상태

● 바닥상태: 전자가 가장 낮은 에너지 준위의 전자 껍질에 존재하여 안정한 상태이다.

● 들뜬상태: 전자가 에너지를 흡수하여 높은 에너지 준위의 전자 껍질로 전이된 불안정한 상태이다.

⑩ 원자가 전자 수의 주기성

18족 원소의 가장 바깥 껍질에 배치된 전자의 수는 He를 제외하고 모두 8개이지만, 화학 반응에 참여하는 전자가 없으므로 원자가 전자 수는 0개이다. 같은 주기에서 원자가 전자 수는 원자 번호가 증가함에 따라 점차 커지다가 18족 원소에서 0이 된다.

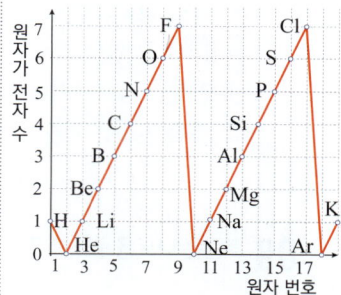

⑪ 전자의 이동과 에너지 출입

전자는 에너지 준위가 다른 전자 껍질로 이동할 수 있다. 전자가 낮은 에너지 준위에서 높은 에너지 준위로 이동할 때에는 그 차이만큼 에너지를 흡수하고, 높은 에너지 준위에서 낮은 에너지 준위로 이동할 때에는 그 차이만큼 에너지를 빛의 형태로 방출한다.

③ **원소들의 주기성이 나타나는 까닭** : 원자 번호가 증가함에 따라 원자가 전자 수가 주기적으로 같아지기 때문이다.

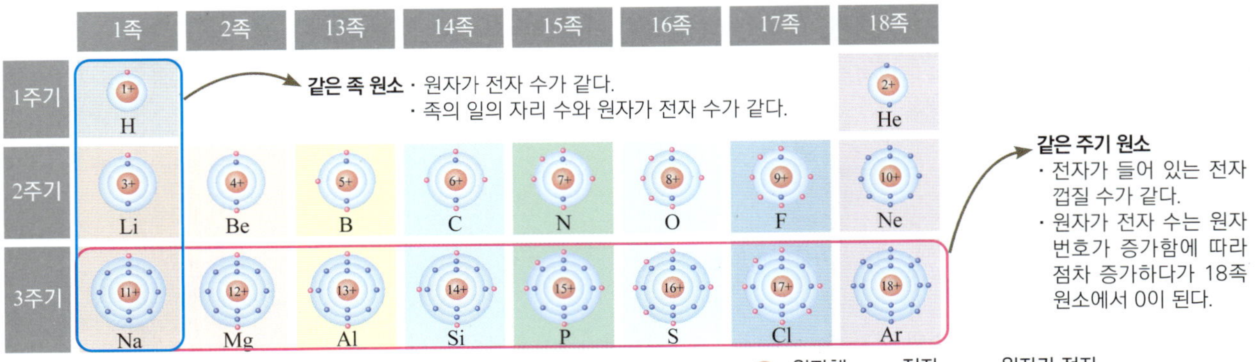
1족
2족
13족
14족
15족
16족
17족
18족
1주기
2주기
3주기
H
He
Li
Be
B
C
N
O
F
Ne
Na
Mg
Al
Si
P
S
Cl
Ar
같은 족 원소 · 원자가 전자 수가 같다.
· 족의 일의 자리 수와 원자가 전자 수가 같다.
같은 주기 원소
· 전자가 들어 있는 전자 껍질 수가 같다.
· 원자가 전자 수는 원자 번호가 증가함에 따라 점차 증가하다가 18족 원소에서 0이 된다.
원자핵
전자
원자가 전자

▲ 원자 번호 1 ~ 18까지 원자의 전자 배치

개념체크+

정답 및 해설 ➜ 26

POINT

07 원자의 구조에 대한 설명으로 옳은 것은 ○표, 옳지 않은 것은 ×표 하시오.

(1) 원자핵은 양성자만으로 이루어져 있다. ( )

(2) 원자를 구성하는 중성자수와 전자 수는 같다. ( )

(3) 원자의 종류에 따라 양성자수가 다르다. ( )

08 원자 모형과 전자 배치에 대한 설명이다. 옳은 것은 ○표, 옳지 않은 것은 ×표 하시오.

(1) 전자가 운동하는 특정한 에너지 준위의 궤도를 전자 껍질이라고 한다. ( )

(2) 각 전자 껍질에 최대로 채워지는 전자 수는 8이다. ( )

(3) 다른 원자와의 화학 반응에 참여하며, 원소의 화학적 성질을 결정하는 전자를 원자가 전자라고 한다. ( )

(4) 안정한 상태에서 전자는 에너지가 높은 전자 껍질부터 차례로 채워진다. ( )

(5) 18족 원소는 원자가 전자 수가 8개이다. ( )

09 그림은 나트륨 원소의 전자 배치 모형이다. 표의 ㉠~㉥을 채우시오.

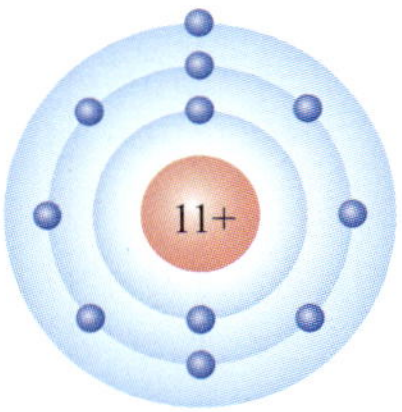
11+

구분	양성자수	전자가 들어 있는 전자 껍질 수	원자가 전자 수	원자 번호	족	주기
나트륨	㉠	㉡	㉢	㉣	㉤	㉥

탐구 ⁺

알칼리 금속의 성질

목표
알칼리 금속의 성질을 알아보고, 같은 족의 원소는 비슷한 성질이 있다는 것을 알 수 있다.

실험 과정

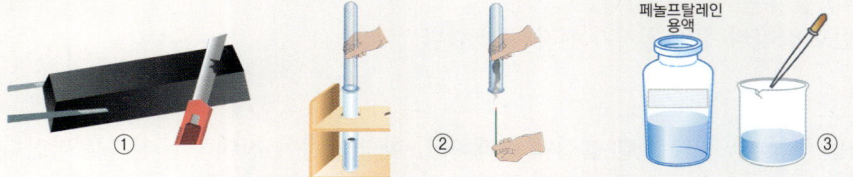

① 리튬(Li)을 유리판 위에 올려 놓고 핀셋으로 잡은 후, 칼로 자르면서 단면의 색 변화를 관찰한다.
② 물이 들어 있는 시험관에 좁쌀 크기의 리튬 조각을 넣고 생성되는 기체를 또 다른 시험관에 모은 후, 불이 붙은 성냥을 대어 기체의 성질을 확인한다.
③ ②에서 리튬 조각을 넣은 시험관의 물을 비커에 옮기고 페놀프탈레인 용액을 1~2방울 떨어뜨린다.
④ 수용액의 색 변화를 관찰한다.
⑤ 나트륨(Na)과 칼륨(K)을 사용하여 ①~④ 과정을 반복한다.

실험 결과

구분	단단한 정도	단면의 변화	물과의 반응	기체 확인	수용액의 색 변화
리튬 (Li)	약간 자르기 힘듦	천천히 광택을 잃음	천천히 기체 발생	가연성 있는 수소 기체가 발생하므로 평하고 불이 붙음	무색 ➡ 붉은색
나트륨 (Na)	쉽게 잘림	빠르게 광택을 잃음	빠르게 기체 발생		무색 ➡ 붉은색
칼륨 (K)	쉽게 잘림	빠르게 광택을 잃음	격렬하고 빠르게 기체 발생		무색 ➡ 붉은색

정리 및 해석

· 알칼리 금속은 대체로 무르기 때문에 칼로 자를 수 있다.
· 알칼리 금속은 칼로 잘랐을 때 단면에 광택이 보이다가 바로 광택을 잃는다.
· 알칼리 금속은 물과 반응하여 수소 기체를 발생한다.
· 수용액이 무색에서 붉은색으로 변한 것은 수용액의 액성이 염기성이 되었기 때문이다.
· 리튬, 나트륨, 칼륨은 모두 1족 원소로 같은 족 원소는 화학적 성질이 서로 비슷함을 알 수 있다.

준비물
리튬(Li), 나트륨(Na), 칼륨(K) 조각, 핀셋, 칼, 실린더, 성냥, 페놀프탈레인 용액

● 알칼리 금속과 시약이 피부에 닿지 않도록 주의한다.
● 알칼리 금속은 반응성이 크므로 물과 반응할 때 너무 가까이 서 있지 않는다.
● 실험 후 남은 알칼리 금속은 지정된 곳에 따로 버려야 한다.

● 페놀프탈레인 용액: 용액의 액성을 확인하는 지시약으로, 산성과 중성에서 무색, 염기성에서 붉은색을 띤다.

● 가연성: 수소, 메테인, 알코올 등과 같이 불에 잘 탈 수 있거나 타기 쉬운 성질을 말한다.

● 알칼리 금속은 반응성이 클수록(원자 번호가 클수록 반응성이 좋다.) 공기 중의 산소와 빠르게 반응하여 광택을 잃는다.

정답 및 해설 ➡ 26

원자의 전자 배치

◉ 원자의 전자 배치(안정한 상태)

① 원자 번호=양성자 수=전자 수(중성 원자)
② 전자는 원자핵과 가까운 전자 껍질부터 차례로 채워지고, 첫 번째 전자 껍질에 최대 2개, 두 번째, 세 번째 전자 껍질에는 각각 최대 8개의 전자가 채워진다.
③ 전자가 배치되어 있는 전자 껍질 수는 주기와 같다.
④ 18족 원소를 제외하고, 족 번호 끝자리 수와 원자가 전자 수가 같다.

◉ 원자가 전자

원자가 전자는 원자를 구성하는 전자 중 가장 바깥 껍질에 존재하고, 화학 반응에 참여하는 전자를 말한다. 18족 원소들은 다른 원소와 화학 반응하지 않으므로 원자가 전자 수가 0이다. 원소들이 주기성을 나타내는 이유는 원자 번호가 증가함에 따라 원소의 화학적 성질을 결정하는 원자가 전자 수가 주기적으로 같아지기 때문이다.

정답 및 해설 ➜ 27

Q1 다음 원자 모형에 전자를 배치해 보고, 빈칸을 채우시오.

원소	헬륨(He)	리튬(Li)	산소(O)	마그네슘(Mg)	염소(Cl)
원자 번호	2				17
양성자 수		3		12	
전자 수			8		
원자 모형	2+	3+	8+	12+	17+
주기					
족					
원자가 전자 수					

Q2 다음 주기율표에서 ( ) 안에 해당 원소의 원자가 전자 수를 채우시오.

주기＼족	1	2	13	14	15	16	17	18
1	H ( )							He ( )
2	Li ( )	Be ( )	B ( )	C ( )	N ( )	O ( )	F ( )	Ne ( )
3	Na ( )	Mg ( )	Al ( )	Si ( )	P ( )	S ( )	Cl ( )	Ar ( )
4	K ( )	Ca ( )						

A 원소와 주기율표

01 다음 설명에 해당하는 원소로 알맞은 것은?

> · 열과 전기를 잘 통하지 않는다.
> · 전자를 얻어 음이온이 되기 쉽다.
> · 주기율표의 오른쪽에 위치한다.

① 나트륨(Na) ② 수소(H) ③ 황(S)
④ 철(Fe) ⑤ 칼슘(Ca)

02 금속 원소의 성질에 대한 설명으로 옳지 <u>않은</u> 것은?

① 열과 전기를 잘 통한다.
② 대부분 특유의 광택이 있다.
③ 주기율표에서 주로 오른쪽에 위치한다.
④ 실온에서 대부분 고체 상태로 존재한다.
⑤ 힘을 가하면 부서지지 않고 모양이 변한다.

03 현대 주기율표에 대한 설명으로 옳지 <u>않은</u> 것은?

① 주기율표의 가로줄을 주기라 하며, 1~7주기로 구성된다.
② 주기율표의 세로줄을 족이라 하며, 1~18족으로 구성된다.
③ 1족 원소들은 모두 알칼리 금속이다.
④ 18족 원소들은 가장 바깥 전자 껍질에 전자가 모두 채워진다.
⑤ 같은 족 원소들은 원자가 전자 수가 같다.

04 다음은 주기율표의 일부에서 A, B, C 영역을 나타낸 것이다.

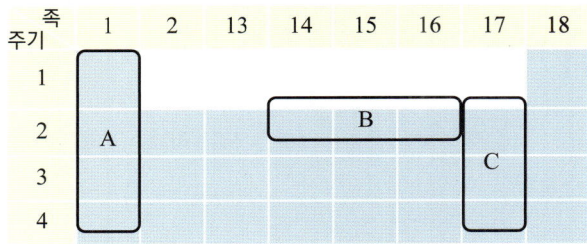

이에 대한 설명으로 옳은 것만을 <보기>에서 있는 대로 고른 것은?

> **보기**
> ㄱ. A에 속한 원소는 원자가 전자 수가 같다.
> ㄴ. B에 속한 원소는 화학적 성질이 비슷하다.
> ㄷ. C에 속한 원소는 금속 원소이다.

① ㄱ ② ㄴ ③ ㄷ
④ ㄱ, ㄷ ⑤ ㄴ, ㄷ

05 다음은 원자 번호 1~20인 원소들을 나타낸 주기율표이다.

족 주기	1	2	13	14	15	16	17	**18**
1	H							He
2	Li	Be	B	C	N	O	F	Ne
3	Na	Mg	Al	Si	P	S	Cl	Ar
4	K	Ca						

이에 대한 설명으로 옳은 것만을 <보기>에서 있는 대로 고른 것은?

> **보기**
> ㄱ. Li, Na, K은 금속성이 크다.
> ㄴ. 비금속성이 가장 큰 원소는 He이다.
> ㄷ. O와 S은 화학적 성질이 비슷하다.

① ㄱ ② ㄴ ③ ㄷ
④ ㄱ, ㄷ ⑤ ㄴ, ㄷ

06 그림은 4가지 원소를 기준에 따라 분류한 것이다. A~C는 각각 Cl, Na, He 중 하나이다.

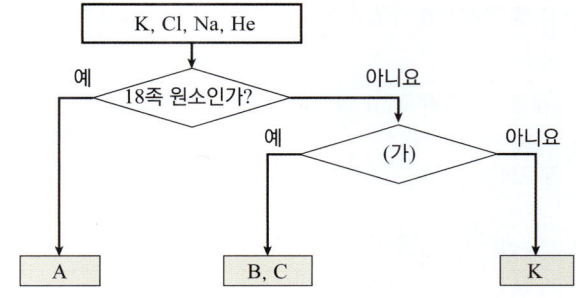

이에 대한 설명으로 옳은 것만을 <보기>에서 있는 대로 고른 것은?

> **보기**
> ㄱ. A는 다른 물질과 잘 반응하지 않는다.
> ㄴ. B와 C의 전자 수의 차는 6이다.
> ㄷ. (가)로 '3주기의 원소인가?'가 적절하다.

① ㄱ ② ㄴ ③ ㄱ, ㄷ
④ ㄴ, ㄷ ⑤ ㄱ, ㄴ, ㄷ

07 다음은 주기율표의 일부를 나타낸 것이다.

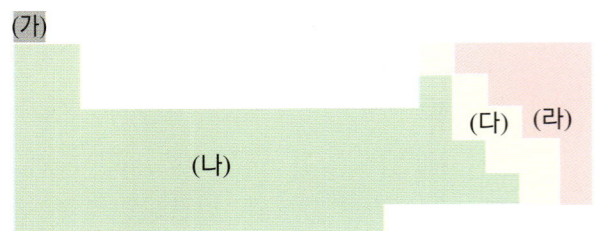

이에 대한 설명으로 옳은 것만을 <보기>에서 있는 대로 고른 것은?

┌─ 보기 ─────────────────────────┐
ㄱ. (가)는 금속 원소로 양이온이 되기 쉽다.
ㄴ. (나)는 (라)보다 전자를 잃기 쉽다.
ㄷ. (다)는 금속과 비금속의 중간 성질을 갖는다.
└────────────────────────────┘

① ㄱ   ② ㄴ   ③ ㄷ
④ ㄱ, ㄷ   ⑤ ㄴ, ㄷ

08 몇 가지 원소의 열과 전기 전도성에 대한 자료이다.

구분	구리(Cu)	산소(O)	철(Fe)	염소(Cl)
열 전도성	O	X	O	X
전기 전도성	O	X	O	X

이에 대한 설명으로 옳은 것만을 <보기>에서 있는 대로 고른 것은?

┌─ 보기 ─────────────────────────┐
ㄱ. 금속 원소는 2 가지이다.
ㄴ. 산소와 염소는 비금속 원소이다.
ㄷ. 구리는 전선에 이용된다.
└────────────────────────────┘

① ㄱ   ② ㄴ   ③ ㄱ, ㄷ
④ ㄴ, ㄷ   ⑤ ㄱ, ㄴ, ㄷ

09 그림은 어떤 원자의 전자 배치를 모형으로 나타낸 것이다.

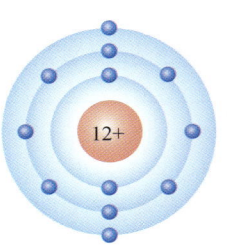

이에 대한 설명으로 옳은 것만을 <보기>에서 있는 대로 고른 것은?

┌─ 보기 ─────────────────────────┐
ㄱ. 원자 번호는 12이다.
ㄴ. 3주기 12족 원소이다.
ㄷ. 전자를 잃어 양이온이 되기 쉽다.
└────────────────────────────┘

① ㄱ   ② ㄴ   ③ ㄷ
④ ㄱ, ㄷ   ⑤ ㄴ, ㄷ

10 원자 번호가 1~20에 속하는 원소들 중 같은 족 원소끼리 같은 값을 가지는 것만을 <보기>에서 있는 대로 고른 것은?

┌─ 보기 ─────────────────────────┐
ㄱ. 전자 껍질 수   ㄴ. 중성자 수
ㄷ. 양성자 수   ㄹ. 원자가 전자 수
└────────────────────────────┘

① ㄱ   ② ㄹ   ③ ㄱ, ㄴ
④ ㄴ, ㄷ   ⑤ ㄱ, ㄴ, ㄹ

11 다음은 주기율표의 일부를 나타낸 것이다.

	1족	2족	13족	14족	15족	16족	17족	18족
1주기								
2주기	ⓐ					ⓑ		
3주기		ⓒ					ⓓ	ⓔ

원소 ⓐ~ⓔ에 대한 설명으로 옳은 것은?

① ⓐ는 비금속 원소이다.
② ⓑ의 양성자수는 6개이다.
③ ⓒ의 전자 껍질 수는 2개이다.
④ ⓓ는 나트륨과 잘 반응한다.
⑤ ⓔ의 원자가 전자 수는 8개이다.

B 알칼리 금속과 할로젠

12 할로젠에 대한 설명으로 옳지 <u>않은</u> 것은?

① 수소보다 공기 중의 산소와 더 잘 반응한다.
② 주기율표에서 17족에 해당하는 원소이다.
③ 플루오린, 염소, 브로민, 아이오딘 등이 속한다.
④ 수소와 반응하여 화합물을 생성한다.
⑤ 할로젠 원자 2개가 결합하여 2원자 분자로 존재한다.

13 다음은 몇 가지 원소의 원소 기호를 나타낸 것이다.

Li	Na	K	Rb

이 원소들의 공통점으로 옳지 <u>않은</u> 것은?

① 알칼리 금속이다.
② 주기율표의 1족 원소이다.
③ 다른 금속에 비해 밀도가 크고, 단단하다.
④ 석유나 액체 파라핀 속에 넣어 보관한다.
⑤ 반응성이 매우 커서 물, 산소와 잘 반응한다.

14 다음은 시험관 3개에 물과 페놀프탈레인 1 ~ 2 방울을 넣고 칼륨(K), 나트륨(Na), 리튬(Li) 조각을 넣었을 때 변화를 나타낸 것이다.

금속	칼륨(K)	나트륨(Na)	리튬(Li)
물과의 반응	격렬하게 기체 발생	빠르게 기체 발생	느리게 기체 발생
수용액의 색 변화	(가)	무색 → 붉은색	(나)

이에 대한 설명으로 옳은 것만을 <보기>에서 있는 대로 고른 것은?

보기
ㄱ. 반응성은 칼륨이 나트륨보다 크다.
ㄴ. (가)와 (나)는 모두 무색 → 붉은색이다.
ㄷ. 위 물질 모두 물과 반응하면 산소 기체가 생성된다.

① ㄱ ② ㄷ ③ ㄱ, ㄴ
④ ㄴ, ㄷ ⑤ ㄱ, ㄴ, ㄷ

15 물기 없는 유리판 위에 리튬, 나트륨, 칼륨을 각각 올려놓고 칼로 자른 후 단면의 색 변화를 관찰하였다. 이에 대한 설명으로 옳지 <u>않은</u> 것은?

① 각 물질을 칼로 자른 순간 단면은 광택이 있다.
② 각 물질은 물러서 칼로 잘 잘라진다.
③ 시간이 지나면 단면의 광택이 사라진다.
④ 공기 중 산소와 반응하여 광택을 잃는다.
⑤ 단면의 광택은 리튬이 가장 빨리 사라진다.

16 다음은 3가지 물질의 성질을 나타낸 것이다.

	플루오린(F_2)	염소(Cl_2)	브로민(Br_2)
나트륨과의 반응	매우 격렬하게 반응함	격렬하게 반응함	잘 반응함
실온에서의 상태	기체	기체	(가)
녹는점(℃)	-219.7	-101.5	-7.2
끓는점(℃)	-188.1	-34.0	58.8

이에 대한 설명으로 옳은 것만을 <보기>에서 있는 대로 고른 것은?

보기
ㄱ. (가)는 액체이다.
ㄴ. 반응성이 가장 큰 물질은 염소이다.
ㄷ. 위 물질은 모두 금속, 수소와 잘 반응한다.

① ㄱ ② ㄷ ③ ㄱ, ㄷ
④ ㄴ, ㄷ ⑤ ㄱ, ㄴ, ㄷ

17 원자 A, B의 안정한 상태의 전자 배치를 모형으로 나타낸 것이다.

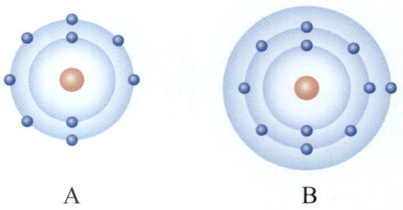

A   B

이에 대한 설명으로 옳은 것만을 <보기>에서 있는 대로 고른 것은?

보기
ㄱ. 원자가 전자 수는 A가 B보다 많다.
ㄴ. A는 금속 원소, B는 비금속 원소이다.
ㄷ. A와 B는 같은 주기의 원소이다.

① ㄱ ② ㄴ ③ ㄷ
④ ㄱ, ㄴ ⑤ ㄱ, ㄴ, ㄷ

[18-19] 다음은 주기율표의 일부를 나타낸 것이다. (단, A~E는 임의의 원소 기호이다.)

	1족	2족	13족	14족	15족	16족	17족	18족
1주기	A							
2주기	B						C	
3주기	D						E	

18 A~E 중 다음 설명에 해당하는 것은 무엇인지 쓰되, 원소 기호를 같이 쓰시오.

> · 비금속 원소이다.
> · 금속과 잘 반응한다.
> · 물의 소독이나 표백제로 사용된다.

19 원소 A~E에 대한 설명으로 옳은 것만을 <보기>에서 있는 대로 고른 것은?

> ── 보기 ──
> ㄱ. A와 B는 물과 반응하여 각각 수소를 발생시킨다.
> ㄴ. C는 E보다 금속과의 반응성이 크다.
> ㄷ. D는 E와 격렬히 반응하여 열과 빛을 낸다.

① ㄱ   ② ㄴ   ③ ㄱ, ㄷ
④ ㄴ, ㄷ   ⑤ ㄱ, ㄴ, ㄷ

20 다음은 알칼리 금속과 할로젠이 생활 속에서 이용되는 예이다. (단, A~C는 임의의 원소이다.)

원소	A	B	C
이용 예	충치 예방 치약	비료	상처 소독약

이에 대한 설명으로 옳은 것만을 <보기>에서 있는 대로 고른 것은?

> ── 보기 ──
> ㄱ. A와 C는 각각 금속과 잘 반응한다.
> ㄴ. B와 C는 같은 족 원소이다.
> ㄷ. A와 B는 서로 반응하지 않는다.

① ㄱ   ② ㄴ   ③ ㄱ, ㄷ
④ ㄴ, ㄷ   ⑤ ㄱ, ㄴ, ㄷ

C 원자의 전자 배치

21 원자 구조와 전자 배치에 대한 설명으로 옳지 <u>않은</u> 것은?

① 중성 원자를 구성하는 양성자수와 전자 수는 같다.
② 같은 족 원소는 같은 원자가 전자 수를 가진다.
③ 같은 주기 원소는 전자가 배치되어 있는 전자 껍질 수가 같다.
④ 전자 껍질에 배치될 수 있는 최대 전자 수는 항상 8개이다.
⑤ 원자에서 전자는 특정한 에너지 준위의 궤도에 존재한다.

[22-23] 다음은 주기율표의 일부를 나타낸 것이다. (단, A~G는 임의의 원소 기호이다.)

	1족	2족	13족	14족	15족	16족	17족	18족
1주기	A							B
2주기		C					D	
3주기	E				F	G		

22 이에 대한 설명으로 옳은 것만을 <보기>에서 있는 대로 고른 것은?

> ── 보기 ──
> ㄱ. 원소 A, C, E는 모두 금속 원소이다.
> ㄴ. 원소 A~G 중 원소 B의 비금속성이 가장 크다.
> ㄷ. 원소 D는 전자를 얻어 음이온이 되기 쉽다.

① ㄱ   ② ㄴ   ③ ㄷ
④ ㄱ, ㄴ   ⑤ ㄱ, ㄷ

23 다음은 원소 A~E 중 한 원소에 대한 설명이다.

> · 상온, 상압에서 고체 상태로 존재하며, 양이온이 되기 쉽다.
> · 중성 원자의 전자껍질 수는 2개이다.

이 설명에 해당하는 원소는?

① A   ② B   ③ C
④ D   ⑤ E

24 그림 (가), (나)는 각각 수소 원자의 전자 껍질과 전자 껍질의 에너지 준위를 나타낸 것이다.

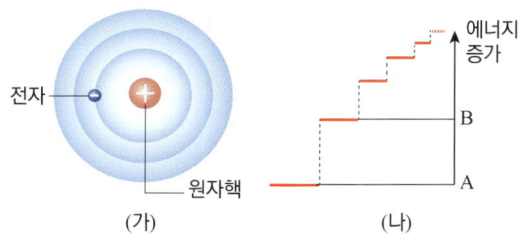

(가)   (나)

이에 대한 설명으로 옳은 것만을 <보기>에서 있는 대로 고른 것은?

─ 보기 ─
ㄱ. 원자핵에 가까운 전자 껍질일수록 에너지 준위가 크다.
ㄴ. 원자핵에 가장 가까운 전자 껍질에 전자가 있을 때 바닥 상태가 된다.
ㄷ. 전자는 (나)의 A와 B 사이의 에너지를 가질 수 없다.

① ㄱ   ② ㄴ   ③ ㄷ
④ ㄱ, ㄴ   ⑤ ㄴ, ㄷ

25 다음은 원자 번호 11~17번까지 원소들의 원자 번호에 따른 성질 변화를 나타낸 것이다.

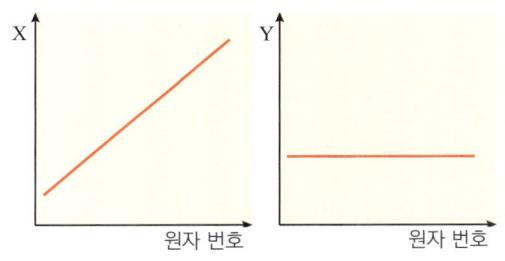

이에 대한 설명으로 옳은 것만을 <보기>에서 있는 대로 고른 것은?

─ 보기 ─
ㄱ. X에 해당하는 성질은 전자껍질 수이다.
ㄴ. Y에 해당하는 성질은 원자가 전자 수이다.
ㄷ. 원자 번호 11~17 번까지의 원소들은 모두 3주기의 원소들이다.

① ㄱ   ② ㄴ   ③ ㄷ
④ ㄱ, ㄴ   ⑤ ㄱ, ㄷ

26 다음은 주기율표의 일부를 나타낸 것이다.

주기＼족	1	2	13	14	15	16	17	18
1								A
2	B					C	D	
3	E						F	

이에 대한 설명으로 옳지 <u>않은</u> 것은? (단, A ~ F 는 임의의 원소 기호이다.)

① A의 최외각 전자 수는 2개이다.
② B, C, D는 화학적 성질이 비슷하다.
③ D와 F는 원자가 전자 수가 같다.
④ E와 F는 전자가 배치되어 있는 전자 껍질 수가 같다.
⑤ A ~ F 중 원자 번호가 가장 큰 원소는 F이다.

27 다음은 원자 A~C의 전자 배치를 모형으로 나타낸 것이다.

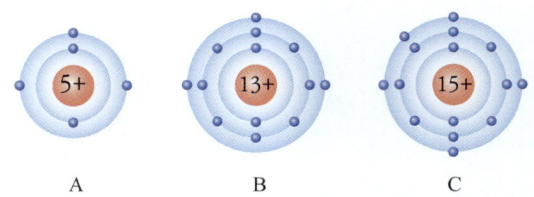

A   B   C

이에 대한 설명으로 옳은 것만을 <보기>에서 있는 대로 고른 것은?

─ 보기 ─
ㄱ. A와 B는 같은 족 원소이다.
ㄴ. B와 C는 같은 주기 원소이다.
ㄷ. A~C 중 금속 원소는 2가지이다.

① ㄱ   ② ㄴ   ③ ㄷ
④ ㄱ, ㄴ   ⑤ ㄴ, ㄷ

28 다음 표는 원소 A~D의 원자 번호를 나타낸 것이다.

원소	A	B	C	D
원자 번호	2	4	11	17

이에 대한 설명으로 옳은 것만을 <보기>에서 있는 대로 고른 것은? (단, A~D는 임의의 원소 기호이다.)

─● 보기 ●─
ㄱ. A와 C는 화학적 성질이 비슷하다.
ㄴ. B의 원자가 전자 수는 4개이다.
ㄷ. C와 D는 같은 주기 원소이다.

① ㄱ　　　　② ㄷ　　　　③ ㄱ, ㄴ
④ ㄴ, ㄷ　　　⑤ ㄱ, ㄴ, ㄷ

29 다음은 3가지 원자 X~Z의 가장 안정한 상태의 전자 배치 모형을 나타낸 것이다.

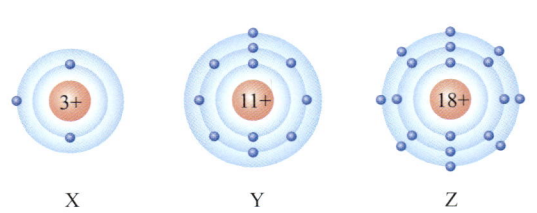

X　　　　　Y　　　　　Z

이에 대한 설명으로 옳은 것만을 <보기>에서 있는 대로 고른 것은? (단, X~Z는 임의의 원소 기호이다.)

─● 보기 ●─
ㄱ. X와 Y는 화학적 성질이 비슷하다.
ㄴ. Y와 Z는 같은 주기 원소이다.
ㄷ. 원자가 전자 수가 가장 큰 원소는 Z이다.

① ㄱ　　　　② ㄷ　　　　③ ㄱ, ㄴ
④ ㄴ, ㄷ　　　⑤ ㄱ, ㄴ, ㄷ

30 그림은 주기율표의 일부를 나타낸 것이다.

	1족	2족	16족	17족
1주기	A			
2주기			B	
3주기		C		D

이에 대한 설명으로 옳은 것만을 <보기>에서 있는 대로 고른 것은? (단, A~D는 임의의 원소 기호이다.)

─● 보기 ●─
ㄱ. A는 금속 원소이다.
ㄴ. B와 C는 원자가 전자 수의 차이가 1이다.
ㄷ. D는 실온에서 2원자 분자로 존재한다.

① ㄱ　　　　② ㄴ　　　　③ ㄷ
④ ㄱ, ㄷ　　　⑤ ㄴ, ㄷ

[2025 모의고사 기출]
31 다음은 알칼리 금속 A의 성질을 알아보는 실험이다.

[실험 과정]
(가) 석유 속에 보관된 A를 핀셋으로 꺼내어 유리판 위에 올려놓고 칼로 자르면서 단면을 관찰한다.
(나) 물이 담긴 비커에 ㉠ 페놀프탈레인 용액을 2~3 방울 떨어뜨린 후, 쌀알 크기의 A 조각을 넣고 반응하는 모습을 관찰한다.

[실험 결과]
· (가)에서 A 단면의 은백색 광택이 금방 사라졌다.
· (나)에서 A는 물과 격렬하게 반응하고, 수용액의 색이 붉게 변하였다.

이에 대한 설명으로 옳은 것만을 <보기>에서 있는 대로 고른 것은?

─● 보기 ●─
ㄱ. (가)에서 A는 공기 중의 산소와 반응한다.
ㄴ. ㉠은 수용액이 염기성인지 확인하기 위한 과정이다.
ㄷ. A를 석유 속에 보관하면 A가 물, 산소와 접촉하는 것을 막을 수 있다.

① ㄱ　　　　② ㄴ　　　　③ ㄱ, ㄷ
④ ㄴ, ㄷ　　　⑤ ㄱ, ㄴ, ㄷ

심화 실력높이기

01 그림은 어떤 원자의 구조를 간단하게 나타낸 것이다.

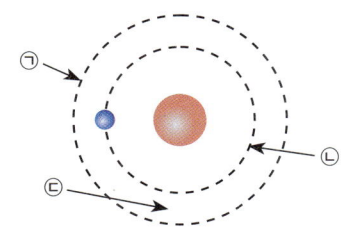

이에 대한 설명으로 옳은 것만을 <보기>에서 있는 대로 고른 것은?

─● 보기 ●─
ㄱ. 에너지 준위는 ㉠ < ㉡이다.
ㄴ. ㉢ 구역에는 전자가 존재할 수 없다.
ㄷ. 전자가 ㉡에서 ㉠으로 이동하면 원자는 더 안정한 상태가 된다.

① ㄱ   ② ㄴ   ③ ㄱ, ㄷ
④ ㄴ, ㄷ   ⑤ ㄱ, ㄴ, ㄷ

02 표는 안정한 상태 원자 (가), (나)에 대한 자료이다. $a \sim e$는 각각의 개수이다.

원자	양성자수	전자 수	전자 껍질 수	원자가 전자 수
(가)	2	a	b	c
(나)	d	12	3	e

이에 대한 설명으로 옳지 않은 것은?

① $c = e$ 이다.
② $d = 12$이다.
③ a는 b의 2배이다.
④ (가)는 비활성 기체이다.
⑤ (나)는 3주기 원소이다.

03 표는 3주기 안정한 원소 X에 대한 자료이다. 전자 껍질 (가)~(다)는 각각 원자핵에서 가장 가까운 3개의 전자 껍질 중 하나이다. 원자핵으로부터의 거리는 (나) > (다)이다.

전자 껍질	(가)	(나)	(다)
들어 있는 전자 수	a+1	a	a+7

이에 대한 설명으로 옳은 것만을 <보기>에서 있는 대로 고른 것은? (단, X는 임의의 원소 기호이다.)

─● 보기 ●─
ㄱ. a=1이다.
ㄴ. X는 2족 원소이다.
ㄷ. 원자핵으로부터의 거리는 (가) > (나)이다.

① ㄱ   ② ㄴ   ③ ㄱ, ㄷ
④ ㄴ, ㄷ   ⑤ ㄱ, ㄴ, ㄷ

04 다음은 주기율표의 일부이며, ⓐ~ⓔ를 임의의 원소 기호라고 할 때, 원소 ⓐ~ⓔ는 각각 주기율표의 붉은 색 부분 중 하나에 위치한다.

	1	2	13	14	15	16	17	18
1	■							■
2	■	■	■	■	■	■	■	■
3	■	■						

원소 ⓐ~ⓔ를 다음과 같이 설명하였다.

• 원자가 전자 수는 ⓑ와 ⓔ가 같다.
• 원자 번호는 ⓒ가 ⓐ보다 크다.
• 전자가 들어 있는 전자 껍질 수는 ⓑ와 ⓓ가 같다.

이에 대한 설명으로 옳은 것만을 <보기>에서 있는 대로 고른 것은?

─● 보기 ●─
ㄱ. 원자가 전자 수는 ⓓ가 ⓐ보다 크다.
ㄴ. 원자 번호는 ⓒ가 ⓑ보다 크다.
ㄷ. 전자가 들어 있는 전자 껍질 수는 ⓔ가 ⓒ보다 크다.

① ㄱ   ② ㄴ   ③ ㄱ, ㄷ
④ ㄴ, ㄷ   ⑤ ㄱ, ㄴ, ㄷ

05 다음은 원소 X, Y에 대한 자료이다.

X, Y는 각각 원소 ⓐ~ⓔ 중 하나이다.

	1족	2족	13족	14족	15족	16족	17족	18족
2주기						ⓐ	ⓑ	
3주기	ⓒ	ⓓ				ⓔ		

1. X와 Y의 원자가 전자 수의 합은 8이다.
2. X와 Y의 양성자수의 차는 5보다 작다.
3. 전자가 들어 있는 전자 껍질 수는 X > Y이다.

이에 대한 설명으로 옳은 것만을 <보기>에서 있는 대로 고른 것은? (단, X, Y는 임의의 원소 기호이다.)

─● 보기 ●─
ㄱ. X는 금속 원소이다.
ㄴ. 원자가 전자 수는 X > Y이다.
ㄷ. Y를 물과 반응시키면 수소 기체가 발생한다.

① ㄱ   ② ㄴ   ③ ㄱ, ㄷ
④ ㄴ, ㄷ   ⑤ ㄱ, ㄴ, ㄷ

02 화학 결합과 물질의 성질

□ 화학 결합의 원리 　　□ 화학 결합의 종류
□ 이온 결합 물질 　　□ 공유 결합 물질

A 화학 결합의 원리

1. 비활성★ 기체: 주기율표에서 18족 원소이다. **❶**
　　예 헬륨(He), 네온(Ne), 아르곤(Ar), 크립톤(Kr) 등

① 화학적으로 안정하여 다른 원소와 잘 반응하지 않는다.
② 다른 원소와 화학 결합을 하지 않고 원자 상태로 존재한다.

2. 비활성 기체의 전자 배치: 가장 바깥 전자 껍질에 2개 또는 8개의 전자가 배치되어 있다(He: 2개). 전자를 잃거나 얻지 않아 화학적으로 안정하다.

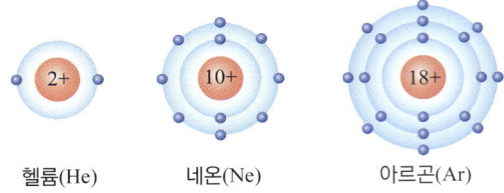

헬륨(He)　　네온(Ne)　　아르곤(Ar)

3. 화학 결합이 형성되는 까닭 ❷: 원자가 전자를 잃거나 얻어서 비활성 기체와 같이 가장 바깥 전자 껍질에 전자 8개를 가져(단, He은 2개) 안정해지려 하기 때문이다. **❸**

족 주기	1	2	13	14	15	16	17	18
2	3+ Li	4+ Be	5+ B	6+ C	7+ N	8+ O	9+ F	10+ Ne
3	11+ Na	12+ Mg	13+ Al	14+ Si	15+ P	16+ S	17+ Cl	18+ Ar

- **전자를 잃는 경우**: 1족 원소는 전자 1개, 2족 원소는 전자 2개, 13족 원소는 전자 3개를 잃어 비활성 기체와 같은 전자 배치를 이룬다.
- **전자를 얻는 경우**: 15족 원소는 전자 3개, 16족 원소는 전자 2개, 17족 원소는 전자 1개를 얻어 비활성 기체와 같은 전자 배치를 이룬다.

4. 이온의 형성: 원자가 18족 원소와 같은 안정한 전자 배치를 이루면서 이온 **❹**이 형성된다.

구분	양이온	음이온
생성 원리	금속 원소는 가장 바깥 전자 껍질의 전자(원자가 전자)를 잃고 양이온이 되기 쉽다.	비금속 원소는 가장 바깥 전자 껍질에 전자를 얻어 음이온이 되기 쉽다.
예	전자 2개 잃음 마그네슘(Mg) 원자 → 마그네슘 이온(Mg^{2+}) 네온(Ne)과 같이 가장 바깥 껍질에 전자가 8개를 채워 안정해진다.	전자 2개 얻음 산소(O) 원자 → 산화 이온(O^{2-}) 네온(Ne)과 같이 가장 바깥 껍질에 전자가 8개를 채워 안정해진다.

개념⁺

❶ 비활성 기체의 이용

헬륨(He)	광고용 기구의 충전 기체
네온(Ne)	빛을 내는 광고용 간판
아르곤(Ar)	· 형광등의 충전 기체 · 금속과 산소의 반응을 막는 보호 기체

He (비행선)　Ne (간판)　Ar (형광등)

❷ 옥텟★ 규칙

원자들이 화학 결합을 통해 가장 바깥 전자 껍질에 전자 8개(1족은 2개)가 채워진 전자 배치가 되는 경향으로 팔전자 규칙이라고도 한다.

❸ 화학 결합이 형성되는 까닭

원소들은 화학 결합을 형성하여 비활성 기체와 같은 가장 바깥 전자 껍질에 전자를 모두 채운 안정한 전자 배치를 이루려고 하고 화학 결합을 통해 안정화된다.

❹ 이온의 이름

· 양이온: 원소의 이름에 '이온'을 붙인다. **예** Mg^{2+}: 마그네슘 이온
· 음이온: 원소의 이름에 '~화' 이온을 붙인다. 원소의 이름이 ~소인 경우 소를 빼고 '~화 이온'을 붙인다. **예** O^{2-}: 산화 이온, S^{2-}: 황화 이온

미니사전

★ **비활성 기체** [非 아니다, 活 살다, 性 성질] 활성이 없는 기체라는 뜻으로 실온에서 기체로 존재하고, 반응성이 매우 작다.
★ **옥텟**(octet) 숫자 '8'을 의미하는 옥타(octa)에서 유래한 말로, 전자 8개를 의미한다.

Ⓑ 화학 결합의 종류

1. 이온 결합: 금속 원소의 원자와 비금속 원소의 원자가 전자를 주고받아 양이온과 비음이온을 형성한 후, 이온 사이의 정전기적 인력에 의해 서로 화학 결합하는 것이다.

① 이온 결합의 형성
• (+) 전하와 (−) 전하 사이의 서로 잡아당기는 전기력

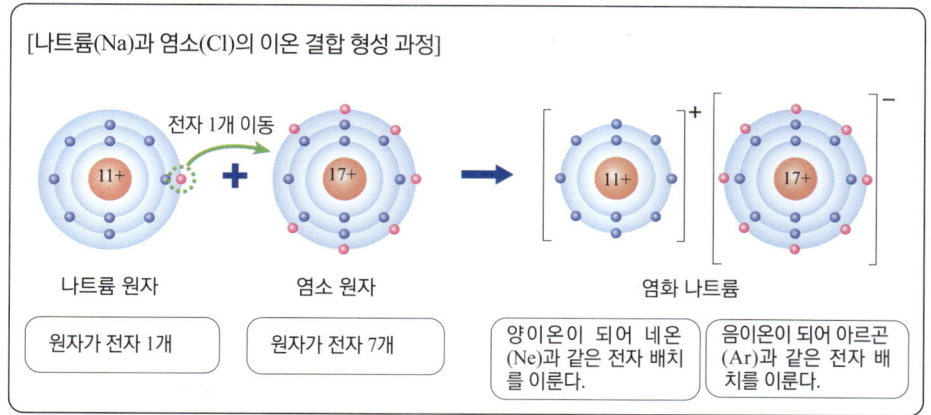

[나트륨(Na)과 염소(Cl)의 이온 결합 형성 과정]

전자 1개 이동

| 나트륨 원자 | 염소 원자 | 염화 나트륨 |

| 원자가 전자 1개 | 원자가 전자 7개 | 양이온이 되어 네온(Ne)과 같은 전자 배치를 이룬다. | 음이온이 되어 아르곤(Ar)과 같은 전자 배치를 이룬다. |

② 양이온이 되기 쉬운 금속 원소와 음이온이 되기 쉬운 비금속 원소 사이에서 형성된다.
③ 금속 원소가 잃은 전자 수와 비금속 원소가 얻은 전자 수가 같도록 결합한다.
   예) NaCl의 생성: Na은 전자 1개를 잃고, Cl는 전자 1개를 얻으므로 1 : 1로 결합한다.
   $$\Rightarrow Na^+ + Cl^- \longrightarrow NaCl(염화 나트륨)$$
   예) $MgCl_2$의 생성: Mg은 전자 2개를 잃고, Cl는 전자 1개를 얻으므로 1 : 2로 결합한다.
   $$\Rightarrow Mg^{2+} + 2Cl^- \longrightarrow MgCl_2(염화 마그네슘)❶$$

2. 공유 결합: 비금속 원소들이 전자를 서로 공유하여 형성되는 화학 결합이다.
① 공유 결합의 형성

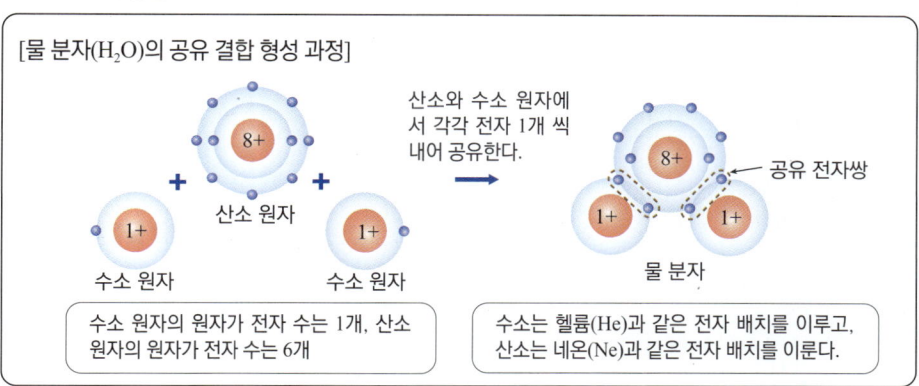

[물 분자(H_2O)의 공유 결합 형성 과정]

산소와 수소 원자에서 각각 전자 1개 씩 내어 공유한다.

산소 원자   수소 원자   수소 원자   공유 전자쌍   물 분자

| 수소 원자의 원자가 전자 수는 1개, 산소 원자의 원자가 전자 수는 6개 | 수소는 헬륨(He)과 같은 전자 배치를 이루고, 산소는 네온(Ne)과 같은 전자 배치를 이룬다. |

② 비금속 원소 사이에서 형성된다.
③ 비활성 기체와 같은 전자 배치를 이루기 위해 원자들이 서로 전자를 내놓아 전자쌍을 이루고 이 전자쌍을 서로 공유하여 결합한다.
④ 공유 결합의 종류

단일 결합	2중 결합	3중 결합
전자쌍 1개를 공유하는 결합	전자쌍 2개를 공유하는 결합	전자쌍 3개를 공유하는 결합
예) F_2, H_2, HCl 등	예) O_2, CO_2 등	예) N_2 등

공유 전자쌍❷

H   H   O   O   N   N

비공유 전자쌍   비공유 전자쌍

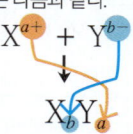

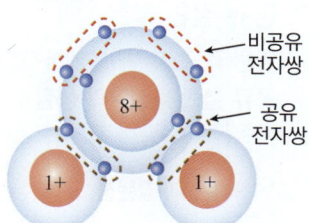

개념⁺

❶ **이온 결합 물질의 화학식**

이온 결합 물질은 전기적으로 중성이다. 따라서 (+) 전하량의 총합=(−) 전하량의 총합이다.
X^{a+} 과 Y^{b-} 이 결합하여 생성되는 물질의 화학식은 다음과 같다.

$$X^{a+} + Y^{b-}$$
$$X_b Y_a$$

이때 a와 b는 가장 간단한 정수비로 나타내고, 1인 경우는 생략한다.

❷ **공유 전자쌍과 비공유 전자쌍**

● 공유 전자쌍: 공유 결합에서 두 원자가 공유하고, 결합에 참여하는 전자쌍이다.
● 비공유 전자쌍: 공유 결합에 참여하지 않고 한 원자에만 속해 있는 전자쌍이다.

비공유 전자쌍

공유 전자쌍

▲ 물 분자(H_2O)의 공유 결합

C 이온 결합 물질과 공유 결합 물질

1. 이온 결합 물질

① 이온 결합 물질❸은 수많은 양이온과 음이온이 연속적으로 결합하여 규칙적인 모양의 입체 구조를 이룬다.

② 양이온의 양전하의 합과 음이온의 음전하의 합이 같아 전체적으로는 전기적으로 중성이다.

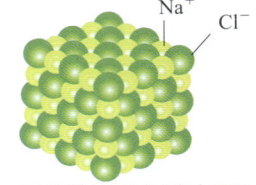
▲ NaCl(염화 나트륨) 결정 구조

$$\text{(양이온의 전하} \times \text{양이온의 수)} + \text{(음이온의 전하} \times \text{음이온의 수)} = 0$$

③ 이온 결합 물질의 성질

성질	내용
녹는점과 끓는점	녹는점과 끓는점이 매우 높아 실온(25 ℃)에서 고체 상태이다.
물에 대한 용해성❹	양이온과 음이온으로 나누어져 자유롭게 이동할 수 있어 물에 쉽게 녹는다.
결정의 변형	비교적 단단하지만, 외부에서 힘을 가하면 반발력이 작용하여 쉽게 쪼개지거나 부서진다.
전기 전도성	고체 상태에서는 이온이 이동할 수 없어 전류가 흐르지 않지만, 액체나 수용액 상태에서는 이온화되어 이온이 이동할 수 있으므로 전류가 흐른다.

[염화 나트륨 수용액의 전기 전도성]

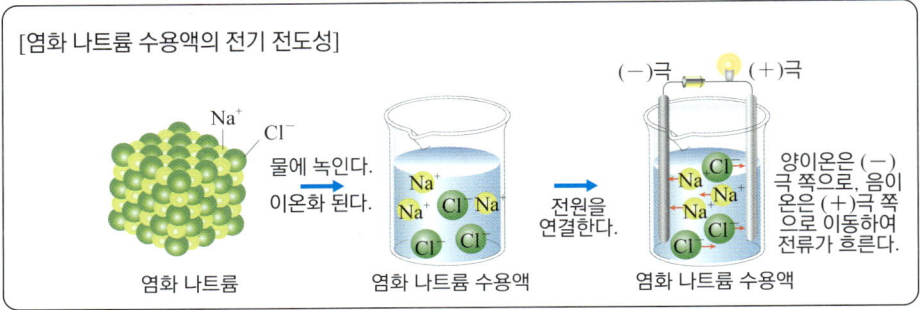

물에 녹인다. 이온화 된다.

전원을 연결한다.

$(-)$극 $(+)$극

양이온은 $(-)$극 쪽으로, 음이온은 $(+)$극 쪽으로 이동하여 전류가 흐른다.

염화 나트륨   염화 나트륨 수용액   염화 나트륨 수용액

2. 공유 결합 물질

① 일반적으로 일정한 개수의 원자가 전자쌍을 공유하여 결합한 **분자**❺로 이루어져 있다.

② 공유 결합 물질❻의 성질

성질	내용
녹는점과 끓는점	녹는점과 끓는점이 비교적 낮아 실온(25 ℃)에서 대부분 액체나 기체 상태이다.
물에 대한 용해성❼	대부분 물에 잘 녹지 않지만, 설탕($C_{12}H_{22}O_{11}$), 염화 수소(HCl), 암모니아(NH_3), 아세트산(CH_3COOH) 등과 같은 물질은 물에 잘 녹는다.
전기 전도성	전하를 이동시킬 수 있는 이온이나 전자가 존재하지 않으므로 대부분 전기 전도성이 없다. (단, 흑연은 전기 전도성이 있고, 염화 수소, 암모니아, 아세트산 등은 물에 녹아 수용액에서 이온화되므로 전기 전도성이 있다.)

[설탕 수용액의 전기 전도성]

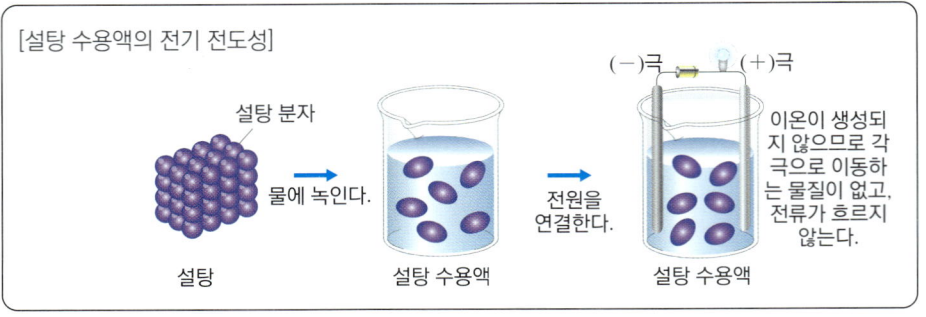

설탕 분자

물에 녹인다.

전원을 연결한다.

$(-)$극 $(+)$극

이온이 생성되지 않으므로 각 극으로 이동하는 물질이 없고, 전류가 흐르지 않는다.

설탕   설탕 수용액   설탕 수용액

개념⁺

❸ **이온 결합 물질의 예**

물질	이용
염화 나트륨 (NaCl)	소금의 주성분
수산화 나트륨 (NaOH)	비누를 만들 때 이용
탄산 칼슘 ($CaCO_3$)	조개 껍데기나 달걀 껍데기의 주성분
염화 칼슘 ($CaCl_2$)	습기 제거제나 제설제의 주성분
수산화 마그네슘 ($Mg(OH)_2$)	제산제(위산 중화)의 주성분
탄산수소 나트륨 ($NaHCO_3$)	베이킹 파우더의 주성분
산화 철 (Fe_2O_3)	철의 녹 성분

❹ **이온 결합 물질의 물에 대한 용해성**

이온 결합 물질을 물에 녹이면 물 분자가 용질 분자나 이온을 둘러싸고 그 전체가 하나의 분자처럼 되면서 쉽게 나누어져 물에 잘 섞인다.

❺ **공유 결합 물질의 분자식**

공유 결합으로 생성된 물질은 대부분 분자로 존재한다. 따라서 공유 결합 물질의 화학식은 분자식이라고 한다. 그러나 흑연, 석영, 다이아몬드 등과 같은 일부 공유 결합 물질은 분자가 아닌 형태로 존재한다.
예 CO_2: 이산화 탄소의 분자식, O_2: 산소의 분자식, H_2O: 물의 분자식

❻ **공유 결합 물질의 예**

물질	이용
질소(N_2)	과자 봉지 충전재
메테인(CH_4)	LNG의 주성분
암모니아(NH_3)	비료로 사용
에탄올 (C_2H_5OH)	소독용 알코올, 술의 주성분
설탕($C_{12}H_{22}O_{11}$)	감미료
뷰테인(C_4H_{10})	부탄 가스
아스피린 ($C_9H_8O_4$)	의약품

❼ **공유 결합 물질의 물에 대한 용해성**

공유 결합 물질에는 물에 잘 녹는 물질과 물에 잘 녹지 않는 물질이 있다.

● 물에 잘 녹는 물질: 설탕, 포도당, 염화 수소, 암모니아, 아세트산 등

● 물에 잘 녹지 않는 물질: 수소, 산소, 질소, 메테인, 브로민, 아이오딘 등

개념체크⁺

01 다음 화학 결합과 물질에 대한 설명으로 옳은 것은 ○표, 옳지 <u>않은</u> 것은 X표 하시오.

(1) 이온 결합은 금속 양이온과 비금속 음이온의 정전기적 인력에 의해 형성된다. ‥ (   )

(2) 이온 결합 물질은 외부의 충격에 의해 쪼개지거나 부서지기 쉽다. ‥‥‥‥‥‥‥( )

(3) 공유 결합 물질은 일반적으로 일정한 개수의 원자가 서로 결합한 분자로 이루어져 있다.
‥‥‥‥‥‥‥‥‥‥‥‥‥‥‥‥‥‥‥‥‥‥‥‥‥‥‥‥‥‥‥ (   )

(4) 이온 결합 물질은 고체, 액체, 수용액 상태에서 모두 전류가 흐른다.‥‥‥‥‥ (   )

(5) Mg과 O는 1 : 2 의 개수비로 이온 결합한다.‥‥‥‥‥‥‥‥‥‥‥‥‥ (   )

(6) 물 분자(H_2O)는 2개의 공유 전자쌍으로 결합하고 있다. ‥‥‥‥‥‥‥‥ (   )

(7) 설탕은 수용액 상태에서 전기 전도성이 없다. ‥‥‥‥‥‥‥‥‥‥‥‥‥ (   )

02 빈칸에 들어갈 물질을 <보기>에서 찾아 기호로 답하시오.

> **• 보기 •**
> ㄱ. 질소   ㄴ. 비활성 기체   ㄷ. 탄산 칼슘   ㄹ. 공유 결합 물질

(1) (   )는 18족 원소로 안정한 전자 배치를 이루기 때문에 다른 원자와 화학 결합을 하지 않는다.

(2) (   )의 녹는점과 끓는점은 비교적 낮아 실온에서 대부분 액체나 기체 상태이다.

(3) (   )은/는 조개 껍데기의 주성분으로 이온 결합 물질이다.

(4) (   )은/는 과자 봉지 속 충전재로 쓰이며 공유 결합 물질이다.

03 다음 중 수용액에서 전류가 흐르지 <u>않는</u> 물질을 있는 대로 고르시오.

> 염화 나트륨(NaCl)   수소(H_2)   포도당($C_6H_{12}O_6$)   염화 수소(HCl)

04 그림은 원자 A, B가 화학 결합하여 화합물 X를 만드는 것을 나타낸 것이다.

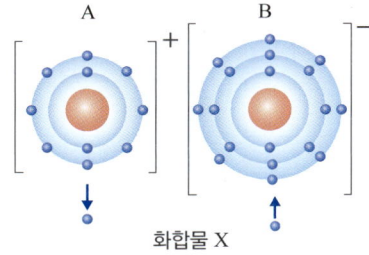

화합물 X

이에 대한 설명으로 옳은 것은 ○표, 옳지 <u>않은</u> 것은 X표 하시오.

(1) 화합물 X는 공유 결합 화합물이다. ‥‥‥‥‥‥‥‥‥‥‥‥‥‥‥‥‥ (   )

(2) 화합물 X의 화학식은 AB이다.‥‥‥‥‥‥‥‥‥‥‥‥‥‥‥‥‥‥ (   )

(3) A는 1족 금속 원소, B는 17족 비금속 원소이다.‥‥‥‥‥‥‥‥‥‥ (   )

(4) A는 Na, B는 Cl이다.‥‥‥‥‥‥‥‥‥‥‥‥‥‥‥‥‥‥‥‥‥ (   )

(5) A 이온과 B 이온 사이의 정전기적 인력에 의해 화합물 X가 생성되었다. ‥‥ (   )

(6) A^+, B^-는 모두 Ar 과 같은 전자 배치이다. ‥‥‥‥‥‥‥‥‥‥‥ (   )

이온 결합 물질의 화학식

● 원자와 이온의 전자 배치

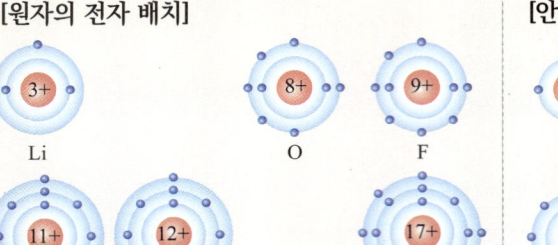

[원자의 전자 배치]

Li
O
F
Na
Mg
Cl

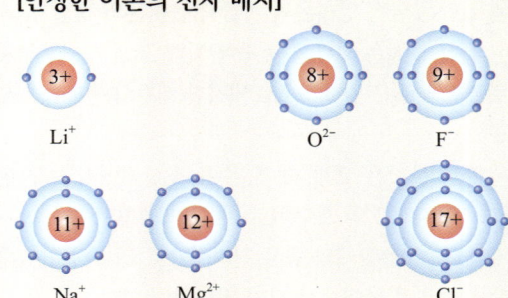

[안정한 이온의 전자 배치]

Li$^+$
O^{2-}
F$^-$
Na$^+$
Mg^{2+}
Cl$^-$

· 비활성 기체(18족 원소)와 같은 전자 배치가 되면 안정한 이온이 된다.
· 금속 원소는 전자를 잃어 양이온이 되기 쉽고, 비금속 원소는 전자를 얻어 음이온이 되기 쉽다.

● 이온 결합 물질의 화학식

금속 양이온과 비금속 음이온이 정전기적 인력에 의한 이온 결합을 형성한다.

〈화학식 만들기〉
[1단계] 금속 원소와 비금속 원소가 안정한 이온이 되었을 때 전자 수를 파악한다.

원소	Na	Mg	Al	O	F	Cl
잃거나 얻은 전자 수	1개 잃음	2개 잃음	3개 잃음	2개 얻음	1개 얻음	1개 얻음
원자가 전자 수	1	2	3	6	7	7
(안정한) 이온식	Na$^+$	Mg^{2+}	Al^{3+}	O^{2-}	F$^-$	Cl$^-$

[2단계] 양이온이 잃은 전자 수와 음이온이 얻은 전자 수가 같도록 화합물(이온 결합 물질)의 화학식을 완성한다.
① Na과 F   Na$^+$과 F$^-$이 1 : 1로 결합하여 NaF이 된다. ➡ Na$^+$ + F$^-$ ⟶ NaF
② Na과 O   Na$^+$과 O^{2-}이 2 : 1로 결합하여 Na$_2$O이 된다. ➡ 2Na$^+$ + O^{2-} ⟶ Na$_2$O
③ Mg과 Cl   Mg^{2+}과 Cl$^-$이 1 : 2로 결합하여 MgCl$_2$이 된다. ➡ Mg^{2+} + 2Cl$^-$ ⟶ MgCl$_2$
④ Al과 O   Al^{3+}과 O^{2-}이 2 : 3으로 결합하여 Al$_2$O$_3$이 된다. ➡ 2Al^{3+} + 3O^{2-} ⟶ Al$_2$O$_3$

정답 및 해설 ➡ 30

Q1 원소의 전자 배치에 대한 설명으로 옳은 것은 ○표, 옳지 않은 것은 ×표 하시오.

(1) Na$^+$과 F$^-$의 전자 배치는 같다. ·· (   )
(2) Li$^+$과 Na$^+$의 전자 배치는 같다. ··· (   )
(3) Al과 Cl의 이온 결합 물질의 화학식은 AlCl$_3$이다. ······················· (   )

Q2 다음의 두 원소가 결합하여 생성된 물질의 화학식을 쓰시오.

(1) Li과 Cl   (2) Li과 O
(3) Mg과 F   (4) Mg과 O

A 화학 결합의 원리

01 다음은 3가지 원자의 전자 배치 모형을 나타낸 것이다.

 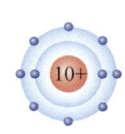 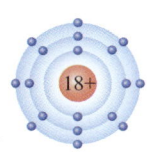

3가지 원자들의 공통점으로 옳은 것만을 <보기>에서 있는 대로 고른 것은?

┌ 보기 ┐
ㄱ. 주기율표에서 같은 족에 위치한다.
ㄴ. 반응성이 매우 크다.
ㄷ. 실온에서 이원자 분자로 존재한다.

① ㄱ   ② ㄴ   ③ ㄷ
④ ㄱ, ㄷ   ⑤ ㄴ, ㄷ

02 다음은 주기율표의 일부에서 영역 (가)를 나타낸 것이다.

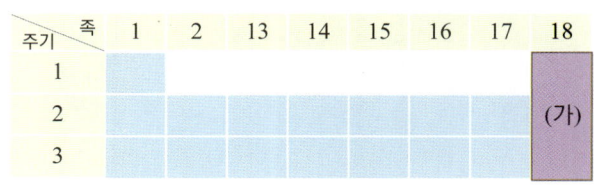

(가)에 속한 원소에 대한 설명으로 옳지 않은 것은?

① 비활성 기체이다.
② 원자가 전자 수가 0이다.
③ 주기율표에서 같은 족에 속한다.
④ 비금속 원소로 전자를 얻어 음이온이 되기 쉽다.
⑤ 전자 배치에서 가장 바깥 전자 껍질에 전자가 2개 또는 8개가 채워진다.

03 다음은 주기율표의 일부를 나타낸 것이다.

주기 \ 족	1	2	13	14	15	16	17	18
1	A							B
2	C							D
3						E	F	

이에 대한 설명으로 옳지 않은 것은? (단, A~F는 임의의 원소 기호이다.)

① A는 비금속 원소이다.
② B와 D는 비활성 기체이다.
③ C가 가장 안정한 이온이 되면 D와 같은 전자 배치를 갖는다.
④ E가 가장 안정한 이온이 되면 비활성 기체의 전자 배치를 갖는다.
⑤ F가 가장 안정한 이온이 될 때 가장 바깥 궤도에 전자 8개가 채워진다.

04 A^{2+}와 B$^-$의 전자 배치 모형이 다음과 같이 같게 나타났다.

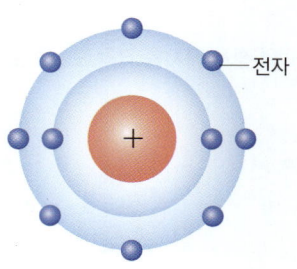

전자

이에 대한 설명으로 옳은 것만을 <보기>에서 있는 대로 고른 것은? (단, A, B는 임의의 원소 기호이다.)

┌ 보기 ┐
ㄱ. A는 3주기 원소이다.
ㄴ. B는 1족 원소이다.
ㄷ. 원자가 전자 수는 A<B이다.

① ㄱ   ② ㄴ   ③ ㄱ, ㄷ
④ ㄴ, ㄷ   ⑤ ㄱ, ㄴ, ㄷ

B 화학 결합의 종류

05 나트륨 원자와 염소 원자가 반응하여 염화 나트륨을 생성하는 화학 결합 모형을 나타낸 것이다.

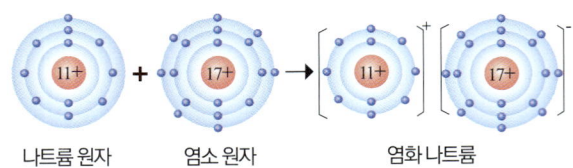

나트륨 원자   염소 원자   염화 나트륨

이에 대한 설명으로 옳은 것만을 <보기>에서 있는 대로 고른 것은?

─ 보기 ─
ㄱ. 나트륨 원자에서 염소 원자로 전자 1개가 이동한다.
ㄴ. 나트륨과 염소가 이온이 될 때에는 모두 전자가 들어 있는 전자껍질 수가 달라진다.
ㄷ. 염화 나트륨에서 나트륨 이온과 염소 이온은 모두 비활성 기체와 같은 전자 배치를 한다.

① ㄱ   ② ㄴ   ③ ㄱ, ㄷ
④ ㄴ, ㄷ   ⑤ ㄱ, ㄴ, ㄷ

06 리튬(Li)과 산소(O)가 결합하여 생성되는 화합물의 화학식을 옳게 나타낸 것은?

① LiO ② LiO_2 ③ Li_2O
④ Li_2O_3 ⑤ Li_3O_2

07 A^-, B^{2+}, C의 전자 배치를 각각 모형으로 나타낸 것이다.

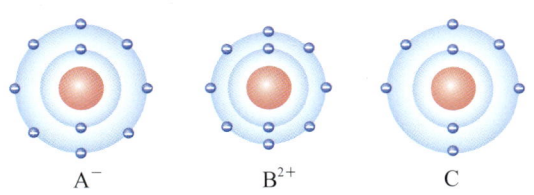

A^- B^{2+} C

이에 대한 설명으로 옳은 것만을 <보기>에서 있는 대로 고른 것은? (단, A~C는 임의의 원소 기호이다.)

─ 보기 ─
ㄱ. A와 B는 이온 결합을 형성한다.
ㄴ. 원자가 전자 수는 A가 가장 많다.
ㄷ. A와 C는 공유 결합을 형성한다.

① ㄱ   ② ㄴ   ③ ㄱ, ㄷ
④ ㄴ, ㄷ   ⑤ ㄱ, ㄴ, ㄷ

08 다음은 물 분자(H_2O)의 화학 결합 모형을 나타낸 것이다.

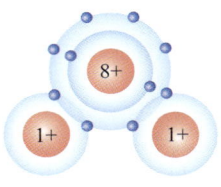

이에 대한 설명으로 옳은 것만을 <보기>에서 있는 대로 고른 것은?

─ 보기 ─
ㄱ. 공유 전자쌍 수는 4개이다.
ㄴ. 산소와 수소는 전자쌍 1개를 공유한다.
ㄷ. 물 분자를 구성하는 산소 원자는 가장 바깥 궤도에 전자 8개가 존재한다.

① ㄱ   ② ㄴ   ③ ㄱ, ㄷ
④ ㄴ, ㄷ   ⑤ ㄱ, ㄴ, ㄷ

09 주어진 두 원소끼리 서로 결합할 때 이온 결합을 하는 원소들과 공유 결합을 하는 원소들이 각각 옳게 짝지어진 것은?

	이온 결합	공유 결합
①	수소, 산소	황, 마그네슘
②	산소, 나트륨	수소, 질소
③	헬륨, 수소	리튬, 아이오딘
④	철, 산소	칼륨, 브로민
⑤	수소, 플루오린	산소, 질소

10 다음은 원자 A~D의 전자 배치를 모형으로 나타낸 것이다.

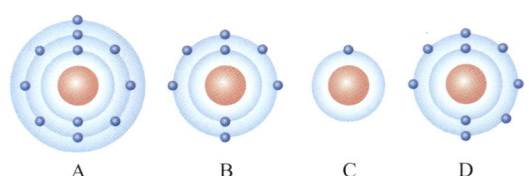

A   B   C   D

이에 대한 설명으로 옳은 것만을 <보기>에서 있는 대로 고른 것은? (단, A~D는 임의의 원소 기호이다.)

─ 보기 ─
ㄱ. A와 D는 이온 결합으로 화합물을 형성한다.
ㄴ. B_2는 공유 전자쌍 수가 2개이다.
ㄷ. C와 D로 이루어진 화합물은 액체 상태에서 전기 전도성이 있다.

① ㄱ   ② ㄷ   ③ ㄱ, ㄴ
④ ㄴ, ㄷ   ⑤ ㄱ, ㄴ, ㄷ

11 원소 A와 B로 이루어진 어떤 화합물의 화학 결합 모형을 나타낸 것이다.

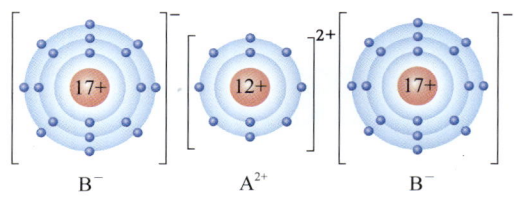

이에 대한 설명으로 옳은 것만을 <보기>에서 있는 대로 고른 것은? (단, A와 B는 임의의 원소 기호이다.)

─● 보기 ●─
ㄱ. 화학식은 AB_2이다.
ㄴ. 분자 상태로 존재한다.
ㄷ. A와 B는 같은 주기 원소이다.

① ㄱ   ② ㄴ   ③ ㄱ, ㄷ
④ ㄴ, ㄷ   ⑤ ㄱ, ㄴ, ㄷ

12 그림은 분자 AB_2의 화학 결합 모형을 나타낸 것이다.

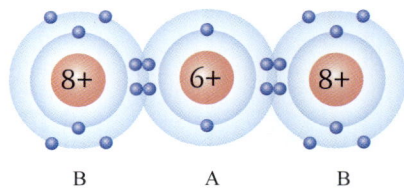

이에 대한 설명으로 옳은 것만을 <보기>에서 있는 대로 고른 것은? (단, A, B는 임의의 원소 기호이다.)

─● 보기 ●─
ㄱ. A의 원자가 전자 수는 4이다.
ㄴ. 분자 AB_2의 비공유 전자쌍은 6개이다.
ㄷ. 분자 AB_2에서 A, B는 모두 비활성 기체와 같은 전자 배치를 이룬다.

① ㄱ   ② ㄴ   ③ ㄱ, ㄷ
④ ㄴ, ㄷ   ⑤ ㄱ, ㄴ, ㄷ

13 그림은 물질 A_2와 B_2의 전자 배치를 모형으로 나타낸 것이다.

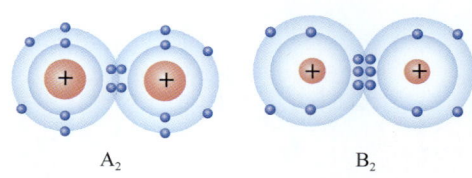

이에 대한 설명으로 옳지 않은 것은? (단, A와 B는 임의의 원소 기호이다.)

① A와 B는 모두 비금속 원소이다.
② A_2는 공유 전자쌍이 2개이다.
③ B_2는 전자쌍 3개를 공유하고 있다.
④ A와 B는 비활성 기체와 같은 전자 배치를 이룬다.
⑤ 원자가 전자 수는 A<B이다.

14 다음 중 공유 결합 물질로만 옳게 짝지어진 것은?

① KOH, NH_3
② HCl, Fe_2O_3
③ NaF, CO_2
④ H_2O, CO_2
⑤ $CaCO_3$, $NaCl$

15 그림은 포름 알데하이드(CH_2O) 분자 1개를 구성하는 원자를 모형으로 나타낸 것이다. 모형에서 전자는 원자가 전자만을 나타내었다.

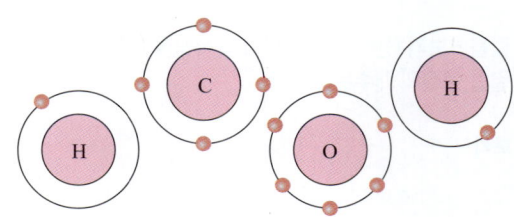

CH_2O 분자 1개에 포함된 공유 전자쌍은 몇 개인가?

① 1개   ② 2개   ③ 3개
④ 4개   ⑤ 5개

3 이온 결합 물질과 공유 결합 물질

16 다음은 (가)~(다) 물질을 모형으로 나타낸 것이다.

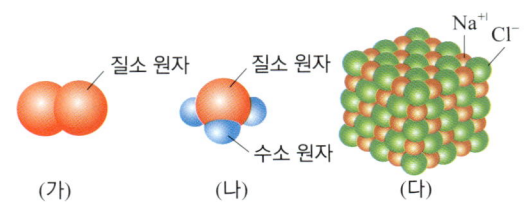

질소 원자 / 질소 원자 / 수소 원자 / Na⁺ / Cl⁻
(가)   (나)   (다)

(가) ~ (다)에 대한 설명으로 옳은 것은?

① (가)는 질소 분자, (나)는 암모니아 분자이다.
② (가)의 구성 입자는 모두 전하를 띤다.
③ (나)는 전자를 내놓은 물질과 전자를 얻은 물질이 결합하여 이루어진다.
④ (다)는 원자들 사이에 전자를 공유하면서 결합한다.
⑤ (가)~(다)는 원자가 전자를 주고받아 결합이 이루어진다.

17 그림은 고체 A와 B를 각각 물에 녹였을 때의 모형을 나타낸 것이다.

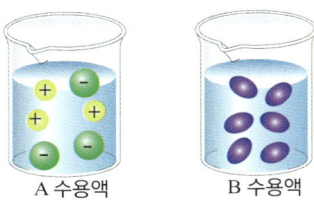

A 수용액   B 수용액

이에 대한 설명으로 옳은 것만을 <보기>에서 있는 대로 고른 것은?

─ 보기 ─
ㄱ. A는 고체 상태에서 전기 전도성이 있다.
ㄴ. A는 이온 결합 물질, B는 공유 결합 물질이다.
ㄷ. A와 B는 수용액 상태에서 모두 전기 전도성이 있다.

① ㄱ   ② ㄴ   ③ ㄱ, ㄷ
④ ㄴ, ㄷ   ⑤ ㄱ, ㄴ, ㄷ

18 다음 <보기>는 5가지 물질의 화학식을 나타낸 것이다. 공유 결합 물질의 개수는?

─ 보기 ─

CS_2 Na_2O KI N_2H_4 OF_2

① 1   ② 2   ③ 3
④ 4   ⑤ 5

19 그림 (가)와 (나)는 액체 상태 물질 X, Y의 전기 전도성을 측정하는 모습을 나타낸 것이다. 전원 장치를 연결하자 (가)에서는 전구의 불이 들어오지 않았고, (나)에서는 전구의 불이 들어왔다. X와 Y는 포도당($C_6H_{12}O_6$)과 소금(NaCl) 중 하나이다.

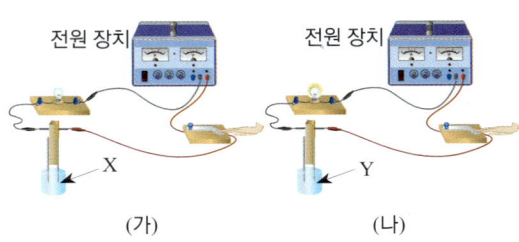

전원 장치   전원 장치
X   Y
(가)   (나)

이에 대한 설명으로 옳은 것만을 <보기>에서 있는 대로 고른 것은?

─ 보기 ─
ㄱ. X는 승화성 물질이다.
ㄴ. Y는 소금이다.
ㄷ. 고체 상태의 X와 Y로 실험하면 모두 전구에 불이 들어오지 않을 것이다.

① ㄱ   ② ㄴ   ③ ㄱ, ㄷ
④ ㄴ, ㄷ   ⑤ ㄱ, ㄴ, ㄷ

20 그림은 이온 결합 물질 (가)와 공유 결합 물질 (나)의 수용액에 전원을 연결하였을 때의 모형을 나타낸 것이다.

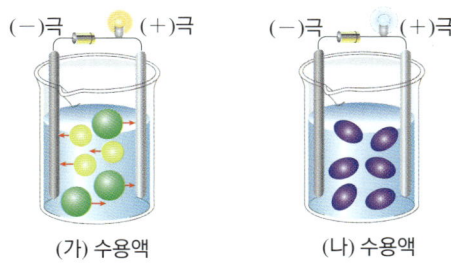

(−)극 (+)극   (−)극 (+)극
(가) 수용액   (나) 수용액

이에 대한 설명으로 옳은 것만을 <보기>에서 있는 대로 고른 것은?

─ 보기 ─
ㄱ. (가)는 수용액 상태에서 전류가 흐른다.
ㄴ. (나)는 수용액에서 분자로 존재한다.
ㄷ. (가)와 (나)는 모두 액체 상태에서 전류가 흐르지 않는다.

① ㄱ   ② ㄷ   ③ ㄱ, ㄴ
④ ㄴ, ㄷ   ⑤ ㄱ, ㄴ, ㄷ

심화 실력높이기

01 표는 2~3주기의 원자 또는 안정한 상태의 이온에 대한 자료이다.

원자 또는 이온	원자핵의 전하	전자 수
A^{2-}	8	ⓐ
B^+	ⓑ	10
C	17	ⓒ
D^-	?	?

이에 대한 옳은 설명만을 <보기>에서 있는 대로 고른 것은? (단, A~D는 임의의 원소이다.)

> **보기**
> ㄱ. ⓐ + ⓑ > ⓒ이다.
> ㄴ. B와 C는 전자껍질 수가 같다.
> ㄷ. C와 D는 비슷한 화학적 성질을 가진다.

① ㄱ   ② ㄴ   ③ ㄱ, ㄴ
④ ㄴ, ㄷ   ⑤ ㄱ, ㄴ, ㄷ

02 다음은 4가지 원자 A~D의 전자 배치를 모형으로 나타낸 것이다.

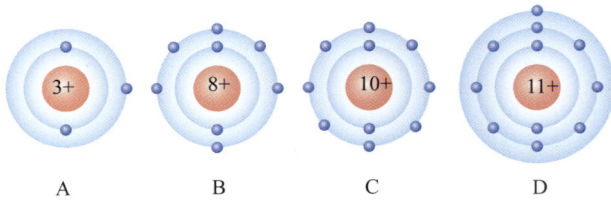

이에 대한 설명으로 옳은 것만을 <보기>에서 있는 대로 고른 것은? (단, A~D는 임의의 원소 기호이다.)

> **보기**
> ㄱ. A와 B가 결합한 화합물의 화학식은 AB_2이다.
> ㄴ. B와 D가 안정한 이온이 되면 C와 같은 전자 배치를 가진다.
> ㄷ. C는 금속 원자와 결합하여 이온 결합 물질을 생성한다.

① ㄱ   ② ㄴ   ③ ㄱ, ㄷ
④ ㄴ, ㄷ   ⑤ ㄱ, ㄴ, ㄷ

03 그림은 화합물 AB를 화학 결합 모형으로 나타낸 것이다.

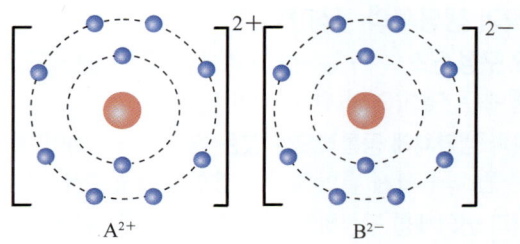

이에 대한 설명으로 옳은 것만을 <보기>에서 있는 대로 고른 것은? (단, A, B는 임의의 원소 기호이다.)

> **보기**
> ㄱ. B는 비금속 원소이다.
> ㄴ. A^{2+}와 B^{2-} 사이에는 정전기적 인력이 작용한다.
> ㄷ. 나트륨(Na)과 B로 구성된 안정한 화합물은 NaB이다.

① ㄱ   ② ㄷ   ③ ㄱ, ㄴ
④ ㄴ, ㄷ   ⑤ ㄱ, ㄴ, ㄷ

04 다음은 여러 가지 물질의 화학식과 분류 기준 (가)~(다)를 나타낸 것이다.

CH_4, O_2,   MgO,   NaF, H_2O, Al_2O_3, NH_3

(가)	이온 결합 물질
(나)	한 분자에 들어있는 전체 원자가 전자 수가 같은 공유 결합 물질
(다)	공유 전자쌍이 총 2쌍인 물질

(가)~(다)에 해당하는 물질의 개수를 옳게 짝지은 것은?

	(가)	(나)	(다)
①	2	2	1
②	2	3	1
③	2	3	2
④	3	2	1
⑤	3	3	2

03 지각과 생명체 구성 물질의 규칙성

☐ 지각과 생명체의 구성 물질   ☐ 규산염 광물의 결합 구조
☐ 단백질   ☐ 핵산

A 지각과 생명체의 구성 물질

1. 지각과 생명체의 구성 물질 ❶

① **주요 구성 원소**: 지구는 철(Fe)과 산소(O)가 많지만, 지각은 산소(O)와 규소(Si)가 많고, 생명체에는 산소(O)와 탄소(C)가 많다. ❶

② **지각과 생명체에 공통적으로 많은 원소**: 산소(O)이다. 산소는 수소(H), 탄소(C), 규소(Si) 등 다른 원소와 쉽게 결합해서 다양한 물질을 만들 수 있기 때문이다.

③ **지각과 생명체를 구성하는 원소의 기원**: 대부분 별의 탄생과 진화 과정에서 생성되었다.

④ **지각과 생명체를 구성하는 물질의 결합 규칙성**: 구성 원소의 종류나 비율이 다르지만 일정한 구조를 가진 기본 단위체가 반복적으로 결합하여 다양한 물질을 이룬다. ➡ 규산염 광물은 규산염 사면체, 단백질은 아미노산, 핵산은 뉴클레오타이드가 기본 단위체이다.

구분	지각	생명체
구성	암석으로 이루어져 있으며, 암석은 광물로, 광물은 원소의 화학 결합으로 이루어진다.	물과 일부의 무기물을 제외하고 탄수화물, 단백질, 핵산 등의 유기물로 구성된다.
주요 특징	산소(O)와 규소(Si)를 주성분으로 하는 규산염 광물이 전체의 92%를 차지한다.	유기물은 탄소(C)를 기본 골격으로 하여 산소, 수소 등과 결합하는 탄소 화합물이다.
구성 원소 (질량비)	칼륨(2.6) 나트륨(2.8) 칼슘(3.6) 철(5.0) 마그네슘(2.1) 기타(1.5) 알루미늄(8.1) 산소(46.6) 규소(27.7) / 지각 → 산소, 규소의 비율이 높다.	인(1.0) 칼슘(1.5) 질소(3.3) 칼륨(0.4) 황(0.3) 기타(0.5) 수소(9.5) 탄소(18.5) 산소(65.0) / 사람 → 산소, 탄소의 비율이 높다.
공통 특징	· 지각과 생명체를 구성하는 물질은 일정한 구조를 가진 기본 단위체가 반복적으로 결합하여 다양한 물질을 이룬다. · 공통적으로 많은 원소는 산소(O)이며, 산소는 수소, 탄소, 규소 등 다른 원소와 쉽게 결합해서 다양한 물질을 만든다.	

B 지각을 구성하는 물질의 규칙성

1. 규산염 광물

① 규소(Si) ❸ 와 산소(O)를 주성분으로 여러 원소들과 화학적으로 결합하여 만들어진 광물이다.

② **규산염(Si−O) 사면체**: 1개의 규소와 4개의 산소가 정사면체 모양으로 공유 결합한 것으로, 전체적으로 음전하를 띠며 규산염 광물의 기본 골격을 이룬다.

2. 규산염 광물의 결합 규칙성

① **결합 방식**: 전기적으로 음전하를 띠는 규산염 사면체는 인접한 양이온과 결합하거나, 다른 규산염 사면체와 산소를 공유하여 결합하면서 전기적으로 중성이 된다.

② **결합 구조**: 규산염 사면체들끼리 결합할 때 결합 구조에 따라 광물의 특성이 달라진다. ❹

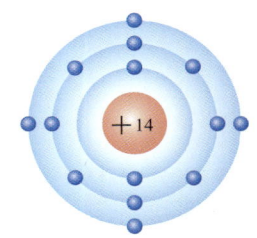
▲ 규산염 사면체의 구조

개념⁺

❶ 우주, 지구, 지각, 해수, 대기의 구성 원소 질량비
● 우주: 수소 > 헬륨 등
● 지구 전체: 철 > 산소 > 규소 > 마그네슘 등
● 지각: 산소 > 규소 > 알루미늄 > 철 등
● 해수: 산소 > 수소 > 염소 > 나트륨 등
● 대기: 질소 > 산소 > 아르곤 등

❷ 구성 원소의 기원
● 빅뱅 직후: 수소, 헬륨
● 별 내부의 핵융합: 탄소, 산소, 규소, 철, 네온 등
● 초신성 폭발: 금, 우라늄 등 철보다 무거운 원소

❸ 규소(Si)의 전자 배치

+14

규소(Si)는 원자가 전자의 수가 4개이기 때문에 탄소(C)와 같이 최대 4개의 원자와 공유 결합이 가능하다.

❹ 규산염 광물에 나타나는 결합의 종류
규산염 사면체에서 규소(Si)와 산소(O)는 전자를 공유하여 공유 결합한다. 규산염 사면체는 −4의 전하를 띠므로 두 규산염 사면체의 산소 사이에 철 이온(Fe^{2+}), 마그네슘(Mg^{2+}), 알루미늄(Al^{3+})이 위치해 산소와 이온 결합하기도 한다. ➡ 강의

❺ 석영과 장석의 비교
석영은 산소와 규소로만 이루어져 있고(SiO_2) 깨짐이 있지만, 규산염 광물 중 가장 많은 비율을 차지하는 장석은 규산염 사면체 중 일부가 규소 대신 알루미늄 등의 양이온으로 이루어져 있다. 둘 모두 망상 구조로 규산염 사면체 사이의 결합이 강하므로 풍화에 강하다.

구분	독립형 구조	단사슬 구조	복사슬 구조	판상 구조	망상 구조
결합 모형	규산염 사면체 산소(O)				산소(O)
	O Si				
특징	규산염 사면체가 독립적으로 양이온(철, 마그네슘 등)과 결합	규산염 사면체끼리 양쪽 산소를 공유 결합한 단일 사슬 모양	단일 사슬 구조 2개가 엇갈리게 결합한 2중 사슬 모양	규산염 사면체끼리 산소 3개를 공유 결합한 얇은 판 모양의 평면 구조	규산염 사면체끼리 산소 4개를 모두 공유 결합한 3차원 입체 구조
공유하는 산소의 수	0	2	2~3	3	4
Si : O	1 : 4	1 : 3	4 : 11	2 : 5	1 : 2
풍화	풍화에 약함 ◄————————————————————————► 풍화에 강함				
예	감람석	휘석	각섬석	흑운모	장석, 석영❺
결정형	짧은 기둥 모양	짧은 기둥 모양	긴 기둥 모양	판 모양	장석: 두꺼운 판 모양 석영: 육각 기둥 모양
깨짐, 쪼개짐	깨짐(쪼개짐 없음)	쪼개짐	쪼개짐	쪼개짐	쪼개짐(장석)/깨짐(석영)

개념체크⁺

정답 및 해설 ➜ 33

POINT

01 다른 원소와 쉽게 결합할 수 있어 지각과 생명체에 공통으로 많이 포함되는 원소는 무엇인가?

02 규산염 사면체에 대한 설명 중 옳은 것은 ○표, 옳지 않은 것은 ×표 하시오.

(1) 규산염 사면체 각각은 전기적으로 중성을 띤다. ·············· (   )
(2) 규산염 사면체끼리 결합할 때 규소를 공유하여 결합한다. ··········· (   )
(3) 규산염 사면체는 1개의 규소와 4개의 산소로 이루어져 있다. ·········· (   )

03 그림 (가)와 (나)는 규산염 광물의 결합 구조를 나타낸 것이다.

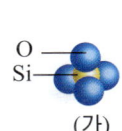

(가)

(나)

이에 대한 설명으로 옳은 것은 ○표, 옳지 않은 것은 ×표 하시오.

(1) 감람석은 (가)와 같은 구조를 가진다. ··············· (   )
(2) 휘석은 (나)와 같은 구조를 가진다. ··············· (   )
(3) (가)는 깨짐이 나타난다. ··············· (   )
(4) (나)는 (가)보다 풍화에 강하다. ··············· (   )
(5) (가)는 독립형 구조, (나)는 망상 구조이다. ··············· (   )

C 생명체 구성 물질의 규칙성

1. 생명체를 구성하는 물질: 탄소가 수소, 산소, 질소 등과 결합한 여러 가지 탄소 화합물이 생명체를 구성하는 물질이다. 이러한 탄소 화합물❶ 에는 단백질, 핵산, 탄수화물, 지질 등이 있다.

단백질	• 구성 원소: 탄소(C), 수소(H), 산소(O), 질소(N)이며 황(S)을 포함하기도 한다. • 생명체의 주요 구성 성분이고 에너지원이다.
핵산	• 구성 원소: 탄소(C), 수소(H), 산소(O), 질소(N), 인(P) • 유전 정보를 저장, 전달하며 단백질 합성에 관여한다.
탄수화물	• 구성 원소: 탄소(C), 수소(H), 산소(O) • 생명체의 주요 에너지원이며 단위체는 포도당이고, 설탕, 녹말, 식이 섬유 등이 있다.
지질	• 구성 원소: 탄소(C), 수소(H), 산소(O)(인지질은 이 외에 인(P)를 포함한다.) • 에너지원이며 지방, 인지질 등이 있다.

2. 생명체 구성 물질의 형성

① 각 구성 물질의 기본 단위체의 배열 형태에 따라 다양한 구조를 가진 탄소 화합물이 형성되어 생명체에서 다양한 기능을 수행한다.

② 단백질과 핵산의 기본 단위체는 각각 아미노산과 뉴클레오타이드이며, 이러한 기본 단위체가 일정한 규칙에 따라 결합하여 단백질과 핵산을 형성한다.

개념⁺

❶ 생명체와 탄소 화합물

화학적 진화의 결과 생명체를 구성하는 다양한 탄소(C) 화합물이 생성되었으며, 생명체는 탄소 화합물(단백질, 핵산, 탄수화물, 지질)에 의해 생명 활동이 이루어진다.

D 단백질

1. 구성 원소 및 단위

① **구성 원소**: C(탄소), H(수소), O(산소), N(질소), (S(황)을 포함하는 것도 있다.)

② **단위체***: 아미노산이며, 20종류가 있다.

2. 형성: 20종류의 아미노산이 다양한 조합으로 결합하여 수많은 종류의 단백질이 만들어진다.

(1) 아미노산의 구조❷: 모든 아미노산은 탄소를 중심으로 수소 원자, 아미노기(−NH₂), 카복실기(−COOH), 곁사슬(−R)을 가지며, 곁사슬의 종류에 따라 20종류의 아미노산이 구분된다.

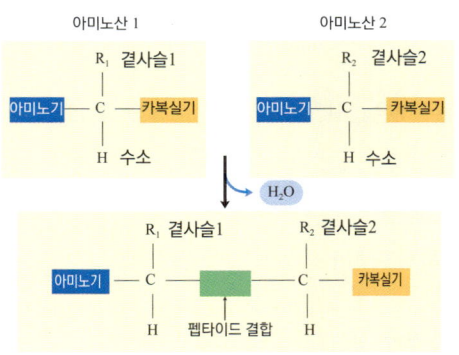

▲ 다이펩타이드: 아미노산 2개가 펩타이드 결합하여 만들어지며, 물 1분자가 빠져나온다.

❷ 아미노산의 구조

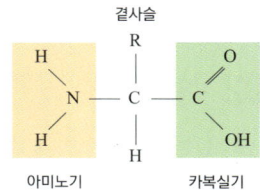

아미노산은 탄소를 중심으로 하는 탄소 화합물이다. 곁사슬의 종류에 따라 20종류가 있다.
펩타이드 결합 시 한쪽의 아미노산의 −H와 다른 한쪽의 −OH가 결합하여 물을 형성하여 빠져나온다.

(2) 펩타이드 결합: 2개의 아미노산 사이의 공유 결합으로 물 분자 1개가 빠지면서 형성된다.

(3) 폴리*펩타이드: 수많은 아미노산이 펩타이드 결합으로 연결되어 긴 사슬 모양을 이루는 물질이다.

(4) 단백질 형성 과정

① 펩타이드 결합으로 2개의 아미노산이 연결되어 다이펩타이드가 된다.

② 펩타이드 결합이 반복되어 폴리펩타이드가 형성된다.

③ 폴리펩타이드가 접히고 구부러져 독특한 입체 구조를 가지는 단백질이 형성된다.

미니사전

⭐ **단위체** [單 홑 位 자리 體 몸] 고분자 화합물과 같은 큰 물질을 만들 때 기본 단위가 되는 작은 분자

⭐ **폴리**(Poly−) '많은' 또는 '다수'라는 뜻의 접두어

3. 기능 및 특성

(1) 단백질❸의 기능

① 근육, 뼈, 연골, 손톱, 머리카락, 털 등 몸을 구성하고 지탱하는 성분이다.

② 에너지원으로 사용되며, 세포와 세포막의 주성분이다.

③ 효소와 호르몬의 주성분으로 물질대사를 촉매하며, 생리 기능을 조절한다.
<small>●생명체에서 일어나는 모든 화학 반응</small>

④ 운반 작용을 한다. 예 적혈구의 헤모글로빈, 세포막의 운반 단백질

⑤ 병원균에 대한 면역 기능을 하는 항체의 주성분으로서 몸을 방어한다.
<small>●항원(세균이나 독소 등)의 자극에 의하여 생체 내에 만들어져 특정 항원과 결합하는 단백질</small>

(2) 단백질의 특성

① DNA에 저장된 아미노산의 종류와 배열 정보에 따라 폴리펩타이드가 접히고 구부러져 단백질의 입체 구조가 결정되며, 입체 구조에 따라 단백질의 기능이 결정된다.

② 어떤 단백질은 서로 다른 입체 구조의 폴리펩타이드가 여러 개 모여서 특정한 기능을 수행한다. 예 4개의 폴리펩타이드로 구성된 적혈구의 헤모글로빈(산소 운반 기능 수행)

③ 열이나 산·염기 등에 의해 입체 구조가 변하면 기능을 잃는다. ➡ **단백질 변성**

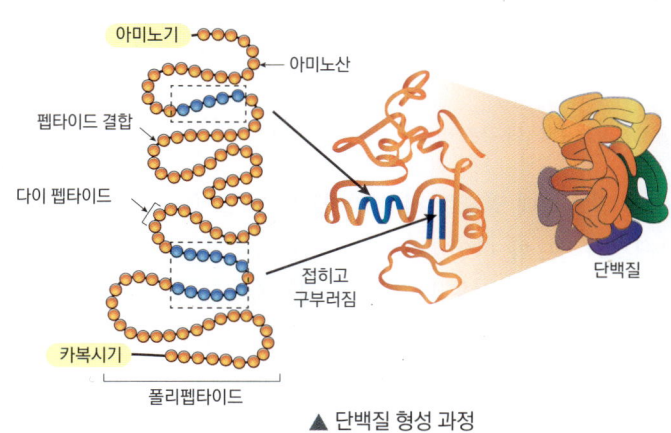

▲ 단백질 형성 과정

E 핵산(DNA, RNA)

1. 구성 원소: C(탄소), H(수소), O(산소), N(질소), P(인)

2. 뉴클레오타이드: 핵산❹의 기본 단위체이며, 당, 인산, 염기로 구성된다.

① **당**: 5개의 탄소로 이루어져 있으며(5탄당), 종류에는 디옥시라이보스, 라이보스가 있다.

② **인산**: 당과 공유 결합하여 핵산의 골격을 형성한다.

③ **염기**: 유전 정보를 암호화하여 저장하며, 종류에는 아데닌(A), 구아닌(G), 사이토신(C), 타이민(T), 유라실(U)이 있다.

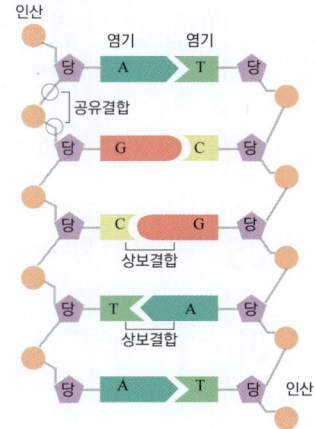

▲ 핵산을 구성하는 뉴클레오타이드

3. 특징

① **뉴클레오타이드의 구조**: 당, 인산, 염기가 1 : 1 : 1로 공유 결합되어 있으며, 염기의 종류에 따라 4종류가 존재한다. 서로 다른 당과 염기로 DNA, RNA를 형성한다.

② **당과 인산의 공유 결합**: 뉴클레오타이드의 인산은 다른 뉴클레오타이드의 당과 공유 결합하며, 당 - 인산 공유 결합은 긴 사슬 모양의 폴리뉴클레오타이드의 골격이 된다.

③ **염기의 상보결합**❺: 폴리뉴클레오타이드의 염기는 다른 폴리뉴클레오타이드의 염기와 상보결합으로 연결된다. ➡ 아데닌(A)은 타이민(T) 또는 유라실(U)과, 구아닌(G)은 사이토신(C)과 상보결합한다.

개념⁺

❸ 단백질의 종류
- 헤모글로빈(적혈구)
- 콜라젠(피부, 연골, 뼈)
- 케라틴(머리카락, 손톱)
- 액틴과 마이오신(근육)
- 크리스탈린(수정체)
- 인슐린(호르몬)
- 아밀레이스(효소)

❹ 핵산
- '핵 속의 산성 물질'이라는 뜻이다.
- 모든 생물의 세포 속에 들어 있는 고분자 유기물(탄소 화합물)의 한 종류이다.
- 유전 물질로서 생명체의 유전 정보를 저장하거나 전달하며, 단백질 합성에 관여한다.
➡ 생명체의 특성을 나타낸다.

❺ DNA 염기의 상보결합

▲ 폴리뉴클레오타이드 간 결합: 염기끼리의 상보결합으로 이루어진다. 상보결합은 전기적인 결합으로 수소 결합에 해당한다.

4. 종류: 핵산에는 DNA와 RNA가 있다.

구분		DNA	RNA
공통점		· 뉴클레오타이드로 구성 　 · 유전 정보와 관련 있음	
차이점	당	디옥시라이보스	라이보스
	염기	A, G, C, T	A, G, C, U
	분자 구조	폴리뉴클레오타이드 두 가닥이 꼬여 붙어있는 2중 나선 구조	폴리뉴클레오타이드 한 가닥으로 구성된 단일 가닥 구조
	기능	유전 정보의 저장 (유전자의 본체 역할)	· DNA의 유전 정보 전달 　 · 단백질 합성에 관여

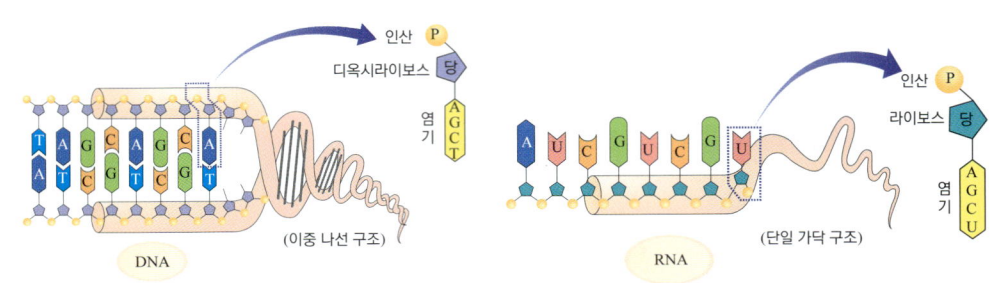

▲ DNA와 RNA의 구조 비교

5. DNA의 유전 정보: DNA의 유전 정보는 단백질을 만드는데 필요한 정보(아미노산 배열 순서)를 저장한다.

① A, G, C, T의 염기를 각각 가진 4종류의 뉴클레오타이드가 다양한 순서로 결합함으로써 다양한 염기 서열을 가진 DNA가 만들어진다. ➡ DNA의 염기 서열에 따라 여러 가지 서로 다른 유전 정보가 저장될 수 있다.

② DNA의 염기 배열 순서에 따라 아미노산의 배열 순서가 달라지며, 만들어지는 단백질의 종류 또한 달라진다.

개념체크⁺

정답 및 해설 ➜ 33

POINT

04 핵산과 단백질에 대한 설명으로 옳은 것은 ○표, 옳지 않은 것은 X표 하시오.

(1) 아미노산의 종류, 수, 배열 순서에 따라 단백질의 종류가 달라진다. ········ (　)
(2) 핵산과 단백질은 단위체가 결합하여 형성된다. ·····························(　)
(3) 핵산과 단백질의 구성 원소에는 각각 인(P)이 포함되어 있다. ···················(　)
(4) 핵산과 단백질은 각각 탄소 화합물이다. ·······························(　)
(5) 핵산의 단위체는 인산, 당, 염기가 1 : 1 : 1로 결합되어 있다. ················(　)
(6) DNA는 한 가닥의 폴리뉴클레오타이드로 이루어진다 ·····························(　)

05 아미노산은 (아미노기 , 카복실기 , 곁사슬)의 종류에 따라 종류가 나뉜다.

06 뉴클레오타이드가 단위체이며, 단일 가닥 구조를 가지는 것은 무엇인가?

07 이중나선 DNA에서 한쪽 가닥의 염기서열이 다음과 같을 때, 다른 쪽 가닥의 염기서열을 쓰시오.

A C T G T T A A G C C G	➡	

강의

규산염 광물의 결합 규칙성

◉ 규산염 사면체의 구조와 성질

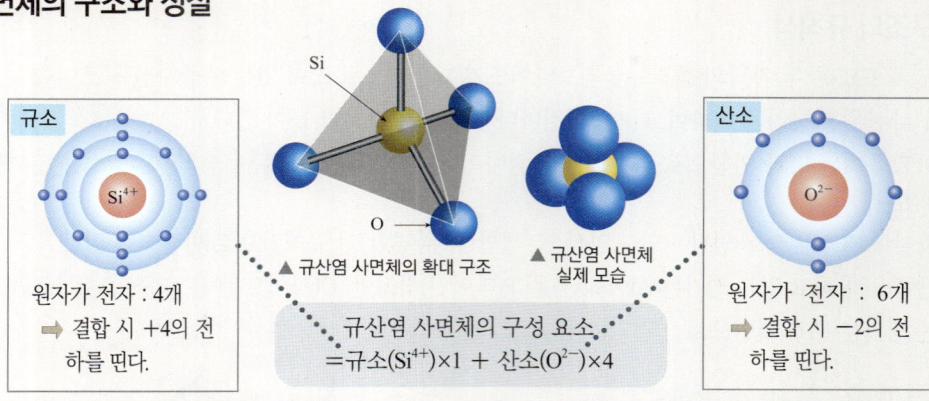

규소

Si⁴⁺

원자가 전자 : 4개
➡ 결합 시 +4의 전하를 띤다.

▲ 규산염 사면체의 확대 구조   ▲ 규산염 사면체 실제 모습

산소

O²⁻

원자가 전자 : 6개
➡ 결합 시 −2의 전하를 띤다.

규산염 사면체의 구성 요소
=규소(Si^{4+})×1 + 산소(O^{2-})×4

규산염 사면체가 띠는 전하는 (+4)×1 + (−2)×4=−4 (음전하)이다.

◉ 독립형 구조의 규산염 광물이 만들어지는 과정

각 규산염 사면체는 주위의 규산염 사면체와 +2의 양이온 4개를 공유하여 전기적으로 중성이 되어 안정해진다. 이것은 규산염 사면체 1개당 +2의 양이온 2개와 결합하여 전기적으로 중성이 되어 안정해지는 것과 같다.

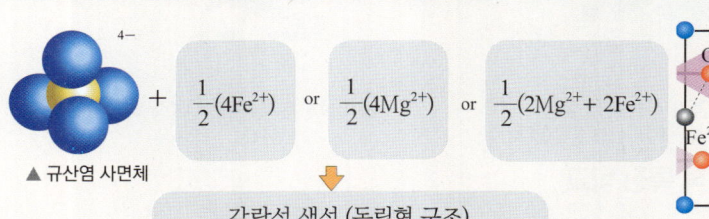

$$4- \quad + \quad \frac{1}{2}(4Fe^{2+}) \quad or \quad \frac{1}{2}(4Mg^{2+}) \quad or \quad \frac{1}{2}(2Mg^{2+}+2Fe^{2+})$$

▲ 규산염 사면체

감람석 생성 (독립형 구조)

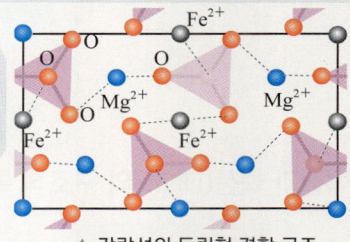

▲ 감람석의 독립형 결합 구조
: 규산염 사면체 간에는 산소를 공유하지 않는다.

◉ 규산염 사면체 간의 결합으로 규산염 광물이 만들어지는 과정

규산염 사면체 간에 산소 2개를 공유하면 Si : O=1 : 3의 구조가 되므로 −2의 전하(SiO_3^{2-})를 띤다. 이때 규산염 사면체에 양이온인 Mg^{2+} 또는 Fe^{2+} 1개가 결합하여 전기적으로 중성이 되어 안정해진다.

산소를 양옆으로 2개를 공유하여 결합하는 과정이 길게 반복되면 단사슬 구조의 휘석이 형성된다.

단사슬이 서로 엇갈려 결합하면 ➡ 복사슬 구조(이중 사슬 구조)
산소 3개를 공유해 결합하면 ➡ 얇은 판 모양의 판상 구조
산소 4개를 모두 공유해 결합하면 ➡ 입체인 망상 구조가 된다.
(석영은 양이온(Al^{3+} 등)이 포함되지 않은 망상 구조이다.)

산소를 공유하는 규산염 사면체 구조가 한 줄로 이어진다.

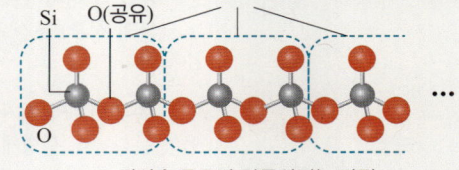

▲ 단사슬 구조가 만들어지는 과정

정답 및 해설 ➜ 34

 다음 설명에 해당하는 결합 구조를 쓰시오.

(1) 규산염 사면체 1개 당 +2의 양이온 2개와 결합한 구조는? ································ (   )

(2) 규산염 사면체의 산소 4개가 모두 공유 결합한 구조는? ································· (   )

(3) 규산염 사면체가 산소 3개를 공유 결합한 구조는?
···································· (   )

 옳은 것은 ○표, 옳지 않은 것은 ✕표 하시오.

(1) 휘석은 단사슬 구조이다. ············· (   )

(2) 규산염 사면체는 음전하를 띤다. ······ (   )

(3) 규산염 사면체는 +2의 양이온 하나와 결합하면 안정해진다. ···························· (   )

생명체 구성 물질의 규칙성

● DNA 구조의 규칙성

· DNA의 전체 모양은 두 가닥의 폴리뉴클레오타이드가 나선형으로 꼬여 있는 이중나선 구조이다.
· DNA 2중 나선은 지름이 균일하며, 나선 1회전마다 10개의 염기쌍이 들어 있다. ● 물체의 겉모양이 소라껍데기처럼 빙빙 비틀린 것
· 나선의 바깥쪽에는 당과 인산으로 이루어진 골격이 있고, 나선의 안쪽에는 염기쌍이 일정한 간격을 두고 규칙적으로 배열되어 있다.
· 나선형 바깥쪽 골격은 당 – 인산 – 당 – 인산 … 결합(공유 결합)이 규칙적으로 반복되어 있다.
· 나선의 안쪽을 향하고 있는 염기는 A(아데닌)은 T(타이민)하고만, C(사이토신)은 G(구아닌)하고만 상보결합한다.
· 마주 보는 염기는 수소 결합으로 연결되어 있다.

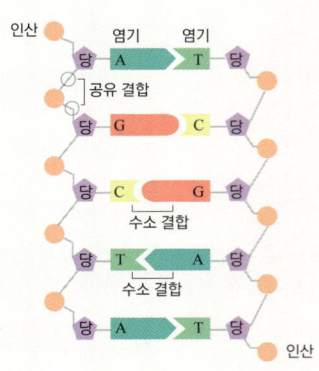

▲ DNA 염기의 상보적 결합:
C−G, A−T 의 상보결합한다.

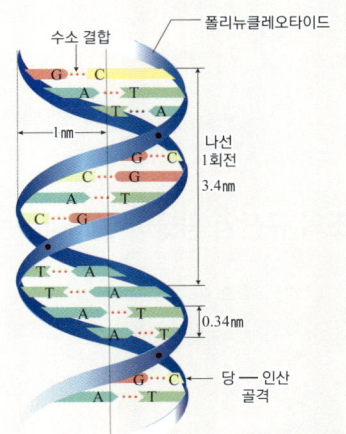

▲ DNA 분자 구조 – 이중 나선 구조

● 단백질과 핵산(DNA)의 구조적 특징 비교

구분	단백질	핵산(DNA)
단위체	아미노산(20종류)	뉴클레오타이드(4종류)
결합 방식	펩타이드 결합(공유 결합)	· 골격: 당−인산 공유 결합 · 염기쌍: 상보결합(수소 결합)
다양성 획득 방식	20종류의 아미노산이 다양한 순서로 결합하여 다양한 단백질을 형성한다. ➡ 몸을 구성하거나 생리 기능(효소, 호르몬의 성분) 조절 등 다양한 기능을 수행한다.	4종류의 뉴클레오타이드가 다양한 순서로 결합하여 다양한 염기서열을 가지는 DNA를 형성한다. ➡ 다양한 유전 정보를 저장한다.
결론	적은 종류의 단위체가 다양한 조합으로 결합하여 구조와 기능이 다양한 고분자 물질을 만든다. ➡ 생명체가 복잡한 생명 현상을 나타낼 수 있다.	

정답 및 해설 ➜ 34

 단백질과 핵산에 있어서 각각의 단위체와 단위체 간의 결합 방식을 쓰시오.

 어떤 DNA의 염기의 구성에서 아데닌(A)의 비율이 30 %일 때, 구아닌(G), 사이토신(C), 타이민(T)의 비율은 각각 얼마가 되는가?

스스로 실력높이기

A 지각과 생명체의 구성 물질

01 지각을 구성하는 물질에 대한 설명 중 옳은 것만을 <보기>에서 있는 대로 고른 것은?

─ 보기 ─
ㄱ. 지각을 이루는 암석은 대부분 철로 이루어져 있다.
ㄴ. 규소 원자 1개는 산소 원자 4개와 결합할 수 있다.
ㄷ. 지각을 이루는 규산염 광물은 규소끼리 결합하는 결합 구조를 이룬다.

① ㄱ   ② ㄴ   ③ ㄱ,
④ ㄱ, ㄷ   ⑤ ㄴ, ㄷ

02 지각을 이루는 원소의 질량비를 나타낸 것이다. 이에 대한 설명으로 옳은 것은?

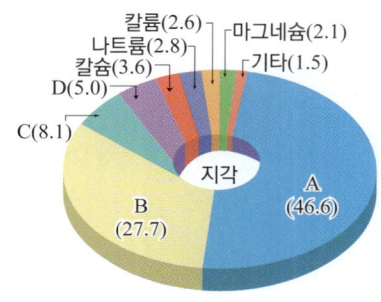

칼륨(2.6) ─ 마그네슘(2.1)
나트륨(2.8) ─ 기타(1.5)
칼슘(3.6) ─
D(5.0) ─
C(8.1)
B(27.7)
지각
A(46.6)

① A는 규소이다.
② B는 지구 전체 질량비 중 가장 많다.
③ C는 주로 사람의 몸에 존재한다.
④ D는 빅뱅 우주 초기에 생성되었다.
⑤ A와 B가 결합하여 규산염 광물의 기본 구조를 이룬다.

03 생명체를 이루는 원소의 질량비를 나타낸 것이다. 이에 대한 설명으로 옳은 것은?

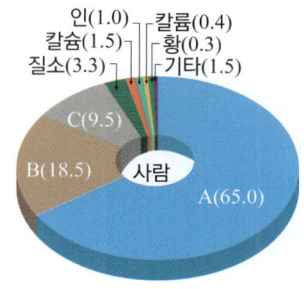

인(1.0) ─ 칼륨(0.4)
칼슘(1.5) ─ 황(0.3)
질소(3.3) ─ 기타(1.5)
C(9.5)
B(18.5)
사람
A(65.0)

① A는 지구 대기의 주요 성분이 아니다.
② B는 지구 전체 질량비 중 가장 크다.
③ C는 사람 몸에서 주로 물의 형태로 존재한다.
④ B는 지구의 핵을 이루는 주요 원소이다.
⑤ 유기물은 모두 A를 기본 골격으로 하여 형성된 화합물이다.

04 지각과 생명체를 구성하는 주요 원소 A~C에 대한 설명이다.

· A와 C는 원자가 전자 수가 같다.
· A와 B는 규산염 광물의 기본 구조를 이룬다.
· C는 생명체를 구성하는 물질의 기본 골격을 이룬다.

이에 대한 설명으로 옳은 것만을 <보기>에서 있는 대로 고른 것은? (단, A ~ C는 임의의 원소 기호이다.)

─ 보기 ─
ㄱ. A는 탄소이다.
ㄴ. B는 지각을 구성하는 원소 중 가장 질량비가 크다.
ㄷ. C는 아미노산의 중심 원자이다.

① ㄱ   ② ㄴ   ③ ㄱ, ㄴ
④ ㄴ, ㄷ   ⑤ ㄱ, ㄴ, ㄷ

05 그림 (가)와 (나)는 인체와 지구를 구성하는 원소의 질량비 (%)를 순서 없이 나타낸 것이다.

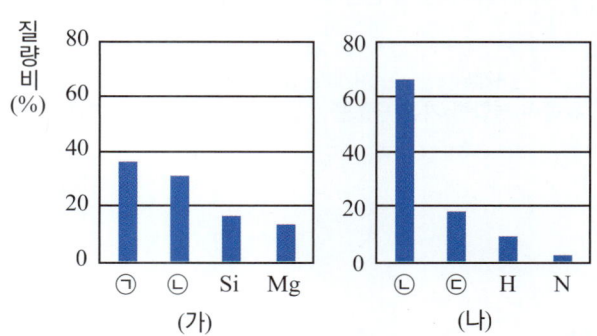

(가)   (나)

이에 대한 설명으로 옳은 것만을 <보기>에서 있는 대로 고른 것은?

─ 보기 ─
ㄱ. ㉠은 지구의 핵을 구성하는 주요 구성 원소이다.
ㄴ. ㉡ 원자 4개와 규소 원자 1개가 결합하여 규산염 사면체를 이룬다.
ㄷ. ㉢은 원자가 전자가 4개이다.

① ㄱ   ② ㄷ   ③ ㄱ, ㄴ
④ ㄴ, ㄷ   ⑤ ㄱ, ㄴ, ㄷ

B 지각을 구성하는 물질의 규칙성

06 지각을 구성하는 규산염 광물에 대한 <보기>의 설명 중 옳은 것만을 있는 대로 고른 것은?

> ─ 보기 ─
> ㄱ. 각섬석은 결정이 기둥 모양이다.
> ㄴ. 석영과 장석은 서로 다른 규산염 사면체 결합 구조를 가진다.
> ㄷ. 독립형 구조는 규소 원소만으로 이루어진 구조이다.

① ㄱ   ② ㄴ   ③ ㄷ
④ ㄱ, ㄷ   ⑤ ㄴ, ㄷ

[07~08] 다음은 산소와 규소로 이루어진 어떤 광물의 기본 구조를 나타낸 것이다.

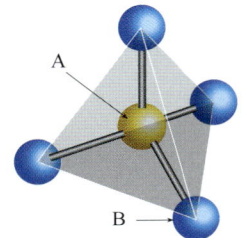

07 이에 대한 설명 중 빈칸에 알맞은 말을 차례대로 쓰시오.

> (   ) 1개와 (   ) 4개가 정사면체 모양으로 전자를 공유하여 결합한 기본 구조를 (   ) 사면체라 한다.

08 이 기본 구조끼리 입체적으로 결합하여 이루어진 광물에 대한 설명으로 옳은 것만을 <보기>에서 있는 대로 고른 것은?

> ─ 보기 ─
> ㄱ. 기본 구조끼리 입체적으로 결합한 구조는 복사슬 구조이다.
> ㄴ. 기본 구조끼리 공유 결합한다.
> ㄷ. 기본 구조끼리 강하게 결합되어 풍화에 강하다.

① ㄱ   ② ㄴ   ③ ㄷ
④ ㄱ, ㄷ   ⑤ ㄴ, ㄷ

09 다음 <보기> 중 규산염 광물의 결합 구조에 대한 옳은 설명만을 있는 대로 고른 것은?

> ─ 보기 ─
> ㄱ. 흑운모의 결합 구조는 판 모양이다.
> ㄴ. 규산염 광물을 이루는 규소의 원자가 전자의 수는 4개이다.
> ㄷ. 규산염 사면체끼리 결합하지 않는 결합 구조를 가진 광물은 휘석이다.

① ㄱ   ② ㄴ   ③ ㄱ, ㄴ
④ ㄱ, ㄷ   ⑤ ㄴ, ㄷ

10 그림은 망상 구조를 가진 규산염 광물 중 하나를 나타낸 것이다. 규소와 산소로만 이루어진 이 광물은 무엇인가?

① 휘석   ② 석영   ③ 각섬석
④ 장석   ⑤ 감람석

11 표는 지각을 구성하는 주요 조암 광물의 규산염 사면체 결합 구조를 나타낸 것이다.

광물	감람석	㉠	㉡
결합 구조			

이에 대한 설명으로 옳은 것만을 <보기>에서 있는 대로 고른 것은?

> ─ 보기 ─
> ㄱ. 감람석은 O와 Si 원자로만 구성되어 있다.
> ㄴ. $\dfrac{\text{Si원자 수}}{\text{O원자 수}}$ 는 ㉠보다 ㉡이 크다.
> ㄷ. ㉡은 망상 구조를 이룬다.

① ㄱ   ② ㄴ   ③ ㄷ
④ ㄱ, ㄴ   ⑤ ㄴ, ㄷ

12 다음 설명에 알맞는 광물은?

> · 겉보기 색은 밝은 색이다.
> · 규산염 사면체가 산소 4개를 서로 공유하여 3차원 입체 구조를 이룬다.
> · 규산염 사면체의 규소 일부가 알루미늄 등의 양이온과 결합되어 있다.

① 장석   ② 석영   ③ 각섬석
④ 흑운모   ⑤ 감람석

13 다음 설명에 알맞은 광물은?

> · 광물의 결정이 기둥 모양이다.
> · 규산염 사면체가 단사슬 구조를 이룬다.
> · 광물에 힘을 주었을 때 쪼개짐이 나타난다.

① 휘석   ② 석영   ③ 각섬석
④ 흑운모   ⑤ 감람석

[2020 모의고사 기출]

14 그림은 규산염(Si−O) 사면체와 규산염 광물 중 휘석과 각섬석의 결합 구조를 나타낸 것이다.

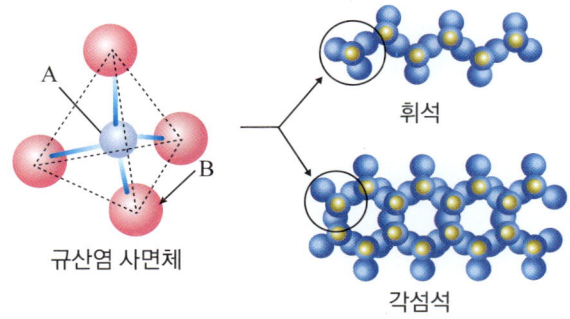

이에 대한 설명으로 옳은 것만을 <보기>에서 있는 대로 고른 것은?

> ── 보기 ──
> ㄱ. A는 산소이다.
> ㄴ. 규산염 사면체는 규산염 광물의 기본 구조이다.
> ㄷ. 규산염 사면체는 이웃한 규산염 사면체와 B를 공유하여 다양한 규산염 광물을 만든다.

① ㄱ   ② ㄷ   ③ ㄱ, ㄴ
④ ㄴ, ㄷ   ⑤ ㄱ, ㄴ, ㄷ

15 그림은 어느 광물의 결합 구조를 나타낸 그림이다.

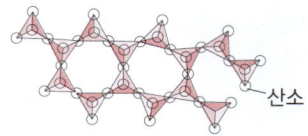
산소

이에 대한 설명으로 옳은 것만을 <보기>에서 있는 대로 고른 것은?

> ── 보기 ──
> ㄱ. 단사슬 구조이다.
> ㄴ. 대표적인 광물로는 각섬석이 있다.
> ㄷ. 규산염 사면체의 모든 산소가 주변의 규산염 사면체와 공유 결합한다.

① ㄱ   ② ㄴ   ③ ㄷ
④ ㄱ, ㄴ   ⑤ ㄱ, ㄷ

[2025 모의고사 기출]

16 그림 (가)는 규산염 사면체 구조를, (나)는 규산염 광물인 휘석의 결합 구조를 모형으로 나타낸 것이다. A와 B는 각각 규소와 산소 중 하나이다.

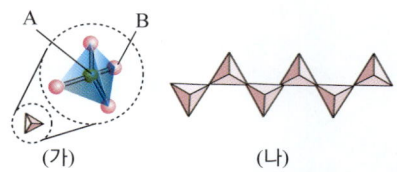
(가)   (나)

이에 대한 설명으로 옳은 것만을 <보기>에서 있는 대로 고른 것은?

> ── 보기 ──
> ㄱ. A는 산소이다.
> ㄴ. (나)는 단사슬 구조에 해당한다.
> ㄷ. (나)에서 규산염 사면체는 이웃한 규산염 사면체와 B를 공유하여 결합한다.

① ㄱ   ② ㄴ   ③ ㄱ, ㄷ
④ ㄴ, ㄷ   ⑤ ㄱ, ㄴ, ㄷ

17 (가)는 지각을 구성하는 광물 중 하나인 흑운모를, (나)는 어떤 규산염 광물의 결합 구조를 나타낸 것이다.

(가)   (나)

이에 대한 설명으로 옳은 것만을 <보기>에서 있는 대로 고른 것은?

> ── 보기 ──
> ㄱ. (가)는 (나)의 구조로 되어있다.
> ㄴ. (나)는 (가)보다 풍화에 강하다.
> ㄷ. (가)는 힘을 주었을 때 얇은 판 모양으로 쪼개진다.

① ㄱ   ② ㄴ   ③ ㄷ
④ ㄱ, ㄴ   ⑤ ㄴ, ㄷ

18 그림은 생명체를 이루는 어느 원자의 전자 배치를 모형으로 나타낸 것이다.

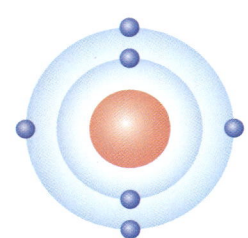

이에 대한 설명으로 옳은 것만을 <보기>에서 있는 대로 고른 것은?

┌─ 보기 ─────────────────────────────────┐
ㄱ. 탄소의 전자 배치이다.
ㄴ. 다양한 모양의 골격을 형성할 수 있다.
ㄷ. 산소와 공유 결합을 하여 기본 구조가 되는 사면체를 이룬다.
└──┘

① ㄱ   ② ㄱ, ㄴ   ③ ㄱ, ㄷ
④ ㄴ, ㄷ   ⑤ ㄱ, ㄴ, ㄷ

[2018 모의고사 기출]

19 그림은 생명체를 구성하는 3가지 물질을 구분하는 과정을 나타낸 것이다.

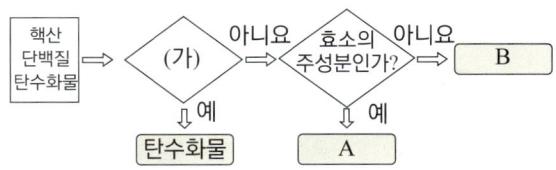

이에 대한 설명으로 옳은 것만을 <보기>에서 있는 대로 고른 것은?

┌─ 보기 ─────────────────────────────────┐
ㄱ. '단위체가 결합하여 형성되는가?'는 (가)에 해당한다.
ㄴ. A는 단백질이다.
ㄷ. B는 뉴클레오타이드로 구성된다.
└──┘

① ㄱ   ② ㄷ   ③ ㄱ, ㄴ
④ ㄴ, ㄷ   ⑤ ㄱ, ㄴ, ㄷ

20 단백질의 단위체에 대한 설명으로 옳은 것을 모두 고르시오. (2개)

① 아미노산이다.
② 뉴클레오타이드이다.
③ 생명체 내에는 5종류가 존재한다.
④ 2개의 단위체는 수소 결합으로 연결된다.
⑤ 2개의 단위체는 펩타이드 결합으로 연결된다.

21 단백질의 기능에 대한 설명으로 옳은 것만을 <보기>에서 있는 대로 고른 것은?

┌─ 보기 ─────────────────────────────────┐
ㄱ. 에너지원으로 사용된다.
ㄴ. 유전 정보를 저장, 전달한다.
ㄷ. 물질대사를 촉매하며, 생리 기능을 조절한다.
ㄹ. 면역 기능을 하는 항체의 성분으로서 몸을 보호한다.
└──┘

① ㄱ, ㄴ   ② ㄷ, ㄹ   ③ ㄱ, ㄴ, ㄷ
④ ㄱ, ㄷ, ㄹ   ⑤ ㄴ, ㄷ, ㄹ

22 단백질에 대한 설명 중 옳은 것만을 <보기>에서 있는 대로 고른 것은?

┌─ 보기 ─────────────────────────────────┐
ㄱ. 단위체는 아미노산이다.
ㄴ. 유전 정보를 저장하고 있다.
ㄷ. C(탄소), H(수소), O(산소)로만 구성되어 있다.
└──┘

① ㄱ   ② ㄱ, ㄴ   ③ ㄱ, ㄷ
④ ㄴ, ㄷ   ⑤ ㄱ, ㄴ, ㄷ

23 단백질의 다양한 기능의 입체 구조를 결정하는 것은?

① 다양한 아미노산의 수
② 아미노산을 구성하는 탄소의 배열 순서
③ 아미노산을 결합시키는 펩타이드 결합의 수
④ DNA에 저장된 아미노산의 종류와 배열 정보
⑤ DNA를 구성하는 폴리펩타이드의 개수

24 그림은 단백질 합성 과정의 일부를 나타낸 것이다. ㉠은 단백질의 기본 단위이다.

[2018 모의고사 기출]

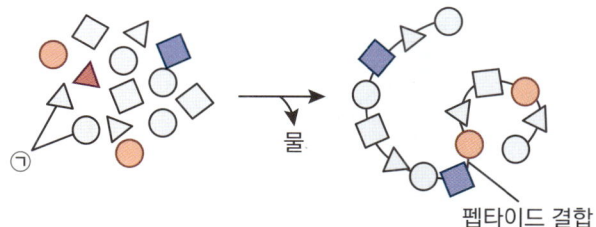

펩타이드 결합

이에 대한 설명으로 옳은 것만을 <보기>에서 있는 대로 고른 것은?

━ 보기 ━
ㄱ. ㉠은 아미노산이다.
ㄴ. 단백질은 탄소 화합물이다.
ㄷ. 단백질은 생명체를 구성하는 물질이다.

① ㄱ   ② ㄷ   ③ ㄱ, ㄴ
④ ㄴ, ㄷ   ⑤ ㄱ, ㄴ, ㄷ

25 그림은 단백질 X가 만들어 질 때 단위체 A와 B가 결합하는 과정을 나타낸 것이다.

[2024 모의고사 기출]

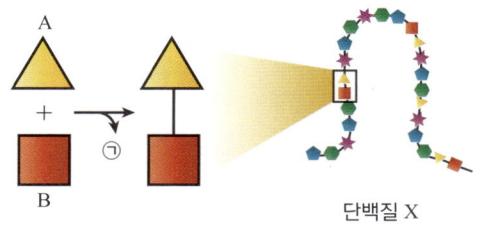

단백질 X

이에 대한 설명으로 옳은 것만을 <보기>에서 있는 대로 고른 것은?

━ 보기 ━
ㄱ. ㉠은 산소(O_2)이다.
ㄴ. A와 B는 모두 아미노산이다.
ㄷ. 단위체의 배열 순서에 따라 단백질의 종류가 달라진다.

① ㄱ   ② ㄴ   ③ ㄷ
④ ㄱ, ㄴ   ⑤ ㄴ, ㄷ

26 다음 중 단백질에 대한 설명으로 옳지 않은 것은?

① 탄소 화합물이다.
② 생리 기능을 조절한다.
③ 단위체는 상보결합으로 형성된다.
④ 생명체를 구성하는 비율이 물 다음으로 크다.
⑤ 병원균으로부터 몸을 방어하기 위해 면역 기능을 하는 항체의 주성분이다.

E 핵산

27 다음은 생명체를 구성하는 물질 중 하나에 대한 설명이다. ㉠~㉢에 해당하는 것을 옳게 짝지은 것은?

'핵 속의 산성 물질'이라는 뜻을 가지는 (㉠)의 종류에는 유전 정보를 저장하고 다음 세대로 전달하는 (㉡)와 (㉡)으로부터 유전 정보를 전달받아 단백질 합성에 관여하는 (㉢)가 있다.

	㉠	㉡	㉢		㉠	㉡	㉢
①	핵산	RNA	DNA	②	핵산	DNA	RNA
③	DNA	핵산	RNA	④	RNA	핵산	DNA
⑤	DNA	RNA	핵산				

28 그림은 DNA를 구성하는 뉴클레오타이드를 나타낸 것이다.

인산 / 당 / 염기

이에 대한 설명으로 옳은 것만을 <보기>에서 있는 대로 고른 것은?

━ 보기 ━
ㄱ. 당은 라이보스이다.
ㄴ. 4종류의 뉴클레오타이드가 존재한다.
ㄷ. 뉴클레오타이드의 인산은 다른 뉴클레오타이드의 당과 공유 결합을 한다.

① ㄱ   ② ㄷ   ③ ㄱ, ㄴ
④ ㄴ, ㄷ   ⑤ ㄱ, ㄴ, ㄷ

29 어떤 핵산의 폴리펩타이드 한 가닥의 구조를 나타낸 모식도이다.

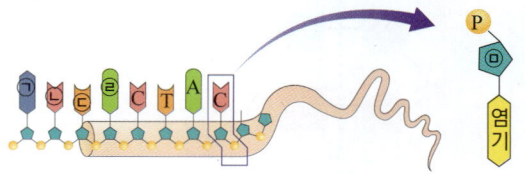

이에 대한 설명으로 옳은 것만을 <보기>에서 있는 대로 고른 것은?

━ 보기 ━
ㄱ. ㉠은 G(구아닌)이다.
ㄴ. ㉤은 라이보스이다.
ㄷ. RNA의 폴리뉴클레오타이드의 구조이다.
ㄹ. ㉠~㉣에 상보적인 염기 서열은 순서대로 C, G, A, T이다.

① ㄱ, ㄴ   ② ㄱ, ㄹ   ③ ㄴ, ㄹ
④ ㄱ, ㄴ, ㄷ   ⑤ ㄱ, ㄷ, ㄹ

○○○●
30 그림은 생명체를 구성하는 4가지 물질을 구분하는 과정이다.

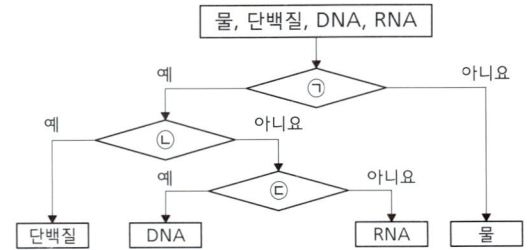

다음 <보기> 중 ㉠, ㉡, ㉢에 들어갈 수 있는 분류 기준을 바르게 나열한 것은?

┌─ 보기 ─────────────────────────────┐
ㄱ. 탄소 화합물인가?
ㄴ. 구성 원소 중에 산소가 포함되는가?
ㄷ. 펩타이드 결합이 있는가?
ㄹ. 염기로 타이민(T)을 가지고 있는가?
└───────────────────────────────────┘

	㉠	㉡	㉢		㉠	㉡	㉢
①	ㄱ	ㄴ	ㄹ	②	ㄱ	ㄷ	ㄹ
③	ㄴ	ㄷ	ㄹ	④	ㄴ	ㄹ	ㄷ
⑤	ㄷ	ㄴ	ㄹ				

○○○●
[2019 모의고사 기출]
31 그림은 생명체를 구성하는 핵산의 구조를 모형으로 나타낸 것이다.

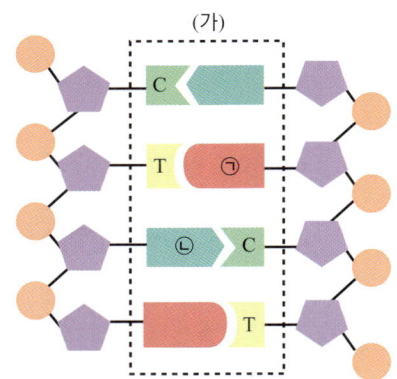

이에 대한 설명으로 옳은 것만을 <보기>에서 있는 대로 고른 것은?

┌─ 보기 ─────────────────────────────┐
ㄱ. 이 핵산은 DNA이다.
ㄴ. ㉠은 구아닌(G), ㉡은 아데닌(A)이다.
ㄷ. (가)의 배열 순서와 조합에 따라 유전 정보가 달라진다.
└───────────────────────────────────┘

① ㄱ   ② ㄴ   ③ ㄱ, ㄴ
④ ㄱ, ㄷ   ⑤ ㄴ, ㄷ

○○●●
32 그림 (가)는 DNA의 구조를, (나)는 DNA를 구성하는 4가지 단위체를 모형으로 나타낸 것이다. A는 아데닌, C는 사이토신이고, ㉠과 ㉡은 각각 G(구아닌)와 T(타이민) 중 하나이다.

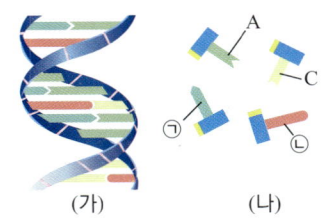

(가)   (나)

이에 대한 설명으로 옳은 것만을 <보기>에서 있는 대로 고른 것은?

┌─ 보기 ─────────────────────────────┐
ㄱ. DNA의 구조는 2중 나선 구조이다.
ㄴ. ㉠은 G(구아닌), ㉡은 T(타이민)이다.
ㄷ. DNA는 단위체의 배열 순서에 따라 다양한 유전 정보를 저장한다.
└───────────────────────────────────┘

① ㄱ   ② ㄴ   ③ ㄱ, ㄷ
④ ㄴ, ㄷ   ⑤ ㄱ, ㄴ, ㄷ

[2025 모의고사 기출]
●●●
33 다음은 DNA를 구성하는 염기 사이의 결합 규칙성에 대한 탐구 활동이다.

┌─────────────────────────────────────┐
[자료]
· 그림은 상보적인 단일 가닥 Ⅰ과 Ⅱ로 구성된 DNA X를 나타낸 것이다.

X { Ⅰ { G A ㉠ ㉡ ㉠ A G
    Ⅱ { □ □ □ □ □ □ □ }

· X는 7쌍의 염기로 구성되며, 아데닌(A)은 3개 존재한다.
· ㉠과 ㉡은 사이토신(C)과 타이민(T)을 순서 없이 나타낸 것이다.

[탐구 과정]
(가) 표를 이용하여 Ⅰ의 염기 배열을 숫자 1~4로 나타낸다.

염기	아데닌(A)	구아닌(G)	㉠	㉡
숫자	1	2	3	4

(나) '마주 보는 염기는 숫자의 합이 ⓐ인 경우에만 결합한다.'라는 규칙에 따라 Ⅱ의 염기 배열을 표의 숫자로 나타낸다.

[탐구 결과]

과정	숫자로 나타낸 염기 배열
(가)	2 1 3 4 3 1 2
(나)	?
└─────────────────────────────────────┘

이에 대한 설명으로 옳은 것만을 <보기>에서 있는 대로 고른 것은?

┌─ 보기 ─────────────────────────────┐
ㄱ. ㉡은 사이토신 (C)이다.
ㄴ. ⓐ는 5이다.
ㄷ. X에서 ㉠의 개수는 4개이다.
└───────────────────────────────────┘

① ㄱ   ② ㄷ   ③ ㄱ, ㄴ
④ ㄴ, ㄷ   ⑤ ㄱ, ㄴ, ㄷ

심화 실력높이기

[2021 모의고사 기출]

01 그림은 두 가닥의 폴리뉴클레오타이드 Ⅰ, Ⅱ로 구성된 어떤 DNA의 일부를 나타낸 것이다. 이 DNA는 총 100개의 뉴클레오타이드로 구성되었고, 가닥 Ⅰ에서 염기 수의 비는 $\dfrac{A+T}{G+C}=1.5$이다. 가닥 Ⅱ에서 G의 비율은 10 %이다.

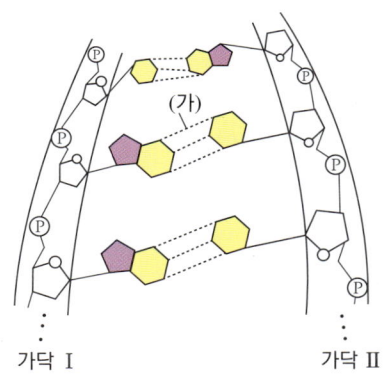

가닥 Ⅰ   가닥 Ⅱ

이에 대한 설명으로 옳은 것만을 <보기>에서 있는 대로 고른 것은? (단, 돌연변이는 고려하지 않는다.)

┌─ 보기 ────────────────────────────┐
ㄱ. (가)는 염기 사이의 수소 결합이다.
ㄴ. 가닥 Ⅰ의 G(구아닌)은 15개이다.
ㄷ. 가닥 Ⅰ의 T(타이민)이 10개이면 가닥 Ⅱ의 T(타이민)은 20개이다.
└──────────────────────────────────┘

① ㄱ   ② ㄴ   ③ ㄱ, ㄴ
④ ㄴ, ㄷ   ⑤ ㄱ, ㄴ, ㄷ

02 표 (가)는 사람을 구성하는 물질 A, B, C에 특성 ㉠, ㉡, ㉢의 유무를, (나)는 ㉠, ㉡, ㉢을 순서 없이 나타낸 것이다. A, B, C는 각각 DNA, RNA, 단백질 중 하나이다.

특성 물질	㉠	㉡	㉢
A	O	O	O
B	X	X	O
C	O	X	O

(가)

특성(㉠, ㉡, ㉢)
- 구성 원소에 인(P)이 있다.
- 탄소 화합물이다.
- 라이보스를 가진다.

(나)

이에 대한 설명으로 옳은 것만을 <보기>에서 있는 대로 고른 것은?

┌─ 보기 ────────────────────────────┐
ㄱ. B와 C는 아데닌, 구아닌, 사이토신을 공통적으로 가진다.
ㄴ. C는 2중 나선 구조이다.
ㄷ. ㉢은 '탄소 화합물이다.'이다.
└──────────────────────────────────┘

① ㄱ   ② ㄴ   ③ ㄱ, ㄴ
④ ㄴ, ㄷ   ⑤ ㄱ, ㄴ, ㄷ

03 다음은 규산염 광물의 결합 방식에 대한 탐구활동이다.

[실험 과정]
(가) 도면과 끈을 이용하여 규산염 사면체(Si-O 사면체) 모형을 만든다.

 ➡

도면   끈
Si-O 사면체 모형

(나) Si-O 사면체 모형을 규칙성이 있도록 연결한다.

[실험 결과]
· ㉠ 사슬 모양으로 연결된 구조와 ㉡ 사슬 모양 2개가 연결된 구조가 만들어졌다.

   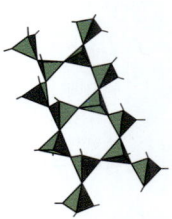

㉠ 사슬 모양으로
연결된 구조   ㉡ 사슬 모양 2개가
연결된 구조

이에 대한 설명으로 옳은 것만을 <보기>에서 있는 대로 고른 것은?

┌─ 보기 ────────────────────────────┐
ㄱ. 흑운모는 ㉠과 같은 결합 구조로 되어 있다.
ㄴ. Si-O 사면체 사이에 공유하는 산소(O)의 수는 ㉠이 ㉡보다 많다.
ㄷ. Si-O 사면체가 다양한 형태로 결합하여 규산염 광물이 만들어진다.
└──────────────────────────────────┘

① ㄱ   ② ㄷ   ③ ㄱ, ㄴ
④ ㄴ, ㄷ   ⑤ ㄱ, ㄴ, ㄷ

04 그림 (가)~(라)는 여러 규산염 광물의 결합 구조를 나타낸 것이다. 설명에 알맞은 것을 (가)~(라)에서 찾으시오.

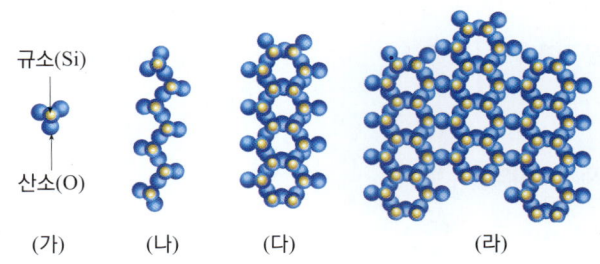

규소(Si)

산소(O)

(가)   (나)   (다)   (라)

(1) 깨짐이 나타나는 광물의 결합 구조이다. (   )
(2) 주위의 +2의 전하를 가진 양이온 2개와 결합하여 전기적으로 중성이 된다. (   )
(3) (가)~(라) 중 규산염 사면체 사이에 공유하는 산소의 수가 가장 많다. (   )

04 물질의 전기적 성질

□ 전기적 성질에 따른 물질의 분류
□ 반도체의 전기적 성질과 활용

A 전기적 성질에 따른 물질의 분류

1. 원자와 자유 전자

① **원자의 구조**: 양(+)전하를 띤 원자핵❶을 중심으로 음(−)전하를 띤 전자가 돌고 있으며 양전하의 양과 음전하의 양이 같으므로 전기적으로 중성이다.

② 원자핵과 전자 사이의 전기력에 의해 서로 잡아당기므로 전자는 원자 바깥으로 자유롭게 이동하지 못한다. 이때의 전자를 속박★된 전자라고 한다.

③ **자유 전자**: 속박된 전자가 원자 사이의 상호작용 등으로 에너지를 얻어서 원자에서 떨어져 나와 물질 속을 자유롭게 이동할 수 있게 된 전자를 말한다.

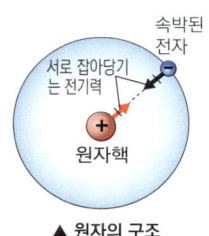

▲ 원자의 구조

▲ 물질 내부 자유 전자의 움직임

2. 도체에서의 자유 전자의 움직임 도체에는 자유 전자가 많이 존재한다.

전압이 걸리지 않았을 때	전압이 걸렸을 때❷ → 전압(V)과 전류(I)는 서로 비례한다.
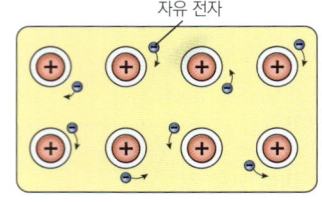 안 켜진다. / 원자핵 / 자유 전자	켜진다. / 원자핵 / 자유 전자 / I
자유 전자는 무작위로 움직이므로 전류가 흐르지 않는다.	자유 전자는 한쪽 방향으로 움직이므로 전류가 흐른다.❸

3. 전기적 성질에 따른 물질의 분류

구분	도체	부도체 → 절연체★	반도체
전기 전도성❹	좋다.	나쁘다.	도체와 부도체의 절반이다.
전기 전도도	크다. → 전기 저항이 작다.	작다. → 전기 저항이 크다.	특정 조건에서 커진다.
자유 전자의 수	많다.	매우 적다.	순수 반도체에는 매우 적으나 불순물을 섞어 자유 전자 또는 양공을 만든다.
원자 내 전자의 상태	자유 전자가 많이 존재한다.		대부분의 전자는 원자에 속박되어 있다. 불순물 반도체에는 자유 전자 또는 양공이 많이 존재한다.
예	구리, 철, 은, 금, 알루미늄, 니켈 등	나무, 플라스틱, 고무, 유리, 다이아몬드 등	규소(Si), 저마늄(Ge) 등
이용	전자 부품, 도선	전선의 피복, 전기 절연제	반도체 소자

개념+

❶ 원자핵의 구조

원자핵은 (+) 전하를 띠는 양성자와 전하를 띠지 않은 중성자가 결합하여 만들어진다.

❷ 부도체에 전압을 걸었을 때

부도체에 전압을 걸면 전자가 이동하지 않고 속박된 전자가 한쪽으로 쏠리는 현상(유전분극)이 나타난다.

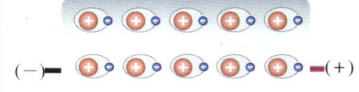

(부도체)

부도체의 속박된 전자가 일제히 (+)극 쪽으로 쏠린다.

❸ 전류의 방향과 자유 전자의 이동 방향

전류의 방향은 (+) 전하의 이동 방향으로 정의된다. 자유 전자는 (−) 전하를 띠므로 전류의 방향과 자유 전자의 이동 방향은 서로 반대가 된다.

❹ 전기 전도성과 전기 전도도

● 전기 전도성: 전류가 잘 흐르는 정도

● 전기 전도도: 전기 전도성을 정량적으로 나타낸 것으로, 도체인 구리, 철, 은 등은 부도체인 나무, 고무 등보다 전기 전도도 값이 크다.

미니사전

★ **속박**[束묶다 縛 얽다] 묶여서 자유롭지 못한 상태

★ **절연체**[絶끊다 緣인연 體몸] 열이나 전기를 잘 통하지 않는 물체

B 반도체의 전기적 성질과 활용

1. **반도체**(semiconductor): 도체와 부도체의 중간 정도의 전기적 성질❶을 가지는 물질로 부도체이나 특정 조건에서 도체가 되기도 한다.

① **순수 반도체❷**: 원자가 전자가 4개인 규소(Si), 저마늄(Ge) 등이 있으며, 원자가 전자가 모두 공유 결합 상태이므로 자유 전자가 매우 적은 상태이다.

② **불순물 반도체**: 순수 반도체에 불순물(인, 비소, 붕소 등)을 첨가하면 전류가 잘 흐른다.

> ➡ 도핑(doping)이라고 한다.

　이처럼 순수한 규소나 저마늄에 불순물을 첨가하여 전기 전도성을 증가시킨 반도체를 불순물 반도체라고 한다. ㉠ n형 반도체, p형 반도체

구분	n형 반도체	p형 반도체
첨가한 불순물	원자가 전자가 5개인 15족 원소 ㉠ 인(P), 비소(As), 안티모니(Sb)	원자가 전자가 3개인 13족 원소 ㉠ 붕소(B), 알루미늄(Al), 갈륨(Ga), 인듐(In)
원자 주변의 원자가 전자 배열	(Si 배열 그림: 자유전자, 원자가 전자, 규소, 인 P)	(Si 배열 그림: 양공, 원자가 전자, 규소, 붕소 B)
전류가 흐르는 원리	규소(Si)에 원자가 전자가 5개인 인(P)을 첨가하면 4개의 전자는 공유 결합하고 1개의 (−) 전하를 띤 전자가 남는다. ➡ 전압이 걸린 상태에서 이 전자가 자유 전자가 되며, 전하 운반체❸가 되어 전류가 흐른다.	규소(Si)에 원자가 전자가 3개인 붕소(B)를 첨가하면 공유 결합할 때 전자 1개가 부족하게 되어 (+) 전하를 띤 빈 공간인 양공이 생긴다. ➡ 전압이 걸린 상태에서 이웃 전자가 빈 공간을 채우면서 전류가 흐르게 되며 양공이 전하 운반체의 역할을 한다.

2. 반도체 소자의 전기적 특징과 활용

반도체 소자		특징	활용
다이오드		n형 반도체와 p형 반도체를 결합한 소자로 전류를 한 방향으로만 흐르게 하는 정류 작용❹을 한다.	충전기의 어댑터, 교류를 직류로 바꾸는 전기 부품 등
발광 다이오드 (LED)		전류가 흐르면 빛이 방출되는 다이오드로, 재료에 따라 방출되는 빛의 색이 달라진다.	각종 조명 장치, TV, 디스플레이, 모니터 등의 영상 표시 장치
유기 발광 다이오드 (OLED)		유기 물질로 이루어져 있어서 전류가 흐르면 유기 물질에서 빛이 방출된다. 얇고 가벼운 부품을 만들 수 있다.	휘어지는 디스플레이, 조명 등
태양 전지		n형 반도체와 p형 반도체를 결합한 소자로 태양 빛을 쪼여 주면 에너지를 흡수하여 양공(+)과 자유 전자(−)가 생성되어 전지 역할을 한다.	태양광 패널(모듈)
트랜지스터		n−p−n형 순이나 p−n−p형 순으로 반도체를 결합시켜서 만든다. 소형으로 증폭 작용과 스위치 작용❺을 하며 소비 전력이 작다.	증폭기, 발진기, 센서 회로 등
집적 회로 (IC)		정해진 기능을 수행하기 위해 매우 많은 트랜지스터나 다이오드 등을 하나의 칩으로 작게 만든 것	데이터 처리 장치, 데이터 저장 장치, 메모리(RAM), 중앙 처리장치(CPU) 등

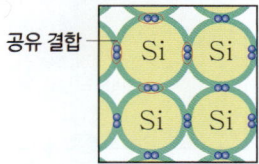

개념+

❶ 반도체의 전기적 성질

순수 반도체는 전기가 통하지 않지만 특정 조건에서 전기적 성질을 가지도록 불순물 반도체를 제조한다.

● 빛을 비추면 전류가 흐른다.
➡ 태양 전지, 광센서, 적외선 감지기
● 전류가 흐르면 빛을 방출한다.
➡ 레이저의 광원, 발광 다이오드
● 조건에 따라 전기 저항이 변한다.
➡ 압력 센서, 온도 센서

❷ 순수 반도체

공유 결합 ─ (Si Si / Si Si 결합 그림)

원자가 전자 4개가 모두 공유 결합 상태이므로 전류가 잘 흐르지 못한다. (공유 결합: 두 원자가 서로 전자쌍을 공유하여 만들어지는 화학 결합)

❸ 전하 운반체

불순물 반도체의 전자나 양공은 전하를 운반해 주는 전하 운반체의 역할을 하여 반도체에 전압을 걸면 전류가 잘 흐르도록 한다. 전자의 빈자리인 양공은 (+) 전하를 띠며, 양공에 전자가 채워지면서 양공은 전자의 이동 방향과 반대로 이동한다.

❹ 정류 작용

한쪽 방향으로만 흐르는 전류를 직류, 일정한 주기로 양쪽 방향으로 흐르는 전류를 교류라고 한다.
p−n 접합 다이오드는 전류를 한쪽 방향으로만 흐르게 하므로, 교류를 흘려 주었을 때 한쪽 방향으로만 흐르는 직류를 얻을 수 있다. 이를 정류 작용이라고 한다.

❺ 증폭 작용과 스위치 작용

● 증폭 작용: 회로에서 전류나 전압의 출력을 높이는 작용
● 스위치 작용: 회로에서 전류를 흐르게 하거나 흐르지 않게 조절하는 작용

● 물질과 반도체의 전기적 성질을 활용한 첨단 기술

● 자율 주행: 반도체 센서를 활용한 주변 인식 기술
● 인공지능 장치: 반도체 칩을 활용한 음성 인식 및 번역 기술
● 디스플레이: LED 등의 반도체 소자가 전기 신호를 빛으로 전환
● 스마트 기기: 부도체로 제품을 보호하고 반도체로 발광 및 통신
● USB 수신기: 반도체를 활용한 통신

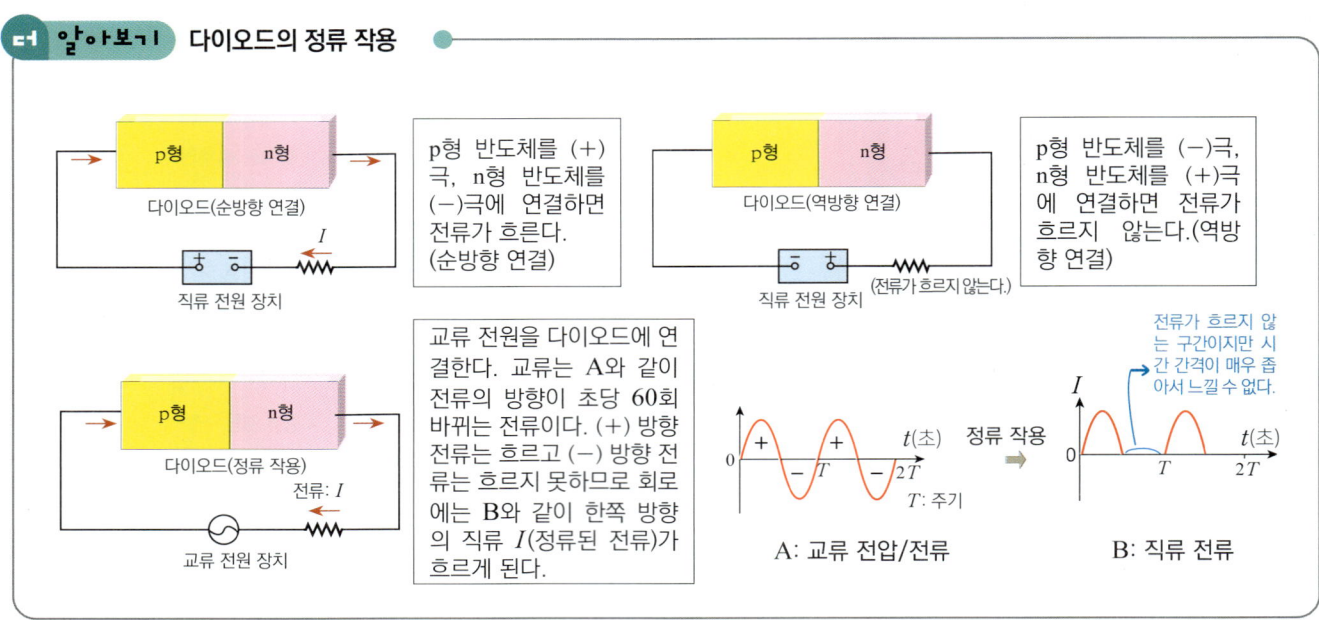

더 알아보기 다이오드의 정류 작용

p형 반도체를 (+)극, n형 반도체를 (−)극에 연결하면 전류가 흐른다. (순방향 연결)

다이오드(순방향 연결)
직류 전원 장치

p형 반도체를 (−)극, n형 반도체를 (+)극에 연결하면 전류가 흐르지 않는다.(역방향 연결)

다이오드(역방향 연결)
직류 전원 장치 (전류가 흐르지 않는다.)

교류 전원을 다이오드에 연결한다. 교류는 A와 같이 전류의 방향이 초당 60회 바뀌는 전류이다. (+) 방향 전류는 흐르고 (−) 방향 전류는 흐르지 못하므로 회로에는 B와 같이 한쪽 방향의 직류 I(정류된 전류)가 흐르게 된다.

다이오드(정류 작용)
전류: I
교류 전원 장치

A: 교류 전압/전류
T: 주기

정류 작용 ⇒

전류가 흐르지 않는 구간이지만 시간 간격이 매우 좁아서 느낄 수 없다.

B: 직류 전류

개념체크⁺

정답 및 해설 → 37

POINT

01 다음 (   )를 채우시오.

(1) 원자핵과의 상호 인력에 의해 원자 바깥으로 자유롭게 이동하지 못하는 전자를 (   ) 전자라고 한다.

(2) 원자핵의 인력을 물리치고 원자 바깥으로 나와 자유롭게 운동하는 전자를 (   ) 전자라고 한다.

(3) 도체, 부도체, 반도체 중 자유 전자가 가장 많이 존재하는 물질은 (   )이다.

02 물질을 전기적 성질에 따라 분류할 때, 관계 있는 것을 각각 연결하시오.

(1) 도체　　•　　　　•　⊙ 전기 저항이 매우 작아 전류가 잘 흐르는 물질

(2) 부도체　•　　　　•　ⓒ 불순물을 첨가하면 전기가 통하는 물질

(3) 반도체　•　　　　•　ⓒ 종이, 유리, 나무, 플라스틱 등

03 다음 설명 중 옳은 것은 ○표, 옳지 <u>않은</u> 것은 ×표 하시오.

(1) 순수 반도체에 전압을 걸면 전기가 잘 통한다. ························· (   )

(2) 순수 반도체에 불순물 인(P)을 첨가하면 p형 반도체가 된다. ·········· (   )

(3) 전하 운반체가 양공인 불순물 반도체는 p형 반도체이다. ················ (   )

04 반도체 소자에 대한 설명 중 옳은 것은 ○표, 옳지 <u>않은</u> 것은 ×표 하시오.

(1) 다이오드는 한 방향으로만 전류가 흐르므로 교류를 직류로 바꿀 수 있다. ··(   )

(2) 발광 다이오드(LED)는 순수 반도체로 만들어졌다. ······················ (   )

(3) 집적 회로는 매우 많은 트랜지스터와 다이오드를 하나의 칩으로 작게 만든 것이다.
　　·· (   )

발광 다이오드(LED)와 태양 전지의 원리

● 발광 다이오드(LED)

① **p−n접합 다이오드**: 순수한 반도체는 전류가 잘 흐르지 않는다. 따라서 불순물을 첨가하는 과정인 도핑(doping) 과정을 통해 전류가 잘 흐를 수 있도록 만들며, 불순물의 종류에 따라 p형 반도체, n형 반도체로 구분한다. 이들을 접촉시킨 후, p형 반도체에 전원의 (+)극, n형 반도체에 전원의 (−)극을 연결하면 전류가 흐르게 되고, 반대 방향으로 연결하면 전류가 흐르지 못한다. 이를 p−n접합 다이오드라고 한다.

② **발광 다이오드의 원리**: p−n접합 다이오드에 전류가 흐르면 자유 전자가 이동을 하면서 양공과 합쳐져 에너지를 빛의 형태로 방출하게 된다. 이러한 다이오드를 발광 다이오드(LED)라고 한다. 발광 다이오드는 반도체의 재료에 따라 방출하는 빛의 색깔이 달라져서 다양한 영상 표시 장치와 조명 장치 등으로 응용되고 있다.

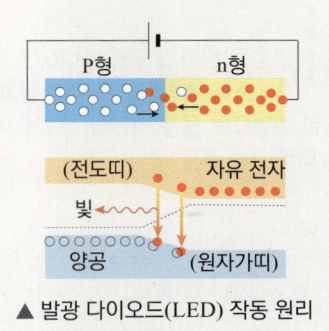

▲ 발광 다이오드(LED) 작동 원리

반도체 재료	파장(nm)/ 색	반도체 재료	파장(nm)/ 색
GaAsP (갈륨 비소 인)	650 / 빨강	SiC (탄화 규소)	480 / 파랑
GaP (갈륨 인)	555 / 녹색	GaN(갈륨 질소)	450 / 파랑

▲ 재료에 따른 LED 방출색

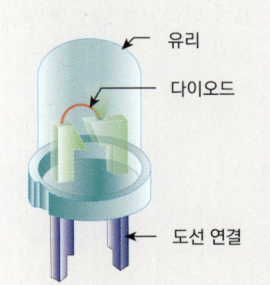

▲ LED 구조

● 태양 전지

태양 전지에 태양 빛을 쪼여 주면 에너지를 흡수하여 p형 반도체와 n형 반도체 속에 양공((+) 전하)과 자유 전자((−) 전하)가 생성된다. p−n 접합면에서 만들어진 전기장에 의해 자유 전자는 n형 반도체 쪽으로, 양공은 p형 반도체 쪽으로 이동하여 반도체 표면에 전극이 형성되고, 이를 도선과 연결하면 전류가 흐른다.

▲ 위성에 설치된 태양 전지

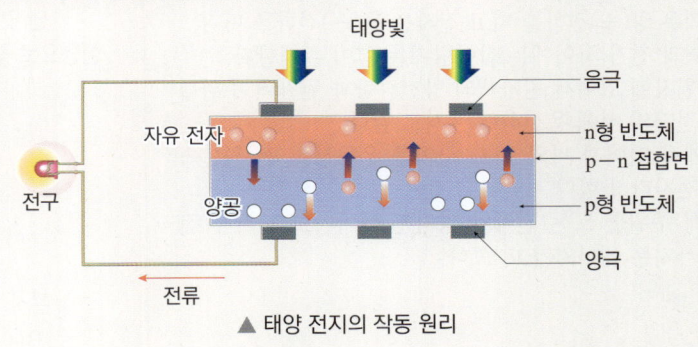

▲ 태양 전지의 작동 원리

정답 및 해설 ➔ 38

Q1 다음 설명 중 옳은 것은 ○표, 옳지 않은 것은 ×표 하시오.

(1) 발광 다이오드는 전류가 흐를 때 빛을 내는 반도체 소자이다. ·· (　　)
(2) 발광 다이오드는 재료에 관계없이 파장이 같은 빛이 나온다. ·· (　　)
(3) 발광 다이오드에서 나오는 빛은 전자와 양공이 만나 서로 없어질 때 방출하는 에너지 형태이다. ······ (　　)
(4) 발광 다이오드는 백열등이나 형광등에 비해 더 적은 에너지로 더 밝은 빛을 낸다. ····················· (　　)

Q2 태양 전지의 에너지 전환 과정을 서술하고, 화학 전지와 비교하였을 때 태양 전지의 장단점을 비교하시오.

 스스로 **실력높이기**

A 전기적 성질에 따른 물질의 분류

01 그림은 원자의 구조를 나타낸 것이다. B는 A에 속박되어 있다고 할 때 이에 대한 설명으로 옳은 것만을 <보기>에서 있는 대로 고른 것은?

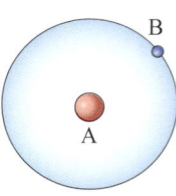

┌─ 보기 ──────────────────────────────┐
ㄱ. A와 B 사이에는 서로 잡아당기는 힘이 작용한다.
ㄴ. A는 중성자로만 이루어져 있다.
ㄷ. B가 에너지를 받으면 원자 사이를 자유롭게 이동할 수 있다.
└────────────────────────────────────┘

① ㄱ   ② ㄴ   ③ ㄱ, ㄴ
④ ㄱ, ㄷ   ⑤ ㄴ, ㄷ

02 원자 내부의 원자핵과 전자에 대한 설명 중 옳지 않은 것은?

① 원자핵은 양(+)전하를 띠고 전자는 음(−)전하를 띤다.
② 원자핵과 전자 사이에는 잡아당기는 힘이 존재한다.
③ 중성 원자에 있어서 원자핵의 양전하량과 원자핵 주위를 도는 전자의 전체 음전하량은 서로 같다.
④ 원자에서 떨어져 나와 원자 사이를 운동하는 전자를 속박된 전자라고 한다.
⑤ 원자핵 주위를 도는 전자가 가지는 에너지보다 자유 전자가 가지는 에너지가 더 크다.

03 자유 전자에 대한 설명으로 옳은 것만을 <보기>에서 있는 대로 고른 것은?

┌─ 보기 ──────────────────────────────┐
ㄱ. 속박된 전자가 자유 전자가 되려면 에너지를 얻어야 한다.
ㄴ. 도체에 존재하는 전자는 모두 자유 전자이다.
ㄷ. 도체에 전압를 걸면 자유 전자는 전류가 흐르는 방향으로 이동한다.
└────────────────────────────────────┘

① ㄱ   ② ㄴ   ③ ㄷ
④ ㄱ, ㄴ   ⑤ ㄱ, ㄴ, ㄷ

04 전류에 대한 설명 중 옳은 것은?

① 부도체에 전압을 걸면 전류가 흐른다.
② 도체 내부에서 자유 전자가 무작위적으로 운동할 때 전류가 흐를 수 있다.
③ 도체에는 전압을 걸지 않아도 전류가 흐른다.
④ 전류의 방향은 자유 전자의 이동 방향과 같다.
⑤ 도체에서 전압을 크게 걸수록 자유 전자가 더 많이 이동한다.

05 도체에 대한 <보기>의 설명 중 옳은 것만을 있는 대로 고른 것은?

┌─ 보기 ──────────────────────────────┐
ㄱ. 전압을 걸면 자유 전자가 한쪽 방향으로 이동한다.
ㄴ. 전기 전도성은 좋으나 전기 전도도는 작다.
ㄷ. 구리, 철, 규소는 모두 도체이다.
└────────────────────────────────────┘

① ㄱ   ② ㄴ   ③ ㄱ, ㄴ
④ ㄱ, ㄷ   ⑤ ㄱ, ㄴ, ㄷ

06 그림은 전기 회로에 전류 A가 흘러 불이 켜지는 모습을 나타낸 것이다. 그림에는 도선의 내부가 나타나 있다. 이에 대한 설명으로 옳은 것만을 <보기>에서 있는 대로 고른 것은?

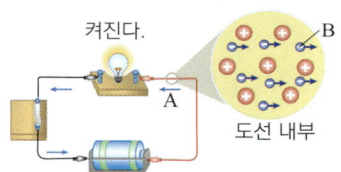

켜진다.
A
B
도선 내부

┌─ 보기 ──────────────────────────────┐
ㄱ. B는 속박된 전자이다.
ㄴ. 도선 내부의 B의 방향은 A와 반대이다.
ㄷ. 스위치를 열어 불이 꺼지면 B는 무작위로 운동한다.
└────────────────────────────────────┘

① ㄱ   ② ㄴ   ③ ㄱ, ㄴ
④ ㄱ, ㄷ   ⑤ ㄴ, ㄷ

07 다음은 도체, 부도체, 반도체 물질의 예를 바르게 짝지은 것은?

	도체	부도체	반도체
①	구리	규소	플라스틱
②	철	고무	니켈
③	알루미늄	다이아몬드	저마늄
④	은	저마늄	유리
⑤	금	나무	고무

08 그림 (가)와 (나)는 각각 부도체와 도체를 전원에 연결하였을 때 내부의 구조를 나타낸 것이다.

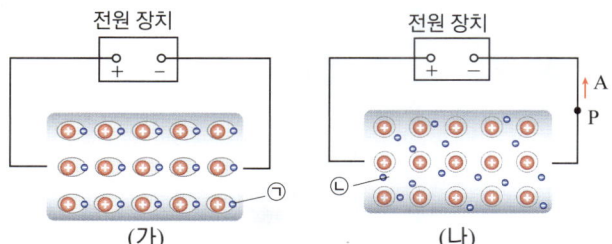

(가)   (나)

이에 대한 설명 중 옳은 것만을 <보기>에서 있는 대로 고른 것은?

· 보기 ·

ㄱ. (가)는 전류가 흐르고, (나)는 전류가 흐르지 않는다.
ㄴ. ㉠은 속박된 전자이다.
ㄷ. P점에서 ㉡은 A 방향으로 이동한다.

① ㄱ   ② ㄴ   ③ ㄷ
④ ㄱ, ㄴ   ⑤ ㄱ, ㄴ, ㄷ

09 그림 (가)와 (나)는 전류계 Ⓐ 가 포함된 전기 회로에서 물질 A, B를 각각 연결하였을 때 (가)에서는 전류가 흘렀지만 (나)에서는 전류가 흐르지 않았다. 물질 A, B는 각각 도체와 부도체 중 하나이다.

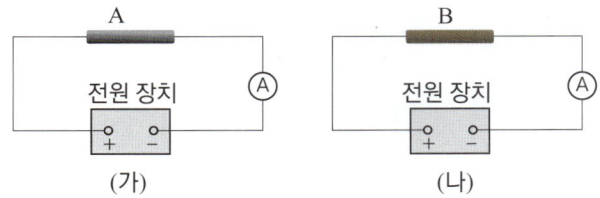

(가)   (나)

이에 대한 설명 중 옳은 것만을 <보기>에서 있는 대로 고른 것은?

· 보기 ·

ㄱ. A는 B보다 전기 전도도가 크다.
ㄴ. B에 연결된 전원 장치의 극을 바꾸어 연결하면 전류가 흐른다.
ㄷ. A는 반도체 소자로 이용된다.

① ㄱ   ② ㄴ   ③ ㄷ
④ ㄱ, ㄴ   ⑤ ㄱ, ㄴ, ㄷ

B 반도체의 전기적 성질과 활용

10 순수 반도체와 불순물 반도체에 대한 설명으로 옳은 것만을 있는 대로 고르시오.

① 순수 반도체는 원자가 전자가 전부 공유 결합에 참여하고 있어서 전류가 잘 흐르지 못한다.
② n형 반도체는 순수 반도체에 인듐(In)을 첨가한 것이다.
③ 순수 반도체에 불순물을 첨가하면 전기적 성질이 변한다.
④ p형 반도체는 전자가 전하 운반체가 된다.
⑤ 불순물 반도체는 전압을 걸지 않아도 전류가 흐른다.

11 다음은 순수 반도체와 불순물 반도체를 비교한 것이다. (가)와 (나)는 각 반도체에 해당되거나 해당되지 않는 특성이다.

구분	(가)	(나)
순수 반도체	×	×
p형 반도체	○	○
n형 반도체	×	○

이에 대한 설명 중 옳은 것만을 <보기>에서 있는 대로 고른 것은?

· 보기 ·

ㄱ. (가)는 '자유 전자가 존재한다.' 이다.
ㄴ. (나)는 '불순물이 첨가되어 있다.' 이다.
ㄷ. p형 반도체와 n형 반도체를 접합하여 정류 작용을 할 수 있다.

① ㄱ   ② ㄴ   ③ ㄷ
④ ㄱ, ㄴ   ⑤ ㄴ, ㄷ

12 그림은 태양광 패널을 나타낸 것이다. 태양 전지의 특징으로 옳은 것은?

① 태양 전지 패널은 주로 부도체로 이루어져 있다.
② 약한 신호를 크게 한다.
③ 전류가 흐르면 빛을 방출한다.
④ 반도체를 이용해 제작한다.
⑤ 매우 많은 반도체 부품 등을 하나의 칩으로 작게 만든 것이다.

13 그림 (가)와 (나)는 규소(Si)에 각각 인듐(In)과 비소(As)를 도핑한 p형 반도체와 n형 반도체의 결정 구조를 각각 나타낸 것이다. 이에 대한 설명으로 옳은 것만을 <보기>에서 있는 대로 고른 것은?

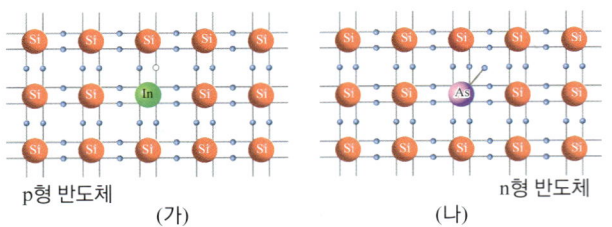

p형 반도체 (가)　　　　　　　　n형 반도체 (나)

┌─ 보기 ─────────────────────────┐
ㄱ. (가)와 (나)는 절연체보다 전류가 잘 흐른다.
ㄴ. 태양 전지는 (가)와 같은 반도체 2개를 접합시켜 만든다.
ㄷ. (가)에서는 양공이, (나)에서는 자유 전자가 전하 운반체가 된다.
└──────────────────────────────┘

① ㄱ　　　　　② ㄴ　　　　　③ ㄷ
④ ㄱ, ㄷ　　　⑤ ㄱ, ㄴ, ㄷ

14 반도체 소자의 활용에 관한 설명 중 옳은 것만을 <보기>에서 있는 대로 고른 것은?

┌─ 보기 ─────────────────────────┐
ㄱ. 다이오드를 이용해 교류를 직류로 바꾸는 정류 작용을 한다.
ㄴ. 유기 발광 다이오드로 휘어지는 디스플레이를 만든다.
ㄷ. 전류가 흐르면 빛이 방출되는 소자로 태양광 패널을 만든다.
└──────────────────────────────┘

① ㄱ　　　　　② ㄴ　　　　　③ ㄱ, ㄴ
④ ㄴ, ㄷ　　　⑤ ㄱ, ㄴ, ㄷ

15 다음은 트랜지스터에 대한 설명이다. (　　) 안에 알맞은 말을 쓰시오..

┌──────────────────────────────┐
트랜지스터는 불순물 반도체를 접합시켜서 만든다. n−p−n형 순서로 접합시키든가 p−n−p 형 순으로 접합시킨다. 소형으로 제작되어 전기 회로에서 전류나 전압의 출력을 높이는 (㉠　　　) 작용을 할 수 있으며, 전기 회로에 전류를 공급하거나 차단하는 (㉡　　　) 작용도 가능하다. 트랜지스터의 또 다른 장점은 소비 전력이 매우 작다는 것이다.
└──────────────────────────────┘

16 다음 (가)~(다)는 반도체 소자를 나타낸 것이고, <보기>는 각 반도체 소자의 특징을 순서 없이 나타낸 것이다. (가), (나), (다)는 다이오드, 태양 전지, 트랜지스터 중 하나이다.

　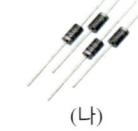　

(가)　　　　　(나)　　　　　(다)

(가)~(다)의 특성으로 가장 적절한 것을 <보기>에서 골라 옳게 짝지은 것은?

┌─ 보기 ─────────────────────────┐
A. 약한 신호를 강한 신호로 바꿀 수 있다.
B. 교류를 직류로 바꾸는 역할을 한다.
C. 빛을 받으면 전자와 양공이 발생해 각각 반대 방향으로 이동하여 전류를 흐르게 한다.
└──────────────────────────────┘

	(가)	(나)	(다)
①	A	B	C
②	A	C	B
③	B	A	C
④	B	C	A
⑤	C	B	A

17 그림은 태양 전지판을 나타낸 것이다.

㉠ 태양 전지
㉢ 전선 피복
㉡ 구리 도선

이에 대한 설명으로 옳은 것만을 <보기>에서 있는 대로 고른 것은?

┌─ 보기 ─────────────────────────┐
ㄱ. ㉠은 반도체를 이용하여 제작된다.
ㄴ. ㉢은 ㉠보다 전기 저항이 크다.
ㄷ. ㉢은 ㉡보다 자유 전자가 많다.
└──────────────────────────────┘

① ㄱ　　　　　② ㄴ　　　　　③ ㄱ, ㄷ
④ ㄴ, ㄷ　　　⑤ ㄱ, ㄴ, ㄷ

심화 실력높이기

01 그림은 어떤 반도체의 원자가 전자 배열을 나타낸 것이다. 이에 대한 설명으로 옳은 것만을 있는 대로 고르시오.

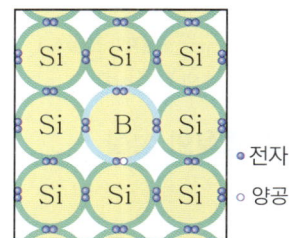

● 전자
○ 양공

① 순수 반도체를 나타낸 것이다.
② 규소(Si)에 붕소(B)를 도핑한 것이다.
③ 붕소(B)의 원자가 전자는 5개이다.
④ 이 반도체와 p형 반도체를 접합하면 다이오드가 된다.
⑤ 이 반도체의 양공은 (+) 전기를 띤다.

02 다음은 적외선 센서에 대한 설명이다.

센서는 외부의 신호를 감지하여 전기 신호로 바꿔 디스플레이 등에 나타내어 분석, 처리할 수 있게 하는 장치이다. 적외선 센서는 적외선을 발생시키는 LED(발광부)와, 발광부에서 방출한 적외선이 물체에 반사되어 ⊙수광부로 들어오는 것을 감지하는 장치 등을 회로 기판에 설치하여 만들며, 장애물 감지, 움직임 감지, 온도 감지, 가스 감지 등의 다양한 활용을 할 수 있다.

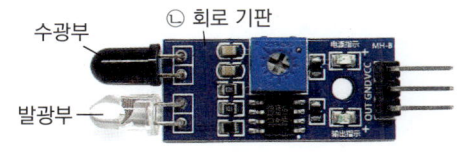

수광부
ⓒ 회로 기판
발광부

이에 대한 설명으로 옳은 것만을 <보기>에서 있는 대로 고른 것은?

─ 보기 ─
ㄱ. ⊙은 빛 신호를 전기 신호로 전환한다.
ㄴ. ⓒ의 재료는 주로 부도체이다.
ㄷ. 수광부에 도달하는 빛의 강도가 약한 경우 다이오드를 사용해 조절한다.

① ㄱ   ② ㄴ   ③ ㄷ
④ ㄱ, ㄴ   ⑤ ㄱ, ㄴ, ㄷ

03 다음과 같이 다이오드, 전구, 스위치, 전지를 이용해서 회로를 꾸며 보았다. A, B는 각각 p형 반도체, n형 반도체 중 하나이며, A는 규소(Si)에 인(P)를 첨가하였다.

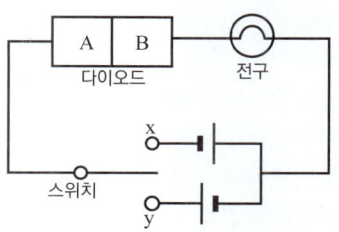

A | B
다이오드
전구
x
y
스위치

이때 스위치를 x에 연결하였을 때 전구에 불이 들어왔다. 이에 대한 설명으로 옳은 것만을 <보기>에서 있는 대로 고른 것은?

─ 보기 ─
ㄱ. 스위치를 y에 연결하면 불이 들어오지 않는다.
ㄴ. A는 n형 반도체이다.
ㄷ. B는 저마늄(Ge)에 인듐(In)을 첨가하여 만들 수 있다.

① ㄱ   ② ㄴ   ③ ㄱ, ㄴ
④ ㄴ, ㄷ   ⑤ ㄱ, ㄴ, ㄷ

04 그림 (가), (나), (다)는 일상 생활에서 볼 수 있는 전기적 성질을 활용한 예이다.

(가) 태양 전지   (나) 휘는 디스플레이   (다) 어댑터

이에 대한 설명으로 옳은 것만을 <보기>에서 있는 대로 고른 것은?

─ 보기 ─
ㄱ. (가)는 빛에너지를 전기 에너지로 전환한다.
ㄴ. (나)는 전기 에너지를 화학 에너지로 전환한다.
ㄷ. (다)는 정류 작용을 하는 반도체 소자가 들어 있다.

① ㄱ   ② ㄴ   ③ ㄱ, ㄴ
④ ㄱ, ㄷ   ⑤ ㄱ, ㄴ, ㄷ

단원 요약

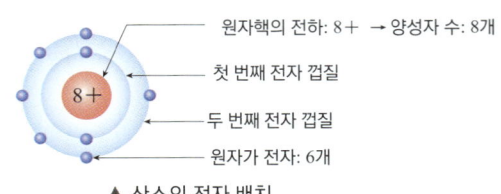

원자핵의 전하: 8+ → 양성자 수: 8개
첫 번째 전자 껍질
두 번째 전자 껍질
원자가 전자: 6개

▲ 산소의 전자 배치

01 원소의 주기성

1. 원소와 주기율표

(1) (❶   ): 물질을 이루는 기본 성분으로, 더 이상 다른 성분으로 분해되지 않는다.

(2) 현대의 주기율표: 원소들을 (❷   ) 순으로 배열하여 화학적 성질이 비슷한 원소들이 같은 족에 배치되어 있고, 같은 주기에 배치된 원소들은 전자 껍질 수가 같다.

2. 금속 원소와 비금속 원소

구분	(❸) 원소	(❹) 원소
주기율표에서 위치	왼쪽과 가운데	오른쪽(단, 수소 예외)
실온에서 상태	고체(단, 수은은 액체)	기체나 고체 (단, 브로민은 액체)
열, 전기 전도성	크다	작다(단, 흑연은 예외)
광택	있다	없다
기타	· 외부에서 힘을 가하면 부서지지 않고 모양만 변한다. · 양이온이 되기 쉽다.	· 고체인 경우 외부에서 힘을 가하면 부서진다. · 음이온이 되기 쉽다.

3. 알칼리 금속과 할로젠

구분	알칼리 금속	할로젠
정의	주기율표의 (❺)에 속하는 금속 원소	주기율표의 (❻)에 속하는 비금속 원소
예	Li, Na, K 등	F, Cl, Br, I 등
성질	· 다른 금속에 비해 밀도가 작고 반응성이 커서 공기 중의 산소, 물과 잘 반응한다. · 칼로 쉽게 잘릴 정도로 무르다. · 물과 반응하여 (❼) 기체를 발생시키고 수용액은 (❽)성을 띤다.	· 실온에서 2원자 분자로 존재한다. · 특유의 색을 띠며, 반응성이 커서 알칼리 금속 등 다른 원소와 잘 반응한다. · 수소와 반응하여 생성된 화합물은 물에 녹아 (❾)성을 띤다.

4. 원자의 전자 배치

(1) 원자의 전자 배치: 전자는 원자핵에서 가까운 전자 껍질부터 차례대로 채워진다. 전자는 첫 번째 전자 껍질에 최대 2개, 두 번째, 세 번째 전자 껍질에 최대 (❿   )가 채워진다.

(2) (⓫   ) 수: 원자의 전자 배치에서 가장 바깥 껍질에 배치된 전자로 화학 반응에 참여하여 원소의 화학적 성질을 결정한다.

같은 주기	전자가 들어 있는 (⓬) 수가 같다.
같은 족	(⓭) 수가 같아 화학적 성질이 비슷하다.
주기성이 나타나는 까닭	원자 번호가 증가함에 따라 원자가 전자 수가 주기적으로 변하기 때문이다.

02 화학 결합과 물질의 성질

1. 화학 결합의 원리

(1) 비활성 기체: 주기율표 (❶   )에 속하는 원소

① 화학적으로 안정하여 다른 원소와 화학 결합을 하지 않고 원자 상태로 존재한다. 예 헬륨(He), 네온(Ne), 아르곤(Ar) 등

② 가장 바깥 전자 껍질에 전자가 2개 또는 8개가 배치되어 있다.

(2) 화학 결합이 형성되는 까닭: 원소들은 화학 결합을 형성하여 비활성 기체와 같이 가장 바깥 전자 껍질에 전자를 모두 채운 안정한 전자 배치를 이루려고 한다.

2. 이온 결합 물질

이온 결합	금속 양이온과 비금속 음이온 사이의 (❷)에 의해 형성되는 결합
이온 결합의 형성	나트륨 원자 염소 원자 → 염화 나트륨
이온 결합 물질의 성질	· 수많은 양이온과 음이온이 연속적으로 결합하여 규칙적인 모양의 입체 구조를 이룬다. · 대부분 물에 잘 녹는다. · 비교적 단단하지만, 외부에서 힘을 가하면 쉽게 쪼개지거나 부스러진다. · 전기 전도성: 고체 상태에서는 (❸). 액체, 수용액 상태에서는 (❹).

3. 공유 결합 물질

공유 결합	비금속 원소들이 전자쌍을 서로 공유하여 형성되는 결합
공유 결합의 형성	수소 원자 산소 원자 수소 원자 → 공유 전자쌍 물 분자
공유 결합 물질의 성질	· 일정한 개수의 원자가 결합한 (❺)로 이루어져 있다. · 분자의 성질에 따라 물에 녹는 물질도 있고, 녹지 않는 물질도 있다. · 대부분 전기 전도성이 (❻).

4. 공유 결합 물질과 이온 결합 물질의 예

공유 결합 물질	산소(O_2), 질소(N_2), 물(H_2O), 이산화 탄소(CO_2) 메테인(CH_4), 암모니아(NH_3), 에탄올(C_2H_5OH)
이온 결합 물질	염화 나트륨(NaCl), 산화 철(Fe_2O_3), 탄산 칼슘($CaCO_3$) 수산화 나트륨(NaOH), 탄산수소 나트륨($NaHCO_3$)

03 지각과 생명체 구성 물질의 규칙성

1. 지각과 생명체의 구성 물질
(1) 지각과 생명체의 주요 구성 원소: 지각에는 산소, (❶   )가 많고, 생명체에는 (❷   ), 탄소가 많다.

지각	산소(O)와 규소(Si)를 주성분으로 하는 규산염 광물이 전체의 92%를 차지한다. 산소(O) > 규소(Si) > 알루미늄(Al) > 철(Fe) …
생명체	생명체를 구성하는 유기물은 탄소(C)를 기본 골격으로 하여 산소, 수소 등과 결합하는 탄소 화합물이다. 산소(O) > 탄소(C) > 수소(H) > 질소(N)…

(2) 지각과 생명체를 구성하는 원소의 기원: 대부분 별의 진화 과정에서 생성되었다.

(3) 지각과 생명체를 구성하는 물질의 결합 규칙성: 구성 원소의 종류나 비율은 다르지만, 일정한 구조를 가진 기본 단위체가 반복적으로 결합하여 다양한 물질을 이룬다.

2. 지각을 구성하는 물질의 규칙성: 지각은 대부분 규산염 광물로 이루어져 있다.
(1) 규산염 광물: 규산염 사면체를 기본 골격으로 하여 규산염 사면체 간의 화학 결합으로 만들어진 광물이다.
① **규소(Si)**: 원자가 전자가 (❸   )개로 최대 (❹   )개의 원자와 결합을 할 수 있다.
② **규산염 사면체**: 규소 1개를 중심으로 산소 4개가 공유 결합하여 (❺   ) 모양을 이루며 음전하를 띤다.

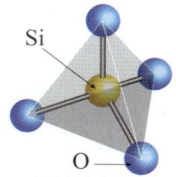

▲ 규산염 사면체

(2) 규산염 광물의 결합 구조: 전기적으로 음전하를 띠는 규산염 사면체는 인접한 양이온과 결합하거나 다른 규산염 사면체와 산소를 공유하여 결합하면서 전기적으로 중성이 된다. 규산염 사면체의 결합 구조에 따라 광물의 특성이 달라진다.

구분	독립형 구조	단사슬 구조	복사슬 구조	판상 구조	망상 구조
공유하는 산소의 수	0	2	2~3	3	4
Si : O	1 : 4	1 : 3	4 : 11	2 : 5	1 : 2
예	감람석	휘석	각섬석	흑운모	장석, 석영
깨짐, 쪼개짐	깨짐	쪼개짐	쪼개짐	쪼개짐	쪼개짐(장석) 깨짐(석영)
풍화	풍화에 약함 ←――――――――――→ 풍화에 강함				

3. 생명체 구성 물질의 규칙성: 단백질, 핵산, 탄수화물, 지질은 탄소가 수소, 산소, 질소 등과 결합한 탄소 화합물이다.
① **단백질**: 탄소, 수소, 산소, 질소 등으로 구성되며 생명체의 주요 구성 성분이고 에너지원이다.
② **핵산**: 탄소, 수소, 산소, 질소, 인으로 구성되며 유전 정보의 저

장과 전달하며 단백질 합성에 관여한다.
③ **탄수화물**: 탄소, 수소, 산소로 구성되며 생명체의 주요 에너지원이다.
④ **지질**: 탄소, 수소, 산소 등으로 이루어지며 에너지원이다.

4. 단백질

(❻)	· 단백질을 구성하는 단위체이다. · 탄소를 중심으로 아미노기, 카복실기, 수소 원자, (❼)이 결합된 구조이다. · 곁사슬의 종류에 따라 20종류가 있다.
단백질	· 여러 개의 아미노산이 (❽) 결합으로 연결되어 긴 사슬 모양의 폴리펩타이드가 형성된다. ➡ 폴리펩타이드가 구부러지고 접혀져 고유의 (❾)와/과 기능을 가진 단백질이 된다. · 단백질을 구성하는 아미노산의 수, 종류, 배열 순서에 따라 단백질의 구조와 기능이 결정된다. · 단백질은 열이나 산, 염기에 의해 입체 구조가 변하면 기능을 잃는다. ➡ 변성

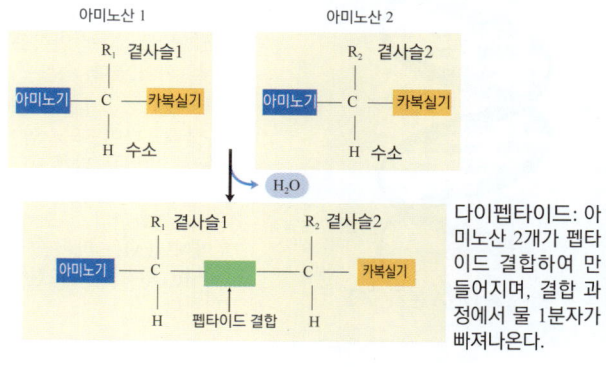

다이펩타이드: 아미노산 2개가 펩타이드 결합하여 만들어지며, 결합 과정에서 물 1분자가 빠져나온다.

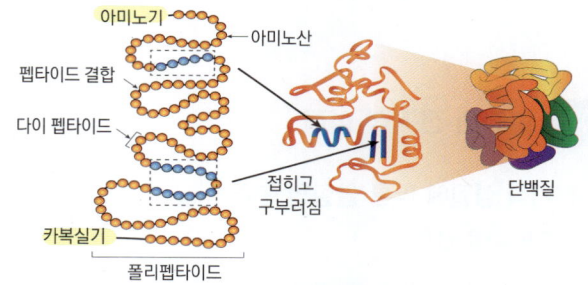

▲ 단백질 형성 과정

5. 핵산
(1) 뉴클레오타이드와 핵산

▲ 뉴클레오타이드 구조

뉴클레오타이드	· 핵산을 구성하는 단위체이다. · 인산 : 당 : 염기 = (❿)로 결합되어 있다. · DNA와 RNA는 염기의 종류에 따라 각각 (⓫)종류의 뉴클레오타이드로 구성되어 있다.
핵산	· (⓬): 한 뉴클레오타이드의 당과 다른 뉴클레오타이드의 (⓭)이/가 공유 결합하여 긴 사슬 모양으로 만들어진다. · 종류 : DNA, RNA

단원 요약

(2) DNA와 RNA의 비교

핵산	DNA	RNA
당	(⑭)	라이보스
염기	아데닌(A), 구아닌(G), 사이토신(C), (⑮)	아데닌(A), 구아닌(G), 사이토신(C), (⑯)
분자 구조	이중나선 구조	단일 가닥 구조
기능	유전 정보 (⑰)	유전 정보 (⑱) 단백질 합성에 관여

(3) DNA 구조

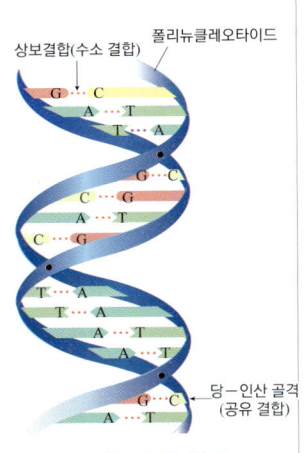

▲ DNA 분자 구조

- (⑲   ) 구조: 두 가닥의 폴리뉴클레오타이드가 나선 모양으로 꼬여 있는 구조이다.
- 뉴클레오타이드의 당−인산 결합(공유 결합)으로 이중 나선의 바깥쪽 골격이 형성되어 있고, 염기는 나선 안쪽을 향해 배열되어 있다.
- 염기의 (⑳   ) 결합: 한 폴리뉴클레오타이드의 염기는 마주 보고 있는 다른 폴리뉴클레오타이드의 염기와 상보적으로 결합한다.(수소 결합)
  ➡ 아데닌(A)은 타이민(T)과, 구아닌(G)은 사이토신(C)과 결합한다.

---

04 물질의 전기적 성질

1. 전기적 성질에 따른 물질의 분류

(1) 원자와 자유 전자

원자	양(+) 전하를 띤 원자핵을 중심으로 음(−) 전하를 띤 전자가 돌고 있으며 전기적으로 중성이다.
(❶)	속박된 전자가 떨어져 나와 원자 사이를 자유롭게 이동할 수 있게 된 전자

(2) 도체와 자유 전자

도체에 전압이 걸리지 않았을 때	도체 내에서 자유 전자는 무작위로 움직이므로 전류가 흐르지 않는다.
도체에 전압이 걸렸을 때	도체 내에서 자유 전자는 한쪽 방향으로 움직이므로 전류가 흐른다.

(3) 전기적 성질에 따른 물질의 분류

구분	도체	부도체	(❷)
전기 전도성/전도도	좋다/크다	나쁘다/작다	중간/특정 조건에서 커진다.

자유 전자의 수	많다.	매우 적다.	순수 반도체에는 매우 적고, 불순물 반도체에는 많다.
원자 내 전자의 상태	자유 전자가 많이 존재한다.		대부분의 전자는 원자에 속박되어 있다. 불순물 반도체에는 자유 전자 또는 양공이 많이 존재한다.
예	구리, 철, 금, 은	나무, 플라스틱, 고무 등	규소(Si), 저마늄(Ge) 등
이용	전자 부품, 도선	전선의 피복, 전기 절연체	반도체 소자

2. 반도체의 성질과 활용

(1) (❸   ): 도체와 부도체의 중간 정도의 전기적 성질을 가지는 물질로 특정 조건에서 도체가 되기도 한다.

(❹) 반도체	원자가 전자가 4개인 규소(Si), 저마늄(Ge) 등이 있으며, 원자가 전자가 모두 (❺) 결합 상태이므로 자유 전자가 없어 전기가 통하지 않는다.

불순물 반도체	(❻)형 반도체	(❼)형 반도체
	규소(Si)에 원자가 전자가 5개인 인(P)을 첨가하면 4개의 전자는 공유 결합하고 1개의 (−) 전하를 띤 전자가 남는다.	규소(Si)에 원자가 전자가 3개인 붕소(B)을 첨가하면 공유 결합할 때 전자 1개가 부족하게 되어 (+) 전하를 띤 빈 공간인 양공이 생긴다.

(2) 반도체 소자의 특징과 활용

구분	특징	활용
다이오드	n형 반도체와 p형 반도체를 결합한 소자로 전류를 한 방향으로만 흐르게 하는 (❽)작용을 한다.	교류를 직류로 바꾸는 전기 부품(어댑터) 등
발광 다이오드 (LED)	전류가 흐르면 빛이 방출되는 다이오드로, 재료에 따라 방출되는 빛의 색이 달라진다.	각종 조명 장치, 영상 표시 장치(디스플레이) 등
유기 발광 다이오드 (OLED)	전류가 흐르면 유기 물질에서 빛이 방출된다. 얇고 가벼운 부품을 만들 수 있다.	휘어지는 디스플레이, 조명 등
태양 전지	태양 빛을 쪼여주면 에너지를 흡수하여 양공(+)과 자유 전자(-)가 생성되어 전지 역할을 한다.	태양광 패널(모듈)
(❾)	소형으로 증폭 작용과 스위치 작용을 하며 소비 전력이 작다.	증폭기, 발진기 등
집적 회로 (IC)	매우 많은 트랜지스터나 다이오드 등을 하나의 칩으로 작게 만든 것	데이터 처리/저장 장치, 메모리(RAM), 중앙 처리 장치 등

120 II 물질과 규칙성

단원 마무리

정답 및 해설 → 40

01 원소의 주기성

01 그림은 원자 번호가 17인 염소(Cl)와 임의의 원소 X, Y의 양성자 수와 원자량이 적힌 카드를 나타낸 것이다.

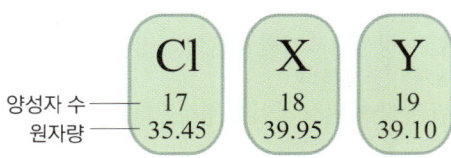

이에 대한 설명으로 옳은 것만을 <보기>에서 있는 대로 고른 것은?

─ 보기 ─
ㄱ. 원소 X의 원자 번호는 18이다.
ㄴ. Y의 원자가 전자 수는 1이다.
ㄷ. X와 Y는 같은 주기 원소이다.

① ㄴ   ② ㄷ   ③ ㄱ, ㄴ
④ ㄴ, ㄷ   ⑤ ㄱ, ㄴ, ㄷ

02 다음 중 안정한 상태의 질소(N) 원자의 전자 배치로 옳은 것은?

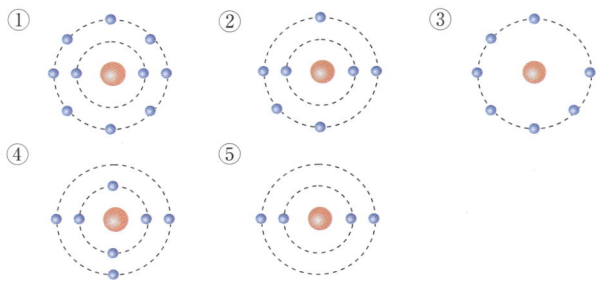

03 다음은 주기율표에 있는 원소들을 대략적인 성질에 따라 분류한 것이다.

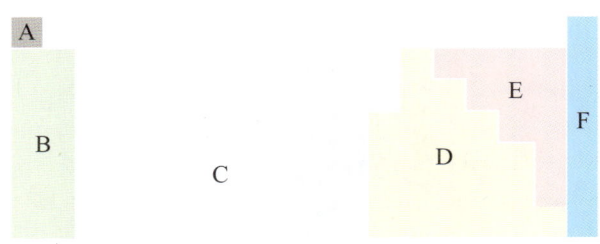

이에 대한 설명으로 옳은 것만을 <보기>에서 있는 대로 고른 것은?

─ 보기 ─
ㄱ. 금속 원소는 A, B, C, D이다.
ㄴ. E, F는 음이온이 되기 쉽다.
ㄷ. E의 원소는 B의 원소보다 원자가 전자 수가 크다.

① ㄱ   ② ㄷ   ③ ㄱ, ㄴ
④ ㄴ, ㄷ   ⑤ ㄱ, ㄴ, ㄷ

04 다음은 몇 가지 원소를 분류하는 과정을 나타낸 모식도이다.

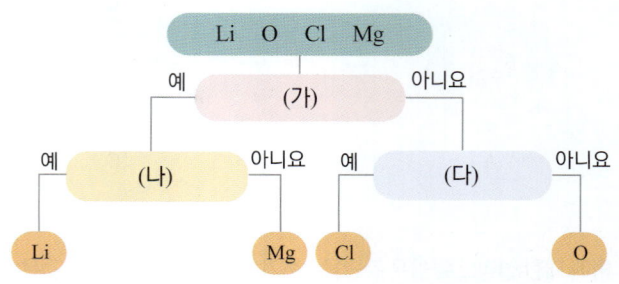

(가) ~ (다)의 기준으로 적합한 것을 옳게 연결하시오.

(가) ·   · ㉠ 알칼리 금속인가?
(나) ·   · ㉡ 금속 원소인가?
(다) ·   · ㉢ 원자가 전자 수가 7개인가?

05 다음은 할로젠에 대한 자료이다.

구분	원자 번호	실온에서 상태	수소와의 반응
F_2	9	기체	매우 빠르게 반응
Cl_2	17	기체	빠르게 반응
(가)	35	㉠	잘 반응
(나)	53	㉡	㉢

이에 대한 설명으로 옳은 것만을 <보기>에서 있는 대로 고른 것은?

─ 보기 ─
ㄱ. ㉠은 액체, ㉡은 고체이다.
ㄴ. ㉢은 '반응 없음'이다.
ㄷ. (가)는 표백제의 성분으로 사용된다.
ㄹ. (나)는 4주기 원소이다.

① ㄱ   ② ㄷ   ③ ㄱ, ㄹ
④ ㄱ, ㄴ, ㄷ ⑤ ㄴ, ㄷ, ㄹ

06 그림은 원자 A~C의 전자 배치를 나타낸 것이다.

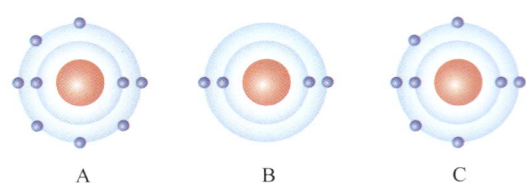

A   B   C

이에 대한 설명으로 옳은 것만을 <보기>에서 있는 대로 고른 것은? (단, A~C는 임의의 원소 기호이다.)

─ 보기 ─
ㄱ. 금속 원소는 1개이다.
ㄴ. A, B, C는 모두 같은 주기 원소이다.
ㄷ. 양성자수는 A가 C보다 크다.

① ㄱ   ② ㄴ   ③ ㄱ, ㄷ
④ ㄴ, ㄷ   ⑤ ㄱ, ㄴ, ㄷ

07 다음은 원소 A~D의 원자가 전자 수와, 이온이 되어 안정한 전자 배치를 이루었을 때의 총 전자 수를 나타낸 것이다.

원소	A	B	C	D
원자가 전자 수	6	2	7	1
이온의 총 전자 수	10	10	18	18

이에 대한 설명으로 옳은 것만을 <보기>에서 있는 대로 고른 것은? (단, A~D는 임의의 원소 기호이다.)

─ 보기 ─
ㄱ. 원자 번호가 가장 큰 것은 A이다.
ㄴ. B와 C는 같은 주기 원소이다.
ㄷ. B와 D는 실온(25 ℃)에서 기체 상태로 존재한다.

① ㄴ   ② ㄷ   ③ ㄱ, ㄴ
④ ㄴ, ㄷ   ⑤ ㄱ, ㄴ, ㄷ

02 화학 결합과 물질의 성질

08 화학 결합의 종류에 대한 설명으로 옳은 것은?

① 이온 결합은 금속이 잃은 전자 수와 비금속이 얻은 전자 수가 같도록 결합한다.
② 이온 결합을 형성한 각각의 이온의 가장 바깥 껍질에는 항상 전자 8개가 존재한다.
③ 공유 결합은 금속 원소 사이에 형성된다.
④ 공유 결합이 형성될 때에는 원자들이 전자를 주고받는다.
⑤ 공유 결합 물질의 공유 전자쌍 수와 비공유 전자쌍 수는 항상 같다.

09 다음은 분자 XYZ의 전자 배치를 나타낸 것이다.

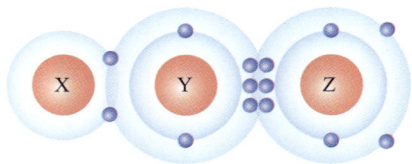

이에 대한 설명으로 옳은 것만을 <보기>에서 있는 대로 고른 것은? (단, X ~ Z는 임의의 원소 기호이다.)

─ 보기 ─
ㄱ. Y는 탄소이다.
ㄴ. Y와 Z는 공유 전자쌍이 3개이다.
ㄷ. Z의 원자가 전자 수는 5개이다.

① ㄱ   ② ㄷ   ③ ㄱ, ㄴ
④ ㄴ, ㄷ   ⑤ ㄱ, ㄴ, ㄷ

10 그림은 분자 (가)와 (나)를 화학 결합 모형으로 나타낸 것이다. (가)와 (나)는 각각 물(H_2O)과 이산화 탄소 (CO_2) 중 하나이다.

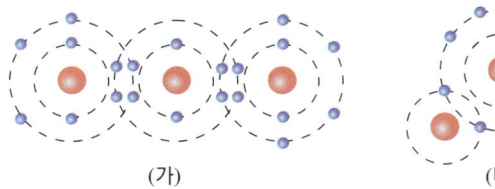

(가)   (나)

이에 대한 설명으로 옳은 것만을 <보기>에서 있는 대로 고른 것은?

─ 보기 ─
ㄱ. (가)는 물(H_2O)이다.
ㄴ. (가)에서 모든 원자는 네온(Ne)과 같은 전자 배치를 가진다.
ㄷ. 공유하는 전자쌍의 수는 (가)와 (나)가 같다.

① ㄱ   ② ㄴ   ③ ㄱ, ㄴ
④ ㄱ, ㄷ   ⑤ ㄱ, ㄴ, ㄷ

11 다음은 산소와 염화 나트륨의 화학식과 모형이다.

구분	산소	염화 나트륨
화학식	(가)	NaCl
모형	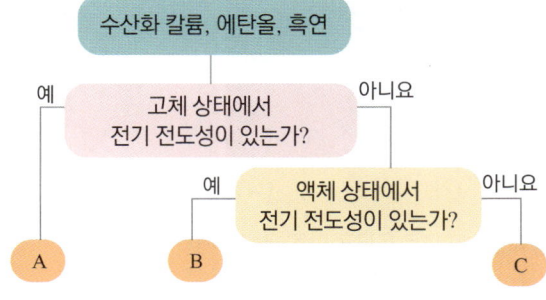 O O	Na⁺ Cl⁻

이에 대한 설명으로 옳은 것만을 <보기>에서 있는 대로 고른 것은?

보기

ㄱ. (가)에 들어갈 화학식은 O_2이다.
ㄴ. 고체 상태의 염화 나트륨은 전기 전도성이 있다.
ㄷ. 염화 나트륨 수용액에 전류를 흘려주면 전류가 흐른다.
ㄹ. 실온에서 산소는 기체, 염화 나트륨은 고체 상태이다.

① ㄱ, ㄹ   ② ㄴ, ㄷ   ③ ㄷ, ㄹ
④ ㄱ, ㄴ, ㄷ   ⑤ ㄱ, ㄷ, ㄹ

12 물(H_2O)과 메테인(CH_4)의 전자 배치의 공통점만을 <보기>에서 있는 대로 고른 것은?

보기

ㄱ. 공유 전자쌍 수
ㄴ. 중심 원자의 전자가 배치되어 있는 전자 껍질의 수
ㄷ. 중심 원자의 가장 바깥 전자 껍질에 배치되어 있는 전자의 수

① ㄱ   ② ㄷ   ③ ㄱ, ㄴ
④ ㄴ, ㄷ   ⑤ ㄱ, ㄴ, ㄷ

13 다음은 몇 가지 물질을 주어진 기준에 따라 분류한 것이다.

수산화 칼륨, 에탄올, 흑연

고체 상태에서 전기 전도성이 있는가?
예 → A
아니요 → 액체 상태에서 전기 전도성이 있는가?
예 → B
아니요 → C

보기

ㄱ. A와 B는 분자이다.
ㄴ. 고체 상태에서 B는 외부 충격에 쉽게 부스러진다.
ㄷ. C는 B에 비해 녹는점과 끓는점이 높다.

① ㄴ   ② ㄷ   ③ ㄱ, ㄴ
④ ㄴ, ㄷ   ⑤ ㄱ, ㄴ, ㄷ

14 무한이는 주변의 물질을 화학 결합의 종류에 따라 다음과 같이 분류하였다.

· 공유 결합 물질: 설탕($C_{12}H_{22}O_{11}$), 염화 수소(HCl)
· 이온 결합 물질: 염화 나트륨(NaCl), 산화 철 (Fe_2O_3)

두 물질을 분류하는 기준이 되는 물질의 성질에 대한 설명으로 옳은 것만을 <보기>에서 있는 대로 고른 것은?

보기

ㄱ. 공유 결합 물질은 물에 녹지 않고, 이온 결합 물질은 물에 녹는다.
ㄴ. 수용액의 전기 전도성 유무로 공유 결합 물질과 이온 결합 물질을 구분할 수 있다.
ㄷ. 액체 상태의 전기 전도성 유무로 공유 결합 물질과 이온 결합 물질을 구분할 수 있다.

① ㄱ   ② ㄷ   ③ ㄱ, ㄴ
④ ㄴ, ㄷ   ⑤ ㄱ, ㄴ, ㄷ

15 다음은 원자 A, B와 이온 C^{2+}, D^-의 전자 배치를 모형으로 나타낸 것이다.

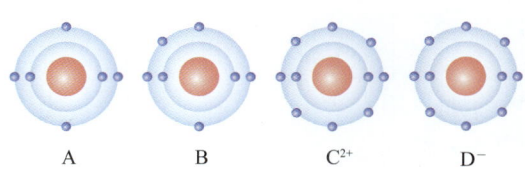

A   B C^{2+} D^-

이에 대한 설명으로 옳은 것만을 <보기>에서 있는 대로 고른 것은? (단, A~D는 임의의 원소 기호이다.)

보기

ㄱ. A와 C는 같은 주기 원소이다.
ㄴ. B_2에 공유 전자쌍이 2개 있다.
ㄷ. CD_2는 액체 상태에서 전기 전도성이 있다.

① ㄱ   ② ㄷ   ③ ㄱ, ㄴ
④ ㄴ, ㄷ   ⑤ ㄱ, ㄴ, ㄷ

03 지각과 생명체 구성 물질의 규칙성

16 다음 (가)~(다)는 각각 지구, 지각, 사람을 이루는 원소 중 일부를 질량 비(%)가 큰 순으로 순서 없이 나타낸 것이다.

(가)		(나)		(다)	
철	35.0	산소	65.0	산소	46.6
산소	30.0	탄소	18.5	규소	27.7
규소	15.0	수소	9.5	알루미늄	8.1
마그네슘	13.0	질소	3.3	철	5.0
니켈	2.4	칼슘	1.5	칼슘	3.6

이에 대한 설명으로 옳은 것만을 <보기>에서 있는 대로 고른 것은?

┌─ 보기 ─────────────────────────────────
ㄱ. (가)는 지구, (나)는 지각에 해당한다.
ㄴ. (다)를 구성하는 광물은 규산염 사면체를 기본 골격으로 가진다.
ㄷ. 지구와 지각에서 가장 큰 질량 비를 차지하는 원소는 산소(O)이다.
└──

① ㄱ   ② ㄴ   ③ ㄷ
④ ㄱ, ㄴ   ⑤ ㄴ, ㄷ

17 그림 (가)~(마)는 규산염 광물의 결합 구조를 나타낸 것이다.

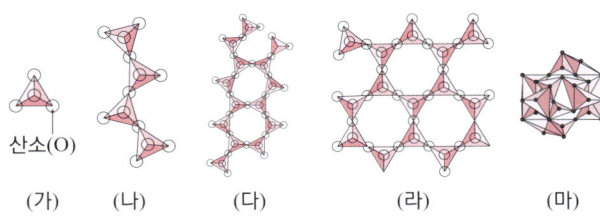

(가)   (나)   (다)   (라)   (마)

이에 대한 설명으로 옳은 것만을 <보기>에서 있는 대로 고른 것은?

┌─ 보기 ─────────────────────────────────
ㄱ. (가)는 감람석, (다)는 각섬석의 결합 구조이다.
ㄴ. (나)는 규산염 사면체끼리 산소 3개를 공유하여 결합한 구조이다.
ㄷ. (라)의 광물은 쪼개짐이, (마)의 광물은 깨짐이 나타난다.
└──

① ㄱ   ② ㄷ   ③ ㄱ, ㄴ
④ ㄱ, ㄷ   ⑤ ㄴ, ㄷ

18 그림은 규소와 산소가 결합하여 형성된 두 가지 광물의 결합 구조를 나타낸 것이다. 이에 대한 설명으로 옳은 것만을 있는 대로 고르시오.

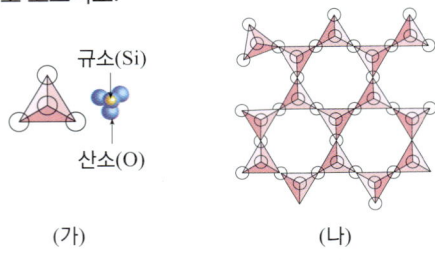

(가)   (나)

① (가)는 독립형 구조이다.
② (나)의 광물은 얇게 쪼개진다.
③ (나)는 3차원 입체 구조를 이룬다.
④ (가)는 다른 구조와 산소를 공유하여 결합한다.
⑤ 규소끼리의 공유 결합으로 결합 구조가 형성된다.

19 서로 다른 규산염 광물의 결합 구조를 나타낸 것이다. 이에 대한 설명으로 옳지 않은 것은?

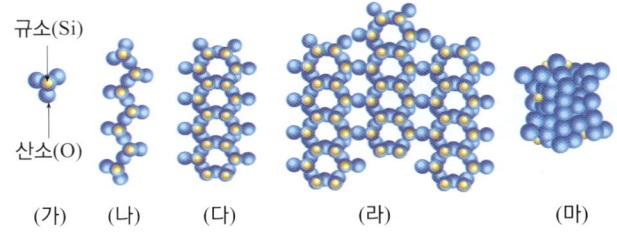

(가)   (나)   (다)   (라)   (마)

① (가)는 다른 규산염 사면체와 결합하지 않는다.
② (나)의 광물은 기둥 모양의 결정을 이룬다.
③ (다)는 3차원 입체 구조를 이룬다.
④ (라)의 광물에 힘을 주면 얇은 판 모양으로 쪼개진다.
⑤ (마)는 안정한 형태로 풍화에 강하다.

[2021 모의고사 기출]

20 그림 (가), (나), (다)는 규산염 광물인 휘석, 감람석, 흑운모의 결합 구조를 순서 없이 나타낸 것이다.

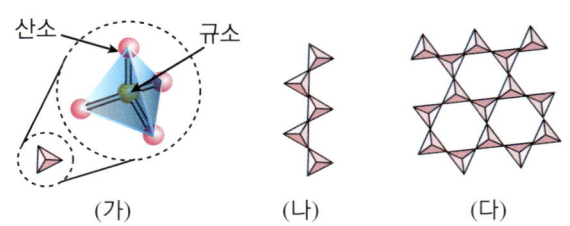

(가)   (나)   (다)

이에 대한 설명으로 옳은 것만을 <보기>에서 있는 대로 고른 것은?

┌─ 보기 ─────────────────────────────────
ㄱ. (가)에서 1개의 규소와 결합한 산소의 개수는 4개이다.
ㄴ. 흑운모의 결합 구조는 (나)이다.
ㄷ. 규산염 사면체의 결합 구조에 따라 다양한 규산염 광물이 만들어진다.
└──

① ㄱ   ② ㄴ   ③ ㄱ, ㄷ
④ ㄴ, ㄷ   ⑤ ㄱ, ㄴ, ㄷ

21 그림은 서로 다른 단백질 A와 B의 형성 과정 일부를 나타낸 것이다. ㉠은 단백질의 단위체이다.

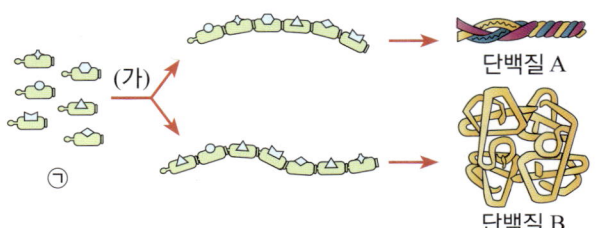

이에 대한 설명으로 옳은 것만을 <보기>에서 있는 대로 고른 것은?

⎯ 보기 ⎯
ㄱ. ㉠은 아미노산이다.
ㄴ. (가) 과정에서 펩타이드 결합이 형성된다.
ㄷ. ㉠의 종류와 수에 따른 다양한 조합의 배열로 단백질의 종류가 달라진다.

① ㄱ   ② ㄴ   ③ ㄱ, ㄷ
④ ㄴ, ㄷ   ⑤ ㄱ, ㄴ, ㄷ

[22~23] 다음은 핵산의 구조를 각각 나타낸 모식도이다.

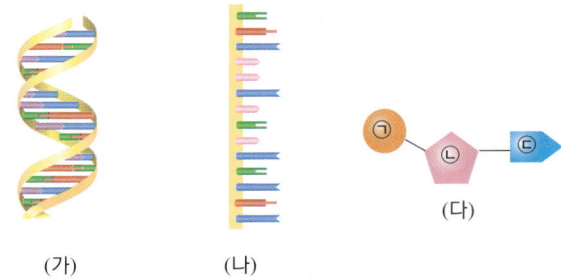

(가)   (나)   (다)

22 이에 대한 설명 중 옳은 것만을 <보기>에서 있는 대로 고른 것은?.

⎯ 보기 ⎯
ㄱ. (가)를 구성하는 당은 라이보스이다.
ㄴ. (나)를 구성하는 염기는 A, G, C, T이다.
ㄷ. (다)의 모형에서 ㉠은 인산, ㉡은 당, ㉢은 염기를 나타낸다.

① ㄱ   ② ㄷ   ③ ㄱ, ㄴ
④ ㄱ, ㄷ   ⑤ ㄱ, ㄴ, ㄷ

23 (가)~(다)에 대한 설명으로 옳은 것을 모두 고르시오. (3개)

① (가)는 유전 정보를 전달하는 역할을 한다.
② (나)는 단백질 합성에 관여한다.
③ (나)를 구성하는 염기에는 T(타이민)이 있다.
④ (가), (나)를 구성하는 단위체는 각각 4종류이다.
⑤ (다)는 (가)와 (나)를 구성하는 단위체이다.

24 핵산에 대한 설명 중 옳은 것만을 <보기>에서 있는 대로 고른 것은?

⎯ 보기 ⎯
ㄱ. RNA를 구성하는 당은 라이보스이다.
ㄴ. DNA를 구성하는 뉴클레오타이드는 염기, 당, 탄소로 구성되어 있다.
ㄷ. RNA와 DNA 모두 염기 C(사이토신)과 상보결합하는 염기는 G(구아닌)이다.

① ㄱ   ② ㄴ   ③ ㄱ, ㄷ
④ ㄴ, ㄷ   ⑤ ㄱ, ㄴ, ㄷ

25 표는 물질 A~C의 특징 유무를 나타낸 것이다. A~C는 규산염 광물, 단백질, 핵산을 순서 없이 나타낸 것이다.

특징 \ 물질	A	B	C
유전 정보를 저장하거나 전달한다.	○	×	?
(가)	○	○	○
생명체를 구성하는 물질이다.	㉠	?	×

(○ : 있음, × : 없음)

이에 대한 설명으로 옳은 것만을 <보기>에서 있는 대로 고른 것은?

⎯ 보기 ⎯
ㄱ. ㉠은 '×'이다.
ㄴ. '원자가 전자 수가 4인 원소가 있다.'는 (가)에 해당한다.
ㄷ. B는 지각을 구성하는 주요 물질이다.

① ㄱ   ② ㄴ   ③ ㄱ, ㄴ
④ ㄴ, ㄷ   ⑤ ㄱ, ㄴ, ㄷ

26 그림은 생명체를 구성하는 핵산의 일부를 모형으로 나타낸 것이다. G는 구아닌, T는 타이민이고, ㉠과 ㉡은 각각 A(아데닌)와 C(사이토신) 중 하나이며, (가)는 핵산의 단위체이다.

이에 대한 설명으로 옳은 것만을 <보기>에서 있는 대로 고른 것은?

⎯ 보기 ⎯
ㄱ. 이 핵산은 DNA이다.
ㄴ. (가)는 뉴클레오타이드이다.
ㄷ. ㉠은 A(아데닌), ㉡은 C(사이토신)이다.

① ㄱ   ② ㄷ   ③ ㄱ, ㄴ
④ ㄴ, ㄷ   ⑤ ㄱ, ㄴ, ㄷ

27 그림 (가)는 발광 다이오드(LED), (나)는 트랜지스터를 각각 나타낸 것이다. 이에 대한 설명으로 옳은 것만을 <보기>에서 있는 대로 고른 것은?

(가)   (나)

─ 보기 ─
ㄱ. (가)는 전기 신호를 증폭할 수 있다.
ㄴ. (나)는 매우 작은 크기로 제작이 가능하여 대부분의 전자 기기에 이용되는 핵심 부품이다.
ㄷ. (가)와 (나)에 사용된 재료의 전기 저항은 절연체보다 크다.

① ㄱ   ② ㄴ   ③ ㄷ
④ ㄴ, ㄷ   ⑤ ㄱ, ㄴ, ㄷ

28 그림 (가)와 (나)는 각각 전원 장치와 전구로 구성된 회로에 연결된 물질 A와 B 각각의 내부에 있는 전자의 모습을 나타낸 것이다. A를 연결한 회로에서는 전구에 불이 켜지지 않았지만 B를 연결한 회로에서는 전구에 불이 켜졌다. A, B는 각각 도체와 부도체 중 하나이다.

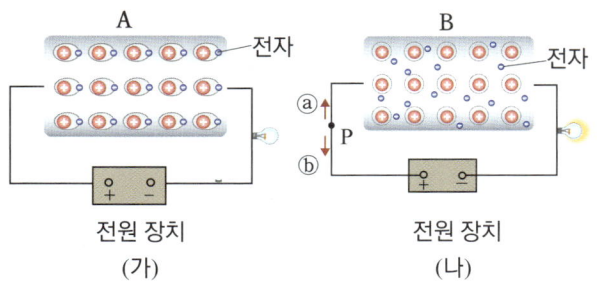

전원 장치   전원 장치
(가)   (나)

이에 대한 설명 중 옳은 것만을 <보기>에서 있는 대로 고른 것은?

─ 보기 ─
ㄱ. 전기 전도성은 A가 B보다 나쁘다.
ㄴ. (나)에서 자유 전자는 P 점을 ⓐ 방향으로 통과한다.
ㄷ. A의 예로는 플라스틱이 있다.

① ㄱ   ② ㄴ   ③ ㄷ
④ ㄱ, ㄷ   ⑤ ㄱ, ㄴ, ㄷ

29 다음은 스마트폰 충전기에 대한 설명이다.

스마트폰을 충전할 때, 우리가 사용하는 전기 소켓은 일반적으로 220 V 교류 전기를 공급한다. 그러나 대부분의 전자 기기, 특히 스마트폰은 직류 전기를 필요로 한다. 따라서 스마트폰 충전기는 교류 전기를 직류 전기로 바꾸는 기능을 해야 하므로 ㉠이 전기 소자가 내부에 포함되어 있다.

㉠에 대한 설명으로 옳은 것만을 <보기>에서 있는 대로 고른 것은?

─ 보기 ─
ㄱ. 서로 다른 유형의 불순물 반도체 2개가 접합된 것이다.
ㄴ. 상온에서 부도체이나 온도가 높아지면 도체 성질을 띤다.
ㄷ. 특정 온도 이하에서 전류가 흐르면 빛이 방출된다.

① ㄱ   ② ㄴ   ③ ㄷ
④ ㄴ, ㄷ   ⑤ ㄱ, ㄴ, ㄷ

30 다음은 휴대 전화와 연결하여 사용할 수 있는 스마트밴드에 대한 설명이다.

스마트밴드에는 다양한 첨단 소자가 들어있다. 스마트밴드의 유연성과 신축성을 높이기 위해 나노 소재가 사용되며, 심박수, 체온, 운동량 등을 측정할 수 있는 다양한 ㉠감성 센서를 포함한다. 스마트밴드의 영상 표시 장치는 ㉡전류가 흐르면 빛을 내는 소재로 제작한다. 스마트밴드는 휴대성이 높아야 하므로 전기 소자의 전력 소비는 적어야 하며, 전기 소자에서 열이 최소한으로 발생하도록 제작한다.

▲ 스마트밴드

이에 대한 설명 중 옳은 것만을 <보기>에서 있는 대로 고른 것은?

─ 보기 ─
ㄱ. ㉠을 만들기 위해서는 반도체 소자가 필요하다.
ㄴ. ㉡의 예로는 발광 다이오드(LED)가 있다.
ㄷ. ㉡소재는 태양 전지와 같은 원리로 빛을 낸다.

① ㄱ   ② ㄱ, ㄴ   ③ ㄱ, ㄷ
④ ㄴ, ㄷ   ⑤ ㄱ, ㄴ, ㄷ

고난도 마무리

정답 및 해설 ➔ 43

01 그림은 주기율표의 일부를 나타낸 것이다.

	1족	2족	13족	14족	15족	16족	17족	18족
1주기	A							
2주기	B		D					
3주기	C						E	

이에 대한 설명으로 옳은 것은? (단, A~E는 임의의 원소 기호이다.)

① 양성자 수는 B>D이다.
② D의 원자가 전자 수는 13이다.
③ A, B, C는 모두 알칼리 금속이다.
④ B가 물과 반응하면 A_2 기체가 발생한다.
⑤ C는 E_2와 반응하여 CE_2를 생성할 수 있다.

02 다음은 염화 나트륨, 녹말, X의 전기적 성질을 알아보기 위한 실험이다. 녹말의 구성 원소는 H, C, O이다.

[실험 과정]
1. 6홈판의 홈에 약숟가락으로 염화 나트륨, 녹말, X를 한 숟가락씩 넣는다.
2. 전기 전도성 측정기를 이용하여 각각의 고체 물질에 전류가 흐르는지 확인한다.
3. 100 mL 비커 3개에 각각 증류수를 반쯤 담고, 약숟가락으로 <과정 1>의 고체를 각각 넣어 녹인다.
4. 전기 전도성 측정기를 이용하여 각각의 수용액에 전류가 흐르는지 확인한다.

[실험 결과]
○ 과정 2에서 모든 고체 물질에 전류가 ㉠ .
○ 과정 4에서 ㉡ 1가지 물질의 수용액에 전류가 흐르지 않았다.

이에 대한 설명으로 옳은 것만을 <보기>에서 있는 대로 고른 것은? (단, X는 상온에서 고체이며, 물에 잘 녹는다.)

┌─ 보기 ─
ㄱ. ㉠으로 '흐르지 않았다'는 적절하다.
ㄴ. ㉡은 액체 상태에서 전기 전도성이 있다.
ㄷ. 외부에서 힘을 가하면 X는 쉽게 쪼개진다.

① ㄱ   ② ㄴ   ③ ㄱ, ㄷ
④ ㄴ, ㄷ   ⑤ ㄱ, ㄴ, ㄷ

03 다음과 같이 다이오드, 전구, 스위치, 전지를 이용해서 회로를 꾸며 보았다. A, B는 각각 p형 반도체, n형 반도체 중 하나이며, 각각 규소(Si)에 인(P)과 알루미늄(Al)을 첨가하였다.

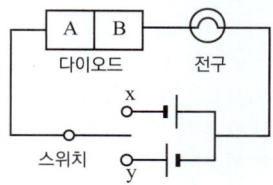

이때 스위치를 y에 연결하였을 때 전구에 불이 들어왔다. 이에 대한 설명으로 옳은 것만을 <보기>에서 있는 대로 고른 것은?

┌─ 보기 ─
ㄱ. 스위치를 y에 연결하였을 때 B에서 전류가 흐르는 이유는 양공이 이동하기 때문이다.
ㄴ. 스위치를 x에 연결하면 전구에 불이 들어오지 않는다.
ㄷ. B는 저마늄(Ge)에 비소(As)를 첨가하여 만들 수 있다.

① ㄱ   ② ㄴ   ③ ㄷ
④ ㄱ, ㄴ   ⑤ ㄴ, ㄷ

04 다음은 어떤 이온 결합 물질의 전자 배치 모형을 나타낸 것이다.

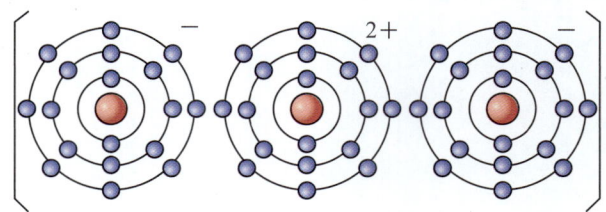

위의 물질과 관련된 설명으로 옳은 것을 2개 고르면?

① 드라이아이스와 같이 상온에서 승화성이 있다.
② 물에 녹으면서 열을 흡수한다.
③ 겨울철 도로에 뿌려 얼음을 녹이는데 사용한다.
④ 환경친화적인 물질이므로 도로에 얼음이 많으면 충분히 뿌려도 된다.
⑤ 공기 중 수분을 흡수하여 스스로 녹는 성질이 있다.

01 원소의 주기성

01 현대의 주기율표에 대한 설명으로 옳은 것만을 <보기>에서 있는 대로 고른 것은?

• 보기 •

ㄱ. 주기율표의 가로줄을 족, 세로줄을 주기라고 한다.
ㄴ. 주기율표에서 같은 족 원소는 원자가 전자 수가 같다.
ㄷ. 주기율표에서 원소는 원자 번호 순으로 나열되어 있다.
ㄹ. 주기율표에서 원자 번호 1~20번인 원소의 원자가 전자 수는 1에서 8까지 존재한다.

① ㄱ, ㄹ   ② ㄴ, ㄷ   ③ ㄱ, ㄴ, ㄷ
④ ㄱ, ㄷ, ㄹ   ⑤ ㄴ, ㄷ, ㄹ

02 다음은 주기율표의 일부를 나타낸 것이다.

	1	2	13	14	15	16	17	18
1								
2							A	
3	B						C	
4	D	E						

이에 대한 설명으로 옳지 <u>않은</u> 것은? (단, A~E는 임의의 원소 기호이다.)

① A는 수소와 반응하여 할로젠화 수소를 생성한다.
② B와 C는 서로 격렬하게 반응한다.
③ B와 D는 공기 중에 두면 산소와 반응한다.
④ D와 E는 화학적 성질이 비슷하다.
⑤ 비금속 원소는 두 가지이다.

03 원자의 구조에 대한 설명으로 옳은 것만을 <보기>에서 있는 대로 고른 것은?

• 보기 •

ㄱ. 원자핵은 양성자와 중성자로 이루어져 있다.
ㄴ. 원자를 구성하는 양성자수와 전자 수는 같다.
ㄷ. 양성자는 양전하를 띠고, 중성자는 음전하를 띤다.

① ㄱ   ② ㄴ   ③ ㄷ
④ ㄱ, ㄴ   ⑤ ㄴ, ㄷ

04 그림은 4가지 원소를 기준에 따라 분류한 것이다. A~D는 각각 He, Na, F, Cl 중 하나이다.

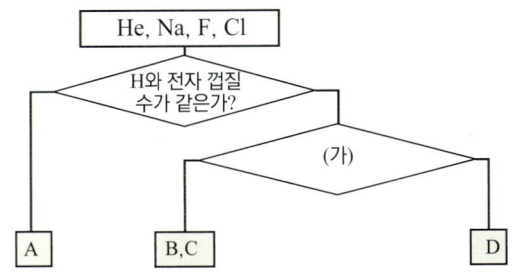

이에 대한 옳은 설명만을 <보기>에서 있는 대로 고른 것은? (단, B와 C는 전자 껍질 수가 동일하다.)

• 보기 •

ㄱ. D_2는 수소와 반응한다.
ㄴ. B와 C는 서로 이온 결합을 형성한다.
ㄷ. (가)로 '안정한 이온의 전자 배치가 동일한가?'는 적절하다.

① ㄱ   ② ㄴ   ③ ㄱ, ㄴ
④ ㄴ, ㄷ   ⑤ ㄱ, ㄴ, ㄷ

05 다음은 4가지 원자 A~D의 안정한 상태의 전자 배치 모형을 나타낸 것이다.

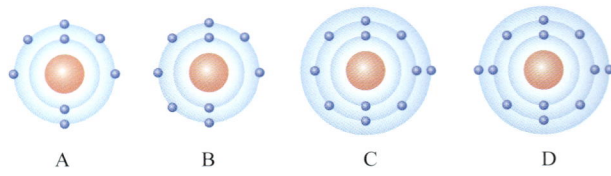

이에 대한 설명으로 옳지 않은 것은? (단, A~D는 임의의 원소 기호이다.)

① A는 16족 원소이다.
② B는 2원자 분자로 존재한다.
③ C는 알칼리 금속이다.
④ C와 D는 모두 2주기 원소이다.
⑤ A~D의 원자가 전자 수의 합은 16개이다.

06 다음은 주기율표의 일부와 몇 가지 원소의 특성을 나타낸 원소 카드를 나타낸 것이다.

	1	2	13	14	15	16	17	18
1								(가)
2	(나)					(다)		
3		(라)				(마)		

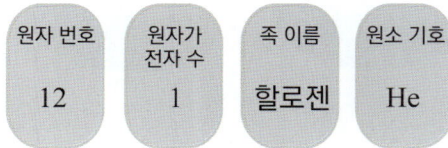

원자 번호	원자가 전자 수	족 이름	원소 기호
12	1	할로젠	He

4장의 원소 카드를 주기율표의 (가)~(마) 중 한 곳에 각각 배치할 때 원소 카드가 배치되지 않는 자리는?

① (가)　　　　　② (나)　　　　　③ (다)
④ (라)　　　　　⑤ (마)

07 다음은 알칼리 금속의 성질을 알아보기 위한 실험이다.

[실험 과정]
페놀프탈레인 용액을 1~2방울 넣은 물에 나트륨 조각을 작게 썰어 넣는다.

[실험 결과]
A. 나트륨이 물 위에 떠서 격렬하게 반응하였다.
B. 기체가 발생하면서 용액은 붉은색으로 변하였다.

이에 대한 설명으로 옳은 것만을 <보기>에서 있는 대로 고른 것은?

• 보기 •
ㄱ. B에서 발생한 기체는 수소이다.
ㄴ. 나트륨이 물에 녹은 용액은 산성이다.
ㄷ. 나트륨은 물과 반응하면 전자를 얻는다.

① ㄱ　　　　　② ㄴ　　　　　③ ㄱ, ㄴ
④ ㄴ, ㄷ　　　　⑤ ㄱ, ㄴ, ㄷ

08 다음 원소들의 공통점으로 옳지 않은 것은?

헬륨　　　네온　　　아르곤

① 비활성 기체이다.
② 반응성이 작고 안정하다.
③ 주기율표에서 18족에 속한다.
④ 화학 결합을 형성하지 않는다.
⑤ 가장 바깥 전자 껍질에 전자 8개가 채워져 있다.

09 다음은 3가지 안정한 원자 X~Z의 전자 배치를 모형으로 나타낸 것이다.

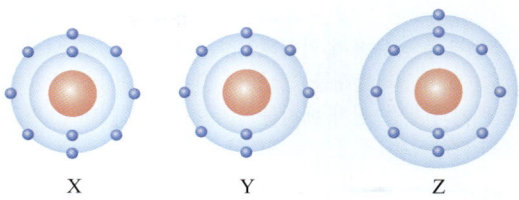

X　　　　　Y　　　　　Z

이에 대한 설명으로 옳은 것만을 <보기>에서 있는 대로 고른 것은? (단, X~Z는 임의의 원소 기호이다.)

• 보기 •
ㄱ. X는 Y와 공유 결합을 한다.
ㄴ. Y와 Z가 결합할 때 Y는 음이온이 된다.
ㄷ. Z는 화학 결합할 때 X와 같은 전자 배치를 이룬다.

① ㄱ　　　　　② ㄴ　　　　　③ ㄱ, ㄷ
④ ㄴ, ㄷ　　　　⑤ ㄱ, ㄴ, ㄷ

10 다음은 3가지 분자의 화학 결합 모형을 나타낸 것이다.

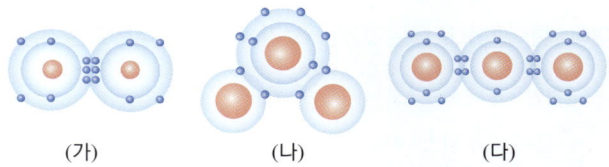

(가)　　　　　(나)　　　　　(다)

(가)~(다)의 공유 전자쌍 수의 합은 몇 개인가?

① 3개　　　　　② 4개　　　　　③ 5개
④ 7개　　　　　⑤ 9개

11 다음은 원소 A~D에 대한 설명과 주기율표의 일부를 각각 나타낸 것이다.

· A의 원자가 전자 수는 5이다.
· B는 금속 원소이다.
· C는 D보다 원자가 전자수가 5개 더 많다.

주기＼족	1	2	13	14	15	16	17	18
1	(가)							
2					(다)	(라)		
3	(나)							

A~D로 이루어진 물질 중 액체 상태에서 전기 전도성이 있는 것은? (단, A~D는 임의의 원소 기호이고, 각각 (가)~(라) 중 하나이다.)

① A_2　　　　　② B_2C　　　　　③ C_2
④ D_2C　　　　⑤ D_2

12 다음은 원소의 안정한 전자 배치에 대한 설명이다.

(㉠)족에 속하지 않는 원소는 불안정하여 전자를 잃고 얻거나, 전자를 공유하여 안정해지려는 경향이 있다. 예를 들어, 칼슘(Ca)이 전자 2개를 (㉡)어 (㉢) 이온이 되면 (㉣)의 전자 배치와 같은 전자 배치를 이루어 안정해지며, 이때 이 이온의 화학식은 (㉤)으로 표현할 수 있다.

㉠~㉤에 들어갈 말로 옳은 것은?

① ㉠ - 8
② ㉡ - 얻
③ ㉢ - 칼슘화
④ ㉣ - 네온(Ne)
⑤ ㉤ - Ca^{2+}

13 그림은 이온 ㉠과 ㉡으로 이루어진 물질의 구조를 간단히 나타낸 것이다.

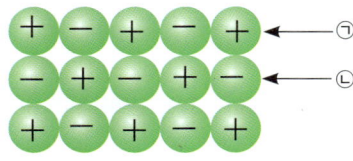

이에 대한 설명으로 옳은 것만을 <보기>에서 있는 대로 고른 것은?

• 보기 •
ㄱ. ㉠은 금속 원소이다.
ㄴ. ㉠과 ㉡ 사이에 정전기적 인력이 작용한다.
ㄷ. 이 물질은 외부에서 힘을 받으면 쉽게 쪼개진다.

① ㄱ
② ㄷ
③ ㄱ, ㄴ
④ ㄴ, ㄷ
⑤ ㄱ, ㄴ, ㄷ

14 다음은 설탕의 전기 전도성을 알아보기 위한 실험 과정을 나타낸 것이다.

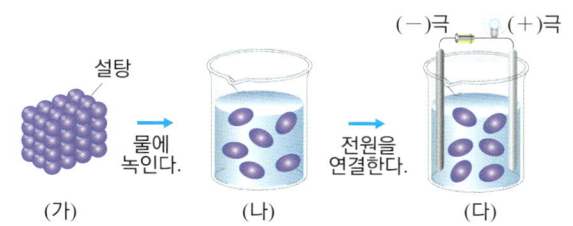

이에 대한 설명으로 옳은 것은?

① 설탕 분자는 양이온과 음이온의 결합으로 이루어져 있다.
② 설탕은 금속 원소와 비금속 원소로 이루어져 있다.
③ (가)에 전극을 꽂고 전원을 연결하면 전류가 흐른다.
④ (나)에서 설탕은 분자 상태로 존재한다.
⑤ (다)에서 설탕 분자는 양쪽 극으로 이동한다.

15 (가)와 (나)는 지각을 구성하는 원소와 생명체를 구성하는 원소에 대한 그래프를 순서 없이 나타낸 것이다.

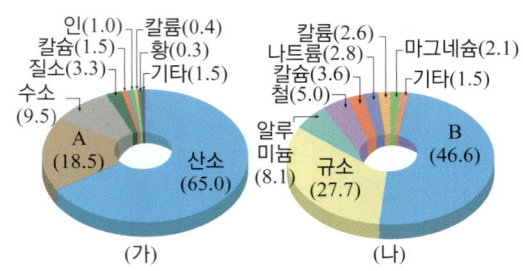

이에 대한 설명으로 옳은 것만을 <보기>에서 있는 대로 고른 것은?

• 보기 •
ㄱ. A는 철이다.
ㄴ. 지각의 구성 원소에 대한 그래프는 (나)이다.
ㄷ. B를 중심으로 하여 규산염 광물의 기본 구조가 만들어진다.

① ㄱ
② ㄴ
③ ㄷ
④ ㄱ, ㄴ
⑤ ㄴ, ㄷ

16 다음은 규산염(Si-O) 사면체를 나타낸 것이다.

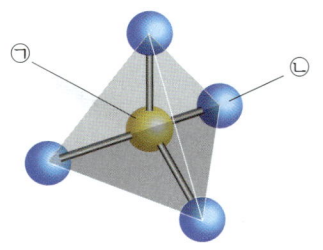

이에 대한 설명으로 옳은 것만을 <보기>에서 있는 대로 고른 것은?

• 보기 •
ㄱ. ㉠은 규소이다.
ㄴ. 전체 모양은 정사면체 모양이다.
ㄷ. 규산염 광물의 골격은 ㉡을 공유하는 개수에 따라서 달라진다.

① ㄱ
② ㄴ
③ ㄱ, ㄷ
④ ㄴ, ㄷ
⑤ ㄱ, ㄴ, ㄷ

[2019 모의고사 기출]

17 표 (가)는 생명체를 구성하는 물질 A와 B에서 특성 ㉠과 ㉡의 유무를, (나)는 ㉠과 ㉡을 순서 없이 나타낸 것이다. A와 B는 각각 단백질과 DNA 중 하나이다.

물질＼특성	㉠	㉡
A	O	O
B	X	O

(O : 있음, X : 없음)

특성(㉠,㉡)

· 유전 정보를 저장한다.
· 구성 원소에 탄소가 있다.

(가)　　　　　　　　(나)

이에 대한 설명으로 옳은 것만을 <보기>에서 있는 대로 고른 것은?

보기
ㄱ. ㉡은 '구성 원소에 탄소가 있다.'이다.
ㄴ. A는 효소의 주성분이다.
ㄷ. B의 단위체는 뉴클레오타이드이다.

① ㄱ ② ㄴ ③ ㄱ, ㄷ
④ ㄴ, ㄷ ⑤ ㄱ, ㄴ, ㄷ

[2018 모의고사 기출]

18 그림 (가)~(다)는 세 가지 규산염 광물의 기본 결합 구조를 나타낸 것이다.

○ : 규소　　　○ : 산소

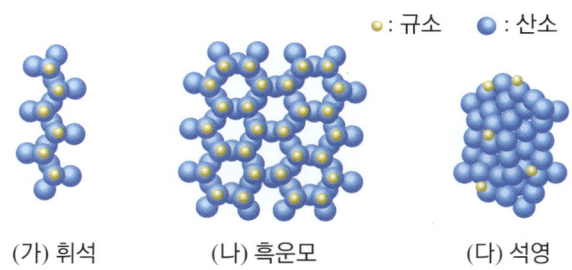

(가) 휘석　　　(나) 흑운모　　　(다) 석영

이에 대한 설명으로 옳은 것만을 <보기>에서 있는 대로 고른 것은?

보기
ㄱ. (가)~(다)의 기본 구조는 모두 규산염(Si─O) 사면체이다.
ㄴ. 단위체가 공유하는 산소의 수는 (가)>(나)>(다)이다.
ㄷ. 결합하는 방식에 따라 다양한 광물이 만들어진다.

① ㄱ ② ㄴ ③ ㄱ, ㄷ
④ ㄴ, ㄷ ⑤ ㄱ, ㄴ, ㄷ

[19~20] 그림 A, B는 생명체를 구성하는 물질 구조를 나타낸 것이다. (단, (A)와 (B)는 각각 단백질과 핵산 중 하나이다.)

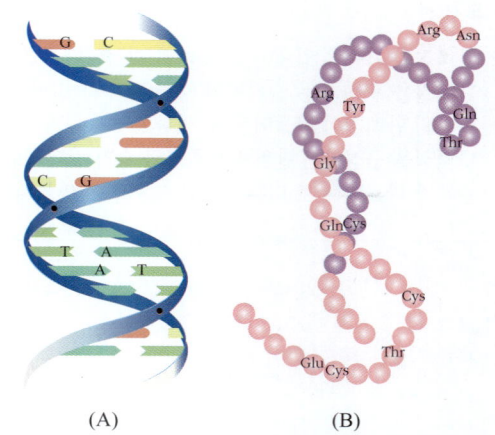

(A)　　　　　　　　(B)

19 A, B에 대한 설명으로 옳은 것만을 <보기>에서 있는 대로 고른 것은?

보기
ㄱ. 단위체의 종류는 (A)가 (B)보다 많다.
ㄴ. (B)는 펩타이드 결합으로 연결되어 있다.
ㄷ. (A)의 한쪽 가닥을 구성하는 A(아데닌)과 T(타이민)의 개수는 항상 같다.

① ㄱ ② ㄴ ③ ㄱ, ㄷ
④ ㄴ, ㄷ ⑤ ㄱ, ㄴ, ㄷ

20 생명체의 구성 물질 A, B에 대한 설명으로 옳지 않은 것은?

① (A)에는 상보결합이 존재한다.
② (A)의 구성 원소에는 질소(N)가 있다.
③ (B)는 입체 구조가 서로 다른 20종류가 있다.
④ (A)는 단위체가 당─인산 결합으로 길게 연결되어 있다.
⑤ (B)의 단위체 배열 순서에 대한 정보는 (A)에 저장되어 있다.

21 그림은 생명체를 구성하는 핵산의 구조를 모형으로 나타낸 것이다. 이에 대한 설명으로 옳은 것만을 <보기>에서 있는 대로 고른 것은?

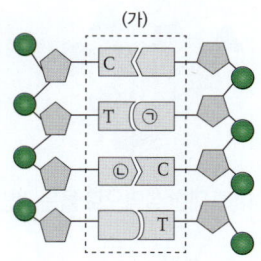

보기
ㄱ. 이 핵산은 RNA이다.
ㄴ. ㉠은 아데닌(A), ㉡은 구아닌(G)이다.
ㄷ. (가)의 배열 순서와 조합에 따라 유전 정보가 달라진다.

① ㄱ ② ㄴ ③ ㄱ, ㄴ
④ ㄱ, ㄷ ⑤ ㄴ, ㄷ

22 생명체에서 단백질이 형성되는 원리에 대한 설명으로 옳은 것만을 <보기>에서 있는 대로 고른 것은?

┌─ 보기 ─────────────────────────────────┐
│ ㄱ. 단백질의 기능은 입체 구조에 따라 결정된다.
│ ㄴ. 단백질을 구성하는 단위체의 종류와 수가 달라도 같은
│   종류의 단백질이 만들어질 수 있다.
│ ㄷ. 단백질을 구성하는 단위체의 종류와 수가 같더라도 배열
│   순서가 다르면 서로 다른 종류의 단백질이 만들어진다.
└──────────────────────────────────────┘

① ㄱ   ② ㄷ   ③ ㄱ, ㄴ
④ ㄱ, ㄷ   ⑤ ㄴ, ㄷ

23 DNA에 대한 설명으로 옳은 것만을 <보기>에서 있는 대로 고른 것은?

┌─ 보기 ─────────────────────────────────┐
│ ㄱ. 당과 염기는 DNA 이중나선의 골격을 형성한다.
│ ㄴ. 두 가닥의 폴리뉴클레오타이드 염기 사이에 상보결합
│   이 존재한다.
│ ㄷ. 서로 다른 염기를 가진 4종류의 뉴클레오타이드의 배열
│   순서에 따라 다양한 유전 정보를 저장한다.
└──────────────────────────────────────┘

① ㄱ   ② ㄴ   ③ ㄱ, ㄷ
④ ㄴ, ㄷ   ⑤ ㄱ, ㄴ, ㄷ

24 그림은 단백질 X를 구성하는 단위체 A, B의 결합 과정을 나타낸 것이다.

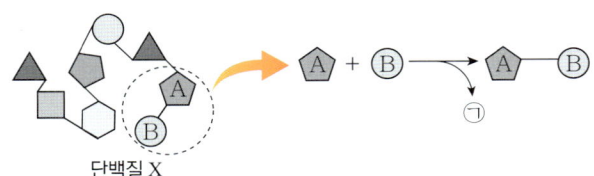

단백질 X

이에 대한 설명으로 옳은 것만을 <보기>에서 있는 대로 고른 것은?

┌─ 보기 ─────────────────────────────────┐
│ ㄱ. A와 B는 아미노산이다.
│ ㄴ. ㉠은 물이다.
│ ㄷ. 단백질 X는 8개의 펩타이드 결합으로 이루어진다.
└──────────────────────────────────────┘

① ㄱ   ② ㄴ   ③ ㄱ, ㄴ
④ ㄱ, ㄷ   ⑤ ㄴ, ㄷ

25 다음은 51개의 아미노산으로 이루어진 인슐린 분자를 나타낸 것이다.

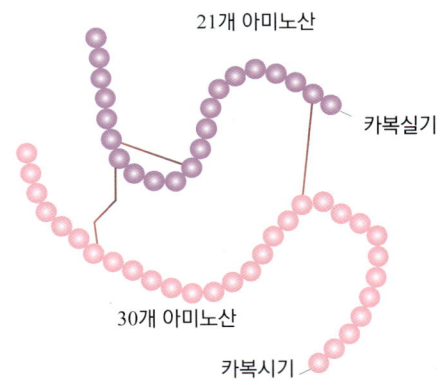

21개 아미노산
카복실기
30개 아미노산
카복시기

이에 대한 설명으로 옳은 것만을 <보기>에서 있는 대로 고른 것은?

┌─ 보기 ─────────────────────────────────┐
│ ㄱ. 아미노산은 핵산의 단위체이다.
│ ㄴ. 두 아미노산이 결합할 때 물 분자가 빠져나온다.
│ ㄷ. 인슐린 한 분자에는 펩타이드 결합이 50개 존재한다.
└──────────────────────────────────────┘

① ㄱ   ② ㄴ   ③ ㄱ, ㄴ
④ ㄱ, ㄷ   ⑤ ㄴ, ㄷ

26 그림은 서로 다른 종류의 단백질을 입체 구조로 나타낸 것이다.

  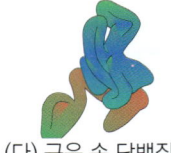

(가) 헤모글로빈   (나) 콜라겐   (다) 근육 속 단백질

이에 대한 설명으로 옳은 것만을 <보기>에서 있는 대로 고른 것은?

┌─ 보기 ─────────────────────────────────┐
│ ㄱ. (가)~(다)의 단위체는 아미노산이다.
│ ㄴ. (가)와 (나)는 아미노산의 배열 순서가 다르다.
│ ㄷ. (다)의 단위체는 공유 결합으로 연결된다.
└──────────────────────────────────────┘

① ㄱ   ② ㄴ   ③ ㄱ, ㄴ
④ ㄱ, ㄷ   ⑤ ㄱ, ㄴ, ㄷ

27 다음은 소재 A, B, C의 자유 전자 수와 고무, 은, 규소의 활용 사례를 나타낸 것이다. A, B, C는 각각 부도체, 도체, 반도체를 순서 없이 나타낸 것이다.

(가) 상온에서 같은 크기의 A, B, C에 포함된 자유 전자의 수 : B>C> A

(나) 활용 사례
- 고무 : 전기 전도성이 나빠서 전선의 피복 등 절연체로 사용된다.
- 은 : 모든 금속 중에서 전기 전도성이 가장 뛰어난 물질이다. 고주파 신호 전송, 전기 연결, 특수한 전자 제품 등에서 사용된다.
- 규소 : 불순물을 섞어 특수한 성질을 가진 반도체로 사용된다. 트랜지스터 다이오드, 태양 전지에 사용된다.

소재 A, B, C와 고무, 은, 규소를 바르게 짝지은 것은?

	A	B	C
①	고무	은	규소
②	고무	규소	은
③	은	고무	규소
④	은	규소	고무
⑤	규소	고무	은

28 그림은 IC 칩, 플라스틱 외피, 금속 도선으로 이루어진 교통 카드의 구조를 나타낸 것이다.

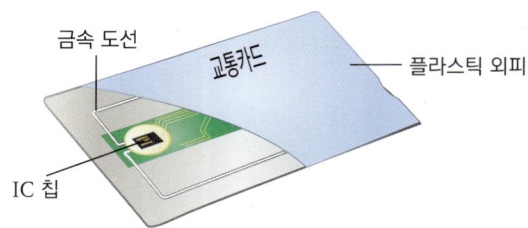

이에 대한 설명으로 옳은 것만을 <보기>에서 있는 대로 고른 것은?

• 보기 •
ㄱ. 플라스틱 외피는 부도체이다.
ㄴ. 카드 단말기에 교통 카드를 가까이 가져가면 금속 도선의 자유 전자가 이동한다.
ㄷ. IC 칩은 한 개의 다이오드와 한 개의 트랜지스터로 만든다.

① ㄱ   ② ㄴ   ③ ㄱ, ㄴ
④ ㄱ, ㄷ   ⑤ ㄱ, ㄴ, ㄷ

29 그림은 규소(Si)에 붕소(B)를 첨가한 반도체 S의 원자와 원자가 전자 배치를 나타낸 것이다.

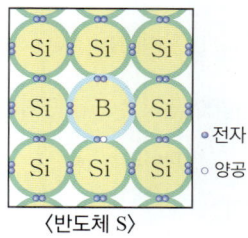

〈반도체 S〉

이에 대한 설명으로 옳은 것만을 <보기>에서 있는 대로 고른 것은?

• 보기 •
ㄱ. 반도체 S는 p형 반도체이다.
ㄴ. 반도체 S는 주로 양공이 전류를 흐르게 한다.
ㄷ. 붕소(B)대신 알루미늄(Al)을 첨가하면 n형 반도체가 된다.

① ㄱ   ② ㄱ, ㄴ   ③ ㄱ, ㄷ
④ ㄴ, ㄷ   ⑤ ㄱ, ㄴ, ㄷ

30 그림 (가)~(다)는 일상생활에서 반도체가 이용된 전자 부품의 예이다.

(가) 집적 회로   (나) 태양 전지   (나) 발광 다이오드

이에 대한 설명으로 옳은 것만을 <보기>에서 있는 대로 고른 것은?

• 보기 •
ㄱ. (가)는 저장 용량이 큰 메모리에 사용된다.
ㄴ. (나)는 n형 반도체로 만든다.
ㄷ. (다)는 걸어준 전압에 따라 방출되는 빛의 색이 달라진다.

① ㄱ   ② ㄴ   ③ ㄱ, ㄴ
④ ㄱ, ㄷ   ⑤ ㄱ, ㄴ, ㄷ

수능 모의고사 2회

각자 시간을 정해 풀어 보세요. 보통 1문항당 1분입니다.

정답 및 해설 → 47

01. 원소의 주기성

01 다음은 몇 가지 원소를 분류하는 과정을 나타낸 모식도이다.

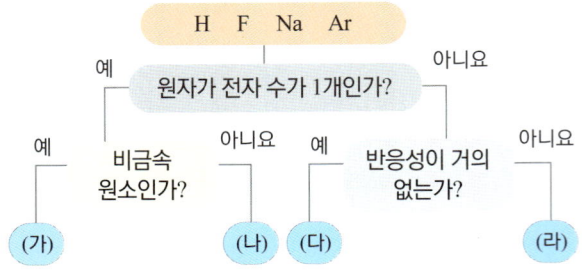

(가)~(다)에 해당하는 원소를 옳게 짝지은 것은?

	(가)	(나)	(다)	(라)
①	H	Na	F	Ar
②	H	Na	Ar	F
③	Na	H	F	Ar
④	Na	F	Ar	H
⑤	Ar	H	Na	F

02 금속 원소와 비금속 원소에 대한 설명으로 옳지 않은 것은?

① 금속 원소는 대부분 특유의 광택이 있다.
② 비금속 원소는 대부분 주기율표의 오른쪽에 있다.
③ 금속 원소는 비금속 원소에 비해 전기 전도성이 크다.
④ 금속 원소는 실온에서 대부분 고체 상태로 존재한다.
⑤ 비금속 원소는 대부분 전자를 잃어 양이온이 되기 쉽다.

03 그림은 주기율표의 일부를 나타낸 것이다.

	1족	2족	13족	14족	15족	16족	17족	18족
1주기	A							
2주기	B		D					
3주기	C						E	

이에 대한 설명으로 옳은 것은? (단, A~E는 임의의 원소 기호이다.)

① 양성자수는 B>D이다.
② D의 원자가 전자 수는 13이다.
③ A, B, C는 모두 알칼리 금속이다.
④ B가 물과 반응하면 A_2 기체가 발생한다.
⑤ C는 E_2와 반응하여 CE_2를 생성할 수 있다.

04 다음은 몇 가지 원소의 성질을 나타낸 것이다.

원소	칼슘	알루미늄	염소	산소
열전도성	크다	크다	작다	작다
전기 전도성	있다	있다	없다	없다
녹는점(℃)	842	658	−102	−218

이에 대한 설명으로 옳은 것만을 <보기>에서 있는 대로 고른 것은?

보기

ㄱ. 산소와 염소는 음이온이 되기 쉬운 원소이다.
ㄴ. 알루미늄은 염소보다 원자가 전자 수가 많다.
ㄷ. 실온(25℃)에서 고체 상태인 원소는 2개이다.

① ㄱ ② ㄴ ③ ㄱ, ㄷ
④ ㄴ, ㄷ ⑤ ㄱ, ㄴ, ㄷ

05 할로젠에 대한 설명으로 옳지 않은 것은?

① 17족 원소로 원자가 전자는 7개이다.
② 실온에서 Br_2는 액체 상태로 존재한다.
③ 반응성의 크기는 $F_2 > Cl_2 > Br_2 > I_2$이다.
④ 실온에서 원자 2개가 결합한 분자로 존재한다.
⑤ 수소와는 잘 반응하지만 금속과는 잘 반응하지 않는다.

06 나트륨 원자의 전자 배치를 모형으로 나타낸 것이다.

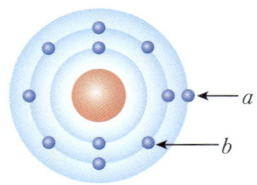

이에 대한 설명으로 옳은 것만을 <보기>에서 있는 대로 고른 것은?

보기

ㄱ. a는 b보다 안정하다.
ㄴ. 전자의 에너지 준위는 a가 b보다 높다.
ㄷ. 나트륨 원자의 전자는 a와 b의 에너지 준위 사이의 에너지 값을 가질 수 있다.

① ㄱ ② ㄴ ③ ㄱ, ㄴ
④ ㄱ, ㄷ ⑤ ㄴ, ㄷ

07 다음은 학생 A가 금속 B에 대한 실험을 수행한 내용이다.

학생 A는 주기율표에서 첫 번째 족 원소들을 살펴보던 중 양성자 수가 11개인 금속 B를 선택하여 다음과 같은 실험을 진행했다.

[실험 1] 금속 B 소량을 물에 넣고 반응시켜 보았다.
[실험 2] [실험 1]에서 반응 후 남은 용액에 페놀프탈레인 용액을 떨어뜨렸더니 붉은색으로 변하였다.

이에 대해 옳은 설명만을 <보기>에서 있는 대로 고른 것은? (단, 금속 B는 임의의 원소 기호이다.)

• 보기 •
ㄱ. 학생 A가 실험한 금속 B는 나트륨이다.
ㄴ. [실험 1]에서 생성된 기체는 산소이다.
ㄷ. [실험 2]를 통해 용액의 액성이 염기성임을 알 수 있다.

① ㄱ   ② ㄴ   ③ ㄱ, ㄷ
④ ㄴ, ㄷ   ⑤ ㄱ, ㄴ, ㄷ

08 다음은 주기율표의 일부를 나타낸 것이다.

	1	2	13	14	15	16	17	18
1	A							
2						B		
3	C					D	E	

원소 A~E 중 물질 (가)와 (나)를 이루는 원소로 옳게 짝지은 것은? (단, A~E 는 임의의 원소 기호이다.)

· 물질 (가)와 (나)는 각각 비금속 원소 1종류로 이루어져 있다.
· 물질 (가)는 실온에서 노란색을 띠는 기체로 존재한다.
· 물질 (나)의 원소는 원자가 전자 수가 1개이다.

	(가)	(나)		(가)	(나)
①	A	B	②	B	C
③	D	A	④	E	A
⑤	E	C			

09 다음 중 비활성 기체와 같은 안정한 전자 배치를 이루는 이온이 아닌 것은?

① O^{2-} ② Cl^- ③ Mg^{2+}
④ Al^{3+} ⑤ Ca^+

10 그림은 XY와 Y_2의 전자 배치를 나타낸 것이다.

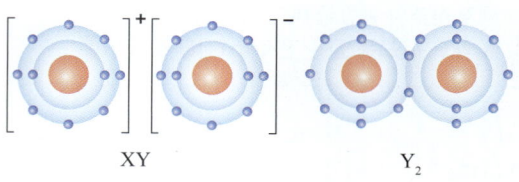

XY Y_2

이에 대한 설명으로 옳은 것만을 <보기>에서 있는 대로 고른 것은? (단, X와 Y는 임의의 원소 기호이다.)

• 보기 •
ㄱ. X는 3주기, Y는 2주기 원소이다.
ㄴ. 원자가 전자 수는 Y가 X보다 많다.
ㄷ. XY와 Y_2를 형성하는 결합의 종류는 같다.

① ㄱ   ② ㄷ   ③ ㄱ, ㄴ
④ ㄴ, ㄷ   ⑤ ㄱ, ㄴ, ㄷ

11 다음은 우리 주변의 물질을 기준 (가)에 따라 분류한 것이다.

기준	((가))	
구분	예	아니오
물질	수산화 칼륨, 염화 나트륨	설탕, 포도당

(가)에 적용할 수 있는 기준으로 옳은 것은?

① 물에 녹는가?
② 공유 결합 물질인가?
③ 비금속 원소로만 이루어져 있는가?
④ 고체 상태에서 전기 전도성이 있는가?
⑤ 수용액 상태에서 전기 전도성이 있는가?

12 다음은 3가지 원자 A~C가 안정한 상태일 때 각 전자 껍질에 들어 있는 전자 수를 나타낸 것이다.

원자	A	B	C
첫 번째 전자 껍질의 전자 수	x	2	2
두 번째 전자 껍질의 전자 수	6	y	z
세 번째 전자 껍질의 전자 수	0	1	7

이에 대한 설명으로 옳은 것만을 <보기>에서 있는 대로 고른 것은? (단, A~C는 임의의 원소 기호이다.)

— 보기 •—
ㄱ. $x + y + z$는 18이다.
ㄴ. 액체 상태의 화합물 BC는 전기 전도성이 있다.
ㄷ. A_2와 C_2는 모두 공유 전자쌍 1개를 갖고 있다.

① ㄱ　　　　② ㄷ　　　　③ ㄱ, ㄴ
④ ㄴ, ㄷ　　　⑤ ㄱ, ㄴ, ㄷ

13 그림은 원소 A와 B로 이루어진 어떤 화합물의 화학 결합 모형을 나타낸 것이다.

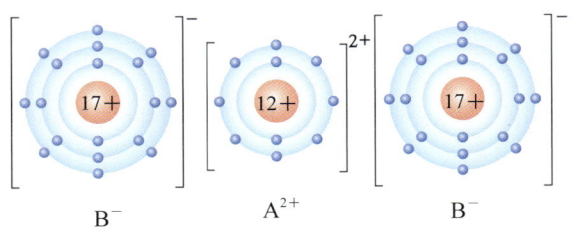

이에 대한 설명으로 옳은 것만을 <보기>에서 있는 대로 고른 것은? (단, A와 B는 임의의 원소 기호이다.)

— 보기 •—
ㄱ. 화학식은 AB_2이다.
ㄴ. A와 B는 공유 결합을 하고 있다.
ㄷ. A와 B는 같은 주기 원소이다.

① ㄱ　　　　② ㄴ　　　　③ ㄱ, ㄴ
④ ㄱ, ㄷ　　　⑤ ㄴ, ㄷ

[2019 모의고사 기출]

14 그림(가)~(다)는 우주, 지각, 생명체를 구성하는 주요 원소의 질량비를 순서 없이 나타낸 것이다.

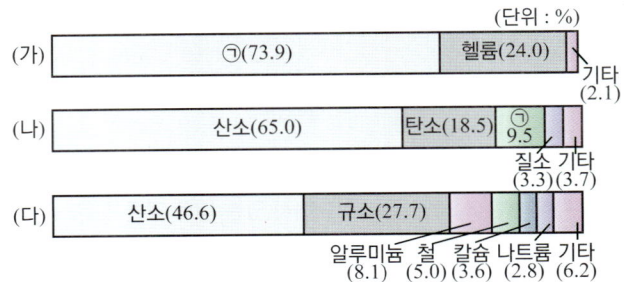

이에 대한 설명으로 옳은 것만을 <보기>에서 있는 대로 고른 것은?

— 보기 •—
ㄱ. ㉠은 수소이다.
ㄴ. 지각은 주로 규산염 광물로 이루어져 있다.
ㄷ. 생명체를 구성하는 주요 원소의 질량비는 (다)이다.

① ㄱ　　　　② ㄷ　　　　③ ㄱ, ㄴ
④ ㄴ, ㄷ　　　⑤ ㄱ, ㄴ, ㄷ

[2021 모의고사 기출]

15 표는 지각과 사람을 구성하는 원소의 질량비를 나타낸 것이다. (가)와 (나)는 각각 지각과 사람 중 하나이다.

구분	(가)				(나)			
구성 원소	산소	규소	알루미늄	기타	산소	탄소	수소	기타
질량비 (%)	46	28	8	18	65	18	10	7

이에 대한 설명으로 옳은 것만을 <보기>에서 있는 대로 고른 것은?

— 보기 •—
ㄱ. (가)는 주로 물과 유기물로 이루어져 있다.
ㄴ. (나)는 지각에 해당한다.
ㄷ. (가)와 (나)를 구성하는 원소 중 가장 큰 질량비를 차지하는 원소는 산소이다.

① ㄱ　　　　② ㄷ　　　　③ ㄱ, ㄴ
④ ㄴ, ㄷ　　　⑤ ㄱ, ㄴ, ㄷ

16 그림은 어느 규산염 광물의 결합 구조를 나타낸 것이다.

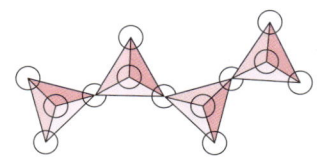

이에 대한 설명으로 옳은 것만을 <보기>에서 있는 대로 고른 것은?

● 보기 ●
ㄱ. 단사슬 구조이다.
ㄴ. 이 광물에 힘을 주면 깨짐이 일어난다.
ㄷ. 규산염 사면체 간에 산소 2개를 공유한다.

① ㄱ   ② ㄷ   ③ ㄱ, ㄴ
④ ㄱ, ㄷ   ⑤ ㄴ, ㄷ

17 그림은 규산염 사면체와 주요 규산염 광물 A, B의 결합 구조 일부를 나타낸 것이다.

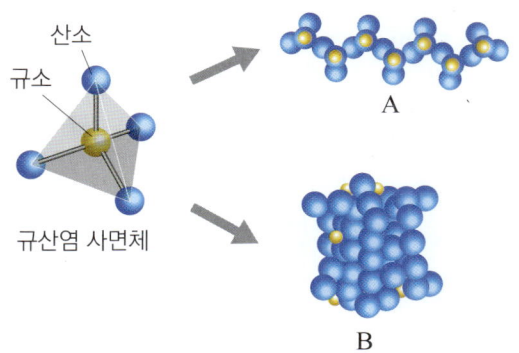

이에 대한 설명으로 옳은 것만을 <보기>에서 있는 대로 고른 것은?

● 보기 ●
ㄱ. 감람석은 A와 같은 결합 구조이다.
ㄴ. 규산염 광물은 규산염 사면체를 기본 구조로 하고 있다.
ㄷ. B에서 규산염 사면체의 산소 4개 모두 인접한 규산염 사면체와 각각 공유 결합한다.

① ㄱ   ② ㄷ   ③ ㄱ, ㄴ
④ ㄱ, ㄷ   ⑤ ㄴ, ㄷ

18 그림은 광물(가)와 (나)의 결합 구조를 나타낸 것이다. A와 B는 규소와 산소를 순서 없이 나타낸 것이다.

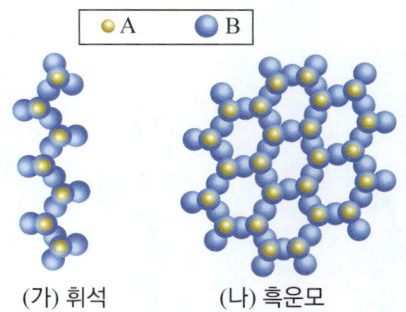

(가) 휘석   (나) 흑운모

이에 대한 설명으로 옳은 것만을 <보기>에서 있는 대로 고른 것은?

● 보기 ●
ㄱ. A는 산소이다.
ㄴ. (가)와 (나)는 모두 규산염 광물이다.
ㄷ. (나)는 얇은 판 모양으로 쪼개지는 성질이 있다.

① ㄱ   ② ㄴ   ③ ㄱ, ㄷ
④ ㄴ, ㄷ   ⑤ ㄱ, ㄴ, ㄷ

19 그림은 DNA를 구성하는 뉴클레오타이드를 나타낸 것이다.

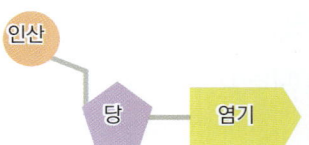

이에 대한 설명으로 옳은 것만을 <보기>에서 있는 대로 고른 것은?

● 보기 ●
ㄱ. 당은 라이보스이다.
ㄴ. 뉴클레오타이드의 인산은 다른 뉴클레오타이드의 당과 공유 결합을 한다.
ㄷ. DNA는 폴리뉴클레오타이드 두 가닥이 꼬여있는 2중 나선 구조를 가진다.

① ㄱ   ② ㄷ   ③ ㄱ, ㄴ
④ ㄱ, ㄷ   ⑤ ㄴ, ㄷ

20 DNA를 구성하는 전체 염기(100 %) 중 사이토신(C)의 비율이 32 %라면, 아데닌(A)의 비율은 얼마인가?

① 16 %   ② 18 %   ③ 32 %
④ 34 %   ⑤ 36 %

21 그림은 DNA 모형에 대해 학생 A~C가 대화하는 모습을 나타낸 것이다.

[2024 모의고사 기출]

제시한 내용이 옳은 학생만을 있는 대로 고른 것은?

① A   ② C   ③ A, B
④ B, C   ⑤ A, B, C

[2021 모의고사 기출]

22 그림 (가)와 (나)는 DNA와 RNA 모형을 순서 없이 나타낸 것이다.

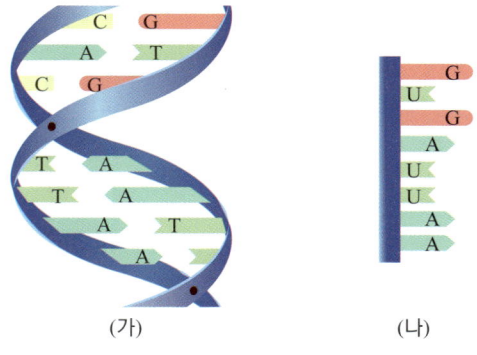

(가)   (나)

이에 대한 설명으로 옳은 것만을 <보기>에서 있는 대로 고른 것은?

┌─ 보기 ─
│ ㄱ. (가)는 DNA 모형이다.
│ ㄴ. (나)는 단일 가닥 구조이다.
│ ㄷ. (가)와 (나)를 구성하는 단위체는 뉴클레오타이드이다.
└

① ㄱ   ② ㄷ   ③ ㄱ, ㄴ
④ ㄴ, ㄷ   ⑤ ㄱ, ㄴ, ㄷ

23 그림은 DNA의 일부를 평면으로 펼쳐 나타낸 모식도이다. ㉠과 ㉡은 당과 인산 중 하나이며 A와 G는 각각 염기 아데닌과 구아닌을 나타낸다.

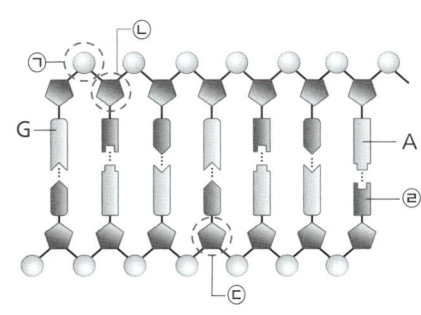

이에 대한 설명으로 옳은 것만을 <보기>에서 있는 대로 고른 것은?

┌─ 보기 ─
│ ㄱ. ㉠과 ㉡은 공유 결합한다.
│ ㄴ. ㉡과 ㉢은 서로 다른 종류의 당이다.
│ ㄷ. ㉣은 유라실(U)이다.
└

① ㄱ   ② ㄴ   ③ ㄱ, ㄴ
④ ㄴ, ㄷ   ⑤ ㄱ, ㄴ, ㄷ

04 물질의 전기적 성질

24 그림 (가)와 (나)는 전원 장치와 전구로 구성된 회로에 연결된 물질 A와 B 각각의 내부에 있는 전자의 모습을 나타낸 것이다. A를 연결한 회로에서는 전구에 불이 켜졌지만 B를 연결한 회로에서는 전구에 불이 켜지지 않았다. A, B는 각각 도체와 부도체 중 하나이다.

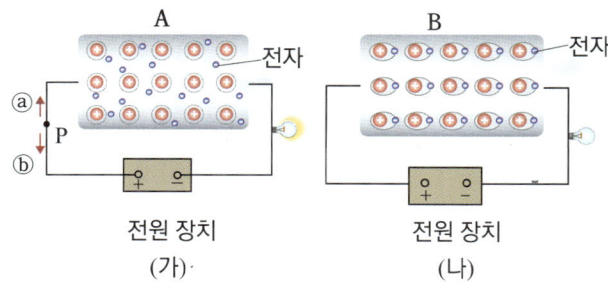

(가)   (나)

이에 대한 설명으로 옳은 것만을 <보기>에서 있는 대로 고른 것은?

┌─ 보기 ─
│ ㄱ. A의 예로는 알루미늄이 있다.
│ ㄴ. (가)에서 자유 전자는 P점을 ⓑ 방향으로 통과한다.
│ ㄷ. B의 전자는 자유 전자이다.
└

① ㄱ   ② ㄷ   ③ ㄱ, ㄴ
④ ㄱ, ㄷ   ⑤ ㄱ, ㄴ, ㄷ

25 다음은 어떤 소자에 대한 설명이다.

순수한 규소나 저마늄에 약간의 다른 원소를 첨가하여 전기가 흐르는
성질을 증가시킨 소자이다.

이 소자가 활용된 장치나 부품이 아닌 것은?

① 태양 전지 ② 트랜지스터
③ 발광 다이오드 ④ 다이오드

⑤
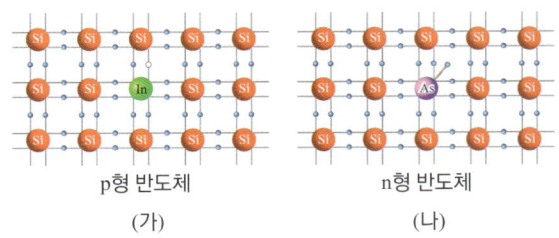
액정 디스플레이(LCD)

26 규소(Si)에 각각 인듐(In)과 비소(As)를 도핑한 p형 반도체
와 n형 반도체의 결정 구조를 각각 나타낸 것이다. 이에 대한
설명으로 옳은 것만을 <보기>에서 있는 대로 고른 것은?

p형 반도체 n형 반도체
(가) (나)

─ 보기 ─
ㄱ. (가)와 (나)는 절연체보다 전류가 잘 흐른다.
ㄴ. (가)에서는 양공이, (나)에서는 자유 전자가 전하 운반
체가 된다.
ㄷ. 발광 다이오드(LED)는 (가)와 같은 반도체 2개를 접합
시켜 만든다.

① ㄱ ② ㄴ ③ ㄷ
④ ㄱ, ㄴ ⑤ ㄱ, ㄴ, ㄷ

27 그림은 무선 마우스 내부의 구조와 USB 수신기를 나타낸 것
이다.

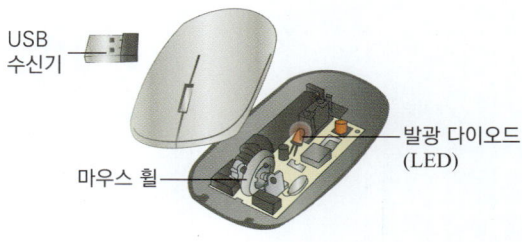

USB
수신기

발광 다이오드
(LED)

마우스 휠

이에 대한 설명으로 옳은 것만을 <보기>에서 있는 대로 고른 것은?

─ 보기 ─
ㄱ. 마우스 휠은 전류가 잘 흐르는 소재로 제작한다.
ㄴ. 발광 다이오드(LED)의 빛의 색은 만드는 재료에 따라
달라진다.
ㄷ. USB 수신기에서 컴퓨터에 삽입되는 부분은 부도체이다.

① ㄱ ② ㄴ ③ ㄱ, ㄴ
④ ㄱ, ㄷ ⑤ ㄱ, ㄴ, ㄷ

28 다음과 같이 다이오드, 전구, 스위치, 전지를 이용해서 회로
를 꾸며 보았다. A, B는 각각 p형 반도체, n형 반도체 중 하
나이며, A는 저마늄(Ge)에 알루미늄(Al)을 첨가하였다.

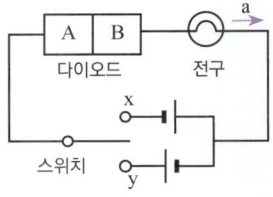

이때 스위치를 y에 연결하였을 때 전구에 불이 들어왔다. 이에 대
한 설명으로 옳은 것만을 <보기>에서 있는 대로 고른 것은?

─ 보기 ─
ㄱ. A는 n형 반도체이다.
ㄴ. B는 규소(Si)에 비소(As)을 첨가하여 만들 수 있다.
ㄷ. 전구에 불이 켜질 때 전구를 통과하는 자유 전자는 a 방
향으로 운동한다.

① ㄱ ② ㄴ ③ ㄷ
④ ㄱ, ㄴ ⑤ ㄱ, ㄴ, ㄷ

Ⅲ 시스템과 상호작용

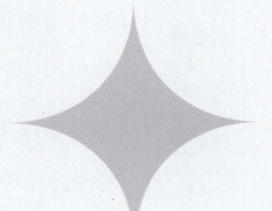

01 지구시스템의 구성과 상호작용

☐ 지구시스템 구성 요소의 특징
☐ 지구시스템 구성 요소의 상호작용
☐ 지구시스템의 에너지 흐름

A 지구시스템

1. 지구시스템
① **계**: 여러 구성 요소가 서로 영향을 주고받으면서 균형을 유지하는 체계이다.
② **태양계**: 태양과 행성, 위성, 소행성 등 구성 천체의 중력❶으로 유지되는 역학적 시스템이다.
③ **지구시스템**: 지권, 기권, 수권, 생물권, 외권이 서로 영향을 주고받으면서 시스템을 이룬다. 태양계 역학적 시스템의 구성 요소이며, 태양계에서 유일하게 생명체❷를 포함하는 시스템이다.

2. 지구시스템의 구성 요소: 기권, 지권, 수권, 생물권, 외권으로 구성된다.

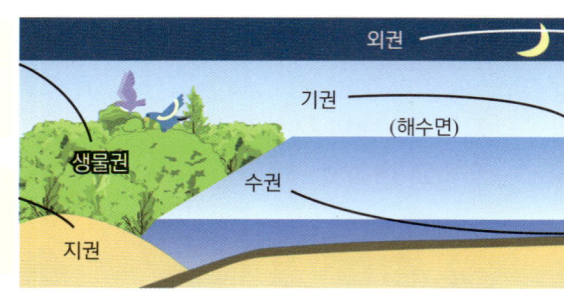

지구에 살고 있는 모든 생물
(예) 동물, 식물, 미생물 등

지구의 단단한 표면과 지구 내부
(예) 암석, 토양 등

지구를 둘러싸고 있는 기권 밖의 우주 공간
(예) 태양, 달 행성 등

지구를 둘러싸고 있는 공기층
(예) 산소, 이산화 탄소, 수증기 등

지구에 분포하는 물
(예) 해수, 빙하, 지하수, 강과 호수

▲ 지구 시스템의 구성 요소

B 지구시스템 구성 요소의 특징

1. 기권: 지구를 둘러싸고 있는 대기층❸으로, 지표면으로부터 높이 약 1000 km까지 분포한다. 지구 중력의 영향으로 대기의 약 99 %가 높이 약 30 km 이내에 분포한다.

① **기권의 역할**
· 기상현상으로 지표를 변화시킨다.
· 외권에서 들어오는 유성체를 막아 준다.
· 온실효과를 일으켜 생물이 살기 적합한 온도를 유지한다.
· 생물의 호흡과 광합성에 필요한 산소와 이산화 탄소를 공급한다.
· 태양으로부터 오는 자외선을 차단하여 지상의 생명체를 보호한다.

② **기권의 성층 구조**: 높이에 따른 기온 분포를 기준으로 구분한다.

열권 (약 80 ~ 1000 km)	· 높이 올라갈수록 기온이 상승하여 대류가 일어나지 않는다. 　→ 태양 복사 에너지를 직접 흡수한다. · 공기가 매우 희박하여 낮과 밤의 기온 차가 매우 크다. · 고위도에서 오로라❹가 관측된다.	
중간권 (약 50 ~ 80 km)	· 높이 올라갈수록 기온이 하강하여 대류가 일어난다. · 수증기가 거의 없어 기상현상은 일어나지 않는다. · 중간권 상부와 열권 하부에서 유성❺이 나타난다.	
성층권 (약 11 ~ 50 km)	· 높이 올라갈수록 기온이 상승하여 대류가 일어나지 않는다. 　→ 오존층의 오존이 태양의 자외선을 흡수한다. · 높이 약 20 ~ 30 km에 오존층❻이 존재한다.	
대류권 (지표면 ~ 약 11 km)	· 높이 올라갈수록 기온이 하강하여 대류가 일어난다. 　→ 대기의 지표에서 방출되는 지구 복사 에너지 흡수량이 감소한다. · 수증기가 존재하여 눈, 비, 구름 등의 기상 현상이 일어난다.	

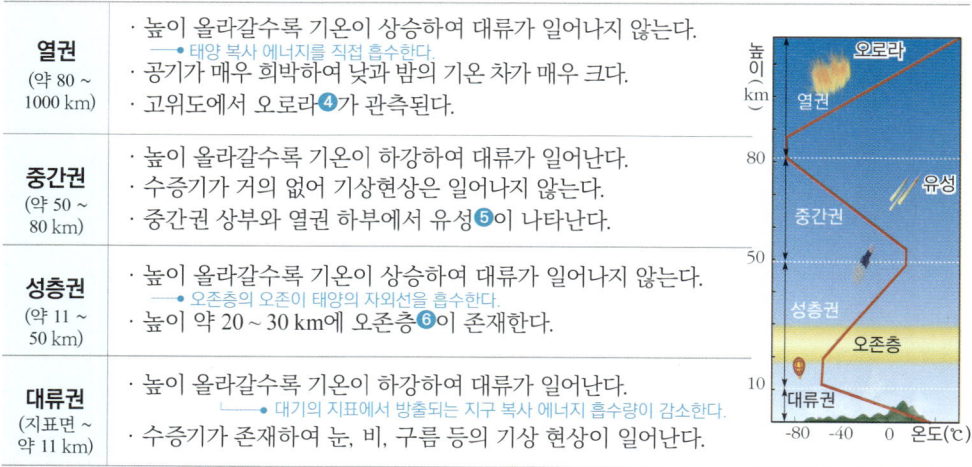

개념+

❶ 중력의 영향
● 성운이 뭉쳐 태양 탄생
● 미행성체들이 중력을 받아 충돌하여 지구 형성
● 공전하는 행성과 태양 사이의 일정한 거리 유지
● 지권의 성층 구조 형성
● 지구에 다양한 성분의 대기 형성

❷ 생명체의 존재 조건
● 행성 주위에 안정적으로 에너지를 공급해 주는 별이 존재할 것
● 행성 표면에 액체 상태의 물이 존재할 것
● 행성에 적절한 두께와 성분을 가진 대기가 존재할 것
● 행성에 자기장이 분포할 것

❸ 지구 대기의 구성 성분
전체 부피 중 질소가 약 78 %, 산소가 약 21 %를 차지한다. 아르곤, 이산화 탄소, 수증기, 기타 가스를 포함한다.

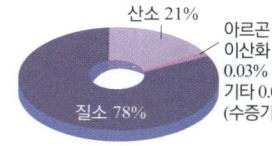

산소 21%
아르곤 0.93%
이산화 탄소 0.03%
기타 0.04% (수증기 포함)
질소 78%

❹ 오로라
태양에서 방출된 전기를 띤 입자가 지구 대기로 들어오면서 공기 입자와 충돌하여 빛을 내는 현상이다.

❺ 유성체
우주에서 행성 사이의 공간을 떠돌던 유성체가 기권에 진입하면 공기와 마찰을 일으켜 타게 된다. 유성체가 커서 전부 타지 못하면 지표면에 떨어져 운석이 된다.

❻ 오존(ozone)층
대기 중 산소 분자(O_2)는 자외선을 흡수하고 분해되어 오존(O_3)이 생성된다. 이러한 과정이 반복되면서 높이 약 20~30 km인 성층권 중간에 오존층이 생성되었다. 지구 초기에 오존층이 생성되면서 자외선을 차단하여 육상 생물이 출현할 수 있게 되었다.

2. 지권: 지표면 ~ 깊이 약 6400 km까지의 영역으로 지각과 지구 내부를 포함한다.
• 지구 시스템 전체에서 가장 큰 질량을 차지한다.

① **지권의 역할**
- 생물에게 서식 공간과 물질을 제공한다.
- 화산 활동으로 방출된 물질이 기후 변화를 일으킨다.
- 해양과 대륙의 분포는 대기와 해수의 순환에 영향을 준다.
- 태양 에너지를 흡수, 방출하며 온도를 조절한다.
- 지표의 풍화·침식 작용 및 해저의 화산 활동으로 수권에 물질이 공급되어 염류의 근원이 된다.

② **지권의 성층 구조**: 구성 성분과 물질의 상태에 따라 지각, 맨틀, 외핵, 내핵으로 구분⑦한다.

지각 ⑧ (5~70km)	• 지구의 겉 부분으로 대륙 지각과 해양 지각으로 구분된다. • 비교적 가벼운 규산염 물질로 이루어져 있다.
맨틀 (~2900km)	• 지권 전체 부피의 약 80 %를 차지한다. • 고체 상태이지만 유동성이 있어 대류가 일어나며, 지구 내부의 물질과 에너지를 지표로 전달한다.
핵 — 외핵	• 철과 니켈 등 무거운 물질로 이루어져 밀도가 크다. • 외핵은 액체 상태, 내핵은 고체 상태이다.
핵 — 내핵	• 외핵에서 액체 상태의 철과 니켈 성분 물질이 대류하여 지구 자기장을 형성한다.

▲ 지권의 층상 구조

• 외핵: 깊이 2900~5100 km, 내핵: 깊이 5100~6400 km

3. 수권: 지구에 분포하는 해수, 빙하, 지하수, 강, 호수 등의 물을 말하며, 지표면 넓이의 약 70 %를 차지한다. ⑨

① **수권의 역할**
- 태양 복사 에너지를 저장하여 지구의 온도를 일정하게 유지한다.
- 해수의 순환을 통해 흡수한 열에너지를 지구 전체에 고르게 분산하고, 지형을 변화시킨다.
- 생물이 살아가는 데 필요한 물질을 공급하고, 서식처를 제공한다.

② **수권의 성층 구조**: 깊이에 따른 수온 변화를 기준으로 구분한다.

혼합층	• 태양 복사 에너지를 흡수하여 수온이 높다. • 바람에 의해 혼합되어 깊이에 따른 수온이 거의 일정하다. • 바람이 강할수록 두께가 두꺼워진다.
수온 약층	• 깊이가 깊어질수록 수온이 낮아지고 밀도가 증가한다. • 매우 안정한 층으로 해수의 연직 운동이 일어나기 어려워 혼합층과 심해층 사이의 물질과 에너지 흐름을 차단한다.
심해층	• 태양 복사 에너지가 도달하지 않아 수온이 매우 낮다. • 계절이나 위도, 깊이에 따른 수온 변화가 거의 없다. • 전체 해수 부피의 약 80 %를 차지한다.

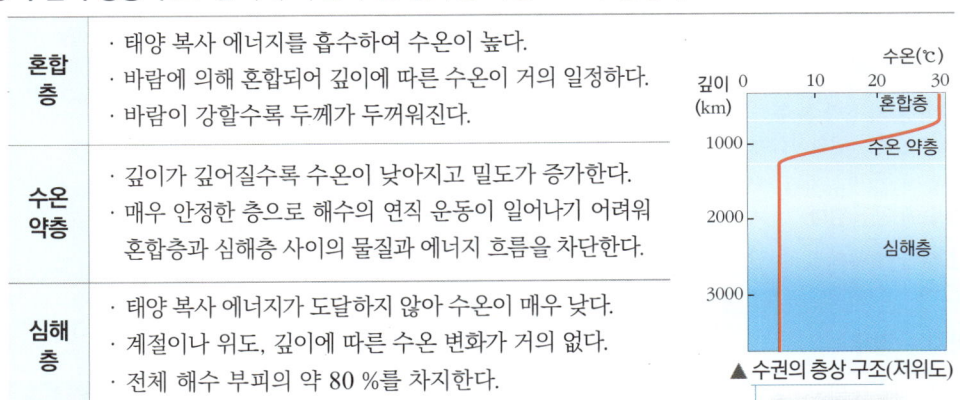
▲ 수권의 층상 구조(저위도)

• 각 층의 두께와 깊이에 따른 온도 변화는 위도에 따라 달라진다.

③ **위도에 따른 해수의 성층 구조**
- **고위도**: 태양 복사 에너지가 적어서 성층 구조가 거의 나타나지 않는다.
- **중위도**: 위도 30° 부근의 강한 바람에 의해 혼합층의 두께가 가장 두껍게 나타난다.
- **저위도**: 강한 태양 복사 에너지에 의해 표층 수온이 높아 수온 약층이 잘 발달된다.

4. 생물권: 미생물을 포함하여 지구에 살고 있는 모든 생물을 말하며, 지구 시스템의 구성 요소 중 가장 마지막에 형성되었다.

① **생물권의 역할**
- 지권, 기권, 수권에 걸쳐 분포하며 풍화를 일으킨다.
- 광합성과 호흡을 통해 이산화 탄소와 산소 농도를 변화시켜 대기 조성에 영향을 준다.
- 토양 속 미생물이 생물의 사체나 배설물을 분해하는 과정에서 토양의 성분을 변화시킨다.

개념⁺

⑦ 지권의 성층 구조를 구분하는 기준

지구 내부는 구성 성분을 기준으로 지각, 맨틀, 외핵, 내핵으로 구분하며, 핵은 물질의 상태를 기준으로 외핵과 내핵으로 구분한다.

⑧ 지각의 분류

구분	대륙 지각	해양 지각
두께(km)	약 30~70	약 5~8
구성 암석	화강암질	현무암질
평균 밀도 (g/cm³)	약 2.7	약 3.3

▲ 지각의 구조

⑨ 수권의 분포 비율

대기 중의 수증기는 기체이므로 수권에 포함되지 않는다. 반면 구름 속의 물방울이나 얼음 결정은 수권에 포함되나 분포 비율은 극히 적다.

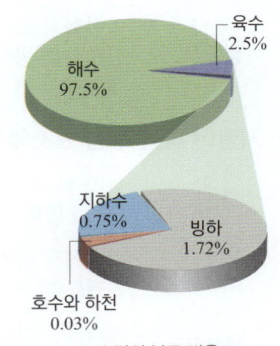
▲ 수권의 분포 비율

● 물이 생물권에 미치는 영향
- 비열이 크다 ➡ 생명체가 체온을 일정하게 유지할 수 있다.
- 액체에서 고체로 변할 때 밀도가 작아진다. ➡ 호수나 강물이 표면부터 얼어, 수면 아래의 생명체가 생존할 수 있다.
- 다른 물질을 잘 녹인다. ➡ 생명체가 영양소를 공급받고 체내의 독성 물질을 배출할 수 있다.
- 기화열이 크다. ➡ 땀 등이 기화할 때 기화열을 흡수해 체온을 낮추는 데 효과적이다.

5. 외권: 지구를 둘러싸고 있는 기권 밖의 우주 공간으로, 태양, 달, 은하 등이 모두 포함된다. ──── • 지표로부터 높이 약 1000 km 이상의 우주 공간이다.

① 외권과 지구 시스템의 나머지 요소 사이에서 운석 외의 물질 이동은 거의 없지만 에너지의 출입은 있다.

② 외권에서 오는 태양 에너지는 식물의 광합성에 이용되며, 대기와 해수를 순환시킨다.

③ 외핵이 대류하면서 형성된 지구 자기장❿은 유해한 우주선과 태양에서 방출되는 고에너지 입자인 태양풍으로부터 지구의 생명체를 보호한다.

Ⓒ 지구시스템 구성 요소의 상호작용

1. 지구시스템의 상호작용: 지구 시스템의 각 권은 서로 영향을 주고받으며 균형을 이루는데, 이때 물질의 순환과 에너지의 흐름이 일어난다.

① 한 권이 변화하면 다른 권에 영향을 미친다.

② 서로 다른 권 사이에서, 각 권 내에서 상호 작용이 일어난다.

㉪ 생물권에서 산불이 나면 기권의 이산화 탄소 농도가 일시적으로 증가한다. 이 결과 지구 온난화로 인해 한류성 어종의 서식지가 줄어든다.

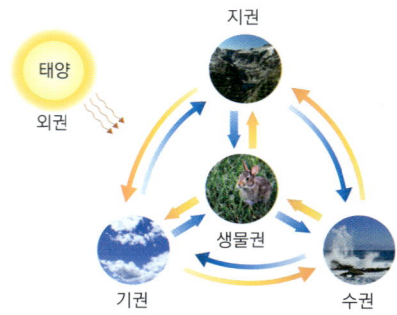

▲ 지구 시스템의 상호작용

2. 지구시스템 구성 요소의 상호 작용의 예

① 기권이 다른 구성 요소에 영향을 미치는 경우

수권	해수면 위에서 부는 바람의 영향으로 표층 해류가 발생한다.
지권	· 사막에서 바람의 침식 작용으로 버섯바위가 형성된다. · 사막의 모래가 바람에 날려 황사❶가 발생한다.
생물권	· 이산화 탄소를 제공하여 식물이 광합성을 할 수 있도록 한다. · 산소를 제공하여 생물이 호흡할 수 있도록 한다. · 태풍에 의해 생물 개체 수가 변한다.

② 지권이 다른 구성 요소에 영향을 미치는 경우

기권	· 화산 활동으로 화산재와 화산 가스가 분출하여 지구의 기온이 변한다. · 황사가 발생하여 대기의 구성 성분을 변화시킨다.
수권	· 해저에서 급격한 지각 변동이 일어나 지진 해일이 발생한다. · 지권의 염류가 녹아서 해수에 공급된다.
생물권	· 서식처를 제공하여 육상 생물이 살아갈 수 있도록 한다. · 황사에 의해 피해를 받는다.

③ 수권이 다른 구성 요소에 영향을 미치는 경우

기권	바다와 대기의 상호작용으로 태풍 등의 다양한 기상 현상을 일으킨다.
지권	· 파도의 침식 작용으로 바닷가의 자갈을 둥글게 만들거나, 해안 절벽과 해식 동굴을 형성한다. · 탄산 성분의 지하수가 석회암 지대를 용해하여 석회 동굴❷이 형성된다.
생물권	서식처를 제공하여 수중 생물이 살아갈 수 있도록 한다.

④ 생물권이 다른 구성 요소에 영향을 미치는 경우

기권	생물의 광합성과 호흡으로 인해 대기 조성이 변화된다.
지권	바위에 뿌리를 내린 식물이 자라면서 암석의 틈을 넓혀 풍화를 일으킨다.
수권	· 광합성, 호흡 시 발생한 산소, 이산화 탄소가 물에 용해된다. · 배설물 등에 의한 부영양화로 인해 물속 용해 물질의 농도가 변화한다.

❿ 지구 자기장

지구의 자기력이 미치는 공간을 지구 자기장이라 하며 태양풍을 차단하여 생명체를 보호한다. 지구 탄생 과정 중 지구 내부 층상 구조가 만들어지면서 발생하였다.

태양풍

지구 자기장

● 지구에만 생명체가 존재하는 이유

● 대기의 두께가 적당하다.
● 지구 자기장이 우주선과 태양풍을 차단한다.
● 태양으로부터 적당한 거리만큼 떨어져 있어 지구 표면에 액체 상태의 물이 존재한다.

➡ 금성의 경우 태양에 너무 가까이 있어 물이 증발하고, 화성의 경우 태양으로부터 너무 멀리 떨어져 있어 물이 얼어 있으므로 액체 상태의 물이 존재하기 어렵다.

❶ 황사의 영향

황사는 중국 북부나 몽골 사막에서 바람에 날려 상공으로 올라간 미세한 모래 먼지가 대기 조성을 변화시키고, 상층의 편서풍을 타고 이동하면서 서서히 지표면으로 내려 생물권에 유해한 영향을 일으키는 현상이며, 지권이 기권, 생물권에 영향을 미치는 경우라고 할 수 있다.

❷ 석회 동굴

대기 중의 이산화 탄소를 녹인 탄산 성분의 약산성의 비가 지표로 내리고 지하로 침투하면서 석회암을 용해시켜 만들어진 동굴

▲ 석회 동굴(수권과 지권)

영향(~으로) \ 근원(~에서)	지권	기권	수권	생물권
지권	판과 대륙의 이동	·화산 활동으로 화산 기체 방출 ·황사에 의한 성분 변화	·지진 해일(쓰나미) ·해수 염류 공급	·육상 생물의 서식처 제공 ·황사에 의한 피해
기권	·풍화·침식, 운반, 퇴적 작용 ·황사의 발생	·대기 대순환, ·기단 간의 상호작용	·해수의 표층 순환 ·강수 현상 ·엘리뇨❸ 발생	·산소와 이산화 탄소 공급 ·종자와 포자의 운반 ·태풍에 의한 개체수 변화
수권	·석회동굴 형성 ·V자곡 U자곡❹ 형성	태풍 발생 시 수증기 공급	해수의 순환과 혼합	·수중 생물의 서식처 제공 ·오염된 물에 의한 피해
생물권	·석회암과 화석 연료❺ 형성 ·풍화 작용 ·토양 생성	호흡과 광합성에 의한 기체 흡수 또는 방출	·광합성, 호흡 등으로 발생한 기체가 용해됨 ·배설물 등에 의한 오염(적조 현상 등)	먹이그물 형성

▲ 지구시스템 구성 요소 간 상호작용의 예

3. 지구시스템 구성 요소가 생명체 생명 유지에 기여하는 원리

기권	· 유해한 자외선을 차단하고, 우주로부터의 우주 방사선 및 유성체를 막아준다. · 강수 현상이 발생하여 육상 생태계에 물을 공급하고, 대기 대순환을 통해 지구 에너지 평형이 일어나게 한다.
지권	· 과거에 초대륙 판게아가 분리되면서 각 대륙에서 다양한 생물이 출현하였다. · 지표 환경이 다양하게 변화하면서 생물의 다양성이 풍부해졌다.
수권	· 물은 비열이 커서 지구 시스템의 급격한 온도 변화를 방지하고, 급격한 온도 변화에 따른 기권의 성분 변화를 억제한다. · 해수가 순환하면서 지구의 에너지 평형이 일어나게 한다.
생물권	· 광합성으로 대기 중의 산소와 이산화 탄소의 농도를 조절한다. · 대기 중의 산소는 성층권에 오존층을 만들어서 유해한 자외선을 차단할 수 있었다.
외권	· 태양 에너지를 지속적으로 공급해 준다. · 지구 자기장은 태양풍과 우주선을 막아준다.

4. 인간 활동이 지구시스템에 미치는 영향

(1) 화석 연료 사용 증가로 인한 지구 온난화

① **기권**: 대기 중 이산화 탄소량이 증가하여 지구 평균 기온이 상승하므로 이상 기후가 발생한다.

② **지권**: 지구의 평균 기온이 상승하고, 대기 중 이산화 탄소 농도의 증가로 풍화 작용이 점점 활발해진다.

③ **생물권**: 기후 변화로 인한 피해가 나타난다.

④ **수권**: 빙하 융해, 해수면 상승이 나타나며, 해수면에 녹아들어가는 대기 중 이산화 탄소량이 증가하면서 해양 산성화❻ 현상이 나타난다.

(2) 열대 밀림 파괴와 과잉 경작으로 인한 지표면 변화

① 인간 활동으로 숲이 파괴되고, 과잉 경작 등으로 사막화 현상이 나타나면 지표의 반사율이 증가해 온도 상승 및 날씨 변화 패턴에 영향을 미친다.

② 사막 지역이 확대되면 생물 서식지가 파괴되고, 황사 발생 빈도가 증가한다.

(3) 환경 오염 물질 증가로 지구 환경 변화: 산업이 발달함에 따라 기권으로 배출된 유해 물질들이 대기 오염과 수질 오염을 일으킨다.

▲ 지구 온난화로 인한 빙하 감소

▲ 열대 밀림 파괴

● 외권과 다른 구성 요소 사이의 상호 작용

● 태양에서 방출된 대전 입자의 일부가 지구 자기장에 이끌려 대기로 들어오면 공기 입자와 충돌하면서 빛을 내는 오로라가 발생한다.(기권)

● 태양계를 떠도는 유성체가 지구 대기로 들어올 때 공기와의 마찰로 타면서 빛을 내는 유성이 나타난다(기권). 타다 남은 운석은 지표나 수면에 떨어진다.(지권, 수권)

● 태양의 유해한 자외선을 성층권에 분포하는 오존층이 흡수하고 차단한다.(기권)

● 지구 외핵의 철과 니켈의 대류로 인해 지구 자기장이 형성된다.(지권)

● 태양 복사 에너지를 흡수하여 식물이 광합성을 한다.(생물권)

● 태양 복사 에너지를 흡수하여 대기의 대류와 기상 현상이 일어난다.(기권)

❸ 엘리뇨

무역풍이 약해져 태평양 적도 부근의 온도가 평년보다 높아지는 현상. 이로 인해 동태평양 지역(남미)에서는 홍수 발생, 서태평양 지역(동남아시아)에서는 가뭄이 나타난다.

❹ V자곡, U자곡

강의 상류에서는 물에 의한 침식 작용이 활발해 V자 모양의 계곡에 만들어지고, 빙하가 산 아래로 이동하면서 지표면이 침식되어 U자 모양의 계곡이 형성된다.

▲ V자곡

▲ U자곡

❺ 화석 연료

생물의 유해가 땅 속에 묻혀 오랜 시간 동안 열과 압력을 받아 생성된 것으로 석탄, 석유, 천연 가스가 이에 해당한다. 지권에 속한다.

❻ 해양 산성화

대기 중 이산화 탄소의 농도 증가로 해수로 녹아드는 이산화 탄소의 량이 증가하면서 해수의 pH(수소 이온 농도)가 낮아지는 것을 말한다.

개념체크⁺

정답 및 해설 → 50   **POINT**

01 지구 시스템의 구성 요소 다섯 가지를 쓰시오.

02 지구 시스템의 구성 요소에 대한 설명 중 옳은 것은 ○표, 옳지 않은 것은 ×표 하시오.

(1) 생물권은 지권과 수권에만 분포한다. ·························· (   )
(2) 지권은 모두 고체 상태로 대류가 일어나지 않는다. ·············· (   )
(3) 기권은 높이에 따른 기온 변화를 기준으로 층을 구분한다. ·········· (   )
(4) 기권에서 오존층은 대류권에만 존재한다. ···················· (   )
(5) 수권의 해수는 3개 층으로 구분한다. ······················· (   )
(6) 지권에서 가장 큰 부피를 차지하는 층은 핵이다. ················ (   )
(7) 지권의 성층 구조에서 중심으로 갈수록 밀도가 작아진다. ·········· (   )

03 그림은 지권의 성층 구조를 나타낸 것이다. 이에 대한 설명으로 옳은 것은 ○표, 옳지 않은 것은 ×표 하시오.

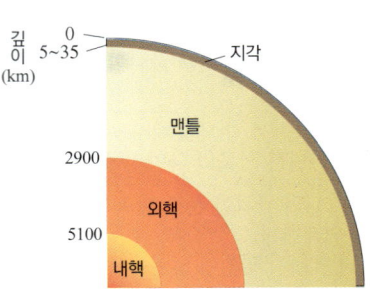

(1) 대륙 지각은 해양 지각보다 두껍다.(   )
(2) 가장 밀도가 큰 층은 맨틀이다.(   )
(3) 대류가 일어나는 층은 맨틀과 외핵이다.(   )
(4) 내핵은 높은 압력으로 인해 철과 니켈이 녹아 액체 상태이다.(   )

04 그림은 해수의 깊이에 따른 수온 분포를 나타낸 것이다. A, B, C 중 알맞은 것을 (   ) 안에 쓰시오.

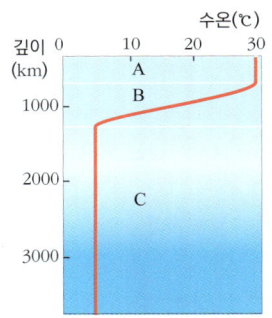

(1) 혼합층은 (   )이다.
(2) 가장 안정한 층은 (   )이다.
(3) 계절에 따른 수온 변화가 가장 작은 층은 (   )이다.
(4) 해수의 연직 운동이 가장 일어나기 어려운 층은 (   )이다.

05 지구 시스템의 구성 요소 사이의 상호 작용을 나타낸 것이다. 옳게 나타낸 것만을 있는 대로 고르시오.

① 강수 현상: 기권 ↔ 수권
② 태풍 발생: 수권 ↔ 지권
③ 판의 이동: 지권 ↔ 지권
④ 광합성으로 산소 공급: 생물권 ↔ 기권
⑤ 화석 연료 생성: 지권 ↔ 수권

D 지구시스템의 에너지 흐름

1. 지구시스템의 에너지원

태양 에너지	· 태양 내부의 수소 핵융합 반응에 의해 발생한 에너지이다. · 지구시스템 에너지원의 대부분을 차지한다. · 기상 현상과 해류를 발생시켜 대기와 해수, 물의 순환을 일으킨다. · 풍화와 침식 작용을 일으켜 지표의 지형을 변화시킨다. · 식물의 광합성에 이용되어 생명 활동에 필요한 에너지원으로 이용되며, 화석 연료의 근원이 된다.
지구 내부 에너지 ❶	· 원시 지구에서 축적된 열과 지구 내부의 방사성 원소의 붕괴❷열로 인한 에너지이다. · 외핵의 대류를 일으켜 지구 자기장을 형성한다. · 맨틀 대류를 일으켜 지진, 화산 활동, 판의 운동을 발생시킨다.
조력 에너지	· 달과 태양이 지구에 작용하는 인력(달>태양)에 의해 생기는 에너지이다. · 밀물과 썰물을 일으켜 해안 지형을 변하게 한다. · 주기적인 해수면 변화, 연안 생태계와 갯벌 형성에 영향을 준다.

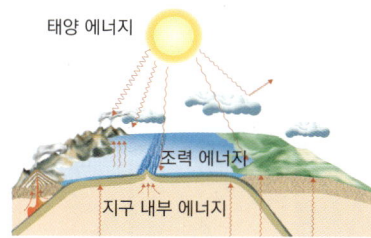

태양 에너지 / 조력 에너지 / 지구 내부 에너지

1. 에너지량: 태양 에너지가 전체의 99.9 % 이상을 차지한다. 그 다음으로 지구 내부 에너지이며 조력 에너지량이 가장 작다.
2. 지구시스템의 에너지원끼리는 상호 전환되지 않는다.
3. 지구시스템의 에너지원은 상호작용을 통해 열에너지, 운동 에너지 등의 다양한 형태의 에너지로 전환된다.

◀ 지구시스템의 에너지원

2. 지구시스템의 에너지 흐름: 에너지는 각 권 사이를 이동하면서 다양한 자연 현상을 일으킨다.

① 위도별 에너지 불균형: 지구는 구형이기 때문에 단위 면적의 지표면에 도달하는 태양 복사 에너지양이 위도에 따라 다르다. ❸

② 지구 전체의 에너지 평형: 주로 대기와 해수의 순환을 통해 저위도 지역의 남는 에너지가 고위도 지역으로 이동하여 지구는 전체적으로 에너지 평형을 이룬다.

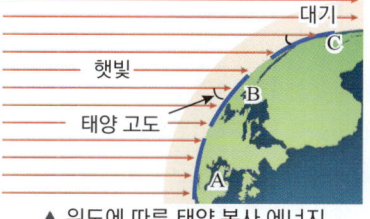

▲ 위도에 따른 태양 복사 에너지

（예）태풍: 태풍을 발생시키는 근원적인 에너지는 태양 복사 에너지로, 저위도의 남는 에너지를 고위도로 운반하는 역할을 한다.

E 지구시스템의 물질 순환

1. 물의 순환

① 물의 순환을 일으키는 에너지원: 태양 에너지

② 물의 순환 과정: 물이 고체, 액체, 기체로 상태가 변할 때 에너지가 이동❹하므로, 물이 지구 시스템의 각 권 사이를 순환하면서 에너지도 함께 이동한다. ❺

수권 → 기권	바다, 강, 호수의 물(수권)이 태양 에너지를 흡수하여 수증기(기권)로 증발한다.
기권 → 지권	수증기가 응결하여 구름을 형성하고(기권→수권), 구름의 결정(수권)이 커져 눈과 비 등의 형태로 지표(지권)로 이동한다.(수권→지권)
지권 → 수권	육지에 내린 비나 눈이 하천수나 지하수가 되어 해양으로 이동한다.
지권 → 기권	화산 활동으로 수증기가 방출되어 기권 중 수증기의 비율이 증가한다.
수권 → 생물권	지표와 바다에 내린 강수의 일부가 생물체에 흡수된다.
생물권 → 기권	식물의 증산 작용에 의해 수증기가 대기로 이동한다.

개념➕

❶ 지구 내부 에너지의 구성

방사성 원소의 붕괴열 이외에 지구 형성 초기의 운석 충돌에 의한 열에너지도 포함한다.

❷ 지구 내부의 방사선 원소의 붕괴

● 방사성 원소는 내부의 불안정한 원자핵이 스스로 붕괴하면서 방사선과 에너지를 방출하는 원소이다.

● 지구의 지각이나 맨틀에서 발생하는 방사성 원소의 붕괴열은 맨틀 상부와 하부의 온도 차를 발생시키므로 맨틀 대류의 원동력이 된다.

● 철이나 니켈 같은 안정된 원소로 구성되어 있는 핵에서는 방사성 원소의 붕괴가 거의 일어나지 않는다.

❸ 위도에 따른 태양 복사 에너지양

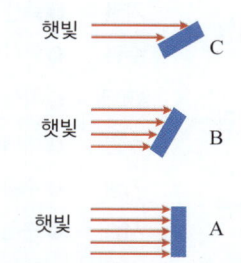

햇빛은 평행 광선으로 지구에 입사하고, 지표면이 구형이므로 위도에 따라 태양의 고도가 달라 단위 면적에 도달하는 태양 복사 에너지양이 다르다.
➡ 단위 면적당 태양 복사 에너지양는 저위도에서 크고, 고위도에서 작다(A>B>C).
따라서 저위도 지방에 입사하는 태양 에너지는 많고, 고위도 지방은 적어서 에너지가 불균형하다.

❹ 물의 상태 변화와 에너지

물이 상태 변화할 때 흡수하거나 방출하는 열을 잠열 또는 숨은열이라고 한다. 물이 증발할 때는 열을 흡수하고, 물이 응결될 때는 열을 방출한다.

❺ 물의 순환 과정에서 일어나는 현상 및 변화

● 구름, 강수, 태풍 등의 여러 가지 기상 현상
● 풍화와 침식 작용 과정에서 지표 변화
● 지권의 물질을 바다로 운반

개념⁺

더 알아보기 물수지 평형

(단위 : ×1000km³/년)

수증기 124

강수 26　증발 15　증발 109　강수 98

하천　해양

지하수 ──11──

▲ 물의 순환과 물수지 평형

해양	강수(98)+육지에서 유입(11) =증발(109)
육지	강수(26) =증발(15)+해양으로 유출(11)
대기	해양 강수(98)+육지 강수(26) =해양 증발(109)+육지 증발(15)

물의 순환에 의해 물이 각 권 사이를 이동하지만, 각 권에서와 지구 전체의 물의 양은 일정하게 유지된다. ➡ 각 권에서 물을 얻은 양과 잃은 양이 같은 평형 상태(물수지 평형)를 이룬다.

2. 탄소의 순환

① **탄소의 존재 형태**: 탄소는 지구시스템의 각 권에서 다양한 형태로 존재한다.[6]

기권	지권	수권	생물권
이산화 탄소(CO_2) 메테인(CH_4)	탄산염 광물(석회암), 화석 연료 ↓$CaCO_3$	탄산수소 이온(HCO_3^-) 탄산 이온(CO_3^{2-})	유기물

② **탄소의 순환 과정**: 각 권 사이의 상호작용을 통해 순환하며, 순환 과정에서 에너지 흐름이 함께 일어난다.

지권 ⇒	기권	❶화산 활동 과정이나 화석 연료의 연소 과정에서 이산화 탄소가 기권으로 배출된다.
	수권	❷암석의 탄산 칼슘 성분이 강물과 지하수에 녹아 바다로 운반된다.
기권 ⇒	생물권	❸식물이 광합성 과정에서 이산화 탄소를 흡수하여 화학 에너지로 저장한다.
	수권	❹기권의 이산화 탄소가 해수에 녹아 탄산 이온이 된다.
수권 ⇒	기권	❺수온이 상승하면 이산화 탄소가 기권으로 방출된다.
	지권	❻수권의 탄산 이온이 침전되어 해저 탄산염(석회암[7])이 만들어진다.
생물권 ⇒	기권	❼생물의 호흡 과정에서 이산화 탄소를 기권으로 방출한다.
	지권	❽생물의 사체가 오랜 시간이 지나 화석 연료가 된다.

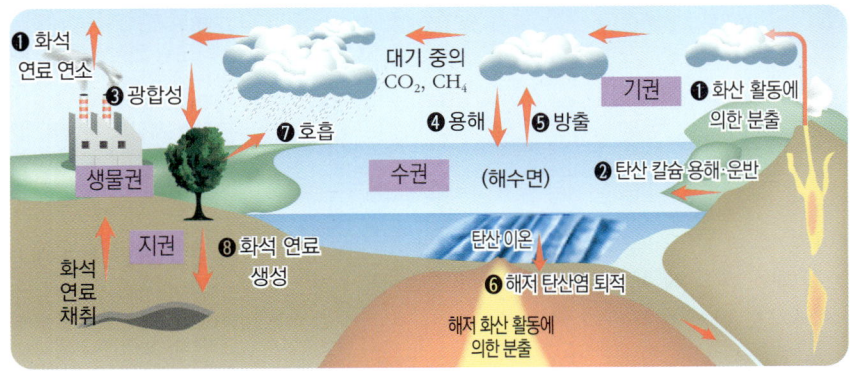

▲ 탄소의 순환 과정

3. 지구시스템의 균형

① 화산 활동과 같은 급격한 변화는 일시적으로 지구시스템의 균형을 무너뜨리지만 지구의 상호 작용으로 다시 균형을 찾는다.

② 최근에는 인간 활동이 증가해 지구시스템의 균형이 깨지고 있는데, 이 때문에 다양한 현상이 증가하고 있다. ㉔북극해 빙하 면적 감소, 남극 상공의 오존홀[8], 해양 쓰레기섬[9] 등

---

❻ 탄소(C)의 분포 비율

탄소의 대부분(약 99.9%)은 지권의 석회암의 형태로 분포한다. 지구시스템 각 권역에 분포하는 탄소량은 지권(99.9%)>수권(0.05%)> 생물권(0.003%)>기권(0.001%) 순이다.

❼ 석회암($CaCO_3$ 성분) 생성

● 해수 속에 녹아있던 탄산 이온이 결합하여 생성된 탄산 칼슘이 해저에 가라앉아 탄산염을 형성하고, 오랜 시간이 지나서 석회암이 된다.
● 조개, 산호의 잔해(석회질 성분)가 해저에 쌓여 석회암이 만들어진다.

❽ 오존홀

남극 대륙의 성층권에서 상대적으로 오존의 농도가 낮아져서 구멍처럼 보이는 것. 산업 공해의 원인인 프레온 가스(CFC)가 주원인이다.

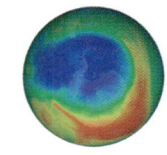

❾ 해양 쓰레기섬

각 대양에는 플라스틱 쓰레기가 모여 거대한 섬을 이루고 있다. 현재 태평양의 쓰레기섬은 한반도 면적의 16배에 이른다.

정답 및 해설 → 50

POINT

06 지구시스템의 에너지원과 에너지 흐름에 대한 설명 중 (   )에 알맞은 말을 쓰시오.

(1) 밀물과 썰물을 일으키는 에너지는 (   ) 에너지이다.
(2) 방사성 원소의 붕괴로 인해 발생한 열에너지는 (   ) 에너지이다.
(3) 지구시스템의 에너지원 중 가장 큰 영향을 미치는 것은 (   ) 에너지이다.

07 지구시스템에서 위도별 에너지 불균형과 에너지 흐름에 대한 설명에서 (   ) 안에 알맞은 말을 고르시오.

> 지구는 구형이므로 고위도로 갈수록 단위 면적당 받는 태양 복사 에너지양이 (많아진다 , 적어진다). 따라서 대기와 해수의 순환을 통해 (고위도 , 저위도)의 남는 에너지를 (고위도 , 저위도)로 이동시킴으로써 지구는 전체적으로 에너지 평형을 이룬다.

08 지구시스템의 물의 순환에 대한 설명 중 옳은 것은 ○표, 옳지 <u>않은</u> 것은 ×표 하시오.

(1) 물의 순환을 일으키는 에너지원은 태양 에너지이다. ·························· (   )
(2) 수권의 물은 에너지를 방출하면서 증발하여 기권의 수증기가 된다. ······ (   )
(3) 물이 순환할 때 각 권에서 유입된 물의 양과 방출된 물의 양은 서로 다르다. (   )

09 그림은 지구시스템에서의 물의 순환을 나타낸 것이다. 이에 대한 설명으로 옳은 것은 ○표, 옳지 <u>않은</u> 것은 ×표 하시오.

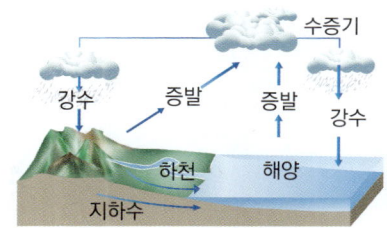

(1) 물의 순환 과정에서 에너지 순환이 일어난다. ······························· (   )
(2) 바다의 물이 수증기로 증발하는 것은 수권에서 기권으로의 물의 이동이다. ··· (   )
(3) 구름의 입자가 커져 비가 내리는 것은 기권에서 수권으로의 물의 이동이다. ··· (   )
(4) 화산 활동으로 수증기가 방출되는 것은 지권에서 기권으로의 물의 이동이다. (   )

10 탄소의 순환에 대한 설명 중 알맞은 말을 고르시오.

(1) 지권에서 탄소는 (탄산염 , 탄산 이온)의 형태로 존재한다.
(2) 수권에서 탄소는 (탄산염 , 탄산 이온)의 형태로 존재한다.
(3) 기권의 이산화 탄소는 (광합성 , 호흡)을 통해 생물권으로 이동한다.

11 탄소의 순환에 대한 설명으로 옳은 것은 ○표, 옳지 <u>않은</u> 것은 ×표 하시오.

(1) 화석 연료 사용량 증가로 기권의 탄소량은 증가하고 있다. ····················· (   )
(2) 지구시스템에서 탄소 순환이 계속되면 총 탄소량은 증가한다. ················ (   )
(3) 지구시스템의 탄소는 대부분 지권에 존재한다 ································· (   )
(4) 생물의 호흡 과정은 기권에서 생물권으로의 탄소의 이동 과정이다. ·········· (   )

A 지구 시스템

01 지구시스템에 대한 설명으로 옳지 않은 것은?

① 생물권은 기권과 지권, 수권에 모두 분포한다.
② 수권은 기권, 지권, 생물권으로부터 모두 영향을 받는다.
③ 태양 에너지의 도달 외에 수권과 외권의 상호 작용은 없다.
④ 각 구성 요소 사이에는 물질 순환과 에너지 흐름이 지속적으로 일어난다.
⑤ 같은 구성 요소 내부에서, 서로 다른 구성 요소 사이에서 모두 상호 작용이 일어난다.

02 지구 시스템의 구성 요소와 그 예가 옳게 연결된 것은?

① 기권 : 태양
② 지권 : 미생물
③ 수권 : 빙하
④ 외권 : 오존층
⑤ 생물권 : 지각

03 지구 시스템의 구성 요소를 나타낸 것이다.

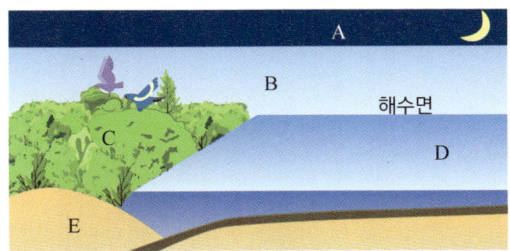

이에 대한 설명으로 옳지 않은 것은?

① A로부터 오는 물질은 B에 오로라를 일으킨다.
② B는 지표면으로부터 높이 약 100 km까지 분포한다.
③ C는 산소와 이산화 탄소 농도를 변화시켜 B에 영향을 준다.
④ D의 대부분은 바닷물이 차지한다.
⑤ E는 고체와 액체 상태로 이루어져 있다.

B 지구 시스템 구성 요소의 특징

[04~06] 다음은 지구시스템의 기권의 구조를 나타낸 것이다.

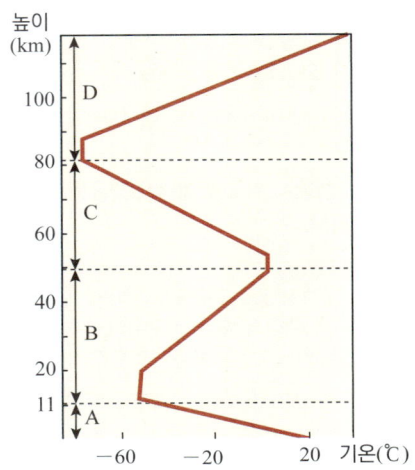

04 A~D 층의 이름이 옳게 연결된 것은?

① A : 성층권
② B : 열권
③ C : 중간권
④ D : 대류권
⑤ D : 성층권

05 이에 대한 설명으로 옳은 것만을 <보기>에서 있는 대로 고른 것은?

┌─ 보기 ─
ㄱ. A에서는 대류와 기상 현상이 나타난다.
ㄴ. B는 C보다 기층이 불안정하다.
ㄷ. 낮과 밤의 기온 차가 가장 큰 층은 C이다.
└─

① ㄱ
② ㄷ
③ ㄱ, ㄴ
④ ㄴ, ㄷ
⑤ ㄱ, ㄴ, ㄷ

06 위 그림에 대한 설명 중 옳은 것은?

① A는 B에 비해 기층이 불안정하다.
② 유성이 관측되는 층은 주로 B이다.
③ 공기의 밀도는 B보다 C에서 더 크다.
④ 태양의 자외선이 주로 흡수되는 층은 C이다.
⑤ B와 D에서는 대기의 대류 현상이 활발하다.

[07~08] 다음은 지구시스템의 지권의 구조를 나타낸 것이다.

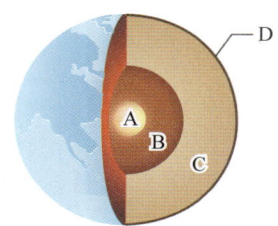

07 이에 대한 설명으로 옳은 것은?

① A는 주로 현무암질 암석으로 이루어져 있다.
② B는 고체 상태이다.
③ C는 대류가 일어나지 않는다.
④ D는 비교적 가벼운 규산염 광물로 이루어져 있다.
⑤ D에서 대륙 부분과 해양 부분의 밀도는 같다.

08 위 그림에 대한 설명으로 옳은 것만을 <보기>에서 있는 대로 고른 것은?

┌─ 보기 ─────────────────────────┐
ㄱ. 온도는 A가 B보다 높다.
ㄴ. A~D 중 부피가 가장 큰 층은 C이다.
ㄷ. A~D 중 밀도가 가장 작은 층은 D이다.
└───────────────────────────┘

① ㄱ   ② ㄷ   ③ ㄱ, ㄴ
④ ㄱ, ㄷ   ⑤ ㄱ, ㄴ, ㄷ

09 다음은 지구시스템에서 자기장과 오존층이 형성된 과정이다.

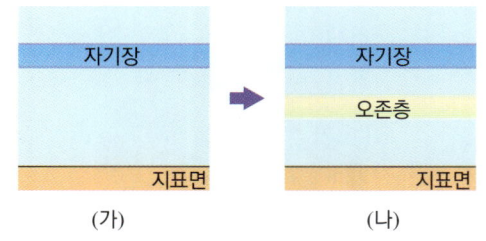

(가)   (나)

이에 대한 설명으로 옳은 것만을 <보기>에서 있는 대로 고른 것은?

┌─ 보기 ─────────────────────────┐
ㄱ. (가) 시기에는 태양풍이 차단되었다.
ㄴ. (나) 시기 이후에 육지에 생물권이 형성되었다.
ㄷ. 기권의 연직 온도는 (가) 시기가 (나) 시기보다 복잡했다.
└───────────────────────────┘

① ㄱ   ② ㄷ   ③ ㄱ, ㄴ
④ ㄱ, ㄷ   ⑤ ㄴ, ㄷ

10 그림은 지권의 구조를 나타낸 것이다.

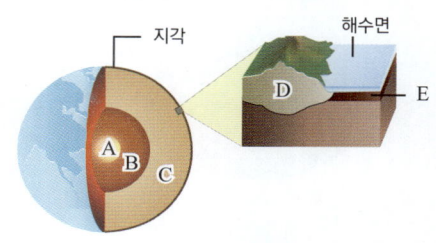

이에 대한 설명으로 옳은 것만을 <보기>에서 있는 대로 고른 것은?

┌─ 보기 ─────────────────────────┐
ㄱ. A는 고체 상태이고, B는 액체 상태이다.
ㄴ. C는 지권 전체 부피의 약 80 %를 차지한다.
ㄷ. D는 E보다 평균 밀도가 더 크다.
└───────────────────────────┘

① ㄱ   ② ㄴ   ③ ㄷ
④ ㄱ, ㄴ   ⑤ ㄴ, ㄷ

11 그림은 해수의 성층 구조를 나타낸 것이다.

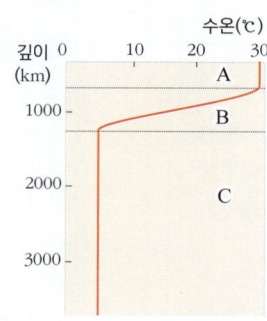

이에 대한 설명 중 옳은 것만을 <보기>에서 있는 대로 고른 것은?

┌─ 보기 ─────────────────────────┐
ㄱ. 바람의 세기가 강해지면 A의 두께가 두꺼워진다.
ㄴ. B는 전체 해수 부피의 약 80 %를 차지한다.
ㄷ. C는 매우 안정하여 해수의 연직 운동이 일어나지 않는다.
└───────────────────────────┘

① ㄱ   ② ㄷ   ③ ㄱ, ㄴ
④ ㄱ, ㄷ   ⑤ ㄱ, ㄴ, ㄷ

12 생물권에 대한 설명으로 옳은 것만을 <보기>에서 있는 대로 고른 것은?

┌─ 보기 ─────────────────────────┐
ㄱ. 풍화와 침식을 일으킨다.
ㄴ. 지구 대기 조성이나 수권 용해 물질에 영향을 준다.
ㄷ. 지구시스템의 구성 요소 중 가장 늦게 형성되었다.
└───────────────────────────┘

① ㄱ   ② ㄷ   ③ ㄱ, ㄴ
④ ㄱ, ㄷ   ⑤ ㄱ, ㄴ, ㄷ

13 그림은 수권의 구성을 나타낸 것이다.

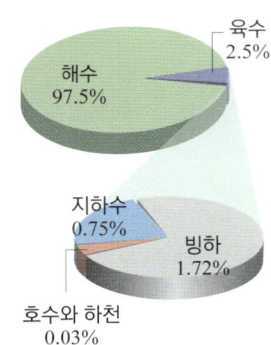

이에 대한 설명 중 옳은 것만을 <보기>에서 있는 대로 고른 것은?

> **보기**
>
> ㄱ. 수권의 대부분을 차지하는 것은 해수이다.
> ㄴ. 지구 온난화가 진행될수록 빙하의 비율이 높아진다.
> ㄷ. 육지에 있는 액체 상태의 물 중 가장 많은 것은 지하수이다.

① ㄱ   ② ㄷ   ③ ㄱ, ㄴ
④ ㄱ, ㄷ   ⑤ ㄱ, ㄴ, ㄷ

14 다음은 지구 자기장을 나타낸 것이다.

지구 자기장에 대한 설명으로 옳은 것만을 <보기>에서 있는 대로 고른 것은?

> **보기**
>
> ㄱ. 지구 자기장은 외핵의 대류에 의해 형성되었다.
> ㄴ. 유성체가 지구에 진입할 때 마찰을 일으켜 타게 된다.
> ㄷ. 우주선과 태양풍을 차단하여 지구의 생명체를 보호한다.

① ㄱ   ② ㄷ   ③ ㄱ, ㄴ
④ ㄱ, ㄷ   ⑤ ㄱ, ㄴ, ㄷ

15 그림은 어느 중위도 지역에서 깊이에 따른 해수의 온도 변화를 월별로 나타낸 것이다.

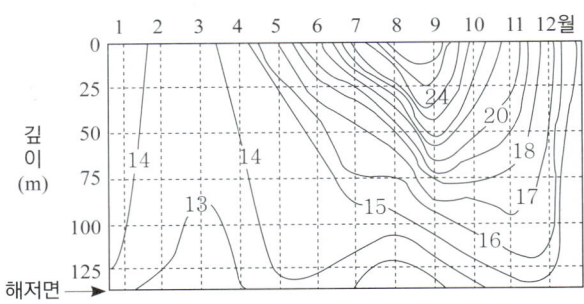

이에 대한 설명으로 옳은 것만을 <보기>에서 있는 대로 고른 것은?

> **보기**
>
> ㄱ. 3월이 9월보다 혼합층이 두껍게 발달한다.
> ㄴ. 9월에 25~75 m 깊이에서 물질과 에너지의 교환이 매우 활발하다.
> ㄷ. 100 m 보다 깊은 곳은 계절에 따른 수온 차이가 거의 없는 심해층이다.

① ㄱ   ② ㄴ   ③ ㄱ, ㄷ
④ ㄴ, ㄷ   ⑤ ㄱ, ㄴ, ㄷ

C 지구시스템 구성 요소의 상호작용

16 그림은 지구시스템 구성 요소 사이의 상호작용을 나타낸 것이다.

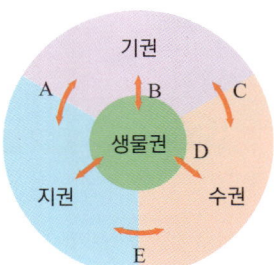

A~E에 해당하는 예로 옳지 않은 것은?

① A : 화산 폭발에 의한 이산화 탄소 방출
② B : 식물의 광합성에 의한 산소 방출
③ C : 바람에 의한 해류 발생
④ D : 지하수에 의한 석회 동굴 형성
⑤ E : 지진으로 인한 해일 발생

17 (가)는 암석 변화 과정의 일부를, (나)는 지권과 다른 지구시스템 구성 요소 간의 상호작용을 나타낸 것이다.

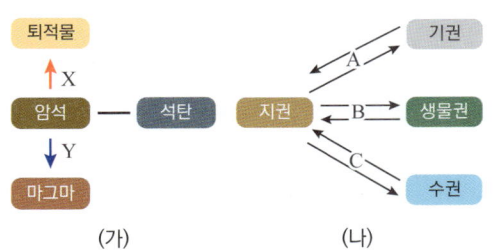

(가)   (나)

이에 대한 설명으로 옳은 것만을 <보기>에서 있는 대로 고른 것은?

┌─ 보기 ─────────────────────────────┐
│ ㄱ. 석회암은 (나)의 A 과정으로 생성된다.   │
│ ㄴ. (가)의 Y 과정에는 (나)의 B 과정이 영향을 미쳤다. │
│ ㄷ. (가)의 X 과정에 영향을 미치는 것은 (나)의 A, B, C 모 │
│   두이다.   │
└─────────────────────────────────┘

① ㄱ   ② ㄴ   ③ ㄷ
④ ㄱ, ㄴ   ⑤ ㄴ, ㄷ

18 그림은 지구 시스템의 상호 작용과 이에 대한 학생들의 대화를 나타낸 것이다.

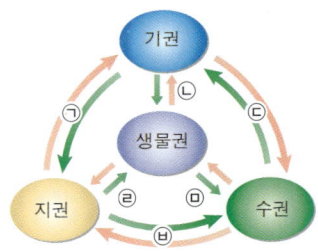

학생들이 설명한 내용과 지구 시스템의 상호 작용을 바르게 연결한 것은?

① A-㉠, B-㉡, C-㉑   ② A-㉠, B-㉑, C-㉢
③ A-㉠, B-㉣, C-㉑   ④ A-㉑, B-㉡, C-㉢
⑤ A-㉑, B-㉣, C-㉤

19 다음은 지구시스템을 구성하는 요소들의 상호작용과 그 예이다.

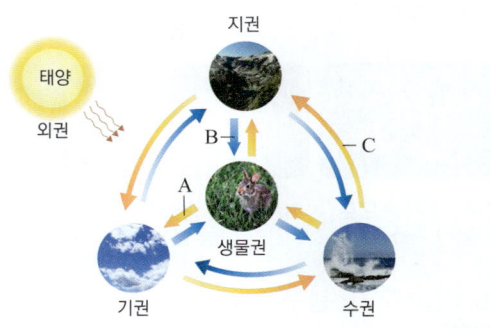

┌─────────────────────────────────┐
│ (가) 파도의 침식 작용으로 해안 절벽이 형성된다.   │
│ (나) 서식처를 제공하여 육상 생물이 살아갈 수 있도록 한다. │
│ (다) 호흡과 광합성을 위해 기체를 흡수하거나 방출한다. │
└─────────────────────────────────┘

A~C 중 (가)~(다)에 해당하는 지구 시스템의 상호 작용을 옳게 짝지은 것은?

	(가)	(나)	(다)
①	A	B	C
②	A	C	B
③	B	A	C
④	C	A	B
⑤	C	B	A

[2022 모의고사 기출]

20 그림은 지구시스템을 구성하는 권역 간 상호작용의 예를 구분하는 과정을 나타낸 것이다.

┌─────────────────────────────────┐
│ ㉠ 지진에 의해 해일이 발생한다.   │
│ ㉡ 육상 식물이 광합성 과정에서 대기 중의 이산화 탄 │
│   소를 흡수한다.   │
│ ㉢ 화석 연료의 연소로 인해 대기 중으로 이산화 탄소 │
│   가 방출된다.   │
└─────────────────────────────────┘

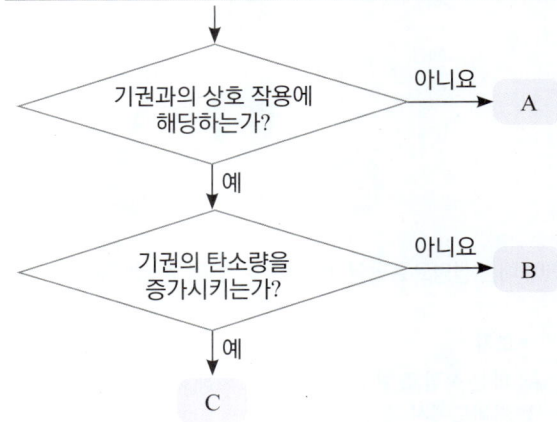

A~C로 옳은 것은?

	A	B	C			A	B	C
①	㉠	㉡	㉢		②	㉠	㉢	㉡
③	㉡	㉠	㉢		④	㉡	㉢	㉠
⑤	㉢	㉠	㉡					

21 그림은 지구시스템에서 일어나는 자연 현상 A, B, C를 나타낸 것이다.

| A. 대기 중으로 화산 가스 방출 | B. 해수의 증발로 인한 태풍 발생 | C. 식물체로부터 석탄 생성 |

A, B, C를 지구 시스템 구성 요소들의 상호 작용으로 표현할 때 가장 적절한 것은?

① 기권 — A — 지권 — B — 생물권 — C — 수권
② 기권 — A — 지권, C — 생물권 — B — 수권
③ 기권 — A — 생물권 — B — 수권, 지권 — C — 수권
④ 기권 — C — 생물권, B — 수권, 지권 — A — 수권
⑤ 기권 — A — 수권, C — 생물권, 지권 — B — 수권

22 다음은 지구시스템 구성 요소 간의 상호작용을 나타낸 것이다.

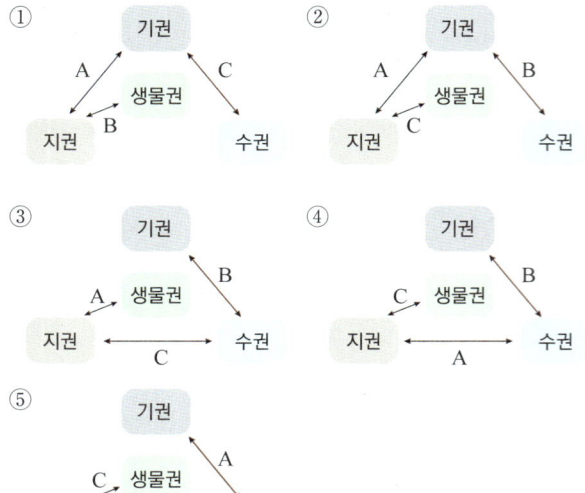

이에 대한 설명으로 옳은 것만을 <보기>에서 있는 대로 고른 것은?

보기
A: 화산 폭발로 발생한 화산재에 의해 기온이 낮아진다.
B: 저위도에서 태풍이 발생한다.
C: 수중 식물의 광합성 작용으로 이산화 탄소 용해도가 낮아진다.

① A   ② B   ③ C
④ A, C   ⑤ A, B, C

D 지구시스템의 에너지 흐름

23 다음은 지구시스템의 주요 에너지원을 나타낸 것이다.

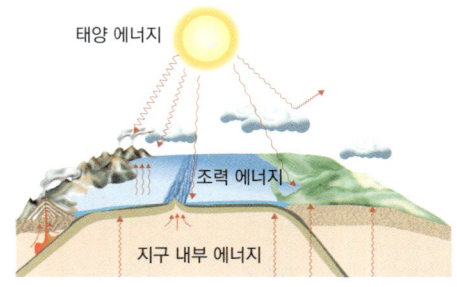

이에 대한 설명으로 옳은 것만을 <보기>에서 있는 대로 고른 것은?

보기
ㄱ. 태양 에너지는 대기와 해수의 순환을 일으킨다.
ㄴ. 조력 에너지는 달과 태양의 인력으로 인해 발생하는 에너지이다.
ㄷ. 지구 내부 에너지는 지구 시스템의 에너지원 중 가장 많은 양을 차지한다.

① ㄱ   ② ㄱ, ㄴ   ③ ㄱ, ㄷ
④ ㄴ, ㄷ   ⑤ ㄱ, ㄴ, ㄷ

24 다음은 지구시스템에서 일어나는 여러 가지 현상들이다.

(가) 편서풍에 의해 해류가 발생한다.
(나) 일본 오키나와 부근에서 지진이 발생하였다.
(다) 우리나라 남해안에서는 밀물과 썰물이 주기적으로 일어난다.

(가)~(다)의 현상을 일으키는 주된 에너지원을 옳게 짝 지은 것은?

	(가)	(나)	(다)
①	태양 에너지	조력 에너지	지구 내부 에너지
②	태양 에너지	지구 내부 에너지	조력 에너지
③	조력 에너지	태양 에너지	지구 내부 에너지
④	조력 에너지	지구 내부 에너지	태양 에너지
⑤	지구 내부 에너지	태양 에너지	조력 에너지

E 지구시스템의 물질 순환

25 다음은 지구시스템에서 일어나는 물 순환 과정의 일부를 나타낸 것이다.

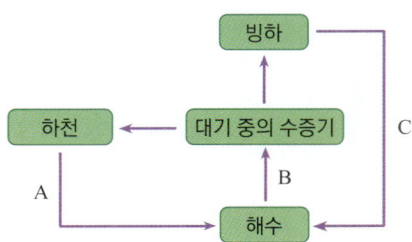

이에 대한 설명으로 옳은 것만을 <보기>에서 있는 대로 고른 것은?

― 보기 ―

ㄱ. A에서 지구 내부 에너지가 에너지원으로 작용한다.
ㄴ. B에서 수권과 기권이 상호 작용한다.
ㄷ. 지구 온난화가 가속되면 C의 이동이 증가한다.

① ㄱ   ② ㄱ, ㄴ   ③ ㄱ, ㄷ
④ ㄴ, ㄷ   ⑤ ㄱ, ㄴ, ㄷ

26 지구시스템에서 물의 유입량과 유출량을 나타낸 것이다. 이에 대한 설명으로 옳은 것만을 <보기>에서 있는 대로 고른 것은?

	유입량($\times 10^3$ km³)	유출량($\times 10^3$ km³)
해양	A	B
육지	C	증발(60) + 바다로 유출(36)
대기	해양에서 증발(320) + 육지에서 증발(60)	해양에 강수(284) + 육지에 강수(96)

― 보기 ―

ㄱ. 해양에서 A는 B보다 크다.
ㄴ. C는 육지에 내리는 강수로 96,000 km³ 이다.
ㄷ. A는 해양에 내리는 강수와 육지에서 바다로 유출되는 양을 더한 값이다.
ㄹ. 순환하는 물의 총량은 380,000 km³ 로 항상 일정하다.

① ㄱ, ㄴ   ② ㄱ, ㄷ   ③ ㄴ, ㄹ
④ ㄱ, ㄴ, ㄷ   ⑤ ㄴ, ㄷ, ㄹ

27 그림 (가)는 지구시스템에서 물의 순환을, (나)는 강원도 영월의 동강 유역에 위치한 한반도 모양의 지형을 나타낸 것이다.

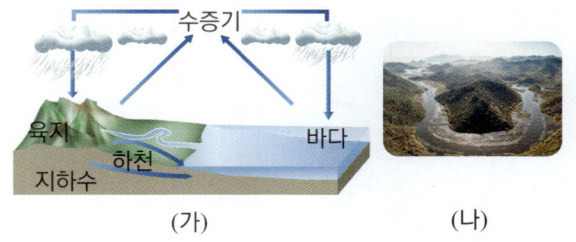

(가)   (나)

이에 대한 설명으로 옳은 것만을 <보기>에서 있는 대로 고른 것은?

― 보기 ―

ㄱ. (가)에서 물질과 에너지가 이동한다.
ㄴ. (가)의 주된 에너지원은 태양 에너지이다.
ㄷ. (나)는 (가) 과정에 의해 지표가 변화되어 형성된 지형이다.

① ㄱ   ② ㄴ   ③ ㄱ, ㄷ
④ ㄴ, ㄷ   ⑤ ㄱ, ㄴ, ㄷ

28 그림은 지구시스템에서 탄소의 분포와 연간 이동량을 나타낸 것이다.

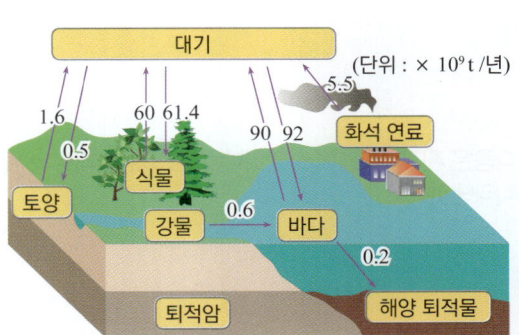

이에 대한 설명으로 옳은 것만을 <보기>에서 있는 대로 고른 것은?

― 보기 ―

ㄱ. 대기 중 이산화 탄소 농도가 증가하고 있다.
ㄴ. 식물을 많이 심는 것은 지구 온난화를 늦추는 데 도움이 된다.
ㄷ. 바다에서 대기로 방출되는 이산화 탄소의 양은 대기에서 바다에 용해되는 양보다 많다.

① ㄱ   ② ㄱ, ㄴ   ③ ㄱ, ㄷ
④ ㄴ, ㄷ   ⑤ ㄱ, ㄴ, ㄷ

29 다음은 탄소가 순환하는 과정과 지구 전체의 탄소 분포비이다.

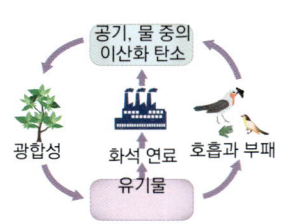

구분	분포비(%)
대기	0.001
생물체	0.07
석유, 석탄	0.012
해수	0.07
퇴적암 (유기 탄소)	13.5
탄산염 (석회암)	86.41

이에 대한 설명으로 옳은 것만을 <보기>에서 있는 대로 고른 것은?

보기
ㄱ. 지권에 분포하는 탄소의 양이 가장 많다.
ㄴ. 기권과 생물권에서 탄소는 각각 동일한 형태로 존재한다.
ㄷ. 화석 연료의 사용량이 증가한다면 지구 전체의 탄소량이 증가할 것이다.

① ㄱ   ② ㄱ, ㄴ   ③ ㄱ, ㄷ
④ ㄴ, ㄷ   ⑤ ㄱ, ㄴ, ㄷ

30 다음은 지구시스템에서 일어나는 탄소 순환 과정의 일부를 나타낸것이다.

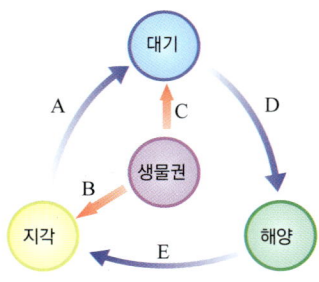

A~E에 해당되는 예로 옳은 것은?

① A - 석회암 생성   ② B - 화산 활동
③ C - 식물의 광합성   ④ D - 해수에 용해
⑤ E - 화석 연료 생성

31 지구 환경에서 탄소의 순환 과정을 나타낸 것이다. 이에 대한 설명으로 옳은 것은?

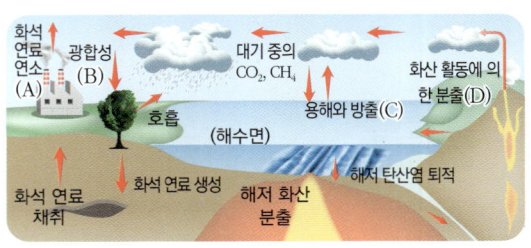

① 지권에서 탄소는 주로 유기물 형태로 존재한다.
② A 과정의 탄소 이동은 생물권과 기권의 상호 작용에 해당한다.
③ B 과정에서 탄소는 탄산 이온 형태로 저장된다.
④ C 과정은 지구 내부 에너지가 관여하여 일어난다.
⑤ D 과정은 대기 중의 탄소량을 증가시켜 지구 온난화를 촉진한다.

[2019 모의고사 기출]

32 그림은 지구 시스템에서 일어나는 탄소 순환의 일부를 나타낸 것이다. A~C는 각각 호흡, 광합성, 화석 연료의 연소에 의해 일어나는 탄소 이동 중 하나이다.

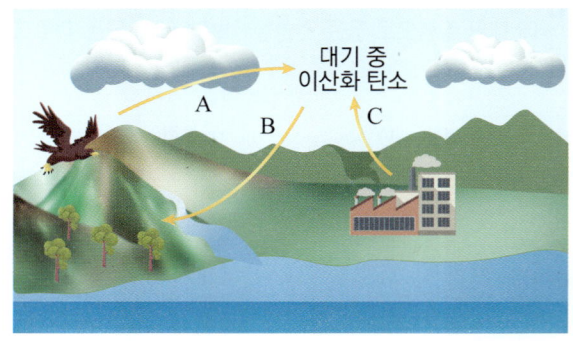

이에 대한 설명으로 옳은 것만을 <보기>에서 있는 대로 고른 것은?

보기
ㄱ. A는 호흡에 의해 일어나는 탄소 이동이다.
ㄴ. B는 생물권에서 기권으로의 탄소 이동이다.
ㄷ. C의 증가는 지구 온난화의 원인 중 하나이다.

① ㄱ   ② ㄴ   ③ ㄷ
④ ㄱ, ㄷ   ⑤ ㄴ, ㄷ

심화 실력높이기

정답 및 해설 ➜ 54

[2018 모의고사 기출]

01 그림은 기권의 높이에 따른 연직 온도 분포와 오존의 상대량을 나타낸 것이다.

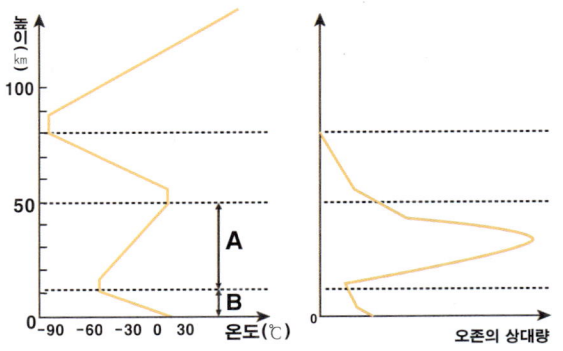

이에 대한 설명으로 옳은 것은?

① 외권에서 유입되는 태양풍이나 우주선은 주로 A 구간의 오존에 의해 차단된다.
② A 구간에서 오존이 생성되거나 소멸하는 과정에서 지구 복사 에너지가 흡수된다.
③ A 구간은 대류 현상이 일어나지 않아 대기가 안정적이다.
④ B 구간은 계절이나 위도에 따른 기온 변화가 거의 없다.
⑤ B 구간에서 위로 올라갈수록 온도가 낮아지는 이유는 오존량이 감소하기 때문이다.

[2021 모의고사 기출]

02 그림(가)는 해수의 성층 구조를, (나)는 지구 내부의 성층 구조를 나타낸 것이다.

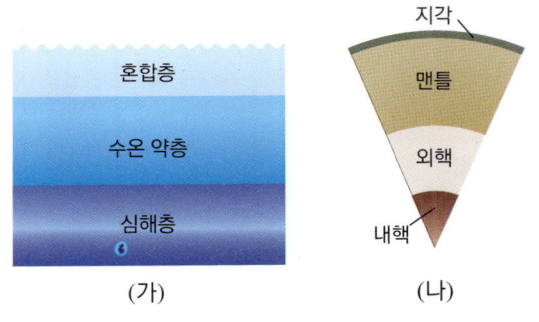

(가)　　　　　　(나)

이에 대한 설명으로 옳은 것만을 <보기>에서 있는 대로 고른 것은?

─ 보기 ─

ㄱ. (가)에서 혼합층이 심해층보다 온도가 높다.
ㄴ. (나)의 내핵은 액체 상태이다.
ㄷ. (나)에서 밀도는 맨틀이 외핵보다 크다.

① ㄱ　　　　　② ㄷ　　　　　③ ㄱ, ㄴ
④ ㄴ, ㄷ　　　　⑤ ㄱ, ㄴ, ㄷ

03 그림은 지구시스템의 기권과 수권의 연직 성층 구조를 모식적으로 나타낸 것이다.

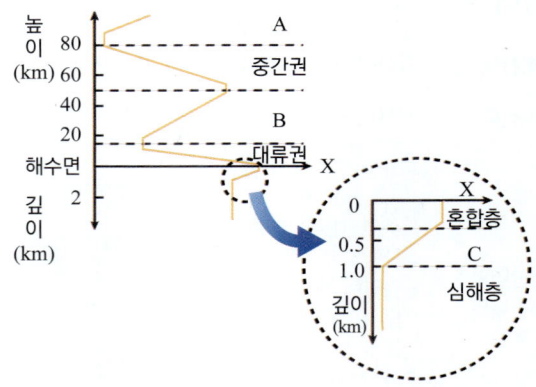

이에 대한 설명으로 옳은 것만을 <보기>에서 있는 대로 고른 것은?

─ 보기 ─

ㄱ. 물리량 X는 온도이다.
ㄴ. A에서 오로라가 형성된다.
ㄷ. B와 C에서는 물질의 연직 운동이 활발하게 일어난다.

① ㄱ　　　　　② ㄷ　　　　　③ ㄱ, ㄴ
④ ㄴ, ㄷ　　　　⑤ ㄱ, ㄴ, ㄷ

04 그림은 지구시스템에서의 물의 순환을 나타낸 것이다.

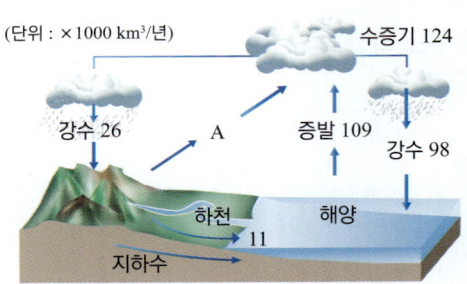

이에 대한 설명으로 옳은 것만을 <보기>에서 있는 대로 고르시오.

─ 보기 ─

ㄱ. 강수량은 육지보다 바다에서 많다.
ㄴ. A 과정에 의한 물의 이동량은 15단위이다.
ㄷ. 지구 전체로 볼 때 총 강수량보다 총 증발량이 많다.

① ㄱ　　　　　② ㄴ　　　　　③ ㄱ, ㄴ
④ ㄱ, ㄷ　　　　⑤ ㄴ, ㄷ

02 지권의 변화와 영향

□ 변동대와 판의 경계   □ 판의 구조와 특징
□ 판 경계의 지각 변동   □ 지권의 변화와 영향

A 지권의 변화

1. 변동대: 지진, 화산 활동, 조산 운동❶과 같은 지각 변동이 자주 일어나는 지역이다.

화산대	화산 활동이 자주 일어나는 곳을 연결한 띠 모양의 지역
지진대	지진이 자주 일어나는 곳을 연결한 띠 모양의 지역
화산대와 지진대의 특징	· 화산대와 지진대는 대체로 일치한다.❷ · 주로 대륙 주변부에서 띠 모양으로 나타난다. · 지진이 발생하는 곳에서 반드시 화산 활동이 일어나지는 않는다. · 화산 활동과 지진은 환태평양 지역에서 가장 활발하다.❸

▲ 화산과 지진의 분포

2. 지각 변동: 지각의 변형이 일어나는 자연 현상으로 화산 활동, 지진, 조산 운동 등이 있다.

① 지각 변동의 원동력은 지구 내부 에너지이다.
② 지각 변동이 활발한 변동대는 대체로 좁은 띠 모양으로 나타난다.
③ **화산 활동**: 땅속 깊은 곳의 뜨거운 마그마가 지각의 약한 틈을 뚫고 지표로 나오는 현상이다. 이때 화산 분출물은 화산 가스, 화산 쇄설물, 용암으로 구분한다.
④ **지진**: 지각의 축적된 에너지가 지각을 통과하면서 발생하는 갑작스러운 진동이다. 지진은 진원★의 깊이에 따라 천발 지진, 중발 지진, 심발 지진❺으로 구분한다.

B 판 구조론

1. 판 구조론: 지구의 표면은 크고 작은 여러 개의 판으로 이루어져 있고, 판의 상대적인 운동으로 판 경계에서 화산 활동이나 지진과 같은 지각 변동이 일어난다는 이론이다.

2. 판의 구조와 종류

① 판의 구조

암석권 (판)	· 지각과 맨틀의 최상부를 포함하는 두께 약 100 km 의 단단한 부분을 말한다. · 전세계적으로 암석권은 여러 개의 조각으로 나누어져 있는데, 각각의 조각을 판이라고 한다.
연약권	· 암석권 아래의 깊이 약 100~400 km 구간 · 부분적으로 용융★된 부분으로 유동성이 있고, 맨틀 대류가 일어나므로 판 이동의 원동력이 된다.

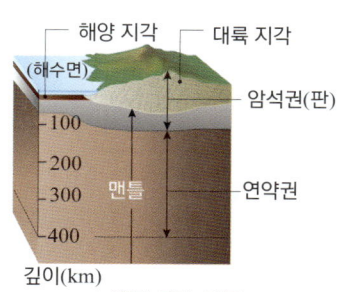

▲ 판과 지각, 맨틀

② **판의 종류**: 판을 구성하는 지각의 종류에 따라 크게 대륙판과 해양판으로 구분한다.

구분	구성	평균 두께	밀도
대륙판	대륙 지각(주로 화강암질 암석) + 맨틀의 윗부분	약 100 km	작다
해양판	해양 지각(주로 현무암질 암석) + 맨틀의 윗부분	약 70 km	크다

개념⁺

❶ 조산 운동

판의 운동에 의해 거대한 습곡 산맥이 형성되는 지각 변동이다. 조산 운동에 의해서 히말라야 산맥, 알프스 산맥, 안데스 산맥 등이 형성되었다.

❷ 화산대와 지진대가 일치하는 이유

화산 활동과 지진은 대부분 판 경계에서 판의 상대적인 운동에 의해 발생하기 때문이다.

❸ 전 세계 주요 화산대와 지진대

● 환태평양 화산대와 지진대: 태평양 주변부를 따라 분포하며, 전 세계 화산 활동의 약 80 %가 이곳에서 일어나 '불의 고리' 라고도 한다.
● 알프스-히말라야 화산대와 지진대: 지중해, 히말라야 산맥, 인도네시아로 이어지는 지역에 분포하고, 대규모 습곡 산맥이 발달해 있다.
● 해령 화산대와 지진대: 태평양, 대서양, 인도양의 해저에 발달한 해령을 따라 분포하고, 화산 활동이 활발하다.

❺ 깊이에 따른 지진 구분

● 천발 지진: 지진 발생 지점의 깊이가 70 km 이내
● 중발 지진: 지진 발생 지점의 깊이가 70 ~ 300 km
● 심발 지진: 지진 발생 지점의 깊이가 300 km 이상

미니사전

★ **진원** 지진이 발생한 지점. 진원의 연직 위 지표면 지점은 진앙이라고 한다.
★ **용융 [熔 녹이다 融 변하다]** 고체 물질이 가열되어 액체로 변하는 현상

③ 판의 분포

▲ 전 세계 판의 분포와 이동 방향

· 각각의 판은 약 1 ~ 10 cm/년의 속도로 이동하고 판마다 이동 속도와 방향이 다르다.
· 지구 표면은 10여 개의 크고 작은 판으로 구성되어 있는데, 인접한 두 판의 상대적인 이동 방향에 따라 판이 멀어지는 경계(발산형 경계), 판이 서로 모이는 경계(수렴형 경계), 판이 서로 어긋나는 경계(보존형 경계)로 구분된다.

④ 판 이동의 원동력: 맨틀의 대류(연약권의 대류)[4]

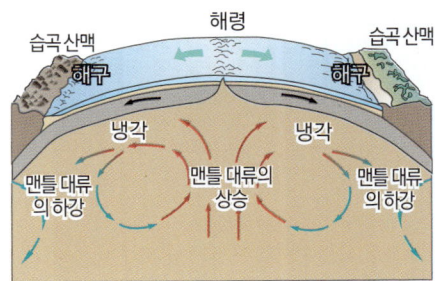

· 맨틀은 아래쪽부터 가열되어 온도가 높은 부분은 밀도가 작아져 상승한다.
· 상승한 맨틀은 양옆으로 이동하다가 점차 식으면서 밀도가 커지면 하강하여 대류가 일어난다.
· 연약권이 대류하면서 연약권 위에 떠 있는 판이 연약권을 따라 이동한다.
· 맨틀 대류가 상승하는 곳(상승부)은 발산형 경계, 하강하는 곳(하강부)은 수렴형 경계에 해당된다.

개념+
❹ 판 이동의 원동력 실험

우유 표면에 코코아 가루를 뿌리고 우유를 가열하면 우유의 대류에 의해 코코아로 덮인 표면이 갈라져 여러 조각으로 분리되어 이동한다. 이때 우유는 연약권, 코코아 가루는 판에 해당한다. 이때 공급되는 열은 지구 내부 에너지라고 할 수 있다.

개념체크+

정답 및 해설 ➡ 55

01 지진, 화산 활동 등의 지각 변동을 일으키는 에너지 원은 무엇인지 쓰시오.

02 변동대에 대한 설명으로 옳은 것은 ○표, 옳지 않은 것은 ×표 하시오.

(1) 변동대는 지진이나 화산 활동이 활발한 지역이다. ·····························( )
(2) 화산대와 지진대는 거의 일치한다. ·····································( )
(3) 지진이 발생하는 곳에서는 반드시 화산 활동이 일어난다. ···················( )
(4) 가장 많은 화산 활동과 지진이 발생하는 지역은 환태평양 화산대와 지진대이다. ( )
(5) 변동대는 주로 대륙의 중앙부에 분포한다. ·····························( )

03 그림은 판 구조를 나타낸 것이다. ( ) 안에 알맞은 말을 쓰시오.

(1) A는 ( ), B는 ( )이다.
(2) 대륙판은 해양판보다 두께가 ( ).
(3) 대륙판은 해양판보다 밀도가 ( ).
(4) 판을 이동시키는 원동력은 ( )이다.

04 맨틀 대류가 일어나는 과정에 대한 설명에서 ( ) 안에 알맞은 말을 쓰시오.

맨틀에서는 상부와 하부의 (㉠) 차이로 대류가 일어난다. 온도가 높은 부분은 밀도가 (㉡)져 상승하고, 옆으로 이동하다가 식어서 밀도가 (㉢)지면 하강한다. 이때 연약권 위에 떠 있는 판이 함께 이동한다.

POINT

➡ 암석권은 지각과 상부 맨틀 일부를 포함한 부분이고, 연약권은 암석권 아래 맨틀 부분으로 유동성이 있으며, 암석권보다 밀도가 크다.

C 판 경계의 지각 변동

1. 판 경계의 종류
① 발산형 경계: 판과 판이 서로 멀어지는 경계 ➡ 맨틀 대류의 상승부, 새로운 판 생성
② 수렴형 경계: 판과 판이 서로 모여드는 경계 ➡ 맨틀 대류의 하강부, 판 소멸
③ 보존형 경계: 판과 판이 서로 어긋나는 경계 ➡ 판이 생성되거나 소멸되지 않음

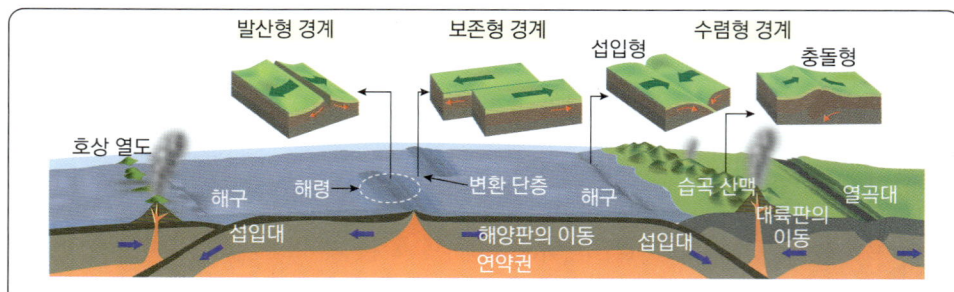

- **호상 열도**: 해구와 나란하게 활 모양으로 길게 배열되어 있는 화산섬들
- **해구**: 주로 태평양의 가장자리를 따라 발달한 깊은 해저 골짜기
- **해령**: 대양의 해저에서 발달하는 해저 산맥. 마그마가 상승하여 새로운 판이 만들어진다.
- **변환 단층**: 해령과 해령 사이에서 판이 서로 반대 방향으로 이동하면서 지층이 끊어진 지형
- **습곡 산맥**: 지층이 양쪽에서 압력을 받아 휘어지면서 융기*하여 형성된 산맥
- **열곡대**: 폭이 좁고 긴 V자 모양의 골짜기인 열곡이 길게 이어져 있는 지형

2. 발산형 경계
① 맨틀 대류가 상승하는 곳이며, 판이 양쪽으로 멀어진다.
② 맨틀 물질이 상승하면서 마그마 생성, 용암으로 분출되며 새로운 판이 생성된다.
③ 화산 활동이 활발하고, 판이 멀어지면서 천발 지진이 활발하게 발생한다.
④ 발달하는 지형은 해령, 열곡대이다.

해양판과 해양판의 발산	대륙판과 대륙판의 발산
· 해양판과 해양판이 멀어지면서 해령(해저 산맥) 형성 (예) 대서양 중앙 해령, 동태평양 해령 · 해령 가운데에 열곡이 형성되고, 두 판이 멀어지면서 열곡에서 새로운 해양 지각 생성 ➡ 만들어진 해양 지각은 양쪽으로 이동하는데, 해령에서 멀어질수록 나이와 해저 퇴적물 증가⑥	· 두 대륙판이 멀어지면서 중앙부가 침강하여 열곡이 띠모양으로 길게 이어진 열곡대 형성 (예) 동 아프리가 열곡대 ❼ · 열곡대의 폭이 점점 넓어지다가 바닷물이 들어오면 열곡대는 해령이 되고 해양 지각이 생성됨 (예) 홍해

〈지각 변동〉 · 마그마가 상승하여 화산 활동 활발함 · 천발 지진 발생

3. 수렴형 경계
① 섭입*형 경계와 충돌형 경계로 구분하고, 섭입형 경계는 화산 활동이 활발하지만, 충돌형 경계는 화산 활동이 거의 일어나지 않는다.
② 맨틀 대류가 하강하는 곳으로 양쪽 판이 서로 모여든다.
③ 판과 판이 충돌하거나, 밀도가 큰 판이 밀도가 작은 판 아래로 들어가 소멸한다.
④ 발달하는 지형은 해구, 호상 열도, 습곡 산맥이다.

● **발산형 경계의 지형**
두 판이 벌어지면서 장력이 작용한다. 장력이 작용하면 지층이 끊어지면서 정단층이 나타날 수 있다.

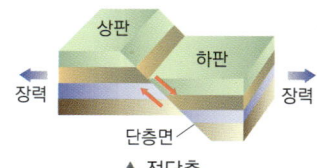

▲ 정단층

❻ **해령에서 생성된 해양 지각의 나이와 쌓인 해저 퇴적물**
해령에서 새로운 해양 지각이 생성되어 양옆으로 이동하므로 해령에서 멀어질수록 해양 지각의 나이가 증가한다. 해양 지각의 나이가 증가할수록 지각에 해저 퇴적물이 두껍게 쌓인다.

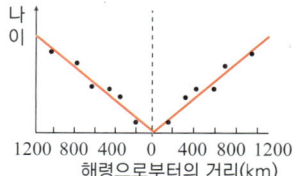

❼ **동아프리카 열곡대**
아프리가 동쪽의 대륙에 위치한 발산형 경계로, 장력에 의해 정단층이 발달해 있다.

● **우리나라의 지각 변동**
일본과 우리나라는 유라시아판에 속한다. 일본은 판의 경계에 위치하여 화산 활동과 지진이 활발하게 나타나지만, 판의 경계에서 떨어져 있는 우리나라에서는 지각 변동이 상대적으로 적게 일어난다.

미니사전

★ **융기** [隆 높다 起 일어나다] 자연적인 원인에 의해 땅덩어리가 주변에 대하여 상대적으로 상승하는 현상

★ **섭입** [攝 몰아잡다 入 들어가다] 판과 판이 서로 수렴하여 한 판이 다른 판의 아래로 비스듬히 들어가는 현상

해양판과 대륙판(섭입형 경계)	해양판과 해양판(섭입형 경계)	대륙판과 대륙판(충돌형 경계)
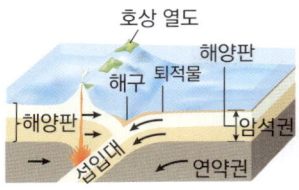	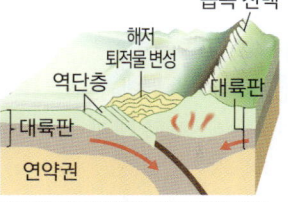	
· 밀도가 큰 해양판이 대륙판 아래로 섭입하면서 해구가 발달 (예) 일본 해구, 페루-칠레 해구 · 섭입대❽에서 마그마가 생성되어 호상 열도가 발달 (예) 일본 열도 · 판이 모이면서 지각이 융기하여 습곡 산맥이 발달 (예) 안데스 산맥	· 상대적으로 밀도가 큰 해양판이 밀도가 작은 해양판 아래로 섭입하면서 해구가 발달 (예) 마리아나 해구, 통가 해구 · 섭입대에서 마그마가 생성되어 밀도가 작은 판 쪽에서 화산 활동이 일어나 해구와 나란하게 호상 열도가 발달 (예) 마리아나 제도, 알류산 열도	· 밀도가 비슷한 두 대륙판이 충돌하면서 두 대륙 사이에 있던 해저 퇴적층이 양쪽에서 미는 힘에 의해 융기하여 거대한 습곡 산맥이 발달 (예) 히말라야 산맥❾, 알프스 산맥
<지각 변동> · 판이 깊은 곳까지 들어가므로 마그마가 형성되어 화산 활동이 활발함 · 섭입대를 따라 마찰에 의한 천발, 중발, 심발 지진 발생 ➡ 섭입대 입구인 해구 근처에서 천발 지진, 깊어지면서 중~심발 지진 발생		· 판이 깊은 곳까지 들어가지 않으므로 마그마가 잘 형성되지 않아 화산 활동이 거의 일어나지 않음 · 천발, 중발 지진 발생

4. 보존형 경계

① 해양판과 해양판 또는 해양판과 대륙판이 서로 반대 방향으로 이동하며 스치는 경계이다.
② 맨틀 대류가 상승하거나 하강하는 곳이 아니므로 판이 생성되거나 소멸되지 않는다.
③ 천발 지진이 자주 발생하지만, 중발~심발 지진이나 화산 활동은 일어나지 않는다.
④ 보존형 경계에서 발달하는 지형은 변환 단층이다. (예) 산안드레아스 단층❿

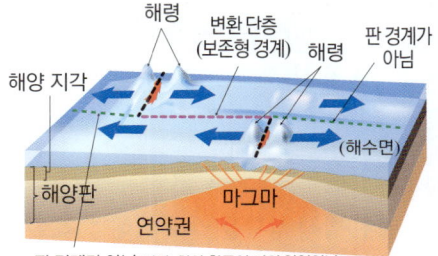

판 경계가 아님(지진, 화산 활동이 거의 안일어남)

D 지권 변화가 지구시스템에 미치는 영향

1. 화산 활동: 마그마가 지각을 뚫고 상승하면서 화산 분출물⓫이 방출된다.

① 화산 활동의 영향

부정적인 영향(피해)	긍정적인 영향(이용)
· 화산 가스에 포함된 이산화 탄소, 이산화 황 등이 빗물에 녹아 산성비가 되므로 생태계에 피해를 준다. → 생물권, 지권, 수권에 영향 · 용암이 흘러 마을이나 농경지를 뒤덮어 인명과 재산 피해를 준다. → 지권, 생물권에 영향 · 화산 쇄설류가 흐르면서 산불 및 산사태가 발생한다. → 지권에 영향 · 대기로 분출된 다량의 화산재는 햇빛을 가려 일시적으로 기온을 낮춘다. → 기권에 영향 · 화산재가 항공기의 시야를 막고, 엔진 고장을 일으켜 항공기 운항에 방해가 된다. · 화산탄 등이 날아와 인명과 재산 피해가 발생한다.	· 화성 광상으로 유용한 금속 광물이 만들어진다. · 지열을 난방에 이용하거나 지열 발전소에서 전기를 생산한다. · 화산재가 쌓이고 오랜 시간이 지나면 식물이 자라기 좋은 비옥한 토양이 만들어진다. · 가열된 지하수로 인해 온천이 만들어지고, 온천 및 화산 활동으로 형성된 독특한 지형은 관광 자원으로 활용된다.

▲ 화산 가스　　　　▲ 용암　　　　▲ 화산재 피해

개념+

❽ 섭입대
밀도가 큰 판이 밀도가 작은 판 아래로 비스듬하게 밀려 들어가는 부분이다. 이 과정에서 마찰열에 의해 지진이 발생한다.

● 수렴형 경계의 지형
두 판이 충돌하거나 소멸하면서 횡압력이 작용한다. 횡압력이 작용하면 습곡과 역단층이 나타날 수 있다.

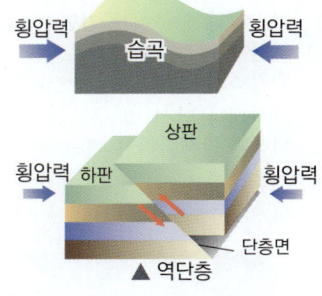

▲ 역단층

❾ 히말라야 산맥
인도-오스트레일리아 판이 북상하여 유라시아판과 충돌하여 생성된 거대한 습곡 산맥이다.

❿ 산안드레아스 단층
변환 단층은 대부분 해저에 발달하지만, 미국 서부의 산안드레아스 단층은 지표에 노출되어 있다.

⓫ 화산 분출물
● 화산 가스: 수증기, 이산화 탄소, 이산화 황 등
● 용암: 마그마에서 화산 가스가 빠져나가고 남은 고온의 융용 액체
● 화산 쇄설물: 화산 활동으로 분출되는 고체 상태의 암석 부스러기(크기에 따라 화산암괴, 화산력, 화산재, 화산진 등으로 구분)

▲ 화산 분출물

② 대처 방법
· 용암류에 바닷물을 뿌려 식히고 이동 속도를 줄인다.
· 화산 주변에 제방을 쌓거나 화산 분출구 주변에 댐과 수로를 건설한다.
· 화산 분출의 전조★ 현상에 대한 감시 체계, 경고 체계, 대피 체계를 강화한다.

2. 지진
① 지진의 영향

부정적인 영향(피해)	긍정적인 영향(이용)
· 땅의 진동으로 지표면이 갈라지고, 건물과 교량이 붕괴된다. → 지권에 영향 · 가스관과 전선이 끊기면서 합선이나 누전으로 인한 화재가 발생하고, 이로 인해 인명 피해와 대기 오염이 발생한다. → 생물권, 기권에 영향 · 산사태나 낙석 및 구조물의 낙하 등으로 인해 피해가 발생한다. → 지권에 영향 · 해저에서 발생한 지진에 의해 지진 해일(쓰나미)이 발생하기도 한다. → 수권, 생물권에 영향	· 지진 기록을 분석하여 지구 내부 구조를 연구한다. · 인공 지진에 의한 지진파의 분석으로 지하의 구조를 파악하여 지하 자원을 찾는다. · 인공 지진을 통해 지질 구조를 파악하여 도로, 건물, 댐 등의 건설에 적합한 장소를 찾는다.

 ▲ 도로 붕괴
 ▲ 건물 붕괴
 ▲ 지진 해일

② 대처 방법
· 활성 단층★ 지역이나 지반이 약한 곳에는 건물을 짓지 않는다.
· 건물을 지을 때 내진 설계를 의무화한다.
· 지진 경보 시스템을 구축하여 실시간 지진 발생 상황을 알려 피해를 최소화한다.
· 해안 지역은 지진 해일(쓰나미)에 대비한 경보 시스템을 구축한다.
· 인공위성을 통해 지형 변화를 관측하여 지진 발생 예상 지역에 대한 대비를 강화한다.
· 지진 발생 시 행동 요령을 숙지한다.⑫

개념⁺

⑫ 지진 발생 시 행동 요령
● 방석 등으로 머리를 보호하고, 탁자 밑으로 들어간다.
● 전기를 차단하고, 가스 밸브를 잠근다.
● 문을 열어 출구를 확보한다.
● 엘리베이터를 이용하지 않고, 계단을 이용한다.
● 산사태에 유의하고, 해안가에서는 지진 해일에 대비하여 높은 곳으로 대피한다.

● 화산 활동과 지진이 지구시스템에 미치는 영향
● 지권→지권: 용암, 화산 쇄설물의 흐름, 지진 등에 의한 지형 변화
● 지권→수권: 해저 화산 폭발, 해저 지진 등에 의한 지진 해일 발생
● 지권→기권: 화산 분출로 인한 기후 변화
● 지권→생물권: 생물의 서식지 파괴, 화산 가스 성분의 산성비로 인한 생태계 파괴

미니사전
★ 전조 [前 앞 兆 조짐] 어떤 사건이나 현상의 발생을 암시하는 것
★ 활성 단층 현재도 계속 운동하고 있는 단층

개념체크⁺
정답 및 해설 ➔ 57

05 전 세계의 판 경계와 이동 방향을 나타낸 것이다. A~E 중 각 경계에 해당하는 것을 고르시오.
(1) 발산형 경계 (　　　)
(2) 수렴형 경계 (　　　)
(3) 보존형 경계 (　　　)

➔ 판의 이동 방향

POINT
➔ 판과 판이 서로 멀어지는 경계를 발산형 경계, 판과 판이 서로 모여드는 경계를 수렴형 경계, 판과 판이 서로 어긋나는 경계를 보존형 경계라고 한다.

06 각각의 판 경계에서 발달하는 지형을 <보기>에서 있는 대로 고르시오.
(1) 발산형 경계
(2) 보존형 경계
(3) 대륙판과 대륙판이 충돌하는 경계
(4) 해양판이 대륙판 아래로 섭입하는 경계

┌ 보기 ┐
ㄱ. 해령　　ㄴ. 습곡 산맥
ㄷ. 해구　　ㄹ. 호상 열도
ㅁ. 열곡대　ㅂ. 변환 단층

전 세계 판 경계에서 나타나는 지형

A 히말라야 산맥

대륙판(유라시아 판)과 대륙판(인도-오스트레일리아 판)이 충돌하는 수렴형 경계 지형이다. 습곡 산맥이 발달되고, 천발, 중발 지진이 활발하다. (심발 지진과 화산 활동은 일어나지 않음)

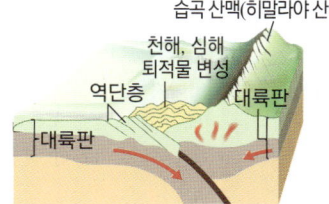

B 일본 해구

밀도가 큰 해양판(태평양 판)이 대륙판(유라시아 판) 아래로 섭입하는 수렴형 경계 지형이다. 밀도가 작은 유라시아판 쪽에서 화산 활동 외에 천발~심발 지진이 활발하다.

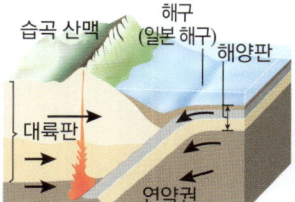

C 산안드레아스 단층

태평양 판과 북아메리카 판이 어긋나 반대 방향으로 이동하는 보존형 경계 지형이다. 변환 단층(산안드레아스 단층)이 육지로 드러나 있고, 화산 활동은 일어나지 않고, 천발 지진이 활발하다.

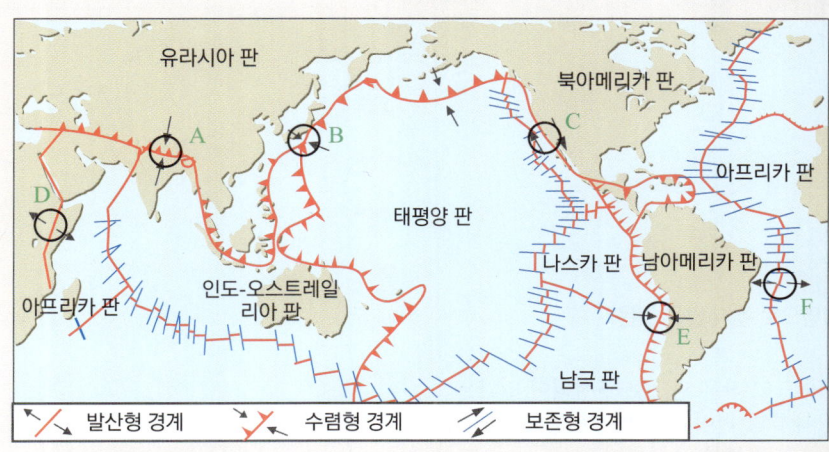

D 동아프리카 열곡대

하나의 대륙판이 두 개의 대륙판으로 갈라지는 발산형 경계 지형이다. V자 열곡대가 발달하고, 화산 활동, 천발 지진이 활발하다.

E 페루-칠레 해구, 안데스 산맥

밀도가 큰 해양판(나스카 판)이 대륙판(남아메리카 판) 아래로 섭입하는 수렴형 경계 지형이다. 화산 활동 외에 천발~심발 지진이 활발하다.

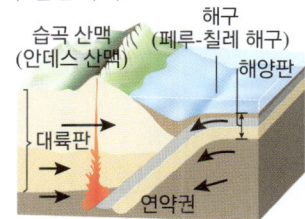

F 대서양 중앙 해령

해양판과 해양판이 멀어지는 발산형 경계 지형이다. 판이 양쪽으로 이동하면서 새로운 해양 지각이 만들어진다. 거대한 해저 산맥인 해령과 열곡이 발달하고, 화산 활동, 천발 지진이 활발하다.

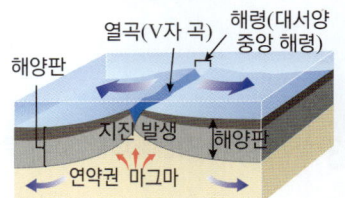

정답 및 해설 ➡ 55

A~F 중 판이 생성되는 곳 (가)와 맨틀 대류의 하강부 (나)를 있는 대로 쓰시오.

(가) (   )

(나) (   )

A~B 지권의 변화와 판 구조론

01 판의 구조를 나타낸 것이다. 이에 대한 설명으로 옳은 것은?

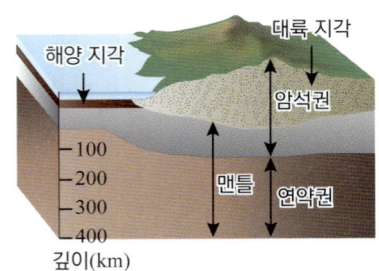

깊이(km)

① 암석권은 하나의 조각으로 이루어져 있다.
② 연약권은 액체 상태이다.
③ 판은 두께는 약 400 km이다.
④ 대륙판은 해양판보다 두께가 얇다.
⑤ 대륙판은 해양판보다 밀도가 작다.

02 판 구조론에 대한 설명으로 옳지 않은 것은?

① 지구 표면은 10여 개의 크고 작은 판으로 구성되어 있다.
② 암석권에서 일어나는 대류가 판이 이동하는 원동력이다.
③ 판은 지각과 상부 맨틀의 일부를 포함한다.
④ 판마다 이동하는 속도가 다르다.
⑤ 판들은 서로 다른 방향으로 이동한다.

03 화산 활동과 지진에 대한 설명으로 옳지 않은 것은?

① 지구 내부 에너지가 급격히 방출될 때 일어나는 현상이다.
② 화산 활동과 지진은 환태평양 지역에서 가장 활발하다.
③ 화산대는 지진대보다 더 광범위한 지역에서 나타난다.
④ 화산 활동이나 지진 등 지각 변동이 자주 일어나는 지역을 변동대라고 한다.
⑤ 전 세계적으로 지진이 일어나는 지역은 대륙 주변부에서 좁은 띠 모양으로 분포한다.

04 (가)는 지진이 발생한 지역을, (나)는 화산의 분포를 나타낸 것이다.

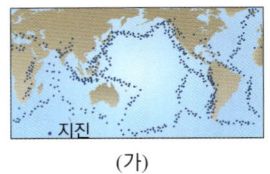
(가)

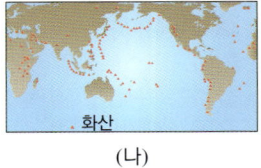
(나)

이에 대한 설명으로 옳은 것만을 <보기>에서 있는 대로 고른 것은?

┌─ **보기** ─────────────────────────────┐
ㄱ. 지진은 일어나지만 화산 활동은 일어나지 않는 지역이 있다.
ㄴ. 지진과 화산 활동이 일어나는 지역은 대체로 일치한다.
ㄷ. 태평양 연안보다 대서양 연안에서 지진과 화산 활동이 더 활발하게 일어난다.
└──────────────────────────────────────┘

① ㄱ   ② ㄴ   ③ ㄱ, ㄴ
④ ㄴ, ㄷ   ⑤ ㄱ, ㄴ, ㄷ

[2022 모의고사 기출]

05 그림은 판의 경계에 위치한 지역 A, B, C와 각 지역에 인접한 판의 상대적인 이동 방향을 나타낸 것이다.

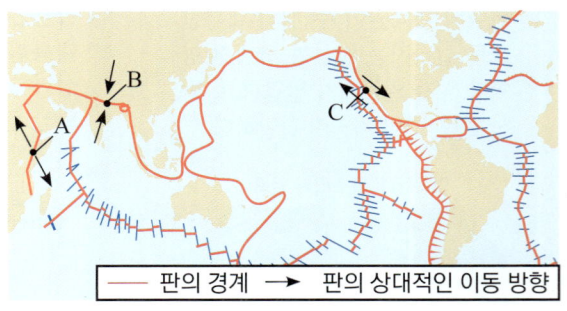

── 판의 경계   → 판의 상대적인 이동 방향

이에 대한 설명으로 옳은 것만을 <보기>에서 있는 대로 고른 것은?

┌─ **보기** ─────────────────────────────┐
ㄱ. A에는 폭이 좁고 긴 V자 모양의 골짜기가 발달한다.
ㄴ. B에는 산맥을 따라 화산이 분포한다.
ㄷ. C에서는 판이 소멸된다.
└──────────────────────────────────────┘

① ㄱ   ② ㄴ   ③ ㄱ, ㄷ
④ ㄴ, ㄷ   ⑤ ㄱ, ㄴ, ㄷ

C 판 경계에서 일어나는 지각 변동

06 다음은 판 경계와 판의 이동을 나타낸 것이다

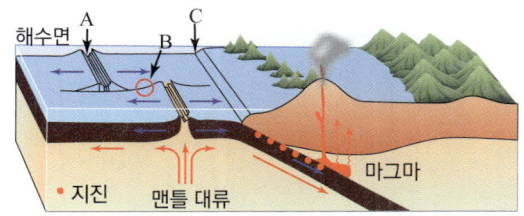

이에 대한 설명으로 옳지 않은 것은?

① A에서는 해령이 발달한다.
② B는 보존형 경계이다.
③ C에서는 해양 지각이 소멸된다.
④ A~C에서는 모두 지진이 자주 발생한다.
⑤ A~C에서는 모두 화산 활동이 활발하게 발생한다.

07 다음은 판 경계를 구분하는 과정이다.

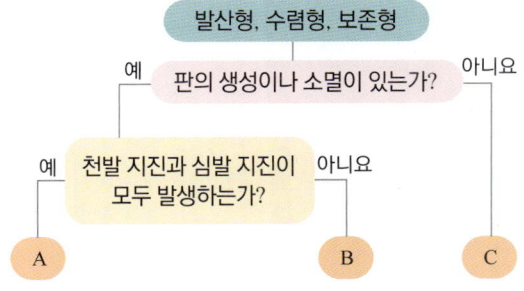

A, B, C에 해당하는 지형이나 명칭을 바르게 짝지은 것은?

	A	B	C
①	해령	해구	변환 단층
②	해구	열곡대	변환 단층
③	해구	변환 단층	해령
④	변환 단층	해령	호상 열도
⑤	열곡대	해구	변환 단층

08 (가)와 (나)는 서로 다른 판 경계에서 판의 이동 방향을 나타낸 것이다.

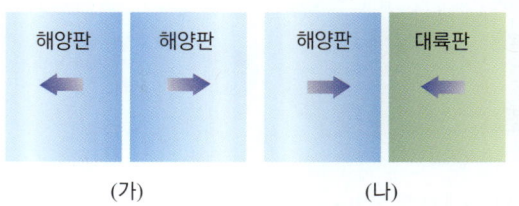

이에 대한 설명으로 옳은 것만을 <보기>에서 있는 대로 고른 것은?

> **보기**
> ㄱ. (가)에서는 해령이 발달한다.
> ㄴ. (나)에서는 대륙판이 해양판 아래로 섭입한다.
> ㄷ. (가)와 (나)는 모두 화산 활동과 천발 지진이 활발하게 일어난다.

① ㄱ   ② ㄴ   ③ ㄱ, ㄷ
④ ㄴ, ㄷ   ⑤ ㄱ, ㄴ, ㄷ

09 그림 (가)와 (나)는 서로 다른 판 경계를 나타낸 것이다.

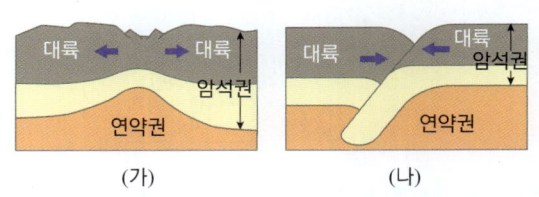

이에 대한 설명으로 옳은 것만을 <보기>에서 있는 대로 고른 것은?

> **보기**
> ㄱ. (가)의 과정으로 동아프리카 열곡대가 형성된다.
> ㄴ. 화산 활동은 (나)가 (가)보다 활발하게 일어난다.
> ㄷ. 지진이 발생하는 평균 깊이는 (가)가 (나)보다 깊다.

① ㄱ   ② ㄴ   ③ ㄷ
④ ㄱ, ㄴ   ⑤ ㄱ, ㄴ, ㄷ

10 그림 (가)와 (나)는 판 경계를 나타낸 것이다.

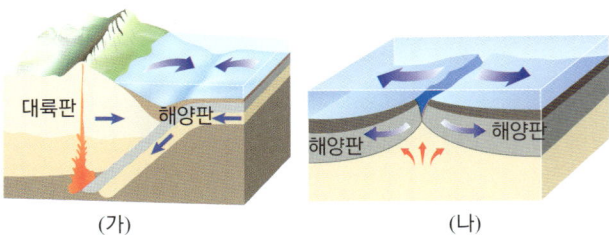

(가)   (나)

(가)와 (나)에 대한 설명으로 옳지 <u>않은</u> 것은?

① (가)에서는 변환 단층이 발달한다.
② 거대한 습곡 산맥이 발달하는 지역은 (가)이다.
③ 맨틀 대류가 상승하는 곳은 (나)이다.
④ (가)에서는 천발~심발 지진, (나)에서는 천발 지진이 발생한다.
⑤ (가)에서는 해양 지각이 소멸되고, (나)에서는 해양 지각이 생성된다.

11 그림은 어느 판 경계 부근을 나타낸 것이다.

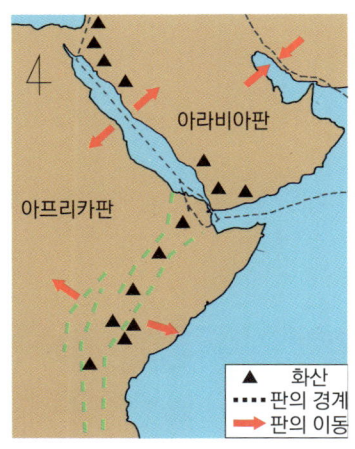

점선(— — —)으로 표시된 지역에 대한 설명으로 옳은 것만을 <보기>에서 있는 대로 고른 것은?

┌─ 보기 ─────────────────────────────┐
│ ㄱ. 두 판이 서로 스쳐 지나가는 곳이다.   │
│ ㄴ. 하부에는 맨틀 물질이 상승하고 있다.   │
│ ㄷ. 화산 활동은 활발하나 지진은 거의 일어나지 않는다. │
└──────────────────────────────────┘

① ㄱ   ② ㄴ   ③ ㄷ
④ ㄱ, ㄴ   ⑤ ㄴ, ㄷ

12 (가)는 안데스 산맥, (나)는 히말라야 산맥 부근의 판의 경계와 판의 이동을 나타낸 것이다.

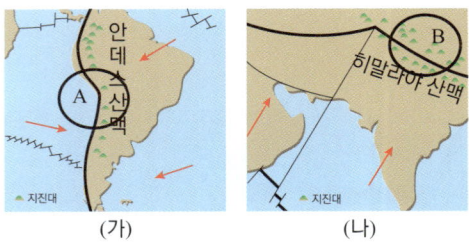

(가)   (나)

A와 B 지역의 공통점으로 옳은 것만을 <보기>에서 있는 대로 고른 것은?

┌─ 보기 ─────────────────────────────┐
│ ㄱ. 발산형 경계에 형성된다.   │
│ ㄴ. 맨틀 대류가 하강하는 곳이다.   │
│ ㄷ. 습곡 산맥 뿐만 아니라 해구도 발달한다.   │
└──────────────────────────────────┘

① ㄱ   ② ㄴ, ㄷ   ③ ㄷ
④ ㄱ, ㄷ   ⑤ ㄱ, ㄴ, ㄷ

13 그림은 1990~2006년에 아프리카와 아라비아 반도에서 지진이 발생한 지점과 판의 이동 방향을 나타낸 것이다.

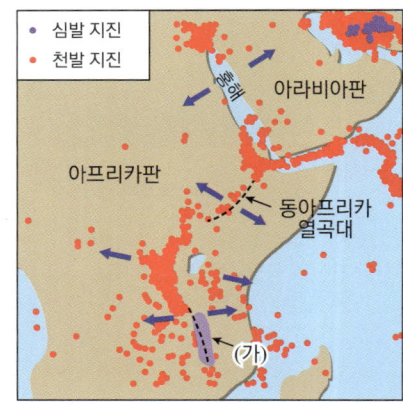

이에 대한 설명으로 옳은 것만을 <보기>에서 있는 대로 고른 것은?

┌─ 보기 ─────────────────────────────┐
│ ㄱ. 이 지역에서는 화산 활동이 활발하다.   │
│ ㄴ. 동아프리카 열곡대에는 역단층이 발달한다.   │
│ ㄷ. (가) 지역에 생성된 호수의 폭은 점차 넓어진다. │
└──────────────────────────────────┘

① ㄱ   ② ㄴ   ③ ㄱ, ㄷ
④ ㄴ, ㄷ   ⑤ ㄱ, ㄴ, ㄷ

14 그림은 북아메리카 서해안 지역의 해령, 해구, 변환 단층 분포를 나타낸 것이다.

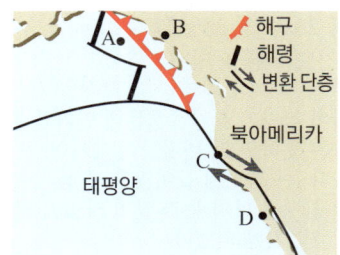

A~D 지역에 대한 설명으로 옳은 것만을 <보기>에서 있는 대로 고른 것은?

─ 보기 ─
ㄱ. 판의 평균 두께는 B가 위치한 판이 A가 위치한 판보다 두꺼울 것이다.
ㄴ. C에서는 화산 활동이 활발하게 일어난다.
ㄷ. D는 북아메리카판에 위치한다.

① ㄱ   ② ㄷ   ③ ㄱ, ㄴ
④ ㄴ, ㄷ   ⑤ ㄱ, ㄴ, ㄷ

15 그림 (가)는 필리핀 판과 태평양 판의 경계 지역을, 그림(나)는 1990년 이후 발생한 지진의 진앙 분포를 나타낸다.

 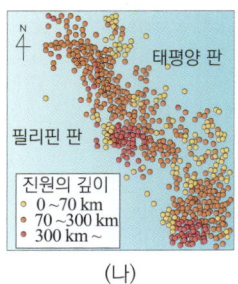

(가)   (나)

이에 대한 설명으로 옳은 것만을 <보기>에서 있는 대로 고른 것은?

─ 보기 ─
ㄱ. 두 판은 서로 수렴하고 있다.
ㄴ. 이 지역의 화산 활동은 주로 태평양 판에서 일어난다.
ㄷ. 진원의 깊이는 두 판의 경계에서 필리핀 판 쪽으로 갈수록 대체로 깊어진다.

① ㄴ   ② ㄷ   ③ ㄱ, ㄴ
④ ㄴ, ㄷ   ⑤ ㄱ, ㄷ

16 그림 (가)는 대서양 해저의 지점 P_1~P_6을 나타낸 것이고, (나)는 각 지점의 지하 물질의 가장 오래된 퇴적물의 연령을 판의 경계로부터 거리에 따라 나타낸 것이다.

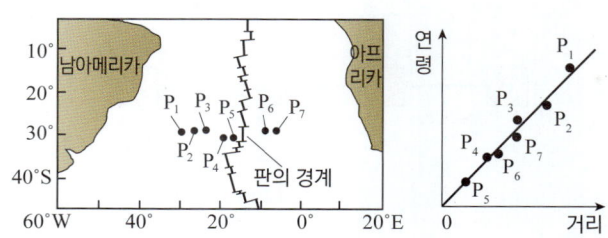

이에 대한 설명으로 옳은 것만을 <보기>에서 있는 대로 고른 것은?

─ 보기 ─
ㄱ. P_5와 P_6 사이에는 해령이 존재한다.
ㄴ. 해저 퇴적물의 두께는 P_2가 P_4보다 두껍다.
ㄷ. 시간이 흐를수록 P_1은 남아메리카 대륙에 가까워진다.

① ㄱ   ② ㄷ   ③ ㄱ, ㄴ
④ ㄴ, ㄷ   ⑤ ㄱ, ㄴ, ㄷ

17 다음은 전 세계의 판 경계를 나타낸 것이다.

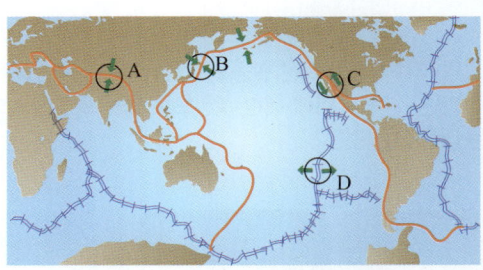

판 경계 A~D에 대한 설명으로 옳은 것만을 <보기>에서 있는 대로 고른 것은?

─ 보기 ─
ㄱ. A에는 습곡 산맥, B에는 해구가 발달한다.
ㄴ. C는 변환 단층이 육지로 드러난 곳이다.
ㄷ. B에서 D로 갈수록 퇴적물의 두께가 두꺼워진다.

① ㄱ   ② ㄴ   ③ ㄱ, ㄴ
④ ㄴ, ㄷ   ⑤ ㄱ, ㄴ, ㄷ

18 다음은 대서양 중앙해령 주변의 판의 이동을 나타낸 것이다. (단, 화살표는 판의 이동 방향을 나타낸 것이다.)

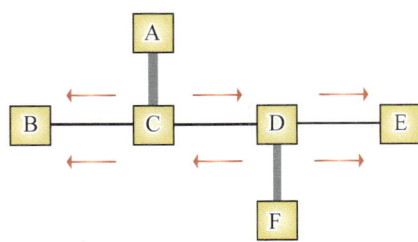

이에 대한 설명으로 옳은 것만을 <보기>에서 있는 대로 고른 것은?

┌─ 보기 ─────────────────────────────
ㄱ. 해령에 해당하는 구간은 A−C, D−F이다.
ㄴ. 화산 활동은 일어나지 않고, 지진만 일어나는 구간은 B−C, D−E이다.
ㄷ. 변환 단층이 발달하는 구간은 C−D이다.
└───────────────────────────────────

① ㄱ   ② ㄷ   ③ ㄱ, ㄴ
④ ㄱ, ㄷ   ⑤ ㄱ, ㄴ, ㄷ

D 지권 변화가 지구 시스템에 미치는 영향

19 그림 (가)~(다)는 화산 활동으로 분출되는 여러 가지 물질을 나타낸 것이다. 이에 대한 설명으로 옳은 것만을 <보기>에서 있는 대로 고른 것은?

(가) 화산재   (나) 용암   (다) 화산 가스

┌─ 보기 ─────────────────────────────
ㄱ. (가)는 토양을 황폐화시켜 농사를 지을 수 없게 한다.
ㄴ. (나)는 도로를 파괴하고 산불이나 산사태를 일으킨다.
ㄷ. (다)는 산성비를 내려 식물의 생장을 저하시킨다.
└───────────────────────────────────

① ㄴ   ② ㄷ   ③ ㄱ, ㄴ
④ ㄴ, ㄷ   ⑤ ㄱ, ㄴ, ㄷ

20 다음은 조선왕조실록에 실린 백두산 화산 폭발에 대한 기록이다.

┌─────────────────────────────────────
◇ 일자: 숙종 28년 5월 20일(1702년)
◇ 지역: 함경도 부령 및 경성
◇ 내용
  하늘과 땅이 갑자기 캄캄해졌는데 연기와 불꽃같은 것이 일어나는 듯하였고, 비릿한 냄새가 방에 꽉 찬 것 같기도 하였다. 큰 화로에 들어앉은 듯 몹시 무덥고, 흩날리는 ㉠ 화산재는 마치 눈과 같이 사방에 떨어졌는데 그 높이가 한 치* 가량 되었다.
* 한 치: 약 3 cm
└─────────────────────────────────────

이에 대한 설명으로 옳은 것만을 <보기>에서 있는 대로 고른 것은?

┌─ 보기 ─────────────────────────────
ㄱ. ㉠은 지표면에 도달하는 태양 복사 에너지를 감소시킨다.
ㄴ. 백두산 폭발로 다양한 화산 분출물이 방출되었다.
ㄷ. ㉠은 토양을 비옥하게 만들어 주기도 한다.
└───────────────────────────────────

① ㄱ   ② ㄷ   ③ ㄱ, ㄴ
④ ㄴ, ㄷ   ⑤ ㄱ, ㄴ, ㄷ

21 지각 변동이 지구시스템에 미치는 영향에 대한 설명으로 옳은 것만을 <보기>에서 있는 대로 고른 것은?

┌─ 보기 ─────────────────────────────
ㄱ. 화산 활동은 수권에 거의 영향을 미치지 않는다.
ㄴ. 지각 변동을 통해 지구 내부의 물질과 에너지가 방출된다.
ㄷ. 지진은 수권에 영향을 미친다.
└───────────────────────────────────

① ㄱ   ② ㄷ   ③ ㄱ, ㄴ
④ ㄴ, ㄷ   ⑤ ㄱ, ㄴ, ㄷ

22 지권의 변화가 지구 환경과 인간 생활에 미치는 영향으로 옳지 않은 것은?

① 화산재에 의해 항공기 운항이 방해되어 경제적 손실이 발생할 수 있다.
② 지진이 발생하면 누전이나 합선에 의해 화재가 발생할 수 있다.
③ 지진파를 분석하여 석유가 매장된 지역을 찾을 수 있다.
④ 해저에서 발생한 지진은 인간 생활에 영향을 주지 않는다.
⑤ 지열을 이용하여 전기를 생산할 수 있다.

심화 실력높이기

정답 및 해설 ➜ 58

01 그림은 세계 주요 판의 경계를 나타낸 것이다.

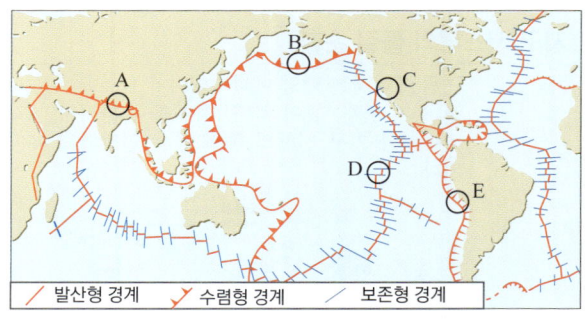

발산형 경계	수렴형 경계	보존형 경계

이에 대한 설명으로 옳은 것만을 있는 대로 고르시오.

① A는 맨틀 대류의 하강부에 놓여 있다.
② A에서는 E보다 화산 활동이 활발히 일어난다.
③ B와 E에서는 각각 밀도가 더 큰 판이 섭입한다.
④ C에서는 D보다 화산 활동이 활발히 일어난다.
⑤ E에서 D로 갈수록 해양 지각의 나이는 많아진다.

02 그림은 어느 판 경계 부근에서 지진이 발생한 깊이가 동일한 지점을 점선으로 연결한 것이다. A와 B는 서로 다른 판에 속한 지점이다.

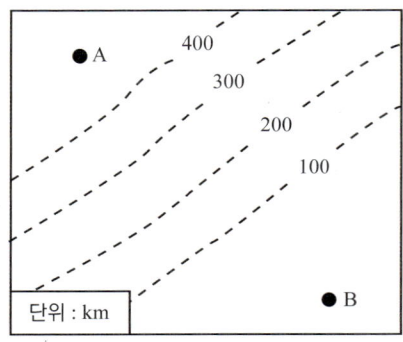

이에 대한 설명으로 옳은 것만을 <보기>에서 있는 대로 고른 것은?

> **보기**
> ㄱ. A가 속한 판의 밀도가 B가 속한 판의 밀도보다 크다.
> ㄴ. 화산 활동은 B가 속한 판보다 A가 속한 판에서 많이 발생한다.
> ㄷ. A-B 사이에서는 습곡 산맥이 생성될 수 있다.

① ㄱ   ② ㄴ   ③ ㄱ, ㄷ
④ ㄴ, ㄷ   ⑤ ㄱ, ㄴ, ㄷ

03 그림은 대서양에서 해양 지각의 나이가 같은 지점을 선으로 연결한 것이다.

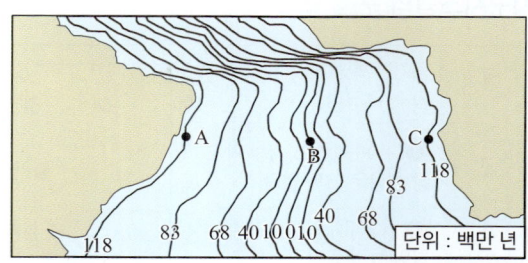

단위 : 백만 년

이에 대한 설명으로 옳은 것만을 <보기>에서 있는 대로 고른 것은?

> **보기**
> ㄱ. A와 C는 서로 멀어지고 있다.
> ㄴ. B 부근에서 새로 만들어지는 지각은 현무암질 암석으로 되어 있다.
> ㄷ. 해양 지각의 나이가 0인 지점을 따라 열곡이 발달한다.

① ㄱ   ② ㄷ   ③ ㄱ, ㄴ
④ ㄴ, ㄷ   ⑤ ㄱ, ㄴ, ㄷ

04 그림은 인도-오스트레일리아 판과 유라시아 판의 경계를 나타낸 것이다.

진원 깊이	
● : 0~69 km	
△ : 70~299 km	
■ : 300~799 km	

이에 대한 설명으로 옳은 것만을 <보기>에서 있는 대로 고른 것은?

> **보기**
> ㄱ. 판의 경계는 보존형 경계이다.
> ㄴ. 판의 경계 근처에 해구가 발달한다.
> ㄷ. 화산 활동은 나타나지 않는다.

① ㄱ   ② ㄴ   ③ ㄱ, ㄴ
④ ㄴ, ㄷ   ⑤ ㄱ, ㄴ, ㄷ

단원 요약

01 지구시스템의 구성과 상호작용

1. 지구시스템의 구성 요소

기권	열권	공기가 희박하여 일교차가 매우 크다.	높이(km) 그래프
	중간권	(❶)이 활발하지만 기상 현상은 거의 없다.	
	성층권	(❷)이 자외선을 흡수하여 높이 올라갈수록 기온이 상승	
	대류권	기상 현상과 대류 운동이 활발함	
지권	지각	규산염 광물로 이루어짐 대륙 지각, 해양 지각	
	맨틀	대류가 일어나며 지구 전체 부피의 80 %	
	핵	철과 니켈로 구성. 외핵은 (❸), 내핵은 고체	
수권	혼합층	수온이 높고 일정하며, (❹)이 클수록 두꺼워짐	
	수온 약층	수온이 급격하게 낮아짐 안정한 층	
	심해층	수온이 낮고, 수온 변화가 거의 없음	
생물권		지구상의 모든 생명체	
외권		기권 바깥으로 지구를 둘러싸는 우주 공간	

2. 지구시스템 구성 요소의 상호작용

영향 \ 근원	지권	기권	수권	생물권
지권	판 운동	화산 폭발	지진 해일	서식처 제공
기권	풍화, 침식, 운반, 퇴적	대기 대순환	해류, 강수, 엘리뇨	호흡, 광합성
수권	석회암 형성	수증기 공급	해수의 혼합	서식처 제공
생물권	화석 연료 생성	호흡, 광합성	수중 생물의 광합성	(❺)

3. 지구시스템에서의 에너지 흐름

(1) 지구시스템에서의 에너지원

태양 에너지	· 태양의 수소 핵융합 반응에 의해 발생한 에너지 · 지구 시스템의 에너지원의 대부분을 차지한다.
지구 내부 에너지	· 지구 내부의 방사성 원소의 붕괴로 인한에너지 · 맨틀 대류를 일으켜 판의 운동을 발생시킨다.
(❻) 에너지	· 달, 태양과 지구의 인력에 의해 생기는 에너지 · 밀물과 썰물을 일으켜 해안 지형을 변하게 한다.

(2) 에너지 흐름: 지구는 위도별로 에너지 불균형이 나타나지만, 저위도의 남는 에너지가 대기와 해수의 순환을 통해 고위도로 이동하여 지구는 전체적으로 (❼)을 이룬다.

4. 지구 시스템의 물질 순환

· 근원 에너지는 태양 에너지이다.
· 물 수지 평형: 물이 각 권 사이를 순환하지만 각 권에서와 지구 전체의 물의 양은 일정하게 유지된다.

(❽)	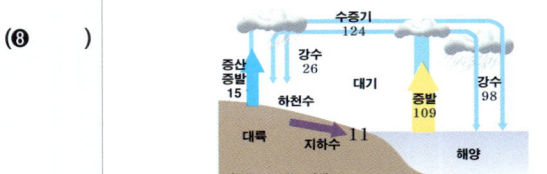

· 탄소의 존재 형태: (❾)(기권), 탄산염(지권), 탄산/탄산 수소 이온(수권), 유기물(생물권)
· 탄소는 다양한 형태로 각 권을 이동하며 순환한다.

탄소의 순환	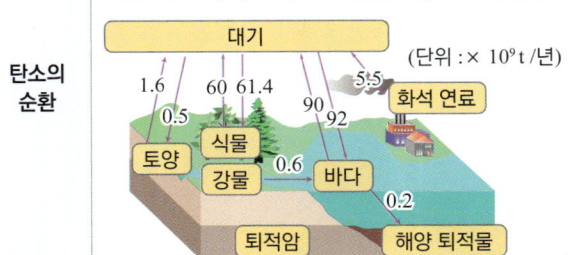

02 지권의 변화와 영향

1. 지권 변화와 판 구조론

(1) 지진과 화산 활동: (❶) 에너지가 방출될 때 일어나는 현상으로 지구 내부 물질도 함께 방출된다.

(2) 판 구조론: 지구 표면을 이루는 판들의 상대적인 운동으로 (❷)에서 지각 변동이 일어난다는 이론

(3) 판의 구조와 원동력

판의 구조	암석권 (판)	지각과 상부 맨틀의 일부인 두께 약 100 km의 단단한 부분 각각의 조각을 (❸)이라고 한다.
	연약권	암석권 아래의 깊이 약 100~400 km 부분

판의 분포와 이동	판 분포 지도 (유라시아판, 북아메리카판, 아라비아판, 필리핀판, 카리브판, 코코스판, 태평양판, 인도-오스트레일리아판, 나스카판, 남아메리카판, 남극판 / 발산형 경계, 수렴형 경계, 보존형 경계)
	각 판은 서로 다른 방향과 속도로 이동한다.
판 이동의 원동력	(❹)

(4) 맨틀의 대류와 판의 이동

① 맨틀은 아래쪽부터 가열되어 온도가 높은 부분은 밀도가 작

아져 상승한다.

② 상승한 맨틀은 양옆으로 이동하다가 점차 식으면서 밀도가 커지면 하강하여 대류가 일어난다.

③ 연약권이 대류하면서 연약권 위에 떠 있는 판이 연약권을 따라 이동한다.

④ 맨틀 대류가 상승하는 곳(상승부)은 (❺　　　), 하강하는 곳(하강부)(❻　　　)에 해당된다.

2. 판 경계의 지각 변동

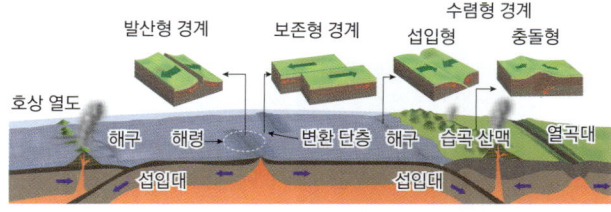

구분	(❼　　　) 경계	수렴형 경계		보존형 경계
		섭입형	충돌형	
정의	맨틀 대류 상승 → 판과 판이 멀어지면서 판이 생성	맨틀 대류 하강 → 밀도가 큰 판이 작은 판 아래로 섭입	맨틀 대류 하강 → 대륙판과 대륙판이 충돌	판과 판이 어긋나는 경계로 판이 서로 반대 방향으로 이동
지각 변동	화산 활동, 천발 지진	화산 활동 천발~심발 지진	천발~중발지진	(❽　　　)
지형	(❾　　　), 열곡대	해구, 호상 열도, 습곡 산맥	(❿　　　)	변환 단층

3. 지권 변화가 지구시스템에 미치는 영향

구분	화산 활동	지진
부정적인 영향(피해)	· 화산 가스에 의한 산성비 · 용암, 화산 쇄설류에 의한 재산과 인명 피해 · 화산재에 의한 기후 변화	· 진동에 의한 건물과 도로 붕괴 · 누전으로 인한 화재 및 대기 오염 · 산사태 및 낙석으로 인한 인명 피해 · 지진 해일
대책	화산 주변 제방 쌓기, 화산 분출구 주변에 댐과 수로 건설, 용암에 물을 뿌려 식히기, 안전 교육 시행	인공위성을 이용한 지형 변화 관측, 지진계 설치, 내진 설계 적용, 안전 교육 시행 등
긍정적인 영향(이용)	· 유용한 광물 형성 · 난방 및 지열 발전 · 비옥한 토양 형성 · 관광 자원 활용(온천, 화산 지형 등)	· 지구 내부 구조 연구 · 지진파 분석 및 지하 자원 위치 탐사 · 건설에 적합한 장소 탐색

4. 화산 활동과 지진의 피해를 줄이기 위한 방안

· 화산 활동의 전조 현상 감시, 화산 주변에 제방을 쌓고 대피소 만들기, 화산 분출구 주변에 댐과 수로 설치

· 지반이 약한 곳에 건물 짓지 않기, 건물을 지을 때 내진 설계 의무화, 지진 경보 시스템 구축하기

단원 마무리

정답 및 해설 ➔ 58

01 지구시스템의 구성과 상호작용

01 지구시스템의 특징에 대한 설명으로 옳은 것만을 <보기>에서 있는 대로 고른 것은?

▸ 보기 ◂

ㄱ. 각 구성 요소들은 서로 유기적으로 연결되어 있다.
ㄴ. 외권은 기권, 지권, 수권과 활발하게 물질을 교환한다.
ㄷ. 구성 요소들 간의 상호작용을 통해 물질과 에너지가 이동한다.

① ㄱ　　　② ㄷ　　　③ ㄱ, ㄴ
④ ㄱ, ㄷ　　　⑤ ㄴ, ㄷ

02 지구시스템의 구성 요소에 대한 설명으로 옳은 것은?

① 지권은 지각 외에 모두 액체 상태이다.
② 해수의 혼합층은 바람의 세기가 강할수록 얇아진다.
③ 기권은 높이에 따른 성분 변화를 기준으로 구분한다.
④ 기권에서 일어나는 공기의 대류가 지구 자기장을 형성한다.
⑤ 지권의 성층 구조 중 가장 큰 부피를 차지하는 것은 맨틀이다.

03 기권과 지권의 성층 구조를 나타낸 것이다.

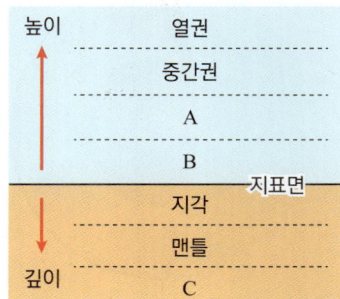

이에 대한 설명으로 옳은 것만을 <보기>에서 있는 대로 고른 것은?

▸ 보기 ◂

ㄱ. A층은 성층권, B층은 대류권이다.
ㄴ. C층은 모두 고체로 구성되어 있다.
ㄷ. 기권과 지권은 모두 온도 변화를 기준으로 구분한다.

① ㄱ　　　② ㄷ　　　③ ㄱ, ㄴ
④ ㄱ, ㄷ　　　⑤ ㄴ, ㄷ

04 (가)는 기권 하부의 온도 분포를, (나)는 기권에서 높이에 따른 오존 농도를 나타낸 것이다.

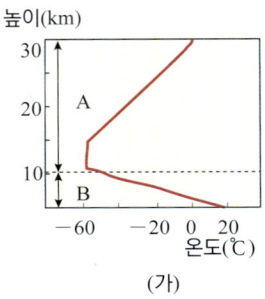
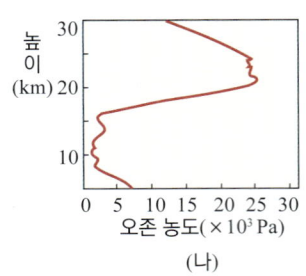

(가)   (나)

이에 대한 설명으로 옳은 것만을 <보기>에서 있는 대로 고른 것은?

┌─── 보기 ───────────────────────────────┐
│ ㄱ. 오존층은 B에 존재한다.   │
│ ㄴ. A보다 B에서 공기의 연직 운동이 더 활발하다.   │
│ ㄷ. 오존층이 파괴되면 A의 평균 온도는 하강할 것이다.   │
└──────────────────────────────────────┘

① ㄱ   ② ㄱ, ㄴ   ③ ㄱ, ㄷ
④ ㄴ, ㄷ   ⑤ ㄱ, ㄴ, ㄷ

05 그림은 지권의 성층 구조를 나타낸 것이다.

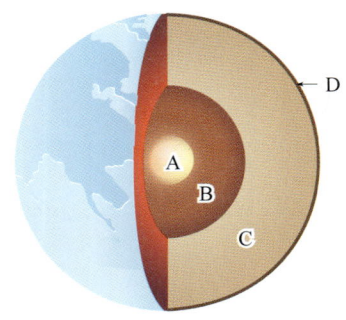

이에 대한 설명으로 옳은 것만을 <보기>에서 있는 대로 고른 것은?

┌─── 보기 ───────────────────────────────┐
│ ㄱ. 철의 함량비는 D에서 가장 높다.   │
│ ㄴ. C는 고체 상태로 대류가 일어나지 않는다.   │
│ ㄷ. 지구 자기장의 형성과 가장 관련이 깊은 층은 B이다. │
└──────────────────────────────────────┘

① ㄱ   ② ㄷ   ③ ㄱ, ㄴ
④ ㄱ, ㄷ   ⑤ ㄴ, ㄷ

06 그림은 해수의 성층 구조를 나타낸 것이다.

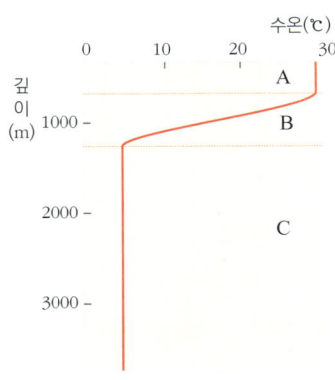

이에 대한 설명으로 옳은 것만을 <보기>에서 있는 대로 고른 것은?

┌─── 보기 ───────────────────────────────┐
│ ㄱ. A는 태양 복사 에너지를 흡수하여 온도가 높다.   │
│ ㄴ. B에서 매우 활발한 연직 운동이 일어나 물질과 에너지가 │
│   교환된다.   │
│ ㄷ. C는 계절이나 위도, 깊이에 따른 수온 변화가 거의 없다. │
└──────────────────────────────────────┘

① ㄱ   ② ㄱ, ㄴ   ③ ㄱ, ㄷ
④ ㄴ, ㄷ   ⑤ ㄱ, ㄴ, ㄷ

07 다음은 지구시스템의 구성 요소 중 하나를 나타낸 것이다.

이에 대한 설명으로 옳은 것만을 <보기>에서 있는 대로 고른 것은?

┌─── 보기 ───────────────────────────────┐
│ ㄱ. 기권, 지권, 수권보다 이후에 형성되었다.   │
│ ㄴ. 공간 상으로 기권, 지권, 수권에 모두 걸쳐 있다.   │
│ ㄷ. 기권, 지권, 수권에 영향을 주고 받으며 상호작용한다. │
└──────────────────────────────────────┘

① ㄱ   ② ㄱ, ㄴ   ③ ㄱ, ㄷ
④ ㄴ, ㄷ   ⑤ ㄱ, ㄴ, ㄷ

08 그림은 기권의 높이에 따른 온도 분포를 나타낸 것이다.

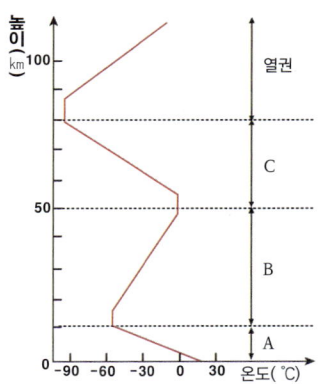

이에 대한 설명으로 옳은 것만을 <보기>에서 있는 대로 고른 것은?

┌─ 보기 ─────────────────────────────┐
ㄱ. A에서 기상 현상이 나타난다.
ㄴ. B에 오존층이 존재한다.
ㄷ. C에서 대류가 일어난다.
└────────────────────────────────────┘

① ㄱ   ② ㄴ   ③ ㄱ, ㄷ
④ ㄴ, ㄷ   ⑤ ㄱ, ㄴ, ㄷ

09 그림은 해수의 수온 분포에 따른 성층 구조를 나타낸 것이다.

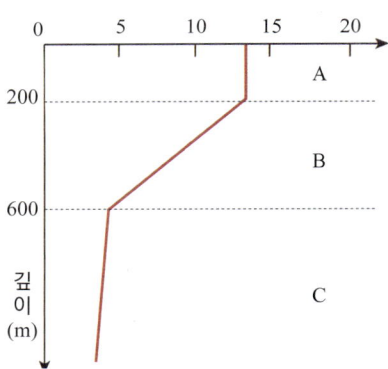

A, B, C 층에 대한 옳은 설명만을 <보기>에서 있는 대로 고른 것은?

┌─ 보기 ─────────────────────────────┐
ㄱ. 바람에 의한 해수의 혼합이 가장 활발한 층은 A이다.
ㄴ. 수심이 깊어짐에 따라 수온이 급격히 낮아지는 층은 B
   이다.
ㄷ. 태양 복사 에너지가 가장 적게 도달하는 층은 C이다.
└────────────────────────────────────┘

① ㄱ   ② ㄴ   ③ ㄱ, ㄷ
④ ㄴ, ㄷ   ⑤ ㄱ, ㄴ, ㄷ

10 그림은 지구시스템의 상호작용을, 표는 상호작용에 해당하는 예를 나타낸 것이다. ㉠~㉢은 A~C의 예를 순서 없이 나타낸 것이다.

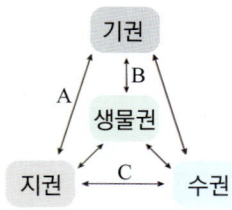

상호작용의 예
㉠ 대량의 화산재가 분출하여 기온이 변한다.
㉡ 지하수에 의해 석회암이 녹아 석회 동굴이 생성된다.
㉢ 식물의 광합성 결과 생성된 산소가 대기 중으로 방출된다.

지구시스템의 상호작용 A~C에 해당하는 예로 옳은 것은?

	A	B	C
①	㉠	㉡	㉢
②	㉠	㉢	㉡
③	㉡	㉠	㉢
④	㉡	㉢	㉠
⑤	㉢	㉡	㉠

11 그림은 지구시스템에서 기권과 A, B, C와의 상호작용 ㉠, ㉡, ㉢을, 표는 상호작용의 예를 나타낸 것이다. A, B, C는 각각 지권, 수권, 생물권 중 하나이다.

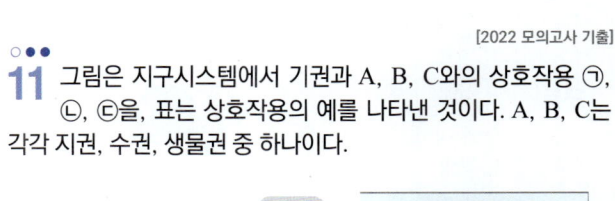

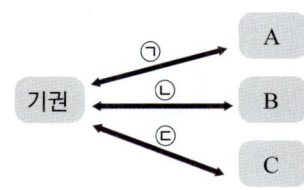

상호작용의 예
㉠ 혼합층의 형성
㉡ 화산 가스의 분출
㉢ 식물의 증산 작용

A, B, C로 옳은 것은?

	A	B	C			A	B	C
①	수권	지권	생물권		②	수권	생물권	지권
③	지권	수권	생물권		④	지권	생물권	수권
⑤	생물권	수권	지권					

12 다음은 지구시스템의 에너지원을 구분하는 과정과 지구시스템의 에너지원에 의해 일어나는 현상의 예를 나타낸 것이다.

A, B, C

지구 시스템의
에너지원 중 가장 많은 양을
차지하는가? ── 예 → (가)

아니오 ↓

지권에서 발생하는
에너지인가? ── 예 → (나)

아니오 ↓

(다)

에너지원	현상
A	태풍
B	밀물과 썰물
C	화산 폭발

이에 대한 설명으로 옳은 것만을 <보기>에서 있는 대로 고른 것은?

┌─ 보기 ─
ㄱ. (가)에 해당하는 에너지는 A이다.
ㄴ. (나)로 인해 지구 자기장이 형성되었다.
ㄷ. (다)에 해당하는 에너지는 B이다.
└─

① ㄱ ② ㄱ, ㄴ ③ ㄱ, ㄷ
④ ㄴ, ㄷ ⑤ ㄱ, ㄴ, ㄷ

13 다음은 지구 환경에서 일어나는 여러 가지 현상들을 나타낸 표와 물의 이동을 나타낸 도식이다.

구분	예
(가)	식물에 의한 증산 작용
(나)	증발로 인한 댐의 수위 감소
(다)	육지에 내린 비가 강물에 유입

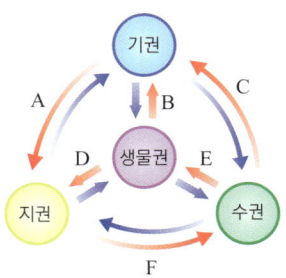

(가)~(다)에 해당하는 물의 이동을 옳게 짝지은 것은?

	(가)	(나)	(다)
①	A	B	C
②	B	D	F
③	B	C	F
④	D	C	A
⑤	C	F	E

14 다음은 지구시스템에서 탄소의 순환 과정을 나타낸 모식도이다.

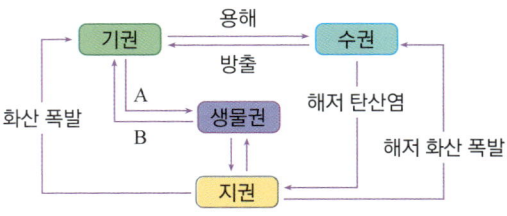

이에 대한 설명으로 옳은 것만을 <보기>에서 있는 대로 고른 것은?

┌─ 보기 ─
ㄱ. 수권에서 탄소는 탄산염 상태로 저장된다.
ㄴ. A의 예로 식물의 광합성, B의 예로 생물의 호흡이 있다.
ㄷ. 해수의 수온이 낮아지면 이산화 탄소의 용해량이 방출량보다 많아진다.
└─

① ㄱ ② ㄴ ③ ㄱ, ㄴ
④ ㄱ, ㄷ ⑤ ㄴ, ㄷ

15 그림은 지구시스템에서 탄소의 순환 과정의 일부를 나타낸 것이다.

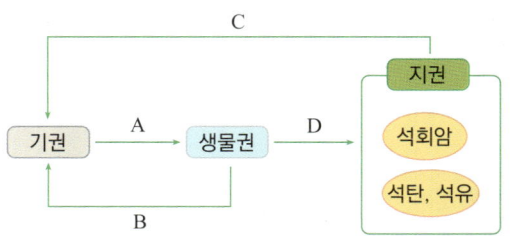

이에 대한 설명으로 옳은 것만을 <보기>에서 있는 대로 고른 것은?

┌─ 보기 ─
ㄱ. 광합성은 A 과정의 예에 해당한다.
ㄴ. B 과정에서 태양 에너지가 필요하다.
ㄷ. C 과정에 의해 지구 시스템의 전체 탄소량이 증가한다.
ㄹ. D 과정을 거쳐 석탄, 석유가 될 때 탄소의 존재 형태는 유기물이 된다.
└─

① ㄷ ② ㄱ, ㄴ ③ ㄱ, ㄹ
④ ㄴ, ㄷ ⑤ ㄱ, ㄷ, ㄹ

16 변동대에 대한 설명으로 옳은 것만을 <보기>에서 있는 대로 고른 것은?

─ 보기 ─
ㄱ. 좁고 긴 띠 모양으로 분포한다.
ㄴ. 대체로 판의 중앙부에 위치한다.
ㄷ. 화산 활동, 지진이 활발하게 일어나는 지역이다.

① ㄱ　　　　　② ㄴ　　　　　③ ㄱ, ㄷ
④ ㄴ, ㄷ　　　　⑤ ㄱ, ㄴ, ㄷ

17 다음은 지각의 일부를 나타 낸 것이다. 이에 대한 설명 으로 옳은 것만을 <보기>에서 있 는 대로 고른 것은?

─ 보기 ─
ㄱ. 판은 A 부분을 말한다.
ㄴ. B는 부분적으로 용융되어 유동성이 있다.
ㄷ. C에서는 맨틀의 대류가 일어난다.

① ㄱ　　　　　② ㄴ　　　　　③ ㄷ
④ ㄱ, ㄴ　　　　⑤ ㄴ, ㄷ

[2019 모의고사 기출]

18 그림은 태평양 주변의 판 경계와 세 지역 A ~ C에서의 판의 상대적인 이동 방향을 나타낸 것이다.

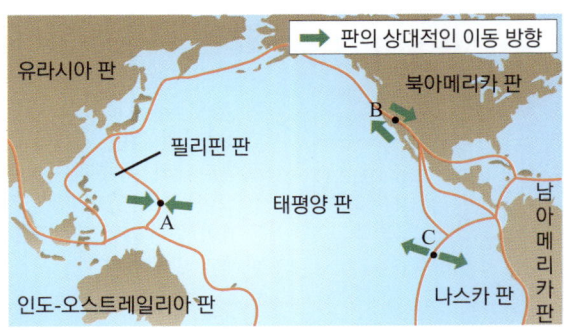

A ~ C에 대한 설명으로 옳은 것만을 <보기>에서 있는 대로 고른 것은?

─ 보기 ─
ㄱ. A는 맨틀 대류의 하강부이다.
ㄴ. B에서는 주로 심발 지진이 발생한다.
ㄷ. C에는 해구가 발달한다.

① ㄱ　　　　　② ㄴ　　　　　③ ㄷ
④ ㄱ, ㄴ　　　　⑤ ㄱ, ㄷ

19 그림 (가) ~ (라)는 여러 종류의 판 경계이다.

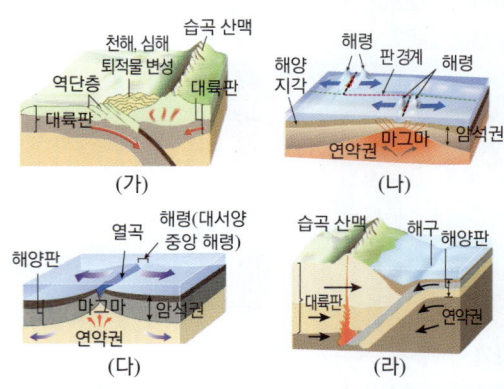

이에 대한 설명으로 옳은 것만을 <보기>에서 있는 대로 고른 것은?

─ 보기 ─
ㄱ. (가)와 (라)는 수렴형 경계이다.
ㄴ. (나)의 판 경계에서는 판의 생성이나 소멸이 일어나지 않는다.
ㄷ. (다)는 맨틀 대류가 상승하는 곳에 발달한다.

① ㄱ　　　　　② ㄴ　　　　　③ ㄱ, ㄷ
④ ㄴ, ㄷ　　　　⑤ ㄱ, ㄴ, ㄷ

20 (가)와 (나)는 해양판과 대륙판이 수렴하여 섭입하는 두 지역 에서 일정 기간 동안 지진이 발생한 깊이를 나타낸 것이다.

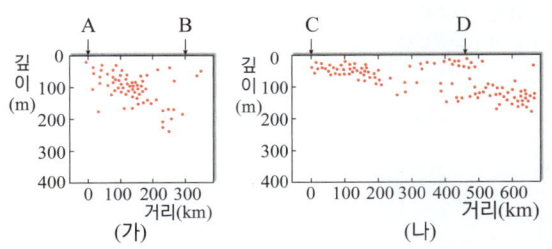

이에 대한 설명으로 옳은 것만을 <보기>에서 있는 대로 고른 것 은? (단, (가)와 (나)는 판 경계 지역을 수직으로 자른 단면이다.)

─ 보기 ─
ㄱ. 해구는 A보다 B에 가까운 곳에 있다.
ㄴ. 화산 활동은 C보다 D에서 활발하게 발생한다.
ㄷ. 두 판의 경계면의 평균 기울기는 (나)가 (가)보다 크다.

① ㄱ　　　　　② ㄴ　　　　　③ ㄱ, ㄷ
④ ㄴ, ㄷ　　　　⑤ ㄱ, ㄴ, ㄷ

21 동아프리카 열곡대 주변의 판 경계와 화산 분포를 나타낸 것이다. 이 지역에 대한 설명으로 옳은 것만을 <보기>에서 있는 대로 고른 것은?

┌─ 보기 ─────────────────────────────┐
ㄱ. 열곡대를 중심으로 판이 서로 가까워지고 있다.
ㄴ. 천발 지진이 자주 발생한다.
ㄷ. 맨틀 대류가 하강한다.
└──────────────────────────────────┘

① ㄱ   ② ㄴ   ③ ㄱ, ㄷ
④ ㄴ, ㄷ   ⑤ ㄱ, ㄴ, ㄷ

[2019 모의고사 기출]

22 그림은 판의 경계 A, B, C와 맨틀 대류를 나타낸 것이다.

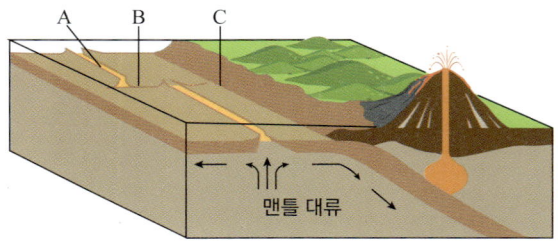

이에 대한 설명으로 옳은 것만을 <보기>에서 있는 대로 고른 것은?

┌─ 보기 ─────────────────────────────┐
ㄱ. A에서 화산 활동이 일어난다.
ㄴ. B에서 습곡 산맥이 발달한다.
ㄷ. C의 아래에서 맨틀 대류가 상승한다.
└──────────────────────────────────┘

① ㄱ   ② ㄷ   ③ ㄱ, ㄴ
④ ㄴ, ㄷ   ⑤ ㄱ, ㄴ, ㄷ

23 화산 활동이 지구시스템의 구성 요소에 미치는 영향에 대한 설명으로 옳은 것만을 <보기>에서 있는 대로 고른 것은?

┌─ 보기 ─────────────────────────────┐
ㄱ. 기권으로 방출된 화산재는 지구의 평균 기온을 낮춘다.
ㄴ. 화산 쇄설류가 흐르면서 산불 및 산사태가 발생한다.
ㄷ. 화산 활동으로 분출된 물질은 사회적, 경제적 피해를 준다.
└──────────────────────────────────┘

① ㄱ   ② ㄴ   ③ ㄷ
④ ㄴ, ㄷ   ⑤ ㄱ, ㄴ, ㄷ

[2020 모의고사 기출]

24 그림 (가)는 발산형 경계를, (나)는 보존형 경계를 나타낸 것이다.

(가)   (나)

이에 대한 설명으로 옳은 것만을 <보기>에서 있는 대로 고른 것은?

┌─ 보기 ─────────────────────────────┐
ㄱ. (가)에서 해령이 발달한다.
ㄴ. (나)에서 해양판이 소멸한다.
ㄷ. 화산 활동은 (가)보다 (나)에서 활발하다.
└──────────────────────────────────┘

① ㄱ   ② ㄷ   ③ ㄱ, ㄴ
④ ㄴ, ㄷ   ⑤ ㄱ, ㄴ, ㄷ

[2020 모의고사 기출]

25 그림 (가)는 칠레 칼부코 화산 주변 판의 경계 (A)와 운동 방향이고, (나)는 2015년에 발생한 칼부코 화산 분출에 대한 신문 기사의 일부이다.

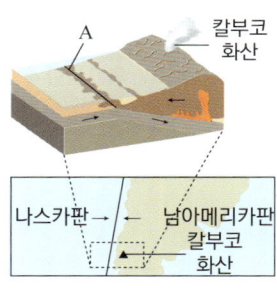

칼부코 화산 분출로 발생한 엄청난 양의 화산재가 하늘을 뒤덮었다. 칠레 정부는 주민들에게 긴급 대피 명령과 휴교령을 내렸다. 칠레의 주변 국가인 아르헨티나와 우루과이에서는 화산재로 인해 항공기 운행이 중단되었고 농작물 피해가 발생했다.

이에 대한 설명으로 옳은 것만을 <보기>에서 있는 대로 고른 것은?

┌─ 보기 ─────────────────────────────┐
ㄱ. A는 보존형 경계이다.
ㄴ. 칼부코 화산은 맨틀 대류가 상승하는 곳에서 발생했다.
ㄷ. 화산 활동은 주변 국가에 사회적, 경제적 영향을 준다.
└──────────────────────────────────┘

① ㄱ   ② ㄷ   ③ ㄱ, ㄴ
④ ㄴ, ㄷ   ⑤ ㄱ, ㄴ, ㄷ

고난도 마무리

01 표는 지구시스템의 상호작용을 나타낸 것이다. A와 B는 지구시스템의 서로 다른 구성 요소(권)이다.

	생물권	A
외권	태양 복사 에너지를 흡수하여 식물이 광합성을 한다.	태양으로부터 날아오는 전기를 띤 입자가 열권에서 오로라를 만든다.
B	판게아의 분리로 인해 생물의 서식 환경과 생태계가 변화한다.	㉠

㉠에 적절한 예시로 알맞은 것은?

① 인간 활동의 영향으로 지구의 기온이 상승한다.
② 지속적으로 부는 바람에 의해 표층 해류가 발생한다.
③ 해저 화산 활동으로 공급된 물질이 염류의 근원이 된다.
④ 화산 활동으로 방출된 물질이 대기의 조성과 기온에 영향을 준다.
⑤ 빙하가 중력에 의해 낮은 곳으로 움직이며 지형을 변화시킨다.

02 그림은 지구시스템의 물의 순환 과정에서 물의 이동량을 나타낸 것이다.

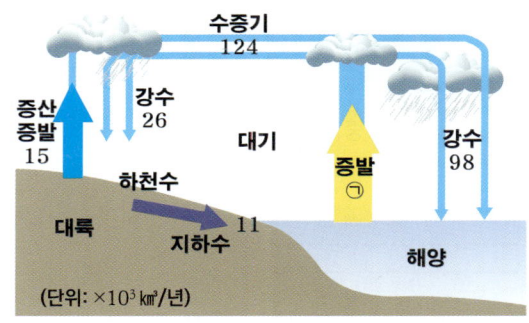

이에 대한 설명으로 옳은 것만을 <보기>에서 있는 대로 고른 것은?

┌─ 보기 ─────────────────────────────┐
ㄱ. 물 수지 평형이 일어나므로 ㉠의 양은 98이다.
ㄴ. 지하수와 하천수는 지권의 물질을 바다로 운반한다.
ㄷ. 증발 과정에서 기권으로 방출된 태양 에너지는 응결 과정에서 수권으로 흡수된다.
└──────────────────────────────────┘

① ㄱ   ② ㄴ   ③ ㄱ, ㄷ
④ ㄴ, ㄷ   ⑤ ㄱ, ㄴ, ㄷ

03 그림은 지구시스템에서 여러 권역 사이의 상호작용에 의한 탄소의 이동량을 나타낸 것이다.

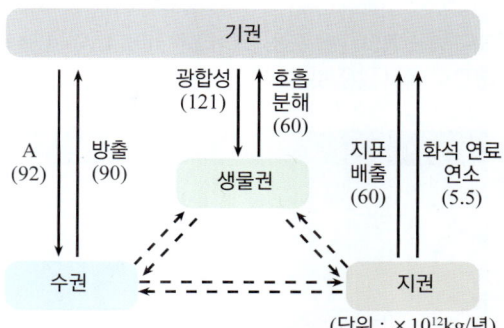

(단위 : ×10¹²kg/년)

이에 대한 설명으로 옳은 것만을 <보기>에서 있는 대로 고른 것은?

┌─ 보기 ─────────────────────────────┐
ㄱ. 지구의 탄소는 대부분 지권에 존재한다.
ㄴ. 해수의 온도가 상승하면 A의 양이 감소한다.
ㄷ. 기권으로 유입되는 탄소의 양은 기권에서 유출되는 탄소의 양보다 많다.
└──────────────────────────────────┘

① ㄱ   ② ㄷ   ③ ㄱ, ㄴ
④ ㄴ, ㄷ   ⑤ ㄱ, ㄴ, ㄷ

04 그림은 어느 해역에서 (가)와 (나)시기에 깊이에 따른 수온의 연직 분포를 등수온선을 이용하여 나타낸 것이다. (등수온선 : 수온이 같은 지점을 연결한 선)

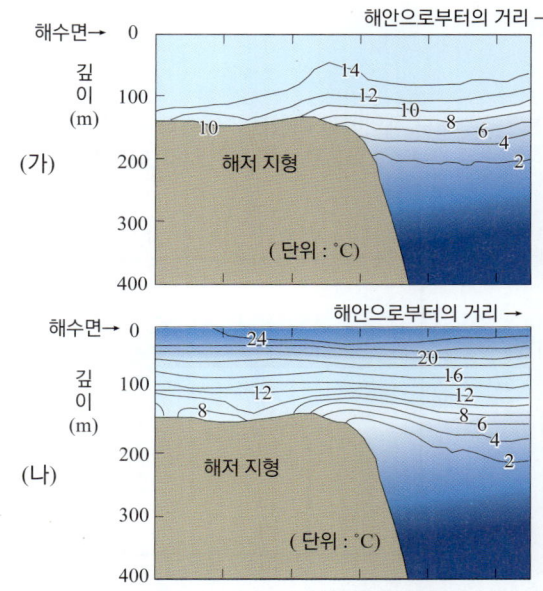

이에 대한 설명으로 옳은 것만을 <보기>에서 있는 대로 고른 것은?

┌─ 보기 ─────────────────────────────┐
ㄱ. 해수면 위에서는 (가)보다 (나)가 바람이 더 세게 분다.
ㄴ. (가)는 수심 50 m 부근에서 해수의 연직 운동이 일어나지 않는다.
ㄷ. 수심 50 m 부근에서 (가)보다 (나)가 더 안정하다.
└──────────────────────────────────┘

① ㄱ   ② ㄷ   ③ ㄱ, ㄷ
④ ㄴ, ㄷ   ⑤ ㄱ, ㄴ, ㄷ

---

01 지구 시스템의 구성과 상호작용

01 지구 시스템의 구성 요소를 나타낸 것이다. A ~ E에 대한 설명으로 옳지 않은 것은?

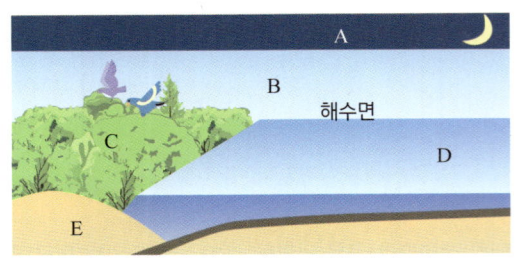

① A와 지구계의 다른 영역 사이에 에너지의 이동은 일어나지 않는다.
② B의 성분 물질 대부분은 지표면에서 높이 약 30 km 이내에 분포한다.
③ C는 지구 외의 태양계의 다른 행성에서는 존재하지 않는다.
④ D의 대부분은 해수가 차지하고, 육수 중에서는 빙하가 가장 많은 양을 차지한다.
⑤ E는 지구 전체에서 가장 큰 질량을 차지한다.

[2020 모의고사 기출]

02 그림은 어느 해역에서 측정한 겨울철과 여름철의 깊이에 따른 수온 분포를 A와 B로 순서 없이 나타낸 것이다.

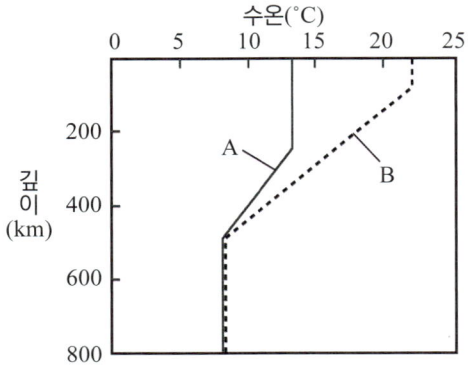

이에 대한 설명으로 옳은 것만을 <보기>에서 있는 대로 고른 것은?

> **보기**
> ㄱ. 여름철 수온 분포는 A이다.
> ㄴ. 바람에 의한 해수의 혼합은 A보다 B에서 더 활발하다.
> ㄷ. 수온 약층의 두께는 A보다 B에서 두껍다.

① ㄱ   ② ㄷ   ③ ㄱ, ㄴ
④ ㄴ, ㄷ   ⑤ ㄱ, ㄴ, ㄷ

---

03 그림은 지구 내부의 성층 구조를 나타낸 것이다.

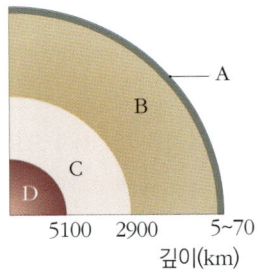

이에 대한 설명으로 옳은 것만을 <보기>에서 있는 대로 고른 것은?

> **보기**
> ㄱ. A~D 층 중에서 부피가 가장 큰 층은 B이다.
> ㄴ. C 층은 고체, D 층은 액체 상태이다.
> ㄷ. C 층은 주로 규산염 광물로 이루어져 있다.

① ㄱ   ② ㄷ   ③ ㄱ, ㄴ
④ ㄴ, ㄷ   ⑤ ㄱ, ㄴ, ㄷ

[2021 모의고사 기출]

04 그림 (가)와 (나)는 기권과 지권의 층상 구조이다.

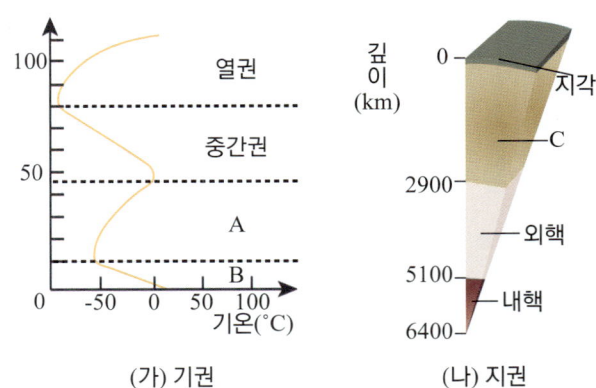

(가) 기권   (나) 지권

이에 대한 설명으로 옳은 것만을 <보기>에서 있는 대로 고른 것은?

> **보기**
> ㄱ. A에는 오존층이 있다.
> ㄴ. C는 지권에서 차지하는 부피가 가장 크다.
> ㄷ. B의 기상 현상은 지각의 변화에 영향을 준다.

① ㄴ   ② ㄷ   ③ ㄱ, ㄴ
④ ㄱ, ㄷ   ⑤ ㄱ, ㄴ, ㄷ

05 다음 그림 (가)는 위도에 따른 해수의 성층 구조 A, B, C를, (나)는 고위도, 중위도, 저위도 해수의 연직 수온 분포를 각각 나타낸 것이다.

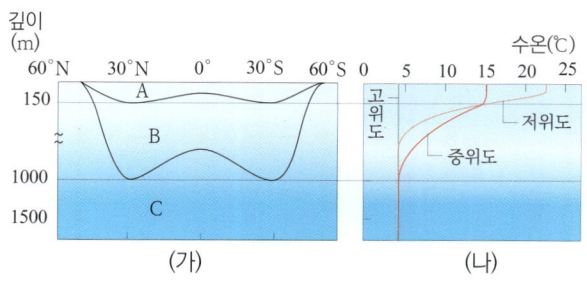

(가)　　　　(나)

이에 대한 설명으로 옳은 것만을 <보기>에서 있는 대로 고른 것은?

┌─ 보기 ─────────────────────────────┐
│ ㄱ. 저위도에서는 중위도보다 바람이 심하게 분다.
│ ㄴ. B는 저위도보다 중위도에서 더 안정하다.
│ ㄷ. C는 수온 변화가 거의 없는 층이다.
└──────────────────────────────────┘

① ㄱ　　　　　② ㄴ　　　　　③ ㄷ
④ ㄴ, ㄷ　　　⑤ ㄱ, ㄴ, ㄷ

06 표는 지구 시스템의 에너지원을 나타낸 것이다.

특징 에너지원	에너지량 (상대적 비율 %)	에너지 기원	지구 시스템에 미치는 영향
A	99.9	수소 핵융합 반응	
B	0.013		대륙의 이동
C	0.002	달과 태양의 인력	

이에 대한 설명으로 옳은 것만을 <보기>에서 있는 대로 고른 것은?

┌─ 보기 ─────────────────────────────┐
│ ㄱ. A는 식물 세포에서 유기 양분을 합성하는 데 사용된다.
│ ㄴ. B의 기원은 지구 형성 과정에서 내부에 축적된 열과 방사성 동위원소의 붕괴열이다.
│ ㄷ. C로 인해 바닷물의 일정한 흐름인 해류가 만들어진다.
└──────────────────────────────────┘

① ㄱ　　　　　② ㄷ　　　　　③ ㄱ, ㄴ
④ ㄴ, ㄷ　　　⑤ ㄱ, ㄴ, ㄷ

07 그림은 지구 시스템의 물의 순환 과정에서 물의 이동량을 나타낸 것이다.

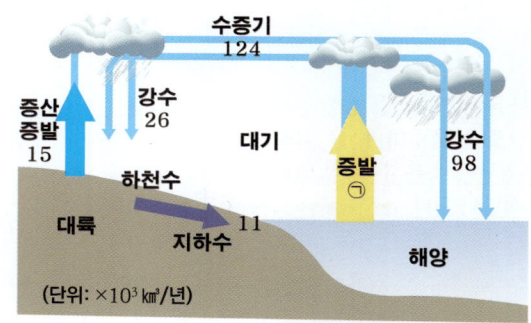

이에 대한 설명으로 옳은 것만을 <보기>에서 있는 대로 고른 것은?

┌─ 보기 ─────────────────────────────┐
│ ㄱ. 물 수지 평형이 일어나므로 ㉠의 양은 98이다.
│ ㄴ. 지하수와 하천수는 지권의 물질을 바다로 운반한다.
│ ㄷ. 증발 과정에서 기권으로 방출된 태양 에너지는 응결 과정에서 수권으로 흡수된다.
└──────────────────────────────────┘

① ㄱ　　　　　② ㄴ　　　　　③ ㄱ, ㄷ
④ ㄴ, ㄷ　　　⑤ ㄱ, ㄴ, ㄷ

08 다음은 물의 순환 과정 중 일부이다.

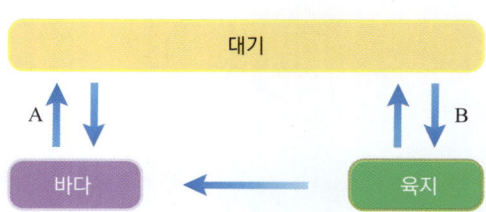

이에 대한 설명으로 옳은 것만을 <보기>에서 있는 대로 고른 것은?

┌─ 보기 ─────────────────────────────┐
│ ㄱ. A의 과정에 해당하는 자연 현상에는 비나 눈이 있다.
│ ㄴ. 지구 전체에서 대기의 물의 양은 일정하게 유지된다.
│ ㄷ. A 과정을 통해 이동하는 물의 양이 B 과정을 통해 이동하는 물의 양보다 적다.
└──────────────────────────────────┘

① ㄱ　　　　　② ㄴ　　　　　③ ㄱ, ㄴ
④ ㄱ, ㄷ　　　⑤ ㄴ, ㄷ

09 다음은 지구 시스템의 각 권역에서 탄소가 순환하는 예와 탄소 순환 과정의 일부를 나타낸 것이다.

식물은 ⊙ 광합성을 통해 탄소 화합물을 생성하며, ⓒ 식물 중 일부는 죽은 후 화석 연료인 석탄이 된다.

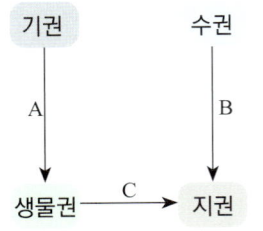

이에 대한 설명으로 옳은 것만을 <보기>에서 있는 대로 고른 것은?

• 보기 •
ㄱ. ⊙은 기권의 탄소를 증가시키는 요인이다.
ㄴ. ⓒ은 A, B, C 중 C의 예이다.
ㄷ. B를 통해 이동한 탄소는 주로 석회암 형태로 존재한다.

① ㄱ   ② ㄴ   ③ ㄱ, ㄷ
④ ㄴ, ㄷ   ⑤ ㄱ, ㄴ, ㄷ

10 다음은 지구 시스템에서 일어나는 탄소 순환 과정의 일부를 나타낸 것이다.

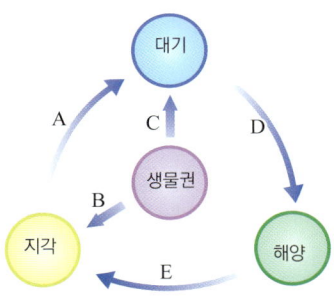

A~E에 해당되는 예로 옳지 않은 것은?

① A - 화산 활동
② B - 화석 연료 생성
③ C - 식물의 광합성
④ D - 해수에 용해
⑤ E - 석회암 생성

11 그림은 지구 시스템의 상호 작용을, 표는 A~C에 해당하는 탄소 순환의 예를 나타낸 것이다. ⊙ ~ ⓒ은 A~C의 예를 순서 없이 나타낸 것이다.

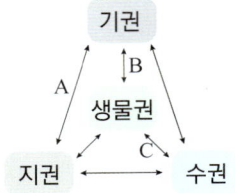

탄소 순환의 예
⊙ 화석 연료가 연소되어 대기 중으로 이산화 탄소 배출
ⓒ 해양 생물이 바닷물의 탄산 이온을 이용하여 골격 형성
ⓒ 육상 식물이 광합성 과정에서 대기 중의 이산화 탄소 흡수

A ~ C로 옳은 것은?

	A	B	C
①	⊙	ⓒ	ⓒ
②	⊙	ⓒ	ⓒ
③	ⓒ	⊙	ⓒ
④	ⓒ	ⓒ	⊙
⑤	ⓒ	ⓒ	⊙

12 그림은 지구 시스템의 각 구성요소에 존재하는 탄소의 양과 이동을 나타낸 것이다.

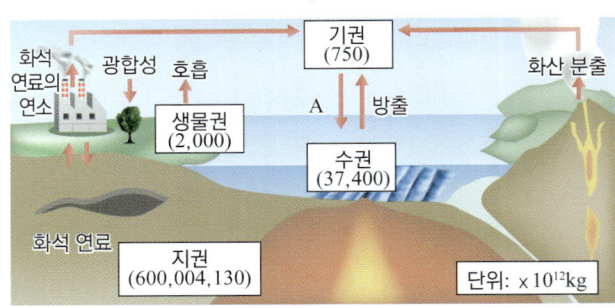

이에 대한 설명으로 옳은 것만을 <보기>에서 있는 대로 고른 것은?

• 보기 •
ㄱ. 화석 연료의 연소로 탄소가 지권에서 기권으로 이동한다.
ㄴ. 지구의 탄소는 대부분 기권에 존재한다.
ㄷ. 해수의 온도가 상승하면 A의 양이 증가한다.

① ㄱ   ② ㄷ   ③ ㄱ, ㄴ
④ ㄴ, ㄷ   ⑤ ㄱ, ㄴ, ㄷ

13 화산대와 지진대가 대체로 일치하는 까닭은?

① 지진의 충격으로 항상 화산이 폭발하기 때문이다.
② 마그마의 활동이 있어야만 지진이 발생하기 때문이다.
③ 화산 활동과 지진은 대륙의 중앙부에서 발생하기 때문이다.
④ 화산 활동과 지진은 대부분 판 경계에서 발생하기 때문이다.
⑤ 화산 활동과 지진은 판이 충돌하는 곳에서만 발생하기 때문이다.

14 그림은 판의 경계와 이동 방향을 나타낸 그림이다.

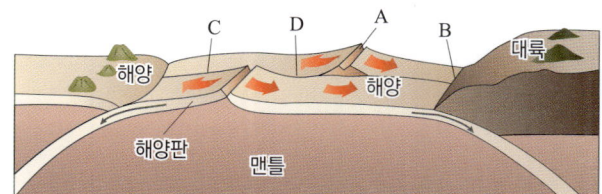

이에 대한 설명으로 옳은 것만을 <보기>에서 있는 대로 고른 것은?

┌─ 보기 ─────────────────────────────┐
ㄱ. 지진이 발생하는 곳은 A, B, D이다.
ㄴ. B에서 해양판과 대륙판이 충돌하고 있다.
ㄷ. 화산 활동이 활발하게 일어나는 곳은 C와 D이다.
└──────────────────────────────────┘

① ㄱ   ② ㄷ   ③ ㄱ, ㄴ
④ ㄴ, ㄷ   ⑤ ㄱ, ㄴ, ㄷ

15 그림 (가)는 우리나라 주변의 판의 분포를, (나)는 A−B의 단면을 나타낸 것이다.

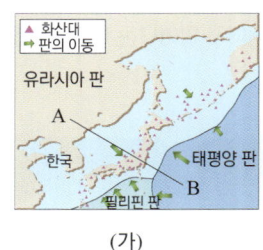 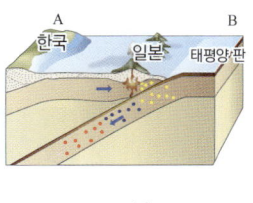

(가)   (나)

위 그림에 대한 설명으로 옳은 것은?

① B에서 A로 갈수록 천발 지진이 더 많이 발생한다.
② 보존형 경계에서 위와 같은 지형이 만들어진다.
③ 대륙판과 대륙판이 만나 위와 같은 지형을 형성한다.
④ 일본과 같은 화산 활동에 의해 만들어진 섬을 호상 열도라고 한다.
⑤ 우리나라는 일본이 완충 역할을 해주기 때문에 지진과 화산 활동으로부터 안전하다.

16 맨틀 대류의 (가) 하강부와 (나) 상승부에서 형성되는 지형으로 옳게 짝지은 것은?

	(가)	(나)
①	해령	호상 열도, 해구
②	습곡 산맥, 해령	열곡대
③	해구, 호상 열도	해령
④	해구	습곡 산맥, 해령
⑤	호상 열도, 해령	습곡 산맥, 해구

17 그림은 남아메리카 대륙 주변의 판 경계를 나타낸 것이다.

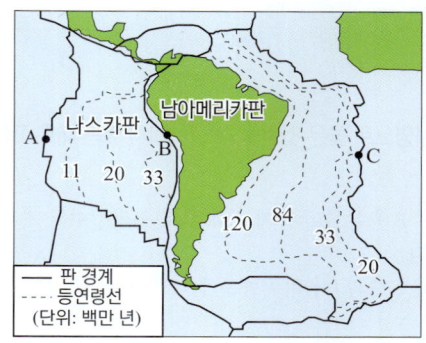

이에 대한 설명으로 옳은 것만을 <보기>에서 있는 대로 고른 것은?

┌─ 보기 ─────────────────────────────┐
ㄱ. A와 B에서 모두 판이 소멸된다.
ㄴ. B에는 해구가 발달한다.
ㄷ. C는 천발 지진이 활발하다.
└──────────────────────────────────┘

① ㄱ   ② ㄴ   ③ ㄷ
④ ㄴ, ㄷ   ⑤ ㄱ, ㄴ, ㄷ

18 다음은 화산 활동에 의한 피해를 설명한 것이다.

┌──────────────────────────────────┐
화산에서 분출된 엄청난 양의 (가) 화산재가 하늘을 뒤덮어 기온이 낮아지고, 화산재에 의해 (나) 지상 생물과 농작물이 큰 피해를 입었다. (다) 항공기 운항이 정지되고, 식료품 사재기 등의 혼란이 발생했으며, (라) 건물이 붕괴되어 여러 산업 분야에 타격을 주었다.
└──────────────────────────────────┘

이에 대한 설명으로 옳은 것만을 <보기>에서 있는 대로 고른 것은?

┌─ 보기 ─────────────────────────────┐
ㄱ. (가)는 지권과 기권의 상호 작용이다.
ㄴ. (나)는 화산 활동이 생물권에 입힌 피해이다.
ㄷ. (다)와 (라)는 화산 활동에 의한 환경적 피해에 해당한다.
└──────────────────────────────────┘

① ㄱ   ② ㄷ   ③ ㄱ, ㄴ
④ ㄴ, ㄷ   ⑤ ㄱ, ㄴ, ㄷ

수능 모의고사 2회

각자 시간을 정해 풀어 보세요. 보통 1문항당 1분입니다.

정답 및 해설 ➡ 64

---

01 지구시스템의 구성과 상호작용

01 (가)는 기권의 성층 구조를, (나)는 수권 중 해수의 성층 구조를 나타낸 것이다.

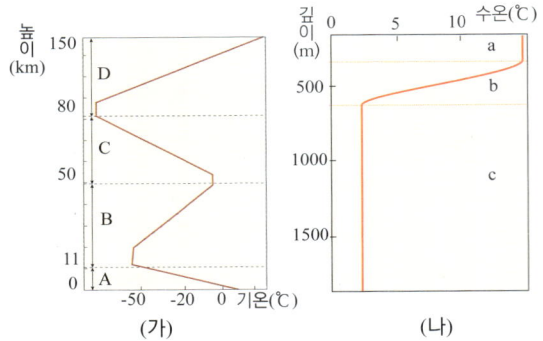

(가)   (나)

이에 대한 설명으로 옳은 것만을 <보기>에서 있는 대로 고른 것은?

보기

ㄱ. (가)의 B 층은 오존층에 의해 위로 올라갈수록 기온이 높아진다.

ㄴ. (가)의 C 층과 (나)의 a 층은 연직 운동이 일어나는 구간이다.

ㄷ. (가)와 (나) 모두 연직 온도 분포를 기준으로 성층 구조를 구분한다.

① ㄱ   ② ㄱ, ㄴ   ③ ㄱ, ㄷ

④ ㄴ, ㄷ   ⑤ ㄱ, ㄴ, ㄷ

02 다음 그림은 지각의 구조를 나타낸 것이다.

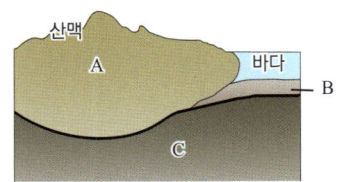

이에 대한 설명으로 옳은 것만을 <보기>에서 있는 대로 고른 것은?

보기

ㄱ. A보다 B의 밀도가 크다.

ㄴ. A, B는 고체, C는 액체 상태이다.

ㄷ. C의 상부는 유동성이 있어 대류가 일어난다.

① ㄱ   ② ㄷ   ③ ㄱ, ㄴ

④ ㄱ, ㄷ   ⑤ ㄱ, ㄴ, ㄷ

03 지권에 대한 설명으로 옳은 것은?

① 지권은 모두 고체 상태이다.

② 철의 함량비가 가장 높은 곳은 지각이다.

③ 깊이에 따른 구성 성분과 물질의 상태를 기준으로 구분한다.

④ 지권의 변화는 기권과 수권에 영향을 주지 않는다.

⑤ 지표면에서 깊이 약 500 km까지만 지권에 포함된다.

04 그림은 A, B 두 해역에서 측정한 수온의 연직 분포를 나타낸 것이다.

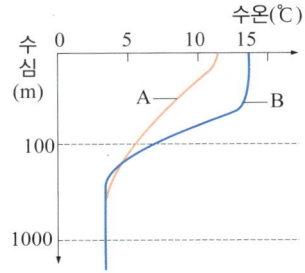

A 해역보다 B 해역에서 더 큰 값을 가지는 것만을 <보기>에서 있는 대로 고른 것은?

보기

ㄱ. 일사량   ㄴ. 바람의 세기

ㄷ. 수온 약층의 두께   ㄹ. 심해층의 수온

① ㄱ, ㄴ   ② ㄱ, ㄷ   ③ ㄴ, ㄷ

④ ㄴ, ㄹ   ⑤ ㄷ, ㄹ

[2019 모의고사 기출]

05 그림 (가) ~ (다)는 지구 시스템에서 일어나는 다양한 자연 현상을 나타낸 것이다.

(가) 밀물과 썰물   (나) 대기 대순환   (다) 화산 폭발

(가) ~ (다)를 일으키는 근원적인 에너지로 옳은 것은?

	A	B	C
①	태양 에너지	조력 에너지	지구 내부 에너지
②	조력 에너지	태양 에너지	지구 내부 에너지
③	조력 에너지	지구 내부 에너지	태양 에너지
④	지구 내부 에너지	조력 에너지	태양 에너지
⑤	지구 내부 에너지	태양 에너지	조력 에너지

06 표는 지구시스템의 에너지원에 대해 정리한 것이다.

에너지	상대적 비율 (%)	영향
A	0.013	맨틀에서 대류를 일으킴
B	99.985	
C	0.002	

C 에너지가 지구 시스템에 미치는 영향에 대한 설명으로 옳은 것은?

① 기권과 수권에서 대기와 해수를 순환시킨다.
② 기권에서 구름을 만들고 날씨 변화를 일으킨다.
③ 지권에서 지진과 화산 활동과 같은 지각 변동을 일으킨다.
④ 생물권에서 생물에 흡수되어 생명 활동에 필요한 에너지로 이용된다.
⑤ 수권에서 밀물과 썰물 현상을 일으켜 해수면의 높이를 주기적으로 변화시켜 갯벌 생태계에 영향을 미친다.

07 그림은 지구시스템에서의 물의 순환을 나타낸 것이다.

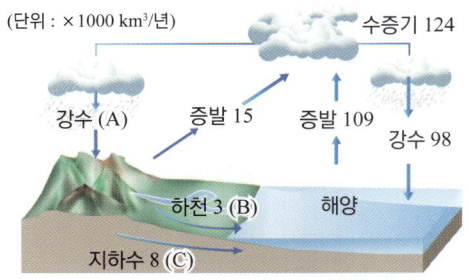

이에 대한 설명으로 옳은 것만을 <보기>에서 있는 대로 고른 것은?

• 보기 •
ㄱ. A 과정은 주로 태양 에너지에 의해 일어난다.
ㄴ. 연간 이동하는 물의 양을 비교하면 A＝B＋C이다.
ㄷ. B와 C 과정의 물의 이동량이 늘어나면 육지에서의 지표 변화가 커진다.

① ㄱ   ② ㄷ   ③ ㄱ, ㄴ
④ ㄱ, ㄷ   ⑤ ㄴ, ㄷ

08 다음은 지구 시스템에서 일어나는 물의 순환을 간략하게 나타낸 것이다.

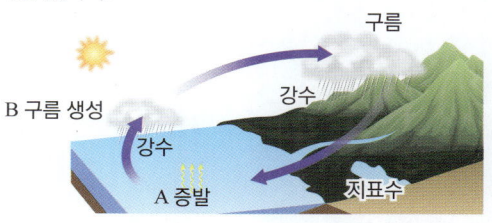

이에 대한 설명으로 옳은 것만을 <보기>에서 있는 대로 고른 것은?

• 보기 •
ㄱ. A는 에너지를 흡수하고, B는 에너지를 방출한다.
ㄴ. 물의 순환을 일으키는 에너지원은 태양 에너지이다.
ㄷ. 물의 순환 과정에서 기상 현상과 지형 변화가 일어난다.

① ㄱ   ② ㄱ, ㄴ   ③ ㄱ, ㄷ
④ ㄴ, ㄷ   ⑤ ㄱ, ㄴ, ㄷ

09 다음은 물의 순환 과정에서 일어나는 에너지의 이동에 대한 설명이다.

바다에서 물이 증발할 때 열에너지는 (A)에서 기권으로 이동하고, 상승한 수증기가 응결되어 구름이 될 때 열에너지를 (B)한다.

A와 B에 들어갈 말을 차례대로 나열한 것은?

	A	B
①	수권	방출
②	수권	흡수
③	지권	방출
④	지권	흡수
⑤	생물권	방출

10 다음은 탄소의 연간 이동량을 나타낸 것이다.

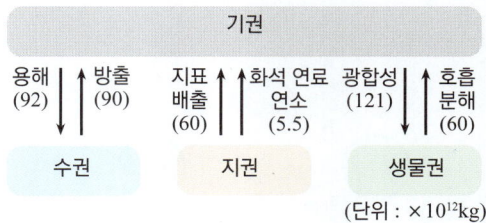

이에 대한 설명으로 옳은 것은?

① 지구 전체의 탄소량은 계속 감소하고 있다.
② 기권의 탄소량은 증가하고 있다.
③ 화산 활동이 일어나면 지권의 탄소량이 증가한다.
④ 화석 연료의 사용량이 증가하면 기권의 탄소량이 감소한다.
⑤ 수온이 상승하면 수권에서 기권으로 이동하는 탄소량이 감소한다.

11 그림은 지구시스템 구성 요소 사이의 상호 작용을 나타낸 것이다. A, B, C에 해당하는 예를 <보기>에서 찾아 쓰시오.

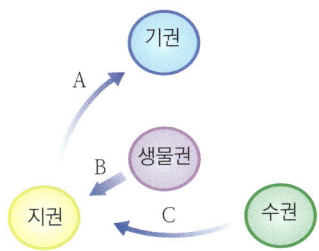

A, B, C 과정에 대한 설명으로 옳은 것만을 <보기>에서 있는 대로 고른 것은?

보기
ㄱ. A: 화산 활동으로 수증기가 방출되었다.
ㄴ. B: 생물의 유해가 묻혀 석유가 된다.
ㄷ. C: 바닷가의 바위가 파도에 의해 깎인다.

① ㄱ   ② ㄴ   ③ ㄷ
④ ㄴ, ㄷ   ⑤ ㄱ, ㄴ, ㄷ

12 다음은 지구 시스템에서 일어나는 탄소 순환 과정의 일부를 나타낸 것이다.

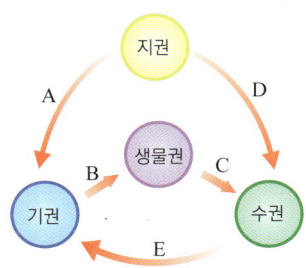

A~E에 해당되는 예로 옳지 않은 것은?

① A - 화산 활동 과정에서 이산화 탄소 배출
② B - 식물의 광합성 과정에서 이산화 탄소 흡수
③ C - 물속 식물의 광합성에 의한 이산화 탄소 이동
④ D - 강물과 지하수가 석회암을 녹임
⑤ E - 수온 상승에 의한 물속 이산화 탄소의 방출

13 그림은 지구 탄생 이후 현재까지 외권과 기권의 주요 환경 변화를 나타낸 것이다.

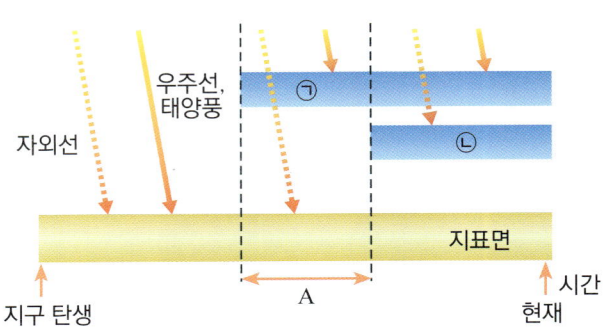

이에 대한 설명으로 옳은 것만을 <보기>에서 있는 대로 고른 것은?

보기
ㄱ. ㉠은 지구 자기장에 의한 영향을 나타낸 것이다.
ㄴ. ㉡으로 인해 성층권 구간에서 위로 올라갈수록 기온이 낮아진다.
ㄷ. A 시기의 바다에는 암모나이트가 번성하였다.

① ㄱ   ② ㄴ   ③ ㄱ, ㄷ
④ ㄴ, ㄷ   ⑤ ㄱ, ㄴ, ㄷ

02 지권의 변화와 영향

14 다음은 판의 구조를 간단하게 나타낸 것이다.

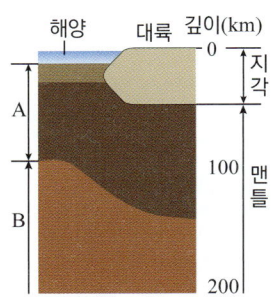

이에 대한 설명으로 옳은 것만을 <보기>에서 있는 대로 고른 것은?

보기
ㄱ. A는 암석권, B는 연약권이다.
ㄴ. 대류가 일어나는 곳은 B이다.
ㄷ. 해양판은 대륙판보다 두께가 얇고, 밀도가 크다.

① ㄱ   ② ㄴ   ③ ㄷ
④ ㄴ, ㄷ   ⑤ ㄱ, ㄴ, ㄷ

15 다음은 튀르키예 부근에서 발생한 지진에 대한 신문 기사의 일부이다.

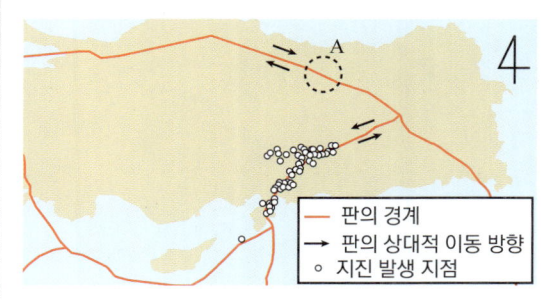

○월 ○일 튀르키예 남동부 지역에서 규모 7.8의 강진이 발생하고 ㉠ 여러 차례 지진이 이어져 큰 피해가 일어났다. 판과 판이 만나는 이 지역은 과거에도 지진이 발생하였다.

이에 대한 설명으로 옳은 것만을 <보기>에서 있는 대로 고른 것은?

─● 보기 ●─
ㄱ. ㉠은 주로 판의 경계 부근에서 발생하였다.
ㄴ. A 지역에는 두 판이 어긋나는 경계가 있다.
ㄷ. 지진의 주된 에너지원은 지구 내부 에너지이다.

① ㄱ   ② ㄷ   ③ ㄱ, ㄴ
④ ㄴ, ㄷ   ⑤ ㄱ, ㄴ, ㄷ

16 다음은 맨틀 대류와 판의 운동을 나타낸 것이다.

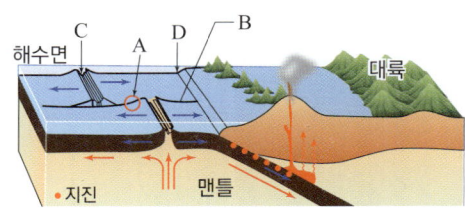

이에 대한 설명으로 옳은 것만을 <보기>에서 있는 대로 고른 것은?

─● 보기 ●─
ㄱ. 지진은 B보다 A에서 자주 일어난다.
ㄴ. C에서는 화산 활동이 일어난다.
ㄷ. D에서는 새로운 판이 생성된다.

① ㄱ   ② ㄴ   ③ ㄱ, ㄴ
④ ㄴ, ㄷ   ⑤ ㄱ, ㄴ, ㄷ

17 그림은 판의 이동 방향과 단면을 나타낸 것이다.

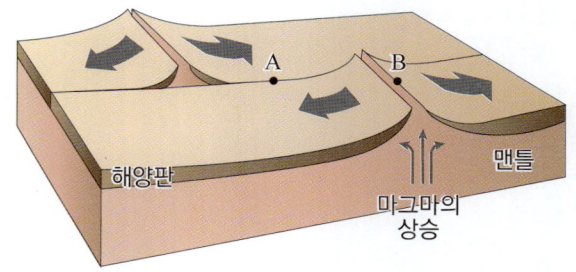

지점 A, B에 대한 설명으로 옳은 것만을 <보기>에서 있는 대로 고른 것은?

─● 보기 ●─
ㄱ. A는 보존형 경계에 위치한다.
ㄴ. B에서는 해구가 발달한다.
ㄷ. 화산 활동은 A보다 B에서 활발하다.

① ㄱ   ② ㄷ   ③ ㄱ, ㄴ
④ ㄱ, ㄷ   ⑤ ㄴ, ㄷ

18 그림은 산안드레아스 단층이 속한 판의 경계와 판의 상대적인 이동 방향을 나타낸 것이다.

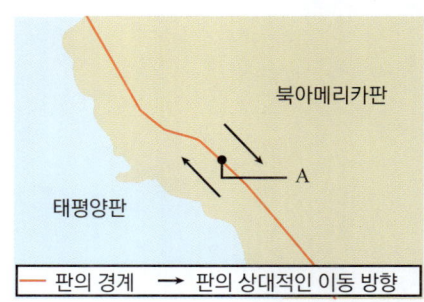

A 지역에 대한 설명으로 옳은 것만을 <보기>에서 있는 대로 고른 것은?

─● 보기 ●─
ㄱ. 지진 활동이 활발하다.
ㄴ. 맨틀 대류의 하강부에 위치한다.
ㄷ. 두 판이 서로 어긋나게 이동한다.

① ㄱ   ② ㄴ   ③ ㄱ, ㄷ
④ ㄴ, ㄷ   ⑤ ㄱ, ㄴ, ㄷ

III 시스템과 상호작용

01 중력을 받는 물체의 운동

□ 중력 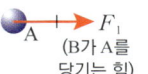 □ 자유 낙하 운동
□ 수평으로 던진 물체의 운동 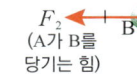 □ 중력의 영향

A 중력과 역학 시스템

1. 중력: 질량이 있는 모든 물체 사이에 상호작용하며, 서로 잡아당기는 힘❶이다.

① **중력의 크기**: 두 물체의 질량이 클수록, 두 물체 사이의 거리가 가까울수록 커진다.

② **중력의 특징**: 지구에 의해 지구상의 물체에 작용하는 중력의 방향은 지구 중심 방향이며, 두 물체가 서로 떨어져 있어도 작용한다.

③ **무게**: 물체에 작용하는 중력의 크기이다. 단위는 N(뉴턴)이다.

· 장소에 따라 무게는 달라진다. ➡ 달에서 중력의 크기❷는 지구의 $\frac{1}{6}$이므로 달에서 물체의 무게를 측정하면 지구에서 무게의 $\frac{1}{6}$로 측정된다.

· 지구에서 질량이 m인 물체의 무게는 mg이다. 지표면 근처에서 중력 가속도 g의 값은 9.8 m/s²이므로, 지표면에서 질량 1 kg인 물체의 무게는 9.8 N이다.

2. 중력과 역학 시스템 중력은 자연 현상을 일으키고, 생명체의 생명활동에 영향을 준다.

① 중력은 비나 눈을 내리게 하고, 번지 점프를 할 수 있게 하고, 사과를 떨어뜨린다.

② 중력은 인공위성이나 달이 지구 주위를 공전할 수 있게 한다.

B 중력에 의한 지표면에서 물체의 운동

1. 자유 낙하 운동

① **가속도**: 단위 시간당 속도❸ 변화량이다. 등가속도 운동❹에서 가속도는 아래와 같다.

$$가속도 = \frac{나중\ 속도 - 처음\ 속도}{시간}, \quad a = \frac{v - v_0}{t} \quad [단위 : m/s^2]$$

② **중력 가속도**: 지구상에서 중력을 받으며 운동하는 물체의 가속도로 지표면 부근에서는 물체의 질량에 관계없이 중력 가속도의 크기는 약 9.8 m/s²으로 같다.

③ **자유 낙하 운동**❺: 공기의 저항을 무시할 때, 정지해 있던(처음 속도=0) 물체가 중력을 받아서 아래로 떨어지는 운동으로, 가속도가 연직 아래 방향으로 9.8 m/s²로 일정한 등가속도 운동이다. 자유 낙하하는 물체의 가속도는 물체의 질량, 크기, 모양에 관계없이 같다.

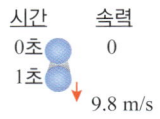

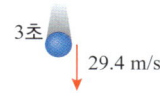

시간	속력
0초	0
1초	9.8 m/s
2초	19.6 m/s
3초	29.4 m/s

▲ 자유 낙하 운동

더 알아보기 — 자유 낙하 운동의 그래프

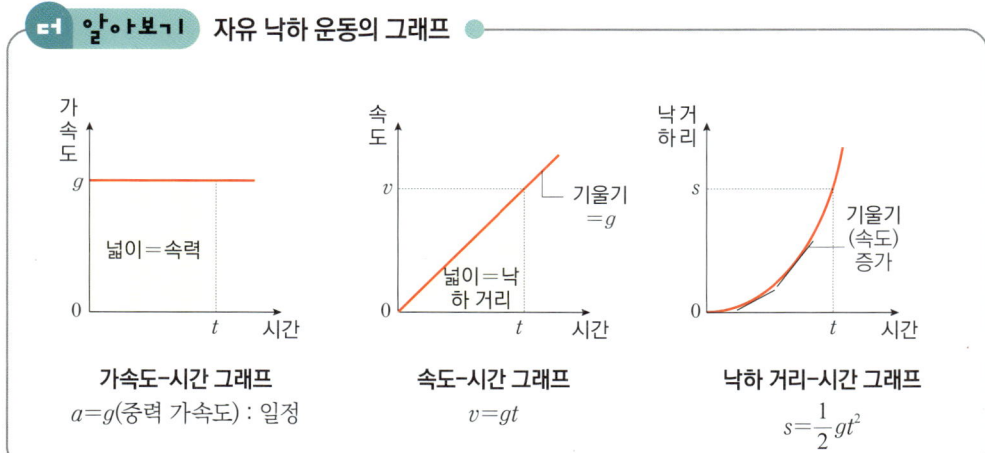

가속도-시간 그래프
$a = g$(중력 가속도) : 일정
넓이 = 속력

속도-시간 그래프
$v = gt$
기울기 = g
넓이 = 낙하 거리

낙하 거리-시간 그래프
$s = \frac{1}{2}gt^2$
기울기(속도) 증가

④ **질량이 서로 다른 두 물체의 자유 낙하 운동**: 공기의 저항을 무시할 때, 두 물체의 질량이 서로 다르면 중력의 크기는 다르지만 중력 가속도의 크기(g)는 서로 같다. 따라서 같은 높이에서 두 물체를 자유 낙하시키면 두 물체는 동시에 바닥에 도달한다.

개념⁺

❶ 힘은 상호작용한다.

F_1 (B가 A를 당기는 힘) F_2 (A가 B를 당기는 힘)

두 물체 사이에 상호작용하여 서로 잡아당기는 힘이 중력 F_1, F_2 이다. 이때 F_1과 F_2의 크기는 서로 같다. F_1과 F_2의 크기는 A와 B 사이의 거리의 제곱에 반비례하고, 질량의 곱에 비례한다.(만유인력 법칙)

❷ 지구와 달에서의 중력의 크기

중력의 크기는 mg(질량×중력 가속도)이다.
달 표면에서의 중력 가속도 크기는 지구 표면의 $\frac{1}{6}$이므로 달 표면에서의 중력의 크기는 지구 표면의 $\frac{1}{6}$이다.

❸ 속도(v)

물체의 빠르기와 운동 방향을 동시에 나타내는 물리량으로, 단위 시간당 위치 변화량(변위)이다.

❹ 등가속도 운동

가속도의 크기와 방향이 일정한 운동으로, 속도가 일정하게 증가(가속도(+))하거나 일정하게 감소(가속도(−))하는 운동이다.

❺ 자유 낙하 운동

공기 중 낙하	진공 중 낙하
중력 외에 운동 반대 방향으로 공기 저항력이 작용하여 깃털이 공보다 늦게 떨어진다.	중력만 작용하므로 질량, 모양에 상관없이 속력이 일정하게 증가하여 깃털과 공은 동시에 떨어진다.

2. 수평으로 던진 물체의 운동: 공기의 저항을 무시할 때, 지표면에서 수평 방향으로 던진 물체는 운동 방향과 속력이 계속 변하는 운동을 한다. **❻**

① **수평 방향 운동**: 수평 방향으로는 힘이 작용하지 않으므로 등속 직선 운동을 한다.

② **연직 방향 운동**: 연직 방향으로는 중력이 작용하므로 자유 낙하하는 물체와 같이 등가속도 운동을 한다.

➡ 수평 방향의 등속 직선 운동과 연직 방향의 자유 낙하 운동이 동시에 일어나므로 물체는 포물선 궤도를 그리며 운동한다.

연직 방향	물리량	수평 방향
중력(연직 아래 방향)	**물체에 작용하는 힘**	없음
일정하게 증가	**물체의 속력**	일정
$g(=9.8 \text{ m/s}^2)$ (연직 아래 방향)	**가속도 크기**	0

ⓒ 중력에 의한 지구 주위에서의 운동

1. 수평 방향으로 속력을 달리하여 던진 물체의 운동

① 수평 방향의 속력이 커질수록 수평 방향으로 더 멀리 도달한다.

② 연직 방향으로는 중력만 작용하므로 질량에 관계없이 가속도가 같다. ➡ 같은 높이에서 수평 방향으로 동시에 출발한 물체들은 동시에 수평면에 도달한다.

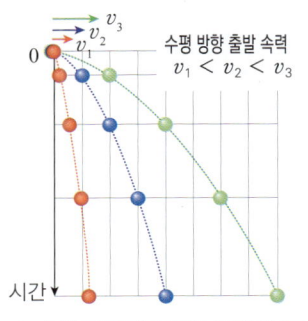

▲ 수평 방향으로 던진 물체의 운동

2. 뉴턴의 사고 실험 ★

① 물체는 중력에 의해 지표면으로 떨어지지만 산꼭대기에서 지평선과 평행한 방향으로 속력이 매우 빠르게 발사된 포탄은 지표면에 떨어지지 않고 지구 둘레를 도는 원운동을 한다고 뉴턴은 설명하였다. 이와 같은 원리로 지구 주위를 원운동하는 달이나 인공 위성이 지구와 충돌하지 않는다.

② 지표면에서 자유 낙하하는 물체는 1초에 약 5 m 씩 낙하한다. 지구는 지표면에 수평하게 8 km 진행할 때마다 5 m 씩 낙하하는 구형이므로 포탄을 수평 방향으로 8 km/s의 속력으로 쏜다면 지표면에 닿지 않고 지구 주위를 계속 원운동할 수 있다고 뉴턴은 생각하였다. **❼**

개념⁺

❻ 수평 방향으로 던진 물체의 속도와 가속도

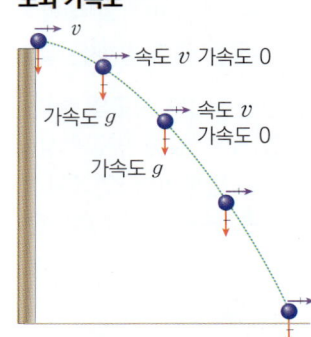

수평 방향으로 물체를 던질 때, 운동하고 있는 물체에 수평 방향의 힘은 작용하지 않으므로 수평 방향의 속도는 변하지 않고 일정하게 유지된다(가속도=0). 연직 방향으로는 각 위치에서 같은 크기의 중력이 작용하므로 가속도가 일정하여(가속도=g), 속도가 일정한 비율로 증가한다.

❼ 뉴턴의 사고 실험

언덕에서 물체를 수평 방향으로 던질 때, 빠른 속도로 던질수록 더 멀리까지 가서 지면에 떨어진다. 이때 수평 방향 속력이 약 8 km/s가 되면 물체는 지면에 떨어지지 않고 지구 주위를 돌게 된다.

미니사전

⭐ **사고 실험 [思 생각하다 考 숙고하다−실험]** 직접 실험을 하지 않고 논리적으로 생각하여 결론을 내리는 실험

3. 지구 주위를 공전하는 물체의 원운동

① 달은 지구로부터 지구 중심 방향의 중력을 받아서 지구 주위를 공전(원운동❽)할 수 있다.

➡ 달의 운동 방향과 중력 방향은 서로 수직이다. 달에 작용하는 중력 방향은 달의 가속도 방향과 같다.

② 인공위성도 지구의 중력을 받아 지구 주위를 공전(원운동)할 수 있다. 인공위성에 작용하는 중력의 방향은 지구 중심 방향이며, 인공위성의 가속도 방향은 인공 위성에 작용하는 중력 방향과 같다.

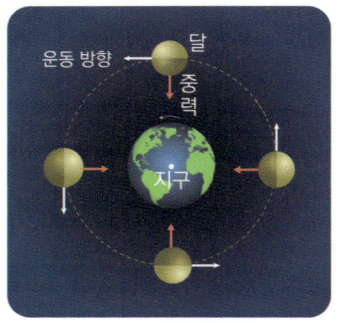

▲ 달의 위치에 따라 지구가 작용하는 중력의 방향이 다르다.

❽ **등속 원운동**

· 물체의 운동 방향이 매 순간 바뀌는 운동이다. 등속 원운동하는 물체의 속력(빠르기)는 일정하게 유지된다.

· 물체에 작용하는 힘의 방향(물체의 가속도 방향)은 원의 중심 방향이다. 운동 방향과 힘의 방향은 수직이다.

· 끈이 끊어지면 그 순간의 운동 방향으로 물체는 날아간다.

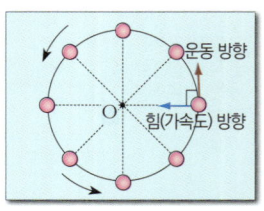

▲ 원운동하는 물체의 힘(가속도) 방향과 운동 방향(속도 방향)

개념체크➕

정답 및 해설 ➡ 66

01 중력에 대한 설명으로 옳은 것은 ○표, 옳지 않은 것은 ✕표 하시오.

(1) 물체에 작용하는 중력의 크기는 그 물체의 무게와 같다. ························ (   )

(2) 지표면 근처에서 자유 낙하하는 물체의 중력 가속도는 물체의 질량에 관계없이 일정하다. (   )

(3) 지구상의 물체에는 지구 중심 방향으로 중력이 작용한다. ················ (   )

(4). 중력을 받아 자유 낙하하는 물체는 등속 직선 운동을 한다. ··············· (   )

(5) 질량이 클수록 중력이 크다. ···································· (   )

(6) 달은 중력에 의해 지구 주위를 공전한다. ···························· (   )

(7) 중력은 생명 시스템을 유지하는 역할을 한다. ························ (   )

POINT

02 지표면에서 물체를 자유 낙하시킨 후 5초가 지났을 때 물체의 ① 속력과 ② 낙하 거리를 각각 구하시오. 단, 중력 가속도는 $9.8 \, \text{m/s}^2$이다.

[03~04] 그림은 O점에서 수평으로 던진 축구공의 운동 모습을 나타낸 것이다. 단, 공기의 저항은 무시한다.

03 A, B 지점에서 물체에 작용하는 힘의 방향을 각각 그림에 표시하시오.

04 축구공의 운동에 대한 설명이다. 빈칸에 알맞은 말을 각각 쓰시오.

> 공기 저항이 없을 때, 축구공은 수평 방향으로 (㉠   ) 운동을 하고, 연직 방향으로는 (㉡   ) 운동을 한다.

05 (가)~(다)와 같은 자연 현상과 공통적으로 관련이 있는 힘을 쓰시오.

(가) 산소와 질소로 이루어진 지구 대기

(나) 높은 곳에서 낮은 곳으로 흐르는 물

(다) 지구 주위를 공전하는 달

탐구+

자유 낙하하는 물체와 수평 방향으로 던진 물체의 운동 비교

● **목표** 자유 낙하하는 물체의 운동과 수평 방향으로 던진 물체의 운동을 비교하여 설명할 수 있다.

(준비물) 쇠구슬 발사 장치, 카메라

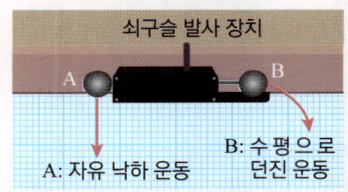

● **실험 과정**

① 일정한 높이에 쇠구슬 발사 장치를 설치한 후, 한 개의 쇠구슬을 자유 낙하시키는 것과 동시에 나머지 한 개의 쇠구슬을 수평 방향으로 발사시킨 후 두 쇠구슬의 운동을 관찰한다.

② 바닥에 쇠구슬이 닿는 소리를 주의 깊게 들어서 어느 구슬이 먼저 바닥에 닿는지 비교한다.

③ 쇠구슬 1개를 자유 낙하시키고 운동 모습을 촬영한다.

④ 쇠구슬 1개를 수평 방향으로 발사한 후 운동 모습을 촬영한다.

⑤ 촬영한 동영상을 재생하여 같은 시간 간격으로 쇠구슬의 위치를 기록한다.

● **탐구 결과**

① 자유 낙하시킨 쇠구슬의 시간 구간 당 이동 거리와 평균 속력은 다음과 같다.

시간(초)	0	0.1	0.2	0.3	0.4	0.5
연직 방향 이동 거리(m)		0.049	0.147	0.245	0.343	0.441	
평균 속력(m/s)		0.49	1.47	2.45	3.43	4.41	

② 수평 방향으로 발사된 쇠구슬의 수평 및 연직 방향의 이동 거리와 평균 속력은 다음과 같다.

시간(초)		0	0.1	0.2	0.3	0.4	0.5
연직 방향	이동 거리(m)		0.049	0.147	0.245	0.343	0.441	
	평균 속력(m/s)		0.49	1.47	2.45	3.43	4.41	
수평 방향	이동 거리(m)		0.23	0.23	0.23	0.23	0.23	
	평균 속력(m/s)		2.3	2.3	2.3	2.3	2.3	

● **결과 해석**

정답 및 해설 ➡ 66

 두 쇠구슬 중 어느 것이 먼저 바닥에 도달하였는지 쓰고, 그 이유에 대하여 서술하시오.

 자유 낙하하는 쇠구슬의 속력 변화에 대하여 서술하시오.

 수평 방향으로 발사된 쇠구슬의 수평 및 연직 방향 속력 변화에 대하여 서술하시오.

!주의

집에서 한번 해볼까요?

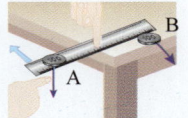

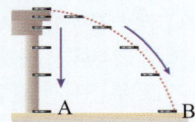

① 책상 끝에 그림과 같이 자를 설치한 후 동전 두 개를 각각 A와 B 위치에 놓는다.

② 화살표 방향으로 자를 빠르게 친 후, 동전이 각각 떨어져 바닥에 닿는 소리를 비교한다.

③ 자를 치는 속도를 변화시켜가면서 실험을 한다.

➡ A는 자유 낙하 운동을 하고, B는 수평으로 던져진 운동을 한다. 자의 속도를 빨리 변화시키면 A는 그대로 자유 낙하 운동을 하지만 B의 수평 방향 속도는 증가한다. 어느 경우에나 A와 B는 동시에 바닥에 도달한다.

$$\bullet\ 평균\ 속력 = \frac{이동\ 거리}{시간}$$

A 중력과 역학적 시스템

01 지구상에 있는 나무를 나타낸 것이다. 나무에 작용하는 힘에 대한 설명으로 옳은 것은?

① 지구와 접촉해 있을 때만 작용하는 힘이다.
② 나무의 질량이 커져도 중력은 변하지 않는다.
③ 지구 외부에서 물체에 작용하는 힘이다.
④ 지표 부근에서 질량 1 kg인 물체에 작용하는 중력의 크기는 약 9.8 N이다.
⑤ 지구가 나무를 잡아당기는 힘이 나무가 지구를 잡아당기는 힘보다 크다.

02 질량 400 g인 축구공과 4 kg인 볼링공이 지면에 놓여 있다. 이에 대한 설명으로 옳은 것만을 <보기>에서 있는 대로 고른 것은? (단, 공기의 저항은 무시한다.)

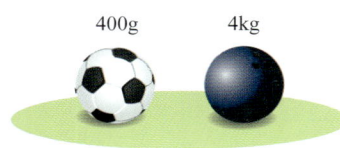

400g   4kg

―― 보기 ――
ㄱ. 지구가 축구공과 볼링공에 작용하는 중력의 크기는 서로 같다.
ㄴ. 볼링공의 무게는 축구공 무게의 10배이다.
ㄷ. 두 공이 같은 높이에서 자유 낙하하면 지면에 동시에 도착한다.

① ㄱ   ② ㄴ   ③ ㄷ
④ ㄴ, ㄷ   ⑤ ㄱ, ㄴ, ㄷ

03 중력에 대한 설명 중 옳은 것만을 <보기>에서 있는 대로 고른 것은?

―― 보기 ――
ㄱ. 인공위성이 지구 주위를 도는 것은 중력이 작용하기 때문이다.
ㄴ. 중력은 일반적으로 지표면에서 높은 곳으로 올라갈수록 커진다.
ㄷ. 중력의 크기를 무게라고 하며 1 kg의 질량에 약 9.8 N이 작용한다.

① ㄱ   ② ㄷ   ③ ㄱ, ㄷ
④ ㄴ, ㄷ   ⑤ ㄱ, ㄴ, ㄷ

04 지구에서 일어나는 다양한 현상들에 많은 영향을 미치고 있는 중력에 대해 무우, 상상, 알알이가 대화하고 있다.

무우   상상   알알

옳게 말한 사람을 있는 대로 고른 것은?

① 무우   ② 상상   ③ 알알
④ 무우, 상상   ⑤ 상상, 알알

05 중력이 지구시스템과 생명 시스템에 미치는 영향에 대한 설명으로 옳은 것만을 <보기>에서 있는 대로 고른 것은?

―― 보기 ――
ㄱ. 지표 근처에 형성된 대기층으로 생명체가 호흡하며 살아간다.
ㄴ. 대기와 바다에서 대류 현상을 일으킨다.
ㄷ. 육상에서 살아가는 무거운 동물들은 강한 근육과 단단한 골격을 갖추었다.

① ㄱ   ② ㄴ   ③ ㄷ
④ ㄱ, ㄴ   ⑤ ㄱ, ㄴ, ㄷ

06 다음 <보기> 중 역학 시스템에 대한 설명으로 옳은 것만을 <보기>에서 있는 대로 고른 것은?

―― 보기 ――
ㄱ. 화분을 엎질러 식물이 옆으로 눕더라도 식물의 줄기는 꺾여서 위를 향해 자란다.
ㄴ. 중력에 의해 물과 빙하는 오랜 기간에 걸쳐 지표를 변화시킨다.
ㄷ. 힘은 운동의 원인이며, 물질을 구성하는 입자와 생명체에서 일어나는 현상에 관여한다.

① ㄱ   ② ㄷ   ③ ㄱ, ㄷ
④ ㄴ, ㄷ   ⑤ ㄱ, ㄴ, ㄷ

B 중력에 의한 지표면에서 물체의 운동

[07~09] 그림과 같이 실험 장치를 꾸민 후 시간 기록계를 작동시키고 추를 자유 낙하시켰다. (단, 공기의 저항과 모든 마찰은 무시한다.)

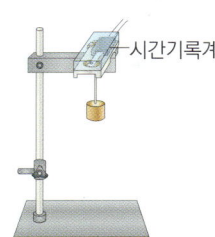
— 시간기록계

07 추의 시간에 따른 속력 그래프로 옳은 것은?

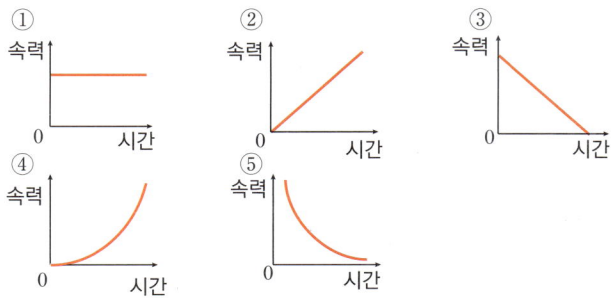

08 추에 작용하는 알짜힘을 시간에 따라 나타낸 그래프로 옳은 것은?

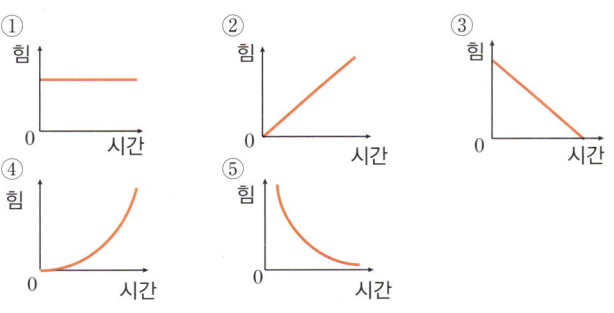

09 추의 낙하 거리를 시간에 따라 나타낸 그래프로 옳은 것은?

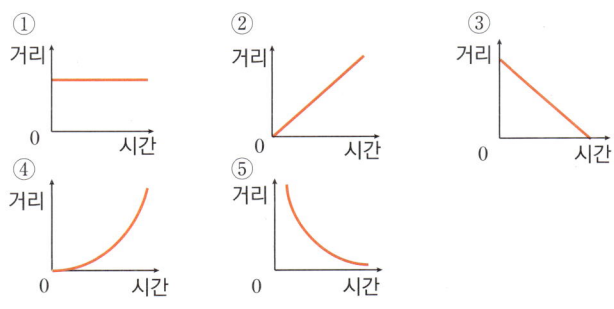

10 쇠구슬을 가만히 놓아 자유 낙하시킨 후, 1초, 2초일 때 쇠구슬의 모습을 나타낸 것이다. 3초일 때, 쇠구슬의 ㉠ 속력과 ㉡ 낙하 거리는 각각 얼마인가? (단, 공기의 저항은 무시하고, 중력 가속도의 크기는 9.8 m/s²이다.)

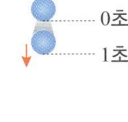
0초
1초
2초

㉠ (   )m/s
㉡ (   )m

11 질량이 서로 다른 쇠구슬과 깃털을 (가) 공기 중에서와 (나) 진공 중에서 같은 높이에서 동시에 놓아서 떨어뜨렸을 때의 모습을 일정한 시간 간격으로 나타낸 것이다.

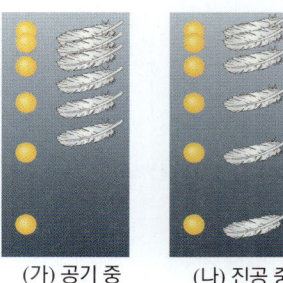

(가) 공기 중   (나) 진공 중

이에 대한 설명으로 옳은 것만을 <보기>에서 있는 대로 고른 것은?

┌─ 보기 ─
ㄱ. (가)에서 쇠구슬과 깃털의 가속도는 서로 같다.
ㄴ. (나)에서 쇠구슬과 깃털은 바닥에 동시에 도달한다.
ㄷ. (가)와 (나)에서 쇠구슬에 작용하는 힘의 크기는 서로 같으나, 깃털에 작용하는 힘의 크기는 서로 다르다.
└─

① ㄱ   ② ㄴ   ③ ㄷ
④ ㄱ, ㄴ   ⑤ ㄱ, ㄴ, ㄷ

12 그림 (가)는 질량 2 kg의 공을 자유 낙하 시키는 모습이고, (나)는 1 kg의 공을 같은 높이에서 속력 10 m/s로 수평으로 던지는 것을 나타낸 것이다. 이에 대한 설명으로 옳은 것만을 <보기>에서 있는 대로 고른 것은? (단, 공기의 저항은 무시한다.)

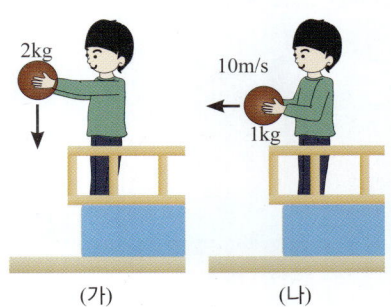

(가)   (나)

┌─ 보기 ─
ㄱ. (가)에서 공에 작용하는 중력은 (나)의 공의 2배이다.
ㄴ. 지표면에 도달하는 시간은 무거운 (가)에서 더 빠르다.
ㄷ. (나)에서 운동 방향과 작용하는 힘의 방향은 같다.
└─

① ㄱ   ② ㄷ   ③ ㄱ, ㄷ
④ ㄴ, ㄷ   ⑤ ㄱ, ㄴ, ㄷ

13 다음 표는 자유 낙하하는 물체의 위치를 1초 간격으로 측정하여 기록한 것이다.

시간(초)	0	1	2	3
위치(m)	0	4.9	19.6	44.1

이에 대한 설명으로 옳은 것만을 <보기>에서 있는 대로 고른 것은?

┌─ 보기 ──────────────────────────┐
│ ㄱ. 운동 중에 물체에 작용하는 힘의 크기는 일정하다. │
│ ㄴ. 물체의 속력은 1초에 4.9 m/s씩 일정하게 증가한다. │
│ ㄷ. 4초 후 물체의 위치는 78.4 m이다. │
└─────────────────────────────┘

① ㄱ   ② ㄴ   ③ ㄱ, ㄷ
④ ㄴ, ㄷ   ⑤ ㄱ, ㄴ, ㄷ

14 수평 방향으로 던진 공의 운동 모습을 나타낸 것이다. 이에 대한 설명으로 옳은 것만을 <보기>에서 있는 대로 고른 것은? (단, 공기의 저항은 무시한다.)

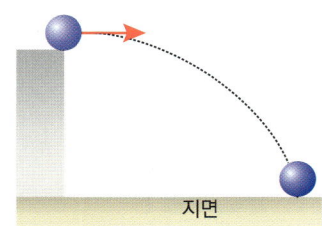

┌─ 보기 ──────────────────────────┐
│ ㄱ. 물체에 수평 방향으로 작용하는 힘은 일정하다. │
│ ㄴ. 공의 연직 방향의 운동은 자유 낙하 운동이다. │
│ ㄷ. 지면에 닿을 때까지 공에 작용하는 중력의 크기는 일정하다. │
└─────────────────────────────┘

① ㄱ   ② ㄴ   ③ ㄷ
④ ㄴ, ㄷ   ⑤ ㄱ, ㄴ, ㄷ

15 그림은 같은 높이에 있던 물체 A ~ C 를 각각 수평 방향으로 속력을 다르게 하여 던졌을 때 운동 경로를 나타낸 것이다.

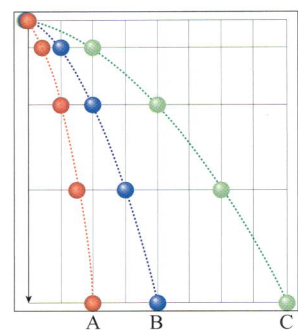

이에 대한 설명으로 옳은 것만을 <보기>에서 있는 대로 고른 것은? 단, 물체의 크기와 공기 저항은 무시한다.

┌─ 보기 ──────────────────────────┐
│ ㄱ. 물체 A~C의 수평 방향 속력은 모두 같다. │
│ ㄴ. 물체 A~C의 같은 높이에서의 연직 방향 속력은 모두 같다. │
│ ㄷ. 물체 A~C를 던진 후 지면에 도달하기까지 걸린 시간은 모두 같다. │
└─────────────────────────────┘

① ㄱ   ② ㄴ   ③ ㄷ
④ ㄴ, ㄷ   ⑤ ㄱ, ㄴ, ㄷ

16 (가)와 같이 책상 위 자의 A 지점에는 동전을 올려 놓고, B 지점에는 자 앞에 동전을 놓은 상태에서 파란 화살표 방향으로 자를 빠르게 쳤더니 그림 (나)와 같이 A는 자유 낙하하고, B는 포물선 궤도를 그리며 지면에 떨어졌다.

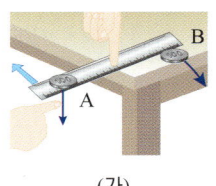 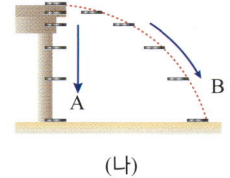

(가)   (나)

이에 대한 설명으로 옳은 것만을 <보기>에서 있는 대로 고른 것은? (단, 공기의 저항과 모든 마찰은 무시한다.)

┌─ 보기 ──────────────────────────┐
│ ㄱ. 동전 A와 B의 가속도는 같다. │
│ ㄴ. 동전 A는 등가속도 운동을 한다. │
│ ㄷ. 동전 B의 수평 방향 운동은 등속도 운동이다. │
│ ㄹ. 동전 A가 동전 B 보다 먼저 지면에 떨어진다. │
└─────────────────────────────┘

① ㄱ, ㄴ   ② ㄴ, ㄷ   ③ ㄷ, ㄹ
④ ㄱ, ㄴ, ㄷ   ⑤ ㄴ, ㄷ, ㄹ

17 지면으로부터 어느 높이에서 수평 방향으로 5 m/s의 속력으로 공을 던졌더니 1초 후 지면에 도달하였다. 공이 지면에 도달하기까지 이동한 수평 거리 s 는 얼마인가? (단, 공기의 저항은 무시한다.)

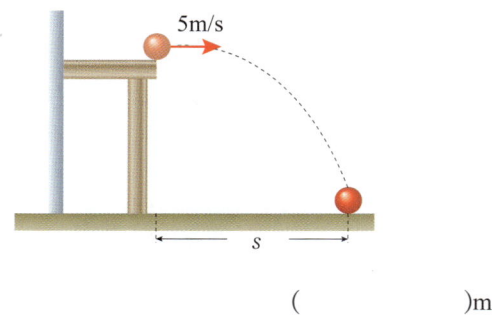

( )m

18 높이가 각각 h, $0.5h$ 인 곳에서 동일한 물체 A, B를 수평 방향으로 같은 속력 v 로 동시에 던졌다. 이때 물체 A는 t 초 후 수평 방향으로 s 인 지점에 떨어졌다.

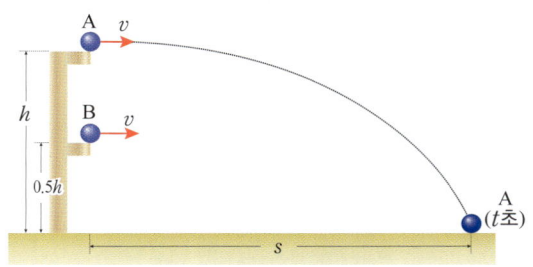

물체 A, B의 운동에 대한 설명으로 옳은 것은?

① 물체 B도 t 초 후 지면에 떨어진다.
② 지면에 도달한 순간 연직 방향 속력은 A와 B가 같다.
③ 물체 B는 수평 방향으로 $\frac{1}{2}s$ 지점에 떨어진다.
④ 지면에 도달한 순간 수평 방향 속력은 A가 B보다 크다.
⑤ 물체 A를 수평 방향으로 $2v$ 의 속력으로 던지면 수평 방향으로 $2s$ 만큼 떨어진 지점에 떨어진다.

19 다음 그림과 같이 높이 19.6 m인 지점에서 수평 방향으로 던진 물체가 수평 거리로 5 m 이동한 후 지면에 떨어졌다. 이때 물체의 수평 방향 속력 v 는 얼마인가? (단, 중력 가속도는 9.8 m/s² 이고, 공기 저항은 무시한다.)

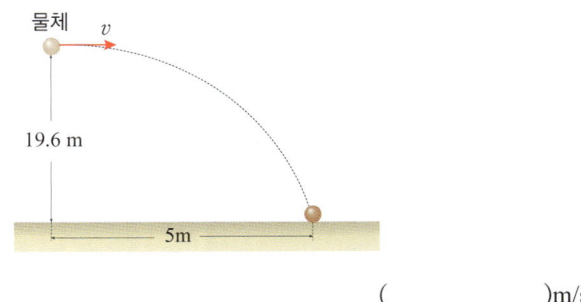

( )m/s

20 다음과 같이 높이가 같은 곳에서 질량이 각각 m, $2m$인 공 A, B를 속력 v_A, v_B로 각각 수평 방향으로 던졌다. 이때 공 A는 수평 방향으로 s인 지점에 떨어졌고, 공 B는 $2s$인 지점에 떨어졌다.

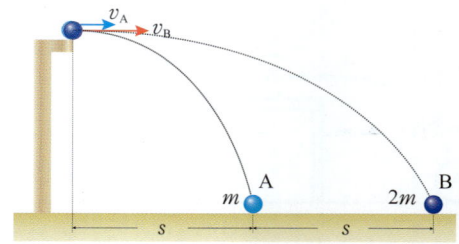

공 A, B의 물리량을 비교했을 때, 같은 것만을 <보기>에서 있는 대로 고른 것은? 단, 물체의 크기와 공기 저항은 무시한다.

┌─ 보기 ─
ㄱ. 수평 방향으로 던진 속력
ㄴ. 지면에 도달하는 시간
ㄷ. 공에 작용하는 중력의 크기
ㄹ. 연직 방향의 가속도
└─

① ㄱ, ㄷ   ② ㄴ, ㄹ   ③ ㄱ, ㄴ, ㄷ
④ ㄴ, ㄷ, ㄹ   ⑤ ㄱ, ㄴ, ㄹ

21 그림은 일정한 높이에서 물체 A를 가만히 놓는 순간 같은 높이에서 물체 B를 연직 위로 던졌을 때 A, B가 서로 반대 방향으로 운동하는 모습을 나타낸 것이다.

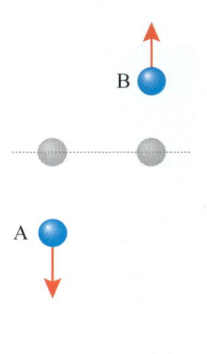

이에 대한 설명으로 옳은 것만을 <보기>에서 있는 대로 고른 것은? 단, 공기의 저항은 무시한다.

┌─ 보기 ─
ㄱ. A와 B의 가속도 크기는 서로 같다.
ㄴ. A와 B에 작용하는 중력의 방향은 서로 반대이다.
ㄷ. A의 속력은 일정하게 증가한다.
└─

① ㄱ   ② ㄴ   ③ ㄷ
④ ㄱ, ㄷ   ⑤ ㄱ, ㄴ, ㄷ

22 그림은 물체 A, B가 수평면과 나란한 책상 면에서 서로 반대 방향으로 각각 등속 운동한 후 책상 면을 떠나 수평면에 도달하는 것을 나타낸 것이다. A, B가 책상 면을 떠나는 순간부터 수평면에 도달할 때까지 수평 방향으로 이동한 거리는 각각 $\frac{3}{2}L$, L 이다.

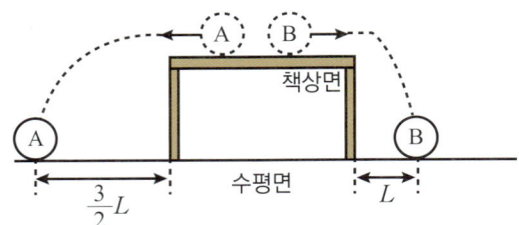

이에 대한 설명으로 옳은 것만을 <보기>에서 있는 대로 고른 것은?(단, 물체의 크기, 공기 저항과 마찰은 무시한다.)

┌─ 보기 ─────────────────────────────
ㄱ. 책상 면을 떠나는 순간부터 수평면에 도달할 때까지 걸린 시간은 A가 B보다 크다.
ㄴ. 책상 면에서의 속력은 A가 B의 $\frac{3}{2}$배이다.
ㄷ. 가속도의 크기는 A가 B의 $\frac{3}{2}$배이다.
└────────────────────────────────

① ㄱ   ② ㄴ   ③ ㄱ, ㄷ
④ ㄴ, ㄷ   ⑤ ㄱ, ㄴ, ㄷ

23 그림은 물체 A와 B를 거리 L 만큼 떨어진 같은 높이인 지점에서 동시에 수평 방향으로 각각 10 m/s, 15 m/s의 속력으로 던졌을 때, 물체가 지면 위에서 충돌하는 모습을 나타낸 것이다. 충돌할 때까지 물체 A와 B의 수평 방향 이동 거리는 각각 L_1, L_2 이다.

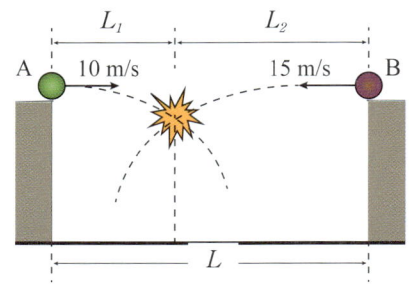

이에 대한 설명으로 옳은 것만을 <보기>에서 있는 대로 고른 것은? (단, 물체의 크기와 공기 저항은 무시한다.)

┌─ 보기 ─────────────────────────────
ㄱ. $L_1 = 0.4L$ 이다.
ㄴ. 충돌 직전 A와 B의 연직 방향 속력의 비는 2 : 3이다.
ㄷ. A의 초기 속력이 40 m/s이면 A와 B는 충돌하지 않는다.
└────────────────────────────────

① ㄱ   ② ㄴ   ③ ㄷ
④ ㄱ, ㄷ   ⑤ ㄴ, ㄷ

C 중력에 의한 지구 주위에서의 운동

24 같은 높이에서 수평 방향으로 질량이 같은 대포알 A~E 를 쏘았을 때 각각의 운동 경로를 나타낸 것이다.

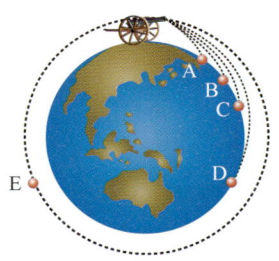

이에 대한 설명으로 옳은 것만을 <보기>에서 있는 대로 고른 것은? 단, 지구는 구형이며, 공기의 저항은 무시한다.

┌─ 보기 ─────────────────────────────
ㄱ. 대포알을 쏜 속도는 D가 가장 크다.
ㄴ. 운동하는 동안의 가속도는 모두 같다.
ㄷ. 운동하는 동안 대포알에 작용하는 중력은 A가 가장 크다.
└────────────────────────────────

① ㄱ   ② ㄴ   ③ ㄷ
④ ㄱ, ㄴ   ⑤ ㄱ, ㄴ, ㄷ

25 그림 (가)는 연직 아래로 떨어지고 있는 사과 A의 모습을, 그림 (나)는 지구 주위를 일정한 속력으로 원운동하는 인공위성 B의 모습을 각각 나타낸 것이다.

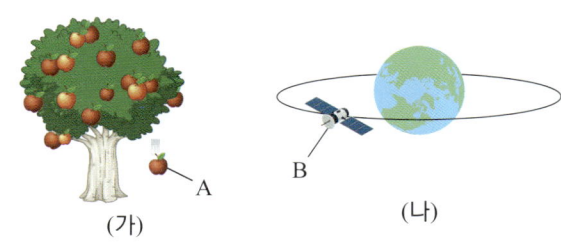

이에 대한 설명으로 옳은 것만을 <보기>에서 있는 대로 고른 것은? 단, 공기의 저항은 무시한다.

┌─ 보기 ─────────────────────────────
ㄱ. A에는 중력이 작용한다.
ㄴ. A는 시간에 따라 속력이 일정하게 증가한다.
ㄷ. B에 작용하는 힘의 방향과 B의 운동 방향은 같다.
└────────────────────────────────

① ㄱ   ② ㄷ   ③ ㄱ, ㄴ
④ ㄴ, ㄷ   ⑤ ㄱ, ㄴ, ㄷ

01 다음은 지구와 미지의 행성 X의 질량과 반지름을 비교하여 나타낸 것이다.

	지구	미지의 행성 X
질량	M	$2M$
반지름	R	$2R$

지구와 X의 중력에 대한 설명으로 옳은 것만을 <보기>에서 있는 대로 고른 것은? (단, 공기 저항은 무시한다.)

• 보기 •
ㄱ. X 표면 위의 물체는 지구에서보다 작은 중력을 받는다.
ㄴ. 중력의 크기는 물체의 질량과는 관계가 없다.
ㄷ. 지구와 X에서 각각 같은 높이에서 동전을 가만히 놓아 자유 낙하시키면 지구와 X 표면에 닿기 직전의 속력은 서로 같다.

① ㄱ   ② ㄴ   ③ ㄱ, ㄷ
④ ㄴ, ㄷ   ⑤ ㄱ, ㄴ, ㄷ

[2023 모의고사 기출]

02 그림은 질량이 동일한 물체 A와 B를 수평면으로부터 같은 높이에서 수평 방향으로 각각 속력 v_A, v_B로 동시에 던졌더니, A와 B가 포물선 경로를 따라 운동한 모습을 나타낸 것이다. 물체는 수평 방향으로 각각 d, $3d$ 만큼 이동하였다.

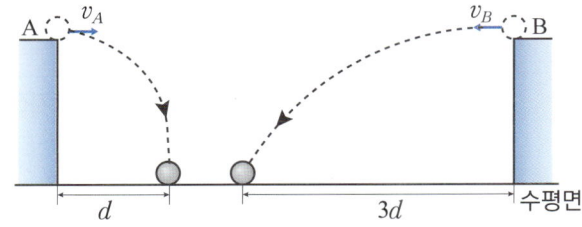

이에 대한 옳은 설명만을 <보기>에서 있는 대로 고른 것은? (단, 물체의 크기와 공기 저항은 무시한다.)

• 보기 •
ㄱ. 낙하하는 동안 A와 B에 작용하는 힘의 방향은 서로 같다.
ㄴ. 수평면에 도달하는 순간 연직 방향의 속력은 A가 B보다 작다.
ㄷ. v_B는 v_A의 3배이다.

① ㄱ   ② ㄴ   ③ ㄷ
④ ㄱ, ㄷ   ⑤ ㄴ, ㄷ

03 그림은 중력이 작용하는 곳과 무중력 상태인 곳에서 양초의 불꽃 모양을 각각 나타낸 것이다.

이와 같이 무중력 상태에서 일어날 수 있는 현상으로 옳은 것만을 <보기>에서 있는 대로 고른 것은?

• 보기 •
ㄱ. 공기의 대류 현상이 일어나지 않는다.
ㄴ. 몸의 균형을 유지하기가 어렵다.
ㄷ. 수평 방향으로 던진 물체는 멀리 나아가지 못하고 정지한다.
ㄹ. 몸의 근육과 뼈가 약해진다.

① ㄱ, ㄴ   ② ㄴ, ㄷ   ③ ㄷ, ㄹ
④ ㄱ, ㄴ, ㄷ   ⑤ ㄱ, ㄴ, ㄹ

[2024 모의고사 기출]

04 그림과 같이 0초일 때 물체 A를 수평면으로부터 높이 $3h$인 지점에서 수평 방향으로 속력 $3v$로 왼쪽으로 던지는 순간 물체 B를 높이 h인 지점에서 수평 방향으로 속력 v로 오른쪽으로 던진다. B는 2초일 때 수평면에 도달하며, 수평면에 도달할 때 A, B의 수평 방향 이동 거리는 각각 L_1, L_2이다. 2초일 때 B의 수평 방향 이동 거리는 12 m이다.

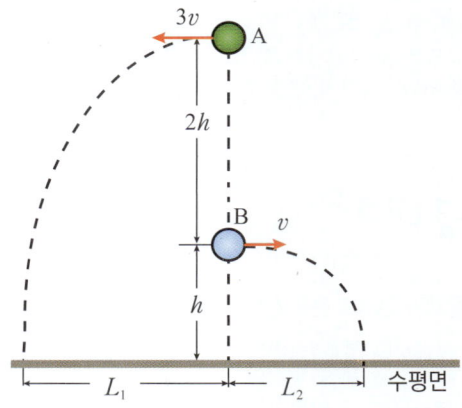

이에 대한 설명으로 옳은 것만을 <보기>에서 있는 대로 고른 것은? (단, 물체의 크기와 공기 저항은 무시한다.)

• 보기 •
ㄱ. v = 6 m/s이다.
ㄴ. $L_1 : L_2$ = 3 : 1이다.
ㄷ. 2초일 때, A의 높이는 h이다.

① ㄱ   ② ㄴ   ③ ㄱ, ㄷ
④ ㄴ, ㄷ   ⑤ ㄱ, ㄴ, ㄷ

02 운동과 충돌

□ 관성   □ 운동량
□ 충격량   □ 충돌과 안전

A 관성

1. 관성: 물체가 현재의 운동 상태를 계속 유지하려는 성질이다.

① **관성과 질량의 관계**: 물체의 질량이 클수록 관성이 크므로 운동 상태(속도)를 변화시키기 어렵다.

② **관성 법칙(뉴턴 운동 제1 법칙)**: 물체에 작용하는 알짜힘이 0 (합력이 0)일 때 정지해 있던 물체는 계속 정지해 있고, 운동하던 물체는 계속 같은 속도로 운동한다.❶
└→ 등속 직선 운동

2. 관성에 의한 현상

🟨 : 관성이 나타나는 물체

정지 상태를 유지하려는 관성(정지 관성)❷		운동 상태를 유지하려는 관성(운동 관성)❸	

정지해 있던 버스가 갑자기 출발하면 **승객들**의 몸은 버스 뒤쪽으로 쏠린다.	컵 위의 종이를 빠르게 잡아당기면 그 위에 놓인 **동전**은 컵 속으로 떨어진다.	앞으로 진행하던 버스가 갑자기 멈추면 **승객들**의 몸은 버스 앞쪽으로 쏠린다.	달리던 **사람**이 돌부리에 걸리면 앞으로 넘어진다.

3. 관성과 안전

관성 브레이크
자동차 뒤에 연결하는 트레일러에는 사람에 의해 작동되는 브레이크가 없다. 이때 앞에서 견인하는 차가 브레이크를 밟으면 트레일러가 관성에 의해 앞으로 쏠리게 되고, 이 힘(관성력)이 트레일러의 브레이크를 작동시킨다. 이것이 관성 브레이크의 원리이다.

안전띠
달리던 자동차가 무언가에 충돌할 경우 자동차 내부 사람은 관성에 의해 앞으로 쏠리거나 튀어나가게 된다. 이때 안전띠를 매고 있으면 몸이 갑자기 앞으로 쏠리거나 밖으로 튀어나가는 것을 방지하여 사고 피해를 줄여준다.

개념체크+

정답 및 해설 → 70

01 물체가 현재의 운동 상태를 유지하려고 하는 성질을 무엇이라고 하는가?

02 빈칸에 알맞은 말을 각각 고르시오.

물체에 작용하는 알짜힘이 0일 때, 정지해 있던 물체는 (㉠ 계속 정지해 있고 ㉡ 등속 직선 운동을 하고), 운동하던 물체는 (㉠ 정지 ㉡ 등속 직선 운동) 을/를 한다. 이때 질량이 (㉠ 작을수록 ㉡ 클수록) 운동 상태를 변화시키기가 어렵다.

03 다음 중 정지 상태를 유지하려는 관성의 예에는 '정', 운동 상태를 유지하려는 관성의 예에는 '운'이라고 답하시오.

(1) 두루말이 휴지를 걸어놓고 휴지를 빠르게 잡아당기면 휴지가 끊어진다. … (   )

(2) 달리던 자전거의 페달밟기를 멈추어도 자전거는 계속 운동한다. ………… (   )

(3) 깔개를 털면 먼지가 깔개에서 분리된다. …………………………………… (   )

개념+

❶ 갈릴레이의 사고 실험

A와 같은 높이까지 올라간다.

힘을 받지 않으면 계속 운동한다.

갈릴레이는 면에 마찰이 없을 때 높이 A에서 운동을 시작한 물체는 B와 C처럼 다른 빗면의 같은 높이까지 올라갈 것이며, D와 같이 수평면에서 힘을 받지 않으면 계속 등속 직선 운동을 한다고 생각(사고)하였다.

❷ 정지 상태를 유지하려는 관성의 예

● 이불을 두드리면 **먼지**가 떨어진다.

먼지는 가만히 있으려고 하나 이불이 밀려나므로 중력에 의해 떨어진다.

❸ 운동 상태를 유지하려는 관성의 예

● 망치 자루를 치면 헐거워진 **망치 머리**가 고정된다.

같이 내려오다가 망치 자루가 갑자기 멈추면 망치 머리만 계속 운동하여 망치 자루에 박히게 된다.

● 후추통을 흔들면 **후추 가루**가 나온다.

같이 운동하다가 후추통이 갑자기 멈추면 후추만 계속 운동하여 뿌려지게 된다.

● 추의 관성을 이용한 지진계

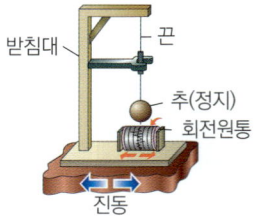

받침대 / 끈 / 추(정지) / 회전원통 / 진동

땅이 흔들리면 매달린 추를 제외한 지진계 전체는 땅과 함께 흔들린다. 정지한 추에 펜을 고정시켜 회전 원통에 지진을 기록한다.

Ⓑ 운동량과 충격량

1. 운동량: 운동하는 물체의 운동 효과를 나타낸다. 방향을 가지는 물리량이다.❹

① **크기**: 물체의 질량과 속도의 곱으로 나타낸다.

$$운동량(p)=질량(m)×속도(v), \quad p=mv \quad [단위 : N·s, kg·m/s]$$

② **방향**: 물체의 운동 방향(속도 방향)과 같다.

2. 충격량: 운동량의 변화량(Δp)과 같으며, 충격의 정도이다. 방향을 가지는 물리량이다.

① **크기**: 충돌하는 동안 물체에 작용한 힘과 힘이 작용한 시간의 곱으로 나타낸다.

$$충격량(I)=\Delta p=힘(F)×시간(t), \quad I=Ft \quad [단위 : N·s, kg·m/s]$$

② **방향**: 물체에 작용한 힘의 방향과 같다. ❺

③ **(힘-시간) 그래프에서 충격량**: 물체에 작용한 힘을 시간에 따라 나타낸 그래프가 가로축과 이루는 아래 넓이는 충격량을 나타낸다. 이때 작용하는 힘을 충격력이라고 한다.

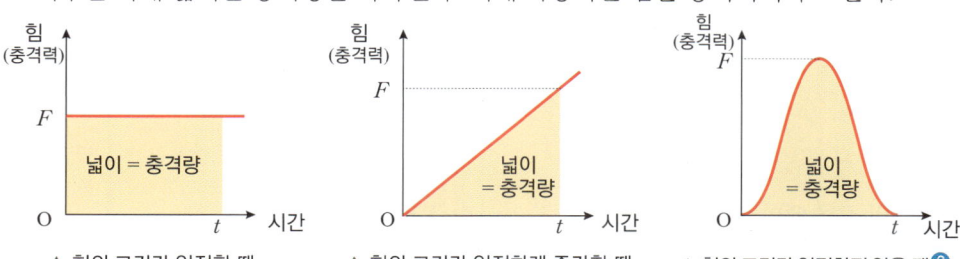

▲ 힘의 크기가 일정할 때   ▲ 힘의 크기가 일정하게 증가할 때   ▲ 힘의 크기가 일정하지 않을 때❻

3. 운동량과 충격량: 물체가 일정한 시간 동안 힘을 받으면 가속도가 발생하여 속도가 변한다. 따라서 운동량이 변하게 되므로 충격량이 발생한다.

① **운동량과 충격량의 관계**: 물체가 받은 충격량은 물체의 운동량 변화량과 같다.❼

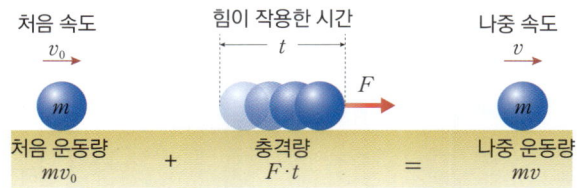

$$충격량=운동량의 변화량=나중 운동량-처음 운동량$$
$$I=\Delta p \implies F·t=\Delta(mv)=mv-mv_0 \quad (F: 충격력)$$

② **충격량의 방향과 운동량**: 물체의 운동 방향과 같은 방향으로 힘(충격력)이 작용하면 운동량이 증가하고, 운동 반대 방향으로 힘(충격력)이 작용하면 운동량이 감소한다.

③ **충격량을 이용한 운동량의 변화**: 충격량을 크게 하려면 힘(충격력)이 작용하는 시간을 길게 하거나, 같은 시간이라면 물체에 작용하는 힘(충격력)을 크게 한다.

힘(충격력)이 작용하는 시간을 길게 하는 경우	물체에 작용하는 힘(충격력)을 크게 하는 경우
 사거리를 늘리려면 총신의 길이를 늘려야 한다.	홈런을 치려면 방망이를 크게 휘둘러야 한다.
총의 총신이 길수록 총알이 힘을 받는 시간이 길어져서 충격량을 크게 주므로 총알의 발사 속도가 더 빨라진다.	야구공을 방망이로 더 세게 칠수록 야구공에 작용하는 힘이 커져서 충격량을 크게 주므로 야구공의 속력이 더 빨라진다.

개념➕

❹ 운동량과 충격량의 단위

$1 N·s=1 kg·m/s^2·s$
$\qquad =1 kg·m/s$

$(F=ma)$
$1 N=1 kg·1 m/s^2=1 kg·m/s^2$

❺ 운동량과 충격량의 방향

운동량과 충격량은 방향을 가진 물리량이므로 방향을 유의한다.

직선상 운동의 문제에서 한쪽 방향을 (+)로 정하면, 반대 방향은 (-)로 하여 계산한다.

물체의 속도는 속력(빠르기)과 달리 방향을 가지는 양이므로 한쪽 방향을 (+)로 정하면, 반대 방향은 (-)로 하여 계산한다.

❻ 힘의 크기가 일정하지 않을 경우 충격량

힘의 크기가 변할 경우 힘-시간 그래프에서 넓이를 직접 구하기 어렵다. 이때 물체가 받는 평균 힘을 이용하여 넓이를 구해 충격량으로 한다.

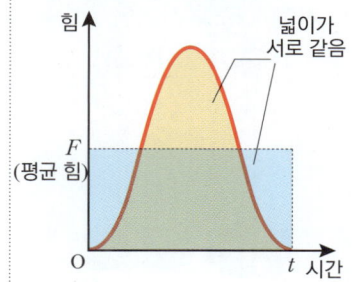

❼ 운동량과 충격량에 있어 운동 제2 법칙의 적용

① 운동 제2 법칙: 물체의 가속도 a의 크기는 질량 m에 반비례하고 물체에 작용하는 알짜힘 F의 크기에 비례한다(가속도 법칙).

$$a=\frac{\Delta v}{\Delta t}=\frac{F}{m}$$

② 처음 속도가 v_0, 질량이 m인 물체에 시간 t 동안 일정한 힘 F가 작용하여 나중 속도가 v가 되었을 때

$$m\frac{v-v_0}{t}=F \text{ 이므로,}$$

$$I=Ft=mv-mv_0$$

이다. 따라서 충격량은 운동량의 변화량과 같다.

더 알아보기 두 물체의 충돌

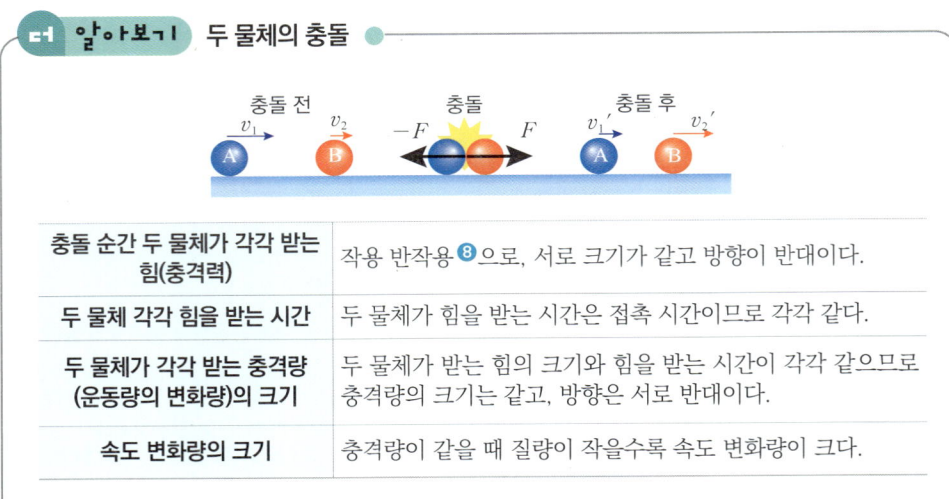

충돌 전 ｜ 충돌 ｜ 충돌 후

충돌 순간 두 물체가 각각 받는 힘(충격력)	작용 반작용❽으로, 서로 크기가 같고 방향이 반대이다.
두 물체 각각 힘을 받는 시간	두 물체가 힘을 받는 시간은 접촉 시간이므로 각각 같다.
두 물체가 각각 받는 충격량 (운동량의 변화량)의 크기	두 물체가 받는 힘의 크기와 힘을 받는 시간이 각각 같으므로 충격량의 크기는 같고, 방향은 서로 반대이다.
속도 변화량의 크기	충격량이 같을 때 질량이 작을수록 속도 변화량이 크다.

4. 충격력: 충돌하는 동안 물체에 작용하는 평균 힘을 충격력이라고 한다.
→ 실제 충돌이 일어날 때에는 충격력이 일정하지 않은 경우가 대부분이다.

① **충격력의 크기**: 충격량을 시간으로 나눈 값으로 단위 시간 동안의 운동량 변화량과 같다.

$$\text{충격력(평균 힘)} = \frac{\text{충격량}}{\text{충돌 시간}}, \quad \bar{F} = \frac{I}{t} = \frac{\Delta p}{t} = \frac{m\Delta v}{t}\text{❾}$$

② **충격력과 힘이 작용한 시간의 관계(충격량이 같을 때)**: 물체가 바닥에 닿는 순간부터 정지하기까지 충돌 시간이 길수록 작용하는 힘(충격력)이 작아져 충격을 적게 받는다.

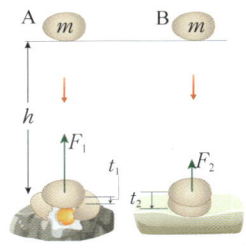
딱딱한 돌

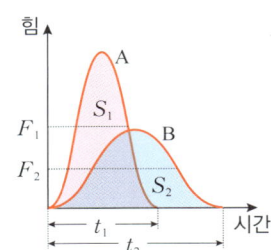
푹신한 방석

<질량 m인 달걀 A의 물리량>
바닥에 닿기 직전 속도: v
충격량: S_1
충돌 시간: t_1, 평균 힘: F_1

<질량 m인 달걀 B의 물리량>
바닥에 닿기 직전 속도: v
충격량: S_2
충돌 시간: t_2, 평균 힘: F_2

두 물체	비교
운동량 변화량 (충격량)	달걀이 바닥과 충돌하는 순간부터 정지하기까지의 과정에서 두 물체의 운동량 변화량(충격량)은 서로 같다. → 두 물체 모두 처음 운동량(바닥에 닿기 직전 운동량) mv, 나중 운동량 0 이다. → 그래프에서 시간 축과 이루는 넓이가 같다($S_1 = S_2$).
충돌 시간	방석 위에 떨어진 달걀의 충돌 시간이 더 길다($t_1 < t_2$).
충격력 크기	충돌 시간이 길어지면 달걀이 받는 충격력(평균 힘)의 크기는 작아지므로 방석 위에 떨어진 달걀은 깨지지 않는다($F_1 > F_2$).

5. 충격량과 안전: 일반적으로 충격량이 일정할 때 물체에 작용하는 충돌 시간을 길게 하여 충격력의 크기를 줄이는 원리를 이용한다.❿

(예) 충돌 시간을 길게 하여 충돌 시 받는 힘을 줄이는 도구들

자동차의 에어백은 충돌 시 사람이 충격을 받는 시간을 길게 하여 사람에게 가해지는 충격력의 크기를 줄여준다.

▲ 자동차 에어백

포장할 때 사용하는 에어캡은 외부와의 충돌 시 힘을 받는 시간을 길게 하여 물건이 받는 충격력의 크기를 줄여준다.
▲ 에어캡 포장

---

❽ **뉴턴 운동 제3 법칙과 충돌**

운동하던 두 물체 A와 B가 충돌할 때 물체 A가 B에 힘을 작용하면, B도 A에 힘을 작용한다. 이때 두 힘은 크기가 각각 같고, 방향은 서로 반대이다. 이를 작용·반작용(뉴턴 운동 제3 법칙; 힘의 상호작용)이라고 한다.

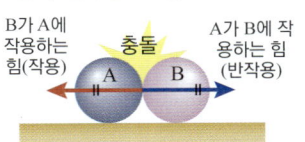

B가 A에 작용하는 힘(작용) ｜ 충돌 ｜ A가 B에 작용하는 힘 (반작용)

❾ **운동량과 속도의 변화량** ΔP Δv

$\Delta P = \Delta(mv) = mv - mv_0$ (v_0: 처음 속도)이며, 운동량 변화량이다.
$\Delta v = v - v_0$ 이며 속도 변화량이다.
Δ(델타)는 '변화량'이라는 의미이다.

❿ **일상 생활 속 충돌 안전 장치**

● 충돌 시간을 길게 하여 충격을 감소시켜 주는 안전 장치: 충격량이 일정하다면 충돌 시간을 길게 하면 충격력이 작아지게 되어 그만큼 안전해진다. 자동차 범퍼나 에어백 등이 그러한 것을 적용한 안전 장치이다.

▲ 자동차 범퍼: 탄력이 있게 만들어 충돌 시 차체를 보호한다.

▲ 도로 위 충격흡수장치: 탄성이 있는 재료로 만든 구조물이다.

● 센서를 활용한 안전 장치: 자동차의 충돌 방지 센서, 후방 감지 센서

포수가 공을 잡을 때 손을 뒤로 빼면서 받게 되면 손이 힘을 받는 시간이 길어져 손이 받는 충격력의 크기를 줄여준다.

▲ 포수 글러브와 공을 잡는 동작

운동선수들이 착용하는 헬멧과 보호대는 외부와의 충돌 시간을 길게 하여 선수가 받는 충격력의 크기를 줄여준다.

▲ 헬멧과 보호대

번지점프를 할 때 연결하는 줄은 떨어질 때 늘어나면서 힘을 받는 시간을 길게 하여 사람이 받는 충격력의 크기를 줄여준다.

▲ 번지점프 줄

운동할 때나 놀이방에 까는 매트는 바닥에 넘어졌을 때 바닥과 충돌하는 시간을 길게 하여 사람이 받는 충격력의 크기를 줄여준다.

▲ 매트

개념체크+

정답 및 해설 ➡ 70

POINT

04 운동량과 충격량에 대한 설명 중 옳은 것은 ○표, 옳지 않은 것은 ×표 하시오.

(1) 운동량의 방향은 속도의 방향과 같다. ·············· (   )
(2) 충격량의 단위는 운동량의 단위와 같다. ·············· (   )
(3) 충격량은 운동량 변화량과 같다. ·············· (   )

05 질량이 2 kg인 물체가 6 m/s의 속력으로 직선 운동을 하고 있다. 이 물체의 운동량의 크기는 얼마인가?

(   )kg·m/s

06 어떤 물체에 5 N의 힘을 3초 동안 일정하게 가하였다. 이 물체가 받은 충격량의 크기는 얼마인가?

(   )N·s

07 그림은 운동하는 물체가 벽에 충돌하는 순간부터 정지할 때까지 물체가 벽으로 부터 받은 힘의 크기를 시간에 따라 나타낸 것이다. 그래프 아랫 부분의 면적이 나타내는 물리량은 무엇인가?

(   )

힘
O   힘이 작용한 시간

08 일상 생활에서 사용되는 안전 장치의 원리를 설명한 것이다. 빈칸에 알맞은 말을 각각 쓰시오.

운동 경기에서 선수들이 착용하는 보호대나 헬멧 등은 충돌 시 선수들의 몸에 힘이 작용하는 (㉠   )을/를 길게 하여 선수들이 받는 (㉡   ) 을/를 줄여준다.

스스로 실력높이기

정답 및 해설 ➜ 70

A 관성

01 관성에 대한 설명 중 옳은 것만을 <보기>에서 있은 대로 고른 것은?

── 보기 ──

ㄱ. 물체의 질량이 클수록 물체의 운동 상태를 변화시키기 어렵다.
ㄴ. 질량이 같을 때 속력이 빠를수록 관성이 크다.
ㄷ. 물체에 작용하는 알짜힘이 0이면 운동하던 물체는 관성에 의해 정지한다.

① ㄱ   ② ㄷ   ③ ㄱ, ㄴ
④ ㄴ, ㄷ   ⑤ ㄱ, ㄴ, ㄷ

02 관성 또는 관성과 관련된 현상에 대한 설명으로 옳지 않은 것은?

① 정지한 물체도 관성이 있다.
② 질량이 클수록 관성이 크다.
③ 자동차를 탈 때 안전띠를 맨다.
④ 큰 힘으로 공을 던질수록 멀리 날아간다.
⑤ 물이 든 컵을 들고 걸어가다가 갑자기 멈췄더니 물이 쏟아졌다.

03 다음은 지진계가 지진을 기록하는 원리이다.

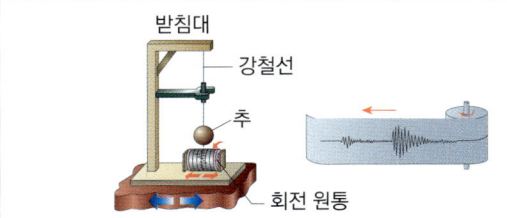

지진이 발생하여 지면이 흔들리면 받침대는 흔들리지만 무거운 추는 정지해 있게 된다. 이때 추 끝에 달린 펜에 의해 회전 원통에 감긴 기록지 위에 진동이 기록된다.

이와 같은 원리로 설명할 수 있는 현상만을 <보기>에서 있는 대로 고른 것은?

── 보기 ──

ㄱ. 자동차를 탈 때 안전띠를 맨다.
ㄴ. 막대기로 이불을 털면 먼지가 떨어진다.
ㄷ. 야구공을 방망이로 칠 때 큰 힘으로 칠수록 야구공이 더 멀리 날아간다.
ㄹ. 기차는 자동차에 비해 질량이 매우 커서 자동차보다 정지시키기 어렵다.

① ㄱ, ㄴ   ② ㄱ, ㄷ   ③ ㄴ, ㄹ
④ ㄱ, ㄴ, ㄷ   ⑤ ㄱ, ㄴ, ㄹ

B 운동량과 충격량

04 직선 도로 위에서 스쿠터와 트럭, 승용차가 각각 20 m/s, 10 m/s, 10 m/s의 속력으로 등속 운동하고 있다. 스쿠터, 트럭, 승용차의 질량은 각각 150 kg, 5,000 kg, 1,000 kg이다.

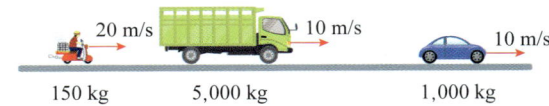

물리량을 옳게 비교한 것은?

① 스쿠터의 가속도가 가장 크다.
② 운동량이 가장 큰 것은 트럭이다.
③ 트럭과 승용차의 운동량의 크기는 같다.
④ 작용하는 알짜힘의 크기는 트럭이 가장 크다.
⑤ 같은 시간 동안 정지시키기 위해 가장 큰 힘이 필요한 것은 승용차이다.

05 정지하고 있던 질량 0.5 kg인 공이 자유 낙하하기 시작하여 2초가 된 순간 운동량의 크기는 얼마인가? (단, 중력 가속도 $g = 10$ m/s^{2}이고, 공기 저항은 무시한다.)

① 1 kg·m/s   ② 5 kg·m/s   ③ 10 kg·m/s
④ 30 kg·m/s   ⑤ 40 kg·m/s

06 질량 2 kg인 물체가 오른쪽으로 10 m/s의 속력으로 운동하다가 벽과 충돌한 뒤 왼쪽으로 5 m/s의 속력으로 운동하였다.

(1) 이 물체가 벽으로부터 받은 충격량의 크기는 얼마인가?

① 10 N·s   ② 20 N·s   ③ 30 N·s
④ 40 N·s   ⑤ 50 N·s

(2) 충돌 중에 물체와 벽이 접촉한 시간이 0.05초라면, 공이 벽으로 받은 평균 힘의 크기는 얼마인가?

① 200 N   ② 300 N   ③ 400 N
④ 500 N   ⑤ 600 N

07 마찰이 없는 수평면에 정지해 있던 질량이 2 kg인 물체에 작용한 힘을 시간에 따라 나타낸 것이다. ⊙ 3초일 때 물체의 속력과 ⓒ 물체가 0~4초 동안 받은 충격량의 크기를 옳게 짝지은 것은?

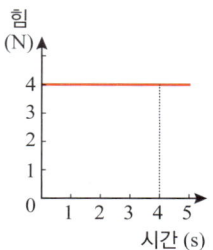

	⊙	ⓒ		⊙	ⓒ
①	3 m/s	8 N·s	②	3 m/s	16 N·s
③	6 m/s	8 N·s	④	6 m/s	16 N·s
⑤	12 m/s	32 N·s			

08 질량 10 kg인 물체가 5 m/s의 일정한 속력으로 운동하고 있다. 이 물체에 20 N의 힘을 3초 동안 작용했을 때, 물체의 속력은 얼마가 되는가?

① 10 m/s   ② 11 m/s   ③ 12 m/s
④ 13 m/s   ⑤ 15 m/s

[2024 모의고사 기출]

09 그림은 질량이 $2m$, m인 물체 A, B를 정지 상태에서 각각 높이 h, $4h$에서 떨어뜨리는 모습을 나타낸 것이다. 물체 A, B는 수평면과 충돌 후 정지하며, 충돌할 때 수평면으로부터 힘을 받는 시간은 각각 t, $2t$이다.

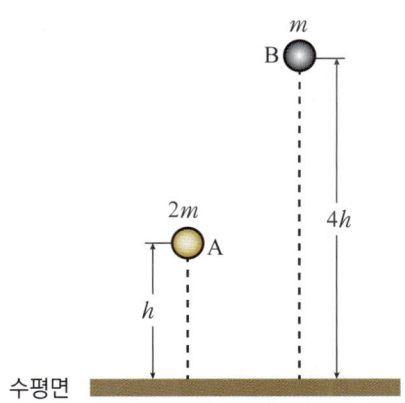

A와 B가 수평면으로부터 받는 평균 힘의 크기의 비 $F_A : F_B$는?(단, 물체의 크기와 공기 저항은 무시한다.)

① 1 : 4   ② 4 : 1   ③ 3 : 5
④ 1 : 2   ⑤ 2 : 1

[10~11] 그림 (가)는 마찰이 없는 수평면에서 15 m/s의 속력으로 운동하고 있는 질량이 3 kg인 물체에 운동 방향과 반대 방향으로 힘 F가 작용하고 있는 것을 나타낸 것이다. 이때 힘 F를 시간에 따라 나타낸 것이 그림 (나)이다.

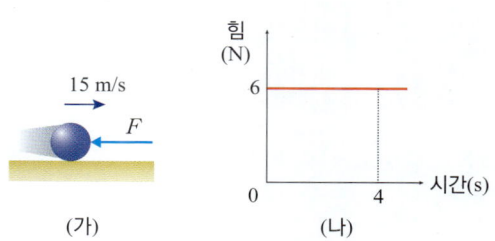

10 4초일 때 물체의 속력은 얼마인가?

① 5 m/s   ② 7 m/s   ③ 10 m/s
④ 14 m/s   ⑤ 15 m/s

11 다음 중 물체의 운동량의 크기를 시간에 따라 나타낸 것으로 옳은 것은?

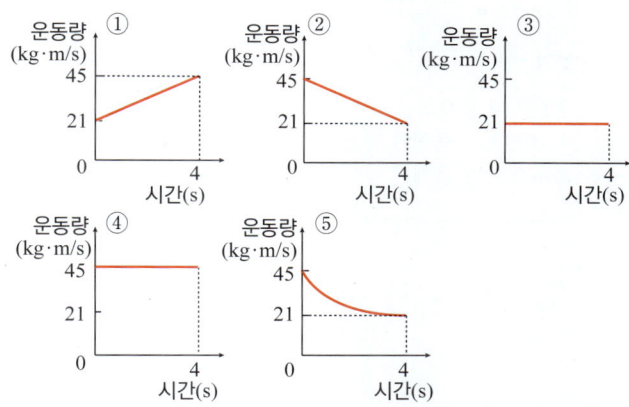

12 그래프는 마찰이 없는 수평면 위에 정지해 있는 질량이 2 kg인 물체에 수평면과 나란한 방향으로 작용한 힘을 시간에 따라 나타낸 것이다. 5초일 때 물체의 속력은 얼마인가?

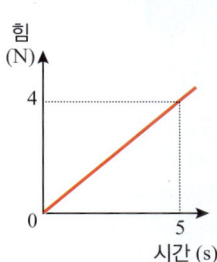

① 5 m/s   ② 7 m/s   ③ 10 m/s
④ 14 m/s   ⑤ 20 m/s

13 다음과 같이 마찰이 없는 수평면에서 2 m/s의 속력으로 운동하던 질량이 6 kg인 물체가 힘을 받아 3초 후 속력이 7 m/s가 되었다. 3초 동안 물체에 작용한 평균 힘(F)은 얼마인가?

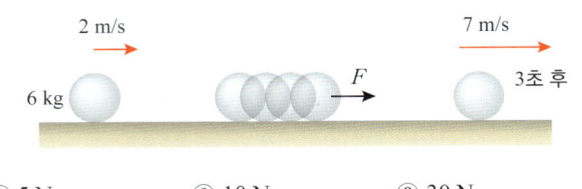

① 5 N   ② 10 N   ③ 30 N
④ 90 N   ⑤ 120 N

14 마찰이 없는 수평면 위에서 운동하는 질량이 5 kg인 물체의 운동량을 시간에 따라 나타낸 것이다. 이에 대한 설명으로 옳은 것만을 <보기>에서 있는 대로 고른 것은?

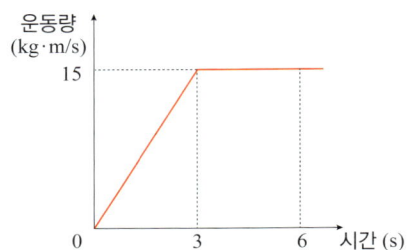

┌─ 보기 ─────────────────────────────┐
ㄱ. 3초일 때 물체의 속력은 3 m/s이다.
ㄴ. 0~3초 동안 물체에 작용한 힘의 크기는 5 N이다.
ㄷ. 0~6초 동안 물체가 받은 충격량은 15 N·s이다.
└──────────────────────────────────┘

① ㄱ   ② ㄴ   ③ ㄷ
④ ㄱ, ㄴ   ⑤ ㄱ, ㄴ, ㄷ

15 다음은 마찰이 없는 수평면에서 질량이 m인 물체 A가 정지해 있는 질량이 $2m$인 물체 B를 향해 일정한 속력 v로 다가와 충돌하는 것을 나타낸 것이다. 이에 대한 설명으로 옳은 것만을 <보기>에서 있는 대로 고른 것은?

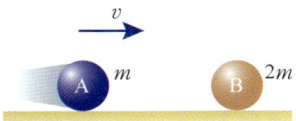

┌─ 보기 ─────────────────────────────┐
ㄱ. 두 물체가 충돌 시 받는 힘의 크기는 각각 같다.
ㄴ. 충돌 전후 속도 변화량은 A가 B보다 크다.
ㄷ. 충돌 시 충격량의 크기는 A가 B보다 크다.
└──────────────────────────────────┘

① ㄱ   ② ㄴ   ③ ㄷ
④ ㄱ, ㄴ   ⑤ ㄱ, ㄴ, ㄷ

16 그림 (가)와 같이 수평면 위에 놓여 있는 물체 A를 밀어 용수철을 압축시킨 후 잡고 있던 손을 가만히 놓았더니, A는 용수철에서 분리되어 운동하다가 수평면에 고정된 쿠션과 충돌하여 정지하였다. (나)는 A가 쿠션과 충돌하는 순간부터 정지할 때까지 쿠션으로부터 받은 힘의 크기를 시간에 따라 나타낸 것으로, 곡선이 시간 축과 이루는 면적은 S이다.

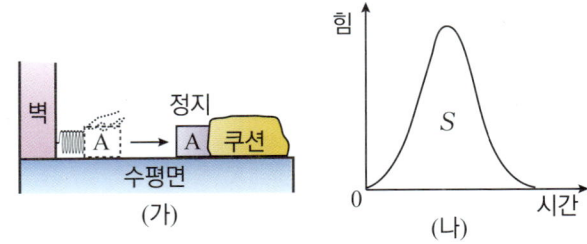

물리량의 크기가 S인 것만을 <보기>에서 있는 대로 고른 것은? (단, 모든 마찰과 공기 저항은 무시하고, A는 용수철과 쿠션으로부터 수평 방향으로만 힘을 받는다.)

┌─ 보기 ─────────────────────────────┐
ㄱ. 쿠션과 충돌하는 순간부터 정지할 때까지 A가 쿠션으로부터 받은 충격량
ㄴ. 쿠션에 충돌하기 직전 A의 운동량
ㄷ. 손을 놓은 순간부터 용수철에서 분리될 때까지 A가 용수철로부터 받은 충격량
└──────────────────────────────────┘

① ㄱ   ② ㄴ   ③ ㄱ, ㄷ
④ ㄴ, ㄷ   ⑤ ㄱ, ㄴ, ㄷ

17 그림은 질량이 m으로 같은 달걀 A와 B를 같은 높이에서 떨어뜨렸을 때 푹신한 방석에 떨어진 A는 깨지지 않고, 딱딱한 돌에 떨어진 B는 깨지는 것을 나타낸 것이다. 이에 대한 설명으로 옳은 것만을 <보기>에서 있는 대로 고른 것은? (단, 공기의 저항은 무시한다.)

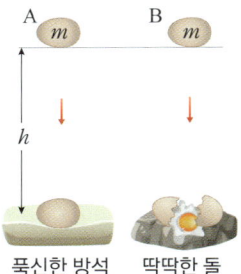

┌─ 보기 ─────────────────────────────┐
ㄱ. 달걀이 바닥에 닿기 직전의 속력은 각각 같다.
ㄴ. 충돌 과정에서 달걀이 받은 충격량은 B가 A보다 크다.
ㄷ. 충돌 과정에서 달걀이 받는 평균 힘은 B가 A보다 크다.
└──────────────────────────────────┘

① ㄱ   ② ㄴ   ③ ㄷ
④ ㄱ, ㄷ   ⑤ ㄱ, ㄴ, ㄷ

18 다음은 높이뛰기용 매트보다 장대높이뛰기용 매트가 더 두꺼운 이유에 대해 학생이 추론한 과정이다.

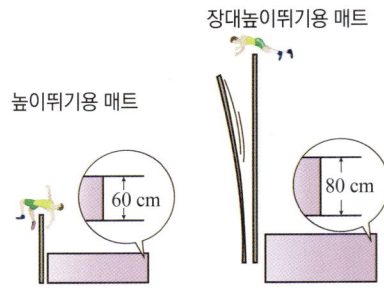

> 두 선수의 질량이 같을 때, 안전을 위해 선수가 매트로부터 받는 평균 힘의 크기는 특정한 값보다 작아야 한다.
>
> ⬇
>
> 두 선수 중 충돌 직전 ⓐ 이/가 큰 ⓑ 선수가 매트와 충돌할 때 받는 충격량의 크기가 크다.
>
> ⬇
>
> 매트와의 충돌 과정에서 두 선수가 받는 평균 힘의 크기가 같으려면 매트로부터 힘을 받는 시간은 장대높이뛰기 선수가 높이뛰기 선수보다 ⓒ 한다.
>
> ⬇
>
> 장대높이뛰기용 매트가 높이뛰기용 매트보다 두꺼워야 한다.

⑤, ⑥, ⑦에 들어갈 내용으로 가장 적절한 것은?

	ⓐ	ⓑ	ⓒ
①	운동량	장대높이뛰기	길어야
②	운동량	장대높이뛰기	짧아야
③	운동량	높이뛰기	길어야
④	위치(퍼텐셜) 에너지	장대높이뛰기	짧아야
⑤	위치(퍼텐셜) 에너지	높이뛰기	길어야

19 그림은 질량이 같은 두 자동차 A, B가 각각 v_A, v_B의 일정한 속력으로 운동하다가 같은 벽에 충돌하여 정지하였다. 그림은 자동차 A와 B가 벽에 충돌하는 순간부터 정지할 때까지 A와 B에 작용하는 힘과 시간의 관계를 나타낸 것이다.

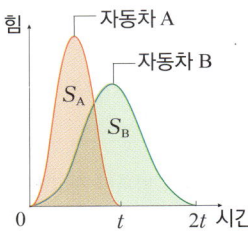

S_A, S_B는 각각의 그래프의 면적을 의미하며, $3S_A = S_B$일 때 이에 대한 설명으로 옳은 것만을 <보기>에서 있는 대로 고른 것은?

> ─ 보기 ─
> ㄱ. $v_B = 3v_A$이다.
> ㄴ. 벽과 충돌하는 동안 자동차 A와 B가 받는 평균힘의 크기 비는 3 : 2 이다.
> ㄷ. 정지할 때까지 자동차 A, B의 운동량 변화량은 같다.

① ㄱ   ② ㄴ   ③ ㄷ
④ ㄱ, ㄴ   ⑤ ㄱ, ㄷ

20 다음은 마찰이 없는 수평면 위에서 직선 운동하고 있는 두 물체 A, B의 운동량을 시간에 따라 나타낸 것이다. 두 물체의 질량은 2 kg으로 서로 같다.

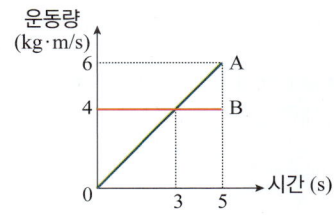

물체의 운동에 대한 설명으로 옳은 것만을 <보기>에서 있는 대로 고른 것은?

> ─ 보기 ─
> ㄱ. 3초일 때 두 물체의 속력은 2 m/s로 서로 같다.
> ㄴ. 0~5초 동안 물체 A에 작용한 충격량은 물체 B에 작용한 충격량보다 2 N·s만큼 작다.
> ㄷ. 5초일 때 물체 A의 속력이 물체 B보다 빠르다.

① ㄱ   ② ㄷ   ③ ㄱ, ㄴ
④ ㄱ, ㄷ   ⑤ ㄱ, ㄴ, ㄷ

21 그림은 질량이 0.5 kg인 물체가 마찰이 없는 수평면을 직선 경로를 따라 운동할 때 물체의 운동량을 시간에 따라 나타낸 것이다.

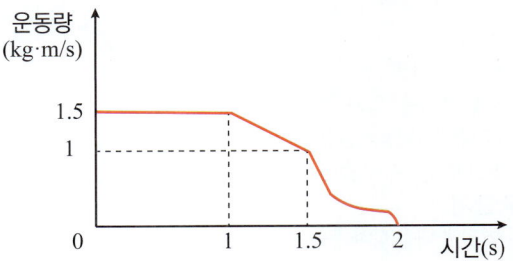

이에 대한 설명으로 옳은 것만을 <보기>에서 있는 대로 고른 것은?(단, 공기 저항은 무시한다.)

> ─ 보기 ─
> ㄱ. 0.5초일 때 물체의 속력은 2 m/s이다.
> ㄴ. 1~1.5초까지 물체가 받은 충격량의 크기는 0.5 N·s 이다.
> ㄷ. 물체가 0초부터 정지할 때까지 받은 평균 힘의 크기는 0.75 N이다.

① ㄱ   ② ㄷ   ③ ㄱ, ㄴ
④ ㄴ, ㄷ   ⑤ ㄱ, ㄴ, ㄷ

22 체조 선수가 도마를 뛰 어 넘어 착지할 때 무릎 을 구부리는 모습을 나타낸다.

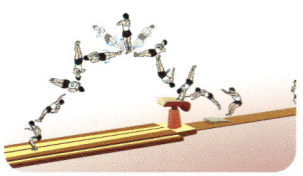

체조 선수가 같은 높이에서 착지할 때 무릎을 굽히는 것과 굽히지 않는 것의 차이에 대한 설명으로 옳은 것만을 <보기>에서 있는 대로 고른 것은?

보기
ㄱ. 바닥으로부터 체조 선수가 받는 충격력은 무릎을 구부리 지 않을 때가 더 크다.
ㄴ. 바닥으로부터 체조 선수가 받는 충격량은 무릎을 구부리 지 않을 때가 더 크다.
ㄷ. 바닥에 닿기 직전 사람의 운동량은 무릎을 구부리지 않 을 때가 더 작다.

① ㄱ   ② ㄴ   ③ ㄷ
④ ㄱ, ㄴ   ⑤ ㄱ, ㄴ, ㄷ

[2021 모의고사 기출]

23 다음은 충격량에 대한 탐구 활동이다.

[탐구 과정]
(가) 〈그림 1〉과 같이 빨대 A의 끝부분에 구슬을 넣고, 수평 으로 강하게 불 때와 약하게 불 때 구슬이 날아가는 거리 를 측정한다.
(나) 〈그림 2〉와 같이 A에 구슬을 입 과 가까운 부분에 넣고, 수평으 로 불 때 구슬이 날아가는 거리 를 측정한다.
(다) A의 길이를 반으로 자른 빨대 B에 구슬을 입과 가까운 부분 에 넣고, (나)와 같은 세기로 수 평으로 불 때 구슬이 날아가는 거리를 측정한다.

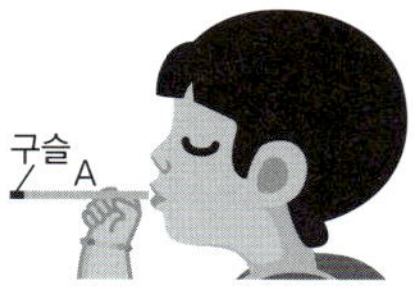

구슬 A
<그림 1>
구슬 A
<그림 2>

[탐구 결과]
· (가)에서 빨대를 강하게 불 때 구슬이 더 멀리 날아간다.
· (나)에서 (다)에서보다 구슬이 더 멀리 날아간다.

이에 대한 설명으로 옳은 것만을 <보기>에서 있는 대로 고른 것은?

보기
ㄱ. (가)에서 구슬이 받은 충격량의 크기는 강하게 불 때가 약하게 불 때보다 크다.
ㄴ. (나)와 (다)를 통해 구슬이 힘을 받은 시간에 따른 충격 량의 크기를 비교할 수 있다.
ㄷ. 구슬이 받은 충격량의 크기는 (나)에서가 (다)에서보다 크다.

① ㄱ   ② ㄷ   ③ ㄱ, ㄴ
④ ㄴ, ㄷ   ⑤ ㄱ, ㄴ, ㄷ

[2019 모의고사 기출]

24 그림은 자동차가 벽에 충돌하는 모의 실험에 대해 세 학생 A ~ C가 대화하는 내용이다.

범퍼는 자동차가 충돌할 때 충격 을 받는 시간을 감소시켜 줘.
학생 A

에어백은 충돌할 때 사람이 받는 힘 의 크기를 크게 해 주기 위한 장치야.

안전띠를 매면 몸이 의자 고정되어 앞으로 튀어 나가 는 위험을 방지시켜 줘.

학생 B   학생 C

제시한 내용이 옳은 학생만을 있는 대로 고른 것은?

① A   ② C   ③ A, B
④ B, C   ⑤ A, B, C

25 다음은 자동차 범퍼에 대한 설명이다.

자동차 범퍼란 사고가 일어날 때 충격을 흡수하기 위해 자동차 앞, 뒤에 설치된 구조물이다. 이때 범퍼의 재료는 강철보다는 구 겨지기 쉬운 재료를 이용하여 만들어 같은 충격량이 가해지더라 도 자동차의 운동량이 변하는 데 걸리는 시간(충돌 시간)을 충 분히 길게 하여 자동차에 전달되는 평균 힘의 크기를 줄여준다.

자동차 범퍼와 같이 물체가 받는 힘의 크기를 줄이는 원리가 적용 된 예로 옳지 않은 것은?

① 자동차에 탑승할 때 안전띠를 맨다.
② 운동 선수들은 보호구와 보호대를 착용한다.
③ 자동차 교차로에 충격 흡수 장치를 설치한다.
④ 가구 모서리에 고무로 만든 보호대를 부착한다.
⑤ 번지점프 줄은 적당히 늘어날 수 있는 줄을 사용한다.

심화 실력높이기

정답 및 해설 ➡ 73

01 그림은 수평면에서 충돌하는 물체 A, B의 속도를 시간에 따라 나타낸 것이다. A의 질량은 1 kg이고, A와 B가 충돌하는 동안 받은 충격량의 크기는 서로 같다.

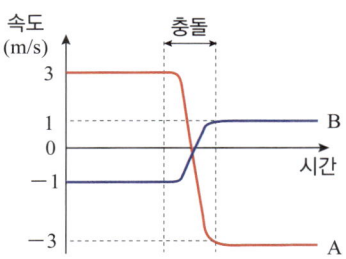

이에 대한 설명으로 옳은 것만을 <보기>에서 있는 대로 고른 것은?

> ─● 보기 ●─
>
> ㄱ. B의 질량은 3 kg이다.
> ㄴ. 충돌 전후 A의 운동량은 같다.
> ㄷ. 충돌하는 동안 받은 평균 힘의 크기는 A와 B가 같다.

① ㄴ   ② ㄷ   ③ ㄱ, ㄴ
④ ㄱ, ㄷ   ⑤ ㄱ, ㄴ, ㄷ

02 다음은 포수가 날아오는 야구공을 잡을 때 발생하는 물리량의 변화에 대한 설명이다. 각 기호에 해당하는 물리량을 옳게 짝지은 것은?

투수가 던진 야구공이 포수 미트에 닿아 속력이 점점 작아지는 동안 야구공의 (㉠   )은 점점 작아진다. 포수가 공을 잡아 야구공을 정지시킬 때까지 야구공의 (㉠   )의 변화량은 (㉡   )과 같다. 이때 포수 미트는 다른 글러브에 비해 두툼한 재질의 글러브를 사용하며, 포수는 공을 받을 때 손을 뒤로 빼면서 받는다. 그 이유는 날아오는 야구공을 잡을 때 같은 (㉡   )을 받더라도 (㉢   )을 길게 하여 손에 전달되는 (㉣   )의 크기를 줄이기 위해서 이다.

	㉠	㉡	㉢	㉣
①	충격량	운동량	평균 힘(충격력)	충돌 시간
②	운동량	충격량	평균 힘(충격력)	충돌 시간
③	충격량	운동량	충돌 시간	평균 힘(충격력)
④	운동량	충격량	충돌 시간	평균 힘(충격력)
⑤	충돌 시간	충격량	운동량	평균 힘(충격력)

[2021 모의고사 기출]

03 그림 (가)는 수평한 얼음판에서 질량 60 kg인 선수 A와 질량 40 kg인 선수 B가 각각 6 m/s, 2 m/s의 속력으로 운동하는 모습을 나타낸 것이다. 그림 (나)는 B의 속력을 시간에 따라 나타낸 것으로, 2초일 때 A는 B를 밀었다. 밀기 전후에 두 선수의 운동 방향은 같다.

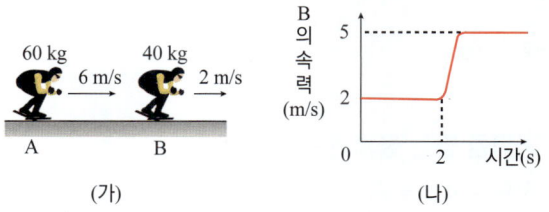

(가)   (나)

이에 대한 설명으로 옳은 것만을 <보기>에서 있는 대로 고른 것은? (단, 모든 마찰은 무시한다.)

> ─● 보기 ●─
>
> ㄱ. 밀면서 받은 충격량의 크기는 A가 B보다 작다.
> ㄴ. 밀기 전후 B의 운동량 변화량의 크기는 120 kg·m/s 이다.
> ㄷ. 밀고 난 후 A의 속력은 3m/s이다.

① ㄱ   ② ㄴ   ③ ㄱ, ㄷ
④ ㄴ, ㄷ   ⑤ ㄱ, ㄴ, ㄷ

[2024 모의고사 기출]

04 그림은 질량 5 kg인 물체가 마찰이 없는 수평면에서 20 m/s의 속력으로 운동하다가 판자를 뚫고 운동하는 모습을 나타낸 것이다. 세 번째 판자을 뚫고 운동할 때 물체의 속력은 v이다. 물체가 판자를 뚫고 지나갈 때마다 판자로부터 받는 충격량의 크기는 6 N·s이며, 충돌 시간은 0.2 s이다.

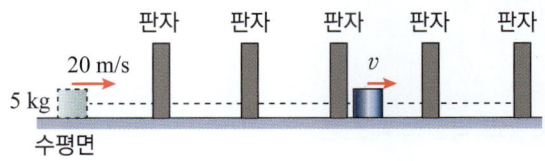

이에 대한 설명으로 옳은 것만을 <보기>에서 있는 대로 고른 것은?(단, 물체의 운동 방향은 일정하고, 물체의 크기와 마찰, 공기 저항은 무시하며, 벽의 개수는 무한하다.)

> ─● 보기 ●─
>
> ㄱ. $v = 16.4$ m/s이다.
> ㄴ. 물체는 벽 16개를 통과한 후 정지한다.
> ㄷ. 판자를 뚫을 때 받는 평균 힘은 60 N이다.

① ㄱ   ② ㄴ   ③ ㄱ, ㄴ
④ ㄴ, ㄷ   ⑤ ㄱ, ㄴ, ㄷ

단원 요약

01 중력을 받는 물체의 운동

1. 중력

정의	질량이 있는 모든 물체 사이에 상호 작용하는 서로 당기는 힘, 단위 N(뉴턴)
방향	지구 중심 방향=(❶)
크기	(❷)=질량 × 중력 가속도

2. 중력을 받는 물체의 운동

(1) 자유 낙하 운동: 공기의 저항을 무시할 때, 처음 속도가 0인 상태에서 물체가 중력만을 받아 낙하하는 운동

① 가속도가 연직 아래 방향으로 9.8 m/s²으로 일정한 (❸   ) 운동을 한다.

② 같은 높이에서 자유 낙하하는 물체는 질량에 관계없이 동시에 바닥에 도달한다.

(2) 수평으로 던진 물체의 운동: 공기의 저항을 무시할 때, 지표면에서 수평 방향으로 던진 물체는 운동 방향과 속력이 계속 변하는 운동을 한다.

구분	작용하는 힘	속력	가속도	물체의 운동
수평 방향	없음	(❹)	(❺)	등속 직선 운동
연직 방향	(❻)	일정하게 증가	일정	등가속도 운동

3. 중력과 역학적 시스템

(1) 역학적 시스템: 자연에 존재하는 여러 가지 힘이 물체들 사이에 작용하면서 전체적으로 일정한 운동 체계를 유지하고 있는 시스템

(2) 중력과 역학적 시스템: 중력은 지구시스템과 생명 시스템에서 일어나는 다양한 현상에 영향을 미치는 필수적인 역할을 한다.

지구시스템에서의 중력	생명 시스템에서의 중력
○ 지표 근처에 대기층이 형성 ○ 공기와 바닷물의 대류 현상 ○ 기상 현상 ○ 밀물과 썰물 ○ 지형 변화	○ 중력 방향으로 자라는 식물의 뿌리 ○ 척추 동물의 전정 기관 존재 ○ 육상 동물의 골격과 근육 발달

02 운동과 충돌

1. 관성: 물체가 현재의 운동 상태를 계속 유지하려는 성질

관성의 크기	물체의 (❶)이 클수록 관성이 크다.(운동 상태를 변화시키기 어렵다.)
관성 법칙	물체에 힘이 작용하지 않으면 정지해 있던 물체는 정지 있고 운동하던 물체는 등속 직선 운동을 한다.
관성의 예	정지 관성 - 버스가 급출발하면 몸이 뒤로 쏠린다. 운동 관성 - 버스가 급정거하면 몸이 앞으로 쏠린다.
관성과 안전	관성 브레이크, 안전띠

2. 운동량과 충격량

(1) 운동량과 충격량

구분	(❷)	(❸)
정의	운동하는 물체의 운동 효과를 나타내는 물리량	물체가 받은 충격의 정도를 나타내는 물리량
크기	운동량=질량 × 속도 $p=mv$	충격량=힘 × 시간 $I=F\varDelta t$=운동량 변화량
단위	kg·m/s	(❹)
방향	물체의 운동 방향과 같다.	물체에 작용한 힘의 방향과 같다.

(2) 힘-시간 그래프: 그래프의 가로축(시간축)과 이루는 넓이는 물체가 받은 (❺   )을 나타낸다.

(3) 운동량과 충격량의 관계: 물체가 받은 충격량은 물체의 운동량 변화량과 같다.

$$충격량=나중 운동량-처음 운동량$$

(4) 충격력

① 충격력: 충돌하는 동안 물체에 작용하는 평균 힘으로, 크기는 (❻   )을 시간으로 나눈 값과 같다.

$$충격력=\frac{(❻\ \ \ \ \ )}{충돌\ 시간}=\frac{운동량\ 변화량}{충돌\ 시간}$$

② 충격량이 같을 때 충격력과 힘이 작용한 시간의 관계: 딱딱한 돌에 달걀이 떨어지는 경우(A)와 푹신한 방석 위에 떨어지는 경우(B), 바닥이 달걀에 작용하는 (힘-시간) 그래프

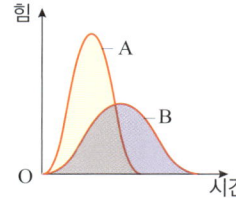

A: 달걀은 큰 힘(충격력)을 짧은 시간 동안 받는다.
B: 달걀은 작은 힘(충격력)을 긴 시간 동안 받는다.
➡ 그래프와 시간축이 이루는 넓이(충격량)은 서로 같다.

(5) 충격량과 안전: 일반적으로 충격량이 일정할 때 물체에 작용하는 (❼   )을 길게 하여 충격력의 크기를 줄이는 원리를 이용한다.

(예) 자동차 에어백, 자동차 범퍼, 포수 글러브, 헬멧과 보호대, 에어캡 포장, 놀이방 매트 등

단원 마무리

01 중력을 받는 물체의 운동

01 중력에 대한 설명으로 옳은 것만을 <보기>에서 있는 대로 고른 것은?

▸ 보기
ㄱ. 중력은 지구상의 모든 물체와 생명체에 끊임없이 작용한다.
ㄴ. 지구가 물체를 당기는 힘의 크기가 물체가 지구를 당기는 힘의 크기보다 크다.
ㄷ. 중력은 지표면에서 높은 곳으로 올라갈수록 작아진다.

① ㄱ　　　　② ㄴ　　　　③ ㄷ
④ ㄱ, ㄷ　　　⑤ ㄱ, ㄴ, ㄷ

02 그림처럼 같은 높이에서 질량이 각각 $3m$, m인 물체 A, B를 동시에 가만히 놓아 낙하시켰다.

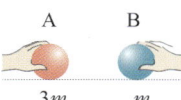

이에 대한 설명으로 옳은 것만을 <보기>에서 있는 대로 고른 것은? (단, 중력 가속도는 9.8 m/s²이고, 공기 저항은 무시한다.)

▸ 보기
ㄱ. A에 작용하는 중력의 크기는 B의 3배이다.
ㄴ. 1초마다 증가하는 속력은 A가 B의 3배이다.
ㄷ. 1초 후 물체 A의 속력과 3초 후 물체 B의 속력은 같다.

① ㄱ　　　　② ㄴ　　　　③ ㄷ
④ ㄱ, ㄷ　　　⑤ ㄱ, ㄴ, ㄷ

03 다음 중 중력에 대한 설명으로 옳지 않은 것은?

① 중력의 크기는 무게와 같다.
② 중력은 연직 아래 방향으로 작용한다.
③ 높은 산에서 중력의 크기는 지표면에서보다 작다.
④ 비나 눈이 내리는 현상은 중력으로 설명할 수 있다.
⑤ 지구 대기권에서 벗어난 물체는 중력의 영향을 받지 않는다.

04 그림은 지표면에서 19.6 m 높이에서 수평 방향으로 100 m/s로 운동하는 비행기에서 공을 가만히 놓았을 때 공의 운동 경로를 나타낸 것이다.

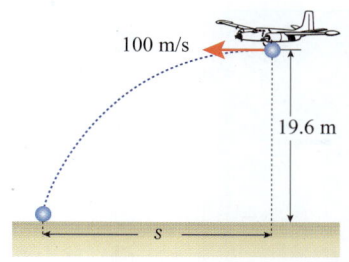

이에 대한 설명으로 옳은 것만을 <보기>에서 있는 대로 고른 것은? (단, 공기 저항은 무시하고, 중력 가속도는 9.8 m/s² 이다.)

▸ 보기
ㄱ. 공이 지면에 도달하기까지 걸린 시간은 2초이다.
ㄴ. 공이 출발하여 지면에 도달하는 순간까지 이동한 수평 거리 $s=200$ m이다.
ㄷ. 공이 지면에 도달하는 순간 공의 연직 방향 속력은 19.6 m/s이다.

① ㄱ　　　　② ㄴ　　　　③ ㄷ
④ ㄱ, ㄴ　　　⑤ ㄱ, ㄴ, ㄷ

05 그림은 지표면 근처에서 질량이 같은 대포알 A ~ C 를 수평 방향으로 쏘았을 때 각각의 운동 경로를 나타낸 것이다.

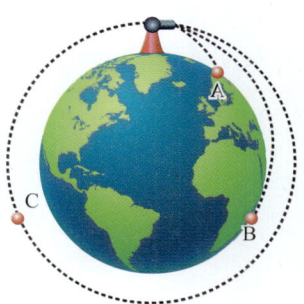

이에 대한 설명으로 옳은 것만을 <보기>에서 있는 대로 고른 것은? (단, 지구는 완전한 구형이고, 공기 저항은 무시한다.)

▸ 보기
ㄱ. 운동하는 동안 대포알에 작용하는 중력은 A가 가장 크다.
ㄴ. 대포알 A와 B의 가속도는 서로 같다.
ㄷ. 대포알을 쏜 속력은 C가 가장 크다.

① ㄱ　　　　② ㄴ　　　　③ ㄷ
④ ㄴ, ㄷ　　　⑤ ㄱ, ㄴ, ㄷ

06 그림 (가)와 (나)는 각각 공기와 진공에서 동일한 쇠구슬과 깃털을 같은 높이에서 가만히 놓아 낙하하는 모습을 일정 시간 간격으로 나타낸 것이다.

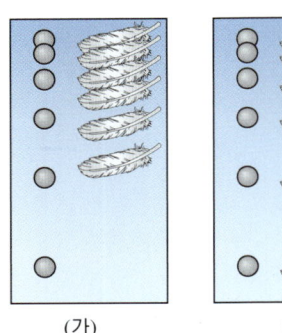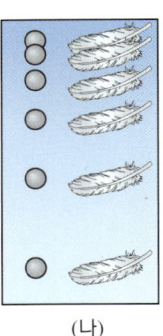

(가)　　　　(나)

이에 대한 설명으로 옳은 것만을 <보기>에서 있는 대로 고른 것은?

┌─ 보기 ─────────────────────────────┐
ㄱ. (나)에서 쇠구슬의 속력은 일정하다.
ㄴ. 깃털에 작용하는 중력의 크기는 (가)에서와 (나)에서 같다.
ㄷ. 공기 저항이 없고 같은 높이에서 동시에 떨어진 두 물체는 무게에 관계없이 동시에 바닥에 도달한다.
└──────────────────────────────────┘

① ㄱ　　　　② ㄷ　　　　③ ㄱ, ㄴ
④ ㄴ, ㄷ　　　⑤ ㄱ, ㄴ, ㄷ

07 그림은 같은 높이에 있는 질량이 m, $2m$ 인 물체 A와 B를 각각 수평 방향으로 $2v$, v 의 속력으로 동시에 던지는 것을 나타낸 것이다.

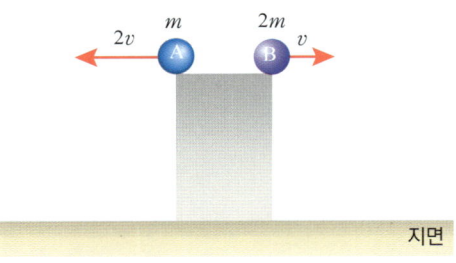

이에 대한 설명으로 옳은 것만을 <보기>에서 있는 대로 고른 것은? (단, 물체의 크기, 공기 저항은 무시한다.)

┌─ 보기 ─────────────────────────────┐
ㄱ. 지면에는 A가 B보다 빨리 도달한다.
ㄴ. 수평 도달 거리는 A가 B보다 크다.
ㄷ. 지면에 도달하는 순간 연직 방향 속력은 B가 A보다 크다.
└──────────────────────────────────┘

① ㄱ　　　　② ㄴ　　　　③ ㄱ, ㄴ
④ ㄱ, ㄷ　　　⑤ ㄱ, ㄴ, ㄷ

08 그림은 같은 높이에서 수평 방향으로 던진 두 물체 A와 B의 위치를 일정한 시간 간격으로 나타낸 것이다.

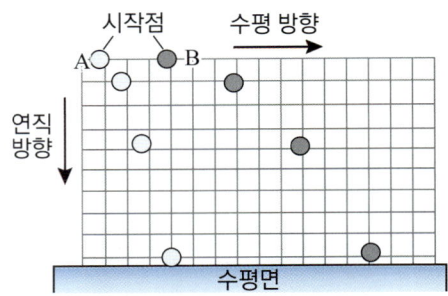

시작점에서 수평면에 도달할 때까지, A와 B의 운동에 대한 설명으로 옳은 것만을 <보기>에서 있는 대로 고른 것은? (단, 물체의 크기와 공기 저항은 무시한다.)

┌─ 보기 ─────────────────────────────┐
ㄱ. A와 B에 작용하는 힘의 방향은 서로 같다.
ㄴ. 수평 방향의 속력은 A가 B보다 크다.
ㄷ. 연직 방향의 가속도 크기는 A가 B보다 크다.
└──────────────────────────────────┘

① ㄱ　　　　② ㄷ　　　　③ ㄱ, ㄴ
④ ㄴ, ㄷ　　　⑤ ㄱ, ㄴ, ㄷ

09 그림과 같이 같은 높이 h에서 물체 A를 가만히 놓는 순간 물체 B를 수평 방향으로 던졌다.

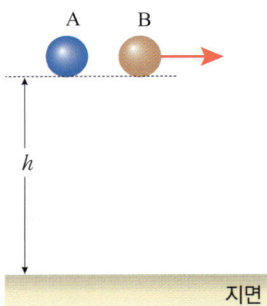

두 물체의 운동에 대한 설명으로 옳은 것만을 <보기>에서 있는 대로 고른 것은? (단, A와 B의 질량은 같으며, 공기의 저항은 무시한다.)

┌─ 보기 ─────────────────────────────┐
ㄱ. 물체 A와 B는 동시에 지면에 도달한다.
ㄴ. 물체 A와 B가 운동하는 동안 받는 힘의 크기는 같다.
ㄷ. 물체 A와 B가 지면에 닿는 순간의 속력은 같다.
└──────────────────────────────────┘

① ㄱ　　　　② ㄴ　　　　③ ㄱ, ㄴ
④ ㄱ, ㄷ　　　⑤ ㄱ, ㄴ, ㄷ

02 운동과 충돌

10 관성에 대한 설명으로 옳은 것은?

① 정지한 물체는 관성이 없다.
② 관성은 물체의 질량과는 관계가 없다.
③ 운동하던 물체는 운동 방향과 빠르기를 계속 유지하려고 한다.
④ 운동하고 있는 물체에 작용하는 알짜힘이 0이면 물체의 속력은 점점 느려진다.
⑤ 야구공을 포수가 받을 때 글러브를 뒤로 빼면서 받는 것은 관성을 줄이기 위해서이다.

11 관성과 관련된 현상으로 옳은 것만을 <보기>에서 있는 대로 고른 것은?

┌─ 보기 ──────────────────────┐
ㄱ. 삽으로 흙을 파서 던지면 흙이 멀리 날아간다.
ㄴ. 선풍기의 전원을 꺼도 회전하던 선풍기 날개는 바로 멈추지 않는다.
ㄷ. 로켓은 가스를 뒤로 분사하면서 앞으로 나아간다.
└────────────────────────────┘

① ㄱ   ② ㄷ   ③ ㄱ, ㄴ
④ ㄱ, ㄷ   ⑤ ㄴ, ㄷ

12 그림은 수레에 인형을 싣고 일정한 속력으로 운동시키는 모습을 나타낸 것이다.

운동 방향

이에 대한 설명으로 옳은 것만을 <보기>에서 있는 대로 고른 것은? (단, 공기 저항과 마찰은 무시한다.)

┌─ 보기 ──────────────────────┐
ㄱ. 인형의 속력이 빠를수록 인형의 관성이 크다.
ㄴ. 수레는 힘을 받아야만 운동을 계속할 수 있다.
ㄷ. 수레가 갑자기 멈추면 인형은 운동 방향과 같은 방향으로 기울어진다.
└────────────────────────────┘

① ㄱ   ② ㄴ   ③ ㄷ
④ ㄱ, ㄴ   ⑤ ㄴ, ㄷ

13 높이 h_A에서 정지해 있던 질량이 5 kg인 물체 A를 자유 낙하시켰더니 2초 만에 지면에 도달하였고, 높이 h_B에서 정지해 있던 질량이 2 kg인 물체 B는 5초 만에 지면에 도달하였다. 물체 A와 B가 지면에 의해 각각 받은 충격량의 비 $I_A : I_B$는 얼마인가? (단, 중력 가속도는 9.8 m/s² 이고, 공기 저항은 무시한다.)

$$I_A : I_B = (\qquad\qquad)$$

14 정지해 있는 질량이 50 g인 골프공을 골프채로 쳐서 40 m/s의 속력으로 날아가게 하였다. 이때 골프공이 받은 충격량의 크기는 얼마인가?

① 2 N·s   ② 5 N·s   ③ 10 N·s
④ 20 N·s   ⑤ 2000 N·s

15 그림 (가)는 마찰이 없는 수평면에서 5 m/s의 속력으로 운동하고 있는 질량이 2 kg인 물체에 운동 방향과 같은 방향으로 힘 F가 작용하고 있는 것을 나타낸 것이다. 이때 힘 F를 시간에 따라 나타낸 것이 그림 (나)이다.

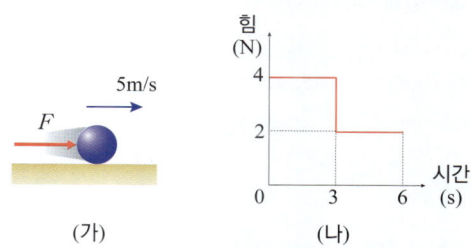

(가)   (나)

6초일 때 물체의 속력은 얼마인가? (단, 모든 마찰은 무시한다.)

① 7 m/s   ② 14 m/s   ③ 21 m/s
④ 28 m/s   ⑤ 35 m/s

16 질량이 m인 물체가 $3v$의 속력으로 벽과 충돌한 뒤 처음 운동 방향과 반대 방향으로 튀어나왔다. 이때 물체가 벽과 충돌할 때 물체가 받은 충격량의 크기는 $4mv$였다. 이에 대한 설명으로 옳은 것만을 <보기>에서 있는 대로 고른 것은?

이에 대한 설명으로 옳은 것만을 <보기>에서 있는 대로 고른 것은? (단, 물체의 처음 운동 방향을 (+)로 한다.)

┌─ 보기 ──────────────────────┐
ㄱ. 물체가 튀어나온 속력은 v이다.
ㄴ. 물체와 벽이 0.1초 동안 접촉해 있었다면, 물체가 받은 평균 힘의 크기는 $40mv$ 이다.
ㄷ. 물체가 벽과 충돌할 때 물체가 벽에 가한 충격량의 크기는 $4mv$ 이다.
└────────────────────────────┘

① ㄱ   ② ㄴ   ③ ㄷ
④ ㄱ, ㄴ   ⑤ ㄱ, ㄴ, ㄷ

17 마찰이 없는 수평면 위에서 3 m/s의 속력으로 운동하는 있는 질량이 2 kg인 물체에 운동 방향으로 작용한 힘의 크기를 시간에 따라 나타낸 것이다. 이에 대한 설명으로 옳은 것만을 <보기>에서 있는 대로 고른 것은?

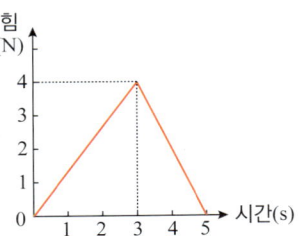

┌─ 보기 ─────────────────────────────────┐
ㄱ. 0~5초 동안 물체가 받은 충격량의 크기는 10 N·s이다.
ㄴ. 5초일 때 물체의 속력은 3초일 때 물체 속력의 2배이다.
ㄷ. 5초일 때 물체의 운동량은 16 kg·m/s이다.
└──┘

① ㄱ ② ㄷ ③ ㄱ, ㄴ
④ ㄱ, ㄷ ⑤ ㄱ, ㄴ, ㄹ

18 그림과 같이 1 kg 인 물체가 오른쪽으로 5 m/s 의 속력으로 운동하다가 벽과 충돌한 뒤 왼쪽으로 2 m/s 의 속력으로 운동하였다. 이 물체가 벽으로부터 받은 충격량의 크기는 얼마인가?

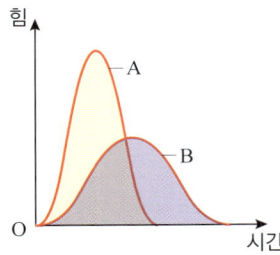

① 2 N·s ② 5 N·s ③ 7 N·s
④ 9 N·s ⑤ 10 N·s

19 질량이 같은 두 유리컵을 같은 높이에서 시멘트 바닥에 떨어뜨렸을 때(A)와 푹신한 스펀지에 떨어뜨렸을 때(B) 유리컵에 작용한 힘의 크기를 시간에 따라 나타낸 것이다. 이에 대한 설명으로 옳지 않은 것은?

① A와 B의 그래프 아래 면적은 같다.
② B 경우보다 A 경우의 충격량이 더 크다.
③ B 경우보다 A 경우가 유리컵이 깨지기 쉽다.
④ 유리컵이 받은 평균 힘은 A경우가 B 경우보다 크다.
⑤ 유리컵에 힘이 작용한 시간은 A 경우보다 B 경우가 더 길다.

20 표는 108 km/h의 같은 속력으로 달리던 100 kg의 자동차 A, B가 각각 고정된 콘크리트 벽에 충돌하는 순간부터 멈추기까지 걸린 시간을 측정한 결과이다. 두 자동차는 충돌하면서 질량이 변하지 않았다.

구분	자동차 A	자동차 B
멈추기까지 걸린 시간	2초	4초

이에 대한 설명으로 옳은 것만을 <보기>에서 있는 대로고른 것은?

┌─ 보기 ─────────────────────────────────┐
ㄱ. 벽으로부터 받은 충격량의 크기는 B가 A보다 크다.
ㄴ. 자동차 B에 타는 것이 더 안전하다.
ㄷ. 충돌하는 동안 A에 작용한 평균 힘의 크기는 5400 N이다.
└──┘

① ㄱ ② ㄴ ③ ㄷ
④ ㄱ, ㄴ ⑤ ㄴ, ㄷ

21 그림은 모양과 질량이 같은 달걀 A, B를 같은 높이에서 떨어뜨렸을 때 충돌하는 동안 달걀에 작용하는 힘을 나타낸 것이다.

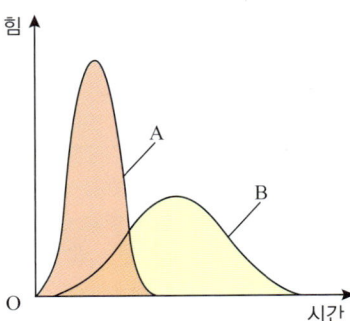

이에 대한 설명으로 옳은 것만을 <보기>에서 있는 대로 고른 것은? (단, 공기의 저항은 무시한다.)

┌─ 보기 ─────────────────────────────────┐
ㄱ. A가 B보다 깨질 확률이 높다.
ㄴ. A, B 아래의 면적은 같다.
ㄷ. 충격 흡수장치를 위 그래프로 설명할 수 있다.
└──┘

① ㄴ ② ㄷ ③ ㄱ, ㄷ
④ ㄴ, ㄷ ⑤ ㄱ, ㄴ, ㄷ

고난도 마무리

정답 및 해설 → 76

01 그림 (가)는 질량이 같은 물체 A, B가 벽을 향해 속도 $3v$로 각각 등속 운동하는 모습을 나타낸 것이고, 그림 (나)는 A, B가 벽에 충돌하는 과정에서 A, B의 속도 변화를 시간에 따라 나타낸 것이다.

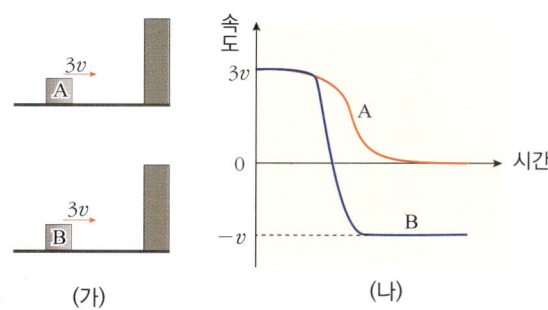

(가)   (나)

이에 대한 설명으로 옳은 것만을 <보기>에서 있는 대로 고른 것은? (단, 바닥과의 마찰과 공기 저항은 무시한다.)

┌─ **보기** ─────────────────────────────┐
ㄱ. A가 벽에 작용하는 충격량의 크기와 벽이 A에 작용하는 충격량의 크기는 서로 같다.
ㄴ. 충돌 전후 운동량 변화량의 크기는 B가 A보다 크다.
ㄷ. 충돌하는 동안 벽에 작용하는 평균 힘의 크기는 B가 A보다 작다.
└────────────────────────────────────┘

① ㄱ   ② ㄴ   ③ ㄷ
④ ㄱ, ㄴ   ⑤ ㄱ, ㄴ, ㄷ

[2024 모의고사 기출]

02 그림은 지표면 근처에서 가만히 놓은 물체 A, A와 같은 높이에서 수평 방향으로 던진 물체 B, B보다 낮은 높이에서 수평 방향으로 던진 물체 C의 운동 경로를 나타낸 것이다.

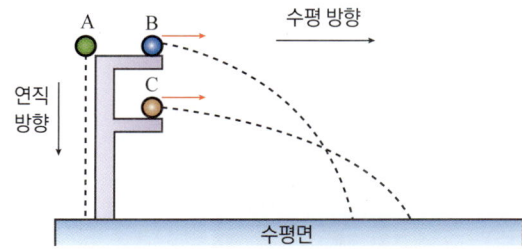

낙하하는 동안, A~C의 운동에 대한 설명으로 옳은 것만을 <보기>에서 있는 대로 고른 것은? (단, 물체의 크기와 공기 저항은 무시한다.)

┌─ **보기** ─────────────────────────────┐
ㄱ. 수평면에 도달하는 순간 연직 방향 속력은 A가 B보다 크다.
ㄴ. A와 C에 작용하는 중력의 방향은 같다.
ㄷ. 수평면에 도달하는 순간 수평 방향 속력은 B가 C보다 크다.
└────────────────────────────────────┘

① ㄱ   ② ㄴ   ③ ㄱ, ㄷ
④ ㄴ, ㄷ   ⑤ ㄱ, ㄴ, ㄷ

03 그림은 (배+사람 A)의 질량이 50 kg, (배+사람 B)의 질량이 100 kg이고, 정지 상태에서 B가 A를 100 N의 일정한 힘으로 5초 동안 잡아당기는 것을 나타낸 것이다. 단, 배와 강물 사이의 마찰, 공기 저항은 무시한다.

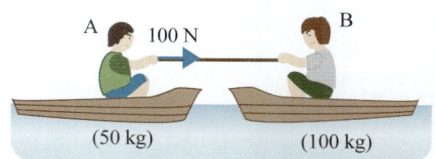

이에 대한 설명으로 옳은 것만을 <보기>에서 있는 대로 고른 것은?

┌─ **보기** ─────────────────────────────┐
ㄱ. (배+사람 B)가 받은 충격량 크기는 500 N·s 이다.
ㄴ. 잡아당기기 시작한 5초 후 (배+사람 A)의 운동량 크기는 (배+사람 B)의 운동량 크기보다 더 크다.
ㄷ. 잡아당기기 시작한 5초 후 (배+사람 A)의 운동량과 (배+사람 B)의 운동량을 합하면 0이다.
└────────────────────────────────────┘

① ㄱ   ② ㄴ   ③ ㄷ
④ ㄱ, ㄷ   ⑤ ㄱ, ㄴ, ㄷ

[2021 모의고사 기출]

04 그림 (가)는 수평인 얼음판 위에서 아이스하키 퍽이 골대를 뚫고 벽에 박혀 정지할 때까지 직선 운동하는 모습을 나타낸 것이다. 그림 (나)는 퍽의 속력을 시간에 따라 나타낸 것으로 구간 Ⅰ, Ⅱ는 퍽이 각각 골대, 벽으로부터 힘을 받는 구간이다. 퍽이 받는 평균 힘의 크기는 Ⅱ에서가 Ⅰ에서의 2배이다.

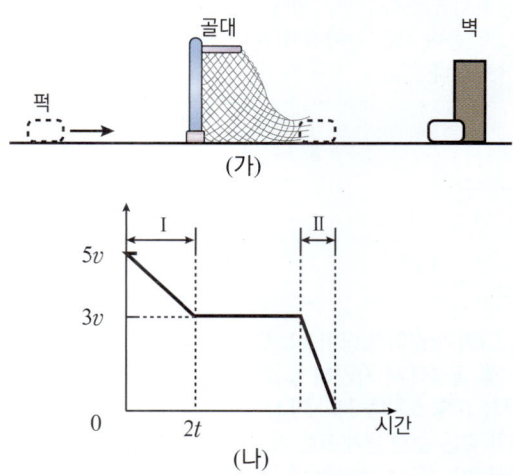

퍽이 벽과 충돌한 순간부터 정지할 때까지 걸린 시간은? (단, 모든 마찰과 공기 저항은 무시한다.)

① $\frac{2}{5}t$ ② $\frac{3}{5}t$ ③ $\frac{3}{4}t$
④ $\frac{5}{4}t$ ⑤ $\frac{3}{2}t$

01 중력과 역학 시스템

[2021 모의고사 기출]

01 다음은 지구로부터 받는 중력에 대한 학생 A~C의 대화이다.

질량이 클수록 물체가 받는 중력의 크기는 커.

지구 중심으로부터 거리에 관계없이 물체가 받는 중력의 크기는 일정해.

달의 공전은 중력에 의해 나타나는 현상이야.

학생 A   학생 B   학생 C

제시한 내용이 옳은 학생만을 있는 대로 고른 것은?

① A
② C
③ A, B
④ A, C
⑤ A, B, C

02 그림처럼 질량이 400 g인 축구공과 4 kg인 볼링공이 각각 지면에 놓여 있다. 이에 대한 설명으로 옳은 것만을 <보기>에서 있는 대로 고른 것은? (단, 공기의 저항은 무시한다.)

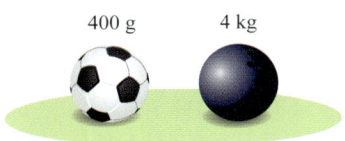

400 g   4 kg

• 보기 •

ㄱ. 볼링공에 작용하는 지구에 의한 중력의 크기는 축구공의 10배이다.
ㄴ. 볼링공과 축구공 사이에도 중력이 작용한다.
ㄷ. 두 공이 같은 높이에서 자유 낙하하면 지면에 동시에 도착한다.

① ㄱ
② ㄴ
③ ㄷ
④ ㄴ, ㄷ
⑤ ㄱ, ㄴ, ㄷ

03 그림과 같이 질량이 2 kg인 물체 A를 공중에서 가만히 놓았더니 2초 후 물체 B를 스치며 지나갔다. A와 B의 높이가 같은 순간 물체 B를 가만히 놓아 낙하시켰다. B가 낙하하는 순간부터 4초 후 A의 속력은 B의 몇 배가 되는가? (단, 공기 저항은 무시한다.)

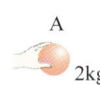

A
2kg

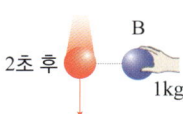

B
2초 후
1kg

① 0.5배
② 1배
③ 1.5배
④ 2배
⑤ 3배

04 그림은 질량이 서로 같은 쇠구슬과 깃털을 (가) 공기 중에서와 (나) 진공 중에서 같은 높이에서 동시에 놓아서 떨어뜨렸을 때의 모습을 일정한 시간 간격으로 나타낸 것이다.

(가) 공기 중   (나) 진공 중

이에 대한 설명으로 옳은 것만을 <보기>에서 있는 대로 고른 것은?

• 보기 •

ㄱ. (가)에서 쇠구슬과 깃털에 작용하는 힘의 크기는 서로 같다.
ㄴ. (나)에서 쇠구슬과 깃털에 작용하는 중력의 크기는 서로 같다.
ㄷ. (나)에서 쇠구슬과 깃털은 바닥에 동시에 도달한다.

① ㄱ
② ㄴ
③ ㄷ
④ ㄴ, ㄷ
⑤ ㄱ, ㄴ, ㄷ

05 그림은 자유 낙하하는 물체의 속력을 시간에 따라 나타낸 것이다.

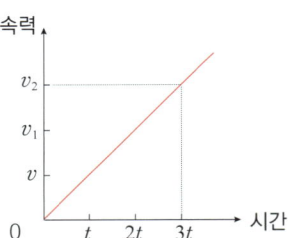

속력
v_2
v_1
v
0   t $2t$ $3t$ 시간

이에 대한 설명으로 옳은 것만을 <보기>에서 있는 대로 고른 것은? (단, 중력 가속도는 g이다.)

• 보기 •

ㄱ. $v_1 : v_2 = 2 : 3$이다.
ㄴ. 물체의 질량이 커질수록 그래프의 기울기도 커진다.
ㄷ. t~$3t$ 동안 물체가 낙하한 거리는 $\dfrac{4v^2}{g}$이다.

① ㄱ
② ㄴ
③ ㄷ
④ ㄱ, ㄷ
⑤ ㄱ, ㄴ, ㄷ

06 그림과 같이 지면에 놓여 있는 물체 A와 물체 A의 연직 위로 높이가 h인 곳의 물체 B를 각각 지면과 나란한 방향으로 동시에 같은 속력 v로 운동시켰다.

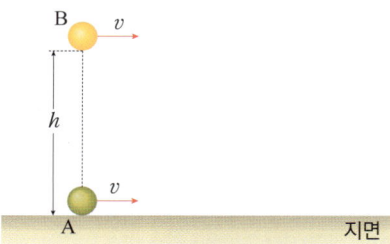

이에 대한 설명으로 옳은 것만을 <보기>에서 있는 대로 고른 것은?(단, 공기 저항, 물체의 크기, 바닥과의 마찰은 모두 무시한다.)

─ 보기 ─
ㄱ. 물체 B가 지면에 닿는 순간 물체 A와 충돌한다.
ㄴ. 지면에 닿기 직전 물체 B의 속력은 v보다 크다.
ㄷ. 운동 중 물체 A에 작용하는 힘의 크기는 B에 작용하는 힘보다 크다.

① ㄱ   ② ㄴ   ③ ㄷ
④ ㄱ, ㄴ   ⑤ ㄱ, ㄴ, ㄷ

07 그림과 같은 방법으로 자를 화살표 방향으로 갑자기 쳤더니 동전 A는 연직 아래로 떨어지고, 동전 B는 수평 방향으로 운동하기 시작하여 바닥에 떨어졌다.

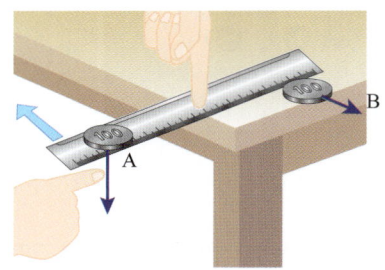

동전 A, B의 운동에 대한 설명으로 옳은 것만을 <보기>에서 있는 대로 고른 것은? (단, 공기의 저항은 무시한다.)

─ 보기 ─
ㄱ. 동전 A는 속력과 운동 방향이 변한다.
ㄴ. 동전 B는 속력은 일정하고 운동 방향만 변한다.
ㄷ. 동전 A, B에 작용하는 힘은 중력뿐이다.
ㄹ. 자유 낙하 운동은 동전 A에 해당된다.

① ㄱ   ② ㄴ, ㄷ   ③ ㄷ, ㄹ
④ ㄱ, ㄴ, ㄹ   ⑤ ㄱ, ㄷ, ㄹ

08 다음은 질량이 각각 2 kg인 쇠구슬 A, B의 운동을 비교하는 실험이다.

[실험 과정]
(가) 그림과 같이 A, B를 같은 높이에 위치시킨 후, A를 가만히 놓는 순간 B를 수평 방향으로 발사시켜 A, B가 각각 수평면에 도달할 때까지의 낙하 시간과 B의 수평 도달 거리를 측정한다.

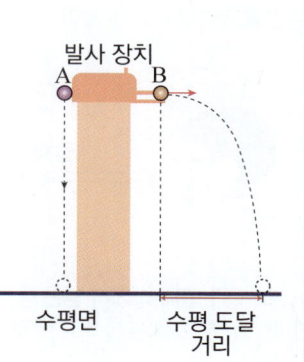

(나) (가)에서 수평면으로부터의 쇠구슬 발사 장치까지의 높이만을 변경한 후 (가)의 과정을 반복한다.
(다) (가)에서 B의 처음 속력만을 2배로 한 후 (가) 과정을 반복한다.

[실험 결과]

과정	낙하 시간		B의 수평 도달 거리
	A	B	
(가)	2 s		1.6 m
(나)	1.5 s		㉠
(다)		㉡	

이에 대한 설명으로 옳은 것만을 <보기>에서 있는대로 고른 것은? (단, A, B의 크기 및 공기 저항은 무시하며, 질량이 1 kg인 물체의 무게는 9.8 N으로 일정하다고 가정한다.)

─ 보기 ─
ㄱ. (가)에서 A가 낙하하는 동안 중력에 의해 받은 충격량의 크기는 19.6 N·s이다.
ㄴ. ㉠은 1.2 m이다.
ㄷ. ㉡은 2 s보다 크다.

① ㄱ   ② ㄴ   ③ ㄱ, ㄴ
④ ㄱ, ㄷ   ⑤ ㄱ, ㄴ, ㄷ

09 질량이 각각 1 kg과 3 kg인 물체를 같은 높이에서 동시에 자유 낙하시켰다. 이 두 물체의 운동에 대한 설명으로 옳은 것만을 <보기>에서 있는 대로 고른 것은? (단, 공기 저항은 무시한다.)

─ 보기 ─
ㄱ. 두 물체는 동시에 지면에 떨어진다.
ㄴ. 두 물체에 작용하는 중력의 크기는 같다.
ㄷ. 두 물체의 속력은 매초 약 9.8 m/s씩 빨라진다.

① ㄱ   ② ㄴ   ③ ㄷ
④ ㄱ, ㄷ   ⑤ ㄴ, ㄷ

[2020 모의고사 기출]

10 그림과 같이 빨대 속에 정지해 있는 물체를 불어서 발시시킨다. 표는 물체 A, B, C의 질량과 각 물체가 빨대를 빠져나온 순간의 속력을 나타낸 것이다.

물체	질량	속력
A	$3m$	v
B	m	$2v$
C	$2m$	$2v$

A, B, C가 빨대 속에서 받은 충격량의 크기를 각각 I_A, I_B, I_C라고 할때, I_A, I_B, I_C를 옳게 비교한 것은?

① $I_A > I_B > I_C$　　　　② $I_A > I_B = I_C$
③ $I_B = I_C > I_A$　　　　④ $I_C > I_A > I_B$
⑤ $I_C > I_B > I_A$

11 다음은 마찰이 없는 수평면 위에서 직선 운동하는 질량 2 kg인 물체의 속력을 시간에 따라 나타낸 것이다.

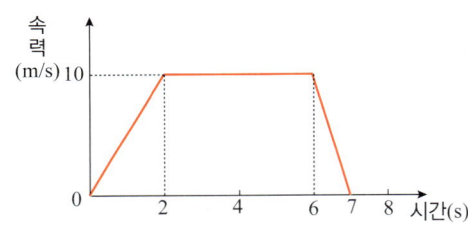

이에 대한 설명으로 옳은 것만을 <보기>에서 있는 대로 고른 것은? (단, 물체는 일직선상을 운동하며, 모든 마찰과 물체의 크기는 무시한다.)

• 보기 •
ㄱ. 0~7초 동안 물체의 최대 운동량의 크기는 20 kg·m/s 이다.
ㄴ. 0~2초, 6~7초 구간에서 각각 물체가 받는 평균 힘의 크기비는 1: 3이다.
ㄷ. 2~6초, 6~7초 구간에서 힘이 작용하는 방향은 서로 반대 방향이다.

① ㄱ　　　　② ㄷ　　　　③ ㄱ, ㄴ
④ ㄱ, ㄷ　　　　⑤ ㄱ, ㄴ, ㄷ

12 같은 높이에서 질량과 크기가 같은 달걀을 각각 푹신한 방석과 단단한 시멘트 바닥으로 자유 낙하시켰을 때 달걀이 충돌하는 동안 받은 힘을 시간에 따라 나타낸 것이다. S_1과 S_2는 각각 그래프 A, B가 시간축과 이루는 넓이이다.

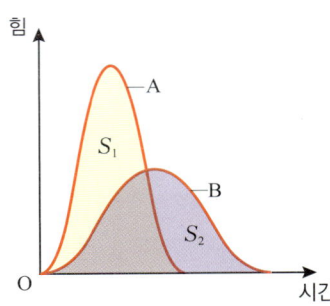

이에 대한 설명으로 옳은 것만을 <보기>에서 있는 대로 고른 것은? (단, 공기의 저항은 무시한다.)

• 보기 •
ㄱ. $S_1 = S_2$이다.
ㄴ. S_2는 단단한 시멘트에 떨어진 달걀이 받는 충격량이다.
ㄷ. 달걀에 작용하는 평균 힘의 크기는 단단한 시멘트에 떨어졌을 때보다 푹신한 방석에 떨어질 때가 더 크다.

① ㄱ　　　　② ㄴ　　　　③ ㄱ, ㄴ
④ ㄱ, ㄷ　　　　⑤ ㄱ, ㄴ, ㄷ

[2021 모의고사 기출]

13 그림 (가)는 물체 A, B를 자유 낙하시키는 모습을 나타낸 것으로, 질량은 B가 A의 2배이다. 그림 (나)는 (가)에서 A의 속력을 시간에 따라 나타낸 것이다.

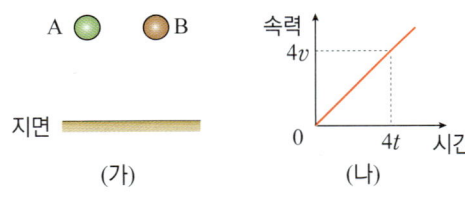

(가)에서 B의 속력을 시간에 따라 나타낸 그래프로 가장 적절한 것은?

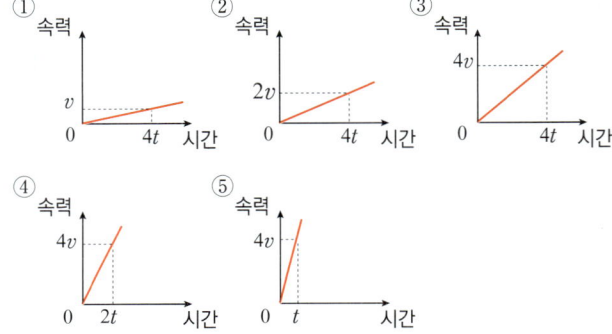

14 그림 (가)는 자동차 A, B가 기준선 P를 각각 v_A, v_B의 속력으로 동시에 통과하는 모습을 나타낸 것이다. 그림 (나)는 (가)의 순간부터 서로 나란한 직선 경로를 따라 기준선 Q에 도달할 때까지 A, B의 운동량을 시간에 따라 나타낸 것이다.

[2019 모의고사 기출]

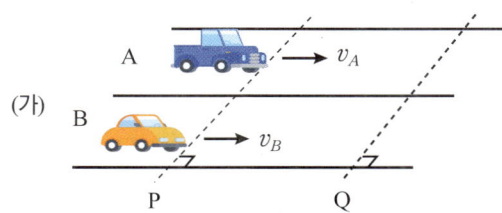

(가)

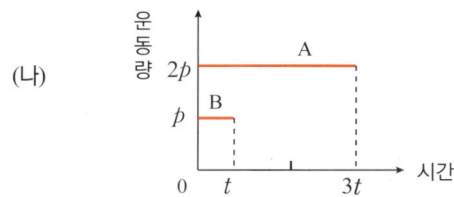

(나)

A, B의 질량을 각각 m_A, m_B라고 할 때, $\dfrac{m_A}{m_B}$는?

① $\dfrac{3}{2}$
② 2
③ $\dfrac{5}{2}$
④ 3
⑤ 6

15 다음은 정지해 있던 질량이 m으로 같은 두 물체 A와 B에 작용하는 힘의 크기를 시간에 따라 나타낸 것이다. 시간 t일 때 물체 A와 B의 운동량의 크기 비 $p_A : p_B$를 구하시오.

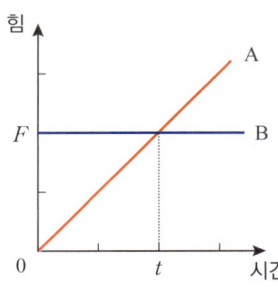

$$p_A : p_B = (\qquad\qquad)$$

16 세 학생이 동일한 총에 총신의 길이를 각각 다르게 하여 질량이 같은 총알을 발사시킬 경우에 대해 이야기를 나누고 있다.

옳게 말한 사람만을 있는 대로 고른 것은? (단, 총알이 총신을 벗어날 때까지 총알에 작용하는 힘의 크기는 일정하다.)

① 무한
② 상상, 무한
③ 상상, 알탐
④ 무한, 알탐
⑤ 상상, 무한, 알탐

[2024 모의고사 기출]

17 그림 (가)는 수평면에서 각각 일정한 속력으로 운동하는 물체 A, B가 벽에 충돌하여 정지한 모습을 나타낸 것이다. A, B의 질량은 각각 $2m$, m이다. 그림 (나)는 A, B가 벽과 충돌하는 동안 벽으로부터 받는 힘의 크기를 시간에 따라 나타낸 것이다. A, B가 벽과 충돌하는 시간은 각각 T, $2T$이고, 시간 축과 곡선이 만드는 면적은 A와 B가 서로 같다.

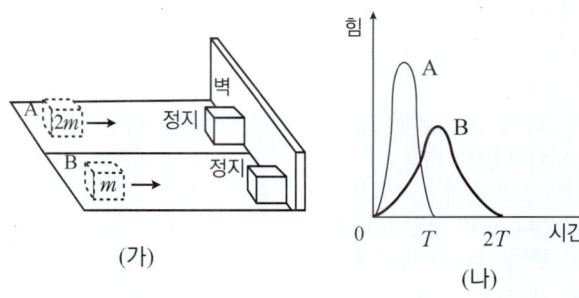

(가)   (나)

이에 대한 설명으로 옳은 것만을 <보기>에서 있는 대로 고른 것은?

• 보기 •

ㄱ. 벽과 충돌하는 동안 물체가 벽으로부터 받은 충격량의 크기는 A와 B가 서로 같다.
ㄴ. 벽과 충돌하기 전 물체의 속력은 A가 B의 2배이다.
ㄷ. 벽과 충돌하는 동안 물체가 벽으로부터 받은 평균 힘의 크기는 B가 A의 2배이다.

① ㄱ
② ㄷ
③ ㄱ, ㄴ
④ ㄱ, ㄷ
⑤ ㄴ, ㄷ

01 중력과 역학적 시스템

01 질량이 각각 m_1, m_2인 두 물체 A와 B 사이에 상호 작용하는 힘 F_1, F_2를 나타낸 것이다. 이에 대한 설명으로 옳은 것만을 <보기>에서 있는 대로 고른 것은?

• 보기 •

ㄱ. F_1과 F_2는 크기가 서로 같다.
ㄴ. m_1만 커지면 F_1은 커지고, F_2는 변하지 않는다.
ㄷ. A, B가 가까워지다가 서로 접촉하는 순간 중력은 작용하지 않는다.

① ㄱ   ② ㄴ   ③ ㄷ
④ ㄱ, ㄷ   ⑤ ㄱ, ㄴ, ㄷ

02 자연에 존재하는 물체들은 서로 끊임없이 상호작용하면서 전체적으로 역학 시스템을 유지하고 있다. 이러한 시스템 유지에 중요한 역할을 하는 중력의 영향에 대한 설명으로 옳은 것만을 <보기>에서 있는 대로 고른 것은?

• 보기 •

ㄱ. 식물의 뿌리는 땅속을 향해 자란다.
ㄴ. 물과 빙하는 오랜 기간에 걸쳐 흐르면서 지표를 변화시킨다.
ㄷ. 사람이 넘어지지 않고 평형을 유지할 수 있다.

① ㄱ   ② ㄴ   ③ ㄷ
④ ㄱ, ㄴ   ⑤ ㄱ, ㄴ, ㄷ

03 그림은 쇠구슬과 깃털이 낙하하는 모습을 공기 중에서와 진공 중에서 각각 비교한 것이다. 이에 대한 설명 중 옳은 것만을 <보기>에서 있는 대로 고른 것은?

공기 중   진공 중

• 보기 •

ㄱ. 공기 중에서는 공기 저항력을 받는다.
ㄴ. 진공 중에서는 아무런 힘도 작용하지 않는다.
ㄷ. 공기 중에서 쇠구슬이 깃털보다 먼저 떨어지는 이유는 깃털보다 쇠구슬에 더 큰 중력이 작용하기 때문이다.

① ㄱ   ② ㄴ   ③ ㄷ
④ ㄱ, ㄴ   ⑤ ㄴ, ㄷ

04 그림은 자유 낙하하는 물체의 속력을 시간에 따라 나타낸 것이다.

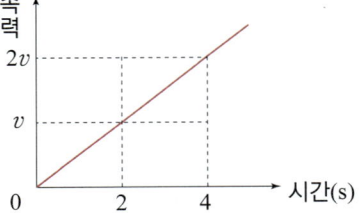

이에 대한 설명으로 옳은 것만을 <보기>에서 있는대로 고른 것은? (단, 공기의 저항은 무시하며, 중력 가속도는 9.8 m/s²이다.)

• 보기 •

ㄱ. $v = 19.6$ m/s이다.
ㄴ. 그래프의 기울기는 이동 거리를 의미한다.
ㄷ. 물체에 작용하는 힘의 크기가 증가한다.
ㄹ. 물체는 속력이 일정하게 증가하는 운동을 한다.

① ㄱ, ㄹ   ② ㄴ, ㄷ   ③ ㄴ, ㄹ
④ ㄱ, ㄴ, ㄷ   ⑤ ㄱ, ㄷ, ㄹ

05 그림과 같이 질량이 각각 m, $2m$인 두 공 A, B를 동일한 높이 h에서 동시에 자유 낙하시켰다.

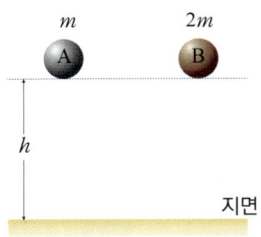

두 공의 운동에 대한 설명으로 옳은 것만을 <보기>에서 있는 대로 고른 것은? (단, 공기의 저항은 무시한다.)

• 보기 •

ㄱ. A와 B의 지면에 닿을 때의 속력은 같다.
ㄴ. 1초 후 A와 B의 속력은 같다.
ㄷ. A와 B는 같은 시간 동안 같은 거리를 이동한다.

① ㄱ   ② ㄴ   ③ ㄷ
④ ㄱ, ㄷ   ⑤ ㄱ, ㄴ, ㄷ

06 (가)와 같이 책상 위에 자를 놓고 자 위의 A 지점과 B 지점에 각각 동전을 놓은 후 잡고 있다가 C 방향으로 자를 빠르게 쳤더니 그림 (나)와 같이 A는 자유 낙하하고, B는 포물선 궤도를 그리며 지면에 떨어졌다.

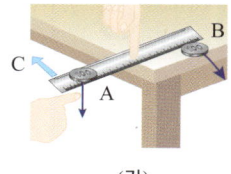 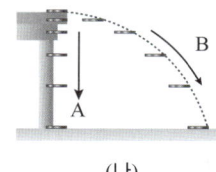

(가)   (나)

이에 대한 설명으로 옳은 것만을 <보기>에서 있는 대로 고른 것은? (단, 공기의 저항과 모든 마찰은 무시한다.)

— 보기 —
ㄱ. 동전 A의 속력은 일정하게 증가한다.
ㄴ. 동전 B의 수평 방향 속력은 일정하다.
ㄷ. 동전 A가 동전 B 보다 지면에 먼저 떨어진다.

① ㄱ   ② ㄷ   ③ ㄱ, ㄴ
④ ㄴ, ㄷ   ⑤ ㄱ, ㄴ, ㄷ

07 그림은 같은 높이에서 질량이 $2m$인 공 A는 자유 낙하시키고, 질량이 m인 공 B는 수평 방향으로 던진 모습을 나타낸 것이다. 이에 대한 설명으로 옳은 것만을 <보기>에서 있는 대로 고른 것은? (단, 공기 저항은 무시한다.)

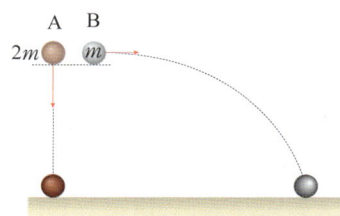

— 보기 —
ㄱ. 공 A, B는 지면에 동시에 도달한다.
ㄴ. 공 A, B는 연직 방향으로 속력이 일정한 운동을 한다.
ㄷ. 공 A, B는 운동 방향과 같은 방향으로 힘이 작용한다.

① ㄱ   ② ㄴ   ③ ㄷ
④ ㄱ, ㄷ   ⑤ ㄱ, ㄴ, ㄷ

08 물체를 수평 방향으로 3 m/s의 속력으로 던졌을 때, 5초 후 ㉠ 수평 방향 속력과 ㉡ 연직 방향 속력을 각각 구하시오. (단, 중력 가속도는 9.8 m/s² 이고, 공기 저항은 무시한다.)

㉠ 수평 방향: (   )m/s
㉡ 연직 방향: (   )m/s

09 다음은 질량이 같은 두 공 A, B를 같은 높이에서 동시에 A는 자유 낙하시키고, B는 수평 방향으로 속력 v로 던진 모습을 나타낸 것이다. 물체 B의 운동 경로 상의 P 점의 높이는 h이다.

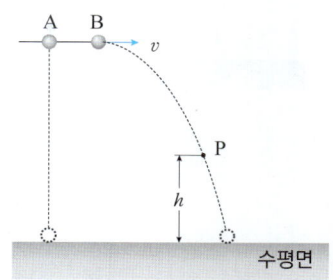

이에 대한 설명으로 옳은 것만을 <보기>에서 있는 대로 고른 것은? (단, 공기의 저항과 모든 마찰은 무시한다.)

— 보기 —
ㄱ. A와 B는 모두 속력이 증가하는 운동을 한다.
ㄴ. B가 P점을 지나는 순간 A의 높이는 h이다.
ㄷ. B가 수평면에 도달하는 순간 B의 수평 방향 속력은 v이다.

① ㄱ   ② ㄴ   ③ ㄷ
④ ㄱ, ㄷ   ⑤ ㄱ, ㄴ, ㄷ

[2020 모의고사 기출]

10 그림과 같이 물체 A를 수평 방향으로 속력 v로 던지는 순간, 물체 B를 가만히 놓았더니 A와 B가 각각 경로를 따라 운동하여 수평면에 동시에 도달했다. A는 던져진 순간부터 수평면에 도달할 때까지 수평 방향으로 L만큼 이동한다.

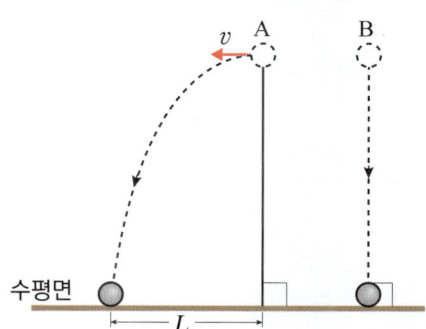

이에 대한 옳은 설명만을 <보기>에서 있는 대로 고른 것은? (단, 물체의 크기, 공기 저항은 무시한다.)

— 보기 —
ㄱ. A가 운동하는 동안 A의 수평 방향 속력은 v로 일정하다.
ㄴ. B가 가만히 놓인 순간부터 수평면에 도달할 때까지 걸린 시간은 $\frac{L}{v}$이다.
ㄷ. 운동하는 동안 A와 B에 작용하는 중력 방향은 같다.

① ㄱ   ② ㄷ   ③ ㄱ, ㄴ
④ ㄴ, ㄷ   ⑤ ㄱ, ㄴ, ㄷ

11 그림처럼 무거운 물체를 실로 매달고 아래쪽으로 갑자기 당기면 추 아래와 손 사이의 실이 끊어진다. 그 이유를 바르게 설명한 것은?

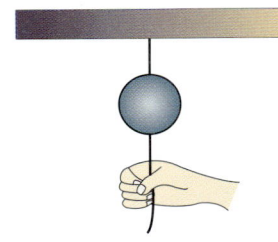

① 아래 방향의 중력 때문이다.
② 당기는 힘이 추 위쪽 실에는 작용하지 않기 때문이다.
③ 추 아래쪽 실을 당겼으므로 추 아래쪽 실이 끊어지는 것이 당연하다.
④ 추의 질량이 충분히 크지 않기 때문이다.
⑤ 추가 현재 정지해 있으므로 정지한 상태를 그대로 유지하려고 하기 때문이다.

12 다음은 질량이 같은 유리컵 두 개를 같은 높이에서 시멘트 바닥과 이불에 각각 떨어뜨리고, 닿는 순간부터 정지할 때까지 유리컵에 작용하는 힘을 시간에 따라 각각 나타낸 것이다.

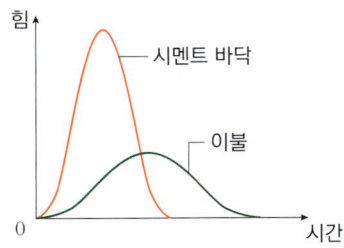

이에 대한 설명으로 옳은 것만을 <보기>에서 있는 대로 고른 것은? (단, 공기의 저항과 모든 마찰은 무시한다.)

┌─ 보기 ─────────────────────────────┐
ㄱ. 바닥에 충돌 직전 운동량은 두 경우에 서로 같다.
ㄴ. 바닥에 충돌하는 동안 유리컵이 받은 충격량은 두 경우에 서로 같다.
ㄷ. 바닥에 충돌하는 동안 유리컵이 받은 충격력은 두 경우에 서로 같다.
└─────────────────────────────────┘

① ㄱ   ② ㄴ   ③ ㄷ
④ ㄱ, ㄴ   ⑤ ㄱ, ㄴ, ㄷ

13 그림과 같이 질량 2 kg인 물체가 오른쪽으로 20 m/s의 속력으로 운동하다가 벽과 충돌한 뒤 왼쪽으로 10 m/s의 속력으로 튀어나왔다.

이에 대한 설명으로 옳은 것만을 <보기>에서 있는 대로 고른 것은?

┌─ 보기 ─────────────────────────────┐
ㄱ. 벽이 물체에 가한 충격량의 크기는 20 N·s이다.
ㄴ. 접촉 시간이 0.02초라면, 접촉하는 동안 이 물체가 받은 평균 힘의 크기는 3000 N이다.
ㄷ. 물체가 벽에 가한 충격량의 크기는 60 N·s이다.
└─────────────────────────────────┘

① ㄱ   ② ㄴ   ③ ㄷ
④ ㄴ, ㄷ   ⑤ ㄱ, ㄴ, ㄷ

14 마찰을 무시할 수 있는 수평면 위에 정지해 있던 질량 2 kg인 물체에 다음 그래프와 같은 힘을 한 방향으로 작용하였다.

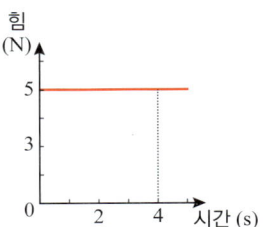

(1) 2초일 때 물체의 운동량은 얼마인가?

(   )kg·m/s

(2) 2~4초 동안 물체가 받은 충격량은 얼마인가?

(   )N·s

(3) 4초일 때 물체의 속력은 얼마인가?

(   )m/s

15 마찰이 없는 수평면에서 질량이 같은 물체 A, B, C가 각각 속력 v_A, v_B, v_C의 속력으로 등속 직선 운동하고 있다. 다음 표는 물체 A, B, C가 벽에 충돌한 후 정지할 때까지 각 물체가 받은 평균 힘과 정지할 때까지 걸린 시간을 각각 나타낸 것이다.

	평균 힘	걸린 시간
A	$2F$	t
B	$3F$	$2t$
C	$5F$	$2t$

물체 A, B, C의 속력비 $v_A : v_B : v_C$ 는?

$$v_A : v_B : v_C = (\qquad\qquad)$$

16 그림은 직선상에서 운동하는 질량 2 kg인 물체의 운동량을 시간에 따라 나타낸 것이다.

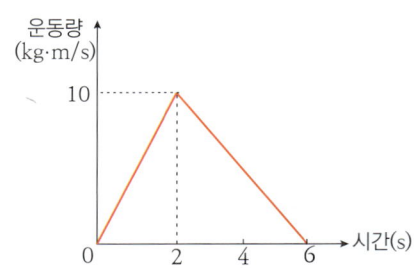

이에 대한 설명으로 옳은 것만을 <보기>에서 있는 대로 고른 것은? (단, 공기의 저항과 모든 마찰은 무시한다.)

┌─ 보기 ─────────────────────────────────┐
ㄱ. 0~2초 동안 물체가 받은 충격량의 크기는 5 N·s이다.
ㄴ. 2~6초 동안 물체가 받은 충격량의 크기는 10 N·s이다.
ㄷ. 0~2초 동안 물체가 받은 힘의 크기는 2~6초 동안 물체
　　가 받은 힘의 크기의 2배이다.
└──────────────────────────────────────┘

① ㄱ　　　　　　　　② ㄴ　　　　　　　　③ ㄷ
④ ㄴ, ㄷ　　　　　　⑤ ㄱ, ㄴ, ㄷ

17 그림 (가)는 물체가 수평면에서 벽을 향해 5 m/s의 속력으로 운동하는 모습이고, 그림 (나)는 물체의 운동량을 시간에 따라 나타낸 것이다.

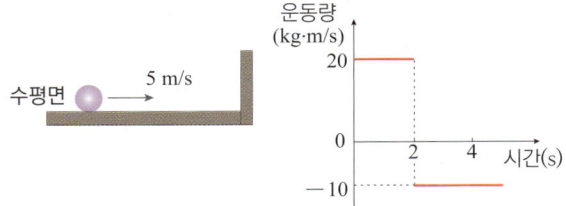

이에 대한 설명으로 옳은 것만을 <보기>에서 있는 대로 고른 것은?

┌─ 보기 ─────────────────────────────────┐
ㄱ. 충돌 전 물체의 속력은 충돌 후의 2배이다.
ㄴ. 물체의 질량은 4 kg이다.
ㄷ. 물체가 벽에 충돌하는 동안 물체가 벽에 가한 충격량의
　　크기는 15 N·s이다.
└──────────────────────────────────────┘

① ㄱ　　　　　　　　② ㄴ　　　　　　　　③ ㄱ, ㄴ
④ ㄴ, ㄷ　　　　　　⑤ ㄱ, ㄴ, ㄷ

18 그림 (가)는 동일한 발사체를 빨대에 넣고 입으로 불어 수평 방향으로 발사하는 모습을 나타낸 것으로 A는 발사체를 빨대의 입구에, B는 빨대의 출구에 넣은 경우이다. 그림 (나)의 P, Q는 (가)의 A, B에서 발사체가 빨대를 통과하는 동안 발사체가 받은 시간에 따른 힘의 크기를 순서 없이 나타낸 것이다.

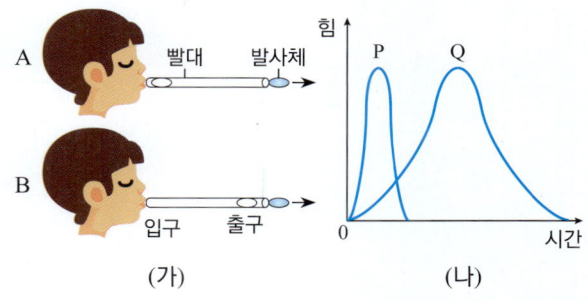

이에 대한 옳은 설명만을 <보기>에서 있는 대로 고른 것은? (단, 모든 마찰과 공기 저항은 무시한다.)

┌─ 보기 ─────────────────────────────────┐
ㄱ. (나)에서 시간 축과 각 곡선이 만드는 면적은 발사체가
　　받은 충격량이다.
ㄴ. A에 해당하는 그래프는 P이다.
ㄷ. 빨대를 빠져나온 순간, 발사체의 속력은 A에서가 B에
　　서보다 크다.
└──────────────────────────────────────┘

① ㄱ　　　　　　　　② ㄴ　　　　　　　　③ ㄱ, ㄷ
④ ㄴ, ㄷ　　　　　　⑤ ㄱ, ㄴ, ㄷ

19 그림은 일상생활에서 볼 수 있는 충돌 사고를 대비한 안전 장치들이다.

안전모　　　　　　　자동차 범퍼

이에 대한 설명으로 옳은 것만을 <보기>에서 있는 대로 고른 것은?

┌─ 보기 ─────────────────────────────────┐
ㄱ. 외부에서 가해지는 충격을 흡수한다.
ㄴ. 충격이 가해지는 시간을 길게 한다.
ㄷ. 충돌 시 충격량을 감소시키는 장치이다.
└──────────────────────────────────────┘

① ㄱ　　　　　　　　② ㄷ　　　　　　　　③ ㄱ, ㄴ
④ ㄴ, ㄷ　　　　　　⑤ ㄱ, ㄴ, ㄷ

III 시스템과 상호작용

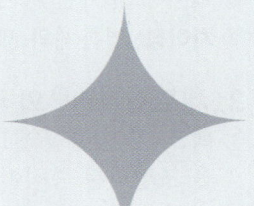

01 생명 시스템의 기본 단위

☐ 생명 시스템의 구성　　☐ 세포소기관
☐ 세포막의 선택적 투과성　☐ 확산과 삼투에 의한 물질 이동

A 생명 시스템의 구성

1. 생명 시스템[1]: 여러 구성 요소가 상호작용하여 다양한 생명 활동을 수행하는 체계

2. 생명 시스템의 구성 단계: 세포 ➡ 조직 ➡ 기관 ➡ 개체

① **세포**: 생명 시스템을 구성하는 구조적·기능적 기본 단위이다.

② **조직**: 모양과 기능이 비슷한 세포의 모임이다. 例 동물의 근육조직, 식물의 물관조직

③ **기관**: 여러 조직이 모여 고유한 형태와 기능을 나타내는 것이다. 例 동물의 심장·간·폐, 식물의 잎·줄기·뿌리 등

④ **개체**: 여러 기관이 모여 독립된 구조와 기능을 가지고 생명 활동을 하는 하나의 생물체이다. 例 단풍나무, 토끼, 고등어, 사람 등

더 알아보기 동물과 식물의 구성 단계

동물: 근육세포 → 근육조직 → 소화기관(위) → 소화기관계 → 개체(사람)
　　동물의 구성 단계에는 기관계가 있다.

식물: 표피세포 → 표피조직 → 표피조직계 → 기관(잎) → 개체
　　식물의 구성 단계에는 조직계가 있다.

B 세포의 구조와 기능

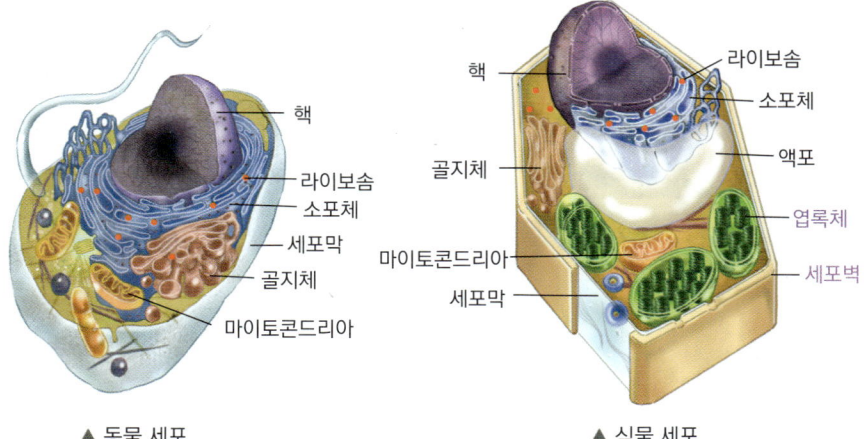

▲ 동물 세포 / ▲ 식물 세포

(동물 세포 명칭) 핵, 라이보솜, 소포체, 세포막, 골지체, 마이토콘드리아

(식물 세포 명칭) 핵, 골지체, 마이토콘드리아, 세포막, 라이보솜, 소포체, 액포, 엽록체, 세포벽

1. 세포의 구조: 세포는 생물을 구성하는 기본 단위로서 세포막으로 둘러싸여 있으며, 핵과 세포질로 구분된다. → 세포질에는 여러 세포소기관이 존재한다.

2. 식물 세포와 동물 세포의 비교

① **공통점**: 다양한 종류의 세포소기관 중 막으로 둘러싸인 뚜렷한 공 모양의 핵이 존재하며, 세포질에는 마이토콘드리아, 소포체, 골지체, 라이보솜 등을 공통으로 가지고 있다.

② **차이점**: 엽록체와 세포벽은 식물 세포에만 있다.

3. 세포소기관[2] 의 주요 기능

① **핵[3]**: 유전 물질인 DNA를 가지고 있어 유전 현상이 나타나게 하며, 세포의 생명 활동을 조절하는 중심이 된다.

② **라이보솜**: 핵으로부터 전달받은 DNA의 유전정보에 따라 단백질이 합성[4]되는 장소이다.

개념+

❶ 생명 시스템

● 하나의 생물 개체는 다양한 세포가 서로 유기적으로 조직되어 상호 작용하는 생명 시스템이다.

● 세포는 세포막과 여러 가지 세포소기관이 상호 작용하는 생명 시스템이다.

● 생명체는 조직, 조직계, 기관, 기관계 등의 구성 단위들이 서로 영향을 주고 받으며 하나의 시스템을 구성한다.

● 단세포 생물과 다세포 생물

● 단세포 생물: 몸이 한 개의 세포로 이루어진 생물이다.

● 다세포 생물: 몸이 여러 개의 세포로 이루어진 생물로서 세포마다 고유한 기능을 수행하면서 서로 유기적으로 조직되어 정교한 체제를 이루고 있다.

❷ 세포소기관의 막의 유무

구분	세포소기관	
있음	단일막	소포체, 골지체, 액포
	2중막	핵, 엽록체, 마이토콘드리아
없음	라이보솜	

❸ 핵의 구조

● 2중막 구조의 핵막으로 싸여 있으며, 그 안에 염색사와 인이 있다.

● 염색사는 DNA와 단백질로 구성되며, 인은 RNA와 단백질로 구성된다.

❹ 세포에서 단백질의 합성과 이동

● 핵 속의 DNA에 저장된 유전 정보에 따라 라이보솜에서 단백질이 합성된다.

● 합성된 단백질은 소포체를 통해 골지체로 운반되며, 골지체에서 막으로 싸여 세포 밖으로 분비된다.

● 단백질의 이동: 라이보솜 → 소포체 → 골지체 → 세포 밖

③ **소포체**: 세포 내 물질 수송의 이동 통로 역할을 한다. ➡ 라이보솜에서 합성된 단백질을 골지체나 세포의 다른 부위로 운반한다.

④ **골지체**: 소포체에서 전달받은 단백질이나 지질 등을 막으로 싸서 세포 밖으로 분비한다.

⑤ **액포**: 물·색소·노폐물 등을 저장한다. ➡ 오래된 식물 세포일수록 발달하므로 성숙한 식물 세포에서 크게 발달하며, 동물 세포에는 작거나 없다.

⑥ **세포막**: 세포를 둘러싸는 얇은 막이다. ➡ 세포 안팎으로의 물질 출입을 조절한다.

⑦ **세포벽**: 식물 세포의 세포막 바깥을 둘러싸고 있는 두껍고 단단한 막이다. ➡ 세포 모양을 유지하고, 세포를 보호하는 역할을 한다.

⑧ **엽록체**❺: 광합성이 일어나는 장소이다. ➡ 이산화 탄소와 물을 원료로 하여 포도당을 합성한다.

⑨ **마이토콘드리아**❺: 세포호흡이 일어나는 장소이다. ➡ 산소를 이용하여 포도당을 분해함으로써 세포가 생명활동을 하는 데 필요한 에너지를 생성, 공급한다.

ⓒ 세포막의 구조와 특성

1. 세포막의 구조

(1) 성분과 구조: 인지질, 단백질로 구성되어 있으며, 인지질 2중층 곳곳에 막단백질이 파묻혀 있거나 관통하고 있다.

(2) 기능 및 특성

① 세포를 둘러싸는 얇은 막으로 세포의 형태를 유지시킨다.

② 인지질 2중층❻은 유동성이 있어 막단백질이 고정되어 있지 않고 움직일 수 있다.

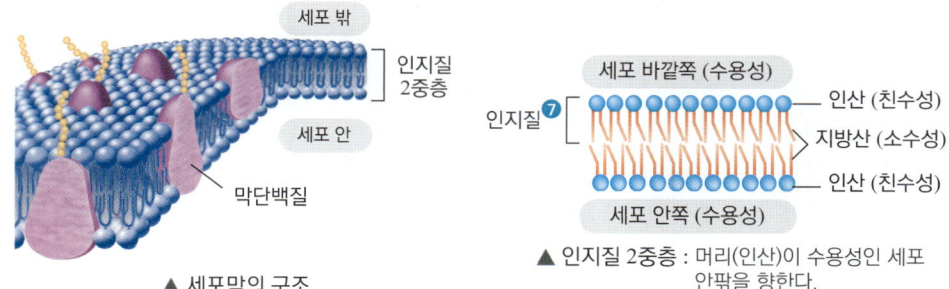

▲ 세포막의 구조

▲ 인지질 2중층 : 머리(인산)이 수용성인 세포 안팎을 향한다.

2. 세포막의 선택적 투과성
세포막은 단순한 반투과성 막이 아니라 물질을 선택적으로 투과시키는 막이다.❽ 선택적 투과성은 세포막의 성분 및 구조와 관련이 있으므로, 물질은 특성에 따라 각각 다른 방식으로 세포막을 투과하여 이동한다.

① **인지질 2중층을 잘 투과하는 물질**: 분자의 크기가 비교적 작고, 지질과 잘 섞이며, 전하를 띠지 않는 물질 ⑳ 산소, 이산화 탄소, 지방산, 글리세롤 등

② **인지질 2중층을 잘 투과하지 않는 물질**: 분자의 크기가 비교적 크고, 지질과 잘 섞이지 않으며, 전하를 띠는 물질 ➡ 막단백질을 통해 이동한다. ⑳ 포도당, 아미노산, 나트륨 이온, 칼륨 이온 등

ⓓ 세포막을 통한 물질 이동

1. 확산
세포막을 경계로 물질의 농도 차가 존재할 때, 물질 분자들이 농도가 균일해질 때까지 농도가 높은 쪽에서 낮은 쪽으로 세포막을 통해 스스로 운동하여 이동하는 현상으로 에너지는 소비되지 않는다.

---

❺ **에너지 전환에 관여하는 세포 소기관**

엽록체: 식물 세포에만 존재하는 세포소기관으로 빛에너지를 포도당(유기물)의 화학 에너지로 전환한다.

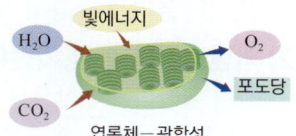

엽록체−광합성

마이토콘드리아: 동물 세포와 식물 세포에 모두 존재하는 세포소기관으로 유기물의 화학 에너지를 세포가 생명활동에 사용하는 형태의 화학 에너지(ATP)로 전환한다.

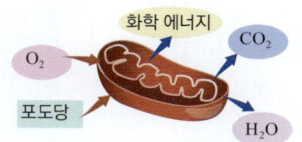

마이토콘드리아−세포호흡

❻ **인지질 2중층**

● 친수성 머리 부분(인산)과 소수성 꼬리 부분(지방산)으로 구성되어 있다.
● 머리는 각각 세포의 안과 밖을 향하고 꼬리는 서로 마주보는 방식으로 2중층을 형성한다.
● 세포막은 인지질층이 2층으로 되어 있는 단일막이며, 2중막이 아니다.

❼ **인지질의 구조**

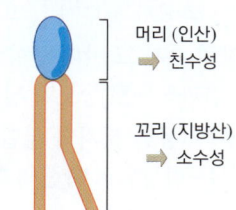

머리 (인산)
➡ 친수성

꼬리 (지방산)
➡ 소수성

❽ **반투과성 막과 선택적 투과성 막의 차이**

● 반투과성 막은 분자의 크기에 따라서만 물질의 이동이 결정된다.
● 선택적 투과성 막인 세포막은 분자의 크기 외에도 지질에 대한 용해도, 막단백질의 종류 등의 요인에 의해 선택적으로 물질을 이동시킨다.

---

(1) 인지질 2중층을 통한 확산(단순확산): 세포막 안팎의 농도 차에 비례하여 물질이 인지질 2중층을 직접 통과하여 이동하는 현상이다.

① **인지질 2중층 투과 물질**: 기체 분자(O_2, CO_2 등), 지용성*물질(지방산, 글리세롤 등)

② **단순확산의 예**: 폐포와 모세혈관에서 일어나는 O_2와 CO_2의 교환, 지질 성분의 호르몬, 지방산, 글리세롤 등의 세포막 출입 등

(2) 막단백질을 통한 확산(촉진확산): 분자나 이온이 특정 막단백질을 통해 세포막을 통과하여 확산되는 현상으로 농도 차이에 의해 일어나므로 에너지는 소비되지 않는다.

① 친수성 분자들은 인지질 2중층을 통과하기 어렵기 때문에 막단백질을 통해 확산된다.

② **막단백질 투과 물질**: 전하를 띠는 입자(Na^+, K^+ 등), 수용성 물질(포도당, 아미노산 등)

③ **촉진확산의 예**: 신경세포에서의 Na^+유입, 혈액 속의 포도당이 조직세포로 확산, 작은 창자에서의 아미노산 흡수 등

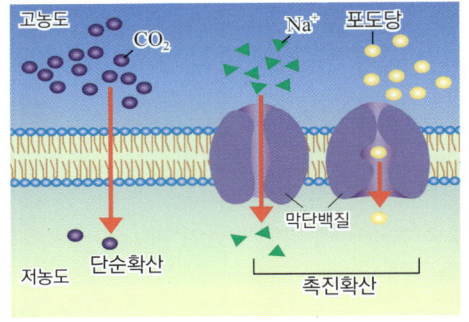

단순확산

물질이 인지질 2중층을 직접 통과하여 확산한다.
세포막 안팎의 농도 차에 비례하여 확산 속도는 계속 증가한다.
예 폐에서의 O_2와 CO_2의 교환

고농도 CO_2 Na^+ 포도당 촉진확산

물질이 막단백질을 통해 확산한다. 세포막 안팎의 농도 차가 클수록 확산 속도는 증가하지만, 세포막에 존재하는 한정된 수의 막단백질에서 전부 물질이 이동하고 있으면 확산 속도가 일정해진다.
예 세포의 Na^+ 흡수, 혈액 속 포도당의 조직세포로 유입, 작은창자에서의 아미노산 흡수

저농도 단순확산 막단백질 촉진확산

▲ 단순확산과 촉진확산❾

2. 삼투: 반투과성 막*을 사이에 두고 두 용액의 농도가 서로 다를 때, 농도가 낮은 용액에서 농도가 높은 용액으로 용매(물)가 이동하는 현상으로 에너지는 소비되지 않는다.

(1) 삼투의 원리

① 용질 분자는 반투과성 막을 통과하지 못하고, 용액은 물 분자(용매)와 용질 분자가 서로 인력이 작용하여 결합하고 있는 상태이므로 농도가 낮은 용액(물 분자와 용질 분자의 결합 수가 적음) 쪽에서 농도가 높은 용액(물 분자와 용질 분자의 결합 수가 많음) 쪽으로 이동하는 물 분자의 수가 그 반대 방향으로 이동하는 물 분자의 수보다 많아진다.

➡ 결과적으로 농도가 낮은 쪽에서 높은 쪽으로 물 분자(용매 분자)가 이동하게 된다.

② 삼투는 (용질 분자와 결합하지 않은) 물 분자가 많은 곳에서 물 분자가 적은 곳으로 물이 이동하는 현상으로 확산의 한 형태이다.

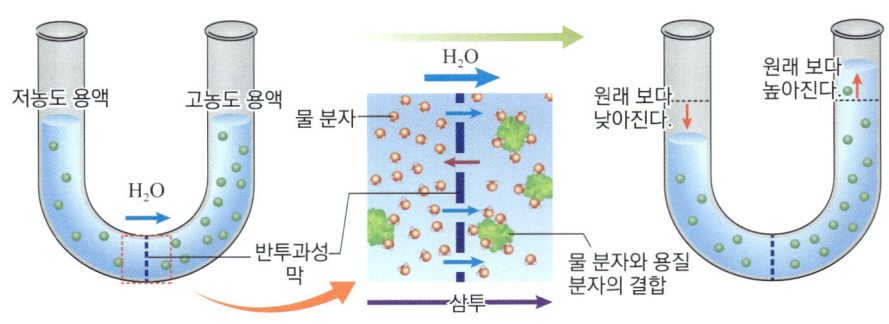

저농도 용액 고농도 용액

H_2O

H_2O

반투과성 막

물 분자

물 분자와 용질 분자의 결합

삼투

원래 보다 낮아진다.

원래 보다 높아진다.

▲ 삼투의 원리

③ **삼투의 예**: 식물의 뿌리털에서 물 흡수, 배추를 소금물에 절일 때 물이 빠져나와 숨이 죽는 것, 과일청을 만들기 위해 과일에 설탕을 뿌리면 과일로부터 물이 빠져나오는 것 등

개념⁺

❾ **단순확산과 촉진확산의 투과 속도 비교**

● 인지질 2중층을 통해 단순확산하는 물질은 세포막을 경계로 세포 안팎의 농도 차가 클수록 이에 비례하여 투과(확산) 속도가 빨라진다.

● 촉진확산하는 물질의 투과 속도는 초기에는 세포막에 존재하는 한정된 수의 막단백질 중 일부를 통해 이동하므로 세포 안팎의 농도 차에 비례하여 단순확산보다 투과(확산) 속도가 빨리 증가하지만, 모든 막단백질을 통해 물질이 이동하고 있을 때에는 투과 속도가 더이상 빨라지지 않고 일정하게 유지된다.

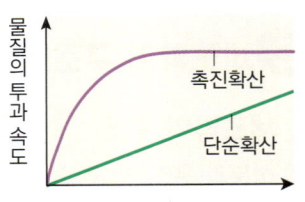

촉진확산

단순확산

물질의 투과 속도

세포 안팎의 농도 차

▲ 단순확산과 촉진확산의 투과 속도 비교

● **물 분자의 세포막을 통한 이동**

물 분자는 크기가 매우 작아서 인지질 2중층을 직접 통과할 수 있지만 인지질 2중층의 소수성 부분 때문에 이동 속도가 느리다. 세포막에는 물을 이동시키는 막단백질이 있다.

(2) 동물 세포에서의 삼투 현상 ❶

① **저장액에 넣은 동물 세포**: 삼투에 의해 물이 세포 안으로 들어가 세포가 점점 팽창한다.
→ 세포의 부피가 커지다가 결국 세포막이 터진다.

② **등장액에 넣은 동물 세포**: 세포막을 경계로 물의 이동이 세포 안팎으로 일어나지만, 출입하
는 물의 양은 같다. → 세포 부피에 변화가 없다.

③ **고장액에 넣은 동물 세포**: 삼투에 의해 세포 바깥으로 물이 빠져나가 세포가 쭈그러든다.
→ 세포 부피가 줄어든다.

▲ 용액 농도에 따른 동물 세포(적혈구)의 변화

(3) 식물 세포에서의 삼투 현상

① **저장액에 넣은 식물 세포**: 삼투에 의해 세포 안으로 물이 들어와 세포가 팽창하게 된다.
→ 세포의 부피가 커지다가 일정해진다.
(식물 세포에는 단단한 세포벽이 존재하기 때문에 동물 세포와는 달리 터지지는 않는다.)

② **등장액에 넣은 식물 세포**: 세포막을 경계로 물의 이동이 세포 안팎으로 일어나지만, 출입하
는 물의 양은 같다. → 세포 부피에 변화가 없다.

③ **고장액에 넣은 식물 세포**: 삼투에 의해 세포 바깥으로 물이 빠져나가 세포가 수축하게
된다. → 세포의 부피가 줄어들다가 세포막이 세포벽에서 분리된다. (원형질 분리)

▲ 용액 농도에 따른 식물 세포의 변화

개념⁺

❶ 세포에서의 삼투 현상

● 세포를 둘러싸고 있는 수용액은 그 농도를 세포질의 농도와 비교하여 등장액, 저장액, 고장액으로 구분한다.

● 세포를 둘러싸고 있는 수용액의 농도가 세포질의 농도와 같으면 등장액, 세포질의 농도보다 낮으면 저장액, 세포질의 농도보다 높으면 고장액이라 한다.

❷ 원형질 분리와 복귀

● 세포질의 부피가 작아지고 세포가 수축함에 따라 세포막이 세포벽으로부터 떨어지게 되는데, 이러한 현상을 원형질 분리라고 한다.

● 원형질 분리가 일어난 세포를 다시 저장액에 넣으면 세포가 물을 흡수하여 원래 상태로 되돌아가는데, 이러한 현상을 원형질 복귀라고 한다.

● 원형질

세포 내에서 생명 활동과 직접적으로 관련이 있는 부분으로서 세포막을 포함한 세포막 내부에 존재하는 유동성 물질이다.

→ 핵, 세포질, 미토콘드리아, 엽록체, 리보솜, 소포체, 골지체, 세포막을 모두 지칭한다.

POINT

개념체크⁺

정답 및 해설 ➡ 82

01 다음 (   )를 채우시오.

(1) 생명 시스템의 구조적·기능적 기본 단위는 (   )이다.

(2) 생명 시스템의 구성 단계는 세포 → (   ) → (   ) →개체이다.

02 그림은 식물 세포의 세포소기관을 나타낸 모식도이다. 다음 물음에 기호로 답하시오.

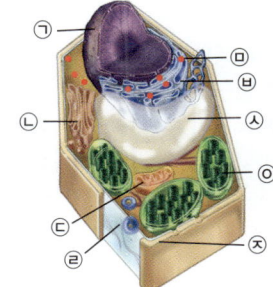

(1) 동물 세포에는 없고 식물 세포에만 존재하는 세포소기관을 모두 고르시오.

(2) 라이보솜에서 합성된 단백질을 골지체나 세포의 다른 부위로 운반하는 역할을 하는 세포소기관은?

개념체크⁺

정답 및 해설 ➜ 82

POINT

03 다음 설명에 해당하는 세포소기관을 쓰시오.

(1) 광합성을 통해 포도당을 합성한다. ······························ (   )

(2) 세포호흡을 통해 에너지를 생성한다. ·························· (   )

(3) 유전 정보에 따라 단백질을 합성한다. ························· (   )

(4) DNA를 가지고 있고, 세포의 생명 활동을 조절한다. ························ (   )

(5) DNA의 유전 정보에 따라 합성된 단백질을 운반한다. ················· (   )

(6) 물, 노폐물 등을 저장하며, 오래된 식물 세포에서 크게 발달한다. ········ (   )

(7) 소포체에서 전달받은 단백질을 막으로 싸서 세포 밖으로 분비한다. ······ (   )

04 그림 (가)는 세포막의 구조를 나타낸 것이고, 그림 (나)는 세포막을 통한 물질 이동을 나타낸 것이다. I, II는 서로 다른 세포막 투과 방식이다.

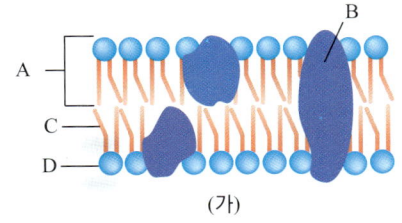
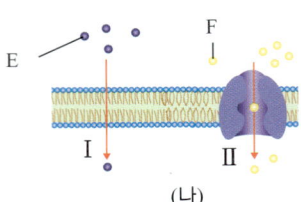

(가)   (나)

(1) A와 B는 각각 무엇인지 쓰시오.

(2) C와 D 중 어느 것이 소수성인가?

(3) 촉진확산은 I과 II 중 어느 것인가?

(4) 이동 물질 E와 F의 예를 각각 두 가지씩 쓰시오.

05 그림과 같이 U자관에 반투과성 막을 설치하고, A와 B 양쪽에 농도가 서로 다른 설탕물을 넣었다.

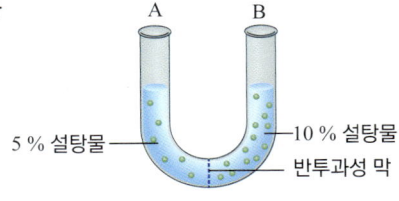

5 % 설탕물   10 % 설탕물
반투과성 막

(1) 반투과성 막을 통해서 A 쪽에서 B 쪽으로 이동하는 것은 무엇인지 쓰시오.

(2) 반투과성 막을 통해서 B 쪽에서 A 쪽으로 이동하는 것은 무엇인지 쓰시오.

(3) A 쪽과 B 쪽의 수면 중 어디가 높아지는지 쓰시오.

(4) 이러한 현상을 무엇이라고 하는지 답하시오.

06 그림과 같이 사람의 적혈구를 농도가 다른 두 용액 (가)와 (나)에 넣었더니 (가) 용액에서는 적혈구의 모양이 변하였고, (나) 용액에서는 적혈구의 모양이 변하지 않았다.

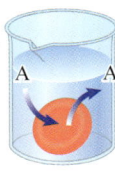

(가)   (나)

(1) 적혈구 세포질의 농도와 (가) 용액의 농도는 어느 것이 높은가?

(2) (가) 용액의 농도와 (나) 용액의 농도는 어느 것이 높은가?

(3) A는 무엇인지 쓰시오.

탐구✛

세포막을 통한 물질 이동

!주의

🔵 목표

세포막을 통한 물질의 이동에 대한 실험 결과를 분석하여 세포막이 생명 활동 유지에 어떤 역할을 하는지 설명할 수 있다.

준비물 붉은 양파, 핀셋, 증류수, 10 % 설탕 용액, 20 % 설탕 용액, 페트리접시, 슬라이드글라스, 커버글라스, 현미경

🔵 실험 과정

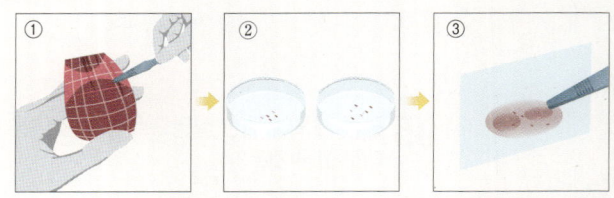

① 붉은 양파의 붉은 표피를 가로, 세로 각각 5 mm 크기로 칼집을 낸 후 핀셋을 이용하여 벗겨낸다.
  ➡ 붉은 양파 표피 세포는 붉은색을 띠기 때문에 염색을 하지 않아도 현미경으로 세포를 잘 관찰할 수 있다.
② 양파 표피 조각을 증류수, 10 % 설탕 용액, 20 % 설탕 용액이 담긴 페트리접시에 각각 넣어 약 10분 동안 담가둔다.
  ➡ 양파 표피는 한 겹의 세포층으로 이루어져 있으므로 현미경으로 세포를 관찰하기에 적합하다.
③ 각 페트리접시에서 양파 표피 조각을 꺼내서 프레파라트를 만든 다음, 현미경으로 관찰한다.

🔵 탐구 결과

용액	증류수	10 % 설탕 용액	20 % 설탕 용액
세포 모양			
세포 부피	커진다	거의 변하지 않는다	줄어든다

🔵 결과 정리 및 해석

① 증류수와 농도가 서로 다른 설탕 용액을 사용한 이유는 무엇인가?

② 실험 결과 부피가 가장 큰 양파 표피세포는 무엇이며, 그 이유는 무엇인가?

③ 10 % 설탕 용액에 담가둔 양파 표피세포의 부피가 거의 변하지 않은 이유는 무엇인가?

④ 20 % 설탕 용액에 담가둔 양파 표피세포에서 세포막이 세포벽으로부터 분리된 이유는 무엇인가?

⑤ 위 실험을 통해 알 수 있는 세포막을 통한 물질 이동의 원리는 무엇인가?

탐구 문제 1 시들어 있는 식물에 물을 주면 식물이 다시 살아나는 이유에 대해 삼투 현상을 들어 서술하시오.

<또 다른 실험>

겉껍데기를 제거한 달걀 / 증류수 / 10 % 소금물 / (가) / (나)

① 겉껍데기를 제거한 달걀을 증류수와 10 % 소금물에 각각 넣는다. (달걀의 속껍질은 반투과성 막이다.)
② 일정 시간 후 꺼내어 질량을 측정하여 비교한다.
➡ (가)의 달걀은 삼투에 의해 저장액으로부터 물이 들어와 질량이 증가하였고, (나)의 달걀은 삼투에 의해 고장액 쪽으로 물이 나가서 질량이 감소하였다.

① 세포막을 통해 일어나는 삼투에 의해 물이 세포 안팎으로 이동하는 것을 비교하기 위해서이다.
② 증류수는 세포보다 농도가 낮기 때문에 삼투에 의해 물이 세포 안으로 이동했으므로 증류수에 담가둔 세포의 부피가 가장 크다.(저장액)
③ 설탕 용액과 세포 내부의 농도 차이가 크지 않아 삼투에 의한 물의 이동량이 적었기 때문이다.(등장액)
④ 세포 안의 물은 세포보다 농도가 높은 설탕 용액(고장액) 쪽으로 이동하므로 세포가 수축하는데, 식물 세포는 동물 세포와 달리 두껍고 단단한 세포벽을 가지고 있으므로 아무리 물이 빠져나가도 세포의 형태는 변하지 않고 세포막이 세포벽으로부터 분리되는 원형질 분리가 일어나는 것이다.
⑤ 설탕과 같은 입자가 큰 물질은 세포막을 통과하지 못하며, 물은 세포막을 경계로 농도가 낮은 쪽에서 높은 쪽으로 이동한다. 즉, 세포막은 특정 물질만 통과시키는 선택적 투과성을 가지며, 세포 안팎의 물질 출입을 조절하여 세포가 생명 활동을 할 수 있게 한다.

정답 및 해설 ➡ 82

A 생명 시스템의 구성

○○●
01 생명 시스템에 대한 설명으로 옳지 않은 것은?

① 생명체는 하나의 생명 시스템이다.
② 모든 생명체는 세포로 이루어져 있다.
③ 생명체는 여러 환경 요인과 상호작용한다.
④ 세포는 여러 세포소기관이 상호작용하는 하나의 생명 시스템이다.
⑤ 생명 시스템은 세포→기관→조직→개체의 단계로 구성된다.

○○●
02 생명 시스템의 구성 단계에 대한 설명으로 옳은 것만을 <보기>에서 있는 대로 고른 것은?

┌ 보기 ┐
ㄱ. 조직은 모양과 기능이 비슷한 세포가 모여 이루어진다.
ㄴ. 식물에서는 여러 기관이 모여 기관계를 이룬다.
ㄷ. 다양한 조직이 모여 고유한 형태와 기능을 가진 기관을 이룬다.
└────┘

① ㄱ   ② ㄱ, ㄴ   ③ ㄱ, ㄷ
④ ㄴ, ㄷ   ⑤ ㄱ, ㄴ, ㄷ

○○●
03 생명 시스템 중 하나인 사람의 구성 단계를 나타낸 것이다.

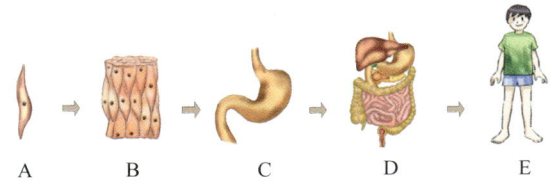

이에 대한 설명으로 옳지 않은 것은?

① A는 생명체를 구성하는 기본 단위이다.
② B는 식물에도 존재하는 구성 단계이다.
③ C는 한 가지 조직으로 이루어진 구성 단계이다.
④ D는 식물에 없는 구성 단계이다.
⑤ E는 개체이다.

B 세포의 구조와 기능

○○●
04 세포에 대한 설명으로 옳은 것만을 <보기>에서 있는 대로 고른 것은?

┌ 보기 ┐
ㄱ. 동물 세포의 내부는 핵과 세포질로 구분된다.
ㄴ. 한 생물을 이루는 세포는 모양과 기능이 모두 같다.
ㄷ. 세포소기관은 유기적으로 상호작용하여 생명활동을 수행한다.
└────┘

① ㄱ   ② ㄱ, ㄴ   ③ ㄱ, ㄷ
④ ㄴ, ㄷ   ⑤ ㄱ, ㄴ, ㄷ

○○●
05 동물 세포에 대한 설명으로 옳은 것만을 <보기>에서 있는 대로 고른 것은?

┌ 보기 ┐
ㄱ. 라이보솜에서 단백질이 합성된다.
ㄴ. 세포막은 선택적 투과성을 가진다.
ㄷ. 마이토콘드리아에서는 포도당을 합성한다.
└────┘

① ㄱ   ② ㄱ, ㄴ   ③ ㄱ, ㄷ
④ ㄴ, ㄷ   ⑤ ㄱ, ㄴ, ㄷ

●●●
06 그림은 동물 세포와 식물 세포의 구조를 반반씩 나타낸 것이며, 표는 세포소기관에 대한 설명이다.

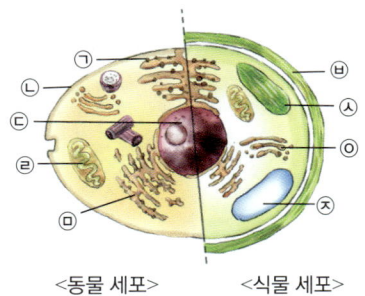

<동물 세포>   <식물 세포>

(가)	세포의 생명활동을 조절하는 중심이다.
(나)	세포 내 물질 수송의 이동 통로 역할을 한다.
(다)	단백질이나 지질 등을 막으로 싸서 세포 밖으로 분비한다.

(가)~(다)에 해당하는 것을 그림에서 옳게 고른 것은?

	(가)	(나)	(다)
①	㉢	㉧	㉦
②	㉢	㉤	㉧
③	㉢	㉨	㉧
④	㉠	㉤	㉧
⑤	㉠	㉧	㉣

07 그림은 식물 세포의 구조를 나타낸 것이다. A ~ C는 각각 라이보솜, 엽록체, 마이토콘드리아 중 하나이다.

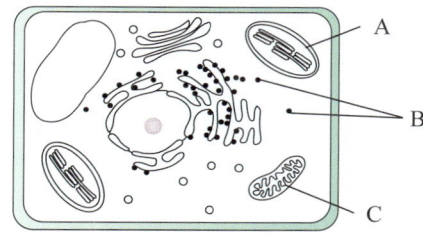

이에 대한 설명으로 옳은 것만을 <보기>에서 있는 대로 고른 것은?

┌─ 보기 ─────────────────────────┐
ㄱ. A는 마이토콘드리아이다.
ㄴ. B에서 단백질이 합성된다.
ㄷ. C는 동물 세포에도 있다.
└────────────────────────────────┘

① ㄱ   ② ㄷ   ③ ㄱ, ㄴ
④ ㄴ, ㄷ   ⑤ ㄱ, ㄴ, ㄷ

08 세포소기관에 대한 설명으로 옳지 않은 것은?

① 세포벽은 동물 세포에 존재하지 않는다.
② 막으로 싸여 있지 않은 세포소기관은 없다.
③ 핵, 엽록체, 마이토콘드리아는 이중막 구조이다.
④ 오래된 식물 세포에는 액포가 크게 발달한다.
⑤ 리보솜은 RNA가 전달하는 유전정보를 이용하여 단백질이 합성되는 장소이다.

09 표 (가)는 세포소기관 A~C에서 특징 ㄱ~ㄷ의 유무를, 표 (나)는 ㄱ~ㄷ을 순서 없이 나타낸 것이다. A~C는 각각 마이토콘드리아, 소포체, 엽록체 중 하나이다.

특징 세포 소기관	㉠	㉡	㉢
A	○	×	○
B	×	×	○
C	○	○	○

특징(㉠ ~ ㉢)
• 이중막으로 싸여 있다.
• 식물 세포에서 발견된다.
• 빛에너지를 화학 에너지로 전환한다.

이에 대한 설명으로 옳은 것만을 <보기>에서 있는 대로 고른 것은?

┌─ 보기 ─────────────────────────┐
ㄱ. A는 마이토콘드리아이다.
ㄴ. '식물 세포에서 발견된다.'는 ㉠이다.
ㄷ. B는 세포 내 물질 수송의 이동 통로 역할을 한다.
└────────────────────────────────┘

① ㄱ   ② ㄷ   ③ ㄱ, ㄷ
④ ㄴ, ㄷ   ⑤ ㄱ, ㄴ, ㄷ

C 세포막의 구조와 특성

10 그림은 세포막의 구조를 나타낸 모식도이다.

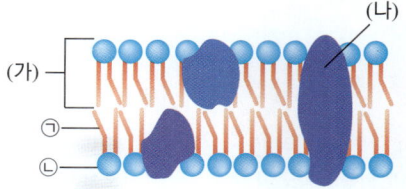

이에 대한 설명으로 옳지 않은 것은?

① 수용성 물질은 (가) 층을 통해 직접 투과한다.
② (나)는 위치가 고정되지 않고 바뀔 수 있다.
③ 나트륨 이온(Na^+)은 (나)를 통해 투과한다.
④ ㉠은 소수성 부분이고, ㉡은 친수성 부분이다.
⑤ 산소와 이산화 탄소는 주로 (가) 층을 통해 확산된다.

11 세포막에 대한 설명으로 옳은 것만을 <보기>에서 있는 대로 고른 것은?

┌─ 보기 ─────────────────────────┐
ㄱ. 주성분은 인지질과 단백질이다.
ㄴ. 세포 안팎으로의 물질 출입을 조절한다.
ㄷ. 물질을 종류에 관계없이 출입시킬 수 있다.
└────────────────────────────────┘

① ㄱ   ② ㄱ, ㄴ   ③ ㄱ, ㄷ
④ ㄴ, ㄷ   ⑤ ㄱ, ㄴ, ㄷ

D 세포막을 통한 물질 이동

12 그림은 세포막을 통한 물질이 이동하는 과정을 나타낸 것이다. ㉠과 ㉡은 각각 산소 기체와 포도당 중 하나이며, Ⅰ과 Ⅱ는 각각 단백질과 인지질 중 하나이다.

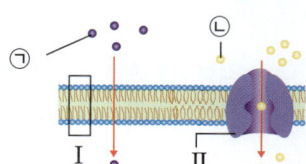

이에 대한 설명으로 옳은 것만을 <보기>에서 있는 대로 고른 것은?

┌─ 보기 ─────────────────────────┐
ㄱ. Ⅰ에서 두 개의 인지질은 친수성 부분끼리 안쪽으로 마주보고 있다.
ㄴ. 포도당의 이동에는 단백질이 이용된다.
ㄷ. ㉠의 이동 방식은 확산이다.
└────────────────────────────────┘

① ㄱ   ② ㄴ   ③ ㄱ, ㄷ
④ ㄴ, ㄷ   ⑤ ㄱ, ㄴ, ㄷ

13 다음은 물질 A, B 가 각각 세포막을 통하여 이동하는 속도를 나타낸 것이다.

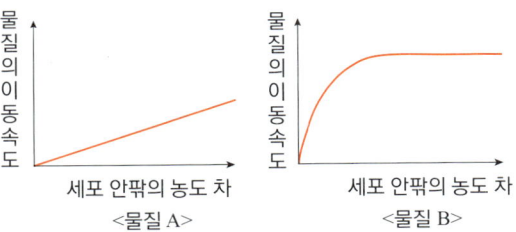

<물질 A>

<물질 B>

이에 대한 설명으로 옳은 것만을 <보기>에서 있는 대로 고른 것은?

┌─ 보기 ──────────────────────────┐
ㄱ. 물질 A의 예로는 산소와 이산화 탄소가 있다.
ㄴ. 물질 B의 예로는 포도당이 있다.
ㄷ. 물질 A는 인지질 2중층을 직접 통과하여 이동한다.
└───────────────────────────────┘

① ㄱ   ② ㄴ   ③ ㄱ, ㄷ
④ ㄴ, ㄷ   ⑤ ㄱ, ㄴ, ㄷ

14 (가)와 (나)는 세포막을 통한 물질의 이동 방식의 특징을 정리한 것이다.

구분	막단백질 사용 여부	이동 물질
(가)	사용 안함	B
(나)	A	포도당

이에 대한 설명으로 옳은 것만을 <보기>에서 있는 대로 고른 것은?

┌─ 보기 ──────────────────────────┐
ㄱ. A는 '사용함'이다.
ㄴ. B는 이산화 탄소, 산소가 해당한다.
ㄷ. (가)와 (나)의 이동 방식 과정에서 모두 에너지가 소모된다.
└───────────────────────────────┘

① ㄱ   ② ㄷ   ③ ㄱ, ㄴ
④ ㄱ, ㄷ   ⑤ ㄱ, ㄴ, ㄷ

[2020 모의고사 기출]

15 그림 (가)와 (나)는 적혈구를 증류수에 넣었을 때의 변화와 소금물에 넣었을 때의 변화를 순서 없이 나타낸 것이다.

(가)   (나)

이에 대한 설명으로 옳은 것만을 <보기>에서 있는 대로 고른 것은?

┌─ 보기 ──────────────────────────┐
ㄱ. (가)는 증류수에 넣었을 때의 변화이다.
ㄴ. (가)에서 물이 적혈구 안에서 밖으로 이동한다.
ㄷ. (나)에서 삼투가 일어난다.
└───────────────────────────────┘

① ㄱ   ② ㄷ   ③ ㄱ, ㄴ
④ ㄴ, ㄷ   ⑤ ㄱ, ㄴ, ㄷ

16 그림처럼 U자관 가운데를 반투과성 막으로 막고 막을 경계로 좌우 소금 용액의 농도를 다르게 하였다.

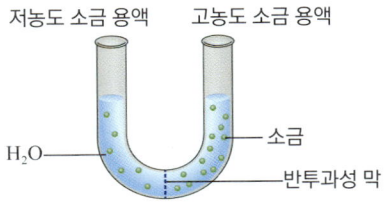

저농도 소금 용액   고농도 소금 용액

H_2O — 소금 — 반투과성 막

일정 시간이 지난 후 일어나는 변화에 대한 설명으로 옳은 것만을 <보기>에서 있는 대로 고른 것은?

┌─ 보기 ──────────────────────────┐
ㄱ. 소금은 반투과성 막을 통과하지 못한다.
ㄴ. 시간이 지남에 따라 양쪽 용액의 농도 차는 커진다.
ㄷ. 소금 농도가 높은 용액에서 낮은 용액으로 물이 이동한다.
└───────────────────────────────┘

① ㄱ   ② ㄴ   ③ ㄱ, ㄴ
④ ㄴ, ㄷ   ⑤ ㄱ, ㄴ, ㄷ

[2023 모의고사 기출]

17 그림은 어떤 식물 세포를 설탕 수용액에 넣기 전과 넣은 후의 세포의 모습을 나타낸 것이다.

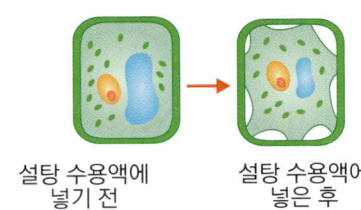

설탕 수용액에   설탕 수용액에
넣기 전   넣은 후

세포의 모습이 변하는 과정에 대한 설명으로 옳은 것만을 <보기>에서 있는 대로 고른 것은?

┌─ 보기 ──────────────────────────┐
ㄱ. 삼투 현상이 일어난다.
ㄴ. 세포막을 통한 물의 이동이 없다.
ㄷ. 세포의 부피는 증가한다.
└───────────────────────────────┘

① ㄱ   ② ㄷ   ③ ㄱ, ㄴ
④ ㄴ, ㄷ   ⑤ ㄱ, ㄴ, ㄷ

18 다음은 세포막을 통한 물질의 이동으로 나타나는 현상이다. 이동 방식이 다른 하나를 고르시오.

┌─ 보기 ──────────────────────────┐
ㄱ. 시든 식물에 물을 주면 식물 잎이 생생해지며 살아난다.
ㄴ. 배추를 소금물에 절이면 숨이 죽는다.
ㄷ. 과일에 설탕을 뿌리면 과일에서 물이 빠져나온다.
ㄹ. 폐포에서 산소가 흡수된다.
└───────────────────────────────┘

심화 실력높이기

[2022 모의고사 기출]

01 표는 세포소기관의 기능을 순서 없이 나타낸 것이고, 그림은 동물 세포의 구조를 나타낸 것이다. A와 B는 마이토콘드리아와 라이보솜 중 하나이다.

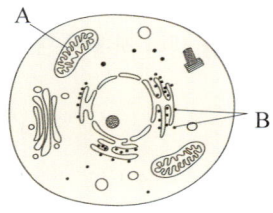

물질	특징
(가)	산소를 흡수하고 이산화 탄소를 방출한다.
(나)	펩타이드 결합이 일어난다.

이에 대한 설명으로 옳은 것만을 <보기>에서 있는 대로 고른 것은?

─ 보기 ─

ㄱ. (가)는 A에서 일어나며 그 과정에서 에너지가 흡수된다.
ㄴ. (나)는 유전 정보에 따라서 B에서 일어난다.
ㄷ. B에서 빛에너지가 화학 에너지로 전환된다.

① ㄱ   ② ㄴ   ③ ㄱ, ㄷ
④ ㄴ, ㄷ   ⑤ ㄱ, ㄴ, ㄷ

02 다음은 감자 세포에서 일어나는 삼투를 알아보기 위한 실험 과정과 결과를 나타낸 것이다.

[실험 과정]
(1) 비커 (가)~(다)에 농도가 서로 다른 설탕물을 각각 300 ml씩 넣는다.
(2) 한 변이 1 cm인 정육면체 모양의 감자 조각을 3개 만들어 각각 무게를 측정하고, 비커 (가)~(다)에 각각 1개씩 넣는다.
(3) 30분 후 각 비커에서 감자 조각을 꺼내 무게를 측정하여 무게 변화량을 알아본다.

[실험 결과]

비커	(가)	(나)	(다)
감자 조각의 무게 변화량(g)	−0.43	0	+0.22

위 실험에 대한 설명으로 옳은 것만을 <보기>에서 있는 대로 고른 것은?

─ 보기 ─

ㄱ. (가)는 저장액, (다)는 고장액이다.
ㄴ. 원형질 분리는 비커 (가)에서 일어났다.
ㄷ. (나)에서는 감자 세포 안팎으로 물이 이동하지 않는다.

① ㄱ   ② ㄴ   ③ ㄱ, ㄴ
④ ㄴ, ㄷ   ⑤ ㄱ, ㄴ, ㄷ

03 그림은 세포막을 통한 물질 이동 방식 A, B를, 표는 물질 이동 방식 Ⅰ과 Ⅱ의 예를 나타낸 것이다. Ⅰ과 Ⅱ는 A와 B를 순서 없이 나타낸 것이다.

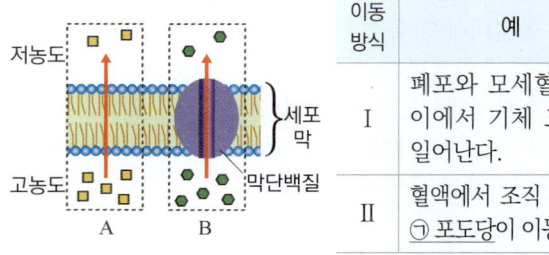

이동 방식	예
Ⅰ	폐포와 모세혈관 사이에서 기체 교환이 일어난다.
Ⅱ	혈액에서 조직 세포로 ㉠ 포도당이 이동한다.

이에 대한 설명으로 옳은 것만을 <보기>에서 있는 대로 고른 것은?

─ 보기 ─

ㄱ. Ⅰ은 B이다.
ㄴ. ㉠의 구성 원소에는 탄소가 있다.
ㄷ. A와 B는 모두 확산에 해당한다.

① ㄱ   ② ㄴ   ③ ㄱ, ㄷ
④ ㄴ, ㄷ   ⑤ ㄱ, ㄴ, ㄷ

04 그림은 어떤 동물의 적혈구 A를 설탕 용액 (가)에 넣고, 적혈구 A와 부피가 같은 적혈구 B를 설탕 용액 (나)에 넣은 후 적혈구의 부피 변화를 측정하여 그래프를 그린 것이다.(단, 설탕 용액 (가)와 (나)의 농도는 서로 다르다.)

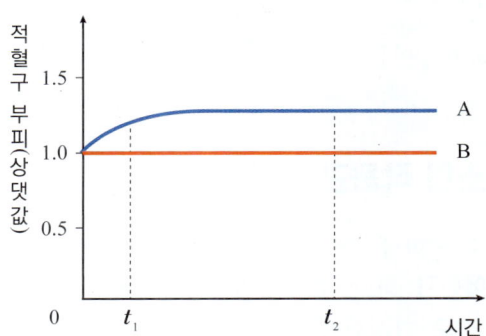

이에 대한 설명으로 옳은 것만을 <보기>에서 있는 대로 고른 것은?

─ 보기 ─

ㄱ. 설탕 용액의 농도는 (가)가 (나)보다 높다.
ㄴ. A의 세포액 농도는 t_1일 때가 t_2일 때보다 높다.
ㄷ. t_2일 때 세포액 농도는 B에서가 A에서보다 높다.

① ㄱ   ② ㄴ   ③ ㄷ
④ ㄱ, ㄴ   ⑤ ㄴ, ㄷ

02 생명 시스템에서의 화학 반응

☐ 물질대사   ☐ 활성화에너지
☐ 효소의 특성   ☐ 효소의 활용

A 생명체 내 화학 반응

1. 물질대사 생명 활동을 유지하기 위해 생명체 내에서 일어나는 모든 화학 반응으로, 생명체는 물질대사[1]를 통해 필요한 물질을 합성하고 에너지를 얻어 생명 시스템을 유지한다.

① 세포는 물질대사를 통해 에너지를 얻으며, 세포를 구성하는 물질과 생리 작용을 조절하는 물질 등을 합성한다.

② 물질대사 과정에서는 효소가 필요하다.

③ 물질대사가 일어날 때에는 반드시 에너지 출입이 일어난다.

④ 물질대사는 반응이 단계적으로 일어난다.

2. 물질대사[2]의 구분

동화작용	이화작용
·작고 간단한 분자를 크고 복잡한 분자로 합성하는 반응 ·에너지가 흡수된다.(흡열 반응) ⑩ 광합성, 단백질 합성, 녹말 합성	·크고 복잡한 분자를 작고 간단한 분자로 분해하는 반응 ·에너지가 방출된다.(발열 반응) ⑩ 세포호흡, 소화

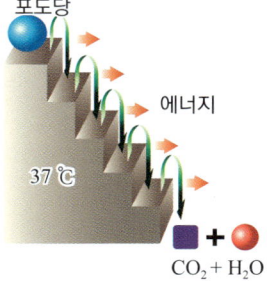
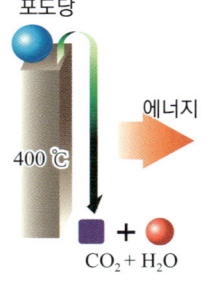

3. 물질대사와 생명체 밖 화학 반응 비교

[물질대사]-세포호흡
·효소가 관여한다.
·체온(37 ℃) 범위의 낮은 온도에서 일어난다.
·에너지가 단계적으로 조금씩 방출되는 반응이 일어난다.

[생명체 밖 화학 반응]: 연소
·효소가 관여하지 않는다.
·고온(400 ℃ 이상)에서 반응이 일어난다.
·에너지가 한꺼번에 방출되는 반응이 한 번에 일어난다.

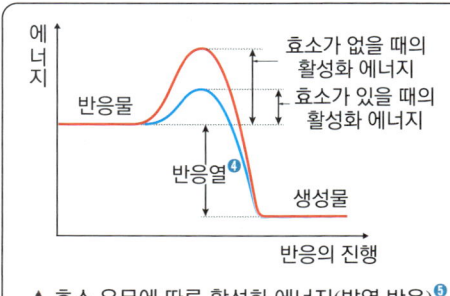

B 효소의 작용과 활용

1. 효소 활성화에너지를 낮추어 화학 반응이 빠르게 일어나게 하는 생체 촉매★이다.

① **활성화에너지**: 화학 반응이 일어나기 위한 최소한의 에너지이다.[3]

② **효소의 작용**: 활성화에너지를 감소시켜 물질대사의 반응 속도를 증가시킨다.

· 효소가 없을 때보다 효소가 있을 때 활성화에너지가 작다. ➡ 화학 반응이 빠르게 일어난다.

· 반응열은 반응물의 에너지와 생성물의 에너지 차이이며, 효소의 유무에 관계없이 일정하다.

· 생명체 밖에서는 높은 온도에서 반응이 일어날 수 있지만, 생명체 내에서는 효소가 활성화에너지를 낮추어 체온 정도의 낮은 온도에서 빠르게 반응이 일어난다.

▲ 효소 유무에 따른 활성화 에너지(발열 반응)[5]

개념⁺

❶ 물질대사와 에너지 출입

● 동화작용: 반응물의 에너지가 생성물의 에너지보다 작아 에너지를 흡수하는 흡열 반응이 일어난다.

● 이화작용: 반응물의 에너지가 생성물의 에너지보다 커서 에너지를 방출하는 발열 반응이 일어난다.

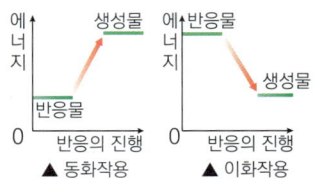

▲ 동화작용   ▲ 이화작용

❷ 여러 가지 물질대사의 예

● 동화작용: DNA 합성 및 성장에 필요한 물질 합성, 소화효소나 호르몬 합성

● 이화작용: 음식물 속 영양소 분해, 간세포에 의한 알코올이나 암모니아 같은 독성 물질 분해

❸ 활성화에너지와 반응 속도

화학 반응이 일어나려면 분자들이 충분한 에너지를 가져야 하고, 화학 반응이 일어나기 위한 최소한의 에너지가 활성화에너지이다. 활성화에너지가 낮아지면 반응에 참여할 수 있는 분자 수가 상대적으로 많아져서 화학 반응 속도가 빨라진다.

❹ 반응열

화학 반응이 일어날 때 방출되거나 흡수되는 열량(반응물과 생성물의 에너지 차이)으로서 효소의 유무에 관계없이 일정하다.

❺ 흡열 반응의 활성화 에너지

동화작용과 같은 흡열 반응은 생성물의 에너지가 반응물의 에너지보다 크다.

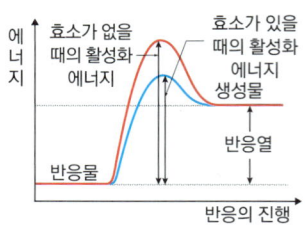

미니사전

★ **촉매(觸 닿다, 媒 중개하다)** 화학 반응 과정에서 소모되거나 변하지 않으면서 활성화에너지를 변화시켜 반응 속도를 변화시키는 물질

---

2. 효소의 특성 효소의 주성분은 단백질이므로 효소마다 고유한 입체 구조를 가진다.

① **기질특이성**: 효소는 그 구조에 맞는 한 종류의 반응물에만 작용한다.[6] 예 수크레이스는 설탕만 분해할 수 있고, 아밀레이스는 녹말만 분해할 수 있으며, 라이페이스는 지방만 분해할 수 있다.

② **효소의 재사용**: 반응이 끝나면 효소는 생성물과 분리되어 반응 전과 동일한 상태가 되므로 재사용된다.[7] ➡ 적은 양으로도 효율적으로 작용한다.

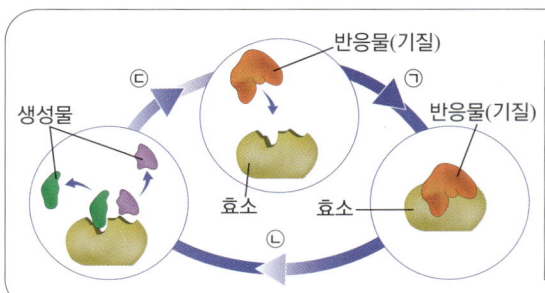

┌─────────────────────────────────────┐
│ ㉠ 효소는 특정 반응물(기질)하고만 결합한다. ➡ 기질특이성 │
│ ㉡ 반응물과 결합한 효소는 활성화에너지를 낮춘다. ➡ 효소기질복합체 형성 │
│ ㉢ 반응이 끝나면 효소는 생성물과 분리되고, 효소는 다시 사용된다. ➡ 재사용 │
└─────────────────────────────────────┘

3. 효소와 생명현상 효소는 생명체에 있어 대부분의 물질대사에 관여한다.
예 광합성, 세포호흡, 소화기관에서의 영양소 소화, 성장에 필요한 물질 합성, 출혈 시 혈액 응고, 간에서의 독성 물질 분해 등

4. 효소의 활용 효소는 생명체 밖에서도 작용할 수 있으므로 다양한 분야에 활용하고 있다.

식품	· 발효식품: 미생물의 효소를 이용하여 김치, 된장, 술, 치즈, 요구르트 제조 · 식혜: 엿기름에 들어 있는 아밀레이스로 밥 속의 녹말을 엿당으로 분해 · 고기 연육제: 배, 키위, 파인애플 등 과일의 단백질분해효소 이용
의약품	· 요검사지와 혈당 측정기[8]: 포도당 산화효소를 이용 · 소화제: 탄수화물분해효소, 단백질분해효소, 지방분해효소 이용
생활용품	·효소 세제: 때의 주성분이 단백질과 지방이므로 단백질분해효소와 지방분해효소 함유 ·효소 치약: 치아에 붙어있는 탄수화물을 분해하기 위해 탄수화물분해효소 함유 ·효소 화장품: 피부의 각질층을 분해하기 위해 단백질분해효소 함유 ·화장지 및 종이 제조: 섬유소분해효소 이용
기타	· 섬유 산업: 청바지 탈색 시 섬유소분해효소 이용 · 환경 정화: 생활 하수·공장 폐수에 포함된 오염 물질을 분해하는 효소[9] 활용

정답 및 해설 ➡ 85

개념체크⁺

01 다음 중 옳은 것은 ○표, 옳지 <u>않은</u> 것은 ×표 하시오.

(1) 생명체 내에서 일어나는 모든 화학 반응을 물질대사라고 한다. (　　)

(2) 물질대사가 일어날 때 반드시 에너지 출입이 함께 일어날 필요는 없다. (　　)

(3) 화학 반응이 일어나기 위해 필요한 최소한의 에너지가 활성화에너지이다. (　　)

02 그림은 효소 유무에 따른 어떤 화학 반응을 나타낸 것이다. 빈칸에 알맞은 말을 차례대로 기호로 답하시오.

(1) 효소가 있을 때 활성화에너지는 (　　)이며, 효소가 없을 때 활성화에너지는 (　　)이다.

(2) 효소는 활성화에너지를 (　　)만큼 감소시킨다.

(3) (　　)은 반응물의 에너지와 생성물의 에너지 차이로서 효소의 유무에 관계없이 일정하다.

---

[6] 기질특이성과 효소의 종류

물질대사는 여러 단계에 걸쳐 여러 종류의 중간 생성물을 만들어내는데, 효소의 기질특이성으로 물질대사의 각 단계마다 작용하는 효소의 종류가 다르므로 생명체에서는 수많은 종류의 효소가 만들어진다.

[7] 효소의 변성

효소의 주성분인 단백질은 높은 온도에서 입체 구조가 변한다. 변성된 효소는 온도가 내려가도 원래의 모습으로 돌아가지 않으며, 반응물과 결합하지 못하므로 촉매 기능을 잃는다.

[8] 요검사지와 혈당 측정기 원리

● 요검사지: 포도당 산화효소 등의 작용으로 오줌 속에 포도당이 있으면 색이 달라진다.

● 혈당 측정기: 포도당 산화효소가 혈액 속 포도당을 산화하면서 발생하는 전류 세기로 혈당량을 측정한다.

[9] 미생물을 이용한 오염 물질 분해

생활 하수, 공장 폐수 속의 암모니아, 황화 수소, 페놀 등과 같은 오염 물질을 분해하는 효소를 가지는 미생물을 이용해 오염 물질을 분해하기도 한다.

POINT

개념체크⁺

정답 및 해설 ➔ 85

POINT

03 그림 A, B는 물질대사에서 일어나는 에너지 출입을 각각 나타낸 것이다.

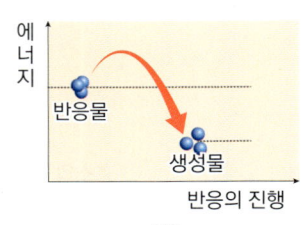
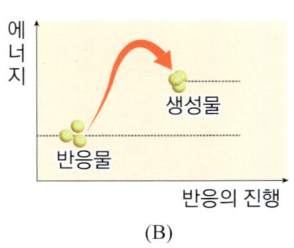

(A)   (B)

(1) A, B 중 엽록체에서 광합성이 일어날 때의 에너지 출입은 무엇인가?

(2) A, B 중 소화가 일어날 때의 에너지 출입은 무엇인가?

(3) B에 대한 설명으로 옳은 것만을 〈보기〉에서 있는 대로 고르시오.

> **보기**
>
> ㄱ. 대표적인 예로 단백질 합성이 있다.　　ㄴ. 반응물의 크기가 생성물보다 크다.
> ㄷ. 동물 세포에서는 일어나지 않는다.　　ㄹ. 생성물의 에너지가 반응물보다 크다.

04 다음 〈보기〉 중 동화작용과 이화작용에 해당하는 것을 있는 대로 각각 고르시오.

> **보기**
>
> ㄱ. 물질 분해　　　　　ㄴ. 광합성　　　　　ㄷ. 에너지 방출
> ㄹ. 세포호흡　　　　　ㅁ. 에너지 흡수　　　ㅂ. 물질 합성

(1) 동화작용　　　　　　　　　(2) 이화작용

05 그림은 효소의 작용을 나타낸 것이다. A~C는 각각 효소, 반응물, 생성물 중 하나이다. A~C가 각각 무엇인지 쓰시오.

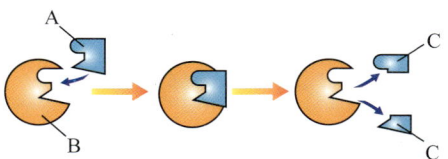

06 효소에 대한 설명 중 옳은 것은 ○표, 옳지 않은 것은 ×표 하시오.

(1) 효소는 활성화에너지를 높인다. ·· (　　　)
(2) 반응물이 달라도 물질대사의 각 단계마다 작용하는 효소는 모두 같다. ····· (　　　)
(3) 효소는 반응이 끝나면 생성물과 분리되어 반응 전과 같은 상태가 된다. ····· (　　　)

07 효소의 이용에 대한 설명 중 옳은 것은 ○표, 옳지 않은 것은 ×표 하시오.

(1) 감자를 반으로 잘라서 찌면 더 빨리 익는다. ······································(　　　)
(2) 효소는 세포 내에서만 기능하기 때문에 현재 생명공학 분야에서만 활용되고 있다. ······(　　　)
(3) 요검사지와 혈당 측정기는 포도당 산화효소를 이용하여 포도당을 확인하는 것이다.······(　　　)

효소의 작용 원리 실험

목표 카탈레이스가 과산화 수소를 분해하는 실험을 통해 효소의 역할을 설명할 수 있다.

실험 과정

① 세 개의 시험관 (가), (나), (다)에 3 % 과산화 수소수를 3 ml씩 넣는다.

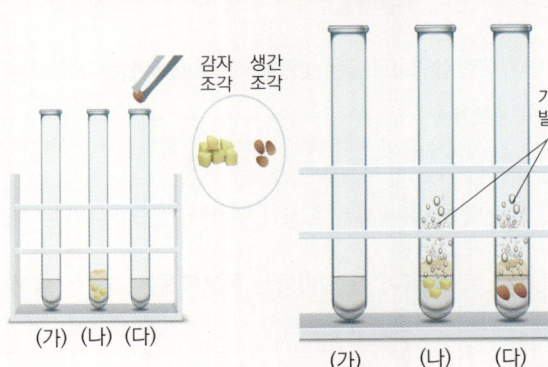

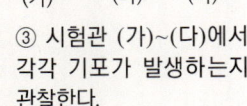

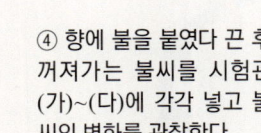

② 시험관 (가)는 그대로 두고, 시험관 (나)에는 감자 조각, 시험관 (다)에는 생간 조각을 넣는다.

③ 시험관 (가)~(다)에서 각각 기포가 발생하는지 관찰한다.

④ 향에 불을 붙였다 끈 후 꺼져가는 불씨를 시험관 (가)~(다)에 각각 넣고 불씨의 변화를 관찰한다.

⑤ 불씨 관찰이 끝난 후 시험관 (가)~(다)에 과산화 수소수를 2 ml씩 더 넣고 기포 발생을 관찰한다.

탐구 결과

구분	시험관 (가)	시험관 (나)	시험관 (다)
실험 과정 ③	기포가 발생하지 않음	기포가 발생함	기포가 발생함
실험 과정 ④	변화 없음	불씨가 살아나 불꽃이 되어 잘 탐	불씨가 살아나 불꽃이 되어 잘 탐
실험 과정 ⑤	기포가 발생하지 않음	기포가 다시 발생함	기포가 다시 발생함

결과 정리 및 해석

① 감자와 생간에 들어있는 효소는 무엇인가?

② 시험관 (가)에서 기포가 발생하지 않은 이유는 무엇인가?

③ 시험관 (나)와 (다)에서 불씨가 살아나 잘 타는 것으로 확인할 수 있는 기체 성분은?

④ 효소 카탈레이스의 역할은 무엇인가?

⑤ 위 실험을 통해 알 수 있는 효소의 역할은 무엇인가?

⑥ 기포 발생이 끝난 시험관 (나)와 (다)에 과산화 수소를 추가로 넣으면 다시 기포가 발생한다. 이를 통해 알 수 있는 효소의 특성은 무엇인가?

 **탐구 문제 1** 시험관 (나)에 감자 조각을 더 넣을 경우 기포의 발생 총량은 어떻게 될지 서술하시오.

오른쪽 단 (주의/준비물)

!주의

준비물
시험관 3개, 3 % 과산화 수소수, 감자 조각, 생간 조각, 향, 라이터

● **카탈레이스**: 과산화 수소를 물과 산소로 분해할 때 사용되는 효소이며, 대부분의 동물과 식물의 세포에 존재한다.

● **유의점**
·과산화 수소수를 취급할 때 튀지 않도록 조심한다.
·향에 불을 붙일 때 피부에 닿지 않도록 조심한다.

● 과산화 수소(H_2O_2)는 자연 상태에서 물(H_2O)과 산소(O_2)로 분해된다.(반응 속도 느림)

① 카탈레이스

② 과산화 수소는 자연적으로 산소와 물로 분해되지만 반응 속도가 매우 느리기 때문에 시험관 (나)와 (다)처럼 기포가 눈에 띄게 발생하지 않는다.

③ 산소

④ 과산화 수소를 물과 산소로 분해하는 작용이 빠르게 일어날 수 있도록 한다.

$$2H_2O_2 \xrightarrow{\text{카탈레이스}} O_2 + 2H_2O$$

⑤ 자연 상태에서는 쉽게 일어나지 않는 반응을 빠르고 쉽게 일어날 수 있도록 돕는 촉매 역할을 한다.

⑥ 효소는 반응이 끝난 후에 생성물과 분리되어 반응 전과 동일한 상태가 되어 재사용되기 때문이다. (효소의 재사용)

정답 및 해설 ➡ 86

A 생명체 내 화학 반응

01 물질대사에 대한 설명 중 옳은 것만을 <보기>에서 있는 대로 고른 것은?

─ 보기 ─
ㄱ. 효소가 관여한다.
ㄴ. 동화작용과 이화작용이 있다.
ㄷ. 에너지 출입은 일어나지 않는다.

① ㄱ   ② ㄴ   ③ ㄱ, ㄴ
④ ㄴ, ㄷ   ⑤ ㄱ, ㄴ, ㄷ

02 그림은 생명체에서 일어나는 화학 반응을 나타낸 것이다. (가)와 (나)는 각각 동화작용과 이화작용 중 하나이다.

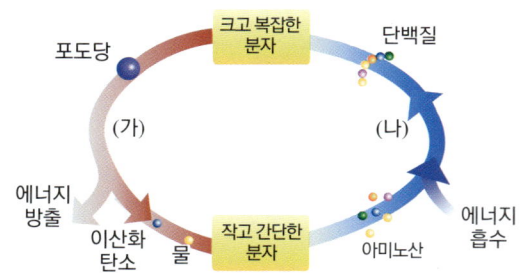

이에 대한 설명으로 옳은 것만을 <보기>에서 있는 대로 고른 것은?

─ 보기 ─
ㄱ. (가)는 동화작용이고, (나)는 이화작용이다.
ㄴ. (가)와 (나) 과정에는 모두 효소가 관여한다.
ㄷ. 광합성는 (가)에 해당하고, 소화는 (나)에 해당한다.

① ㄱ   ② ㄴ   ③ ㄱ, ㄴ
④ ㄴ, ㄷ   ⑤ ㄱ, ㄴ, ㄷ

03 그림의 (가)와 (나)는 서로 다른 물질대사 과정을 나타낸 것이다. 이에 대한 설명으로 옳은 것만을 <보기>에서 있는 대로 고른 것은?

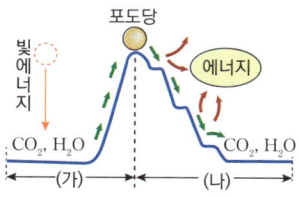

─ 보기 ─
ㄱ. (가)의 예는 광합성이고, (나)의 예는 세포호흡이다.
ㄴ. (가)는 발열 반응, (나)는 흡열 반응이다.
ㄷ. (나)는 저분자 물질이 고분자 물질로 합성되는 과정이다.

① ㄱ   ② ㄷ   ③ ㄱ, ㄴ
④ ㄱ, ㄷ   ⑤ ㄴ, ㄷ

04 같은 양의 포도당이 세포호흡으로 분해될 때와 생명체 밖에서 연소될 때의 과정이다.

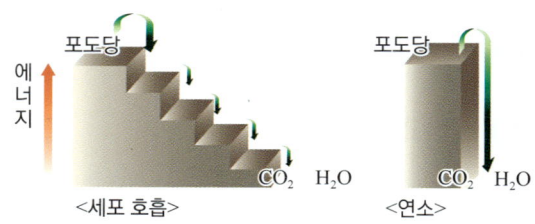

이에 대한 설명으로 옳은 것만을 <보기>에서 있는 대로 고른 것은?

─ 보기 ─
ㄱ. 세포호흡과 연소에서 방출되는 에너지의 총량은 서로 다르다.
ㄴ. 세포호흡에서는 효소가 필요하고, 연소에서는 효소가 필요없다.
ㄷ. 세포호흡이 잘 일어나는 온도에서는 연소는 일어나지 않는다.

① ㄴ   ② ㄷ   ③ ㄱ, ㄴ
④ ㄴ, ㄷ   ⑤ ㄱ, ㄴ, ㄷ

05 그림 (가)는 생명체에서 일어나는 어떤 화학 반응의 에너지 변화를 나타낸 것이고, 그림 (나)는 (가) 반응의 반응물과 생성물의 시간에 따른 농도를 나타낸 것이다. A와 B는 각각 반응물과 생성물 중 하나이다.

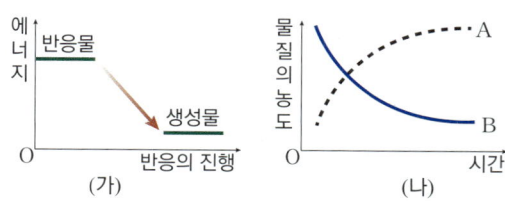

이에 대한 설명으로 옳은 것만을 <보기>에서 있는 대로 고른 것은?

─ 보기 ─
ㄱ. 반응이 일어나는 동안 에너지가 방출된다.
ㄴ. A는 생성물이고, B는 반응물이다.
ㄷ. A는 B보다 분자의 크기가 크다.

① ㄱ   ② ㄴ   ③ ㄱ, ㄴ
④ ㄴ, ㄷ   ⑤ ㄱ, ㄴ, ㄷ

B 효소의 작용과 활용

06 다음 중 효소에 대한 설명으로 옳지 <u>않은</u> 것은?

① 반응열을 감소시킨다.
② 고유한 입체구조를 갖는다.
③ 물질대사의 반응 속도를 증가시켜 준다.
④ 반응이 끝난 후 또 다른 반응에 재사용이 가능하다.
⑤ 한 종류의 효소는 한 종류의 기질과만 결합할 수 있다.

07 다음은 어떤 효소의 작용이다.

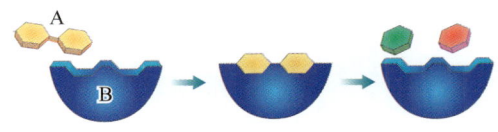

이에 대한 설명으로 옳은 것만을 <보기>에서 있는 대로 고른 것은?

┌─ 보기 ─────────────────────────┐
│ ㄱ. A는 재사용 가능하다. │
│ ㄴ. A는 반드시 B와 결합하여 반응한다. │
│ ㄷ. B는 단백질로 이루어져 있다. │
└───────────────────────────┘

① ㄱ　　　　② ㄷ　　　　③ ㄱ, ㄴ
④ ㄴ, ㄷ　　　⑤ ㄱ, ㄴ, ㄷ

08 어떤 효소가 관여하는 화학 반응을 나타낸 모식도이다.

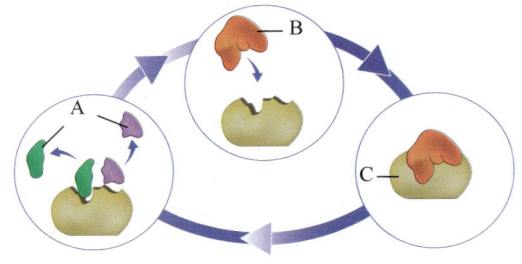

이에 대한 설명으로 옳은 것만을 <보기>에서 있는 대로 고른 것은?

┌─ 보기 ─────────────────────────┐
│ ㄱ. B는 화학 반응의 활성화에너지를 낮추어 준다. │
│ ㄴ. B와 C가 결합하면 반응의 활성화에너지가 낮아진다. │
│ ㄷ. A는 낮은 온도에서도 화학 반응이 빠르게 일어나게 하 │
│ 　며 반응 후 재사용될 수 있다. │
└───────────────────────────┘

① ㄱ　　　　② ㄴ　　　　③ ㄱ, ㄴ
④ ㄴ, ㄷ　　　⑤ ㄱ, ㄴ, ㄷ

09 그림은 카탈레이스의 유무에 따른 과산화 수소 분해 반응에서의 에너지 변화를 나타낸 것이다. 이에 대한 설명으로 옳은 것만을 <보기>에서 있는 대로 고른 것은?

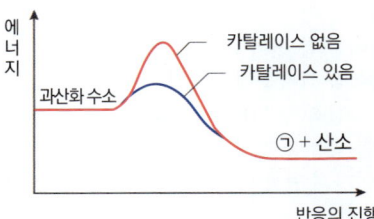

┌─ 보기 ─────────────────────────┐
│ ㄱ. ㉠은 물(H_2O)이다. │
│ ㄴ. 카탈레이스는 과산화 수소 분해 반응의 활성화에너지 │
│ 　를 낮춘다. │
│ ㄷ. 카탈레이스는 과산화 수소가 분해되는 속도를 감소시 │
│ 　킨다. │
└───────────────────────────┘

① ㄱ　　　　② ㄷ　　　　③ ㄱ, ㄴ
④ ㄴ, ㄷ　　　⑤ ㄱ, ㄴ, ㄷ

10 다음은 어떤 화학 반응에서 효소의 유무에 따른 에너지 변화를 나타낸 것이다.

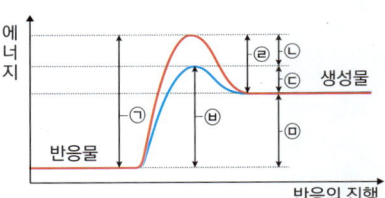

이에 대한 설명으로 옳은 것만을 있는 대로 고르시오.(2개)

① 이화작용에서 일어나는 에너지 변화이다.
② 효소가 있을 때의 활성화에너지는 ㉢이다.
③ 효소가 없을 때의 활성화에너지는 ㉣이다.
④ 효소는 활성화에너지를 ㉡만큼 감소시켰다.
⑤ 효소를 사용하더라도 그 크기가 변하지 않는 것은 ㉤이다.

11 다음은 식물 세포에서 일어나는 두 가지 반응이다.

┌──────────────────────────────┐
│ (가) 이산화 탄소 + 물　──────→　포도당 + 산소 │
│ (나) 포도당 + 산소　──────→　이산화 탄소 + 물 │
└──────────────────────────────┘

이에 대한 설명으로 옳은 것만을 <보기>에서 있는 대로 고른 것은?

┌─ 보기 ─────────────────────────┐
│ ㄱ. (가)에 관여하는 효소는 재사용이 가능하다. │
│ ㄴ. (나)가 일어날 때 에너지가 흡수된다. │
│ ㄷ. 효소가 있을 때의 활성화에너지는 (가)보다 (나)가 크다. │
└───────────────────────────┘

① ㄱ　　　　② ㄷ　　　　③ ㄱ, ㄴ
④ ㄴ, ㄷ　　　⑤ ㄱ, ㄴ, ㄷ

12 다음은 감자에 들어 있는 카탈레이스의 작용을 알아보기 위한 실험 과정이다.

[실험 과정]
(1) 거름 종이를 한 변이 1 cm인 정사각형으로 자른다.
(2) 거름 종이를 감자즙에 넣는다.
(3) 비커에 과산화 수소(H_2O_2) 3 ml를 넣고 감자즙에 적신 거름종이를 넣는다.
(4) 거름종이가 수면까지 떠오르는 데 걸리는 시간을 측정한다.

위 실험에 대한 설명으로 옳은 것만을 <보기>에서 있는 대로 고른 것은?

보기
ㄱ. 반응물은 카탈레이스이다.
ㄴ. 생성물은 수소와 산소이다.
ㄷ. 거름종이가 수면까지 떠오르는 이유는 산소가 거름종이 표면에 달라붙기 때문이다.

① ㄴ   ② ㄷ   ③ ㄱ, ㄴ
④ ㄴ, ㄷ   ⑤ ㄱ, ㄴ, ㄷ

13 그림 (가), (나)는 화학 반응에 비유해서 공을 산 반대편으로 옮기는 모습을 나타낸 것이다. (단, E는 에너지이다.)

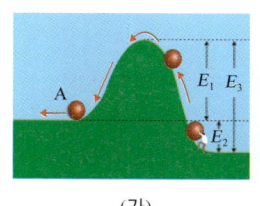 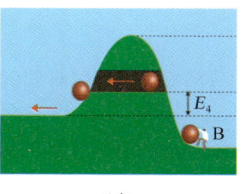

(가)   (나)

위 그림을 토대로 효소의 유무에 따른 화학 반응에 대한 설명으로 옳지 않은 것은?

① (가)와 (나)는 흡열 반응이다.
② A는 생성물, B는 반응물이다.
③ 효소가 없을 때 활성화에너지는 E_3이다.
④ 효소가 있을 때 활성화에너지는 $E_2 + E_4$이다.
⑤ 효소가 없을 때 반응열은 E_1이며, 효소가 있을 때 반응열은 E_4이다.

14 어떤 화학 반응에서의 효소의 작용을 나타낸 것이다.

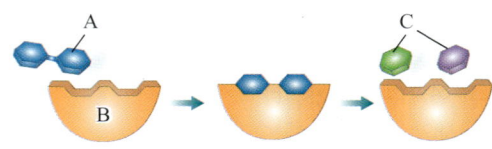

이에 대한 설명으로 옳은 것만을 <보기>에서 있는 대로 고른 것은?

보기
ㄱ. A는 이 과정에서 에너지를 흡수하였다.
ㄴ. B는 이화작용에 관여하였다.
ㄷ. A와 C의 에너지 차이가 활성화에너지이다.

① ㄱ   ② ㄴ   ③ ㄷ
④ ㄴ, ㄷ   ⑤ ㄱ, ㄴ, ㄷ

15 일상생활에서 효소를 활용한 사례에 대한 설명으로 옳은 것만을 있는 대로 고르시오.(3개)

① 식중독을 예방하기 위해 음식을 끓여 먹었다.
② 효소 치약의 양치 효과가 일반 치약보다 뛰어났다.
③ 미생물의 효소를 이용하여 된장, 김치 등 발효식품을 만들었다.
④ 부드러운 고기를 먹기 위해 고기를 단백질분해효소가 있는 파인애플에 재워두었다.
⑤ 찌든 때가 많은 옷을 녹말분해효소가 들어 있는 효소 세제로 빨았더니 일반 세제를 사용하는 것보다 때가 잘 빠졌다.

16 그림은 어떤 효소 세제의 성분표를 나타낸 것이다.

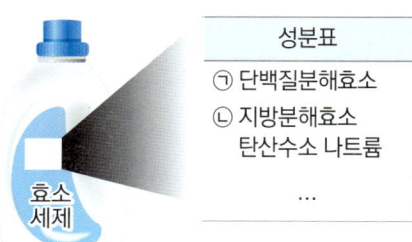

성분표
㉠ 단백질분해효소
㉡ 지방분해효소
탄산수소 나트륨
…

이에 대한 설명으로 옳지 않은 것은?

① ㉠은 단백질 분해 반응의 활성화에너지를 낮춘다.
② ㉠은 이화작용에 관여하는 효소이다.
③ ㉡의 주성분은 지방이다.
④ ㉡이 관여하는 반응에서 생성물보다 반응물에 저장된 에너지양이 더 많다.
⑤ ㉠과 ㉡은 서로 다른 종류의 반응물과 결합한다.

01 그림은 사람의 간에서 일어나는 화학 반응 (가)~(다)를 나타낸 것이다.

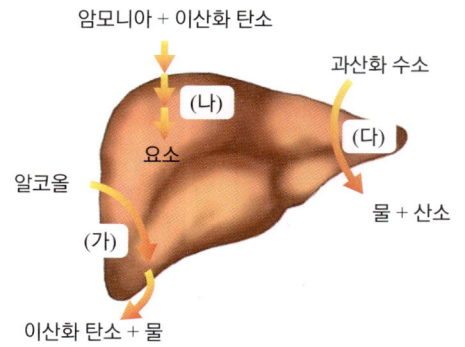

이에 대한 설명으로 옳은 것만을 <보기>에서 있는 대로 고른 것은?

─● 보기 ●─
ㄱ. (가)는 동화 작용이다.
ㄴ. (나)에서 에너지 출입이 일어난다.
ㄷ. (가)~(다) 모두 효소가 관여한다.

① ㄱ   ② ㄴ   ③ ㄱ, ㄷ
④ ㄴ, ㄷ   ⑤ ㄱ, ㄴ, ㄷ

02 다음은 감자즙에 있는 어떤 효소의 기능을 알아보기 위한 실험에 대한 자료이다.

· 10 mL의 3 % 과산화 수소수를 각각 시험관 A와 B에 넣은 후 A에는 증류수 2 mL, B에는 감자즙을 2 mL 넣는다. 반응을 관찰하였더니, B에서만 ㉠ 기포가 발생하였다.
· 반응이 끝난 시험관 B에 (㉡)을(를) 첨가하였더니 기포가 다시 발생하였다.
· 그림은 효소가 없을 때 과산화 수소 분해 반응의 에너지 변화를 나타낸 것이다.

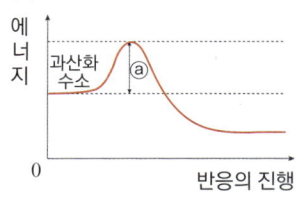

이에 대한 설명으로 옳은 것만을 <보기>에서 있는 대로 고른 것은?

─● 보기 ●─
ㄱ. ㉠의 주성분은 수소(H_2)이다.
ㄴ. ㉡은 감자즙이다.
ㄷ. 시험관 B에서 일어나는 반응의 활성화에너지는 ⓐ보다 작다.

① ㄱ   ② ㄴ   ③ ㄷ
④ ㄴ, ㄷ   ⑤ ㄱ, ㄴ, ㄷ

03 (가)~(다)는 사람의 체내에서 일어나는 3가지 물질대사를 나타낸 것이다.

(가) 위에서 단백질이 소화된다.
(나) 간에서 암모니아가 요소로 합성된다.
(다) 간에서 과산화수소가 카탈레이스에 의해 물과 ㉠(으)로 분해된다.

이에 대한 설명으로 옳은 것만을 <보기>에서 있는 대로 고른 것은?

─● 보기 ●─
ㄱ. ㉠은 산소이다.
ㄴ. (가)는 이화작용이고, (나)는 동화작용이다.
ㄷ. (다) 과정에 관여하는 카탈레이스는 유전 정보에 따라 핵 안에서 합성된다.

① ㄴ   ② ㄷ   ③ ㄱ, ㄴ
④ ㄱ, ㄷ   ⑤ ㄱ, ㄴ, ㄷ

04 그림 (가)는 기질(반응물)의 농도에 따른 초기 반응 속도를 나타낸 것이며, 그림 (나)는 A, B 구간에서의 효소와 기질의 모습을 순서 없이 나타낸 모식도이다.

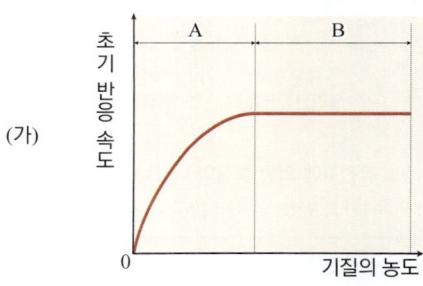

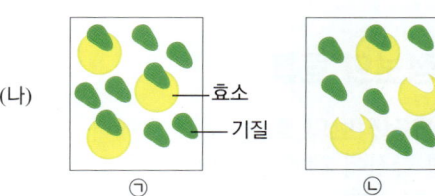

이에 대한 설명으로 옳은 것만을 <보기>에서 있는 대로 고른 것은?

─● 보기 ●─
ㄱ. A 구간에서의 효소와 기질의 모습은 ㉡이다.
ㄴ. B 구간에서의 효소와 기질의 모습은 ㉠이다.
ㄷ. A 구간에서 기질의 농도가 증가할수록 생성물의 생성 속도가 증가한다.

① ㄱ   ② ㄷ   ③ ㄱ, ㄴ
④ ㄴ, ㄷ   ⑤ ㄱ, ㄴ, ㄷ

03 생명 시스템에서 정보의 흐름

A 유전자와 단백질

1. **DNA와 유전자❶**: 생물의 형질★을 결정하는 유전정보는 세포 핵 속의 DNA에 저장되어 있으며, 유전자는 DNA에서 유전정보가 저장된 특정 부위이다.

2. **유전자와 단백질**: 각 유전자에는 특정 단백에 관한 정보가 저장되어 있다. ➡ 유전정보에 따라 효소를 비롯한 다양한 단백질이 합성된다.

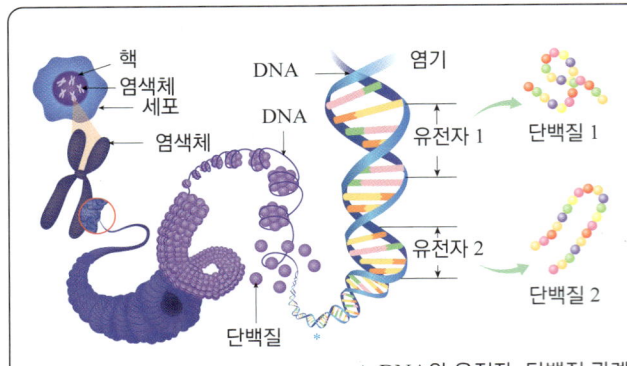

· DNA는 세포의 핵 속에서 단백질과 결합한 상태로 존재하며, 세포 분열 시 응축하여 염색체❷가 된다.

· 유전자는 DNA의 특정 부위에 존재하며, 한 분자의 DNA에는 수많은 유전자가 있다.

· DNA에 저장된 유전정보로부터 단백질이 만들어진다.

▲ DNA와 유전자, 단백질 관계

3. **유전형질이 나타나는(발현되는) 과정**: 각 유전자에 저장된 유전정보에 따라 합성된 단백질의 작용으로 유전형질이 나타난다.

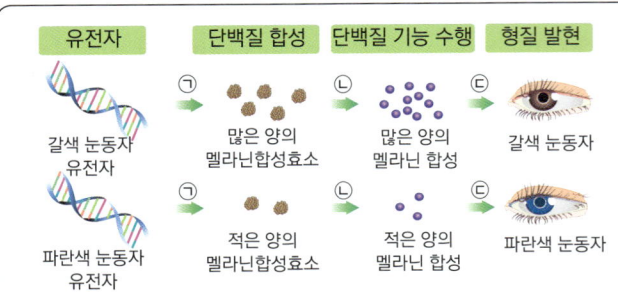

ⓐ 눈동자 색을 결정짓는 유전자에 저장된 정보에 따라 단백질(멜라닌★ 합성효소)이 합성된다.

ⓑ 멜라닌합성효소의 작용으로 멜라닌이 합성된다.

ⓒ 멜라닌의 작용으로 형질(눈동자 색)이 나타난다.

▲ 유전자에 의해 형질이 나타나는 과정

*유전자가 다르면 합성되는 단백질의 양이나 종류가 달라지며, 그에 따라 형질이 다르게 나타난다.

B 유전정보의 흐름

1. **세포 내 유전정보의 흐름**: 세포 내에서 DNA의 유전정보는 RNA로 전달되고, RNA가 단백질 합성에 관여한다. 단백질은 라이보솜에서 합성된다.

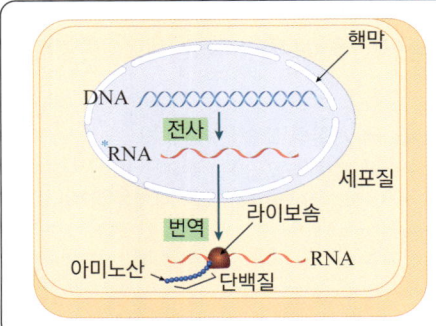

· **전사**: DNA의 유전정보가 RNA로 전달되는 과정으로, 핵 속에서 일어난다.

· **번역**: RNA의 유전정보에 따라 단백질이 합성되는 과정으로서 세포질의 라이보솜에서 일어난다.

· **유전정보의 흐름**: DNA ➡ RNA ➡ 단백질

개념⁺

❶ 유전자의 정의

단백질 합성에는 관여하지 않고 RNA 합성만 하는 유전자가 최근 알려졌다. 그에 따라 유전자를 'DNA 염기 서열에서 특정 단백질이나 RNA를 만들 수 있는 단위'로 정의한다. 사람은 약 20,000개의 유전자를 가진다.

❷ 염색체

세포 분열 시 응축되어 막대 모양으로 나타나는 구조물이다. 분열하지 않을 때에는 핵 속에 실처럼 풀어져 있다.

❷ 염색체, DNA 상의 유전자 위치

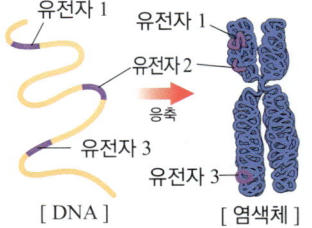

[DNA]   [염색체]

미니사전

★ **형질**[形 형상, 質 바탕] 피부색, 혈액형 , 꽃, 색, 등과 같이 생물이 나타내는 특성

★ **멜라닌**[melanin] 동물의 피부나 눈 등의 조직에 속하는 흑색 내지 갈색의 색소. 멜라닌의 양에 따라 털색, 피부색, 눈동자의 색 등이 결정된다.

2. 유전정보의 저장과 유전부호(유전암호)

① DNA 유전정보는 A(아데닌), G(구아닌), C(사이토신), T(타이민)으로 구성된 염기서열에 저장되어 있다.

② **유전부호**: DNA와 RNA의 염기서열이 특정 아미노산을 지정하는 규칙이다.

· **DNA의 유전부호**: DNA에서 연속된 3개의 염기가 한 조가 되어 하나의 아미노산을 지정❸하는데, 이 유전부호를 **3염기조합**이라고 한다.

· **RNA의 유전부호**: DNA로부터 전사된 RNA에서도 3개의 염기가 한 조가 되어 하나의 아미노산을 지정하는데, 이 유전부호를 **코돈**이라고 한다. ➡ 코돈은 DNA의 3염기조합과 상보적❹이므로 코돈의 종류는 64종류이다. 강의

③ **유전부호 체계의 공통성**: 지구상의 모든 생명체는 동일한 유전부호 체계를 사용한다. 이 것은 모든 생명체가 공통조상으로부터 진화해 왔음을 의미한다.

3. 유전정보의 전달과 단백질 합성

① **전사**: DNA의 유전정보가 RNA로 전달되는 과정으로, DNA 이중나선 중 한쪽 가닥을 틀로 하여 DNA의 염기에 상보적인 염기서열을 가지는 RNA 뉴클레오타이드가 결합한다. 이것이 핵 안에서 합성되는 RNA 단일가닥이다.

② **번역**: 전사된 RNA 단일가닥이 세포질에서 라이보솜과 결합한 후 각 코돈이 지정하는 아미노산이 생성되어 펩타이드결합에 의해 순서대로 결합함으로서 단백질이 합성된다.

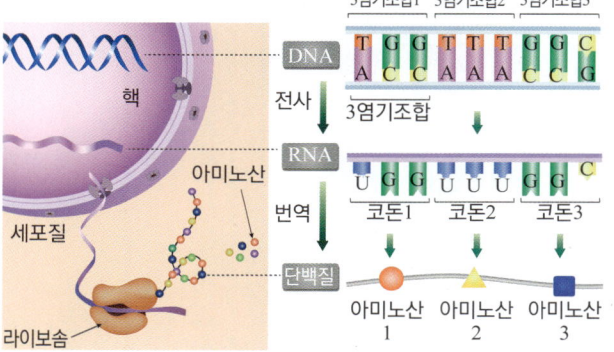

DNA 이중나선 중 한쪽 가닥이 전사되어 RNA 단일가닥이 된다.

RNA 단일가닥의 염기서열은 DNA 한쪽 가닥과 상보적이다. 연속된 3개의 염기로 이루어진 코돈은 총 64종류이며 각각 아미노산을 지정한다.

RNA의 코돈에 따라 아미노산이 생성되고 순서대로 결합하여 폴리펩타이드가 합성된 후, 구부러지고 접혀져 입체 구조를 가지는 단백질이 된다.

▲ 유전정보의 전달과 단백질합성 과정

C 유전자 이상과 유전 질환

1. 유전자 이상: 유전자를 구성하는 DNA의 염기서열에 이상이 생기는 것이다.

2. 유전자 이상에 의한 유전 질환: DNA 염기서열이 바뀌면 전사, 번역 과정이 정상적으로 일어나지 않거나, 바뀐 염기서열이 비정상 단백질로 번역되어 유전 질환이 나타날 수 있다. 예 백색증❺, 페닐케톤뇨증❻, 낫모양적혈구빈혈증

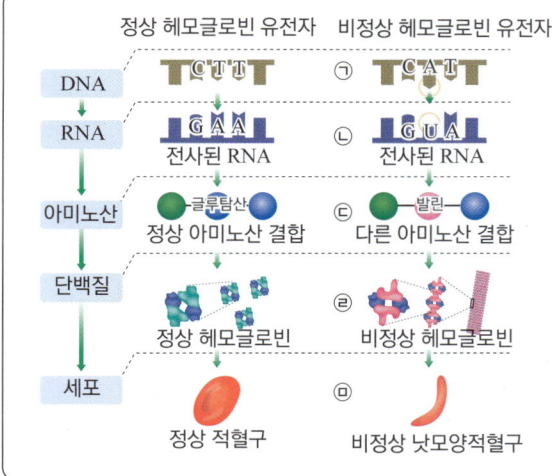

㉠ 헤모글로빈 유전자에 돌연변이가 일어나 DNA의 염기 T이 A으로 바뀐다.

㉡ RNA의 코돈이 GAA에서 GUA로 달라진다.

㉢ 아미노산 하나가 다른 아미노산으로 바뀌어 아미노산 배열이 달라진다.

㉣ 비정상 헤모글로빈이 합성된다.

㉤ 적혈구가 낫 모양❼ 이 된다.

▲ 낫모양적혈구의 생성 과정

개념⁺

❸ 3염기조합과 아미노산 지정

● DNA를 구성하는 염기는 4종류이고, 단백질을 구성하는 아미노산은 약 20종류이므로 염기서열이 아미노산을 암호화하기 위해서는 4종류의 염기가 3개씩 조합을 이루어야 한다.(2개씩 조합을 이루면 16개의 아미노산만 암호화할 수 있다.)

● 4종류의 염기가 3개씩 한 조가 되면 $4^3=64$가지의 유전부호를 만들 수 있으므로 20종류의 아미노산을 충분히 지정할 수 있다.

❹ 염기의 상보적 대응 관계

DNA 염기	전사	RNA 염기
A	➡	U(유라실)
G	➡	C
C	➡	G
T	➡	A

❺ 백색증

멜라닌 합성효소 유전자에 이상이 생겨 멜라닌 색소를 만들지 못하므로 피부, 머리카락 등이 하얗게 된다.

▲ 백색증 다람쥐

❻ 페닐케톤뇨증

페닐알라닌분해효소 유전자의 이상으로 페닐알라닌이 체내에 축적되는 질병이다. 지능 저하, 발달 지연, 발작 등의 증상이 나타난다.

❼ 정상 적혈구와 낫모양적혈구

낫모양적혈구는 정상 적혈구보다 산소 운반 능력이 떨어지고 모세혈관을 막아 혈액의 흐름을 방해함으로써 신체 여러 기관을 손상시킨다.

▲ 정상 적혈구   ▲ 낫모양적혈구

POINT

개념체크+

정답 및 해설 ➔ 88

01 다음 중 옳은 것은 ◯표, 옳지 <u>않은</u> 것은 ✕표 하시오.

(1) 유전자는 DNA에서 생물의 형질을 결정하는 유전정보가 저장되어 있는 특정 부위이다. ·· (   )

(2) DNA는 단백질과 결합한 상태로 핵 속에 존재하며, 생명체의 모든 유전정보가 저장되어 있다. ·· (   )

02 유전자에 대한 설명 중 옳은 것은 ◯표, 옳지 <u>않은</u> 것은 ✕표 하시오.

(1) DNA 한 분자마다 하나의 유전자가 있다. ······························· (   )

(2) 유전자의 유전정보는 DNA의 당에 저장된다. ························· (   )

(3) 유전자의 유전정보에 따라 단백질의 입체 구조가 결정된다. ········· (   )

03 빈칸에 알맞은 말을 쓰시오.

> 눈동자 색, 피부색, 털 색깔, 눈꺼풀 모양 등 생명체가 가지고 있는 고유한 특징을 (㉠   )
> 이라고 하며, 부모의 (㉠   )이 자손에게 전달되는 현상을 (㉡   )이라고 한다.

㉠: (   ) ㉡: (   )

04 유전부호에 대한 설명 중 옳은 것은 ◯표, 옳지 <u>않은</u> 것은 ✕표 하시오.

(1) DNA와 RNA에서 하나의 아미노산을 지정하는 유전부호는 3개의 염기로 이루어져 있다. ··· (   )

(2) 하나의 아미노산을 지정하는 DNA의 유전부호는 코돈이며, 하나의 아미노산을 지정하는 RNA의 유전부호는 3염기조합이다. ······························· (   )

(3) 생물종마다 유전부호 체계가 다르다. ·································· (   )

05 그림은 유전정보가 전달되어 단백질이 합성되는 과정이다.

(1) ㉠, ㉡ 과정을 각각 무엇이라 하는가?

(2) (가)는 세포소기관 중 무엇인가?

(3) ㉠, ㉡ 과정이 일어나는 장소는 세포 내에서 각각 어디인가?

06 설명(1)~(3)에 해당하는 유전 질환 A~C를 각각 바르게 연결하시오.

(1) 멜라닌 합성효소 유전자의 이상으로 멜라닌이 결핍되어 나타난다.   ·   · A 백색증

(2) 헤모글로빈 유전자의 염기 1개가 바뀌어 글루탐산 대신 발린이 만들어진다.   ·   · B 페닐케톤뇨증

(3) 페닐알라닌을 분해하는 효소가 만들어지지 않아 체내에 페닐알라닌이 축적된다.   ·   · C 낫모양적혈구빈혈증

강의

유전정보의 전사와 번역

- DNA의 염기서열에는 특정 단백질의 아미노산 배열 순서에 대한 유전정보가 저장되어 있다.
- DNA의 염기서열을 알면 이로부터 합성될 단백질의 아미노산 배열 순서를 알 수 있다.
- 코돈에는 64종류가 있다. 이 중 61종류는 각각 한 종류의 아미노산을 지정하며, 나머지 3종류는 지정하는 아미노산이 없다. UAA, UAG, UGA는 지정하는 아미노산이 없으며 단백질의 합성을 끝마치게 하는 종결 코돈이다. 한 개의 아미노산을 지정하는 코돈은 여러 종류가 가능하다.
- 유전부호는 세균에서 사람에 이르기까지 지구상의 모든 생명체에서 동일하게 사용된다.

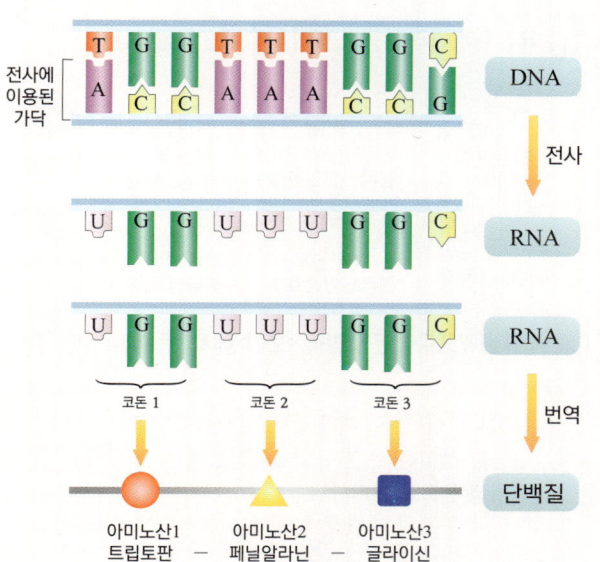

❶ DNA의 염기서열에는 유전정보가 저장되어 있다.

❷ DNA 이중나선 중 한쪽 가닥의 염기에 상보적인 염기를 가진 RNA 뉴클레오타이드가 결합하여 RNA가 합성된다.

❸ RNA가 라이보솜과 결합하고, RNA의 코돈이 지정하는 아미노산이 라이보솜으로 운반된다.

❹ 아미노산이 펩타이드결합으로 연결되어 폴리펩타이드가 만들어진다. 폴리펩타이드는 입체 구조를 형성하여 단백질이 된다.

<코돈 표>

UUU	페닐알라닌	AUU	아이소류신	UCU	세린	ACU	트레오닌	UAU	타이로신	AAU	아스파라진	UGU	시스테인	AGU	세린
UUC		AUC		UCC		ACC		UAC		AAC		UGC		AGC	
UUA	류신	AUA		UCA		ACA		UAA	종결 코돈	AAA	라이신	UGA	종결 코돈	AGA	아르지닌
UUG		AUG	메싸이오닌	UCG		ACG		UAG	종결 코돈	AAG		UGG	트립토판	AGG	
CUU	류신	GUU	발린	CCU	프롤린	GCU	알라닌	CAU	히스티딘	GAU	아스파트산	CGU	아르지닌	GGU	글라이신
CUC		GUC		CCC		GCC		CAC		GAC		CGC		GGC	
CUA		GUA		CCA		GCA		CAA	글루타민	GAA	글루탐산	CGA		GGA	
CUG		GUC		CCG		GCG		CAG		GAG		CGG		GGG	

정답 및 해설 ➔ 89

 다음 DNA 염기서열로부터 전사되는 RNA의 염기서열(㉠)을 쓰시오. (단, 전사는 왼쪽 첫 번째 염기부터 시작된다.)

DNA 염기서열	TACCGTAACGTTGCATCTCCCTTGCTAACGATCACC
RNA 염기서열	㉠

Q2 코돈 표를 이용하여 ㉠에 따라 합성된 단백질의 아미노산 개수를 구하시오. (단, 번역은 왼쪽 첫 번째 염기부터 시작된다.)

( )

A 유전자와 단백질

01 유전자와 유전정보의 흐름에 대한 설명 중 옳은 것만을 <보기>에서 있는 대로 고른 것은?

┌─ 보기 ──────────────────────────────┐
ㄱ. 유전자는 단백질 형태로 다음 세대에 전달된다.
ㄴ. RNA의 염기서열로부터 전사에 사용된 DNA의 염기서열을 알 수 있다.
ㄷ. 유전자로부터 전사된 RNA의 염기서열에 의해 아미노산 배열 순서가 결정된다.
└──────────────────────────────────┘

① ㄱ   ② ㄴ   ③ ㄱ, ㄴ
④ ㄴ, ㄷ   ⑤ ㄱ, ㄴ, ㄷ

[02~04] 다음은 사람의 유전 물질을 나타낸 것이다.

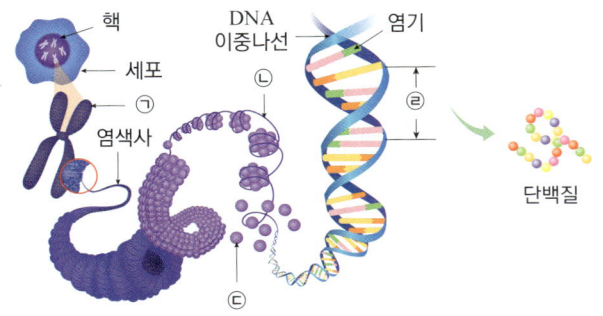

02 생명체의 모든 유전정보가 저장되어 있으며, 세포가 분열할 때 나타나는 것은 무엇인지 기호와 이름을 차례대로 쓰시오.

(   )

03 특정 단백질 합성에 대한 유전정보가 저장되어 있는 것은 무엇인지 기호와 이름을 차례대로 쓰시오.

(   )

04 ㉠~㉣에 대한 설명으로 옳은 것만을 <보기>에서 있는 대로 고른 것은?

┌─ 보기 ──────────────────────────────┐
ㄱ. ㉠은 ㉡과 ㉢으로 구성되어 있다.
ㄴ. ㉡과 ㉢을 구성하는 단위체는 뉴클레오타이드이다.
ㄷ. ㉣은 RNA이다.
└──────────────────────────────────┘

① ㄱ   ② ㄴ   ③ ㄱ, ㄷ
④ ㄴ, ㄷ   ⑤ ㄱ, ㄴ, ㄷ

05 유전자와 형질에 대한 설명으로 옳은 것만을 <보기>에서 있는 대로 고른 것은?

┌─ 보기 ──────────────────────────────┐
ㄱ. 형질은 유전자에 의해 결정된다.
ㄴ. 모든 유전자는 DNA의 염기서열이 같다.
ㄷ. 유전자는 유전정보가 저장된 DNA의 특정 부위이다.
└──────────────────────────────────┘

① ㄱ   ② ㄷ   ③ ㄱ, ㄴ
④ ㄱ, ㄷ   ⑤ ㄱ, ㄴ, ㄷ

06 유전자에 따라 눈동자 색이 나타나는 과정이다.

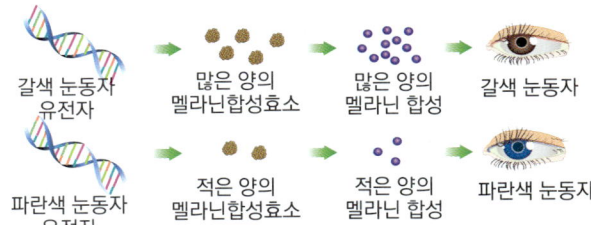

이에 대한 설명으로 옳은 것만을 <보기>에서 있는 대로 고른 것은?

┌─ 보기 ──────────────────────────────┐
ㄱ. 유전자는 단백질에 대한 정보를 저장하고 있다.
ㄴ. 눈동자 색깔은 유전자의 유전정보에 따라 합성된 단백질의 작용으로 나타난다.
ㄷ. 갈색 눈동자와 파란색 눈동자는 유전자에 의해 합성되는 색소의 종류가 다르다.
└──────────────────────────────────┘

① ㄱ   ② ㄴ   ③ ㄱ, ㄴ
④ ㄴ, ㄷ   ⑤ ㄱ, ㄴ, ㄷ

07 다음은 우리 몸에서 소화효소가 합성되어 우유 속의 젖당이 분해되어 흡수되는 것을 나타낸 것이다. ㉠과 ㉡은 젖당분해효소 유전자와 젖당분해효소를 순서 없이 나타낸 것이다.

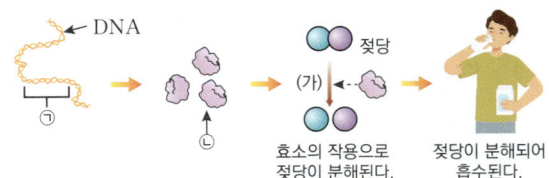

이에 대한 설명으로 옳은 것만을 <보기>에서 있는 대로 고른 것은?

┌─ 보기 ──────────────────────────────┐
ㄱ. ㉠에 이상이 있는 사람은 우유 속의 젖당을 잘 흡수하지 못한다.
ㄴ. ㉡의 기본 단위체는 뉴클레오타이드이다.
ㄷ. (가)에서 ㉡에 의해 젖당이 분해되는 물질대사가 촉진된다.
└──────────────────────────────────┘

① ㄱ   ② ㄷ   ③ ㄱ, ㄴ
④ ㄱ, ㄷ   ⑤ ㄱ, ㄴ, ㄷ

B 유전정보의 흐름

08 그림은 세포 내 유전정보의 흐름에 대한 학생들의 대화를 나타낸 것이다.

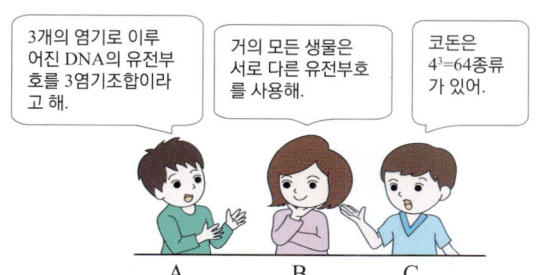

대화 내용이 옳은 학생을 있는 대로 고른 것은?

① A   ② B   ③ A, C
④ A, B   ⑤ B, C

09 유전정보와 유전부호에 대한 설명 중 옳은 것만을 <보기>에서 있는 대로 고른 것은?

─ 보기 ─

ㄱ. RNA의 유전부호는 DNA 한쪽 가닥의 유전부호와 상보적이다.
ㄴ. 유전부호는 3개의 염기 조합으로 구성되어 있다.
ㄷ. 유전정보는 RNA → DNA → 단백질 순으로 이동한다.

① ㄱ   ② ㄴ   ③ ㄱ, ㄴ
④ ㄴ, ㄷ   ⑤ ㄱ, ㄴ, ㄷ

10 코돈에 대한 설명으로 옳은 것만을 있는 대로 고르시오. (3개)

① 총 64종류가 있다.
② DNA의 유전부호이다.
③ 3개의 염기로 구성되어 있다.
④ 하나의 코돈은 하나의 아미노산을 지정한다.
⑤ 한 종류의 아미노산을 지정하는 코돈은 한 종류만 있다.

11 동물 세포에서의 유전정보의 흐름을 나타낸 것이다.

이에 대한 설명으로 옳은 것은?

① ㉠은 아미노산이다.
② ㉡의 단위체는 뉴클레오타이드이다.
③ (가) 과정은 세포질에서 일어난다.
④ (나) 과정은 골지체에서 일어난다.
⑤ (가) 과정에서 DNA의 염기 T(타이민)이 염기 A(아데닌)으로 전사된다.

12 그림은 세포에서 일어나는 유전정보의 흐름의 일부를 나타낸 것이다. ㉠과 ㉡은 코돈과 3염기조합 중 하나이다.

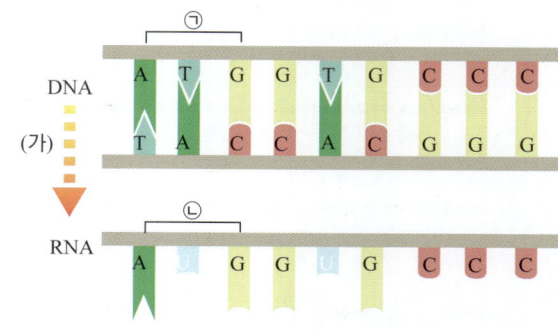

이에 대한 설명으로 옳은 것만을 <보기>에서 있는 대로 고른 것은?

─ 보기 ─

ㄱ. (가)는 번역 과정이다.
ㄴ. ㉠이 지정하는 아미노산의 종류는 생물마다 모두 다르다.
ㄷ. ㉡은 코돈이다.

① ㄱ   ② ㄷ   ③ ㄱ, ㄴ
④ ㄴ, ㄷ   ⑤ ㄱ, ㄴ, ㄷ

13 그림은 세포에서 일어나는 유전정보의 흐름을 나타낸 것이다. (가)와 (나) 가닥은 ㉠을 구성하고, ㉠과 ㉡은 RNA와 DNA를 순서 없이 나타낸 것이다.

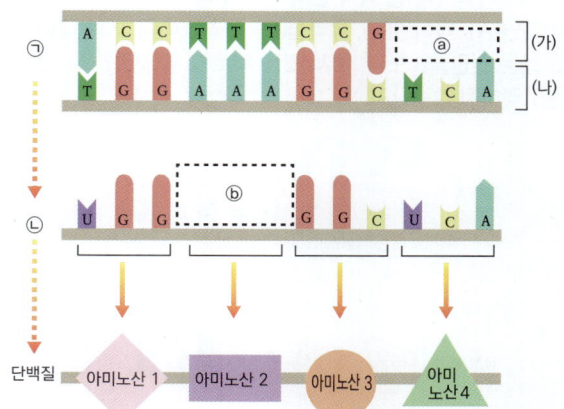

이에 대한 설명으로 옳은 것만을 <보기>에서 있는 대로 고른 것은? (단, 돌연변이는 고려하지 않는다.)

─ 보기 ─

ㄱ. ⓐ의 염기서열은 AGT이다.
ㄴ. ⓑ의 염기서열은 UUU이다.
ㄷ. 아미노산1의 3염기조합은 TGG이다.

① ㄱ   ② ㄴ   ③ ㄷ
④ ㄱ, ㄴ   ⑤ ㄱ, ㄴ, ㄷ

14 그림은 돼지의 세포에서 일어나는 유전정보의 흐름을 나타낸 것이다.

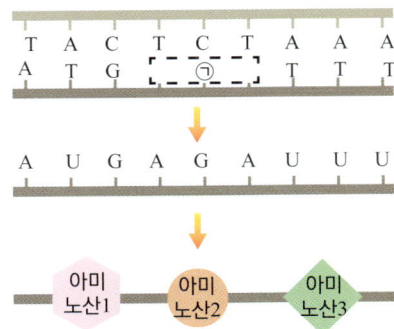

이에 대한 설명으로 옳은 것만을 <보기>에서 있는 대로 고른 것은? (단, RNA의 왼쪽 첫 번째 염기부터 번역된다.)

─ 보기 ─
ㄱ. ㉠에 해당하는 염기서열은 AGA이다.
ㄴ. 아미노산 1번을 지정하는 코돈은 ATG이다.
ㄷ. 코돈 AGA는 돼지에서 아미노산 2번을 지정하지만, 사람에서는 아미노산 2번을 지정하지 않는다.

① ㄱ   ② ㄱ, ㄴ   ③ ㄱ, ㄷ
④ ㄴ, ㄷ   ⑤ ㄱ, ㄴ, ㄷ

[2022 모의고사 기출]

15 그림은 세포에서 일어나는 유전정보의 흐름을 나타낸 것이다. (가)와 (나)는 각각 번역과 전사 중 하나이고, ㉠~㉢은 각각 아데닌(A), 타이민(T), 유라실(U) 중 하나이다. 이에 대한 설명으로 옳은 것만을 <보기>에서 있는 대로 고른 것은? (단, 돌연변이는 고려하지 않는다.)

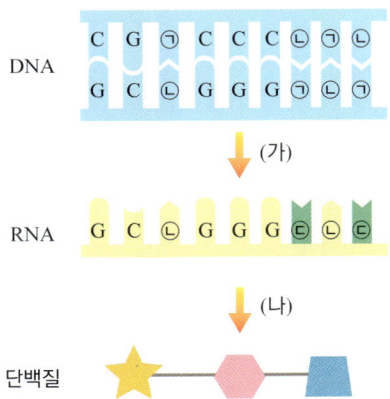

─ 보기 ─
ㄱ. (가)는 전사이다.
ㄴ. ㉢은 타이민(T)이다.
ㄷ. (나)는 핵 속에서 일어난다.

① ㄱ   ② ㄷ   ③ ㄱ, ㄴ
④ ㄱ, ㄷ   ⑤ ㄴ, ㄷ

C 유전자 이상과 유전 질환

16 그림은 정상 헤모글로빈과 돌연변이 헤모글로빈이 만들어지는 과정을 나타낸 것이다. ㉠은 DNA와 RNA 중 하나이다.

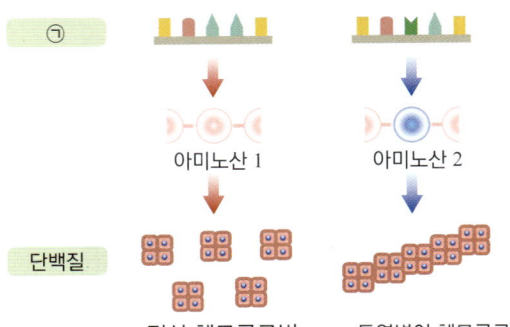

이에 대한 설명으로 옳은 것만을 <보기>에서 있는 대로 고른 것은? (단, RNA상의 돌연변이는 없다고 가정한다.)

─ 보기 ─
ㄱ. ㉠은 핵 외부에서 만들어진다.
ㄴ. 라이보솜은 ㉠과 결합하여 단백질을 합성한다.
ㄷ. 돌연변이 헤모글로빈의 유전자 염기서열은 정상 헤모글로빈의 유전자 염기서열과 다르다.

① ㄷ   ② ㄱ, ㄴ   ③ ㄱ, ㄷ
④ ㄴ, ㄷ   ⑤ ㄱ, ㄴ, ㄷ

17 다음은 헤모글로빈 유전자를 구성하는 염기 중 1개가 바뀌어 낫모양적혈구가 생기는 과정을 나타낸 것이다.

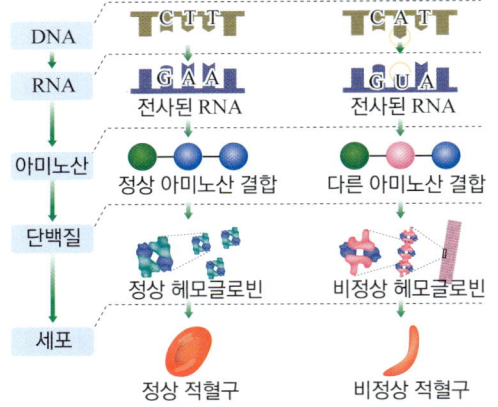

이에 대한 설명으로 옳은 것만을 <보기>에서 있는 대로 고른 것은?

─ 보기 ─
ㄱ. 코돈 GAA와 GUA가 지정하는 아미노산은 서로 다르다.
ㄴ. 유전자에 이상이 생기면 단백질에 이상이 나타날 수 있다.
ㄷ. 비정상 헤모글로빈과 정상 헤모글로빈의 아미노산 개수는 같다.

① ㄱ   ② ㄴ   ③ ㄱ, ㄴ
④ ㄴ, ㄷ   ⑤ ㄱ, ㄴ, ㄷ

심화 실력높이기

01 그림은 세포에서 일어나는 유전정보의 흐름을 나타낸 것이다. ㉠~㉢은 각각 아데닌(A), 타이민(T), 유라실(U) 중 하나이며, 1~3은 각각 서로 다른 종류의 아미노산이다.

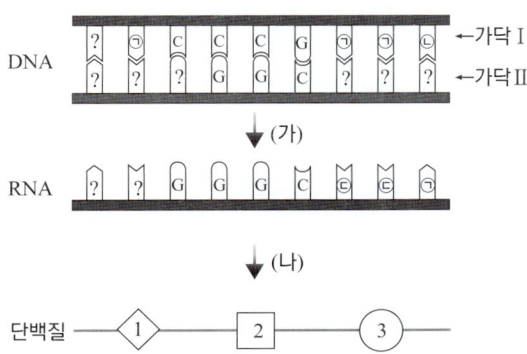

이에 대한 설명으로 옳은 것만을 <보기>에서 있는 대로 고른 것은? (단, RNA의 왼쪽 첫 번째 염기부터 번역된다.)

─• 보기 •─
ㄱ. DNA의 가닥 Ⅱ를 이용해 (가) 과정이 일어났다.
ㄴ. ㉡에 해당하는 염기는 타이민(T)이다.
ㄷ. ㉢에 해당하는 염기는 아데닌(A)이다.
ㄹ. 위 그림의 RNA 속 염기 G가 모두 염기 U로 바뀌고 염기 C가 모두 염기 A로 바뀐다면, (나) 과정의 결과 2번 아미노산이 3번 아미노산으로 바뀐다.

① ㄱ, ㄴ　　　② ㄱ, ㄷ　　　③ ㄴ, ㄹ
④ ㄱ, ㄴ, ㄹ　　⑤ ㄴ, ㄷ, ㄹ

02 그림은 어떤 세포에서 일어나는 유전정보의 흐름을, 표는 일부 코돈이 지정하는 아미노산을 나타낸 것이다.

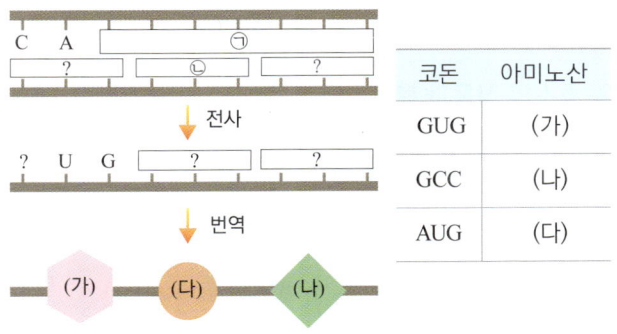

코돈	아미노산
GUG	(가)
GCC	(나)
AUG	(다)

이에 대한 설명으로 옳은 것만을 <보기>에서 있는 대로 고른 것은?

─• 보기 •─
ㄱ. 염기서열 ㉠에서 구아닌(G)은 2개이다.
ㄴ. 염기서열 ㉡은 AUG이다.
ㄷ. 전사에 이용된 DNA 가닥에서 (나)를 지정하는 3염기조합은 GCC이다.

① ㄱ　　　② ㄴ　　　③ ㄷ
④ ㄱ, ㄴ　　⑤ ㄴ, ㄷ

03 다음은 DNA 재조합 기술을 이용하여 인슐린을 생산하는 과정을 나타낸 것이다. ㉠은 대장균 DNA의 일부를 자르는 과정이고, ㉡은 대장균 DNA의 잘린 부분에 사람의 인슐린 유전자를 삽입하는 과정이다. ㉢은 이렇게 만들어진 재조합 DNA를 다시 대장균에 넣는 과정이다.

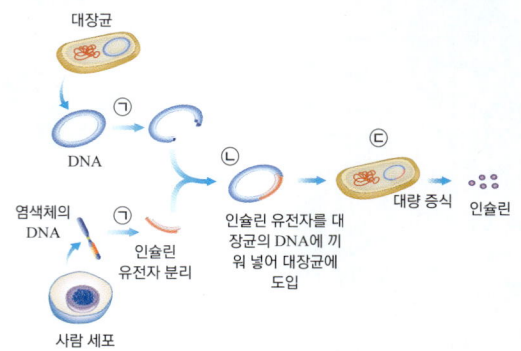

이에 대한 설명으로 옳은 것만을 <보기>에서 있는 대로 고른 것은?

─• 보기 •─
ㄱ. ㉠과 ㉡ 과정에서는 효소가 필요하다.
ㄴ. ㉢에서 사람의 인슐린 유전자의 전사와 번역이 일어난다.
ㄷ. 사람과 대장균의 유전부호 체계가 동일하기 때문에 가능한 과정이다.

① ㄱ　　　　② ㄴ　　　　③ ㄱ, ㄴ
④ ㄴ, ㄷ　　　⑤ ㄱ, ㄴ, ㄷ

04 표는 폴리뉴클레오타이드 가닥 Ⅰ~Ⅲ을 구성하는 염기의 개수를 나타낸 것이다. Ⅰ~Ⅲ 중 두 가닥은 유전자 A를 구성하며, 나머지 한 가닥은 유전자 A에서 전사된 RNA이다. (가)~(다)는 구아닌(G), 타이민(T), 유라실(U)을 순서 없이 나타낸 것이다.

가닥	구성하는 염기의 수(개)					
	A	C	(가)	(나)	(다)	계
Ⅰ	10	15	?	25	㉠	60
Ⅱ	10	15	㉡	㉠	25	60
Ⅲ	25	10	?	㉠	10	60

이에 대한 설명으로 옳은 것만을 <보기>에서 있는 대로 고른 것은?

─• 보기 •─
ㄱ. ㉠+㉡=15이다.
ㄴ. (가)는 T(타이민)이다.
ㄷ. RNA 가닥은 Ⅰ이다.

① ㄱ　　　　② ㄴ　　　　③ ㄷ
④ ㄱ, ㄷ　　　⑤ ㄴ, ㄷ

단원 요약

01 생명 시스템의 기본 단위

1. 세포의 구조와 기능

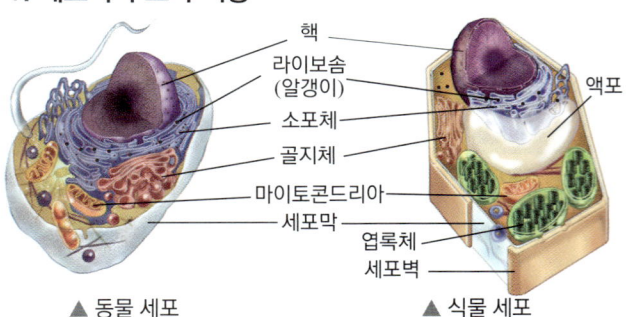

▲ 동물 세포　　　　　▲ 식물 세포

핵	유전 물질인 DNA가 있으며, 세포의 생명활동을 조절한다.
(❶　　)	DNA 유전정보에 따라 단백질이 합성되는 장소이다.
소포체	라이보솜에서 합성된 단백질을 골지체로 운반한다.
골지체	소포체에서 운반된 단백질이나 지질을 변형하여 세포 안팎으로 분비한다.
(❷　　)	세포호흡이 일어나는 장소이다.
세포막	세포를 둘러싸고 있는 막으로서 세포 안팎으로의 물질 출입을 조절한다.
액포	물, 색소 등을 저장하며, 주로 성숙한 식물 세포에서 발달한다.
엽록체	광합성이 일어나는 장소이다.
(❸　　)	식물 세포의 세포막 바깥을 둘러싸고 있으며, 세포 모양을 유지한다.

2. 세포막의 구조와 특성

성분	· (❹　　): 머리 부분(친수성), 꼬리 부분(소수성) ➡ 인지질 2중층을 형성한다. · 단백질: 물질이 이동하는 통로가 된다.
구조	인지질 2중층에 단백질이 군데군데 박혀 있으며, 유동성이 있는 구조이다.
특성	물질의 종류에 따라 투과도가 다르다. ➡ (❺　　) 투과성

3. 세포막을 통한 물질 이동

(1) (❻　　): 분자가 스스로 운동하여 농도가 높은 쪽에서 낮은 쪽으로 퍼져 나가는 현상이다.

구분	인지질 2중층을 통한 확산 (단순확산)	막단백질을 통한 확산 (촉진확산)
이동방식	저농도 / 단순확산 / 고농도 / 막단백질 / 촉진확산	
이동물질	크기가 매우 작은 기체 분자, 지용성 물질, 지질 입자 등 (예) 폐포와 모세혈관 사이의 O_2와 CO_2 교환	이온과 같이 전하를 띠는 물질, 비교적 분자 크기가 큰 수용성 물질 등 (예) 세포의 포도당 흡수, 세포막을 통한 Na^+, K^+ 이동

---

(2) 삼투: 세포막(반투과성 막)을 경계로 (❼　　) 용액에서 (❽　　) 용액으로 용매인 물이 이동하는 현상이다.

구분	세포 안보다 낮은 농도의 용액 (저장액)	세포 안과 같은 농도의 용액 (등장액)	세포 안보다 높은 농도의 용액 (고장액)
동물세포	세포로 들어오는 물의 양이 많아 세포 부피가 증가하다가 터진다.	세포 안팎으로 이동하는 물의 양이 같아 세포 부피에 변화가 없다.	세포에서 빠져나가는 물의 양이 많아 세포가 쭈그러든다.
식물세포	세포로 들어오는 물의 양이 많지만 어느 정도까지만 부피가 팽창한다.	세포 안팎으로 이동하는 물의 양이 같아 세포 부피에 변화가 없다.	세포에서 빠져나가는 물의 양이 많아 수축하다가 원형질 분리가 일어난다.

02 생명 시스템에서의 화학 반응

1. 생명체 내 화학 반응

(1) 물질대사: 생명체 내에서 일어나는 모든 화학 반응으로서 생체 촉매가 관여한다.

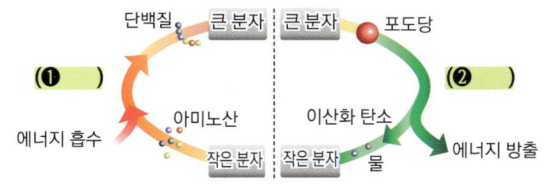

(2) 물질대사와 생명체 밖 화학 반응의 비교

물질대사	생명체 밖 화학 반응(연소)
· 저온에서 일어난다. · 여러 단계에 걸쳐 반응이 일어나며, 에너지가 소량씩 출입한다.	· 고온에서 일어난다. · 한번에 반응이 일어나며, 다량의 에너지가 한꺼번에 출입한다.

2. 효소의 작용과 활용

(1) 효소의 작용: 효소의 주성분은 단백질이며, (❸　　)를 감소시켜 반응 속도를 증가시킨다.

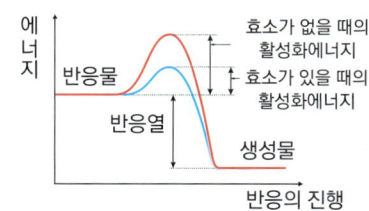

(2) 효소의 특성

① (❹　　): 한 종류의 효소는 입체 구조가 들어맞는 한 종류의 반응물(기질)하고만 결합한다.

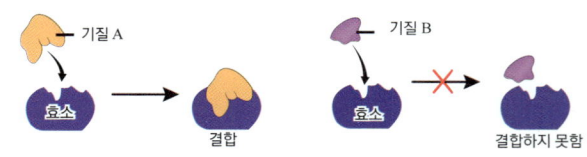

▲ 효소의 기질특이성

② **재사용**: 효소는 반응 전후에 변하지 않으므로 새로운 반응물(기질)과 결합하여 다시 반응에 참여할 수 있다.

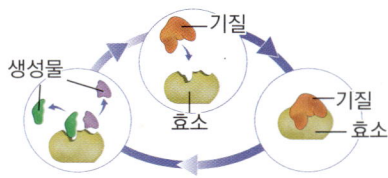

(3) 효소와 생명현상: 혈액 응고, 해독 작용, 물질 합성, 영양소 소화, 생장 등 대부분의 생명현상에 효소가 관여한다.

(4) 효소의 활용

분야	이용 사례
식품	발효 식품(미생물 효소), 식혜(엿기름 속 아밀레이스), 연육제(과일 속 단백질분해효소)
(❺) 분야	요검사지와 혈당 측정기(포도당 산화효소), 소화제(소화효소) 등
생활용품	효소 세제, 효소 치약, 효소 화장품 등, 화장지 및 종이 제조(섬유소분해효소 이용)
기타	섬유 산업(섬유소분해효소), 환경 정화(생활 하수, 공장 폐수에 오염물질 분해효소 활용)

---

03 세포 내 정보의 흐름

1. 유전자와 단백질

(1) (❶   ): DNA에서 생물의 형질을 결정하는 유전정보가 저장되어 있는 부분이다. ➡ 한 분자의 DNA에는 수많은 유전자가 존재한다.

(2) 유전자와 단백질: 유전자에 저장된 유전정보에 따라 단백질이 합성되고, 단백질에 의해 **(❷   )**이 나타난다.

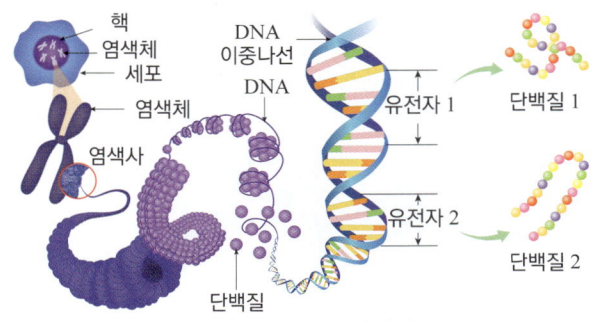

▲ DNA와 유전자의 관계

2. 유전정보의 흐름

(1) 유전정보의 흐름: DNA에서 RNA로 전달되고, RNA가 단백질 합성에 관여한다.

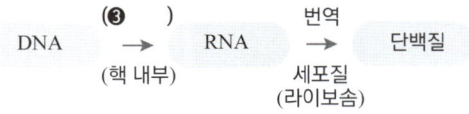

---

(2) 유전정보의 저장: DNA의 염기서열에 유전정보가 저장되며, DNA에서 연속된 3개의 염기가 한 조가 되어 하나의 아미노산을 지정한다. ➡ **(❹   )**

(3) 유전정보의 전달(전사와 번역)

전사	· DNA 이중나선 중 한쪽 가닥에 상보적인 염기서열을 가진 RNA로 합성된다. **[염기의 상보적 대응 관계]** 〈 DNA 염기 〉　〈 RNA 염기 〉 　A (아데닌)　→　U (유라실) 　G (구아닌)　→　C (사이토신) 　C (사이토신)　→　G (구아닌) 　T (타이민)　→　A (아데닌) · **(❺)**: RNA에서 하나의 아미노산을 지정하는 연속된 3개의 염기로서 64종류가 있다.
번역	RNA의 유전정보에 따라 **(❻)**에서 단백질이 합성된다.

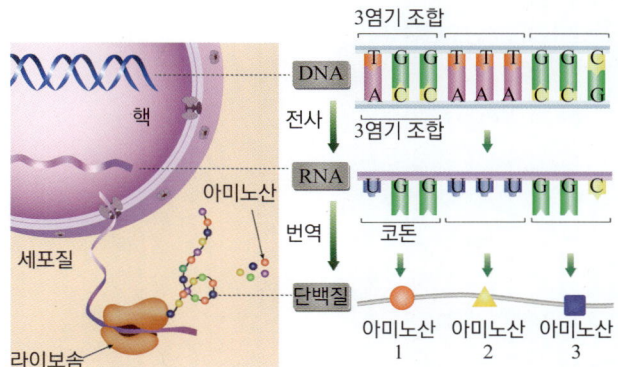

▲ 유전정보의 전달과 단백질 합성 과정

3. 유전부호 체계의 공통성

(1) 유전부호 체계의 공통성: 모든 생명체는 DNA에 유전정보를 저장하고, RNA가 유전정보를 리보솜으로 전달하며, 리보솜에서 동일한 방식으로 암호를 번역한다.

(2) 유전부호 체계의 공통성 응용: 사람의 유전자를 세균의 DNA에 넣어 발현시키면 세균에서 사람의 **(❼   )**을 합성할 수 있다.

4. 유전자 이상과 유전 질환

(1) 유전자 이상: DNA의 염기 **(❽   )**이 바뀌는 것이다.

(2) 유전자 이상에 의한 유전 질환: 유전자 이상으로 정상 단백질이 합성되지 않아 유전 질환이 나타난다.

① **알비노증**: 유전자 이상 ➡ 멜라닌합성효소의 부족 ➡ 멜라닌 결핍으로 피부나 털 등이 하얗게 나타난다.

② **페닐케톤뇨증**: 유전자 이상 ➡ 페닐알라닌분해효소 결핍 ➡ 페닐알라닌 축적 결과 뇌가 손상된다.

③ **(❾   )**: 헤모글로빈 유전자 이상 ➡ 비정상 헤모글로빈 합성 ➡ 적혈구가 낫 모양으로 바뀌어 심한 빈혈 증상이 나타난다.

단원 마무리

01 생명 시스템의 기본 단위

● **01** 그림은 식물의 구성 단계를 나타낸 것이다.

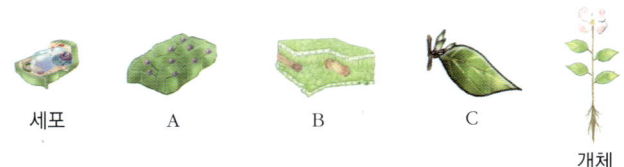

세포   A   B   C   개체

이에 대한 설명으로 옳은 것만을 <보기>에서 있는 대로 고른 것은?

┌─ 보기 ─────────────────────────────┐
ㄱ. A는 모양과 기능이 비슷한 세포들로 구성된다.
ㄴ. 물관과 체관은 B의 예에 해당한다.
ㄷ. 동물의 구성 단계와 비교할 때 C는 심장과 간에 해당한다.
└────────────────────────────────┘

① ㄱ   ② ㄴ   ③ ㄱ, ㄴ
④ ㄱ, ㄷ   ⑤ ㄴ, ㄷ

● **02** 그림은 동물 세포의 구조를 나타낸 것이며, A~C는 각각 마이토콘드리아, 라이보솜, 핵 중 하나이다.

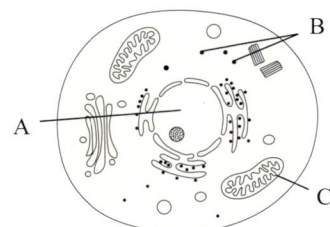

이에 대한 설명으로 옳은 것만을 <보기>에서 있는 대로고른 것은?

┌─ 보기 ─────────────────────────────┐
ㄱ. A에는 유전 물질이 들어 있다.
ㄴ. B에서 물질대사가 일어난다.
ㄷ. C는 동물 세포에는 있고, 식물 세포에는 없다.
└────────────────────────────────┘

① ㄱ   ② ㄷ   ③ ㄱ, ㄴ
④ ㄴ, ㄷ   ⑤ ㄱ, ㄴ, ㄷ

[2018 모의고사 기출]

● **02** 그림은 식물 세포의 구조를 나타낸 것이다. A~C는 각각 라이보솜, 마이토콘드리아, 세포막 중 하나이다.

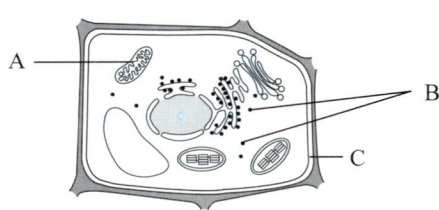

이에 대한 설명으로 옳은 것만을 <보기>에서 있는 대로 고른 것은?

┌─ 보기 ─────────────────────────────┐
ㄱ. A는 마이토콘드리아이다.
ㄴ. B에서 단백질이 합성된다.
ㄷ. C는 선택적투과성이 있다.
└────────────────────────────────┘

① ㄱ   ② ㄷ   ③ ㄱ, ㄴ
④ ㄴ, ㄷ   ⑤ ㄱ, ㄴ, ㄷ

● **04** 생장에 따른 식물 세포의 모습을 순서 없이 나타낸 모식도이다. 이에 대한 설명으로 옳은 것은?

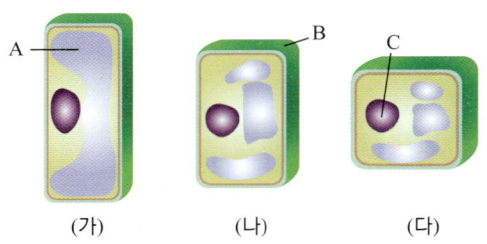

(가)   (나)   (다)

① (나)는 (다)보다 어린 식물 세포이다.
② A는 물, 노폐물, 색소 등을 저장한다.
③ A는 액포이며, B는 세포막, C는 라이보솜이다.
④ (가)~(다) 중 가장 노화된 식물 세포는 (다)이다.
⑤ 성숙한 식물 세포가 될수록 (가)에서 (다)로 생장한다.

● **05** 세포막의 구조를 나타낸 모식도이다.

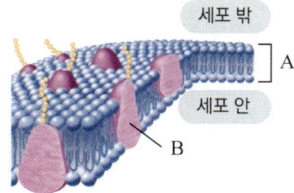

세포 밖   A
세포 안   B

이에 대한 설명으로 옳은 것만을 <보기>에서 있는 대로 고른 것은?

┌─ 보기 ─────────────────────────────┐
ㄱ. A는 인지질 2중막이다.
ㄴ. B는 라이보솜에서 합성된다.
ㄷ. 산소(O_2)의 이동에 관여하는 것은 B이다.
└────────────────────────────────┘

① ㄱ   ② ㄴ   ③ ㄱ, ㄷ
④ ㄴ, ㄷ   ⑤ ㄱ, ㄴ, ㄷ

06 그림은 폐포와 모세 혈관 사이에서 일어나는 기체 교환을 나타낸 모식도이다. CO_2는 모세혈관에서 폐포 상피세포를 통해서 폐포로 이동한 후 날숨을 통해서 바깥으로 나가고, O_2는 들숨을 통해서 폐포로 들어온 다음 폐포 상피세포를 통해서 모세혈관으로 이동한다.

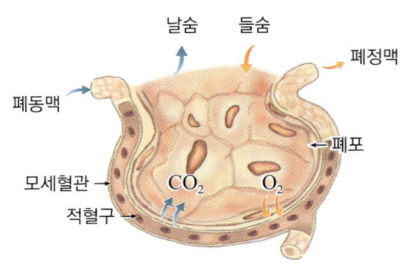

이에 대한 설명으로 옳은 것만을 <보기>에서 있는 대로 고른 것은?

보기
ㄱ. CO_2의 농도는 폐포가 모세혈관보다 높다.
ㄴ. O_2는 모세혈관과 폐포 상피세포의 세포막에서 인지질 2중층을 통과하여 이동한다.
ㄷ. CO_2는 모세혈관과 폐포 상피세포의 세포막에서 촉진 확산을 한다.

① ㄱ   ② ㄴ   ③ ㄱ, ㄴ
④ ㄴ, ㄷ   ⑤ ㄱ, ㄴ, ㄷ

07 그림은 물질 A, B가 각각 세포막을 통과하는 방식을 나타낸 것이다.

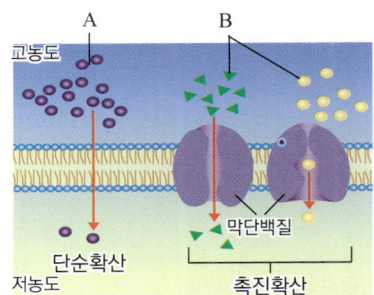

이에 대한 설명으로 옳은 것만을 <보기>에서 있는 대로 고른 것은? (단, A, B는 각각 지방산, 포도당 중 하나이다.)

보기
ㄱ. A는 지방산, B는 포도당이다.
ㄴ. B가 이동하기 위해서는 에너지가 필요하다.
ㄷ. B는 농도 차에 의해 세포막을 통과한다.

① ㄱ   ② ㄴ   ③ ㄱ, ㄷ
④ ㄴ, ㄷ   ⑤ ㄱ, ㄴ, ㄷ

08 그림은 용질 A와 물로만 이루어진 용액 (가)에 식물 세포를 넣고 충분한 시간이 지났을 때의 모습을 나타낸 것이다.

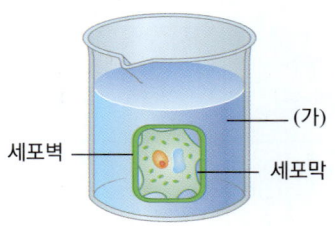

이에 대한 설명으로 옳은 것만을 <보기>에서 있는 대로 고른 것은?

보기
ㄱ. 용질 A는 세포막을 통과하지 못한다.
ㄴ. 용액 (가)의 A의 농도는 식물 세포 내부보다 높다.
ㄷ. 식물 세포 안의 용질의 농도는 용액 (가)에 넣기 전보다 낮아졌다.

① ㄱ   ② ㄷ   ③ ㄱ, ㄴ
④ ㄴ, ㄷ   ⑤ ㄱ, ㄴ, ㄷ

09 다음은 삼투 현상을 알아보기 위한 실험이다.

(가) 비커 A~D에 서로 다른 농도의 설탕 용액을 200 ml씩 각각 넣는다.
(나) 크기와 질량이 같은 감자 조각 4개의 무게를 측정하고, 각 비커에 1개씩 넣는다.
(다) 20분 후 각 비커에서 감자 조각을 꺼내어 무게를 측정한 후 무게 변화량을 측정한 결과는 다음과 같다.

비커	A	B	C	D
무게 변화량(g)	−0.4	+0.2	0	−0.3

이에 대한 설명으로 옳은 것만을 <보기>에서 있는 대로고른 것은?

보기
ㄱ. 20분 후 감자 세포의 부피는 A에서가 B에서보다 작다.
ㄴ. C에 넣은 설탕 용액의 농도는 B에 넣은 설탕 용액의 농도보다 높다.
ㄷ. D에 넣은 설탕 용액의 농도는 감자 세포의 농도보다 높다.

① ㄱ   ② ㄷ   ③ ㄱ, ㄴ
④ ㄴ, ㄷ   ⑤ ㄱ, ㄴ, ㄷ

02 생명 시스템에서의 화학 반응

10 다음 <보기>에서 이화작용의 특징만을 있는 대로 고른 것은?

┌─ 보기 ─────────────────────────────────┐
ㄱ. 에너지 흡수   ㄴ. 물질 분해
ㄷ. 에너지 방출   ㄹ. 물질 합성
└──┘

① ㄱ, ㄴ   ② ㄷ, ㄹ   ③ ㄱ, ㄷ
④ ㄴ, ㄷ   ⑤ ㄴ, ㄷ, ㄹ

11 물질대사에 대한 설명으로 옳은 것만을 <보기>에서 있는 대로 고른 것은?

┌─ 보기 ─────────────────────────────────┐
ㄱ. 이화작용에서는 물질이 합성되고, 에너지가 방출된다.
ㄴ. 세포가 생명활동에 필요한 물질과 에너지를 얻는 과정이다.
ㄷ. 자동차가 연료를 소비하여 에너지를 얻는 것은 물질대사의 예이다.
└──┘

① ㄱ   ② ㄴ   ③ ㄱ, ㄷ
④ ㄴ, ㄷ   ⑤ ㄱ, ㄴ, ㄷ

12 그림은 세포호흡과 광합성의 에너지와 물질의 이동을 나타낸 것이다. (가)과 (나)는 각각 세포호흡과 광합성 중 하나이다.

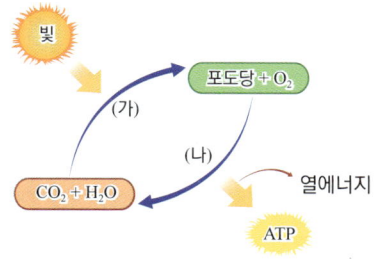

이에 대한 설명한 것으로 옳은 것을 모두 고르시오. (3개)

① (가)는 동화작용이다.
② (가)는 동물에서 일어나는 작용이다.
③ (가)는 흡열 반응 (나)는 발열 반응이다.
④ (나)는 동물과 식물 모두에서 일어나는 작용이다.
⑤ (가)의 반응에서는 효소가 관여하고, (나)의 반응에서는 효소가 관여하지 않는다.

13 그림은 어떤 화학 반응에서 효소 유무에 따른 에너지 변화를 나타낸 것이다.

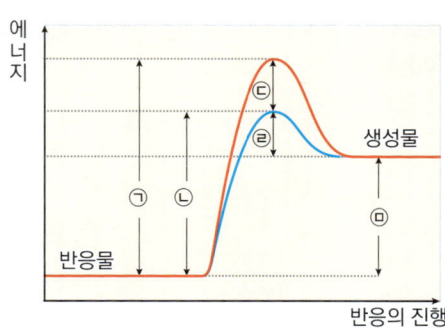

이에 대한 설명으로 옳은 것만을 <보기>에서 있는 대로 고른 것은?

┌─ 보기 ─────────────────────────────────┐
ㄱ. 효소가 없을 때의 활성화에너지는 ㉠이다.
ㄴ. 효소가 있을 때의 활성화에너지는 ㉣이다.
ㄷ. 효소의 유무에 상관없이 일정한 값은 ㉢이다.
ㄹ. 이화작용은 이와 같은 반응의 진행을 보인다.
└──┘

① ㄱ, ㄷ   ② ㄴ, ㄹ   ③ ㄷ, ㄹ
④ ㄱ, ㄴ, ㄷ   ⑤ ㄴ, ㄷ, ㄹ

14 다음 생명현상 중 효소가 관여하는 것만을 있는 대로 고른 것은?

┌─ 보기 ─────────────────────────────────┐
ㄱ. 작은창자에서 엿당이 포도당으로 분해된다.
ㄴ. 모세혈관에서 조직세포로 산소가 이동한다.
ㄷ. 간에서 암모니아를 요소로 변환한다.
└──┘

① ㄱ   ② ㄷ   ③ ㄱ, ㄷ
④ ㄴ, ㄷ   ⑤ ㄱ, ㄴ, ㄷ

15 효소가 활용되는 사례이다.

┌──┐
(A) 포도당 산화효소를 이용해 혈당을 측정한다.
(B) 단백질분해효소를 이용해 청바지를 탈색한다.
(C) 탄수화물분해효소를 이용해 효소 치약을 만든다.
(D) 탄수화물분해효소를 이용해 효소 화장품을 만든다.
└──┘

(A)~(D) 중 옳은 예만을 있는 대로 고른 것은?

① (A), (B)   ② (A), (C)   ③ (B), (D)
④ (A), (C), (D)   ⑤ (B), (C), (D)

16 다음은 감자즙을 이용한 실험이다.

[실험 과정]
① 삼각플라스크 (가)와 (나)에 3 % 과산화 수소를 3 ml씩 넣는다.
② (가)에는 증류수, (나)에는 감자즙을 첨가하고 각각의 입구를 고무 풍선으로 씌운다.
③ 시간이 지남에 따라 고무 풍선이 어떻게 변하는지 관찰한다.

[실험 결과]

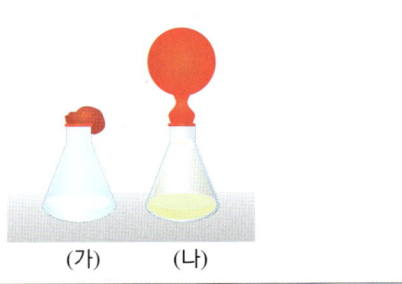

(가)   (나)

이에 대한 설명으로 옳은 것만을 <보기>에서 있는 대로 고른 것은?

─ 보기 ─
ㄱ. (나)의 고무 풍선이 부풀어 오르는 것은 이산화 탄소가 발생했기 때문이다.
ㄴ. 과산화 수소수 대신 탄산수를 넣어도 동일한 결과를 얻을 수 있다.
ㄷ. 감자즙에는 과산화 수소를 분해하는 효소가 들어 있다.

① ㄴ   ② ㄷ   ③ ㄱ, ㄴ
④ ㄴ, ㄷ   ⑤ ㄱ, ㄴ, ㄷ

17 다음은 식혜를 만드는 과정이다. 식혜는 밥의 녹말 성분을 변화시켜 특유의 달콤한 맛을 내는 전통식품이다. 달콤한 맛은 녹말을 분해시킨 단당류가 내는 맛이다.

(A) 싹 튼 보리를 말려 빻은 후 엿기름물을 만든다.
(B) 엿기름물을 밥에 섞어 5~6시간 정도 따뜻하게 유지시킨다.
(C) 밥알이 떠오르면 끓인 후 식혀서 냉장고에 보관한다.

이에 대한 설명으로 옳은 것만을 <보기>에서 있는 대로 고른 것은?

─ 보기 ─
ㄱ. 엿기름물에는 단백질분해효소가 들어 있다.
ㄴ. 엿기름물을 밥과 섞기 전에 끓여도 식혜가 만들어진다.
ㄷ. (C)에서 끓이는 이유는 효소의 입체 구조를 변화시켜 반응이 중단되도록 하는 과정이다.

① ㄴ   ② ㄷ   ③ ㄱ, ㄴ
④ ㄴ, ㄷ   ⑤ ㄱ, ㄴ, ㄷ

03 생명 시스템에서 정보의 흐름

18 유전정보에 대한 설명으로 옳지 않은 것은?

① 유전정보에 따라 다양한 형질이 나타난다.
② 유전정보에 따라 다양한 단백질이 합성된다.
③ 유전정보는 세포의 핵 속 RNA에 저장되어 있다.
④ 유전정보는 DNA의 염기 서열에 저장되어 있다.
⑤ 생물의 형질을 결정하는 유전정보가 있는 DNA의 특정 부위를 유전자라고 한다.

19 유전자와 단백질(효소)와의 관계를 나타낸 것이다.

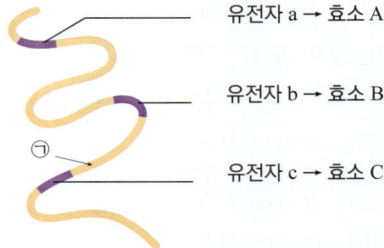

유전자 a → 효소 A
유전자 b → 효소 B
㉠
유전자 c → 효소 C

이에 대한 설명으로 옳은 것만을 <보기>에서 있는 대로 고른 것은?

─ 보기 ─
ㄱ. 유전자에 저장된 정보에 따라 단백질이 합성된다.
ㄴ. 유전자 a, b, c 중 어느 하나라도 이상이 생기면 물질 대사에 이상이 생길 수 있다.
ㄷ. ㉠ 부위에는 유라실(U)을 염기로 가지는 뉴클레오타이드가 존재한다.

① ㄱ   ② ㄴ   ③ ㄱ, ㄴ
④ ㄴ, ㄷ   ⑤ ㄱ, ㄴ, ㄷ

20 그림 (가)는 어떤 사람의 체세포에 있는 염색체의 구조를, 그림 (나)는 (가)의 염색체를 구성하는 핵산의 단위체를 나타낸 것이다.

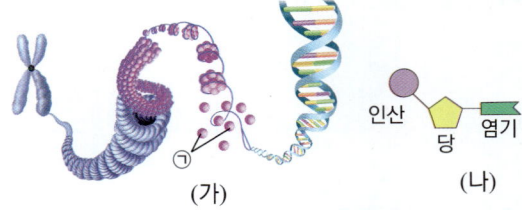

인산 당 염기

(가)   (나)

이에 대한 설명으로 옳은 것만을 <보기>에서 있는 대로 고른 것은?

─ 보기 ─
ㄱ. (가)는 체세포의 핵 속에 존재한다.
ㄴ. (나)의 당은 라이보스이다.
ㄷ. ㉠을 구성하는 기본 단위는 뉴클레오타이드이다.

① ㄱ   ② ㄴ   ③ ㄱ, ㄴ
④ ㄱ, ㄷ   ⑤ ㄱ, ㄴ, ㄷ

21 그림은 동물 세포의 구조와 유전정보의 흐름을 나타낸 것이다. (단, A는 막으로 싸여있지 않은 세포소기관이다.)

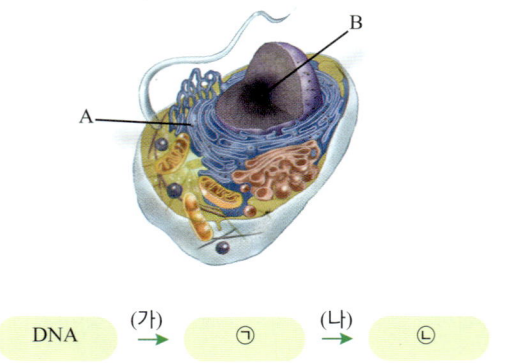

이에 대한 설명으로 옳은 것만을 <보기>에서 있는 대로 고른 것은?

─ 보기 ─

ㄱ. (가)는 A에서 (나)는 B에서 일어난다.
ㄴ. (가)를 통해 RNA가 합성된다.
ㄷ. (나)는 유전부호에 의해 지정된 아미노산이 펩타이드결
　합을 하여 ⓒ이 만들어지는 과정이다.

① ㄱ　　　　　② ㄴ　　　　　③ ㄱ, ㄴ
④ ㄴ, ㄷ　　　　⑤ ㄱ, ㄴ, ㄷ

[2020 모의고사 기출]

22 그림은 세포에서 일어나는 유전 정보의 흐름을 나타낸 것이다. (가)와 (나)는 각각 번역과 전사 중 하나이고, ㉠ ~ ㉢은 각각 아데닌(A), 유라실(U), 타이민(T) 중 하나이다.

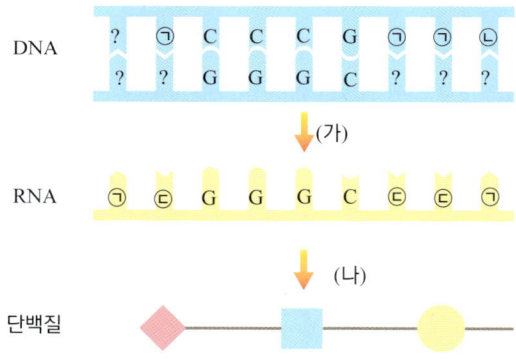

이에 대한 설명으로 옳은 것만을 <보기>에서 있는 대로 고른 것은? (단, 돌연변이는 고려하지 않는다.)

─ 보기 ─

ㄱ. (가)는 전사이다.
ㄴ. ㉠은 아데닌(A)이다.
ㄷ. RNA의 염기 1개가 아미노산 1개를 지정한다.

① ㄱ　　　　　② ㄴ　　　　　③ ㄷ
④ ㄱ, ㄴ　　　　⑤ ㄱ, ㄴ, ㄷ

23 그림 (가)~(다)는 각각 DNA, DNA로부터 전사된 RNA, 전사된 RNA로부터 번역된 폴리펩타이드를 순서 없이 나타낸 것이다.

이에 대한 설명으로 옳은 것만을 <보기>에서 있는 대로 고른 것은?

─ 보기 ─

ㄱ. 유전 정보의 흐름은 (가)-(다)-(나) 순이다.
ㄴ. (나)는 핵에서, (다)는 리보솜에서 합성된다.
ㄷ. (나)는 폴리펩타이드이다.
ㄹ. (다)는 가닥 I이 전사된 것이다.

① ㄱ, ㄴ　　　　② ㄱ, ㄷ　　　　③ ㄴ, ㄹ
④ ㄱ, ㄴ, ㄷ　　　⑤ ㄴ, ㄷ, ㄹ

24 생명체의 유전부호 체계에 대한 설명으로 옳은 것만을 있는 대로 고르시오. (3개)

① 생물종마다 고유한 유전부호 체계를 갖는다.
② 생물종에 따라 코돈이 지정하는 아미노산의 종류가 다르다.
③ 모든 생명체에서 유전정보를 저장하는 방식이 동일하다.
④ 유전정보는 생명체의 진화 과정에서 달라졌지만 유전부호 체계는 보존되어 왔다.
⑤ 사람의 인슐린 유전자를 대장균에 넣어 배양하면 대장균에서 사람의 인슐린이 합성될 수 있다.

25 유전자 이상에 의한 유전 질환에 대한 설명으로 옳은 것만을 <보기>에서 있는 대로 고른 것은?

─ 보기 ─

ㄱ. 유전자 이상으로 인해 유전 질환을 가지는 사람은 염색체수가 정상인과 다르다.
ㄴ. 유전 질환은 특정 기능을 수행하는 정상 단백질이 생성되지 못해서 나타나는 것이다.
ㄷ. 유전 질환은 RNA 염기서열은 정상이지만 DNA 염기서열에 이상이 발생한 경우에 나타난다.

① ㄱ　　　　　② ㄴ　　　　　③ ㄱ, ㄴ
④ ㄴ, ㄷ　　　　⑤ ㄱ, ㄴ, ㄷ

고난도 마무리

[2019 모의고사 기출]

01 그림은 세포소기관 A~C의 공통점과 차이점을 나타낸 벤다이어그램이다. 서로 겹친 부분은 공통점을 나타낸다. 표의 (가)~(다)는 세포소기관의 특징을 순서 없이 나타낸 것이다. A~C는 각각 엽록체, 소포체, 마이토콘드리아 중 하나이다.

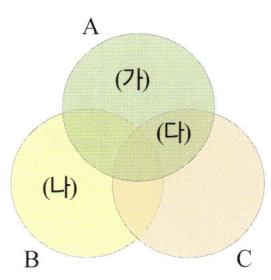

특징 (가)~(다)
· 유기물의 합성이 이루어진다.
· 납작한 주머니와 관으로 되어 있다.
· (㉠   )

이에 대한 설명으로 옳은 것만을 <보기>에서 있는 대로 고른 것은?

┌─ 보기 ─────────────────────────┐
ㄱ. ㉠에 해당되는 것은 '이중막으로 둘러싸여 있다'이다.
ㄴ. A는 식물 세포에만 존재한다.
ㄷ. C는 단백질의 세포 내 이동에 관여한다.
└───────────────────────────────┘

① ㄱ   ② ㄴ   ③ ㄱ, ㄴ
④ ㄴ, ㄷ   ⑤ ㄱ, ㄴ, ㄷ

02 (가)는 물질 A, B가 세포막을 통하여 각각 이동하는 방식을 나타낸 것이며, (나)는 물질 A, B가 세포막을 통하여 이동하는 속도를 각 물질의 세포 안팎의 농도 차에 따라 나타낸 것이다.

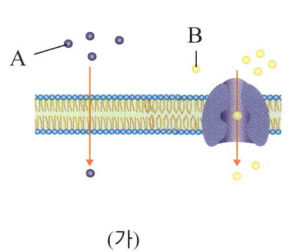 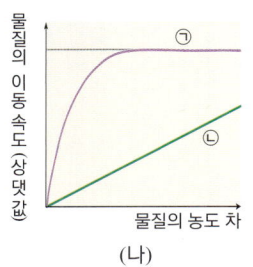

(가)   (나)

이에 대한 설명으로 옳은 것만을 <보기>에서 있는 대로 고른 것은?

┌─ 보기 ─────────────────────────┐
ㄱ. A의 농도 차에 따른 이동 속도는 ㉠과 같다.
ㄴ. B 물질의 예로는 지방산이 있다.
ㄷ. A의 이동 방식에 의해 세포 안팎의 농도 차는 감소한다.
└───────────────────────────────┘

① ㄱ   ② ㄷ   ③ ㄱ, ㄷ
④ ㄴ, ㄷ   ⑤ ㄱ, ㄴ, ㄷ

03 다음은 어떤 인공막을 이용한 물질의 이동 실험이다.

┌─ [실험 과정 및 결과] ─────────────────┐
(가) 20 % 설탕 수용액이 일정량 들어 있는 인공막 주머니 X를 용액이 새지 않도록 묶고 X의 부피를 측정한다.
(나) X를 증류수가 들어있는 비커에 넣는다.
(다) 일정 시간 후 더 이상 부피가 변하지 않을 때, X의 부피를 측정한다.
(라) X의 부피가 변화하였음을 확인하였다.

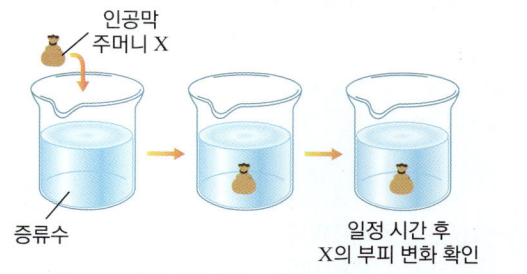

증류수   일정 시간 후
              X의 부피 변화 확인
└───────────────────────────────────┘

이 실험에 대한 설명으로 옳은 것만을 <보기>에서 있는 대로 고른 것은? (단, 물은 인공막을 통과하고 설탕은 인공막을 통과하지 못한다.)

┌─ 보기 ─────────────────────────┐
ㄱ. X의 부피는 (가)에서가 (다)에서보다 크다.
ㄴ. (다)의 X 속 설탕 수용액 농도는 20 %보다 높다.
ㄷ. X의 부피 변화는 인공막을 통한 물의 이동 때문이다.
└───────────────────────────────┘

① ㄱ   ② ㄷ   ③ ㄱ, ㄴ
④ ㄴ, ㄷ   ⑤ ㄱ, ㄴ, ㄷ

04 특정 염기서열이 반복되는 RNA Ⅰ~Ⅲ과 이를 시험관에서 번역하여 얻은 단백질의 아미노산 구성을 나타낸 것이다. RNA Ⅰ과 Ⅱ는 왼쪽 네번째 염기부터 오른쪽으로 번역되며, RNA Ⅲ은 왼쪽 첫 번째 염기부터 오른쪽으로 번역된다.

RNA (왼쪽에서 오른쪽으로 배열)		아미노산 배열
Ⅰ	UA 반복	아이소류신-타이로신 반복
Ⅱ	CCA 반복	프롤린 반복
Ⅲ	G 반복	글라이신 반복

이에 대한 설명으로 옳은 것만을 <보기>에서 있는 대로 고른 것은?

┌─ 보기 ─────────────────────────┐
ㄱ. 코돈 UAU는 타이로신을 지정한다.
ㄴ. 코돈이 아미노산을 지정할 때 한 개의 코돈은 한 종류의 아미노산만을 지정한다.
ㄷ. 코돈은 64 종류가 있으며, 각각 서로 다른 아미노산을 지정한다.
└───────────────────────────────┘

① ㄱ   ② ㄴ   ③ ㄱ, ㄴ
④ ㄴ, ㄷ   ⑤ ㄱ, ㄴ, ㄷ

수능 모의고사 1회

각자 시간을 정해 풀어 보세요. 보통 1문항당 1분입니다.

정답 및 해설 ➡ 96

[2021 모의고사 기출]

01. 생명 시스템의 기본 단위

01 다세포 생물의 몸 구성에 대한 설명으로 옳은 것만을 <보기>에서 있는 대로 고른 것은?

• 보기 •
ㄱ. 생명 활동이 일어나는 기능적 기본 단위는 기관이다.
ㄴ. 하나의 세포는 생명활동을 수행하지 못하므로 생명 시스템이라고 볼 수 없다.
ㄷ. 개체는 다양한 세포가 유기적으로 조직되어 독립적으로 생명 활동을 할 수 있다.

① ㄱ   ② ㄷ   ③ ㄱ, ㄴ
④ ㄴ, ㄷ   ⑤ ㄱ, ㄴ, ㄷ

02 그림은 동물 세포의 구조를 나타낸 것이다. A, B, C는 각각 라이보솜, 소포체, 마이토콘드리아 중 하나이다.

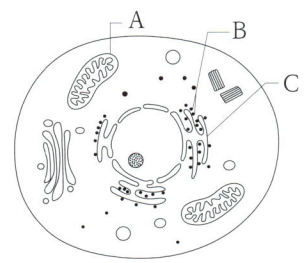

이에 대한 설명으로 옳은 것만을 <보기>에서 있는 대로 고른 것은?

• 보기 •
ㄱ. A는 포도당을 분해한다.
ㄴ. B에서 단백질이 합성된다.
ㄷ. C는 단백질을 골지체 등으로 운반한다.

① ㄱ   ② ㄷ   ③ ㄱ, ㄷ
④ ㄴ, ㄷ   ⑤ ㄱ, ㄴ, ㄷ

03 다음은 세포막을 구성하는 인지질 2중층을 나타낸 모식도이다.

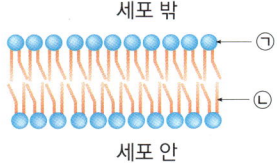

이에 대한 설명으로 옳은 것만을 있는 대로 고르시오. (3개)

① 세포막은 2중막이다.
② ㉠은 친수성, ㉡은 소수성을 띤다.
③ 세포를 둘러싸고 있는 얇은 막이다.
④ 세포 안팎은 모두 수용성 물질들로 구성되어 있다.
⑤ 지용성 물질은 인지질 2중층을 통과하지 못한다.

04 그림은 동물 세포와 식물 세포의 구조를 나타낸 것이다. A ~ C는 각각 핵, 라이보솜, 마이토콘드리아 중 하나이다.

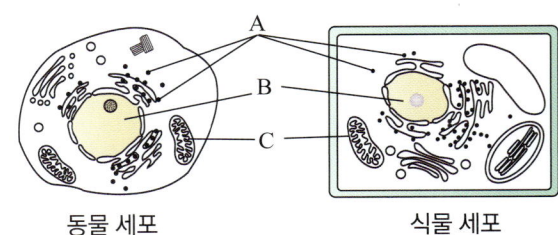

동물 세포   식물 세포

이에 대한 설명으로 옳은 것만을 <보기>에서 있는 대로 고른 것은?

• 보기 •
ㄱ. A는 라이보솜이다.
ㄴ. B에는 유전 물질이 있다.
ㄷ. C에서 광합성이 일어난다.

① ㄱ   ② ㄷ   ③ ㄱ, ㄴ
④ ㄴ, ㄷ   ⑤ ㄱ, ㄴ, ㄷ

05 그림은 물질 A, B가 세포막을 통과하는 모습을 나타낸 모식도이다.

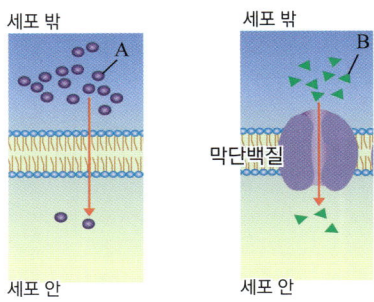

이에 대한 설명으로 옳은 것만을 <보기>에서 있는 대로 고른 것은?

• 보기 •
ㄱ. 물질 A는 확산에 의해 이동한다.
ㄴ. 물질 B는 농도가 낮은 쪽에서 높은 쪽으로 이동한다.
ㄷ. 아미노산은 물질 B와 같은 방식으로 이동하며, 지용성 물질은 A와 같은 방식으로 이동한다.

① ㄱ   ② ㄷ   ③ ㄱ, ㄷ
④ ㄴ, ㄷ   ⑤ ㄱ, ㄴ, ㄷ

06 그림 (가)는 세포막의 구조를, (나)는 세포막을 통한 포도당의 이동을 나타낸 것이다. A와 B는 각각 단백질과 인지질 중 하나이다.

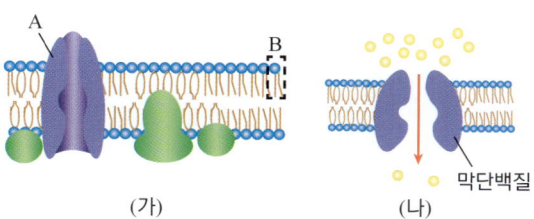

(가)   (나)

막단백질

이에 대한 설명으로 옳은 것만을 <보기>에서 있는 대로 고른 것은?

┌─── • 보기 • ──────────────────────────┐
│ ㄱ. 수용성 물질은 A와 B 중 주로 B를 통해 이동한다.   │
│ ㄴ. (나)에서 포도당의 이동 방식은 확산이다.   │
│ ㄷ. 세포막은 B의 소수성 부분이 안쪽으로 서로 마주 보며 │
│   배열되어 있다.   │
└────────────────────────────────────┘

① ㄴ   ② ㄱ, ㄴ   ③ ㄱ, ㄷ
④ ㄴ, ㄷ   ⑤ ㄱ, ㄴ, ㄷ

07 그림 (가)~(다)는 같은 종류의 양파 세포를 각각 순서대로 용액 A, B, C에 넣고 일정 시간이 지난 후의 모습을 순서 없이 나타낸 것이다. A~C는 용질의 농도가 각각 다르며, A~C 중 하나는 세포 안과 용질의 농도가 같은 용액이다.

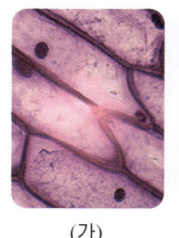  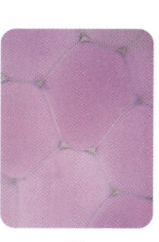

(가)   (나)   (다)

이에 대한 설명으로 옳은 것만을 <보기>에서 있는 대로 고른 것은?

┌─── • 보기 • ──────────────────────────┐
│ ㄱ. (가)는 세포 안과 용질의 농도가 같은 용액에 넣은 양파 │
│   세포를 관찰한 결과이다.   │
│ ㄴ. (나)에서는 세포막이 세포벽에서 분리된다.   │
│ ㄷ. (다)에서는 세포 안으로 들어오는 물의 양이 세포 밖으 │
│   로 빠져나가는 물의 양보다 많다.   │
└────────────────────────────────────┘

① ㄱ   ② ㄴ   ③ ㄱ, ㄴ
④ ㄴ, ㄷ   ⑤ ㄱ, ㄴ, ㄷ

08 다음 중 물질대사와 연소를 비교 설명한 것으로 옳은 것만을 있는 대로 고르시오. (2개)

① 물질대사는 생명체 밖에서도 일어난다.
② 연소는 한꺼번에, 물질대사는 단계적으로 진행된다.
③ 효소는 물질대사에 관여하며, 연소에는 관여하지 않는다.
④ 물질대사와 연소 모두 에너지가 한꺼번에 방출되거나 흡수된다.
⑤ 연소는 체온 정도의 온도에서 일어나며, 물질대사는 고온에서 일어난다.

09 그림은 효소에 대한 학생 A~C의 대화이다.

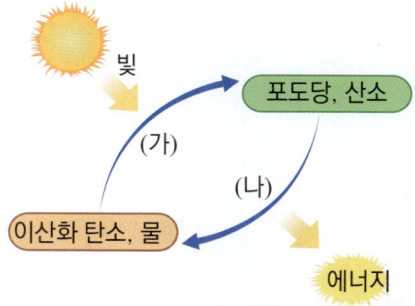

효소의 주성분은 단백질이야.

식물의 물질 대사에는 효소가 관여하지 않아.

효소는 활성화 에너지를 높여서 반응을 촉진시켜.

학생 A   학생 B   학생 C

제시한 내용이 옳은 학생만을 있는 대로 고른 것은?

① A   ② B   ③ C
④ A, C   ⑤ B, C

10 그림은 생명체 내에서 일어나는 물질대사를 나타낸 것이며, (가)와 (나)는 각각 세포호흡과 광합성 중 하나이다.

빛

포도당, 산소

(가)

(나)

이산화 탄소, 물

에너지

이에 대한 설명으로 옳은 것만을 <보기>에서 있는 대로 고른 것은?

┌─── • 보기 • ──────────────────────────┐
│ ㄱ. (가)는 세포호흡이다.   │
│ ㄴ. (나)는 이화작용에 해당한다.   │
│ ㄷ. 식물 세포에서 (가)와 (나)가 모두 일어난다.   │
└────────────────────────────────────┘

① ㄱ   ② ㄷ   ③ ㄱ, ㄴ
④ ㄴ, ㄷ   ⑤ ㄱ, ㄴ, ㄷ

11 그림은 갈색 털을 가진 사슴에서 멜라닌이 합성되기까지의 과정을 나타낸 것이다. 멜라닌은 사슴의 털색이 갈색을 띠게 하는 색소 단백질이다.

유전자 A에 의해 멜라닌합성효소가 만들어진다.

멜라닌이 합성된다.

이에 대한 설명으로 옳은 것만을 <보기>에서 있는 대로 고른 것은?

○ 보기 ○
ㄱ. 유전자 A에는 멜라닌합성효소에 관한 유전 정보가 있다.
ㄴ. 멜라닌합성효소는 멜라닌이 합성되는 물질대사 과정 중에 필요한 효소이다.
ㄷ. 유전자 A의 염기서열이 달라져 멜라닌합성효소가 만들어지지 않으면 흰색 털이 나타날 수 있다.

① ㄱ   ② ㄴ   ③ ㄷ
④ ㄴ, ㄷ   ⑤ ㄱ, ㄴ, ㄷ

[2025 모의고사 기출]

12 다음은 감자즙의 카탈레이스가 과산화 수소 분해 반응에 미치는 영향을 알아보기 위한 탐구 활동이다.

· 과산화 수소 분해 반응은 다음과 같다.
과산화 수소 → 물 + 산소

[가설]

㉠

[탐구 과정 및 결과]
(가) 시험관 A, B에 각각 3 % 과산화 수소수 5 mL를 넣는다.
(나) A에는 증류수 1 mL를, B에는 감자즙 1 mL를 넣은 직후 같은 시간 동안 A, B에서 기포가 발생하는지 관찰한다.
(다) 관찰 결과는 표와 같다.

시험관	A	B
기포 발생 정도	거의 발생하지 않음	많이 발생함

[결론]
· 가설은 타당하다.

이에 대한 설명으로 옳은 것만을 <보기>에서 있는 대로 고른 것은? (단, 제시된 조건 이외의 다른 조건은 동일하다.)

○ 보기 ○
ㄱ. 카탈레이스의 주성분은 단백질이다.
ㄴ. '카탈레이스는 과산화 수소 분해 반응을 빠르게 한다.'는 ㉠으로 적절하다.
ㄷ. (나)에서 과산화 수소 분해 반응의 활성화에너지는 B에서가 A에서보다 크다.

① ㄱ   ② ㄷ   ③ ㄱ, ㄴ
④ ㄴ, ㄷ   ⑤ ㄱ, ㄴ, ㄷ

---

13 세포 내에서 유전 정보를 저장하고 있는 물질의 구조를 나타낸 것이다.

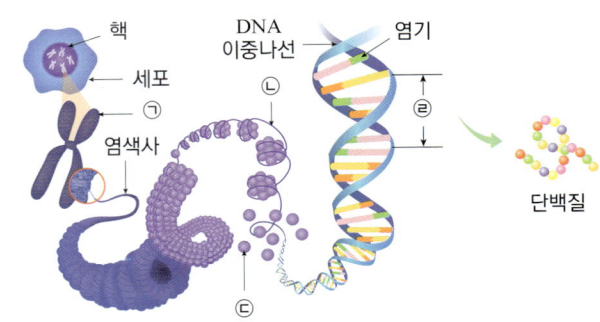

이에 대한 설명으로 옳은 것만을 <보기>에서 있는 대로 고른 것은?

○ 보기 ○
ㄱ. ㉠에는 RNA가 존재하지 않는다.
ㄴ. ㉡을 구성하는 단위체는 아미노산이다.
ㄷ. ㉢을 구성하는 단위체는 뉴클레오타이드이다.
ㄹ. ㉣에는 특정 단백질의 아미노산 서열에 대한 정보가 저장되어 있다.

① ㄱ, ㄴ   ② ㄱ, ㄹ   ③ ㄴ, ㄷ
④ ㄱ, ㄴ, ㄷ   ⑤ ㄴ, ㄷ, ㄹ

[2022 모의고사 기출]

14 그림은 세포에서 일어나는 유전 정보의 흐름을 나타낸 것이다. ㉠~㉣은 각각 아데닌(A), 유라실(U), 타이민(T), 사이토신(C) 중 하나이고, (가)와 (나)는 각각 번역과 전사 중 하나이다.

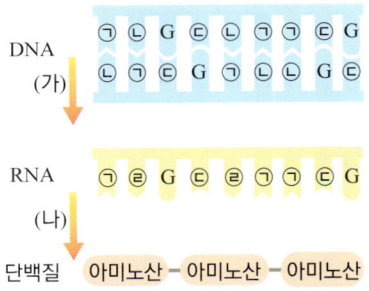

이에 대한 설명으로 옳은 것만을 <보기>에서 있는 대로 고른 것은? (단, 돌연변이는 고려하지 않는다.)

○ 보기 ○
ㄱ. (가)는 번역이다.
ㄴ. ㉡은 아데닌(A)이다.
ㄷ. DNA의 단위체는 뉴클레오타이드이다.

① ㄱ   ② ㄷ   ③ ㄱ, ㄴ
④ ㄴ, ㄷ   ⑤ ㄱ, ㄴ, ㄷ

15 그림은 어떤 RNA의 염기서열을, 표는 코돈이 지정하는 아미노산의 일부를 나타낸 것이다.

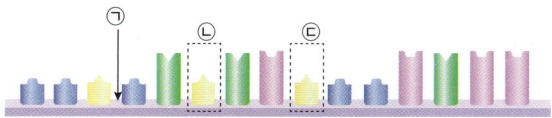

코돈 첫 번째 염기	코돈 두 번째 염기				코돈 세 번째 염기
	U	C	A	G	
U	페닐알라닌	세린	타이로신	시스테인	C
	류신		종결코돈	종결코돈	A
				트립토판	G
C	류신	프롤린	히스티딘	아르지닌	C
			글루타민		A
					G
A	아이소류신	트레오닌	아스파라진	세린	C
	메싸이오닌		라이신	아르지닌	A
					G

이에 대한 설명으로 옳은 것만을 <보기>에서 있는 대로 고른 것은? (단, 번역은 왼쪽 첫 번째 염기부터 시작되며 종결코돈에 의해 끝난다.)

보기
ㄱ. 이 RNA의 전사에 사용된 DNA 가닥의 염기 서열은 AAG/AUG/UCG/AAC/UCC이다.
ㄴ. ㉠에 C을 삽입하고, ㉡ 부분의 염기를 U로 바꾸면, 2개의 아미노산만이 존재하는 단백질이 만들어진다.
ㄷ. ㉢ 부분의 염기를 A으로 바꾸면, 4종류의 아미노산으로 이루어진 폴리펩타이드가 합성된다.

① ㄱ   ② ㄴ   ③ ㄱ, ㄴ
④ ㄴ, ㄷ   ⑤ ㄱ, ㄴ, ㄷ

16 다음은 사람 세포에서 일어나는 유전 정보의 흐름을 나타낸 것이다.

  DNA   →㉠   RNA   →㉡   단백질   →   형질 발현

이에 대한 설명으로 옳은 것만을 <보기>에서 있는 대로 고른 것은?

보기
ㄱ. ㉠은 전사이다.
ㄴ. ㉠에서 DNA의 모든 유전 정보가 RNA로 전달된다.
ㄷ. ㉡은 라이보솜에서 일어난다.

① ㄱ   ② ㄷ   ③ ㄱ, ㄷ
④ ㄴ, ㄷ   ⑤ ㄱ, ㄴ, ㄷ

17 다음은 정상 유전자와 이 유전자에 이상이 생긴 비정상 유전자 ㉠, ㉡에서 각각 전사된 RNA의 코돈과 이에 대응하는 아미노산 배열을 나타낸 것이다.

정상	RNA	:−ACU − ACA − CAU−
	아미노산	:−트레오닌−트레오닌−히스티딘−
비정상 ㉠	RNA	:−ACU − ACA − CAC−
	아미노산	:−트레오닌−트레오닌−히스티딘−
비정상 ㉡	RNA	:−ACU − GCA − CAU−
	아미노산	:−트레오닌−알라닌−히스티딘−

이에 대한 설명으로 옳은 것만을 <보기>에서 있는 대로 고른 것은? (단, 표에 제시되어 있지 않은 나머지 코돈과 아미노산은 모두 일치한다.)

보기
ㄱ. ACU와 ACA는 같은 아미노산을 지정한다.
ㄴ. 비정상 유전자 ㉠은 유전 질환을 일으킨다.
ㄷ. 비정상 유전자 ㉡으로부터 합성된 단백질의 아미노산 개수는 정상 단백질보다 1개 더 많다.

① ㄱ   ② ㄴ   ③ ㄱ, ㄴ
④ ㄴ, ㄷ   ⑤ ㄱ, ㄴ, ㄷ

18 다음은 헤모글로빈 유전자를 구성하는 염기 중 1개가 바뀌어 낫모양적혈구가 생기는 과정을 나타낸 것이다.

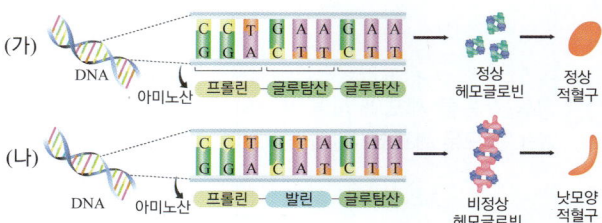

이에 대한 설명으로 옳은 것만을 <보기>에서 있는 대로 고른 것은? (단, 글루탐산을 지정하는 코돈은 GAA이며, 정상 헤모글로빈과 비정상 헤모글로빈을 암호화하는 DNA 염기서열은 1개를 제외하고 모두 같다.)

보기
ㄱ. 발린을 지정하는 코돈은 GUA이다.
ㄴ. 유전자 이상이 생기면 저장되는 정보가 달라질 수 있다.
ㄷ. 아미노산 배열 순서에 따라 단백질의 종류와 특성이 결정된다.
ㄹ. (가)의 헤모글로빈을 구성하는 아미노산의 개수는 (나)보다 많다.

① ㄱ, ㄹ   ② ㄴ, ㄷ   ③ ㄷ, ㄹ
④ ㄱ, ㄴ, ㄷ   ⑤ ㄴ, ㄷ, ㄹ

01 생명 시스템의 기본 단위

01 생명 시스템에 대한 설명으로 옳지 않은 것은?

① 여러 구성 요소가 상호작용하여 생명활동을 수행하는 시스템이다.
② 구조적·기능적 기본 단위는 세포이다.
③ 구성 단계는 세포 → 조직 → 기관 → 개체이다.
④ 조직은 모양과 기능이 비슷한 세포의 모임이다.
⑤ 여러 조직이 모여 독립된 구조와 기능을 가지고 생명 활동을 하는 생명체를 개체라고 한다.

02 다음은 사람의 구성 단계를 순서 없이 나타낸 것이다.

(가)　(나)　(다)　(라)　(마)

이에 대한 설명으로 옳은 것만을 <보기>에서 있는 대로 고른 것은?

┌─ 보기 ───────────────────────────┐
ㄱ. 동물의 구성 단계에서 가장 작은 단계부터 나열하면 (가)-(나)-(라)-(마)-(다)이다.
ㄴ. (라) 단계는 식물에는 없는 구성 단계이다.
ㄷ. (나)는 식물의 줄기와 같은 구성 단계이다.
└──────────────────────────────┘

① ㄱ　　　　② ㄷ　　　　③ ㄱ, ㄴ
④ ㄴ, ㄷ　　　⑤ ㄱ, ㄴ, ㄷ

03 그림은 동물 세포와 식물 세포의 구조를 나타낸 것이다. A~C는 모두 세포소기관에 해당한다.

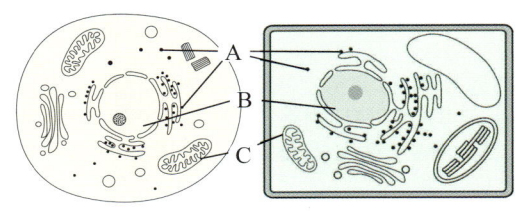

동물 세포　　　　　식물 세포

이에 대한 설명으로 옳은 것만을 <보기>에서 있는 대로 고른 것은?

┌─ 보기 ───────────────────────────┐
ㄱ. A는 단백질의 합성에 관여하는 라이보솜이다.
ㄴ. B의 내부에는 단백질이 존재한다.
ㄷ. C에서 광합성을 통해 포도당이 합성된다.
└──────────────────────────────┘

① ㄱ　　　　② ㄴ　　　　③ ㄱ, ㄴ
④ ㄴ, ㄷ　　　⑤ ㄱ, ㄴ, ㄷ

[2019 모의고사 기출]

04 그림은 동물 세포의 구조를 나타낸 것이다. A와 B는 각각 소포체와 마이토콘드리아 중 하나이다.

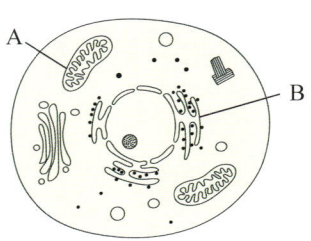

이에 대한 설명으로 옳은 것만을 <보기>에서 있는 대로 고른 것은?

┌─ 보기 ───────────────────────────┐
ㄱ. A는 소포체이다.
ㄴ. B에서 세포호흡이 일어난다.
ㄷ. A와 B는 식물 세포에도 있다.
└──────────────────────────────┘

① ㄱ　　　　② ㄷ　　　　③ ㄱ, ㄴ
④ ㄴ, ㄷ　　　⑤ ㄱ, ㄴ, ㄷ

05 그림의 벤다이어그램의 겹친 부분은 세포소기관 (가)~(다)의 공통점을, 겹쳐지지 않은 부분은 세포소기관 (가)~(다) 각각의 고유한 특징을 나타낸 것이며, 표는 세포소기관의 특징 A, B, C, D를 순서 없이 나타낸 것이다. (단, (가)~(다)는 각각 라이보솜, 엽록체, 마이토콘드리아 중 하나이다.)

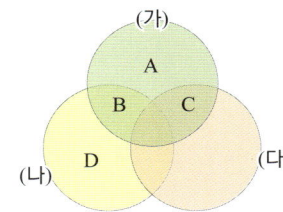

특징 (A, B, C, D)
· 막으로 싸여 있다.
· 포도당을 분해한다.
· 동물 세포에 존재한다.
· 식물 세포에만 존재한다.

이에 대한 설명으로 옳은 것만을 <보기>에서 있는 대로 고른 것은?

┌─ 보기 ───────────────────────────┐
ㄱ. (가)는 엽록체에 해당한다.
ㄴ. (다)에서는 세포호흡이 일어난다.
ㄷ. B는 '막으로 싸여 있다.'에 해당한다.
ㄹ. '포도당을 합성한다.'는 D에 해당하는 또 다른 특징이다.
└──────────────────────────────┘

① ㄱ, ㄷ　　　② ㄴ, ㄹ　　　③ ㄷ, ㄹ
④ ㄱ, ㄴ, ㄷ　　⑤ ㄴ, ㄷ, ㄹ

06 다음은 엽록체와 마이토콘드리아의 공통점과 차이점을 벤 다이어그램으로 나타낸 것이다.

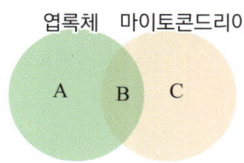

엽록체   마이토콘드리아

이에 대한 설명으로 옳은 것만을 <보기>에서 있는 대로 고른 것은?

- 보기 •
ㄱ. A는 '이산화 탄소와 물을 원료로 하여 포도당을 합성한다.'에 해당한다.
ㄴ. B는 '식물 세포에 존재하는 세포소기관'에 해당한다.
ㄷ. C는 '동물 세포에는 존재하고 식물 세포에는 존재하지 않는다.'에 해당한다.

① ㄱ   ② ㄷ   ③ ㄱ, ㄴ
④ ㄴ, ㄷ   ⑤ ㄱ, ㄴ, ㄷ

07 다음은 사람의 적혈구를 고장액, 등장액, 저장액에 넣었을 때 일어나는 현상을 나타낸 것이다.

H_2O H_2O H_2O H_2O H_2O H_2O

고장액에 넣은   등장액에 넣은   저장액에 넣은
적혈구   적혈구   적혈구

위 결과와 동일한 원리로 설명할 수 있는 현상에 해당하는 것만을 <보기>에서 있는 대로 고른 것은?

- 보기 •
ㄱ. 바닷물은 생수보다 잘 얼지 않는다.
ㄴ. 김장을 할 때 배추를 소금물에 담가 절인다.
ㄷ. 밭에 비료를 너무 많이 뿌리면 농작물이 시들게 된다.

① ㄱ   ② ㄷ   ③ ㄱ, ㄴ
④ ㄴ, ㄷ   ⑤ ㄱ, ㄴ, ㄷ

08 다음은 같은 농도에 존재하던 어떤 세포를 각각 ㉠, ㉡ 용액에 넣었을 때 용액의 농도에 따른 삼투 현상을 나타낸 모식도이다. (㉠과 ㉡은 저장액 또는 고장액 중 하나이다.)

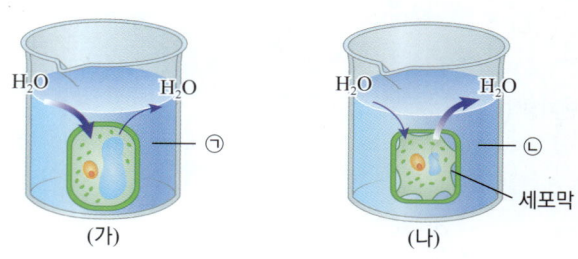

H_2O H_2O H_2O H_2O

㉠   ㉡
                     세포막
(가)   (나)

이에 대한 설명으로 옳은 것만을 <보기>에서 있는 대로 고른 것은?

- 보기 •
ㄱ. 식물 세포의 삼투 현상을 나타낸 것이다.
ㄴ. 용액 ㉠은 저장액, 용액 ㉡은 고장액이다.
ㄷ. 등장액에서는 세포막을 통한 물의 이동이 일어나지 않는다.

① ㄱ   ② ㄷ   ③ ㄱ, ㄴ
④ ㄴ, ㄷ   ⑤ ㄱ, ㄴ, ㄷ

[2024 모의고사 기출]

09 그림은 물질 A가 세포 외부에서 단백질을 통해 세포 내부로 확산하는 과정을 나타낸 것이다.

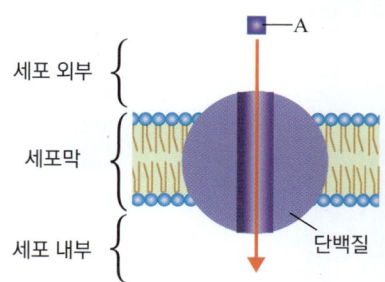

세포 외부

세포막

세포 내부   단백질
A

이에 대한 설명으로 옳은 것만을 <보기>에서 있는 대로 고른 것은?

- 보기 •
ㄱ. 세포막의 인지질은 2중층으로 배열되어 있다.
ㄴ. A의 농도는 세포 외부에서가 세포 내부에서보다 낮다.
ㄷ. 세포막의 단백질을 통해 이동하는 물질에는 포도당이 있다.

① ㄱ   ② ㄴ   ③ ㄱ, ㄴ
④ ㄱ, ㄷ   ⑤ ㄴ, ㄷ

10 그림은 세포막을 통해 물질이 이동하는 과정을 나타낸 것이다.

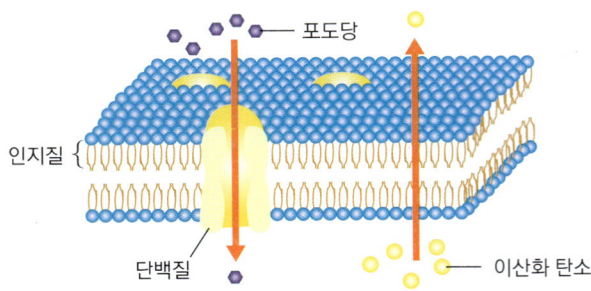

이에 대한 설명으로 옳은 것만을 <보기>에서 있는 대로 고른 것은?

> **보기**
>
> ㄱ. 세포막은 세포 안팎의 물질 출입을 조절한다.
> ㄴ. 세포막은 주로 인지질과 단백질로 이루어진다.
> ㄷ. 포도당과 이산화 탄소의 이동 방식은 확산이다.

① ㄱ   ② ㄴ   ③ ㄱ, ㄷ
④ ㄴ, ㄷ   ⑤ ㄱ, ㄴ, ㄷ

11 다음은 세포막의 구조를 나타낸 모식도이다.

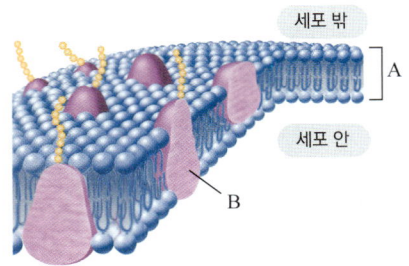

이에 대한 설명으로 옳은 것만을 <보기>에서 있는 대로 고른 것은?

> **보기**
>
> ㄱ. A는 인지질 2중층이다.
> ㄴ. B를 통해서 포도당이나 아미노산이 이동한다.
> ㄷ. 폐포에서의 기체 교환은 A를 통해 이루어진다.

① ㄱ   ② ㄴ   ③ ㄱ, ㄷ
④ ㄴ, ㄷ   ⑤ ㄱ, ㄴ, ㄷ

---

02 생명 시스템에서의 화학 반응

12 다음은 물질대사의 과정을 나타낸 모식도이다.

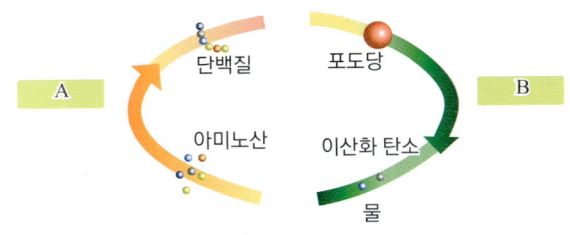

A와 B의 공통점에 대한 설명으로 옳은 것만을 <보기>에서 있는 대로 고른 것은?

> **보기**
>
> ㄱ. 효소가 관여한다.
> ㄴ. 에너지가 관여한다.
> ㄷ. 고온, 고압에서 일어난다.

① ㄱ   ② ㄷ   ③ ㄱ, ㄴ
④ ㄴ, ㄷ   ⑤ ㄱ, ㄴ, ㄷ

13 그림 (가)는 물질대사 Ⅰ, Ⅱ에서 일어나는 화학 반응을 나타낸 것이고, 그림 (나)는 물질대사 Ⅰ, Ⅱ중 한 반응에서 효소과 있을 때와 없을 때의 에너지 변화를 나타낸 것이다.

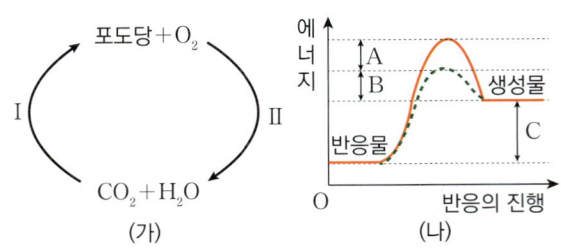

이에 대한 설명으로 옳은 것만을 <보기>에서 있는 대로 고른 것은?

> **보기**
>
> ㄱ. 그림 (나)의 에너지 변화는 물질대사 Ⅰ을 나타낸 것이다.
> ㄴ. 그림 (나)에서 반응열은 C이다.
> ㄷ. 그림 (나)에서 효소가 있을 때의 활성화에너지는 B이다.

① ㄱ   ② ㄴ   ③ ㄱ, ㄴ
④ ㄴ, ㄷ   ⑤ ㄱ, ㄴ, ㄷ

14 그림 (가), (나)는 같은 양의 포도당이 생명체 내에서 세포호흡을 통해 산화될 때와 생명체 밖에서 연소될 때의 에너지 변화를 순서 없이 나타낸 것이다.

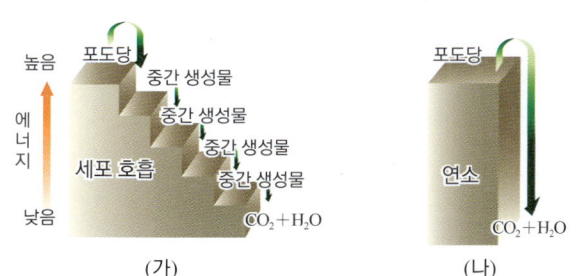

(가) (나)

이에 대한 설명으로 옳은 것만을 있는 대로 고르시오. (2개)

① (가)는 (나)보다 느리게 일어난다.
② (가)와 (나) 모두에 효소가 관여한다.
③ (가)는 (나)보다 높은 온도에서 일어난다.
④ (가)와 (나) 결과 방출되는 에너지의 총량은 같다.
⑤ (가)는 에너지를 방출하는 반응이며, (나)는 에너지를 흡수하는 반응이다.

[2018 모의고사 기출]

15 다음은 감자즙을 이용한 효소 반응 실험이다.

[실험 과정]
(가) 시험관 A와 B에 각각 3 % 과산화 수소수 5 mL씩을 넣는다.
(나) A에는 감자즙 1 mL를, B에는 증류수 1 mL를 넣은 후 A와 B에서 기포가 발생하는지를 관찰한다.
(다) (나)의 반응이 끝난 후 A와 B에 각각 3 % 과산화 수소수 5 mL씩을 더 넣고 A와 B에서 기포가 발생하는지를 관찰한다.

[실험 결과]

구분	시험관 A	시험관 B
(나)의 결과	기포가 발생함	기포가 발생하지 않음
(다)의 결과	㉠	기포가 발생하지 않음

이에 대한 설명으로 옳은 것만을 <보기>에서 있는 대로 고른 것은? (단, 제시된 조건 이외의 다른 조건은 동일하다.)

─ 보기 ─
ㄱ. (나)의 A에서 발생한 기포에는 산소가 있다.
ㄴ. 감자즙에 카탈레이스가 있다.
ㄷ. '기포가 발생함'은 ㉠에 해당한다.

① ㄱ   ② ㄷ   ③ ㄱ, ㄴ
④ ㄴ, ㄷ   ⑤ ㄱ, ㄴ, ㄷ

[2024 모의고사 기출]

16 그림은 효소인 카탈레이스에 의한 과산화 수소 분해 반응을 모식적으로 나타낸 것이다. A와 B는 각각 카탈레이스와 과산화 수소 중 하나이다.

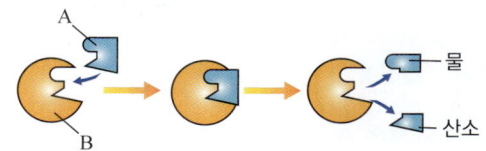

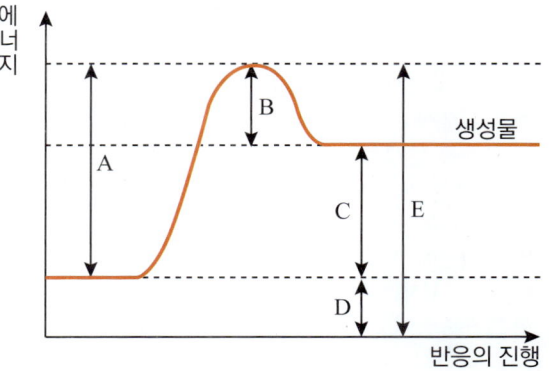

이에 대한 설명으로 옳은 것만을 <보기>에서 있는 대로 고른 것은?

─ 보기 ─
ㄱ. A는 카탈레이스이다.
ㄴ. B의 주성분은 단백질이다.
ㄷ. B는 반응 전과 후에 변하지 않는다.

① ㄱ   ② ㄴ   ③ ㄱ, ㄷ
④ ㄴ, ㄷ   ⑤ ㄱ, ㄴ, ㄷ

17 그림은 어떤 화학 반응의 진행에 따른 에너지 변화를 나타낸 것이며, 이 화학 반응은 광합성과 세포호흡 중 하나이다.

이에 대한 설명으로 옳은 것만을 <보기>에서 있는 대로 고른 것은?

─ 보기 ─
ㄱ. 이 화학 반응의 반응물은 포도당이다.
ㄴ. A~E 중 이 화학 반응의 활성화에너지는 A이다.
ㄷ. 이 화학 반응에 관여하는 효소는 핵 내에서 합성된다.

① ㄱ   ② ㄴ   ③ ㄱ, ㄴ
④ ㄱ, ㄷ   ⑤ ㄱ, ㄴ, ㄷ

18 그림 (가)는 효소 X에 의한 화학 반응을 나타낸 것이고, 그림 (나)는 시간에 따른 물질 ㉠~㉢의 농도를 나타낸 것이다. 물질 ㉠~㉢은 각각 A~C 중 하나이다.

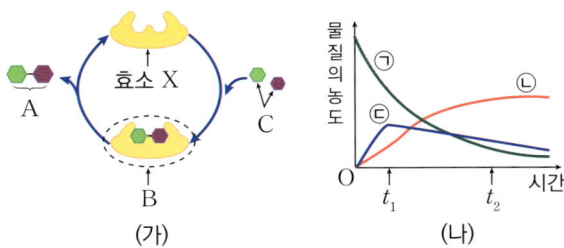

(가)   (나)

이에 대한 설명으로 옳은 것만을 <보기>에서 있는 대로 고른 것은?

---- 보기 ----
ㄱ. ㉠은 C의 시간에 따른 농도 변화이다.
ㄴ. t_1일 때 효소 X를 더 첨가하면 ㉡의 기울기가 증가한다.
ㄷ. t_2일 때 C를 더 첨가하면 B의 농도가 증가한다.

① ㄱ　　　　② ㄴ　　　　③ ㄱ, ㄷ
④ ㄴ, ㄷ　　　⑤ ㄱ, ㄴ, ㄷ

[2019 모의고사 기출]

19 다음은 효소 세제에 대한 신문 기사이다.

뛰어난 세탁력으로 각광받는 효소 세제

효소 세제를 이용하면 옷에 묻은 때가 쉽게 제거된다. 이는 효소 세제에 때를 분해하는 ㉠여러 가지 효소가 있기 때문이다.
일반적인 효소는 고온에서 기능을 잃기 때문에 뜨거운 물에는 사용하기 어려웠지만 온천에 사는 미생물의 효소를 이용함으로써 뜨거운 물에도 효소 세제를 사용할 수 있게 되었다.

㉠에 대한 설명으로 옳은 것만을 <보기>에서 있는 대로 고른 것은?

---- 보기 ----
ㄱ. 주성분은 단백질이다.
ㄴ. 지방분해효소가 포함되어 있다.
ㄷ. 화학 반응의 활성화에너지를 감소시킨다.

① ㄱ　　　　② ㄷ　　　　③ ㄱ, ㄴ
④ ㄱ, ㄷ　　　⑤ ㄱ, ㄴ, ㄷ

[2018 모의고사 기출]

20 그림은 사람의 유전 정보 흐름을 나타낸 것이다. (가)와 (나)는 각각 번역과 전사 중 하나이다.

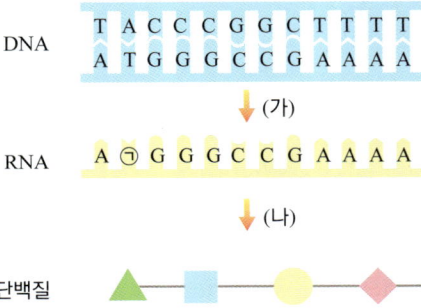

이에 대한 설명으로 옳은 것만을 <보기>에서 있는 대로 고른 것은? (단, 돌연변이는 고려하지 않는다.)

---- 보기 ----
ㄱ. DNA는 핵산에 해당한다.
ㄴ. (가)는 번역이다.
ㄷ. ㉠는 타이민(T)이다.

① ㄱ　　　　② ㄴ　　　　③ ㄷ
④ ㄱ, ㄴ　　　⑤ ㄱ, ㄷ

[2020 모의고사 기출]

21 그림은 세포에서 일어나는 유전 정보의 흐름을 나타낸 것이다.

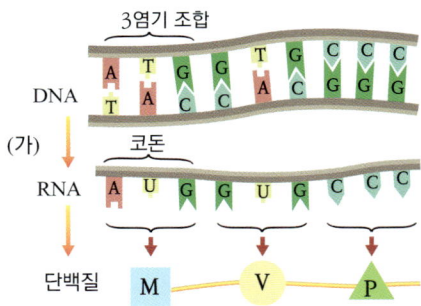

이에 대한 설명으로 옳은 것만을 <보기>에서 있는 대로 고른 것은? (단, 돌연변이는 고려하지 않는다.)

---- 보기 ----
ㄱ. (가) 과정은 번역이다.
ㄴ. DNA는 유전 정보를 저장한다.
ㄷ. 코돈 'GUG'는 ' V '를 지정한다.

① ㄱ　　　　② ㄷ　　　　③ ㄱ, ㄴ
④ ㄴ, ㄷ　　　⑤ ㄱ, ㄴ, ㄷ

22 유전자에 대한 설명으로 옳은 것만을 <보기>에서 있는 대로 고른 것은?

● 보기 ●
ㄱ. DNA 한 분자에는 여러 개의 유전자가 있다.
ㄴ. 세포 하나에 포함된 유전자 수는 염색체 수와 일치한다.
ㄷ. 유전 정보가 저장되어 있는 DNA의 특정 부위를 유전자라고 한다.
ㄹ. 서로 다른 유전자에는 서로 다른 단백질에 대한 유전 정보가 저장되어 있다.

① ㄱ, ㄷ   ② ㄴ, ㄹ   ③ ㄷ, ㄹ
④ ㄱ, ㄴ, ㄷ   ⑤ ㄱ, ㄷ, ㄹ

[2024 모의고사 기출]

23 다음은 세포 내 유전 정보의 흐름에 대한 모의 실험이다.

(가) 3염기조합 모형, 코돈 모형, 아미노산 모형을 준비한다.
(나) 3염기조합 모형을 3개 선택하여 칠판에 순서대로 붙인다.
(다) (나)의 각 3염기조합 모형에 대응하는 코돈 모형을 찾아 그 아래에 붙인다.
(라) 아래 표를 참고하여 (다)의 각 코돈 모형에 대응하는 아미노산 모형을 찾아 그 아래에 붙인다.

코돈 모형	GCU	CAA	CUU	CGG
아미노산 모형	○	△	□	⬡

(마) 각 모형의 배열은 그림과 같다. ㉠은 아미노산 모형이다.

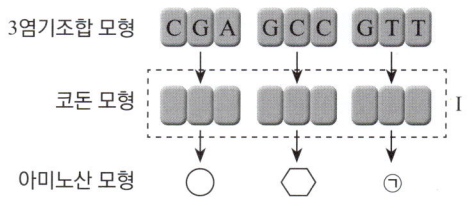

이에 대한 설명으로 옳은 것만을 <보기>에서 있는 대로 고른 것은?

● 보기 ●
ㄱ. (라)는 세포 내 유전 정보 흐름 과정에서의 전사에 해당한다.
ㄴ. I 에서 'U'의 개수는 2개이다.
ㄷ. ㉠은 '△'이다.

① ㄱ   ② ㄷ   ③ ㄱ, ㄴ
④ ㄴ, ㄷ   ⑤ ㄱ, ㄴ, ㄷ

24 다음은 세포에서 유전 정보에 따라 단백질이 합성되는 과정을 나타낸 그림이다.

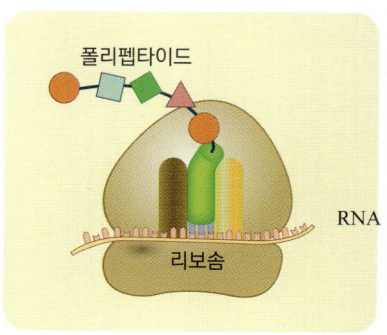

그림의 폴리펩타이드가 합성되기까지 사용된 염기의 개수는? (단, 아직 번역은 끝나지 않았다.)

① 4개   ② 5개   ③ 8개
④ 10개   ⑤ 15개

25 다음은 어떤 DNA의 2중나선을 분리하여 얻은 두 가닥과 그 DNA로부터 전사된 RNA의 염기 조성 비율(%)을 나타낸 것이다.

구분	염기 조성 비율(%)					계 (%)
	A	G	C	T	U	
(가)	23	30	25	22	0	100
(나)	22	25	30	0	23	100
(다)	22	25	30	23	0	100

이에 대한 설명으로 옳은 것만을 <보기>에서 있는 대로 고른 것은?

● 보기 ●
ㄱ. (가)는 (나)로 전사된 DNA 가닥이다.
ㄴ. (가)와 (다)는 상보결합하여 DNA 2중 나선을 이룬다.
ㄷ. (나)와 (다)는 서로 상보결합할 수 있다.

① ㄱ   ② ㄴ   ③ ㄱ, ㄴ
④ ㄴ, ㄷ   ⑤ ㄱ, ㄴ, ㄷ

MEMO

세페이드
통합과학 1
서술형 마무리

서술형 마무리

정답 및 해설 ➜ 101

01 과학의 기본량

01 다음은 자연 세계에 대한 학생 A, B의 대화이다.

> 학생 A: 자연 현상은 (㉠   )과 공간으로 설명할 수 있어.
> 학생 B: 자연 세계는 크게 ㉡미시 세계와 (㉢   ) 세계로 구분할 수 있어.

(1) ㉠, ㉢이 각각 무엇인지 쓰시오.

(2) ㉡, ㉢의 특징을 각각 1가지씩 써서 둘을 구분하시오.

02 과거에 우리나라에서는 앙부일구, 일성정시의 등과 같은 도구를 이용해 시간을 측정했다. ① 현대에 시간을 측정하는 방법과 ②그 장점을 서술하시오.

03 다음은 힘과 압력에 대한 설명이다.

> · 힘은 물체를 가속 운동시키는 원인으로 질량×가속도로 구한다.
> · 압력은 단위 넓이당 수직으로 작용하는 힘의 크기로 $\dfrac{힘의 크기}{넓이}$로 구하며 기본량을 사용했을 때 이 값이 1인 경우 압력은 1 Pa이 된다.

1 Pa을 기본 단위의 조합으로 나타내되, 풀이 과정도 쓰시오.

---

1 과학의 기초

정답 및 해설 ➜ 101

02 측정 표준과 정보

04 다음 설명은 무엇에 관한 것인지 쓰시오.

> · 과학적인 사고 과정, 자료, 측정 경험 등을 바탕으로 수행된다.
> · 적절한 단위와 도구를 사용한 측정 경험이 많을수록 더 정확하게 할 수 있다.

05 다음 A와 B는 두 유형의 신호를 나타낸 것이다.

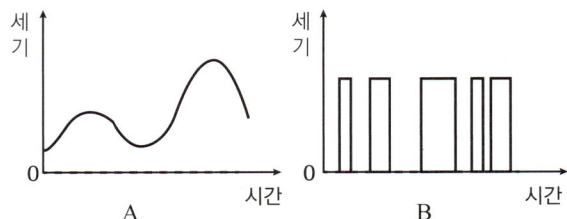

다음 질문에 A 또는 B로 답하시오.

(1) 자연에서 발생하는 대부분의 신호에 해당하는 것은?
(2) 컴퓨터나 스마트폰에서 처리되는 신호인 것은?
(3) 센서에서 변환된 신호인 것은?
(4) 실제 현상을 더 정확히 표현하는 것은?
(5) 저장과 전송 시 손상되기 쉬운 것은?

06 다음 설명은 무엇에 관한 것인지 쓰시오.

> · 누리소통망을 이용해 사진과 영상 등을 공유한다.
> · 전자책, 교육 앱 등으로 시간과 장소에 관계없이 누구나 원하는 교육을 받는다.
> · 인터넷을 이용하여 상품을 구매하고 금융 서비스를 이용한다.

정답 및 해설 ➜ 101

01 우주 초기 원소의 생성

01 그림 (가), (나)는 수소의 스펙트럼이다. (가)와 (나)의 스펙트럼 종류를 쓰고, 발생하는 조건을 각각 서술하시오.

(가)
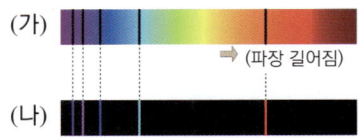
➡️ (파장 길어짐)

(나)

02 빅뱅 우주론의 증거 두 가지를 쓰고, 각각이 증거가 되는 이유를 서술하시오.

03 초기 빅뱅 우주에서 헬륨 원자핵이 생성될 무렵 양성자와 중성자의 개수비를 나타낸 것이다.

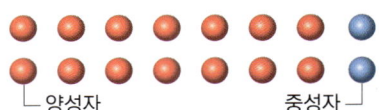
└ 양성자   중성자 ┘

헬륨 원자핵이 생성되었을 때, 수소 원자핵과 헬륨 원자핵의 질량비는 어떻게 될지 서술하시오.

04 빅뱅 이후 약 38만 년이 지났을 때 우주에서 일어난 변화에 대하여 서술하시오.

1 자연의 구성 원소

05 초기 우주에서 헬륨 원자핵이 생성된 후 더 무거운 원자핵이 만들어지기 어려웠던 이유를 우주의 온도 변화를 근거로 서술하시오.

06 빅뱅 이후 우주의 온도와 밀도의 변화를 간략하게 설명하고, 그 이유에 대하여 서술하시오.

07 그림 (가), (나)는 각각 빅뱅 이후 양성자와 중성자가 생성되기 시작했을 때와 헬륨 원자핵이 형성되기 직전의 양성자와 중성자의 개수비를 나타낸 것이다.

(가)   🔴 양성자   🔵 중성자
                    (나)

(가), (나) 시기 우주의 온도를 비교하고, 그렇게 답한 까닭을 설명하시오.

08 태양의 스펙트럼을 나타낸 것이다. 이와 같이 태양의 스펙트럼에서 헬륨보다 무거운 원소들의 흡수선이 나타나는 까닭을 별의 진화를 들어 서술하시오.

Ca   Na   O
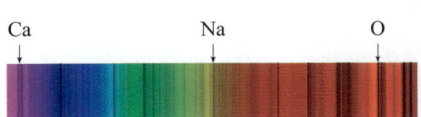

정답 및 해설 → 102

02 지구와 생명체를 구성하는 원소의 생성

09 질량이 태양과 비슷한 어느 별 내부에서 핵융합 반응이 멈췄을 때의 내부 구조를 나타낸 것이다. A에 해당하는 원소가 무엇인지 쓰고, 이 별의 진화 단계가 무엇일지 쓰시오.

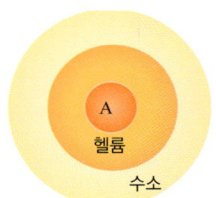

10 어떤 별의 내부에서 핵융합 반응으로 만들어지는 원소의 종류 중 일부를 순서 없이 나타낸 것이다. 이 별의 질량을 태양과 비교하고, 아래와 같은 원소가 만들어지는 조건을 질량이 태양 정도인 별과 비교하여 서술하시오.

철	규소	네온

11 그림은 태양과 질량이 비슷한 별이 주계열성에서 적색거성으로 진화하는 과정에서 나타나는 내부 구조를 나타낸 것이다. 현재 핵융합 반응은 오로지 B층에서만 일어나고 있다.

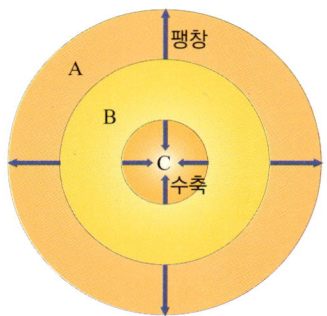

(1) 주계열성 단계와 비교했을 때 별의 표면(A)과 중심핵 (C)의 온도 변화를 각각 서술하시오.

(2) B층에서 일어나는 핵융합에서 반응 전후 원자핵의 종류와 개수비를 서술하시오.

1 자연의 구성 원소

12 원시별이 중력 수축을 계속하면 중심부에서 핵융합 반응이 시작된다. 이때 별은 스스로 빛을 내는 별(주계열성)이 되어 별의 크기가 일정하게 유지되는 데, 별의 크기가 일정하게 유지되는 이유를 서술하시오.

13 우리은하의 나선팔에 있던 성운 주변에서 초신성 폭발이 일어나 태양계 성운이 형성되었고, 태양계 성운에서 태양계가 형성되었다. 태양의 자전 방향과 행성들의 공전/자전 방향이 같은 이유를 태양계의 형성 과정과 관련지어 서술하시오.

14 지구의 전체 원소 중에서 철이 가장 많지만, 지각에서는 그 일부만 발견된다. 그 이유를 지구의 형성 과정을 관련지어 설명하시오.

01 원소의 주기성

정답 및 해설 → 103

01 다음은 알칼리 금속 A, B의 성질을 알아보기 위한 실험이다. (단, A, B는 임의의 원소 기호이다.)

[실험 과정]
① 물이 담긴 시험관 (가)와 (나)에 금속 조각 A, B를 각각 넣고 반응 정도를 관찰한다.
② 시험관 (가), (나)에서 각각 발생한 기체를 빈 시험관 (다), (라)를 ⓐ거꾸로 하여 모은다.
③ 시험관 (다), (라)를 거꾸로 한 상태에서 성냥불을 시험관 속으로 가져가 본다.
④ 시험관 (가)와 (나)에 각각 페놀프탈레인 용액을 넣고 색 변화를 관찰한다.

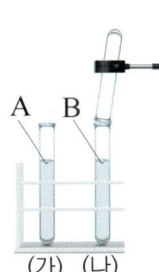

[실험 결과]

과정	결과
①	(가)와 (나) 모두 격렬하게 반응하였고, (가)가 (나)보다 반응 정도가 심했다.
③	(가)와 (나) 모두 '퍽' 소리가 났다.
④	(가)와 (나)의 수용액 모두 붉은색으로 변하였다.

(1) ⓐ의 이유를 서술하시오.

(2) 안정한 상태의 금속 A와 B의 전자가 들어 있는 전자 껍질 수를 실험 결과에 근거하여 비교하시오.

02 그림은 주기율표에서 2주기 원소의 원자 번호에 따른 물리량 X, Y를 나타낸 것이다. X, Y로 적절한 물리량을 각각 쓰고, 그 이유를 서술하시오.(단, 18족 원소는 제외한다.)

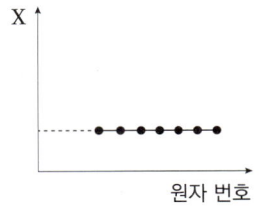

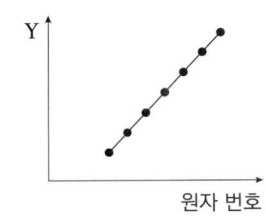

03 원소들의 주기성이 나타나는 이유를 원자가 전자 수와 관련하여 서술하시오.

04 알칼리 금속을 보관하는 방법과 그 이유를 서술하시오.

05 다음은 주기율표의 회색 부분에 위치하는 원소 a~e에 대한 자료이다. (단, a~e는 임의의 원소 기호이다.)

	1족	2족	13족	14족	15족	16족	17족	18족
1주기	■							
2주기				■		■		
3주기	■					■		

· b와 e는 같은 족 원소이다.
· a와 c는 전자가 채워져 있는 전자 껍질 수가 같다.
· 원자가 전자 수는 d가 a보다 크다.
· 양성자수는 e가 c보다 크다.

(1) a~e에 해당하는 원소 기호를 각각 쓰시오.

(2) d^{2-} 이온의 전자 배치는 어떤 원소와 동일한지 원소 기호를 쓰고, 이유를 설명하시오.

(3) 화합물 e_2c는 어떤 결합을 이루고 있는지 결합의 종류를 쓰고, 이러한 화학 결합을 이루는 이유를 각 원소의 안정한 전자 배치, 결합의 특성에 대한 내용을 포함하여 설명하시오.

02 화학 결합과 물질의 성질

06 표는 공기를 구성하는 일부 분자에 대한 자료이다. 분자 구조는 가장 바깥에 있는 전자껍질의 전자만을 이용하여 나타내었다.

분자	분자 구조	결합의 종류	공유 전자쌍 수
N_2		삼중 결합 1개	-
O_2		-	2쌍
H_2O	㉠	㉡	㉢

(1) ㉠에 해당하는 그림을 그리시오.

(2) (1)에서 그린 그림을 바탕으로 ㉡과 ㉢에 알맞은 말을 쓰시오.

07 그림은 물과 이온 결합 물질 Z를 섞어 만든 수용액에 전원 장치를 연결한 모습이다. 전원을 연결하자 수용액 속 6개의 입자 중 2개 입자는 (+)극 방향으로, 나머지 4개 입자는 (-)극 방향으로 이동하였다.

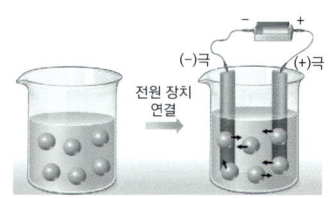

(1) 위 수용액이 전기 전도성이 있는지 없는지 판단하여 쓰고, 그 이유를 실험 결과를 바탕으로 설명하시오.

(2) 이온 결합 물질 Z를 구성하는 양이온과 음이온의 비를 쓰고, 그 이유를 실험 결과를 바탕으로 설명하시오.

2 물질의 규칙성과 성질

08 염화 나트륨(NaCl)이 고체 상태에서는 전기 전도성이 없지만 액체 상태에서는 전기 전도성이 있는 이유를 서술하시오.

09 원자가 화학 결합을 형성하는 이유에 대해 전자 배치와 관련하여 서술하시오.

10 다음은 이산화 탄소의 분자 모형이다. 이산화 탄소의 가장 안정한 상태의 분자 구조를 그리되, 원자핵을 표시하고, 전자 껍질을 큰 원으로, 각 전자 껍질에 들어 있는 전자를 작은 원으로 그리고, 각 공유 전자쌍에 ○표시 하시오.

11 그림은 마그네슘(Mg)과 산소(O)의 전자 배치를 모형으로 나타낸 것이다.

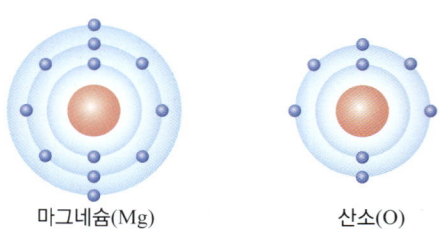

마그네슘(Mg)   산소(O)

마그네슘(Mg)과 산소(O)가 결합하여 형성된 물질의 화학식을 쓰고, 화학 결합이 형성되는 과정을 서술하시오.

2 물질의 규칙성과 성질

정답 및 해설 ➜ 105

03 지각과 생명체 구성 물질의 규칙성

12 지각과 생명체를 구성하는 원소 중에서 가장 많은 질량비를 차지하는 원소를 쓰고, 그 원소들이 우주의 진화 과정에서 어떻게 생성된 것인지 서술하시오.

13 그림은 규산염 사면체의 구조를 나타낸 것이다.

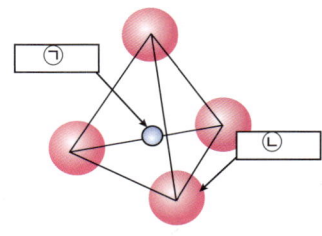

㉠과 ㉡에 해당하는 원소의 이름을 각각 쓰고, 결합 방법을 서술하시오.

14 다음은 어느 광물의 결합 구조를 나타낸 것이다. 이 결합 구조를 가진 광물에 힘을 주었을 때 나타나는 특징과 그 이유를 결합 구조와 연관지어 서술하시오.

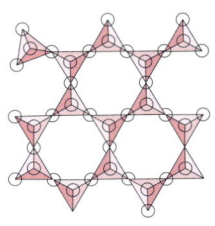

15 그림은 석영의 결합 구조를 나타낸 것이다. 결합 구조와 관련지어 석영이 풍화에 강한 이유를 서술하시오.

16 지각에서 암석을 이루는 광물 중 90 % 이상이 규산염 광물로 이루어져 있다. 이와 같이 대부분의 암석이 규산염 광물로 이루어져 있는 이유를 서술하시오.

17 그림은 생명체를 구성하는 물질 A와 B를 나타낸 것이다. A와 B는 단백질과 DNA를 순서 없이 나타내었다.

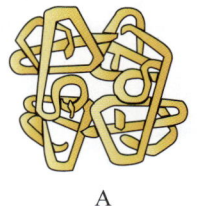 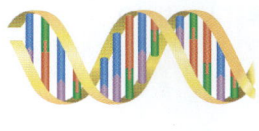

A   B

(1) A와 B의 기본 단위체가 각각 무엇인지 쓰시오.

(2) (가)와 (나)의 공통점을 2가지만 서술하시오.

18 다음은 두 종류의 핵산 구조를 나타낸 모식도이다.

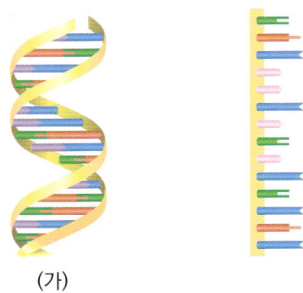

(가)

(1) 핵산 (가)와 (나)를 구성하는 당의 이름을 차례대로 쓰시오.

(2) 핵산 (가)와 (나)의 공통점을 2가지만 쓰시오.

19 그림은 서로 다른 종류의 단백질을 입체 구조로 나타낸 것이다. 입체 구조가 서로 다른 단백질은 기능 또한 서로 다른데, 그 이유를 단백질의 단위체와 형성 원리를 토대로 서술하시오.

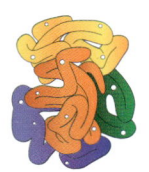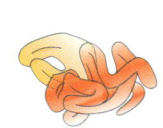

20 그림은 두 종류의 핵산 구조를 나타낸 것이다. (가), (나) 중 염기 비율이 (A + G) : (T(or U) + C) = 1 : 1인 것을 고르고 그 이유를 서술하시오.

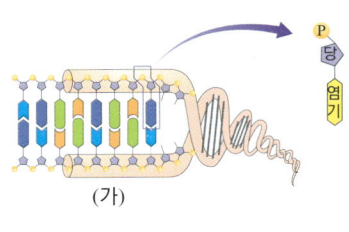

(가)

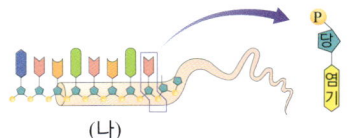

(나)

04 물질의 전기적 성질

21 그림 (가)는 반도체 소자 A와 디지털 전류계, 저항, 전원 장치로 구성한 회로이고, (나)는 전원 장치에서 공급하는 전류를, (다)는 전류계에 나타나는 전류를 나타낸 것이다.

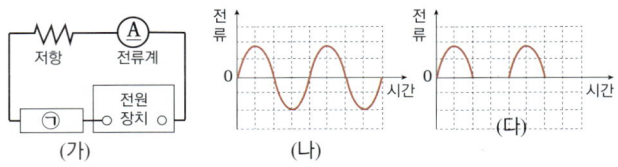

(1) ㉠는 무엇인가?

(2) 전류계에 (다)처럼 전류가 나타나는 이유를 A의 기능과 관련하여 서술하시오.

22 A는 전선의 피복, B는 전선의 내부, C는 데이터 저장 장치이다. A와 B의 단위 부피 당 자유 전자 수를 비교하고, C를 이루는 재료가 전기를 통하게 되는 이유를 설명하시오.

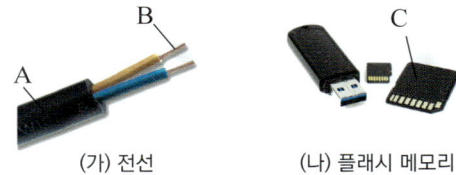

(가) 전선　　　　　(나) 플래시 메모리

23 그림은 규소(Si)에 인(P)을 첨가한 반도체 A와 규소(Si)에 알루미늄(Al)을 첨가한 반도체 B를 나타낸 것이다. A와 B는 n형 반도체와 p형 반도체를 순서 없이 나타내었다.

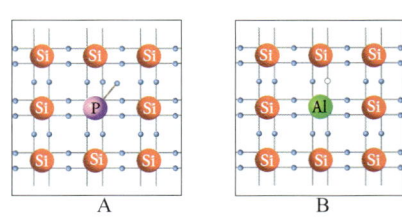

(1) A와 B에 첨가한 불순물의 원자가 전자 수를 각각 쓰시오.

(2) A와 B는 각각 어떤 반도체인지 '자유 전자', '양공', '공유 결합'의 용어를 포함하여 서술하시오.

정답 및 해설 ➡ 106

1 지구시스템

01 지구시스템의 구성과 상호작용

01 그림은 기권 각 층의 온도에 따른 높이를 나타낸 것이다.

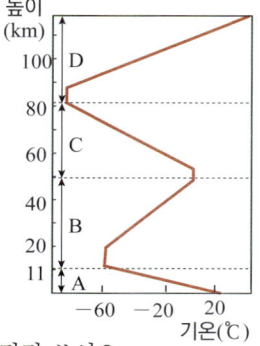

(1) A~D에 해당하는 층의 이름을 각각 쓰시오.

(2) B 층의 특징을 두 가지만 서술하시오.

02 그림은 해수의 깊이에 따른 수온 분포를 나타낸 것이다.

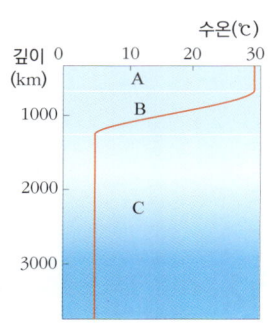

(1) A~C에 해당하는 층의 이름을 각각 쓰시오.

(2) A 층의 수온은 깊이에 따라 변하지 않고 일정하게 나타나는데, 그 이유를 서술하시오.

03 그림은 지권의 성층 구조를 나타낸 것이다.

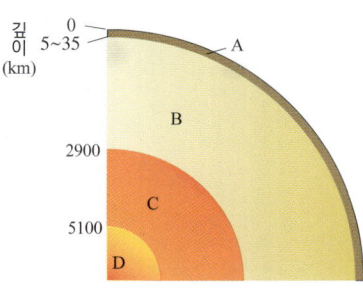

(1) A~D 중 대류가 일어나는 층을 있는 대로 쓰되, 층의 이름도 같이 쓰시오.

(2) C층의 운동과 그로 인해 나타나는 외권의 현상을 서술하시오.

04 그래프는 어느 해상에서 여름철과 겨울철에 깊이에 따른 수온의 변화를 측정하여 나타낸 것이다.

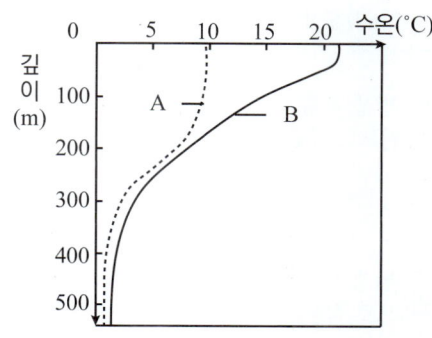

(1) A, B는 각각 여름철과 겨울철 중 어느 시기인지 구분하시오.

(2) 이 지역의 여름철과 겨울철 날씨를 비교하시오.

05 그림은 지구시스템의 물의 분포이다.

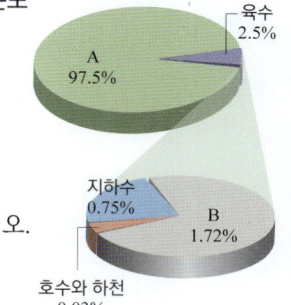

▲ 수권의 분포 비율

(1) A와 B가 각각 무엇인지 쓰시오.

(2) 지구온난화가 지속되면 B의 분포는 어떻게 될지와, 그 결과 지구시스템에 미치는 효과를 서술하시오.

06 지구시스템을 구성하는 각 요소의 상호작용 결과 나타나는 현상이다.

(가) 해수의 온도가 상승하면서 적조가 발생한다.
(나) 사막에서 바람의 침식 작용으로 버섯 바위가 형성된다.

(1) (가), (나)는 지구시스템에서 어떤 구성 요소 사이의 상호작용인지 각각 적으시오.

(2) (가)의 과정과 피해를 서술하시오.

07 다음은 지구시스템에서 일어나는 어떤 현상이다.

(가) 황사	(나) 지진 해일

(1) (가)의 발생 과정과, 상호작용하는 지구시스템의 구성 요소와, 근원으로 작용하는 에너지원을 서술하시오.

(2) (나)의 발생 과정과 상호작용하는 지구시스템의 구성 요소와 근원으로 작용하는 에너지원을 서술하시오.

[08~09] 다음은 지구시스템을 구성하는 각 요소 사이의 상호작용이다. 화살표는 상호작용의 근원과 그 영향을 나타낸다.

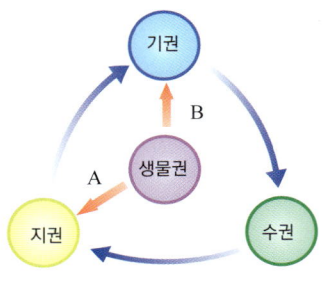

08 A의 예를 2가지만 서술해 보시오.

09 B의 예를 1가지만 서술해 보시오.

10 지각의 생성과 소멸, 암석의 순환에 관여하는 지구시스템의 에너지원을 쓰고, 그 에너지가 외권에 미치는 영향에 대해 서술하시오.

11 그림은 물의 순환 과정을 연간 이동량으로 나타낸 것이다.

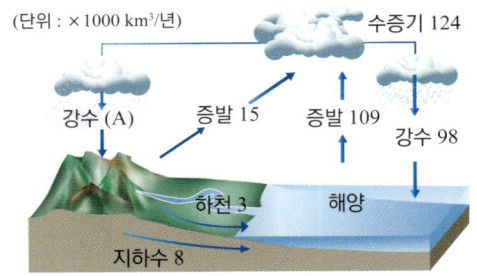

(1) 물의 순환을 일으키는 에너지원은 무엇인가?

(2) A는 몇 단위인지 구하는 과정을 서술하시오.

(3) 물이 순환하는 과정에서 각 권에 존재하는 물의 양과 지구시스템에 존재하는 전체 물의 양은 어떻게 변화하는지 서술하시오.

12 다음은 물의 순환 과정이다.

A: 수증기가 응결하여 구름을 형성한다. B: 구름의 결정이 커져 눈과 비 등의 형태로 육지로 내린다.

A와 B는 지구시스템을 구성하는 요소 중 어디에서 어디로 물의 이동인지 서술하시오.

13 수권의 물이 생명체 존속에 어떤 역할을 하는지 2가지만 서술해 보시오.

정답 및 해설 ➜ 108

14 지구시스템의 각 권역에 분포하는 탄소의 존재 형태와 비율을 나타낸 것이다.

권	주요 존재 형태	분포비(%)
지권	A	99.93
	화석 연료	0.007
(가)	탄산 이온	0.062
생물권	B	0.003
(나)	이산화 탄소	0.001

(1) (가), (나)에 해당되는 권역을 각각 쓰시오.

(   )

(2) A, B 에 해당되는 존재 형태를 각각 쓰고, A가 만들어지는 과정을 서술하시오.

15 다음은 지구시스템에서 탄소의 순환 과정과 그 예이다.

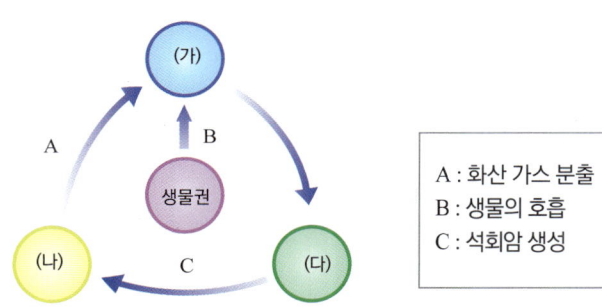

A : 화산 가스 분출
B : 생물의 호흡
C : 석회암 생성

(가)~(다)에 해당하는 지구시스템의 구성 요소를 각각 쓰고, 기권의 탄소 증가 요인을 위에 제시한 예 외에 한 가지 더 써보시오.

16 화석 연료의 사용 증가로 지구 온난화가 진행될 때 기권과 지권, 그리고 지구 전체에 분포하는 탄소의 양에 각각 어떤 변화를 일으키는지 서술하시오.

02 지권의 변화와 영향

17 그림은 지구 표면과 내부의 일부를 모식적으로 나타낸 것이다.

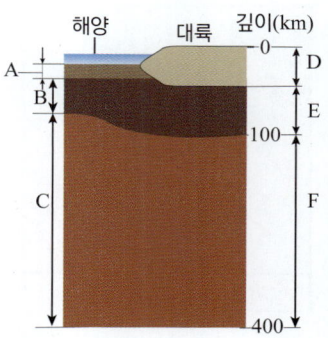

(1) 대륙판과 해양판을 각각 A~F를 이용하여 서술해 보시오.

(2) 대류가 일어나는 곳은 어디인지 기호를 쓰고, 대류로 인하여 발생하는 현상을 판과 연관지어 서술하시오.

18 그림은 전 세계의 지진 분포이다.

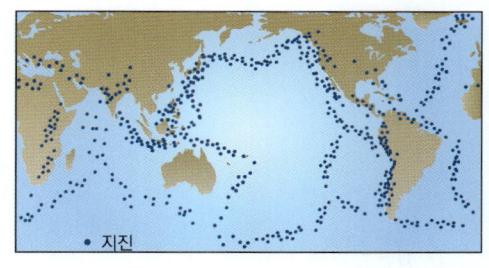

• 지진

(1) 지진을 일으키는 에너지원을 쓰시오.

(2) 지진대와 화산대는 좁은 띠 모양으로 나타나는데, 그 이유를 서술해 보시오.

19 화산 활동이 지구시스템에 미치는 긍정적인 영향을 2가지만 서술하시오.

20 다음과 같이 판 경계를 나타낸 그림에 표시된 A ~ E 지역을 지각 변동의 종류에 따라 분류하였다.

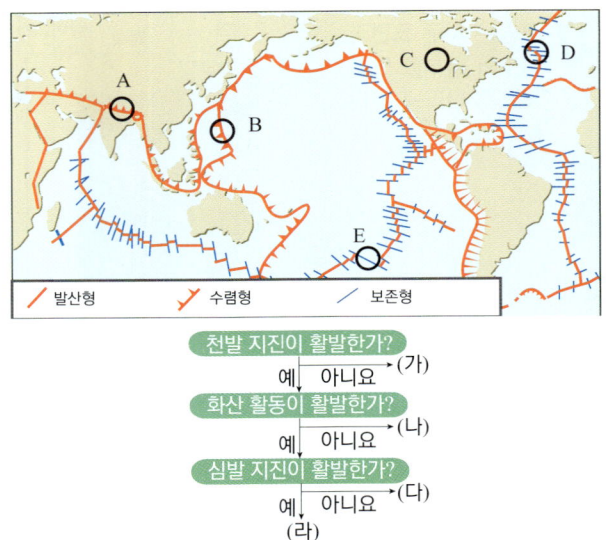

/ 발산형	⊥ 수렴형	/ 보존형

천발 지진이 활발한가?
예 │ 아니요 →(가)
화산 활동이 활발한가?
예 │ 아니요 →(나)
심발 지진이 활발한가?
예 │ 아니요 →(다)
(라)

(1) (나)에 해당하는 지역을 쓰고, 그 이유를 서술하시오.

(2) (라)에 해당하는 지역을 쓰고, 그 이유를 서술하시오.

21 그림은 해령 부근의 판 운동을 모식적으로 나타낸 것이다.

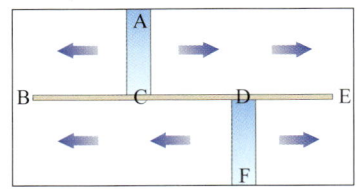

다음 물음에 답하시오. 단, 구간은 문자와 문자 사이를 말한다.

(1) 지진이 활발하게 발생하는 구간을 있는 대로 고르고, 화산 활동이 활발한 구간과 화산 활동이 활발하지 않은 구간으로 구분하시오.

(2) 지진이 발생하지 않는 구간과 지진이 발생하지 않는 이유를 쓰시오.

22 그림은 해저에서의 판 경계와 판의 이동을 나타낸 것이다

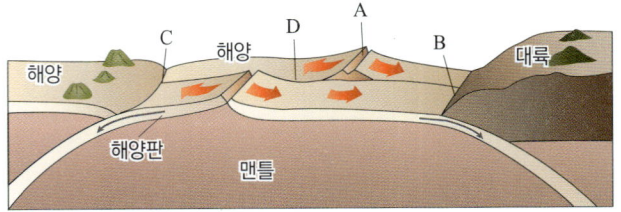

(1) A, B, C, D에 해당하는 판 경계의 종류를 각각 쓰시오.

(2) B에서의 지각 변동을 서술하시오.

(3) A에서 생성된 지각의 운동에 대하여 서술하시오.

23 그림 (가)는 우리나라 주변의 판의 분포를, (나)는 A-B의 단면을 나타낸 것이다.

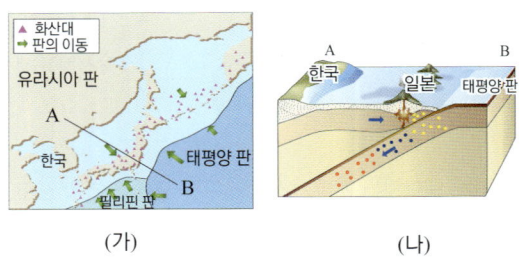

(가)   (나)

(1) 우리나라 주변에 발달하는 판 경계의 종류와 발달하는 지형을 쓰시오.

(2) 일본에는 화산 활동이 활발하나 우리나라는 그렇지 않은 이유를 서술하시오.

정답 및 해설 ➡ 109

2 역학 시스템

01 중력을 받는 물체의 운동

01 기린과 같이 목이 긴 동물은 중력의 영향으로 혈액이 머리 끝까지 순환하기 어렵지만, 다른 동물에 비해 심장이 크고, 혈압이 높아 혈액 순환이 가능하다.

이처럼 중력이 생명 시스템에 미치는 영향에 대해 한 가지 이상 서술하시오.

04 지구가 처음 생성될 무렵 철, 니켈 성분의 핵이 형성되었고, 산소, 규소 성분의 맨틀과 지각을 형성하여 그림과 같이 성층 구조를 이루게 되었다.

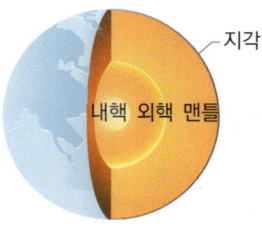

이렇게 지구가 각각 다른 성분으로 구성된 층상 구조를 이루게 된 원인을 '중력'이라는 단어를 포함시켜 서술해 보시오.

02 자유 낙하하는 물체의 속력 변화에 대하여 쓰고, 그 이유도 함께 서술하시오.

05 그림은 자유 낙하하는 물체의 속력을 시간에 따라 나타낸 것이다. (단, 중력 가속도는 9.8 m/s²이며, 공기의 저항은 무시한다.)

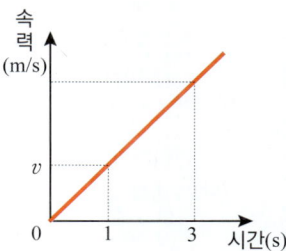

(1) 속력 v는 얼마인지 구하되, 계산 과정과 함께 쓰시오.

(2) 그래프의 기울기는 무엇을 의미하는지 쓰고, 그 값을 쓰시오.

(3) 0~3초 간 물체의 낙하 거리는 얼마인지 그래프에서 구하되, 계산 과정과 함께 쓰시오.

03 수평 방향으로 던진 물체의 위치를 같은 시간 간격으로 나타낸 것이다. 공기의 저항을 무시할 때, 물체의 수평 방향의 운동과 연직 방향의 운동 종류를 각각 쓰시오.

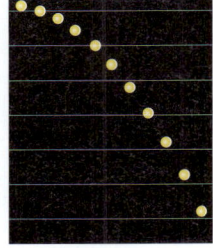

ㄱ 수평 방향 (   )
ㄴ 연직 방향 (   )

06 그림은 높이가 h인 곳에서 질량이 m인 물체를 수평 방향으로 v의 속력으로 던졌더니 수평 거리 s만큼 떨어진 지점에 도달한 것을 나타낸 것이다. 물체를 수평 거리 s보다 더 먼 지점에 떨어뜨릴 수 있는 방법을 그 이유와 함께 두 가지만 서술하시오. (단, 공기 저항은 무시한다.)

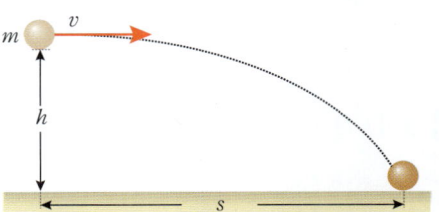

[07~08] 다음은 높이가 h인 곳에서 수평 방향으로 10 m/s의 속력으로 던진 물체가 수평 거리가 30 m인 지점에 떨어질 때까지의 운동 경로를 나타낸 것이다. 단, 공기 저항은 무시하고, 중력 가속도는 10 m/s²이다.

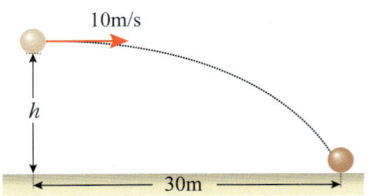

07 지면에 떨어질 때까지 (1) 수평 방향 및 (2) 연직 방향의 속력과 시간 그래프로 옳은 것을 <보기>에서 각각 고르고, 고른 이유를 서술하시오.

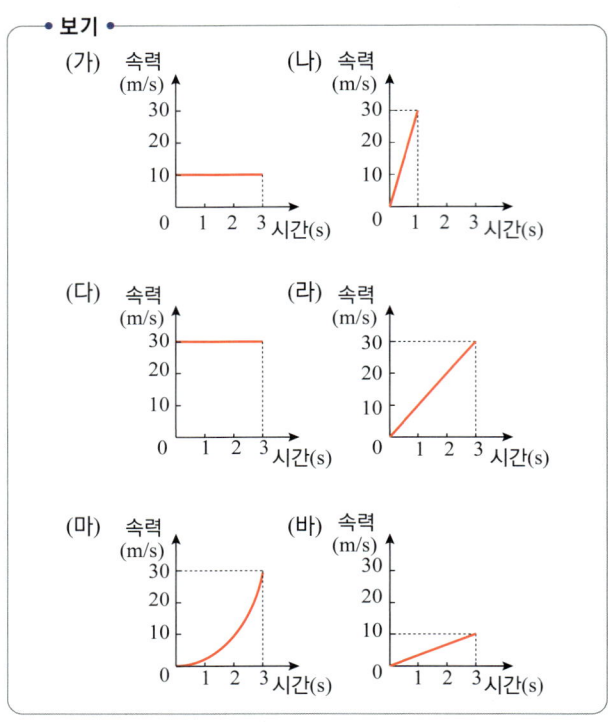

(1) 수평 방향 (   )
  이유:

(2) 연직 방향 (   )
  이유:

08 높이 h 를 구하되, 풀이 과정을 포함하여 서술하시오.

09 그림은 같은 높이에서 질량이 같은 공 A, B, C를 동시에 가만히 놓거나 수평 방향으로 던진 후, A, B, C의 위치를 일정한 시간 간격으로 나타낸 것이다. (단, 공기의 저항은 무시한다.)

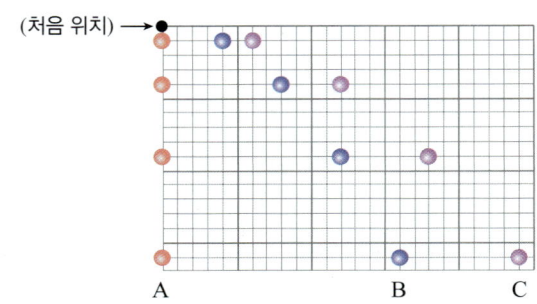

(1) 다음 물리량을 부등호로 비교하고 이유를 설명하시오.

① 공 A, B, C의 수평 방향 속력

② 공 A, B, C의 연직 방향 가속도의 크기

③ 수평면에 도달하는 순간 공 A, B, C의 속력

(2) 수평 방향으로 공을 20 m/s의 속력으로 던졌더니 공이 2초 만에 지면에 닿았다. 공의 수평 도달 거리는? (단, 공기의 저항은 무시한다.)(풀이과정과 단위를 쓰시오.)

10 질량 5 kg인 물체가 자유 낙하하고 있다. 현재 이 물체의 속력이 5 m/s라면 이 순간부터 0.5초 후의 이 물체의 속력은 얼마인지 풀이 과정을 포함하여 서술하시오. (단, 중력 가속도는 9.8 m/s²이며, 공기 저항은 무시한다.)

정답 및 해설 ➜ 110

02 운동과 충돌

11 계속 정지해 있으려는 관성에 의해 나타나는 현상을 두 가지 이상 서술하시오.

12 기차는 같은 속력으로 달리는 자동차에 비해 멈추기가 어렵다. 그 이유를 다음 단어를 모두 넣어 서술하시오.

관성	질량	운동 상태

13 같은 속력으로 달리던 질량이 같은 자동차 A, B가 각각 짚더미와 단단한 벽에 충돌하였다. 충돌 후 자동차는 모두 정지하였으며, 자동차 B가 A 보다 더 크게 파손되었다. 자동차 B가 A 보다 더 크게 파손된 이유를 서술하시오.

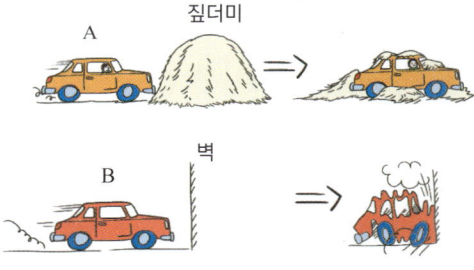

14 피겨 스케이팅의 점프 동작을 나타낸 것이다. 피겨 스케이팅 선수는 무릎을 굽혀 점프를 한 후, 착지할 때에도 무릎을 굽혀 착지한다.

이와 같은 동작을 하는 이유를 충격량을 이용하여 서술하시오.

---

2 역학 시스템

15 멀리뛰기 선수의 착지 지점에는 모래가 깔려 있다. 모래가 착지하는 선수에게 주는 잇점을 다음 단어를 모두 포함하여 서술하시오.

충격량	시간	충격력

16 같은 높이에서 가만히 떨어뜨린 질량과 모양이 같은 두 물체 A, B는 낙하하여 각각 딱딱한 바닥과 푹신한 방석에 충돌하여 정지하였다. 그림은 물체가 각각 바닥과 방석으로부터 받는 힘의 크기를 시간에 따라 나타낸 것이다. 충돌하는 과정에서 물체의 모양에는 변화가 없고, 물체가 떨어지는 과정에서 공기 저항은 무시한다.

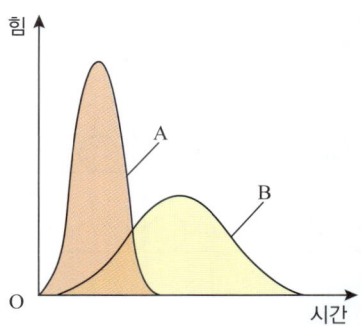

(1) 두 물체가 바닥과 방석에 닿기 직전의 운동량의 크기를 비교하여 서술하시오.

(2) A, B의 그래프 아래 넓이를 비교하고, 그 이유를 서술하시오.

(3) 충돌 과정에서 작용한 평균 힘의 크기를 비교하고, 그 이유를 서술하시오.

17 마찰이 없는 수평면 위에서 질량이 4 kg인 물체가 속력 2 m/s로 운동하고 있다. 다음은 $t = 0$일 때부터 $t = 4$초까지 운동 방향으로 받는 힘 F의 크기(단위: N)를 시간 t에 따라 나타낸 것이다.(단, 공기 저항및 마찰은 무시한다.)

$$F(t) = \begin{cases} 5 \ (0 < t < 1\text{초}) \\ 15 \ (1\text{초} < t < 2\text{초}) \\ 5t + 5 \ (2\text{초} < t < 4\text{초}) \end{cases}$$

(1) 4초 후 물체의 속력을 구하시오.

(2) 힘을 받는 동안 물체가 받는 평균 힘의 크기를 구하시오.

18 그림 (가)는 수평면에서 물체 A와 B가 각각 속력 v, $3v$로 운동하다가 A는 벽을 뚫고 운동하고, B는 벽과 충돌하여 정지한 모습을 나타낸 것이다. A와 B의 질량은 각각 $2m$, m이다. 그림 (나)는 A, B가 벽과 충돌하는 순간부터 A와 B가 각각 벽으로부터 받는 힘을 시간에 따라 순서 없이 나타낸 것으로 그래프 아래 넓이는 ㉠이 S , ㉡이 $6S$이다.(단, 물체의 크기와 모든 마찰, 공기 저항은 무시한다.)

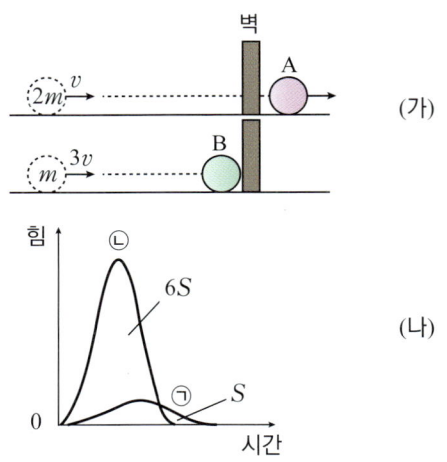

(1) 벽을 통과한 후 A의 속력을 v로 나타내시오.

(2) A가 벽으로부터 시간 t 동안 힘을 받을 때 벽이 A에 작용하는 평균 힘의 크기를 m, v, t로 나타내시오.

---

01 **생명 시스템의 기본 단위**

01 폐포와 모세혈관 사이에서 일어나는 기체교환을 나타낸 모식도이다. 이 과정에서 O_2(산소)와 CO_2(이산화 탄소)가 세포막을 통해 이동하는 방식을 서술하시오.

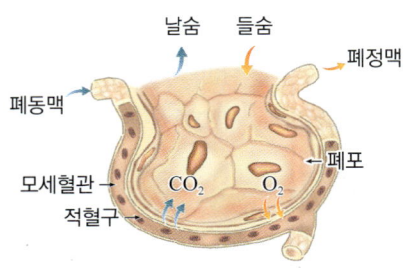

02 김장을 할 때 배추를 소금물에 담그는 이유를 삼투 현상과 연관지어 서술하시오.

03 세포 밖으로 단백질이 분비되는 과정을 나타낸 모식도이다.

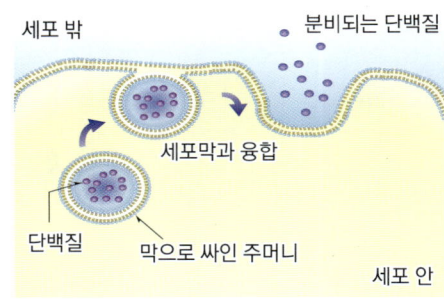

분비되는 단백질이 합성되는 곳과 이동 경로를 서술하되, 단백질을 막으로 싸는 곳은 세포소기관 중 어디인지를 함께 서술하시오.

04 일반 과일보다 과일 절임을 더 오래 두고 먹을 수 있는 이유를 삼투와 관련지어 서술하시오.

05 그림 (가)는 적혈구를 농도가 다른 소금물에 각각 넣고 일정 시간이 지난 후 적혈구의 상태 A와 B를, (나)는 어떤 식물 세포를 농도가 다른 소금물에 각각 넣고 일정 시간이 지난 후 식물 세포의 상태 C와 D를 나타낸 것이다.

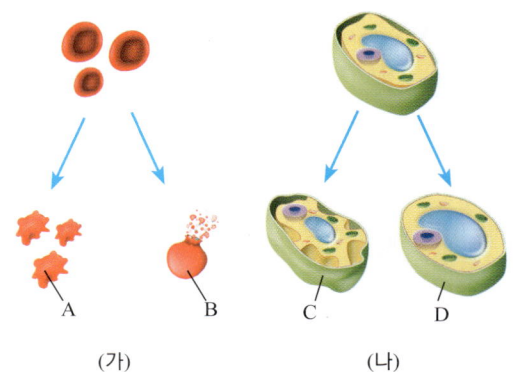

(1) 적혈구와 식물 세포 모두에서 물질의 종류, 크기 등에 따라 세포막을 통한 물질의 이동이 다르게 일어난다. 이러한 세포막의 특성을 무엇이라고 하는지 작성하시오.

(2) D와 달리 B에서는 적혈구가 부풀어 오르다가 터지는 현상이 발생하였다. 이러한 현상을 무엇이라고 하는지 작성하고, D와 달리 B에서만 이러한 현상이 발생하는 이유를 서술하시오. (단, 적혈구와 식물 세포를 비교하여 이유를 서술할 것)

06 그림처럼 쥐 세포와 사람 세포의 막단백질을 각각 붉은색, 푸른색 형광으로 표시한 다음 두 세포를 융합시켰다. 융합 후 시간 경과에 따른 형광의 분포 변화를 관찰한 결과 시간이 경과하면서 푸른색과 붉은 색이 섞이는 것을 확인할 수 있었다. 이를 통해 알 수 있는 세포막의 특성을 세포막의 구성 물질을 이용하여 서술하시오.

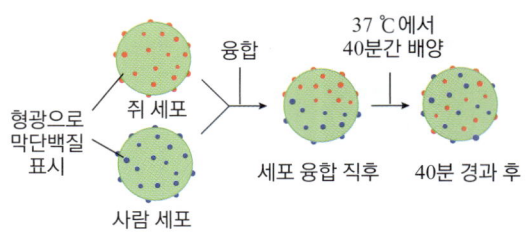

[07~08] 다음 그림은 어떤 세포를 농도가 다른 소금 용액 (가)~(다)에 넣고 일정 시간이 지난 후 현미경으로 관찰한 결과이다.(단, (나)는 등장액에 넣은 모습이다.)

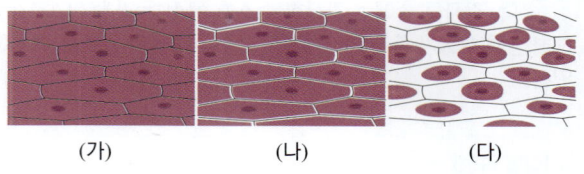

(가)   (나)   (다)

07 소금 용액 (가)와 (다)의 농도를 비교 서술하시오.

08 위 실험에 사용한 세포에 해당하는 것만을 <보기>에서 있는 대로 고르고 그 이유를 쓰시오.

● 보기 ●
ㄱ. 양파   ㄴ. 구강 상피 세포
ㄷ. 적혈구   ㄹ. 단풍잎

09 다음 (가)~(다)는 세포막을 통한 물질 이동을 설명한 것이다. 빈칸에 알맞은 말을 <보기>에서 고르시오.

(가) 세포막은 물질의 종류에 따라 투과 정도가 다른 성질인 (　　　　)을(를) 나타낸다.
(나) 산소(O_2)는 세포막의 인지질 이중층을 통해 농도가 높은 쪽에서 낮은 쪽으로 (　　　　)한다.
(다) 동물 세포를 저장액에 넣으면 (　　　　)에 의해 물이 세포 안으로 들어간다.

● 보기 ●
확산   삼투   선택적 투과성

㉠ : (　　　　　)
㉡ : (　　　　　)
㉢ : (　　　　　)

정답 및 해설 ➜ 112

02 생명 시스템에서의 화학 반응

10 다음은 과산화 수소를 이용한 효소 반응 실험을 나타낸 것이다. 감자즙 속에는 과산화 수소를 물질 ㉠과 물질 ㉡으로 분해하는 효소 X가 존재한다. 물질 ㉠은 두 종류의 원소로 이루어져 있다.

> **[실험 과정]**
> (가) 삼각 플라스크 A, B, C에 5 % 과산화 수소수를 제시된 부피만큼 넣는다.
> (나) (가)의 삼각 플라스크 A, B, C에 각각 증류수와 감자즙 중 하나를 넣은 직후, 삼각 플라스크 입구에 고무풍선을 끼운다.
>
> | 삼각 플라스크 | 5 % 과산화 수소수 (mL) | 증류수 (mL) | 감자즙 (mL) |
> |:---:|:---:|:---:|:---:|
> | A | 50 | 5 | 0 |
> | B | 50 | 0 | 5 |
> | C | 100 | 0 | 5 |
>
> (다) 충분한 시간이 흘러 효소의 반응이 모두 종료된 후, 고무풍선의 부피 변화를 관찰한다.
>
> **[실험 결과]**
> A의 고무풍선은 변화가 거의 없었으며, B와 C의 고무풍선은 부풀어 올랐다.

(1) 효소 X의 이름을 쓰고, 효소 X의 작용으로 생성된 물질 ㉠이 무엇인지 쓰시오.

(2) B와 C 고무풍선의 부피를 비교하여 서술하고, 그 이유를 물질 ㉡의 이름을 포함하여 서술하시오. (단, 제시된 조건 이외의 모든 조건은 동일하다.)

11 그림은 물질대사 과정을 나타낸 것으로 (가)와 (나)는 각각 광합성과 세포호흡 중 하나이다.

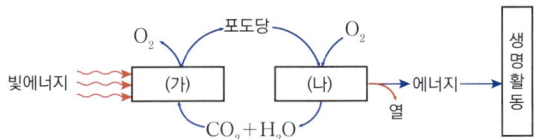

(가)와 (나) 과정의 특징을 각각 서술하되, 에너지 출입을 포함시키시오.

---

3 생명 시스템

12 그림의 효소의 작용 원리를 나타낸 순환도를 통해 알 수 있는 효소의 특성을 2가지 쓰고, 2가지 특성을 각각 설명하시오.

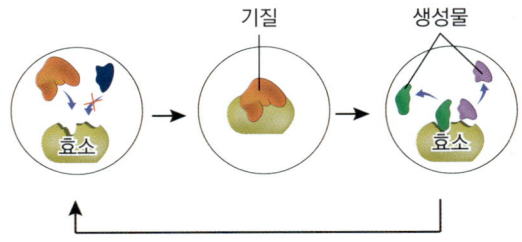

(1) 순환도를 통해 알 수 있는 효소의 특성 2가지를 쓰시오.

(2) 2가지 특성을 각각 설명하시오.

13 과산화 수소수가 10 ml 씩 들어 있는 비커 2개에 각각 ①소의 생간과 ② 익힌 소의 간을 넣었을 때 일어나는 현상에 대해 기체의 발생 유무를 포함하여 서술하시오.

14 (가)는 물질의 변화(합성과 분해), (나)는 물질대사에 따른 에너지의 변화를 모식적으로 나타낸 것이다.

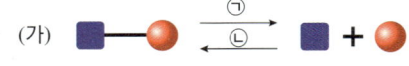

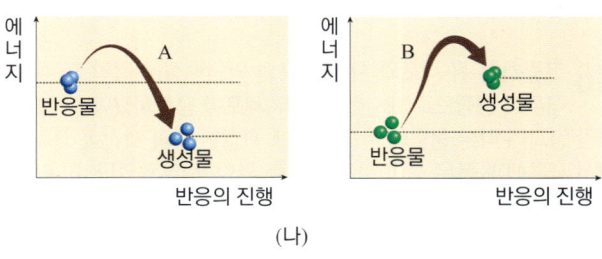

(나)

> **보기**
> ㄱ. 동화 작용   ㄴ. 이화 작용
> ㄷ. 발열 반응   ㄹ. 흡열 반응

(1) A와 B 반응에 해당하는 것을 ㉠과 ㉡ 중 선택하고 선택한 이유를 서술하시오.

(2) ㉠과 ㉡에 해당하는 반응을 각각 <보기>에서 있는 대로 고르시오.

㉠: (   )   ㉡: (   )

정답 및 해설 → 113

03 생명 시스템에서 정보의 흐름

15 그림은 세포의 핵 속에서 관찰되는 어떤 물질의 구조를 나타낸 것이다. A~C는 유전자, 염색체, DNA를 순서 없이 나타낸 것이다.

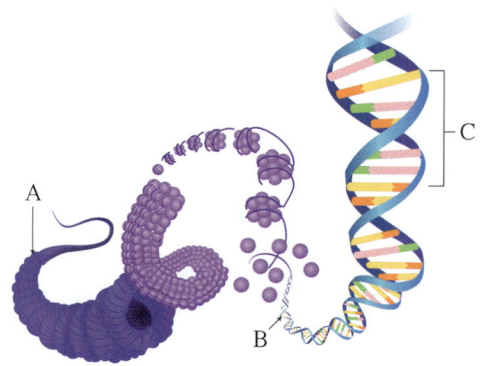

A~C 중 유전자의 기호를 쓰고, 유전자가 무엇인지 서술하시오.

16 전사에 의해 합성된 RNA의 염기서열의 일부를 나타낸 것이다. 전사에 사용된 DNA 가닥의 염기서열을 쓰시오.

ACGUUCGAUCCGAAUAGGCAU

(   )

17 DNA의 유전 정보가 전사와 번역 과정을 거쳐 단백질이 합성되는 과정을 나타낸 것이다.

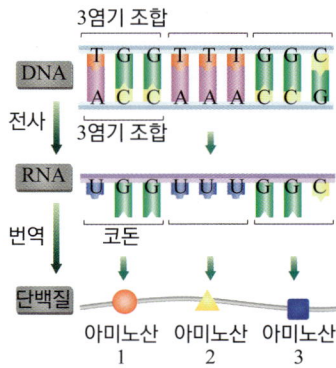

연속된 3개의 염기가 하나의 아미노산을 지정하는 이유를 서술하시오. (단, 단백질을 구성하는 아미노산은 20종류이다.)

3 생명 시스템

18 알비노증과 같은 선천성 대사이상 질환이 발생하는 이유를 유전자와 단백질의 관계와 관련지어 서술하시오.

19 그림은 세포에서 일어나는 유전 정보의 흐름을 나타낸 것이다.

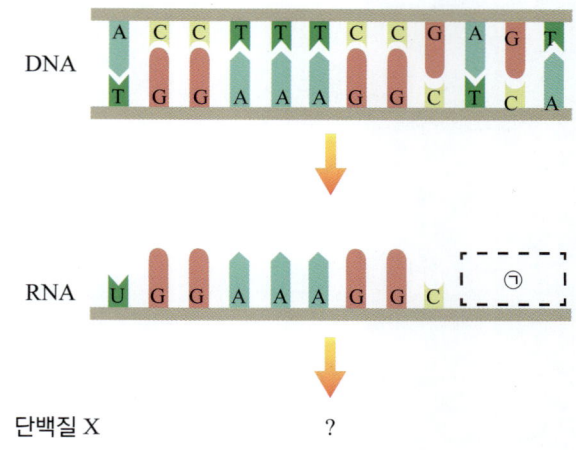

(1) ㉠에 들어갈 염기를 순서대로 모두 쓰시오.

(2) 단백질 X는 몇 개의 아미노산으로 이루어지는가? 개수를 쓰고, 그 이유를 설명하시오.

20 다음 표는 폴리뉴클레오타이드 가닥 Ⅰ~Ⅲ을 구성하는 염기의 개수를 나타낸 것이다. Ⅰ~Ⅲ 중 두 가닥은 유전자 A를 구성하며, 나머지 한 가닥은 유전자 A에서 전사된 RNA이다.

가닥	구성하는 염기의 수(개)					
	A	C	G	U	T	계
Ⅰ	10	15	10	㉤	0	60
Ⅱ	㉠	㉡	10	0	25	60
Ⅲ	25	㉢	㉣	0	10	60

㉠+㉡+㉢+㉣+㉤의 값을 풀이 과정과 함께 구하시오.

21 서로 다른 생명체들 사이에서도 동일한 종류의 단백질이 합성될 수 있는 원리를 유전부호와 관련지어 서술하시오.

MEMO

CEPHEID

세페이드
통합과학 1
정답 및 해설

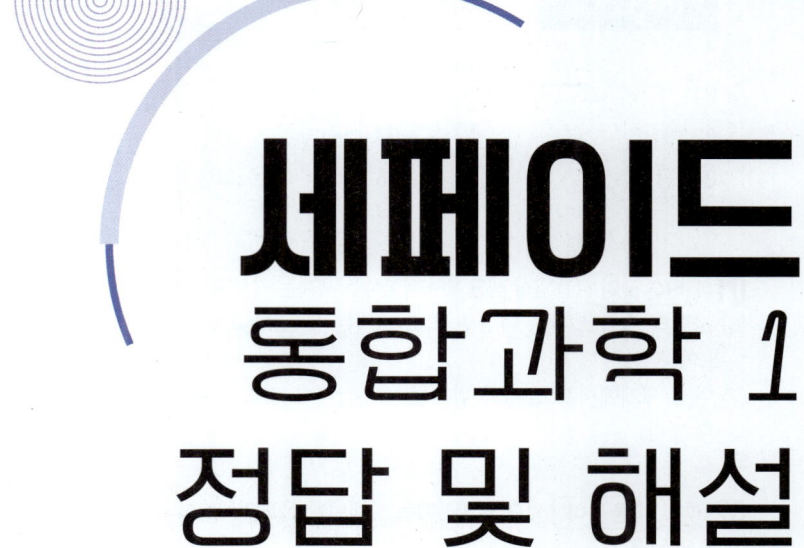

세페이드
통합과학 1
정답 및 해설

Ⅰ 과학의 기초

01 과학의 기본량

A 시간과 공간

01 (1) × (2) ○ (3) ○ (4) ○ (5) ○ (6) × (7) ×
02 ㄱ, ㄴ **03** ㄱ, ㄴ, ㄷ
04 관측 **05** (1) × (2) ○ (3) ○

01 [바른 풀이] (1) 일상 생활에서 경험하는 세계는 거시 세계이다.
(6) 사람의 눈으로 관측 가능한 최소 크기는 $100\mu m(=0.1mm)$ 정도이다.
(7) 미시 세계에서는 물체의 위치를 매시간마다 정확히 관측할 수 없다.

02 ㄷ. [바른 풀이] 세슘 원자시계는 중력이나 온도의 영향을 받지 않는다.

03 ㄴ. 전자의 물질파 성질을 이용한 전자 현미경은 10만 배의 배율을 가지므로 아주 작은 물체의 길이를 정밀하게 측정할 수 있다.

05 (1) [바른 풀이] 현재는 세슘 원자에서 나오는 빛의 진동수로 정확한 시간을 측정한다.

B 기본량과 단위

06 (1) ○ (2) ○ (3) ○ (4) × (5) ○ (6) ×
07 ④ **08** ① **09** ④
10 (1) ㄷ (2) ㄴ, ㄷ (3) ㄱ, ㄷ (4) ㄱ, ㄴ, ㄷ
11 ⑤
12 (1) ○ (2) ○ (3) × (4) ○ (5) ○ (6) ×

06 [바른 풀이] (4) 기본량은 다른 물리량을 이용하여 나타낼 수 없는 기본적인 양이다.
(6) 부피는 기본량에 속하지 않는다.

07 [바른 풀이] 각(단위: °(도))은 허용되는 비SI 단위이며, 기본량에 속하지 않는다.

08 ① 시간을 h 단위로 쓰는 것은 SI 단위와 함께 사용하는 것이 허용된 비SI 단위이다.
[바른 풀이] ② 길이의 m 단위는 SI 단위(기본 단위)이다.
③ 부피의 m^3 단위는 SI 단위(유도 단위)이다.
④ 각의 rad 단위는 SI 유도 단위(무차원 단위)이다.
⑤ 에너지의 J 단위는 SI 단위(유도 단위)이다.

09 몇몇 중요한 유도 단위는 과학자 이름의 첫자를 따서 명칭이 부여되었다. (N) : Newton, (W) : Watt, (Hz) : Hertz, (A) : Ampere

10 (1) 부피=가로×세로×높이, 단위: m^3
(2) 밀도=$\dfrac{질량}{부피}$, 단위: kg/m^3
(3) 속력=$\dfrac{이동거리}{시간}$, 단위: m/s
(4) 압력=$\dfrac{힘}{넓이}$, 단위: $(kg \cdot m/s^2) \div (m^2) = kg/(m \cdot s^2)$

11 [바른 풀이] ① μ(마이크로): 10^{-6} ② n(나노): 10^{-9}
③ T(테라): 10^{12} ④ m(밀리): 10^{-3}

12 (4) rad은 $\dfrac{호의 길이(m)}{반지름(m)}$ 에서 유도된 무차원 SI 단위(유도 단위)이다.
[바른 풀이] (3) 압력은 $\dfrac{힘}{넓이}$ 이므로 힘의 단위와 다르다.
(6) eV는 SI 단위와 함께 쓰는 것이 허용된 비SI 단위이다.

01 ① **02** ⑤ **03** ④ **04** ④
05 ③ **06** ③ **07** ① **08** ①
09 ⑤ **10** ① **11** ④ **12** ③
13 ③ **14** ④ **15** ① **16** ③
17 ② **18** ⑤ **19** ① **20** ③

01 ㄱ. 미시 세계는 원자 정도 크기의 아주 작은 세계로 양자 역학으로 설명이 가능한 세계이다.
[바른 풀이] ㄴ. 거시 세계는 고전 역학으로 설명이 가능하다.
ㄷ. 암석의 겉보기 특징 연구는 간단한 도구(돋보기, 손 렌즈)로 관찰할 수 있으므로 거시 세계 연구에 속한다.

02 ㄱ. 자연 현상은 시간과 공간에서 일어난다.
ㄴ. 자연 현상을 설명하기 위해 질량, 시간, 길이, 온도 등의 물리량이 필요하다.
ㄷ. 자연 현상은 시간 규모와 공간 규모가 매우 다양하다..

03 ④ 태양에서 지구까지의 거리를 1 Au(천문단위)라고 하며, 이 거리는 약 1.5×10^8 km(1억 5천만 km)이다.
[바른 풀이] ① 자연 현상의 규모는 매우 다양하다.

② 미시 세계의 현상은 관측이 가능하지 않다.

③ 거시 세계는 고전 역학으로 설명이 가능하다.

⑤ 사람의 육안으로 관측할 수 있는 크기는 0.1 mm 정도이며, 원자 크기인 0.1 nm(나노미터)는 육안으로 관측할 수 없다.

04 ④ 전자가 원자핵 주위를 한 바퀴 도는 시간은 약 1.5×10^{-16} s (150 as)이다.

바른 풀이 ① 달이 1회 공전하는 시간은 약 27.3일이다.

② 지구가 1회 자전하는 시간은 1일이다.

③ 태양에서 지구까지 빛이 도달하는 시간은 약 8분 20초이다.

⑤ 빅뱅 이후 원자핵이 최초로 생성되는 시간은 약 3분이다.

05 ㄱ. ⓐ 세계(거시 세계)의 현상은 관측 가능하다.

ㄷ. ⓐ 세계는 거시 세계이고 ⓑ 세계는 미시 세계이다.

바른 풀이 ㄴ. ⓑ 세계(미시 세계)의 공간 규모는 원자 규모인 10^{-1} nm 정도이며, 모래 입자 크기는 보통 0.0625 mm ~ 2 mm 범위이다. 작은 모래라 해도 대략 수십~수백 마이크로미터(μm) 이상이어서 육안으로 충분히 관찰 가능하므로 거시 세계에 속한다.

06 ㄱ. 사람 눈으로 관측 가능한 최소 공간 규모는 $100\,\mu$m 정도로 집먼지진드기 크기 정도이다.

ㄴ. (다) 태양계는 (나) 바위보다 공간 규모가 더 크다.

바른 풀이 ㄷ. (라) 수소 원자는 미시 세계에 속한다.

07 달의 반지름의 공간 규모가 가장 크다. 그 외 작아지는 순서대로 쓰면 히말라야의 평균 고도>고양이의 평균 키>적혈구의 반지름>물 분자의 평균 반지름 순이다.

08 ㄱ. 자연 현상을 측정하고 관측하는 것은 자연 현상의 탐구의 기초일 뿐만 아니라 과학의 기초이다.

바른 풀이 ㄴ. 현대에도 미시 세계인 원자의 규모에서 일어나는 현상은 관측이 불가능하다.

ㄷ. 빛의 속력이 일정함을 이용하여 천체까지의 거리 측정이 가능해진 것은 현대에 들어와서 부터이다.

09 ㄱ. 과거에는 태양의 위치나 달의 모양 변화 등의 천문 현상을 이용해 시간을 나타냈다.

ㄴ. 과거에는 손가락 마디나 발걸음 폭 등의 신체 일부의 길이를 이용하여 물체의 길이를 측정했다.

ㄷ. 과거에 눈금이 표시된 자를 이용해 정밀하게 거리를 측정했다.

10 ② 현대에 들어와 전자의 물질파를 이용한 전자 현미경으로 원자 크기의 물체를 측정할 수 있게 되었다.

③ 현재 달에 레이저 빛을 쏘아 반사하여 돌아올 때까지의 시간을 측정하여 달까지의 거리를 정밀하게 측정할 수 있다.

④ 현재 허블 망원경이나 제임스웹 우주 망원경으로 멀리 있는 천체까지의 거리와 나이를 측정할 수 있다.

⑤ 현대에 들어 위성 위치 확인 시스템(GPS)으로 넓은 영역에서 위치를 확인하고 물체의 이동 거리를 측정할 수 있다.

바른 풀이 ① 원의 성질을 이용해 지구의 반경을 계산했던 사람은 기원전 고대 그리스의 수학자이자 천문학자인 에라토스테네스이다.

11 ㄴ. (나)는 빛의 속도가 일정하다는 것을 이용한다.

ㄷ. (나)는 빛이 반사되어 되돌아온 시간을 측정하여 길이=속도×시간으로 길이를 측정한다.

바른 풀이 ㄱ. (가)는 수정에 전압을 가하면 일정한 주파수로 진동하는 수정 진동자를 이용한 시계이다. 원자에서 나오는 빛의 진동수가 일정한 것을 이용하는 대표적인 원자시계는 세슘 원자시계이다.

12 ㄱ. 전자 현미경은 나노(nano; 10^{-9}) 규모의 물체를 관찰할 수 있다.

ㄴ. 전자 현미경은 빛을 이용하지 않고, 파장이 짧은 전자의 물질파 성질을 이용한다.

바른 풀이 ㄷ. 넓은 영역에 걸쳐 위치를 확인하는 것은 위성 위치 확인 시스템(GPS)이다.

13 기본량은 길이, 시간, 질량, 온도, 광도, 전류, 물질량의 7가지이다.

14 ㄱ. 기본량은 물리량 중 가장 기본이 되는 물리량이다.

ㄷ. 기본량은 길이, 시간, 질량, 온도, 광도, 전류, 물질량의 7가지이다.

바른 풀이 ㄴ. 기본량은 다른 물리량을 이용하여 표현할 수 없다.

15 바이러스의 크기, 은하의 지름, 머리카락의 두께에서 공통으로 나타나는 과학의 기본량은 길이이다.

16 바른 풀이 ③ 기본량으로서 시간의 단위는 s(초)이다.

17 ㄱ. 유도량은 기본량을 조합하여 만든다.

ㄴ. 유도량은 기본량 사이의 관계식을 이용하여 유도한다.

바른 풀이 ㄷ. 속력=$\dfrac{이동거리}{시간}$이므로 길이와 시간의 단위를 이용하여 나타낸다.

18 ㄱ. 힘은 질량(kg)×가속도(m/s²)이므로 단위가 kg·m/s² 이다.

ㄷ. 속력=$\dfrac{이동거리}{시간}$ 이므로 단위는 m/s이다

바른 풀이 ㄴ. 유도량은 기본량으로부터 도출된 단위이므로 밀도를 구할 때 쓰는 부피는 단위가 m³이고, 밀도의 단위는 kg/m³가 된다.

19 1 mm(밀리미터)=10^{-3} m, 1 μm(마이크로미터)=10^{-6} m, 1 nm(나노미터)=10^{-9} m이므로, 1000 μm=10^{-3} m=1 mm=0.1 cm=10^6 nm이다.

20 ㄱ. 설탕물의 질량은 1000(g)+150(g)=1150 g이다.

ㄴ. 설탕물의 농도는 질량 퍼센트 농도의 단위인 %로 나타낼 수 있다.

바른 풀이 ㄷ. 설탕물의 질량 % 농도=$\dfrac{용질의 질량}{용액의 질량} \times 100$

$=\dfrac{150}{1150} \times 100 = 13$ %이다.

01 ②	02 ⑤	03 ④
04 ⑤	05 ①	

01 적혈구의 크기는 약 8 μm, 바이러스의 크기는 약 0.1 μm, DNA 두께는 약 2 nm=0.002 μm이므로, 가장 큰 공간 규모는 ㄱ. 적혈구이고, 가장 작은 공간 규모는 ㄷ. DNA 두께이다.

02 ㄱ. 빛과 마이크로파는 모두 전자기파이며 모든 전자기파의 전파 속력은 빛의 속력과 같다.
ㄴ. GPS 수신기는 시간을 측정하므로 기본량을 측정하는 것이다.
ㄷ. 일정한 속력일 때, 거리=속력×시간이므로, 위성과 수신기 사이의 거리는 마이크로파의 속력과 시간의 곱으로 구할 수 있다.

03 1 mm(밀리미터)=10^{-3} m, 1 μm(마이크로미터)=10^{-6} m,
1 nm(나노미터)=10^{-9} m, 1 pm(피코미터)=10^{-12} m
∴ 100 Å = 10^{-8} m = 10^4 pm = 10 nm = 0.01μm = 10^{-5} mm

04 ㄱ. ㉠ 지름은 기본량 중 길이를 의미한다.
ㄴ. ㉡ 면적=길이(m)×길이(m)이며, 기본량으로부터 유도된다. 단위는 m²이다.
ㄷ. 제임스웹 우주 망원경은 관측할 수 없는 미시 세계가 아닌 거시 세계를 관측하는 데 사용된다.

05 ㄱ. 시간을 s(초) 단위로 측정하였으므로 기본량이다. μ는 사용 가능한 접두어로 1 μs(마이크로초)=10^{-6} s이다.
바른 풀이 ㄴ. 측정된 시간인 1.5 μs는 μ 규모로 해시계인 앙부일구로 측정할 수 없다.
ㄷ. 레이저에서 빛이 물체까지 가는 시간: 0.75 μs
레이저에서 물체까지의 거리 = 시간×속력 = $0.75 \times 10^{-6} \times 3 \times 10^8$ = 225 m

02 측정 표준과 정보

A 측정과 측정 표준

개념체크 19 쪽

01 (1) ○ (2) ○ (3) × (4) ○ (5) ○
02 (1) ○ (2) × (3) ○ (4) ○
03 측정 표준　　　　**04** ㄱ
05 (1) 작을수록 (2) 빛의 속력 (3) 플랑크 상수
06 ㄱ, ㄴ

01 바른 풀이 (3) 측정 도구 없이 수행하는 활동은 어림이며, 측정을 할 때는 측정 도구가 필요하다.

02 바른 풀이 (2) 어림은 과학적인 사고 과정, 자료, 측정 경험 등을 바탕으로 수행되며, 도구를 사용해서 측정한 경험이 많을수록 더 정확하게 어림할 수 있다.

05 (1) 측정 도구의 측정 눈금이 작을수록 더욱 정밀한 측정이 가능하다.
(2) 현대에는 빛의 속력이 일정한 진공 중에서 빛이 $\frac{1}{299792458}$ 초 동안 진행한 거리를 1 m로 정하였다.
(3) 현대에는 플랑크 상수 h가 $6.62607015 \times 10^{-34}$ J·s가 되는 질량을 1 kg으로 정하였다.

06 바른 풀이 ㄷ. 측정 표준이 잘 정립되어 있는 경우 과학 기술과 산업 분야의 각종 신뢰도가 높아진다.

B 신호와 정보

개념체크 21 쪽

07 (1) ○ (2) × (3) ○
08 (1) 전기 신호 (2) 광센서 (3) 피부 (4) 가속도 센서 (5) 이온 센서
09 (1) ㄷ (2) ㅇ (3) ㅇ (4) ㄷ (5) ㄷ (6) ㅇ
10 ㄱ, ㄷ　　　　**11** 디지털

07 바른 풀이 (2) 신호는 빛과 소리 외에 온도, 냄새, 열, 압력, 지진파 등의 매우 다양한 형태로 전달된다.

08 (1) 센서는 다양한 신호를 감지하여 전기 신호로 전환한다.
(2) 사람의 눈은 시각 세포에서 빛을 감지하여 전기 신호로 전환한다.
(3) 사람의 피부는 외부의 압력을 감지한다.

(4) 사람의 귀는 음파를 감지하며, 전정기관이나 반고리관이 있어 운동을 감지한다. 운동을 감지하는 센서는 가속도 센서이다.

(5) 액체 상태의 화학 물질을 감지하는 우리 몸의 기관은 혀이며, 이에 해당하는 센서는 화학 센서 중 이온 센서이다.

09 아날로그 신호는 시간에 따라 크기가 연속적으로 변하며, 별도의 변환 장치가 없어도 감각 기관이 감지하므로 들을 수 있다. 저장과 전송 시 손상되기 쉽고, 센서를 이용하여 전기 신호로 변환하는 신호이다.

디지털 신호는 변환 장치에 의해 시간에 따라 크기가 불연속적으로 변하는 0과 1의 이진법으로 표시하는 신호이고, 컴퓨터와 같은 디지털 기기에서 사용되는 신호이며, 파일 형태이므로 저장과 전송 복제 시 손상되지 않는다.

10 센서가 외부 신호를 전기 신호로 변환시키고 변환 장치에 의해서 이 전기 신호를 0과 1의 이진법 신호인 디지털 신호로 변환시킨다. 디지털 신호를 디지털 기기에서 저장, 전송, 복사 등의 처리를 하게 된다.

ㄱ. 기록 간격이 클수록 정보의 왜곡이 커지나 용량은 작게 유지된다.

ㄷ. 연속된 아날로그 신호를 잘게 나누어 0과 1의 2진수 단위인 디지털 신호로 변환하는 것이다.

바른 풀이 ㄴ. 센서는 각종 외부 신호를 전기 신호로 바꾼다. 따라서 센서에서 나오는 신호는 아날로그 전기 신호이다.

11 디지털 정보를 복사, 전송, 공유하면서 은행 및 금융 서비스, 교육, 운송 및 교통, 의료, 에너지 산업 분야 등에서 필요한 정보를 보다 빠르게 습득할 수 있고, 습득한 정보를 유용하게 활용한다.

스스로 실력 높이기

22 ~ 24 쪽

01 ⑤	02 ④	03 ④	04 ②, ③
05 ③	06 ⑤	07 ⑤	08 ④
09 ①	10 ②	11 ③	12 ⑤
13 ①	14 ⑤	15 ①, ②	16 ⑤
17 ⑤	18 ①	19 ②	20 ④

01 학생 A: 측정은 측정 도구로 길이, 질량 등을 재어서 수치와 단위로 나타내는 활동이다.

학생 B: 측정 시 측정 도구를 사용할 수 있다.

학생 C: 어림을 통해 미리 대략적인 질량, 길이 등을 추정하면, 도구의 선택에 유리하다.

02 ㄴ. 측정은 적절한 측정 단위와 측정 도구를 사용하는 활동이다.

ㄷ. 측정 시 정밀한 측정 도구는 정밀한 측정 결과를 가져온다.

바른 풀이 ㄱ. 논리적으로 측정값을 추론하는 활동은 어림이다.

03 ④ 어림은 과학적인 사고 과정, 측정 경험을 바탕으로 한다.

바른 풀이 ① 어림은 근거없이 막연하게 하는 활동이 아니

라 과학적인 사고 과정, 측정 경험을 바탕으로 한다.

② 어림은 측정 도구 없이 하는 활동이다.

③ 어림은 과학 탐구 과정 뿐만 아니라 각종 산업 활동, 학술 연구 등에서도 수행되는 활동이다.

⑤ 어림은 과학적인 사고 과정, 자료, 측정 경험을 바탕으로 수행되므로 방법이나 사람에 따라 많은 차이가 난다.

04 ② 측정 표준은 사회 전반에 있어 정확하고 일관성 있는 측정을 위해 만든 과학적 기준이다.

③ 측정 표준은 정확해야 하고, 과학 기술의 발전에 따라 더 정확한 기준이 개발되어 왔으므로 과거에서 현재까지 오면서 점점 정밀해졌다.

바른 풀이 ① 측정 표준에는 표준화된 측정 단위, 측정 방법, 측정 도구가 있으며 물리량을 측정할 때 기준이 되는 표준 물질 등이 있다.

④ 측정 표준은 과학 기술 분야 외에 스포츠 분야, 사회 활동, 학술 연구 분야에서도 다양하게 활용된다.

⑤ 과거에는 킬로그램 분동을 사용해 1 kg 측정 표준으로 사용했으나, 현대에는 플랑크 상수(h)를 이용해 질량 측정 표준을 정의한다.

05 ㄱ, ㄴ. 최소 눈금 사이를 10등분하여 어림하므로 연필의 길이는 8.44 cm로 어림할 수 있다.

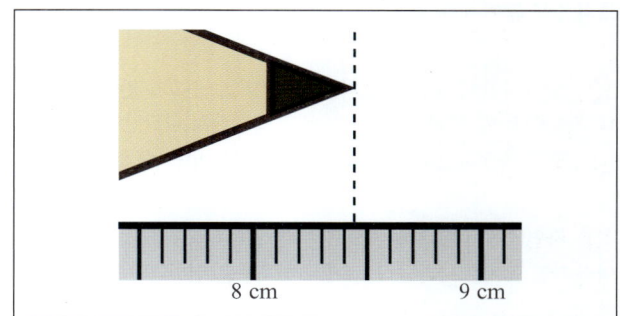

ㄷ. 바른 풀이 연필의 길이로 가장 가까운 눈금은 8.4 cm인데, 이것은 측정 도구(자)의 정밀성이 충분히 고려되지 않은 것이다.

06 ㄱ. 안내하는 미세먼지 농도의 측정 표준은 $\mu g/m^3$으로 접두어 기호가 붙은 유도 단위이다. 이것은 공기 1 m³에 들어있는 미세먼지의 질량을 $\mu g(10^{-6} g)$ 단위로 나타낸 수치이다.

ㄴ. 미세먼지 농도의 측정 표준으로 $\mu g/m^3$이 사용되므로, 측정 표준이 아닌 다른 단위를 사용하면 미세먼지에 대한 정보를 잘 활용하지 못하게 된다.

ㄷ. 측정 표준으로 안내된 미세먼지 농도 정보는 야외 활동이나 마스크 착용 여부를 결정하는데 유용한 정보로 활용될 수 있다.

07 현재 국제단위계에서 사용하는 측정 표준으로 가능한 것은 시간과 환경에 따라 변하지 않는, 항상 일정한 값을 유지하는 것이다.

⑤ 빛이 진공 중에서 특정 시간 동안 진행한 거리는 항상 일정한 값을 유지하는 것으로 측정 표준이 될 수 있다.

08 답 ④

ㄱ. 기본량으로서 질량은 플랑크 상수 h를 기준으로 정의한다.

ㄷ. 기본량으로서 온도의 단위는 K(켈빈)인데 이것은 볼츠만 상수 k를 기준으로 정의한다.

바른 풀이 ㄴ. 과거에 기본량으로서 길이 1 m는 프랑스에 보관하고 있는 금속으로 만든 미터원기의 길이로 정의했으나, 현재는 진공 중에서 특정 시간 동안 빛이 진행한 거리로 정의한다.

09 ㄱ. 해시계(앙부일구)는 낮 동안 태양의 위치 변화에 따른 그림자의 길이 변화로 시간을 측정한다.

바른 풀이 ㄴ. 현재 시간의 측정 표준은 (다) 세슘 원자에서 방출되거나 흡수되는 빛의 진동수를 이용한다.
ㄷ. (가) 해를 이용한 시간 측정은 (다) 세슘 원자에서 나오는 빛의 진동을 이용하는 것보다 부정확하다.

10 ㄱ. 측정 표준은 일상생활이나 산업 분야에서 실뢰할 수 있는 측정 결과를 얻기 위해 활용한다.
ㄴ. 측정 표준은 제품의 품질, 신뢰성을 담보할 수 있다.

바른 풀이 ㄷ. 측정 표준이 잘 정립되어 있는 경우, 과학 기술과 산업 분야, 상거래 등의 각종 신뢰도가 높아진다.

11 ㄱ. 신호는 자연의 다양한 변화가 생길 때 발생한다.
ㄴ. 산위를 흐르는 용암과 분출되는 수증기 등의 신호를 분석하여 지구 내부에 용융된 물질인 마그마가 있다는 정보를 얻을 수 있다.

바른 풀이 ㄷ. 다양한 신호가 한꺼번에 발생하면 얻을 수 있는 정보의 양도 많아지게 된다.

12 ㄱ. 봉수대나 모스 부호처럼 인공적으로 신호를 만들 수 있다.
ㄴ. 자연에서 발생하는 신호는 여러 가지 형태로 나타난다.
ㄷ. 신호를 측정하고 분석하여 유용한 정보를 얻을 수 있다.

13 자연계에서 발생하는 신호는 빛, 소리, 온도, 냄새, 지진파 등 여러 가지 형태로 나타난다. 교차로 신호등은 인위적인 신호이다.

14 ㄱ. 사람의 감각기관은 각종 신호를 감지한다.
ㄴ. 자율주행 자동차는 센서를 통해 각종 신호를 감지한다.
ㄷ. 사람의 감각기관은 신호를 감지하고 감각세포에 의해 전기 신호로 바뀌어 뇌로 전달된다. 센서는 감지한 신호를 아날로그 전기 신호로 바꾼다.

15 ①, ② 센서는 아날로그 신호를 감지하여 전기 신호(아날로그 신호)로 변환하여 내보낸다.

바른 풀이 ③ 센서는 자연의 신호를 전기 신호로 변환한다.
④ 센서는 자연의 아날로그 신호를 변환하여 아날로그 신호인 전기 신호로 내보낸다.
⑤ 한 종류의 센서는 한 종류의 물리량을 감지할 수 있다.

16 ㄱ. 허블 우주 망원경의 영상은 모니터에 나타난다. 광센서가 있어서 전기 신호로 변환해야 가능한 일이므로 광센서를 비롯한 여러 가지 센서가 있다.
ㄴ. 우주에서 발생한 빛은 시간에 따라 연속적인 크기 변화가 일어나는 아날로그 신호이다.
ㄷ. 스펙트럼은 빛을 분석한 결과이므로 정보에 해당한다.

17 답 ⑤
① 광센서는 빛을 감지하여 전기 신호로 변환한다.
② 단위 면적 당 누르는 힘인 압력은 압력 센서가 감지한다.
③ 냄새는 기체 상태의 화학 물질이며, 가스 센서가 감지한다.
④ 지진파가 발생하여 전파하면 땅의 진동이 발생하며 이 진동은 가속도 센서가 감지할 수 있다.

바른 풀이 ⑤ 소리는 마이크 등의 소리 센서로 감지할 수 있다.

18 답 ①
디지털 정보란 0과 1의 2진수로 불연속적으로 나타낸 정보이며, 저장 복사 전송 재생 시 정보가 변환되거나 유실되지 않는다. 컴퓨터나 디지털 기기에 파일 형태로 저장된 정보는 모두 디지털 정보이다.
ㄱ. 스마트 기기로 찍은 영상과 사진은 디지털 파일 형태로 보관되므로 디지털 정보이다.

바른 풀이 ㄴ. 컴퓨터에 저장된 각종 파일은 모두 디지털 정보이다.
ㄷ. 디지털 정보는 센서를 통해서 그림이나 문자 영상 음악 파일 등을 얻을 수 있지만, 코딩을 통한 출판물 파일이나 설계도 파일, 직접 작성하는 메일 등의 예처럼 센서를 통하지 않고도 얻을 수 있다.

19 답 ②
컴퓨터에 저장된 인터넷 사진, 컴퓨터 화면에 출력된 그림, CCTV에 녹화된 영상, MP3에 저장된 음악은 모두 0과 1의 2진수로 구성된 디지털 정보이며, 그것이 사람의 감각 기관을 통해 뇌로 전달되므로 디지털 신호이기도 하다. 그러나 ② 화가가 직접 종이에 그린 풍경화는 0과 1의 2진수로 구성되지 않은 아날로그 신호이다.

20 답 ④
①, ②, ③, ⑤ 인터넷 뱅킹, 스마트폰 물건 구매, 전자책, 교육앱, 문화 콘텐츠 제작 및 인터넷 광고 등은 0과 1의 2진수로 만들어진 파일 등의 디지털 정보를 이용하는 대표적인 예이다.

바른 풀이 ④ 시장에 가서 설날 음식을 준비할 때에는 컴퓨터나 디지털 기기에 저장된 파일을 활용하는 것이 아니라 뇌에 저장된 아날로그 정보를 이용하는 것이다.

심화 실력 높이기
25쪽

01 ③	02 ②	03 ⑤	04 ④
05 ①	06 ①, ⑤	07 ㄴ	

01 ㄷ. 현재 사용하고 있는 길이 표준은 국제단위계의 표준으로 1 m는 진공 중에서 빛이 $\frac{1}{299792458}$ 초 동안 진행한 거리이다.

바른 풀이 ㄱ. 고대에는 팔꿈치에서 가운뎃손가락 끝까지의 길이인 '큐빗'이나 한 발걸음의 길이인 '풋'을 길이 표준으로 사용했다.
ㄴ. 현재 길이 표준 이전에는 백금으로 만든 미터원기의 1 m 길이가 길이 표준이었으나 시간과 온도에 따라 길이가 약간씩 변하는 문제점이 있었다.

02 ㄷ. 현재 사용하고 있는 시간 표준은 국제단위계의 표준으로

1 s(초)는 세슘(Cs)원자에서 방출하는 빛이 9192631770번 진동할 때 걸리는 시간이다.

[바른 풀이] ㄱ. 과거의 측정 표준으로 1 s(초)를 지구 자전 주기 (1 일)의 $\frac{1}{86400}$로 정하였으나 지구 자전주기가 약간씩 변하는 문제점이 있었다.

ㄴ. 수정 시계의 수정 발진기를 이용한 시계의 시간은 정확하였으나 온도 변화에 따른 오차가 발생하여 측정 표준으로 정해지지 않았다.

03 ① 질량 표준에 의해 10 kg이 결정된다.
② 우리나라의 자동차 제한 속도는 km/h로 표준화되어 있다.
③ 컴퓨터의 각종 부품은 핀의 위치 크기 등이 표준화되어 있다.
④ 미세먼지 농도의 단위는 $\mu g/m^3$로 표준화되어 있다.
[바른 풀이] ⑤ 작은 차와 큰 차의 구별은 측정 표준하고는 상관없이 가능하다.

04 ㄴ. 부피의 단위는 기본량으로부터 유도된 유도 단위로 m^3이지만, L(리터)도 비SI 단위로 허용되는 부피의 단위이다. mL는 접두어 기호 m(밀리)를 사용한 것이다.
ㄷ. 길이 표준으로 m(미터), 시간 표준으로 s(초)는 현대의 측정 표준이다.
[바른 풀이] ㄱ. 달러, 원 등의 화폐 단위는 국제단위계(SI)의 측정 표준에 해당하지 않는다.

05 광센서는 빛을 감지하여 전기 신호로 전환하는 기기이다.
ㄱ. 물체에서 반사된 빛이나 전원의 빛이 광센서에 도달하면 전하가 발생한다.
[바른 풀이] ㄴ. 광센서는 빛을 아날로그 신호인 전기 신호로 변환하며, 아날로그-디지털 변환기(ADC)를 거쳐 디지털 전기 신호로 변환된다.
ㄷ. 사람 몸은 빛을 받아 전하가 발생하지 않는다.

06 ① (가)는 디지털 신호이며, 0과 1로 신호를 표현하므로 불연속적이나, (나)는 아날로그 신호로 연속적인 그래프이다.
⑤ 자연에서 발생하는 대부분의 신호는 사람의 뇌가 인식하기 적합한 (나) 형태의 아날로그 신호이다.

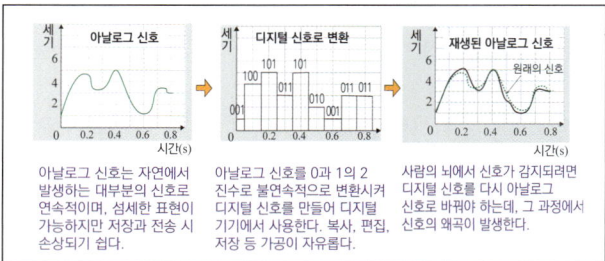

아날로그 신호는 자연에서 발생하는 대부분의 신호로 연속적이며, 섬세한 표현이 가능하지만 저장과 전송 시 손상되기 쉽다.

아날로그 신호를 0과 1의 2진수로 불연속적으로 변환시켜 디지털 신호를 만들어 디지털 기기에서 사용한다. 복사, 편집, 저장 등 가공이 자유롭다.

사람의 뇌에서 신호가 감지되려면 디지털 신호를 다시 아날로그 신호로 바꿔야 하는데, 그 과정에서 신호의 왜곡이 발생한다.

[바른 풀이] ② 섬세한 표현이 가능한 것은 (나)이며, 저장이나 복사, 편집 등의 가공이 용이한 것은 (가)이다.
③ 아날로그와 디지털 신호는 상호 변환이 가능하다. 아날로그 신호를 디지털 정보로 변환하여 저장, 전송, 편집을 하며, 다시 아날로그 정보로 바꿔서 보거나 듣거나 한다. 변환 시 시간 구간을 좁게 하면 정밀하게 전환할 수 있으나 처리 속도가 늦어진다.

④ (가) 디지털 신호는 저장, 전송, 가공 등 신호를 처리하는 구조나 과정이 간단하며, 전송 과정에서 변질되지 않는 장점이 있으나, (나) 아날로그 신호는 전송 과정에서 변질될 우려가 있다.

07

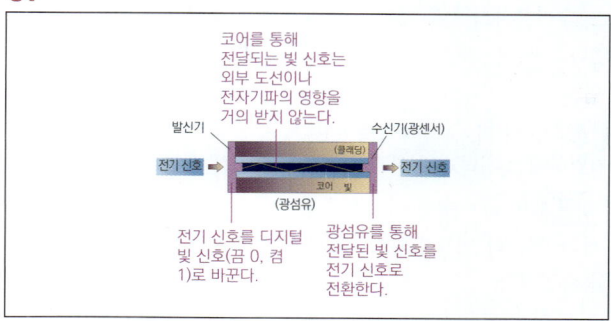

ㄴ. 수신기는 광센서로 빛을 감지하여 전기 신호로 변환한다.
[바른 풀이] ㄱ. 광통신은 신호를 광섬유 내부로 보내기 위해서 발신기에서 외부에서의 전기 신호를 빛 신호로 만드는 장치를 사용한다. 단, 빛 신호를 보낼 때 0(빛 차단)과 1(빛 발생)의 두 가지 신호로 보내므로 신호를 디지털화 해야 한다.
ㄷ. 광섬유로 전달되는 빛 신호는 구리 도선을 흐르는 전기 신호와 달리 외부 도선이나 전자기파의 영향을 거의 받지 않아서 잘 변질되지 않고, 도청이 어렵다.

단원 요약·마무리
26~29 쪽

❶ 미시 ❷ 양자 역학 ❸ 규모
❹ 천문 현상 ❺ 세슘 원자 ❻ 질량
❼ K(켈빈) ❽ mol(몰) ❾ 길이 ❿ 에너지 ⓫ 가속도
⓬ $kg \cdot m^2/s^2$ ⓭ 측정 ⓮ 어림
⓯ 측정 표준 ⓰ 신호 ⓱ 정보
⓲ 아날로그 ⓳ 디지털

01 ⑤	02 ③	03 ⑤	04 ②	05 ④
06 ①	07 ④	08 ③	09 ⑤	10 ③
11 ④	12 ②	13 ③	14 ②	15 ②
16 ③				

01 ㄴ. 자연 현상이 일어나는 시간과 공간의 규모는 매우 다양하다.
ㄷ. 자연 현상이 일어나는 시간과 공간의 규모는 매우 다양하고 그 규모에 따라 측정하는 방법도 달라진다.
[바른 풀이] ㄱ. 거시 세계 중 일부는 도구 없이 인간의 감각으로 관측할 수 있다.

02 ㄱ. 세슘 원자시계가 측정하는 것은 기본량인 시간이다.
ㄷ. 세슘 원자시계는 원자에서 나오는 빛의 주파수를 기준으로 하여 시간을 측정하므로 앙부일구보다 훨씬 정밀한 시간을 측정할 수 있다.
[바른 풀이] ㄴ. 앙부일구는 해시계이고 그림자를 이용하는 것이므로 밤에 시간을 측정할 수 없다.

03 ㄱ. (나) 바이러스는 수십 nm(1 nm=10^{-9} m) 규모이고, (가) 수소 원자는 10^{-10} m 규모이므로, (나)는 (가)보다 공간 규모가 크다.

ㄴ. (나) 바이러스는 양자역학적 세계보다는 좀 더 큰 범주이지만, 인간의 감각으로는 직접 경험할 수 없는 세계이므로 미시 세계에 포함된다.

ㄷ. 우리은하의 지름 측정으로 인간 경험 범위가 은하까지 확장되었다.

04 ㄴ. 거리=시간×속력이고, 빛의 속력은 일정하므로 길이를 정밀하게 측정하려면 시간을 정확히 측정해야 한다.

바른 풀이 ㄱ. 수정 시계의 수정 진동자에 의한 시간은 온도에 따라 약간씩 오차가 발생하므로 현대에는 세슘 원자시계로 시간을 측정한다.

ㄷ. 예전에는 길이 1 m를 북극에서 적도까지 거리의 천만 분의 1로 정의했지만 현대에는 빛이 $\dfrac{1}{299792458}$ 초 동안 진행한 거리를 1 m로 한다.

05 ㄱ. 속도의 표준화된 단위인 km/h를 공통으로 사용하고 있으므로 측정 표준을 사용한 것이다.

ㄴ. 1 km=10^3 m 이므로 접두어 기호 k(킬로)를 사용한 것이며, 길이의 기본 단위가 사용된 것이다.

바른 풀이 ㄷ. 제한 최고 속도는 30 km/h=약 8.3 m/s이다.

06 ㄱ. 미터원기는 1799년 당시 길이의 측정 표준이었다.

바른 풀이 ㄴ. 미터원기는 온도에 따라 길이가 조금씩 변하는 문제점이 있다.

ㄷ. ⓑ는 현대 길이의 측정 표준으로 온도에 따라 변하지 않고 ⓐ보다 더 정밀하다.

07 ㄱ. 국제단위계는 10진법을 기본으로 하며, M(메가), G(기가)의 접두어 기호로 매우 큰 규모를 표기하거나 μ(마이크로), n(나노)의 접두어 기호로 매우 작은 규모를 표기할 수 있다.

ㄷ. 기본량을 조합하여 부피, 속력, 힘 등과 같은 유도량을 나타낼 수 있다.

바른 풀이 ㄴ. 한 가지의 기본량은 한 가지의 단위로만 나타낼 수 있으며, 한 가지의 기본량을 두 가지 이상의 단위로 나타내는 경우 혼란이 유발될 수 있다.

08 ㄱ. 단면적이 무시할 수 있을 만큼 작고, 매우 긴 직선 도선은 이론상으로만 존재하며, 실제로 같은 상황을 재현하여 실험하는 것은 불가능하다.

ㄴ. (나)에서 정의하듯 현대에 있어 전류의 측정 표준은 기본 전하량 e를 사용해 그 단위를 정의한다.

바른 풀이 ㄷ. (가)에서 전류는 기본량이므로 그 단위를 다른 기본량이나 물리량을 활용하여 나타낼 수 없다.

09 ① 속력=$\dfrac{거리(m)}{시간(s)}$, 단위: m/s

② 밀도=$\dfrac{질량(kg)}{부피(m^3)}$, 단위: kg/m^3

③ (몰)농도=$\dfrac{몰수(mol)}{부피(m^3)}$, 단위: mol/m^3

④ 힘=질량(kg)×가속도(m/s^2), 단위: kg·m/s^2

바른 풀이 ⑤ 압력(pa)은 단위 면적당 수직으로 작용하는 힘이다.

$\therefore$ 1 pa=$\dfrac{1\ N}{1\ m^2}=\dfrac{1\ kg·m/s^2}{1\ m^2}=1\ \dfrac{kg}{m·s^2}=1\ kg/(m·s^2)$

10 $F=G\dfrac{m_1 m_2}{r^2}$ 이므로 각 물리량의 단위만으로 식을 채운다.

$\therefore$ kg·m/s^2=[G] kg^2/m^2, [G]=m^3/(kg·s^2)

11 ① 식품의 적정 방사능 수치 측정 표준은 Bq/kg 또는 Bq/L이다. 같은 측정 표준으로 비교한다.

② 같은 넓이 측정 표준 ha을 사용해야 하며 같은 방법으로 수확해야 한다.

③ 미세먼지 측정 표준은 μg/m^3이며, 같은 조건에서 측정해야 한다.

⑤ 식품 첨가물의 양은 측정 표준이 mg이므로 양을 표시하기 위해서는 mg 단위로 표시해야 한다.

바른 풀이 ④ 맛을 비교하는 것은 측정 표준을 활용한 사례라고 볼 수 없다.

12 ㄴ. mg은 질량, dL는 부피의 측정 표준으로 사용되었다.

바른 풀이 ㄱ. 측정 기기에는 액체 상태의 물질에 반응하는 화학 센서(이온 센서)가 들어 있다.

ㄷ. 1 mg=10^{-3} g, 1 dL=10^{-1} L=10^{-4} m^3

$\therefore$ 114 mg/dL=114 (10^{-3} g)/(10^{-4} m^3)=1140 g/m^3

13 ㄱ. 레이저의 빛이 달의 표면에서 반사되어 돌아오는 데 걸리는 시간을 측정하면, 달까지의 거리=시간×빛의 속력으로 계산하므로 빛의 속력을 이용한 것이다.

ㄷ. GPS에서 여러 개의 위성에서 오는 신호의 정확한 시간 측정을 하지 않으면, 위성으로부터 오는 신호의 시간 차이에 오차가 생기게 되고, 거리=시간×전파의 속력으로 계산하여 파악하는 수신기의 위치가 부정확하게 파악된다.

바른 풀이 ㄴ. (가)에서는 지구-달 사이의 길이 규모 측정이고, (나)에서는 수 cm~수 m 규모 측정이므로 (가)에서가 (나)에서보다 큰 규모의 길이 측정이다.

14 ㄷ. 아날로그 신호를 디지털 신호로 변환할 때 시간 간격을 짧게 하여 디지털 신호로 변환하면 다시 재생했을 때 불일치가 적게 발생한다. 그렇지만 값이 여러 번 측정되므로 디지털 신호의 용량이 커진다.

바른 풀이 ㄱ. 디지털 신호를 압축하여 저장하고, 압축을 풀면 압축하기 전의 파일과 같아진다.

ㄴ. 용량이 큰 저장 장치가 필요하겠지만, 용량이 큰 저장 장치를 사용한다고 해서 신호가 정밀해지는 것은 아니다.

15 ㄴ. 디지털 우량계는 빗물의 무게를 깊이로 계산하여 디지털 화면의 그래프로 나타낸다. 디지털 우량계는 빗물의 무게라는 아날로그 신호를 측정해서 전기 신호로 바꾸고(센서) → 빗물의 깊이로 바꿈 → 디지털 그래프로 나타냄의 순서로 작동한다.

바른 풀이 ㄱ. 화면의 강우량 측정값은 시간별로 불연속적으로 나타나 있다.

ㄷ. 아날로그 정보는 저장과 전송 시 손상되기 쉽지만, 이것을 디지털 정보로 바꾸면 저장과 전송 시 손상되지 않는다.

16 ㄱ. (가)의 신호는 아날로그 신호이고, (나) 디지털 신호로 변환하므로 (가)는 센서에서 발생하는 전기 신호라고 할 수 있다. 센서가 감지하는 빛, 열, 소리 등의 아날로그 신호는 센서에서 전기 신호로 바뀌어 나오게 된다.

ㄴ. 디지털 기기는 (나) 디지털 신호를 저장하고 압축하고 전송하는 처리를 한다.

바른 풀이 ㄷ.(가)는 원래의 아날로그 신호이고 (다)는 디지털 기기에서 처리된 후 변환되어(변환2) 재생된 아날로그 신호이다. (가)는 처리 과정에서 (다)로 왜곡된 신호가 된다. 잡음이 제거되는 과정이 아니다.

수능 모의고사 1회
30 ~ 31 쪽

01 ③	02 ⑤	03 ④	04 ⑤	05 ④	06 ②
07 ③	08 ①	09 ②	10 ②	11 ④	12 ④

01 학생 A: 자연 세계는 거시 세계와 미시 세계로 나눌 수 있다. 학생 B: 자연 현상들의 시간 규모와 공간 규모는 매우 다양하다.

바른 풀이 학생 C: 사람의 눈으로 관측 가능한 공간 규모는 100 μm($=10^{-4}$ m) 정도로 집먼지진드기 정도의 크기이다. 100 nm$=10^{-7}$ m

02 ㄱ. 거시 세계는 일상에서 직접 보고 느낄 수 있는 세계이다.
ㄴ. 미시 세계는 관측 대상의 위치를 매시간마다 정확히 관측할 수 없다.
ㄷ. 질서와 예측 가능성의 세계가 거시 세계라면, 미시 세계는 불확실성이 지배하는 세계이다.

03 ㄴ. 현대에는 세슘이 흡수하거나 방출하는 빛의 진동수를 이용하는 (나) 세슘 원자시계를 사용하여 시간을 측정한다.
ㄷ. 거리=시간×속력이고 빛의 속력은 일정하므로, (다) 레이저 거리 측정기로 거리를 정확히 측정하기 위해서는 레이저 빛의 물체까지의 왕복 시간을 정밀하게 측정하는 기술이 필요하다.

바른 풀이 ㄱ. (가) 앙부일구는 해시계이며, 태양의 위치 변화에 따른 그림자의 길이로 시간을 측정했다.

04 기본량과 그 단위는 다음과 같다.

시간	길이	질량	전류	온도	광도	물질량
s	m	kg	A	K	cd	mol

바른 풀이 온도는 기본 단위가 K(켈빈)이다.

05 ㄱ. 기본량은 여러 가지 물리량 중 가장 기본이 되는 것이다.
ㄷ. 현대에는 기본량을 불변의 물리 상수를 기준으로 정의한다. 따라서 물리 상수를 구하는 새로운 방법을 발견하면 기본량의 단위에 대한 정의가 변경될 수도 있다.

바른 풀이 ㄴ. 기본량은 다른 물리량을 이용해서 나타낼 수 없다.

06 ㄴ. km는 길이의 기본단위 m에 접두어 k(킬로; 10^3)을 사용한 것이다.

바른 풀이 ㄱ. hpa은 압력의 단위로, 압력은 유도량이다.
ㄷ. m/s는 유도량의 단위로 기본단위(기본량의 단위)가 아니다.

07 ㄱ. ㉠ 인슐린은 단백질 호르몬이므로 단위체는 아미노산이다.
ㄴ. ㉡은 측정 표준이 활용된 것이며, 이 기준은 당뇨병 진단 기준으로 모든 사람이 의사소통에서 사용한다.

바른 풀이 ㄷ. mg/dL는 유도량인 밀도의 단위이다.

08 (가)는 연속적인 값으로 나타낸 아날로그 신호이고, (나)는 불연속적인 값으로 나타낸 디지털 신호이다.
ㄱ. (가)는 세기가 연속적인 값으로 표현된 아날로그 신호이다.

바른 풀이 ㄴ. (나)는 불연속적인 값으로 나타내었다.
ㄷ. (가) 아날로그 신호가 (나) 디지털 신호보다 전송 과정에서 손상되기 쉽다.

09 ① 고속도로에서의 자동차 제한 속도는 km/h로 하여 과속 차량을 단속한다.
③ 휴대폰 배터리 용량은 mAh이므로 자기 휴대폰에 맞는 배터리를 고를 수 있다.
④ 체온이나 혈압, 혈당 측정 시 표준화된 단위로 계기판에 나타난다.
⑤ 일기예보에서 표준화된 태풍의 진행 속도와 풍속을 안내하여 피해를 입지 않도록 미리 대비할 수 있다.

바른 풀이 ② 미술전 유화를 그릴 때에는 측정 표준이 적용되지 않는다.

10 ㄷ. 신호를 수집하여 유용한 정보를 얻을 수 있다.

바른 풀이 ㄱ. 지진이 일어났을 때 측정되는 지진파는 자연에서 발생하는 아날로그 신호이다.
ㄴ. 각종 센서는 자연에서 발생하는 각종 신호를 전기 신호로 바꾸는 기기이다.

11 ㄴ. 스마트폰에서는 아날로그 신호인 소리를 센서가 감지하여 전기 신호로 바꾸고 이 전기 신호를 디지털 신호로 전환한다.
ㄷ. db(데시벨)은 소리의 세기를 나타낼 때 사용되는 단위로 측정 표준에 해당한다.

바른 풀이 ㄱ. 도로에서 발생한 소리는 자연에서 발생하는 신호에 해당하며 아날로그 신호이다.

12 ㄱ. 자연의 신호는 대부분 (가) 아날로그 신호로 연속적 형태로 나타난다.
ㄷ. (가) 아날로그 신호를 (나) 디지털 신호로 변환할 때 시간 간격을 줄이면 신호의 왜곡을 줄일 수 있지만 용량이 늘어난다.

바른 풀이 ㄴ. 휴대폰에서는 디지털 음악 파일을 스피커를 통해서 내보낼 때 아날로그 신호로 내보내어 우리 감각기관이 느낄 수 있도록 한다. 따라서 휴대폰에서 들리는 음악은 (가) 아날로그 신호이다.

II 물질과 규칙성

1 자연의 구성 원소

01 우주 초기 원소의 생성

01 (1) 연속 스펙트럼을 만드는 빛이 저온의 기체에 일부 흡수되어 연속 스펙트럼에 검은 선이 나타나는 스펙트럼을 흡수 스펙트럼이라고 한다. 흡수선의 위치는 저온의 기체를 이루는 원소의 종류에 따라 달라진다.

(2) 방출 스펙트럼은 고온의 기체가 방출하는 빛을 분산시켰을 때 특정 파장의 빛이 방출되어 나타나는 스펙트럼으로 방출선의 위치는 고온의 기체를 이루는 원소의 종류에 따라 달라진다.

(3) 전 파장에 걸쳐 연속적으로 나타나는 스펙트럼을 연속 스펙트럼이라고 한다.

02 별빛의 스펙트럼에 나타나는 흡수선 또는 방출선의 두께와 위치는 별을 구성하는 원소의 종류나 원소의 밀도에 따라 다르게 나타나므로 스펙트럼 분석을 통해 여러 가지 별에 대한 정보를 알 수 있다. 흡수선을 원소의 스펙트럼과 비교하여 원소의 종류(㉠)를 알 수 있고, 흡수선의 두께를 비교하면 원소의 질량비(㉡)를 알 수 있다.

03 별빛의 스펙트럼으로 분석하였을 때 우주를 구성하는 원소는 대부분 수소와 헬륨 두 종류이며, 두 원소의 질량비는 빅뱅 초기부터 3 : 1로 유지되어 왔다.

04 양성자와 중성자가 생성된 시기에는 양성자와 중성자가 서로 변환되어 개수가 비슷했다. ➡ 개수비 약 1 : 1
㉠ 우주의 온도가 낮아짐에 따라 중성자는 양성자로 변하였지만 양성자는 중성자로 변환되지 못하여 헬륨 원자핵이 생성될 시기에는 중성자에 비해 양성자의 개수가 많아졌다. ➡ 개수비 약 7 : 1
㉡ 양성자는 그 자체로 수소 원자핵이 되었고, 양성자 2개와 중성자 2개가 결합하여 헬륨 원자핵 1개가 생성되었다.
  ➡ (개수비) 수소 원자핵 : 헬륨 원자핵=12 : 1
  ➡ (질량비) 1×12(개) : 4×1(개)=3 : 1

05 전 우주의 수소와 헬륨의 질량비는 빅뱅 초기부터 3 : 1로 유지되어 왔고, 빅뱅 우주론에서 예측한 값과 일치하였다.

06 빅뱅 우주론은 1940년대 가모프가 주장한 것으로 아주 오래전 모든 물질과 에너지가 모인 초고온, 초밀도의 한 점(특이점)에서 대폭발이 일어나 우주가 탄생하였고, 지금도 계속 팽창하고 있다는 우주론이다.

07 우주는 초고온 초고밀도의 한 점(특이점)에서 빅뱅이 일어나며 시작되어 계속 팽창하고 있으며, 빅뱅 직후 만들어진 기본 입자들이 모든 물질의 근원이 되어 물질이 생성되었으며, 기본 입자 생성 이후 물질은 더 이상 만들어지지 않았으므로, 우주의 팽창 과정에서 우주의 질량은 일정하게 유지되었고, 물질의 밀도는 점차 감소하였으며, 우주의 온도는 계속 낮아졌다.

(바른 풀이) (2) 빅뱅 이후 우주의 질량은 일정하게 유지되었다.
(3) 팽창하는 동안 우주의 온도는 계속 낮아졌다.

08 (4) 빅뱅 후 약 38만 년이 지나 우주의 온도가 약 3000 K로 낮아지자 원자핵과 전자가 결합하여 원자가 만들어졌다.
(바른 풀이) (1) 양성자는 위 쿼크(u: 전하량 $+\frac{2}{3}$) 2개와 아래 쿼크(d: 전하량 $-\frac{1}{3}$) 1개로 이루어진 입자로, 총 $+1(\frac{2}{3}+\frac{2}{3}-\frac{1}{3})$의 전기를 띤다.
(2) 중성자는 위 쿼크(u: 전하량 $+\frac{2}{3}$) 1개와 아래 쿼크(d: 전하량 $-\frac{1}{3}$) 2개로 이루어진 입자로, 총 전기량은 0 $(\frac{2}{3}-\frac{1}{3}-\frac{1}{3})$이다.
(3) 헬륨 원자핵은 양성자 2개와 중성자 1개로 이루어진 ^{3}He와, 양성자 2개와 중성자 1개로 이루어진 ^{4}He가 있으며 ^{3}He와 ^{4}He는 동위 원소 관계이다.
(5), (6) 기본 입자는 쿼크 6종과 경입자 6종이며, 전자는 경입자에 속한다. 양성자와 중성자는 각각 쿼크 3개로 이루어져 있으므로 기본 입자가 아니다.

09 빅뱅 ➡ ㄱ. 쿼크, 전자 생성 ➡ ㄷ. 양성자(수소 원자핵), 중성자 생성 ➡ ㄴ. 헬륨 원자핵 생성 ➡ ㄹ. 수소 원자, 헬륨 원자 생성

10 빅뱅 후 약 3분이 지났을 때 양성자(수소 원자핵) 2개와 중성자 2개가 결합하여 헬륨 원자핵이 만들어졌다.
양성자와 중성자의 비가 약 7 : 1=14 : 2이었으므로 수소 원자핵과 헬륨 원자핵의 개수비는 12 : 1이 된다. 이때 헬륨 원자핵의 질량은 수소 원자핵의 4배이므로, 수소 원자핵과 헬륨 원자핵의 질량비는 약 3 : 1이 된다.

11 (2) 빅뱅 이후 약 38만 년이 지나 우주의 온도가 약 3000 K로 낮아지자 원자핵과 전자가 결합하여 중성 원자가 만들어졌다.
(3) 빅뱅 이후 약 38만 년이 지나 우주의 온도가 약 3000 K로 낮아졌을 때 원자핵과 전자가 결합하여 중성 원자가 만들어지면서 빛이 산란하지 않아 투명한 우주가 되었다.
(바른 풀이) (1) 빅뱅 초기에 쿼크 3개가 결합하여 수소 원자핵(양성자), 중성자가 만들어지고, 빅뱅 이후 3분이 지나 우주의 온

도가 10억 K로 내려가면서 양성자와 중성자의 운동이 느려지면서 양성자 2개와 중성자 2개가 결합하여 헬륨 원자핵이 만들어졌다.

(4) 우주의 온도가 높아서 원자핵과 전자가 결합하지 못하는 상태에 있을 때는 빛이 전기를 띤 입자에 의해 산란되면서 빛이 빠져나가지 못해 불투명한 우주(뿌연 우주)의 상태였다.

12 빅뱅 초기 온도가 높아 원자가 만들어지기 전에는 빛이 입자들에 의해 산란되어 밖으로 빠져나가지 못하고, 뿌연 우주 상태였다가 빅뱅 후 약 38만 년이 지나서 우주의 온도가 3000 K로 내려가 헬륨 원자와 수소 원자가 생성되면서 빛은 산란되지 않고 우주 밖으로 퍼져 나갔고, 우주는 투명해졌다. 이 빛이 현재 우주 전체를 채우고, 모든 방향에서 같은 세기로 관측되는 우주 배경 복사이며, 빅뱅 우주론의 증거가 되었다.

✛ 탐구

39 쪽

탐구문제 1 답 수소, 헬륨, 나트륨
수소, 헬륨, 나트륨의 방출선이 나타나는 위치가 햇빛의 스펙트럼에 나타나는 흡수선의 위치와 일치한다. 아래 그림처럼 햇빛의 스펙트럼은 수소, 헬륨, 나트륨의 선 스펙트럼을 합쳐 놓은 것과 같다.

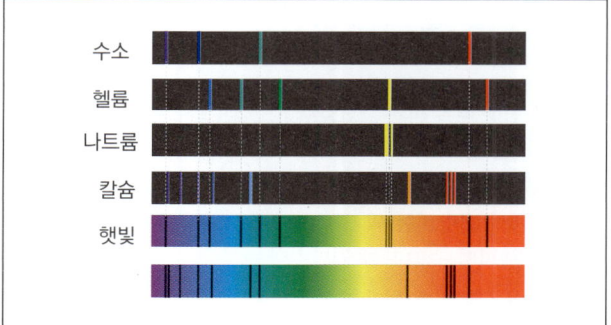

탐구문제 2 답 수소, 칼슘
수소, 칼슘의 방출선이 나타나는 위치가 미지의 별의 스펙트럼에 나타나는 흡수선의 위치와 일치한다. 아래 그림처럼 미지의 별의 스펙트럼은 수소와 칼슘의 선 스펙트럼을 합쳐 놓은 것과 같다.

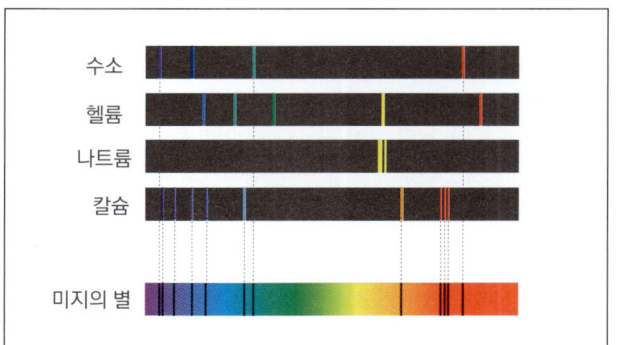

탐구문제 3 답 원자마다 에너지 준위와 그 간격이 다르기 때문, 원자핵 준위를 돌고 있는 전자의 에너지 준위 변화와 그 간격이 다르기 때문에 선 스펙트럼이 다르게 나타난다.

탐구문제 4 답 원소마다 스펙트럼에 나타나는 흡수선과 방출선이 나타나는 파장이 다르다(같은 원소일 경우 흡수선과 방출선이 나타나는 파장은 같다). 따라서 스펙트럼을 분석하면 별 또는 성운을 구성하는 원소의 종류와 함량 등을 알 수 있다.

스스로 실력높이기

40 ~ 44 쪽

01 ⑤	02 ③	03 ①	04 ④	05 ⑤	06 ①
07 ①	08 ②	09 ④	10 ⑤	11 ④	12 ⑤
13 ③	14 ④	15 ③	16 ④	17 ⑤	18 ④
19 ②	20 ①	21 ④	22 ③	23 ①	24 ②
25 ②	26 ③				

01 ㄱ. 고온의 별에 의해 가열된 고온의 기체(성운)의 스펙트럼은 방출 스펙트럼이다.
ㄴ. 별빛이 저온의 별의 대기를 통과하면 대기를 구성하는 원소가 특정 파장의 빛을 흡수하여 흡수 스펙트럼이 형성된다.
ㄷ. 백열등에서 방출되는 빛을 분광기나 프리즘에 통과시키면 색의 띠가 연속적으로 나타나는 연속 스펙트럼을 관찰할 수 있다.

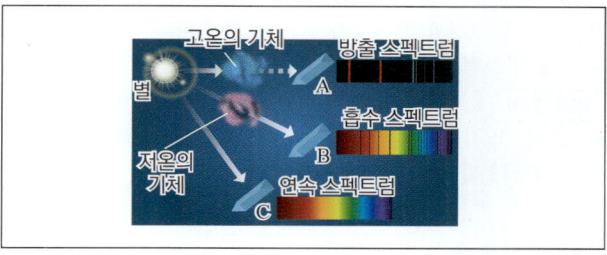

02 ㄷ. 별의 스펙트럼을 원소의 스펙트럼과 비교하면 별을 구성하는 원소의 종류에 따라 선 스펙트럼이 다르게 나타나기 때문에 별을 구성하는 원소의 종류를 알 수 있다.
ㄹ. 별빛 스펙트럼의 흡수선 세기는 별을 구성하는 원소의 밀도에 비례한다. 따라서 각 흡수선의 선폭(두께)을 비교하면 별을 구성하는 원소의 질량비를 알 수 있다.
바른 풀이 ㄱ, ㄴ. 별빛의 스펙트럼 분석을 통해 별의 크기나 지구와 별까지의 거리는 알 수 없다.

03 화합물의 선 스펙트럼에는 각 성분 원소의 선 스펙트럼이 모두 포함되어 나타난다. 따라서 물질 D, E에 공통으로 포함된 원소는 같은 위치에 나타나는 선을 확인할 수 있는 원소 A이다. 원소 B의 스펙트럼은 물질 E에는 포함되어 있으나 물질 D에는 나타나지 않는다.

04 ㄴ. (나)의 스펙트럼은 방출 스펙트럼으로 원소의 종류에 따라 선의 위치가 다르게 나타난다.
ㄷ. 별빛의 스펙트럼을 분석하면 별을 구성하는 원소의 종류와 질량비 외에 별의 표면 온도, 별 대기의 구성 성분, 별의 운동

방향과 속도를 알 수 있다.

[바른 풀이] ㄱ. (가)의 검은 선들은 태양의 대기에 포함된 원소가 특정 파장의 빛을 흡수하여 나타난 흡수 스펙트럼이다.

05 ㄱ. 흡수 스펙트럼이 나타나는 것으로 보아 태양이 방출하는 빛이 대기를 통과할 때 대기의 원자가 빛을 흡수하는 상태이므로 대기는 태양보다 상대적으로 온도가 낮은 상태라고 할 수 있다. 온도가 높은 대기에서는 빛이 방출된다.
ㄷ. 나타난 선스펙트럼의 형태를 각각의 원소의 스펙트럼과 비교하면 태양의 대기를 이루는 원소를 알 수 있다.
[바른 풀이] ㄴ. 500여개의 검은 흡수선은 한 가지 원소의 스펙트럼 형태가 아니므로 태양의 대기는 한 종류의 원소로 이루어져 있지 않다.

06 태양 빛을 직접 분광기에 통과시켜 얻은 스펙트럼은 흡수선이 존재하는 스펙트럼 A이며, 수소 기체를 방전시켜 얻은 스펙트럼은 방출 스펙트럼으로 스펙트럼 B이다.
ㄱ. 스펙트럼 A의 흡수선에 스펙트럼 B의 방출선이 모두 포함되므로 태양에 수소 기체가 존재함을 알 수 있다.
[바른 풀이] ㄴ. 태양의 스펙트럼인 스펙트럼 A의 흡수선은 수소의 스펙트럼 외에 여러 원소의 스펙트럼이 혼합된 것이므로 태양의 대기는 여러 종류의 원소로 이루어져 있다.
ㄷ. 스펙트럼 B는 방출 스펙트럼으로 연속 스펙트럼이 아니다.

07 ㄱ. 흡수선과 방출선이 같은 위치에 나타나 있으므로 같은 원소의 스펙트럼이다.
[바른 풀이] ㄴ. (가)는 방출 스펙트럼, (나)는 흡수 스펙트럼이다.
ㄷ. (가)는 뜨거운 별빛이나 방전에 의해 뜨거워진 고온의 기체가 특정 파장의 빛을 방출할 때 나타난다.

08 ① 현재 수소 원자와 헬륨 원자의 질량비는 약 3 : 1이고, 이것은 원자핵의 질량비와 같다.
③ 현재 우주에서 수소와 헬륨이 각각 74 %, 24 %를 차지한다. 전체 우주 구성 물질 질량의 98 %가 수소와 헬륨이다.
④ 우주를 구성하고 있는 천체의 스펙트럼을 분석하면 천체를 구성하고 있는 원소를 알아낼 수 있고, 선 스펙트럼 각 흡수선의 선폭을 비교하면 원소의 질량비를 알 수 있다. 실제 우주에서 수소와 헬륨의 분포와 질량비는 각종 천체의 스펙트럼 분석을 통하여 알게 되었다.
⑤ 빅뱅 후 3분이 지났을 때 헬륨 원자핵이 생성되었고, 수소 원자핵과 헬륨의 원자핵의 질량비는 약 3 : 1로 유지되었다.
[바른 풀이] ② 현재 수소 원자와 헬륨 원자의 질량비는 약 3 : 1이므로 질량수가 1인 수소 원자핵과 질량수가 4인 헬륨 원자핵의 개수비는 약 12 : 1이 된다.

09 ㄱ. 헬륨 원자핵이 생성될 때 양성자와 중성자의 개수비는 7 : 1이고, 이후 양성자 2개와 중성자 2개가 결합하여 헬륨 원자핵 1개을 생성하므로 수소 원자핵(양성자)과 헬륨 원자핵의 개수비는 약 12 : 1이 되며, 헬륨 원자핵의 질량이 수소 원자핵의 4배이므로, 수소 원자핵과 헬륨 원자핵의 질량비는 약 3 : 1이 된다.
ㄴ. 헬륨 원자핵이 생성된 후 우주 전역의 수소 원자핵(양성자)

과 헬륨 원자핵의 개수비는 약 12 : 1이다.

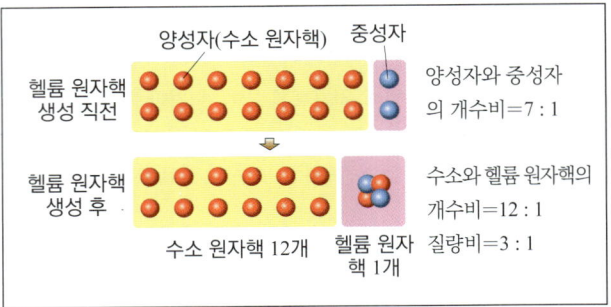

[바른 풀이] ㄷ. 양성자와 중성자의 형성 초기에는 우주의 온도는 매우 높아 양성자와 중성자가 서로 변환되는 과정이 빈번하여 개수비가 약 1 : 1이었다. 하지만 우주가 팽창하면서 우주 온도가 낮아지자 양성자가 중성자로 되는 변환이 일어나기 어려워지면서 양성자와 중성자의 개수비는 약 7 : 1로 유지되었다.

10 ㄱ. A는 양성자, B는 중성자이다.
ㄴ. 양성자 2개와 중성자 2개가 결합하여 질량수 4인 헬륨 원자핵이 만들어진다.
ㄷ. 빅뱅 후 약 3분이 지났을 때 양성자 2개와 중성자 2개가 핵융합하여 헬륨 원자핵이 만들어졌다. 그림에서 12개 남은 양성자는 그 자체로 수소 원자핵이 되었고, 양성자 2개와 중성자 2개가 결합하여 헬륨 원자핵 1개가 생성되었다.
➡ (개수비) 수소 원자핵 : 헬륨 원자핵=12 : 1
➡ (질량비) 1×12(개) : 4×1(개)=3 : 1

11 A: 빅뱅 우주론은 초고온, 초고밀도의 특이점에서 빅뱅이 일어나 기본 입자가 생성되어 계속 팽창한다는 이론이다.
C: 빅뱅 이후 약 3분이 지나 헬륨의 원자핵이 만들어졌고, 수소와 헬륨의 질량비는 약 3 : 1이 되었으며, 현재도 마찬가지이다. 이것은 빅뱅 우주론을 뒷받침하는 증거이다.
[바른 풀이] B: 빅뱅 초기 대부분의 물질이 생성되었고, 우주는 계속 팽창하므로 우주의 밀도는 시간이 지남에 따라 감소한다.

12 빅뱅 우주론에 의하면 빅뱅 초기에 대부분의 물질이 만들어졌으며, 이후로는 물질은 생성되지 않는다. 그런데 우주는 계속 팽창하므로 우주의 온도는 낮아지고, 물질의 밀도는 감소한다.

13 ㄱ. 빅뱅 우주론은 빅뱅 이후 우주는 팽창하며, 우주 초기에 대부분의 물질이 만들어졌다는 이론이다.
ㄷ. 빅뱅 이후 약 38만 년이 지났을 때 입자들이 결합하여 원자가 만들어질 수 있었고, 빛이 우주 전역으로 빠져나갈 수 있었다. 현재 이 빛은 파장이 길어져 온도 3 K인 물질 복사와 같은 마이크로파 형태로 우주 전역에서 관측되고 있다. 이것을 우주 배경 복사라고 하며 빅뱅 우주론의 증거이다.
[바른 풀이] ㄴ. 빅뱅 초기 대부분의 물질이 생성되었고, 우주는 계속 팽창하므로 우주의 밀도는 시간이 지남에 따라 감소한다.

14 빅뱅 이후 우주를 구성하는 입자가 만들어진 순서는 기본 입자(쿼크, 전자)(다) ➡ 양성자와 중성자(가) ➡ 헬륨 원자핵(나) ➡ 수소 원자, 헬륨 원자 이다.

15 ③ 기본 입자인 쿼크와 전자는 빅뱅 후 가장 먼저 생성되었으며, 더 이상 분해할 수 없는 물질의 기본 입자이다.

[바른 풀이] ① 원자핵과 전자로 이루어진 원자는 전자와 양성자의 개수가 같아 전기적으로 중성을 띤다.
② 빅뱅 직후 우주가 매우 고온일 때 쿼크가 생성되었으며, 이후 우주의 온도가 약 3,000 K로 냉각되었을 때 생성된 입자는 원자이다.
④ 양성자와 중성자는 쿼크 3개가 결합하여 생성되었다.
⑤ 헬륨 원자핵은 빅뱅으로부터 약 3분 후 양성자 2개와 중성자 2개가 결합하여 생성되었다. 수소 원자핵은 양성자이므로 빅뱅 직후 중성자와 함께 생성되었다.

16 ㄱ. 수소와 헬륨 원자는 빅뱅 후 38만 년이 지나 형성되었다.
ㄷ. 2개의 양성자와 2개의 중성자가 결합하여 헬륨 원자핵이 되므로, 같은 수의 C(양성자)와 D(중성자)가 결합하여 헬륨 원자핵을 구성한다.

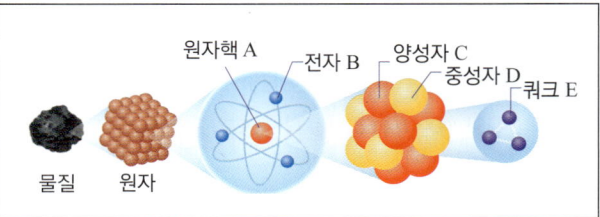

원자핵 A · 전자 B · 양성자 C · 중성자 D · 쿼크 E
물질 · 원자

[바른 풀이] ㄴ. 기본 입자인 전자(B)와 쿼크(E)는 빅뱅 직후에 생성되었으며, 원자핵(A)은 양성자와 중성자(C, D)가 생성된 후, 이들이 융합하여 생성되었다.

17 (가)는 양성자 1개, 전자 1개로 이루어진 수소 원자, (나)는 (양성자 2개＋중성자 2개)로 이루어진 원자핵과 전자 2개로 이루어진 헬륨 원자이다.
ㄱ. 수소 원자핵인 양성자는 쿼크 3개가 결합하여 이루어져 있다.
ㄴ. 양성자와 중성자의 질량은 거의 비슷하고, 전자의 질량은 매우 작으므로 원자의 질량은 원자핵의 질량과 거의 같다. 따라서 (가)는 양성자 1개, (나)는 양성자 2개, 중성자 2개로 이루어져 있으므로 원자의 질량은 (나)가 (가)의 약 4배이다.
ㄷ. 원자는 빅뱅 후 약 38만 년이 되었을 때 우주의 온도가 3,000 K 정도로 낮아지면서 원자핵과 전자가 결합할 수 있게 되면서 생성되었다.

18 ㄱ. 빅뱅 이후 물질은 더 이상 생성되지 않았고, 우주는 계속 팽창했으므로 우주 온도는 내려가고, 밀도는 감소했다.
ㄷ. 빅뱅이 일어난 직후에는 매우 높은 온도로 인하여 물질이 만들어질 수 없었으나 이후 급격한 팽창으로 온도가 낮아지면서 쿼크와 전자를 포함한 기본 입자들이 만들어졌다.

[바른 풀이] ㄴ. 양성자와 중성자가 생성된 순간에는 우주의 온도가 매우 높았기 때문에 질량이 큰 중성자는 에너지를 방출하고 양성자가 될 수 있었고, 질량이 작은 양성자는 에너지를 얻어 중성자가 될 수 있었다. 따라서 생성 초기에는 양성자와 중성자의 개수비가 1 : 1이었다. 하지만 우주가 팽창하면서 우주의 온도가 낮아지면서 양성자가 중성자로의 변환은 일어나기 어려워졌고, 불안정한 중성자가 양성자로의 변환이 이루어졌다. 이후 양성자

와 중성자의 개수비는 약 7 : 1로 유지되었다.

19 ① 전자가 원자에 속하게 되면서 원자가 형성되어 자유롭게 운동하지 못하게 되자 빛은 산란되지 않고 공간으로 퍼져 나가 우주는 투명하게 되었고 어두워졌다.
③ 투명한 우주가 되면서 공간으로 퍼져 나간 빛이 현재 우주 전역에서 우주 배경 복사로 관측된다.
④ 우주의 온도가 약 3,000 K로 냉각되었을 때 전자와 원자핵이 결합할 수 있게 되어 전기적으로 중성인 원자가 형성되었다.
⑤ 우주의 온도가 약 3,000 K보다 높았을 때 우주는 고에너지 상태에서 자유롭게 움직이는 전자와 양성자, 중성자가 뒤섞인 플라스마 상태였다. 따라서 빛이 각 입자에 부딪치면서 산란하여 주위 공간으로 흩어져 우주는 뿌연 상태였다.

[바른 풀이] ② 원자가 형성된 이후 우주는 투명하게 되었으나 빛을 내거나 반사하는 물체가 없었기 때문에 우주는 암흑 상태가 되었다.

20 A와 B는 각각 양성자와 중성자 중 하나이다.
ㄱ. 원자핵은 양성자와 중성자로 이루어지므로 두 입자는 원자핵을 구성한다.

[바른 풀이] ㄴ. 빅뱅 직후 양성자와 중성자의 수는 거의 같았으나 온도가 내려가면서 점차 양성자의 개수가 중성자의 개수보다 많아졌고, 헬륨 원자핵이 만들어질 때에는 양성자와 중성자의 개수비는 약 7 : 1이 되었다.
ㄷ. 중성자는 전하를 띠지 않으나 양성자는 (+1)의 전하를 띤다.

21 ㄴ. (가)는 원자 형성 이전에 빛이 전자, 양성자, 원자핵과 부딪치면서 산란되어 우주가 불투명한 시기이며, (나)는 원자 형성 이후 산란이 일어나지 않아 우주가 투명해졌으며, 반사 물질이 없었으므로 우주는 암흑 상태가 되었다.
ㄷ. (나) 시기는 빅뱅이 일어나고 약 38만 년 후, 우주의 온도가 약 3,000 K로 낮아져 원자가 형성되면서 시작되었다. 이 시기에는 빛이 산란되지 않고 우주 전역으로 퍼져 나갔다.

[바른 풀이] ㄱ. (나) 시기의 우주 온도는 약 3000 K였으며, (가) 시기는 (나) 시기보다 우주의 온도가 높았다.

22 ㄱ. B 시기에 원자핵과 ㉠ 전자가 결합하여 원자가 생성되었다. 이 시기는 빅뱅 후 약 38만 년이 지난 시기이다.
ㄷ. B 시기 이후 수소 원자들의 총질량과 헬륨 원자들의 총 질량의 비는 약 3 : 1이다. 수소 원자의 총 질량은 헬륨 원자들의 총 질량보다 크다.

[바른 풀이] ㄴ. 빅뱅 이후 A 시기에는 온도가 높아 원자핵과 전자가 결합할 수 없었고, 온도가 내려간 B 시기에 원자핵과 전자가 결합하여 원자가 생성되었다. 따라서 A 시기의 온도가 B 시기의 온도보다 높다.

23 ㄱ. 전자는 ㉠ 기본 입자이다.

[바른 풀이] ㄴ. 헬륨 원자핵은 양성자 2개와 중성자 2개가 결합한 것이므로 (+)2의 전기를 띤다.
ㄷ. 우주의 온도는 빅뱅 이후 시간이 경과하면서 점점 낮아진다. (가) 헬륨 원자핵이 만들어지고 약 38만 년이 지나 원자핵과

전자가 결합하여 (나) 원자가 생성되었으므로, (가) 시기의 온도가 (나) 시기의 온도보다 높다.

24 ㄴ. B 시기에 원자가 형성되면서 빛이 우주로 퍼져 나가 투명한 우주가 되었다.

바른 풀이 ㄱ. 우주 배경 복사는 빅뱅 후 약 38만 년이 지난 B 시기에 빛이 우주로 퍼져 나가면서 시작되었다.

ㄷ. 양성자와 중성자가 최초로 생성될 당시 양성자와 중성자의 개수비는 1 : 1이었다가 온도가 내려가면서 개수비가 7 : 1로 되었다.

25 ㄷ. B 시기에 원자핵과 전자가 결합하므로, 수소 원자와 헬륨 원자가 만들어졌다.

바른 풀이 ㄱ. 빅뱅 이후 시간이 경과하며 우주의 온도는 점점 낮아진다. 따라서 우주 온도는 A 시기가 B 시기보다 높다.

ㄴ. A 시기는 쿼크가 결합한 시기이므로, 쿼크로 구성된 양성자와 중성자가 만들어지는 시기이다. 이후에 양성자와 중성자가 결합하여 헬륨 원자핵이 만들어진다.

26 ㄱ. 빅뱅 후 약 38만 년이 지나 우주의 온도가 약 3000 K로 떨어졌을 때 원자가 생성되었으며, 빛이 우주로 퍼져 나가기 시작했다. 이때 전 우주의 수소와 헬륨의 질량비는 약 3 : 1이었다.

ㄴ. 우주 배경 복사는 현재 우주 전역에서 같은 세기로 관측되며, 빅뱅 우주론을 지지하는 증거가 되었다.

바른 풀이 ㄷ. 빅뱅 후 약 3분이 되었을 때 헬륨 원자핵이 생성되었고, 그로부터 약 38만 년 후에 원자가 생성되면서 우주로 빛이 퍼져 나갔다. 이 빛이 현재 우주 전역에서 관측되는 우주 배경 복사이다.

심화 실력높이기
45 쪽

01 ⑤ **02** ① **03** ④ **04** ④ **05** ②

01 ㄱ. (가)와 같이 전자가 바깥 궤도로 전이할수록 에너지 준위가 커지므로 에너지를 흡수해야 한다. 이때 흡수 스펙트럼이 나타난다.

ㄷ. (나)는 전자가 높은 에너지 준위에서 낮은 에너지 준위로 이동하는 것이므로 에너지를 빛의 형태로 방출해야 한다.

바른 풀이 ㄴ. 원자핵에서 먼, 바깥 궤도일수록 에너지 준위는 높다.

02 ㄱ. A는 양성자 1개와 중성자 1개가 결합한 중수소 원자핵, B는 양성자 1개, 중성자 2개가 결합한 삼중수소 원자핵으로 중성자수는 다르지만, 양성자수가 같은 동위 원소이다.

바른 풀이 ㄴ. B는 삼중수소 원자핵으로 양성자 수가 1개이므로 수소의 동위 원소이며, 질량수는 3이다.

ㄷ. C와 전자 2개가 결합하면 헬륨 원자가 생성되며, 전자수와 양성자수가 같으므로 전기적으로 중성을 띤다.

03 빅뱅 초기 기본 입자인 쿼크(A)와 전자가 생성되었다.→ 쿼크끼리의 강한상호작용으로 결합하여 양성자(B)와 중성자(C)가 생성되었다.→ 빅뱅 후 약 3분이 되었을 때 양성자 2개와 중성자 2개가 결합하여 헬륨 원자핵(D)이 생성되었다.→ 빅뱅 후 약 38만 년이 되었을 때 헬륨의 원자핵은 전자와 결합하여 헬륨 원자(E)가 되었다.

④ 빅뱅 후 약 3분이 지났을 때 헬륨 원자핵(D)이 생성되었다.

바른 풀이 ① A는 기본 입자인 쿼크이다.

② 같은 원자라도 중성자(C)가 달라지면 질량이 다른 동위 원소가 된다.

③ 원자의 종류에 따라 양성자(B)의 수가 다르다. 따라서 B는 원자의 종류를 결정한다.

⑤ 헬륨 원자핵(D)과 전자 2개가 결합하여 헬륨 원자(E)가 되었다.

04 ㄴ. 빅뱅 우주론에서는 시간이 지날수록 우주는 팽창한다. 따라서 우주의 크기는 (다)→(라)로 가면서 커진다.

ㄷ. (라) 원자가 생성될 때는 빅뱅 이후 약 38만 년이 지났을 때이다.

바른 풀이 ㄱ. 우주의 온도는 우주가 팽창하면서 낮아진다. 따라서 (가)일 때가 (나)일 때보다 온도가 높다.

05 ㄴ. 빅뱅 후 약 38만 년이 지났을 때 우주의 온도가 약 3000 K가 되었고, 원자가 생성될 수 있었으며, 빛이 우주로 퍼져 나갈 수 있었다. 그 후 우주의 온도는 계속 냉각되었고, 빠져 나간 빛의 파장은 점점 길어져 현재는 마이크로파의 파장만큼 길어졌다.

바른 풀이 ㄱ. 빅뱅 후 약 38만 년이 지났을 때 우주로 빠져 나간 빛은 현재 관측되는 우주 배경 복사파보다 파장이 훨씬 짧다.

ㄷ. 현재 관측되는 우주 배경 복사의 파장은 3 K (−270 ℃) 흑체에서 방출되는 복사파의 파장과 거의 같다.

02 지구와 생명체를 구성하는 원소의 생성

47 ~ 50 쪽

개념체크

01 ㉠ 수소 ㉡ 헬륨   **02** (1) ○ (2) × (3) ○
03 ㉠ 철 ㉡ 초신성 폭발   **04** (1) × (2) ○
05 ㄷ - ㄱ - ㄴ   **06** 큰, 핵, 작은, 맨틀
07 (1) × (2) × (3) ○   **08** ⑤
09 (1) × (2) ○ (3) ○   **10** (다)-(가)-(라)-(나)
11 (1) ○ (2) × (3) ○   **12** (1) × (2) × (3) ○

01 우주의 전체 원소 중 수소와 헬륨이 차지하는 질량 비율이 98 %이다.

02 (1) 원시별은 중력에 의해 수축하면서 밀도와 압력이 커지고 중심 온도가 상승한다.
(3) 질량이 태양과 비슷한 별은 중심부의 수소가 핵융합 반응으로 모두 소모된 후, 중심부에서 헬륨 핵융합 반응이 일어나는 적색거성으로 진화한다.
[바른 풀이] (2) 주계열성에서 일어나는 핵융합 반응은 수소를 재료로 하는 수소 핵융합 반응이고 헬륨이 생성된다.

03 별의 내부에서 핵융합에 의해 생성될 수 있는 가장 무거운 원소는 철이다. 철은 매우 안정한 원소이기 때문에 별의 압력과 온도로는 더이상 핵융합이 일어나지 않기 때문이다. 철보다 무거운 원소는 초신성 폭발 과정에서 발생하는 막대한 에너지로 인해 생성된다.

04 (2) 태양계 성운은 회전하면서 중력에 의해 물질이 수축하여 밀도가 커지면서 태양과 행성을 형성하였다.
[바른 풀이] (1) 지구형 행성은 목성형 행성에 비해 태양과 가까운 곳(온도가 높은 곳)서 생성되었기 때문에 가벼운 원소는 방출되고 무거운 원소가 많이 남아 평균 밀도가 높다.

05 미행성체가 서로 충돌하면서 합쳐져 원시 지구가 생성되었고, 크기와 질량이 점차 증가하였다.(ㄷ) → 원시 지구의 표면에 열, CO_2와 수증기의 온실 효과 등으로 지표의 온도가 높아져 마그마의 바다가 생성되었다.(ㄱ) → 미행성의 충돌이 줄어들면서 지표가 냉각되어 원시 지각이 형성되었고, 이후 원시 대기 중 수증기가 비를 이루어 내려 원시 바다가 만들어졌다.(ㄴ)

06 지구의 형성 과정 중 마그마의 바다에서 철, 니켈 등의 밀도가 (큰) 물질들은 중심부로 모여 (핵)을 형성하였고, 규소, 산소 등의 밀도가 (작은) 암석질 물질들은 위로 떠올라 (맨틀)을 이루면서 층상 구조가 형성되었다.

07 (3) 현재의 태양은 주계열성이고, 내부에서 수소 핵융합 반응이 일어나고 있어 막대한 에너지가 방출되고 있다.
[바른 풀이] (1) A의 수소 원자핵 4개의 질량 총합은 B의 헬륨 원자핵 1개의 질량보다 크다. 핵융합 반응이 일어날 때 감소한 질량(질량결손)이 에너지로 전환된다.
(2) 원시별은 중심부의 온도와 압력이 충분히 높지 않아 수소 핵융합 반응이 일어나지 않는다.

08 원시별은 중력에 의해 계속 수축하는 단계로 내부 압력에 의한 힘(B)이 중력(A)보다 작다. 주계열성은 수소 핵융합 반응이 일어나는 단계로 중력(A)과 핵융합 반응에 의한 내부 압력에 의한 힘(B)이 같아 별의 크기가 일정하게 유지된다.

09 (2) 원시별은 아직 중심부의 온도가 낮아 핵융합 반응이 일어나지 못하고, 중력 수축 에너지에 의해 빛을 낸다.
(3) 원시별의 중심부 온도가 계속해서 올라가서 핵융합 반응이 일어나게 되면 주계열성이 된다.
[바른 풀이] (1) 성운의 밀도가 불균일하게 형성된 곳에서 밀도가 높고 온도가 낮은 곳에서 중력 수축이 시작되어 별이 탄생한다.

10 ① (다) 초신성 폭발로 태양계 성운이 생성되었다. 성운 내부에서 밀도가 큰 부분의 중력이 크게 작용하여 회전하면서 수축하기 시작한다.
② (가) 그 중심부에서는 온도가 높아지고 밀도가 커져서 원시 태양이 형성되고, 원시 태양의 바깥 쪽에는 납작한 원반 모양 성운(원시 원반)이 형성되었다.
③ (라) 원시 태양의 중심부는 중력 수축으로 온도가 높아졌고, 원시 원반은 회전하는 동안 큰 고리가 여러 개 만들어져 각 고리에서는 가스와 먼지가 뭉치면서 수많은 미행성체가 형성되었다.
④ (나) 원시 태양의 중심부에서 수소 핵융합 반응이 시작되면서 태양이 되었고, 미행성체들이 충돌하고 합쳐지면서 원시 행성이 되고 성장하여 행성이 되어 태양계가 완성되었다.

11 (1) 마그마 바다가 형성되었을 때 철, 니켈 등의 무거운 물질은 지구 중심으로 가라앉아 핵을 형성하고 규소, 산소 등의 가벼운 물질은 위로 떠올라 맨틀을 형성하여 층상 구조가 만들어졌다.
(3) 지구 탄생 초기에는 화산 활동이 활발하여 대기 중에 수소, 이산화 탄소, 질소, 수증기 등이 풍부하였다.
[바른 풀이] (2) 원시 바다가 형성된 후 대기 중의 이산화 탄소가 바다에 녹아 대기 중 이산화 탄소 양이 감소하였다.

12 (3) 우주를 구성하는 여러 종류의 원소들 중 수소와 헬륨은 빅뱅 직후에 형성되었지만 산소, 탄소, 철, 우라늄 등 다른 원소들은 별이 생성되어 진화하는 과정에서의 핵융합 반응과 초신성 폭발로 인해 형성되었다.
[바른 풀이] (1) 지구 구성 원소 중 가장 많은 원소는 철이다.
(2) 사람 몸은 대부분 물과 탄소 화합물로 이루어져 있기 때문에 구성 원소는 산소(O)>탄소(C)>수소(H) 순으로 많다.

01 ④	02 ②	03 ⑤	04 ⑤	05 ③	06 ④
07 ⑤	08 ①	09 ②	10 ②	11 ④	12 ①
13 ②	14 ⑤	15 ③	16 ②	17 ③	18 ①
19 ②	20 ②				

01 ㄱ. 성간 물질이 중력에 의해 서로 뭉쳐서 별이 탄생하므로 밀도가 커서 중력이 크게 작용하고, 온도가 낮아 물질의 운동이 활발하지 않을 때 잘 뭉쳐질 수 있다.

ㄷ. 원시별 중심의 온도가 1000만 K 이상이 되면 수소 핵융합 반응이 일어나 빛을 방출할 수 있게 되면서 주계열성이 된다.

바른 풀이 ㄴ. 미행성체는 원시별의 먼 바깥에서 성간 물질이 뭉쳐져 생성된다. 미행성체가 서로 충돌하고 성장하면서 주계열성 주위를 도는 행성이 된다.

02 ② 중심부 온도가 1000만 K 이상이어야 수소 핵융합 반응이 일어날 수 있다.

바른 풀이 ① 주계열성은 별의 내부 압력과 중력이 평행을 이루어 별의 크기가 일정하게 유지된다.

③ 주계열성은 수소를 핵융합 반응에 사용하여 에너지를 만들므로 핵의 수소 양이 점차 줄어든다.

④ 주계열성은 별의 일생의 대부분에 해당한다.

⑤ 주계열성은 중력 수축에 의한 에너지가 아니라 핵융합 반응에 의한 에너지가 빛에너지의 형태로 외부로 방출된다.

03 ㄴ. 핵융합 반응은 상대적으로 가벼운 원자핵 몇 개가 융합하여 에너지를 발생시키면서 더 무거운 원자핵이 생성되는 과정이다.

ㄷ. 핵융합 반응이 일어나면 반응 후의 원자핵 질량의 합이 반응 전의 원자핵 질량의 합보다 작아진다. 이것을 질량 결손이라고 하는데 결손된 질량에 해당하는 에너지를 방출하게 된다.

바른 풀이 ㄱ. 주계열성의 중심부에서는 수소 핵융합 반응이 일어나서 헬륨이 생성된다.

04 주계열성 중심부에서 수소가 고갈되면 핵은 헬륨으로 채워지면서 핵융합 반응이 멈춰지는데, 이때 중력에 의해 헬륨 중심부가 수축하면서 열이 발생하여 중심부 바깥의 수소층이 가열되어 수소 핵융합 반응이 일어나서 내부 압력이 증가하여 별이 팽창하면서 표면 온도가 낮아지는 적색거성이 된다.

⑤ 질량이 큰 별일수록 수축에 의해 발생하는 중력 수축 에너지가 커지므로 중심부의 온도가 더 높다.

바른 풀이 ① 주계열성에서 적색 거성 단계로 진화할 때 별의 중심핵이 수축하면서 온도가 높아진다.

② 중심부에서 수소 핵융합 반응이 멈춰진 상태이므로 중심부는 헬륨으로 채워지며, 중력에 의해 수축한다.

③ 헬륨핵이 수축하면서 온도가 올라가 핵의 외곽에서는 수소 핵융합 반응이 일어난다.

④ 주계열성에서 수소 핵융합 반응이 끝났을 때, 중심핵은 수축하고 중심핵 바깥층에서 수소 핵융합 반응이 일어나 내부 압력이 커져서 별 외곽이 팽창하여 별의 크기가 커진다.

05 별의 진화 과정이 백색왜성으로 끝나므로 태양과 비슷한 질량을 가진 별의 진화 과정이다.

ㄷ. A에서 B로 진화할 때 별이 수축하면서 중심부 온도가 1000만 K 이상으로 높아져서 수소 핵융합 반응이 일어난다.

바른 풀이 ㄱ. (가)는 적색거성이다.

ㄴ. D 백색왜성은 작고 밀도가 큰, 주로 탄소로 이루어진 청백색의 별로, 내부에서는 핵융합 반응이 일어나지 않는다.

06 ㄱ. A는 내부 압력에 의한 팽창력, B는 중력이다.

ㄴ. 주계열성이 적색 거성으로 진화할 때 중심부(헬륨핵) 바깥층에서 A가 B보다 커져서 별의 크기가 커진다.

바른 풀이 ㄷ. 주계열성 단계에서 별은 중력과 내부 압력에 의한 팽창력이 서로 평형을 이루어 크기가 일정하게 유지된다.

07 ㄱ. 원시별이 중력으로 인해 수축하다가 중심부의 온도가 1000만 K 이상이 되어 수소 핵융합 반응이 일어나면 주계열성이 되고, 별의 크기가 일정하게 유지되는 것이므로 (나)의 반지름이 (다)보다 크다.

ㄴ. 성운이 중력에 의해 수축되면서 중력 수축 에너지가 열의 형태로 발생하여 원시별의 중심부의 온도가 점차 상승하게 된다.

ㄷ. 원시별에서 중력 수축이 일어나면서 온도가 높아지다가 중심부의 온도가 1000만 K 이상이 되어 수소 핵융합 반응이 일어나면 주계열성이 된다.

08 ㄱ. 별의 중심부에서 핵융합 반응이 일어나지 않을 때는 중심부 바로 바깥 물질의 핵융합 반응의 산물이 중심부에 채워져 있을 때이다. 이때 중심핵은 중력에 의한 수축이 시작된다. 따라서 A는 헬륨 핵융합 반응의 산물로 탄소(C)이고, B는 규소 핵융합 반응의 산물로 철(Fe)이다.

바른 풀이 ㄴ. A는 탄소이며, 헬륨 핵융합 반응의 산물이다.

ㄷ. B(철)보다 무거운 원소는 초신성 폭발 때 만들어진다.

09 ㄱ. ㉠은 헬륨 핵융합 반응으로 만들어진 탄소이다.

ㄷ. A의 중심부는 헬륨 핵융합 반응 결과 만들어진 탄소이고, B의 중심부는 규소 핵융합 결과 만들어진 철이다. 규소 핵융합 반응은 헬륨 핵융합 반응보다 훨씬 높은 온도에서 일어난다.

바른 풀이 ㄴ. A는 질량이 태양과 비슷한 별이고, B는 질량이 태양의 10배 이상인 별이다.

ㄹ. A는 적색거성 단계로 초신성 폭발하지 않는다.

10 ㄷ. 학생 C가 제시한 철보다 무거운 원소는 질량이 태양의 10배 이상인 별의 진화 과정에서 초신성 폭발할 때 만들어진다.

바른 풀이 ㄱ. 학생 A가 제시한 우주 전역에서 관측되는 가장 풍부한 원소는 수소(H)이고, 별의 내부에서 핵융합 반응으로 만들어지지 않고 빅뱅 후 초기 우주에서 만들어진다.

ㄴ. 학생 B가 제시한 지구형 행성의 주요 구성 원소인 철, 산소, 니켈 등은 질량이 태양의 10배 이상인 별의 내부에서 핵융합 반응으로 만들어진다.

11 ㄴ. 별은 수소 핵융합 반응이 일어나는 A 단계(주계열성 단계)에서 일생의 대부분을 보낸다. B 단계는 초거성 단계로 머무는 시간이 짧다.

ㄷ. 중성자별로 진화하는 것으로 보아 C 단계는 초신성 폭발 단계이며, 철보다 무거운 원소들이 만들어진다.

바른 풀이 ㄱ. 주계열성 내부에서는 수소 핵융합 반응이 일어나며 헬륨이 생성된다.

12 중심부 헬륨핵의 중력 수축에너지에 의해 헬륨핵 바깥의 수소층이 가열되어 수소 핵융합 반응이 일어나며, 수소 기체가 팽창하여 별의 크기가 매우 커지며, 별의 표면 온도는 내려간다.

13 이 별은 내부에서 핵융합 반응으로 (가)의 구조가 되었다가 이후에 계속 핵융합 반응이 일어나 (나)의 구조가 된 것이다.

ㄴ. (가)의 헬륨 핵융합 반응이 일어나기 위한 온도는 (나)에서 최종적으로 규소 핵융합 반응이 일어나기 위한 온도보다 훨씬 낮다. 따라서 중심부 온도는 (가)보다 (나)가 높다.

바른 풀이 ㄱ. 이 별은 중심부에 철까지 만들어지므로 질량이 태양의 10배 이상인 별이다.

ㄷ. (가) 이후에 반응이 계속 일어나서 (나)에서는 최종적으로 철이 생성되었다. (가)는 (나)보다 빠른 시기의 내부 구조이다.

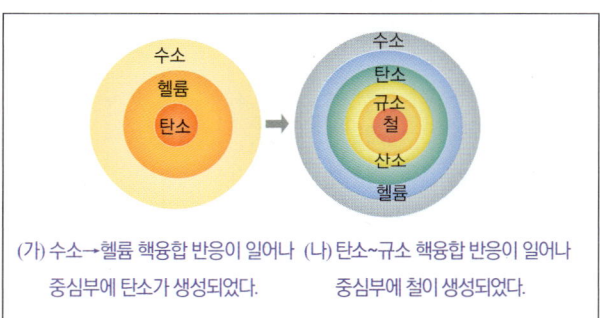

(가) 수소→헬륨 핵융합 반응이 일어나 중심부에 탄소가 생성되었다. (나) 탄소~규소 핵융합 반응이 일어나 중심부에 철이 생성되었다.

14 ㄱ. 성운이 수축하고 회전하면서 (가)의 원반 모양 태양계 성운의 중심부는 밀도가 커지고 온도가 높아져 원시 태양이 형성된다.

ㄴ. (나)에서 원시 태양과 가까운 쪽은 온도가 높아 가벼운 기체들이 이탈하여 무거운 원소들이 많이 분포하였고, 원시 태양에서 먼 쪽은 온도가 비교적 낮아 가벼운 기체들이 많이 남아 있을 수 있었다.

ㄷ. (가)→(나) 과정에서 중력 수축 에너지에 의해 중심부의 온도는 점점 높아진다.

15 ㄱ. 중력에 의해 태양계 성운이 수축하고 회전하면서 원반 모양 성운이 형성된다.

ㄷ. 원반의 가장자리에서 가스와 먼지가 뭉쳐져 미행성체가 형성되었고, 미행성체가 서로 충돌하고 합쳐지면서 원시 행성이 생성되므로 미행성체의 수는 줄어든다.

바른 풀이 ㄴ. (나)에서 중력 수축에 의해 원시 태양의 중심부의 온도는 점점 상승하게 된다.

16 A는 목성형 행성이며 목성, 토성, 천왕성, 해왕성이 속한다.

B는 지구형 행성이며 수성, 금성, 지구, 화성이 속한다.

ㄴ. 지구형 행성인 B의 평균 밀도는 목성형 행성인 A보다 크다.

바른 풀이 ㄱ. 금성은 B에, 토성은 A에 속한다.

ㄷ. 태양으로부터의 거리는 A(목성형 행성)가 B(지구형 행성)보다 멀다.

17 ㄱ. 초신성 폭발로 ㉠ 태양계 성운이 만들어졌으므로, 태양계 성운은 초신성 폭발로 만들어진 무거운 원소를 포함하고 있다.

ㄷ. ㉡ 원시 지구는 태양계의 다른 행성과 같이 회전하는 원시 원반에서 미행성체들이 충돌하면서 성장해 형성되었다.

바른 풀이 ㄴ. (가) 태양계 성운이 회전하며 수축하면 중력 수축 에너지에 의해 중심부의 온도는 상승한다.

18 ㄱ. 마그마 바다가 식어 원시 지각이 형성된 후, 그 위에 비가 내려 낮은 곳에 모임으로써 원시 바다가 형성되었다.

바른 풀이 ㄴ. (나) 미행성체의 충돌로 인하여 발생한 열과 수많은 화산활동에 의해 분출된 이산화 탄소와 수증기로 인한 온실효과로 지표의 온도가 높아져 마그마 바다가 형성되었다. (다) 마그마 바다가 형성된 후 철, 니켈 등의 무거운 성분이 지구 중심부로 가라앉아 핵을 형성하고, 규소, 산소 등의 가벼운 물질은 위로 떠올라 맨틀을 이루는 등 층상 구조가 형성되었다. (가) 미행성의 충돌이 줄어들면서 지표의 온도가 낮아져 지표면이 굳어 원시 지각이 형성되었다.

따라서 (나) → (다) → (가) 순으로 진행되었다.

ㄷ. (다)에서 철, 니켈과 같은 무거운 물질이 중심부로 모여 핵을 형성하였고, 규소, 산소와 같은 가벼운 물질은 위로 떠올라 맨틀을 형성하였으므로 지구 중심부에는 철과 니켈 등이 풍부하였다.

19 (가)는 지구 내부 층상 구조의 형성 과정이고, (나)는 원시 지각의 형성 과정이다.

ㄴ. (나)에서 미행성의 충돌이 줄어들면서 지표의 온도가 내려가 굳어 원시 지각이 먼저 형성된 후 비가 내려 지각의 낮은 곳에 빗물이 모이면서 원시 바다가 형성되었다.

바른 풀이 ㄱ. (가)에서 핵을 이루는 물질은 철, 니켈 등의 무거운 물질이다. 규소, 산소 등의 가벼운 물질은 위로 떠올라 맨틀을 형성하였다.

ㄷ. (가)→(나) 과정에서 지구의 표면 온도가 내려감으로서 원시 지각이 형성될 수 있었다.

20 (가) 지구를 이루는 원소 중 30 %를 차지하며 철 다음으로 많은 원소 A는 산소이고, 그 다음으로 15 %를 차지하는 원소 B는 규소이다.

(나) 사람을 이루는 원소 중 13.5 %를 차지하며 산소 다음으로 많은 원소 C는 탄소이다.

01 ㄱ. (가)는 주계열성인 태양으로 중심부 A에서 수소 핵융합 반응이 일어나 헬륨이 생성된다.

바른 풀이 ㄴ. 태양은 (가) 현재 주계열성 단계에서 (나) 미래에 중력 수축에 의해 헬륨 중심부의 온도가 올라가 중심부 바깥층의 온도를 높여 중심부 바깥에서 수소 핵융합 반응이 다시 일어나고 중심부의 온도가 충분히 올라가 중심부에서는 헬륨 핵융합 반응을 하고 있는 상태가 된다. 따라서 평균 온도는 B가 A보다 높다.

ㄷ. (나) 미래에서 중력 수축에 의해 중심부의 온도가 상승하지만, 태양은 질량이 크지 않아 규소 핵융합 반응을 통해 철이 생성되는 온도까지 상승할 수 없으므로 철이 생성될 수 없다.

02

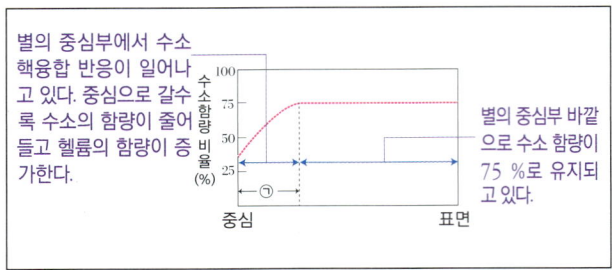

별의 중심에서 수소 핵융합 반응이 일어나고 있다. 중심으로 갈수록 수소의 함량이 줄어들고 헬륨의 함량이 증가한다.

별의 중심부 바깥으로 수소 함량이 75 %로 유지되고 있다.

ㄱ. 이 별은 중심부에서 수소 핵융합 반응이 일어나고 있는 주계열성 단계로 중력과 내부 압력에 의한 힘이 평형을 이루어 별의 크기가 일정하게 유지된다.

ㄴ. 중심으로 갈수록 수소 핵융합 반응의 산물인 헬륨의 비율이 높아진다.

ㄷ. 수소 핵융합 반응이 진행될수록 중심부인 ㉠에서 헬륨의 비율이 높아진다.

03 ㄱ. 평균 밀도가 높고 태양에 가까운 A 집단은 지구형 행성이고, 평균 밀도가 낮고 태양에서 먼 B 집단은 목성형 행성이다.

ㄹ. 미행성체들이 충돌하거나 합쳐져 행성이 형성되는데, B 목성형 행성을 생성시킨 미행성체는 녹는 점이 낮은 물, 메테인, 암모니아가 응축된 고체 물질로 구성되었으므로, 목성형 행성의 구성 원소와 일치한다.

바른 풀이 ㄴ. A 지구형 행성은 B 목성형 행성보다 태양에 가까워 고온의 환경에서 형성되었다.

ㄷ. B 목성형 행성은 주로 수소나 헬륨 등의 가벼운 기체로 이루어졌으며, A는 고온에서 가벼운 물질은 증발하고 철, 니켈, 규산염 등의 무거운 물질이 응축하여 형성되었다.

04 A는 첫 번째 전자껍질의 전자 수가 2개인 헬륨(He)이고, B는 첫 번째 전자껍질과 두 번째 전자껍질의 전자 수가 각각 2개인 베릴륨(Be)이다.

ㄱ. (가) 태양의 중심부에는 수소 핵융합 반응의 결과 A(He)의 원자핵이 생성된다.

바른 풀이 ㄴ. A(He)는 18족, B(Be)는 2족 원소이다.

ㄷ. (가) 태양의 질량은 작기 때문에 중심부의 온도가 충분히 올라가지 못해 헬륨 핵융합 반응까지만 일어날 수 있다. 이때 만들어지는 원소는 탄소(C), 산소(O)까지이다. 철(Fe)은 태양보다 10배 이상 무거운 별의 중심부에서 만들어진다.

01 우주 초기 원소의 생성

❶ 흡수   ❷ 방출   ❸ 수소
❹ 빅뱅 우주론   ❺ 감소
❻ 우주 배경 복사   ❼ 3 : 1   ❽ 3 : 1
❾ 3 : 1   ❿ 쿼크

02 지구와 생명체를 구성하는 원소의 생성

❶ 중력 수축   ❷ 주계열성   ❸ 헬륨   ❹ 철   ❺ 철
❻ 초신성   ❼ 크다   ❽ 원시 지각   ❾ 탄소

01 ⑤	02 ①	03 ③	04 ⑤	05 ①	06 ④
07 ②	08 ④	09 ②	10 ③	11 ②,⑤	
12 ③	13 ③	14 ②	15 ④	16 ②	17 ⑤
18 ③	19 ③	20 ④	21 ①	22 ⑤	

01 ㄱ. (가)의 방출선이 나타나는 위치와 (나)의 흡수선이 나타나는 위치가 같으므로 동일한 원소들이 포함된 기체를 지난 별빛을 각각 분석한 것이다.

ㄴ. (가)는 방출 스펙트럼으로 원자 내의 전자가 높은 에너지 준위에서 낮은 에너지 준위로 이동하여 빛이 방출될 때 나타난다.

ㄷ. (나)는 흡수 스펙트럼이다. 별빛이 저온의 기체를 통과하면 그 기체를 구성하는 원소에 따라 특정 파장의 빛이 흡수되어 흡수 스펙트럼이 나타난다.

02 ㄱ. 기체 A 스펙트럼의 흡수선이 나타나는 위치와 기체 B 스펙트럼의 방출선이 나타나는 위치가 같으므로 기체 A와 기체 B에는 동일한 원소가 포함되어 있다.

바른 풀이 ㄴ. 기체 A는 온도가 낮아 특정 파장의 빛을 흡수하여 흡수 스펙트럼이 나타나고, 기체 B는 온도가 높아 특정 파장의 빛을 방출하여 방출 스펙트럼이 나타난 것이다. 따라서 두 기체의 온도는 같지 않다.

ㄷ. ㉠은 흡수 스펙트럼, ㉡은 방출 스펙트럼이다.

03 ㄱ. 각 원소들을 방전관에 넣어 방전시키면서 스펙트럼을 관찰하면 원소마다 고유한 형태의 방출 스펙트럼으로 나타난다.

ㄴ. (나)는 연속 스펙트럼에서 특정 파장의 빛이 흡수되어 검은 선

으로 나타나는 흡수 스펙트럼인데, 이 검은 선들은 태양에서 방출된 빛이 태양의 대기를 통과할 때 특정 파장의 빛이 흡수되었기 때문이다.

바른 풀이 ㄷ. A의 방출선의 위치는 (나) 태양 흡수 스펙트럼에 모두 포함되나, B의 방출선의 위치는 (나) 태양 흡수 스펙트럼에 포함되지 않으므로 태양의 대기에 들어있는 원소는 A이다.

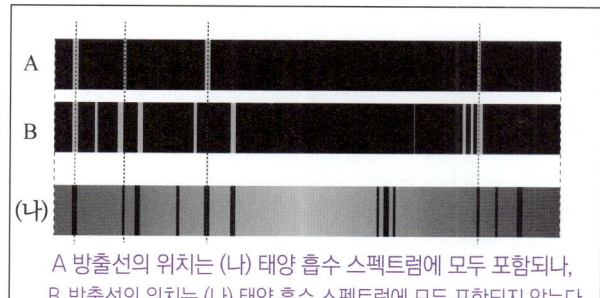

A 방출선의 위치는 (나) 태양 흡수 스펙트럼에 모두 포함되나,
B 방출선의 위치는 (나) 태양 흡수 스펙트럼에 모두 포함되지 않는다.

04 ㄱ. 빅뱅 이후 우주가 팽창함에 따라 우주의 부피가 증가하면서 우주의 밀도는 감소하였다.
ㄴ. 우주가 팽창함에 따라 우주의 온도는 낮아졌다.
ㄷ. 빅뱅 이후 더이상 물질이 만들어지지 않았으므로 우주의 질량은 일정하게 유지되었다.

05 ③ 빅뱅 직후 기본 입자인 쿼크와 전자가 만들어졌으며, ② 쿼크 3개가 결합하여 양성자와 중성자가 생성되었고, ④, ⑤ 빅뱅 후 약 3분이 되었을 때 양성자와 중성자가 결합하여 헬륨의 동위 원소(^{3}He)와 헬륨 원자핵(^{4}He)이 생성되었다.

바른 풀이 ① 전자와 원자핵이 결합하여 원자가 생성된 것은 빅뱅 이후 약 38만 년이 흘러 우주의 온도가 약 3,000 K가 되었을 때이다.

06 ㄷ. 쿼크와 전자 등의 기본 입자가 생성되었다.
→ ㅁ. 쿼크 3개가 결합하여 양성자와 중성자가 생성되었다.
→ ㄹ. 수소 원자핵(양성자)과 중성자가 결합하여 중수소 원자핵(^{2}H)이 생성되었다.
→ ㄴ. 중수소 원자핵(^{2}H)과 양성자(^{1}H)가 결합하여 헬륨-3(^{3}He) 원자핵이 생성되었고, 헬륨-3 원자핵과 중성자가 결합하여 헬륨-4(^{4}He) 원자핵이 생성되었다.
→ ㄱ. 수소 원자핵과 전자가 결합하여 수소 원자가 생성되었고, 헬륨 원자핵이 전자 2개와 결합하여 헬륨 원자가 생성되었다.

07 ㄴ. 양성자와 중성자가 처음 생성되었을 때 양성자와 중성자의 개수비는 1 : 1이었으며, 우주가 팽창함에 따라 우주의 온도가 내려가면서 원자가 만들어질 때에는 양성자와 중성자의 개수비가 약 7 : 1 이 되어 중성자에 대한 양성자의 개수 비가 증가한다.

바른 풀이 ㄱ. 빅뱅 초기 수소, 헬륨, 약간의 리튬이 만들어졌으며, 나머지 원소는 별이 생성된 후 별의 중심부에서 핵융합 반응을 통해 만들어진다.
ㄷ. 빅뱅 후 약 38만 년이 되었을 때 중성 원자가 생성되면서 우주로 퍼져 나간 빛의 파장은 우주의 온도가 내려감에 따라 길어져서 현재에는 3 K인 물질 복사인 마이크로파 형태로 우주 전역에서 동일한 세기로 관측된다.

08 ㄱ. 헬륨 원자핵은 빅뱅 이후 3분이 되었을 때 양성자(수소 원자핵) 2개와 중성자 2개가 결합하여 생성되었다. 이때 수소 원자핵과 헬륨 원자핵의 개수 비는 12 : 1이다.
ㄴ. 빅뱅 이후 3분이 지났을 때 우주에 분포하는 양성자(수소 원자핵)와 중성자의 개수 비는 14 : 2=7 : 1이다.

바른 풀이 ㄷ. 빅뱅 이후 3분이 지나 헬륨 원자핵이 만들어졌을 때 우주에 분포하는 수소 원자핵과 헬륨 원자핵의 개수 비는 12 : 1이고, 헬륨 원자핵의 질량은 수소 원자핵의 질량의 약 4배이므로, 수소 원자핵과 헬륨 원자핵의 질량 비는 약 3 : 1 이다.

09 빅뱅 이후 (가) 쿼크, 전자 등의 기본 입자가 생겨났고, 그 후 쿼크 3개가 결합하여 양성자와 중성자가 만들어졌다.
(다) 빅뱅 이후 약 3분이 지났을 때 양성자와 중성자가 결합하여 헬륨 원자핵이 만들어졌다.
(나) 빅뱅 이후 약 38만 년이 지났을 때 원자가 생성되어 빛이 산란되지 않았으므로 빛이 우주 공간으로 퍼져 나갈 수 있게 되었다.

10 ㄱ. ㉠은 양성자와 중성자이다.
ㄴ. ㉡ 원자는 전자와 원자핵의 전하량이 서로 다른 부호로 같았으므로 전하를 띠지 않는 중성이다.

바른 풀이 ㄷ. 빅뱅 이후 약 3분이 지나 헬륨 원자핵이 처음으로 만들어졌을 때 전 우주의 수소 원자핵(양성자)과 헬륨 원자핵의 질량비는 약 3 : 1 이다.

11 ⓐ는 빅뱅 이후 약 38만 년이 지나 우주의 온도가 약 3000 K일 때 원자가 형성되면서 우주로 퍼져 나간 빛이다. 이 빛은 현재 마이크로파 형태로 우주 전역에서 같은 세기로 관측되는 우주 배경 복사이다.
② 우주 배경 복사는 빅뱅 우주론을 지지하는 증거이다.
⑤ 우주 배경 복사는 현재 우주 전역에서 거의 동일한 세기로 관측된다.

바른 풀이 ① 우주 배경 복사는 외부 은하의 빛이 아니다.
③ 빅뱅 이후 약 38만 년이 지났을 때 우주로 퍼져 나간 빛이다.
④ 빛이 퍼져 나갔을 때의 우주의 온도는 약 3000 K였다.

12 ③ 성간 물질이 수축하여 중력 수축 에너지에 의해 중심부의 온도가 높아지는 곳에서 빛을 내는 원시별이 형성된다.

바른 풀이 ① 별은 성운의 밀도가 높고 온도가 낮은 곳에서 형성된다.
② 하나의 성운 내에서 여러 개의 별이 형성될 수 있다.
④ 원시별의 중심 온도가 높아지면서 수소 핵융합 반응이 시작되면 주계열성으로 진화한다.
⑤ 핵융합 반응으로 생성된 에너지는 빛과 열 에너지의 형태로 우주 공간에 방출된다.

13 ㄱ. ㉠ 행성상 성운과 ㉡ 백색왜성은 태양과 질량이 비슷한 별의 적색 거성 이후 진화 단계이다.
ㄷ. 태양과 질량이 비슷한 별은 중심부에서 헬륨 핵융합 반응을 통해 탄소와 산소까지 생성된다. ㉡은 헬륨 핵융합 반응이 끝나고 바깥쪽 기체 부분(행성상 성운)이 분리되고 우주에 남은 별의 중심 부분이므로 주로 탄소로 이루어져 있다.

바른 풀이 ㄴ. 철은 질량이 태양의 10배 이상인 별의 중심부에서 생성되는 것으로 행성상 성운과 백색왜성으로 진화하는 질량이 태양과 비슷한 별에서는 온도와 압력이 충분하지 않아 철이 생성되는 규소 핵융합 반응이 일어나지 않는다. 따라서 ㉠에는 철이 포함되어 있지 않다.

14 ㄱ. A는 주계열성 단계로 내부에서 수소 핵융합 반응이 일어나며, 별 내부를 향하는 중력과 내부 팽창 압력이 평형을 이루어 크기가 일정하게 유지되는 상태이다.
ㄴ. B는 적색거성 단계로 중심부에서는 헬륨 핵융합 반응이, 중심부 바깥층에서는 수소 핵융합 반응이 일어나고 있어서 표면층이 팽창하여 별의 크기가 급격이 커지고 표면 온도가 낮아져 붉게 보인다.
[바른 풀이] ㄷ. B(적색거성)의 중심부가 수축하면서 헬륨 핵융합 반응이 시작되며, 중심부에서 수소 핵융합 반응이 일어나고 있는 A(주계열성)의 온도보다 높다.
ㄹ. B에서 철이 형성될 정도로 중심부의 온도와 압력이 높지 않다. 따라서 철보다 무거운 원소가 만들어지지 않는다. 철보다 무거운 원소는 초신성 폭발 과정에서 만들어질 수 있다.

15 ㄱ. B는 행성상 성운의 전단계이므로 적색거성이고, 중심부에서 헬륨 핵융합 반응이 일어나 탄소, 산소까지 만들어진다.
ㄴ. (나)는 초거성과 초신성 폭발 과정을 거치므로 질량이 태양보다 10배 이상 큰 별의 진화 과정이다.
ㄹ. A 단계는 주계열성 단계로, 에너지를 방출하는 주계열성 내부에서 일어나는 핵융합 반응은 수소 핵융합 반응이다.
[바른 풀이] ㄷ. (가) 과정은 태양과 비슷한 질량을 가진 별의 진화 과정으로 헬륨 핵융합 반응까지 일어나서 탄소, 산소까지 만들어지므로 철보다 무거운 원소는 만들어지지 않는다.

16 ㄷ. ㉢ 적색 초거성은 태양보다 질량이 10배 이상 큰 별의 진화 과정에 속한다. 초거성의 내부에서는 핵융합 반응을 통해 안정한 원소인 철까지 만들어지며, 핵융합 반응이 종료되고 별이 크게 부풀어 ㉢ 초신성 폭발하게 되는데, 이과정에서 철보다 무거운 원소가 만들어진다.
[바른 풀이] ㄱ. ㉠는 태양보다 질량이 10배 이상 큰 별이다.
ㄴ. ㉢ 적색 초거성에서는 철보다 가벼운 원소와 철까지 만들어진다.

17 ㄱ. A 과정은 성운의 밀도가 큰 부분을 중심으로 중력을 받아 성운이 모여들면서 회전하면서 수축하여 중심부에는 온도와 밀도가 높아져 원시 태양이 형성되고, 회전 속도가 빨라지면서 원시 태양의 주변부에 있는 물질은 퍼져 나가 납작한 형태의 원시 원반을 형성하는 단계이다.
ㄴ. 원시 태양은 태양계 원반의 중심에 위치한다.
ㄷ. 원시 원반을 이루고 있던 입자들이 서로 결합하고 충돌하면서 미행성체가 만들어지고, 미행성체들은 서로 충돌하고 합쳐지면서 원시 행성이 만들어진다.

18 ① (가)는 미행성체의 충돌에 의해 지구 온도가 높아지면서 마그마 바다가 형성되는 과정이다.
② 원시 바다에서는 태양으로부터 오는 유해한 자외선을 차단할 수 있었고, 수분이 공급되어 최초의 생명체가 탄생할 수 있었다.

④ 미행성체와의 충돌과 결합으로 원시 지구의 크기와 질량은 점점 커졌다.
⑤ 내부 층상 구조가 형성될 때 무거운 원소인 철과 니켈은 중력의 영향으로 지구의 중심부로 가라앉아 핵을 형성하였고, 가벼운 암석질 물질은 위로 떠올라 맨틀을 이루었다.
[바른 풀이] ③ 지표의 마그마 바다가 냉각되어 원시 지각이 먼저 형성된 후에 수증기가 응결되어 내린 빗물이 고여 원시 바다가 형성되었으므로 (나)가 원시 지각 형성, (다)가 원시 바다 형성이다.

19 (가)는 지구형 행성, (나)는 목성형 행성에 대한 설명이다.
ㄷ. (나)는 태양으로부터의 거리가 (가)보다 더 멀어 가벼운 기체로 형성되었다.
[바른 풀이] ㄱ. (가) 질량과 반지름이 비교적 작고 밀도가 큰 행성은 지구형 행성이다.
ㄴ. (가) 지구형 행성이 (나) 목성형 행성보다 밀도가 더 크다.

20 ① (가)에서 태양계 성운의 밀도 균형이 무너져 수축하기 시작함으로써 태양계가 형성되기 시작하였다.
② (나)에서 성운이 수축하며 납작한 원반 모양으로 회전하면서 중심에 원시 태양이 형성되었다.
③ (다)에서 원반의 큰 고리와 미행성체가 많이 형성되었고, 이 미행성체들이 서로 충돌하고 합쳐져서 원시 행성이 되었다.
⑤ 태양의 가까운 위치에는 밀도가 크고 무거운 원소로 이루어진 지구형 행성이, 태양의 먼 위치에는 밀도가 작고 가벼운 원소로 이루어진 목성형 행성이 형성되었다.
[바른 풀이] ④ 태양과 행성이 같은 원시 원반에서 형성되었기 때문에 태양의 자전 방향과 행성의 공전 방향은 같다.

21 주계열성은 바깥을 향하는 A 내부 압력에 의한 힘과 중심을 향하는 B 중력이 평형을 이루어 크기가 일정하게 유지된다.
ㄱ. A는 내부 압력에 의한 힘(팽창력)이다.
[바른 풀이] ㄴ. 주계열성에서는 A와 B의 크기가 같아 평형을 이룬다.
ㄷ. 주계열성이 다음 단계인 적색거성이나 초거성으로 진화할 때는 A가 B보다 커져서 부피가 급격히 증가한다.

22 ㄱ. 우주 초기에 생성된 기본 입자에는 쿼크와 전자가 포함된 경입자(렙톤)이 있다.
ㄴ. 성운의 중력 수축에 의해 중심부의 온도가 올라가 수소 핵융합 반응이 일어나고 빛을 방출하여 별(주계열성)이 된다.
ㄷ. 태양계 성운이 수축하고 회전하여 원시 원반이 형성되고, 중심부의 온도가 올라가 빛을 방출하며 원시 태양을 형성한다. 원시 태양이 중력에 의해 더욱 수축되면서 중력 수축 에너지에 의해 온도가 상승하면서 중심부에서 수소 핵융합 반응을 일으키는 현재의 태양이 되었다. 원시 원반이 회전하며 고리와 미행성체가 형성되었고, 미행성체들이 충돌하고 합쳐지면서 원시 행성이 되었으며 원시 행성이 성장하여 현재의 행성이 되었다.

01 ②   **02** ④   **03** ⑤   **04** ④

01 (가)는 질량이 태양의 10배 이상 되는 별의 진화 단계이며, (나)는 질량이 태양 정도 되는 별의 진화 단계이다. 중심부의 핵융합 반응이 끝난 상태이므로, 두 별의 수명이 다한 상태이다.

ㄴ. 중심부에서 (가)는 규소 핵융합 반응이 일어나 철까지 생성되었고, (나)는 헬륨 핵융합 반응으로 탄소, 산소까지 생성되었으므로 질량수가 큰 원소가 생성되는 (가)의 중심부의 온도가 더 높다.

⟨바른 풀이⟩ ㄱ. 별의 질량이 클수록 중심에서 핵융합 반응이 활발하게 일어나므로 수명이 짧다. (가)가 (나)보다 질량이 더 크므로 별의 나이는 (가)보다 (나)가 많다.

ㄷ. 이 상태 이후 (가)의 중심부의 온도는 중력 수축에 의해 계속 상승하여 폭발하는데, 이것이 초신성 폭발이며, 초신성의 잔해와 중심부(중성자별, 블랙홀)로 분리된다. 이 과정에서 철보다 무거운 원소가 생성된다. 이 상태 이후 (나)의 중심부의 온도도 중력 수축에 의해 상승하여 행성상 성운과 중심부(백색왜성)로 분리된다.

02 현재 우주 전역에서 고르게 관측되고 있는 우주 배경 복사는 빅뱅 이후 약 38만 년이 지나 우주의 온도가 약 3000 K 정도로 떨어졌을 때 원자가 형성되면서 우주로 퍼져 나간 빛이다. 이 빛은 우주의 온도가 내려가면서 현재 2.7 K의 물체(흑체) 복사의 파장과 일치하는 마이크로파 형태로 관측된다.

ㄱ. 현재 관측되는 우주 배경 복사는 2.7 K의 물체(흑체)에서 방출되는 복사파의 파장과 비슷하다.

ㄴ. 우주 배경 복사는 우주 전역에서 고르게 관측된다.

⟨바른 풀이⟩ ㄷ. 우주 초기에 퍼져 나간 빛의 파장은 당시의 온도가 약 3000 K였으므로 현재의 우주 배경 복사파의 파장보다 훨씬 짧았다.

03 지각의 주 구성 물질은 규산염이며, 핵의 주 구성 물질은 철이다. 초기 지구의 형성 시 마그마의 바다가 식을 때 철과 같은 밀도가 큰 물질은 가라앉아 핵을 이루었고, 산소와 규소로 이루어진 밀도가 작은 규산염 물질은 떠서 지각과 맨틀을 이루어 층상 구조를 형성하였다.

ㄱ. 규소와 산소는 규산염을 이루며, 지각은 주로 규산염으로 이루어져 있다. 따라서 ㉠은 산소이다.

ㄴ. 지각을 이루는 물질은 대부분 규소와 산소로 이루어진 규산염 광물이다.

ㄷ. A 과정에서 밀도가 큰 철은 가라앉아 핵을 이루었고, 규소와 산소로 이루어진 가벼운 물질은 떠서 맨틀과 지각을 이루게 되어 지각과 지구 전체의 철의 질량비가 차이가 나게 되었다.

04 생명 가능 지대는 행성 표면 온도가 액체(물)가 존재할 수 있을 정도로 알맞은 상태가 되어 생명체가 생존할 수 있는 구역을 말한다. 별(항성)의 질량이 클수록 내부에서 더 높은 온도의 핵융합 반응을 하므로 별의 온도가 높게 나타난다. 별의 온도가 높을수록 그 별의 행성에서 적당한 온도를 유지하기 위해 행성은 더 멀리 있어야 한다. 별의 질량이 클수록 별의 온도가 높고, 생명 가능 지대

는 별에서 더 멀리 존재한다.

ㄱ. 생명 가능 지대가 가까운 항성 X의 질량이 태양보다 작다.

ㄷ. 지구는 태양의 생명 가능 지대 안에 존재한다. 태양으로부터 적당한 거리와 대기의 온실 효과로 인해 생명체가 생존할 수 있는 적당한 표면 온도를 갖게 되었다.

⟨바른 풀이⟩ ㄴ. 항성 X의 행성 중 생명 가능 지대 안에 있는 d 행성이 표면에 액체 상태의 물이 존재할 가능성이 가장 크고, 생명체가 생존하기에 적당한 표면 온도를 유지할 가능성이 가장 크다.

01 ②   **02** ④   **03** ④   **04** ②   **05** ②   **06** ②
07 ④   **08** ②   **09** ③   **10** ④   **11** ②   **12** ⑤
13 ③   **14** ⑤   **15** ⑤   **16** (1) ④ (2) ④   **17** ⑤
18 ③

01 ㄷ. 그림은 빅뱅 이후 약 3분이 지나 양성자 2개와 중성자 2개가 결합하여 헬륨 원자핵이 만들어지는 것을 나타낸 것이다. 이 과정 이후 전 우주의 수소 원자핵(ⓒ 양성자)와 헬륨 원자핵(A 원자핵)의 개수비는 12 : 1이 되었으며, 헬륨 원자핵의 질량은 수소 원자핵 질량의 약 4배이므로 전 우주의 수소 원자핵 총질량과 헬륨 원자핵 총 질량의 비는 약 3 : 1이 되었다.

⟨바른 풀이⟩ ㄱ. ㉠은 중성자이다.

ㄴ. ⓒ은 양성자이며 전하량은 +1이다.

02

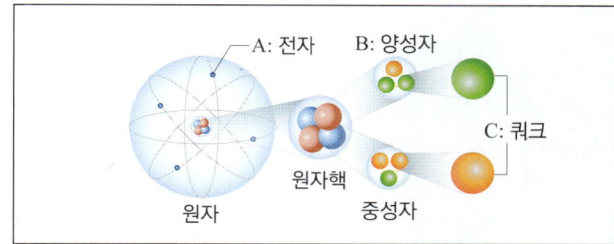

원자는 원자핵과 전자(A)로 이루어져 있고, 원자핵은 양성자(B)와 중성자로, 양성자는 쿼크(C)로 이루어져 있다.

ㄱ. 전자(A)와 쿼크(C)는 물질의 기본 입자이다.

ㄴ. 양성자(B)는 양전하를 띠고, 중성자는 전하를 띠지 않는다. 따라서 양성자와 중성자로 이루어진 원자핵은 양전하를 띤다.

⟨바른 풀이⟩ ㄷ. 기본 입자(전자(A), 쿼크(C))는 빅뱅 이후 온도와 밀도가 매우 높은 우주에서 거의 동시에 생성되었다.

03 (가)는 연속 스펙트럼, 그 외의 스펙트럼은 모두 방출 스펙트럼이다.

①, ② 백열등이나 고온의 별에서 방출되는 빛의 스펙트럼은 (가)와 같은 연속 스펙트럼이다.

③ Na와 Cl 원소의 스펙트럼 방출선이 나타나는 모든 위치가 미

지의 물질에서 관찰한 방출선의 위치와 일치하므로 미지의 물질에는 Na와 Cl 원소가 포함되어 있음을 알 수 있다.

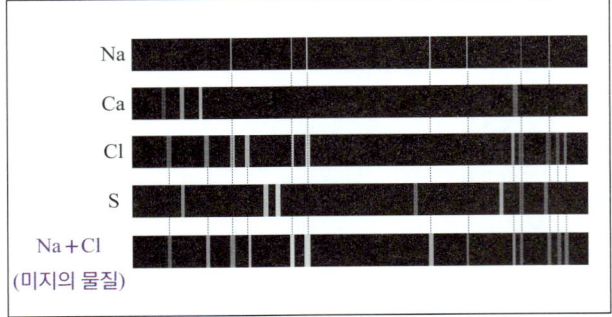

⑤ 전자가 높은 에너지 준위에서 낮은 에너지 준위로 이동하면 빛(에너지)을 방출하여 스펙트럼에 방출선이 있는 방출 스펙트럼이 나타난다.

[바른 풀이] ④ 별빛이 저온의 성운을 통과하면 저온의 기체가 특정 파장의 빛을 흡수하여 연속 스펙트럼 바탕에 검은 흡수선이 생긴다. → 흡수 스펙트럼

04 ㄴ. 빅뱅 이후 시간이 지날수록 우주의 온도는 내려갔고, 밀도는 작아졌다. (가) 헬륨 원자핵 생성은 빅뱅 이후 약 3분이 지났을 때 였고, (라) 수소 원자와 헬륨 원자의 생성은 빅뱅 이후 약 38만 년이 지나서 우주 온도가 3000 K로 떨어졌을 때 일어났다. 따라서 우주의 온도는 (가)가 일어난 시기가 (라)가 일어난 시기보다 높았다.

[바른 풀이] ㄱ. 시간 순서대로 나열하면 (나) 쿼크와 전자의 생성 - (다) 양성자와 중성자의 생성 - (가) 헬륨 원자핵의 생성 - (라) 수소 원자와 헬륨 원자의 생성이다.
ㄷ. 우주 배경 복사는 (라) 원자의 생성 시기에 우주 공간으로 퍼져 나간 빛이다.

05 고온 광원의 빛이 직접 슬릿을 통과하여 프리즘에서 분광되면 연속 스펙트럼이 나타난다. 수소 기체를 직진하여 통과한 빛은 광원의 빛에서 수소 기체가 특정 파장의 빛을 흡수한 흡수 스펙트럼(㉠)이 나타난다. 광원에서 나온 빛의 방향과 수직인 방향으로 나가는 빛은 수소 기체가 직접 내는 빛으로, 고온의 광원에 의해서 수소 기체가 가열되었다가 특정 파장의 빛을 방출하는 것이므로 프리즘을 통과시키면 검은 바탕에 방출선만 있는 방출 스펙트럼(㉡)이 나타난다.

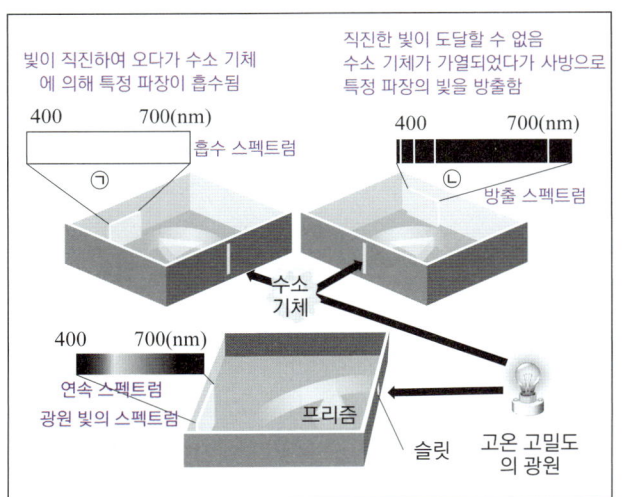

ㄴ. 수소의 ㉠ 흡수 스펙트럼의 흡수선과 ㉡ 방출 스펙트럼의 방출선의 위치는 같다.

[바른 풀이] ㄱ. 수소 기체 방전관에서는 수소 기체를 높은 온도로 가열시켜서 방출 스펙트럼을 얻는다. ㉠은 흡수 스펙트럼이다.
ㄷ. 태양에서 나온 빛이 태양의 대기를 통과하며 특정 파장의 빛이 흡수되므로 흡수 스펙트럼이 나타난다. 이것은 ㉠의 스펙트럼과 종류가 같다.

06 ㄴ. 빅뱅 이후 약 38만 년이 지나 우주 온도가 약 3000 K로 식어 운동 에너지가 줄어든 전자와 원자핵이 결합하여 수소와 헬륨 원자가 생성될 수 있었다. (나)는 우주에 원자가 생성되어 빛이 입자와 충돌하는 횟수가 줄어들고 빛이 산란되지 않아 투명한 우주가 된 상태이다. 이 시기에 빠져나간 빛이 현재 우주 배경 복사로 관측된다.

[바른 풀이] ㄱ. (가) 시기는 빅뱅 이후 약 38만 년이 되기 전의 우주의 모습으로 빛이 끊임없이 입자와 충돌하면서 산란되어 뿌연 우주 상태로 빛이 잘 통과할 수 없었던 시기이다.
ㄷ. (나) 시기는 우주의 온도가 냉각되어 약 3000 K에 이른 시기로 (가)보다 우주의 온도가 낮다.

07 ① 별은 성운 내부의 밀도가 크고 온도가 낮은 곳에서 형성된다.
② 하나의 성운 내에서 여러 개의 원시별이 형성될 수 있다.
③ 성간 물질이 많고 온도가 낮은 성운 내부에서 성간 물질이 뭉치고 중력 수축이 일어나 중심부의 온도가 올라가고 빛을 방출하게 되어 원시별이 생성된다.
⑤ 원시별의 중심 온도가 약 1000만 K 이상으로 높아지면 별의 중심에서 수소 핵융합 반응이 일어나기 시작하면서 주계열성이 된다.
[바른 풀이] ④ 원시별은 중심에서 핵융합 반응하기 전의 별의 모습으로 중력 수축 에너지로 수축하면서 내부 온도를 높이고 빛을 방출한다.

08 A의 수소 원자핵 4개가 모여 핵융합을 일으키고 에너지를 방출한 후 헬륨 원자핵 1개가 만들어지는 수소 핵융합 반응의 과정이다.
ㄴ. 태양은 중심부에서 수소 핵융합 반응이 일어나는 주계열성이다.
[바른 풀이] ㄱ. 수소 핵융합 반응의 과정이다.
ㄷ. 수소 원자핵 4개의 질량보다 헬륨 원자핵 1개의 질량이 조금 더 작은데, 이 줄어든 질량이 에너지로 전환되어 외부로 방출된다.

09 질량이 태양보다 10배 이상 큰 별은 별의 내부에서 핵융합 반응이 일어나 철까지 생성할 수 있다. 중력 수축에 의해 내부의 온도가 상승하여 핵융합 반응이 가벼운 원소에서 무거운 원소로 순차적으로 일어나므로 중심으로 갈수록 무거운 원소층이 분포한다.
ㄱ. 이 별의 질량은 태양보다 10배 이상 무거운 별이다.
ㄷ. 별의 내부에서 철은 최종적으로 규소 핵융합 반응으로 만들어진다. 철은 별의 내부에서 핵융합 반응으로 만들어지는 가장 무거운 원소이므로 별의 중심에 위치한다.
[바른 풀이] ㄴ. 별의 중심부로 갈수록 무거운 원소의 핵융합 반응이 일어나므로 점점 더 무거운 원소 층이 분포한다.

10 ㄴ, ㄷ. 이 별은 태양보다 10배 이상 무거운 별의 진화 단계에서 볼 수 있으며, 핵융합 반응에 의해 중심에서는 철 원자핵까지 만들어질 수 있다.

바른 풀이 ㄱ. 별의 진화 단계에서 대부분의 일생을 보내는 단계인 주계열성은 내부에서 수소 핵융합 반응이 일어나 스스로 빛을 내는 별이다. 별은 현재 수소 핵융합 반응 외에 다양한 핵융합 반응이 일어나고 있는 단계로 초거성 단계이다.

11 (가)와 같은 구조의 별은 태양보다 10배 이상 무거운 별이 내부에서 각종 핵융합 반응을 종료했을 때의 모습이다.

바른 풀이 ㄱ. (가)에서 별의 내부 온도는 표면에서 중심으로 갈수록 더 높은 온도에서의 핵융합 반응이 종료된 상태이므로 표면에서 중심으로 갈수록 내부 온도가 높아진다.
ㄷ. (나)는 (+1)의 전하를 띤 원자핵에 (−1)의 전하를 띤 전자가 1개 돌고 있으므로 ㉠ 수소의 전자 배치 모형이다.

12 ① (다) 태양계 성운 형성 - (라) 원시 태양과 고리 형성 -(가) 미행성체 형성 - (나) 원시 행성 형성 순으로 태양계가 형성된다.
② 초신성 폭발로 형성된 성운에서 (다) 태양계 성운이 생성되었으므로 태양계 성운은 성간 물질의 대부분을 차지하는 수소와 헬륨 외에도 초신성 폭발 시 생긴 무거운 원소도 포함하고 있었다.
③ 태양계 성운은 밀도가 높은 곳에서 물질을 끌어당기며 수축하고 회전하면서 중력 수축 에너지에 의해 중심부의 온도가 높아졌다.
④ 태양에서 가까운 곳에는 가벼운 물질은 증발하고 무거운 원소들이 모여 지구형 행성이 형성되었다.

바른 풀이 ⑤ 태양에 멀수록 녹는점이 낮은 메테인, 암모니아 고체나 얼음 등의 가벼운 원소들이 모여 원시 행성을 형성하였다.

13 ㄱ. 지구형 행성은 목성형 행성보다 태양으로부터 더 가까운 곳에서 형성되었고, 무거운 원소로 이루어졌기 때문에 평균 밀도가 더 크다.
ㄷ. 원시 태양의 온도에 의해 녹는점이 낮은 물질은 태양에서 멀리 이탈하게 되는데 원시 태양과 멀어질수록 온도가 낮아지므로 녹는점이 더 낮은 물질이 고체로 존재할 수 있게 된다.

바른 풀이 ㄴ. 원시 태양에서 더 멀리 떨어진 목성형 행성은 지구형 행성보다 온도가 낮은 곳에서 형성되었다.

14 ㄱ. (가) 태양계 성운이 수축하면 성운의 반지름이 작아지고 각 운동량 보존에 의해 회전이 빨라지면서 (나) 원반 모양 성운이 형성되었다.
ㄴ. (나)→(다) 과정에서 중력에 의해 중심부로 수축이 일어나는데, 중력 수축 에너지에 의해 중심부는 온도가 점점 상승한다.
ㄷ. 같은 방향으로 회전하는 성운에 의해 행성과 태양이 생성되었으므로 회전 방향이 모두 같다.

15 생명가능 지대는 별(주계열성)을 일정한 거리에서 공전하는 행성에 물이 액체 상태로 존재할 수 있는 적당한 표면 온도가 유지되어야 한다. 이때 별(주계열성)의 질량이 클수록 내부에 더 높은 온도의 핵융합 반응이 일어나므로 별의 온도가 높고 생명가능 지대는 별로부터 먼 곳에 분포하게 된다.
ㄱ. 지구는 태양으로부터 1 AU인 곳에 위치하고 생명 가능 지대

에 위치한다. S로부터 0.2 AU에 위치한 행성 ㉠이 생명가능 지대에 있으므로 S는 태양보다 별의 온도가 낮으며, 질량도 태양보다 작다.
ㄴ. 생명가능 지대에 위치한 행성 ㉠이 물이 액체 상태로 존재할 가능성이 가장 크다.
ㄷ. 행성 ㉢은 단위 시간당 단위 면적이 받은 복사 에너지 상대량이 행성 ㉠의 10배이며 생명가능 지대에 위치하지 않고 있다. 따라서 행성 ㉢은 S의 생명가능 지대 안쪽에 위치하며 평균 표면 온도는 생명가능 지대 바깥쪽에 위치한 행성 ㉡ 보다 높다.

따라서 $\dfrac{\text{행성 ㉡ 평균 표면온도}}{\text{행성 ㉢ 평균 표면온도}} < 1$ 이다.

16 (1) 우주에서 74 %의 질량비를 차지하는 원소 A는 수소이고, 24 %를 차지하는 원소 B는 헬륨이다. 지구에서 35 %로 가장 질량비가 높은 원소 C는 철이고, 그다음 30 %로 높은 원소 D는 산소이다. 사람을 이루는 원소 중 질량비가 65 %로 가장 높은 원소 E는 산소이다.
(2) ㄱ. 우주에 가장 많은 원소는 74 %를 차지하는 수소이다.
ㄴ. 사람의 몸은 대부분 물(H_2O)로 구성되어 있기 때문에 산소가 65 %로 질량비가 가장 높다.

바른 풀이 ㄷ. 지구를 대부분 이루는 원소인 철(35 %)과 산소(30 %), 규소(15 %) 등은 별이 탄생한 후의 별 내부의 핵융합 반응에 의해 만들어졌다.

17 ① 초신성 폭발로 생긴 성운에서 태양계 성운이 생성되었으므로 태양계 성운은 성간 물질의 대부분을 차지하는 수소와 헬륨 외에도 초신성 폭발 시 생긴 무거운 원소도 포함하고 있었다.
② 태양계 성운은 물질의 밀도가 큰 곳을 중심으로 중력에 의해 수축되고 회전하면서 납작한 원반형의 모습을 하게 되었다.
③ 태양의 가까운 곳에는 가벼운 원소는 증발하여 바깥으로 밀려나고, 철, 산소, 규소 등의 무거운 원소들이 모여 지구형 행성이 형성되었다.
④ 태양에서 멀어질수록 녹는점이 낮은 메테인, 암모니아 고체, 얼음 등이 모여 목성형 행성이 형성되었다.

바른 풀이 ⑤ 원시 지구에서 마그마의 바다가 형성된 후 철, 니켈 등 무거운 원소는 가라앉아 핵을 이루었고, 상대적으로 가벼운 규산염 물질은 떠서 맨틀을 이루어 핵과 맨틀의 분화가 이루어진 후 원시 지각과 원시 바다가 차례로 형성되었다.

18 ㄱ. 지구의 핵에 철이 많이 포함되어 있어서 지구 전체를 이루는 원소 중 가장 많은 것은 철이다.
ㄴ. 지각을 구성하는 원소 중 가장 많은 것은 산소이고 그 다음이 규소이다.

바른 풀이 ㄷ. 지구 탄생 초기 미행성체의 지속적인 충돌에 의해 지구의 온도가 올라가 마그마의 바다가 형성되고 화산 활동이 빈번하여 이산화 탄소, 질소, 수소, 수증기가 다량 발생하였다. 이 중 수소 등 가벼운 기체는 우주로 날아가고, 질소, 이산화 탄소와 같은 무거운 기체들이 남아 대기를 이루었다. 이 중 이산화 탄소는 원시 바다가 형성되면서 녹아들어가 석회암이 되는 등 대기에서의 양이 점차 감소하였다.

01 ㄷ. B는 Y(성간 물질 등)를 구성하는 원소가 특정 파장의 빛을 방출하는 방출 스펙트럼으로 B를 분석하면 Y를 구성하는 원소 및 원소의 질량비 등을 알 수 있다.

바른 풀이 ㄱ. X의 스펙트럼 A는 연속 스펙트럼이므로 모든 파장의 빛을 방출한다.

ㄴ. 태양 빛의 스펙트럼은 연속 스펙트럼의 띠에 검은 색 흡수선이 있는 흡수 스펙트럼이므로 B(방출 스펙트럼)과 같지 않다.

02 (가) 시기에는 원자가 생성되면서 빛이 우주로 퍼져 나가 투명하고 어두운 우주가 되었다.

ㄴ. (가) 시기인 빅뱅 이후 38만 년, 우주의 온도가 3,000 K일 때 원자가 생성되면서 우주 전체에 고르게 퍼져 나간 빛이 우주 배경 복사로 현재 우주 전역에서 고르게 관측된다.

ㄷ. 우주 배경 복사는 우주가 팽창하면서 파장이 길어져 현재 약 2.7 K인 물질의 복사파인 마이크로파 (파장이 긴 전자기파)로 관측된다.

바른 풀이 ㄱ. 3개의 쿼크가 모여 양성자와 중성자가 생성된 시기 (가) 시기보다 훨씬 이전이다.

03 ㄱ. 스펙트럼 A는 태양의 스펙트럼으로 태양 광선이 대기를 통과하면서 특정 파장의 빛이 흡수되었으므로 흡수선이 나타난다.

ㄴ. 수소 기체 방전관에서 수소 기체를 고온으로 가열하여 방출되는 특정 파장의 빛을 분광기를 통해 관찰하므로 스펙트럼 B는 수소 기체 방전관의 방출 선 스펙트럼이다.

ㄷ. 스펙트럼 B의 방출 선이 태양 스펙트럼의 흡수 선에 모두 포함되므로 태양의 대기에 수소 기체가 존재함을 알 수 있다.

04 ㄱ. 빅뱅 이후 초고온의 우주가 급격히 팽창하면서 시간이 지날수록 우주의 온도는 점차 낮아졌다. (가)~(라) 중 가장 먼저 일어난 사건은 (가)이다.

ㄷ. (다) 헬륨 원자핵이 생성된 이후 수소 원자핵과 헬륨 원자핵의 질량 비는 약 3 : 1이 되었다.

ㄹ. 우주 배경 복사는 빅뱅 이후 약 38만 년이 되어 우주의 온도가 3000 K가 되었을 때 전자와 원자핵의 결합으로 (라) 원자가 생성되면서 우주가 투명해져 빛이 우주 전역으로 퍼져나갔다.

바른 풀이 ㄴ. (나) 양성자와 중성자는 빅뱅 후 약 10^{-5}초가 되었을 때 생성되었다. 빅뱅 이후 약 3분이 되었을 때 (다) 헬륨 원자핵이 생성되었다.

05 ㄱ. A, B, C의 방출 스펙트럼은 고온의 A, B, C가 각각 특정한 파장의 빛을 방출하여 형성된 것이다.

ㄷ. 별빛의 스펙트럼 분석을 통해 별을 구성하는 원소의 종류 및 질량비 등을 확인할 수 있다.

바른 풀이 ㄴ. 원소 C의 스펙트럼 선은 별 S의 흡수선에서 모두 발견할 수 있으나, 원소 B의 스펙트럼 선은 별 S의 흡수선에서 모두 발견할 수 없다. 따라서 별 S의 대기에는 원소 C는 존재하나 원소 B는 존재하지않는다.

06 ㄴ. 그림의 모형은 우주 팽창 과정에서 질량은 일정하고 밀도가 감소하는 빅뱅 우주론의 모형이다. 빅뱅 이후 약 38만 년이 지났을 때 원자가 생성되면서 우주가 투명해져 우주로 퍼져 나간 빛이 현재 마이크로파로 관측되는 것이 우주 배경 복사이며, 이것은 빅뱅 우주론의 증거이다.

바른 풀이 ㄱ. 빅뱅 우주론에서는 초기에 물질이 생성되고 이후엔 더이상 생성되지 않으며, 우주의 크기는 커지므로 우주의 밀도는 점차 감소한다.

ㄷ. 빅뱅 우주론은 빅뱅 초기 물질이 한꺼번에 생성되고, 이후에는 더이상 물질이 생성되지 않으므로, 우주의 질량이 일정하게 유지되나 부피는 커지는 모형이다.

07 답 ①, ②

① A는 원자핵 주위를 도는 전자이다.

② B는 원자핵을 구성하고 있는 양성자와 중성자 중에서 전하를 띠지 않는 중성자이다.

바른 풀이 ③ C 쿼크는 $+\frac{2}{3}$ (u), $-\frac{1}{3}$ (d)의 전하를 띤다.

④ A는 전자이고 B는 중성자이므로, A는 기본 입자이나 B는 기본 입자가 아니다.

⑤ B 중성자를 만드는 C의 구성은 u, d, d으로 전하량은 $+\frac{2}{3}-\frac{1}{3}-\frac{1}{3}=0$ 이므로 B 중성자는 전하를 띠지 않는다.

08 ㄱ. ⊙ 입자(◉)는 중성자와 함께 형성된 양성자이고, 자체로 수소 원자핵이다.

ㄷ. B 시기에 수소 원자핵과 전자, 헬륨 원자핵과 전자가 결합하여 중성 원자가 만들어졌다.

바른 풀이 ㄴ. A 시기에는 원자가 만들어지지 않았으며, B 시기가 만들어져서 빛이 산란하지 않았으므로 우주로 퍼져 나갈 수 있었다.

09 ㄱ. 빅뱅 이후 가장 먼저 기본 입자가 만들어졌는데 기본 입자에는 쿼크와 ⊙ 전자가 포함된다.

ㄴ. 수소 원자핵은 양성자 1개로 구성된다.

ㄷ. 빅뱅 이후 (가) 기본 입자인 쿼크와 전자가 생성되었고, 쿼크가 결합하여 (라) 양성자와 중성자가 생성되었고, (다) 양성자는 수소 원자핵이 되었으며, 양성자와 중성자가 결합하여 헬륨 원자핵이 생성되었고, 원자핵과 전자가 결합하여 (나) 수소 원자과 헬륨 원자가 생성되었다.

10 A: 별빛을 분광기로 관찰하면 파장에 따라 나뉘어 스펙트럼이 나타난다.

B: 방전관에 넣어서 관찰하거나, 불꽃실험을 하면서 분광기로 관찰하면 원소마다 고유의 스펙트럼이 나타난다.

C: 별빛이 별의 대기를 통과하면서 별의 대기에 포함된 원소에 의해 특정 파장의 빛만이 선택적으로 흡수된다.

11 (가)는 태양 정도의 질량을 가진 별의 진화 단계에서 중심부에 탄소가 생성된 후 핵융합 반응이 멈춘 상태이며, (나)는 태양 질량의 10배 이상인 별의 진화 단계에서 중심부에 철이 생성된 후 핵융합 반응이 멈춘 상태이다.
ㄴ. (나)의 중심부의 온도가 (가)보다 훨씬 높아 핵융합 반응에 의해 철까지 만들어졌다.
ㄷ. 철보다 무거운 원소는 (나)의 핵융합 반응이 멈추고 별이 중력에 의해 급격히 수축하다가 폭발하는 초신성 단계에서 생성된다.
바른 풀이 ㄱ. (나)는 (가)보다 질량이 커서 내부에서 더 높은 온도가 생성되고 더 무거운 원소의 핵융합이 일어난다.

12 ㄱ. 빅뱅 이후 전자, 쿼크를 포함한 기본 입자들이 만들어진다.
ㄴ. 별의 내부에서 만들어질 수 없는 철보다 무거운 원소는 초신성 폭발 과정에서 만들어진다.
ㄷ. 태양계 성운은 초신성의 잔해에서 만들어졌듯이 초신성 폭발 과정에서 우주로 방출된 각종 원소들의 일부는 태양계와 지구를 형성한 재료가 되었다.

13 ㄱ. ㉠ 가스와 먼지는 태양계를 이루는 성분이 되었고, 일부는 지구의 성분이 되었으며 그 일부는 지구의 ㉡ 생명체를 구성 성분이 되었다.
ㄴ. (나)의 미행성체들이 충돌하고 결합하여 원시 행성이 만들어지므로 미행성체의 수는 줄어든다.
바른 풀이 ㄷ. (다) 마그마의 바다가 형성되고 무거운 물질이 가라앉아 핵을 구성하였으므로 지구 중심의 밀도는 커진다.

14 ㄱ. 평균 밀도가 크고 태양에서 가까운 A는 지구형 행성, B는 목성형 행성이다.
ㄷ. B 목성형 행성은 A 지구형 행성보다 밀도가 작은 고체 상태의 이산화 탄소, 메테인, 얼음 등으로 이루어져 있으나 워낙 부피가 크기 때문에 B 목성형 행성의 질량은 A 지구형 행성보다 크다.
바른 풀이 ㄴ. B 목성형 행성은 녹는점이 낮은 이산화 탄소, 메테인, 질소 물질 등의 가벼운 물질로 이루어졌다.

15 ㄱ. 마그마 바다가 형성되면서 산소, 규소 등의 가벼운 암석 물질은 위로 떠올라 맨틀을 이루며 층상 구조를 형성하였다.
ㄴ. 원시 바다가 형성된 이후 대기 중 이산화 탄소가 바닷물에 녹아 석회암으로 침전되면서 대기 중 이산화 탄소 농도가 감소하였다.
바른 풀이 ㄷ. 원시 지구의 화산 활동에 의해 수소, 이산화 탄소, 질소, 수증기 등이 분출되었으며, 산소는 바다에서 광합성 생물이 출현한 이후 바다에서 대기로 방출되었다.

16 A는 우주의 구성 원소 중 두 번째로 많은 원소이므로 헬륨(He), B는 지구의 구성 원소 중 가장 많은 원소이므로 철(Fe), C는 사람(생명체)의 구성 원소 중 가장 많은 원소이므로 산소(O)이다.
ㄴ. 질량이 태양의 10배 이상인 별은 진화 과정 중 내부에서 핵융합 반응이 일어나 B 철(Fe)까지 형성된다.
바른 풀이 ㄱ. A 헬륨은 가벼운 원소로 빅뱅 초기에 대부분 형성되었다. 초신성 폭발 시 짧은 시간 동안 매우 높은 압력과 온도를 내어 철보다 무거운 원소를 형성시킨다.
ㄷ. C 산소는 지구의 대기와 해수에도 매우 풍부하게 존재하는 원소이다.

17 ㄴ. 녹는점이 낮은 원소는 태양에서 멀리 이탈하므로 A에서는 녹는점이 높은 원소가, B에서는 녹는점이 낮은 원소가 원시 행성을 형성한다.
바른 풀이 ㄱ. A에서 가벼운 원소는 어는점이 낮아 태양의 온도에 의해 이탈하여 무거운 원소가 대부분인 행성이 형성된다.
ㄷ. B에서 형성된 원시 행성은 목성형 행성으로, A의 지구형 행성보다 더 가벼운 수소나 헬륨 등의 물질로 이루어졌다.

18 A: 고온 고압 조건에서 수소 원자핵 4개가 합쳐져 헬륨 원자핵을 형성하고 에너지를 방출하는 반응은 주계열성에서 일어나는 수소 핵융합 반응에 대한 설명이다.
B: 초신성 폭발 과정에서는 철보다 무거운 원소가 생성된다.
C: 원자핵이 핵융합을 반복하여 철까지 만들어지는 과정은 태양 질량의 10배 이상의 질량을 가진 별에서 일어난다.
ㄴ. 초신성 폭발이 일어날 때의 온도와 압력은 매우 높으므로 B 과정에서 만들어지는 원자핵은 철보다 무거운 원소의 원자핵이다.
바른 풀이 ㄱ. 수소 원자핵 반응 시에는 질량 결손에 의해 에너지가 방출된다.
ㄷ. 철 원자핵까지 만들어지는 핵융합 반응이 일어나는 진화 과정은 초거성 단계로 태양보다 10배 이상 큰 별의 진화 과정이다.

19 ㄱ. 처음엔 산소가 대기 중에 존재하지 않았으나 원시 바다가 생성된 이후 광합성 생물에 의해 대기 중의 산소의 양이 증가하였다.
ㄴ. 초기 미행성체와의 충돌 과정에서 화산 활동에 의해 이산화 탄소, 질소, 수증기 등의 가스가 생성되었다.
ㄷ. 마그마의 바다에서 철, 니켈 등의 물질이 가라앉아 핵을 형성하며 층상 구조가 만들어졌다.

2 물질의 규칙성과 성질

01 원소의 주기성

01 원소   **02** 주기율표

03 (1) ○ (2) ○ (3) ○ (4) ×

04 (1) ㄱ, ㄴ, ㅁ, ㅂ, ㅇ (2) ㄷ, ㄹ, ㅅ, ㅈ, ㅊ

05 (1) × (2) ○ (3) × (4) ○ (5) × (6) ○ (7) ○

06 (2) 알 (3) 알 (4) 할 (5) 할

07 (1) × (2) × (3) ○

08 (1) ○ (2) × (3) ○ (4) × (5) ×

09 ㉠ 11 ㉡ 3 ㉢ 1 ㉣ 11 ㉤ 1 ㉥ 3

01 원소는 물질을 이루는 기본 성분으로 더 이상 분해되지 않는다.

02 성질이 비슷한 원소가 주기적으로 나타나도록 원소들을 배열한 표를 주기율표라고 한다.

03 (1) 주기율표에서 원소들은 원자 번호 순으로 배열되어 있다.
(2) 주기율표는 1~7주기, 1~18족으로 이루어져 있다.
(3) 같은 족에 속하는 원소들은 원자가 전자가 같기 때문에 화학적 성질이 비슷하다.
바른 풀이 (4) 왼쪽과 가운데 부분에는 금속 원소가, 오른쪽 부분에는 비금속 원소가 위치한다.

04 (1) 금속 원소는 주기율표의 왼쪽과 중간에 위치하고 열과 전기를 잘 통하며, 대부분 특유의 광택이 있는 고체 상태이다.
(2) 비금속 원소는 주기율표의 오른쪽에 위치하며 열과 전기 전도성이 거의 없으며, 기체나 고체 상태로 존재한다.

05 (2) A와 C는 1족에 속하고, 원자가 전자가 1개인 알칼리 금속이다.
(4) G와 H는 전자 껍질 수가 3개로 같은 같은 주기 원소이다.
(6) C는 알칼리 금속이고, E는 산소이므로 C와 E와 잘 반응한다.
(7) A는 수소이고, H는 할로젠이며, A와 H는 잘 반응한다.
바른 풀이 (1) A와 B는 같은 주기 원소이다.
(3) B와 F는 18족 원소인 비활성 기체이다.
(5) D는 원자가 전자 수가 4개이고, 2주기에 속하는 탄소(C)이다. 탄소는 비금속 원소이다.

06 (1) 상대적으로 밀도가 작고, 칼로 쉽게 잘리는 원소에 속하는 금속은 알칼리 금속이다.
(2) 알칼리 금속은 물에 녹아 염기성을 띤다.
(3) 할로젠 원소는 실온에서 2개의 원자가 결합하여 2원자 분자로 존재한다.

(4) 할로젠 원소는 17족으로 원자가 전자가 7개이어서 원자가 전자가 1개인 수소나 1족 금속과 잘 반응한다.

07 (3) 양성자수는 원자 번호와 같고, 원자 번호가 다르면 원자의 종류가 달라진다.
바른 풀이 (1) 원자핵은 양성자와 중성자로 이루어져 있다.
(2) 원자를 구성하는 양성자수와 전자 수가 같다.

08 (1) 원자핵 주위를 전자가 운동하는 특정한 에너지준위의 궤도를 전자 껍질이라고 한다.
(3) 원자가 전자는 안정된 원자의 가장 바깥에 위치하며, 화학 반응에 참여하며 원소의 화학적 성질을 결정한다.
바른 풀이 (2) 첫번째 전자 껍질에는 최대로 2개의 전자가 채워지며, 두번째 전자 껍질부터는 최대로 8개의 전자 껍질이 채워진다.
(4) 원자가 안정한 상태를 바닥 상태라고 하며, 이때 전자는 에너지가 낮은 전자 껍질부터 차례로 채워진다.
(5) 18족 원소는 화학 반응에 참여하는 전자가 없으므로 원자가 전자 수는 0개이다.

09 ㉠,㉣ 나트륨 원자핵의 전하량이 +11이므로 양성자수는 11이고, 원자 번호도 11이다.
㉡,㉢ 세번째 궤도에 전자가 1개 있으므로 전자 껍질 수는 3이며, 원자가 전자 수는 1이다.
㉤,㉥ 나트륨은 1족 알칼리 금속이며, 3주기이다.

✚ 탐구

탐구문제 1 답 리튬(Li) < 나트륨(Na) < 칼륨(K)
금속을 잘랐을 때 단면의 변화와 물과의 반응을 보았을 때 Li보다는 Na이, Na보다는 K이 더 빠르고 격렬하게 반응하므로 반응성은 Li < Na < K임을 알 수 있다.

탐구문제 2 답 알칼리 금속은 공기 중의 산소, 물과 잘 반응한다. 공기 중의 산소와 반응하면 표면에서 금속이 아닌 새로운 물질인 산화 금속이 생성되어 금속의 성질인 광택을 잃게 된다.

탐구문제 3 답 염기성
금속과 물이 반응하는 과정에서 수산화 이온(OH^-)이 형성되어 수용액은 염기성이 된다.

Q1 답

원소	헬륨(He)	리튬(Li)	산소(O)	마그네슘(Mg)	염소(Cl)
원자 번호	2	3	8	12	17
양성자 수	2	3	8	12	17
전자 수	2	3	8	12	17
원자 모형	2+	3+	8+	12+	17+
주기	1	2	2	3	3
족	18	1	16	2	17
원자가 전자 수	0	1	6	2	7

Q2 답

	1	2	13	14	15	16	17	18
1	H (1)							He (0)
2	Li (1)	Be (2)	B (3)	C (4)	N (5)	O (6)	F (7)	Ne (0)
3	Na (1)	Mg (2)	Al (3)	Si (4)	P (5)	S (6)	Cl (7)	Ar (0)
4	K (1)	Ca (2)						

스스로 실력높이기

79 ~ 84 쪽

01 ③	02 ③	03 ③	04 ①	05 ④	06 ⑤
07 ⑤	08 ⑤	09 ④	10 ②	11 ④	12 ①
13 ③	14 ③	15 ⑤	16 ③	17 ①	
18 E - Cl		19 ④	20 ①	21 ④	22 ③
23 ③	24 ⑤	25 ③	26 ②	27 ④	28 ②
29 ③	30 ③	31 ⑤			

01 열과 전기의 전도성이 없고, 음이온이 되기 쉬우며, 주기율표의 오른쪽에 위치하는 원소는 비금속 원소 황(S)이다. 수소(H)는 비금속 원소이나 원자가 전자가 1개이어서 1족으로 분류하였다. 나트륨(Na)과 철(Fe)은 금속 원소이다.

02 ① 금속 원소는 열과 전기가 잘 통한다.
② 금속 원소는 대부분 특유의 광택이 있다.
④ 금속은 실온에서 대부분 고체 상태로 존재한다.
⑤ 힘을 가하면 부서지지 않고 모양이 변한다.
바른 풀이 ③ 금속 원소는 주기율표에서 주로 왼쪽과 가운데에 위치한다.

03 ①, ② 주기율표의 가로줄을 주기라 하며, 1~7주기로 구성되어

있고, 세로줄은 족이라 하며, 1~18족으로 구성되어 있다.
④ 18족 원소들은 가장 바깥 껍질에 8개의 전자를 모두 채운다. (단, He(헬륨)은 첫 번째 껍질에 전자 2개를 모두 채운다.)
⑤ 같은 족 원소들은 원자가 전자 수가 같아 화학적 성질이 비슷하다.
바른 풀이 ③ 1족 원소 중 H(수소)는 비금속 원소이므로 알칼리 금속이 아니다.

04 ㄱ. A에 속한 원소는 알칼리 금속으로 원자가 전자 수가 1이다.
바른 풀이 ㄴ. B에 속한 원소는 2주기 원소로 전자 껍질 수가 2개이다. 족이 다르므로 화학적 성질도 다르다.
ㄷ. C에 속한 원소는 비금속 원소(할로젠)이다.

05 ㄱ. 금속성이 큰 원소는 주기율표에서 왼쪽과 가운데에 위치하고, 양이온이 되기 쉬운 원소일수록 금속성이 크다. 따라서 Li, Na, K은 금속성이 크다.
ㄷ. O와 S은 16족 원소로 원자가 전자 수가 6개로 같아서 화학적 성질이 비슷하다.
바른 풀이 ㄴ. He(헬륨)은 비금속 원소이지만 반응을 하지 않기 때문에 비금속성을 판단하지 않는다. 비금속성이 가장 큰 원소는 F(플루오린)이다.

06 ㄱ. A는 18족 원소이므로 다른 물질과 잘 반응하지 않는다.
ㄴ. B, C는 각각 Na(전자 수 11개), Cl (전자 수 17개)중 하나이므로 B와 C의 전자 수 차는 6이다.
ㄷ. K, Na, Cl 중 K만 3주기 원소가 아니므로 기준 (가)는 '3주기 원소인가?'로 해야 한다.

07 ㄴ. (나)는 금속 원소이고, (라)는 비금속 원소이므로 (나)는 (라)보다 전자를 잃기 쉽다.
ㄷ. (다)는 준금속으로 금속 원소와 비금속 원소의 중간 성질을 갖는다.
바른 풀이 ㄱ. (가)는 H(수소)이므로 비금속 원소이지만 예외적으로 전자를 잃어 양이온이 되기 쉽다.

08 ㄱ. 금속 원소는 열과 전기 전도성이 있는 구리(Cu)와 철(Fe) 2 가지이다.
ㄴ. 산소(O)와 염소(Cl)는 열과 전기 전도성이 없으므로 비금속 원소이다.
ㄷ. 구리(Cu)는 전기 전도성이 우수하여 전선에 이용된다.

09 ㄱ. 양성자수와 원자 번호는 같으므로 원자 번호는 12이다.
ㄷ. 원자 번호 12인 원소는 Mg(마그네슘)이고, 최외각 전자가 2개인 금속 원소이므로 전자를 잃어 양이온이 되기 쉽다.
바른 풀이 ㄴ. Mg(마그네슘)은 전자 껍질 수가 3개, 원자가 전자가 2개이므로 3주기 2족 원소이다.

10 같은 족 원소끼리는 원자가 전자 수가 같아 화학적 성질이 비슷하다. 전자 껍질 수는 같은 주기 원소끼리 서로 같고, 양성자수와 중성자수는 원소마다 다르다.

11 ⓐ는 리튬(Li), ⓑ는 산소(O), ⓒ는 마그네슘(Mg), ⓓ는 염소(Cl), ⓔ는 아르곤(Ar)이다.

④ ⓓ는 할로젠인 염소(Cl)이고, 알칼리 금속인 나트륨과 잘 반응한다.

[바른 풀이] ① ⓐ는 금속 원소이다.

② ⓑ는 원자 번호가 8인 산소이므로 양성자수는 8개이다.

③ ⓒ는 3주기 원소이므로 전자 껍질 수는 3개이다.

⑤ ⓔ의 최외각 전자 수는 8개이지만 화학 반응에 참여하는 원자가 전자 수는 0이다.

12 ②, ③ 할로젠은 주기율표에서 17족에 해당하는 원소인 플루오린(F), 염소(Cl), 브로민(Br), 아이오딘(I) 등이 있다.

④ 플루오린(F), 염소(Cl), 브로민(Br), 아이오딘(I)은 수소와 반응하여 HF, HCl, HBr, HI 등을 생성한다.

⑤ 할로젠 원자 2개가 결합하여 2원자 분자 F_2, Cl_2, Br_2, I_2로 존재한다.

[바른 풀이] ① 할로젠 원소는 산소보다 수소와 더 잘 반응하여 HF, HCl, HBr, HI 등을 생성한다. 공기 중의 산소와 잘 반응하는 것은 알칼리 금속이다.

13 Li(리튬), Na(나트륨), K(칼륨), Rb(루비듐)은 1족 원소이고, 알칼리 금속이다.

①, ② 주기율표에서 수소(H)를 제외한 1족 원소는 알칼리 금속이다.

④, ⑤ 알칼리 금속은 반응성이 크기 때문에 물, 산소와 잘 반응한다. 따라서 물, 산소와의 접촉을 막기 위해 석유나 액체 파라핀 속에 넣어 보관한다.

[바른 풀이] ③ 알칼리 금속은 다른 금속에 비해 밀도가 작고, 칼로 쉽게 잘릴 정도로 무르다.

14 ㄱ. 물과의 반응에서 기체를 더 빠르게 발생시키는 칼륨이 나트륨보다 반응성이 크다.

ㄴ. 알칼리 금속은 물과 반응하였을 때 수산화 이온(OH^-)이 생성되어 수용액의 액성이 염기성이므로 수용액의 색 변화는 (가)와 (나) 모두 '무색 → 붉은색'이다.

[바른 풀이] ㄷ. 알칼리 금속이 물과 반응하면 수소 기체(H_2)가 생성된다.

15 리튬, 나트륨, 칼륨 등의 알칼리 금속은 특유의 광택이 있으며, 공기 중에 놓았을 때 표면에서 산소와 결합하여 금속 산화물을 만들며 광택이 사라진다.

①, ②, ③, ④ 알칼리 금속은 물러서 칼로 잘 잘라지며, 칼로 자른 순간 단면은 아직 산화물이 생성되지 않아 광택이 있으나 공기 중의 산소와 반응하여 점차 광택이 사라진다.

[바른 풀이] ⑤ 반응성이 가장 큰 칼륨의 광택이 가장 빨리 사라진다.

16 ㄱ. 브로민의 녹는점은 −7.2 ℃, 끓는점은 58.8 ℃이므로, 실온(25 ℃)에서 브로민(Br_2)는 액체 상태이다.

ㄷ. 할로젠 물질들은 수소, 금속과 잘 반응한다.

[바른 풀이] ㄴ. 나트륨과 반응하는 정도로 반응성을 비교할 수 있다. 반응성은 플루오린(F_2) > 염소(Cl_2) > 브로민(Br_2) 순이다.

17 ㄱ. A는 원자가 전자 수가 7인 할로젠 원소 F(플루오린), B는 원자가 전자 수가 1인 알칼리 금속 Na(나트륨)이다.

[바른 풀이] ㄴ. A는 비금속 원소, B는 금속 원소이다.

ㄷ. A는 2주기 원소, B는 3주기 원소이다.

18 비금속 원소는 주기율표의 왼쪽에 위치한다. 18족 원소는 제외한다. 따라서 C와 E 중 하나이며, 모두 금속과 잘 반응하지만 물의 소독이나 표백제로 사용되는 것은 E 염소(Cl)이다.

19 ㄴ. C(플루오린 F)와 E(염소 Cl) 모두 할로젠이나 C가 비금속성이 더 크고, 전자를 잡아당기는 경향이 더 강해 금속과의 반응성이 E보다 크다.

ㄷ. 알칼리 금속인 D(Na)는 할로젠 원소인 E(Cl)와 격렬히 반응하면서 열과 빛을 낸다.

[바른 풀이] ㄱ. B(Li)는 물과 반응하여 염기성 수용액을 만들고 수소 기체를 발생시키지만 A는 수소(H)이므로 물과 잘 반응하지 않는다.

20 A는 플루오린(F), B는 칼륨(K), C는 아이오딘(I)이다.

ㄱ. A(플루오린 F)와 C(아이오딘 I) 모두 할로젠이므로 금속, 수소와 잘 반응한다.

[바른 풀이] ㄴ. B는 1족 알칼리 금속이고, C는 17족 할로젠이다.

ㄷ. A(플루오린 F)와 B 칼륨(K)은 격렬하게 반응한다.

21 ① 중성 원자를 구성하는 양성자수와 전자 수는 같다.

② 같은 족 원소는 같은 원자가 전자 수를 가진다.

③ 같은 주기 원소는 전자가 배치되어 있는 전자 껍질 수가 같다.

⑤ 원자에서 전자는 특정한 에너지 준위의 궤도에서 존재하고, 원자핵으로부터 먼 궤도일수록 에너지 준위가 커진다.

[바른 풀이] ④ 원자핵과 가장 가까운 전자 껍질 등에는 최대 2개의 전자가 배치된다.

22 ㄷ. 원소 D는 17족 할로젠으로 F 플루오린이다. 원자가 전자가 7개이며 외부에서 전자를 1개 가져와 음이온이 되기 쉽다.

[바른 풀이] ㄱ. C는 베릴륨(Be)으로 가벼운 금속, E는 나트륨(Na)으로 가볍고 무른 금속이나, A는 수소이며 비금속이다.

ㄴ. B는 He으로 비활성 기체이며, 비금속이지만 비금속성 비교를 하지 않는다. 비금속성이 가장 큰 원소는 D 플루오린이다.

23 상온, 상압에서 고체 상태이며, 양이온이 되기 쉬운 것은 금속 원소이다. 주기율표의 왼쪽에 위치하며 중성 원자의 전자 껍질 수가 2개인 것은 C 베릴륨(Be)이다.

24 ㄴ. 원자 껍질에 가장 가까운 전자 껍질에 전자가 있을 때 에너지 준위가 가장 작으며, 바닥 상태이다.

ㄷ. 전자는 에너지 준위 A의 에너지를 가지거나, B의 에너지를 가질 수 있고, 그 사이의 에너지는 가질 수 없다.

[바른 풀이] ㄱ. 전자 껍질의 에너지 준위는 원자핵에서 멀어질수록 커지며, 최대값은 0이다. 따라서 원자핵에 가까운 전자 껍질일수록 에너지 준위는 작다.

25 ㄷ. 원자 번호가 11~17번이면 전자 껍질이 3개인 3주기 원소이다.

[바른 풀이] ㄱ. 3주기에서 X는 원자 번호에 따라늘어나고 있으므로 원자가 전자 수이다.

ㄴ. 3주기에서 Y는 원자 번호에 따라 변하지 않으므로 전자 껍질 수이다.

26 ① A는 1주기 원소 He이므로 최외각 전자 수는 2개이다.

③ D(플루오린)와 F(염소)는 같은 족 원소이므로 원자가 전자 수가 같다.

④ E(나트륨)와 F(염소)는 같은 주기 원소이므로 전자가 배치되어 있는 전자 껍질 수가 같다.

⑤ A~F 중 원자 번호가 가장 큰 원소는 양성자수가 가장 큰 F이다.

[바른 풀이] ② B(Li 리튬), C(O 산소), D(F 플루오린)는 같은 주기 원소이다. 화학적 성질이 비슷한 원소는 같은 족에 배치되어 원자가 전자 수가 같은 원소들이다.

27 ㄱ. A와 B는 원자가 전자 수가 각각 3개로 같은 13족 원소이다.

ㄴ. B와 C는 전자 껍질 수가 각각 3개로 같은 3주기 원소이다.

[바른 풀이] A는 붕소(B)로 준금속 원소, B는 알루미늄(Al)으로 금속 원소, C는 인(P)으로 비금속 원소이다. 금속 원소는 1가지이다.

28 A는 헬륨(He), B는 베릴륨(Be), C는 나트륨(Na), D는 염소(Cl)이다.

ㄷ. C와 D는 같은 3주기 원소이다.

[바른 풀이] ㄱ. A와 C는 같은 족 원소가 아니므로 화학적 성질이 다르다.

ㄴ. B 베릴륨은 2족 원소로 원자가 전자 수가 2개이다.

29 ㄱ. X(리튬)와 Y(나트륨)는 알칼리 금속으로 원자가 전자 수가 1개로 같아 화학적 성질이 비슷하다.

ㄴ. Y와 Z(아르곤)는 전자 껍질 수가 같으므로 같은 주기 원소이다.

[바른 풀이] ㄷ. Z는 18족 원소이므로 화학 반응에 참여하는 전자가 없으므로 최외각 전자 수는 8개이지만 원자가 전자 수는 0이다.

30 ㄷ. D는 17족 3주기 원소로 염소(Cl)이다. Cl은 할로젠이며, 실온에서 2원자 분자인 Cl_2로 존재한다.

[바른 풀이] ㄱ. A는 수소(H)이며, 비금속 원소이다.

ㄴ. B는 2주기 16족 원소인 산소(O)이며, C는 3주기 2족 원소인 마그네슘(Mg)이다. 산소는 원자가 전자가 6개, 마그네슘은 2개이므로 원자가 전자 수의 차이는 4이다.

31 ㄱ. (가)에서 알칼리 금속 A는 공기 중의 산소와 잘 반응하므로 석유 속에 넣어서 보관한다.

ㄴ. 페놀프탈레인 용액은 염기와 만나서 붉은색을 띠므로, ㉠과 같이 페놀프탈레인 용액을 넣으면, 수용액이 염기성인 경우 색깔이 붉은색으로 변한다.

ㄷ. 알칼리 금속 A는 물, 산소와 반응하여 다른 물질이 되므로, 석유 속에 넣어 보관하여 물, 산소와 접촉하는 것을 막는다.

01 ㄴ. 전자는 원자핵 주위를 정해진 궤도에서 돌 수 있는데, ㉢ 구역은 궤도와 궤도 사이이므로 전자가 존재할 수 없다.

[바른 풀이] ㄱ. 에너지 준위는 원자핵과 가까운 궤도일수록 낮다. 따라서 에너지 준위는 ㉠>㉡ 이다.

ㄷ. 전자가 에너지 준위가 낮은 ㉡에서 에너지 준위가 높은 ㉠으로 이동하는 경우는 에너지를 흡수하는 경우로 불안정한 상태가 된다.

02 원자 (가)는 양성자 2개이며 원자 번호 2인 He이다. 따라서 $a=2$, $b=1$, $c=0$(비활성 기체; 18족 원소)이다.

원자 (나)는 전자 수가 12개이므로 양성자수 $d=12$인 Mg이다. 2족 원소이므로 원자가 전자 수 $e=2$이다. 3주기 원소이다.

[바른 풀이] ① $c=0$, $e=2$이다.

03 3주기 안정한 원소는 첫 번째 전자 껍질에 전자가 2개 들어가고, 두 번째 전자 껍질에는 8개가 모두 채워진 후, 세 번째 전자 껍질에 1개~8개까지 전자가 있는 원소이다.

ㄱ. $a=1$ 이라면 (가)에는 전자가 2개(첫 번째 전자 껍질), (다)에는 전자가 8개(두 번째 전자 껍질), (나)에는 전자가 1개(세 번째 전자 껍질)존재하게 되어 원자가 전자가 1개인 Na이 된다.

[바른 풀이] ㄴ. X는 1족 원소인 Na이다.

ㄷ. 원자핵에서 가장 가까운 전자 껍질은 (가)이며 (나)는 가장 바깥에 존재하므로 원자핵으로부터의 거리는 (가)<(나)이다.

04 붉은 색 부분에 해당하는 원소는 다음과 같다.

	1	2	13	14	15	16	17	18
1	ⓔH							
2			ⓐB				ⓒF	
3	ⓑNa				ⓓP			

원자가 전자 수가 같은 것은 H와 Na이다. ⓑ,ⓔ는 각각 H, Na 중 하나이다.

전자가 들어 있는 전자 껍질 수가 같은 것은 Na과 P, B와 F인데, ⓑ가 겹치므로 Na와 P로 결정된다.

따라서 ⓑ는 Na, ⓔ는 H, ⓓ는 P이다.

원자 번호가 ⓒ가 ⓐ보다 크다고 했으므로, 남아 있는 B와 F 중에 ⓒ는 F, ⓐ는 B가 된다.

ㄱ. ⓓ P은 원자가 전자가 5개, ⓐ B는 원자가 전자가 3개이다.

[바른 풀이] ㄴ. ⓒ F은 원자 번호가 9, ⓑ Na는 원자 번호가 11이므로, ⓑ가 ⓒ보다 크다.

ㄷ. 전자 껍질 수는 2주기인 ⓒ가 1주기인 ⓔ보다 크다.

05

	1족	2족	13족	14족	15족	16족	17족	18족
2주기						ⓐO	ⓑF	
3주기	ⓒNa	ⓓMg				ⓔS		

3. 전자가 들어 있는 전자 껍질 수는 X>Y이므로, X는 ⓒ, ⓓ, ⓔ 중 하나이고, Y는 ⓐ, ⓑ 중 하나이다.
1. X와 Y의 원자가 전자 수의 합은 8이라고 했으므로,
(X , Y)=(ⓒ , ⓑ)이거나 (ⓓ , ⓐ)이다.
2. X와 Y의 양성자수의 차는 5보다 작다고 했으므로,
(X , Y)=(ⓓ , ⓐ)이다. 즉, X=Mg, Y=O이다.
ㄱ. X=Mg로 금속 원소이다.
[바른 풀이] ㄴ. 원자가 전자 수는 Y>X이다.
ㄷ. Y는 O이므로 물과 반응하지 않고, X를 물과 반응시키면 수소 기체가 발생한다.

02 화학 결합과 물질의 성질

01 (1) ○ (2) ○ (3) ○ (4) × (5) × (6) ○ (7) ○
02 (1) ㄴ (2) ㄹ (3) ㄷ (4) ㄱ   **03** 수소, 포도당
04 (1) × (2) ○ (3) ○ (4) ○ (5) ×

01 (1) 이온 결합 물질은 금속 양이온과 비금속 음이온의 정전기적 인력에 의해 결합된다.
(2) 이온 결합 물질은 외부에서 힘을 가하면 이온 층이 밀리면서 같은 전하를 띠는 이온 사이의 반발력으로 인해 쉽게 쪼개지거나 부서지기 쉽다.
(3) 공유 결합 물질은 일반적으로 일정한 개수의 원자가 서로 결합한 분자로 이루어져 있어 분자성 물질이라고도 한다. (예외 있음)
(6) 물 분자는 1개의 O(산소)와 2개의 H(수소)가 결합하여 2개의 공유 전자쌍으로 결합하고 있다.

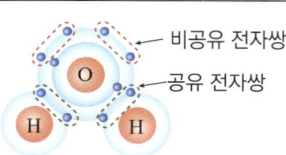

(7) 설탕은 물에 녹은 상태에서 이온이 생성되지 않으므로 각 극으로 이동하는 물질이 없어 전류가 흐르지 않는다.
[바른 풀이] (4) 이온 결합 물질은 고체 상태에서 전류가 흐르지 않고, 액체, 수용액 상태에서 전류가 흐른다.
(5) Mg과 O 각각의 안정한 이온의 형태는 Mg^{2+}, O^{2-} 이므로 1 : 1의 개수 비로 이온 결합한다.

02 (1) 비활성 기체는 18족 원소로 안정한 전자 배치를 이루기 때문에 다른 원자와 화학 결합을 하지 않는다.
(2) 공유 결합 물질의 녹는점과 끓는점은 비교적 낮아 실온에서 대부분 액체나 기체 상태이다.
(3) 탄산 칼슘($CaCO_3$)은 조개 껍데기의 주성분으로 이온 결합 물질이다.
(4) 질소(N_2)는 과자 봉지 속 과자를 상하지 않게 하는 충전재로 쓰이며 공유 결합 물질이다.

03 염화 나트륨(NaCl)은 이온 결합 물질이므로 수용액에서 전류가 흐르고, 염화 수소(HCl)는 공유 결합 물질이지만 수용액에서 이온 상태로 존재하므로 전하를 이동시킬 수 있어 전류가 흐른다. 수소(H_2)는 물에 매우 적게 녹아 수용액에서 분자 상태로 존재하고, 포도당($C_6H_{12}O_6$)은 공유 결합 물질로 수용액에서 분자 상태로 존재하기 때문에 전하를 이동시킬 수 없어 전류가 흐르지 않는다.

04 (2) A는 전자 1개를 잃어서 A 이온(A^+)이 되었고, B는 전자 1개를 얻어서 B 이온(B^-)이 되었으므로 화합물 X의 화학식은 AB이다.
(3), (4) A는 원자가 전자가 1개인 1족 금속 원소인 Na이고, B는 원자가 전자가 7개인 17족 비금속 원소인 Cl이다.
(5) A 이온과 B 이온 사이의 정전기적 인력에 의해 화합물 X가 생성되었다.
[바른 풀이] (1) A와 B가 정전기적 인력으로 결합하고 있으므로 화합물 X는 이온 결합 물질이다.
(5) A^+는 Ne과 같은 전자 배치이고, B^-는 Ar과 같은 전자 배치이다.

Q1 [답] (1) ○ (2) × (3) ○
(1) Na^+은 Na(나트륨)이 전자 1개를 잃어 Ne(네온)과 같은 전자 배치를 갖고, F^-은 F(플루오린)이 전자 1개를 얻어 Ne(네온)과 같은 전자 배치를 갖는다. 따라서 두 이온의 전자 배치는 서로 같다.
(3) Al은 원자가 전자 수가 3이므로 3개의 전자를 잃어 Al^{3+}이 된다. Cl는 원자가 전자 수가 7이므로 1개의 전자를 얻어 Cl^-이 된다. Al^{3+}과 Cl^-은 1 : 3의 개수비로 결합하여 화학식은 $AlCl_3$이다.
[바른 풀이] (2) Li^+은 Li(리튬)이 전자 1개를 잃어 He(헬륨)과 같은 전자 배치를 갖고, Na^+은 Na(나트륨)이 전자 1개를 잃어 Ne(네온)과 같은 전자 배치를 갖는다.

Q2 [답] (1) LiCl (2) Li_2O (3) MgF_2 (4) MgO
(1) Li은 원자가 전자 수가 1개이므로 1개의 전자를 잃어 Li^+이 된다. Cl는 원자가 전자 수가 7개이므로 1개의 전자를 얻어 Cl^-이 된다. Li^+과 Cl^-은 1 : 1의 개수비로 결합하여 화학식은 LiCl이다.
(2) Li은 원자가 전자 수가 1개이므로 1개의 전자를 잃어 Li^+이 되고, O는 원자가 전자 수가 6개이므로 2개의 전자를 얻어 O^{2-}이 된다. Li^+과 O^{2-}은 2 : 1의 개수비로 결합하여 화학식은 Li_2O이다.
(3) Mg은 원자가 전자 수가 2개이므로 2개의 전자를 잃어 Mg^{2+}이 되고, F는 원자가 전자 수가 7개이므로 1개의 전자를 얻어 F^-이 된다. Mg^{2+}과 F^-은 1 : 2의 개수비로 결합하여 화학식은 MgF_2이다.
(4) Mg은 원자가 전자 수가 2개이므로 2개의 전자를 잃어 Mg^{2+}이 되고, O는 원자가 전자 수가 6개이므로 2개의 전자를 얻어 O^{2-}이 된다. Mg^{2+}과 O^{2-}은 1 : 1의 개수비로 결합하여 화학식은 MgO이다.

01 ①	02 ④	03 ③	04 ③	05 ③	06 ③
07 ⑤	08 ④	09 ②	10 ③	11 ③	12 ③
13 ⑤	14 ④	15 ④	16 ①	17 ②	18 ③
19 ④	20 ③				

01 ㄱ. 주어진 원자는 헬륨(He), 네온(Ne), 아르곤(Ar)이고, 18족 비활성 기체이므로 3가지 원자는 같은 족에 위치한다.

바른 풀이 ㄴ, ㄷ 18족 비활성 기체는 안정한 전자 배치를 이루고 있어 반응성이 매우 작고 다른 원소와 화학 결합을 형성하지 않으며, 실온에서 단원자 분자로 존재한다.

02 ①, ②, ③ (가) 영역에 속한 원소들은 비활성 기체로, 원자가 전자 수가 0이며, 모두 18족에 속한다.
⑤ 비활성 기체는 전자 배치에서 가장 바깥 전자 껍질에 전자가 2개(He), 또는 8개가 채워져 안정적이며 반응성이 매우 작다.

바른 풀이 ④ 비활성 기체는 비금속 원소이나, 안정적이어서 이온이 되지 않는다.

03 A는 H(수소), B는 He(헬륨), C는 Li(리튬), D는 Ne(네온), E는 S(황), F는 Cl(염소)이다.
① A는 H(수소)이므로 비금속 원소이다.
② B와 D는 18족 원소인 비활성 기체이다.
④, ⑤ E와 F가 가장 안정한 이온이 되면 가장 바깥 껍질에 8개의 전자를 채워 비활성 기체의 전자 배치를 하고, 옥텟 규칙을 만족한다.

바른 풀이 ③ C가 안정한 이온이 되면 전자를 1개 잃어 B와 같은 전자 배치를 가진다.

04 A^{2+}와 B^-의 전자 배치 모형은 모두 비활성 기체 네온(Ne)의 전자 배치와 같다.
ㄱ. A^{2+}는 원자 A가 전자 2개를 잃은 이온이므로, 원자 A는 원자 번호 12번 Mg이며, 전자 껍질 수가 3개이며, 3주기 원소이다.
ㄷ. B는 17족 원소인 플루오린(F)이므로 원자가 전자가 7개이다. 따라서 원자가 전자 수는 A< B이다.

바른 풀이 ㄴ. B는 전자를 하나 얻어서 B^-가 되므로 B는 원자 번호 9번인 17족 원소 F이다.

05 ㄱ. 나트륨과 염소는 이온 결합을 하며, 결합 과정에서 나트륨에서 염소로 전자가 1개 이동한다.
ㄷ. 나트륨에서 전자 1개가 염소로 이동하여 염화 나트륨이 형성되었으므로 나트륨과 염소는 각각 네온, 아르곤과 같은 전자 배치를 하게 된다.

바른 풀이 ㄴ. 나트륨이 이온이 될 때에는 전자 껍질 수가 1개 줄어들지만, 염소가 이온이 될 때에는 최외각 전자가 8개가 되며 전자 껍질 수는 변동이 없다.

06 리튬은 1족 원소로 원자가 전자가 1개인 원소이다. 따라서 전자 1개를 잃어 양이온이 되기 쉽다. 산소는 16족 원소로 원자가 전자가 6개인 원소이다. 따라서 전자 2개를 얻어 최외각 전자가 8개인 음이온이 되기 쉽다. 화합물의 전하량 총합은 0이 되어야 하므로 리튬과 산소는 2 : 1로 결합하고, 화학식은 Li_2O이 된다.

07 A는 F(플루오린)이며, 전자 1개를 받아 A^-가 되었고, 이때 Ne (네온)과 같은 전자 배치를 이룬다. B는 Mg(마그네슘)이며, B^{2+}는 최외각 전자 2개를 잃고 Ne(네온)과 같은 전자 배치를 이룬다. C는 원자 번호 8번인 O(산소)이다.
ㄱ. A는 비금속, B는 금속으로 전자를 주고받아 이온 결합을 한다.
ㄴ. A는 원자가 전자 수가 7개로 가장 많다.
ㄷ. A인 F(플루오린)과 C인 O(산소)는 모두 비금속 원소이며 전자쌍을 공유하여 공유 결합을 형성한다.

08 ㄴ. 산소와 수소는 전자쌍 1개를 공유하고 있으므로 단일 결합을 하고 있다.
ㄷ. 물 분자를 구성하는 산소 원자는 수소 원자와 공유 결합하여 가장 바깥 전자 껍질에 전자 8개를 채워 옥텟 규칙을 만족한다.

바른 풀이 ㄱ. 공유 전자쌍은 두 원자가 공유하고 결합에 참여하는 전자쌍을 말한다. 따라서 공유 전자쌍 수는 2개이다.

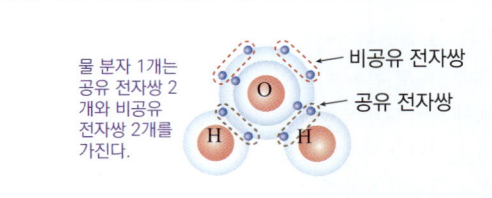

물 분자 1개는 공유 전자쌍 2개와 비공유 전자쌍 2개를 가진다.
비공유 전자쌍
공유 전자쌍

09 이온 결합은 금속 양이온과 비금속 음이온의 정전기적인 인력에 의해 형성되고, 공유 결합은 비금속 원소끼리 전자를 서로 공유하여 형성되는 결합이다. 따라서 이온 결합하는 두 원소(O, Na; Na_2O)와 공유 결합하는 두 원소(H, N; NH_3)가 옳게 짝지어진 것은 ②이다.

바른 풀이 ① 수소와 산소가 결합한 물질은 물(H_2O)이며 공유 결합 물질이고, 황과 마그네슘이 결합한 물질(MgS)은 이온 결합 물질이다.
③ 헬륨은 안정한 18족 원소이므로 다른 원소와 결합하지 않는다. 리튬과 아이오딘의 결합(LiI)은 이온 결합이다.
④ 철과 산소의 결합(Fe_2O_3)은 이온 결합이며, 칼륨과 브로민의 결합(KBr)도 이온 결합이다.
⑤ 수소와 플루오린의 결합(HF)은 공유 결합, 산소와 질소의 (NO_2)결합은 공유 결합이다.

10 ㄱ. A는 Na(나트륨), D는 F(플루오린)이므로 A와 D는 이온 결합으로 화합물 NaF을 형성한다.
ㄴ. B는 O(산소)이고, 원자가 전자 수가 6개여서 공유 결합 물질인 $B_2(O_2)$는 공유 전자쌍 수가 2개(2중 결합)이다.

바른 풀이 ㄷ. C는 H(수소)이므로 C와 D로 이루어진 화합물은 CD(HF)이다. HF는 비금속 원소끼리 전자쌍을 공유하여 결합하고 있는 공유 결합 물질이므로 액체 상태에서 전기 전도성이 없다. (HF는 물에 녹아 수용액 상태에서는 이온화되므로 전기 전도성을 가진다.)

11 A(Mg)가 전자를 2개 잃고, 2개의 B(Cl)가 전자를 각각 1개씩 얻어 A와 B는 1 : 2의 개수비로 이온 결합한다.
ㄱ. A와 B는 1 : 2의 개수비로 이온 결합하므로 화학식은 AB_2이다.
ㄷ. A는 전자 2개를 잃어 비활성 기체와 같은 전자 배치를 하고, B는 전자 1개를 얻어 비활성 기체와 같은 전자 배치를 한다. 전자를 잃거나 얻기 전 전자 껍질 수가 3개로 서로 같으므로 A와 B는 같은 3 주기 원소이다.
[바른 풀이] ㄴ. 분자는 물질의 고유한 성질을 가지는 가장 작은 입자로 일부 물질을 제외한 대부분의 공유 결합 물질을 분자라고 한다. 이온 결합 물질의 경우 양이온과 음이온이 연속적으로 결합하고 있기 때문에 한 덩어리의 입자로 볼 수 없기 때문에 이온 결합 물질인 AB_2는 분자가 될 수 없다.

12 ㄱ. A는 원자가 전자가 4개인 탄소(C)이고, B는 원자가 전자가 6개인 산소(O)이다.
ㄷ. AB_2에서 A와 B는 서로 전자쌍을 공유하여 비활성 기체와 같은 전자 배치를 이루어 안정하게 된다.
[바른 풀이] ㄴ. 비공유 전자쌍은 원자가 전자가 이루는 다른 원자와 공유하지 않는 전자쌍이다. 따라서 분자 AB_2는 비공유 전자쌍의 수가 B에 두개씩 총 4개이다.

13 A_2는 전자쌍 2개를 공유하고 있는 산소 분자(O_2)이고, B_2는 전자쌍 3개를 공유하고 있는 질소 분자(N_2)이다.
① A와 B는 모두 비금속 원소이다.
② A_2는 2개의 전자쌍을 공유하고 있으므로 2중 결합을 하고 있다.
③ B_2는 3개의 전자쌍을 공유하고 있다.
④ A와 B는 공유 결합하여 가장 바깥 전자 껍질의 전자가 8개이므로 비활성 기체와 같은 전자 배치를 이룬다.
[바른 풀이] ⑤ A의 원자가 전자 수는 6개이고, B의 원자가 전자 수는 5개이므로 원자가 전자 수는 A>B이다.

14 공유 결합 물질은 비금속 원자끼리 전자쌍을 공유하여 결합한 물질로, 공유 결합 물질로만 옳게 짝지어진 것은 ④ H_2O, CO_2이다.
[바른 풀이] ① KOH은 금속 양이온과 비금속 음이온이 결합하고 있는 이온 결합 물질이다.
② HCl은 공유 결합 물질, Fe_2O_3은 이온 결합 물질이다.
③ NaF는 이온 결합 물질, CO_2는 공유 결합 물질이다.
⑤ $CaCO_3$과 NaCl은 모두 이온 결합 물질이다.

15 포름 알데하이드(CH_2O)는 공유 결합 물질로 분자 내에서 C, H, O는 각각 비활성 기체와 같은 전자 배치를 이룬다. CH_2O의 분자 모형은 다음과 같다.

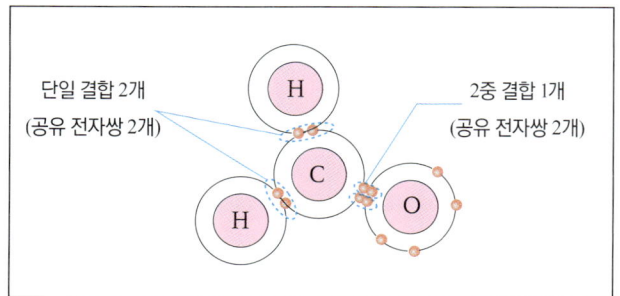

단일 결합 2개 (공유 전자쌍 2개)   2중 결합 1개 (공유 전자쌍 2개)

따라서 CH_2O 분자 1개에는 단일 결합 2개로 공유 전자쌍 2개가 있고 2중 결합 1개로 공유 전자쌍 2개가 있어서 모두 4개이다.

16 ① (가)는 질소 원자(N)로 이루어진 질소 분자(N_2), (나)는 질소 원자(N)와 수소 원자(H)로 이루어진 암모니아 분자(NH_3)이다.
[바른 풀이] ② (가)는 전자쌍을 공유하여 결합하는 공유 결합 물질이므로 구성 입자(원자)가 전하를 띠지 않는다.
③ (나)는 공유 결합 물질이므로 전자쌍을 공유하여 결합이 이루어진다.
④ (다)는 이온 결합 물질(NaCl)이므로 전자를 잃은 양이온과 전자를 얻은 음이온의 정전기적인 인력에 의한 결합을 한다.
⑤ (가)와 (나)는 전자쌍을 공유하여 결합이 이루어지고, (다)는 전자를 주고받아 결합이 이루어진다.

17 ㄴ. A는 수용액에서 양이온과 음이온으로 이온화되는 이온 결합 물질, B는 수용액에서 이온화되지 않고, 분자 상태로 녹아 있는 공유 결합 물질이다.
[바른 풀이] ㄱ. A는 이온 결합 물질이므로 고체 상태에서 전기 전도성이 없다.
ㄷ. A는 수용액 상태에서 전기 전도성이 있지만 B는 분자 상태로 녹아 있기 때문에 수용액 상태에서 전기 전도성이 없다.

18 공유 결합 물질은 비금속 원소끼리 서로 전자를 공유하여 화학 결합하고, 이온 결합 물질은 금속 원소와 비금속 원소가 서로 전자를 주고받아 정전기적 인력으로 화학 결합한다. CS_2, N_2H_4, OF_2는 각각 공유 결합 물질이고, Na_2O, KI는 각각 이온 결합 물질이다.

19 포도당 수용액은 물에 녹아 이온화되지 않으므로 전기를 통하지 않는다. 반면 소금은 수용액 속에서 이온화되어 전하를 나를 수 있으므로 전기가 통한다. 따라서 X는 포도당, Y는 소금이다.
ㄴ. Y는 소금이다.
ㄷ. 고체 상태에서는 포도당과 소금 모두 전기를 통하지 않는다.
[바른 풀이] ㄱ. X 포도당은 승화성 물질이 아니다.

20 ㄱ. (가)는 이온 결합 물질이고 전류를 흘려주면 이온이 이동하므로 수용액 상태에서 전류가 흘러 전구에 불이 켜진다.
ㄴ. (나)는 공유 결합 물질이고, 전류를 흘려주어도 입자의 이동이 없고, 수용액에서 분자로 존재한다.
[바른 풀이] ㄷ. (가) 이온 결합 물질은 액체 상태(고체에 열을 가해 용해된 상태)에서 전류가 흐르고, (나) 공유 결합 물질은 액체 상태에서 전류가 흐르지 않는다.

01 ㄱ. A^{2-}는 원자핵의 전하가 8(양성자수 8)이므로 중성 원자의 전자 수도 8개이어야 하나 A^{2-}는 전자를 2개 더 얻은 상태이므로 A^{2-}의 전자 수 ⓐ는 10이다. B^+의 전자 수가 10개로 나와 있는데 전자를 1개 잃은 상태이므로 중성 원자 B의 원자핵 전하 ⓑ는 11이다.
중성 원자 C의 원자핵 전하가 17이므로 전자 수 ⓒ도 17이다.
따라서 ⓐ + ⓑ=21이고, ⓒ는 17이므로 ⓐ + ⓑ > ⓒ이다.
ㄴ. 중성 원자 B는 원자 번호 11인 Na이며, 3주기 원소이다.
중성 원자 C는 원자 번호 17인 Cl이며, 3주기 원소이다. 따라서 B와 C는 전자 껍질 수가 3으로 같다.
ㄷ. D^-가 안정한 이온이라고 했으므로, D는 전자를 1개 얻어 비활성 기체와 같은 전자 배치를 하는 17족 원소라는 것을 알 수 있다. 따라서 같은 17족인 C와 D는 비슷한 화학적 성질을 가진다.

02 ㄴ. B(산소)는 전자 2개를 얻어 안정한 전자 배치를 가지고, D(나트륨)는 전자 1개를 잃어 안정한 전자 배치를 가지므로 B와 D가 안정한 이온이 되면 C(네온)와 같은 전자 배치를 가진다.
바른 풀이 ㄱ. A는 원자가 전자가 1개이므로 금속 원소이고, 전자 1개를 잃어 A^+ 이온이 되며, B는 원자가 전자가 6개이므로 비금속 원소이고, 전자 2개를 얻어 B^{2-} 이온이 된다. 이때 A와 B는 2 : 1로 이온 결합하며, A와 B가 결합한 화합물의 화학식은 A_2B이다.
ㄷ. C는 18족 원소인 비활성 기체이므로 다른 원자와 화학 결합하지 않는다.

03 그림은 A^{2+} 이온과 B^{2-} 이온이 정전기적 인력으로 이온 결합하고 있는 모습이다. 전자를 잃기 쉬운 금속 원소 A와 전자를 얻기 쉬운 비금속 원소 B의 이온 결합 형태이다. 두 원소 A, B는 각각 안정한 이온이 되었을 때 그림처럼 원자 번호 10인 네온(Ne)의 전자 배치와 같아지므로 A는 원자 번호 12인 마그네슘(Mg)이고, B는 원자 번호 8인 산소(O)이다. 두 원소가 이온 결합한 화합물은 MgO(산화 마그네슘)이다.
ㄱ. B는 산소이며, 비금속 원소이다.
ㄴ. A^{2+}와 B^{2-} 사이에는 정전기적 인력이 작용하여 이온 결합하고 있다.
바른 풀이 ㄷ. 나트륨(Na)은 안정한 이온이 될 때 전자를 하나 잃어서 Na^+가 되므로 B 산소와 이온 결합할 때에는 화합물의 화학식은 Na_2B이다.

04 주어진 물질 중 이온 결합 물질은 MgO, NaF, Al_2O_3 3개이다.
공유 결합 물질은 다음과 같이 결합한다. 전체 원자가 전자 수는 결합 전 원자들의 원자가 전자 수의 합과 같다.

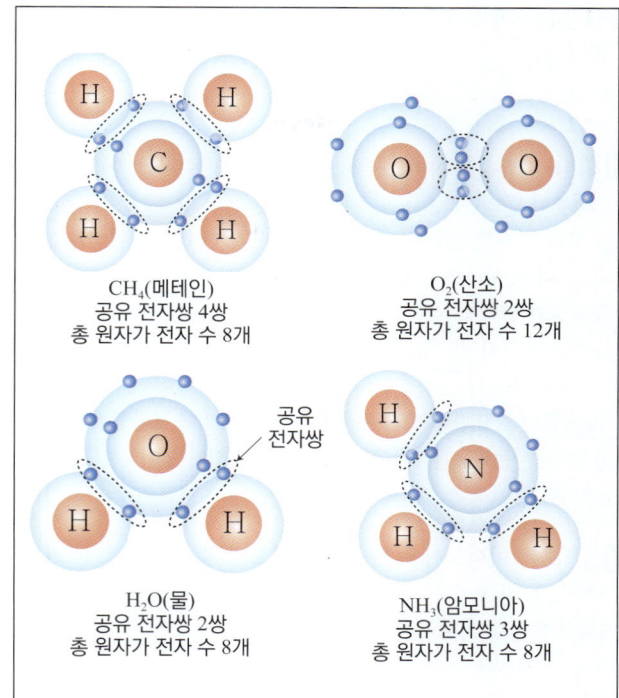

CH_4(메테인)
공유 전자쌍 4쌍
총 원자가 전자 수 8개

O_2(산소)
공유 전자쌍 2쌍
총 원자가 전자 수 12개

공유
전자쌍

H_2O(물)
공유 전자쌍 2쌍
총 원자가 전자 수 8개

NH_3(암모니아)
공유 전자쌍 3쌍
총 원자가 전자 수 8개

따라서 이온 결합 물질은 3개, 총 원자가 전자 수가 같은 공유 결합 물질은 O_2를 제외한 나머지 3개가 총 원자가 전자 수가 8개로 같고, 공유 전자쌍이 총 2쌍인 물질은 O_2와 H_2O로 2가지이다.

03 지각과 생명체 구성 물질의 규칙성

01 산소   **02** (1) × (2) × (3) ○
03 (1) ○ (2) × (3) ○ (4) ○ (5) ○
04 (1) ○ (2) ○ (3) × (4) ○ (5) ○ (6) ×
05 곁사슬   **06** RNA
07 TGACAATTCGGC

01 산소는 수소, 탄소, 규소 등 다른 원소와 쉽게 결합할 수 있기 때문에 지각과 생명체에 공통으로 많이 포함되며, 이로 인해 다양한 물질을 만들 수 있다.

02 (3) 1개의 규소와 4개의 산소로 이루어진 규산염 사면체를 기본 골격으로 하여 규산염 광물의 규칙적인 결정 구조를 이룬다.
바른 풀이 (1) 규산염 사면체는 전하량이 +4인 규소 1개와 -2인 산소 4개가 공유 결합을 하여 전기적으로 음전하를 띤다.
(2) 규산염 사면체끼리 결합할 때 산소를 공유하여 결합한다.

03 (1) 감람석은 (가)와 같은 독립형 구조를 가진다.
(3) (가)와 같은 독립형 구조는 깨짐이 나타난다.
(4) (나) 망상 구조는 규산염 사면체 사이의 결합이 강하여 (가)보다 풍화에 강하다.

(5) (가)는 독립형 구조, (나)는 망상 구조이다.

바른 풀이 (2) (나)는 망상 구조이고, 휘석은 단사슬 구조를 가진다.

04 (1) 단백질의 아미노산의 종류, 수, 배열 순서에 따라 단백질의 종류가 달라진다.
(2) 핵산은 단위체가 뉴클레오타이드이고, 단백질은 단위체가 아미노산이며, 이러한 단위체가 결합하여 핵산과 단백질이 형성된다.
(4) 핵산과 단백질은 모두 탄소 화합물이다.
(5) 핵산의 단위체는 뉴클레오타이드이며 인산, 당, 염기가 1 : 1 : 1로 결합되어 있다.

바른 풀이 (3) 단백질의 구성 원소에는 인(P)이 포함되지 않는다.
(6) DNA는 폴리뉴클레오타이드 두 가닥이 꼬여 붙어있는 2중 나선 구조이다.

05 모든 아미노산은 탄소를 중심으로 수소 원자, 아미노기($-NH_2$)와 카복실기($-COOH$), 곁사슬(R)을 가지며, 곁사슬은 아미노산의 종류에 따라 다르다.

06 DNA는 1개의 디옥시라이보스 당, 1개의 인산, 1개의 염기(A, G, C, T 중 하나)가 1 : 1 : 1로 결합된 뉴클레오타이드로 구성된 이중 가닥 구조를 갖는다. DNA와 달리 RNA는 T(타이민) 대신 U(유라실), 디옥시라이보스 대신 라이보스 당을 가지며, 당 : 인산 : 염기=1 : 1 : 1로 결합된 뉴클레오타이드로 구성된 단일 가닥 구조를 갖는다.

07 DNA의 양쪽 가닥의 염기는 A-T, C-G 상보결합한다.
ACTGTTAAGCCG → TGACAATTCGGC

101 ~ 102 쪽

➕ 강의

Q1 **답** (1) 독립형 구조 (2) 망상 구조 (3) 판상 구조
(1) 규산염 사면체끼리 산소를 공유하여 결합하지 않고 전하량 +2의 양이온 2개와 결합한 구조는 독립형 구조이다.
(2) 규산염 사면체의 산소 4개를 모두 공유하여 입체로 결합한 구조는 망상 구조이다.
(3) 규산염 사면체의 산소 3개를 공유하며 얇은 판 모양으로 결합하는 구조는 판상 구조이다. 판상 구조는 광물에 힘을 주었을 때 얇은 판 모양으로 쪼개짐이 일어난다.

Q2 **답** (1) ○ (2) ○ (3) ✕
(1) 휘석은 산소를 양옆으로 공유하여 결합하는 단사슬 구조를 가진 광물이다.
(2) 규산염 사면체는 전기적 성질이 +4인 규소 1개와 전기적 성질이 -2인 산소 4개가 결합한 것으로, 전기적 성질이 -4로 음전하를 띤다.

바른 풀이 (3) 규산염 사면체는 전기적 성질이 -4이므로 +2의 양이온 2개와 결합하여야 안정할 수 있다.

Q3 **답** 단백질: 아미노산, 펩타이드 결합 핵산: 뉴클레오타이드, 공유 결합(당-인산), 수소 결합(염기끼리의 상보결합)

Q4 **답** 구아닌(G): 20 %, 사이토신(C): 20 %, 타이민(T): 30 %

DNA 염기는 A, G, C, T로 구성되며, 두 가닥의 폴리뉴클레오타이드의 염기는 A-T, C-G 상보결합한다. 따라서 A와 T의 개수는 서로 같으며, C와 G의 개수도 서로 같다.
따라서 DNA 염기 구성 중 A의 비율이 30 %이면 T의 비율도 30 %이며, 나머지 40 % 중 C가 20 %, G가 20 %를 차지하게 된다.
정리하면, A=T, G=C, (A+G) : (T+C) = 1 : 1 이다.

스스로 실력높이기

103 ~ 108 쪽

01 ②	02 ⑤	03 ③	04 ④
05 ⑤	06 ①	07 규소, 산소, 규산염	08 ⑤
09 ③	10 ②	11 ②	12 ①	13 ①	14 ④
15 ②	16 ②	17 ⑤	18 ②	19 ④
20 ①, ⑤	21 ④	22 ①	23 ④	24 ⑤
25 ②	26 ③	27 ②	28 ④	29 ②	30 ②
31 ④	32 ③	33 ④	

01 ㄴ. 규소 원자는 원자가 전자가 4개이므로 산소 원자 4개와 공유 결합을 할 수 있다.

바른 풀이 ㄱ. 지각을 이루는 암석의 대부분은 산소와 규소로 이루어진 규산염 광물로 이루어져 있다.
ㄷ. 지각을 이루는 규산염 광물은 1개의 규소가 4개의 산소와 공유 결합한 규산염 사면체를 기본 구조로 하여 결합 구조를 이룬다. 규산염 사면체끼리는 산소 또는 이온을 공유하여 결합한다.

02 ⑤ A 산소와 B 규소가 결합한 규산염 사면체가 규산염 광물의 기본 구조를 이룬다.

바른 풀이 ① A는 가장 높은 질량비를 가진 원소로 산소에 해당한다.
② B는 규소이며, 지구 전체 질량비 중 가장 많은 원소는 철이다.
③ C는 알루미늄이며, 사람의 몸에 주로 존재하지 않는다.
④ D는 철이며, 빅뱅 이후 별 내부의 핵융합 반응으로 만들어졌다.

03 ③ C는 수소(H)이며 사람의 몸에서 주로 물(H_2O)의 형태로 존재한다.

바른 풀이 ① A는 산소에 해당되며, 지구 대기의 21 %를 차지한다.
②, ④, ⑤ B는 탄소(C)이며, 탄소 화합물은 모두 탄소를 기본 골격으로 하여 형성된다. 지구 전체 질량비가 가장 큰 원소는 철이며, 지구의 핵을 이루는 주요 원소는 철과 니켈이다.

04 A와 B는 각각 규산염 광물의 기본 구조인 규산염 사면체를 이루고 있으므로 산소(O) 혹은 규소(Si)이다. C는 생명체를 구성하는 물질의 기본 골격을 이루므로 탄소(C)이고, A와 C는 원자가 전자 수가 같으므로 각각 규소(Si)와 탄소(C) 중 하나이

34 세페이드 통합과학 1

다. 따라서 A는 규소(Si), B는 산소(O)인 것을 알 수 있다.
ㄴ. B는 산소로 지각을 구성하는 원소 중 가장 질량비가 높으며, 규산염 광물의 기본 구조인 규산염 사면체를 이룬다.
ㄷ. 아미노산은 C 탄소를 중심으로 아미노기, 카복실기, 수소 원자, 곁사슬이 결합된 구조이다.
바른 풀이 ㄱ. A는 규소이며, 탄소와 원자가 전자 수가 같다.

05 지구의 구성 원소의 질량비 순서는 철-산소-규소- 마그네슘··이고, 인체 구성 원소의 질량비 순서는 산소-탄소-수소-질소··이다. 따라서 (가)는 지구, (나)는 인체를 구성하는 원소의 질량비이다.
ㄱ. ㉠은 철로 지구의 핵을 구성하는 주요 원소이다.
ㄴ. ㉡은 산소이고, 산소 원자 4개와 규소 원자 1개가 공유 결합하여 규산염 사면체를 이룬다.
ㄷ. ㉢은 탄소(C)이며, 원자가 전자가 4개이다.

06 ㄱ. 각섬석은 규산염 사면체의 복사슬 구조를 가진 광물로 결정이 기둥 모양이다.
바른 풀이 (2) 석영과 장석 모두 망상 구조를 가진다.
(3) 독립형 구조는 규소 1개와 산소 4개가 공유 결합한 규산염 사면체가 독립적으로 존재하는 구조이다.

07 규소 1개와 산소 4개가 정사면체 모양으로 전자를 공유하여 결합한 기본 구조를 규산염 사면체라 하며, 지각을 이루는 규산염 광물의 기본 구조이다.

08 기본 구조끼리 입체적으로 결합하여 이루어진 구조는 망상 구조로 이러한 광물의 예로는 석영, 장석이 있다.
ㄴ. 이 광물은 규산염 사면체의 산소 4개 모두를 주변의 규산염 사면체와 공유하여 입체적으로 결합한 구조를 가진다.
ㄷ. 기본 구조끼리 산소 4개를 공유하여 강하게 결합되어 있으므로 풍화에 강하다.
바른 풀이 ㄱ. 기본 구조끼리 입체적으로 결합한 구조는 망상 구조이다.

09 ㄱ. 흑운모는 판모양의 결합 구조를 가진 규산염 광물이다.
ㄴ. 규산염 광물을 이루는 규소의 원자가 전자의 수는 4개로 최대 4개의 원소와 공유 결합할 수 있다.
바른 풀이 ㄷ. 규산염 사면체끼리 결합하지 않고 양이온과 결합하는 독립형 결합 구조를 가진 광물은 감람석이다. 휘석은 규산염 사면체 간에 양쪽 산소 2개를 공유하는 단사슬 구조를 가진 광물이다.

10 망상 구조를 가지는 규산염 광물에는 석영과 장석이 있는데, 석영은 규소와 산소만으로 이루어져있어 투명하지만 장석은 규소, 산소 외에 알루미늄 등의 양이온도 포함하고 있다.

11 ㉠은 단사슬 구조(휘석)이고, ㉡은 판상 구조(흑운모)를 나타낸다.
ㄴ. ㉠은 Si : O=1 : 3이고, ㉡은 Si : O=2 : 5이므로, $\dfrac{\text{Si원자 수}}{\text{O원자 수}}$ 는 ㉠보다 ㉡이 크다.

바른 풀이 ㄱ. 감람석은 독립형 구조이며, 규산염 사면체가 독립적으로 철 이온, 마그네슘 이온 등의 양이온과 결합하므로 O와 Si 원자로만 구성되어 있지 않다.
ㄷ. ㉡은 판상 구조이다.

12 장석은 석영과 함께 규산염 사면체가 산소 4개를 공유하는 망상 구조를 이루지만, 석영과 달리 규산염 사면체의 규소 일부가 알루미늄 등의 양이온과 결합되어 있어서 투명하지 않고 흰색 또는 옅은 분홍색을 띤다.

13 규산염 사면체가 단사슬 구조를 이루면 광물의 결정이 기둥 모양이 되고, 광물에 힘을 주었을 때 쪼개짐이 나타난다. 단사슬 구조를 가진 규산염 광물은 휘석이다.

14 ㄴ. 규산염 사면체는 규산염 광물의 기본 구조이다.
ㄷ. 규산염 사면체는 이웃한 규산염 사면체와 산소(B)를 공유하여 다양한 규산염 광물을 만든다.
바른 풀이 ㄱ. A는 규소(Si)이고, B는 산소(O)이다.

15 ㄴ. 그림의 결합 구조는 복사슬 구조로, 대표적인 광물로는 각섬석이 있다.
바른 풀이 ㄱ. 단사슬 구조 2개가 엇갈리게 결합한 2중 사슬 구조이다.
ㄷ. 복사슬 구조는 규산염 사면체의 산소가 양 옆에 두 개씩 공유되어 한 방향으로 길게 연결된 단사슬 구조 2개가 서로 엇갈리게 결합하여 사슬 모양을 이룬 것으로, 규산염 사면체의 모든 산소를 공유하지는 않는다.

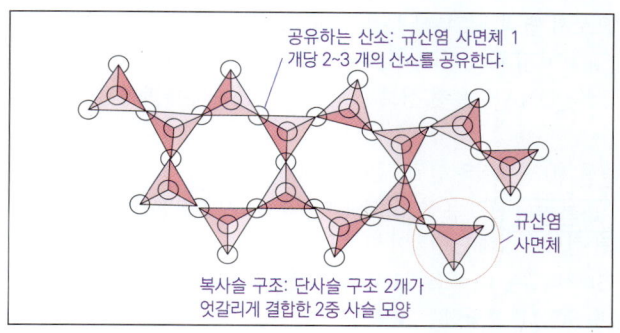

공유하는 산소: 규산염 사면체 1개당 2~3개의 산소를 공유한다.
규산염 사면체
복사슬 구조: 단사슬 구조 2개가 엇갈리게 결합한 2중 사슬 모양

16 ④ (가) 규산염 사면체는 규소(A)에 산소(B) 4개가 정사면체 형태로 공유 결합한 모습이다.
ㄴ, ㄷ. (나)는 규산염 사면체끼리 양쪽 산소 B를 공유 결합한 단사슬 구조에 해당한다.
바른 풀이 ㄱ. A는 규소(Si)이다.

17 ㄴ. (나)의 망상 구조는 규산염 사면체의 산소 4개를 모두 공유 결합하여 3차원 입체 구조를 이룬 것으로 풍화에 가장 강하며, 석영, 장석이 이에 해당한다.
ㄷ. (가)의 흑운모는 판 모양으로 결합한 규산염 사면체가 층층이 쌓여있는 판상 구조로 힘을 주었을 때 판 모양으로 쪼개진다.
바른 풀이 ㄱ. (가)의 흑운모는 판상 구조이므로, (나)의 망상 구조가 아니다.

18 ㄱ. 전자 껍질이 2개이며 원자가 전자가 4개이므로 탄소의 전자 배치이다.

ㄴ. 탄소는 다른 탄소와 연속적으로 결합할 수 있고 단일 결합, 2중 결합, 3중 결합을 할 수 있기 때문에 다양한 길이와 모양의 탄소 골격을 형성할 수 있다.

바른 풀이 ㄷ. 산소와 공유 결합을 하여 기본 구조가 되는 사면체를 이루는 것은 규소(Si)이다.

19 ㄴ. 단백질은 효소의 주성분이다.

ㄷ. B는 핵산이며 단위체가 뉴클레오타이드이다.

바른 풀이 ㄱ. 핵산, 단백질, 탄수화물의 단위체는 각각 뉴클레오타이드, 아미노산, 포도당이다. 따라서 (가)는 '단위체가 포도당인가?' 등으로 해야 맞다.

20 ①, ⑤ 단백질의 구성 단위는 아미노산이며, 두 아미노산은 펩타이드 결합을 한다.

바른 풀이 ② 뉴클레오타이드는 핵산을 구성하는 단위체이다.

③ 단백질의 구성 단위인 아미노산은 20종류이다. 핵산의 단위체인 뉴클레오타이드는 염기의 종류(A, G, C, T, U)와 당(라이보스, 디옥시라이보스)의 종류에 따라 총 8종류로 나뉜다.

④ DNA를 구성하는 두 폴리뉴클레오타이드의 염기가 상보결합으로 연결될 때 두 염기는 수소 결합한다.

21 ㄱ. 단백질은 에너지원으로 사용된다.(1g당 4 kcal의 열량을 낸다.)

ㄷ. 단백질은 효소와 호르몬의 주성분으로 물질대사를 촉매하고, 생리 기능을 조절한다.

ㄹ. 단백질은 병원균에 대한 면역 기능을 하는 항체의 주성분으로서 병원체로부터 몸을 방어한다.

바른 풀이 ㄴ. 유전 정보는 DNA(핵산)에 저장되며, RNA(핵산)가 DNA의 유전 정보를 전달하여 단백질이 합성된다.

22 (1) 단백질의 단위체는 아미노산이다.

바른 풀이 (2) 유전 정보는 핵산의 DNA에 저장되어 있으며, 유전 정보에 의해 단백질이 합성된다.

(3) 단백질은 C(탄소), H(수소), O(산소), N(질소)로 구성되어 있으며, S(황)을 포함하는 것도 있다.

23 단백질의 다양한 기능의 입체 구조는 DNA에 저장되어 있는 아미노산의 배열 순서 정보에 의해 결정된다.

24 ⑤ ㄱ. ㉠은 단백질의 단위체인 아미노산을 의미한다.

ㄴ. 아미노산으로 구성된 단백질은 탄소 화합물이다.

ㄷ. 단백질, 핵산 등은 생명체를 구성하는 물질이다.

25 ⑤ ㄴ. 단백질의 단위체는 아미노산이고, 그림은 아미노산 A와 B가 결합하는 과정이다.

ㄷ. 단위체인 아미노산은 20종류이고, 아미노산의 배열 순서에 따라 단백질의 종류가 달라진다.

바른 풀이 ㄱ. ㉠은 물(H_2O)이다. 두 아미노산이 펩타이드 결합하는 과정에서 각 아미노산의 −H와 −OH가 결합하여 물이 빠져나온다.

26 ① 단백질은 C, H, O, N를 구성 원소로 가지는 탄소 화합물이다.

② 단백질은 효소와 호르몬의 주성분으로 물질대사를 촉매하며, 생리 기능을 조절한다.

④ 생명체를 구성하는 비율이 가장 많은 것은 물이며, 그 다음으로 구성 비율이 많은 것은 단백질이다.

⑤ 단백질은 병원균에 대한 면역 기능을 하는 항체의 주성분으로서 몸을 방어한다.

바른 풀이 ③ 단백질은 단위체인 아미노산이 펩타이드 결합으로 길게 연결되어 형성된다. 상보결합은 DNA의 2중 가닥 사이의 염기쌍에서 나타나는 결합이다.

27 핵산은 핵 속의 산성 물질이라는 뜻으로, 종류에는 유전 정보를 저장하고 다음 세대로 전달하는 DNA와 DNA로부터 유전 정보를 전달받아 단백질 합성에 관여하는 RNA가 있다.

28 ㄴ. DNA에 존재하는 염기는 A, G, C, T 4종류이므로 염기의 종류에 따라 뉴클레오타이드도 4종류이다.

ㄷ. 뉴클레오타이드의 인산은 다른 뉴클레오타이드의 당과 공유 결합하며, 당−인산 결합은 긴 사슬 모양의 폴리뉴클레오타이드의 골격이 된다.

바른 풀이 ㄱ. DNA를 구성하는 뉴클레오타이드에는 디옥시라이보스라는 당(단당류)이 존재하며, RNA를 구성하는 뉴클레오타이드에는 라이보스라는 당(단당류)이 존재한다.

29 ㄱ. 모식도에 표시되어 있는 염기는 A, C, T이므로 이 중 포함되지 않은 다른 모습인 ㉠은 G(구아닌)이다.

ㄹ. DNA를 구성하는 두 가닥의 폴리뉴클레오타이드는 염기의 상보결합(A는 T과 C은 G과 수소 결합; 뾰족한 부분끼리, 둥근 부분끼리 서로 맞춰짐)으로 연결되므로 ㉠=G, ㉡=C, ㉢=T, ㉣=A이다. C는 G와, A는 T와 서로 상보적이므로, 상보적인 염기 서열은 순서대로 C, G, A, T이다.

바른 풀이 DNA를 구성하는 염기는 A, G, C, T이며, RNA를 구성하는 염기는 A, G, C, U이다.

ㄴ, ㄷ. 염기 T(타이민)이 존재하므로 모식도가 나타내는 것은 DNA 두 가닥 중 한 가닥이며, DNA를 구성하는 당(㉢)은 디옥시라이보스이다.

30 ㉠ 물과 물이 아닌 것을 구별하는 분류 기준은 ㄱ. 탄소 화합물인가? 이다. 물은 탄소 화합물이 아니다.

㉡ 단백질과 핵산을 구별하는 분류 기준은 ㄷ. 펩타이드 결합이 있는가? 이다. 아미노산이 펩타이드 결합을 하여 단백질을 구성한다.

㉢ DNA와 RNA를 구별하는 분류 기준은 ㄹ. 염기로 타이민(T)을 가지고 있는가? 이다. DNA는 염기로 A, G, C, T(타이민)를 가지고, RNA는 염기로 A, G, C, U(유라실)를 가진다.

31 ㄱ. 염기에 T(타이민)이 존재하므로 이 핵산은 DNA이다.

ㄷ. (가) 염기의 배열 순서와 조합에 따라 유전 정보가 달라진다.

바른 풀이 ㄴ. DNA의 두 폴리뉴클레오타이드 가닥의 염기는 상보결합 하는데, A(아데닌)와 T(타이민)가 서로 결합하고, C(사이토신)와 G(구아닌)가 서로 결합한다. 따라서 ㉠은 A(아데닌)이고, ㉡은 G(구아닌)이다.

32 ㄱ. DNA의 구조는 두 가닥의 폴리뉴클레오타이드가 서로 마주 보며 하나의 축을 중심으로 꼬여 있는 2중 나선 구조이다.

ㄷ. DNA는 단위체인 뉴클레오타이드가 결합한 구조로 되어 있는데, 뉴클레오타이드의 염기가 A, G, C, T로 달라 4종류가 있다. 이 네 종류의 뉴클레오타이드의 배열 순서에 따라 염기의 배열 순서도 달라지며, 다양한 유전 정보를 저장한다.

[바른 풀이] ㄴ. A(아데닌)은 T(타이민)과 상보결합하고 C(사이토신)은 G(구아닌)과 상보결합하는데, 끝의 구조가 A와 ㉠이 맞춰지며, C와 ㉡이 맞춰진다. 따라서 ㉠은 T(타이민), ㉡은 G(구아닌)이다.

33 DNA X는 아데닌(A)이 3개이다. Ⅰ의 염기에 아데닌(A)이 2개 존재하므로 Ⅱ의 염기에 아데닌(A)이 1개 존재해야 한다. ㉡이 타이민(A)인 경우 상보결합하는 Ⅱ에 아데닌(A)이 1개 존재하게 된다. ㉠이 타이민(T)이라면 Ⅱ에 존재하는 아데닌(A)이 2개 존재하게 되고 전체 아데닌(A)은 4개가 되어 조건에 맞지 않는다. 따라서 ㉡은 타이민(T), ㉠은 사이토신(C)이 된다.

Ⅰ의 염기 배열 A−1, G−2, C(㉠)−3, T(㉡)−4

Ⅱ의 염기 배열 T−4, C−3, G−2, A−1

이 되어서 Ⅰ과 Ⅱ는 숫자의 합이 5가 되는 경우에만 상보결합하게 된다.

Ⅰ은 GACTCAG(2134312), 가닥 Ⅱ는 CTGAGTC(3421243)이 된다.

ㄴ. ⓐ=5이다.

ㄷ. X에서 ㉠ 사이토신의 개수는 4개이다.

[바른 풀이] ㄱ. ㉠이 사이토신(C)이다.

심화 실력높이기
109 쪽

01 ⑤   **02** ④   **03** ②   **04** (1) (가) (2) (가) (3) (라)

---

01 뉴클레오타이드 1개당 염기가 1개씩 있으므로 총 뉴클레오타이드 개수와 총 염기 수는 100개로 같다. A와 T, G와 C는 상보결합하므로 가닥 Ⅰ의 (A+T)의 개수와 가닥 Ⅱ의 (T+A)의 개수는 같고, 가닥 Ⅰ의 (G+C)의 개수와 가닥 Ⅱ의 (C+G)의 개수는 같다.

[가닥 Ⅰ] (A+T) : (G+C)=1.5 : 1=3 : 2이므로, 염기 (A+T)의 비율은 60 %, (G+C)의 비율은 40 %이다.

[가닥 Ⅱ] 염기 (A+T)의 비율은 60 %, (G+C)의 비율은 40 %이다.

ㄱ. (가)는 염기 사이의 수소 결합이다.

ㄴ. 가닥 Ⅰ, Ⅱ는 상보결합하므로 염기 수는 각각 50개로 동일하며 (A+T)와 (G+C)의 개수도 각각 30개와 20개로 동일하다. 가닥 Ⅱ에서 G의 비율은 10 %이므로 G는 5개이며, C는 15개가 되므로 가닥 Ⅰ의 G는 15개이다.

ㄷ. 가닥 Ⅰ의 T(타이민)이 10개이면, 가닥 Ⅰ의 A(아데닌)은 20개이며, 상보결합하는 가닥 Ⅱ의 T(타이민)도 20개이다.

02 A, B, C는 모두 탄소 화합물이므로 ㉢은 '탄소 화합물이다'이다. 구성 원소에 인(P)이 있는 것은 RNA와 DNA이므로 ㉠은 '구성 원소에 인(P)이 있다.'이며, B는 단백질이다. 당으로 라이보스

를 가지는 것은 RNA이므로 A는 RNA이며, ㉡은 '라이보스를 가진다.'이다.

ㄴ. C는 DNA이므로 2중 나선 구조이다.

ㄷ. ㉢은 '탄소 화합물이다'이다.

[바른 풀이] ㄱ. B는 단백질이므로 염기를 가지지 않는다.

03 ㉠은 단사슬 구조(휘석), ㉡은 복사슬 구조(각섬석)이다.

ㄷ. Si-O 사면체는 규산염 광물의 기본 골격을 이룬다.

[바른 풀이] ㄱ. 휘석이 ㉠과 같은 결합 구조로 되어 있으며, 흑운모는 판상 구조이다.

ㄴ. ㉠ 단사슬 구조는 Si-O 사면체끼리 양쪽 산소를 공유하고, ㉡은 단사슬 구조 2개가 엇갈리게 결합하므로, Si-O 사면체 사이에 공유하는 산소(O)의 수는 ㉡이 ㉠보다 많다.

04 (가)는 독립형 구조, (나)는 단사슬 구조, (다)는 복사슬 구조, (라)는 판상 구조이다.

(1) (가) 독립형 구조는 깨짐이, (나)~(라) 구조는 쪼개짐이 나타난다.

(2) 독립적인 규산염 사면체는 −4의 음전하를 띠는데, 규산염 사면체 간의 공유 결합을 하지 않고 주위의 +2의 양이온 2개와 결합하여 전기적으로 중성이 되는 결합 구조는 (가) 독립형 구조이다.

(3) (가)~(라) 중 규산염 사면체 간의 공유하는 산소가 가장 많은 결합 구조는 산소 3개를 공유하여 결합하는 (라) 판상 구조이다.

---

04 물질의 전기적 성질

개념체크
112 쪽

01 (1) 속박된 (2) 자유 (3) 도체

02 (1) ㉠ (2) ㉢ (3) ㉡   **03** (1) × (2) × (3) ○

04 (1) ○ (2) × (3) ○

---

01 (1) 속박된 전자는 원자핵과 전자 사이의 전기력에 의해 원자 바깥으로 자유롭게 이동하지 못한다.

(2) 자유 전자는 원자핵의 인력을 물리치고 원자 바깥에서 자유롭게 운동할 수 있는 전자이다.

(3) 자유 전자는 도체에 많이 존재한다.

02 (1) 도체는 전기 저항이 매우 작아서 전류가 잘 흐른다.

(2) 부도체는 전기 저항이 매우 커서 전류가 잘 흐르지 않는 물질로 종이, 유리, 플라스틱 등이 있다.

(3) 반도체(규소 등)에 불순물을 첨가하면 특정 조건에서 전기가 통한다.

03 (1) 규소나 저마늄 등의 순수 반도체는 자유 전자가 존재하지 않으므로 전압을 걸어도 전기가 잘 통하지 않는다.

(2) 순수 반도체에 불순물 인(P)을 첨가할 때, 인은 원자가 전자가 5개이므로, 규소나 저마늄과 공유 결합 시 전자가 1개 남아 전자가 전하 운반체가 되는 n형 반도체가 된다.

(3) 전하 운반체가 양공인 불순물 반도체는 p형 반도체이다.

04 (1) 다이오드는 p형 반도체와 n형 반도체를 접합시켜 만들고, 한쪽 방향으로만 전류가 흐르므로 교류를 직류로 바꿀 수 있다.
(2) 발광 다이오드(LED)는 불순물 반도체인 p형 반도체와 n형 반도체를 접합시켜 이용한다.
(3) 집적 회로(IC)는 수많은 트랜지스터와 다이오드를 하나의 칩 속에 집적시킨 것이다.

➕ 강의

Q1 **답** (1) ○ (2) × (3) ○ (4) ○
(1) LED는 전류가 흐를 때 빛을 내는 반도체 소자이다.
(2) LED의 반도체 재료에 따라 파장이 다른 빛이 나온다.
(3) LED 빛은 전자와 양공이 만나 없어질 때 방출하는 에너지가 빛의 형태로 나오는 것이다.
(4) LED는 백열등이나 형광등에 비해 더 적은 에너지가 소모되지만 더 밝은 빛을 낼 수 있다.

Q2 **답** (에너지 전환) 빛에너지 → 전기 에너지
화학 전지와 비교했을 때 태양 전지의 장단점: 화학 전지는 화학 반응을 일으키는 물질이 없어지면 더 이상 발전을 할 수 없지만, 태양 전지는 외부 에너지(태양)가 없어지지 않는 한 계속 발전할 수 있다. 단점으로는 태양에 없는 밤에는 사용할 수 없고, 설치 공간이 필요해 사용할 수 있는 장소가 제한되어 있다는 점 등이다.

스스로 실력높이기

114 ~ 116 쪽

01 ④	**02** ④	**03** ①	**04** ⑤	**05** ①	**06** ⑤
07 ③	**08** ②	**09** ①	**10** ①, ③		**11** ⑤
12 ④	**13** ④	**14** ③	**15** 증폭, 스위치		
16 ①	**17** ①				

01 ㄱ. A 원자핵은 (+) 전기를 띠고, B 전자는 (−) 전기를 띠기 때문에 A와 B 사이에는 서로 인력(잡아당기는 힘)이 작용한다.
ㄷ. B는 속박된 전자이고, 에너지를 받으면 자유 전자가 되어 원자 사이를 자유롭게 이동할 수 있다.
바른 풀이 ㄴ. A는 양성자와 중성자로 이루어진 핵이다.

02 ① 원자핵은 양성자와 중성자로 이루어지므로 양전하를 띠고, 전자는 음전하를 띤다.
② 원자핵과 전자는 서로 다른 전기를 띠므로 서로 잡아당긴다.
③ 원자핵의 양전하량과 주위를 도는 전자의 총 음전하량은 서로 같아서 중성 원자는 전기적으로 전하를 띠지 않는다.
⑤ 원자핵 주위를 도는 전자를 속박된 전자라고 하는데, 속박된 전자가 에너지를 얻어서 자유 전자가 된다.
바른 풀이 ④ 속박된 전자가 에너지를 얻어서 원자에서 떨어져 나와 원자 사이를 운동하는 자유 전자가 된다.

03 ㄱ. 속박된 전자가 에너지를 얻어 자유 전자가 된다.
바른 풀이 ㄴ. 도체에는 원자핵 주위를 도는 속박된 전자가 있으며, 속박된 전자가 에너지를 얻어 원자 사이를 운동하는 자유 전자도 있다.
ㄷ. 전자는 (−) 전기를 띠므로 도체에 전압을 걸면 전류가 흐르는 방향과 자유 전자가 이동하는 방향은 서로 반대이다.

04 ⑤ 도체에서 전압과 전류는 비례하므로 전압을 크게 걸수록 전류가 세지며, 자유 전자가 더 많이 이동한다.
바른 풀이 ① 부도체는 저항이 매우 커서 전압을 걸어도 전류가 흐르지 않는다.
② 도체에 전압를 걸면 자유 전자가 한쪽으로 이동하여 전류가 흐른다.
③ 도체이든 부도체이든 전압을 걸 때 전류가 흐른다.
④ 전류의 방향과 자유 전자의 이동 방향은 반대이다.

05 ㄱ. 도체에 전압를 걸면 자유 전자가 (+)극 쪽으로 이동한다.
바른 풀이 ㄴ. 도체는 전기 전도성이 좋고, 전기 전도성을 정량적으로 수치화한 전기 전도도도 높게 나타난다.
ㄷ. 구리, 철은 도체이나, 규소(Si)는 반도체이다.

06 ㄴ. 도선 내부의 자유 전자의 방향은 전류 A와 반대 방향이다.
ㄷ. 스위치를 열면 불이 꺼지고, 전류는 흐르지 않는다. 이때 B는 무작위로 운동하게 된다.
바른 풀이 ㄱ. B는 자유 전자이다.

07 금속은 대부분 도체 물질이고, 반도체 재료는 규소(Si), 저마늄(Ge) 등이 있다.
③ 알루미늄은 도체 이고, 다이아몬드는 부도체, 저마늄은 반도체이다.
바른 풀이 ① 규소는 반도체 플라스틱은 부도체이다.
② 니켈은 도체이다.
④ 저마늄은 반도체, 유리는 부도체이다.
⑤ 고무는 부도체이다.

08 ㄴ. ㉠은 부도체의 속박된 전자이다. 현재 부도체는 전압이 걸려서 속박된 전자가 한쪽으로 쏠려 있는 상태이다.
바른 풀이 ㄱ. (가)에서는 부도체 내에서 전자가 자유롭게 이동할 수 없으므로 전류가 흐르지 못하고, (나)에서는 자유 전자에 의해서 전류가 흐른다.
ㄷ. P점은 도선의 한 점이고, 그 지점에서 전류의 방향과 ㉡ 자유 전자의 방향은 서로 반대이다. 전류는 (+)극에서 (−)극으로 흐르므로, P점에서 전류의 방향은 A 방향이다. 그러므로 P점에서 ㉡ 자유 전자의 방향은 A 방향과 반대 방향이다.

09 A는 도체이고, B는 부도체이다.
ㄱ. A 도체는 B 부도체보다 전기 전도도가 크다.
바른 풀이 ㄴ. B는 부도체이므로 자유 전자가 존재하지 않아 전원 장치의 극을 바꾸어 연결해도 전류가 흐르지 않는다.
ㄷ. A 도체는 반도체 소자로 이용되지 않는다.

10 ① 원자가 전자가 4개인 규소(Si)나 저마늄(Ge) 같은 순수 반도체는 같은 원자끼리 공유 결합할 때 원자가 전자가 전부 공유 결합에 참여하므로 전하 운반체가 없어 전류가 잘 흐르지 못한다.
③ 순수 반도체에 불순물을 첨가해서 전기적 성질을 변화시켜 불순물 반도체를 만든다.
[바른 풀이] ② 인듐(In)은 원자가 전자가 3개인 13족 원소이며, 순수 반도체에 인듐을 첨가하면 p형 반도체가 된다.
④ p형 반도체는 양공이 전하 운반체가 된다.
⑤ 불순물 반도체에 전압을 가했을 때 전하 운반체가 운동하여 전류가 흐른다.

11 ㄴ. (나)는 순수 반도체에 해당되지 않고, p형 반도체와 n형 반도체에 해당되는 것으로 '불순물이 첨가되어 있다.'가 적절하다.
ㄷ. p형 반도체와 n형 반도체를 접합하여 정류 작용이 가능한 다이오드를 만들 수 있다.
[바른 풀이] ㄱ. 자유 전자는 n형 반도체에만 존재하므로 (가)는 '자유 전자가 존재한다.'가 적절하지 않다.

12 ④ 태양 전지는 n형 반도체와 p형 반도체를 접합하여 만든다.
[바른 풀이] ① 태양 전지 패널은 부도체 틀에 반도체를 고정시킨 것으로 주로 부도체로 이루어져 있다고 할 수 없다.
② 약한 신호를 크게 하는 것은 증폭 작용이라고 하는데 이것은 트랜지스터의 기능이며, 태양 전지의 기능이 아니다.
③ 태양 전지는 빛을 쪼였을 때 전류가 흐르는 원리를 이용한다.
⑤ 매우 많은 반도체 부품 등을 하나의 칩으로 작게 만든 것은 집적 회로(IC)라고 한다.

13 ㄱ. (가)와 (나)는 불순물 반도체이며, 전자와 양공이 전하 운반체의 역할을 하여 절연체(부도체)보다 전류가 잘 흐른다.
ㄷ. p형 반도체에서는 양공이, n형 반도체에서는 자유 전자가 전하 운반체가 된다.
[바른 풀이] ㄴ. 태양 전지는 (가) p형 반도체와 (나) n형 반도체를 접합시킨 p-n 접합 다이오드를 이용한다.

14 ㄱ. 다이오드는 p형 반도체와 n형 반도체를 접합시킨 것으로 교류를 직류로 바꾸는 정류 작용을 한다.
ㄴ. 유기 발광 다이오드(OLED)를 이용하면 휘어지는 디스플레이를 만들 수 있다.
[바른 풀이] ㄷ. 태양광 패널은 빛을 받으면 전류가 흐르는 반도체 소자이다.

15 트랜지스터는 p형 반도체와 n형 반도체를 조합하여 만들며 증폭 작용과 스위치 작용을 쉽게 할 수 있고 소비 전력이 작아 집적 회로에 많이 이용된다.

16 (가)는 트랜지스터, (나)는 다이오드, (다)는 태양 전지이다. 트랜지스터는 증폭 작용과 스위치 작용, 다이오드는 교류를 직류로 바꾸는 정류 작용, 태양 전지는 빛에너지를 전기 에너지로 바꾸는 역할을 한다.

17 ㄱ. ⊙ 태양 전지는 n형 반도체와 p형 반도체를 접합시켜 만든다.
[바른 풀이] ㄴ. ⓒ 구리 도선은 도체로 ⊙ 반도체(태양 전지)보다 전기 저항이 작아 전류가 잘 흐른다.
ㄷ. ⓒ 전선 피복은 전류가 잘 흐르지 않게 절연체로 만든다. 전선 피복은 ⓒ 구리 도선보다 자유 전자가 매우 적어서 전류가 잘 흐르지 못한다.

심화 실력높이기
117 쪽

| **01** ②, ⑤ | **02** ④ | **03** ⑤ | **04** ④ |

01 ② 이 반도체는 규소(Si)에 붕소(B)를 도핑(첨가)한 것이다.
⑤ 양공은 전자가 빠져나간 자리로 (+) 전기를 띤다.
[바른 풀이] ① 양공이 존재하는 불순물 반도체이다.
③ 붕소(B)의 원자가 전자는 3개이다.
④ 이 반도체는 양공이 존재하는 p형 반도체이므로 n형 반도체와 접합하여 다이오드를 만든다.

02 ㄱ. ⊙은 센서이며, 빛 신호를 전기 신호로 바꿔 디스플레이(화면)에 나타나게 하여 처리, 분석할 수 있게 한다.
ㄴ. 회로 기판은 설치되어 있는 반도체 소자끼리의 접촉과 흔들림, 누전 등을 방지하여 신호를 원활하게 처리해야 하므로 부도체로 만든다.
[바른 풀이] ㄷ. 수광부에 들어오는 빛의 세기가 약하면 전환되는 전기 신호도 약해지므로 신호의 처리에 어려움이 있다. 이런 경우 트랜지스터를 사용하여 전기 신호를 증폭하여 사용한다.

03 A는 규소(Si)에 인(P)을 첨가하였으므로 n형 반도체이다. 따라서 다이오드를 구성하는 또 다른 반도체 B는 p형 반도체이다. 다이오드는 p형 반도체에 (+) 전극을, n형 반도체에 (-) 전극을 연결하는 경우 순방향 연결이라 하고, n형 반도체의 자유 전자가 p형 반도체를 가로질러 (+)극으로 이동하므로, 회로에 전류가 흘러 전구에 불이 들어온다. n형 반도체에 전원의 (-)극, p형 반도체에 전원의 (+)극을 연결하면 역방향 연결이라고 하고, 반도체를 통과하여 전류가 흐를 수 없고, 전구에 불이 들어오지 않는다.

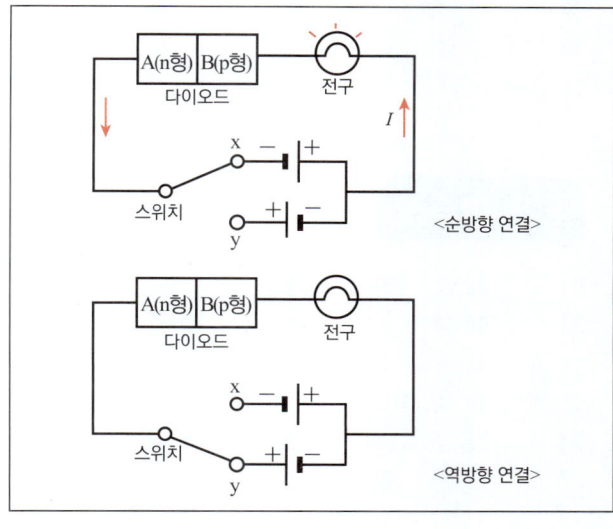

ㄱ. 스위치를 y에 연결하면 역방향 연결이 되어 전류가 흐르지 않아 전구에 불이 들어오지 않는다.

ㄴ. A는 자유 전자가 전하 운반체인 n형 반도체이다.

ㄷ. B는 p형 반도체이므로 저마늄(Ge) 또는 규소(Si)에 원자가 전자가 3개인 붕소(B), 알루미늄(Al), 인듐(In)을 첨가하여 만든다.

04 ㄱ. (가) 태양 전지는 빛을 쪼이면 전류가 발생하므로 빛에너지를 전기 에너지로 전환한다.

ㄷ. 일반 가정에 공급되는 전류는 교류인데, 스마트폰에 사용되는 전류는 직류이다. (다) 충전기용 어댑터에는 정류 작용을 하는 반도체 소자인 다이오드가 들어 있어 일반 교류를 직류로 바꿔서 스마트폰을 충전시킨다.

[바른 풀이] ㄴ. OLED 반도체 소자로 휘는 디스플레이를 만들 수 있는데, OLED에 전류가 흐르면 유기 물질에서 빛이 방출된다. 따라서 OLED는 전기 에너지를 빛에너지로 전환한다.

단원 요약

118 ~ 120쪽

01 원소의 주기성
❶ 원소　❷ 원자 번호　❸ 금속　❹ 비금속
❺ 1족　❻ 17족　❼ 수소　❽ 염기
❾ 산　❿ 8개　⓫ 원자가 전자
⓬ 전자 껍질　⓭ 원자가 전자

02 화학 결합과 물질의 성질
❶ 18족　❷ 정전기적 인력　❸ 없다
❹ 있다　❺ 분자　❻ 없다

03 지각과 생명체 구성 물질의 규칙성
❶ 규소　❷ 산소　❸ 4　❹ 4
❺ 정사면체　❻ 아미노산　❼ 곁사슬　❽ 펩타이드
❾ 입체 구조　❿ 1 : 1 : 1　⓫ 4
⓬ 폴리뉴클레오타이드　⓭ 인산
⓮ 디옥시라이보스　⓯ 타이민(T)　⓰ 유라실(U)
⓱ 저장　⓲ 전달　⓳ 이중나선　⓴ 상보

04 물질의 전기적 성질
❶ 자유 전자　❷ 반도체　❸ 반도체　❹ 순수
❺ 공유　❻ n　❼ p　❽ 정류
❾ 트랜지스터

단원 마무리

121 ~ 126 쪽

01 ③	02 ②	03 ②	04 (가) ⓒ (나) ⊙ (다) ⓒ
05 ①	06 ②	07 ①	08 ① 09 ⑤ 10 ②
11 ⑤	12 ④	13 ①	14 ② 15 ② 16 ②
17 ④	18 ①, ②		19 ③ 20 ③ 21 ⑤
22 ②	23 ②, ④, ⑤	24 ③	25 ② 26 ③
27 ②	28 ④	29 ③	30 ②

01 양성자 수는 원자 번호와 같고, 중성 원자의 전자 수와 같다. 따라서 양성자 수가 18인 X는 Ar(아르곤), 양성자 수가 19인 Y는 K(칼륨)이다. 원자 번호가 작은 아르곤이 칼륨보다 무겁다.

ㄱ. 원소 X의 원자 번호는 양성자 수와 같은 18이다.

ㄴ. Y는 4주기 1족 원소인 K(칼륨)이므로 원자가 전자 수는 1이다.

[바른 풀이] ㄷ. X는 3주기 18족 원소이고, Y는 4주기 1족 원소이므로 서로 다른 주기이다.

02 N(질소)는 원자 번호 7번인 원소로 안정한 상태 (바닥상태)에서 가장 안쪽 궤도에 2개의 전자, 나머지 5개의 전자는 두 번째 궤도에 배치된다.

03 A, E, F는 비금속이고, B, C, D는 금속이다.

ㄷ. 원자가 전자 수는 족의 끝자리 수와 같다(단, 18족은 0). E가 B보다 족의 끝자리 수가 크므로 E에 속하는 원소는 B에 속하는 원소보다 원자가 전자 수가 크다.

[바른 풀이] ㄱ. 금속 원소는 B, C, D이다.

ㄴ. E는 비금속이므로 전자를 얻어 음이온이 되기 쉬우나, F는 18족 원소(비활성 기체)이므로 가장 바깥 껍질에 전자 8개를 채워 안정한 상태이다. 따라서 전자를 잃거나 얻지 않는다.

04 (가)는 Li과 Mg이 해당되고, Cl와 O가 해당되지 않으므로 'ⓒ 금속 원소인가?'가 적합하다.

(나)는 Li이 해당되고, Mg이 해당되지 않으므로 '⊙ 알칼리 금속인가?'가 적합하다.

(다)는 Cl가 해당되고, O가 해당되지 않으므로 'ⓒ 원자가 전자 수가 7개인가?'가 적합하다.

05 (가)는 4주기 17족 원소의 2원자 분자인 Br_2이고, (나)는 5주기 원소의 2원자 분자인 I_2이다.

ㄱ. Br_2은 실온에서 액체, I_2은 실온에서 고체이므로 ⊙은 액체, ⓒ은 고체이다.

[바른 풀이] ㄴ. 할로젠은 반응성이 매우 커서 금속, 수소와 잘 반응한다. 따라서 ⓒ은 '반응 없음'이 아니다.

ㄷ. 표백제의 성분의 할로젠은 염소(Cl)이다.

ㄹ. (나) I_2의 원소인 I은 5주기 원소이다.

06 A는 전자가 9개인 F(플루오린), B는 전자가 4개인 Be(베릴륨), C는 전자가 8개인 O(산소)이다.

ㄱ. 금속 원소는 B(베릴륨) 1개이다.

ㄴ. A, B, C는 모두 전자 껍질 수가 2개이므로 2주기 원소이다.

ㄷ. 양성자수는 전자 수와 같으므로 A가 C보다 크다.

07 원자가 전자 수는 족의 끝자리 수와 같다(단, 18족은 0). A는 원자가 전자 수가 6개이므로 16족 원소이고, 이온의 총 전자 수가 10개이므로 이온이 되었을 때 Ne(네온)의 전자 배치와 같아지는 2주기 비금속 원소인 O(산소)이다.

B는 원자가 전자 수가 2개이므로 2족 원소이고, 이온의 총 전자 수가 10개이므로 3주기 금속 원소인 Mg(마그네슘)이다.

C는 원자가 전자 수가 7개이므로 17족 원소이고, 이온의 총 전자 수가 18개이므로, 이온이 되었을 때 Ar(아르곤)의 전자 배치와 같

아지는 3주기 비금속 원소인 Cl(염소)이다.
D는 원자가 전자 수가 1개이므로 1족 원소이고, 이온의 총 전자 수가 18개이므로 4주기 금속 원소인 K(칼륨)이다.
ㄴ. B(Mg)와 C(Cl)는 모두 3주기 원소이다.
바른 풀이 ㄱ. 원자 번호는 O가 8, Mg이 12, Cl가 17, K이 19이므로 원자 번호가 가장 큰 것은 D(K)이다.
ㄷ. B(Mg)와 D(K)는 각각 2족, 1족 원소이므로 금속이다. 따라서 실온(25℃)에서 고체 상태이다.

08 ① 이온 결합에서 금속이 잃은 전자 수와 비금속이 얻은 전자 수가 같도록 결합하여 전하량 총합이 0이 된다.
바른 풀이 ② 이온 결합을 형성한 이온의 가장 바깥 껍질에 전자 수가 항상 8개는 아니다. 이온이 되어 He(헬륨)과 같은 전자 배치를 갖는 원소들의 가장 바깥 껍질의 전자 수는 2개이다.
③ 공유 결합은 비금속 원소 사이에서 형성된다.
④ 원자들이 전자를 주고받는 결합은 이온 결합이다.
⑤ 공유 결합 물질의 공유 전자쌍 수와 비공유 전자쌍 수는 결합하는 원자의 종류, 공유 결합의 종류에 따라 다르다.

09 X는 원자가 전자가 1개이고, 결합하여 전자쌍 1개를 공유하고 있는 H(수소)이고, Y는 원자가 전자가 4개인 C(탄소), Z는 원자가 전자가 5개인 N(질소)이다. 따라서 주어진 분자는 HCN(시안화 수소)이다.
ㄱ. Y는 X와 단일 결합, Z와 3중 결합을 하고 있으므로 원자가 전자 수가 4개인 탄소(C)이다.
ㄴ. Y와 Z는 전자쌍 3개를 공유하여 3중 결합을 하고 있다.
ㄷ. Z의 원자가 전자 수는 5개이다.

10 (가)는 가운데 탄소(C) 원자가 양쪽의 산소(O) 원자 2개와 각각 2중 공유 결합하고 있는 이산화 탄소(CO_2)이며, (나)는 1개의 산소 원자가 2개의 수소(H) 원자와 각각 단일 공유 결합하고 있는 물(H_2O)이다.
ㄴ. (가)에서 전자를 공유함으로써 탄소와 산소 원자가 각각 바깥 궤도에 전자를 8개씩 가지게 되어 네온(Ne)의 전자 배치와 같아진다.
바른 풀이 ㄱ. (가)는 이산화 탄소(CO_2)이다.
ㄷ. (가)는 공유 전자쌍의 수가 4개, (가)는 공유 전자쌍의 수가 2개이므로 서로 같지 않다.

11 ㄱ. 산소는 산소 원자(O)가 2개 공유 결합하여 생성된 분자이므로 화학식은 O_2이다.
ㄷ. 염화 나트륨(NaCl)은 이온 결합 물질이므로 수용액에 녹여 전류를 흘려주면 전류가 흐른다.
ㄹ. 산소와 같은 공유 결합 물질은 녹는점, 끓는점이 매우 낮아 실온에서 대부분 기체 상태로 존재하고, 염화 나트륨과 같은 이온 결합 물질은 녹는점, 끓는점이 비교적 높아 실온에서 고체 상태로 존재한다.
바른 풀이 ㄴ. 고체 상태에서 염화 나트륨은 양이온과 음이온이 규칙적으로 배열되어 있어 이온이 이동할 수 없으므로 전기 전도성이 없다.

12 물(H_2O)과 메테인(CH_4)의 전자 배치는 다음과 같다.

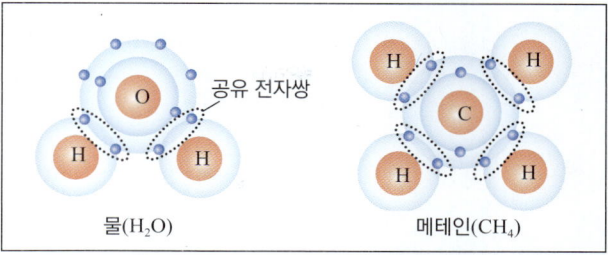

물(H_2O)   메테인(CH_4)

ㄴ. 중심 원자(물: O, 메테인: C)의 전자가 배치되어 있는 전자 껍질의 수는 물과 메테인 모두 2개로 같다.
ㄷ. 중심 원자의 가장 바깥 전자 껍질에 배치되어 있는 전자 수는 물과 메테인 모두 8개로 같다.(옥텟 규칙 만족)
바른 풀이 ㄱ. 공유 전자쌍 수는 메테인이 4개, 물이 2개로 같지 않다.

13 흑연은 고체 상태에서 전기 전도성이 있으므로, A는 흑연이다. 에탄올은 액체 상태에서 이온화가 되지 않으므로 전기 전도성이 없다. 따라서 B는 수산화 칼륨, C는 에탄올이다.
ㄴ. B는 이온 결합 물질이므로 고체 상태에서 외부 충격에 쉽게 부스러진다.
바른 풀이 ㄱ. A는 공유 결합 물질이지만 C(탄소)가 계속적으로 연결되어 있는 원자 결정이므로 분자가 아니고, B는 이온 결합 물질이므로 분자가 아니다.
ㄷ. C는 공유 결합 물질이고, B는 이온 결합 물질이므로 C는 B에 비해 녹는점과 끓는점이 낮다.

14 수용액 상태는 물질이 물에 녹은 상태이고, 액체 상태는 물질이 액화되어 액체가 된 상태이다. 공유 결합 물질인 HCl(염화 수소)의 경우 액체 상태에서는 전기 전도성이 없고, 수용액 상태에서는 물에 녹아 이온화되기 때문에 전기 전도성이 있다. 설탕은 액화시켜도 전기 전도성이 없다.
ㄷ. 공유 결합 물질은 액체 상태에서 전기 전도성이 없고, 이온 결합 물질은 액체 상태에서 전기 전도성이 있으므로 두 물질을 분류하는 기준이 될 수 있다.
바른 풀이 ㄱ. 주어진 공유 결합 물질과 이온 결합 물질은 모두 물에 녹으므로 분류 기준이 될 수 없다. 산화철은 철과 산소의 이온 결합 물로 '녹'이라고 하며 물에 잘 녹는다.
ㄴ. 공유 결합 물질 중 설탕은 수용액에서 분자 상태로 존재하기 때문에 전기 전도성이 없지만 염화 수소는 수용액에서 이온화되기 때문에 전기 전도성이 있다. 따라서 수용액의 전기 전도성의 유무로 공유 결합 물질과 이온 결합 물질을 구분할 수 없다.

15 A는 C(탄소), B는 N(질소), C^{2+}는 Mg^{2+}(마그네슘 이온), D^-는 F^-(플루오린 이온)이다. Mg는 전자를 2개 잃고, F는 전자를 1개 얻어서 Ne과 같은 전자 배치를 하고 있다.
ㄷ. $CD_2(MgF_2)$는 이온 결합 물질이므로 액체 상태에서 전기 전도성이 있다.
바른 풀이 ㄱ. A(탄소)는 2주기 원소이고, C(마그네슘)는 3주기 원소이다.
ㄴ. $B_2(N_2)$에는 공유 전자쌍이 3개 있다.

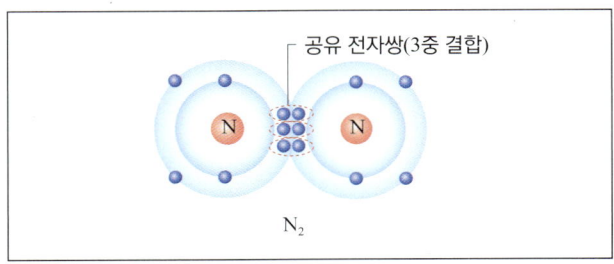

공유 전자쌍(3중 결합)

N   N

N_2

16 (가)에서 가장 높은 질량비를 차지하는 원소는 철이므로 지구를 이루는 원소를 나타낸 것이고, (나)에서 가장 높은 질량비를 차지하는 원소는 산소이고 그 다음으로 높은 것이 탄소이므로 사람을 이루는 원소를 나타낸 것이다. (다)에서 가장 높은 질량비를 차지하는 원소는 산소이고 그 다음으로 높은 것은 규소이므로 지각을 이루는 원소를 나타낸 것이다.
ㄴ. (다)는 산소와 규소가 주요 원소인 지각이므로 규산염 광물이 주로 존재하며, 규산염 사면체를 기본 구조로 가진다.
〔바른 풀이〕 ㄱ. (가)는 철이 가장 많은 원소이므로 지구이고, (나)는 산소와 탄소가 주요 원소이므로 사람이다.
ㄷ. 지각에서 가장 높은 질량비를 차지하는 것은 산소이지만 지구에서 가장 높은 질량비를 차지하는 것은 철이다.

17 (가)는 독립형 구조의 감람석, (나)는 단사슬 구조의 휘석, (다)는 복사슬 구조의 각섬석, (라)는 판상 구조의 흑운모, (마)는 망상 구조의 석영 또는 장석의 결합 구조이다.
ㄱ. (가)는 독립형 구조의 감람석, (다)는 복사슬 구조의 각섬석의 결합 구조이다.
ㄷ. (라)의 판상 구조는 얇은 판 모양으로의 쪼개짐이, (마)의 망상 구조는 깨짐이 나타난다.
〔바른 풀이〕 ㄴ. (나) 단사슬 구조는 규산염 사면체끼리 양쪽 산소 2개를 공유하여 단일 사슬 모양으로 결합한 구조이다.

18 ① (가)는 독립형 구조, (나)는 판상 구조이다.
② (나)의 광물은 판상 구조를 하고 있어 힘을 주면 얇은 판 모양으로 쪼개진다.
〔바른 풀이〕 ③ (나)는 판상 구조로, 3차원 입체 구조를 이루는 결합 구조는 망상 구조이다.
④ (가)의 독립형 구조는 규산염 사면체의 산소를 다른 규산염 사면체와 공유하여 결합하지 않는다.
⑤ (가)와 (나) 모두 규소 1개에 산소 4개가 공유 결합한 규산염 사면체를 기본 구조로 하며, 규소끼리 직접 공유 결합하지 않는다.

19 ① (가)는 독립형 구조로 다른 규산염 사면체와 결합하지 않는다.
② (나)는 단사슬 구조로 광물이 기둥 모양의 결정을 이룬다.
④ (라)는 판상 구조로 광물에 힘을 주면 얇은 판 모양으로 쪼개진다.
⑤ (마)는 망상 구조로 산소 4개가 모두 공유 결합했기 때문에 안

정한 형태이며 풍화에 강하다.
〔바른 풀이〕 ③ (다)는 복사슬 구조로 규산염 사면체가 양쪽 산소를 공유한 단사슬 모양의 구조 2개가 서로 엇갈리게 결합한 모양을 이룬다.

20 (가)는 독립형 구조(감람석), (나)는 단사슬 구조(휘석), (다)는 판상 구조(흑운모)이다.
ㄱ. (가)의 규산염 사면체는 1개의 규소가 4개의 산소와 공유 결합하고 있다.
ㄷ. 규산염 사면체의 결합 구조에 따라 (가), (나), (다)처럼 다양한 규산염 광물이 만들어진다.
〔바른 풀이〕 ㄴ. 판상 구조인 흑운모의 결합 구조는 (다)이다.

21 그림은 아미노산이 펩타이드 결합을 하여 폴리펩타이드를 형성하고 폴리펩타이드가 구부러지고 접혀져 고유한 입체 구조와 기능을 가진 단백질이 형성되는 과정이다.
ㄱ. ㉠은 아미노산이다.
ㄴ. (가) 과정에서 아미노산이 결합하면서 물 1분자가 빠져나오는 펩타이드 결합이 형성된다.
ㄷ. ㉠ 아미노산의 다양한 배열로 단백질의 종류가 달라진다.

22 (가)는 폴리뉴클레오타이드 두 가닥이 꼬여 있는 2중 나선 구조를 가지는 DNA이며, (나)는 폴리뉴클레오타이드 한 가닥으로만 구성되어 단일 가닥 구조를 가지는 RNA이다.
ㄷ. (다) 뉴클레오타이드의 모형에서 ㉠은 인산, ㉡은 당(라이보스, 디옥시라이보스), ㉢은 염기(A, G, C, T, U)를 나타낸다.
〔바른 풀이〕 ㄱ. (가) DNA를 구성하는 당은 디옥시라이보스이다.
ㄴ. (나) RNA를 구성하는 염기는 A, G, C, U이다.

23 ② (나) RNA는 DNA의 유전 정보를 전달하여 단백질이 합성되도록 한다.
④ 염기 종류에 따라 DNA와 RNA를 구성하는 단위체의 종류가 구분된다. (가) DNA를 구성하는 염기에는 A, G, C, T이 존재하므로 DNA를 구성하는 단위체는 4종류가 있다. (나) RNA를 구성하는 염기에는 A, G, C, U이 존재하므로 RNA를 구성하는 단위체도 4종류가 있다.
⑤ (다)는 인산(㉠), 당(㉡), 염기(㉢)가 1 : 1 : 1로 결합되어 있는 뉴클레오타이드이며, (가) DNA와 (나) RNA를 구성하는 단위체이다.
〔바른 풀이〕 ① (가) DNA의 기능은 유전 정보의 저장이다. DNA의 유전 정보를 전달하는 역할은 (나) RNA의 기능이다.
③ (나) RNA를 구성하는 염기에는 A, G, C, U이 있다.

24 ㄱ. DNA를 구성하는 당은 디옥시라이보스이며, RNA를 구성하는 당은 라이보스이다.
ㄷ. DNA를 구성하는 염기에는 A, G, C, T이 있으며, RNA를 구성하는 염기에는 A, G, C, U이 있다. DNA, RNA 모두 C(사이토신)과 상보결합하는 것은 G(구아닌)이다.
〔바른 풀이〕 ㄴ. DNA를 구성하는 뉴클레오타이드는 염기, 당, 인산으로 구성되어 있다.

25 '유전 정보를 저장하거나 전달한다.'에 ○ 표시된 A는 핵산이

다. 단백질과 핵산은 탄소(C) 화합물이며, 규산염 광물은 규산염 사면체가 기본 단위체이므로 규소(Si)를 포함한다.

ㄴ. (가)는 규산염 광물, 단백질, 핵산의 공통된 특성이므로, '원자가 전자 수가 4인 원소(탄소(C), 규소(Si))가 있다.'가 해당한다.

바른 풀이 ㄱ. A는 핵산이므로 '생명체를 구성하는 물질이다.' 따라서 ㉠은 ○이다.

ㄷ. 규산염 광물, 단백질, 핵산 중 생명체를 구성하는 물질이 아닌 것은 규산염 광물이다. 따라서 C는 규산염 광물(지각을 구성하는 주요 물질)이다. B는 핵산과 규산염 광물이 아닌 단백질이다.

26 ㄱ. 이 핵산은 2중 나선 구조인 DNA이다.

ㄴ. (가)는 인산-당-염기가 결합된 뉴클레오타이드이다.

바른 풀이 ㄷ. ㉠은 G(구아닌)과 상보결합하는 C(사이토신), ㉡은 T(타이민)과 상보결합하는 A(아데닌)이다.

27 ㄴ. (나) 트랜지스터는 매우 작은 크기로 제작이 가능하며, 대부분의 전자 기기에 사용되는 핵심 부품이다.

바른 풀이 ㄱ. 전기 신호를 증폭할 수 있는 반도체 소자는 (나) 트랜지스터이다.

ㄷ. (가)와 (나)에 사용된 재료는 반도체로 절연체(부도체)보다 전기 저항이 작다.

28 ㄱ. A의 전자는 속박된 전자가 대부분이므로 전자가 자유롭게 이동하지 못하므로 전하를 운반하지 못하여 전류가 흐르지 않는다. 반면, B는 전류가 흘러 불이 켜졌으므로, B는 자유 전자가 많아 전하를 잘 운반할 수 있다. 따라서 전기 전도성은 A가 B보다 나쁘다.

ㄷ. A는 부도체이며, 그 예로는 플라스틱, 고무, 나무 등이 있다.

바른 풀이 ㄴ. (나)에서 ⓐ는 전류의 방향이고, 반대 방향인 ⓑ는 자유 전자의 이동 방향이다. 전류는 전원의 (+)극에서 나와서 (-)극 방향으로 흐른다.

29 스마트폰 충전기 내부에 포함되어 직류를 교류로 바꾸는 정류기 역할을 하는 것은 반도체 소자인 다이오드이다.

ㄱ. 다이오드는 불순물 반도체인 p형 반도체와 n형 반도체를 접합하여 만든다.

바른 풀이 ㄴ. 온도 센서에 사용되는 반도체는 상온에서 부도체나 온도가 높아지면 전기를 통하는 성질이 있다. 이것은 다이오드와는 다른 유형의 반도체이다.

ㄷ. 전류가 흐르면 빛이 방출되는 것은 LED(발광 다이오드), OLED(유기 발광 다이오드) 등이 있으나 ㉠ 다이오드와 종류가 다른 반도체이다.

30 ㄱ. 심박수, 체온, 운동량 등을 측정하기 위한 ㉠ 감성 센서는 특별한 조건에서 전기 전도도가 변하는 반도체를 이용한다.

ㄴ. ㉡ 전류가 흐르면 빛을 내는 반도체 소자로는 발광 다이오드(LED), 유기 발광 다이오드(OLED) 등이 있다.

바른 풀이 ㄷ. 태양 전지는 빛을 받으면 전류가 발생하는 p-n 접합 다이오드를 이용한다.

01 ④   **02** ③   **03** ⑤   **04** ③, ⑤

01 A는 수소(H), B와 C는 알칼리 금속으로 각각 리튬(Li)과 나트륨(Na)이다. D는 13족 원소인 B(붕소), E는 할로젠으로 염소(Cl)이다.

④ 알칼리 금속 B(Li)는 물과 반응하여 A_2(H_2 기체)를 발생시킨다.

$$2Li + 2H_2O \longrightarrow 2LiOH + H_2$$

바른 풀이 ① D가 원자 번호가 더 크므로 양성자 수는 B<D 이다.

② D는 13족 원소로 가장 바깥 궤도에 전자가 3개 존재한다. 원자가 전자 수는 3이다.

③ A는 수소이며, 알칼리 금속이 아니다.

⑤ 염소 기체(Cl_2)에 Na을 넣고 물을 떨어 뜨리면 다음과 같은 반응이 일어난다.

$$2Na + Cl_2 \longrightarrow 2NaCl(소금) + 열$$

Na는 전자를 1개 잃고 Na^+ 이온이 되며, Cl은 전자를 하나 얻어서 Cl^- 이온이 되어서 이온 결합하여 NaCl이 생성된다. CE_2($NaCl_2$)는 생성되지 않는다.

02 염화 나트륨, 녹말은 고체 상태에서 전기를 통하지 않는다. 염화 나트륨 수용액은 전기를 통하지만, 녹말은 물에 녹여도 전기를 통하지 않는다. (녹말은 공유 결합 물질이다.)

ㄱ. 과정 2 [실험 결과]에서 모든 고체 물질에 전류가 ㉠ 흐른다/흐르지 않는다를 선택하는 맥락이므로 전류가 흐르지 않는다는 것이 맞고, 고체 X도 전기가 통하지 않는 것이 된다.

ㄴ. 과정 4 [실험 결과]에서 '1가지 물질의 수용액에 전류가 흐르지 않는다'라고 했는데, 이 1가지 물질이란 이미 녹말인 것이다. 녹말은 액체 상태에서도 전기 전도성이 나타나지 않는다.

따라서 염화 나트륨과 물질 X는 수용액 상태에서 전류가 흐른다.

ㄷ. 따라서 물질 X는 고체 상태에서 전류가 흐르지 않고, 수용액 상태에서 전류가 잘 흐르는 이온 결합 물질이라고 할 수 있으며, 이온 결합 물질은 고체 상태일 경우 '외부에서 힘을 가하면 쉽게 쪼개진다.' 는 공통적 특성이 있다.

03 순수 반도체인 규소에 원자가 전자 5개인 인(P)을 첨가하면 전자가 1개 남는 n형 반도체가 되고, 원자가 전자가 3개인 알루미늄(Al)을 첨가하면 전자가 1개 모자라서 양공이 발생하고 p형 반도체가 된다.

스위치를 y에 연결하면 전구에 불이 들어오므로 순방향 연결이며, 전원의 (+)극과 p형, 전원의 (−)극과 n형 반도체가 연결된다. 따라서 A는 p형, B는 n형 반도체가 된다.

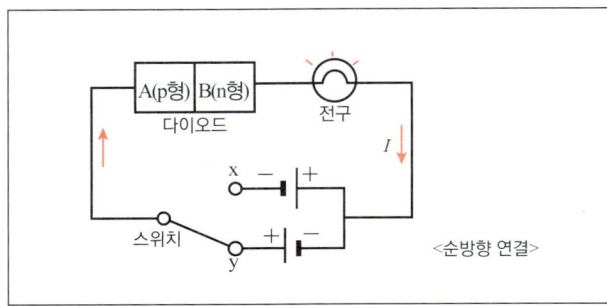

ㄴ. 스위치를 x에 연결하면 역방향 연결이므로 전구에 불이 들어오지 않는다.

ㄷ. B는 n형 반도체이므로 Ge(순수 반도체)에 As(원자가 전자가 5개)를 첨가하여 만들 수 있다.

바른 풀이 ㄱ. 위 회로와 같이 스위치를 y에 연결하였을 때 B(n형 반도체)를 통해서 전류가 흐르는 이유는 전자가 A쪽으로 이동하기 때문이다. n형 반도체는 전자가 이동하면서 전류가 흐른다.

04 그림은 이온 결합 물질인 $CaCl_2$(염화 칼슘)이다. 염화 칼슘은 수분을 흡수하며 스스로 녹는 성질이 있어서 습기 제거제로 쓰이며, 물에 녹으면서 발열 반응을 하므로 제설제로 사용된다. 제설제로 사용했을 경우 콘크리트와 철근을 부식시켜 도로 파손을 가속화할 수 있다.

③ 겨울철 도로에 뿌려 제빙제로 사용하는 물질이다.
⑤ 공기 중 수분을 흡수하여 스스로 녹는 성질(조해성)이 있다.

바른 풀이 ① 염화 칼슘은 상온에서 승화성이 없다.
② 염화 칼슘은 물에 녹으면서 열을 방출한다.
④ 염화 칼슘을 도로에 많이 뿌리면 콘크리트와 철근을 부식시켜 도로가 파손되고, 환경 오염이 발생할 수 있다.

수능 모의고사 1회

128 ~ 133 쪽

01 ②	02 ④	03 ④	04 ③	05 ④	06 ⑤
07 ①	08 ⑤	09 ④	10 ⑤	11 ②	12 ⑤
13 ⑤	14 ④	15 ②	16 ⑤	17 ①	18 ③
19 ②	20 ⑤	21 ⑤	22 ④	23 ④	24 ③
25 ②	26 ⑤	27 ①	28 ③	29 ②	30 ①

01 답 ㄴ. 주기율표에서 같은 족 원소는 원자가 전자 수가 같아서 화학적 성질이 비슷하다.

ㄷ. 현대의 주기율표는 원자를 원자 번호 순으로 배열하여 성질이 비슷한 원소를 같은 세로줄에 오도록 한 것이다.

바른 풀이 ㄱ. 주기율표의 가로줄을 주기, 세로줄을 족이라고 한다.

ㄹ. 주기율표에서 원자 번호 1~20번인 원소의 원자가 전자 수는 0~7까지 존재한다. 18족 원소는 화학 결합을 하지 않기 때문에 원자가 전자 수가 0이다.

02 ① A는 할로젠인 F(플루오린)이고, 수소와 반응하여 할로젠화 수소 HF를 생성한다.

② B는 알칼리 금속 Na(나트륨)이고, C는 할로젠 Cl(염소)이다. B와 C는 서로 격렬하게 반응하여 NaCl(염화 나트륨)을 생성한다.

③ B와 D는 각각 알칼리 금속인 Na(나트륨)과 D는 K(칼륨)이다. 알칼리 금속과 할로젠은 반응성이 매우 커서 공기 중의 산소와 잘 반응한다. 따라서 B와 D는 공기 중에 두면 산소와 반응한다.

⑤ 비금속 원소는 할로젠인 A와 C 두 가지이다.

바른 풀이 ④ D와 E는 같은 주기이지만 같은 족이 아니므로 원자가 전자 수가 같지 않고, 화학적 성질도 다르다.

03 ㄱ. 원자핵은 양성자와 중성자로 이루어져 있고, 전자는 원자핵 주위를 돌고 있다.

ㄴ. 원자는 양전하를 띠는 양성자와 음전하를 띠는 전자의 수가 같아 전기적으로 중성이다.

바른 풀이 ㄷ. 양성자는 양전하를 띠고, 중성자는 전하를 띠지 않는다.

04 He, Na, F, Cl 중 He은 H와 전자 껍질 수가 같다. 나머지는 다르므로 A는 He이다. B와 C는 전자껍질 수가 같으므로, 같은 주기인 Na와 Cl 중 하나이다. 따라서 D는 F이다.

ㄱ. D_2 즉 F_2는 수소(H)와 반응하여 HF(불화 수소)를 생성한다.

ㄴ. B와 C는 이온 결합을 형성하여 NaCl을 만든다.

바른 풀이 ㄷ. (가)가 '안정한 이온의 전자 배치가 동일한가?'로 했을 때, Na^+와 F^-의 전자 배치가 서로 동일하므로 Na와 F가 B, C로 분류되었을 것이다. 그런데 B, C는 Na와 Cl 중 하나이므로 이것은 분류 기준으로 적절하지 못하다.

05 A는 산소(O), B는 플루오린(F), C는 나트륨(Na), D는 마그네슘(Mg)이다.

① A 산소는 원자가 전자가 6개인 16족 원소이다.
② B 플루오린은 할로젠으로 2원자 분자 기체인 F_2로 존재한다.
③ C 나트륨은 1족 알칼리 금속이다.
⑤ 원자가 전자 수는 A: 6개, B: 7개, C: 1개, D: 2개이므로, 모두 합치면 16개이다.

바른 풀이 ④ C와 D는 모두 전자 껍질 수가 3개인 3주기 원소이다.

06 (가)는 He(헬륨), (나)는 Li(리튬), (다)는 F(플루오린), (라)는 Mg(마그네슘), (마)는 S(황)이다.

원자 번호	원자가 전자 수	족 이름	원소 기호
12	1	할로젠	He

| → 원자 번호 12인 원소는 Mg(마그네슘)이므로 (라)에 배치할 수 있다. | → 원자가 전자 수가 1개인 원소는 1족 원소인 Li(리튬)이므로 (나)에 배치할 수 있다. | → 할로젠은 17족 원소이므로 (다)에 배치할 수 있다. | → He(헬륨)은 18족 비활성 기체이므로 (가)에 배치할 수 있다. |

따라서 배치되지 않는 자리는 3주기 16족인 (마)이다.

07 Na(나트륨)은 반응성이 매우 커서 산소, 물, 할로젠과 잘 반응한다. 나트륨이 물과 반응하면 수소 기체가 발생하고, 수용액은 염기성을 띤다. $Na + 2H_2O \longrightarrow 2NaOH + H_2\uparrow$
ㄱ. B에서 발생한 기체는 수소이다.
바른 풀이 ㄴ. 나트륨이 물에 녹았을 때 수용액은 NaOH(수산화 나트륨) 수용액으로 OH^- (수산화 이온)이 존재하여 염기성이다.
ㄷ. 나트륨은 수용액 속에서 Na^+ 형태로 존재하는데, 물과 반응하는 과정에서 전자를 잃는다.

08 ①, ②, ③, ④ 헬륨, 네온, 아르곤은 주기율표에서 18족에 위치한 비활성 기체이다. 비활성 기체는 반응성이 작고, 안정하여 화학 결합을 형성하지 않는다.
바른 풀이 ⑤ 네온과 아르곤은 가장 바깥 전자 껍질에 전자 8개가 채워져 옥텟 규칙에 만족하지만 헬륨은 가장 바깥 전자 껍질에 전자 2개가 채워져 있다.

09 X는 원자가 전자 수가 0개인 2주기 18족 원소 Ne(네온), Y는 원자가 전자 수가 7개인 2주기 17족 원소 F(플루오린), Z는 원자가 전자 수가 1개인 3주기 1족 원소 Na(나트륨)이다.
ㄴ. Y는 Z와 결합할 때 Z가 전자 1개를 Y에게 주어 이온 결합하므로 Y는 음이온이 된다.
ㄷ. Z는 화학 결합할 때 전자 1개를 잃어 양이온이 되므로 X와 같은 전자 배치를 이룬다.
바른 풀이 ㄱ. X는 가장 바깥 껍질에 8개의 전자를 포함하고 있는 비활성 기체로 안정한 전자 배치를 가진다. 따라서 화학 결합을 하지 않는다.

10 공유 전자쌍은 공유 결합에서 두 원자가 공유하고, 결합에 참여하는 전자쌍이다. 2개의 전자가 한 쌍의 공유 전자쌍이 된다.
(가)는 전자 6개를 서로 공유하여 공유 전자쌍이 3개인 N_2(질소 분자)이다.
(나)는 산소 원자 1개와 수소 원자 2개가 각각 전자를 2개씩 서로 공유하여 공유 전자쌍이 모두 2개인 H_2O(물 분자)이다.
(다)는 탄소 원자 1개와 산소 원자 2개가 각각 전자를 4개씩 서로 공유하여 공유 전자쌍이 총 4개인 CO_2(이산화 탄소 분자)이다.

11 A는 원자가 전자 수가 5이므로 15족 원소인 (다)에 해당한다. B는 금속 원소이므로 (나)이고, C는 D보다 원자가 전자 수가 5개 더 많으므로 C는 16족 원소인 (라)이고, D는 1족 원소인 (가)와 (나) 중 하나인데, B가 (나)이므로, D는 (가)에 해당한다.
주기율표 상에서 (가)는 H(수소), (나)는 Na(나트륨), (다)는 N(질소), (라)는 O(산소)이다.
A는 N(질소), B는 Na(나트륨), C는 O(산소), D는 H(수소)이므로 A_2는 N_2, B_2C는 Na_2O, C_2는 O_2, D_2C는 H_2O, D_2는 H_2이고, 이 중 액체 상태에서 전기 전도성이 있는 물질은 이온 결합 물질인 ② $B_2C(Na_2O)$이며, 물에 녹아 이온화된다.

12 (㉠ 18)족에 속하지 않는 원소는 불안정하여 전자를 잃고 얻거나, 전자를 공유하여 안정해지려는 경향이 있다. 예를 들어, 칼슘(Ca)이 전자 2개를 (㉡ 잃)어 (㉢ 칼슘) 이온이 되면 (㉣ 아르곤 (Ar))의 전자 배치와 같은 전자 배치를 이루어 안정해지며, 이때 이 이온의 화학식은 (㉤ Ca^{2+})으로 표현할 수 있다.

13 그림은 이온 결합 물질의 구조이다.
ㄱ. ㉠은 금속 원소로 전자를 잃고 양이온이 된다. ㉡은 비금속 원소로 전자를 얻어 음이온이 된다.
ㄴ. ㉠과 ㉡ 사이의 정전기적 인력으로 결합하는 이온 결합 물질이다.
ㄷ. 이 물질은 외부에서 힘을 받아 밀리면 정전기적으로 밀어내는 힘이 작용할 수 있어서 쉽게 쪼개진다.

14 ④ 설탕은 공유 결합 물질 중 물에 녹을 때 분자 그대로 녹아 전기 전도성이 없는 대표적인 물질로 (나)에서 분자 상태로 존재한다.
바른 풀이 ①, ② 설탕 분자는 공유 결합 물질이므로 비금속 원소끼리 전자쌍을 공유하여 결합하고 있다.
③ (가)는 공유 결합 물질의 고체 상태이므로 전극을 꽂고 전원을 연결하여도 전류가 흐르지 않는다.
⑤ (다)에서 설탕 분자는 양쪽 극으로 이동하지 않으므로 설탕은 수용액에서 전류가 흐르게 할 수 없다.

15 ㄴ. (나) 그래프에서 주요 구성 원소로 규소가 있으므로 지각을 구성하는 원소에 대한 그래프이고, (가)가 생명체를 구성하는 원소에 대한 그래프이다.
바른 풀이 ㄱ. 생명체를 구성하는 원소에 대한 그래프 (가)에서 산소 다음으로 질량비가 높은 원소 A는 탄소이다.
ㄷ. B는 산소로, 규산염 광물의 기본 구조인 규산염 사면체는 규소 원소를 중심으로 하여 산소가 사면체 모양으로 공유 결합한 구조이다. 따라서 B는 기본 구조의 중심이 되지 않는다.

16 ㄱ. ㉠은 규소(Si), ㉡은 산소(O)이다.
ㄴ. 전체 모양은 정사면체 모양이다.
ㄷ. ㉡ 산소(O)를 2개 공유하면 단사슬 또는 복사슬 구조, 산소 3개를 공유하면 판상 구조, 산소 4개를 모두 공유하면 망상 구조의 규산염 광물이 된다.

17 단백질과 DNA 모두 탄소 화합물이므로 구성 원소에 탄소가 있으므로 특성 ㉡은 '구성 원소에 탄소가 있다.'이다.
'유전 정보를 저장한다.'는 DNA의 특성이므로 A는 DNA이다.
ㄱ. ㉡은 '구성 원소에 탄소가 있다.'이다.
바른 풀이 ㄴ. 효소의 주성분은 단백질로 B이다.
ㄷ. B의 단위체는 아미노산이며, A(DNA)의 단위체가 뉴클레오타이드이다.

18 (가)는 단사슬 구조, (나)는 판상 구조, (다)는 망상 구조이다.
ㄱ. 규산염(Si-O) 사면체가 규산염 광물의 기본 구조를 이룬다.
ㄷ. 규산염 사면체가 결합하는 방식에 따라 다양한 광물이 만들어진다.
바른 풀이 ㄴ. 규산염 사면체가 공유하는 산소의 수는 (가) 단사슬 구조 2개, (나) 판상 구조 3개, (다) 망상 구조 4개이므로 (가)<(나)<(다)이다.

19 (A)는 두 가닥이 나선형으로 꼬여 있으며, A, G, C, T 염기가 존재하므로 DNA이다. (B)에는 여러 종류의 아미노산이 배열

ㄴ. (B) 단백질의 단위체인 아미노산끼리는 펩타이드 결합(공유 결합)을 한다.

[바른 풀이] ㄱ. (A) DNA의 단위체는 당(디옥시라이보스) : 인산 : 염기가 1 : 1 : 1로 구성된 뉴클레오타이드이며, 염기 종류(A, G, C, T)에 따라 4종류의 뉴클레오타이드가 있다. (B) 단백질의 단위체는 아미노산이며, 아미노산은 20종류가 있다.

ㄷ. (A) DNA 2중 가닥 각각의 A(아데닌)은 T(타이민)과, 구아닌(G)은 사이토신(C)과 상보적으로 결합하므로 A(아데닌)과 T(타이민)의 개수, 구아닌(G)과 사이토신(C)의 개수는 항상 같지만, DNA를 구성하는 이중나선의 한쪽 가닥을 구성하는 A(아데닌)과 T(타이민)의 개수는 같지 않을 수 있다.

20 ① (A) DNA 이중나선의 한 가닥(폴리뉴클레오타이드)의 염기는 다른 한 가닥의 염기와 상보결합을 하고 있다.
② 핵산(DNA, RNA)의 구성 원소는 C, H, O, N, P이다.
④ (A) DNA를 구성하는 단위체인 뉴클레오타이드는 당-인산 공유 결합으로 길게 연결되어 폴리뉴클레오타이드를 형성한다.
⑤ (B) 단백질의 아미노산 배열 순서에 대한 정보는 (A) DNA의 염기서열에 저장되어 있다.

[바른 풀이] ③ (B) 단백질은 20 종류의 아미노산의 수와 배열 순서에 따라 다양한 종류(수만 개 이상)가 만들어질 수 있다.

21 ㄴ. 핵산의 염기에 있어 T(타이민)은 A(아데닌)과, C(사이토신)은 G(구아닌)과 상보결합하므로, ㉠은 A(아데닌), ㉡은 G(구아닌)이다.
ㄷ. (가) 염기의 배열 순서와 조합에 따라 유전 정보가 달라진다.

[바른 풀이] ㄱ. 이 핵산은 폴리뉴클레오타이드 두 가닥의 염기가 상보결합을 하며, 염기의 종류에 T(타이민)이 있으므로 DNA이다.

22 ㄱ, ㄷ. 단백질은 아미노산의 종류와 배열 순서에 따라 입체 구조가 결정되며, 이에 따라 기능이 결정되므로 아미노산의 종류와 수가 같더라도 배열 순서가 다르면 다른 종류의 단백질이 만들어진다.

[바른 풀이] ㄴ. 단백질을 구성하는 단위체인 아미노산의 종류와 수가 달라지면 서로 다른 종류의 단백질이 만들어진다.

23 DNA는 두 가닥의 폴리뉴클레오타이드가 나선형으로 꼬여 있는 이중나선 구조이다.
ㄴ. DNA의 두 가닥의 폴리뉴클레오타이드의 염기는 상보적으로 결합되어 있다.
ㄷ. DNA를 구성하는 염기에는 A, G, C, T이 존재하므로 총 4종류의 뉴클레오타이드가 가능하며, DNA는 4종류의 뉴클레오타이드의 배열 순서에 따라 다양한 유전 정보를 저장한다.

[바른 풀이] ㄱ. 뉴클레오타이드의 당-인산 결합은 DNA 2중 나선의 골격을 이룬다.

24 단백질을 구성하는 단위체는 아미노산이며, 두 아미노산이 결합할 때에는 물 분자 1개가 빠지면서 펩타이드 결합을 한다.
ㄱ. A와 B는 각각 아미노산이다.
ㄴ. 아미노산 A와 B가 결합할 때에는 ㉠ 물 분자 1개가 빠지면서 펩타이드 결합이 형성된다.

[바른 풀이] ㄷ. 단백질 X는 8개의 아미노산으로 구성된 사슬 모양이므로 아미노산 사이에는 7개의 펩타이드 결합이 존재한다.

25 ㄴ. 두 아미노산 사이에는 펩타이드 결합이 형성되며, 이때 한 아미노산의 아미노기와 다른 아미노산의 카복실기가 결합할 때 물 한 분자가 빠져나온다.

[바른 풀이] ㄱ. 아미노산은 단백질의 단위체이다. 핵산의 단위체는 뉴클레오타이드이다.
ㄷ. 인슐린은 아미노산 21개로 이루어진 가닥과 아미노산 30개로 이루어진 다른 한 가닥이 연결된 단백질 구조이므로 아미노산 21개로 이루어진 폴리펩타이드 가닥에는 20개의 펩타이드 결합이 존재하고, 아미노산 30개로 이루어진 폴리펩타이드 가닥에는 29개의 펩타이드 결합이 존재한다. 따라서 인슐린은 총 49개의 펩타이드 결합으로 이루어진 단백질이다.

26 ㄱ. (가)~(다)는 모두 단백질이며, 단위체는 아미노산이다.
ㄴ. 아미노산의 종류와 배열 순서에 따라 단백질의 입체 구조가 달라지며, 단백질의 기능이 결정된다. 헤모글로빈과 콜라겐은 서로 다른 기능을 하는 단백질이다.
ㄷ. 단백질의 단위체인 아미노산은 서로 펩타이드 공유 결합을 하여 연결된다.

27 (가)에서 상온에서 같은 크기의 A, B, C에 포함된 자유 전자의 수가 B>C>A였으므로 B는 자유 전자가 많은 도체, C는 반도체, A는 부도체이다.
(나) 활용 사례에서 고무는 전기 전도성이 나쁜 부도체이고, 은은 전기 전도성이 뛰어난 도체이고, 규소는 반도체이다.
따라서 A는 고무, B는 은, C는 규소이다.

28 ㄱ. 교통 카드의 플라스틱 외피는 도선의 접촉이나 누전을 방지하는 부도체이다.
ㄴ. 카드 단말기에 교통 카드를 가까이 가져가면 금속 도선의 자유 전자가 이동하고, 전류가 흘러 신호가 발생한다.

[바른 풀이] ㄷ. IC 칩은 집적 회로이며, 정해진 기능을 수행하기 위해 매우 많은 트랜지스터나 다이오드를 하나의 칩으로 작게 만든 것이다.

29 ㄱ. 반도체 S는 양공이 존재하는 p형 반도체이다.
ㄴ. 반도체 S는 주로 양공이 전하 운반체가 되어 전류를 흐르게 한다.

[바른 풀이] ㄷ. 붕소(B)와 알루미늄(Al)은 모두 원자가 전자가 3개인 13족 원소이며, 규소(Si)에 불순물로 첨가하면 양공이 발생하여 p형 반도체가 된다.

30 ㄱ. (가) 집적 회로(IC)는 수많은 다이오드와 트랜지스터를 집적시켜 칩으로 만든 것으로 저장 용량이 큰 메모리에 사용된다.

[바른 풀이] ㄴ.(나) 태양 전지는 p형 반도체와 n형 반도체를 접합시켜서 만든다.
ㄷ. (다)LED는 만드는 재료에 따라 방출되는 빛의 색이 달라진다.

01 ②	02 ⑤	03 ④	04 ③	05 ⑤	06 ②
07 ③	08 ④	09 ⑤	10 ③	11 ⑤	12 ②
13 ④	14 ③	15 ②	16 ④	17 ⑤	18 ④
19 ⑤	20 ②	21 ①	22 ⑤	23 ①	24 ③
25 ⑤	26 ④	27 ②	28 ②		

01 (가)는 원자가 전자 수가 1개이고, 비금속 원소이므로 1주기 1족 원소인 H(수소)이다.
(나)는 원자가 전자 수가 1개이고 금속 원소인 Na(나트륨)이다.
(다)는 원자가 전자 수가 1개가 아니고 반응성이 거의 없으므로 3주기 18족 원소로 비활성 기체인 Ar(아르곤)이다.
(라)는 원자가 전자 수가 1개가 아니고 반응성이 있는 F(플루오린)이다.

02 ① 금속 원소는 대부분 특유의 광택이 있다.
② 주기율표에서 금속 원소는 대부분 왼쪽이나 가운데에 있고, 비금속 원소는 대부분 오른쪽에 있다.
③ 금속 원소는 대부분 전기 전도성이 크고, 비금속 원소는 대부분 전기 전도성이 작다.
④ 수은을 제외한 금속 원소는 실온에서 고체 상태로 존재한다. 수은은 실온에서 액체 상태로 존재한다.
[바른 풀이] ⑤ 비금속 원소는 대부분 전자를 얻어 음이온이 되기 쉽다.

03 A는 수소(H), B는 리튬(Li), C는 나트륨(Na), D는 붕소(B), E는 염소(Cl)이다.
④ 알칼리 금속 B(Li)가 물과 반응하면 수소 기체 $A_2(H_2)$가 발생하고 수용액은 염기성을 띤다. 화학 반응식은 다음과 같다.
$$2Li + 2H_2O \longrightarrow 2LiOH + H_2$$
[바른 풀이] ① 양성자수(원자 번호)는 B < D이다.
② D는 붕소(B)의 원자가 전자 수는 3개이다.
③ B와 C는 1족 알칼리 금속이나 A는 수소이며 알칼리 금속이 아니다.
⑤ C(Na)는 $E_2(Cl_2)$와 반응하여 CE(NaCl)을 생성한다.
$$2Na + Cl_2 \longrightarrow 2NaCl$$

04 ㄱ. 산소와 염소는 열전도성이 작고, 전기 전도성이 없으며, 녹는점이 낮아 실온(25 ℃)에서 기체로 존재하는 비금속 원소이다. 원자가 전자가 각각 6개와 7개로 음이온이 되기 쉽다.
ㄷ. 실온(25 ℃)에서 고체 상태인 원소는 녹는점이 25 ℃보다 높은 칼슘과 알루미늄 2개이다.
[바른 풀이] ㄴ. 알루미늄은 3주기 13족 원소이므로 원자가 전자 수가 3개, 염소는 3주기 17족 원소이므로 원자가 전자 수가 7개이다. 따라서 원자가 전자 수는 염소가 알루미늄보다 많다.

05 ① 할로젠은 17족 원소로 원자가 전자가 7개이다.
② 실온에서 Br_2는(브로민)은 액체 상태이다.
③ 할로젠은 화학 반응 시 전자를 받아오는 반응을 하므로 반응성

의 크기는 전자를 잡아당기는 힘의 순서와 같이 $F_2 > Cl_2 > Br_2 > I_2$ 순이다.
④ 실온에서 F_2, Cl_2, Br_2, I_2(분자 형태)로 존재한다.
[바른 풀이] ⑤ 할로젠은 반응성이 매우 커서 금속, 수소와 잘 반응한다.

06 ㄴ. 원자핵으로부터 멀어질수록 에너지 준위가 높아지므로 전자의 에너지 준위는 원자핵에서 가까운 b가 a보다 낮다.
[바른 풀이] ㄱ. 원자핵에서 가까운 전자 껍질일수록 에너지 준위가 낮아 안정하다. 따라서 원자핵에서 더 가까운 b가 a보다 안정하다.
ㄷ. 원자에서 전자는 특정한 에너지 준위인 전자 껍질에만 존재할 수 있다. 따라서 나트륨 원자의 전자는 a와 b의 에너지 준위 사이의 에너지 값을 가질 수 없다.

07 ㄱ. 양성자수가 11개인 금속 B는 원자 번호 11번인 나트륨(Na)이다.
ㄷ. [실험 2]에서 페놀프탈레인 지시약은 염기성에서 붉은색을 띠므로 용액의 액성은 염기성임을 알 수 있다.
[바른 풀이] ㄴ. Na는 알칼리 금속이고, [실험 1]에서 물과 반응시키면 수소 기체(H_2)를 발생시키고, 수용액은 염기성을 띤다.
$$2Na + 2H_2O \longrightarrow 2NaOH(수산화 나트륨) + H_2(수소)$$

08 물질 (가)와 (나)는 각각 비금속 원소 1종류로 이루어져 있고, 물질 (가)는 실온에서 노란색들 띠는 기체이므로 염소 기체(Cl_2)이다. 물질 (나)의 원소는 원자가 전자 수가 1개이므로 물질 (나)는 수소 기체(H_2)이다. 따라서 (가)를 이루는 원소는 E(Cl), (나)를 이루는 원소는 A(H)이다.

09 이온은 원자가 18족 원소와 같은 전자 배치를 이루는 형태이다.
① O는 원자가 전자가 6개이므로 전자 2개를 얻어 Ne(네온)과 같은 전자 배치를 갖는다. 따라서 이온은 O^{2-}이다.
② Cl는 원자가 전자가 7개이므로 전자 1개를 얻어 Ar(아르곤)과 같은 전자 배치를 갖는다. 따라서 이온은 Cl^-이다.
③ Mg은 원자가 전자가 2개이므로 전자 2개를 잃어 Ne(네온)과 같은 전자 배치를 갖는다. 따라서 이온은 Mg^{2+}이다.
④ Al은 원자가 전자가 3개이므로 전자 3개를 잃어 Ne(네온)과 같은 전자 배치를 갖는다. 따라서 이온은 Al^{3+}이다.
[바른 풀이] ⑤ Ca은 원자가 전자가 2개이므로 전자 2개를 잃어 Ar(아르곤)과 같은 전자 배치를 갖는다. 따라서 이온은 Ca^{2+}이다.

10 X와 Y가 이온 결합하여 XY가 될 때 X는 전자를 잃어 양이온이 되고, Y는 전자를 얻어 음이온이 된다. 2개의 Y가 전자쌍을 공유하여 결합할 때 단일 결합을 이루고, 전자 껍질 수가 2개이므로 Y는 원자가 전자 수가 7개인 2주기 17족 원소 F(플루오린)이다. X는 전자를 1개 Y에게 주고 양이온이 되므로 원자가 전자 수가 1개이고 전자 껍질 수가 3개인 3주기 1족 원소인 Na(나트륨)이다.
ㄱ. X는 3주기, Y는 2주기 원소이다.
ㄴ. 원자가 전자 수는 X가 1개, Y가 7개이므로 Y보다 X보다 많다.

바른 풀이 ㄷ. XY는 양이온과 음이온의 정전기적 인력에 의한 이온 결합이고, Y_2는 비금속 원소끼리 전자쌍을 공유한 공유 결합이므로 결합의 종류가 다르다.

11 수산화 칼륨과 염화 나트륨은 금속 양이온과 비금속 음이온의 정전기적 인력에 의해 결합한 이온 결합 물질이다. 설탕과 포도당은 비금속 원소끼리 전자쌍을 공유하여 결합한 공유 결합 물질이다.
⑤ 이온 결합 물질은 수용액 상태에서 양이온과 음이온으로 이온화되므로 전기 전도성이 있다. 공유 결합 물질 중 설탕과 포도당은 수용액에서 이온화되지 않고 분자 상태로 존재하므로 전기 전도성이 없다. 따라서 '수용액 상태에서 전기 전도성이 있는가?' 가 기준 (가)로 적절하다.
바른 풀이 ① 수산화 칼륨, 염화 나트륨, 설탕, 포도당 모두 물에 녹는다.
② 수산화 칼륨과 염화 나트륨은 이온 결합 물질, 설탕과 포도당은 공유 결합 물질이다.
③ 비금속 원소로만 이루어진 물질은 공유 결합 물질이다.
④ 이온 결합 물질, 공유 결합 물질 모두 고체 상태에서 전기 전도성이 없다. (공유 결합 물질 중 흑연 제외)

12 ③ 원자가 안정한 상태일 때 전자는 원자핵에 가까운 전자 껍질부터 차례로 채워진다. 첫 번째 전자 껍질에 최대 2개, 두 번째, 세 번째 전자 껍질에는 최대 8개가 배치된다. 따라서 x는 2, y는 8, z는 8이다.
ㄱ. $x + y + z$는 18이다.
ㄴ. B는 전자 수가 총 11개인 Na(나트륨)이고, C는 전자 수가 총 17개인 Cl(염소)이다. BC(NaCl)는 이온 결합 물질이므로 액체 상태에서 전기 전도성이 있다.
바른 풀이 ㄷ. A는 전자 수가 총 8개인 O(산소)이다. $A_2(O_2)$는 공유 전자쌍 2개로 2중 결합을 하고 있고, $C_2(Cl_2)$는 공유 전자쌍 1개로 단일 결합을 하고 있다.

13 양성자 수는 원자 번호와 같으므로 A는 마그네슘(Mg), B는 염소(Cl)이다.
ㄱ. 마그네슘 원자의 전자가 각각 1개씩 염소 원자로 이동하여 이온 결합하고 있다. 화학식은 $AB_2(MgCl_2)$ 이다.
ㄷ. Mg와 Cl은 같은 3주기 원소이다.
바른 풀이 ㄴ. Mg^{2+}와 두개의 Cl^-가 정전기적 인력으로 결합하여 이온 결합을 형성한다.

14 (가)는 ㉠과 He이 약 3 : 1이므로, 우주를 구성하는 주요 원소의 질량비를 나타낸 것이다. ㉠은 수소이다.
(나)는 산소-탄소-수소-질소 순으로 질량비가 감소하므로, 생명체를 구성하는 주요 원소의 질량비를 나타낸 것이다.
(다)는 산소-규소-알루미늄-철 순으로 질량비가 감소하므로, 지각을 구성하는 주요 원소의 질량비를 나타낸 것이다.
ㄱ. ㉠은 수소이다.
ㄴ. 지각은 주로 규산염(Si-O) 광물로 이루어져 있다.
바른 풀이 ㄷ. 생명체를 구성하는 주요 원소의 질량비를 나타낸 것은 (나)이다.

15 (가)는 산소-규소-알루미늄 순으로 질량비가 감소하므로, 지각을 구성하는 주요 원소의 질량 비를 나타낸 것이다.
(나)는 산소-탄소-수소 순으로 질량 비가 감소하므로, 사람을 구성하는 주요 원소의 질량 비를 나타낸 것이다.
ㄷ. (가)와 (나) 모두 산소가 가장 큰 질량비를 차지하고 있다.
바른 풀이 ㄱ. 주로 물(H_2O)과 유기물(C,H,O)로 이루어져 있는 것은 (나)이다.
ㄴ. (나)는 사람에 해당한다.

16 ㄱ, ㄷ. 규산염 사면체끼리 산소 2개를 양쪽으로 공유하여 결합한 단사슬 구조이며 이 광물의 예로는 휘석이 있다.
바른 풀이 ㄴ. 이 광물은 결정이 기둥 모양이며, 힘을 주면 쪼개짐이 일어난다. 깨짐은 독립형(감람석), 망상(석영) 구조에서 나타난다.

17 ㄴ. 규산염 광물은 규산염 사면체를 기본 구조로 하고 있다.
ㄷ. B는 망상 구조로 규산염 사면체의 산소 4개를 모두 인접한 규산염 사면체와 공유 결합하고 있다.
바른 풀이 ㄱ. A는 단사슬 구조이며 그 예로는 휘석이 있다. 감람석은 독립형 구조이다.

18 ㄴ. 규산염 광물은 아래 그림의 규산염 사면체를 기본 구조로 하며, 규산염 사면체가 양쪽으로 산소 2개를 공유하여 단일 사슬 모양으로 결합한 것이 (가) 단사슬 구조이며, 규산염 사면체가 산소 3개를 공유하여 얇은 판 모양으로 결합한 것이 (나) 판상 구조이다.

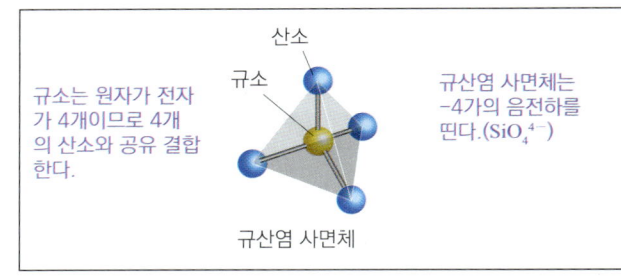

ㄷ. (나)는 판상 구조로 얇은 판 모양으로 쪼개지는 성질을 가진다.
바른 풀이 ㄱ. A는 규소이다.

19 ㄴ. 뉴클레오타이드의 인산은 다른 뉴클레오타이드의 당과 공유 결합하여 폴리뉴클레오타이드를 이룬다.
ㄷ. DNA는 폴리뉴클레오타이드 두 가닥이 꼬여있는 이중나선 구조를 가진다.
바른 풀이 ㄱ. DNA의 당은 단당류인 디옥시라이보스이다. 라이보스는 같은 단당류로 RNA의 당이다.

20 염기 아데닌(A)은 타이민(T)과 상보결합을 하며, 구아닌(G)은 사이토신(C)과 상보결합을 한다.
DNA 이중나선을 구성하는 사이토신(C)의 비율이 32 %라면, 사이토신(C)과 상보결합하는 구아닌(G)의 비율도 32 %이다. 전체 염기 비율 100 %에서 사이토신(C)과 구아닌(G)을 합친 비율을 뺀 36 %는 아데닌(A)과 타이민(T)의 비율을 합친 값이다. 아데닌(A)과 타이민(T)은 상보결합하여 비율이 서로 같으므로 아데닌(A)과 타이민(T)의 비율은 각각 18 %이다.

21 이중나선 구조의 DNA를 구성하는 염기는 아데닌(A), 타이민(T)구아닌(G), 사이토신(C) 4종류이다. 따라서 당, 인산, 염기가 1 : 1 : 1로 결합되어 만들어지는 뉴클레오타이드는 염기의 종류에 따라 4종류가 있다. 이때 두 가닥에 있는 염기인 구아닌(G)과 사이토신(C)이 상보결합하고, 아데닌(A)과 타이민(T)이 상보결합하므로 구아닌과 사이토신 수는 서로 같다.

학생 A: DNA는 이중나선 구조야.(맞다)

바른 풀이 학생 B: 관찰되는 뉴클레오타이드는 5종류야.(틀리다. 4종류이다.)

학생 C: 사이토신 수는 구아닌 수의 2배야.(틀리다. 사이토신 수와 구아닌 수는 서로 같다.)

22 ㄱ. (가)는 이중나선 구조의 DNA이다.

ㄴ. (나)는 단일 가닥 구조인 RNA이다.

ㄷ. (가) DNA와 (나) RNA를 구성하는 단위체는 뉴클레오타이드이다.

23 DNA에 있어 당은 오각형으로 표현되는 5탄당으로 인산과 공유결합하여 이중나선 구조의 골격을 형성한다. ⓒ, ⓔ은 당이며, ⓐ은 인산이다.

DNA 염기 중 A(아데닌)과 상보결합하는 염기 ⓔ은 T(타이민)이다.

ㄱ. ⓐ 인산과 ⓒ 당은 공유 결합한다.

바른 풀이 ㄴ. ⓒ, ⓔ은 디옥시라이보스로 같은 종류의 당이다.

ㄷ. ⓔ은 T(타이민)이다. 유라실(U)는 RNA 염기이다.

24 A를 연결한 경우 전구에 불이 켜지지만, B를 연결한 회로에서는 전구에 불이 켜지지 않았다. 따라서 A는 자유 전자가 많은 도체이고, B는 자유 전자가 거의 없는 부도체이다.

자유 전자는 (−) 전하를 가지므로 전류의 방향과 이동 방향이 반대이다.

ㄱ. 알루미늄은 금속 도체이므로 A(도체)의 예가 될 수 있다.

ㄴ. (가)에서 P 점에서 전류의 방향은 ⓐ 방향이므로, 자유 전자는 P 점을 전류의 방향과 반대 방향인 ⓑ 방향으로 통과한다.

바른 풀이 ㄷ. B는 부도체이므로 B의 전자는 대부분 원자에 속박된 전자이다.

25 순수한 규소(Si)나 저마늄(Ge)에 불순물을 첨가하여 전기 전도성을 증가시킨 소자는 반도체이다. 반도체는 트랜지스터, 발광 다이오드(LED), 다이오드, 집적 회로, 태양 전지, 각종 센서 등에 사용된다.

바른 풀이 ⑤ LCD는 액정을 이용한 영상 표시 장치이며, 액정은 반도체 소자가 아니다.

26 순수 반도체인 규소(Si), 저마늄(Ge)에 원자가 전자가 3개인 13족 원소 붕소(B), 인듐(In), 알루미늄(Al)을 각각 첨가하면 양공이 발생하여 전하 운반체가 되는 p형 반도체가 된다.

순수 반도체인 규소(Si), 저마늄(Ge)에 원자가 전자가 5개인 15족 원소 인(P), 비소(As), 안티모니(Sb)을 각각 첨가하면 자유 전자가 발생하여 전하 운반체가 되는 n형 반도체가 된다.

ㄱ. (가)와 (나)는 불순물을 첨가시켜 만든 반도체로 양공과 자유 전자가 전하 운반체가 되어 절연체(부도체)보다 전류가 잘 흐른다.

ㄴ. p형 반도체에서는 양공이, n형 반도체에서는 자유 전자가 전하 운반체가 된다.

바른 풀이 ㄷ. 발광 다이오드(LED)는 (가)와 같은 반도체와 (나)와 같은 반도체를 접합시켜 만든다. (p-n 접합 다이오드)

27 ㄴ. 발광 다이오드(LED)는 반도체 소자이며, 반도체를 만드는 재료에 따라 발생하는 빛의 색이 달라진다.

바른 풀이 ㄱ. 무선 마우스의 마우스 휠은 전기를 차단하여 마우스 내부를 보호해야 하므로 부도체로 만들어야 한다.

ㄷ. USB 수신기는 컴퓨터의 신호를 무선으로 전달하기 위한 것으로 삽입되는 부분은 전기가 잘 통하는 도체로 만들어야 한다.

28 A는 저마늄(Ge)에 원자가 전자가 3개인 알루미늄(Al)을 첨가하였으므로 p형 반도체이며, B는 n형 반도체이다.

따라서 스위치를 y에 연결해서 p형 반도체에 (+)전극, n형 반도체에 (−)전극이 연결되는 경우 순방향 연결이 되어 회로에 전류가 흐른다.

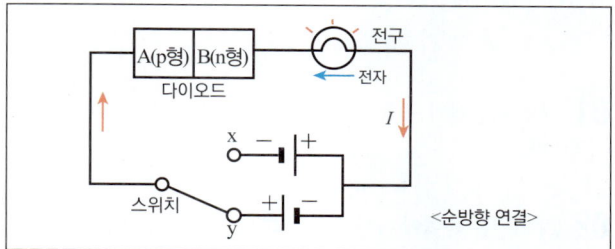

ㄴ. B는 n형 반도체이므로 규소(Si)에 15족 원소인 비소(As)를 첨가하여 만들 수 있다.

바른 풀이 ㄱ. A는 p형 반도체이다.

ㄷ. 위 그림처럼 전구에 불이 켜질 때 전구를 통과하는 자유 전자의 방향은 전류의 방향과 반대이므로 a 방향과 반대이다.

01 지구 시스템의 구성과 상호작용

01 기권, 지권, 수권, 생물권, 외권
02 (1) × (2) × (3) ○ (4) × (5) ○ (6) × (7) ×
03 (1) ○ (2) × (3) ○ (4) ×
04 (1) A (2) B (3) C (4) B   **05** ①, ③, ④
06 (1) 조력 (2) 지구 내부 (3) 태양
07 (1) 적어진다 (2) 저위도 (3) 고위도
08 (1) ○ (2) × (3) ×
09 (1) ○ (2) ○ (3) × (4) ○
10 (1) 탄산염 (2) 탄산 이온 (3) 광합성
11 (1) ○ (2) × (3) ○ (4) ×

01 지구 시스템의 구성 요소 5가지는 기권, 지권, 수권, 생물권, 외권이다.

02 (3) 기권은 높이에 따른 기온 변화를 기준으로 층을 구분하여 지표에서부터 대류권(높이 올라갈수록 기온이 하강), 성층권(높이 올라갈수록 기온이 상승), 중간권(높이 올라갈수록 기온이 하강), 열권(높이 올라갈수록 기온이 상승)으로 구분된다.
(5) 수권의 해수는 깊이에 따른 수온 변화를 기준으로 혼합층, 수온 약층, 심해층으로 구분한다.
바른 풀이 (1) 생물권은 미생물을 포함하여 지구에 살고 있는 모든 생물을 말하므로, 지권과 수권 뿐만 아니라 기권에도 생물권이 분포하여 영향을 미친다.
(2) 지권은 지각, 맨틀, 외핵, 내핵의 성층 구조를 이루고 있는데, 이 중 맨틀은 고체 상태이지만 유동성이 있어 대류가 일어나며, 외핵은 액체 상태로 철과 니켈의 대류가 일어나 지구 자기장을 형성한다.
(4) 오존층은 지표면 높이 20~30 km 사이의 성층권에 존재한다.
(6) 지권에서 가장 큰 부피를 차지하는 층은 맨틀이다.
(7) 지권의 성층 구조에서 중심으로 갈수록 밀도가 커진다.

03 (1) 대륙 지각은 해양 지각보다 두껍고 밀도는 작다.
(3) 맨틀은 고체 상태이나 유동성이 있어 맨틀이 일어나며, 지구의 외핵은 지구 내부 에너지에 의해 대류가 일어난다.
바른 풀이 (2) 가장 밀도가 큰 층은 핵이다.
(4) 내핵은 고체 상태이다.

04 (1) 혼합층은 바람에 의해 혼합되어 깊이에 따른 온도가 일정하다.
(2) 수온 약층은 깊어질수록 밀도가 증가하여 해수의 연직 운동이 일어나기 어려워 매우 안정하다.
(3) 심해층은 계절이나 깊이에 따른 수온 변화가 없다.
(4) 수온 약층은 깊어질수록 밀도가 증가하여 해수의 연직 운동이 일어나기 어렵다.

05 ① 공기 중의 수증기(기권)가 응결하여 비가 내리는(수권) 강수 현상은 기권과 수권의 상호작용에 해당한다.
③ 맨틀의 대류에 의해 지각의 판이 이동하는 판의 이동은 지권 내에서의 상호작용에 해당한다.
④ 식물(생물권)이 광합성을 통해 공기 중(기권)에 산소를 공급하는 것은 기권과 생물권의 상호작용에 해당한다.
바른 풀이 ② 바다의 수증기(수권)가 증발하여 태풍(기권)을 발생시키는 것은 수권과 기권의 상호작용에 해당한다.
⑤ 생물의 유해(생물권)가 땅에 묻혀 화석 연료(지권)가 생성되는 것은 지권과 생물권의 상호작용에 해당한다.

06 (1) 밀물과 썰물을 일으키는 에너지는 달, 태양과 지구 사이에 작용하는 인력에 의해 생기는 조력 에너지이다. 조력 에너지는 해수면의 높이를 주기적으로 변하게 하여 주변 생태계에 영향을 준다.
(2) 지구 내부의 방사성 원소의 붕괴로 인해 발생한 열에너지는 지구 내부 에너지이다. 지구 내부 에너지는 외핵의 운동을 일으켜 지구 자기장을 형성하고, 맨틀 대류를 일으켜 지진, 화산 활동, 판의 운동 등을 일으킨다.
(3) 지구시스템의 에너지원 중 가장 많은 양을 차지하는 에너지는 태양 에너지이다. 태양 에너지는 태양 내부의 수소 핵융합 반응에 의해 발생하며, 기상 현상과 해류를 발생시켜 대기와 해수의 순환을 일으킨다. 또한 풍화와 침식 작용을 일으켜 지표의 지형을 변화시키고, 식물의 광합성에 이용되어 생명 활동에 필요한 에너지원으로 이용되기도 하며, 화석 연료의 근원이 된다.

07 지구는 구형이므로 고위도로 갈수록 단위 면적당 받는 태양 복사 에너지량이 적어진다. 따라서 대기와 해수의 순환을 통해 저위도의 남는 에너지를 고위도로 이동시킴으로써 지구는 전체적으로 에너지 평형을 이룬다.

08 (1) 물의 순환을 일으키는 에너지원은 태양 에너지로, 물이 태양 에너지로 인해 고체, 기체, 액체로 상태가 변하면서 지구 시스템의 각 권을 순환하는 과정에서 에너지도 함께 이동한다.
바른 풀이 (2) 수권의 물이 증발하여 기권의 수증기가 될 때 에너지를 흡수한다.
(3) 물이 순환할 때 각 권에서 유입된 물의 양과 방출된 물의 양은 같으며, 지구 전체의 물의 양도 일정하게 유지된다. 이를 물수지 평형이라고 한다.

09 (1) 지구시스템의 물의 순환 과정에서 에너지도 함께 이동한다.
(2) 바다의 물이 수증기(기체)로 증발하는 것은 수권에서 기권으로의 물의 이동이다.
(4) 화산 활동(지권)으로 수증기(기권)가 방출되는 것은 지권에서 기권으로의 물의 이동이다.
바른 풀이 (3) 구름의 입자(수권)가 커져 비가 내리는 것은 수권에서 지권으로의 물의 이동이다.

10 (1) 지권에서 탄소는 석회암(탄산염)과 화석 연료의 형태로 존재한다.

(2) 수권에서 탄소는 탄산수소 이온 또는 탄산 이온(HCO_3^- 또는 CO_3^{2-})의 형태로 존재한다.

(3) 기권의 이산화 탄소는 광합성을 통해 생물권의 탄소 화합물로 이동하면서 태양 에너지를 화학 에너지로 저장한다.

11 (1) 화석 연료를 연소시킬 때 이산화 탄소가 기권으로 배출된다.

(3) 지구시스템의 탄소는 대부분 지권에 석회암(탄산염) 형태로 존재한다.

바른 풀이 (2) 지구시스템에서 탄소의 총량은 일정하게 유지된다.

(4) 생물이 유기물을 분해하는 호흡 과정에서 이산화 탄소가 기권으로 배출되므로, 생물권에서 기권으로의 탄소의 이동 과정이다.

스스로 실력높이기
150 ~ 156 쪽

01 ③	02 ③	03 ②	04 ③	05 ①	06 ①
07 ④	08 ⑤	09 ③	10 ④	11 ①	12 ⑤
13 ④	14 ④	15 ①	16 ④	17 ③	18 ②
19 ⑤	20 ①	21 ②	22 ④	23 ②	24 ②
25 ④	26 ⑤	27 ⑤	28 ②	29 ①	30 ④
31 ⑤	32 ④				

01 ① 생물권은 지권, 수권에 분포하는 생물체 뿐만 아니라 기권에도 여러 형태로 존재한다.

② 수권은 기권, 지권, 생물권 외에 외권과도 모두 상호작용한다.

④,⑤ 각 권역은 같은 권역 내에서, 다른 권역과 상호작용하며 그 과정에서 물질 순환과 에너지 흐름이 지속적으로 일어난다.

바른 풀이 ③ 외권에서는 에너지 외에 전하를 띤 입자와 운석 등의 물질이 지권과 수권에 도달하여 영향을 미친다.

02 ③ 수권 중 가장 많은 양을 차지하는 것은 해수(97.5 %)이며, 그 다음이 빙하(1.72 %)이다.

바른 풀이 ① 태양은 외권에 해당한다.

② 미생물은 생물권에 해당한다.

④ 오존층은 성층권에 존재하여 기권에 포함된다.

⑤ 지각은 지권에 해당한다.

03 ① A 외권은 B 기권의 열권에서 오로라를 일으킨다.

③ C 생물권은 광합성과 호흡으로 B 기권의 산소와 이산화 탄소 농도를 변화시킨다.

④ D 수권의 97.5 %는 바닷물이다.

⑤ E 지권은 고체 상태의 지각, 맨틀, 내핵과 액체 상태의 외핵을 포함한다.

바른 풀이 ② B 기권은 지표면에서 높이 약 1000 km까지 대기가 분포하는 권역으로 가장 바깥쪽은 열권이며 오로라가 관측된다.

[04~06]

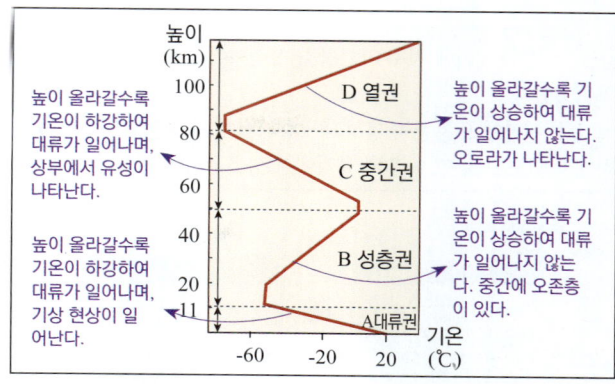

04 C는 중간권으로 높이 올라갈수록 기온이 하강하여 대류가 일어나며, 상부에서 유성이 나타난다.

A는 대류권이고, B는 성층권으로 오존층이 존재하며, D는 열권으로 높이 올라갈수록 기온이 상승하여 대류가 일어나지 않으며, 공기가 매우 희박하여 낮과 밤의 기온 차가 매우 크고 고위도에서 오로라가 관측되는 구간이다.

05 ㄱ. A 대류권은 높이 올라갈수록 기온이 하강하고 수증기가 존재하여 대류와 기상 현상이 일어난다.

바른 풀이 ㄴ. B 성층권은 높이 올라갈수록 기온이 상승하여 대류가 일어나지 않고, C 중간권은 높이 올라갈수록 기온이 하강하여 대류가 일어나므로 B는 C보다 기층이 더 안정하다.

ㄷ. 낮과 밤의 기온 차가 가장 큰 층은 D 열권으로, 공기가 매우 희박하며 태양 복사 에너지를 직접 흡수하기 때문에 태양 복사 에너지의 유무에 따라 기온 차가 매우 크다.

06 ① A 대류권은 높이 올라갈수록 기온이 하강하여 기층이 가장 불안정하여 공기의 상하 대류가 활발하게 일어난다. 반면 B 성층권은 위로 올라갈수록 기온이 상승하므로 기층이 안정하여 공기의 상하 대류가 잘 일어나지 않는다.

바른 풀이 ② 유성은 주로 C 중간권 상부와 D 열권 하부에서 관측된다.

③ 공기의 밀도는 중력에 의해 위로 갈수록 희박하다.

④ B 성층권의 오존층이 태양의 자외선을 주로 흡수한다.

⑤ 대류 현상은 기층이 불안정한 A 대류권과 C 중간권에서 활발하다.

07 A는 내핵, B는 외핵, C는 맨틀, D는 지각이다.

④ D 지각은 지구 초기 층상 구조 형성 시 비교적 가벼운 규산염 광물이 위로 떠올라 이루어졌다.

바른 풀이 ① A 내핵은 주로 철과 니켈 등의 무거운 물질로 이루어져 밀도가 크며, 고체 상태이다.

② B 외핵은 주로 철과 니켈 등의 무거운 물질로 이루어졌으며 액체 상태로 대류가 일어나 지구 자기장을 형성한다.

③ C 맨틀은 고체 상태이지만 유동성이 있어 대류가 일어난다.

⑤ D 지각에서 대륙 지각보다 해양 지각의 평균 밀도가 더 크다.

08 A는 내핵, B는 외핵, C는 맨틀, D는 지각이다.

ㄱ, ㄷ. 지구 내부로 들어갈수록 온도가 높아지고, 밀도는 커진다.

ㄴ. 부피가 가장 큰 부분은 C 맨틀이며, 지권 전체 부피의 약 80 %를 차지한다.

09 ㄱ. (가) 시기에 지구 자기장이 형성되어 있으므로 태양풍은 차단되었다.

ㄴ. (나) 시기에 오존층이 형성되어 자외선이 지표면에 도달하지 못하게 막았으므로 그 이후에 육지에서 생물권이 형성되었다.

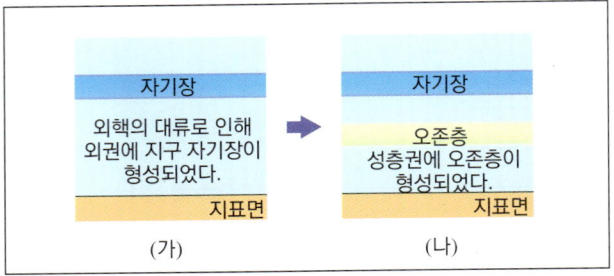

(가)   (나)

바른 풀이 ㄷ. (나)에서 오존층의 오존이 태양의 자외선을 흡수함으로써 기온을 상승시키므로 (가) 시기보다 (나) 시기에서 기권의 연직 온도가 더 복잡했다.

10 A는 내핵, B는 외핵, C는 맨틀, D는 대륙 지각, E는 해양 지각이다.

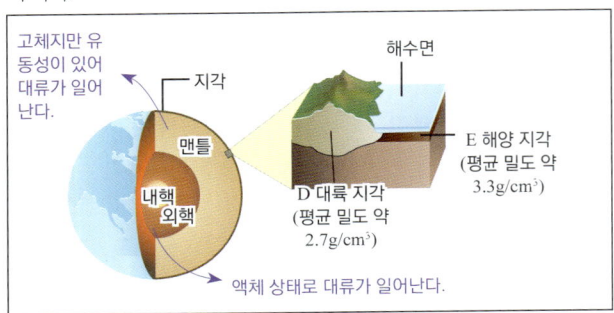

ㄱ. A 내핵은 고체 상태이고, B 외핵은 액체 상태이다.

ㄴ. C 맨틀은 지권 전체 부피의 약 80 %를 차지하며, 고체 상태이지만 유동성이 있어 대류가 일어난다.

바른 풀이 ㄷ. D 대륙 지각은 화강암질로 이루어졌으며, 현무암질로 이루어진 E 해양 지각보다 평균 밀도가 더 작다.

11 A는 혼합층, B는 수온 약층, C는 심해층이다.

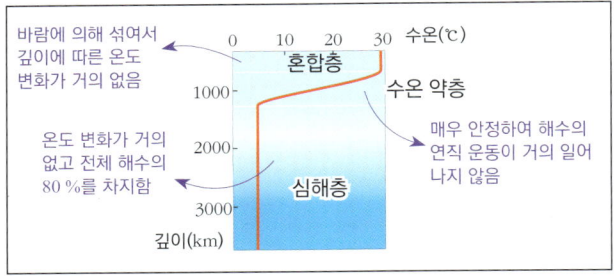

ㄱ. A 혼합층은 바람의 세기가 강해지면 두께가 두꺼워진다. 혼합층은 태양 복사 에너지를 흡수하여 수온이 높으며, 바람에 의해 혼합되기 때문에 깊이에 따른 수온이 거의 일정한 층이다.

바른 풀이 ㄴ. 전체 해수 부피의 약 80 %를 차지하는 층은 C 심해층이다. 심해층은 태양 복사 에너지가 도달하지 않아 수온이 매우 낮고 계절이나 위도, 깊이에 따른 수온 변화가 거의 없다.

ㄷ. 매우 안정하여 해수의 연직 운동이 일어나지 않는 층은 B 수온 약층이다. 수온 약층은 깊이가 깊어질수록 수온이 급격하게 낮아지고 밀도가 증가하므로, 연직 운동이 거의 일어나지 않기 때문에

혼합층과 심해층 사이의 물질과 에너지 교환을 차단한다.

12 ㄱ. 식물의 뿌리는 바위틈을 파고들어 풍화를 일으켜 지권의 침식작용을 하여 지형을 변화시킨다.

ㄴ. 생물권은 광합성과 호흡으로 대기 중의 이산화 탄소와 산소의 조성을 변화시키고, 수권에 용해되는 이산화 탄소 등의 양을 변화시킨다.

ㄷ. 생물권은 지권, 기권, 수권, 외권 등의 지구시스템의 구성 요소가 형성된 이후에 가장 늦게 형성되었다.

13 ㄱ. 수권의 대부분을 차지하는 것은 해수로 약 97.5 %를 차지한다.

ㄷ. 육지에 있는 물 중 가장 양이 많은 것은 빙하(1.72 %)이지만 고체 상태이다. 액체 상태의 물 중 가장 많은 것은 지하수(0.75 %)이다.

바른 풀이 ㄴ. 지구 온난화가 진행된다면 빙하가 녹아 해수나 강, 지하수 등 다른 육수의 형태로 바뀔 것이므로 빙하의 비율이 낮아진다.

14 ㄱ. 철과 니켈로 이루어진 액체 상태의 외핵의 대류로 인해 지구 자기장이 형성되었다.

ㄷ. 생물에 유해한 우주선과 태양풍을 차단하여 지구의 생명체를 보호한다.

바른 풀이 ㄴ. 유성체가 지구에 진입할 때 공기와 마찰을 일으켜 타게 되는 것은 기권에 대한 설명으로 지구 자기장은 유성체가 자성을 갖지 않는 한 유성체의 운동에 영향을 주지 않는다.

15 해수의 혼합층은 바람에 의해 섞여서 깊이에 따른 온도 변화가 거의 나타나지 않는 층이다. 수온 약층은 혼합층보다 깊은 층으로 깊이에 따른 온도의 감소가 심하다. 수온 약층은 매우 안정하여, 혼합층과 심해층 사이의 물질과 에너지 교환을 차단한다.

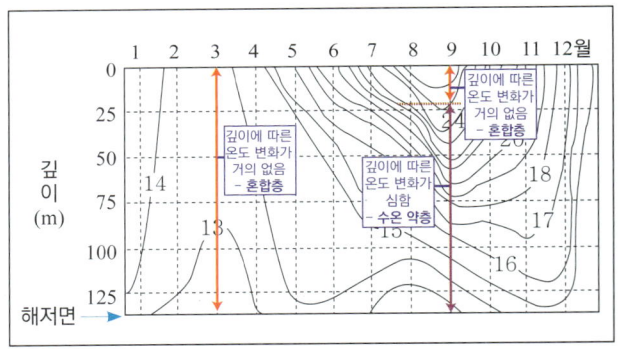

ㄱ. 3월은 깊이에 따른 온도 변화가 거의 없으므로 혼합층이 두껍게 유지된다. 9월은 수심이 약 20 m보다 깊어지면 수온이 빠르게 떨어진다. 따라서 9월은 해수면~수심 약 20 m까지가 혼합층이라고 할 수 있다.

바른 풀이 ㄴ. 9월의 수심 25~75 m는 수온 약층이므로, 물질과 에너지 교환을 차단한다.

ㄷ. 100 m 지점은 혼합층이거나(3월), 수온 약층에 해당(9월)된다.

16 ① 지권의 화산 폭발에 의한 대기 중의 이산화 탄소 방출은 지권이 기권과 상호작용하는 것이다.(A)

② 식물이 광합성을 과정에서 대기 중의 이산화 탄소를 소모하고

산소를 방출하는 것은 생물권이 기권과 상호작용하는 것이다.(B)
③ 공기의 흐름인 바람에 의해 바다에 해류가 발생하는 것은 기권이 수권과 상호작용하는 것이다.(C)
⑤ 판의 이동에 의한 지진으로 지진 해일(쓰나미)가 발생하는 것은 지권이 수권과 상호작용하는 것이다.(E)

바른 풀이 ④ 지하수에 의해 석회암이 녹아 석회 동굴이 형성되는 것은 수권이 지권과 상호작용하는 것이다.(E)

17 ㄷ. 암석이 풍화, 침식되어 퇴적물을 형성하는 과정(X 과정)에는 기권, 생물권, 수권 모두가 영향을 미친다.

바른 풀이 ㄱ. 석회암은 탄산 칼슘으로 구성되어 있어 탄산 칼슘 성분으로 몸의 껍질을 만드는 생물의 사체가 퇴적되어 형성되거나(B 과정; 지권↔생물권) 물에 녹아 있던 탄산 칼슘이 침전되어 형성되지만(C 과정; 지권↔수권) 공기 중에는 탄산 칼슘 성분이 없으므로 기권과 지권의 상호 작용(A 과정)으로 석회암이 형성되지는 않는다.
ㄴ. 암석이 마그마로 녹는 과정에는 지권인 지구 내부의 온도가 주로 영향을 끼치고, 암석의 수분 포함 여부에 따라 용융점이 달라지므로 수권(C 과정)도 영향을 미치지만, 생물권(B 과정)은 영향을 주지 않는다.

18 학생 A: 화산 폭발로 지구 평균 기온이 변한다.(㉠지권→기권)
학생 B: 생물의 유해가 묻혀 화석 연료가 만들어진다.(㉢생물권→지권)
학생 C: 태풍이 수온으로 인해 세력이 강해진다.(㉡수권→기권)

19 (가) 파도(수권)의 침식 작용으로 해안 절벽(지권)이 형성되는 것은 C에 해당한다.
(나) 육상 생물(생물권)에게 살아갈 수 있는 서식처(지권)를 제공하는 것은 B에 해당한다.
(다) 생물이(생물권) 호흡과 광합성을 위해 기체를 공기 중에서(기권) 흡수하거나 공기 중으로 방출하는 것은 A에 해당한다.

20 ㉠ 지진에 의해 해일이 발생한다. → 지권이 수권에 영향을 미치는 경우이다.
㉡ 육상 식물의 광합성 과정에서 대기 중의 이산화 탄소를 흡수한다. → 생물권이 기권에 영향을 미치는 경우이다.
㉢ 화석 연료의 연소로 인해 대기 중으로 이산화 탄소가 방출된다. → 지권이 기권에 영향을 미치는 경우이다.
기권과의 상호 작용: ㉡, ㉢
기권의 탄소량을 증가시키는 것: ㉢
A: 기권과의 상호 작용이 아닌 것 → ㉠
B: ㉡, ㉢ 중 기권의 탄소량을 증가시키지 않는 것 → ㉡
C: ㉡, ㉢ 중 기권의 탄소량을 증가시키는 것 → ㉢

21 A. 대기(기권) 중으로 화산(지권) 가스 방출: 지권↔기권
B. 해수(수권)의 증발로 인한 태풍(기권) 발생: 수권↔기권
C. 식물체(생물권)로부터 석탄(지권) 생성: 지권↔생물권

22 A. 화산(지권)이 폭발하여 화산재가 유입되고 기온이 낮아지는 것(기권)은 지권과 기권의 상호작용이다.
C. 수중의 식물(생물권)이 물속의 이산화 탄소를 사용하여 광합성

을 하고, 이로 인해 수중의 이산화 탄소 용해도(수권)가 낮아지는 것은 생물권과 수권의 상호작용이다.

바른 풀이 B. 저위도에서 바다의 물(수권)이 기화되어 수증기가 기권에 유입되면서 태풍(기권)이 발생하는 것은 기권과 수권의 상호 작용이다. → 지권과 수권의 상호작용(B)이 아니다.

23 ㄱ. 태양 에너지는 기상 현상과 해류를 발생시켜 대기와 해수의 순환을 일으킨다.
ㄴ. 조력 에너지는 달과 태양의 인력으로 발생하는 에너지이며, 밀물과 썰물을 일으킨다.

바른 풀이 ㄷ. 지구 시스템의 에너지원 중 가장 많은 양을 차지하는 것은 태양 에너지로, 99.985 %를 차지한다. 지구 내부 에너지는 0.013 %, 조력 에너지는 0.002 %만 차지한다.

24 (가) 태양 에너지: 편서풍에 의해 해류가 발생하는 것은 태양 에너지에 의한 것으로, 대기와 해수의 순환을 일으켜 지구 전체의 에너지 평형을 이루는 데 기여한다.
(나) 지구 내부 에너지: 지진의 발생은 지구 내부 에너지에 의한 것으로, 맨틀 대류를 일으켜 지진 외에도 화산 활동이나 판의 운동 등을 일으킨다.
(다) 조력 에너지: 밀물과 썰물은 조력 에너지에 의한 것으로, 해수면의 높이가 주기적으로 변하기 때문에 해안 주변의 생태계에 영향을 준다.

25 ㄴ. B에서 수권에 해당하는 해수의 물이 증발하여 기권에 해당하는 대기 중의 수증기가 되었으므로 수권과 기권의 상호 작용에 해당한다.
ㄷ. 지구 온난화가 가속되어 지구의 온도가 올라가면 고체 상태인 빙하의 물이 녹아 액체 상태로 해수에 유입되는 C의 이동량이 증가한다.

바른 풀이 ㄱ. A는 하천에서 해수로 물이 이동하는 물의 순환의 일부분이며, 물의 순환은 태양 에너지가 에너지원으로 작용한다.

26 ㄴ, ㄷ.

	유입량($\times 10^3$ km³)	유출량($\times 10^3$ km³)
해양	(A) 해양에 강수(284) + 육지에서 바다로 유출(36) = 320	(B) 해양에서 증발(320)
육지	(C) 육지에 강수(96)	육지에서 증발(60) + 육지에서 바다로 유출(36)
대기	해양에서 증발(320) + 육지에서 증발(60) = 380	해양에 강수(284) + 육지에 강수(96) = 380

ㄹ. 대기로 유입되는 물의 총량이 순환하는 물의 총량이라고 할 수 있으므로 380,000 km³로 일정하다.

바른 풀이 ㄱ. 각 영역에서 유입량과 유출량은 항상 같다. 따라서 A와 B는 같다.

27 ㄱ. (가) 물의 순환 과정에서 에너지도 함께 이동한다.
ㄴ. (가) 물의 순환의 주된 에너지원은 태양 에너지이다.
ㄷ. (나) 동강 유역의 한반도 지형은 지표면의 물에 의한 침식과 퇴적 과정에서 형성된다. 물의 순환인 (가) 과정에 의해 지표가 침식, 퇴적되어 형성된 지형이다.

28 ㄱ. 대기로의 탄소 유입량은 1.6(토양)+60(식물)+90(바다)+5.5(화석 연료)=157.1 단위이고 대기에서 탄소 방출량은 0.5(토양)+61.4(식물)+92(바다)=153.9 단위이다. 탄소 유입량이 방출량보다 많으므로 대기 중 이산화 탄소 농도가 증가하고 있다.

ㄴ. 식물은 탄소 유입량이 61.4 단위, 탄소 방출량이 60 단위로 유입량이 방출량보다 많으므로 식물을 많이 심으면 대기 중의 탄소를 흡수하여 지구 온난화를 늦추는데 도움이 된다.

[바른 풀이] ㄷ. 바다에서 대기로 방출되는 이산화 탄소의 양은 90 단위이고 대기에서 바다로 용해되는 이산화 탄소의 양은 92 단위이므로 대기에서 바다로 용해되는 이산화 탄소의 양이 더 많다.

29 ㄱ. 지권에 분포하는 탄소는 퇴적암(13.5 %)과 탄산염(85.41 %), 석유 석탄(0.012 %)이고, 기권에 분포하는 탄소는 대기 (0.001 %), 생물권에 분포하는 탄소는 생물체(0.07 %), 수권에 분포하는 탄소는 해수(0.07 %)이므로 지권에 분포하는 탄소의 양이 가장 많다.

[바른 풀이] ㄴ. 기권에서 탄소는 이산화 탄소의 형태로 존재하고 생물권에서 탄소는 유기물로 존재하므로 각각 동일한 형태로 존재하지 않는다.

ㄷ. 화석 연료의 사용량이 증가한다면 지권의 유기물에서 기권의 이산화 탄소로 탄소가 이동하면서 탄소의 형태와 분포가 달라지긴 하나 지구 전체의 탄소량은 변하지 않는다.

30 ④ D 과정은 대기의 이산화 탄소가 해수에 용해되어 탄산이온(CO_3^{2-})이나, 탄산 수소 이온(HCO_3^-)의 형태로 탄소가 이동하는 과정이다.

[바른 풀이] ① A 과정은 지각에서 화산 활동이나 화석 연료의 연소 등으로 탄소가 대기로 이동하는 과정이다.

② B 과정은 생물의 유해 속의 탄소가 땅에 묻혀 화석 연료가 생성되는 과정에서 지권으로 이동하는 과정이다.

③ C 과정은 식물의 호흡 과정에서 이산화 탄소가 발생하여 탄소가 대기로 이동하는 과정이다.

⑤ E 과정은 해양의 탄소 포함 물질(조개 껍데기 등)이 해저에 쌓여 석회암이 생성되면서 지각으로 탄소가 이동하는 과정이다.

31 ⑤ D의 화산 활동에 의한 분출은 지권의 탄소가 기권에 이산화 탄소의 형태로 방출되는 것이므로 대기 중의 탄소량(이산화 탄소)을 증가시켜 지구 온난화를 촉진한다.

[바른 풀이] ① 지권에서 탄소는 주로 탄산염(석회암)의 형태로 존재한다.

② A의 탄소 연료 과정에서 탄소의 이동은 지권의 화석 연료가 연소되어 이산화 탄소의 형태로 기권에 방출되는 것이므로 지권과 기권의 상호 작용에 해당한다.

③ B의 식물의 광합성 과정에서 탄소는 유기물의 형태로 저장된다.

④ C의 이산화 탄소의 용해와 방출 과정은 태양 에너지가 관여하여 일어난다.

32 ㄱ. A는 생물체의 호흡 과정에서 발생하는 이산화 탄소가 대기 중으로 방출되는 것을 나타낸다.

ㄷ. C는 화석 연료의 연소 과정에서 이산화 탄소가 발생하여 대기로 방출되는 것을 나타낸다. 화석 연료 연소의 증가는 지구 온난화의 원인이다.

[바른 풀이] ㄴ. B는 식물의 광합성 과정에서 대기 중의 이산화 탄소가 식물체 내의 유기물로 이동하는 것을 나타내므로 기권에서 생물권으로의 탄소 이동이다.

심화 실력높이기   157 쪽

01 ③   **02** ①   **03** ③   **04** ③

01 ③ A 구간은 성층권으로 높아질수록 기온이 상승하여, 대류가 일어나지 않고 안정한 층이다.

[바른 풀이] ① 외권에서 유입되는 태양풍이나 우주선은 주로 외권에 형성된 지구 자기장에 의해서 차단된다.

② A 구간에는 오존층이 있어서 태양 복사 에너지 중 자외선이 흡수된다.

④ B 구간은 대류권으로 계절과 위도에 따른 기온 변화가 심하다.

⑤ B 구간에는 오존층이 없고, A 구간에 오존층이 존재한다.

02 ㄱ. (가) 해수의 층상 구조에서 혼합층은 태양 복사 에너지를 받고, 바람에 의해 혼합되면서 전체적으로 온도가 높다. (가)의 심해층은 태양 복사 에너지가 도달하지 않아 온도가 매우 낮다. 수온 약층은 혼합층과 심해층의 에너지 흐름을 차단하여 심해층의 온도가 유지된다.

[바른 풀이] ㄴ. (나) 지구 내부의 층상 구조에서 내핵은 고온, 고압의 고체 상태이다.

ㄷ. (나)에서 밀도는 지구 중심부로 갈수록 커진다. 따라서 밀도는 맨틀보다 외핵이 크다.

03 ㄱ. 그림은 높이나 깊이에 따른 온도 분포를 나타내므로 물리량 X는 온도이다.

ㄴ. 고위도의 A 열권에서 오로라가 관측된다.

[바른 풀이] ㄷ. B는 대기권에서의 성층권이고, 높이 올라갈수록 온도가 올라가서 대기의 대류(연직 운동)가 일어나지 않아 안정한 층이다. C는 수권에서의 수온 약층이며, 깊어질수록 온도가 내려가서 해수의 대류(연직 운동)가 일어나지 않아 안정한 층이다.

04

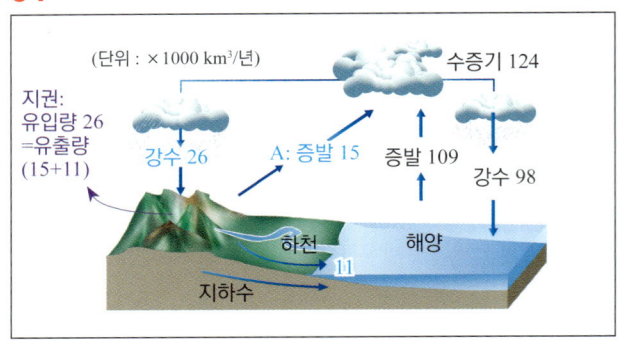

ㄱ. 육지의 강수량은 26 단위, 바다의 강수량은 98 단위이므로 바

다에서의 강수량이 육지에서보다 많다.

ㄴ. 물이 순환할 때 각 권에서 물의 방출량과 유입량이 같은 물수지 평형을 이루므로 육지에 물이 유입된 강수 26 단위는 A 과정과 하천이나 지하수로 빠져나간 11 단위의 합과 같다. 따라서 A 과정인 육지에서의 증발량은 15 단위이다.

[바른 풀이] ㄷ. 물의 순환 시 각 권에서 물의 방출량과 유입량이 같고, 지구 전체에서의 물의 양이 일정한 물수지 평형을 이루므로, 지구 전체에서의 총 강수량과 총 증발량은 같다.

02 지권의 변화와 영향

개념체크   159 ~ 162 쪽

01 지구 내부 에너지
02 (1) ○ (2) ○ (3) × (4) ○ (5) ×
03 (1) 암석권(판), 연약권 (2) 두껍다 (3) 작다 (4) 맨틀의 대류
04 ㉠ 온도 ㉡ 작아 ㉢ 커
05 (1) D (2) A, B, E (3) C
06 (1) ㄱ, ㅁ (2) ㅂ (3) ㄴ (4) ㄴ, ㄷ, ㄹ

01 지진과 화산 활동 등 지각 변동은 지구 내부 에너지가 급격히 방출될 때 일어나는 현상으로 화산이 폭발할 때에는 에너지 뿐만 아니라 지구 내부 물질도 같이 방출된다.

02 (1) 변동대는 지진이나 화산 활동과 같은 지각 변동이 활발한 지역을 말한다.
(2) 화산 활동과 지진은 대부분 판 경계에서 판의 상대적인 운동에 의해 발생되기 때문에 대체로 화산대와 지진대는 일치한다.
(4) 전 세계 화산 활동의 약 80 % 가 환태평양 화산대와 지진대에서 일어난다.
[바른 풀이] (3) 지진이 발생하는 곳에서 반드시 화산 활동이 일어나는 것은 아니다. 지진대는 화산대보다 광범위한 지역에서 나타난다.
(5) 변동대는 주로 판 경계에서 발생하기 때문에 대륙의 중앙부에는 거의 분포하지 않는다.

03 (1) A는 지각과 상부 맨틀의 일부를 포함한 부분으로 암석권에 해당하고, B는 암석권 아래 부분으로 연약권에 해당한다. (2), (3) 대륙판은 대륙 지각을 포함하고, 해양판은 해양 지각을 포함한다. 대륙 지각은 해양 지각보다 두께가 두껍고 밀도가 작으므로 대륙판은 해양판보다 두께가 두껍고 밀도가 작다. (4) 판을 이동시키는 원동력은 맨틀의 대류이다.

04 판은 맨틀에서 일어나는 대류로 인해 이동한다. 맨틀 상부와 하부의 온도 차이로 대류가 일어나고, 대류를 따라 판이 이동하면서 맨틀 대류의 상승부에서는 판이 멀어지고, 맨틀 대류의 하강부에서는 판이 모이면서 지각 변동이 일어난다.

05 A는 히말라야 산맥, B는 일본 해구, C는 산안드레아스 단층, D는 대서양 중앙 해령, E는 안데스 산맥이 발달한 판 경계이다.
(1) 발산형 경계는 판과 판이 멀어지는 경계이므로 D가 해당한다.
(2) 수렴형 경계는 판과 판이 서로 가까워지는 경계이므로 A, B, E가 해당한다. (3) 보존형 경계는 판과 판이 서로 어긋나게 이동하며 스치는 경계이므로 C가 해당한다.

06 (1) 발산형 경계에서 발달하는 지형은 해령과 열곡대이다. (2) 보존형 경계에서 발달하는 지형은 변환 단층이다. (3), (4) 수렴형 경계는 대륙판과 대륙판이 충돌하는 경계(충돌형 경계)와 해양판이 대륙판 아래로 섭입하는 경계(섭입형 경계)로 나눌 수 있는데 충돌형 경계에서 발달하는 지형은 습곡 산맥, 섭입형 경계에서 발달하는 지형은 습곡 산맥, 해구, 호상 열도 등이 있다.

+ 강의   163 쪽

Q1 [답] (가) : D, F (나) : A, B, E
(가) 판이 생성되는 곳은 맨틀 대류가 상승하면서 열곡대가 생성되는 발산형 경계이므로 D, F 이다. 맨틀 대류가 하강하는 곳인 (나)는 판이 모여들면서 가까워지는 수렴형 경계이므로 A, B, E 이다.

스스로 실력높이기   164 ~ 168 쪽

01 ⑤	02 ②	03 ③	04 ③	05 ①	06 ⑤
07 ②	08 ③	09 ①	10 ①	11 ②	12 ②
13 ③	14 ①	15 ⑤	16 ⑤	17 ③	18 ④
19 ④	20 ⑤	21 ④	22 ④		

01 ⑤ 대륙 지각이 해양 지각보다 두껍고 밀도가 작으며, 대륙판이 해양판보다 두껍고 밀도가 작다.
[바른 풀이] ① 지구를 덮고 있는 암석권은 여러 조각으로 나누어져 있다. 각 조각 사이는 판의 경계를 이룬다.
② 연약권은 고체 상태이다. 다만 부분적으로 용융되어 있어 유동성이 있다.
③ 판은 약 100 km 두께의 암석권으로, 지각과 맨틀의 최상부를 포함하고 있다.
④ 대륙 지각의 평균 두께는 약 35 km 이고, 해양 지각의 평균 두께는 약 5 km 이다. 대륙판이 해양판보다 더 두껍다.

02 ①, ④, ⑤ 지구 표면은 10 여 개의 크고 작은 판으로 구성되어 있고, 이동 방향과 속도는 판마다 다르므로 판 경계에서 지각 변동이 일어난다.

③ 지각과 상부 맨틀의 일부를 포함한 약 100 km의 단단한 부분을 암석권이라고 하고, 암석권의 조각을 판이라고 한다.

바른 풀이 ② 암석권 아래에 있는 연약권은 부분적으로 용융되어 있어 유동성이 있고, 연약권에서 일어나는 대류가 판이 이동하는 원동력이다.

03 ① 화산 활동과 지진은 지구 내부 에너지가 급격히 방출할 때 지권에서 발생하는 현상이다.
② 전 세계적으로 화산 활동과 지진은 환태평양 지역에서 가장 활발하며, 때문에 '불의 고리'라고 한다.
④ 지진이나 화산 활동과 같은 지각 변동이 자주 일어나는 지역을 변동대라고 한다.
⑤ 전 세계적으로 지진이 자주 일어나는 지역은 대륙 주변부에 좁은 띠 모양으로 분포한다.

바른 풀이 ③ 화산대보다 지진대가 더 넓게 분포하며, 지진이 발생하는 곳에서 항상 화산 활동이 발생하는 것은 아니다.

04 ㄱ. 지진이 발생하는 곳에서 항상 화산 활동이 일어나는 것은 아니다. (가)에서 지진이 발생한 지점이 (나)에서 화산이 분포하는 지점보다 많으므로 지진은 일어나지만 화산 활동은 일어나지 않는 지역이 있다.
ㄴ. 지진과 화산 활동은 주로 판 경계에서 발생하기 때문에 지진과 화산 활동이 일어나는 지역은 대체로 일치한다.

바른 풀이 ㄷ. 태평양 연안에서는 수렴형 경계가 발달해 있어 지각 변동이 매우 활발하게 일어나고, 대서양 연안에서는 판의 경계가 거의 없기 때문에 지각 변동이 거의 일어나지 않는다.

05 ㄱ. A 지역은 동아프리카 열곡대로 발산형 경계에 해당하며, 폭이 좁고 긴 V자 모양의 골짜기(열곡)가 발달한다.

바른 풀이 ㄴ. B 지역은 인도-오스트레일리아 판이 북상하여 유라시아 판과 충돌하여 생긴 거대한 습곡 산맥(히말라야)이며, 판이 깊은 곳까지 들어가지 않아 화산 활동이 거의 없다.
ㄷ. C 지역은 보존형 경계로 판이 서로 반대 방향으로 이동하며 스치는 지역이다. 보존형 경계에서는 판이 만들어지거나 소멸하지 않는다.

06 ①, ② A는 발산형 경계, B는 보존형 경계, C는 수렴형 경계이다. A에서는 해령, B에서는 변환 단층, C에서는 해구, 호상 열도, 습곡산맥이 발달한다.
③ 수렴형 경계인 C에서는 판이 섭입되면서 해양 지각이 소멸된다.
④ A와 B 에서는 천발 지진, C에서는 천발 ~ 심발 지진이 자주 발생한다.

바른 풀이 ⑤ A(해령)에서는 마그마가 상승하면서 화산 활동이 일어나고, C(해양-대륙 수렴형 경계)에서는 섭입대에서 생성된 마그마가 분출하여 화산 활동이 활발하다. 하지만 B(보존형 경계)에서는 판이 어긋나서 반대로 이동하지만 판이 깊은 곳까지 들어가지 못해 마그마가 생성되지 않으므로 화산 활동이 발생하지 않는다.

07 A는 판의 생성, 소멸이 일어나는 판의 경계로 화산 활동, 천발

~심발 지진이 모두 발생하는 수렴형 경계이고 발달하는 지형은 해구 , 호상 열도, 습곡 산맥 등이다.
B는 발산형 경계이고 화산 활동, 천발 지진이 발생하며 발달 지형은 열곡대, 해령이 있다.
C는 판의 생성, 소멸이 일어나지 않는 판의 경계로 보존형 경계이며, 화산 활동은 일어나지 않으며 천발 지진이 활발하고, 발달하는 지형은 변환 단층이다.

08 ㄱ. (가)는 해양판과 해양판이 멀어지는 발산형 경계이므로 해령이 발달한다.
ㄷ. (가)에서는 마그마가 상승하므로 화산 활동과 천발 지진이 활발하게 일어나고, (나)에서는 판이 깊은 곳까지 들어가므로 화산 활동과 천발~심발 지진이 활발하게 일어난다.

바른 풀이 ㄴ. (나)는 밀도가 큰 해양판이 밀도가 작은 대륙판 아래로 섭입하는 수렴형 경계이다.

09 ㄱ. 동아프리카 열곡대는 대륙판(아프리카판)이 갈라져서 서로 멀어지는 발산형 경계이므로 (가)의 과정에 의해 형성된다.

바른 풀이 ㄴ. (가)에서는 맨틀 물질이 상승하면서 마그마가 생성되어 화산 활동이 활발하지만 (나)에서는 밀도가 비슷한 두 대륙이 서로 충돌하면서 판이 깊은 곳까지 섭입하지 않으므로 마그마가 생성되기 어렵기 때문에 화산 활동이 활발하지 않다.
ㄷ. (가)는 발산형 경계이므로 천발 지진이 발생하고, (나)는 수렴형 경계이므로 천발 ~ 중발 지진이 발생한다. 지진이 발생하는 평균 깊이는 (나)가 (가)보다 깊다.

10 (가)는 수렴형 경계(해양-대륙)이고, (나)는 발산형 경계이다.
② (가)에서는 해구, 호상 열도, 습곡 산맥이 발달하고 (나)에서는 해령이 발달한다.
③ (가)는 맨틀 대류가 하강하는 수렴형 경계이고, (나)는 맨틀 대류가 상승하는 발산형 경계이다.
④ (가)에서는 천발~심발 지진, (나)에서는 천발 지진이 활발하게 발생한다.
⑤ (가)에서는 해양 지각이 대륙 지각 밑으로 섭입하여 소멸되고, (나)에서는 맨틀 대류의 상승에 따른 마그마 발생으로 화산 활동이 일어나 열곡대를 형성하여 새로운 해양 지각이 생성된다.

바른 풀이 ① 변환 단층은 어긋나게 위치한 두 해령 사이에서 해령 방향과 직각 방향으로 판이 각각 이동할 때 서로 반대 방향으로 스치는 두 판의 경계인 보존형 경계에서 발달한다.

11 그림의 점선 지역은 동아프리카 열곡대로 대륙판의 발산형 경계에 해당한다.
ㄴ. 열곡대는 맨틀 대류의 상승부에 위치하여 하부에는 맨틀 물질이 상승하고 있다.

바른 풀이 ㄱ. 두 판이 서로 스쳐 지나가는 곳은 보존형 경계이다.
ㄷ. 발산형 경계에서는 화산 활동과 상부 마그마에 의한 천발 지진이 발생한다.

12 ㄴ. A 안데스 산맥은 대륙판과 해양판이 충돌하여 형성된 습곡 산맥, B 히말라야 산맥은 대륙판과 대륙판이 충돌하여 형성된 습곡 산맥이다. A, B 모두 맨틀 대류가 하강하는 수렴형 경계이

며, 지진 활동이 활발하다.
바른 풀이 ㄱ. A, B 지역 모두 수렴형 경계에 형성된다.
ㄷ. (가)에서는 해구와 습곡 산맥, (나)에서는 습곡 산맥만 발달한다.

13 판의 이동 방향을 보면, 판과 판이 멀어지는 발산형 경계 지역을 나타내고 있다.
ㄱ. 발산형 경계는 맨틀 대류가 상승하는 지역이므로 이 지역은 화산 활동이 활발하다.
ㄷ. (가) 지역은 발산형 경계에 위치하므로 이 지역에 발달하는 호수의 폭은 장력으로 인해 점차 넓어진다.
바른 풀이 ㄴ. 동아프리카 열곡대는 대륙판과 대륙판이 서로 멀어지면서 양쪽에서 당기는 장력이 작용하므로 정단층이 발달한다.

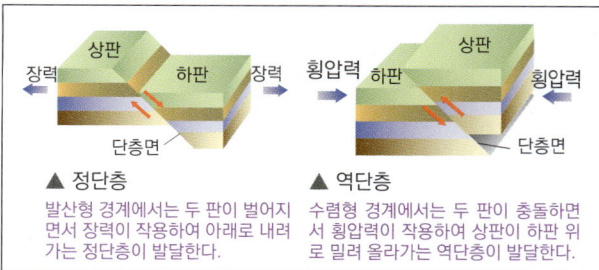

▲ 정단층
발산형 경계에서는 두 판이 벌어지면서 장력이 작용하여 아래로 내려가는 정단층이 발달한다.

▲ 역단층
수렴형 경계에서는 두 판이 충돌하면서 횡압력이 작용하여 상판이 하판 위로 밀려 올라가는 역단층이 발달한다.

14 ㄱ. A는 해양판, B는 대륙판에 위치하므로 판의 평균 두께는 A가 위치한 판보다 B가 위치한 판이 더 두껍다.
바른 풀이 ㄴ. C는 보존형 경계(변환 단층)지역이므로 천발 지진이 발생하지만 화산 활동은 일어나지 않는다.
ㄷ. D는 판 경계의 서쪽에 위치하므로 태평양판에 위치한다.

15 ㄱ. 천발~심발 지진이 골고루 일어나고 있으므로 태평양 판이 필리핀 판 밑으로 섭입하는 수렴형 경계이다.
ㄷ. 섭입대에서 지진이 일어나고, 필리핀 판 쪽으로 갈수록 섭입대의 깊이가 깊어지므로 진원의 깊이도 필리핀 판 쪽으로 갈수록 깊어진다.
바른 풀이 ㄴ. 섭입대는 필리핀 판 아래이므로 화산 활동은 필리핀 판 쪽에서 주로 일어난다.

16 그림은 대서양 중앙 해령을 나타낸 것으로 발산형 경계에 해당되며, 판의 경계 양쪽의 해양판은 서로 멀어지고 있으며, 시간이 지날수록 퇴적물이 많이 쌓이므로 같은 판이라면 판의 경계에서 멀수록 오래된 지점이며, 해저 퇴적물이 두께가 더 두껍다.
ㄱ. P_5와 P_6 사이에는 발산형 경계인 해령이 존재한다.
ㄴ. P_2는 P_4보다 판의 경계로부터 더 멀리 이동하였고, 연령이 더 오래 되었다. 따라서 P_2의 해저 퇴적물의 두께는 P_4보다 두껍다.
ㄷ. 모든 지점은 판의 경계로부터 멀어지고 있으므로 시간이 지날수록 P_1은 왼쪽으로 이동할 것이고, 남아메리카 대륙과 가까워질 것이다.

17 ㄱ. A에는 두 대륙판이 충돌하면서 습곡 산맥이 발달하고, B에는 대륙판 아래로 밀도가 큰 해양판이 섭입하면서 깊은 골짜기인 해구가 발달한다.
ㄴ. C는 산안드레아스 단층으로, 변환 단층이 육지로 드러나 있는 곳이다.

바른 풀이 ㄷ. B는 해구, D는 해령이 발달한다. 해령에서 새로운 판이 생성되어 해구에서 소멸되므로 해령(D)에서 해구(B)로 갈수록 암석의 나이가 많고, 해저 퇴적물의 두께가 두껍다.

18 ㄱ. 해령은 맨틀 대류의 상승부로 판이 생성되는 곳이며 해령의 양쪽 판은 서로 멀어져가므로 발산형 경계에 해당한다. A~C, D~F 구간은 판의 양쪽이 멀어져 가므로 해령에 해당한다.
ㄷ. C-D 구간은 양쪽 판이 서로 반대 방향으로 운동하며 스쳐지나가므로 보존형 경계이며 변환 단층이 발달한다.
바른 풀이 ㄴ. 화산 활동은 일어나지 않고, 지진만 일어나는 구간은 보존형 경계 구간이며 C-D 구간이 해당한다. B-C, D-E 구간은 판이 같은 방향으로 이동하므로 판의 경계가 아니다.

19 ㄴ. 화산 활동 시 분출되는 용암이나 용암에 섞여 흐르는 화산 쇄설물은 도로를 파괴하고, 산불이나 산사태를 일으켜 인명이나 재산상 큰 피해를 줄 수 있다.
ㄷ. 화산 기체에 포함된 이산화 황 등의 성분이 빗물에 섞이면 산성을 띠고, 산성비가 내리면 생태계에 피해를 준다.
바른 풀이 ㄱ. 화산재는 칼륨, 나트륨, 인 등을 함유하고 있어 토양을 비옥하게 한다.

20 ㄱ. ㉠ 화산재는 태양 복사를 막아 지표면에 도달하는 태양 복사 에너지를 감소시킨다.
ㄴ. '마치 눈과 같이 사방에 떨어졌는데'라는 표현에서 백두산 폭발로 다양한 화산 분출물이 방출되었다는 것을 알 수 있다.
ㄷ. ㉠ 화산재는 여러 가지 무기물을 포함하고 있어 토양을 비옥하게 만들어 주기도 한다.

21 ㄴ. 지각 변동 시 지구 내부 에너지에 의해 지구 내부의 물질과 에너지가 방출된다.
ㄷ. 해저에서 발생한 지진에 의해 지진 해일이 발생하는 등 수권에 영향을 미친다.
바른 풀이 ㄱ. 해저 화산 활동은 수권과 수중 생태계에 다양한 물질을 공급하는 등 수권에 영향을 미친다.

22 ① 화산재는 항공기의 시야를 흐리게 할 뿐만 아니라 엔진에 들어가 고장을 일으키기도 한다.
② 지진이 발생하면 건물이 붕괴되어 누전이나 합선 등에 의해 화재가 발생할 수 있다.
③ 지진파를 분석하면 석유나 천연가스 등 지하자원이 매장된 지역을 찾을 수 있다.
⑤ 화산 지대에는 지열이 많이 방출되므로 이를 이용하여 난방을 하거나 발전소를 세워 전기를 생산할 수 있다.
바른 풀이 ④ 해저에서 지진이 발생하면 그 진동으로 지진 해일(쓰나미)이 발생한다. 지진 해일이 해안 지역을 덮치면 큰 인명 및 재산 피해가 발생할 수 있다.

01 ①, ③ **02** ④ **03** ⑤ **04** ②

01 A는 히말라야 산맥으로 대륙판-대륙판의 충돌형 경계(수렴형 경계)이며, B는 알류산 열도로 해양판과 해양판의 섭입형 경계, C는 미국 서부의 산안드레아스 단층이며, 보존형 경계이다. D는 동태평양 해령과 보존형 경계가 같이 있는 지역이며, E는 안데스 산맥 지역으로 대륙판-해양판의 섭입형 경계이다.

① A는 충돌형 경계로 맨틀 대류의 하강부에 놓인다.

③ B와 E는 각각 섭입형 경계로 밀도가 더 큰 판이 밀도가 작은 판 아래로 섭입한다.

바른 풀이 ② A 대륙판끼리 충돌하는 경계에서는 판이 깊이 내려가지 않으므로 마그마가 형성되지 않아 화산 활동이 나타나지 않는다. E는 밀도가 큰 해양판이 대륙판 아래로 섭입하는 과정에서 마그마가 형성되고, 화산 활동이 활발하게 나타난다. 따라서 A에서는 E보다 화산 활동이 활발하지 않다.

④ C는 보존형 경계로 화산 활동이 일어나지 않으며, D의 보존형 경계에서는 화산 활동이 일어나지 않고, D의 해령에서는 화산 활동이 활발하다. 따라서 C에서는 D보다 화산 활동이 활발하지 않다.

⑤ D는 해령이므로 해양 지각이 만들어져 E쪽으로 이동하게 된다. 따라서 해양 지각의 나이는 D에서 E로 갈수록 많아진다.

02 A 지점으로 갈수록 지진은 깊은 곳에서 일어나고 있다. A와 B는 서로 다른 판에 속해 있으므로, 밀도가 큰 B가 속한 판이 밀도가 작은 A가 속한 판 아래로 섭입하고 있는 수렴형 경계에 해당한다.

ㄴ. A가 속한 판의 지하에서 마그마가 형성되므로, 화산 활동은 B가 속한 판보다 A가 속한 판에서 많이 발생한다.

ㄷ. A-B 사이의 수렴형 경계에서는 해구나 호상 열도, 습곡 산맥이 형성될 수 있다.

바른 풀이 ㄱ. 밀도가 큰 B 판이 밀도가 작은 A 판 아래로 섭입하고 있다. 따라서 A가 속한 판의 밀도가 B가 속한 판의 밀도보다 작다.

03 B 지역은 해령이며, 해령에서 새로운 지각이 만들어져서 양쪽으로 이동하는 것을 나타낸 것이다. 따라서 같은 판인 경우 해령에서 멀어질수록 해양 지각의 나이가 증가한다.

ㄱ. 해령에서 만들어진 해양 지각은 양쪽으로서로 멀어지므로 A와 C는 서로 멀어지고 있다.

ㄴ. B 부근에 새로 만들어지는 지각은 해양 지각으로 현무암질 암석으로 되어 있다.

ㄷ. 해양 지각의 나이가 0인 지점은 해령의 중심부가 되고, 열곡은 대서양 중앙 해령의 중심부에 존재하므로 '해양 지각의 나이가 0인 지점을 따라 열곡이 발달한다.'라고 할 수 있다.

04 밀도가 큰 인도-오스트레일리아 판이 밀도가 작은 유라시아 판과 충돌(수렴)하면서 인도-오스트레일리아 판이 유라시아 판 밑으로 비스듬하게 섭입하게 되고, 섭입대를 따라 지진이 발

생한다.

ㄴ. 이 지역에서는 두 판이 해양판이므로 해양판끼리의 수렴형 경계이다. 이런 경우 해구가 발달한다.

바른 풀이 ㄱ. 지진이 발생하는 것으로 보아 판의 경계는 수렴형 경계이다.

ㄷ. 수렴형 경계에서는 판이 섭입하면서 마그마가 발생하여 화산 활동이 활발하다.

01 지구시스템의 구성과 상호작용

❶ 대류 운동 ❷ 오존층 ❸ 액체 ❹ 풍속
❺ 먹이 그물 형성 ❻ 조력
❼ 에너지 평형 ❽ 물의 순환
❾ 이산화 탄소

02 지권의 변화와 영향

❶ 지구 내부 ❷ 판의 경계 ❸ 판
❹ 맨틀의 대류 ❺ 발산형 경계
❻ 수렴형 경계 ❼ 발산형
❽ 천발 지진 ❾ 해령 ❿ 습곡 산맥

01 ④	02 ⑤	03 ①	04 ④	05 ②	06 ③
07 ⑤	08 ⑤	09 ⑤	10 ②	11 ①	12 ⑤
13 ②	14 ⑤	15 ③	16 ③	17 ③	18 ①
19 ⑤	20 ②	21 ②	22 ①	23 ⑤	24 ①
25 ②					

01 ㄱ, ㄷ. 각 구성 요소들은 서로 유기적으로 연결되어 서로 영향을 주고받으면서 시스템을 이루고 있으며 구성 요소들 간의 상호작용을 통해 물질과 에너지가 이동한다.

바른 풀이 ㄴ. 외권과 지구시스템의 나머지 요소 사이에서 에너지의 출입은 존재하지만, 운석 외의 물질의 이동은 거의 없다.

02 ⑤ 지권의 성층 구조 중 가장 큰 부피를 차지하는 것은 맨틀로, 지권 전체 부피의 약 80 %를 차지한다.

바른 풀이 ① 지권에서 액체 상태인 것은 외핵 뿐으로, 맨틀과 내핵, 지각은 모두 고체 상태이다.

② 해수의 혼합층은 바람에 의해 혼합되어 깊이에 따른 수온이 거의 일정한 층으로, 바람의 세기가 강할수록 층의 두께가 두꺼워진다.

③ 기권은 높이에 따른 기온 분포를 기준으로 구분한다.

④ 지구 자기장은 지권의 외핵에서 일어나는 철과 니켈의 대류로 인해 형성된다.

03 ㄱ. A층은 중간권 아래에 있는 성층권, B층은 지표면 바로 위에 있는 대류권이다.
[바른 풀이] ㄴ. C층은 철과 니켈 등의 무거운 물질로 이루어진 핵으로, 그 중 내핵은 고체이지만 외핵은 액체이다.
ㄷ. 기권은 높이에 따른 온도 변화를 기준으로 성층 구조를 구분하지만 지권은 깊이에 따른 지진파의 속도를 기준으로 구분한다. 이때 지진파의 속도는 통과하는 물질의 성분과 상태에 따라 달라진다.

04 (가)에서 높이가 올라갈수록 온도가 낮아지는 B는 대류권, 높이가 올라갈수록 온도가 높아지는 A는 성층권이다. 또한 (나)에서 오존 농도가 높게 형성되어 있는 높이 약 20~30 km 구간은 성층권에 존재하는 오존층을 나타낸다.

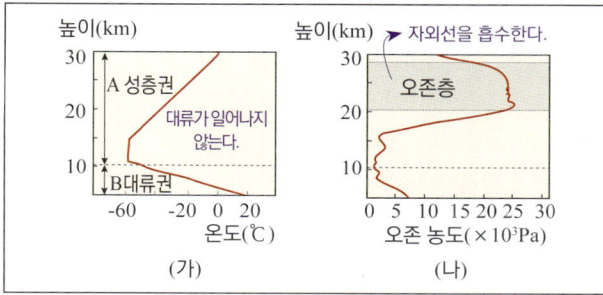

ㄴ. 성층권(A)은 높이 올라갈수록 기온이 상승하기 때문에 대류가 일어나지 않지만, 대류권(B)은 높이 올라갈수록 기온이 하강하기 때문에 대류가 일어나 공기의 연직 운동이 더 활발하게 나타난다.
ㄷ. 성층권(A)은 오존층이 태양의 자외선을 흡수하여 온도가 높아지는 것이므로 오존층이 파괴된다면 성층권의 평균 온도는 하강할 것이다.
[바른 풀이] ㄱ. 오존층은 A 성층권에 존재한다.

05 A는 내핵, B는 외핵, C는 맨틀, D는 지각이다.
ㄷ. 외핵(B)은 철과 니켈로 이루어졌지만 액체 상태이며, 이 외핵의 대류로 인해 지구 자기장이 형성되었다.
[바른 풀이] ㄱ. 철과 같은 무거운 물질은 층상 구조의 형성 때 중심으로 가라앉았으므로 지각(D)보다 내핵(A)에서 함량비가 가장 높다.
ㄴ. 맨틀(C)은 고체 상태이지만 유동성이 있어 대류가 일어난다.

06 A는 혼합층, B는 수온 약층, C는 심해층이다.
ㄱ. 혼합층(A)은 태양 복사 에너지를 흡수하여 수온이 높으며, 바람에 의해 혼합되어 깊이에 따른 수온이 거의 일정하다.
ㄷ. 심해층(C)은 태양 복사 에너지가 도달하지 않아 수온이 매우 낮으며, 계절이나 위도, 깊이에 따른 수온 변화가 거의 없다.
[바른 풀이] ㄴ. 수온 약층(B)은 매우 안정한 층으로 해수의 연직 운동이 일어나기 어려워, 혼합층과 심해층 사이의 물질과 에너지 교환을 차단한다.

07 그림은 생물권을 나타낸 것이다.
ㄱ. 생물권은 지구 시스템의 구성 요소 중 가장 마지막에 형성되었으며, 기권, 지권, 수권이 형성된 후에 형성되었다.
ㄴ. 생물권은 미생물을 포함하여 지구에 살고 있는 모든 생물

을 말하므로 기권, 지권, 수권에 모두 걸쳐 분포한다.
ㄷ. 생물권은 광합성과 호흡을 통해 기권과 상호작용하고, 풍화나 생물의 사체를 분해하는 과정에서 지권과 상호작용하며, 세포 내 물 공급이나 물속에 용해된 물질을 흡수하는 등의 과정에서 수권과도 상호작용한다.

08 ㄱ. A는 대류권으로 대기의 대류 현상으로 기상 현상이 일어난다.
ㄴ. B는 성층권으로 성층권 내인 높이 20~30 km 사이에 오존층이 존재한다.
ㄷ. C는 중간권으로 높이에 따라 온도가 내려가므로 공기의 대류가 일어난다.

09 A는 혼합층, B는 수온 약층, C는 심해층이다.
ㄱ. A는 해수면의 바람에 의해 해수의 혼합이 가장 활발하여 깊이에 따른 온도가 일정하다.
ㄴ. B는 수심이 깊어짐에 따라 수온이 급격히 낮아지므로 해수의 연직 운동이 일어나지 않고, 안정한 층이다.
ㄷ. C층은 태양 복사 에너지를 거의 받지 못한다.

10 ㉠ 대량의 화산재(지권)가 분출하여 기온(기권)이 변한다. ➡ A
㉡ 지하수(수권)에 의해 석회암(지권)이 녹아 석회 동굴이 생성된다. ➡ C
㉢ 식물(생물권)의 광합성 결과 생성된 산소가 대기(기권) 중으로 방출된다. ➡ B

11 ㉠ 바람(기권)에 의해 표층 해수(수권)가 혼합되어 혼합층이 만들어진다. ➡ 기권과 수권의 상호작용이므로 A는 수권이다.
㉡ 화산(지권) 가스의 분출 시 화산 가스의 성분 물질에 의해 대기(기권) 조성이 변한다. ➡ 기권과 지권의 상호작용이므로 B는 지권이다.
㉢ 식물(생물권)의 증산 작용에 의해 공기 중의 수증기(기권)량이 변한다. ➡ 기권과 생물권의 상호작용이므로 C는 생물권이다.

12 태풍을 발생시키는 에너지원 A는 태양 에너지이고, 밀물과 썰물을 일으키는 에너지원 B는 조력 에너지이다. 화산 폭발을 일으키는 에너지원 C는 지구 내부 에너지에 해당한다.
ㄱ. 지구시스템의 에너지원 중 가장 많은 양을 차지하는 (가)는 태양 에너지로, 태풍의 근원 에너지이므로 A에 해당한다.
ㄴ. 지권에서 발생하는 에너지인 (나)는 지구 내부 에너지로, 화산 활동의 근원 에너지이므로 C에 해당한다. 지구 내부 에너지에 의한 외핵의 대류로 인해 지구 자기장이 형성되었다.
ㄷ. (다)는 달과 태양의 인력에 의해 발생하는 조력 에너지로 밀물과 썰물의 근원 에너지이므로 B에 해당한다.

13 (가) 식물에 의한 증산 작용은 생물권에서 흡수한 수분이 수증기로 기권인 대기에 방출되는 것이므로 B 과정에 해당한다.
(나) 증발로 인한 댐의 수위 감소는 수권의 물이 증발하여 기권

인 대기에 방출되는 것이므로 C 과정에 해당한다.
(다) 육지에 내린 비가 강물에 유입되는 것은 지권에 내려 퍼져 있던 물이 한곳으로 모여 수권에 유입되는 것으로 F 과정에 해당한다.

14 ㄴ. A는 기권에서 생물권으로 탄소가 이동하는 과정이므로, 그 예로 식물의 광합성 과정에서 대기 중의 이산화 탄소를 유기물로 만들어 식물이 사용하는 것이 있다.
B는 생물권에서 기권으로 탄소가 이동하는 과정이므로 그 예로 생물의 호흡을 통해 유기물을 분해하고 발생하는 이산화 탄소를 대기로 방출하는 것이 있다.
ㄷ. 수온이 낮아지면 이산화 탄소(기체)의 용해도가 증가하므로 해수로 용해되어 유입되는 양이 방출량보다 많아진다.
[바른 풀이] ㄱ. 수권에서 탄소는 탄산 이온 상태로 저장된다. 지권에서 탄소는 탄산염(석회석) 형태로 저장된다.

15 ㄱ. A 과정은 기권의 이산화 탄소가 생물권으로 유입되어 유기물의 형태로 저장되는 것이며, 그 예로는 광합성이 있다.
ㄹ. 생물의 사체가 오랜 시간에 걸쳐 석탄, 석유 등의 화석 연료가 되면 지권에 포함되며 이때 탄소의 존재 형태는 유기물이다.
[바른 풀이] ㄴ. B 과정은 생물이 에너지를 얻기 위해 유기물을 분해하여 이산화 탄소를 대기로 방출하는 호흡 과정에 해당한다. 이때 탄소 화합물인 유기물에 저장된 화학 에너지를 소모하므로 태양 에너지가 필요하지 않다.
ㄷ. C 과정 뿐만 아니라 모든 탄소의 순환 과정인 A~D는 지구 시스템 내에서 이루어지는 것으로 지구 스템의 전체 탄소량은 일정하게 유지된다.

16 ㄱ. 지진대나 화산대는 대륙 주변에 좁고 긴 띠 모양으로 분포한다.
ㄷ. 지진이나 화산 활동과 같은 지각 변동이 자주 일어나는 지역을 변동대라고 한다.
[바른 풀이] ㄴ. 변동대는 대륙 주변부 즉, 판의 경계에 주로 위치한다. 판의 중앙부는 지각 변동이 거의 일어나지 않는다.

17

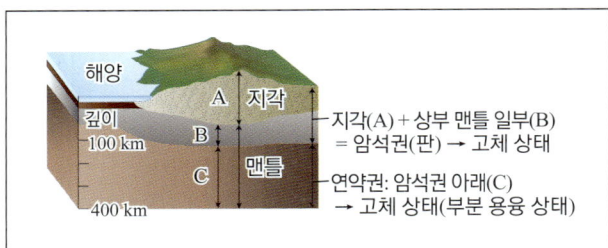

ㄷ. C는 연약권으로 상부와 하부의 온도 차이로 맨틀의 대류가 일어난다.
[바른 풀이] ㄱ. 판은 지각(A)과 최상부 맨틀의 일부(B)를 포함한 단단한 부분이다.
ㄴ. 부분적으로 유동성이 있어 맨틀의 대류가 일어나는 곳은 연약권인 C이다.

18 ㄱ. A 지역은 판이 서로 모여들면서 만나는 수렴형 경계이다. 이 경계는 맨틀 대류의 하강부에 위치하며, 밀도가 큰 판이 밀도가 작은 판 아래로 섭입하게 되어 판이 소멸된다.
[바른 풀이] ㄴ. B 지역은 보존형 경계로 주로 천발 지진이 발생한다.
ㄷ. C 지역은 판과 판이 서로 멀어지는 발산형 경계 지역으로, 해령에서 마그마에 의해 새로운 해양 지각이 생성된다. 해구는 수렴형 경계 지역인 A 지역에서 발달한다.

19 ㄱ. (가)와 (라)는 판이 서로 모이는 수렴형 경계, (나)는 판이 서로 반대 방향으로 운동하며 스치는 보존형 경계, (다)는 판이 서로 멀어지는 발산형 경계이다.
ㄴ. (나) 보존형 경계에서는 판의 생성이나 소멸이 일어나지 않는다.
ㄷ. (다)는 두 판이 서로 멀어지는 발산형 경계이므로 맨틀 대류가 상승하는 곳에 발달한다.

20 수렴형(섭입형) 경계에서는 섭입대를 따라 지진이 발생한다. 판이 섭입하기 시작하는 곳에서 해구가 발달하고, 천발 지진이 발생하며, 거리가 멀수록 지진 발생 지점의 깊이가 깊어져 중발~심발 지진이 발생한다. 따라서 A와 C 지점 근처에 각각 해구가 있다.
ㄴ. 화산 활동과 지진은 같이 일어난다. C는 섭입대가 얕을 때이어서 천발 지진과 화산 활동이 일어나고, D는 섭입대가 깊게 형성되어 더 넓은 지역에서의 천발~심발 지진과 화산 활동이므로 D에서 화산 활동이 더 활발하다고 할 수 있다.
[바른 풀이] ㄱ. A에서는 천발 지진이 발생하고, B에서는 천발~심발 지진이 발생하므로 A가 판이 섭입하기 시작하는 지점과 더 가깝고, 해구는 B보다 A에 가까운 곳에 있다.
ㄷ. 수평 거리가 같을 때 지진이 발생한 깊이는 (가)가 (나)보다 깊으므로 두 판의 경계면(섭입대)의 평균 기울기는 (가)가 (나)보다 크다.

21 ㄴ. 동아프리카 열곡대는 대륙판이 양쪽으로 멀어지는 발산형 경계에 해당한다. 발산형 경계에서는 화산 활동, 천발 지진이 주로 발생하고, 중발, 심발 지진은 거의 발생하지 않는다.
[바른 풀이] ㄱ. 열곡대는 판이 멀어지면서 지각이 갈라져 생긴 V자 모양의 골짜기가 길게 발달한 지형이다.
ㄷ. 동아프리카 열곡대는 맨틀 대류가 상승하는 곳에서 대륙판이 양쪽으로 멀어지는 발산형 경계에 해당한다.

22 A는 맨틀 대류의 상승부에서 발달하는 해령이며, B는 판과 판이 서로 반대 방향으로 운동하며 스치며 지나가는 보존형 경계, C는 맨틀 대류의 하강부에서 발달하는 수렴형 경계이다.
ㄱ. A 해령에서는 마그마의 상승에 의한 화산 활동이 활발하다.
[바른 풀이] ㄴ. B 보존형 경계에서는 습곡 산맥이 발달하지 않는다.
ㄷ. C 수렴형 경계 지역은 맨틀 대류의 하강부에 위치해 있으므로 밀도가 큰 해양 판이 밀도가 작은 대류 판 아래로 섭입하여 소멸한다.

23 ㄱ. 화산 활동에 의해 기권으로 방출된 화산재는 햇빛을

가려 지구의 평균 기온을 낮추기도 한다.(기권에 영향)

ㄴ. 화산 쇄설류가 흐르면서 산불(생물권에 영향) 및 산사태(지권에 영향)가 발생한다.

ㄷ. 화산 활동으로 분출된 화산 가스는 산성비를 내리게 하여 생태계에 피해를 주고, 용암은 마을로 흘러 인명과 재산 피해를 준다. 따라서 화산 활동으로 분출된 물질은 사회적, 경제적인 피해를 준다. (생물권에 영향)

24 ㄱ. (가) 해양판과 해양판의 발산형 경계에서는 마그마의 상승으로 해령이 발달한다.

[바른 풀이] ㄴ. (나) 보존형 경계에서는 판의 생성이나 소멸이 일어나지 않는다.

ㄷ. (나) 보존형 경계에서는 화산 활동이 일어나지 않으므로 화산 활동은 (가)에서 더 활발하다.

25 ㄷ. 화산 활동으로 분출된 화산 분출물은 대기 중의 수증기와 섞여 산성비를 내리게 하거나, 하늘을 덮어 기온을 하강시키는 등 인접 국가의 생태계에 피해를 준다. 따라서 화산 활동은 주변 국가에 사회적, 경제적 영향을 준다.

[바른 풀이] ㄱ. A는 해양판과 대륙판이 서로 모여드는 수렴형 경계로 밀도가 큰 해양판이 밀도가 작은 대륙판 아래로 섭입하면서 섭입대에서 화산 활동과 지진이 일어나게 된다.

ㄴ. 칼부코 화산은 섭입형 경계의 섭입대에서 발생한 것이고, 섭입형(수렴형)경계는 맨틀 대류의 하강하는 곳에 위치한다.

고난도 마무리
177 쪽

01 ④   **02** ②   **03** ⑤   **04** ②

01 '판게아(지권)의 분리로 인해 생물의 서식 환경과 생태계(생물권)가 변화한다.'는 지권과 생물권의 상호작용이므로, B는 지권이다.
'태양(외권)으로부터 날아오는 전기를 띤 입자가 열권(기권)에서 오로라를 만든다.'는 외권과 기권의 상호작용이므로, A는 기권이다.
따라서 ㉠은 A 기권과 B 지권의 상호작용에 해당한다.
④ 화산 활동으로 방출된 물질(지권)이 대기(기권)의 조성과 기온에 영향을 준다. - 기권과 지권의 상호작용

[바른 풀이] ① 인간 활동(생물권)의 영향으로 지구의 기온(기권)이 상승한다. - 생물권과 기권의 상호작용
② 지속적으로 부는 바람(기권)에 의해 표층 해류(수권)가 발생한다. - 기권과 수권의 상호작용
③ 해저 화산 활동(지권)으로 공급된 물질이 염류(수권)의 근원이 된다. -지권과 수권의 상호작용
⑤ 빙하(수권)가 중력에 의해 낮은 곳으로 움직이며 지형(지권)을 변화시킨다. - 수권과 지권의 상호작용

02 물 수지 평형은 지구시스템의 대륙과 해양에서 각각 일

어난다.
〈대륙〉 물의 유출: 증산, 증발(15) + 하천수, 지하수(11)=26
물의 유입: 강수(26)
〈해양〉 물의 유출: 증발(수증기(124)−대륙에서의 증산, 증발(15)=109
물의 유입: 강수(98) + 대륙에서의 하천수, 지하수(11)=109
ㄴ. 지하수와 하천수는 지권의 물에 녹는 다양한 물질을 포함하여 바다로 운반한다.

[바른 풀이] ㄱ. 대륙, 해양에서 각각 물 수지 평형이 일어나므로 ㉠ (해양에서의)증발=대기의 수증기−대륙에서의 증산·증발=124−15=109이다.

ㄷ. 증발 과정에서 물이 수증기로 상태 변화하면서 태양 에너지는 기화열 형태로 기권(수증기)에 흡수된다. 수증기가 구름의 입자(작은 물방울, 얼음 조각)로 상태 변화(응결, 승화)할 때에는 액화열이나 승화열을 대기(기권)로 방출하여 기온을 상승시킨다.

03 ㄱ. 지구의 탄소는 대부분(99.9%) 지권의 탄산염(석회암) 형태로 존재한다.

ㄴ. 온도가 높아지면 기체의 용해도는 감소하므로, 해수의 온도가 높아지면 기권의 이산화 탄소가 해수에 녹는 정도가 감소하므로 기권의 탄소(이산화 탄소)가 수권의 탄소(탄산 이온, 탄산수소 이온)로 유입되는 양인 A의 양이 감소한다.

ㄷ. 기권으로 유입되는 탄소의 양: 수권에서 방출+생물의 호흡 및 분해(생물의 유기물 분해 시 이산화 탄소의 방출) + 지표 배출 + 화석 연료 연소=90+60+60+5.5=215.5
기권에서 유출되는 탄소의 양: A(대기 중 이산화 탄소의 용해)+광합성(이산화 탄소의 생명체 흡수)=92+121=213
따라서 기권으로 유입되는 탄소의 양이 기권에서 유출되는 산소의 양보다 많다.

04 해수는 깊이에 따른 수온 분포를 기준으로 혼합층, 수온약층, 심해층으로 구분한다. 혼합층은 수면 위의 바람에 의해 혼합되어 깊이에 따른 수온이 거의 일정한 층이고, 수온 약층은 깊이에 따라 수온이 급격하게 낮아지기 때문에 밀도가 증가하여 해수의 연직 운동이 일어나기 어려워 매우 안정한 층이다.
(가) 시기는 수심 약 100 m 지역까지 온도가 일정하므로 혼합층은 수심 약 100 m까지이고 그 아래가 수온 약층이다.
(나) 시기는 수온이 일정한 수심 3~40 m까지 혼합층이다.
ㄷ. 수심 50 m 부근에서 (가)는 혼합층, (나)는 수온 약층이다. 수온 약층은 해수의 연직 운동이 일어나지 않아 안정하므로 수심 50 m 부근에서는 (가)보다 (나)가 더 안정하다.

[바른 풀이] ㄱ. 혼합층은 수면 위의 바람이 셀수록 더 두꺼워지므로, 혼합층이 더 두꺼운 (가)가 (나)보다 바람이 더 세게 분다.

ㄴ. (가)는 수심 50 m 부근에서 혼합층이므로 해수의 연직 운동이 일어나 해수가 섞인다.

01 ①	02 ②	03 ①	04 ⑤	05 ④	06 ③
07 ②	08 ②	09 ④	10 ③	11 ②	12 ①
13 ④	14 ③	15 ④	16 ③	17 ④	18 ③

01 A는 외권, B는 기권, C는 생물권, D는 수권, E는 지권이다.
② B 기권의 성분 물질인 대기는 지구의 중력으로 인해 99 %가 지표면으로부터 높이 약 30 km 이내에 분포한다.
③ 지구에는 액체 상태인 물이 존재하여 태양계의 행성 중 유일하게 C 생물권이 존재한다.
④ D 수권의 대부분인 97.5 %는 해수의 상태로 존재하며, 육수 중에서는 빙하가 1.72 %로 가장 많은 양을 차지한다.
⑤ E 지권은 지구 전체 질량 중에서 가장 큰 질량을 차지한다.
바른 풀이 ① A 외권과 지구계의 다른 영역 사이에서 유성을 제외한 물질 이동은 거의 일어나지 않지만 태양 복사 에너지를 포함한 에너지의 이동은 일어난다.

02 ㄷ. 수온 약층은 수온이 일정한 혼합층 바로 아래 층으로 깊이에 따라서 온도가 급격하게 하강하는 층이다. 따라서 A보다 B에서 더 두껍다.
바른 풀이 ㄱ. 여름철은 혼합층 수온이 높다. 따라서 여름철 수온 분포는 B이다.
ㄴ. 바람에 의해 해수가 활발하게 혼합될수록 혼합층의 두께가 더 두꺼워진다. 따라서 B보다 A에서 더 활발하다.

03 A는 지각, B는 맨틀, C는 외핵, D는 내핵이다.
ㄱ. B 맨틀은 A~D 층 중에서 부피가 가장 크다.
바른 풀이 ㄴ. C 외핵은 액체 상태로 대류가 일어나는 층이며, D 내핵은 고체 상태이다.
ㄷ. 규산염 광물로 이루어진 층은 A 지각이며, C 외핵은 철과 니켈 등의 무거운 물질로 이루어져 있다.

04 ㄱ. A는 성층권으로 중간에 오존층이 존재한다.
ㄴ. C는 맨틀로 지권에서 차지하는 부피가 80 %로 가장 크다.
ㄷ. B 대류권의 기상 현상은 지권의 지형 변화를 일으키고, 수권의 해류를 변화시키는 등 지각의 변화에 영향을 준다.

05 A는 혼합층, B는 수온 약층, C는 심해층이다. 위도 30°의 중위도 지역에서는 바람이 강하게 불어 혼합층이 두껍게 발달한다.
ㄴ. B는 수온 약층으로 깊어질수록 수온이 낮아지므로 연직으로 대류가 일어나지 않아 매우 안정한 층이다. 중위도에서 깊이에 따른 온도의 하강 정도가 저위도보다 심하므로 저위도보다 중위도에서 더 안정하다.
ㄷ. C는 심해층으로 햇빛이 거의 도달하지 않아 수온 변화가 거의 없다.
바른 풀이 ㄱ. A는 혼합층으로 바람이 강할수록 해수가 잘 섞이므로 두껍게 발달한다. 혼합층이 두꺼운 중위도에서 저위도보다 바람이 심하게 분다.

06 A는 태양 에너지, B는 원시 지구에서 축적된 열과 지구 내부의 방사선 원소의 붕괴열로 인한 지구 내부 에너지, C는 달과 태양의 인력에 의한 조력 에너지이다.
ㄱ. A 태양 에너지는 식물 세포가 광합성을 하여 유기 양분을 합성하는 데 사용된다.
ㄴ. B 지구 내부 에너지의 기원은 원시 지구에서 내부에 축적된 열과 방사성 동위 원소의 붕괴열이다.
바른 풀이 ㄷ. C 조력 에너지는 주기적인 해수면 변화를 일으켜 밀물과 썰물이 일어나게 한다. 해류는 지구의 자전과 해수면 위의 바람 등이 원인이다.

07 물 수지 평형은 대륙, 해양, 지구 전체에서 각각 일어난다. 태양 에너지는 물의 증발 과정에서 잠열로 흡수되고, 응결 과정에서 잠열이 방출된다.
ㄴ. 지하수와 하천수는 침식물을 바다로 운반하거나, 물질을 용해시켜 바다로 운반한다.
바른 풀이 ㄱ. 해양으로의 물 유입은 해양 강수(98)+하천수·지하수 유입 (11)=109이고, 해양에서 물 유출은 증발(㉠)밖에 없으므로 ㉠은 109이다.
ㄷ. 증발 과정에서 태양 에너지가 흡수되고, 응결 과정에서 태양 에너지는 기권으로 방출된다.

08 대기가 포함하고 있는 수증기의 대부분은 바다에서 증발한 것(A)이다.
ㄴ. 물은 각 권 사이를 이동하지만 각 권에서의 유입량과 방출량이 서로 같으므로, 지구 전체에서 대기의 물의 양은 일정하게 유지된다.
바른 풀이 ㄱ. A 과정(바다→대기)은 바다에서 대기로 물이 증발하여 이동하는 것이다. 비나 눈은 대기에서 수증기가 응결하여 바다나 육지에 내리는 것이다.
ㄷ. 대기 중 수증기의 대부분은 바다에서 증발한 것이다. 따라서 바다에서 대기로 증발하는 수증기의 양이 대기에서 육지로 강수하는 비나 물의 양보다 더 많다.

09 ㄴ. ㉡ 식물이 땅속에 묻혀 화석 연료가 될 때, 식물(생물권)에 포함되어 있던 탄소가 지권의 유기물이 되는 것이므로 생물권에서 지권으로의 탄소의 이동(C)에 해당한다.
ㄷ. 수권의 탄산 이온이 침전되어 주로 탄산염(석회암)이 만들어지거나 조개, 산호의 잔해가 해저에 쌓여 탄산염(석회암)이 만들어진다.
바른 풀이 ㄱ. ㉠ 광합성은 대기의 이산화 탄소를 흡수하여 식물이 유기물을 만드는 과정이므로 대기(기권)의 탄소를 감소시키는 요인이다.

10 A는 화산 활동에서의 이산화 탄소, 메테인 등을 포함한 화산 가스가 대기로 방출되는 것이고, B는 동식물이 땅에 묻혀 화석 연료가 생성되는 과정이 해당되며, C는 생물체의 호흡으로 이산화 탄소가 대기 중으로 방출되는 것이 해당되며, D는 대기 중 이산화 탄소가 해수에 용해되는 것이 해당되며, E는 바닷물에 녹아 있던 탄산 이온이 침전되어 석회암이 생성되는 과정이 해당된다.
바른 풀이 ③ 식물의 광합성은 대기 중의 이산화 탄소와 빛에너

지가 식물체 내의 포도당으로 합성되는 것으로, 탄소의 대기→생
물권 이동에 해당한다.

11 ㉠은 화석 연료(지권)의 유기물에 포함되어 있던 탄소가 대기
(기권) 중으로 이산화 탄소 형태로 이동하는 것이다. A(지권→기권)
㉡은 바닷물(수권)의 탄산 이온이 생물체의 몸(생물권)으로 이동
하는 것이다. C(수권→생물권)
㉢은 대기(기권) 중의 이산화 탄소가 광합성 과정을 통해 생물체(생
물권) 내의 포도당으로 이동하는 것이다. B(기권→생물권)

12 ㄱ. 화석 연료(석유, 석탄, 천연 가스)(지권)가 연소할 때 이산
화 탄소가 대기(기권)로 방출된다.
[바른 풀이] ㄴ. 지구의 탄소는 대부분 지권에 탄산염(석회암) 형
태로 존재한다.
ㄷ. 해수의 온도가 상승하면 기체의 물에 대한 용해도가 감소하므
로 물(수권)에 녹아 있던 이산화 탄소가 대기(기권)로 방출된다.

13 화산 활동과 지진이 일어나는 지역인 변동대는 대부분 판의
경계에 위치하므로 화산대와 지진대가 거의 일치한다.

14 A는 해령, B는 해양판과 대륙판의 수렴형(섭입형) 경계, C
는 양쪽 판이 서로 같은 방향으로 이동하므로 판의 경계가 아니
며, D는 양쪽 판이 서로 반대 방향으로 이동하며 스치고 지나가
므로 보존형 경계에 해당한다.
ㄱ. A는 마그마의 상승에 의한 천발 지진, B에서는 해양판의 섭
입에 의해 섭입대에서의 마찰에 의해 천발~심발 지진, D 반대
방향으로 운동하는 두 판의 마찰에 의해 천발 지진이 발생한다.
ㄴ. B는 밀도가 큰 해양판과 밀도가 작은 대륙판이 충돌하여 해
양판이 대륙판 밑으로 섭입하는 경계이다.
[바른 풀이] ㄷ. C와 D에서는 모두 판의 연직 운동이 일어나지
않으므로 마그마에 의한 화산 활동은 일어나지 않는다.

15 ④ 화산 활동에 의해 판의 경계의 대륙판쪽 지표면에는 호
상(활 모양) 화산섬 열도가 만들어지는데 일본이 그러한 예이다.
[바른 풀이] ① B에서 A로 갈수록 깊은 곳에서 지진이 일어나
는 곳의 지표면이 되므로 B에서 A로 갈수록 심발 지진이 더 많
이 일어난다.
② 위와 같은 지형은 섭입형(수렴형)경계이다.
③ 위와 같은 지형은 밀도가 작은 대륙판과 밀도가 큰 해양판이 만
나 이루어진다.
⑤ 우리나라도 판의 경계에 가까운 위치이므로 지진과 화산 활동
에 대비해야 한다.

16 [해설] (가) 맨틀 대류의 하강부에서는 판이 수렴하면서 해구,
호상 열도, 습곡 산맥이 형성되고, (나) 맨틀 대류의 상승부에서는
열곡대나 해저 산맥인 해령이 생성되어 새로운 지각이 형성되면서
판이 양쪽으로 이동한다.

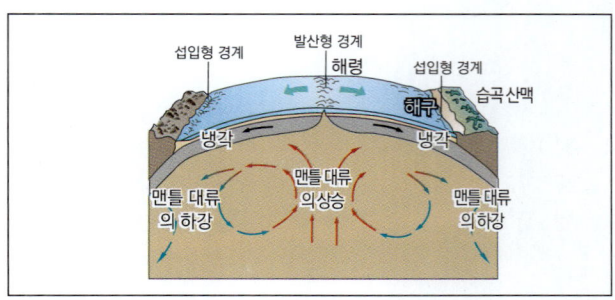

17 A는 동태평양 해령, B는 페루-칠레 해구, C는 대서양 중
앙 해령이다. 해령에서 판이 생성되어서 해구쪽으로 이동하다가
해구에서 소멸되므로 지층의 연령은 해구쪽으로 갈수록 많다.
ㄴ. B는 나스카판(해양판)이 남아메리카 판 아래로 섭입하는 경계
로 발달한 지형은 페루-칠레 해구이다
ㄷ. C는 맨틀 대류가 상승하는 발산형 경계에서 발달하는 해령으
로 천발 지진이 활발하게 발생한다.
[바른 풀이] ㄱ. A, C는 맨틀 대류가 상승하는 발산형 경계에서
발달하는 지형이고, B는 맨틀 대류가 하강하는 수렴형 경계에서
발달하는 지형이다. 따라서 A에서는 새로운 판이 생성되어 이동
하다가 B에서는 판이 소멸된다.

18 화산 활동은 지구시스템의 여러 요소에 피해를 줄 뿐만 아니
라 사회적, 경제적, 환경적 피해를 준다.
ㄱ. 화산재(지권)가 하늘을 뒤덮어 기온(기권)이 낮아진 것은 지
권의 화산 활동이 기권에 영향을 미친 것이다.
ㄴ. (나)는 화산 활동(지권)이 지상 생물과 농작물에 피해를 주었
으므로 생물권에 피해를 입힌 사례이다.
[바른 풀이] ㄷ. 화산 활동에 의해 화산재가 발생하여 항공기 운
항 정지와 식료품 사재기 등의 혼란이 발생한 것은 사회적 피해
에 해당되고, 건물이 붕괴되고, 여러 산업 분야에 타격을 준 사례
는 경제적 피해에 해당된다.

01 ⑤	02 ④	03 ③	04 ①	05 ②	06 ⑤
07 ④	08 ⑤	09 ①	10 ②	11 ⑤	12 ③
13 ①	14 ⑤	15 ⑤	16 ③	17 ④	18 ③

01 ㄱ. (가)의 B 층은 성층권으로 오존층이 지구 자외선을 흡수
하므로 위로 올라갈수록 기온이 높아진다.
ㄴ. (가)의 C 층은 중간권, (나)의 a 층은 혼합층으로, 중간권은 높
이 올라갈수록 기온이 하강하여 대류가 일어나고 혼합층은 바람
에 의해 해수가 혼합되므로 연직 운동이 활발하게 일어난다.
ㄷ. (가)와 (나) 모두 높이와 깊이에 따른 연직 온도 분포를 기준으
로 성층 구조를 구분하였다.

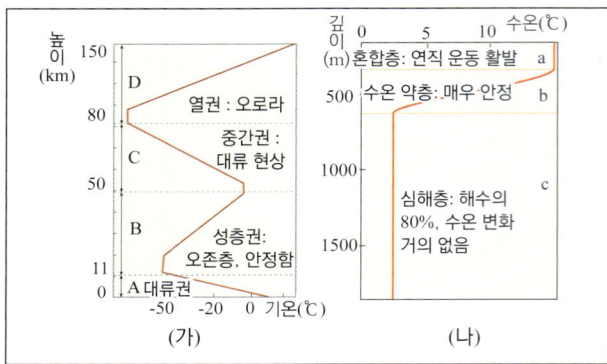

02 ㄱ. A는 주로 화강암질 암석으로 이루어진 대륙 지각이며 밀
도가 약 2.7 g/cm³이고, B는 주로 현무암질 암석으로 이루어진 해
양 지각이며 밀도가 약 3.3 g/cm³이어서 B의 밀도가 A보다 크다.
ㄷ. C 맨틀의 상부는 유동성이 있어 대류가 일어나 판을 이동시
킨다.
바른 풀이 ㄴ. A, B, C는 모두 고체 상태이다.

03 ③ 지권의 성층 구조는 깊이에 따른 각 층의 구성 성분과 물질의
상태를 기준으로 구분하며, 각 층마다 지진파의 속도가 달라지므로,
지진파를 지구 내부로 전파시켜 탐사한다.
바른 풀이 ① 외핵은 액체 상태이다.
② 무거운 물질인 철의 함량비가 가장 높은 곳은 외핵과 내핵이다.
지각은 주로 비교적 가벼운 규산염 물질로 이루어져 있다.
④ 지권의 화산 활동에 의한 기권의 이산화 탄소 농도 변화, 지권의
지각 변동에 의한 수권의 지진 해일(쓰나미) 등이 발생한다. 지권의
변화는 기권과 수권에 영향을 미친다.
⑤ 지권은 지각과 지구 내부를 모두 포함하는 영역으로, 지표면에
서 깊이 약 6400 km까지이다.

04 B 해역은 A 해역보다 표층 수온이 높고, A 해역보다 혼합층
의 두께가 두껍다.
ㄱ. B 해역의 일사량이 A 해역보다 강하여 표층 수온이 높게 나
타난다.
ㄴ. B 해역의 바람이 A 해역보다 강하게 불어 바다의 표층수를 잘
혼합할 수 있으므로, B 해역의 혼합층의 두께가 A 해역보다 두껍다.
바른 풀이 A 해역과 B 해역의 수온 약층의 두께(ㄷ)와 심해층의

수온(ㄹ)은 서로 비슷하여 비교할 수 없다.

05 (가) 조력 에너지에 의해 해수면의 높낮이가 변하고 밀물과 썰
물 현상이 발생한다.
(나) 위도에 따라 받는 태양 복사 에너지량이 다르므로 에너지 평형
을 이루기 위해 대기와 해수의 대순환이 일어난다.
(다) 지구 내부 에너지에 의해 마그마가 형성되어 지각의 약한 곳을
뚫고 분출되는 현상이 화산 폭발이다.

06 C는 에너지원 중 상대적 비율이 가장 작은 조력 에너지이다.
⑤ 조력 에너지는 해수면의 높이를 주기적으로 변화시켜 밀물과 썰
물 현상을 일으킨다.
바른 풀이 ①, ②, ④ B 태양 에너지는 지구시스템 에너지원의 대
부분을 차지하며, 대기와 해수의 순환을 일으키고, 물을 증발시켜
구름을 만들고 날씨 변화를 가져오며, 생물의 광합성 시 흡수되어
포도당을 만들어 생명 활동에 필요한 에너지로 이용된다.
③ 지구 내부 에너지는 초기 지구에서 축적된 열과 지구 내부의 방
사성 동위 원소의 붕괴열 등으로 발생하는 에너지이며, 지권에서
지진과 화산 활동과 같은 지각 변동을 일으킨다.

07 ㄱ. A의 강수 과정을 비롯한 물의 순환은 태양 에너지에 의
해 일어난다.
ㄷ. 물의 순환 과정 중에 지권에 강수된 물이 하천이나 지하수의 형
태로 지권을 통과하면서 풍화와 침식이 일어나 지표에 변화가 일어
난다. 따라서 하천 B와 지하수 C의 물의 이동량이 늘어나면 육지
에서 일어나는 지표 변화가 커진다.
바른 풀이 ㄴ. A=B+C+육지에서의 증발량(15)이다.

08 ㄱ. A 증발은 액체인 물이 기체인 수증기로 상태 변화를
일으키는 것으로 에너지를 흡수하는 과정이고, B의 구름 생성
은 기체 상태였던 수증기가 응결되어 액체인 물로 상태 변화를
일으키는 것으로 에너지를 방출하는 과정이다.
ㄴ. 물의 순환을 일으키는 근본 에너지원은 태양 에너지이다.
ㄷ. 물의 순환 과정 중 구름, 강수, 태풍 등의 기상 현상과 풍화
와 침식 작용으로 인한 지형 변화가 일어난다.

09 바다에서 물이 증발할 때 액체인 물이 수권에서 열에너지를
얻어 (열에너지가 큰)기체인 수증기로 상태 변화를 일으키는 것이
므로 열에너지는 수권에서 기권으로 이동하고, 수증기가 응결되어
구름(작은 물방울, 빙정)이 될 때 기체인 수증기에서 액체, 고체인
물이나 빙정으로 상태 변화하므로 열에너지가 방출된다.

10 ② 기권으로 유입되는 탄소량: 90+60+60+5.5=215.5이고, 기
권에서 유출되는 탄소량: 92+121=213이므로, 기권의 탄소량은 점
점 증가하고 있다.
바른 풀이 ① 탄소의 순환은 지구시스템의 각 권 사이에서 일어
나는 것이므로 지구 전체의 탄소량은 일정하게 유지된다.
③ 화산 활동이 일어나면 지권의 탄소가 이산화 탄소 형태로 대
기 중에 방출되므로 지권의 탄소량은 감소하고 기권의 탄소량이
증가한다.
④ 화석 연료의 사용량이 증가하면 연소 과정에서 기권으로 방출되
는 이산화 탄소의 양이 많아지는 것이므로 기권의 탄소량은 증가한다.

⑤ 수온이 상승하면 수권의 기체 용해도 감소로 수권에서 기권으로 방출되는 이산화 탄소의 양이 증가한다.

11 ㄱ. 지권의 화산 활동으로 공기 중 수증기가 늘어나게 되므로 지권이 기권에 영향을 미치는 작용 A에 해당한다.
ㄴ. 생물의 유해가 지권의 석유가 되는 것이므로 생물권이 지권에 영향을 미치는 작용 B에 해당한다.
ㄷ. 수권의 파도가 지권의 바위에 영향을 미치는 것이므로 수권이 지권에 영향을 미치는 작용 C에 해당한다.

12 ① 화산 활동 과정에서 지권의 이산화 탄소가 기권으로 방출된다.(A)
② 식물의 광합성 과정에서 기권의 이산화 탄소가 생물권으로 이동한다.(B)
④ 석회암이 물에 녹는 과정에서 석회암의 탄소가 수권으로 이동한다.(D)
⑤ 수온 상승에 의해 물에 녹아있던 이산화 탄소가 기권으로 이동한다.(E)
[바른 풀이] ③ 물속 광합성 식물은 물에 녹아있는 이산화 탄소를 흡수하여 포도당을 합성한다. 이것은 탄소가 수권→생물권으로 이동하는 예이므로 C가 아니다.

13 우주선, 태양풍 등 외권의 대전 입자가 기권의 ㉠에 의해서 차단되고 있는 것으로 보아, ㉠은 외핵 대류에 의한 지구 자기장이며, 외권에 해당한다.
자외선(점선 화살표)이 ㉡에 의해서 차단되고 있는 것으로 보아 ㉡은 오존층이며, 기권의 성층권 중간(지표면 높이 20~30 km)에 형성되어 있다. 오존층이 태양 에너지를 흡수하여 성층권에서 지표면에서 높아질수록 온도가 상승한다.
ㄱ. ㉠은 지구 자기장에 의한 영향을 나타낸다.
[바른 풀이] ㄴ. ㉡ 오존층으로 인해 성층권 구간에서는 위로 올라갈수록 기온이 높아진다.
ㄷ. 초기 지구에 오존층이 형성되고 유해한 자외선이 지표면에 도달하지 못하게 되면서 육상 생물이 출현했다. 최초의 육상 식물은 고생대에 출현했으므로, A 시기는 고생대이거나 그 이전임을 알 수 있다. 암모나이트는 중생대에 번성했던 해양 동물이다.

14 ㄱ. A는 지각과 상부 맨틀의 일부를 포함하는 두께 약 100 km의 단단한 부분으로 암석권(판)이고, B는 암석권 아래의 깊이 약 100 ~ 400 km 구간인 연약권이다.
ㄴ. B 연약권은 부분적으로 용융되어 있어 유동성이 있으므로 상부와 하부의 온도 차이로 대류가 일어난다.
ㄷ. 해양 지각을 포함하는 해양판은 대륙 지각을 포함하는 대륙판보다 두께가 얇지만 밀도가 크다.

15 ㄱ. ㉠ 지진은 주로 판의 경계 부근에서 발생한다.
ㄴ. A 지역의 두 판이 서로 반대 방향으로 이동하며 스쳐 지나가므로 보존형 경계임을 알 수 있다.
ㄷ. 원시 지구에서 축적된 열과 지구 내부 방사성 동위원소의 붕괴열로 형성된 지구 내부 에너지는 지진과 화산 활동 등 지각 변동을 일으킨다.

16 ㄱ. A는 인접한 두 판의 이동 방향이 반대이어서 보존형 경계에 해당되고, B는 인접한 두 판의 이동 방향이 같으므로 판 경계가 아니므로 화산 활동과 지진이 거의 발생하지 않는다.
ㄴ. C는 해령으로 맨틀 물질의 상승에 의해 화산 활동, 천발 지진이 활발하게 발생한다.
[바른 풀이] ㄷ. D는 해구이다. 해구는 수렴형 경계에서 발달하는 지형으로 오래된 해양판이 대륙판 밑으로 섭입하며 소멸된다.

17 ㄱ. A는 인접한 두 판이 서로 반대 방향으로 운동하며 스쳐 지나가므로 보존형 경계에 위치한다.
ㄷ. A 보존형 경계에서는 마그마가 만들어지지 않으므로 화산 활동이 나타나지 않고, B는 마그마의 상승에 의해 화산 활동이 활발한 해령이다.
[바른 풀이] ㄴ. B는 발산형 경계인 해령으로 새로운 지각이 만들어진다.

18 A 지역은 인접한 판이 서로 반대 방향으로 이동하며 스쳐 지나가는 보존형 경계 지역으로 화산 활동은 나타나지 않고, 판과 판의 마찰로 천발 지진이 일어난다.
ㄱ. A 지역은 지진 활동(천발 지진)이 활발하다.
ㄷ. 보존형 경계는 판과 판이 서로 어긋나게 이동한다.
[바른 풀이] ㄴ. 맨틀 대류의 하강부는 판이 모여들거나 충돌하는 수렴형 경계(섭입형 경계, 충돌형 경계)이다. A는 보존형 경계이므로 맨틀 대류의 하강부에 위치하지 않는다.

2 역학 시스템

01 중력을 받는 물체의 운동

개념체크

190 쪽

01 (1) ○ (2) ○ (3) ○ (4) × (5) ○ (6) ○ (7) ○
02 (1) ① 49 m/s ② 122.5 m   **03** 풀이 참조
04 ㉠ 등속 직선 ㉡ 등가속도   **05** 중력

01 (1) 무게는 물체에 작용하는 중력의 크기로, 위치에 따라 그 값이 변한다.
(2) 자유 낙하하는 물체의 가속도는 물체의 질량과 무관하게 9.8 m/s²으로 모두 같다. 따라서 같은 높이에서 질량이 다른 두 물체가 동시에 자유 낙하하면 지면에 동시에 떨어진다.
(3) 자연에 존재하는 기본적인 힘인 중력은 지구상의 물체에 지구 중심 방향으로 작용하여 각종 자연 현상을 일으킨다.
(5) 중력=무게=질량×중력 가속도(g)이다. 중력 가속도(g) 값은 9.8 m/s²으로 일정하므로 중력은 질량과 비례한다.
(6) 달과 지구 사이의 중력이 작용하여 달은 지구 주위를 공전한다.
(7) 지구 중심 방향으로 작용하는 중력의 영향으로 물이 아래로 흐르고, 비나 눈이 내리는 등, 중력은 생명 시스템을 유지하는 역할를 한다.
바른 풀이 (4) 중력을 받아 자유 낙하하는 물체는 등가속도 직선 운동(직선상으로 속도가 일정하게 변하는 운동)을 한다.

02 자유 낙하 운동은 처음 속력이 0인 상태에서 떨어뜨리는 운동이다. 질량과 상관없이 물체는 떨어지면서 1초당 9.8 m/s씩 속력이 증가한다. 따라서 5초 후 물체의 ① 속력은 9.8×5=49 m/s이다.
자유 낙하 운동의 낙하 거리(s)와 시간(t)의 관계는 $s=\frac{1}{2}gt^2$ 이며 g=9.8 m/s²이다.
5초 동안 ② 낙하 거리는 $\frac{1}{2}×9.8×5^2$=4.9×25=122.5 m이다.

03 답

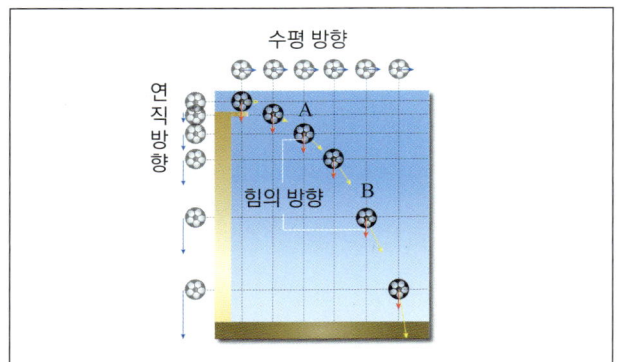

해설 축구공에 작용하는 힘은 중력이며, 모든 순간 연직 아래 방향으로 일정한 크기로 작용한다.

04 축구공은 수평 방향으로는 힘이 작용하지 않으므로 등속 직선 운동을 하고, 연직 방향으로는 지구에 의한 중력만 작용하므로

자유 낙하하는 물체와 같이 등가속도 운동을 한다.

05 (가) 수소, 헬륨에 비해 무겁고 느린 산소, 질소와 같은 기체가 지구 중력에 의해 붙잡혀 대기를 이루었다.
(나) 중력의 영향으로 물은 높은 곳에서 낮은 곳으로 흐른다.
(다) 달이 지구 주위를 공전할 때 달이 받는 힘은 지구가 달을 당기는 중력이다.

+ 탐구

191 쪽

탐구문제 1 **답** 두 쇠구슬은 동시에 바닥에 떨어진다. 그 이유는 두 쇠구슬은 모두 중력만을 받으며, 연직 방향으로 같은 중력 가속도가 나타나므로 같은 높이에서 출발한 두 쇠구슬은 서로 질량이 다르더라도 바닥에 동시에 떨어진다.

탐구문제 2 **답** 자유 낙하하는 쇠구슬의 속력은 일정하게 증가한다.
해설 자유 낙하하는 물체는 연직 아래 방향으로 중력 가속도가 일정한(9.8 m/s²) 등가속도 운동을 한다. 1초당 속력이 9.8 m/s씩 빨라진다.

탐구문제 3 **답** 수평 방향으로 발사된 쇠구슬의 수평 방향 속력은 일정하게 유지되며, 연직 방향 속력은 일정하게 증가한다.
해설 수평 방향으로 발사된 쇠구슬에는 연직 아래 방향의 중력만이 작용한다. 수평 방향으로 작용하는 힘은 0이므로 속력이 일정하게 유지되며, 연직 방향으로는 일정한 크기의 중력을 받아 속력이 일정하게 증가한다.

스스로 실력높이기

192 ~ 196 쪽

01 ④ **02** ④ **03** ③ **04** ④ **05** ⑤ **06** ⑤
07 ② **08** ① **09** ④ **10** ㉠ 29.4 ㉡ 44.1
11 ② **12** ① **13** ③ **14** ④ **15** ④ **16** ④
17 5 **18** ⑤ **19** 2.5 **20** ② **21** ④ **22** ②
23 ① **24** ② **25** ③

01 ④ 중력의 크기는 질량×중력 가속도(9.8 m/s²)이므로, 지표 부근에서 질량 1 kg인 물체에 작용하는 중력의 크기는 약 9.8 N이다.
바른 풀이 ① 중력은 두 물체가 서로 떨어져 있어도 작용하는 힘인 만유인력이다.
② 나무의 질량이 클수록 중력이 크다.
③ 지구가 물체에 작용하는 힘이다.
⑤ 지구가 나무를 잡아당기는 힘과 나무가 지구를 잡아당기는 힘은 같다.(상호작용; 작용·반작용)

02 ㄴ. 무게(지구가 잡아당기는 중력)는 질량×중력 가속도이다. 중력 가속도는 같고, 볼링공의 질량(4 kg=4,000 g)이 축구공의 질량(400 g)의 10배이므로 무게도 10배이다.
ㄷ. 자유 낙하하는 물체의 가속도는 물체의 질량, 크기, 모양에 관

계없이 중력 가속도인 9.8 m/s²으로 모두 같다. 따라서 같은 높이에서 자유 낙하하는 축구공과 볼링공은 지면에 동시에 도달한다.

[바른 풀이] ㄱ. 지구가 물체에 작용하는 중력의 크기는 무게(질량 ×중력 가속도)와 같다. 즉, 중력의 크기는 질량에 비례하므로 질량이 더 큰 볼링공에 작용하는 중력이 더 크다.

03 ㄱ. 지구의 중력을 받아 인공위성이 지구 주위를 돌 수 있다.
ㄷ. 무게는 중력의 크기이며, 중력의 크기는 질량×중력 가속도(9.8 m/s²)이므로, 질량 1 kg인 물체에 작용하는 중력의 크기는 약 9.8 N이다.

[바른 풀이] ㄴ. 지구로부터 받는 중력은 지구와의 거리가 멀어질수록 작아진다. 지표면에서 높은 곳으로 올라갈수록 지구와의 거리는 멀어지므로 중력은 일반적으로 작아진다.

04 무우 : 구름 속에서 성장한 물방울에 중력이 작용하여 비나 눈이 되어 내린다.
상상 : 지구의 중력에 의해 공기가 대기층을 이룬다. 즉, 중력이 대기에 작용하기 때문에 지구의 대기는 대부분 지표에 몰려 있다.

[바른 풀이] 알알 : 달과 지구 사이에 작용하는 중력이 밀물과 썰물을 일으키는 주된 이유이다. 태양도 밀물과 썰물에 영향을 주지만 달에 비해 지구와의 거리가 멀어 영향력이 작다.

05 ㄱ. 생명체가 호흡하는 데 필요한 산소와 질소는 비교적 무거워서 중력에 이끌려 지구 대기를 구성한다.
ㄴ. 따뜻한 공기(물)는 가벼워져서 위로 올라가고, 차가운 공기(물)는 무거워져 아래로 내려가므로, 밀도 차이에 따라 상대적으로 중력의 차이가 발생하기 때문에 대기와 바닷물의 대류가 일어난다.
ㄷ. 육상에서 살아가는 코끼리와 같은 무거운 동물들은 강한 근육과 단단한 골격이 없다면 중력을 받아 활동할 수 없다. 그러한 동물들은 중력에 적응하여 강한 근육과 단단한 골격을 형성시켰다.

06 ㄱ. 중력의 영향으로 화분을 엎질러 식물이 옆으로 눕더라도 식물의 줄기는 꺾여서 위를 향해 자란다.(굴중성)
ㄴ. 물과 빙하는 중력에 의해 아래로 내려오면서 지표를 변화시킨다.
ㄷ. 중력을 포함한 힘은 물체의 운동의 원인이며, 물질을 구성하는 입자와 생명체에서 일어나는 현상도 중력 시스템(역학 시스템)을 반영한 결과이다.

07 추는 자유 낙하 운동을 한다. 즉, 속력이 1초당 9.8 m/s씩 일정하게 증가하는 운동을 하므로 가장 적절한 그래프는 ②이다.

08 추는 운동 과정에서 일정한 힘(중력)을 받아 운동을 하므로 시간에 따른 알짜힘 그래프는 시간축과 나란한 그래프(①)가 된다.

09 추의 시간(t)에 따른 낙하거리 $s=\frac{1}{2}gt^2(g=9.8\ \text{m/s}^2)$이므로 이차 함수 그래프인 ④가 된다.

10 [해설] 공기의 저항을 무시할 경우 자유 낙하하는 물체에는 중력만이 작용하므로 물체의 속력은 1초마다 9.8 m/s씩 일정하게 증

가한다. 따라서 처음에 정지해 있던 물체의 ㉠ 3초 후 속력은 9.8×3=29.4 (m/s), ㉡ 3초 동안 물체의 낙하 거리 $s=\frac{1}{2}gt^2(g=9.8\ \text{m/s}^2)$이며
3초 동안 낙하 거리는 $\frac{1}{2}\times9.8\times3^2=4.9\times9=44.1$ (m)이다.

11 힘은 질량×가속도이므로 힘과 가속도는 서로 비례한다.
ㄴ. (나)에서 쇠구슬과 깃털은 공기 저항력 없이 자유 낙하 운동하므로 질량에 관계없이 지면에 동시에 도달한다.

[바른 풀이] ㄱ. (가)에서 운동 방향과 반대 방향의 공기 저항력이 쇠구슬보다 깃털에 더 크게 작용하므로 쇠구슬보다 깃털에 작용하는 알짜힘이 더 작고, 가속도 크기도 쇠구슬보다 깃털이 더 작다.
ㄷ. (가)에서는 쇠구슬과 깃털에 모두 공기 저항력이 운동 방향과 반대 방향으로 작용하나, (나)에서는 공기 저항력이 작용하지 않는다. 따라서 (가)와 (나)에서 쇠구슬에 각각 작용하는 힘(알짜힘)의 크기도 서로 다르고, 깃털에 각각 작용하는 힘(알짜힘)의 크기도 서로 다르다.

12 ㄱ. 중력(무게)=질량×중력 가속도(g)이고, 중력 가속도는 일정하므로 중력은 질량에 비례한다. (가)의 공은 질량이 (나)의 공의 2배이므로 중력도 2배이다.

[바른 풀이] ㄴ. 중력 가속도가 일정하므로 질량이나 크기, 모양에 관계없이 지표면에 떨어지는 시간은 같다.
ㄷ. 모든 물체는 연직 아래 방향으로 중력을 받는다. (나) 수평 방향으로 던진 물체의 운동에서 물체의 운동은 포물선 운동이므로 운동 방향과 작용하는 힘의 방향은 다르다.

13 각 구간별 위치와 평균 속력을 나타내면 다음 표와 같다. 위치(s)와 시간(t)의 관계는 $s=\frac{1}{2}gt^2$ 이며 $g=9.8\ \text{m/s}^2$이다.
이것은 자유 낙하 운동의 낙하 거리와 시간의 관계와 같으며, 속력은 초당 9.8 m/s씩 증가한다.

시간(초)	0	1	2	3	4
위치(m)	0	4.9	19.6	44.1	78.4
평균 속력(m/s)		4.9	14.7	24.5	34.3

ㄱ. 자유 낙하하는 물체에는 일정한 크기의 중력이 작용한다.
ㄷ. 4초 후 물체의 위치는 $\frac{1}{2}\times9.8\times4^2=78.4$ (m)이다.

[바른 풀이] ㄴ. 물체의 속력은 1초마다 14.7−4.9=9.8(m/s), 24.5−14.7=9.8(m/s), … 으로 일정하게 증가하고 있다.

14 ㄴ. 수평 방향으로 던진 공의 운동에서 공은 포물선 운동을 하지만 공의 연직 방향 운동은 자유 낙하 운동이고, 수평 방향 운동은 등속 직선 운동이다.
ㄷ. 지면에 닿을 때까지 공에는 일정한 크기의 중력이 아래 방향으로 작용하고 있다.

[바른 풀이] ㄱ. 수평 방향으로는 공에 힘이 작용하지 않는다.

15 ㄴ. 수평 방향 속력에 관계없이 세 물체는 모두 자유 낙하 운동을 하므로 세 물체의 같은 높이에서의 연직 방향 속력은 모두 같다.
ㄷ. 수평으로 던진 물체는 연직 방향으로는 자유 낙하 운동을

하므로 같은 높이에서 자유 낙하하는 물체와 동시에 지면에 도달한다. 즉, 높이가 같을 때 수평 방향으로 서로 다른 속도로 물체를 던지더라도 지면에 도달하는 시간은 모두 같다.

바른 풀이 ㄱ. 수평 방향으로 물체를 던졌을 때 물체의 수평 방향 속도는 일정하게 유지되므로 수평 방향 속력을 더 빠르게 던지면 수평 거리가 더 멀어진다. 따라서 수평 방향 속력은 A<B<C이다.

16 ㄱ. A와 B는 연직 아래 방향의 중력만을 받고 있고, 힘과 가속도는 비례하므로, 동전 A, B의 가속도는 모두 중력 가속도 g로 같다.
ㄴ. 동전 A의 운동은 자유 낙하 운동(등가속도 운동)이다.
ㄷ. 수평 방향으로 던진 동전 B는 수평 방향으로는 등속도 운동, 연직 방향으로는 자유 낙하 운동을 한다.

바른 풀이 ㄹ. 수평으로 던진 물체의 연직 방향 운동은 자유 낙하 운동이므로, 높이가 같을 때 자유 낙하하는 물체와 낙하 시간이 서로 같다.

17 수평 방향으로 던진 공은 수평 방향으로는 속력이 일정한 운동(등속 직선 운동)을 한다. 따라서 수평 방향으로 이동한 거리 s=속력×시간=5×1=5 (m)이다.

18 ⑤ 물체 A만을 고려할 때, 수평 방향 속력에 관계없이 지면에 도달하는 시간은 같다. 그 시간 동안 수평 방향 속력으로 등속 운동하는 것이다. 따라서 수평 방향 속력이 두 배가 되면 수평 방향으로 두 배만큼 가서 떨어지게 된다.

바른 풀이 ① 연직 방향으로는 자유 낙하 운동을 하므로 낙하 거리가 더 짧은 물체 B가 A보다 지면에 더 빨리 떨어진다.
② 두 물체의 연직 방향 운동은 9.8 m/s²의 등가속도 운동으로 같고, 지면에 떨어지는 시간은 물체 A가 더 길기 때문에 지면에 도달한 순간 연직 방향 속력은 A가 B보다 크다.
③ 연직 방향은 자유 낙하 운동이므로 물체 A, B의 지면 도달 시간을 각각 t_A, t_B라고 할 때 낙하 거리는 각각 $\frac{1}{2}gt_A^2$, $\frac{1}{2}gt_B^2$로 나타낼 수 있다. 수평 방향 운동은 속력 v의 등속 직선 운동이다. 물체 A, B의 수평 도달 거리를 각각 s_A, s_B라고 할 때, s_A=s이다.

$$h=\frac{1}{2}gt_A^2 \rightarrow t_A=\sqrt{\frac{2h}{g}} \quad, \quad 0.5h=\frac{1}{2}gt_B^2 \rightarrow t_B=\sqrt{\frac{h}{g}}$$

$$s_A=s=vt_A=v\sqrt{\frac{2h}{g}}, s_B=vt_B=v\sqrt{\frac{h}{g}}=\frac{s_A}{\sqrt{2}}=\frac{s}{\sqrt{2}}$$

④ 두 물체는 모두 수평 방향으로는 속력이 v로 일정한 등속 운동을 하므로 두 물체의 수평 방향 속력은 항상 같다.

19 물체는 연직 방향으로 자유 낙하 운동을 하여 19.6 m를 낙하한다. 이때 걸린 시간을 t로 할 때,

$$19.6=\frac{1}{2}gt^2 \rightarrow t=\sqrt{\frac{2h}{g}}=\sqrt{\frac{2\times19.6}{9.8}}=\sqrt{\frac{39.2}{9.8}}=2 \text{ (초)}$$

수평 방향으로 던진 물체는 수평 방향으로 등속 직선 운동을 한다. 물체 B는 수평 방향으로 2초 동안 5 m 등속 운동하였으므로,

$$v=\frac{\text{이동 거리}}{\text{시간}}=\frac{5}{2}=2.5 \text{ (m/s)}$$

20 ㄴ, ㄹ. 수평으로 던진 물체는 연직 아래 방향으로 중력만 작용하므로 자유 낙하 운동을 한다. 이때 물체는 질량에 관계없이 연직 방향으로 9.8 m/s²의 등가속도 운동을 하므로, 같은 높이에서 던진 두 물체는 같은 시간에 지면에 도달한다.

바른 풀이 ㄱ. 공 B가 A보다 2배 만큼 떨어진 지점에 떨어졌으므로 같은 시간 동안 2배만큼 더 먼 거리를 수평 방향으로 이동한 것이다. 따라서 수평 방향으로 던진 속력은 B가 A의 2배이다($v_B=2v_A$).
ㄷ. 중력의 크기는 무게이며, 무게는 질량에 비례한다. B의 질량은 A의 2배이므로, 공에 작용하는 중력의 크기는 B가 A의 2배이다.

21 ㄱ. A와 B의 가속도는 연직 아래 방향의 중력 가속도이며 크기는 9.8 m/s²이다.
ㄷ. A의 속력은 1초당 9.8 m/s씩 일정하게 증가한다.

바른 풀이 ㄴ. 중력은 지구가 잡아당기는 힘으로 지구 중심 방향으로 작용하므로 두 물체 모두 연직 아래 방향으로 같다.

22 ㄴ. 두 물체의 운동은 수평 방향으로 던진 물체의 운동과 같다. 수평 방향 운동은 등속 직선 운동이고, 같은 높이이므로 지면에 닿는 시간은 서로 같다. 수평 도달 거리가 A가 B의 $\frac{3}{2}$배이므로 책상면에서의 수평 방향 속력은 A가 B의 $\frac{3}{2}$배이다.

바른 풀이 ㄱ. 수평 방향으로 던진 물체의 연직 방향 운동은 가속도 크기가 9.8 m/s²인 자유 낙하 운동이다. 따라서 두 물체의 높이가 같다면 지면에 닿는 시간은 서로 같다.
ㄷ. 두 물체는 연직 아래 방향의 중력만을 받고 있으며, 가속도 크기는 질량과 관계없이 9.8 m/s²로 서로 같다.

23

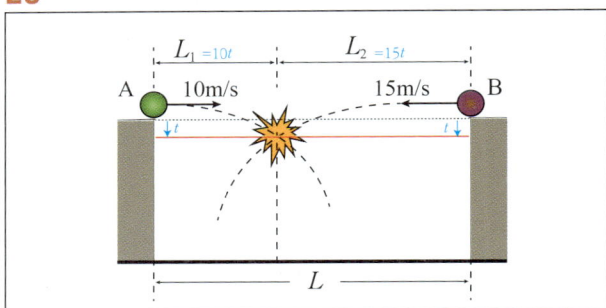

충돌할 때까지 A와 B의 낙하 거리가 서로 같고, 낙하 시간도 서로 같다. 낙하 시간을 t라고 하면, L_1은 $10t$, L_2는 $15t$이다.

ㄱ. $L=L_1+L_2=10t+15t=25t$ $\therefore L_1=\frac{10}{25}L=\frac{2}{5}L=0.4L$

바른 풀이 ㄴ. 연직 방향으로 두 물체는 자유 낙하 운동을 하므로 충돌 직전(같은 시간 후) 연직 방향 속력은 서로 같다.
ㄷ. A의 수평 방향의 초기 속력이 증가하는 경우, 연직 방향의 자유 낙하 운동은 A와 B가 서로 같으므로, A와 B가 같은 시간 동안 같은 거리를 낙하한 상태에서 더 빨리 충돌하게 된다.

24 ㄴ. A~E에는 각각 같은 크기의 중력이 지구 중심 방향으로 작용하며, 중력은 질량×중력 가속도(=mg)이므로 중력과 질량

(m)이 같은 각 물체의 가속도는 g로 모두 같다.

바른 풀이 ㄱ. 대포알을 쏜 속력이 가장 큰 것은 E이다. 대포알은 발사 속도가 커짐에 따라 A→B→C→D→E로 운동하게 되며 E의 경우 지면에 떨어지지 않게 된다.

ㄷ. 질량이 모두 같으므로 대포알에 작용하는 중력도 모두 같다.

25 ㄱ. A에는 지구가 잡아당기는 중력이 작용하여 연직 아래로 떨어지는 것이다.

ㄴ. A는 자유 낙하 운동을 하므로 시간이 지남에 따라 속력은 1초당 9.8 m/s씩 일정하게 증가한다.

바른 풀이 ㄷ. 지구 주위를 원운동하는 인공위성에는 지구의 중력이 지구 중심 방향으로 작용하며, 아래 그림처럼 원운동하는 물체에는 끈의 장력이 원운동의 중심 O 방향으로 작용한다. 원운동하는 물체의 운동 방향은 접선 방향이며, 힘의 방향과 수직이다.

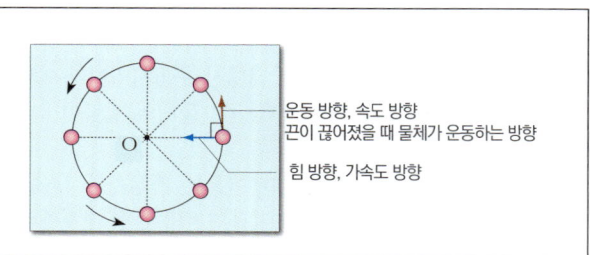

운동 방향, 속도 방향
끈이 끊어졌을 때 물체가 운동하는 방향
힘 방향, 가속도 방향

심화 실력높이기

197 쪽

01 ①   **02** ④   **03** ⑤   **04** ①

01 ㄱ. X 표면 위의 물체(질량 m)와 X의 중심까지의 거리는 반지름 $2R$이고, X의 질량은 $2M$이므로, X 표면 위의 물체가 받는 중력을 F_x라고 할 때 F_x는 두 물체 사이의 거리의 제곱에 반비례하고, 질량의 곱에 비례하므로

$$F_x = k\frac{(2M)\cdot m}{(2R)^2} = k\frac{M\cdot m}{2R^2} \ (k: \text{비례 상수})$$

지구에서 물체와 지구 사이의 거리는 R, 지구의 질량은 M이므로, 지구 위의 물체(질량 m)가 받는 중력은 F_E라고 할 때

$$F_E = k\frac{M\cdot m}{R^2} > F_x$$

따라서 X 표면 위의 물체는 지구에서보다 작은 중력을 받는다.

바른 풀이 ㄴ. 지구 상에서 중력의 크기는 질량×중력 가속도(g)이다.

ㄷ. 질량이 m인 물체에 작용하는 중력은 $F_E > F_x$이므로, 중력 가속도는 행성 X 표면에서보다 지구에서 더 크다. 따라서 같은 높이에서 낙하시킬 때, 지구에서가 행성 X보다 속력이 더 빨리 증가하므로 지구에서 표면에 닿기 직전의 속력이 행성 X 표면에 닿기 직전의 속력보다 더 크다.

02 ㄱ. A와 B가 낙하하는 동안에는 중력밖에 작용하지 않는다. 중력은 연직 아래 방향으로 작용하므로 A와 B에 작용하는

힘의 방향은 서로 같다.

ㄷ. A와 B의 연직 방향 운동은 자유 낙하 운동이므로 A와 B는 동시에 수평면에 닿는다. A와 B의 수평 방향 운동은 등속 직선 운동이므로, 다음과 같은 식이 성립한다.(낙하 시간: t)

(A) $d = v_A t$ (B) $3d = v_B t$

$\therefore v_B = 3v_A$

바른 풀이 ㄴ. A와 B의 연직 방향 운동은 자유 낙하 운동이고, 낙하 시간도 같으므로, 수평면에 도달하는 순간 연직 방향의 속력은 A와 B가 서로 같다.

03 ㄱ. 뜨거운 공기는 부피가 커서 밀도가 작아 상대적으로 가볍기 때문에 상승하므로 공기의 대류가 일어난다. 중력이 없다면 무겁거나 가벼운 구분이 없어서 뜨거운 공기가 상승하지 못하므로 공기의 대류 현상이 일어나지 않는다.

ㄴ. 사람의 귀 속 전정 기관은 중력을 감지하여 평형을 유지한다. 따라서 중력이 없을 경우 평형을 유지하기 어렵다.

ㄹ. 육상 동물은 중력에 적응하기 위해 골격과 근육이 발달하였다. 따라서 중력이 없을 경우 몸의 근육과 뼈가 약해진다.

바른 풀이 ㄷ. 수평 방향으로 던진 물체의 경우 중력이 없을 경우 아무런 힘이 작용하지 않으므로 물체는 멈추지 않고 계속 등속 직선 운동을 한다.

04 ㄱ. 높이 h인 지점에서 물체 B를 수평 방향으로 던진 속력이 v이고, 2초일 때 수평 방향으로 12 m 이동하므로, $v = 6$ m/s, $L_2 = 12$ m이다.

바른 풀이 ㄴ. 수평 도달 거리를 알기 위해서는 낙하 시간을 알아야 한다.

낙하 거리가 h, 낙하 시간이 t라면 (중력 가속도: g)

$$h = \frac{1}{2}gt^2 \rightarrow t = \sqrt{\frac{2h}{g}} \ \text{이다.}$$

A, B는 낙하 거리가 각각 $3h$, h이므로, 낙하 시간을 각각 t_A, t_B라고 하면

$$3h = \frac{1}{2}gt_A^2 \rightarrow t_A = \sqrt{\frac{6h}{g}}, \quad h = \frac{1}{2}gt_B^2 \rightarrow t_B = \sqrt{\frac{2h}{g}}$$

수평 도달 거리=수평 방향 속력×낙하 시간이다.

$$\therefore L_1 : L_2 = 3v \times t_A : v \times t_B = 3\sqrt{\frac{6h}{g}} : \sqrt{\frac{2h}{g}} = 3\sqrt{3} : 1$$

ㄷ. A의 2초 동안 낙하 거리를 h'이라고 할 때

$$h' = \frac{1}{2}g \cdot 2^2 \rightarrow h' = 2g$$

B는 2초일 때 낙하 거리 h인 수평면에 도달하므로

$$h = \frac{1}{2}g \cdot 2^2 \rightarrow h = 2g$$

즉, $h' = h$이다.

$\therefore$ 2초일 때, A는 h만큼 낙하하고, 이때 A의 높이는 $2h$이다.

02 운동과 충돌

개념체크

01 관성 **02** ㉠, ㉡, ㉢
03 (1) 정 (2) 운 (3) 정 **04** (1) ○ (2) ○ (3) ○
05 12 **06** 15 **07** (물체가 받은) 충격량
08 ㉠ 시간 ㉡ 힘(충격력)의 크기

01 관성이란 현재의 운동 상태나 정지 상태를 계속 유지하려는 성질이다.

02 질량이 클수록 관성이 크다. 따라서 무거운 물체를 움직이거나 정지시킬 때에는 가벼운 물체보다 더 큰 힘이 필요하다.

03 1), (3) 두루말이 휴지나 깔개의 먼지는 정지 상태를 유지하려고 한다.
(2) 달리던 자전거는 운동 상태를 유지하려고 한다.

04 (1) $p=mv$이고, 질량 m은 방향이 없는 물리량이므로, 운동량(p)의 방향은 물체의 운동 속도(v)의 방향과 같다.
(2) $F=ma$이므로, 힘(N)=질량(kg)×가속도(m/s²)이고, 힘(F)의 단위 N(뉴턴)은 kg·m/s²이다.
충격량($F·t$)의 단위 N·s=(kg·m/s²)·s=kg·m/s 로 운동량의 단위와 같다. 즉, 1 N·s=1 kg·m/s 이다.
(3) 충격량은 운동량 변화량과 같다. $F·t=\Delta(mv)=mv-mv_0$

05 $p=mv=2(kg)×6(m/s)=12$ kg·m/s

06 물체가 받은 충격량의 크기 $F·t=5(N)×3(s)=15$ N·s

07 힘-시간 그래프에서 그래프 아랫 부분의 면적이 나타내는 물리량은 물체가 받은 충격량(운동량의 변화량)과 같다.

08 보호대나 헬멧은 일정 충격량($F·t$)을 받을 때 충돌 시간(t)을 길게 하여 충돌 시 받는 힘(F; 충격력)을 줄여 선수의 몸을 보호해 준다.

---

01 ① **02** ④ **03** ⑤ **04** ② **05** ③
06 (1) ③ (2) ⑤ **07** ④ **08** ② **09** ⑤ **10** ②
11 ② **12** ① **13** ② **14** ⑤ **15** ① **16** ⑤
17 ④ **18** ① **19** ④ **20** ④ **21** ④ **22** ①
23 ⑤ **24** ② **25** ①

01 (1) 물체의 질량이 클수록 관성이 크다.
바른 풀이 (2) 관성의 크기는 물체의 속력과 관련이 없다. 질량이 같을 경우 관성의 크기는 같다.
(3) 물체에 작용하는 알짜힘이 0이면 정지해 있던 물체는 계속 정지해 있고, 운동하던 물체는 계속 등속 직선 운동을 한다.

02 ① 정지한 물체는 계속 정지해 있으려고 하는 관성이 있다.
② 물체의 질량이 클수록 정지 상태에서 운동시키기가 어렵고, 운동 상태를 변화시키기가 어렵다. 즉, 물체의 질량이 클수록 관성이 크다.
③ 자동차를 탈 때 안전띠를 매는 이유는 자동차가 장애물에 충돌하여 갑자기 멈추는 상황에서 운전자의 관성 때문에 운전자가 부딪치거나 튕겨져 나가는 것을 방지할 수 있기 때문이다.
⑤ 물이 든 컵을 들고 걸어가다가 갑자기 멈추면 물은 계속 운동하려 하기 때문에(관성) 컵 속에서 기울게 되고, 심해지면 물이 쏟아진다.
바른 풀이 ④ 물체에 가한 힘과 물체의 가속도는 비례한다. 큰 힘으로 공을 던질수록 공의 가속도가 커지므로 멀리 날아간다. 이것은 관성과 관계없는 현상이다.

03 ㄱ. 자동차 사고가 났을 때 관성에 의해 사람의 몸이 튕겨나가는 것을 막기 위해 안전띠를 맨다.
ㄴ. 막대기로 이불을 두드리면 먼지가 멈춰있으려는 정지 관성에 의해 먼지가 이불에서 떨어진다.
ㄹ. 물체의 질량이 클수록 관성이 커서 물체의 운동 상태(속도)를 변화시키기 어렵다.
바른 풀이 ㄷ. 야구공을 방망이로 칠 때 큰 힘으로 칠수록 야구공이 더 멀리 날아가는 현상은 물체에 작용하는 힘을 크게 하여 충격량(운동량의 변화량)을 크게 하는 경우이다.

04 ② 스쿠터의 운동량: 150×20=3,000(kg·m/s)
트럭의 운동량: 5,000×10=50,000(kg·m/s)
승용차의 운동량: 1,000×10=10,000(kg·m/s)이므로, 운동량이 가장 큰 것은 트럭이다.
바른 풀이 ①, ④ 스쿠터, 트럭, 승용차는 모두 등속 직선 운동을 하고 있으므로 가속도=0, 작용하는 알짜힘의 크기=0이다.
③ 트럭의 운동량이 승용차의 운동량보다 크다.
⑤ 질량이 가장 큰 트럭이 관성이 가장 크므로 정지시키기 위해 가장 큰 힘이 필요하다.

05 자유 낙하하는 물체의 낙하 후 2초인 순간의 속력(v)은
$v=gt=10×2=20$ (m/s)
이때 운동량 크기 $p=mv=0.5×20=10$ (kg·m/s)

---

06 (1) 충격량은 운동량의 변화량이고 방향을 고려한다. 오른쪽을 (+) 방향으로 하면, 처음 속도는 +10 m/s, 나중 속도는 −5m/s가 된다. 이때 물체가 받은 충격량은 다음과 같다.

$Ft = m(v - v_0) = 2(-5 - 10) = -30$ N·s(크기 30 N·s)

(2) 충격량 $Ft = 30$이므로, $0.05 \times F = 30$, F(평균 힘) = 600 (N)

07 힘-시간 그래프에서 그래프의 넓이는 충격량과 같으므로

㉠ 0~3초 동안 물체가 받은 충격량(그래프 넓이): 3×4=12 (N·s)

물체가 처음에 정지해 있으므로 $v_0 = 0$, 3초일 때 물체의 속력 v, 질량(m) 2 kg

Ft(충격량) $= mv - mv_0$, $12 = mv - 0 = 2v$, $v = 6$ m/s

㉡ 0~4초 동안 물체에 가한 충격량(그래프 넓이) = 4×4=16 (N·s)

08 충격량은 운동량 변화량과 같다. 물체의 처음 속력 5 m/s, 물체의 나중 속력 v, 물체의 질량 10 kg, 물체는 20(N)의 힘을 3초 동안 받았다.

Ft(충격량) $= m(v - v_0)$, $20 \times 3 = 10(v - 5)$, $v = 11$ m/s

09 다음 그림은 바닥의 모양 변화를 과장해서 나타낸 것이다. 물체 A, B가 바닥에 충돌한 직후 바닥이 옴폭해지면서 물체가 바닥으로부터 힘을 받게 된다.

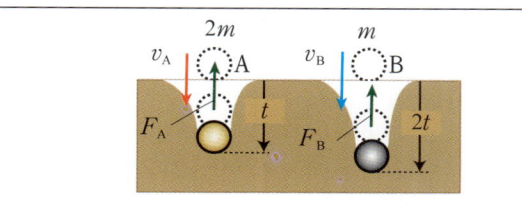

물체 A, B가 높이 h, $4h$에서 수평면에 떨어지는데 걸리는 시간을 각각 t_A, t_B라고 할 때, 수평면에 닿기 직전의 속력 v_A, v_B는 각각 gt_A, gt_B이다. ($g = 9.8$ m/s²)

$h = \dfrac{1}{2}gt_A^2 \rightarrow t_A = \sqrt{\dfrac{2h}{g}}$, $4h = \dfrac{1}{2}gt_B^2 \rightarrow t_B = \sqrt{\dfrac{8h}{g}} = 2t_A$

$\therefore v_A = gt_A$, $v_B = gt_B = 2gt_A$

질량 $2m$, m인 물체 A, B는 바닥과 충돌 후 각각 시간 t, $2t$ 후에 정지하며, 그 시간 동안 충격량은 다음과 같다.

$F_A \cdot t = 2m(0 - v_A) = -2mgt_A \rightarrow F_A$(크기) $= \dfrac{2mgt_A}{t}$

$F_B \cdot 2t = m(0 - v_B) = -mv_B = -2mgt_A \rightarrow F_B$(크기) $= \dfrac{mgt_A}{t}$

$\therefore F_A : F_B = 2 : 1$

10 물체의 운동 방향과 물체에 가한 충격량의 방향이 반대일 경우 물체에 가한 충격량만큼 물체의 운동량이 감소한다.

(힘-시간) 그래프에서 그래프의 넓이는 충격량과 같으므로 0~4초 동안 물체에 가한 충격량은 6×4=24 (N·s)이다.

따라서 4초일 때 물체의 속력을 v(처음 속력 v_0)라고 하면, 충격량($-F \cdot t$) = 운동량의 변화량($mv - mv_0$)

$mv = mv_0 - F \cdot t = (3 \times 15) - 24 = 21$ (kg·m/s)

$m = 3$ (kg)이므로 $v = 7$ (m/s)

11 0초일 때 물체의 운동량: 3(kg)×15(m/s)=45 (kg·m/s)

4초일 때 물체의 운동량: 21 (kg·m/s)이다. 물체는 시간에 따라 일정한 크기의 힘을 운동 반대 방향으로 받으므로 일정하게 운동량이 줄어든다.

12 (힘-시간) 그래프에서 가로축과 이루는 넓이는 충격량(운동량 변화량)이다. 물체는 처음에 정지해 있으며, 4초일 때 물체의 속력을 v라고 했을 때, v는 다음과 같이 구할 수 있다.($m = 2$ kg)

충격량(그래프 넓이) $= \dfrac{1}{2} \times 5 \times 4 = 2(v - 0)$, $v = 5$ m/s

13 6 kg의 물체가 속력이 2 m/s에서 7 m/s가 되었으므로 운동량 변화량 $m(v - v_0) = 6(7 - 2) = 30$ (kg·m/s)이다.

운동량의 변화량은 충격량과 같고, 힘이 작용하는 시간 $t = 3$초이므로 평균 힘 F(충격력)은 다음과 같다.

운동량 변화량 $= F \cdot t \rightarrow F = \dfrac{30}{3} = 10$ (N)

14 (운동량-시간) 그래프에서 세로축 값의 변화량=운동량 변화량= 충격량이다.

그래프의 기울기 $= \dfrac{운동량 \ 변화량}{시간} = \dfrac{충격량}{시간} = \dfrac{Ft}{t} = F$(충격력)

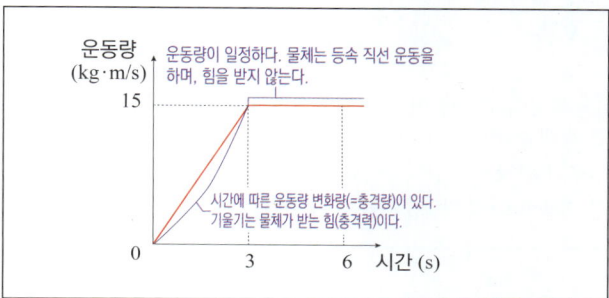

ㄱ. 3초일 때 물체의 속력을 v라고 하면, 이때의 운동량은 15 (kg·m/s)이므로 $15 = 5$(kg)$\times v \rightarrow v = 3$ (m/s)

ㄴ. 0~3초 동안 물체의 운동량 변화량(충격량)은 15 kg·m/s이므로,

0~3초 동안 물체에 작용한 힘(충격력) $= \dfrac{충격량}{시간} = \dfrac{15}{3} = 5$ (N)

ㄷ. 3~6초 동안 운동량은 일정하므로 운동량 변화량=충격량=0 이다. 따라서 0~6초 동안 물체가 받은 충격량은 0~3초 동안 물체가 받은 충격량과 같은 15 N·s이다.

15 ㄱ. 두 물체가 충돌 시 각각 받는 힘의 크기는 작용 반작용으로 그 크기가 같고, 방향이 반대이다.

ㄴ. 두 물체가 받는 힘의 크기와 힘을 받는 시간이 같으므로 충격량($F \cdot t$)(=운동량 변화량)이 같다. 운동량 변화량($m(v - v_0)$)이 같을 때 질량(m)이 작을수록 속도 변화량($v - v_0$)이 크므로 충돌 후 속도 변화량은 질량이 작은 A가 B 보다 크다.

바른 풀이 ㄷ. A와 B가 충돌할 때 두 물체가 힘을 받는 시간은 두 물체가 접촉한 시간이므로 각각 같고, 힘의 크기도 각각 같으므로 충격량(=$F \cdot t$)의 크기는 같지만 방향은 서로 반대이다.

16 그래프에서 곡선이 시간축과 이루는 면적 S는 충격량이다.

ㄱ, ㄴ, ㄷ. A는 정지 상태에서 용수철로부터 S만큼 충격량을 받아 용수철을 떠나는 순간 S만큼 운동량을 가지게 된다. 마찰과 공기 저항이 없으므로 쿠션에 충돌 직전 A가 가지는 운동량

은 S이며, 쿠션에 충돌하여 정지할 때까지 쿠션으로부터 반대 방향의 충격량 S를 받아서 멈추게 된다.

17 푹신한 방석에 떨어진 달걀 A와 딱딱한 돌 위에 떨어진 달걀 B의 물리량을 다음과 같이 각각 비교할 수 있다.

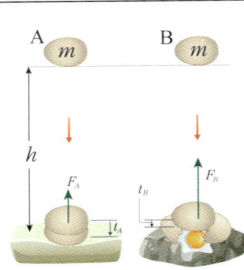

달걀 A, B 각각의 물리량 비교
- 바닥에 도달하기 직전 속력: $v_A = v_B$
- 충돌 과정에서 달걀의 운동량 변화량: $\Delta p_A = \Delta p_B$
- 충돌 과정에서 달걀이 받은 충격량: $F_A t_A = F_B t_B$
- 충돌 과정에서 달걀이 힘을 받는 시간: $t_A > t_B$

푹신한 방석   딱딱한 돌

ㄱ. 두 달걀 모두 같은 높이에서 떨어지므로, 바닥에 닿기 직전의 속력은 서로 같다.
ㄷ. 달걀 B가 충돌 과정에서 힘을 받는 시간이 짧아 A보다 평균 힘(충격력)이 크므로($F_B > F_A$) 달걀이 깨지게 된다.
바른 풀이 ㄴ. 충돌 과정에서 A와 B가 받는 충격량의 크기는 서로 같다.

18 두 선수의 질량이 같은 경우, 매트에 닿기 직전 속력과 운동량은 장대높이뛰기 선수가 크다. 매트로부터 같은 힘(F)을 받으면서 멈추기 위해서는 장대높이뛰기 선수가 매트로부터 더 긴 시간 동안 힘을 받아 충격량(Ft)을 크게 해야 한다.

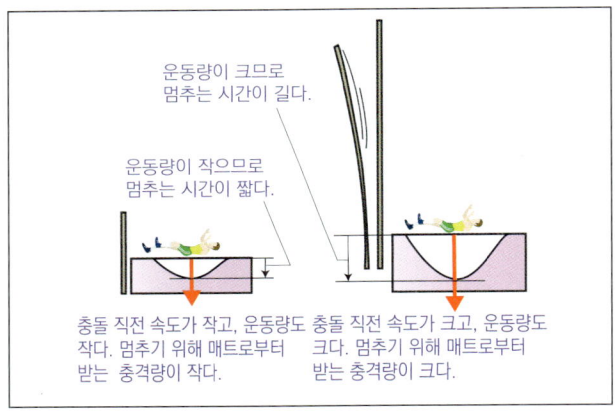

운동량이 크므로 멈추는 시간이 길다.
운동량이 작으므로 멈추는 시간이 짧다.
충돌 직전 속도가 작고, 운동량도 작다. 멈추기 위해 매트로부터 받는 충격량이 작다.
충돌 직전 속도가 크고, 운동량도 크다. 멈추기 위해 매트로부터 받는 충격량이 크다.

19 힘-시간 그래프에서 그래프 아랫 부분 넓이는 벽과 자동차가 충돌하는 동안 자동차가 받는 충격량(Ft)=자동차의 운동량 변화량($mv - mv_0$)이다.
ㄱ. 자동차 A, B의 나중 운동량은 모두 0이므로, 자동차의 충돌 전 운동량의 크기는 자동차가 받은 충격량의 크기와 같다.
자동차 A, B의 질량을 각각 m이라고 하면, 자동차 A의 운동량 변화량(충격량)=mv_A, 자동차 B의 운동량 변화량(충격량)=mv_B이고, 두 자동차의 충격량의 비가 1 : 3이므로($3S_A = S_B$), $mv_A : mv_B = v_A : v_B = 1 : 3 \rightarrow v_B = 3v_A$이다.
바른 풀이 ㄴ. 평균 힘 크기 = $\dfrac{충격량}{시간}$이므로,
평균 힘의 크기 비 $\overline{F_A} : \overline{F_B} = \dfrac{S_A}{t} : \dfrac{S_B}{2t} = \dfrac{S_A}{t} : \dfrac{3S_A}{2t} = 2 : 3$
ㄷ. 정지할 때까지 자동차 A, B의 운동량 변화량(충격량)의 비는

1 : 3이다.

20 ㄱ. 3초일 때 질량이 2 kg으로 같은 두 물체의 운동량은 4 kg·m/s으로 서로 같으므로 $mv = 4$ kg·m/s, $v = 2$ m/s로 서로 같다.
ㄷ. 5초일 때 질량이 같은 두 물체 A, B의 운동량이 각각 6 kg·m/s, 4 kg·m/s이므로 A의 속력이 B보다 빠르다.
바른 풀이 ㄴ. 0~5초 동안 물체 A의 운동량은 6 kg·m/s만큼 변하였고, 물체 B는 변동없다. 따라서 물체 A에 작용한 충격량은 6 N·s이고 물체 B에 작용한 충격량은 0이므로, 차이는 6 N·s이다.

21 ㄴ. 1~1.5초까지 물체의 운동량 변화량(=충격량)=1.5−1=0.5 (N·S)
ㄷ. 물체는 0~2초 동안 힘을 받고, 2초가 된 순간 정지하며, 이 구간에서의 운동량 변화량(=충격량)=1.5 N·S이다.
충격량=평균 힘×시간, 1.5=평균 힘×2, 평균 힘=0.75 N
바른 풀이 ㄱ. 0.5초일 때 질량이 0.5 kg인 물체의 운동량은 1.5 kg·m/s이다. $mv = 0.5v = 1.5$ kg·m/s, $v = 3$ m/s

22 도마 체조 선수는 착지할 때 무릎을 굽혀 무릎의 탄성에 의해 착지하는 시간을 길게 하여 바닥으로부터의 충격력을 작게 하여 착지 동작을 용이하게 한다.
ㄱ. 무릎을 굽히지 않는 경우 지면과의 충돌 시간이 더 작기 때문에 충격력이 더 커진다.
바른 풀이 ㄴ, ㄷ. 체조 선수가 바닥에 닿기 직전에는 무릎을 구부리거나 구부리지 않거나 질량과 속도가 같으므로 운동량이 같으며, 착지하여 정지하면 운동량이 0이 되므로 무릎을 구부리는 동작과 관계없이 운동량의 변화량(충격량)은 같다.

23 구슬은 처음에 운동량=0인 상태에서 출발하여 받은 충격량=운동량을 가지고 발대를 떠나게 된다. 충격량=힘×시간이므로, 가한 힘이 클수록, 힘을 가한 시간이 길수록 구슬의 운동량은 커져서 더 빠른 속도로 날아가 더 먼 거리에 떨어진다.
ㄱ. (가)에서 강하게 불수록 작용한 힘이 커져 충격량이 커진다.
ㄴ, ㄷ. (나)는 (다)보다 오랜 시간 동안 힘을 받으므로 충격량이 커져 더 멀리 날아간다. 시간에 따른 충격량 비교이다.

24 자동차가 운동하다가 정지할 때, 갑자기 정지하거나 천천히 정지하거나 운동량 변화량(충격량)은 같다.
C: 안전띠는 자동차가 갑자기 멈추거나 사고가 났을 때, 관성에 의해 사람이 계속 운동하여 부딪치거나 밖으로 튀어 나가는 위험을 방지시킨다.
바른 풀이 A: 자동차 범퍼는 탄력있는 소재로 만들어져서 자동차가 충돌할 때 충격을 받는 시간을 증가시켜서 충격력(F)를 감소시켜 준다.
B: 사람이 받는 힘인 충격력이 클수록 사람이 다칠 가능성이 커진다. 에어백은 탄력이 있어서 같은 충격량에서 충격을 받는 시간을 증가시켜서 충격력(F)를 감소시켜 준다.

25 ② 운동 선수들의 보호구나 보호대는 탄력이 있는 재질로 만

들어져 있어서 공을 맞거나 몸이 딱딱한 곳에 부딪힐 때 힘을 받는 시간을 늘려 주어 충격력(F)을 감소시켜 준다.

③, ④ 자동차 교차로에 충격 흡수 장치와 가구 모서리의 보호대는 탄력있는 재질로 만들어져 있어서 자동차가 부딪힐 때 힘을 받는 시간을 늘려 주어 충격력(F)을 감소시켜 준다.

⑤ 번지점프를 할 때 줄이 늘어나면 힘을 받는 시간이 길어져 사람이 받는 충격력(F)가 작아진다.

[바른 풀이] ① 안전띠는 자동차가 사고가 났을 때 탑승자가 관성에 의해 앞으로 튀어나가는 것을 막아주기 위해 착용하는 안전 장치이다.

심화 실력높이기

207 쪽

01 ④   **02** ④   **03** ②   **04** ③

01 A와 B는 충돌 시 크기가 같고 방향이 서로 반대인 힘을 주고받는다. 충돌 시간은 A와 B가 같으므로, 충돌 시 A, B가 각각 받는 충격량은 크기는 서로 같고 방향은 서로 반대이다. 처음 속도의 방향을 (+), 반대 방향을 (−)로 하여 계산한다.

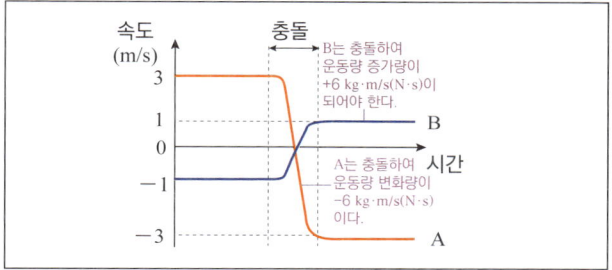

ㄱ. A의 운동량(질량×속도)은 충돌 전 1×3=3 kg·m/s이고, 충돌 후 1×(−3)=−3 kg·m/s이므로, 충돌 시 A가 받은 충격량(운동량의 변화량)은 나중 운동량−처음 운동량=(−3)−3=−6 N·s이다. 여기서 (−)는 처음 운동 방향과 반대 방향을 뜻한다.

B의 질량을 m이라고 할 때 충격량은 m×1−m(−1)=2m이다.

A와 B의 충격량의 크기는 서로 같으므로, 2m=6, m=3 kg이다.

ㄷ. 충돌하는 시간은 A와 B가 동일하고, 충격량의 크기도 서로 같으므로 평균 힘(충격력)=$\dfrac{충격량}{시간}$도 서로 같다.

[바른 풀이] ㄴ. 충돌 전 A의 운동량은 3 kg·m/s이고, 충돌 후 −3 kg·m/s이므로 크기는 같지만 방향이 반대가 된다.

02 투수가 던진 야구공이 포수 미트에 닿아 속력이 점점 작아지는 동안 야구공의 (㉠ 운동량)은 점점 작아진다. 포수가 공을 잡아 야구공을 정지시킬 때까지 야구공의 (㉠ 운동량) 변화량은 (㉡ 충격량)과 같다. 이때 포수 미트는 다른 글러브에 비해 두툼한 재질의 글러브를 사용하며, 공을 받을 때 손을 뒤로 빼면서 받는다. 그 이유는 날아오는 야구공을 잡을 때 같은 (㉡ 충격량)을 받더라도 (㉢ 충돌 시간)을 길게 하여 손에 전달되는 (㉣ 평균 힘(충격력))의 크기를 줄이기 위해서이다.

03 마찰이 없을 때 두 선수 A와 B가 서로 접촉하여 힘을 작용하면 A와 B는 서로 크기가 같고 방향이 반대인 힘을 주고받는다(작용·반작용). 서로 접촉하는 시간도 같으므로, A와 B는 크기는 같고 방향이 반대인 충격량(힘×시간)을 주고받는다.

ㄴ. 밀기 전 B의 운동량: 40(kg)×2(m/s)=80 kg·m/s

A가 민 후 B의 운동량: 40(kg)×5(m/s)=200 kg·m/s

B의 운동량 변화량(충격량): 200−80=120 kg·m/s

[바른 풀이] ㄱ. 밀면서 받은 충격량의 크기는 A와 B가 서로 같다.

ㄷ. B는 A로부터 120 kg·m/s의 충격량을 받았으므로, A는 B로부터 −120 kg·m/s의 충격량을 받는다.

밀기 전 A의 운동량: 60(kg)×6(m/s)=360 kg·m/s

민 후 A의 운동량: 360+(−120)=240 kg·m/s

A의 나중 운동량은 240 kg·m/s이고 이것은 질량×A의 나중 속도(v_A)이다.

∴ 60(kg)×v_A=240 kg·m/s, v_A=4 m/s(밀고 난 후 A의 속력)

04 ㄱ. 출발할 때 물체의 운동량은 5(kg)×20(m/s)=100 kg·m/s이고, 판자를 하나 뚫고 지나갈 때마다 운동량이 6 kg·m/s씩 줄어든다.

세 번째 판자를 뚫고 운동할 때 운동량은 18 kg·m/s 줄어들었으므로, 이때의 운동량은 100−18=82 kg·m/s이다. 속력이 v이므로, 5(kg)×v=82(kg·m/s), v=16.4 m/s이다.

ㄴ. 출발 시 운동량은 100 kg·m/s이고, 판자 1개당 6 kg·m/s씩 운동량이 줄어들므로, 16개의 판자를 통과하면 6×16=96 kg·m/s만큼 운동량이 줄어서 17번째 판자는 뚫고 지나가지 못하고 뚫는 도중에 정지한다.

[바른 풀이] ㄷ. 물체는 판자를 뚫을 때 6 N·s의 충격량을 받는다.

충격량=평균 힘(충격력)×힘을 받는 시간

6 N·s=평균 힘×0.2(s), 평균 힘=30 N

단원 요약

208 쪽

01 중력을 받는 물체의 운동

❶ 연직 방향   ❷ 무게(중력)   ❸ 등가속도

❹ 일정   ❺ 0   ❻ 중력

02 운동과 충돌

❶ 질량   ❷ 운동량   ❸ 충격량

❹ kg·m/s, N·s   ❺ 충격량   ❻ 충격량

❼ 충돌 시간

단원 마무리

209 ~ 212 쪽

01 ④   **02** ①   **03** ⑤   **04** ⑤   **05** ④   **06** ④

07 ②   **08** ①   **09** ③   **10** ③   **11** ③   **12** ③

13 1 : 1   **14** ①   **15** ②   **16** ⑤   **17** ④   **18** ③

19 ②   **20** ②   **21** ⑤

01 ㄱ. 중력은 지구상의 모든 물체에 지속적으로 작용하여 자연 현상에 영향을 주고, 지구의 생명체들은 중력에 적응하여 살아가고 있다.

ㄷ. 중력은 지구와 물체 사이의 거리가 멀수록 작게 작용하므로 지표면에서 높은 곳으로 올라갈수록 작아진다.

$\boxed{\text{바른 풀이}}$ ㄴ. 지구의 중력은 보통 지구가 물체가 당기는 힘을 의미하지만 일반적으로 질량이 있는 모든 물체 사이에 상호작용하는 힘이다. 작용·반작용 법칙에 의해 지구가 물체를 당기는 힘의 크기는 물체가 지구를 당기는 힘의 크기와 같다.

02 ㄱ. 중력의 크기＝무게＝중력 가속도×질량이다. 따라서 질량이 B의 3배인 A에 작용하는 중력의 크기는 B의 3배이다.

$\boxed{\text{바른 풀이}}$ ㄴ. 중력만을 받아 자유 낙하하는 물체의 1초마다 증가하는 속력(가속도 크기)은 질량에 관계없이 연직 아래 방향으로 9.8 m/s^2이다.

ㄷ. 자유 낙하 운동하는 물체의 속력:
v_0(처음 속력)＝0,
v(시간 t인 순간의 속력)＝gt(중력 가속도×시간)
1초 후 물체 A의 속력: $9.8 \times 1 = 9.8 \text{ (m/s)}$
3초 후 물체 B의 속력: $9.8 \times 3 = 29.4 \text{ (m/s)}$이다.

03 ① 중력의 크기는 질량×중력 가속도(mg)이며, 무게와 같다.
② 중력의 방향은 연직 아래 방향인 지구 중심 방향이다.
③ 중력의 크기는 지구 중심에서의 거리의 제곱에 반비례한다.(지구 중심에서 멀수록 중력의 크기는 작아진다.) 높은 산에서는 지표면보다 지구 중심에서 멀리 떨어져 있으므로 높은 산에서의 중력의 크기는 지표면에서보다 작다.
④ 비나 눈은 중력을 받아 지표면으로 떨어진다.

$\boxed{\text{바른 풀이}}$ ⑤ 지구 대기권을 벗어나더라도 물체는 지구의 중력을 받는다.

04

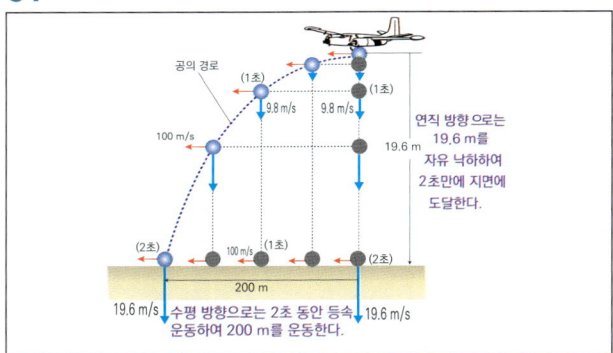

ㄱ. 공이 낙하한 거리 $h = 19.6 \text{ m}$이고, 이때 걸린 시간을 t, 중력 가속도 $g = 9.8 \text{ (m/s}^2)$이므로 다음과 같이 식을 써서 t를 계산한다.

$$h = \frac{1}{2}gt^2 \ \rightarrow \ 19.6 = \frac{1}{2} \times 9.8 \times t^2, \ t = 2(\text{초})$$

ㄴ. 공이 이동한 수평 거리 $s = vt = 100 \times 2 = 200 \text{ (m)}$이다.

ㄷ. 공은 연직 방향으로 자유 낙하 운동을 하고, (중력)가속도가 9.8 m/s^2이므로 1초당 9.8 m/s씩 속력이 빨라진다. 2초 후 공이 지면에 도달하는 순간 공의 연직 방향 속력은 $2 \times 9.8 = 19.6 \text{ (m/s)}$이다.

05 ㄴ. 대포알 A, B에는 지구 중심 방향으로 중력이 작용하여, 같은 지구 중심 방향 가속도(중력 가속도)를 가진다. 지표면에서 중력 가속도는 9.8 m/s^2이며, 물체의 질량이나 크기에 관계없이 같다.

ㄷ. 대포알을 쏜 속력이 클수록 더 멀리 가서 지면에 떨어지므로 지면에 떨어지지 않고 지구 둘레를 원운동하는 대포알 C를 쏜 속력이 가장 크다.

$\boxed{\text{바른 풀이}}$ ㄱ. 대포알 A, B, C 의 질량이 같으므로 운동하는 동안 대포알에 작용하는 중력의 크기는 모두 같다.(지구 중심 방향)

06 ㄴ. 깃털에 작용하는 중력의 크기는 질량×중력 가속도(mg)이므로 공기 저항력에 관계없이 (가)와 (나)에서 서로 같다.

ㄷ. (나)의 경우처럼 공기 저항이 없는 경우, 물체의 중력 가속도는 질량에 관계없이 일정하므로 같은 높이에서 자유 낙하한 두 물체는 동시에 바닥에 도달한다.

$\boxed{\text{바른 풀이}}$ ㄱ. (나)에서 쇠구슬은 공기 저항력은 받지 않고 중력만을 받아 자유 낙하한다. 쇠구슬의 속력은 점점 증가한다.

07 ㄴ. 두 물체 모두 수평 방향으로는 힘이 작용하지 않으므로 등속 직선 운동을 한다. 이때 수평 도달 거리는 수평 속력에 비례한다(수평 도달 거리＝수평 속력×지면 도달 시간). 지면 도달 시간은 두 물체가 같고, 물체 A를 던진 속력이 B의 2배이므로 수평 도달 거리도 A가 B의 2배이다.

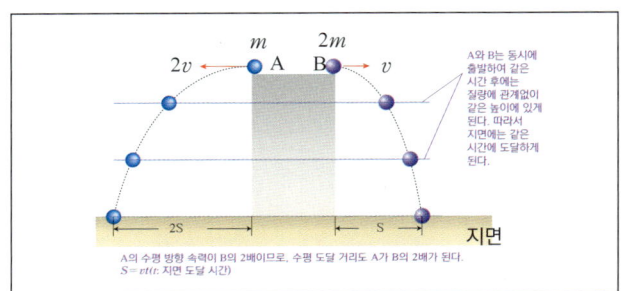

$\boxed{\text{바른 풀이}}$ ㄱ. 두 물체는 연직 방향으로는 자유 낙하 운동을 한다. 질량에 상관없이 중력 가속도가 같으므로 두 물체는 동시에 지면에 떨어진다.

ㄷ. 같은 높이에서 떨어진 두 물체의 지면에 도달하는 순간의 연직 방향 속력은 질량에 관계없이 중력 가속도(g)×지면 도달 시간(t)이므로, 두 물체가 서로 같다.

08 ㄱ. A와 B에 작용하는 힘은 중력뿐이며, 연직 아래 방향으로 서로 크기가 같다.

$\boxed{\text{바른 풀이}}$ ㄴ. 두 물체는 수평 방향으로는 등속 직선 운동을 하고, 같은 높이에서 던졌을 때 B의 수평 도달 거리가 A보다 크므로 B의 수평 방향 속력이 A보다 크다.

ㄷ. 두 물체의 연직 방향 운동은 자유 낙하 운동이며, 질량에 관계없이 가속도가 $g(= 9.8 \text{ m/s}^2)$인 운동을 하므로, 두 물체의 연직 방향 가속도 크기는 g로 같다.

09

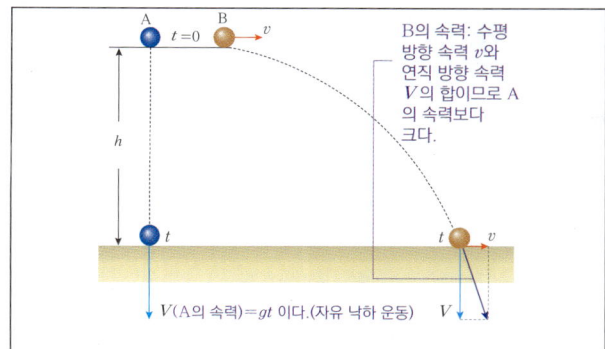

B의 속력: 수평
방향 속력 v와
연직 방향 속력
V의 합이므로 A
의 속력보다
크다.

V(A의 속력)$=gt$ 이다.(자유 낙하 운동)

ㄱ. 같은 높이에서 동시에 출발한 두 물체는 연직 방향으로 자유 낙하 운동을 하므로 지면에 동시에 도달한다.

ㄴ. 두 물체 A와 B는 중력(mg)만 연직 아래 방향으로 받으므로 질량(m)이 같은 두 물체가 받는 힘의 크기는 서로 같다.

바른 풀이 ㄷ. 지면에 닿는 순간 물체 A의 속력은 물체 B의 연직 방향 속력과 같고, 물체 B의 속력은 연직 방향 속력과 수평 방향 속력의 합이므로 B의 속력이 더 크다.

10 ③ 관성이란 물체가 처음의 운동 상태를 유지하려고 하는 성질이다. 즉, 정지해 있던 물체는 정지 상태를, 운동하던 물체는 운동하던 방향과 속력을 계속 유지하려고 한다.

바른 풀이 ① 정지한 물체에는 정지 상태를 유지하려는 관성이 있다.

② 관성은 질량이 클수록 크다.

④ 운동하던 물체에 작용하는 알짜힘이 0이면, 물체는 등속 직선 운동을 한다.

⑤ 야구공을 포수가 받을 때 글러브를 뒤로 빼게 되면 힘을 받는 시간이 길어져서 포수 미트에 작용하는 충격력을 줄여준다. 관성과는 관계없다.

11 ㄱ. 삽으로 흙을 파서 던지면 흙은 계속 움직이려고 하는 관성 때문에 삽을 멈춰도 멀리 날아간다.

ㄴ. 선풍기의 전원을 꺼도 회전하던 선풍기 날개는 계속 움직이려는 관성 때문에 바로 멈추지 않는다.

바른 풀이 ㄷ. 로켓은 가스를 뒤로 내뿜는 작용에 대한 반작용으로 앞으로 추진하여 나아간다. 힘의 상호작용에 관한 것이다.

12 ㄷ. 수레가 갑자기 멈추면 인형은 관성 때문에 계속 운동하려고 한다. 그런데 수레와 접촉하는 부분은 마찰 때문에 수레와 같이 멈추므로 인형은 운동 방향으로 쏠려 기울어진다.

바른 풀이 ㄱ. 인형의 속력은 관성과 무관하다.

ㄴ. 마찰과 저항이 없으므로 수레는 힘을 받지 않을 경우 관성에 의해 등속 직선 운동을 한다. 즉, 힘을 작용하지 않아도 운동을 계속할 수 있다.

13 자유 낙하하는 물체의 처음 속력은 0이고, 1초당 9.8 m/s만큼 속력이 일정하게 증가한다.

물체 A(2초 만에 지면에 도달)가 지면에 충돌하기 직전 속력:
$9.8 \times 2 = 19.6$ m/s

물체 B(5초 만에 지면에 도달)가 지면에 충돌하기 직전 속력:
$9.8 \times 5 = 49$ m/s

두 물체는 지면과 충돌 후 정지하므로 5 kg의 물체 A와 2 kg의 물

체 B가 각각 지면에 충돌하여 멈추기까지 운동량의 변화량(충격량)의 크기는 다음과 같다.

I_A(A의 충격량): 5 (kg)$\times$19.6 (m/s)$=98$ (kg·m/s)

I_B(B의 충격량): 2 (kg)$\times$49 (m/s)$=98$ (kg·m/s)

물체 A와 B가 각각 지면에 의해 받은 충격량의 비 $I_A : I_B = 1 : 1$ 이다.

14 충격량은 운동량 변화량이다. 물체의 질량 m$=$50 g$=$0.05 kg, 처음 속력 $v_0 = 0$, 나중 속력 $v = 40$ m/s이므로,

운동량 변화량의 크기 $\Delta p = m(v - v_0) = 0.05(40 - 0) = 2$ (N·s)

따라서 골프공이 받은 충격량의 크기는 2 N·s 이다.

15 물체의 운동 방향과 물체에 가한 충격량의 방향이 같을 때 물체에 가한 충격량만큼 물체의 운동량이 증가한다.

(힘$-$시간) 그래프에서 시간축과의 넓이는 충격량과 같으므로

0~6초 동안 물체에 작용한 충격량: $(3 \times 4) + (3 \times 2) = 18$ (N·s)

6초일 때 물체의 속력을 v라고 하고, 처음 속력(v_0)은 5 m/s이므로

물체에 작용한 충격량$=$운동량의 변화량($mv - mv_0$)

$mv = mv_0 + $충격량$= (2 \text{ kg} \times 5 \text{ m/s}) + 18 \text{ kg·m/s} = 28 \text{ kg·m/s}$

$\therefore 2v = 28, v = 14$ (m/s)

16 ㄱ. 물체가 벽과 충돌할 때 물체가 받은 충격량은 물체의 운동량 변화량이다. 오른쪽 방향을 (+)로 할 때, 물체는 벽으로부터 왼쪽 방향의 충격력(힘 F)을 받았으므로, 물체가 벽으로부터 받은 충격량(Ft)은 $-4mv$(크기: $4mv$)이다. 튀어나온 속력을 v' 이라고 하면,

충격량$=$나중 운동량$-$처음 운동량

$-4mv = mv' - 3mv, v' = -v$

속력은 빠르기이므로 튀어나온 속력은 v이다.

ㄴ. 평균 힘의 크기$= \dfrac{충격량}{시간} = \dfrac{4mv}{0.1} = 40mv$ 이다.

ㄷ. 물체가 벽과 충돌할 때 물체가 벽에 가한 충격량($4mv$)은 물체가 받은 충격량($-4mv$)과 크기는 같고, 방향은 반대이다.

17 물체의 처음 운동량은 $3 \times 2 = 6$ (kg·m/s)이고, 운동 방향으로 힘을 받아 운동량이 증가한다.

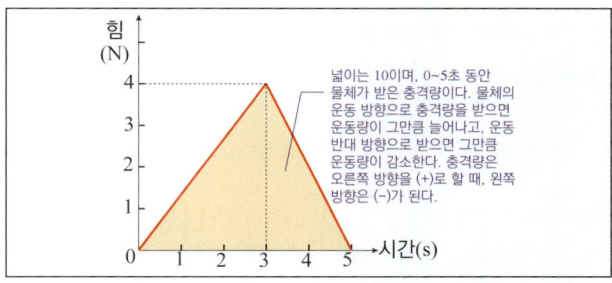

넓이는 10이며, 0~5초 동안 물체가 받은 충격량이다. 물체의 운동 방향으로 충격량을 받으면 운동량이 그만큼 늘어나고, 운동 반대 방향으로 받으면 그만큼 운동량이 감소한다. 충격량은 오른쪽 방향을 (+)로 할 때, 왼쪽 방향은 (-)가 된다.

ㄱ. (힘-시간) 그래프에서 그래프 아래 시간축과의 넓이는 충격량(운동량 변화량)이다.

따라서 0~5초에 물체가 받은 충격량$= \dfrac{5 \times 4}{2} = 10$ (N·s) 이다.

ㄷ. 처음 운동량은 6 kg·m/s 이다. 운동 방향으로 힘을 받으면 충격량만큼 운동량이 증가한다.

5초일 때 물체의 운동량$=$처음 운동량$+$(0~5초 동안 받은) 충격량
$= 6 + 10 = 16$ kg·m/s이다.

바른 풀이 ㄴ. 0~3초 동안 물체가 받은 충격량은 그래프 아래 면적(0~3초) 6 N·s이고, 3초일 때 물체의 속력을 v_3라고 하면(처음 속력(v_0) 3 m/s, 질량(m) 2 kg), 물체가 받은 충격량만큼 운동량이 늘어난다.

∴ $mv_3 = mv_0 + 6$, $2v_3 = 2 \times 3 + 6$ → $v_3 = 6$ (m/s)

5초일 때 물체의 속력을 v_5라고 하면, 이때의 운동량은 16 kg·m/s 이다.

∴ $mv_5 = 16$, $v_5 = 8$ (m/s)

따라서 5초일 때 물체의 속력은 3초일 때의 2배가 아니다.

18 오른쪽을 (+) 방향으로 하여, 충격량($F \cdot t$)=운동량의 변화량=$m(v - v_0) = 1 \times (-2 - 5) = -7$ (N·s)

즉, 물체가 받은 충격량의 방향은 왼쪽 방향, 크기는 7 N·s 이다.

19 A의 경우(시멘트 바닥에 떨어지는 경우) 충돌 시간이 짧고, 유리컵이 받는 평균 힘의 크기가 더 크다.

B의 경우(폭신한 스펀지에 떨어지는 경우) 충돌 시간이 더 길고, 유리컵이 받는 평균 힘의 크기가 더 작다.

① (힘-시간) 그래프에서 그래프 아래 면적은 충격량을 의미하므로 그래프의 면적은 A, B가 서로 같다.

③ 충격량이 같더라도 힘을 받는 시간이 짧을수록 물체가 받는 힘의 크기가 커진다. 따라서 시멘트 바닥에 떨어뜨린 유리컵(A)이 받는 평균 힘이 더 크므로 유리컵이 깨지기 쉽다.

④, ⑤ 바닥과의 충돌 과정에서 유리컵이 힘을 받는 시간이 짧은 A 경우가 B 보다 유리컵이 받는 평균 힘의 크기가 크다.

바른 풀이 ② 두 경우 모두 바닥에 닿기 직전 속력이 같고, 유리컵은 바닥에 닿아 정지하므로 운동량 변화량(충격량)이 같다.

20 두 자동차는 처음 속력(108 km/h=30 m/s)이 같고 질량(100 kg)도 같으므로 처음 운동량(3000 kg·m/s)이 서로 같다. 또 콘크리트 벽에 충돌하여 정지하였으므로 나중 운동량은 모두 0이다. 따라서 멈추는 시간에 관계없이 두 자동차의 운동량 변화량(충격량)은 3000 kg·m/s으로 서로 같다.

ㄴ. 평균 힘의 크기= $\dfrac{충격량}{시간}$ 이므로, 충격량이 같더라도 멈추는데 걸린 시간이 짧을수록 벽으로부터 평균 힘(충격력)을 크게 받으며 더 위험하다. 자동차 B의 충돌 시간이 더 길기 때문에 평균 힘을 작게 받으며 자동차 A보다 자동차 B가 더 안전하다.

바른 풀이 ㄱ. 두 자동차의 운동량 변화량(충격량)은 3000 kg·m/s으로 서로 같다.

ㄷ. 자동차 A에 작용한 평균 힘의 크기= $\dfrac{3000}{2}$ =1500 N이다.

21 질량이 같은 달걀을 같은 높이에서 떨어뜨릴 때, 지면에 도달하는 속력이 같고, 정지하므로 나중 속력=0으로 같다. 달걀 A, B의 충돌 과정에서 충격량(운동량 변화량)은 같으나, 힘을 받는 시간이 짧은 A가 더 큰 힘(충격력)을 받으므로, 힘을 받는 시간이 긴 B보다 깨지기 쉽다.

ㄱ. A가 B보다 충격력을 크게 받으므로 깨지기 쉽다.

ㄴ. A, B의 아래 면적은 충격량이며, A, B의 충돌 과정에서 충격량이 서로 같으므로, 면적이 같다.

ㄷ. 충격 흡수 장치는 탄성이 있는 두꺼운 재질로 만들어 힘을 받는 시간을 길게 하여 충격력(받는 힘)을 작게 하는 것이므로, 그래프로 설명할 수 있다.

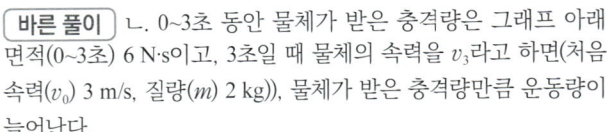

고난도 마무리   213 쪽

01 ④   **02** ②   **03** ④   **04** ⑤

01

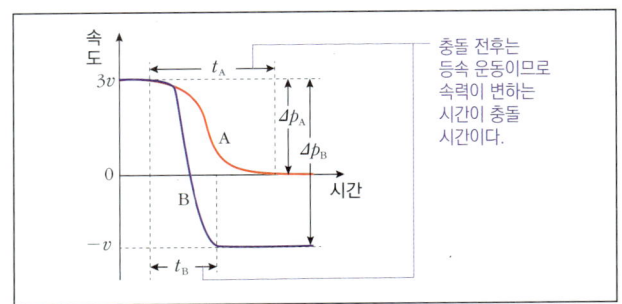

충돌 전후는 등속 운동이므로 속력이 변하는 시간이 충돌 시간이다.

바닥과의 마찰과 공기 저항은 무시하므로, 물체 A, B는 충돌 전후 등속 직선 운동을 한다. 물체의 질량을 m이라고 하면, 두 물체의 처음 운동량은 $3mv$로 같다. 충돌 후 A의 속도가 0이므로 운동량은 0, 충돌 후 B의 속도가 $-v$이므로 운동량은 $-mv$이다. A와 B의 벽과의 충돌 시간(힘을 받는 시간)은 속도가 변하는 구간으로 각각 위 그림의 t_A, t_B이다. 충돌 전후 A, B의 운동량 변화량(충격량) Δp_A, Δp_B는 다음과 같다.((−)는 방향이 반대이다.)

A의 운동량 변화량(Δp_A): $0 - 3mv = -3mv = F_A \cdot t_A$

B의 운동량 변화량(Δp_B): $-mv - 3mv = -4mv = F_B \cdot t_B$

ㄱ. A가 벽에 작용하는 충격력(F)과 벽이 A에게 작용하는 충격력은 작용 반작용 관계이므로 크기가 같고, 충돌 시간(t)도 같기 때문에, A가 벽에 작용하는 충격량($F \cdot t$)의 크기와 벽이 A에게 작용하는 충격량의 크기는 같다.

ㄴ. 충돌 전후 운동량 변화량의 크기는 B가 A보다 크다.

바른 풀이 ㄷ. A와 B가 받는 평균 힘의 크기는 각각 다음과 같다.

$$3mv = F_A \cdot t_A,\ F_A = \frac{3mv}{t_A} \qquad 4mv = F_B \cdot t_B,\ F_B = \frac{4mv}{t_B}$$

그림에서 $t_A > t_B$이므로 충돌하는 동안 벽에 작용하는 평균 힘(충격력)의 크기는 $F_B > F_A$, B가 A보다 크다.

02 ㄴ. 운동 상태와 관계없이 A와 C의 중력의 방향은 연직 방향으로 서로 같다.

바른 풀이 ㄱ. B의 연직 방향 운동은 A와 같은 자유 낙하 운동이고, A와 B는 같은 높이에서 낙하하므로, 수평면 도달 시 A와 B의 연직 방향 속력은 서로 같다.

ㄷ. 같은 높이에서 수평 방향으로 던진다면 수평 방향 속력이 더 큰 물체가 더 멀리 가서 떨어진다. B를 C의 높이로 옮겨서 던진 모습은 그림과 같다.

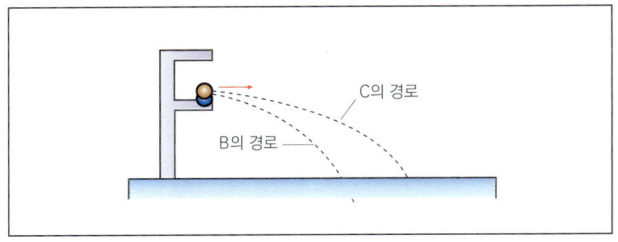

같은 높이에서 던졌을 때 C가 더 멀리 가서 떨어지므로 수평 방향 속력은 C가 B보다 크다.

03 ㄱ. (배+사람 A)는 B로부터 100 N의 힘을 받고 있으므로, (배+사람 B)도 100 N의 힘을 받게 된다. (배+사람 A)와 (배+사람 B)는 같은 크기의 힘을 서로 반대 방향으로 받게 되는 것이다. 힘을 받는 시간도 5초로 동일하므로, (배+사람 B)가 받은 충격량 크기는 다음과 같다.

(배+사람 B)가 받은 충격량 크기(Ft): 100(N)×5(s)=500 N·s

ㄷ. 운동량의 크기와 방향을 모두 고려한다. 오른쪽을 (+) 방향으로 할 때, (배+사람 A)는 충격량 500 N·s을 받아 운동량이 500 N·s이 되며, (배+사람 B)는 충격량 −500 N·s를 받아 운동량이 −500 N·s이 된다. 5초 후 (배+사람 A)와 (배+사람 B)의 운동량의 합은 0이다.

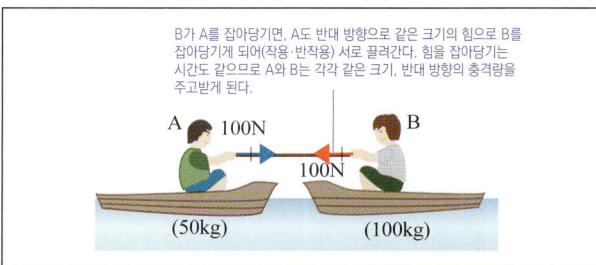

B가 A를 잡아당기면, A도 반대 방향으로 같은 크기의 힘으로 B를 잡아당기게 되어(작용·반작용) 서로 끌려간다. 힘을 잡아당기는 시간도 같으므로 A와 B는 각각 같은 크기, 반대 방향의 충격량을 주고받게 된다.

A 100N

100N B

(50kg) (100kg)

바른 풀이 ㄴ. 처음에 정지 상태이므로 운동량은 0이고, (배+사람 A)와 (배+사람 B)가 받은 충격량 크기는 500 N·s로 같으므로, 5초 후 (배+사람 A)와 (배+사람 B)의 운동량 크기는 각각 500 N·s로 같다.

04 퍽의 질량을 m이라고 할 때 구간 Ⅰ, Ⅱ에서의 충격량(운동량 변화량)은 다음과 같이 설명할 수 있다.

(구간 Ⅰ) 운동량이 $5mv$이었다가 시간 $2t$ 후에 $3mv$가 된다.

운동량 변화량(충격량): $3mv-5mv=-2mv$(크기: $2mv$)

퍽이 받는 평균 힘 크기 $F_Ⅰ=\dfrac{충격량}{시간}=\dfrac{2mv}{2t}=\dfrac{mv}{t}$

(구간 Ⅱ) 이 구간에서 퍽은 벽으로부터 힘을 받아서 처음에 운동량이 $3mv$이었다가 시간 t' 후에 0이 된다.

운동량 변화량(충격량): $0-3mv=-3mv$(크기: $3mv$)

퍽이 받는 평균 힘 크기 $F_Ⅱ=\dfrac{충격량}{시간}=\dfrac{3mv}{t'}$

$F_Ⅱ=2F_Ⅰ$이라고 하였으므로, $\dfrac{3mv}{t'}=2\dfrac{mv}{t}$

∴ t'(퍽이 벽과 충돌한 순간부터 정지할 때까지 걸린 시간)$=\dfrac{3}{2}t$

01 ④	02 ⑤	03 ③	04 ④	05 ④	06 ④
07 ③	08 ②	09 ④	10 ④	11 ①	12 ①
13 ③	14 ⑤	15 1 : 2	16 ④	17 ①	

01 A: 지구로부터 물체가 받는 중력의 크기는 질량(kg)×중력 가속도(9.8 m/s²)이므로 질량이 클수록 커진다.

C: 지구와 달 사이의 중력이 작용하므로 달이 공전할 수 있다.

지구가 달에 작용하는 중력의 방향은 지구 중심 방향이므로 달은 지구에서 떨어지지 않고 지구 주위를 공전할 수 있다.

바른 풀이 B: 지구 중심으로부터 거리가 멀수록 중력의 크기는 작아진다.

02 ㄱ. 지구가 물체를 잡아당기는 중력의 크기는 질량에 비례하므로 질량이 10배 큰 볼링공에 작용하는 중력의 크기는 축구공의 10배이다.

ㄴ. 질량을 가진 모든 물체 사이에는 서로 잡아당기는 힘이 작용한다. 볼링공과 축구공 사이에도 중력(만유인력)이 작용한다.

ㄷ. 공기의 저항을 무시할 때 같은 높이에서 자유 낙하한 두 물체는 질량에 관계없이 가속도가 9.8 m/s²으로 같으므로 지면에 동시에 도달한다.

03 중력 가속도를 $g(=9.8m/s^2)$라 할 때, 물체 A와 B는 중력만을 받아 운동을 하므로, 물체의 질량과 무관하게 1초당 9.8 m/s씩 속력이 일정하게 증가한다($v=gt$).

B가 낙하한 순간부터 4초 후 B의 속력=$4g$,

A는 출발 후 6초 동안 낙하했으므로, A의 속력=$6g$가 된다.

따라서 떨어진지 6초된 A의 속력은 떨어진지 4초된 B의 속력의 1.5배가 된다.

04 질량이 서로 같은 물체는 (가) 공기 중에서나 (나) 진공 중에서나 중력의 크기가 같다. 그렇지만 (가) 공기 중에서 물체가 낙하할 때에는 운동 방향과 반대 방향으로 공기 저항력이 작용하고, (나) 진공 중에서 물체가 낙하할 때에는 공기 저항력이 작용하지 않는다.

깃털은 쇠구슬에 비해 표면적이 크므로 공기 저항력을 크게 받는다.

ㄴ. (나)는 진공 중이므로 공기 저항력이 발생하지 않는다. 쇠구슬과 깃털은 질량이 같으므로 작용하는 중력의 크기는 서로 같다.

ㄷ. (나)는 진공 중이므로 같은 높이에서 자유 낙하한 쇠구슬과 깃털의 가속도는 9.8 m/s²으로 같고 바닥에 동시에 도달한다.

바른 풀이 ㄱ. 공기 중에서는 공기 저항력이 운동 방향(중력 방향)과 반대 방향으로 작용하므로 공기 저항력을 크게 받는 깃털에 작용하는 힘(알짜힘; 합력)의 크기가 쇠구슬보다 작다.

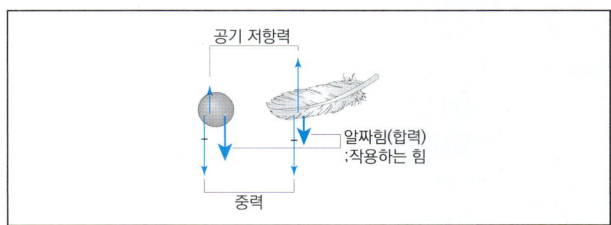

공기 저항력

알짜힘(합력)
:작용하는 힘

중력

05 ㄱ. 자유 낙하하는 물체의 속력은 시간에 비례한다($v=gt$).

∴ $v_1 : v_2 = 2gt : 3gt = 2 : 3$

ㄷ. 0~t 동안 물체가 낙하한 거리 $h_1 = \frac{1}{2}gt^2$

0~3t 동안 물체가 낙하한 거리 $h_3 = \frac{1}{2}g(3t)^2 = \frac{9}{2}gt^2$

∴ t~3t 동안 물체가 낙하한 거리 $h_3 - h_1 = 4gt^2$

$v = gt \rightarrow t = \dfrac{v}{g}, h_3 - h_1 = 4gt^2 = \dfrac{4v^2}{g}$

[바른 풀이] ㄴ. 자유 낙하하는 물체의 (속력-시간) 그래프에서 그래프의 기울기는 중력 가속도를 의미한다. 중력 가속도는 9.8 m/s²으로 일정한 값이므로, 그래프의 기울기는 질량에 관계없이 일정하다.

06 ㄱ. 물체 A, B의 수평 방향 속도가 같으므로 같은 시간 동안 두 물체의 수평 방향 이동 거리는 같다. 따라서 물체 B가 지면에 닿는 순간 물체 A와 충돌한다.

ㄴ. 물체 B는 수평 방향의 속도 외에 연직 방향의 속도도 가지므로 수평 방향의 속도만 가지는 물체 A의 속력은 물체 B의 속력보다 작다.(속력=속도의 크기)

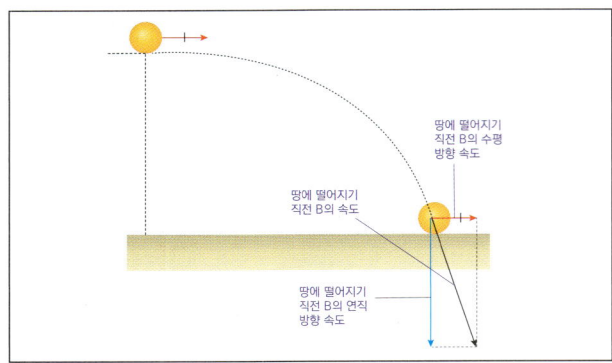

[바른 풀이] ㄷ. 물체 A는 등속 직선 운동하므로 물체 A에 작용하는 힘은 0이다. B에 작용하는 힘은 연직 아래 방향의 중력이므로 물체 B에 작용하는 힘이 물체 A에 작용하는 힘보다 크다.

07 동전 A는 자유 낙하 운동하고, 동전 B는 수평으로 던진 물체의 운동을 한다.

ㄷ. 동전 A, B에는 각각 중력만 작용한다.

ㄹ. 동전 B는 수평으로 던진 물체의 운동이므로, 자유 낙하 운동은 동전 A만 해당된다.

[바른 풀이] ㄱ. 동전 A의 속력은 1초당 9.8 m/s씩 증가하고 방향은 변하지 않는 자유 낙하 운동이다.

ㄴ. 동전 B의 수평 방향 속력은 일정하지만 연직 방향 속력은 1초당 9.8 m/s씩 증가하므로 속력과 운동 방향이 모두 변한다.

08 충격량은 받은 힘×시간(=Ft)이다.

ㄴ. B는 A가 낙하하는 시간만큼 수평 방향으로 등속 운동하여 수평면에 떨어진다. 표의 (가)에서 2초 동안의 수평 도달 거리가 1.6 m이었으므로, B의 수평 방향 속도는 0.8 m/s이다.

표의 (나)에서 A의 낙하 시간이 1.5초이므로, B의 수평 도달 거리 ㉠은 0.8(m/s)×1.5(s)=1.2 m이다.

[바른 풀이] ㄱ. (가)에서 A에 작용하는 중력은 2×9.8=19.6 N이고, 힘을 받은 시간은 표에서 알 수 있듯이 2 s(초)이므로, A가 낙

하하는 동안 중력에 의한 충격량=19.6(N)×2(s)=39.2 N·s이다.

ㄷ. (가)에서 B의 처음 속력만을 2배로 하더라도 낙하 시간은 변하지 않는다. 낙하 시간은 (가)의 A와 같은 2 s이다.

09 ㄱ. 같은 높이에서 물체가 자유 낙하할 때, 물체의 질량에 관계없이 낙하 시간이 같다. 낙하하는 물체의 중력 가속도가 $g(=9.8 \text{m/s}^2)$으로 같기 때문이다. 따라서 같은 높이에서 자유 낙하시킨 질량 1 kg인 물체와 3 kg인 물체는 동시에 지면에 떨어진다.

ㄷ. 질량 1 kg인 물체와 3 kg인 물체의 가속도는 모두 $g(=9.8 \text{m/s}^2)$로 같으므로, 두 물체 모두 속력이 매초 9.8 m/s씩 빨라진다.

[바른 풀이] ㄴ. 중력의 크기=mg(질량×중력 가속도)이므로, 질량이 클수록 중력이 크다.

10 빨대 속에서 정지해 있던 물체는 빨대 속에서 부는 힘에 의한 충격량을 받아 빨대를 빠져나올 때 운동량을 가진다. 이때 부는 힘에 의한 충격량만큼 운동량이 증가하므로, 빨대에서 빠져나온 순간의 물체의 운동량=빨대 속에서 물체가 받은 충격량이 된다.

빨대에서 빠져나온 순간의 운동량은 다음과 같다.

A: $3mv$, B: $2mv$, C: $4mv$

이것은 A, B, C 각각 빨대 속에서 받은 충격량과 같다.

∴ $I_C > I_A > I_B$이다.

11 물체의 운동을 각 구간 별로 나누면 다음과 같다.

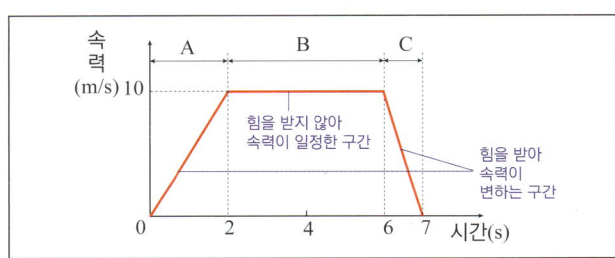

A: (0~2초) 정지해 있던 물체에 일정한 힘이 가해져 속력이 0→10 m/s로 증가하는 구간

B: (2~6초) 물체에 힘이 작용하지 않아 10 m/s로 등속 직선 운동하는 구간

C: (6~7초) 물체에 운동 반대 방향으로 일정한 힘이 작용하여 속력이 감소하다가 정지하는 구간

ㄱ. B 구간에서 속력 10 m/s로 가장 빠르고 운동량이 최대이다. 최대 운동량의 크기는 2(kg)×10(m/s)=20 kg·m/s 이다.

[바른 풀이] ㄴ. 물체가 받는 평균 힘(충격력)=$\dfrac{\text{운동량 변화량}}{\text{시간}}$

$= \dfrac{m(v-v_0)}{t}$ 이다.(v: 나중 속력, v_0: 처음 속력, m: 질량)

0~2초 구간에서 평균 힘: $\dfrac{2(10-0)}{2} = 10$ (N)

6~7초 구간에서 평균 힘: $\dfrac{2(0-10)}{1} = -20$ (N)(크기 20 N)

∴ 0~2초, 6~7초 구간에서의 평균 힘 크기 비=1 : 2이다.

ㄷ. 2~6초 구간에서는 힘이 작용하지 않기 때문에 힘의 방향을 비교할 수 없다.

12 ㄱ. 바닥과 충돌하여 정지할 때까지 두 달걀의 운동량 변화량이 같으므로 충격량도 같다. (힘−시간) 그래프에서 그래프가 시간축과 이루는 넓이는 충격량이므로 $S_1=S_2$이다.

[바른 풀이] ㄴ. 푹신한 방석에 떨어진 달걀의 충돌 시간이 더 기므로 S_2는 푹신한 방석에 떨어진 달걀이 받는 충격량, S_1은 단단한 시멘트에 떨어진 달걀이 받는 충격량이다.

ㄷ. 두 경우 달걀의 충격량은 같고, 힘이 작용한 시간은 방석에 떨어졌을 때가 시멘트 바닥에 떨어졌을 때보다 길므로 평균 힘(충격력)의 크기는 푹신한 방석에 떨어졌을 때가 더 작다.

13 물체가 자유 낙하 운동을 하는 경우 물체의 질량에 관계없이 중력 가속도($g=9.8$ m/s^2)가 같으므로, 각 물체는 1초당 9.8 m/s씩 속력이 증가한다. 따라서 A와 B의 (속력−시간) 그래프는 서로 동일하다.

14 A의 질량을 m_A, 속력을 v_A, B의 질량을 m_B, 속력을 v_B라고 할 때, (나)에서 A의 운동량 $2p=m_Av_A$, B의 운동량 $p=m_Bv_B$이다. 그림 (나)에서 기준선 P~Q 사이의 거리를 l이라고 하면, l을 가는데 A는 v_A으로 시간 $3t$가 걸리고, B는 v_B으로 시간 t가 걸린다.

$$\therefore v_A=\frac{l}{3t},\ v_B=\frac{l}{t}$$

A의 운동량 $2p=m_Av_A=m_A\dfrac{l}{3t}$, B의 운동량 $p=m_Bv_B=m_B\dfrac{l}{t}$

m_A, m_B를 각각 구하면, $m_A=6\dfrac{pt}{l}$, $m_B=\dfrac{pt}{l}$

$$\therefore m_A:m_B=6:1,\ \frac{m_A}{m_B}=6$$

15 힘-시간 그래프에서 그래프의 시간축과 이루는 넓이는 충격량을 의미한다.

0~t 동안 물체 A가 받은 충격량의 크기 $I_A=\dfrac{Ft}{2}$

0~t 동안 물체 B가 받은 충격량의 크기 $I_B=Ft$ 이다.

물체 A와 B는 처음에 정지해 있었으므로 시각 t일 때 운동량의 크기는 물체 A, B의 운동량 변화량(충격량)의 크기와 같다.

∴ 시각 t 일 때 A와 B의 운동량의 크기 비

$$p_A:p_B=I_A:I_B=\frac{Ft}{2}:Ft=1:2$$

16 무한, 알탐: 총신이 길수록 총알에 힘이 작용하는 시간이 길어지므로 충격량이 커지기 때문에 총알의 운동량이 더 커지고 속력이 커져 총알이 더 멀리 나간다.

[바른 풀이] 상상: 동일한 총이므로 총알에 같은 충격력(F)을 작용하지만 총신이 길면 시간(t)이 길어지므로 총알이 받는 충격량($I=Ft$)이 커지고, 운동량이 더 크게 변화하므로 총신을 떠나는 총알의 속력이 커진다.

17 ㄱ. 그림 (나)에서 시간 축과 곡선이 만드는 면적은 충격량과 같고, 이 면적이 A, B가 서로 같다고 했으므로, 벽과 충돌하는 동안 물체가 벽으로부터 받은 충격량은 A와 B가 서로 같다.

[바른 풀이] ㄴ. A와 B는 벽으로부터 같은 충격량을 받았고(A와 B의 운동량 변화량은 같다), 충돌 후 모두 정지했으므로(나중 운동량=0) A와 B의 충돌 전 운동량은 서로 같다.

물체 A의 충돌 전 운동량 p_A, 충돌 전 속력 v_A, 물체 B의 충돌 전 운동량 p_B, 충돌 전 속력 v_B일 때, (물체 A의 질량은 $2m$, 물체 B의 질량은 m이다.)

(충돌 전) $p_A=p_B$, $2mv_A=mv_B$, $2v_A=v_B$

∴ 충돌 전 물체 B의 속력 v_B는 물체 A 속력 v_A의 2배이다.

ㄷ. 평균 힘의 크기$=\dfrac{충격량}{시간}$이며, 벽으로부터 받은 충격량은 A와 B가 서로 같고, 그림 (나)에서 힘을 받은 시간은 A는 T, B는 $2T$이다.

A가 벽으로부터 받은 평균 힘의 크기: $\dfrac{충격량}{T}$

B가 벽으로부터 받은 평균 힘의 크기: $\dfrac{충격량}{2T}$

∴ 벽과 충돌하는 동안 물체가 받은 평균 힘의 크기는 A가 B의 2배이다.

01 ㄱ. A와 B 사이에 작용하는 힘은 만유인력(중력)으로 상호작용에 의해 서로 같은 크기의 힘을 반대 방향으로 주고받는다.

[바른 풀이] ㄴ. m_1만 커지는 경우 질량의 곱에 비례하는 만유 인력(중력)의 크기가 커지고, 크기가 같은 힘을 주고 받으므로 F_1, F_1'의 크기는 모두 커진다.

ㄷ. 서로 접촉하는 경우에도 만유인력(중력)은 작용한다. 이때 두 물체 사이의 거리는 무게 중심 사이의 거리이다.

02 ㄱ. 식물은 중력이 작용하는 방향으로 뿌리를 내린다.

ㄴ. 중력에 의해 아래로 흐르는 물과 아래로 이동하는 빙하는 오랜 기간에 걸쳐 흐르면서 지표를 변화시킨다.

ㄷ. 사람은 전정 기관에서 중력을 감지하여 몸의 평형을 유지한다.

03 ㄱ. 공기 중에서는 중력 외에 운동 방향과 반대 방향으로 공기 저항력이 작용한다.

[바른 풀이] ㄴ. 진공 중에서도 중력이 작용한다. 다만, 공기가 없으므로 공기 저항력은 발생하지 않는다.

ㄷ. 깃털보다 쇠구슬의 질량이 크다면 깃털보다 쇠구슬에 작용하는 중력이 더 크다. 그렇지만 중력만을 받아서 낙하한다면 쇠구슬과 깃털의 중력 가속도($g=9.8$ m/s^2)는 같다. 공기 중에서 쇠구슬이 깃털보다 먼저 떨어지는 이유는 쇠구슬보다 깃털이 운동 반대 방향의 공기 저항력을 더 많이 받아서 깃털의 가속도가 쇠구슬보다 작게 나타나기 때문이다.

04 자유 낙하하는 물체는 질량×중력 가속도($g=9.8$ m/s^2)에 해당하는 일정한 크기의 중력을 받으며, 낙하할 때 가속도는 $g(=9.8$ m/s^2)로 일정하다.

ㄱ. 낙하하는 물체의 속력=gt(중력 가속도×시간)이다. 그림에서 v는 시간 $t=2$초일 때의 속력이다.
$v=gt=9.8×2=19.6$ (m/s)
ㄹ. 물체는 속력이 1초당 9.8 m/s씩 증가하는 운동을 한다.

바른 풀이 ㄴ. 그래프의 기울기는 $\dfrac{\text{속력}}{\text{시간}}$이며, 이것은 1초당 속력 증가량으로 중력 가속도($g=9.8$ m/s²)이다.
ㄷ. 물체에 작용하는 힘은 중력이며, 크기가 일정하다.

05 ㄱ. 공기의 저항이 없으므로 질량에 관계없이 두 물체는 1초당 9.8 m/s씩 속력이 증가하여 동시에 지면에 떨어지므로 지면에 닿을 때의 속력은 서로 같다.
ㄴ. 중력만 받아 지면으로 떨어지는 물체의 속력은 질량과 상관없이 1초당 9.8 m/s씩 증가한다. 따라서 1초 후 A와 B의 속력은 9.8 m/s로 서로 같다.
ㄷ. 질량과 무관하게 같은 높이에서 동시에 자유 낙하하는 두 물체는 지면에 동시에 떨어진다. 즉, 같은 시간 동안 같은 거리를 이동한다.

06 A는 자유 낙하 운동, B는 수평으로 던진 물체의 운동을 한다.
ㄱ. 동전 A는 자유 낙하 운동을 하므로 속력이 1초당 9.8 m/s씩 일정하게 증가한다.
ㄴ. 동전 B의 수평으로 던진 물체의 운동에서 수평 방향으로는 힘이 작용하지 않으므로 수평 방향 속력은 변하지 않고 일정하게 유지된다.

바른 풀이 ㄷ. 동전 B의 연직 방향 운동은 자유 낙하 운동이다. 따라서 동시에 운동을 시작한 동전 A와 B는 동시에 지면에 떨어진다.

07 ㄱ. 자유 낙하하는 공과 수평 방향으로 던진 공은 모두 연직 방향으로 중력만 받아 운동하므로, 질량에 관계없이 연직 방향으로 속력이 1초당 9.8 m/s씩 증가하며, 같은 시간 동안 같은 거리만큼 낙하한다. 따라서 지면에 동시에 도달한다.

바른 풀이 ㄴ. 공 A, B의 연직 방향 운동은 자유 낙하 운동으로 같다. 자유 낙하 운동은 1초당 9.8 m/s씩 속력이 일정하게 증가하는 운동이다.
ㄷ. 공 A, B 모두 연직 아래 방향의 중력만 작용한다. 따라서 공 A의 운동 방향과 힘의 방향은 같지만, 공 B는 포물선 운동을 하므로 운동 방향과 힘의 방향이 같지 않다.

08 ㉠ 수평 방향으로 던진 물체는 수평 방향으로는 힘을 받지 않으므로 등속 운동을 한다. 따라서 5초 후 속력은 처음 던진 속력과 같은 3 (m/s)이다.
㉡ 수평 방향으로 던진 물체는 연직 방향으로는 일정한 크기의 중력을 받아 자유 낙하 운동을 한다. 연직 방향으로는 처음 속력은 0이고, 1초마다 9.8 m/s씩 속력이 증가하므로 5초 후 물체의 속력은
$5×9.8=49$ (m/s)

09 ㄱ. A와 B는 모두 연직 아래 방향으로 같은 크기의 중력을 받아서 속력이 증가하는 운동을 한다.

ㄴ. A와 B의 연직 방향의 운동은 자유 낙하 운동으로 서로 같으므로, 연직 방향으로 떨어진 거리는 서로 같다. 따라서 B가 높이 h인 P 점을 지나는 순간 A도 높이 h인 지점을 지난다.
ㄷ. B는 수평 방향으로 힘을 받지 않기 때문에 수평 방향으로 속력이 변하지 않는다. B가 운동하는 모든 시간 동안 수평 방향의 속력은 처음 수평 방향으로 던진 속력 v와 같게 유지된다. 수평면에 도달한 순간에도 수평 방향의 속력은 v이다.

10 ㄱ. 수평 방향으로 속력 v로 던진 물체 A는 운동하는 동안 수평 방향의 힘을 받지 않으므로 수평 방향의 속력은 v로 일정하다.
ㄴ. 자유 낙하 운동을 하는 B의 낙하 시간과 수평 방향으로 던진 물체의 운동을 하는 A의 낙하 시간은 서로 같다. 이때 A는 낙하 시간 동안 수평 방향으로 L만큼 운동한다. 낙하 시간을 t라고 할 때 t 동안 A는 수평 방향으로 속력 v로 운동한다.
$\therefore L=vt,\ t=\dfrac{L}{v}$
ㄷ. 운동하는 동안 A와 B는 연직 아래 방향으로 중력만을 받는다.

11 ⑤ 아래쪽 실을 갑자기 당겼을 때, 추는 정지한 상태를 그대로 유지하려는 관성(정지 관성)을 가지므로 추는 끌려가지 않으려 하고, 추 아래와 손 사이의 실이 끊어지는 것이다. 이때 추의 질량이 클수록 더 큰 관성이 나타나므로 추 아래쪽 실이 더 쉽게 끊어진다.
바른 풀이 ② 추 아래를 당기면 추 위쪽 실에도 힘이 작용한다.

12 ㄱ. 두 유리컵은 같은 높이를 낙하하였으므로 바닥에 충돌 직전 속력은 서로 같다. 질량도 같으므로 두 유리컵이 바닥에 충돌 직전 운동량은 서로 같다.
ㄴ. 두 유리컵은 바닥에 충돌 직전 운동량이 서로 같고, 모두 나중 속력=0이 되어 정지하므로 운동량 변화량(충격량)이 서로 같다.

바른 풀이 ㄷ. 평균 힘의 크기(F)=$\dfrac{\text{충격량}}{\text{시간}}$이다. 그래프에서처럼 시멘트 바닥인 경우 충돌 시간이 이불에 비해 짧으므로 유리컵이 시멘트 바닥으로부터 받은 충격력(F)이 이불로부터 받은 충격력보다 크다. 그래서 시멘트 바닥에 떨어진 유리컵이 깨지는 것이다.

13 오른쪽을 (+)로 하고 물체의 운동량 변화량(충격량)을 구한다. 물체와 벽은 서로 크기가 같은 힘을 반대 방향으로 주고받는다.
물체의 충돌 후 운동량: $2×(-10)=-20$ (kg·m/s)
물체의 충돌 전 운동량: $2×(20)=40$ (kg·m/s)
물체의 운동량 변화량(충격량): $-20-40=-60$ (N·s)(크기: 60 N·s)
벽이 물체에 가한 충격량 크기=물체가 벽에 가한 충격량 크기 $=60$ (N·s)
ㄴ. 물체와 벽은 접촉 시간 동안 충격력(F)을 주고받는다.
평균 힘(충격력)의 크기$=\dfrac{\text{충격량}}{\text{시간}}=\dfrac{60}{0.02}=3000$ (N)
ㄷ. 물체가 벽에 가한 충격량 크기: 60 (N·s)
바른 풀이 ㄱ. 벽이 물체에 가한 충격량의 크기는 60 (N·s)이다.

14 (힘-시간)그래프에서 그래프 아래 넓이는 충격량이다. 충격량은 운동량 변화량으로 나중 운동량－처음 운동량으로 구한다.
(1) 처음 운동량이 0이므로 나중 운동량은 물체가 받은 충격량과 같다.

(0~2초) 그래프 아래 넓이=5(N)×2(s)=10 N·s(kg·m/s)
=물체가 받은 충격량=2초일 때 물체의 운동량
(2) (2~4초) 그래프 아래 넓이=5(N)×2(s)=10 N·s(kg·m/s)
=물체가 받은 충격량
(3) (0~4초) 그래프 아래 넓이=5(N)×4(s)=20 N·s(kg·m/s)
=물체가 받은 충격량=4초일 때 물체의 운동량
∴ 물체의 질량 $m(=2\ \text{kg})$, 4초일 때 속력 v라고 하면,
$mv=20$, $v=10$ m/s

15 각 물체가 벽에 충돌한 후 정지할 때까지 받는 충격량 크기
는 평균 힘×충돌 시간으로 구한다.
A: $2F×t=2Ft$, B: $3F×2t=6Ft$, C: $5F×2t=10Ft$
충격량의 크기=운동량 변화량=나중 운동량−처음 운동량
나중 운동량은 모두 0(정지)이므로 각 물체가 받은 충격량은 충
돌 전 운동량과 같다. 각 물체의 질량은 m이라고 할 때 다음과
같이 속력비를 구한다.
$mv_A : mv_B : mv_C = 2Ft : 6Ft : 10Ft$
∴ $v_A : v_B : v_C = 2 : 6 : 10 = 1 : 3 : 5$

16 운동량 변화량=충격량이다.
(0~2초) 운동량: 0→10 kg·m/s, 충격량 크기: 10 N·s
(2~6초) 운동량: 10 kg·m/s→0, 충격량 크기: 10 N·s
ㄴ. 2~6초 동안 물체가 받은 충격량의 크기는 10 (N·s)이다.
ㄷ. (0~2초) 충격량 크기: 10 N·s
충격량=물체가 받은 힘(F_1)×시간, $10=F_1×2$ (s), $F_1=5$ (N)
(2~6초) 충격량 크기: 10 N·s
충격량=물체가 받은 힘(F_2)×시간, $10=F_2×4$ (s), $F_2=2.5$ N
F_1은 F_2의 2배이다.
바른 풀이 ㄱ. 0~2초에 물체가 받은 충격량 크기는 10 N·s이다.

17 물체는 벽에 충돌한 후 반대 방향의 운동량을 가진다. 처음
운동량은 그래프에서 20 kg·m/s이고, 그림에서 물체의 속력이 5
m/s이므로 질량은 4 kg이다.
ㄱ. 충돌 후 물체의 운동량은 −10 kg·m/s이다.
(충돌 후) $-10=4v$, $v=-2.5$ m/s(속력 2.5 m/s)
충돌 전 물체의 속력: 5 m/s
충돌 전 물체의 속력은 충돌 후의 2배이다.
ㄴ. 물체의 질량은 4 kg이다.
바른 풀이 ㄷ. 충돌 시 물체가 받은 충격량만큼 물체는 벽에 충격
량을 가한다.
충돌 시 물체의 충격량=$-10-20=-30$ N·s(크기 30 N·s)
=물체가 벽에 가한 충격량

18 ㄱ. (힘-시간)그래프에서 곡선 아래와 시간 축이 만드는 면적
은 발사체가 받은 충격량을 의미한다.
ㄷ. A에서 발사체는 더 큰 충격량을 받아서 속력이 B에서보다 커
진다.
바른 풀이 ㄴ. A는 발사체가 빨대 입구에 있으므로, 빨대 속에
서 B보다 더 긴 시간 동안 부는 힘을 받는다. 따라서 발사체는 충
격량을 크게 받아서 더 빠른 속도로 빨대 출구를 빠져나간다. 따
라서 A에 해당하는 그래프는 넓이가 더 큰 Q이다.

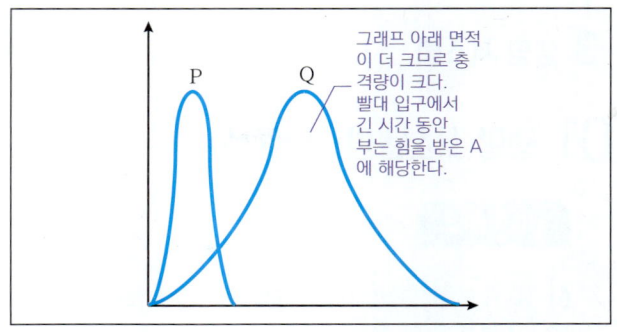

그래프 아래 면적
이 더 크므로 충
격량이 크다.
빨대 입구에서
긴 시간 동안
부는 힘을 받은 A
에 해당한다.

19 ㄱ. 안전 장치는 탄성이 있는 재질로 만들어 충격량은 같지만
충돌 시간을 길게 하여 충격력(F)를 작게 한다. 충격을 흡수하는
것이다.
ㄴ. 안전 장치는 탄성이 있는 재질로 만들어서 충돌 시간을 길게
한다.
바른 풀이 ㄷ. 충격량은 운동량의 변화량이다. 안전 장치는 외
부 물체의 운동량을 감소시킬 수는 없다. 외부 물체가 안전 장치
와 충돌하여 운동량이 변하는 시간(충격량을 받는 시간)을 길게
하여 충격력을 감소시킨다.

3 생명 시스템

01 생명 시스템의 기본 단위

01 (1) 세포 (2) 조직, 기관   **02** (1) ◎, ㉗ (2) ㉧
03 (1) 엽록체 (2) 마이토콘드리아 (3) 라이보솜 (4) 핵
    (5) 소포체 (6) 액포 (7) 골지체
04 (1) A: 인지질, B: 막단백질 (2) C (3) Ⅱ (4) E: 산소,
    이산화 탄소, 지방산, 글리세롤 중 2개, F: Na^+, K^+,
    포도당, 아미노산 중 2개
05 (1) 물(물 분자) (2) 물(물 분자) (3) B 쪽 (4) 삼투
06 (1) 적혈구 세포질의 농도 (2) (나) 용액의 농도 (3) 물

01 (1) 세포는 생명 시스템을 구성하는 구조적·기능적 기본 단위이다.
(2) 생명 시스템의 구성 단계는 세포→조직→기관→개체이다.

02 (1) 동물 세포에는 없고 식물 세포에만 존재하는 세포소기관은 ◎엽록체와 ㉗ 세포벽이다.
(2) 라이보솜에서 합성된 단백질을 골지체나 세포의 다른 부위로 옮기는 역할을 하는 세포소기관은 ㉧ 소포체이다.

03 (1) 엽록체는 광합성을 통해 포도당을 합성한다.
(2) 마이토콘드리아는 세포 호흡을 통해 생명 활동에 필요한 에너지를 생성한다.
(3) 라이보솜은 핵으로부터 전달받은 DNA의 유전정보에 따라 단백질이 합성되는 장소이다.
(4) 핵은 유전 물질인 DNA를 가지고 있어 유전 현상이 나타나도록 하고, 세포의 생명활동을 조절하는 중심이 된다.
(5) 소포체는 라이보솜에서 합성된 단백질을 골지체 또는 세포의 다른 부위로 이동시키는 통로 역할을 한다.
(6) 액포는 물, 색소, 노폐물 등을 저장하는 장소로서 오래된 식물 세포일수록 크게 발달한다.
(7) 골지체는 소포체에서 전달받은 단백질을 막으로 싸서 세포 밖으로 분비한다.

04 (1) A는 인지질, B는 막단백질을 나타낸다.
(2) 인지질은 머리 부분(D)는 인산으로 이루어져 친수성, 꼬리 부분(C)은 지방산으로 이루어져 소수성이다.
(3) 세포막의 인지질 2중층을 통한 이동 방식(Ⅰ)은 단순확산이고, 막단백질을 통한 이동 방식(Ⅱ)는 촉진확산이다.
(4) E의 예는 기체 분자(O_2, CO_2,) 지용성 물질(지방산, 글리세롤) 등이 있고, F의 예는 전하를 띠는 이온(K+, Na^+), 수용성 물질(포도당, 아미노산) 등이 있다.

05 (1), (2), (3) 반투과성 막을 통해서 A 쪽에서 B 쪽으로 물(또는 물 분자)이 이동하고, B 쪽에서 A 쪽으로도 물(또는 물 분자)이 이동하나, 농도가 낮은 A 쪽에서 농도가 높은 B 쪽으로 이동하는

물(또는 물 분자)의 양이 더 많다. 따라서 농도가 높은 B 쪽의 수면이 높아진다.
(4) 반투과성 막을 통해 농도가 낮은 쪽에서 농도가 높은 쪽으로 용매(물)이 이동하는 현상을 삼투라고 한다.

06 (1), (2) 적혈구 세포의 세포질과 외부 용액 사이에는 삼투 현상이 일어난다.
(가)는 저장액으로 용액의 농도가 적혈구 세포질의 농도보다 낮아서 용액에서 적혈구 세포 안으로 물이 이동해 세포의 부피가 팽창하는 것을 나타낸다.
(나)는 등장액으로 용액의 농도가 적혈구 세포질의 농도와 같아서 세포 안의 물의 양이 변하지 않아 세포의 모양이 변하지 않는 것을 나타낸 것이다.
따라서 (가) 용액의 농도는 (나) 용액의 농도나 적혈구 세포질 농도보다 낮다.
(3) 삼투 현상은 저농도 용액에서 고농도 용액으로 물이 들어가는 현상이다. 동시에 물은 고농도 용액에서 저농도 용액으로 들어가기도 하나 양이 더 적다. 등장액인 경우에는 같은 양의 물을 서로 주고 받아 결과적으로 물이 이동하지 않는 것처럼 보인다.

✛ 탐구

탐구문제 1 **답** 삼투에 의해 물이 토양에서 식물 뿌리를 통해 식물 세포 안으로 들어가기 때문이다.

해설 오랫동안 식물에 물을 주지 않으면 햇빛에 의한 증산 작용으로 인해 식물체 밖으로 물이 빠져나가게 되므로 식물 세포의 부피가 감소하여 식물은 시들게 된다. 이 식물에 물을 주면 토양에 존재하는 용액의 용질 농도가 낮아지고, 삼투에 의해 물이 토양에서 식물 뿌리를 거쳐 식물 세포 안으로 들어가게 되므로 식물 세포의 부피가 증가하여 식물은 다시 살아나게 된다.

스스로 실력높이기

01 ⑤	**02** ③	**03** ③	**04** ③	**05** ②	**06** ②
07 ④	**08** ②	**09** ③	**10** ①	**11** ②	**12** ④
13 ⑤	**14** ③	**15** ④	**16** ①	**17** ①	**18** ㄹ

01 ① 생명 시스템은 여러 구성 요소가 상호작용하여 다양한 생명활동을 수행하는 체계이다. 생명체는 하나의 생명 시스템이다.
② 모든 생명체는 세포로 이루어져 있으며, 세포는 생명체의 구조적·기능적 기본 단위이다.
③ 생명체는 환경 요인인 빛, 온도 등 비생물적 요인, 생명체 사이의 생물적 요인과 상호작용한다.
④ 세포는 세포 내의 여러 세포소기관이 상호작용하는 하나의 생명 시스템이다.
바른 풀이 ⑤ 생명 시스템은 세포→조직→기관→개체의 단계로 구성된다.

02 ㄱ. 생명 시스템의 구성 단계는 세포→조직→기관→개체이

며, 조직은 동물의 근육조직의 예와 같이 모양과 기능이 비슷한 세포의 모임이다.
ㄷ. 생명 시스템에서는 다양한 조직이 모여 고유한 형태와 기능을 가진 기관을 이룬다.

[바른 풀이] ㄴ. 여러 기관이 모여 기관계를 이루는 것은 동물의 구성 단계이다. 식물은 구성 단계 중 기관계가 존재하지 않는다.

03 동물의 구성 단계 중 A는 세포, B는 조직, C는 기관, D는 기관계, E는 개체를 나타낸 것이다.
① 세포는 생명체를 구성하는 기본 단위이다.
② 식물의 구성 단계는 세포 → 조직 → 조직계 → 기관 → 개체이므로 B 조직은 식물에도 존재하는 구성 단계이다.
④ D 기관계는 식물에는 없고 동물에만 존재하는 구성 단계이다.
⑤ 생명 시스템의 마지막 구성 단계 E는 개체이다.

[바른 풀이] ③ C 기관은 여러 조직이 모여 고유한 형태와 기능을 나타내는 단계이다.

04 ㄱ. 모든 세포는 세포막으로 둘러싸여 있으며, 세포의 내부는 핵과 세포질로 구성된다. 세포질에는 여러 세포소기관이 존재한다.
ㄷ. 세포소기관은 유기적으로 상호작용하여 세포 내 생명활동을 수행한다.

[바른 풀이] ㄴ. 생물의 세포는 종류에 따라 모양과 크기가 매우 다양하며, 한 개체 내에서도 기능에 따라 형태가 다르다.

05 ㄱ. 생물 세포의 라이보솜은 단백질을 합성하는 곳이다.
ㄴ. 생물 세포의 세포막은 선택적 투과성을 가져서, 물질의 종류에 따라 통과 여부를 결정하여 세포 안팎의 물질 출입을 조절한다.

[바른 풀이] ㄷ. 동물 세포나 식물 세포의 마이토콘드리아에서는 유기물을 분해하여 생명활동에 필요한 에너지를 생산한다(세포호흡). 식물 세포의 엽록체에서는 이산화 탄소와 물을 원료로 하여 포도당을 합성한다(광합성).

06 ㉠은 라이보솜, ㉡은 세포막, ㉢은 핵, ㉣은 마이토콘드리아, ㉤은 소포체, ㉥은 세포벽, ㉦은 엽록체, ㉧ 골지체, ㉨은 액포이다.
(가) ㉢ 핵은 유전 물질인 DNA를 가지고 있으며, 세포의 생명 활동을 조절하는 중심이 된다.
(나) ㉤ 소포체는 세포 내 물질 수송의 이동 통로 역할을 한다. 라이보솜에서 합성된 단백질을 세포의 다른 부위로 운반한다.
(다) ㉧ 골지체는 소포체에서 전달받은 단백질이나 지질 등을 막으로 써서 세포 밖으로 분비한다.

07 A는 광합성을 하는 엽록체, B는 단백질을 합성하는 라이보솜, C는 세포호흡을 하는 마이토콘드리아이다.
ㄴ. B 라이보솜에서 단백질을 합성한다.
ㄷ. C 마이토콘드리아는 동물 세포와 식물 세포에 모두 있다.

[바른 풀이] ㄱ. A는 엽록체이다.

08 ① 세포벽과 엽록체는 식물 세포에만 존재한다.
③ 막성 세포 소기관 중 핵, 엽록체, 마이토콘드리아는 이중막 구조이며, 소포체, 골지체, 액포는 단일막 구조이다.

④ 물, 노폐물, 색소 등을 저장하는 액포는 성숙한(오래된) 식물 세포에서 크게 발달한다.
⑤ 라이보솜은 DNA의 유전정보가 RNA를 통해 전달되어, 그 RNA의 정보에 따라 단백질이 합성되는 장소이다.

[바른 풀이] ② 세포소기관 중 라이보솜은 막으로 싸여 있지 않다.

09 세포소기관 C는 특징 ㉠~㉢을 공통으로 가지므로 엽록체이다. 마이토콘드리아는 이중막으로 싸여있으며, 식물 세포에 존재하므로 세 가지 특징 중 2가지를 가진다. A는 세 가지 특징 중 2가지를 가지므로 마이토콘드리아이다. 나머지 B는 세 가지 특징 중 '식물 세포에서 발견된다.'는 한 가지 특징만을 가진 소포체이다.
따라서 ㉢은 마이토콘드리아, 소포체, 엽록체의 공통된 특징이므로, '식물 세포에서 발견된다.'이다.
A가 마이토콘드리아이고, C는 엽록체이므로 ㉠은 A와 C의 공통된 특징인 '이중막으로 싸여있다'이다. 세 가지 특징 중 ㉡ '빛에너지를 화학 에너지로 전환한다.(광합성)'는 C 엽록체만이 가진 특징이다.
ㄱ. A는 마이토콘드리아이다.
ㄷ. B 소포체는 라이보솜에서 합성된 단백질을 골지체로 운반하는 등 세포 내 물질 수송의 이동 통로 역할을 한다.

[바른 풀이] ㄴ. ㉠은 '이중막으로 싸여 있다.'이며 '식물 세포에서 발견된다.'는 ㉢이다.

10 ② (나) 막단백질은 유동성 있는 인지질 2중층을 떠다닌다.
③ 전하를 띤 Na^+, K^+ 등은 (나) 막단백질을 통해 확산된다.
④ ㉠은 인지질의 꼬리 부분으로 지방산으로 구성되어 있어서 소수성이고, ㉡은 인지질의 머리 부분으로 인산으로 구성되어 있어서 친수성이다.
⑤ 산소와 이산화 탄소 등의 기체 분자, 지용성 물질은 (가) 인지질 층을 통해 확산되어 이동한다.

[바른 풀이] ① (가)는 인지질로 단순확산의 통로이며 산소 이산화 탄소 등의 기체 분자와 지용성 물질인 지방산, 글리세롤의 확산 통로이다.

11 ㄱ. 세포막의 주성분은 인지질(인지질 2중층)과 단백질(막단백질)이다.
ㄴ. 세포막은 선택적 투과성이 있어 세포 안팎으로의 물질 출입을 조절한다.

[바른 풀이] ㄷ. 세포막은 물질을 선택적으로 투과시키는 막으로서 세포막을 출입하는 물질의 종류와 이동 방향을 조절한다.

12 ㄴ. 전하를 띤 이온(Na^+, K^+ 등)이나 수용성 물질(포도당, 아미노산)은 막단백질을 통해 확산된다.
ㄷ. ㉠은 인지질 2중층을 통해 단순확산되는 물질이다.

[바른 풀이] ㄱ. I은 인지질 2중층으로 인지질은 소수성인 꼬리 부분끼리 안쪽으로 마주보고 있다.

13 물질 A는 인지질 2중층을 통한 단순확산을 하며, 물질 B는 막단백질을 통한 촉진확산을 한다.
ㄱ. 물질 A의 예로는 이산화 탄소와 산소 등의 기체 분자, 호르몬,

지방산, 글리세롤 등의 지용성 물질이 있다.

ㄴ. 물질 B의 예로는 포도당, 아미노산 등의 수용성 물질, 전하를 띤 입자인 이온(Na^+, K^+ 등)이 있다.

ㄷ. 물질 A는 인지질 2중층을 통한 단순확산으로 이동 속도가 세포 안팎의 농도차에 비례한다.

14 (가)는 막단백질을 사용하지 않으므로 단순확산, (나)는 포도당이 이동하므로 막단백질을 이용한 촉진확산이다.

ㄱ. 포도당은 막단백질을 통한 촉진확산 방식으로 이동하므로 막단백질을 '사용함'이다.

ㄴ. B는 막단백질을 사용하지 않는 단순확산이므로 인지질 2중층을 통하여 확산한다. 해당하는 물질은 산소, 이산화 탄소등의 기체 분자, 호르몬, 지방산, 글리세롤 등의 지용성 물질이다.

(바른 풀이) ㄷ. 세포막을 통한 단순확산, 촉진확산 방식으로 물질이 이동하는 경우 모두 에너지가 소모되지 않는다.

15 (가)는 적혈구를 소금물에 넣었을 때 적혈구 안에서 물이 밖으로 빠져나가는 것이고, (나)는 적혈구를 증류수에 넣었을 때 적혈구 밖에서 안으로 물이 들어오는 것을 나타낸다.

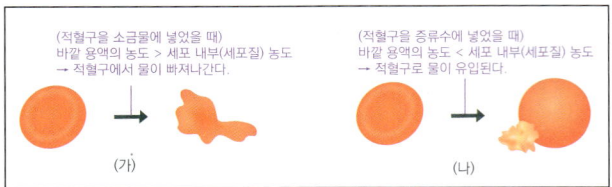
(적혈구를 소금물에 넣었을 때)
바깥 용액의 농도 > 세포 내부(세포질) 농도
→ 적혈구에서 물이 빠져나간다.

(적혈구를 증류수에 넣었을 때)
바깥 용액의 농도 < 세포 내부(세포질) 농도
→ 적혈구로 물이 유입된다.

(가)　　　　　　(나)

ㄴ. (가)에서 적혈구가 쪼그라들었으므로 물이 적혈구 안에서 밖으로 이동한다.

ㄷ. 적혈구 안에서 밖으로 물이 이동하거나, 밖에서 안으로 이동하는 것은 세포막 안팎의 농도차에 의한 삼투이다. (가), (나)는 농도가 낮은 용액에서 농도가 높은 용액으로 물(용매)이 이동하는 삼투 현상이다.

(바른 풀이) ㄱ. (가)는 적혈구를 고장액(세포질보다 농도가 높은 용액)에 넣었을 때 세포질로부터 용액으로 물이 빠져나가는 것을 나타낸다. 따라서 (가)는 소금물에 넣었을 때이다.

16 삼투는 반투과성 막을 경계로 양쪽 두 용액의 농도가 서로 다를 때, 농도가 낮은 용액 쪽에서 농도가 높은 용액 쪽으로 용매(물)가 이동하는 현상이다.

ㄱ. 소금물 용액에서 용질인 소금은 입자가 커서 반투과성 막을 통과하지 못한다.

(바른 풀이) ㄴ, ㄷ. 삼투에 의해 농도가 낮은 용액 쪽에서 농도가 높은 용액 쪽으로 물이 이동하게 되므로 시간이 지남에 따라 반투과성 막을 경계로 양쪽 용액의 농도 차는 작아진다.

17 식물 세포를 설탕 수용액(고장액)에 넣었을 때 삼투에 의해 세포질에서 외부로 물이 빠져나가 원형질 분리가 일어났다.

ㄱ. 식물 세포의 세포질에서 세포질보다 농도가 높은 설탕물로 물이 빠져나가는 삼투 현상이 일어난다.

(바른 풀이) ㄴ. 세포막을 통한 물의 이동이 일어난다.

ㄷ. 식물 세포는 물이 빠져나가면서 세포의 부피가 줄어들다가 세포막이 세포벽에서 분리된다.

18 (답) ㄹ

ㄱ, ㄴ, ㄷ 삼투 현상으로 시든 식물에 물을 주면 뿌리에서 삼투 현상으로 물을 흡수하여 식물 잎이 살아나고, 배추의 세포에서 소금물로 물이 빠져나가 숨이 죽으며, 과일에 설탕을 뿌리면 과일에서 물이 빠져나간다. 모두 삼투에 의한 물 이동 현상이다.

ㄹ. 폐포에서 산소가 흡수되는 것은 세포막의 인지질을 통한 단순확산이다.

심화 실력높이기
233 쪽

01 ②　　　02 ②　　　03 ④　　　04 ⑤

01 A는 마이토콘드리아이고, B는 라이보솜이다.

ㄴ. (나) 아미노산이 펩타이드 결합하여 단백질이 생성된다. 이 과정은 핵 속의 DNA로부터 유전정보를 전달받아 B 라이보솜에서 일어난다.

(바른 풀이) ㄱ. A 마이토콘드리아에서 세포호흡이 일어날 때 (가) 산소를 흡수하고 이산화 탄소를 방출한다. 이 과정에서 에너지가 방출되어 생명활동에 사용된다.

ㄷ. 빛에너지가 유기물의 화학 에너지로 전환되는 것은 광합성이고, 엽록체에서 일어나므로 B 라이보솜에서 일어나는 것이 아니다.

02 세포를 용액에 넣어 삼투 실험을 할 때 세포의 세포질보다 농도가 높은 용액을 고장액, 세포질과 농도가 같은 용액을 등장액, 세포질보다 농도가 낮은 용액을 저장액이라고 한다. 삼투에 의해 고장액에서는 세포에서 바깥으로 물이 빠져나가서 세포의 부피가 줄어들고, 등장액에서는 변화없으며, 저장액에서는 바깥에서 세포로 물이 들어와 세포의 부피가 팽창한다.

ㄴ. 원형질 분리는 식물 세포에서 세포질의 물이 빠져나가면서 세포벽과 세포막이 분리되는 것이다. 물이 빠져나가는 것은 (가) 고장액인 경우이다.

(바른 풀이) ㄱ. (가)는 삼투에 의해 감자 조각에서 물이 빠져나가 무게가 줄어든 것이다. 감자 세포에서 용액으로 물이 빠져나갈 때는 고장액인 경우이다.

(다)는 삼투에 의해 세포로 물이 들어와 세포의 무게가 증가한 것이므로 저장액이다.

ㄷ. (나) 등장액에서도 물의 이동은 안팎으로 일어나나, 빠져나가는 물과 들어오는 물의 양이 같아서 무게가 변화하지 않는다.

03 A는 인지질 2중층을 통한 단순확산, B는 막단백질을 통한 촉진확산을 나타낸다. 단순확산은 폐포와 모세혈관 사이의 O_2와 CO_2의 확산, 지용성 물질(지방산, 글리세롤, 호르몬 등)의 세포막 출입이 그 예이고, 촉진확산은 이온 물질의 세포막 출입, 혈액 속의 포도당의 조직세포로 확산, 작은창자에서의 아미노산 흡수 등이 그 예이다.

ㄴ. ㉠ 포도당은 탄소 화합물로 구성 원소는 C, H, O이다.

ㄷ. A와 B는 모두 농도가 높은 쪽에서 낮은 쪽으로 에너지를 소비하지 않고 이동하는 확산에 해당한다.

(바른 풀이) ㄱ. Ⅰ 폐포와 모세혈관 사이의 기체 교환은 단순확산의 예이며, A에 해당한다.

04 그래프에서 적혈구 A는 부피가 증가한 후 일정해졌고, 적혈구 B는 부피가 변하지 않았다.

설탕 용액 (가)는 농도가 적혈구 A의 세포질 농도보다 낮은 저장액이므로, 삼투에 의해 설탕 용액의 물이 적혈구로 들어와 적혈구의 부피가 팽창한 것이다.

설탕 용액 (나)는 농도가 적혈구 B의 세포질 농도와 같아서 등장액이며, 적혈구 B로 출입하는 물의 양이 같아서 적혈구 B의 부피가 일정한 것이다.

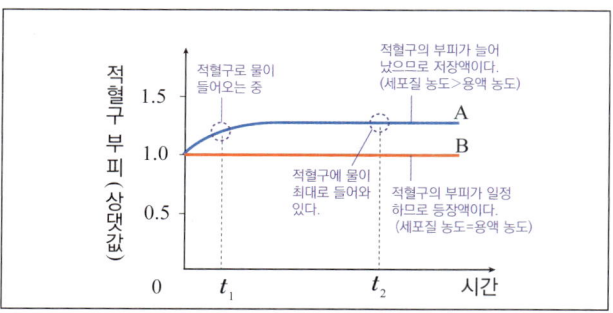

ㄴ. A의 세포액 농도는 물이 덜 들어온 t_1일 때가 물이 더 많이 들어온 t_2일 때보다 높다. 세포질로 물이 많이 들어올수록 세포질의 농도는 낮아진다.

ㄷ. t_2일 때, A는 세포질로 물이 들어와서 부피가 팽창한 상태이고, B는 물이 들어오지 않아 부피가 변하지 않은 상태이기 때문에 물이 들어온 A의 농도가 낮아졌으므로, 세포액 농도는 B에서가 A에서보다 높다.

[바른 풀이] ㄱ. 설탕 용액의 농도는 (나)가 (가)보다 높다.

02 생명 시스템에서의 화학 반응

개념체크

235 ~ 236 쪽

01 (1) ○ (2) × (3) ○ **02** (1) ㉢, ㉠ (2) ㉡ (3) ㉤
03 (1) B (2) A (3) ㄱ, ㄹ
04 (1) ㄴ, ㅁ, ㅂ (2) ㄱ, ㄷ, ㄹ
05 A: 반응물, B: 효소, C: 생성물
06 (1) × (2) × (3) ○ **07** (1) × (2) × (3) ○

01 (1) 물질대사는 생명 활동을 유지하기 위해 생명체 내에서 일어나는 모든 화학 반응이다.
(3) 활성화에너지는 화학 반응이 일어나기 위해 필요한 최소한의 에너지이다.
[바른 풀이] (2) 물질대사가 일어날 때에는 반드시 에너지 출입이 함께 일어난다.

02 (1) 효소가 있을 때 활성화에너지는 ㉢이고, 효소가 없을 때 활성화에너지는 ㉠이다.
(2) 효소는 활성화에너지를 ㉡(㉠−㉢)만큼 감소시킨다.
(3) ㉤(반응열)은 반응물과 생성물의 에너지 차이로서 효소의 유무에 관계없이 일정한 값을 가진다.

03 A는 이화작용으로 크고 복잡한 분자를 작고 간단한 분자로 분해하는 반응이다. B는 동화작용으로 작고 간단한 분자를 크고 복잡한 분자로 합성하는 반응이다.
(1) B는 반응물에서 생성물로 화학 반응이 일어날 때 에너지가 흡수되는 흡열 반응이므로 작은 분자가 큰 분자로 합성되는 동화작용이다.
(2) A는 반응물에서 생성물로 화학 반응이 일어날 때 큰 분자가 작은 분자로 분해되는 이화작용이며, 발열 반응이다. 이화작용의 예로는 소화, 세포 호흡, 간에서 글리코젠 분해 등이 있다.
(3) ㄱ. B 동화작용의 대표적인 예로는 광합성, 단백질 합성, 녹말 합성 등이 있다.
ㄹ. B 동화작용은 생성물의 에너지가 반응물보다 크므로 흡열 반응이다.
[바른 풀이] ㄴ. 동화작용은 작은 분자인 반응물을 큰 분자인 생성물로 합성하는 물질대사이다.
ㄷ. 물질대사는 생명활동을 유지하기 위해 생명체 내에서 일어나는 모든 화학 반응으로 동화작용과 이화작용이 있다. 따라서 동물 세포에서도 동화작용이 일어난다.

04 동화작용은 작고 간단한 분자를 크고 복잡한 분자로 합성하는 반응이며, 화학 반응 과정에서 에너지를 흡수한다. 예로는 광합성, 단백질 합성 등이 있다.
이화작용은 크고 복잡한 분자를 작고 간단한 분자로 분해하는 반응이며, 화학 반응 과정에서 에너지를 방출한다. 예로는 세포 호흡, 소화 등이 있다.

05 효소는 구조에 꼭맞는 반응물에 작용하여 생성물을 만든다. 생성물이 떨어져나가도 효소는 반응 전과 같은 상태가 된다.

06 (3) 효소는 반응 전후 변화가 없어 반응 후 다시 반응에 참여할 수 있다.(효소의 재사용)
[바른 풀이] (1) 효소는 생명체 내에서 활성화에너지를 감소시켜 물질대사의 반응 속도를 증가시키는 촉매 역할을 하는 단백질이다.
(2) 효소는 특정 반응물(기질)하고만 결합하여 반응한다(효소의 기질특이성). 물질대사의 각 단계마다 반응물이 다르므로 이에 작용하는 효소의 종류도 각각 다르다.

07 (3) 요검사지는 포도당 산화효소를 통해 오줌 속에 포도당이 있으면 색이 달라지는 것으로 포도당을 확인하는 것이며, 혈당 측정기는 포도당 산화효소가 혈액 속 포도당을 산화시키면서 발생하는 전류 세기로 포도당의 양(혈당량)을 측정하는 것이다.
[바른 풀이] (1) 감자가 빨리 익는 것은 효소의 작용 때문이 아니라 감자의 표면적이 넓어지기 때문이다.
(2) 효소는 세포 밖에서도 기능하므로 의료, 산업, 환경 등에도 이용되고 있다.

탐구문제 1 **답** 기포는 과산화 수소가 분해됨으로써 발생하는 것이므로 반응물인 과산화 수소의 양이 일정할 때 감자즙(카탈레이스)을 아무리 많이 넣어도 기포의 총량에는 변화가 없다.

해설 감자즙을 많이 넣으면 효소인 카탈레이스의 양이 많아져 과산화 수소 분해 반응의 속도가 빨라지게 되므로 짧은 시간 안에 기포가 많이 발생할 수 있지만, 발생한 기포의 총량에는 변화가 없다. 기포의 발생 총량은 반응물인 과산화 수소의 양에 비례한다.

스스로 실력높이기
238 ~ 240 쪽

01 ③	02 ②	03 ①	04 ④	05 ③	06 ①
07 ④	08 ②	09 ③	10 ④, ⑤		11 ①
12 ②	13 ⑤	14 ②	15 ②, ③, ④		16 ③

01 ㄱ. 물질대사는 생명체 내에서 일어나기 때문에 낮은 온도에서 화학 반응이 일어날 수 있도록 도와주는 생체 촉매(효소)가 필요하다.
ㄴ. 물질대사에는 동화작용과 이화작용이 있다. 동화작용은 물질을 합성하는 작용이며, 이화작용은 물질을 분해하는 작용이다. 동화작용에서는 에너지가 흡수되고 이화작용에서는 에너지가 방출된다.
바른 풀이 ㄷ. 물질대사 과정에는 반드시 에너지 출입(흡수 또는 방출)이 일어난다.

02 ㄴ. (가) 이화작용과 (나) 동화작용에는 모두 효소가 관여한다.
바른 풀이 ㄱ. (가)는 크고 복잡한 분자를 작고 간단한 분자로 분해하는 이화작용이고, (나)는 작고 간단한 분자를 크고 복잡한 분자로 합성하는 동화작용이다.
ㄷ. 광합성은 동화작용으로 (나)에 해당하고, 소화는 이화작용으로 (가)에 해당한다.

03 ㄱ. (가)는 작은 분자를 큰 분자로 합성하는 동화작용이며, 예로는 광합성이 있다. (나)는 큰 분자를 작은 분자로 분해하는 이화작용이며, 예로는 세포호흡, 소화가 있다.
바른 풀이 ㄴ. (가) 동화작용은 흡열 반응, (나)이화작용은 발열 반응이다.
ㄷ. (나)는 이화작용으로 고분자 물질을 저분자 물질로 분해하는 과정이다.

04 ㄴ. 세포호흡은 효소가 관여하여 저온에서 일어날 수 있다. 연소는 효소가 관여하지 않는 고온에서의 반응이다.
ㄷ. 세포호흡이 잘 일어나는 온도는 체온 범위인 35~40 ℃이고 효소가 관여하며, 연소는 효소가 관여하지 않으므로 35~40 ℃ 의 저온에서는 일어나지 않는다.
바른 풀이 ㄱ. 세포 호흡과 연소에서 모두 반응물과 생성물이 같으므로 방출되는 에너지의 총량은 같다.

05 ㄱ. 그림 (가)에서 반응물의 에너지가 생성물의 에너지보다 크므로, 이 반응은 발열 반응이며 에너지가 방출된다.

ㄴ. 반응물이 화학 반응을 통해 에너지를 방출하며 생성물이 된다. 시간이 지남에 따라 A는 물질의 농도가 점점 높아지므로 생성물이고, B는 물질의 농도가 점점 낮아지므로 반응물이다.

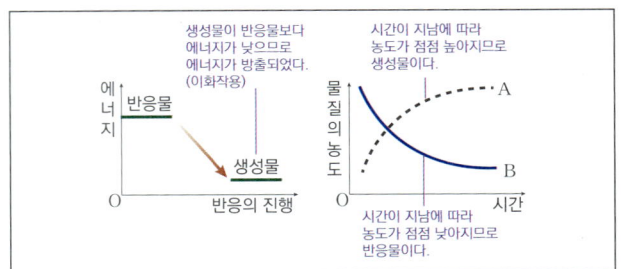

바른 풀이 ㄷ. 이 화학 반응은 발열 반응이고 이화작용이다. 반응물의 크고 복잡한 분자가 화학 반응을 통해 작고 간단한 분자로 분해되는 반응이므로, A 생성물은 B 반응물보다 분자의 크기가 작다.

06 ②, ⑤ 효소는 주로 단백질로 구성되어 있으며, 고유한 입체 구조를 갖기 때문에 한 종류의 기질과만 결합할 수 있다. (효소의 기질특이성)
③ 효소는 생물체 내에서 활성화에너지를 감소시켜 물질대사의 반응 속도를 증가시키는 촉매 역할을 하는 단백질이다.
④ 효소는 반응이 끝난 후 생성물에서 분리되어도 반응 전과 같은 상태이므로(변형되거나 소모되지 않는다.) 재사용될 수 있다.
바른 풀이 ① 화학 반응이 일어날 때 방출되거나 흡수되는 열량 즉, 반응물과 생성물의 에너지 차이인 반응열은 효소의 유무에 관계없이 일정하다.

07 A는 반응물(기질)이며, B는 효소이다.
ㄴ, ㄷ. 단백질로 구성되어 있으며, 고유한 입체구조를 갖는 효소는 B이며, 기질 A는 효소와 반응 후 분해된다. 기질특이성을 갖기 때문에 B는 반드시 A와 결합하여 반응한다.
바른 풀이
ㄱ. A 반응물은 반응 후 생성물로 분해된다. B 효소는 화학 반응에서 활성화에너지를 낮춰 반응 속도를 조절하는 역할을 한 후 소모되거나 성질이 변하지 않아 반응 후 재사용이 가능하다.

08 A는 생성물, B는 반응물, C는 효소이다.
ㄴ. 특정 효소(C)의 입체구조와 맞는 특정 기질(B)이 결합하여 효소기질복합체가 되면 효소의 작용에 의해 활성화에너지가 낮아져 기질이 분해되는 반응이 쉽고 빠르게 일어난다.
바른 풀이 ㄱ. 화학 반응의 활성화에너지를 낮추어 주는 것은 C 효소이다.
ㄷ. A는 생성물이며, C 효소는 낮은 온도에서도 화학 반응이 빠르게 일어나게 하며 소모되거나 성질이 바뀌지 않아 화학 반응 후 재사용될 수 있다.

09 과산화 수소(H_2O_2)는 카탈레이스(효소)에 의해 ㉠ 물(H_2O)과 산소(O_2)로 분해된다. 따라서 이 화학 반응은 이화작용이다.
ㄱ. 과산화 수소가 물과 산소로 분해되므로 ㉠은 물이다.
ㄴ. 카탈레이스는 과산화 수소 분해 반응에서 활성화에너지를 낮추는 역할을 하는 효소이다.

바른 풀이 ㄷ. 카탈레이스는 활성화에너지를 낮추어 과산화 수소가 분해되는 속도를 증가시킨다.

10 ④ 효소가 없을 때의 활성화에너지는 ㉠이고, 효소가 있을 때의 활성화에너지는 ㉓이므로, 효소는 활성화에너지를 ㉡만큼 감소시켰다.
⑤ ㉓ 반응열은 반응물과 생성물의 에너지 차이이며, 물질대사에서 화학 반응이 일어날 때 방출 또는 흡수되는 열량이므로 효소의 유무에 관계없이 일정하다.
바른 풀이 ① 반응물에서 생성물이 될 때 에너지가 증가하였으므로 동화작용에서 일어나는 에너지 변화이며, 흡열 반응이다.
② 활성화에너지는 화학 반응이 일어나기 위한 최소한의 에너지로, 효소가 있을 때의 활성화에너지는 ㉓이다.
③ 효소가 없을 때의 활성화에너지는 ㉠이다.

11. ㄱ. (가)와 (나)에 관여하는 효소는 생성물과 분리되어 반응 전과 동일한 상태가 되므로 재사용이 가능하다.
바른 풀이 ㄴ. (나) 반응은 큰 분자가 작은 분자로 분해되는 이화작용이므로 에너지가 방출된다.
ㄷ. (가)와 (나)는 식물 세포에서 서로 다른 효소의 작용으로 일어난다. (가)의 반응물과 생성물은 각각 (나)의 생성물과 반응물이므로, 효소가 있을 때의 활성화에너지는 (가) 흡열 반응에서가 (나) 발열 반응에서보다 크다.

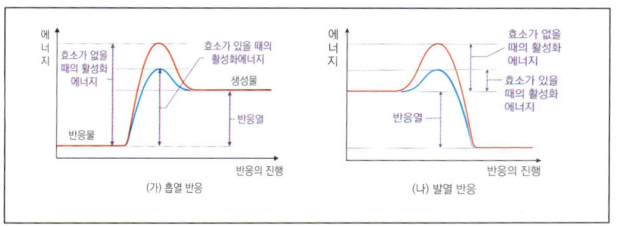

12 ㄷ. 과산화 수소가 감자즙에 들어 있는 카탈레이스에 의해 분해되면 산소가 발생하는데 이 산소는 거름종이의 표면에 달라붙어 거름종이를 수면 위로 떠오르게 한다.
바른 풀이 ㄱ, ㄴ. 감자에 들어있는 효소인 카탈레이스는 과산화 수소(H_2O_2)가 물(H_2O)과 산소(O_2)로 분해되는 반응을 촉매하는 역할을 하므로 반응물은 과산화 수소이며, 생성물은 물과 산소이다.

13 ① (가), (나)는 효소의 유무에 따른 화학 반응을 나타낸 것이다. 반응물이 생성물로 될 때 에너지가 높아지기 때문에 열을 흡수하는 흡열 반응(동화작용)이다.
② 산의 오른쪽에서 왼쪽으로 공을 이동하므로 화학 반응에 비유하면 오른쪽 B는 반응물, 왼쪽 A는 생성물에 해당한다.
③ 효소가 없을 때 활성화 에너지는 $E_1 + E_2$인 E_3이다.
④ 효소가 있을 때 활성화 에너지는 $E_2 + E_4$이다.
바른 풀이 ⑤ 반응열은 화학 반응이 일어날 때 방출되거나 흡수되는 열량을 나타내므로 반응물과 생성물의 에너지 차이를 나타내는 E_2이다. 반응열은 효소의 유무와 상관없이 일정하다.

14 A는 반응물(기질), B는 효소, C는 생성물이다.
ㄴ. 이 화학 반응는 반응 물질이 잘게 나누어지는 이화작용이며,

발열 반응이다. B 효소는 이 반응에 관여하였다.
바른 풀이 ㄱ. 이 반응은 이화작용이고, 반응물(기질) A는 에너지를 방출하고 C 생성물이 된다.
ㄷ. A 반응물과 C 생성물의 에너지 차이는 반응열이다.

15 ② 효소 치약에는 탄수화물분해효소가 포함되어 있으므로 일반 치약보다 양치 효과가 좋다.
③ 발효식품은 미생물이 가지고 있는 효소를 이용하여 만든 식품으로, 예로는 김치, 된장, 치즈, 요구르트 등이 있다.
④ 배, 키위, 파인애플 등의 과일에는 고기를 연하게 하는 단백질분해효소가 들어있어 연육 작용을 한다.
바른 풀이 ① 식중독을 예방하기 위해서는 음식을 끓여 먹어야 하는데 이는 효소를 이용하는 것이 아니라 식중독 균을 살균하기 위한 것이다.
⑤ 옷의 찌든 때의 주성분은 단백질과 지방이므로 효소 세제에는 단백질분해효소와 지방분해효소를 넣어 만들어야 일반 세제보다 세척력이 강하다.

16 ① ㉠ 단백질분해효소는 단백질 분해 반응의 활성화에너지를 낮춰서 단백질 분해 반응이 쉽고 빠르게 일어나게 한다.
② ㉠ 단백질분해효소는 큰 분자인 단백질 성분의 때를 작은 분자로 분해시키므로 이화작용에 관여하는 효소이다.
④ ㉡ 지방분해효소가 관여하는 반응은 이화작용이므로 생성물보다 반응물에 저장된 에너지양이 더 많다.
⑤ ㉠과 ㉡은 서로 다른 효소이므로 기질특이성에 의해 서로 다른 종류의 반응물(단백질 성분, 지방 성분)과 결합한다.
바른 풀이 ③ 효소의 주성분은 단백질이다.

심화 실력높이기   241 쪽

| 01 | ④ | 02 | ③ | 03 | ③ | 04 | ⑤ |

01 ㄴ. (나)는 작은 암모니아 분자를 큰 분자인 요소로 합성하는 반응이므로 동화작용이며, 에너지 출입이 일어난다.
ㄷ. (가) 알코올 분해 반응은 이화작용, (나) 요소 합성 반응은 동화작용, (다) 과산화 수소 분해 반응은 이화작용으로 모두 효소가 관여한다.
바른 풀이 ㄱ. (가)는 큰 분자인 알코올을 작은 분자인 이산화탄소 + 물로 분해하는 화학 반응이므로 이화작용이다.

02 과산화 수소 분해 반응에서는 효소인 카탈레이스(감자즙에 있음)가 관여하여 활성화에너지를 낮추어 반응이 빨리 일어나도록 한다. 과산화 수소(반응물)는 생성물(물+산소)로 분해된다 ($2H_2O_2 \longrightarrow 2H_2O + O_2$).
ㄷ. ⓐ는 효소가 없을 때 과산화 수소 분해 반응의 활성화에너지이므로, 감자즙에 있는 효소를 공급한 시험관 B의 활성화에너지는 ⓐ보다 더 작다.
바른 풀이 ㄱ. 과산화 수소 분해 반응에서 발생하는 기포는 과산화 수소가 물과 산소로 분해될 때 발생하는 산소(O_2)가 주성분이다.

ㄴ. 감자즙의 카탈레이스(효소)는 반응이 끝난 후에 생성물과 분리되어 반응 전과 동일한 상태가 되어 재사용된다(효소의 재사용). 반응이 끝나면 과산화 수소는 모두 분해되었고, 효소는 남아있는 상태이므로 시험관 B에서 반응이 끝난 상태에서 ⓒ 과산화 수소(반응물)을 첨가하면 반응이 다시 일어나 기포(O₂)가 발생한다.

03 (가) 위에서 단백질이 화학 반응을 통해 소화되는 것은 큰 분자가 작은 분자로 분해되는 것이므로 이화작용이다.
(나) 간에서 작은 분자인 암모니아가 큰 분자인 요소로 합성되는 것은 동화작용이다.
(다) 간에서 큰 분자인 과산화 수소가 카탈레이스에 의해 작은 분자인 물과 ㉠ 산소로 분해되므로 과산화 수소 분해 반응은 이화작용이다.
ㄱ. ㉠은 과산화 수소가 분해될 때 물과 함께 발생하는 기체로 산소이다.
ㄴ. (가)는 이화작용이고, (나)는 동화작용이다.
바른 풀이 ㄷ. 효소 카탈레이스는 주성분이 단백질로 DNA의 유전정보에 따라 라이보솜에서 합성된다.

04 ㄱ. ㉡→㉠ 과정에서 기질의 농도가 증가하였고, ㉡에는 아직 결합하지 않은 효소가 있어 ㉡→㉠ 과정에서 반응 속도가 증가하므로 A 구간의 효소와 기질의 모습은 ㉡이다.
ㄴ. B 구간에서는 ㉠과 같이 모든 효소가 기질과 결합하고 있으므로 기질의 농도가 증가해도 초기 반응 속도가 일정하다. 따라서 B 구간에서의 효소와 기질의 모습은 ㉠이다.
ㄷ. A 구간에서는 결합하지 않고 있는 효소에 의해 기질의 농도가 증가할수록 초기 반응 속도가 증가하므로 생성물의 생성 속도가 증가한다.

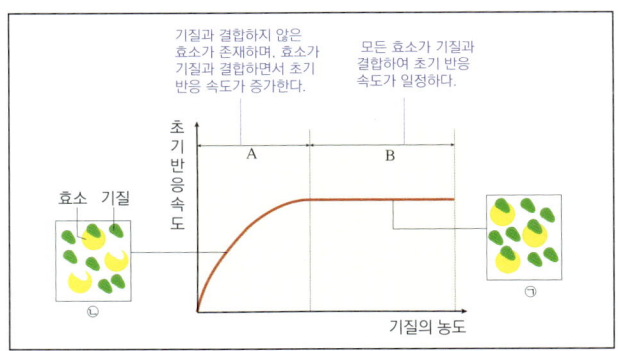

03 생명 시스템에서 정보의 흐름

01 (1) ○ (2) ○   **02** (1) × (2) × (3) ○
03 ㉠ 형질 ㉡ 유전   **04** (1) ○ (2) × (3) ×
05 (1) ㉠: 전사, ㉡: 번역 (2) 라이보솜 (3) ㉠: 핵
　　　 ㉡: 세포질   **06** (1) A (2) C (3) B

01 (1) 유전자는 DNA에서 생물의 형질을 결정하는 유전정보가 저장되어 있는 특정 부위로서 DNA에는 수많은 유전자가 있다.
(2) DNA는 핵산의 한 종류로서 단백질과 결합한 상태로 핵 속에 있으며, 생명체의 모든 유전정보가 저장되어 있고 세포분열이 일어날 때 응축되어 막대 모양의 염색체로 나타난다.

02 (3) 단백질은 유전자의 유전정보에 따라 합성되어 고유한 입체 구조를 가지게 된다.
바른 풀이 (1) 한 분자의 DNA에는 수많은 유전자가 있다.
(2) 유전자의 유전정보는 DNA의 염기서열에 저장되어 있다.

03 눈동자 색, 피부색, 털 색깔, 눈꺼풀 모양 등 생명체가 가지고 있는 고유한 특징을 형질이라고 하며, 부모의 형질이 자손에게 전달되는 현상을 유전이라고 한다.

04 (1) DNA와 RNA에서 하나의 아미노산을 지정하는 유전부호는 3개의 염기로 이루어져 있다.
바른 풀이 (2) 하나의 아미노산을 지정하는 DNA의 유전부호는 3염기조합이며, 하나의 아미노산을 지정하는 RNA의 유전부호는 코돈이다.
(3) 지구상의 모든 생명체는 동일한 유전부호 체계를 사용한다. 이것은 모든 생명체가 공통 조상으로부터 진화하였음을 의미한다.

05 (1) ㉠ 전사는 DNA의 유전정보가 RNA로 전달되는 과정이다.
㉡ 번역은 RNA의 코돈에 따라 단백질이 합성되는 과정이다.
(2) 단백질이 합성되는 세포소기관은 라이보솜이다.
(3) ㉠ 전사는 핵 속에서 일어나고, ㉡ 번역은 세포질에서 일어난다.

06 (1) 멜라닌합성효소 유전자의 이상으로 멜라닌합성효소가 부족하여 멜라닌이 결핍되어 나타나는 유전 질환은 알비노증(A)이다.
(2) 헤모글로빈 유전자의 염기 1개가 바뀌어(헤모글로빈 유전자의 이상) 만들어지는 아미노산이 글루탐산 대신 발린이 되어 헤모글로빈의 입체 구조가 변형되어 나타나는 유전 질환은 낫모양적혈구빈혈증(C)이다.
(3) 페닐알라닌 분해 유전자의 이상으로 페닐알라닌을 타이로신으로 전환시키는 페닐알라닌분해효소가 만들어지지 않아 체내에 페닐알라닌이 축적되어 나타나는 유전 질환은 페닐케톤뇨증(B)이다.

Q1 답 AUG/GCA/UUG/CAA/CGU/AGA/GGG/AAC/
GAU/UGC/UAG/UGG

DNA로부터 전사되는 RNA는 DNA의 염기에 상보적인 염기서열
을 갖는다. (DNA의 염기 A, T, C, G은 각각 RNA의 염기 U, A, G,
C과 상보적이다.) 세 개씩 짝지으면 코돈이 된다.

Q2 답 10개

RNA 염기서열에서 3개의 염기 조합인 1개의 코돈은 유전부호 해
독틀에 따라 하나의 아미노산을 지정하며, 코돈 UAG는 종결 코
돈이므로 지정하는 아미노산이 존재하지 않는다. RNA 염기서열
에 따른 아미노산 배열 순서는 메싸이오닌 - 알라닌 - 류신 - 글
루타민 - 아르지닌 - 아르지닌 - 글라이신 - 아스파라진 - 아스파
트산 - 시스테인 - (종결 코돈에 의해 번역 종결)이다. 따라서 합성
된 단백질의 아미노산 개수는 총 10개이다.

스스로 실력높이기

246 ~ 248 쪽

01 ④	02 ㉠, 염색체	03 ㉣, 유전자	04 ①
05 ④	06 ③	07 ④	08 ③	09 ③
10 ①, ③, ④	11 ⑤	12 ②	13 ①	14 ①
15 ①	16 ④	17 ⑤		

01 (2) 전사에 의해 합성된 RNA의 염기서열은 전사에 사용된
DNA 가닥의 염기 서열과 상보적이므로 RNA의 염기서열로부터
DNA의 염기서열을 알 수 있다.

(3) 아미노산 배열 순서가 저장되어 있는 DNA로부터 복사된
RNA의 염기서열에는 아미노산 배열 순서가 저장되어 있으므로
코돈(RNA 유전부호 : 연속된 3개의 염기 조합)에 따라 아미노산
배열 순서가 결정된다.

[바른 풀이] (1) 유전정보가 저장되어 있는 유전자는 염색체 형
태로 다음 세대(자손)에 전달된다.

02 핵산의 한 종류로서 세포의 핵 속에 있으며, 생명체의 모든
유전 정보가 저장되어 있는 것은 DNA이다. DNA(㉡)는 단백질
(㉢)과 결합하여 염색사 형태로 존재하다가 세포가 분열할 때 응
축되어 염색체(㉠)로 나타난다.

03 유전자는 DNA에서 생물의 형질(단백질의 작용에 의해 나타
난다.)을 결정하는 유전정보가 저장되어 있는 특정 부위이다.

04 ㉠은 염색체, ㉡은 DNA, ㉢은 단백질, ㉣은 유전자이다.
ㄱ. ㉠ 염색체는 ㉡ DNA와 ㉢ 단백질로 구성된 염색사가 세포분
열 시 응축될 때 나타난다.

[바른 풀이] ㄴ. ㉡ DNA를 구성하는 단위체는 뉴클레오타이드
이며, ㉢ 단백질을 구성하는 단위체는 아미노산이다.
ㄷ. ㉣ 유전자는 DNA 염기서열에 유전정보가 저장되어 있는 특
정 부위이다.

05 ㄱ. 형질은 생명체가 가지고 있는 고유한 특징으로서 특정
단백질의 작용에 의해 나타난다. 특정 단백질에 대한 정보는 특정
유전자에 저장되어 있으므로 형질은 유전자에 의해 결정된다.
ㄷ. 유전자는 DNA에서 생물의 형질을 결정하는 유전정보가 저
장되어 있는 특정 부위이다.

[바른 풀이] ㄴ. DNA의 특정 유전자는 특정 단백질에 대한 유전
정보를 저장하고 있으므로 유전자에 따라 DNA의 염기서열이 다
르다.

06 ㄱ. 눈동자 색을 결정하는 유전자에 의해 멜라닌합성효소
가 합성된다. 효소의 주성분은 단백질이므로 유전자에는 단백질
에 대한 정보가 저장되어 있다는 것을 알 수 있다.
ㄴ. 눈동자 색깔을 결정짓는 유전자의 유전정보에 따라 멜라닌
합성효소인 단백질이 합성되고, 이 단백질의 작용으로 멜라닌이
합성됨으로써 눈동자 색깔이 나타난다.

[바른 풀이] ㄷ. 눈동자 색을 결정짓는 색소인 멜라닌은 한 종류
이며, 그 양이 많고 적음에 따라 눈동자 색이 결정된다.

07 ㄱ. ㉠은 유전자이며, 단백질합성에 필요한 유전정보가 저
장되어 있다. 유전자에 이상이 있는 사람은 단백질인 ㉡ 젖당분해
효소가 합성되지 못하여 우유 속의 젖당을 잘 흡수하지 못한다.
ㄷ. (가) 과정은 젖당이 젖당분해효소의 작용으로 젖당이 분해되
는 물질대사가 촉진되는 과정이다.

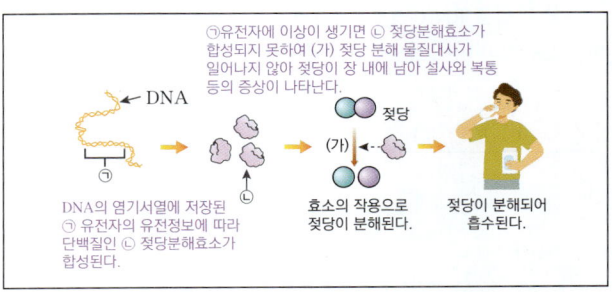

[바른 풀이] ㄴ. ㉡ 젖당분해효소는 단백질이므로 단위체는 아
미노산이다.

08 학생 A: DNA에서 하나의 아미노산을 지정하는 유전부호인
연속된 3개의 염기를 3염기조합이라고 한다.
학생 C: 코돈은 연속된 염기 3개로 이루어지므로, RNA의 염기
A, U, C, G 4종류에서 같은 것을 뽑는 것을 허용하고 1개씩 3번
뽑는 경우의 수 $4^3 = 64$종류가 있다.

[바른 풀이] 학생 B: 모든 생명체는 같은 유전부호 체계를 사용
한다.

09. ㄱ. RNA의 염기서열은 DNA 한쪽 가닥의 염기서열로부터
상보적으로 전사된다. 따라서 3개의 연속된 염기로 구성된 RNA
의 유전부호(코돈)는 DNA 한쪽 가닥의 유전부호(3염기조합)와
상보적이다.
ㄴ. DNA의 유전부호(3염기조합)는 연속된 3개의 염기가 한 조가
되어 하나의 아미노산을 지정하며, RNA의 유전부호(코돈) 또한
연속된 3개의 염기가 한 조가 되어 하나의 아미노산을 지정한다.

[바른 풀이] ㄷ. DNA 염기서열에 저장된 유전정보는 핵 속에서
일어나는 전사에 의해 RNA로 전달되며, RNA는 핵 밖으로 나가

세포질의 라이보솜에서 일어나는 번역에 의해 단백질로 합성된다. 합성된 단백질의 작용에 의해 형질이 발현된다.

10 ① DNA의 유전부호는 4종류 염기의 조합(4^3종류)이며, RNA는 DNA 한쪽 가닥에서 상보적으로 전사된 것이므로 RNA의 유전부호인 코돈도 연속된 3개의 염기의 조합이므로 64종류이다.
③ 코돈은 3개의 염기로 구성된다.
④ 3개의 염기로 구성된 코돈은 RNA의 유전부호이며 하나의 코돈은 하나의 아미노산을 지정한다.
바른 풀이 ② 코돈은 RNA의 유전부호이다. DNA의 유전부호는 3염기조합이다.
⑤ 코돈은 총 64종류이며, 아미노산은 20종류이므로 한 종류의 아미노산을 지정하는 코돈은 여러 종류가 있을 수 있다.

11 동물 세포에서 DNA의 유전정보는 (가) 전사를 거쳐 ㉠ RNA로 전달되며, (나) 번역으로 ㉡ 단백질이 합성된다.
⑤ (가) 과정은 DNA의 유전정보를 RNA로 전달하는 전사이며, DNA의 염기 A, G, C, T는 각각 RNA의 염기 U, C, G, A로 상보적으로 전사된다.
바른 풀이 ① ㉠은 DNA에서 전사된 RNA이다.
② ㉡은 RNA의 유전부호에 의해 합성된 단백질이다. 단백질의 단위체는 아미노산이다.
③ (가) 과정은 전사이며, 핵 속에서 일어난다.
④ (나) 과정은 RNA 염기서열에 따라 단백질이 합성되는 번역이며, 세포질의 라이보솜에서 일어난다.

12

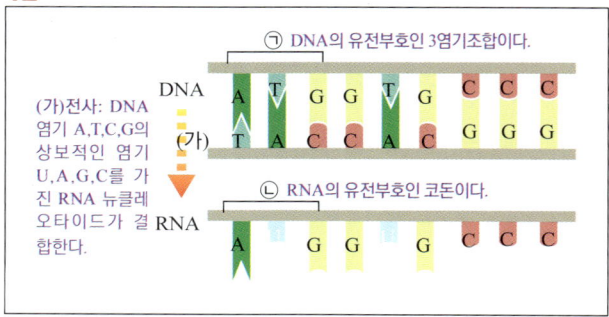

ㄷ. ㉡은 RNA의 유전부호인 코돈이다.
바른 풀이 ㄱ. (가)는 핵 속에서 DNA 한쪽 가닥의 염기서열에 상보적인 염기서열을 가진 RNA 가닥이 합성되는 전사이다.
ㄴ. ㉠은 3염기조합이며, ㉠이 지정하는 아미노산의 종류는 모든 생물에서 같다.

13 ㉠은 이중나선 구조의 DNA, ㉡은 단일가닥 구조의 RNA이다. ㉠→㉡ 과정은 전사, ㉡→단백질 과정은 번역이다. 전사에 이용된 DNA 가닥은 (가)이다.
ㄱ. ⓐ는 전사에 이용된 DNA 가닥 (가)의 염기서열이고, 이를 상보적으로 전사한 RNA 코돈이 UCA이므로 ⓐ는 AGT이다.

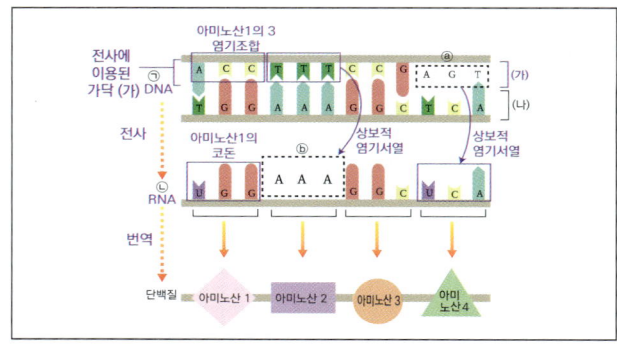

바른 풀이 ㄴ. 코돈 ⓑ는 DNA (가) 가닥의 TTT와 상보적인 염기를 가지므로 ⓑ의 염기서열은 AAA이다.
ㄷ. 아미노산 1의 코돈은 UGG이며, 이 코돈의 전사에 이용된 DNA (가) 가닥의 3염기조합은 ACC이다.

14

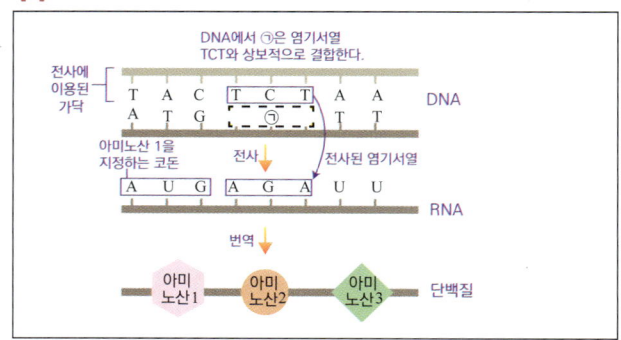

ㄱ. ㉠은 DNA에서 염기서열 TCT와 상보적으로 결합하는 염기서열이므로, AGA이다.
바른 풀이 ㄴ. 아미노산 1번을 지정하는 RNA의 코돈은 AUG이다. T(타이민)은 RNA에 존재하지 않는 염기이다.
ㄷ. 코돈 AGA는 돼지에서 아미노산 2번을 지정하고, 사람에서도 아미노산 2번을 지정한다. 모든 생명체는 동일한 유전부호 체계를 사용한다.

15

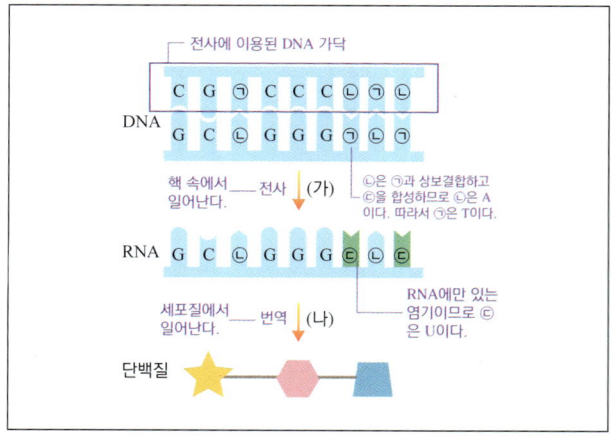

ㄱ. (가)는 DNA의 이중가닥 중 한 가닥의 염기서열에 상보적인 염기서열를 가진 RNA 단일가닥이 합성되었으므로 전사이다.
바른 풀이 ㄴ. ㉢은 RNA에서만 나타나는 염기이므로 U이다.
ㄷ. (나)는 RNA의 코돈에 따라 단백질이 합성되는 번역 과정으

로 세포질에서 일어난다.

16 ㄴ. 세포질에서 ㉠ RNA는 라이보솜과 결합하여 단백질을 합성한다.
ㄷ. DNA의 염기에서 돌연변이가 생겨 다른 종류의 염기로 바뀐 것이므로 돌연변이 헤모글로빈의 유전자 염기서열과 정상 헤모글로빈의 유전자 염기서열은 서로 다르다.

바른 풀이 ㄱ. ㉠은 단백질을 지정하는 코돈으로 형성되므로 RNA이다. RNA는 핵 속에서 DNA의 염기서열이 전사되어 만들어진다.

17 ㄱ. DNA 염기서열 중 T이 A으로 바뀌게 됨으로써 코돈 GAA는 글루탐산을 지정하고, 코돈 GUA는 발린을 지정하게 되었다.
ㄴ. 헤모글로빈 유전자에는 헤모글로빈 단백질에 대한 유전정보가 저장되어 있기 때문에 DNA 염기서열의 변화로 유전자에 이상이 생기면 단백질에도 이상이 발생할 수 있다.
ㄷ. 아미노산의 종류는 달라졌지만 헤모글로빈을 구성하는 아미노산의 개수에는 변화가 없다.

심화 실력높이기
249 쪽

01 ③   **02** ①   **03** ⑤   **04** ③

01

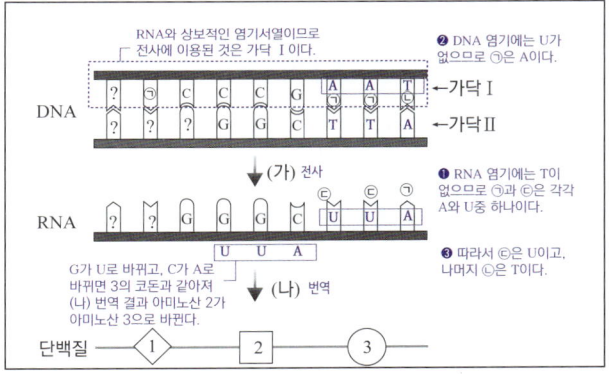

ㄴ. ㉡에 해당하는 염기는 타이민(T)이다.
ㄹ. 위 그림의 RNA 속 염기 G가 모두 염기 U로 바뀌고 염기 C가 모두 염기 A로 바뀌면 아미노산 2의 코돈이 아미노산 3의 코돈과 같아져 (나) 번역 결과 2번 아미노산이 3번 아미노산으로 바뀐다.

바른 풀이 ㄱ. DNA 가닥 Ⅰ을 이용해 (가) 전사가 일어났다.
ㄷ. ㉢에 해당하는 염기는 유라실(U)이다.

02

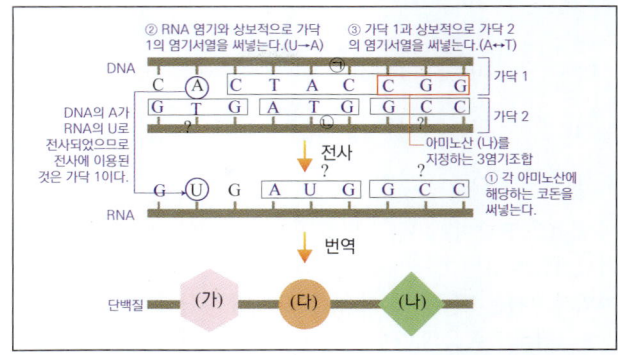

ㄱ. 염기서열 ㉠은 CTACCGG이므로 구아닌(G)은 2개이다.

바른 풀이 ㄴ. 염기서열 ㉡은 ATG이다. DNA 염기서열이므로 U(유라실)이 존재하지 않는다.
ㄷ. 전사에 이용된 DNA 가닥 1에서 (나)를 지정하는 3염기조합은 CGG이다.

03

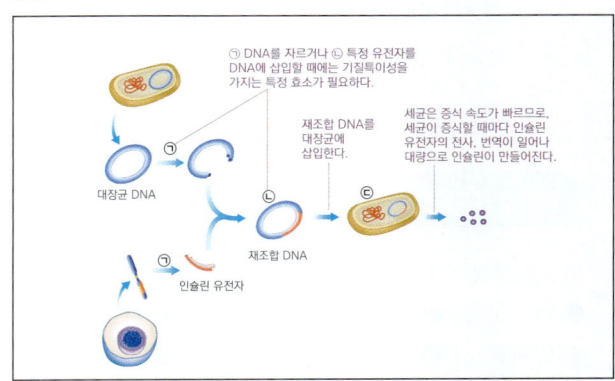

ㄱ. 대장균 DNA의 일부를 자르고, 사람의 DNA에서 인슐린 유전자를 꺼내 대장균의 DNA에 끼워 넣기 위해서는 DNA를 자르고 연결하는 효소가 필요하다.
ㄴ. 재조합 DNA를 대장균에 넣으면 대장균이 증식할 때마다 인슐린 유전자의 전사와 번역이 일어난다.
ㄷ. 세균에서 사람에 이르기까지 거의 모든 생명체의 유전 암호 체계가 동일하므로 사람의 인슐린 유전자를 대장균에서 증식시켜 대량으로 얻을 수 있다.

04

Ⅰ, Ⅱ, Ⅲ은 유전자 A를 구성하는 DNA 두 가닥과 이로부터 전사된 RNA 한 가닥 중 하나이다.

가닥	구성하는 염기의 수(개)					
	A	C	(가)	(나)	(다)T	계
Ⅰ	10	15	?	25	㉠	60
Ⅱ	10	15	㉡	㉠	25	60
Ⅲ	25	10	?	㉠	10	60

A(아데닌)은 T(타이민)과 상보결합하므로 서로 다른 가닥에서 개수가 같다. (다)가 T(타이민)인 것을 알 수 있고, RNA에는 T

가 없고 U(유라실)이 있으므로 ㉠은 0, 가닥 Ⅰ은 RNA이다.

가닥	구성하는 염기의 수(개)					
	A	C	(가)G	(나)U	(다)T	계
Ⅰ (RNA)	10	15	10	25	㉠0	60
Ⅱ	10	15	㉡10	㉠0	25	60
Ⅲ	25	10	15	㉠0	10	60

가닥 Ⅱ의 T(타이민) 개수 25와 가닥 Ⅰ의 U의 개수가 같으므로 가닥 Ⅰ(RNA)는 가닥 Ⅲ을 이용하여 상보적으로 생성된 것이다. 따라서 (나)는 U(유라실)이고, (가)는 G(구아닌)이며, C와 G는 상보결합하므로 ㉡의 개수는 10이다.

가닥	구성하는 염기의 수(개)					
	A	C	(가)G	(나)U	(다)T	계
Ⅰ (RNA)	10	15	10	25	㉠0	60
Ⅱ	10	15	㉡10	㉠0	25	60
Ⅲ	25	10	15	㉠0	10	60

위와 같이 표가 완성되었다.

ㄷ. RNA 가닥은 Ⅰ이다.

[바른 풀이] ㄱ. ㉠=0, ㉡=10이므로 ㉠+㉡=10이다.
ㄴ. (가)는 G(구아닌)이며, (다)가 T(타이민)이다.

단원 요약
250 ~ 251 쪽

01 생명 시스템의 기본 단위
❶ 라이보솜　❷ 마이토콘드리아　❸ 세포벽
❹ 인지질　❺ 선택적　❻ 확산　❼ 저농도
❽ 고농도

02 생명 시스템에서의 화학 반응
❶ 동화작용　❷ 이화작용
❸ 활성화에너지　❹ 기질특이성
❺ 의학

03 생명 시스템에서 정보의 흐름
❶ 유전자　❷ 형질　❸ 전사
❹ 3염기조합　❺ 코돈　❻ 라이보솜　❼ 단백질
❽ 서열　❾ 낫모양적혈구빈혈증

단원 마무리
252 ~ 256 쪽

01 ④	02 ③	03 ⑤	04 ②	05 ②	06 ②
07 ④	08 ③	09 ⑤	10 ④	11 ②	
12 ①, ③, ④		13 ①	14 ②	15 ②	16 ②
17 ②	18 ③	19 ③	20 ①	21 ④	22 ④
23 ②	24 ③, ④, ⑤	25 ②			

01 식물의 구성 단계는 세포-조직(A)-조직계(B)-기관(C)-개체로 이루어진다. 식물의 구성 단계에는 기관계가 없다.

ㄱ. A는 조직으로 모양과 기능이 비슷한 세포들로 구성된다.
ㄷ. C는 기관이며 뿌리, 줄기, 잎 등이 해당한다. 동물의 구성 단계에서는 심장, 간, 위, 소장, 대장, 폐 등이 기관에 해당한다.

[바른 풀이] ㄴ. 물관과 체관은 A 조직의 예이다. B는 조직계이며, 조직이 모여 이루어진다. 예로는 표피조직계, 관다발조직계 등이 있다.

02 A는 핵이며, B는 라이보솜, C는 마이토콘드리아이다.

ㄱ. A 핵에는 유전 물질인 DNA가 들어있다.
ㄴ. B 라이보솜은 RNA와 결합하여 단백질을 만드는 물질대사가 일어난다.

[바른 풀이] ㄷ. C 마이토콘드리아에는 세포호흡이 일어나 유기물을 소비하고 이산화 탄소와 에너지를 발생시킨다. 마이토콘드리아는 동물 세포와 식물 세포에 모두 존재한다.

03 A는 세포호흡이 일어나는 장소인 마이토콘드리아, B는 단백질을 만드는 라이보솜, C는 세포막이다.

ㄱ. A는 마이토콘드리아이다.
ㄴ. B 라이보솜에서 단백질이 합성된다.
ㄷ. C 세포막은 선택적투과성이 있어서 세포막을 투과하는 물질을 조절한다.

04 A는 액포, B는 세포벽, C는 핵이다. 액포는 식물 세포의 대부분을 차지하며 성숙한 식물 세포일수록 액포가 발달하기 때문에 오래된 식물 세포일수록 액포가 크다.
② A 액포는 물, 노폐물, 색소 등을 저장하며 단일막 구조이다.

[바른 풀이] ① (나)의 액포는 (다)의 액포보다 크므로 (나)는 (다)보다 성숙한 식물 세포이다.
③ A는 액포, B는 세포벽, C는 핵이다.
④, ⑤ 성숙한 식물 세포일수록 액포가 크므로 식물은 (다)에서 (가)로 생장한다. 따라서 (가)~(다) 중 가장 노화된 식물 세포는 (가)이다.

05 A는 인지질 2중층, B는 막단백질이다.
ㄴ. B 막단백질은 라이보솜에서 합성된다.

[바른 풀이] ㄱ. 세포막은 인지질층이 2층으로 되어 있는 단일막이므로 2중막이 아니다.
ㄷ. 산소(O_2)는 인지질 2중층을 직접 통과하여 이동(단순확산)하므로 B 막단백질은 산소의 이동에 관여하지 않는다.

06 폐포 상피세포와 모세혈관 사이의 기체 교환은 단순확산에 의한 것이므로 CO_2와 O_2는 각각 농도가 높은 쪽에서 낮은 쪽으로 인지질 2중층을 통과해 이동한다.

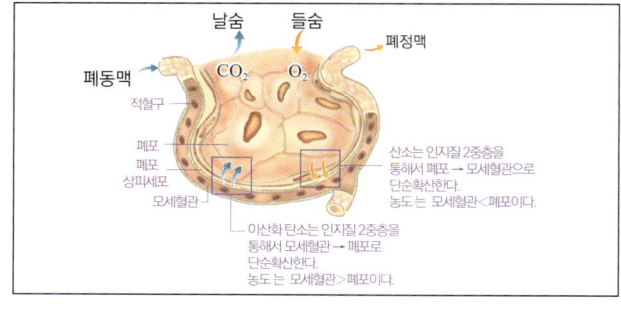

ㄴ. O_2와 CO_2는 농도가 높은 곳에서 낮은 곳으로 인지질 2중층을 통과하여 확산한다.(단순확산)

바른 풀이 ㄱ. CO_2는 모세혈관에서 폐포로 확산되어 몸 밖으로 배출되므로 CO_2의 농도는 폐포보다 모세혈관에서 높다.
ㄷ. CO_2는 모세혈관과 폐포 상피세포의 세포막에서 인지질 2중층을 통해 이동하는 단순확산을 한다.

07 단순확산은 인지질 2중층을 직접 통과하는 확산으로 투과 물질로는 이산화 탄소, 산소, 호르몬, 지방산, 글리세롤 등이 있다. 촉진확산은 막단백질을 통해 확산하는 것으로 투과 물질에는 Na^+, K^+ 등 이온과 수용성 물질인 포도당, 아미노산 등이 있다.
ㄱ. 물질 A는 지방산, 물질 B는 는 포도당이다.
ㄷ. B는 농도가 높은 쪽으로 농도가 낮은 쪽으로 막단백질을 통해 촉진확산하여 세포막을 통과한다.

바른 풀이 ㄴ. 확산은 농도가 높은 쪽에서 낮은 쪽으로 세포막을 통해 이동하는 현상으로 에너지는 소비되지 않는다.

08 식물 세포의 세포막이 세포벽에서 분리되었으므로 세포 안에서 용액 쪽으로 삼투 현상으로 물이 이동한 것이다. 삼투는 세포 안팎으로 세포막을 통과하지 못하는 용질의 농도 차이가 존재할 때 용매(물)이 세포막을 통해 이동하는 현상이다.

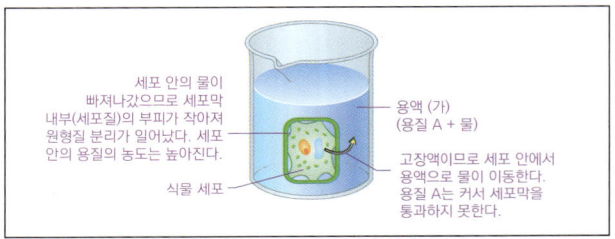

ㄱ. 용질 A는 세포막을 통해 세포 안으로 확산되지 못하므로 용매(물)이 이동하는 것이다.
ㄴ. 식물 세포에서 용액 (가) 쪽으로 물이 빠져나가 원형질 분리가 일어났으므로 용질 A가 녹아 있는 용액 (가)는 식물 세포 내부의 농도보다 농도가 높은 고장액이다.

바른 풀이 ㄷ. 식물 세포를 용액 (가)에 넣은 결과 식물 세포 안의 물이 밖으로 빠져나갔으므로 식물 세포 내부 용질의 농도는 용액 (가)를 넣기 전보다 높아졌다.

09 감자 조각의 무게가 증가한 것은 삼투에 의해 설탕 용액으로부터 물이 감자 조각의 세포로 들어왔기 때문이다.
감자 조각의 무게가 감소한 것은 감자 조각의 세포에서 물이 설탕 용액으로 나갔기 때문이다.

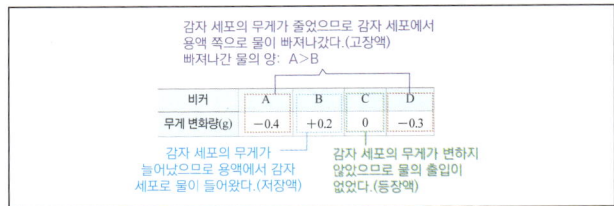

ㄱ. 20분 후 A는 감자 세포에서 물이 빠져나간 것이고, B는 감자 세포로 물이 들어온 것이므로 감자 세포의 부피는 A에서가 B보다 작다.
ㄴ. C의 설탕 용액은 등장액(세포질과 농도가 같음)이며, B의

설탕 용액은 저장액(세포질보다 농도가 낮음)이므로, C의 설탕 용액의 농도>B의 설탕 용액의 농도이다.
ㄷ. D의 설탕 용액의 농도는 고장액이므로, 감자 세포의 세포질 농도보다 높다.

10 ㄴ, ㄷ. 이화작용은 큰 분자를 작은 분자로 분해하는 반응이며, 이 과정에서 에너지가 방출된다.

바른 풀이 ㄱ, ㄹ. 물질대사는 동화작용과 이화작용으로 구분한다. 동화작용은 작은 분자를 큰 분자로 합성하는 반응이며, 이 과정에서 에너지가 흡수된다.

11 ㄴ. 물질대사는 생명체(세포)가 생명활동에 필요한 물질과 에너지를 얻는 과정이다.

바른 풀이 ㄱ. 물질대사에는 작은 분자를 큰 분자로 합성하는 동화작용과 큰 분자를 작은 분자로 분해하는 이화작용이 있다. 물질이 분해되는 이화작용에서는 에너지가 방출되며, 물질이 합성되는 동화작용에서는 에너지가 흡수된다.
ㄷ. 자동차가 연료를 소비하여 에너지를 얻는 것은 생명체 밖에서 일어나는 화학 반응으로서 연소에 해당한다.

12 (가)는 빛에너지를 이용하여 포도당을 합성하는 광합성이며, (나)는 포도당을 분해하여 에너지를 생성하는 세포 호흡이다.

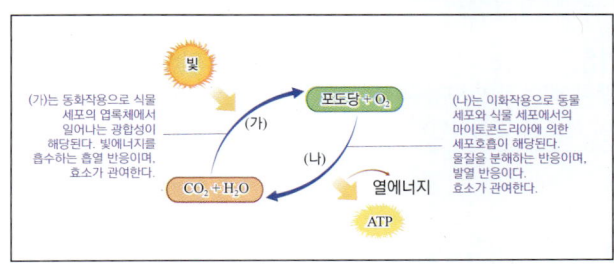

① (가)는 광합성으로 동화작용이다.
③ (가) 광합성은 작은 분자가 에너지를 흡수하며 큰 분자로 합성되는 흡열 반응이며, (나) 세포호흡은 큰 분자가 에너지를 방출하며 작은 분자로 분해되는 발열 반응이다.
④ (나) 세포호흡은 세포 내 마이토콘드리아에서 일어나는 물질대사이므로 마이토콘드리아를 가지는 동물과 식물 모두에서 일어난다.

바른 풀이 ② (가) 광합성은 식물 세포에만 존재하는 엽록체에서 일어나는 작용이다.
⑤ (가) 광합성과 (나) 세포호흡의 물질대사 과정에서는 효소가 관여한다.

13 그래프는 생성물의 에너지가 반응물의 에너지보다 크므로 흡열 반응이며, 동화작용에 해당한다.

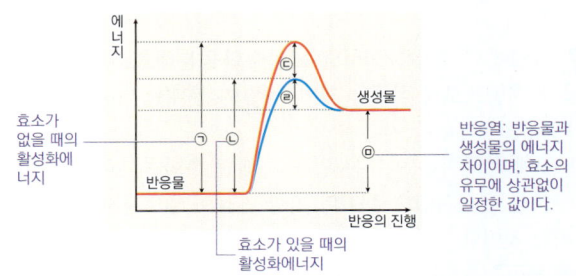

→ 생성물의 에너지가 반응물의 에너지보다 큰 흡열 반응이다. 동화 작용인 광합성이 해당된다.

ㄱ. 효소가 없을 때의 활성화에너지는 ㉠이다.

ㄷ. ㉢ 반응열은 화학 반응에서 방출되거나 흡수되는 열량 즉, 반응물과 생성물의 에너지 차이이며, 효소의 유무에 관계없이 일정한 값을 가진다.

바른 풀이 ㄴ. 효소가 있을 때의 활성화에너지는 ㉡이다.

ㄹ. 그래프는 반응물이 화학 반응을 통해 생성물로 될 때 에너지가 흡수되는 동화작용이다. 이화작용은 반응물이 생성물로 될 때 에너지가 방출되는 발열 반응이다.

14 ㄱ, ㄷ 작은창자에서 엿당이 포도당으로 분해될 때, 간에서 암모니아를 요소로 변환할 때에는 모두 효소가 관여한다.

바른 풀이 ㄴ. 모세혈관에서 조직세포로 산소가 이동하는 것은 확산이며, 효소가 관여하지 않는다.

15 (A) 포도당 산화효소를 이용해 혈액 속의 당을 산화시켜 혈당을 측정한다.

(C) 탄수화물분해효소를 이용해 치아 사이에 낀 탄수화물을 제거할 수 있어 친환경 효소 치약을 만들 수 있다.

바른 풀이 (B) 청바지를 탈색할 때는 섬유소분해효소를 사용한다.

(D) 효소 화장품은 피부의 각질층을 분해하기 위해 단백질분해효소를 함유하고 있다.

16. 효소는 기질특이성이 있어서 카탈레이스는 과산화 수소 분해에만 관여한다. 과산화 수소는 카탈레이스에 의해 분해되어 산소를 발생시킨다.

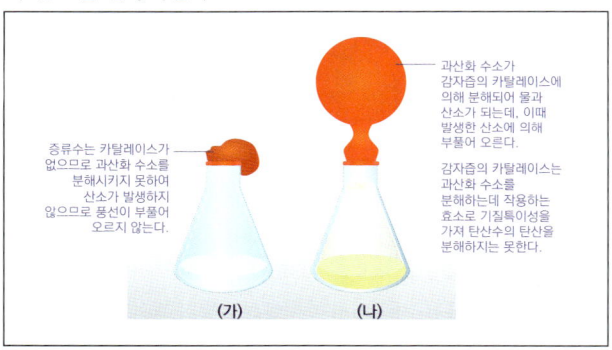

증류수는 카탈레이스가 없으므로 과산화 수소를 분해시키지 못하여 산소가 발생하지 않으므로 풍선이 부풀어 오르지 않는다.

과산화 수소가 감자즙의 카탈레이스에 의해 분해되어 물과 산소가 되는데, 이때 발생한 산소에 의해 부풀어 오른다.

감자즙의 카탈레이스는 과산화 수소를 분해하는데 작용하는 효소로 기질특이성을 가져 탄산수의 탄산을 분해하지는 못한다.

(가) (나)

ㄷ. 감자즙에는 과산화 수소를 분해하는 효소인 카탈레이스가 포함되어 있다.

바른 풀이 ㄱ. (나)의 고무 풍선이 부푸는 것은 감자즙에 포함된 카탈레이스 효소에 의해 과산화 수소가 물과 산소로 분해되어 산소가 발생하기 때문이다.

ㄴ. 다른 조건이 동일하면 탄산수는 감자즙의 영향을 받지 않고, 탄산수에 포함된 이산화 탄소는 고무 풍선이 부풀만큼 나오지 않는다.

17. (B)에서 엿기름물의 효소(탄수화물분해효소)가 밥의 녹말을 분해함으로써 식혜가 되며, 녹말이 분해된 밥알은 떠오르게 된다.

ㄷ. (C)에서 끓이는 이유는 열을 가해 탄수화물분해효소의 입체 구조를 변화시킴으로써 더 이상 반응이 일어나지 않도록 하기 위한 것이다.

바른 풀이 ㄱ. 싹 튼 보리로 만든 엿기름물에는 밥의 녹말을

분해하는 탄수화물분해효소가 들어 있다.

ㄴ. 엿기름물을 밥과 섞기 전에 끓이면 밥의 녹말이 분해되지 않으므로 식혜가 될 수 없다.

18 ①, ②, ④, ⑤ DNA의 특정 부위인 유전자에는 생물의 형질을 결정하는 유전정보가 저장되어 있으며, 유전자의 DNA 염기서열에 따라 다양한 단백질이 합성되고, 합성된 단백질이 작용함으로써 유전자의 형질이 나타난다.

바른 풀이 ③ 유전정보는 세포의 핵 속 DNA에 저장되어 있다. RNA는 DNA에 저장된 유전정보를 핵 밖의 라이보솜으로 운반하는 역할을 한다.

19 ㄱ. DNA의 유전자에 저장된 정보를 RNA가 라이보솜으로 옮기고 라이보솜에서 그 단백질이 합성된다.

ㄴ. 유전자 이상은 유전자의 유전정보가 저장되어 있는 DNA 염기서열에 이상이 생기는 것으로 유전자 a, b, c 중 어느 하나라도 염기서열에 이상이 생기면 물질대사에 이상이 생길 수 있다.

바른 풀이 ㄷ. 유전자는 DNA의 특정 부위이므로, 그림은 DNA를 나타낸 것이며, ㉠ 부위는 DNA의 한 지점이다. DNA는 A, T, C, G를 염기로 가지는 뉴클레오타이드로 구성되므로, U(유라실)을 염기로 가지는 뉴클레오타이드는 존재하지 않는다.

20 DNA는 세포의 핵 속에서 단백질과 결합한 상태로 존재하며, 세포 분열 시 응축하여 염색체가 된다.

ㄱ. (가)는 DNA가 세포 분열 시 응축된 막대 모양의 염색체로 체세포의 핵 속에 존재한다.

바른 풀이 ㄴ. (나)는 (가) DNA의 단위체이므로, 당은 디옥시라이보스이다.

ㄷ. ㉠은 DNA와 결합한 단백질이며 단위체는 아미노산이다.

21 A는 막으로 싸여있지 않은 세포소기관이므로 라이보솜이고, B는 핵, (가)는 전사, (나)는 번역이다. ㉠은 DNA에서 전사되어 형성된 RNA이고 ㉡은 RNA가 전달한 DNA의 유전정보에 따라 합성된 단백질이다.

ㄴ. (가) 전사 과정을 통해 ㉠ RNA가 합성된다.

ㄷ. (나) 번역은 RNA 유전부호인 코돈이 특정 아미노산을 지정하는 과정이며, 아미노산끼리 펩타이드결합을 하여 ㉡ 단백질이 만들어지는 과정이다.

바른 풀이 ㄱ. 세포 내에서 (가) 전사는 B 핵 속에서 일어나며, (나) 번역은 A 라이보솜에서 일어난다.

22. 세포에서 DNA의 유전정보는 전사, 번역 과정을 거쳐 RNA의 코돈이 지정한 아미노산이 라이보솜에서 합성된다.

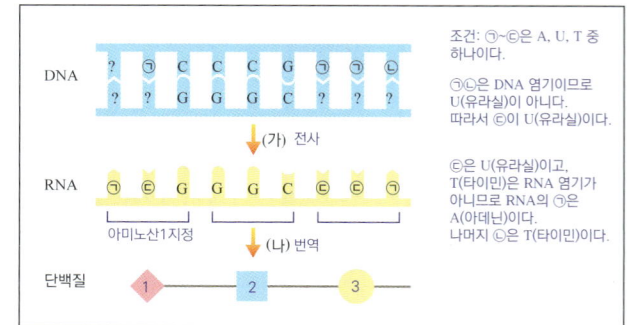

ㄱ. (가)는 DNA 염기에 상보적인 염기를 가진 RNA 가닥이 합성되는 전사이다.

ㄴ. ㉠은 아데닌(A)이다.

바른 풀이 ㄷ. RNA 염기 3개가 코돈이 되어 아미노산 1개를 지정한다.

23 (가)는 이중 가닥의 DNA, (나)는 아미노산이 펩타이드 결합한 폴리펩타이드, (다)는 단일가닥의 RNA이다.

ㄱ. (가) DNA 염기서열의 유전정보는 핵 속에서 (다) RNA로 전사되어 라이보솜에서 (나)아미노산으로 번역된다. 따라서 유전정보의 흐름은 (가)-(다)-(나) 순이다.

ㄷ. (나)는 폴리펩타이드이다.

바른 풀이 ㄴ. (나) 폴리펩타이드는 라이보솜에서 합성되고, (다) RNA는 핵 속에서 합성된다.

ㄹ. RNA의 염기서열은 DNA의 한 가닥의 염기서열과 상보적으로 전사된다. (다) RNA의 염기서열은 (가) DNA의 가닥 II의 염기서열과 상보적이므로 DNA 가닥 II가 전사된 것이다.

24 ③ 모든 생명체는 DNA의 염기서열에 유전정보를 저장하고 있다.

④ 생명체의 유전부호 체계는 동일한데, 이는 생명체의 진화 과정에서 유전정보는 달라져도 공통조상의 유전부호 체계는 보존되어 왔다는 것을 의미한다.

⑤ 세균에서 사람에 이르기까지 거의 모든 생명체의 유전부호 체계는 동일하므로 사람의 인슐린 유전자를 대장균에 넣어 배양하면 사람의 인슐린 유전자가 합성된다.

바른 풀이 ① 유전부호 체계는 생물종에 관계없이 동일하다.
② 모든 생명체는 유전부호 체계가 동일하므로 코돈이 지정하는 아미노산의 종류도 동일하다.

25 ㄴ. 유전자 이상은 DNA 염기서열에 이상이 발생하여 정상 단백질이 생성되지 못했을 때 나타나는 질환이다.

바른 풀이 ㄱ. 유전자 이상은 염색체(DNA) 내 염기서열에 이상이 발생한 것이므로 염색체의 수는 정상인과 같다.

ㄷ. DNA의 염기서열에 이상이 발생하면 이상이 생긴 염기서열에 따라 RNA가 전사되므로 RNA의 염기서열도 정상과 다르게 나타나고, 정상 단백질이 합성되지 않는다.

고난도 마무리
257 쪽

01 ①   **02** ②   **03** ②   **04** ③

01 세포소기관 A~C는 각각 엽록체, 소포체, 마이토콘드리아 중 하나이다. A는 (가) '유기물의 합성이 이루어진다.'의 특성을 가진 엽록체이며, B는 공통 특징이 없는 소포체이고, C는 마이토콘드리아이다. 따라서 (나)는 소포체의 특징인 '납작한 주머니와 관으로 되어 있다.'이다.

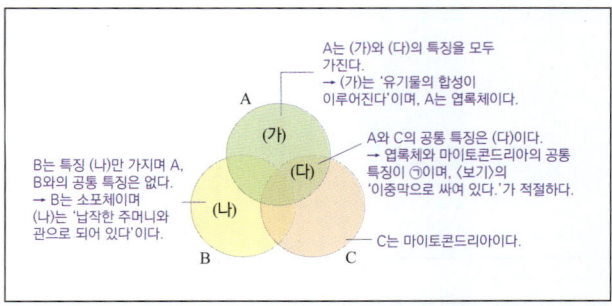

A는 (가)와 (다)의 특징을 모두 가진다.
→ (가)는 '유기물의 합성이 이루어진다'이며, A는 엽록체이다.

A와 C의 공통 특징은 (다)이다.
→ 엽록체와 마이토콘드리아의 공통 특징이 ㉠이며, 〈보기〉의 '이중막으로 싸여 있다.'가 적절하다.

B는 특징 (나)만 가지며 A, B와의 공통 특징은 없다.
→ B는 소포체이며 (나)는 '납작한 주머니와 관으로 되어 있다'이다.

C는 마이토콘드리아이다.

ㄱ. ㉠에 해당하는 것은 A와 C의 공통 특징이며, '이중막으로 싸여 있다'가 적절하다. 이중막으로 싸여 있는 세포소기관은 핵, 엽록체, 마이토콘드리아이다.

바른 풀이 ㄴ. A 엽록체는 식물 세포 뿐만 아니라 조류와 원생생물(유글레나)에도 존재한다.

ㄷ. C는 마이토콘드리아이며, 세포호흡을 담당한다. 단백질의 세포 내 이동에 관여하는 세포소기관은 B 소포체이다.

02 (가)에서 물질 A, B가 세포막을 통하여 이동하는 방식은 모두 확산이다. 확산은 농도가 높은 쪽에서 낮은 쪽으로 물질이 이동하는 현상이다. 인지질 2중층을 통해 이동하는 방식을 단순확산이라고 하며, 막단백질을 통해 이동하는 방식을 촉진확산이라고 한다. 물질 A의 이동 방식은 단순확산이며, 물질 B의 이동 방식은 막단백질을 통한 촉진확산이다.

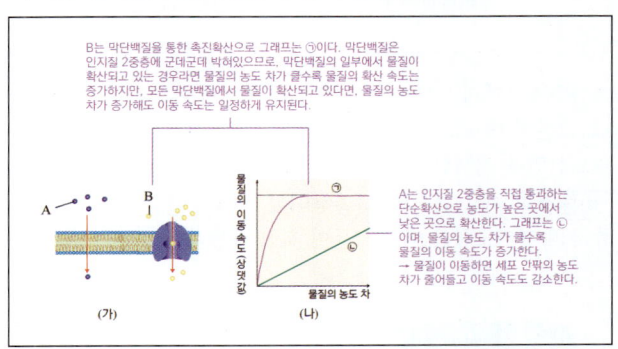

B는 막단백질을 통한 촉진확산으로 그래프는 ㉠이다. 막단백질은 인지질 2중층에 군데군데 박혀있으므로, 막단백질의 일부에서 물질이 확산하고 있는 경우라면 물질의 농도 차가 클수록 물질의 확산 속도는 증가하지만, 모든 막단백질에서 물질이 확산되고 있다면, 물질의 농도 차가 증가해도 이동 속도는 일정하게 유지된다.

A는 인지질 2중층을 직접 통과하는 단순확산으로 농도가 높은 곳에서 낮은 곳에 확산한다. 그래프는 ㉡이며, 물질의 농도 차가 클수록 물질의 이동 속도가 증가한다.
→ 물질이 이동하면 세포 안팎의 농도 차가 줄어들고 이동 속도도 감소한다.

ㄷ. A가 이동하는 단순확산이 일어나면 세포 안팎의 농도 차는 감소한다.

바른 풀이 ㄱ. ㉠과 같이 초기에는 농도 차가 커질수록 물질의 이동 속도가 증가하다가 물질의 농도 차가 어느 이상 커지면 물질의 이동 속도가 일정해지는 것은 촉진확산이다. 촉진확산은 막단백질을 통해 물질이 이동하기 때문에 초반에는 물질의 이동 속도가 농도 차에 따라 빨라지지만 막단백질에 물질이 포화 상태로 포함되면 물질의 농도에 따른 물질의 이동 속도는 일정해진다. 따라서 단순확산하는 물질 A는 ㉡과 같은 그래프로 확산한다. 막단백질에 의해 촉진확산하는 물질 B는 그래프 ㉠처럼 확산한다.

ㄴ. 촉진확산하는 B 물질의 예로는 전하를 띤 물질인 Na^+, K^+와, 수용성 물질인 포도당, 아미노산 등이 있다. 지방산은 A 물질의 예이다.

03 인공막은 용질 설탕은 통과하지 못하고 물만 통과할 수 있다. 인공막 X는 반투과성 막으로 삼투 현상이 일어난다.

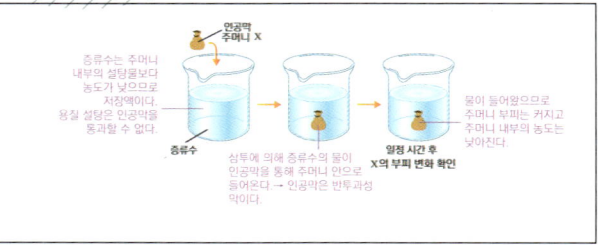

ㄷ. X의 부피 변화는 삼투에 의한 물의 이동 때문이다.

바른 풀이 ㄱ. X의 부피는 증류수에 넣지 않은 (가)에서가 증류수에 넣어 부피가 증가한 (다)에서보다 작다.

ㄴ. 증류수가 주머니 내부로 들어왔으므로 (다)의 X 속 설탕 수용액의 농도는 20 %보다 낮다.

04 RNA의 코돈과 조건대로 번역한 아미노산의 구성은 다음과 같다.

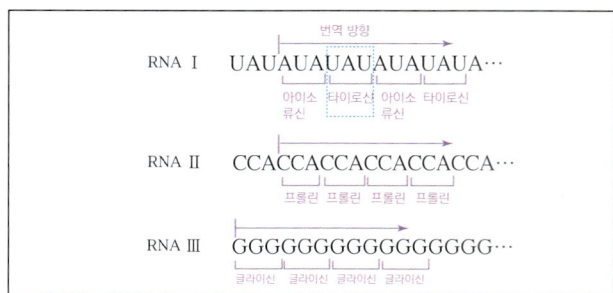

ㄱ. RNA I에서 UAU는 타이로신을 지정한다.

ㄴ. 코돈이 아미노산을 지정할 때 한 개의 코돈은 한 종류의 아미노산만을 지정한다.

바른 풀이 ㄷ. 코돈은 64종류이고, 아미노산은 20개이다. 한 종류의 아미노산은 여러 코돈이 지정 가능하다.

수능 모의고사 1회

258 ~ 261 쪽

01 ②	02 ⑤	03 ②, ③, ④	04 ③	05 ③
06 ④	07 ⑤	08 ②, ③	09 ①	10 ④
11 ⑤	12 ③	13 ②	14 ②	15 ④	16 ③
17 ①	18 ④			

01 ㄷ. 개체는 다양한 세포가 유기적으로 조직되어 정교한 체계를 이루며 독립적으로 생명활동을 할 수 있는 생명 시스템이다.

바른 풀이 ㄱ. 다세포 생물의 생명활동이 일어나는 기능적 기본 단위는 세포이다.

ㄴ. 세포는 여러 가지 세포소기관이 상호작용하여 생명활동을 수행하는 생명 시스템이다.

02 A는 마이토콘드리아, B는 라이보솜, C는 소포체이다.

ㄱ. A는 마이토콘드리아이며, 세포호흡이 일어나는 세포소기관이다. 포도당을 분해하여 에너지를 생성, 공급한다.

ㄴ. B는 라이보솜이며 핵으로부터 전달받은 DNA의 유전정보에 따라 단백질을 합성한다.

ㄷ. C는 소포체이며, 세포 내 물질 수송의 이동통로이다. 라이보

솜에서 합성된 단백질을 골지체 등으로 운반한다.

03 ② ㉠은 인지질의 머리에 해당하는 인산이므로 친수성을, ㉡은 인지질의 꼬리에 해당하는 지방산이므로 소수성을 띤다.

③ 인지질 2중층은 세포막의 기본 골격을 구성하며, 세포 안팎의 경계를 구분하는 얇은 막이다.

④ 세포 안과 밖은 모두 수용액 등의 수용성 물질로 구성되어 있으므로 친수성인 인지질의 머리 부분이 세포 안과 밖을 향하고 있다.

바른 풀이 ① 세포막은 인지질층이 2층으로 되어 있는 단일막이고 2중막이 아니다.

⑤ 산소, 이산화 탄소 등 작은 분자나 지용성 분자들은 인지질 2중층을 직접 통과할 수 있지만, 이온 등 전하를 띤 입자, 포도당 아미노산 등의 비교적 크기가 큰 수용성 분자 등은 인지질 2중층을 직접 통과하지 못하고 인지질 2중층에 박혀있는 막단백질을 통해 이동한다.

04 ㄱ. A는 세포질과 소포체에 존재하는 라이보솜이다.

ㄴ. B는 핵으로 유전 물질이 있다.

바른 풀이 ㄷ. C는 마이토콘드리아로 세포호흡이 일어나는 곳이며, 광합성이 일어나는 곳은 엽록체이다.

05 ㄱ. 물질 A, B 모두 농도가 높은 세포 밖에서 농도가 낮은 세포 안으로 확산한다.

ㄷ. 아미노산, 포도당과 같은 수용성 분자들은 A 인지질 2중층을 직접 통과하지 못하고 B 막단백질을 통해 이동한다. 지용성 물질은 A 인지질 2중층을 직접 통과하여 이동한다.

바른 풀이 ㄴ. 확산은 물질의 농도가 높은 쪽에서 낮은 쪽으로 이동하는 것이다. 물질 A, B는 모두 농도가 높은 곳에서 낮은 곳으로 이동한다.

06 ㄴ. (나)에서 포도당은 막단백질을 통해 확산(촉진확산)된다.

ㄷ. 세포막(인지질 2중층)은 소수성인 B 인지질의 꼬리 부분이 안쪽으로 서로 마주 보며 배열되어 있다.

바른 풀이 ㄱ. 포도당, 아미노산과 같은 수용성 물질은 인지질 2중층의 소수성 부분 때문에 B 인지질 2중층을 직접 통과하지 못하고 A 막단백질을 통해 이동한다.

07

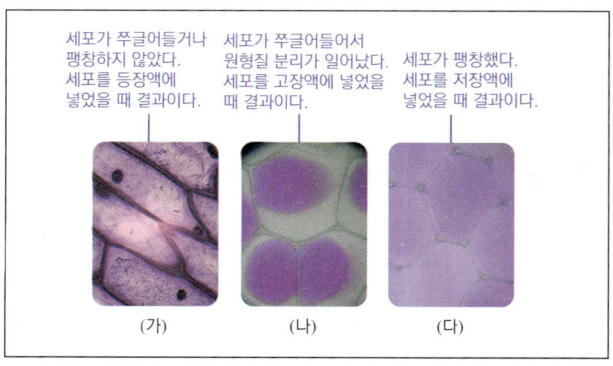

ㄱ. (가)는 세포가 팽창하거나, 세포막이 세포벽에서 떨어져 있는 상태가 아니므로 세포 안과 용질의 농도가 같은 용액에 세포를 넣었을 경우이다.

ㄴ. (나)에서는 세포질의 물이 삼투에 의해 밖으로 이동하여 세포

막과 세포벽이 분리되는 원형질 분리가 일어났다.
ㄷ. (다)에서는 저장액에 넣은 세포의 모습으로 세포 안으로 들어오는 물의 양이 세포 밖으로 빠져나가는 물의 양보다 많다.

08 물질대사는 생명 활동을 유지하기 위해 생명체 내에서 일어나는 모든 화학 반응이다.
② 물질대사는 여러 단계에 걸쳐 진행되며, 연소는 한 번에 진행된다.
③ 물질대사가 진행되기 위해서는 효소가 필요하며, 연소에서는 촉매가 필요하지 않다.
[바른 풀이] ① 물질대사는 생명활동을 유지하기 위해 생명체 내에서 일어나는 화학 반응이다.
④ 물질대사에서는 에너지가 단계적으로 소량씩 방출되거나 흡수되며, 연소에서는 에너지가 한꺼번에 방출되거나 흡수된다.
⑤ 물질대사는 체온 범위 정도의 저온에서 일어나며, 연소는 고온에서 일어난다.

09 학생 A: 효소의 주성분은 단백질이다.
[바른 풀이] 학생 B: 생명체(동, 식물 포함)의 물질대사에는 효소가 필요하다.
학생 C: 효소는 활성화에너지를 낮춰서 반응이 빨리 일어나도록 한다.

10 세포호흡은 세포 내에서 유기물을 분해하는 화학 반응으로 이화작용이며 발열 반응이다. 광합성은 유기물을 합성하는 화학 반응으로 동화작용이며 흡열 반응이다.

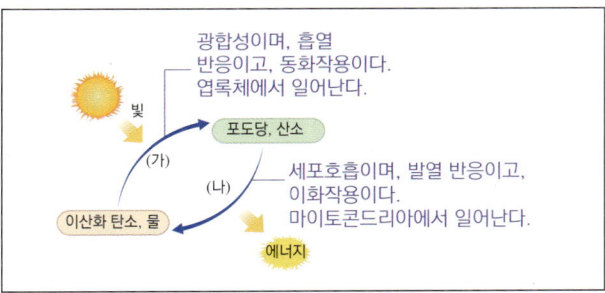

ㄴ. (나)는 큰 분자를 작은 분자로 분해하는 이화작용이다.
ㄷ. 식물 세포의 엽록체에서는 (가) 광합성이 일어나며, 마이토콘드리아에서는 (나) 세포호흡이 일어난다.
[바른 풀이] ㄱ. (가)는 광합성으로 작은 분자로부터 큰 분자가 합성된다.

11 ㄱ. 유전자 A의 멜라닌합성효소에 관한 유전 정보가 전사되고 번역되어 단백질인 멜라닌합성효소가 만들어진다.
ㄴ. 멜라닌이 합성되는 물질대사 과정에서 멜라닌합성효소는 반응을 빠르게 하여 멜라닌이 합성되도록 한다.
ㄷ. 유전자 A의 염기서열이 달라지면 멜라닌합성효소가 만들어지지 않을 수 있고, 멜라닌이 만들어지지 않아 흰색 털이 나타날 수 있다.

12 ㄱ. 카탈레이스는 효소이며, 주성분은 단백질이다.
ㄴ. 탐구 활동에서는 감자즙에 존재하는 카탈레이스의 작용에 의해 과산화 수소 분해 반응이 빨리 일어나는 시험관과 그렇지 않은 시험관을 비교하였으므로 가설 ㉠으로 '카탈레이스는 과산화 수

소 분해 반응을 빠르게 한다'는 적절하다.
[바른 풀이] ㄱ. 카탈레이스는 과산화 수소 분해 반응의 활성화에너지를 낮춰서 반응이 빨리 일어나도록 한다. 시험관 B에 카탈레이스를 작용시켰으므로 활성화에너지가 줄어든다. 따라서 B에서가 A에서보다 활성화에너지가 작다.

13 ㄱ. ㉠은 염색체로 DNA와 단백질로 이루어져 있다. RNA가 존재하지 않는다.
ㄹ. ㉣은 유전자로 DNA의 특정 부위이다. ㉣에는 특정 아미노산에 대한 유전정보가 저장되어 있으며, 염기서열에 따라 아미노산이 합성되고, 펩타이드결합을 하여 단백질이 만들어진다.
[바른 풀이] ㄴ. ㉡은 DNA이며 단위체는 뉴클레오타이드이다.
ㄷ. ㉢은 단백질이며 단위체는 아미노산이다.

14 DNA를 구성하는 염기는 C(사이토신), G(구아닌), A(아데닌), T(타이민)이며, RNA를 구성하는 염기는 C, G, A, U(유라실)이다. C는 G와 상보결합하며, A는 T(또는 U)와 상보결합한다.
ㄷ. DNA의 단위체는 뉴클레오타이드이다.
[바른 풀이] ㄱ. (가)는 DNA의 유전 정보를 RNA로 전사시키는 과정이다.
ㄴ. ㉡은 타이민(T)이다. 아데닌(A)은 ㉠이다.

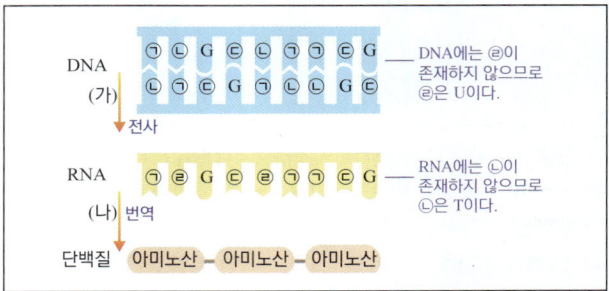

15 ㄴ. ㉠에 C을 삽입하고, ㉡부분의 염기를 U로 바꾼 RNA 염기 서열은 UUC/CUA/UAG/CUUGAGG가 되므로 UUC(페닐알라닌) −CUA(류신)−UAG(종결 코돈-종결)이 된다. 따라서 2개의 아미노산만이 존재하는 단백질이 만들어진다.
ㄷ. ㉢ 부분의 염기를 A으로 바꾼 RNA 염기 서열은 UUC/UAC/AGA/UUG/AGG이며, 아미노산 서열은 페닐알라닌−타이로신−아르지닌−류신−아르지닌이 된다. 따라서 4종류의 아미노산(페닐알라닌, 타이로신, 아르지닌, 류신)으로 이루어진 폴리펩타이드가 합성된다.
[바른 풀이] ㄱ. RNA를 구성하는 염기는 A, G, C, U 이며, DNA를 구성하는 염기는 A, G, C, T이다. RNA의 U은 DNA의 A과, RNA의 A은 DNA의 T과, G은 C과 상보결합한다. 따라서 이 RNA의 전사에 사용된 DNA 가닥의 염기 서열은 AAG/ATG/TCG/AAC/TCC 이다.

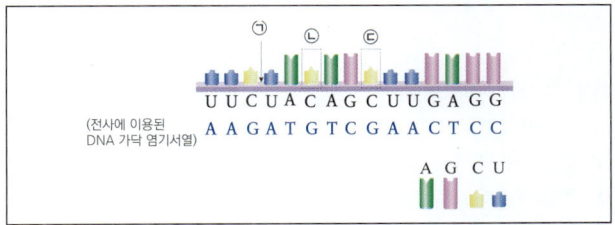

16 ㄱ. ㉠은 DNA의 유전 정보를 RNA로 전사하는 과정이다.
ㄷ. ㉡은 RNA가 전달한 유전정보에 따라 세포질의 라이보솜에서

단백질이 합성되는 번역이다.

[바른 풀이] ㄴ. ㉠은 DNA의 유전 정보 중 일부(필요한 유전자)만 RNA로 전달되는 전사 과정이다.

17 ㄱ. 코돈 ACU와 ACA 둘 다 트레오닌을 지정한다.

[바른 풀이] ㄴ. 정상 유전자의 코돈 CAU와 비정상 유전자의 코돈 CAC 둘다 히스티딘을 지정하므로 정상 단백질이 합성된다. 따라서 비정상 ㉠ 유전자는 유전질환을 일으키지 않는다.

ㄷ. 비정상 유전자 ㉡으로부터 합성된 단백질의 아미노산(-트레오닌-알라닌-히스티딘) 개수와 정상 유전자로부터 합성된 단백질의 아미노산(트레오닌-트레오닌-히스티딘) 개수는 동일하다.

18

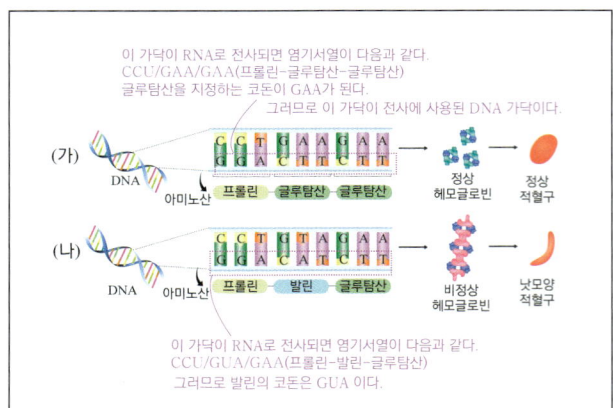

이 가닥이 RNA로 전사되면 염기서열이 다음과 같다.
CCU/GAA/GAA(프롤린-글루탐산-글루탐산)
글루탐산을 지정하는 코돈이 GAA가 된다.
그러므로 이 가닥이 전사에 사용된 DNA 가닥이다.

(가) DNA 아미노산 프롤린 글루탐산 글루탐산 정상 헤모글로빈 정상 적혈구

(나) DNA 아미노산 프롤린 발린 글루탐산 비정상 헤모글로빈 낫모양 적혈구

이 가닥이 RNA로 전사되면 염기서열이 다음과 같다.
CCU/GUA/GAA(프롤린-발린-글루탐산)
그러므로 발린의 코돈은 GUA 이다.

ㄱ. 코돈 GAA가 글루탐산을 지정하므로 DNA의 GGA가 있는 가닥이 전사, 번역되어 헤모글로빈이 합성된 것이다. 따라서 RNA에서 발린을 지정하는 코돈은 CAT가 전사된 GUA이다.

ㄴ. DNA에서 글루탐산을 암호화하는 염기서열 CTT 중 가운데 T이 A으로 바뀔 경우 발린이 만들어지므로, 유전자에 이상이 생기면 저장되는 정보가 달라질 수 있다.

ㄷ. 아미노산 배열 순서에 따라 입체 구조가 달라져 단백질의 종류와 특성이 달라져 적혈구 모양이 결정된다.

[바른 풀이] ㄹ. (가) 정상 헤모글로빈과 (나) 비정상 헤모글로빈은 아미노산 1개의 염기서열이 서로 다를 뿐이며, 아미노산의 개수는 서로 같다.

수능 모의고사 2회   262~267쪽

01 ⑤	02 ②	03 ③	04 ②	05 ③	06 ③
07 ④	08 ③	09 ④	10 ⑤	11 ⑤	12 ③
13 ③	14 ①, ④		15 ③	16 ③	17 ②
18 ⑤	19 ⑤	20 ①	21 ④	22 ⑤	23 ②
24 ⑤	25 ③				

01 ① 생명 시스템은 여러 구성 요소가 상호작용하여 생명활동을 수행한다.
② 생명 시스템의 구조적 기능적 기본 단위는 세포이다.
③ 생명 시스템의 구성 단계는 세포→조직→기관→개체이다.
④ 조직은 모양과 기능이 비슷한 세포의 모임이다.

[바른 풀이] ⑤ 개체는 여러 기관이 모여 독립된 구조와 기능을 가지고 생명활동을 하는 생물체이다.

02 사람(동물)의 구성 단계는 세포→ 조직→ 기관→ 기관계→ 개체이며, 조직계는 포함되지 않는다.
ㄷ. (나)는 기관이며, 식물에서는 뿌리, 줄기, 잎 등이 해당된다.

[바른 풀이] ㄱ. 동물의 구성 단계에서 가장 작은 단계부터 나열하면 (가) 세포→ (라) 조직→ (나) 기관→ (마)기관계→ (다) 개체이다.
ㄴ. (라)는 조직이며 식물에도 존재한다. 식물에는 없는 구성 단계는 (마) 기관계이다.

03 A는 라이보솜, B는 핵, C는 마이토콘드리아이다.
ㄱ. A 라이보솜은 RNA와 결합하여 단백질을 합성한다.
ㄴ. B 핵의 내부에는 여러 종류의 단백질이 존재하는데, DNA가 응축하여 염색체를 만들 때 작용하는 단백질, 효소 등이 있다.

[바른 풀이] ㄷ. C 마이토콘드리아에서는 세포호흡을 하여 에너지를 생산한다. 광합성을 하는 곳은 엽록체이다.

04 A는 마이토콘드리아, B는 주머니와 관 구조의 소포체이다.
ㄷ. A 마이토콘드리아와 B 소포체는 식물 세포에도 있다.

[바른 풀이] ㄱ. A는 마이토콘드리아이다.
ㄴ. B는 소포체로 세포 내 물질의 이동 통로 역할을 한다. 세포호흡은 A 마이토콘드리아에서 일어난다.

05

특징 (A, B, C, D)	세포소기관
· 막으로 싸여 있다. (특징 B)	엽록체, 마이토콘드리아
· 포도당을 분해한다. (특징 A)	마이토콘드리아
· 동물 세포에 존재한다. (특징 C)	라이보솜, 마이토콘드리아
· 식물 세포에만 존재한다. (특징 D)	엽록체

(가)와 (나)의 공통 특징인 B가 있고, (가)와 (다)의 공통 특징인 C가 있는데, A와 D는 각각 (가)와 (나)만의 특징이다. (다)만의 특징은 없다.

위의 표와 비교하면 (가)는 마이토콘드리아, (나)는 엽록체, (다)는 라이보솜이다.

ㄷ. (가) 마이토콘드리아와 (나) 엽록체는 막으로 싸여 있는 세포소기관이며, (다) 라이보솜은 막으로 싸여 있지 않은 세포소기관이다. 따라서 특징 B는 '막으로 싸여 있다.'이다.

ㄹ. 특징 D는 엽록체만의 특징이므로, 특징 D는 '식물 세포에만 존재한다.'이다. '포도당을 합성한다'는 D에 해당하는 (나) 엽록체만의 또 다른 특징이다.

[바른 풀이] ㄱ. (가)는 막으로 싸여 있고, 포도당을 분해하며, 동물 세포에 존재하는 마이토콘드리아에 해당된다.
ㄴ. (다) 라이보솜에서는 단백질이 합성된다. 세포호흡은 (가) 마이토콘드리아에서 일어난다.

06 ㄱ. A는 엽록체만의 특징인 광합성으로 '이산화 탄소와 물을 원료로 하여 포도당을 합성한다.' 가 적절하다.
ㄴ. B는 엽록체와 마이토콘드리아의 공통 특징이므로 '식물 세포에 존재하는 세포소기관'에 해당한다.

[바른 풀이] ㄷ. C는 마이토콘드리아만의 특징으로 '세포호흡을 한다'가 해당된다. 마이토콘드리아는 동물 세포에와 식물 세포에 공통으로 존재한다.

07 ㄱ. 적혈구를 용액에 넣을 때 적혈구 세포질의 농도보다 농도가 높은 용액은 고장액, 농도가 같은 용액은 등장액, 농도가 낮은 용액은 저장액이다. 이때 적혈구와 용액 사이에서는 삼투 현상이 일어나는데, 농도가 낮은 쪽에서 농도가 높은 쪽으로 용매인 물이 빠져나간다.
ㄴ. 배추를 소금물에 담그면 배추 세포 내부의 농도가 외부의 농도보다 낮아 삼투에 의해 배추 세포 내부의 물이 배추 세포 외부로 빠져나가서 배추가 숨이 죽는다.
ㄷ. 밭에 비료를 너무 많이 주면 흙 속 물질의 농도가 식물 뿌리 세포의 농도보다 높아지게 되어 삼투 현상에 의해 뿌리에서 흙으로 물이 빠져나가기 때문에 농작물이 시들게 된다.
[바른 풀이] ㄱ. 바닷물이 생수보다 잘 얼지 않는 것은 바닷물의 염도가 높아 어는점이 낮아졌기 때문이므로 삼투 현상과는 상관없다.

08

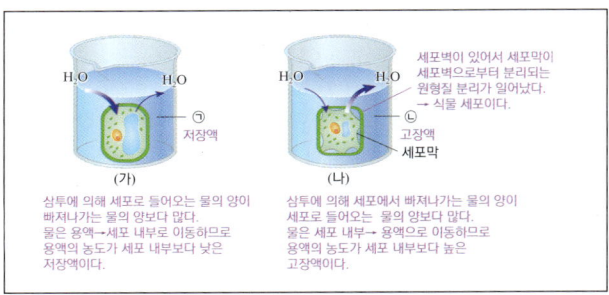

ㄱ. (나)에서 세포막은 쭈그러들지만, 세포벽에 의해 세포의 형태는 유지되므로 이 모식도는 식물 세포의 농도에 따른 삼투를 나타낸 것이다.
ㄴ. (가)는 세포 밖으로 나가는 물보다 세포 안으로 들어가는 물이 많으므로 용액 ㉠은 저장액이며, (나)는 세포 안으로 들어오는 물보다 세포 밖으로 나가는 물이 많으므로 용액 ㉡은 고장액이다.
[바른 풀이] ㄷ. 등장액에서는 세포 내부로 들어가는 물의 양과 세포에서 바깥으로 빠져나오는 물의 양이 같기 때문에 물의 이동이 일어나지 않는 것처럼 보인다.

09 세포막 인지질 2중층에 박혀있는 막단백질을 통한 확산은 촉진확산이며, 전하를 띤 물질, 수용성 물질인 포도당, 아미노산이 이런 방식으로 이동한다.

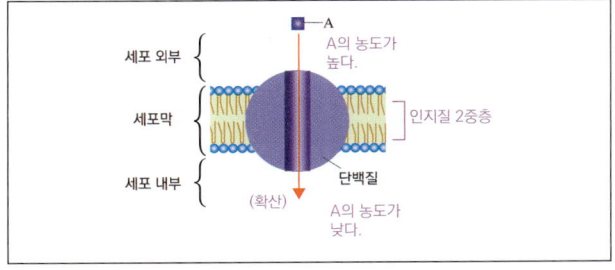

ㄱ. 세포막의 인지질은 2중층으로 배열되어 안쪽은 인지질의 소수성 꼬리가 서로 마주보고 있는 형태이다.
ㄷ. 세포막의 (막)단백질을 통해 이동하는 물질에는 포도당이 있다.
[바른 풀이] ㄴ. 물질 A의 농도는 세포 외부에서가 내부에서보다 높으므로 세포 외부에서 내부로 확산하여 이동한다.

10 ㄱ. 세포막은 선택적투과성이 있어 세포 안팎의 물질 출입을 조절한다.
ㄴ. 세포막은 인지질 2중층과 인지질 2중층에 유동적으로 박혀있는 막단백질로 이루어진다.
ㄷ. 포도당은 막단백질을 통한 확산, 이산화 탄소는 인지질 이중층을 통한 확산으로 세포막을 통해 이동한다.

11 ㄱ. A는 인지질 2중층으로 수용성인 세포 안과 세포 밖을 향해 친수성인 머리(인산)가 향하고 있다.
ㄴ. B는 막단백질로 이를 통해 촉진확산이 일어나는데, 막단백질 투과 물질로는 전하를 띠는 이온, 아미노산 포도당 등의 비교적 크기가 큰 수용성 물질 등이 있다.
ㄷ. 폐포와 모세혈관 사이에서 일어나는 O_2와 CO_2의 기체교환, 지용성 물질 등의 확산 등은 A 인지질 이중층을 통해 이루어진다.

12 ㄱ. 물질대사는 생명체의 체내 온도(저온)에서 빠르게 일어나야 하므로 촉매 역할을 하는 효소가 관여한다.
ㄴ. 물질대사에는 A 동화작용과 B 이화작용이 있다. 작은 분자를 큰 분자로 합성하는 동화작용에서는 에너지가 흡수되며, 큰 분자를 작은 분자로 분해하는 이화작용에서는 에너지가 방출된다.
[바른 풀이] ㄷ. 물질대사는 생명활동을 유지하기 위해 생명체 내에서 일어나는 화학 반응이므로 생명체의 체온 정도의 저온, 대기압 정도의 저압에서 효소가 관여하여 일어난다.

13 ㄱ. 그림 (나)는 흡열 반응이므로 그림 (가)에서 동화작용인 물질대사 I을 나타낸 것이다.
ㄴ. 그림 (나)에서 반응열은 C이며, 생성물과 반응물의 에너지 차로 효소의 유무에 따라 변하지 않는 양이다.
ㄷ. 그림 (나)에서 효소가 있을 때의 활성화에너지는 B+C이다.

14 (가)는 생명체 내에서 세포호흡을 통해 포도당이 산화될 때의 에너지 변화이며, (나)는 생명체 밖에서 포도당이 연소될 때의 에너지 변화를 나타낸 것이다.
① 연소는 고온에서 에너지가 한꺼번에 방출되는 화학 반응이므로 (가) 세포호흡은 (나) 연소보다 느리게 일어난다.
④ (가) 세포호흡과 (나) 연소 모두 같은 양의 포도당이 분해되는 반응이므로 방출되는 에너지의 총량은 같다.
[바른 풀이] ②, ③ (가)는 효소가 관여하므로 생명체 내 온도인 저온에서 일어날 수 있다. (나)는 생명체 내 온도보다 높은 온도에서 효소가 관여하지 않고 일어난다.
⑤ (가) 포도당의 효소를 통한 분해와 (나) 포도당의 연소 모두 에너지가 방출되는 발열 반응(이화작용)이다.

15 ㄱ. (나)의 시험관 A에서는 카탈레이스에 의해 과산화 수소가 분해되어 산소 기포가 발생한다.
ㄴ. 감자즙에는 과산화 수소를 물과 산소로 분해하는 효소인 카탈레이스가 있다.
ㄷ. ㉠은 '기포가 발생함'이다. 효소는 반응이 끝나면 원래 상태로 되돌아가서 재사용이 가능하다. 따라서 반응이 끝난 시험관 A에 과산화 수소수를 더 넣으면 카탈레이스의 작용으로 과산화 수소가 분해되어 다시 산소가 발생한다.

16

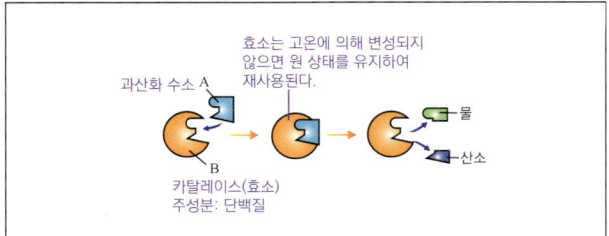

ㄴ. B는 카탈레이스로 주성분은 단백질이다.

ㄷ. B는 반응이 끝나면 원래 모습이 되어 재사용이 가능하다. 반응 전과 반응 후의 모습이 같다.

[바른 풀이] ㄱ. A는 기질(반응물)인 과산화 수소이다.

17 이 반응은 흡열 반응이므로 광합성과 세포호흡 중 광합성에 해당한다. 광합성은 동화작용으로 작은 분자가 큰 분자로 합성된다.

ㄴ. 이 반응의 활성화에너지는 A이다.

[바른 풀이] ㄱ. 이 화학 반응은 광합성이므로 반응물은 이산화 탄소와 물이며, 에너지를 흡수하여 생성물인 포도당이 된다.

ㄷ. 이 화학 반응에 관여하는 효소는 주성분이 단백질이고, 세포질의 라이보솜에서 합성된다.

18

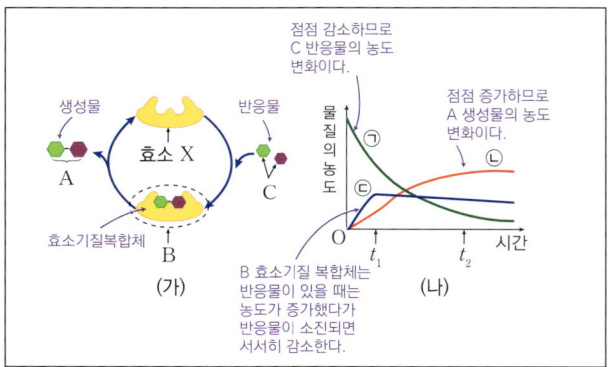

그림 (가)의 C는 반응물, B는 반응물과 효소가 결합한 효소기질복합체, A는 생성물이다. 반응이 끝나면 효소 X는 원래의 모습으로 돌아간다.

ㄱ. ㉠은 물질의 농도가 감소하는 그래프이므로 반응물 C의 시간에 따른 농도 변화이다.

ㄴ. t_1일 때는 B 효소기질복합체의 농도가 최대이고 그 이후로 감소하므로, 모든 효소가 반응물 C와 결합한 상태이고 아직 반응물 C는 남아있다. 이때 효소 X를 더 첨가하면 반응물 C가 효소와 더 많이 결합하여 생성물의 농도가 증가하므로 ㉡의 기울기는 증가한다.

ㄷ. t_2일 때는 생성물 A의 농도가 높으며, 반응물 C의 농도는 낮다. 이때는 B 효소기질복합체에서 반응 후 기질이 떨어져나와 생성물 A가 되었으므로, 많은 양의 효소 X가 원래의 모습으로 돌아간 상태이다. 이때 반응물 C를 첨가하면 효소 X와 반응물이 결합하여 B 효소기질복합체의 농도가 증가한다.

19 ㄱ. 효소의 주성분은 단백질이다.

ㄴ. 효소 세제는 지방분해효소와 단백질분해효소가 들어 있다.

ㄷ. 효소는 화학 반응의 활성화에너지를 감소시켜 화학 반응이 더 빠르게 일어나게 한다. 빨래를 할 때는 화학 반응이 더 빠르게 일어나 때를 빨리 없앤다.

20 ㄱ. 핵산에는 DNA와 RNA가 있다.

[바른 풀이] ㄴ. (가)는 DNA 이중 가닥 중 한가닥의 유전 정보가 RNA로 전사되는 과정이다.

ㄷ. RNA의 염기서열은 DNA의 염기서열 TAC/CCG/GCT/TTT 가닥에 상보적으로 전사되므로, RNA의 염기서열은 AUG/GGC/CGA/AAA가 된다. DNA의 A(아데닌)은 RNA의 U(유라실)로 전사되므로 ㉠은 U이다.

21 ㄴ. DNA는 유전 정보를 저장한다.

ㄷ. 코돈 GUG는 단백질 'v'를 지정한다.

[바른 풀이] ㄱ. (가)과정은 '전사'이다.

22 ㄱ. DNA에는 수많은 유전자가 있다.

ㄷ. 유전자는 DNA의 특정 부위에 있다.

ㄹ. 서로 다른 유전자에는 서로 다른 단백질에 대한 유전 정보가 저장되어 있으며, 유전 정보에 따라 서로 다른 형질이 나타난다.

[바른 풀이] ㄴ. 염색체를 구성하는 DNA에는 수많은 유전자가 있으므로 유전자의 수는 염색체의 수보다 많다.

23 ㄷ. '△'는 코돈 CAA이고, ㉠도 CAA이므로 ㉠은 '△'이다.

[바른 풀이] ㄱ. (라)는 각 코돈 모형에 대응하는 아미노산 모형을 찾는 것이므로, 세포 내 유전 정보 흐름 과정에서는 코돈이 아미노산을 지정하는 '번역'에 해당한다.

ㄴ. 3염기조합에서 코돈은 상보적으로 전사되므로, 3염기조합의 염기서열이 CGA/GCC/GTT이면, 코돈 Ⅰ은 GCU/CGG/CAA이다. (이때 3염기조합의 염기 A는 코돈의 U로 전사된다.) 코돈 Ⅰ에서 'U'는 1개이다.

24 그림의 폴리펩타이드를 구성하는 아미노산은 5개이며, 아미노산은 RNA의 코돈에 의해 지정된다. 코돈 1개 당 아미노산 1개를 지정하며, 코돈은 연속된 3개의 염기 조합이므로 그림의 폴리펩타이드가 합성되기까지 사용된 염기의 개수는 15개이다.

25 ㄱ. RNA로 전사된 DNA 가닥의 염기 A, G, C, T은 각각 RNA 가닥의 염기 U, C, G, A과 상보적이므로 각각 같은 비율이어야 하는데, 이에 해당하는 것은 (가)와 (나)이다. (나)에는 U가 있고, T가 없으므로 (나)는 RNA 가닥이다.

ㄴ. (가)와 (다)에는 염기 T이 존재하며, (가)의 A, T, C, G은 (다)의 T, A, G, C와 염기 조성 비율이 같으므로 (가)와 (다)는 상보결합으로 이루어진 DNA 2중 나선이다.

[바른 풀이] ㄷ. 상보결합하기 위해서는 (나)의 A, G, C, U이 각각 (다)의 T, C, G, A과 같은 비율이어야 하는데 (나)의 A, G, C, U는 각각 22 %, 25 %, 30 %, 23 %인데, (다)의 T, C, G, A는 각각 23 %, 30 %, 25 %, 22 %이므로 (나)와 (다)는 상보결합할 수 없다.

1 과학의 기초

01 과학의 기본량 270 쪽

01 답 (1) ㉠ 시간 ㉡ 거시
(2) ㉡, ㉢을 구분하는 특징은 다음과 같다.
· 미시 세계가 일상 생활에서 경험할 수 없는 세계라면, 거시 세계는 일상 생활에서 경험하는 세계이다.
· 미시 세계가 원자 크기 정도나 그 이하의 작은 세계라면, 거시 세계는 관측이 가능한 세계이다.
· 미시 세계가 관측이 불가능한 작은 세계라면, 거시 세계는 관측이 가능한 세계이다.
· 미시 세계의 시간 규모 단위가 나노초 등이라면, 거시 세계의 시간 규모 단위는 초, 분, 시간 등이다.
· 미시 세계의 공간 규모 단위가 나노미터 등이라면, 거시 세계의 공간 규모 단위는 미터, AU 등이다.
· 미시 세계를 설명하는 이론이 양자 역학이라면, 거시 세계를 설명하는 이론은 고전 역학이다.

채점 기준	배점
(1) 모두 맞음	40 %
(1) 둘 중 하나만 맞음	20 %
(2) 위의 예 중 하나를 들어서 비교함	60 %

02 답 ① 현대에는 세슘(Cs) 원자에서 흡수되거나 방출되는 빛의 진동수를 이용해 시간을 정밀하게 측정한다.
② 중력이나 온도의 영향을 받지 않는다.

채점 기준	배점
① 세슘(원자), 흡수(방출), 빛의 진동수를 모두 넣어서 서술	60 %
① 세슘(원자), 흡수(방출), 빛의 진동수 중 2개만 넣어서 타당하게 서술	30 %
② '중력'과 '온도'를 넣어 서술	40 %
② '중력'과 '온도' 중 1개만 넣어서 서술	20 %

03 답 $1 \ kg/(m \cdot s^2)$
풀이: 힘은 질량(kg)×가속도(m/s^2)이므로, 단위는 $kg \cdot m/s^2$ 이다.

$$압력 = \frac{힘의 \ 크기}{넓이} \quad \therefore 1 \ pa = \frac{1 \ kg \cdot m/s^2}{1 \ m^2} = 1 \ \frac{kg}{m \cdot s^2} = 1 \ kg/(m \cdot s^2)$$

채점 기준	배점
(답) kg, m, s로 정확히 나타냄(괄호를 넣지 않는 것 허용)	70 %
(풀이) 공식을 써서 활용함	30 %
(풀이) 공식을 써서 풀이하되, 풀이 과정이 오류가 있음	10 %

02 측정 표준과 정보 270 쪽

04 답 어림

채점 기준	배점
답이 맞음	100 %

05 답 (1) A (2) B (3) A (4) A (5) A
A는 아날로그 신호, B는 디지털 신호이다.

채점 기준	배점
답 1개당 20 %, 모두 맞으면 100 %	

06 답 디지털 정보의 활용
해설 디지털 정보는 일상생활, 산업, 과학, 의료, 교육 등 다양한 분야에서 유용하게 활용된다.

채점 기준	배점
'디지털 정보의 활용'을 씀	100 %
'디지털 정보'라고 씀	70 %
'디지털'이라고 씀	30 %

1 자연의 구성 원소

01 우주 초기 원소의 생성 271 쪽

01 답 ① (가): 흡수 스펙트럼 (나): 방출 스펙트럼
조건: (가) 흡수 스펙트럼: 별빛이 저온의 수소 기체를 통과할 때 수소 기체가 특정 파장의 빛을 흡수하여 검은 선이 생긴다.
(나) 방출 스펙트럼: 수소 기체를 가열하여 에너지를 높이면 수소 원자가 특정 파장의 빛을 방출하여 밝은 선이 생긴다.

채점 기준	배점
정답 1개당	20 %
타당한 조건을 서술한 경우 조건 1개당	30 %

02 답 ① 수소와 헬륨의 질량비가 3 : 1 ② 우주 배경 복사
이유 ① 빅뱅 이후 약 3분이 되었을 때 형성된 수소 원자핵과 헬륨 원자핵의 질량비는 약 3 : 1이다. 이후 물질이 생성되지 않았으므로 이 비율이 그대로 유지되어야 한다. 현재 별빛의 스펙트럼을 관측하여 분석한 결과 우주 전역에 존재하는 수소와 헬륨의 실제 질량비가 3 : 1 임을 알아냈다.
② 빅뱅 이후 약 38만 년이 지났을 때 우주 온도가 약 3,000 K일 때 퍼져 나간 빛이 우주가 팽창함에 따라 파장이 길어져 현재 우주 배경 복사로 관측될 것이라고 예상하였다. 예상대로 우주의 모든 방향에서 같은 세기로 관측되는 전파 신호가 발견되었다.

채점 기준	배점
정답 ①② 1개당	20 %
타당한 이유 1개당	30 %

03 답 수소 원자핵은 양성자 자체이고, 헬륨의 원자핵은 중성자 2개와 양성자 2개가 융합한 것이므로 수소 원자핵의 질량비와 헬륨 원자핵의 질량비는 12 : 4＝3 : 1이 된다.

채점 기준	배점
'수소 원자핵은 양성자', '헬륨 원자핵은 중성자 2개와 양성자 2개', '질량비 3 : 1'을 모두 포함시켜 서술	100 %
'헬륨 원자핵은 중성자 2개와 양성자 2개', '질량비 3 : 1'을 포함시켜 서술	80 %

04 답 ① 빅뱅 이후 약 38만 년이 지났을 때 우주의 온도가 약 3,000 K 정도로 낮아져서 원자핵과 전자가 결합할 수 있게 되었고, 그 결과 원자가 생성되었다.
② 이때 원자는 원자핵이나 전자, 양성자와 달리 빛을 산란시키지 않았기 때문에 빛이 우주 공간으로 퍼져 나갔다.
③ 우주는 투명하지만 산란시키는 물질이 없었으므로 어두운 상태가 되었다.

채점 기준	배점
답 ①을 타당하게 서술	40 %
답 ②를 타당하게 서술	30 %
답 ③을 타당하게 서술	30 %

05 답 헬륨보다 더 무거운 원소의 핵융합은 헬륨 원자핵이 생성될 때보다 더 높은 온도에서 일어나므로 높은 온도가 유지되어야 한다. 하지만 우주가 팽창함에 따라 우주의 온도가 낮아졌기 때문에 헬륨보다 무거운 원자핵이 생성될 수 없었다.

채점 기준	배점
'더 높은 온도', '우주 팽창 시 온도가 내려감' 포함	100 %
'더 높은 온도', '우주 팽창 시 온도가 내려감' 중 1개 포함	70 %

06 답 우주의 온도와 밀도는 감소하였다.
이유: 우주 전체의 질량이 일정한 상태에서 우주가 팽창하면서 부피가 증가하였기 때문이다.
해설 빅뱅 직후 대부분의 기본 입자가 만들어지고, 더 이상 물질은 만들어지지 않았으므로, 이후 우주의 질량은 일정하게 유지되었다.

채점 기준	배점
답이 맞음	40 %
(이유) '질량이 일정', '부피가 증가'를 포함시킴	60 %

07 답 (가) 시기의 온도가 (나) 시기의 온도보다 높았다.
이유: ① 빅뱅 직후 온도가 매우 높았을 때, (가)와 같이 양성자 수와 중성자수가 1 : 1이었다.
② 온도가 낮아지면서 불안정한 중성자가 양성자로 변환되었고, 빅뱅 이후 3분이 지나 헬륨 원자핵이 생성될 당시에는 (나)와 같이 양성자와 중성자의 개수비는 7 : 1이 되었다.

채점 기준	배점
답이 맞음	30 %
(이유) ①, ②가 모두 포함된 서술	70 %
(이유) ②만 포함된 서술	50 %

08 답 ① 초신성 폭발로 인해 방출되었던 무거운 물질이 태양계 성운에 포함되어 있었기 때문에, 태양계 성운으로부터 생성된 태양의 대기에도 무거운 물질이 포함되었다.
② 태양에서 방출된 빛이 상대적으로 온도가 낮은 태양의 대기를 통과하며 특정 파장의 빛이 흡수되었으므로 스펙트럼에는 헬륨보다 무거운 원소들의 흡수선이 나타날 수 있었다.

채점 기준	배점
①, ②가 모두 포함된 서술	100 %
①만 포함된 서술	50 %
②만 포함된 서술	50 %

02 지구와 생명체를 구성하는 원소의 생성

272 쪽

09 답 ① A는 탄소이다.
② 중심부에서 헬륨 핵융합 반응을 통해 탄소와 산소를 생성하며, 중심부 외곽에서 수소 핵융합 반응이 일어나 부피가 크게 팽창하고 붉은색을 띠는 단계(적색거성)이다.

채점 기준	배점
①이 맞음	30 %
②를 타당하게 서술함	70 %

10 답 ① 이 별의 질량은 태양 질량의 10배 이상이다.
② 별의 질량이 클수록 중력 수축에 의해 내부의 온도가 더 높게 올라갈 수 있다.
③ 철, 규소, 네온 등의 무거운 원소가 별의 내부에서 생성되기 위해서는 고온에서의 핵융합 반응이 일어나야 한다. 질량이 태양 정도인 별의 내부에서는 철, 규소, 네온 등이 생성되는 고온 환경이 만들어지지 않는다. 별의 질량이 태양의 10배 이상이 된다면 내부에서 고온 환경이 만들어져 철, 규소, 네온이 생성되는 핵융합 반응이 일어날 수 있다.

채점 기준	배점
①이 맞음	30 %
②, ③을 모두 서술함	70 %
②, ③ 중 1개만 서술함	50 %

11 답 (1) 중심부의 중력 수축에 의해 C(헬륨 중심부)의 온도가 상승하여 바깥 부분인 B층의 온도를 상승시켜 B층에서 수소 핵융합 반응이 다시 일어나게 된다. 이때 별의 표면부인 A는 급격히 팽창하고 온도가 낮아져 붉은색을 띤다.
해설 그림은 주계열성의 중심부에서 수소 핵융합 반응이 완료되어 중심부 C는 헬륨으로 채워져 있는 상태이다. 더 이상 핵융합 반응이 일어나지 않으므로 중력 수축에 의해 헬륨 중심부는 온도가 상승하고, 중심 바깥의 수소층인 B층을 데워 다시 수소 핵융합 반응를 일으킨다. 이로 인해 B층과 A층(별의 표면)의 부피가 급격히 팽창하게 되며, A층의 온도는 하강하게 되어 붉은 색을 띠는 적색거성이 된다.

채점 기준	배점
'중력 수축', 'B층의 핵융합 반응', '별의 팽창'을 모두 넣어 표면 온도 하강, 중심핵 온도 상승을 서술	100 %
'중력 수축', 'B층의 핵융합 반응', '별의 팽창' 중 2개를 넣어 표면 온도 하강, 중심핵 온도 상승을 서술	70 %
'중력 수축', 'B층의 핵융합 반응', '별의 팽창' 중 1개만 넣어 표면 온도 하강, 중심핵 온도 상승을 서술	40 %

(2) B층에서는 수소 핵융합 반응이 일어나므로 수소 원자핵 4개가 융합하여 헬륨 원자핵 1개가 되면서 핵융합 에너지를 방출하게 된다. 따라서 반응식은 다음과 같다.

$$4H(\text{반응 전}) \longrightarrow He + \text{에너지}(\text{반응 후}), H : He = 4 : 1$$

채점 기준	배점
수소 핵융합 반응식 포함 $H : He = 4 : 1$ 서술	100 %
핵융합 반응식은 언급하지 않고 $H : He = 4 : 1$ 서술	50 %

12 답 중력에 의한 수축력과 핵융합 반응에 의한 내부 기체의 팽창력이 평형을 이루기 때문이다.

채점 기준	배점
'중력에 의한 수축력', '핵융합 반응에 의한 팽창력', '평형'을 모두 포함시켜 서술	100 %
'중력에 의한 수축력', '핵융합 반응에 의한 팽창력', '평형'을 모두 포함시키지는 않았으나 타당한 서술	70 %

13 답 태양과 행성이 회전하는 원시 원반에서 동시에 형성되었기 때문에 태양과 행성들의 나이가 거의 비슷하며, 태양의 자전 방향과 행성들의 공전·자전 방향이 같다.

채점 기준	배점
'원시 원반', '동시에 형성' 포함 서술	100 %
'원시 원반', '동시에 형성' 을 모두 포함시키지는 않았으나 타당한 서술	70 %

14 답 원시 지구에서 마그마의 바다가 형성되었을 때 무거운 철 성분이 중심부로 모여 핵을 이루었고, 가벼운 암석질 물질이 위로 떠올라 맨틀을 이루어 성층 구조를 형성하였기 때문이다.

채점 기준	배점
'마그마의 바다', '무거운 철이 중심부로 모임', 가벼운 암석질 물질이 떠오름' 포함 서술	100 %
'마그마의 바다', '무거운 철이 중심부로 모임', '가벼운 암석질 물질이 떠오름' 을 다 포함하지는 않았으나 타당한 서술	60 %

2 물질의 규칙성과 성질

01 원소의 주기성

273 쪽

01 (1) 알칼리 금속은 물과 반응하여 수소 기체를 발생시키고, 수소 기체는 공기보다 가벼우므로 시험관을 거꾸로 하여 모은다.

채점 기준	배점
수소 기체 발생, 공기보다 가벼움 포함	100 %
수소 기체 발생, 공기보다 가벼움 중 1개만 포함	50 %

(2) 알칼리 금속은 전자 껍질 수가 많을수록(원자 번호가 클수록) 물과 더 잘 반응하므로 더 격렬하게 반응한 A가 B보다 전자 껍질 수가 더 많다.

채점 기준	배점
' 전자 껍질 수가 많을수록 물과 잘 반응' 포함 A>B로 답함	100 %
단순히 A>B 만 답함	40 %

02 X: 전자 껍질 수, 이유: 2주기 원소는 모두 전자 껍질 수가 2개이다.

채점 기준	배점
답이 맞고, 이유가 타당함	100 %
답은 맞고, 이유가 타당하지 않음	40 %

Y: 원자가 전자 수, 이유: Ne을 제외한 2주기 원소는 Li~F까지 원자 번호가 증가함에 따라 원자가 전자 수가 1씩 증가한다.

채점 기준	배점
답이 맞고, 이유가 타당함	100 %
답은 맞고, 이유가 타당하지 않음	40 %

03 답 원자가 전자는 반응에 참여하여 원소의 화학적 성질을 결정한다. 원자 번호가 증가함에 따라 원소의 화학적 성질을 결정하는 원자가 전자 수가 주기적으로 변하기 때문에 원소들이 주기성을 나타낸다.

채점 기준	배점
'원자가 전자가 화학적 성질 결정', '원자가 전자 수가 주기적으로 변함' 포함	100 %
'원자가 전자가 화학적 성질 결정', '원자가 전자 수가 주기적으로 변함' 을 모두 포함시키지는 않으나 서술이 타당함	70 %

04 답 알칼리 금속은 반응성이 크기 때문에 물, 산소 등과 쉽게 반응하여 변질된다. 따라서 물이나 산소와 접촉하는 것을 막기 위해 석유나 파라핀 등에 넣어 보관한다.

채점 기준	배점
'반응성이 크다', '물, 산소와 접촉시 변질된다', '석유와 파라핀에 넣어서 보관 포함	100 %
'석유와 파라핀에 넣어서 보관' 만 답함	60 %

05 · b와 e를 같은 족에, a와 c를 같은 주기에 넣을 때, 한 칸에 원소 2개가 들어갈 수 없으므로 다음과 같이 넣는 것이 가능하다.

	1족	2족	13족	14족	15족	16족	17족	18족
1주기	b(e)							
2주기				a(c)		c(a)		
3주기	e(b)							

· 원자가 전자 수는 d가 a보다 크다. → 나머지 한 칸은 d가 되고, 14족이 a가 되어야 하며, 16족은 c가 된다.

	1족	2족	13족	14족	15족	16족	17족	18족
1주기	b(e)							
2주기				a		c		
3주기	e(b)					d		

· 양성자수는 e가 c보다 크다 → 원자 번호가 큰 3주기에 e가 와야 하고, 1주기는 b가 된다.

	1족	2족	13족	14족	15족	16족	17족	18족
1주기	b							
2주기				a		c		
3주기	e					d		

(1) a: C, b: H, c: O, d: S, e: Na
(2) $d^{2-}=S^{2-}$이고 원자가 전자가 6개인 S(황)은 전자 2개를 얻어서 Ar의 전자 배치와 같아지며 안정해진다.
(3) Na_2O 이온결합, 원자번호 11번의 나트륨 원자가 전자 1개를 잃어 Na^+의 안정한 이온이 되고, 원자 번호 8번인 산소 원자가 전자 2개를 얻어 O^{2-}의 안정한 산화 이온이 되어 정전기적 인력으로 이온 결합을 한다.

채점 기준(각각 배점함)	배점
(1)의 답이 맞을 때	30 %
(2)의 답 Ar이 맞고 이유를 타당하게 서술	30 %
(2)의 답 Ar만 썼을 때	20 %
(3)을 서술할 때 이온 결합, 안정한 전자 배치, 정전기적 인력이 모두 서술된 경우	40 %
(3)을 서술할 때 이온 결합, 안정한 전자 배치, 정전기적 인력 중 1개가 빠진 경우	30 %
(3)을 서술할 때 이온 결합, 안정한 전자 배치, 정전기적 인력 중 1개만 포함한 경우	20 %

02 화학 결합과 물질의 성질 274 쪽

06 (1) 답
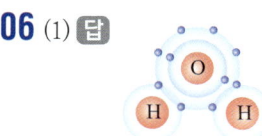

채점 기준	배점
전자의 개수, 공유 결합 모습이 잘 그려짐	100 %
모습은 잘 그렸으나 수소 원자가 산소 원자의 양쪽에 있음	80 %

(2) ㉡ 단일 결합 2개 ㉢ 2쌍

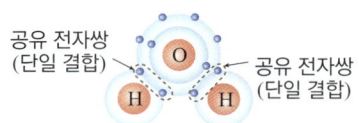
공유 전자쌍 (단일 결합) 공유 전자쌍 (단일 결합)

채점 기준	배점
㉡, ㉢ 모두 맞음	100 %
㉡, ㉢ 중 하나만 맞음	50 %

07 (1) 전기 전도성이 있다.
이유: 전원 장치를 연결했을 때 각 극으로 전하가 이동하므로 전기가 흐른다.
(2) 양이온 : 음이온=2 : 1
이유: (+)극 방향으로 이동한 전하는 (-)전기를 띠며, (-)극으로 이동한 전하는 (+) 전하를 띠므로 양이온과 음이온의 개수 비는 2 : 1이다.

채점 기준	배점
(1) 답이 맞음	20 %
(1) 이유가 타당함	30 %
(2) 답이 맞음	20 %
(2) 이유가 타당함	30 %

08 답 ① 고체일 때 : 이온 결합 물질인 염화 나트륨(NaCl)은 양이온과 음이온이 규칙적으로 배열되어 강하게 결합하고 있기 때문에 이온들이 이동하기 어렵다. 따라서 전류가 흐르지 않으므로 전기 전도성을 가지지 않는다.
② 액체 상태일 때: 이온들이 자유롭게 이동하면서 전류를 흐를 수 있게 하므로 전기 전도성을 가진다.

채점 기준	배점
①을 맞게 서술함	50 %
①을 서술하였으나 내용이 미흡함	30 %
②을 맞게 서술함	50 %
②을 서술하였으나 내용이 미흡함	30 %

09 답 원소들이 화학 결합을 하여 18족 원소와 같은 전자 배치를 이루어 안정해지려 하기 때문이다.

채점 기준	배점
'18족 원소와 같은 전자 배치', '안정해진다' 모두 포함한 서술	100 %
'18족 원소와 같은 전자 배치', '안정해진다' 중 1개만 포함한 서술	60 %

10 답
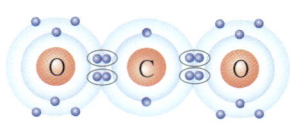

채점 기준	배점
답과 같이 그림	100 %
답과 같이 그렸으나, 공유 전자쌍 ○ 표시에 오류가 있음	70 %

11 답 MgO

화학 결합이 형성되는 과정: 마그네슘(Mg)은 원자가 전자가 2개이 므로 전자 2개를 잃어 Mg^{2+}이 되고, 산소(O)는 원자가 전자가 6개 이므로 2개의 전자를 얻어 O^{2-}이 된다. 두 이온이 정전기적인 인력 으로 이온 결합하여 산화 마그네슘(MgO)을 형성한다.

채점 기준	배점
답이 맞고, Mg^{2+}, O^{2-}, 정전기적 인력, 이온 결합 모두 포함	100%
답이 맞고, Mg^{2+}, O^{2-}, 정전기적 인력, 이온 결합 중 일부 포함	70%
답만 맞음	40%

03 지각과 생명체 구성 물질의 규칙성

275 ~ 276 쪽

12 답 ① 가장 많은 질량비를 차지하는 원소: 산소(O)
② 우주 진화 과정에서 생성된 과정: 태양보다 질량이 10배 이상 인 별의 내부에서 핵융합 반응으로 생성되었다.

채점 기준	배점
①이 맞음	50%
② '질량이 태양보다 10배 이상인 별', '핵융합 반응'이 들어간 서술	50%
② '질량이 태양보다 10배 이상인 별', '핵융합 반응' 중 1개를 포함하 였으나 타당한 서술	30%

13 답 ① ㉠: 규소(Si), ㉡: 산소(O)
② 결합 방법: 규소 원자 1개와 산소 원자 4개가 공유 결합한 사면 체로 산소 원자가 정사면체의 4개의 꼭지점에 각각 위치한다.

채점 기준	배점
①이 맞음	50%
② '공유 결합', '정사면체'를 포함한 서술	50%
② '공유 결합', '정사면체' 중 1개를 포함하였으나 타당한 서술	30%

14 답 ① 힘을 주었을 때 나타나는 특징: 얇은 판 모양으로 쪼개짐이 나타난다.
② 이유: 판 모양의 결합 구조에 힘을 주면 판이 밀리면서 판과 판 사이에서 같은 전하가 배열되어 서로 밀어내는 전기적인 힘 때문 에 쉽게 쪼개진다.

채점 기준	배점
①이 맞음	50%
② '밀어내는 전기적인 힘(척력)'을 포함한 서술	50%

15 답 석영은 규산염 사면체의 산소 4개가 모두 주변의 다른 사 면체와 공유 결합한 3차원 입체 구조이므로 규산염 사면체끼리 결 합력이 강하고 쪼개짐이 나타나지 않아 풍화에 강하다.

채점 기준	배점
석영의 결합 구조와 특징을 모두 옳게 서술함	100%

16 답 지각에는 산소와 규소가 가장 많이 존재하고, 규소와 산 소가 결합하여 만들어진 규산염 사면체를 단위체로 하여 다양한 규산염 광물이 생성되었기 때문이다.

채점 기준	배점
'규산염 사면체', '다양한 규산염 광물의 생성' 포함 서술	100%
'규산염 사면체'만 포함한 서술	60%

17 답 (1) A: 아미노산 B: 뉴클레오타이드
(2) 공통점: 탄소 화합물이다. 기본 단위체가 일정한 규칙에 따라 결합하여 이루어진다. 구성 원소로 C, H, O, N을 가진다. 등

채점 기준	배점
(1)이 맞음	40%
(2) 2가지 이상을 타당하게 서술	60%
(2) 1가지만 타당하게 서술	30%

18 답 (1) (가) 디옥시라이보스, (나) 라이보스
(2) 공통점: 단위체가 뉴클레오타이드이다. 핵산에 속한다. 구성 원소가 탄소(C), 수소(H), 산소(O), 질소(N), 인(P)이다. 등

해설 (가)는 꼬인 이중나선구조인 DNA로 당이 디옥시라이보스 이며, 염기는 C, G, A, T를 가진다. (나)는 단일 가닥 구조인 RNA 로 당이 라이보스이며, 염기는 C, G, A, U를 가진다.

채점 기준	배점
(1)이 맞음	40%
(2) 2가지 이상을 타당하게 서술	60%
(2) 1가지만 타당하게 서술	30%

19 답 단백질은 아미노산 서열과 접힘에 따라 입체 구조가 형 성되고, 이 입체 구조가 특정 분자와 결합하거나 반응을 촉진하 는 기능을 수행하므로 단백질의 기능이 달라진다.

채점 기준	배점
'특정 분자와 결합', '반응을 촉진함'을 활용한 서술	100%
'특정 분자와 결합', '반응을 촉진함'을 모두 활용하지 않았으나 타 당한 서술	70%

20 답 (가), DNA는 두 가닥(폴리뉴클레오타이드)에 존재하는 염기가 상보적으로 결합한 구조이므로 A(아데닌)의 개수는 T(타 이민)의 개수와 같으며, C(사이토신)의 개수는 G(구아닌)의 개수 와 같다. 따라서 (A + G) : (T + C)=1 : 1이다.

해설 (가)는 이중나선 구조의 DNA이며, (나)는 단일 가닥 구조의 RNA이다. (나) RNA를 구성하는 염기는 A, G, C, U이며, 단일 가닥 이므로 A, G, C, U의 개수 또는 비율은 알 수 없다.

채점 기준	배점
답이 (가)로 맞고, '상보결합', '개수가 A= T, C=G'이 포함됨	100%
답이 (가)로 맞고, '상보결합', '개수가 A= T, C=G' 중 1개만 포함됨	70%
답이 (가)로 맞음	40%

21 [답] (1) 다이오드 (2) 다이오드는 한쪽 방향으로만 전류가 흐를 수 있다. 이러한 다이오드에 주기적으로 방향이 바뀌는 (나)의 전류를 공급하면 (다)처럼 한쪽 방향으로흐르는 전류만 다이오드를 통과해 전류계에 나타난다.

[해설] 다이오드는 이처럼 (나)와 같은 형태의 교류 전류를 (다)와 같은 형태의 직류 전류로 바꾸는 정류 작용을 한다.

채점 기준	배점
(1)이 맞음	30 %
(2) 직류와 교류의 개념과 다이오드의 역할을 타당하게 서술	70 %

22 [답] ① 단위 부피당 자유 전자 수: A<B
② C(반도체)의 재료가 전기를 통하게 되는 이유: 반도체에 불순물을 첨가해서 반도체 내부에 자유 전자 또는 양공을 생성시켜 전하를 이동시켜 전류가 통할 수 있다.

[해설] A 전선의 피복은 부도체, B 전선의 내부는 도체, C 데이터 저장 장치는 반도체이다. 전류는 전하의 이동에 의해서 흐르는 것이다. 반도체는 전류가 통하지 않는 소재이나 불순물을 첨가해서 자유 전자 또는 양공을 생성시켜 전류를 통하게 한다.

채점 기준	배점
①이 맞음	30 %
② '불순물 첨가'를 포함한 타당한 서술	70 %

23 [답] (1) 원자가 전자 수: 인(P)은 5개, 알루미늄(Al)은 3개
(2) ① A는 규소(Si)와 인(P)과의 공유 결합 시 자유 전자가 1개 남게 되어 (−) 전하를 띤 자유 전자가 이동하면서 전류를 통하게 하므로 n형 반도체이다.
② B는 규소(Si)와 알루미늄(Al)과의 공유 결합 시 (+) 전하를 띤 양공(전자의 빈 자리)가 이동하면서 전류를 통하게 하므로 p형 반도체이다.

채점 기준	배점
(1)이 맞음	30 %
(2) ①에서 '자유 전자', '공유 결합'을 넣어서 A가 n형 반도체임을 타당하게 서술	35 %
(2) ②에서 '양공(전자의 빈 자리)', '공유 결합'을 넣어서 B가 p형 반도체임을 타당하게 서술	35 %

1 지구시스템

01 **지구시스템의 구성과 상호작용**   277 ~ 278 쪽

01 (1) A: 대류권 B: 성층권 C: 중간권 D: 열권
(2) ① 높이에 따라 온도가 상승한다.
② 오존층이 존재한다.
③ (대기의) 대류 운동이 일어나지 않는다.

[해설] 성층권에는 높이 2~30 km에 오존층이 존재하여 태양 복사 에너지를 흡수하므로 높이에 따라 온도가 상승한다.

채점 기준	배점
(1)이 정확한 경우	40 %
(1)에서 1개만 부정확한 경우	20 %
(2)에서 두 가지를 쓴 경우	60 %
(2)에서 한 가지만 쓴 경우	30 %

02 (1) A: 혼합층 B: 수온 약층 C: 심해층
(2) (해수면) 위에서 바람이 불면 바닷물(해수)이 섞이면서(혼합되면서) 온도가 일정하게 나타난다.

[해설] 바람이 불면 해수가 섞이면서 온도가 높고, 해수의 온도가 일정하게 나타나는 층이 혼합층이다. 이에 비해 수온 약층은 깊이에 따라 수온이 급격히 낮아져 대류 운동이 일어나지 않는다.

채점 기준	배점
(1)이 정확한 경우	40 %
(1)에서 2개만 정확한 경우	20 %
(2)에서 '바람', '섞인다' 의 표현을 모두 쓴 경우	60 %
(2)에서 '바람', '섞인다' 의 표현 중 한 가지만 쓴 경우	30 %

03 (1) B: 맨틀 C: 외핵
(2) C 외핵은 지구 내부 에너지에 의해 대류하며, 철과 니켈이 주성분이므로 외핵의 운동은 외권에 자기장을 형성시킨다.

채점 기준	배점
(1)이 정확한 경우	40 %
(1)에서 1개만 정확한 경우	20 %
(2)에서 외권에 자기장을 형성시킨다.의 표현을 쓴 경우	60 %
(2) '자기장'을 쓰지 않았으나 타당한 서술인 경우	30 %

04 (1) A: 겨울 B: 여름
(2) 이 지역은 겨울철의 기온은 여름철보다 낮으나 바람은 여름철보다 겨울철에 세게 분다.

채점 기준	배점
(1)이 정확한 경우	40 %
(2)에서 기온과 바람을 모두 언급하여 바르게 서술	60 %
(2) 에서 기온만을 언급하여 서술	50 %

05 (1) A: 해수 B: 빙하
(2) 지구온난화가 지속되면 빙하가 녹아 육수 중 빙하의 비율이 감소한다. 그 결과 지구시스템에서는 해수면 상승이 나타나서 대규모 폭풍, 해일, 홍수등의 자연재해를 초래한다.

채점 기준	배점
(1)이 정확함	40%
(2)에서 빙하의 비율 감소, 해수면 상승, 자연재해(생태계 변화)를 모두 포함	60%
(2)에서 빙하의 비율 감소, 해수면 상승을 포함	40%
(2)에서 빙하의 비율 감소만 포함	20%

06 (1) (가) 수권과 생물권 (나) 기권과 지권
(2) 해수의 온도가 상승하면서 조류의 번식 속도가 증가하여 바닷물이 붉은색을 띠는 적조 현상이 발생하여 물고기가 떼죽음을 당하는 등 해양 생태계를 어지럽힌다.

채점 기준	배점
(1)이 정확함	40%
(2)에서 조류의 번식 속도 증가, 물고기 떼죽음, 해양 생태계 포함 서술	60%
(2)에서 조류의 번식 속도 증가, 물고기 떼죽음, 해양 생태계 중 1개 서술	30%

07 (1) 황사는 중국과 몽골의 사막 지대에서 바람에 의해 발생하는 것으로 지권과 기권의 상호작용에 해당한다. 근원으로 작용하는 에너지원은 태양 에너지이다.
(2) 해저에서 지진, 화산 폭발, 해저 산사태 등의 급격한 지각 변동에 의해 생긴 큰 규모의 파도(너울)가 해안가에 도달하는 현상이다. 이것은 지권과 수권의 상호작용이며, 근원 에너지는 지구 내부 에너지이다.

해설 황사는 주로 중국과 몽골의 사막 지대에서 발생하는 미세한 모래먼지가 대기 중으로 퍼져 바람을 타고 우리나라까지 날아오는 현상을 말한다. 먼지 속에는 미세먼지, 중금속, 각종 오염물질이 포함되어 있다.
지진 해일은 해저에서 발생한 지진·화산 폭발·산사태 등의 급격한 지각 변동이나 운석이나 소행성 등 우주 천체 등의 충돌로 발생된 해수의 긴 파동이 비정상적으로 높아져 해안가에 도달하는 현상을 말한다. 지진 해일이 해안에 도달하면, 그 힘으로 인해 건물과 도로가 유실되고, 선박과 차량이 부서지며, 식수 및 전력 시스템이 마비된다.

채점 기준	배점
(1)에서 지권과 기권, 태양 에너지를 포함하여 발생 과정을 타당하게 서술	50%
(1)에서 지권과 기권, 태양 에너지만 적음	30%
(2)에서 지권과 수권, 지구 내부 에너지를 포함하여 발생 과정을 타당하게 서술	50%
(2)에서 지권과 수권, 지구 내부 에너지만 적음	30%

08 (1) ① 생물의 사체가 땅속에 오랜 시간 동안 묻혀 화석 연료가 된다.
② 식물의 뿌리가 바위 틈을 갈라 바위가 쪼개지는 등 풍화 작용을 한다.

채점 기준	배점
(1)에서 생물의 사체 화석 연료를 포함한 서술	50%
(2)에서 식물의 뿌리, 풍화 작용을 포함한 서술	50%

09 (1) ① 생물의 호흡으로 인한 이산화 탄소가 대기에 방출되어 대기의 성분이 변한다.

채점 기준	배점
생물의 호흡, 이산화 탄소, 대기 포함한 서술	100%
생물의 호흡만 포함	50%

10 지구 내부 에너지, 지구 내부 에너지에 의해 외핵이 대류하며, 외권에 자기장을 발생시켜 태양풍으로부터 지구를 보호한다.

채점 기준	배점
지구 내부 에너지만 씀	40%
지구 내부 에너지를 쓰고, 외핵 대류, 외권의 자기장을 포함한 서술	100%

11 (1) 태양 (복사) 에너지
(2) 대륙, 해양에서 각각 물 수지 평형이 일어나고, A는 대륙에 내리는 강수량이다. 따라서 A는 대륙에서의 물의 유출량과 같아야 한다.
A = 15(대륙에서 증발) + 3(하천으로 유출) + 지하수로 유출(8) = 26(단위)이다.
(3) 물은 각 권을 순환하는데, 각 권의 물의 유입량과 유출량은 같아서 물수지 평형이 일어나고, 지구시스템 전체에서의 물의 양은 일정하게 유지된다.

채점 기준	배점
(1) 답이 맞음	30%
(2) 26 단위를 구하는 과정이 맞음	30%
(3) 각 권의 유입량과 유출량이 같다(물 수지 평형이 일어난다), 지구시스템 전체 물수지 평형을 포함 서술	40%
(3) 각 권의 물 수지 평형이나 지구시스템 전체의 물 수지 평형 중 1개만 서술	20%

12 (1) A: 수증기는 기체로 기권에 속한다. 구름은 작은 물방울이나 빙정이므로 수권에 속한다. 그러므로 기권에서 수권으로의 물의 이동이다.
B: 구름의 결정은 작은 물방울이나 빙정이므로 수권에 속한다. 비와 눈은 육지로 내려서 식물체나 토양에 흡수된다. 그러므로 수권에서 지권으로의 물의 이동이다.

채점 기준	배점
A 기권에서 수권으로 이동 포함	30%
A 기권에서 수권으로 이동, 타당한 설명 포함	50%
B 수권에서 지권으로 이동 포함	30%
B 수권에서 지권으로 이동, 타당한 설명 포함	50%

13 (1) 수권의 물은 생명체 존속에 매우 중요한 역할을 한다.
① 비열이 커서 생명체가 체온을 일정하게 유지할 수 있다.
② 액체에서 고체로 변할 때 밀도가 작아지므로 호수나 강물이 표면부터 얼어, 수면 아래의 생명체가 생존할 수 있다.
③ 다른 물질을 잘 녹인다. 따라서 생명체가 영양소를 공급받고 체내의 독성 물질을 배출할 수 있다.
④ 기화열이 크므로 땀 등이 기화할 때 기화열을 흡수해 체온을 낮추는데 효과적이다.

채점 기준	배점
①~④ 중 1가지만 서술	50 %
①~④ 중 2가지 이상 서술	100 %

14 (1) (가): 수권, (나): 기권 (2) A: 석회암, B: 유기물
A 석회암이 만들어지는 과정: 석회암은 주로 바다에서 탄산 칼슘 성분의 조개 껍질 등이 가라앉아 압축되어 굳어지거나, 탄산 이온이 침전되어 굳어져 생성된다.
[해설] (1) (가)는 탄소가 탄산 이온 형태로 존재하므로 수권이다. (나)는 탄소가 이산화 탄소 형태로 존재하므로 기권이다.
(2) A는 지권에 포함되며, 존재비가 99.93 %인 것으로 보아 석회암(탄산염)이다. B는 생물권에 존재하는 탄소의 형태이므로 유기물이다.

채점 기준	배점
(1) (가)-수권, (나)-기권 (2) A-석회암 B-유기물 답이 모두 맞음	60 %
A 가 만들어지는 과정을 '생물의 껍질이나 골격이 굳어짐' '탄산 이온의 침전'을 포함시켜 서술	40 %
A 가 만들어지는 과정을 '생물의 껍질이나 골격이 굳어짐' '탄산 이온의 침전' 중 1개만 포함시킴	20 %

15 (1) (가): 기권 (나): 지권 (다): 수권
- 기권의 탄소 증가 요인(제시된 예 제외)
① 해수에 용해된 이산화 탄소의 방출,
② 지권의 화석 연료의 연소,
③ 사람의 생산 활동 과정에서의 이산화 탄소 방출
[해설] 생물권에서 생물의 호흡(B)를 통해 탄소가 대기 중에 방출될 때 생물권과 상호작용이 일어나는 권은 기권이다. 따라서 (가)는 기권이다.
화산 가스 분출(A)을 통해 기권으로 탄소가 이동할 때 기권과 상호작용이 일어나는 권역은 화산 폭발이 일어나는 지권이다. 따라서 (나)는 지권이다.
석회암 생성(C)을 통해 지권으로 탄소가 이동할 때 지권과 상호작용이 일어나는 권역은 탄산 이온의 침전이 일어나서 탄산염이 만들어지는 수권이다. 따라서 (다)는 수권이다.

채점 기준	배점
(가)~(다)가 모두 맞음	60 %
①②③ 중 1개 이상 제시함	40 %

16 화석 연료의 사용 증가로 지구 온난화가 진행된다면 지권에서는 탄소의 양이 줄어들고 기권의 탄소의 양이 늘어난다. 그러나 지구 전체에 분포하는 탄소의 총량은 변하지 않는다.
[해설] 화석 연료인 석유, 석탄 등 유기물의 형태로 탄소는 지권에 분포하는데, 화석 연료를 연소시켜 에너지를 얻으면 유기물에 존재하는 탄소가 이산화 탄소의 형태로 대기 중에 방출된다. 따라서 화석 연료의 사용은 지권에서 기권으로의 탄소 이동이라고 볼 수 있다. 화석 연료의 사용이 늘어난다면 지권에 분포하는 탄소의 양은 줄어들고 기권에 분포하는 탄소의 양은 늘어나겠지만 지구 시스템 내의 권 사이에서 일어나는 이동이므로 지구 전체에 분포하는 탄소의 총량은 변하지 않는다.

채점 기준	배점
'지권 줄어들고', '기권 늘어난다', '총량 변하지 않는다'가 모두 포함된 진술	100 %
'지권 줄어들고', '기권 늘어난다', '총량 변하지 않는다' 중 1~2개만 포함된 경우	60 %

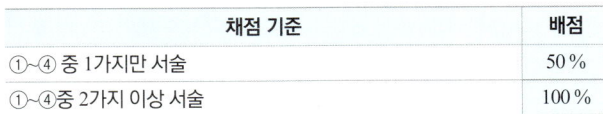

02 **지권의 변화와 영향** 279 ~ 280 쪽

17 (1) 대륙판: D+E, 해양판: A+B
(2) 대류가 일어나는 곳은 C, F(연약권)이다.
대류로 인하여 발생하는 현상: 연약권의 대류로 인하여 판(암석권)의 이동이 일어나며 판 경계에서 여러 가지 지각 변동이 일어난다.

채점 기준	배점
(1)이 정확한 경우	40 %
(2)에서 C 또는 F를 쓰고, 판의 이동, 지각 변동을 언급함	60 %
(2)에서 C 또는 F만 씀	30 %

18 (1) 지구 내부 에너지
(2) 판의 경계인 좁은 지역에서 판의 상호작용(또는 판의 상대적인 운동)으로 지각 변동이 일어나기 때문이다.

채점 기준	배점
(1)을 정확히 쓴 경우	40 %
(2)에서 '판의 경계' '상호작용(상대적인 운동)'을 언급함	60 %

19 ① 화산 활동 시 유용한 금속 광물이 만들어진다.
② 지열을 난방에 이용하거나 지열 발전소에서 전기를 생산한다.
③ 화산재가 쌓이고 오랜 시간이 지나면 식물이 자라기 좋은 비옥한 토양이 만들어진다.
④ 가열된 지하수로 인한 온천과 화산 활동으로 형성된 독특한 지형은 관광 자원으로 활용된다.

채점 기준	배점
①~④ 중 2가지 이상을 서술함	100 %
①~④ 중 1가지만 서술함	50 %

20 (1) E, 천발 지진이 활발하고, 화산 활동이 거의 없는 경계인 (나)는 보존형 경계인 E 지역이다.
(2) B, 천발 ~ 심발 지진이 활발하고, 화산 활동이 활발한 경계인 (라)는 수렴형 경계인 B 마리아나 해구에 해당된다.
[해설] A는 히말라야 산맥으로, 대륙판과 대륙판이 충돌하는 수렴형 경계이다. (천발 ~ 중발 지진 활발, 화산 활동 거의 없음)
B는 마리아나 해구로, 해양판과 해양판이 만나 밀도가 큰 해양판이 섭입하는 수렴형 경계이다. (천발 ~ 심발 지진이 나타나고 화산 활동이 활발함)
C는 대륙 중앙부에 위치하므로 판 경계가 아니다.
D는 대서양 중앙 해령으로, 해양판과 해양판이 멀어지는 발산형 경계이다. (천발 지진, 화산 활동이 활발함)
E는 보존형 경계이다. 변환 단층이 발달한다. (천발 지진 활발, 화산 활동 거의 없음) 남태평양에 위치한 해저 단층대에 해당한다.

채점 기준	배점
(1) E 를 답하고, 서술이 타당함	50%
(1) 서술 없이 E만 답함	30%
(2) B 를 답하고, 서술이 타당함	50%
(2) 서술 없이 B만 답함	30%

21 (1) 지진이 활발하게 발생하는 구간: A-C, C-D, D-F
화산 활동이 활발한 구간: A-C, D-F
화산 활동이 활발하지 않는 구간: C-D
(2) B-C, D-E, 이유: B-C, D-E 구간은 판 경계가 아니고, 인접한 판이 서로 같은 방향으로 이동하므로 지진이 거의 발생하지 않는다.
해설 (1) A-C 구간과 D-F 구간은 해령이 발달하여 새로운 판이 생성되며 두 판이 서로 멀어지는 발산형 경계, C-D 구간은 두 판이 서로 반대 방향으로 운동하며 스쳐 지나가는 보존형 경계이다. 발산형 경계와 보존형 경계는 각각 천발 지진이 활발하게 일어나며, 보존형 경계인 C-D 구간은 화산 활동이 일어나지 않는다.

채점 기준	배점
(1) 답을 정확히 씀	30%
(2) 답이 맞고, '판 경계가 아님', '서로 같은 방향'을 포함	70%
(2) 답이 맞음	30%

22 (1) A: 발산형 경계, B: 수렴형 경계(해양-대륙), C: 수렴형 경계(해양-해양), D: 보존형 경계
(2) B는 대륙판과 해양판이 모여드는 수렴형 경계이다. 밀도가 큰 해양판이 밀도가 작은 대륙판 아래로 섭입하여 화산 활동이 활발하며, 천발~심발 지진이 발생한다. 대륙에서는 강한 횡압력으로 인해 습곡 산맥이 발달한다.
(3) A는 해령이며, 가운데 열곡에서 마그마의 상승에 의해 새로운 지각이 생성된다. 생성된 지각은 해령 양쪽으로 서로 멀어지는 운동을 한다.

채점 기준	배점
(1) 답을 정확히 씀	20%
(2) '수렴형 경계', '섭입', '화산 활동', '지진', '습곡 산맥'을 모두 사용하여 타당하게 서술	50%
(2) '수렴형 경계', '섭입', '화산 활동', '지진', '습곡 산맥' 중 1~2개만 사용하여 서술	30%
(3) '해령', '마그마 상승', '양쪽으로 멀어지는 운동'을 사용하여 타당하게 서술	30%
(3) '양쪽으로 멀어지는 운동'을 포함한 서술	20%

23 (1) 우리나라 주변의 판 경계는 우리나라가 속해 있는 유라시아 판 밑으로 태평양 판이 섭입하는 수렴형 경계가 있다.
발달하는 지형: 판과 판이 만나는 곳에는 해구(일본 해구)가, 경계에서 유라시아 판 쪽으로 호상 열도(일본 열도)가 발달한다.
(2) 일본은 수렴형 경계에서의 지각 변동 지역이므로 화산 활동이 활발하지만 우리나라는 판의 경계 지역이 아니므로 화산 활동이 일어나지 않는다.

채점 기준	배점
(1) '수렴형 경계' 포함 타당한 서술	50%
(1) '수렴형 경계' 를 포함하지 않았으나 맥락이 타당함	30%
(2) '수렴형 경계', '지각 변동 지역' 포함 서술	50%
(2) '수렴형 경계', '지각 변동 지역' 중 1개만 포함 서술	30%

2 역학 시스템

01 중력을 받는 물체의 운동   281 ~ 282 쪽

01 ① 육상에 사는 동물 중 코끼리나 하마와 같이 무거운 동물들일수록 강한 근육과 단단한 골격을 갖추어 중력에 적응하였다.
② 식물의 뿌리는 중력의 방향인 연직 아래 방향으로 자라며, 식물의 세포벽은 세포의 무게를 지탱하기 위해 두껍게 형성된다.
③ 척추 동물의 귓속에 있는 전정 기관은 중력을 감지하여 몸의 평형을 유지한다.

채점 기준	배점
중력과 생명 시스템의 관계를 타당하게 1가지 이상 서술	100%

02 **답** 물체에는 운동 방향과 같은 연직 방향으로 일정한 크기의 중력이 작용하므로 속력이 1초당 9.8 m/s씩 빨라진다.

채점 기준	배점
'운동 방향과 같은 방향(연직 방향)', '일정한 크기의 중력(힘)', '빨라진다(증가한다)' 를 모두 포함한 서술	100%
'운동 방향과 같은 방향(연직 방향)', '일정한 크기의 중력(힘)', '빨라진다(증가한다)' 중 일부만 포함한 서술	60%

03 **답** ㉠ 등속 직선 운동(등속 운동) ㉡ 등가속도 운동(속력이 일정하게 증가하는 운동)

채점 기준	배점
㉠, ㉡이 모두 맞음	100%
㉠, ㉡ 중 한 가지만 맞음	50%

04 **답** 지구는 생성 초기에 온도가 매우 높아서 액체 상태의 마그마 바다를 이루었고, 상대적으로 무거운(밀도가 큰) 철, 니켈 성분은 중력을 크게 받아 지구 맨 밑으로 가라앉아 핵을 이루었고, 상대적으로 가벼운(밀도가 작은) 산소, 규소 성분은 중력을 작게 받아 위로 떠서 지구 바깥 구조인 맨틀과 지각을 이루게 되었다.

채점 기준	배점
'중력'을 적절히 삽입하여 타당하게 서술	100%
'중력'을 삽입하였으나 내용이 부족함	50%

05 (1) 자유 낙하 물체는 처음 속력이 0이고 1초마다 9.8 m/s 씩 속력이 증가한다. 따라서 1초인 순간의 속력 $v = 9.8$ m/s이다.
(2) 기울기는 9.8 m/s² 이며, 가속도를 의미한다.
(3) 0~3초 간 낙하 거리는 $\frac{1}{2} 9.8 \times 3^2 = 44.1$ (m)이며, 이것은 0~3초 사이의 그래프 아래 넓이와 같다.

채점 기준	배점
단위 포함 (1)의 답과 설명이 맞음	30%
단위 포함 (2)의 답과 설명이 맞음	30%
단위 포함 (3)의 답과 설명이 맞음	40%
(1), (2), (3) 중 일부 또는 전부에 단위가 포함되지 않음	−10%

06 **답** (1) 물체는 연직 방향으로 지면에 떨어지는 시간 동안 수평 방향으로 등속 운동하므로, 같은 높이에서(h를 같게 하고), v

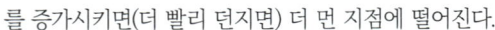

를 증가시키면(더 빨리 던지면) 더 먼 지점에 떨어진다.

(2) 물체는 연직 방향으로 지면에 떨어지는 시간 동안 수평 방향으로 등속 운동하므로, v를 같게 하고(던지는 속력을 같게 하고), h를 증가시키면(더 높은 곳에서 던지면) 더 먼 지점에 떨어진다.

(3) 물체는 연직 방향으로 지면에 떨어지는 시간 동안 수평 방향으로 등속 운동하므로, h를 증가시키고(더 높은 곳에서 던지고), v를 증가시키면(더 빠른 속력으로 던지면) 더 먼 지점에 떨어진다.

채점 기준	배점
(1)~(3) 중 2가지를 서술	100 %
(1)~(3) 중 1가지를 서술	50 %

07 (1) (가), 이유: ㉠ 수평 방향으로 던진 물체는 수평 방향으로는 힘이 작용하지 않으므로 등속 직선 운동을 한다. 이때 물체가 수평 거리가 30 m인 지점에 떨어졌으므로 물체가 떨어질 때까지 걸린 시간은 3초이다. 따라서 그래프는 3초 동안 속력이 10 m/s로 일정한 (가)이다.

(2) (라), 이유: 물체는 연직 방향으로는 중력이 일정하게 작용하므로 자유 낙하 운동(중력 가속도 10 m/s²)을 한다. 따라서 3초 동안 1초마다 속력이 10 m/s씩 일정하게 증가하는 그래프이므로 (라)이다.

채점 기준	배점
(1) 답이 맞고, 이유 '수평 방향으로 등속 운동한다.'를 포함하여 서술	50 %
(1) 답만 맞음	30 %
(2) 답이 맞고, 이유 '연직 방향으로 자유 낙하 운동한다.'를 포함하여 서술	50 %
(2) 답만 맞음	30 %
(1), (2) 서술 과정 중 단위를 쓰지 않음	−10 %

08 [답] 45 m, 풀이 과정: 자유 낙하 운동의 시간에 따른 속력 그래프에서 그래프 아랫 부분의 넓이가 낙하 거리를 의미한다.

$$\therefore h = \frac{1}{2} \times 30 \times 3 = 45 \text{ (m)}$$

또는, 물체는 3초 동안 수평 거리 30 m를 운동한다. 따라서 연직 방향으로 낙하 시간이 3초이므로, $h = \frac{1}{2}gt^2 \rightarrow h = \frac{1}{2} \cdot 10 \cdot 3^2 = 45 \text{ (m)}$

채점 기준	배점
답이 맞고, 위 풀이 과정 중 1가지를 서술	100 %
답만 맞음	50 %
풀이 과정 중 단위를 쓰지 않음	−10 %

09 (1) ① A<B<C, 이유: 수평 방향의 속력이 클수록 멀리 가서 떨어진다.

② A=B=C, 이유: 연직 방향으로는 A, B, C 모두 가속도의 크기가 9.8 m/s²이다.

③ A<B<C, 이유: 수평 방향 속력은 A<B<C이고, 연직 방향 속력은 가속도가 같으므로 A=B=C이다. 공의 속력은 수평 방향 속력과 연직 방향 속력이 포함된 것이므로 A<B<C이다.

(2) 40 m, 풀이 과정: 수평 방향으로 던진 물체는 낙하 시간 수평 방향으로 등속 직선 운동하여 지면에 닿는다. 낙하 시간이 2초이고, 수평 방향 속력이 20 m/s이므로, 수평 도달 거리는 20×2=40 m이다.

채점 기준	배점
(1) ① 답과 이유과 맞음(답만 맞음 −10 %)	20 %

채점 기준	배점
(1) ② 답과 이유과 맞음(답만 맞음 −10 %)	20 %
(1) ③ 답과 이유과 맞음(답만 맞음 −20 %)	30 %
(2) 답이 맞고, 풀이 과정이 타당함	30 %
(2) 답만 맞음	15 %
(2) 단위를 쓰지 않거나, 잘못 씀	−5 %

10 [답] 9.9 m/s, 풀이 과정: 물체의 속력 $v=v_0+gt$ (v_0: 처음 속력, g: 중력 가속도, t: 시간)으로 나타낼 수 있다.

$\therefore v$(0.5초 후의 속력)=5+9.8×0.5=9.9 m/s

또는, 자유 낙하하는 물체는 1초당 9.8 m/s씩 속력이 증가하므로 0.5초 동안 속력이 4.9 m/s 증가한다. 현재 이 물체의 속력이 5 m/s이므로 0.5초 후에는 속력이 4.9 m/s 증가하여 9.9 m/s가 된다.

채점 기준	배점
계산 과정과 답이 맞음	100 %
답만 맞음	50 %
답에 단위를 쓰지 않음	−10 %
계산 과정의 결과 등 필요한 곳에 단위를 쓰지 않음	−10 %

02 운동과 충돌
283 ~ 284 쪽

11 [답] ① 이불을 털면 먼지가 이불에서 떨어져 나간다.
② 버스가 급출발하면 승객들의 몸은 버스 뒤쪽으로 쏠린다.
③ 유리컵 위에 동전이 놓인 카드를 놓은 후 카드를 갑자기 치우면 동전이 컵 속으로 떨어진다.

채점 기준	배점
①~③ 또는 또 다른 예 중 2가지 이상을 서술한 경우	100 %
1가지만 서술한 경우	50 %

12 [답] 물체의 질량이 클수록 관성이 크기 때문에 운동 상태(속력)를 변화시키기가 어렵다. 따라서 질량이 큰 기차가 자동차에 비해 멈추기 어렵다.

채점 기준	배점
질량, 관성, 운동 상태를 포함하여 타당하게 서술	100 %
질량, 관성, 운동 상태 중 1~2개만 포함한 타당한 서술	60 %

13 [답] 두 경우 자동차가 받은 충격량이 서로 같지만, 힘이 작용한 시간이 더 짧은 자동차 B가 받는 평균 힘의 크기가 자동차 A보다 크기 때문에 더 크게 파손된다.

[해설] 질량이 같은 자동차가 같은 속도로 움직이다 정지하였으므로 자동차 A, B의 운동량 변화량은 같다. 운동량 변화량은 충격량과 같으므로 자동차 A와 B가 받은 충격량의 크기도 서로 같다. 충격량의 크기가 같을 때 힘이 작용하는 시간이 길면 자동차에 작용하는 평균 힘(충격력)의 크기가 작다. 자동차 B가 힘을 받는 시간이 짧기 때문에 자동차가 받는 평균 힘의 크기가 자동차 A보다 크게 나타나고 더 크게 파손된다.

채점 기준	배점
'충격량', '힘(충격력)'을 포함하여 시간 비교를 정확히 함	100 %
'충격량', '힘(충격력)'을 포함하지 않고 시간 비교를 하여 타당하게 서술함	70 %

14 답 피겨 스케이팅 선수가 얼음판에 힘을 가해 점프하기 전 무릎을 굽히는 것은 힘(선수가 얼음판에 작용하는 힘은 일정)이 작용하는 시간을 길게 하여 충격량을 증가시키기 위해서이다. 충격량이 커지면 운동량 변화량도 커지므로 더 빠른 속력으로 높이 점프할 수 있다. 착지할 때에는 지면에 착지하는 동안 무릎을 굽힘으로써 힘이 작용하는 시간을 길게 하여 선수가 받는 충격력을 줄여 부상을 방지한다.

채점 기준	배점
점프할 때 '힘이 작용하는 시간을 길게', '충격량을 증가시키기 위해'를 포함하고, 착지할 때 '힘이 작용하는 시간을 길게', '충격력을 줄이기 위해'를 포함한 서술	100 %
점프할 때와 착지할 때 중 한가지만 타당하게 서술	50 %

15 답 선수가 바닥에 닿아 정지할 때까지 충격량은 바닥과 관계없이 같으나, 모래가 깔린 경우 바닥과의 충돌 시간을 길게 하여 선수가 받는 충격력(평균 힘)을 작게 하여 부상을 입지 않게 한다.

채점 기준	배점
'충격량', '(충돌, 힘이 작용하는)시간', '충격력'을 모두 포함한 서술	100 %
'충격량', '(충돌, 힘이 작용하는)시간', '충격력' 중 1~2개만 포함한 타당한 서술	60 %

16 (1) A 물체가 자유 낙하 운동을 할 때는 질량에 관계없이 시간에 따라 속력이 일정하게 증가한다. 따라서 A, B는 각각 바닥과 방석에 닿기 직전 속력이 같으며 질량도 같으므로, 바닥에 닿기 직전에 질량×속력으로 정의되는 운동량의 크기가 서로 같다.
(2) 힘-시간 그래프에서 그래프 아래의 넓이는 충격량을 의미한다. 두 물체는 바닥에 닿기 직전 운동량이 같고, 두 물체 모두 정지하므로 두 물체의 운동량 변화량(충격량)이 서로 같다. 따라서 그래프 아래의 넓이는 서로 같다.
(3) 충격량은 힘(충격력)×시간이다. A, B는 충격량이 서로 같은데, A는 딱딱한 바닥에 충돌하므로 힘이 작용한 시간이 짧고, B는 푹신한 방석에 충돌하므로 힘이 작용한 시간이 길다. 따라서 A에 작용한 평균 힘(충격력)이 B에 작용한 평균 힘(충격력)보다 크다.

채점 기준	배점
(1) 답이 맞고, '바닥과 방석에 닿기 전 속력이 같다', '운동량의 크기는 질량×속력'을 포함한 서술	30 %
(1) 답이 맞고, '바닥과 방석에 닿기 전 속력이 같다', '운동량의 크기는 질량×속력' 중 1개만 포함한 서술	15 %
(2) 답이 맞고, '그래프 아래 넓이는 충격량과 같다', '두 물체의 충격량이 서로 같다' 를 포함한 서술	30 %
(2) 답이 맞고, '그래프 아래 넓이는 충격량과 같다', '두 물체의 충격량이 서로 같다' 중 1개만 포함한 서술	15 %
(3) 답이 맞고, '충격량=힘×시간', 'A는 힘이 작용한 시간이 길고 B는 짧다'를 포함한 서술	40 %
(3) 답이 맞고, '충격량=힘×시간', 'A는 힘이 작용한 시간이 길고 B는 짧다' 중 1개만 포함한 서술	20 %

17 (1) (힘-시간) 그래프에서 그래프 아래 넓이는 충격량이다. 물체가 시간에 따라 받는 힘은 다음 그래프와 같으며, 그래프 아래 넓이가 물체가 0~4초 동안 받은 충격량이다.

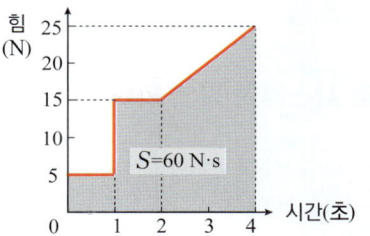

물체의 처음 운동량(p_0): $4(kg) \times 2(m/s) = 8 \ kg \cdot m/s$
0~4초 동안 물체가 받은 충격량(S): 60 N·s
물체의 운동량은 받은 충격량(S)만큼 늘어난다.
∴ 물체의 4초 후 운동량(p): $8 + 60 = 68 \ kg \cdot m/s$

물체의 4초 후 속력: $v = \dfrac{p}{m} = \dfrac{68}{4} = 17 \ m/s$

(2) 물체가 힘을 받는 0~4초 동안 충격량(S)은 60 N·s이다.
충격량=평균 힘×시간이므로,

평균 힘의 크기(0~4초)$= \dfrac{충격량}{시간} = \dfrac{60}{4} = 15 \ N$

채점 기준	배점
단위 포함 (1)의 답과 설명이 맞음	70 %
단위 포함 (2)의 답과 설명이 맞음	30 %
(1), (2) 중 일부 또는 전부에 단위가 포함되지 않음	−10 %

18 그림 (가)에서 물체 A의 운동량은 $2mv$, 물체 B의 운동량은 $3mv$이다. 그림 (나)의 넓이 ㉠, ㉡은 벽으로부터 물체가 받는 충격량을 나타낸다. 물체가 벽을 통과하거나 벽과 충돌하여 멈출 때, 물체의 운동량은 벽으로부터 받은 충격량만큼 줄어든다.
만약 A가 ㉡ 6S을 나타내고, B가 ㉠ S를 나타낸다면, 운동량이 $3mv$인 B가 벽으로부터 충격량 S를 받고 벽을 통과하지 못하므로, 운동량 $2mv$인 A는 충격량 6S를 받으므로 벽을 필연적으로 통과하지 못하게 되어 문제의 조건과 모순이다.
따라서 A가 벽으로부터 받은 충격량은 ㉠ S이며, B가 벽으로부터 받은 충격량은 ㉡ 6S이다.
(1) A가 벽을 통과한 후 속력을 v'이라고 할 때, A는 벽 통과 후 S만큼 운동량이 감소하며, B는 벽으로부터 6S의 충격량을 받아 정지한다.

A: $2mv' = 2mv - S$ B: $6S = 3mv$

S를 소거하면 $v' = \dfrac{3}{4}v$

(2) A의 충격량(Ft)=A의 (나중 운동량−처음 운동량)이다. 벽으로부터 받은 평균 힘의 크기를 F라고 할 때,

$$Ft = 2mv' - 2mv = \frac{6}{4}mv - 2mv = -\frac{1}{2}mv \ (크기: \frac{1}{2}mv)$$

∴ F(A가 벽으로부터 받는 평균 힘)$= \dfrac{mv}{2t}$

채점 기준	배점
(1)의 답이 맞고, 계산식과 말로 풀이함	50 %
(1)의 풀이가 정확하지 않지만 일부 타당함	10 %
(2)의 답이 맞고, 계산식과 말로 풀이함	50 %
(2)의 풀이가 정확하지는 않지만 일부 타당함	10 %

3 생명 시스템

01 생명 시스템의 기본 단위

284 ~ 285 쪽

01 답 폐포와 모세혈관에서의 O_2와 CO_2의 교환은 고농도에서 저농도로 인지질 2중층을 직접 통과하는 확산(단순확산)에 의해 일어난다.

해설 기체 교환은 확산 방식으로 세포막을 통해 이루어지며, 농도가 높은 쪽에서 낮은 쪽으로 이동한다.

채점 기준	배점
'인지질 2중층'을 포함한 타당한 서술	100 %
'인지질 2중층'을 포함하지 않는 서술	70 %

02 답 배추를 고장액인 소금물에 담그면 삼투에 의해 배추의 세포 속 물이 소금물 쪽으로 빠져나가 배추의 부피가 줄어들어 숨이 죽기 때문에 김치 양념이 잘 밴다.

채점 기준	배점
물의 이동 방향이 맞고, '배추의 숨이 죽는다'는 표현을 사용함	100 %
물의 이동 방향을 맞게 서술하였지만 다른 서술이 없음	50 %

03 답 DNA 유전정보에 따라 라이보솜에서 단백질이 합성되고 소포체를 통해 골지체로 운반되며, 골지체에서 단백질을 막으로 싸서 세포막을 통해 세포 밖으로 분비한다.

채점 기준	배점
라이보솜, 소포체, 골지체로의 이동 서술, '골지체에서 막으로 싼다'를 넣어서 서술함	100 %
라이보솜, 소포체, 골지체로의 이동만을 서술함	80 %
'골지체에서 막으로 싼다'만을 서술함	40 %

04 답 과일보다 농도가 높은 꿀 또는 설탕을 이용하여 과일을 절이면 삼투에 의해 과일 속 물이 밖으로 빠져나가게 되므로 과일 안에 살고 있던 대부분의 미생물이 수분을 잃게 되어 죽는다. 따라서 과일을 절이면 미생물 번식을 막을 수 있으므로 오랫동안 보관할 수 있다.

채점 기준	배점
'과일 속 물이 밖으로 빠져나간다.'와 '미생물 번식을 막는다'를 모두 넣어서 서술	100 %
'과일 속 물이 밖으로 빠져나간다.'와 '미생물 번식을 막는다' 중 한 가지만 서술	50 %

05 답 (1) 선택적 투과성
(2) 이러한 현상을 용혈 현상이라고 한다. D 식물 세포와는 달리 B 적혈구에서만 이러한 현상이 발생하는 이유는 식물 세포인 D 에는 세포벽이 존재하여 세포가 팽창하는 것을 막지만 동물 세포인 B는 세포벽이 존재하지 않기 때문이다.

채점 기준	배점
(1) 선택적 투과성을 답함	30 %
(2) 용혈 현상을 답함	30 %
(2) '세포벽'을 넣어 타당하게 비교 서술함	40 %
(2) '세포벽'을 넣지 않았지만 타당하게 서술함	25 %

06 답 세포막을 구성하는 인지질 2중층은 유동성이 있어 인지질의 움직임에 따라 인지질에 박혀있는 막단백질이 움직일 수 있다.

채점 기준	배점
'인지질(2중층)', '유동성'을 모두 포함한 서술	100 %
'인지질(2중층)', '유동성' 중 하나만 포함한 서술	60 %

07 답 (가)<(다), 소금 용액 (가)에 넣은 세포는 (나)등장액에 넣은 세포보다 세포 부피가 커졌으므로 물이 세포 안으로 들어온 것이고, 소금 용액 (다)에 넣은 세포는 등장액에 넣은 세포보다 세포 부피가 작아졌으므로 물이 세포 밖으로 빠져나간 것이다. 따라서 소금 용액 (가)는 세포 내부의 농도보다 낮은 저장액이며, 소금 용액 (다)는 세포 내부의 농도보다 높은 고장액이다.

채점 기준(답과 이유 별도 채점)	배점
답: (가)<(다)로 답함	50 %
이유: '(가) 세포로 물이 들어옴' '(다) 세포에서 물이 빠져나감'을 표현하여 서술함	50 %

08 답 ㄱ, ㄹ, 이유 : 실험에서 세포를 저장액에 넣었을 때 부피는 팽창하지만 터지지 않았고 세포의 전체 모양도 변하지 않았다. 고장액에 넣었을 때 부피는 감소했지만 세포의 전체 모양은 변하지 않았다. 동물 세포의 경우 저장액에서는 부피가 팽창하다가 터지고 고장액에서는 부피가 감소하면서 쭈그러드는데, 식물 세포는 동물 세포와 달리 세포벽이 존재하기 때문에 세포의 전체 모양은 일정하다. 따라서 위 실험에 사용한 세포는 식물 세포이다.

해설 (다)에서는 식물 세포의 세포막이 세포벽으로부터 떨어져나와 원형질 분리가 일어난 것이다.

채점 기준(답과 이유 별도 채점)	배점
답: ㄱ, ㄹ 이 맞음	50 %
이유: '식물 세포의 세포벽' '세포의 모양이 변하지 않음'을 표현하여 서술한 경우	50 %

09 답 ㉠ 선택적 투과성 ㉡ 확산 ㉢ 삼투
해설 · 세포막은 물질의 종류에 따라 투과도가 다른 선택적 투과성을 나타낸다.
· 산소(O_2)는 세포막의 인지질 2중층을 통해 농도가 높은 쪽에서 낮은 쪽으로 확산한다(단순확산).
· 동물 세포를 저장액에 넣으면 삼투(저농도에서 고농도로 물이 이동하는 현상)에 의해 물이 세포 안으로 들어간다.

채점 기준	배점
모두 맞음	100 %
3개 중 2개만 맞음	70 %
3개 중 1개만 맞음	40 %

02 생명 시스템에서의 화학 반응

286 쪽

10 답 (1) 카탈레이스, 물(H_2O)
(2) 고무풍선 부피는 C가 B보다 크다. 그 이유는 카탈레이스가 과산화 수소를 물과 산소로 분해시키는데, 감자즙의 효소는 재사용이 가능하므로 C 플라스크에서 반응이 끝난 효소가 재사

용되어 100 mL의 과산화 수소를 모두 분해시킬 수 있기 때문에 산소가 B 플라스크에서보다 더 많이 발생하기 때문이다.

채점 기준	배점
(1)이 맞음	40 %
(2) C 고무풍선 부피가 B 고무풍선보다 크다 만 답함	20 %
(2) '효소의 재사용' '산소'를 포함하여 C 고무풍선 부피가 B 고무풍선보다 크다는 것을 서술	60 %

11 답 (가) 광합성으로 빛에너지를 흡수하여 작은 분자를 큰 분자로 합성하는 동화작용이다.
(나) 세포호흡으로 큰 분자를 작은 분자로 분해하는 이화 작용이며 반응 중에 발생하는 에너지로 생명활동을 한다.

채점 기준	배점
(가) 작은 분자를 큰 분자로 합성, 동화작용, 흡열 반응 포함 서술	50 %
(나) 큰 분자를 작은 분자로 분해, 이화작용, 발열 반응 포함 서술	50 %

12 답 (1) ① 기질특이성 ② 효소의 재사용
(2) ① 기질 특이성: 효소는 생명체 내에서 반응 속도를 증가시키는 촉매 역할을 하는 단백질로서 각 효소마다 고유한 입체 구조를 갖기 때문에 각 효소는 특정 반응물(기질)하고만 결합할 수 있다.
② 효소의 재사용: 반응에 참여한 효소는 소모되지 않으며 성질이 변하지 않아 또 다른 반응에 참여할 수 있다.

채점 기준	배점
(1) 답이 맞음	40 %
(2) ①에서 '고유한 입체 구조','특정 반응물(기질)'을 포함 서술	30 %
(2) ②에서 '소모되지 않음','성질이 변하지 않음'을 포함 서술	30 %

13 답 ① 소의 생간을 넣은 비커에서는 생간에 있는 효소 카탈레이스에 의해 과산화 수소가 물과 산소로 분해되므로 산소의 발생으로 인한 거품이 발생한다.
② 익힌 소의 간을 넣은 비커에서는 소의 간에 있던 카탈레이스가 고온에서 변성되었으므로 과산화 수소를 분해시키지 못해 거품이 발생하지 않는다.

채점 기준	배점
① 카탈레이스, 과산화 수소가 물과 산소로 분해, 산소 발생 포함 서술	50 %
②카탈레이스의 변성, 과산화 수소가 물과 산소로 분해되지 않음, 산소 발생하지 않음 포함 서술	50 %

14 답 (1) A: ㉠ B: ㉡ (2) ㉠: ㄴ, ㄷ ㉡: ㄱ, ㄹ
(1) 이유: (나)의 A는 반응물이 생성물이 될 때 에너지가 감소(에너지 방출)하므로 이화작용이고 ㉠ 발열 반응에 해당한다. B는 반응물이 생성물이 될 때 에너지가 증가(에너지 흡수)하므로 동화작용이고 ㉡ 흡열 반응에 해당한다.

채점 기준	배점
(1) 답 맞음	30 %
(1) 'A는 이화작용, 발열 반응, B는 동화작용, 흡열 반응' 포함한 서술	50 %
(2) 답 맞음	20 %

15 답 유전자: C · 유전자: 생물의 형질을 결정하는 유전정보가 저장되어 있는 DNA의 특정 부위이다.

채점 기준	배점
답 맞음	50 %
유전자 설명에서 '유전정보', 'DNA의 특정 부위'를 모두 포함시켜 서술	50 %
유전자 설명에서 '유전정보', 'DNA의 특정 부위' 중 하나만 포함시켜 서술	−20 %

16 답 TGC/AAG/CTA/GGC/TTA/TCC/GTA
해설 RNA의 염기 A, G, C, U에 상보적인 DNA의 염기는 각각 T, C, G, A이다.

채점 기준	배점
답 맞음	100 %

17 답 유전정보가 저장된 DNA의 염기는 A, G, C, T 4종류가 있으며, DNA 유전정보에 따라 합성되는 단백질을 구성하는 아미노산의 종류는 20가지이므로 하나의 염기로는 각 아미노산을 지정할 수 없다. 염기 2개가 하나의 아미노산을 지정한다면 4종류의 염기를 통해 $16(4^2)$개의 아미노산만을 지정할 수 있고, 염기 3개가 하나의 아미노산을 지정한다면 $64(4^3)$개의 아미노산을 지정할 수 있으므로 20종류의 아미노산을 모두 지정할 수 있다. 따라서 연속된 3개의 염기가 하나의 아미노산을 지정해야 한다.

채점 기준	배점
'염기 4개 중 연속된 3개의 염기가 지정할 수 있는 아미노산 개수가 64개 임'을 포함시켜 타당한 서술	100 %
정확한 수치는 포함시키지 않았으나 타당한 서술	70 %

18 답 물질대사에 관여하는 단백질인 효소 합성에 필요한 유전자에 이상이 발생하면 특정 효소가 만들어질 수 없어 선천성 대사이상 질환이 나타난다.

채점 기준	배점
'유전자', '효소'를 모두 포함시켜 타당한 서술	100 %
'유전자', '효소' 중 1개만 포함시켜 타당한 서술	70 %

19 답 (1) UCA
(2) 4개, 이유: RNA의 1개의 코돈이 1개의 아미노산을 지정하므로 단백질 X는 UGG, AAA, GGC, UCA의 네 개의 아미노산으로 이루어진다.

채점 기준	배점
(1) 답 맞음	50 %
(2) 답 맞음	20 %
(2) 코돈 4개 UGG, AAA, GGC, UCA를 써서 이유 설명	30 %
(2) 코돈 4개 UGG, AAA, GGC, UCA를 쓰지 않고 이유 설명	−10 %

20 답 75개
(풀이 과정)

가닥	구성하는 염기의 수(개)					
	A	C	G	U	T	계

Ⅰ	10	15	10	㉺25	0	60
Ⅱ	㉠10	㉡15	10	0	25	60
Ⅲ	25	㉢10	㉣15	0	10	60

가닥 Ⅰ에 T가 없으므로, 가닥 Ⅰ은 RNA이다. 가닥 Ⅲ의 A의 개수와 가닥 Ⅱ의 T의 개수가 같으므로 서로 상보결합하고 있다.

가닥 Ⅰ의 A의 개수와 가닥 Ⅲ의 T의 개수가 같으므로 가닥Ⅰ(RNA)은 가닥Ⅲ에서 전사되고 있다. 가닥Ⅱ와 가닥Ⅲ은 DNA 2중 가닥이다.

가닥 Ⅲ의 A의 개수와 가닥 Ⅰ의 U의 개수는 같으므로 ㉺=25이다.

가닥 Ⅱ의 A의 개수와 가닥 Ⅲ의 T의 개수는 같으므로 ㉠=10이다.

계가 60이므로 ㉡=15이다.

가닥 Ⅱ의 C의 개수와 가닥 Ⅲ의 G의 개수는 같으므로 ㉣=15이다.

가닥 Ⅱ의 G의 개수와 가닥 Ⅲ의 C의 개수는 같으므로 ㉢=10이다.

따라서 ㉠+㉡+㉢+㉣+㉺=75이다.

채점 기준	배점
답 맞음	40 %
풀이 과정이 타당함	60 %

21 답 지구상의 모든 생명체들은 유전부호(3염기조합, 코돈)가 동일하며, 유전정보의 전달 방식(전사 및 번역 과정) 역시 동일하다. 따라서 DNA 유전부호에 의해 결정되는 아미노산의 종류도 모든 생물에서 동일하므로 서로 다른 생명체들 사이에서도 동일한 종류의 단백질이 합성될 수 있다.

채점 기준	배점
'유전부호(암호)', '유전정보 전달 방식(전사 및 번역)','동일한 아미노산'을 포함시킨 타당한 서술	100 %
'유전부호(암호)','동일한 아미노산' 를 포함시킴	70 %
'유전부호(암호)' 만 포함시킴	40 %